RUSSIAN ACADEMY OF SCIENCES
INSTITUTE FOR THE HISTORY OF SCIENCE AND TECHNOLOGY RAS
(ST. PETERSBURG BRANCH)

EDUARD I. KOLCHINSKY

BIOLOGY IN GERMANY AND RUSSIA–USSR

UNDER CONDITIONS OF SOCIAL-POLITICAL CRISES OF THE FIRST HALF OF THE XX CENTURY

(BETWEEN LIBERALISM, COMMUNISM AND NATIONAL-SOCIALISM)

«Nestor-Historia»
Publishers
St-Petersburg
2006

РОССИЙСКАЯ АКАДЕМИЯ НАУК
Институт истории естествознания и техники им. С.И. Вавилова
Санкт-Петербургский филиал

Э. И. КОЛЧИНСКИЙ

БИОЛОГИЯ ГЕРМАНИИ И РОССИИ — СССР

В УСЛОВИЯХ СОЦИАЛЬНО-ПОЛИТИЧЕСКИХ КРИЗИСОВ ПЕРВОЙ ПОЛОВИНЫ XX ВЕКА

(МЕЖДУ ЛИБЕРАЛИЗМОМ, КОММУНИЗМОМ И НАЦИОНАЛ-СОЦИАЛИЗМОМ)

Издательство
«Нестор-История»
Санкт-Петербург
2006

УДК 570(47+430)«19»
ББК 63.3(2)(4 Гем)6:28.0

Издание осуществлено при финансовой поддержке Российского гуманитарного научного фонда (РГНФ) проект № 05-03-16038д

Колчинский Э.И. Биология Германии и России–СССР в условиях социально-политических кризисов первой половины XX века (между либерализмом, коммунизмом и национал-социализмом). СПб.: Издательство «Нестор-История», 2006. 638 с.

Историко-сравнительный анализ институциональных, социально-культурных и политико-идеологических факторов развития биологии в России и Германии в конце XIX – первой половине XX в. Раскрыта динамика взаимодействия науки, власти и общества в ходе «пролетаризации», «аризации», «нацификации» и «милитаризации» биологии, изучены эволюция политики правящих элит по отношению к биологии, борьба внутри биологического сообщества, реакция различных групп ученых на создание «идеологически корректной биологии». Выяснена роль биологии в модернизации двух стран, в установлении и функционировании тоталитарных режимов, а также прослежены изменения ценностных ориентаций и традиций биологического сообщества, тематики и дискурса биологических исследований, их философских и идеолого-политических оснований. Результаты исследования способствуют выяснению механизмов самомобилизации, выживания, функционирования науки в условиях глобальных социально-политических и экономических кризисов. Книга предназначена для всех интересующихся социальной историей науки, а также для политиков, занятых проблемами национализма, шовинизма и ксенофобии.

Kolchinsky E.I. Biology in Germany and Russia–USSR under conditions of social-political crises of the first half of the XX century (between liberalism, communism and national-socialism). SPb.: Nestor-Historia, 2006. 638 p.

Historical-comparative analysis of institutional, social-cultural and political-ideological factors of development of biology in Russia and Germany at the end of the XIX – the first half of the XX centuries. The work reveals the dynamics of interaction of science, power and society in the course of «proletarization», «aryanization», «nazification» and «militarization» of biology, investigates the evolution of the policy of ruling elites against biology, the struggle inside biological community, the reaction of different groups of scientists to the creation of «ideologically correct biology». It clears up the role of biology in modernization of the two countries, setting and functioning of totalitarian regimes there, and also traces the changes of value systems and traditions of the biological community, subject-matter and discourse of biological research, their philosophical and ideological-political foundations. Results of the research contribute to clarifying mechanisms of self-mobilization, survival, functioning of science under conditions of global social-political and economic crises. The book is intended for everybody interested in the social history of science, as well as politicians concerned with the problems of nationalism, chauvinism and xenophobia.

Ответственный редактор *А.Н. Дмитриев*
Рецензенты *Ю.А. Виноградов*, *А.Б. Георгиевский*

ISBN 5-98187-172-5
9785981871726

Посвящаю светлой памяти
моих родителей
Израиля Яковлевича Колчинского,
Таисии Павловны Колчинской (Бойко),
моей бабушки
Анастасии Андреевны Бойко (Ивашиниковой)

СОДЕРЖАНИЕ

CONTENTS

ПРЕДИСЛОВИЕ

В первой половине XX века наука в Германии и Советской России претерпела громадные преобразования в отношениях с властью, которая не могла обойтись без ученых, но и не довольствовалась прежними формами взаимодействия с ними. С самого начала большевики стремились использовать науку для построения новых форм общественной жизни, реорганизации сельского хозяйства, идеологического оправдания своей политики, повышения международного престижа. Если кризис в странах Запада (в Веймарской Германии и в США в годы «великой депрессии») заставлял многих задумываться об объявлении «выходного» для науки, т. е. многолетнего моратория на исследования[1], то в СССР власть видела в науке главное средство для выхода из глобального национального кризиса. Прометеевская вера коммунистических вождей в науку побуждала их к организации новых научных учреждений, вузов, кафедр, журналов и к изданию научной литературы в таких масштабах, о которых ученые в других странах не могли и мечтать. В условиях, когда государство становилось единственным источником средств для научных исследований, их политизация и идеологизация были неизбежны.

Аналогичные процессы происходили и в Германии, где уже перед Первой мировой войной биологию стали использовать для насаждения идеологии немецкого национализма[2], а после Ноябрьской революции 1918 г. она стала

---

[1] *Forman P.* Weimar Culture, Causality and Quantum Theory. 1918–1927: Adaptation by German Physicists and Mathematicians to Hostile Intellectual Environment // Historical Studies in the Physical Sciences. 1971. Vol. 3. P. 1–115; *Kevles D.J.* The Physicists: The History of a Scientific Community in Modern America. New York, 1977; *Dupré A.H.* Science in the Federal Government: A History of Policies and Activities. Baltimore, 1986; *Harwood J.* Weimar Culture and Biological Theory: A Study of Richard Woltereck (1877–1944) // History of Science. 1996. Vol. 34. P. 347–377.

[2] На сегодняшней день одной из наиболее взвешенных и тщательно аргументированных работ о национализме, изданной на русском языке, является книга историка и культуролога Э. Хобсбаума (Нации и национализм после 1780 гг. СПб., 1998). В ней приведена библиография наиболее значимых по этому вопросу трудов, включая и знаменитую работу И.В. Сталина. Автор показывает, что до сих пор нет общепризнанных критериев нации, а соответственно и определений национализма. В конечном счете, национализм так или иначе связан с самоидентификацией, базирующейся на чувстве приоритета национальных ценностей над общечеловеческими и ведущей к обоснованию различного рода притеснений, ограничений, а в крайнем случае, и к геноциду других народов. Замаскированной формой современного национализма являются ссылки на восстановление исторической справедливости и претензий к народам за ущерб, нанесенный их предшествующими поколениями. Национализм как принцип предполагает, что «политические и национальные образования должны совпадать», а следовательно, главным долгом гражданина является долг перед нацией, а национальная самоидентификация является главной для каждого из них. На самом же деле национализм, как правило, формируется представителями политических кругов как важный способ завоевания и удержания власти, а в кругах народа нередко успешно функционируют

источником и питательной средой для возникновения всякого рода социальных утопий, превратившись, в конечном счете, в главную естественнонаучную основу национал-социализма[3] и неразрывно связанного с ним расиз-

иные способы самоидентификации. Непрестанно происходит смена национальных самоидентификаций как в пространстве, так и во времени. При этом одним из важнейших факторов формирования самой нации и национализма ее политических лидеров, по Э. Ренану, является «ошибочный взгляд на собственную историю». Поэтому националист, в принципе, не способен написать объективную историю.

[3] Я специально избегаю термина «фашизм», который исторически связан, прежде всего, с политическим движением Б. Муссолини, а не А. Гитлера. Между ними никогда не было совпадения, а долгое время существовали острая полемика и вражда. В Италии увольнение евреев началось только в 1936 гг., а расовые законы были приняты в 1938 гг. под давлением Гитлера, с которым Муссолини пошел на союз после долгих колебаний. Смешение понятий «фашизм» и «национал-социализм» было намеренной пропагандистской аберрацией СДПГ и КПГ в 1920-х гг., с удовольствием подхваченной сталинскими идеологами в Коминтерне. Они пошли еще дальше, изобретя термин «социал-фашизм» уже для характеристики лидеров СДПГ, не желавших действовать по их указке. Подобная путаница понятий не позволила создать единый антигитлеровский фронт, что было трагической ошибкой социал-демократов и коммунистов. Эмигрировавшие на Запад немецкие левые заложили в англоязычных странах традицию также отождествлять нацизм и фашизм, хотя ранее там был более распространен термин «тоталитаризм» для обозначения фашистской Италии, национал-социалистической Германии и коммунистического СССР. Заключив в 1939 г. с Гитлером пакт, Сталин запретил употреблять слово «фашист», которое раздражало его нового союзника. Гитлер усматривал в нем намек на сходство с Муссолини, которого он глубоко презирал, а его учение считал незрелым из-за отсутствия в нем расового компонента. Июнь 1941 г. вновь вернул термин «фашизм» в арсенал советской пропаганды. Возникло новое клише «немецко-фашистские захватчики», что, видимо, в первые дни войны означало, что на СССР вместе с Германией напала и фашистская Италия. Но вскоре и немцев, и их союзников стали именовать «фашистами», появились «антифашистский комитет», «антифашистская коалиция». В Италии же совместные войска именовали «наци-фашистские», что было совершенно точно. В отечественной и англоязычной литературе со времен войны «нацизм» и «фашизм», как правило, отождествляют. Это ведет к серьезным сложностям в борьбе с последователями национал-социализма, которые резонно возражают, что они — националисты, патриоты, социалисты, большевики, коммунисты и т. д., но не фашисты.

Конечно, между фашизмом и национал-социализмом много общего. Они оба — составные части мощного социально-политического движения, идеологии и политики в XX веке, построенных на социальной демагогии, массовом терроре, имперской державности, шовинизме, ксенофобии, вождизме и т. д. и воплощенных во многих государствах тоталитарного типа, включая милитаристскую Японию, маоистский Китай и многие современные страны Азии и Африки. В то же время огромную политическую ошибку допустили идеологи в России, считавшие себя демократами и либералами, отождествив фашизм или национал-социализм с коммунизмом. Их совпадение только в способах правления. Коммунизм, проповедуя классовый подход, отстаивал идею возможности построения общества социального равенства, базирующегося на биологическом равенстве всех народов. В этом отношении он ближе к либерализму, чем к национал-социализму, и СССР во Второй мировой войне закономерно был в одном лагере с Англией и США, а Гитлер не случайно считал многонациональные США и СССР своими заклятыми врагами и главным препятствием на пути к установлению мирового господства. С одной стороны, дискредитация в нашем обществе либерально-демократических ценностей, с другой стороны, настойчивое отождествление частью российских политиков, считавших себя демократами, коммунизма и фашизма породило сумятицу в общественном сознании, привело к сужению круга потенциальных ма[4]. В связи с этим история биологии в СССР и Германии — удобный полигон для разработки и проверки разного рода концепций о социальных факторах развития науки, о ее динамике в условиях тоталитарных режимов, заставлявших ученых лавировать, пытаясь соединить, казалось бы, совсем несовместимое — науку, политику и идеологию.

В центре книги находится проблема реконструкции интеллектуальных, политических, социальных, экономических и культурных условий, влиявших на формирование, организацию и практику функционирования биологического знания в России-СССР и Германии в первой половине XX в. Сравнительный анализ биологии в двух странах Европы, переживших наиболее крупные потрясения в первой половине XX века, призван показать, как проверялись на прочность научные ценности и нормы в условиях перманентного кризиса, связанного с двумя мировыми войнами и несколькими революциями (буржуазно-демократической, пролетарской, национал-социалистической). В конечном счете, политическим и хронологическим контекстом развивавшихся в науке событий была война: подготовка к Первой мировой войне, сокрушительное поражение обеих стран, жажда реванша и выбор тоталитарных режимов как средств для наилучшего обеспечения мобилизации всех материальных и людских ресурсов для новой мировой войны.

В книге сделана попытка выяснить следующее. Во-первых, какую роль та или иная отрасль биологии и ее представители сыграли для оправдания и реализации политики своих правительств? Во-вторых, в какой мере и в каком контексте власти использовали их для достижения своих целей? В-третьих, как сами ученые использовали с выгодой для себя государственные системы Германской и Российской империй, Веймарской республики и СССР, и особенно Третьего рейха, для развертывания исследований, которые стали возможны лишь в специфических политических, социальных, экономических и культурных условиях сменявших

сторонников гуманистических ценностей и к сближению позиций сторонников коммунизма и национал-социализма. У потомков победителей «коричневой чумы XX века» исчезла идиосинкразия к ее бациллам. Серьезные, политически неангажированные исследования диктатур Сталина и Гитлера показали, что пока нельзя твердо сказать, в чем они были сходны, а в чем различны. Время объективного анализа не пришло, слишком кровоточат еще раны (*Kershaw I., Levin M.* Afterthoughts // Stalinism and Nazism: Dictatorschips in Comparison / Ed. I. Kershaw, M. Levin. Cambridge, 1997. P. 343).

[4] Понятие «расизм» имеет сильный негативный оттенок в моральном и политическом аспекте, что затрудняет его использование в научной литературе (*Майлз Р., Браун М.* Расизм. М., 2004. С. 9–28, 74–76). Его ввели в обиход в конце 1920-х гг. французские критики немецкого праворадикального национализма, отождествив «расизм», «пангерманизм», «ксенофобию», «агрессивность», «империализм» и даже «патриотизм». В связи с этим практически не существует возможности дать его точное определение, на основе которого можно было бы выносить обоснованное суждение по поводу того, кто расист, а кто нет. Здесь и далее этот термин будет употребляться для характеристики научных взглядов и политико-идеологических воззрений, где на основе положения о неравноценности рас и народов проповедовалась необходимость установить разные социальные права для их представителей. Крайней формой расизма остаются проповедь национальной и расовой ненависти, а также геноцид. К сожалению, расизм получил широкое распространение во многих странах бывшего СССР, став одним из краеугольных камней их внешней и внутренней политики. В этом одна из причин популярности национал-социализма в современной России, так как всякое действие неизбежно рождает противодействие.

друг друга политических режимов? В-четвертых, насколько важную роль биологи-эксперты и их знания играли при обсуждении и формировании коммунистической и национал-социалистической политики, а также в какой мере сами власть предержащие использовали научную экспертизу для наиболее эффективного достижения поставленных целей? В-пятых, какие организации и группы в руководстве нацистов советовались с учеными, а также в какой мере ученые были не только экспертами, но и разработчиками инструкций по эвтаназии и геноциду, становясь «проектировщиками уничтожения?»[5]. Так назвали Г. Али и С. Хайм демографов, статистиков, географов, историков, фольклористов и иных, планировавших в своих трудах уничтожение целых народов в Восточной Европе[6].

Особенность этой книги состоит в том, что работа над ней в течение долгого времени была не главной задачей автора и шла наряду с другими исследованиями. Сбор материала по истории биологии в социально-культурном контексте сталинского режима был начат около 30 лет тому назад в период работы над книгой «Развитие эволюционной теории в СССР»[7], опубликованной в 1983 г. Не желая ставить под угрозу выход в свет этого коллективного труда, я отложил публикацию написанного тогда текста до лучших дней. Он был опубликован в 1990 г. в совместной с С.А. Орловым книге, в которой мной описаны события до августовской сессии ВАСХНИЛ[8].

Изучение истории проблемы эволюции биосферы и различных аспектов научной и социальной деятельности В.И. Вернадского показало, сколь неоднозначны были отношения научной элиты с власть предержащими[9], однако эта тема была

---

[5] *Aly G., Heim S.* Vordenker der Vernichtung. Auschwitz und die deutschen Pläne für eine neue europäische Ordnung. Hamburg, 1991.

[6] Der "Generalplan Ost". Hauptlinien der nationalsozialistischen Planungs- und Vernichtungspolitik / Hg. M. Rössler, S. Schleiermacher. Berlin, 1993.

[7] Развитие эволюционной теории в СССР / Ред.-сост. Э.И. Колчинский. Л., 1983.

[8] *Колчинский Э.И., Орлов С.А.* Философские проблемы биологии в СССР (1920–1960 гг.). Л., 1990.

[9] *Сорокина М.Ю.* Русская научная элита и советский тоталитаризм (очень субъективные оценки) // Личность и власть в истории России XIX–XX вв.: Материалы научной конференции. СПб., 1997. С. 248–255; *Колчинский Э.И., Козулина А.В.* Бремя выбора: Почему В.И. Вернадский вернулся в советскую Россию? // ВИЕТ. 1998. № 3. С. 3–25. М.Ю. Сорокина, положившая начало «деканонизации» Вернадского, т. е. переоценке традиционных взглядов на Вернадского как на воплощение этического принципа научной и социально-политической деятельности русской интеллигенции, которые она сама отстаивала в своих прежних публикациях, на наш взгляд, впала в другую крайность. В ее трудах научная элита выглядит как группа людей, обеспокоенных только проблемой укрепления своего социального статуса, вертикальной динамики и получения любыми способами средств для проведения исследований. Об умении ученых приспосабливаться к любым властям говорили ещё во времена Французской революции. Как негодовала мадам Л.Ж. де Сталь: «Ученые относят все то, что не поддается логике расчета, к иллюзиям. Они сначала оценивают силу правительства — неважно, какого, — а затем, поскольку у них нет иных желаний, кроме как предаваться своим трудам в мире и спокойствии, приносят обет послушания тем, кто в данный момент оказывается у власти… И никто так не радует сердце абсолютного монарха, как те, кто глубоко погружен в поиск физических законов, оставив мораль любому, кто захочет ею воспользоваться» (цит. по: *Дмитриев И.С.* «Союз ума и фурий»: ученые в эпоху Французской революции // Новое литературное обозрение. 2005. № 73. С. 40). Однако, в отличие от М.Ю. Сорокиной и Л.Ж. де Сталь, я не вижу ничего постыдного в том, что творческие люди оставались верны своему призванию, понимая преходящее значение всех форм и событий политической жизни. Вопрос, кому и как служит наука, не интересен и даже

лишь обозначена в публикациях, вышедших в разгар перестройки[10]. Последующая работа в государственных и личных архивах, многочисленные беседы и интервью с непосредственными участниками борьбы с лысенкоистами позволили лучше представить сложную историю биологии в нашей стране. Становились очевидными многие мифы, сложившиеся в истории науки. Особенно важны для меня были беседы разных лет (будь то специальные интервью или короткий обмен мнениями по данному вопросу), когда моими собеседниками были А.Д. Александров, В.Я. Александров, Н.Н. Воронцов, М.М. Голлербах, И.А. Горлинский, И.С. Даревский, В.Д. Есаков, А.В. Иванов, С.Г. Инге-Вечтомов, Л.З. Кайданов, М.М. Камшилов, И.И. Канаев, В.С. Кирпичников, Ф.И. Кричевская, Е.И. Лукин, Ю.В. Наточин, К.Л. Паавер, Н.С. Ростова, З.М. Рубцова, В.О. Самойлов, Л.Н. Серавин, Я.И. Старобогатов, Т.Я. Сутт, Л.П. Татаринов, Л.А. Фирсов, А.Г. Юсуфов, Е.С. Якушевский, М.Г. Ярошевский и др.

Судьба дала мне уникальную возможность в течение многих лет сотрудничать с К.М. Завадским, Д.В. Лебедевым и Ю.И. Полянским, что сказалось на многих моих научных взглядах, в том числе и на обсуждаемые здесь проблемы. В течение нескольких лет мне довелось еженедельно вести долгие беседы с А.М. Уголевым, благодаря которым мне удалось выяснить для себя не только важные моменты в истории советской биологии, но и лучше понять ее этос и осебенности академического сообщества. На разных этапах этой работы я пользовался советами и помощью А.Д. Александрова, В.В. Бабкова, А.В. Балушкина, А.В. Бекасовой, И.Л. Безбородко, И.А. Белозеровой, В.П. Борисова, А.Я. Боркина, Ю.А. Виноградова, Ю.П. Голикова, Н.А. Григорьян, И.С. Дмитриева, Б.И. Козлова, А.В. Кольцова, М.Б. Конашева, Ю.А. Лайус, А.В. Лапо, Е.С. Левиной, К.В. Манойленко, С.Р. Микулинского, Э.Н.Мирзояна, Е.Б. Музруковой, В.И. Назарова, В.М. Орла, С.А. Орлова, Ю.А. Петросяна, А.В. Полевого, А.В. Постникова, Г.А. Савиной, Г.И. Смагиной, В.С. Соболева, Э.А. Троппа, Т.И. Ульянкиной, А.А. Федотовой, М.Ф. Хартанович, Л.В. Чесновой, Ю.К. Чистова, Т.И. Юсуповой. Итогами моих исследований социальной истории науки, и прежде всего, биологии, в Советской России стала серия монографий, опубликованных за последние 5 лет[11].

бессмыслен для историка, так как не имеет прямого отношения к самой научной практике, ее результатам и месту данного ученого в мировой науке. Как справедливо отмечал М.К. Петров относительно философии: «Дело не в том, служит или не служит философия, она заведомо служит, как и любая другая форма социально необходимой деятельности — от санитарно-погребальной до художественной, и дело даже не в том, кому именно или какому классу служит философия, что имеет первостепенное значение для выяснения партийности философии, а дело в том, как, в каких формах, с какими конечными целями и ощутимыми результатами осуществляется эта цель» (*Петров М.К.* Язык, знак, культура. М., 1991. С. 224). То же самое можно сказать о враче, парикмахере, учителе и т. д. Важно, не кого они лечили, брили, учили, а как они это делали.

[10] Научное и социальное значение деятельности В.И. Вернадского / Ред.-сост. Э.И. Колчинский, А.И. Мелуа. Л., 1989; *Колчинский Э.И.* Эволюция биосферы: историко-критические очерки исследований в СССР. Л., 1990.

[11] *Колчинский Э.И.* В поисках советского «союза» философии и биологии: дискуссии и репрессии конца 20-х — начала 30-х гг. СПб., 1999; За «железным занавесом». Мифы и реалии советской науки / Отв. ред. Э.И. Колчинский, М. Хайнеман. СПб., 2002; Наука и кризисы. Историко-сравнительные очерки / Ред.-сост. Э.И. Колчинский. СПб., 2003; Академическая наука в Санкт-Петербурге в XVIII–XX вв. Исторические очерки / Отв. ред. Ж.И. Алфёров. Ред.-сост. Э.И. Колчинский, Э.А. Тропп. СПб., 2003.

В них было показано, что события отечественной биологии в 1920–1940-е гг. лежали в русле общего процесса «советизации» науки, суть которого заключалась в происходивших после Октябрьской революции 1917 года преобразованиях норм и ценностей научного сообщества России, связанных с прямым подчинением науки партийно-государственному контролю, идеологизацией и политизацией многих отраслей знания, поставленных на службу социалистическому строительству и призванных обеспечить проведение в жизнь партийных планов. «Советизация» оказала огромное влияние не только на социальный контекст и организацию научных исследований (их институциализацию, социализацию новых поколений ученых, систему подготовки кадров и достижения научной карьеры), но и на отношения науки с властью и обществом, на социальный статус ученых и их связи с зарубежными коллегами, на формы и ритуалы проведения научных мероприятий. Она обусловливала существенные изменения в самой науке: формирование особого стиля научных исследований, а также языка в публикации их результатов; введение идеологизированных, политизированных методов и методологии; преобразование соотношений между фундаментальными и прикладными исследованиями; смену концепций, а иногда и парадигмальные сдвиги в общественных науках. В области естественных наук с «советизацией» связаны попытки создания различных вариантов «идеологически корректной науки» вроде «пролетарской», «диалектической» и «мичуринской» биологии, «агробиологии», «советского творческого дарвинизма», «учения о живом веществе» и т. д.

Несмотря на огромное количество работ по истории отечественной биологии, выполненных в традиционном духе имманентного развития идей, ее социальные и институциальные аспекты исследованы слабо. Даже в интенсивно изучаемом отечественными и зарубежными исследователями периоде 1930–1950-х гг. их интересовали в первую очередь трагические перипетии развития генетики и борьбы с лысенкоизмом. Сопряженность этих событий с развитием немецкой биологии чаще всего игнорировали или давали в искаженном виде, связывая работы отечественных генетиков с построениями расологов и расовых гигиенистов. Что же касается развития биологических исследований в начале XX века, то их изображали, как правило, крупными мазками или же через призму биографий отдельных ученых. Особенно не повезло работам, выполненным в годы Первой мировой войны. О них принято было не упоминать, что в какой-то мере было обусловлено идеологией советской историографии, считавшей неприличным обсуждать патриотический подъем российских ученых в первые месяцы империалистической войны. Только в последнее десятилетие эта традиция была сломана молодыми историками биологии, которые показали, как в динамике первых десятилетий XX века можно вычленить изменения в биологических практиках, непосредственно связанных с войной[12].

Перестройка дала отечественным исследователям возможность обратиться к архивам Западной Германии, а также ознакомиться с огромным массивом литературы по социальной истории немецкой биологии, и прежде всего, по проблемам взаимоотношения биологии и национал-социализма. Оказалось, что западные ученые далеко продвинулись по пути анализа идеологизированных наук, начав

---

[12] *Федотова А.А.* Российские ботаники в Первую мировую войну // История социокультурных проблем науки и техники. М., 2004. Вып. 2. С. 208–223; *Лайус Ю.А.* Развитие рыбохозяйственных исследований Баренцева моря в конце XIX — первой трети XX веков: взаимоотношения науки и практики: Дисс. … канд. ист. наук. М., 2004 (рукопись).

рассматривать биологов не как жертв происходящих событий, а скорее как их активных участников[13]. Вскоре стало ясно, что недостаточно проводить простые аналогии между пролетарской биологией в СССР и арийской — в нацистской Германии, как это было свойственно ряду отечественных и зарубежных публикаций времен перестройки. Поверхностное генерализующее сопоставление «с высоты птичьего полета» исторически несводимых феноменов неизбежно ведет к неправомерному смешению расхождений, актуальных для своего времени. Остаются, например, непонятными столь различные судьбы генетики, евгеники и расологии[14] в сталинской России и гитлеровской Германии.

[13] *Breitling R.* Die national-sozialistische Rassenlehre. Entstehung, Ausbreitung, Nutzen und Schaden einer politischen Ideologie. Meisenheim am Glan, 1971; *Weiss Sh.* Race Hygiene and National Efficiency. The Eugenics of Wilhelm Schallmayer. Berkeley; Los Angeles; London, 1987; *Weingart P.* German Eugenics between Science and Politics // Osiris. 1989. № 5. P. 260–262; Naturwissenschaft, Technik und NS-Ideologie. Beiträge zur Wissenschaftsgeschichte des Dritten Reichs / Hg. H. Mehrtens, S. Richter. Frankfurt am Main, 1990; *Proctor R.* Racial Hygiene: Medicine under the Nazis, Cambridge (Mass.); London, 1988; *Weindling P.* Health, Race and German Politics between National Unification and Nazism. 1870–1945. Cambridge, 1989; International Health Organisations and Movements 1918–1939 / Ed. P. Weindling. Cambridge, 1995; *Deichmann U.* Biologen unter Hitler. Vertreibung, Karrieren, Forschung. Frankfurt am Main; New York, 1992.

[14] Термин «расология», насколько мне известно, ввел в отечественную литературу в конце 1990-х гг. председатель серии «Библиотека расовой мысли», выпускаемой московским издательством «Белые альвы», В.Б. Авдеев. Он более удачен, краток и точен как перевод немецкого термина «Rassenkunde», чем бытовавшие ранее его эквиваленты в русском языке: «расовые учения», «расовые теории», «расоведение» и т. д. Второй корень этого слова — «логос» — один из наиболее оригинальных и популярных в античной и средневековой философии, непереводимый на другие языки, — хорошо отражает нечеткость воззрений, пытавшихся на нормативно-ценностных и политических основах синтезировать различные знания, связанные с изучением рас в этнографии, истории, лингвистике, антропологии, психологии, психиатрии, генетике, экологии, эволюционной теории и т. д. Сам Авдеев справедливо указывает, что, в отличие от обыкновенной антропологии, изучавшей «количественные параметры тела представителей человеческих рас», «расология стремится оценить их качественно, интерпретируя наследственные различия в контексте исторического процесса». И хотя он определяет расовую теорию как науку, «изучающую биологические факторы мировой истории», тут же признает, что она представляет собой «философскую систему, находящуюся на стыке гуманитарных и естественных наук, посредством которой все социальные, культурные, экономические и политические явления человеческой истории объясняются действием наследственных расовых различий народов» (Русская расовая теория до 1917 года. М., 2004. Вып. 1. С. 6). Тем самым на смену экономическому монизму исторического процесса К. Маркса постулируют биологический монизм. По преданию, на дверях Академии — сада Платона, трактуемого современными расологами в качестве их предтечи, — было написано: «Не знающим геометрию — вход воспрещен». Упор на качественный, а не количественный анализ биологических факторов исторического процесса свидетельствует о том, что расологические построения лежат не на стратегической линии развития науки, начинавшейся с числа Пифагора, а в русле расплывчатых, чисто идеологизированных рассуждений, не подлежащих научной проверке. В этом отношении расология так же отличается от антропологии и других биологических наук, как астрология — от астрономии, алхимия — от химии. Не случайно в ней полностью отвергаются современные генетико-популяционные исследования человека, да и сама генетика, вместо которой предлагается некая «наука о наследственных качествах людей», сооруженная В.Б. Авдеевым и его сторонниками из вырванных цитат разных, преимущественно немецких, авторов эпохи нацизма, не оставивших следа в науке о наследственности человека.

При непосредственном обращении к материалу оказываются более важными дивергентные политико-идеологические линии, разводящие Э. Баура, Г. Бауэра, Г. Геберера, Э. Лемана, К. Лоренца, Б. Ренша, О.Ф. фон Фершуера, О. Фишера, с одной стороны, и И.И. Агола, Н.И. Вавилова, Н.П. Дубинина, С.Г. Левита, А.С. Серебровского, Ю. Шакселя, И.И. Шмальгаузена, с другой стороны, по разным векторам единого силового поля науки, чем наличие общего для всех названных ученых стремления использовать тоталитарный режим для развития своих отраслей знания, имитируя верность идеологически-корректной науке. В то же время детальное рассмотрение социального и культурно-исторического (биографического) контекста того или иного научного направления или ученого таит опасность растворения реальных противоречий в единой картине-реконструкции изучаемой целостности[15].

Наличие общих научных задач и сходных способов продвижения своих целей и интересов в тоталитарных условиях не снимает ключевые для современников расхождения между учеными, даже принадлежавшими к одной научной школе и демонстрировавшими внешне сходные формы поведения. При анализе сходств и различий в интеллектуальной истории особенное значение приобретает степень включенности в политико-идеологическую деятельность, соотношение теории и практики в научной деятельности, приверженность традициям или устремленность к модернизации, а также групповая и институциальная динамика ученых, отражающая их включенность в социально-культурный контекст. В то же время социальная история творцов науки невозможна без традиционного анализа истории идей, включая, конечно, политические и академические параметры их воспроизводства.

Социальная история рассматривает развитие научных исследований вместе с судьбами самих ученых в социально-политических контекстах разных уровней — от социально-психологической обстановки на кафедре, в лаборатории, институте, университете, обществах и академиях до политической атмосферы данного региона или общества в целом. Анализ научных программ в рамках отдельных школ и индивидуальных стратегий ученых, которые они выбирали для развития своих исследований, различных способов их сочетания с жесткими политико-идеологическими и практическими требованиями со стороны общества и власти, а также различных способов взаимоотношений, включая острую конкуренцию и откровенную борьбу в самом научном сообществе, дает возможность реконструировать реальный ход научных исследований в меняющемся социально-политическом контексте. Особое значение при этом уделяют институциональным аспектам развития биологии, конкуренции и кооперации отдельных научных школ и учреждений, тенденциям к централизации научных исследований, столь ярко сказавшимся в 1930-х гг. в обеих странах.

Сложный сплав национальных и международных приоритетов в развитии биологии всегда преломлялся через исследовательские стратегии отдельных научных школ и ученых. Это делает особенно важным изучение их научных биографий, которые, к сожалению, в большинстве случаев еще не написаны. Можно по пальцам пересчитать главных участников этих процессов (А. Бутенандт, Н.И. Вавилов, О. Варбург, В.И. Вернадский, Н.К. Кольцов, К. Лоренц, Т.Д. Лысенко, Г.Дж. Мёллер, Н.В. Тимофеев-Ресовский и др.), чья жизнь и творчество стали предметом пристального внимания историков науки. О большинстве других

---

[15] *LaCapra D.* Rethinking Intellektual History. Texts, Context, Language. Ithaca, 1983. P. 93–117.

ключевых фигур в лучшем случае, имеются только отдельные монографии и статьи в сборниках и журналах (Э. Баур, Г. Геберер, Г.Ф.К. Гюнтер, Н.П. Дубинин, Г. Нахтсхайм, И.И. Презент, В.Н. Сукачёв, Ю.А. Филипченко, О. Фишер, В. Циммерман, И.И. Шмальгаузен, Э. Штреземан, Г. Штуббе и др.). Чаще всего сведения о них можно почерпнуть лишь из юбилейных статей, некрологов, биобиблиографических справочников, содержащих только основные краткие данные об их творческом пути и научных достижениях. А этих сведений обычно недостаточно для понимания детерминации их поведения в конкретном социально-психологическом контексте.

Эвристические возможности реконструкции интеллектуальных событий в разных странах в рамках ныне популярного жанра «истории дискурсов» таят в себе опасность за общностью подходов к научным проблемам, тематических ракурсов, категориальных построений и социально-политического поведения не заметить не только существенные различия, разделявшие биологические сообщества Германии и СССР в их отношениях с властью, но идейно-психологические и нравственные разломы, воспроизводившиеся порою в течение многих десятилетий внутри самих национальных академических элит. В итоге сопоставление биологических сообществ Германии и России в пределах полувекового отрезка их сопряженного развития ведет к дилеммам социальной формы и исторического содержания, а также массовой истории ментальностей и штучной когнитивной истории фундаментальных идей и жизненных путей их создателей. Путь к снятию этих противоречий в какой-то степени лежит в совместном рассмотрении академической истории и академической политики. Важными остаются и герменевтические методы проникновения в прошлое, позволяющие нащупать механизмы не только выживания в тоталитарных режимах конкретных естествоиспытателей без потери научной методологии, но, что особенно существенно, понять причины сохранения научных сообществ в целом как носителей идеала свободного поиска истины.

Изучение огромного массива опубликованных источников показало, как мало мы знаем о действительной истории немецкой биологии в XX в., прежде всего, об отраслях, причисленных к антинаучным из-за их связи с гитлеризмом. В отечественной историко-научной литературе начисто отсутствуют многие выдающиеся ученые, ключевые фигуры в биологии Германской империи и Веймарской республики, не говоря уже о Третьем рейхе, связанные в той или иной мере с расологией, евгеникой и расовой гигиеной[16]. Образ других, например, Э. Баура,

[16] В Третьем рейхе термин «расовая гигиена» употреблялся в разных смыслах: 1) связь учения о наследственности и расовой этнолингвистики; 2) забота о росте и благосостоянии человека; 3) учение о наследственности человека; 4) отрасль медицины (*Harten H.-Ch.*, *Neurich U.*, *Schwerendt M.* Rassenhygiene und Erziehung im Dritten Reich. Bibliographisch-biographische Untersuchungen. Berlin, 2002). Соответственно они изучались на разных факультетах и относились к разным отраслям знания. Далее под расовой гигиеной в основном понимается учение, призванное освободить нацию от нежелательных групп и индивидов, отягощенных наследственными болезнями, социальными пороками, а в радикальной национал-социалистической форме — и от лиц, угрожавших чистоте расы. Центральное место в ней занимает утопический проект построения счастливого будущего для расово избранных групп. Эта была не научная разработка, а мобилизационная идеология, интенсивно использовавшая риторику, дидактику, эстетику в совокупности с теоретическими конструкциями о рациональном преобразовании природы и общества. В сравнении с евгеникой расовая гигиена — праворадикальный вариант биологической утопии усовершенствования человека, завершившийся

подан в искаженном виде со стыдливым умалчиванием его прямого влияния на формирование идеологии и практики нацизма. Между тем, именно их совместный труд с О. Фишером и Ф. Ленцем был использован в качестве «научной основы» для программы эвтаназии инвалидов, психически больных, а также для массовых расстрелов евреев, цыган, поляков и русских[17]. Известно, что, работая в тюрьме над книгой «Моя борьба» (Mein Kampf) и формулируя собственные расовые идеи, Гитлер штудировал этот труд[18].

Надо сказать, что этому забвению способствовали и сами немецкие биологи, в одночасье после 1945 г. все как один ставшие жертвами или даже убежденными противниками нацистского режима. Многие из них старались забыть, что их деятельность в Третьем рейхе была возможна лишь в условиях соблюдения хотя бы внешней политической лояльности к нацизму. Забывая о завете: «Не судите, да не судимы будете», они зачастую хорошо помнили грехи других, демонстрируя полную амнезию своей деятельности в нацистской Германии. В этом отношении характерен разговор с Н.В. Тимофеевым-Ресовским, который состоялся зимой 1977 г., когда мне после смерти моего учителя К.М. Завадского поручили готовить задуманную им коллективную монографию о развитии эволюционной теории в СССР[19]. Первоначально предполагалось, что во вводных главах книги будет кратко рассказано о развитии эволюционной теории в эти годы в Англии, Германии, США и Франции. Проспект книги послали Н.В. Тимофееву-Ресовскому, мнение которого я и хотел узнать при личной встрече. Его реакция меня удивила. Он заявил, что не надо ничего писать об авторах, активно действовавших при нацистском режиме, и упрекнул меня за то, что по моей инициативе в третьем выпуске «Истории и теории эволюционного учения» (1975) был помещен перевод некролога о Г. Геберере. По мнению Тимофеева-Ресовского, он не заслуживал этой чести, так как был активным нацистом и членом СС. Пришлось ответить, что мы отдали дань уважения не нацисту, а составителю и редактору одной из наиболее полных сводок по синтетической теории эволюции — «Эволюция организмов». Кстати, в первом издании этой книги, которое вышло в 1943 г., участвовал сам Тимофеев-Ресовский.

По прошествии многих лет, после того как мне пришлось взять интервью у многих активных участников борьбы с лысенкоизмом в 1940–1960 гг., часть из которых по разным причинам или сотрудничали с Т.Д. Лысенко на ранних стадиях его карьеры, или публично выступали с восхвалением его деятельности в конце 1930-х — начале 1950-х гг., я понял, что великий генетик и эволюционист XX века Тимофеев-Ресовский не кривил душой и был искренним в своем негодовании. Человеческая память, как правило, сохраняет лишь свои положительные и

национал-социализмом и расизмом. В Германии расовая гигиена возникла из различных теоретических, околонаучных течений, объединив социал-дарвинизм, евгенику, расовую антропологию в новой парадигме. Расовая гигиена не была изначально расистской, объединение с расовой антропологией наметило ее крен в эту сторону. Но окончательную роль в ее превращении сыграло объедение с радикальным пангерманизмом, национализмом и нордизмом.

[17] *Gilsenbach R.* Erwin Baur. Eine deutsche Chronik // Beiträge zur nationalsozialistischen Gesundheits- und Sozialpolitik, 1989. Bd. 8. S.184.

[18] *Kröner H.-P., Toellner R., Weisemann K.* Erwin Baur. Naturwissenschaft und Politik. München, 1994. S. 57–70.

[19] Развитие эволюционной теории в СССР (1917–1980-е гг.) / Ред.-сост. Э.И. Колчинский; отв. ред. С.Р. Микулинский, Ю.И. Полянский. Л., 1983.

благородные поступки, а также неблаговидные дела других. Поговорка: «врет, как очевидец» — отражает эту особенность исторических реминисценций, с которыми должен считаться каждый историк, опирающийся в своих сочинениях на личные воспоминания. Однако большинство из них, будучи влюблены в своих героев или не желая отказаться от черно-белого видения прошлого, вольно или невольно способствуют его искажению

В ходе работы над этой книгой я убедился ещё раз, что нашим профессиональным историкам науки остаются неизвестными многие страницы истории биологии — не только немецкой, но и отечественной. В частности, мало кто знает, что многие дореволюционные российские биологи, в том числе и лауреат Нобелевской премии И.И. Мечников, активно участвовали в пропаганде социал-дарвинизма. Вообще расистские и ксенофобские настроения были популярны в дореволюционном научном сообществе, и примеры таких высказываний можно найти в трудах и дневниках В.И. Вернадского, К.С. Мережковского, Д.И. Менделеева, Н.М. Пржевальского, П.К. Козлова и др. Те, кто знакомы с этими страницами из отечественной истории науки, предпочитают о них помалкивать, чтобы не очернить светлые облики российских классиков, забывая о том, что их нельзя судить за то, что они были плоть от плоти детьми своего времени со всеми его достижениями и заблуждениями.

Между тем историческая амнезия общества более опасная вещь, чем индивидуальная. Туда, где молчат историки, приходят циничные политики, которые препарируют труды классиков прошлого не с позиции современной науки и исторического опыта, а в интересах собственных политических групп. Национализм, сопровождаемый притеснением русскоязычного населения во многих бывших республиках СССР, неизбежно порождает ответные чувства оскорбленного русского национального сознания. Некоторым кажутся соблазнительными призывы искать выход из ситуаций при помощи расово-гигиенических средств, предложенных в начале XX века, в основе которых и тогда, как казалось многим, лежали светлые чувства патриотизма и желания блага своему народу. Но благими намерениями всегда вымощена дорога в ад. Дорога очищения арийской расы[20] принесла бедствие в

[20] Понятие «раса» (от итал. «razza» — «род», «порода», «племя», нем. — «Rasse», фр., англ. — «race») не входит в зоологическую номенклатуру и очень редко используется в современной, зарубежной литературе для обозначения географического сегмента вида, т. е. группы популяций в определенном ареале, отличавшихся от остальных популяций вида некоторыми генетически закрепленными признаками. Фактически под ним подразумевают подвид, реальность которого также весьма условна и спорна. Изредка используют словосочетания «дискретная или непрерывная расы», «активная или пассивная расы», «викарирующая раса», «микрогеографическая раса», «экологическая раса», «биологическая раса», «сексуально-биологическая раса», «физиологическая раса», «генетическая раса», «историческая раса» и т. д., перекрывающиеся друг с другом и не имеющие общепринятого значения. «Расы» как систематические подразделения используют только для обозначения внутривидовых групп у современного человека, характеризирующихся наследственно обусловленными анатомическими признаками (цвет кожи, глаз, волос, особенности мягких частей лица, черепа, роста и др.), адаптивное значение которых не выяснено. Уже при выделении основных рас существуют разногласия (3 или 5), из-за отсутствия четкой дифференциации по расовым признакам и клинической изменчивости. Их ещё больше при классификации подрас, популяций и т. д. Наиболее принят сейчас географический принцип деления рас на два ствола, исходящий из независимого формирования монголоидной расы (Восточная Азия) и негроидной и европеоидной рас (Передняя Азия), однако наличие представителей

первую очередь Германии, которая в процентном отношении от общей численности населения потеряла почти столько же людей, сколько Советский Союз. Но если у нас разрушения коснулись в основном лишь зоны боевых действий, то в мае 1945 г. вся Германия лежала в руинах, так как страх перед национал-социализмом заставил объединиться даже самых лютых врагов: либералов (Англию, США) и коммунистов (СССР). Кроме того, в немецком национальном сознании до сих пор культивируют чувство вины за преступления нацистов и своего рода комплекс неполноценности по отношению к их англо-американским и советским победителям.

В связи с этим следует приветствовать издание в серии «Библиотека расовой мысли» трудов классиков немецкой расологии XX века — Л. Вольтмана («Политическая антропология», 2000) и Г.Ф.К. Гюнтера («Избранные работы по расологии», 2002). Они дают возможность из первых рук узнать, почему расовые идеи оказались столь заразительны для великого народа, заплатившего впоследствии высокую цену за свое презрение и ненависть к другим нациям и расам. Из этих книг становится ясно, как опасно доверять политическим предпочтениям и национальным эмоциям ученых, выступающих от имени науки. Переходя в политику (а такие переходы порою кажутся совершенно незаметными), любой ученый теряет право говорить от имени своих коллег и науки в целом. Попытки реализовать социальные проекты марксизма и национал-социализма, поданные от имени науки и искренне поддержанные многими учеными, закончились катастрофой, унеся жизни десятков, если не сотен миллионов людей, и загубленные судьбы нескольких поколений Германии, Италии, Китая, Кореи, СССР, Японии и других стран, ставших испытательными полигонами для этих социальных утопий.

Нельзя забывать, что аналогичные идеи оздоровления человечества поддерживали и многие выдающиеся англоязычные ученые (А.Р. Уоллес, Ф. Гальтон, Г.Ф. Осборн, Г.Дж. Мёллер, Дж. Нидхэм, Дж.С. Хаксли, Дж.Б.С. Холдейн и мн. др.), или ратовавшие по гуманистическим соображениям за евгенические мероприятия, или сочувствовавшие построению социализма и считавшие евгенику важным инструментом в оздоровлении человечества[21]. К счастью, им не пришлось

негроидной расы на Новой Гвинее, на Филиппинах и т. д. не дает возможности выдержать и этот принцип деления. Нет единства в науке и по вопросу о факторах расообразования. Все это свидетельствует об отсутствии общепризнанного толкования понятия «человеческие расы». С установлением политипической природы человечества как подвида (*Homo sapiens sapiens)* вида *Homo sapiens*, сформировавшегося примерно 200 000 лет тому назад, деление на расы приобрело еще более условный, конвенциальный характер, особенно с внедрением новейших молекулярно-генетических способов установления генетических отношений, показавших единство генофонда всех современных рас. В то же время существует полное единодушие между антропологами и биологами-эволюционистами по ключевым вопросам: все расы принадлежат к одному виду; все расы абсолютно равноценны в биологических и психических отношениях; все расы находятся на одной и той же стадии эволюционного развития; все расы гетерогенны; нельзя путать «расы человека» с понятиями «народ», «нация», «языковая группа». См. подробнее: *Майр Э.* Человек как биологический вид // Природа. 1973. № 12. С. 36–43; 1974. № 2. С. 36–43; *Алексеев В.П.* Проблемы эволюционной морфологии человека и его рас. М., 1986; *Can R.L.*, *Stomaching M.*, *Wilson A.S.* Mitochondrial DNA and Human evolution // Nature. 1987. Vol. 325. S. 31–35; *Ламберт Д.* Доисторический человек. Кембриджский путеводитель. Л., 1991. С. 136–139, 142–145, 158–159, 180–191; *Фоули Р.* Еще один неповторимый вид. Экологические аспекты эволюции человека. М., 1990. С. 31; *Георгиевский А.Б.* Антропология. Учебное пособие. СПб., 2002. С. 149–178.

[21] *Галл Я.М.* Джулиан Сорелл Хаксли. СПб., 2004. С. 223–258.

испытать на себе воплощения этих утопий на практике. Иная судьба была у их российских и немецких единомышленников. Немало страданий выпало на долю самих биологов, как тех, кто активно участвовал в пропаганде и реализации утопий, возникших из научных трудов, так и противников коммунизма и национал-социализма. Одни из них заплатили кровью и жизнью, другие — годами тюремных заключений, третьи — эмиграцией, четвертые — историческим забвением, что для настоящего ученого не менее страшное наказание.

Биологам Германии, как и их российским коллегам, пришлось пережить немало метаморфоз, связанных со сменами политических систем в первой половине XX в. Сперва они жили и работали в Германской империи, в 1918–1932 гг. — в Веймарской республике, с 1933 по май 1945 гг. — в Третьем рейхе, в 1945–1949 гг. — в оккупационных зонах, в 1949–1990 гг. — в ГДР или ФРГ, и, наконец, с 1991 г. — вновь в объединенной Германии. Характерно, что долгое время немецкие историки науки предпочитали не касаться вопроса о науке, медицине и технике в Третьем рейхе. Две фундаментальные американские публикации о роли отдельных наук и некоторых ученых в нацистской Германии, вышедшие сразу после войны, так и не были переведены на немецкий язык, хотя вплоть до последнего времени не раз переиздавались в США, Англии и других странах[22].

В Германии же после войны популярными были рассказы о том, как страдали немецкие ученые при нацистах, которых они якобы все ненавидели и по возможности оказывали им сопротивление. В качестве примера можно привести популярную легенду о том, что немецкие физики во главе с В. Гейзенбергом и Ф. фон Вайцзеккером всячески тормозили создание атомной бомбы в Германии[23]. Такое объяснение причин отставания немцев в «атомном проекте» рухнуло в 1992 г., когда английское правительство разрешило опубликовать расшифровку магнитофонных записей разговоров, которые вели в 1945 г. немецкие ядерные физики, интернированные на одну из ферм[24]. Из нее выяснилось, что у них просто не хватило интеллектуальных, материальных и финансовых сил для успеха, так как не удалось заинтересовать Гитлера и его окружение, сделавших ставку на ракетное оружие[25]. Но и до этого все большее число американских историков науки выражало сомнение в искренности объяснений немецких физиков, предполагая, что они придуманы участниками немецкого атомного проекта не только для оправдания себя перед союзной администрацией, но и для преувеличения своей ценности в глазах возможных будущих хозяев, дабы скрыть от них подлинные причины неудачи.

Пионерская работа А. Бейерчера о физиках во времена нацизма положила начало новой фазе исследований отношений между немецкой наукой и национал-социализмом[26]. С тех пор вышли десятки, если не сотни монографий и сборников, посвященные различным аспектам развития отдельных наук в национал-социалистической

---

[22] *Weinreich M.* Hitler's Professors: The Part of Scholarship in Germany's Crimes Against the Jewish People. 1946; *Goudsmit S.* Alsos. Los Angeles, 1946.

[23] *Walker M.* Nazi Science. Myth, Truth and the German Atomic Bomb. Cambridge (Mass.), 1995. P. 243–268.

[24] *Frank Ch.* Operation Epsilon: The Farm Hall Transkripts. Berkeley, 1993; Operation Epsilon. Die Farm-Hall-Protokolle oder die Angst der Alliierten vor der deutschen Atombombe / Hg. D. Hoffmann. Berlin, 1993; *Walker M.* Nazi Science. P. 207–242.

[25] *Walker M.* Nazi Science. P. 183–207.

[26] *Beyerchen A.* Scientists under Hitler: Politics and the Physics Community in the Third Reich. New Haven, 1977.

Германии и политическому поведению их представителей. В большинстве из них обсуждают проблемы физики[27], техники[28] и медицины[29].

Пожалуй, никогда медицина не была столь тесно связана, точнее, столь варварски связана со многими отраслями биологии, как в Третьем рейхе. Многие сырые, неустоявшиеся в самой биологии представления и концепции нацисты стремились применить на практике ради улучшения «здоровья нации». Вот почему история расовой гигиены, генетики, антропологии и т. д., а также злоупотребления их данными высококвалифицированными профессионалами — биологами и врачами — составила мощный центр притяжения для многих интересующихся

---

[27] *Walker M.* Die Uranmaschine: Mythos und Wirklichkeit der deutschen Atombombe. Berlin, 1990; *Powers T.* Heisenbergs Krieg. Die Geheimgeschichte der deutschen Atombombe. Hamburg, 1993; *Rose P.L.* Heisenberg and the Nazi Atomic Bomb Project. A Study in German Culture. Berkeley; Los Angeles; London, 1998; *Metzler G.* Internationale Wissenschaft und nationale Kultur. Deutsche Physiker in der internationalen Community: 1900–1960. Göttingen, 2000; *Schaaf M.* Heisenberg, Hitler und die Bombe. Gespräche mit Zeitzeugen. Berlin, 2001.

[28] *Ludwig K.-H.* Technik und Ingenieure im Dritten Reich. Athenäum, 1979; *Hölsken H.D.* Die V-Waffen. Entstehung-Propaganda-Kriegseinsatz. Stuttgart, 1984; *Hellmold W.* Die V 1. Eine Dokumentation. München, 1988; Naturwissenschaft, Technik und NS-Ideologie; Medizin, Naturwissenschaft, Technik und Nationalsozialismus. Kontinuität und Diskontinuitäten / Hg. C. Meinel, P. Voswinckel. Stuttgart, 1994; *Bornemann M.* Geheimprojekt Mittelbau. Vom zentralen Öllager des Deutschen Reiches zur grössten Raketenfabrik im Zweiten Weltkrieg. Hamburg, 1994; *Schabel R.* Die Rolle der Düsenflugzeuge und Flugabwehrraketen in der Rüstungspolitik des Dritten Reiches. München, 1994; *Eisfeld R.* Mondsüchtig. Wernher von Braun und die Geburt der Raumfahrt aus dem Geist der Barbarei. Reinbek, 1996; *Hinchliffe P.* The Other Batttle. Luftwaffe Night Ages Versus Bomber Command. London, 1996; *Neufeld M.J.* Die Rakete und das Reich. Wernher von Braun, Peenemünde und der Beginn des Raketenzeitalters. Berlin, 1997; Peenemünde. Mythos und Geschichte der Rakete: 1923–1989. Berlin, 2004.

[29] *Hillel M., Henry C.* Lebensborn e. V. Im Namen der Rasse. Wien; Hamburg, 1975; *Kaul F.* Die Psychiatrie im Strudel der "Euthanasie". Frankfurt am Main, 1979; *Baader G., Schulz U.* Medizin und Nationalsozialismus. Berlin, 1980; *Leibfried S., Tennstedt F.* Berufsverbote und Sozialpolitik 1933: Die Auswirkungen der nationalsozialistischen Machtergreifung auf die Krankenkassenverwaltung und die Kassenärtze. Bremen, 1983; Der Krieg gegen psychische Kranken / Hg. D. Beckmann. Rehburg, 1980; Schmidt G. Die Selection in der Heilanstalt. Frankfurt am Main, 1983; *Müller-Hill B.* Tödliche Wissenschaft. Die Aussorderung von Juden, Zigeunern und Geisteskranken. 1933–1945. Reinbek, 1984; *Geuter U.* Die Professionalisierung der deutschen Psychologie im Nationalsozialismus. Frankfurt am Main, 1984; Psychoanalyse und Nationalsozialismus. Beiträge zur Bearbeitung eines unbewältigten Traumas / Hg. H.M. Lohmann. Frankfurt am Main, 1984; Ärzte im Nationalsozialismus / Hg. F. Kudlien. Cologne, 1985; *Lilienthal G.* Der "Lebensborn e. V." Ein Instrument nationalsozialistischer Rassenpolitik. Stuttgart; New York; Mainz, 1985; *Klee E.* "Euthanasie" im NS-Staat. Die "Vernichtung lebensunwerten Lebens". Frankfurt am Main 1985; *Richter H.-E.* Die Chance des Gewissens. Hamburg, 1986; *Proctor R.* Racial Hygiene. Medicine under the Nazis. Cambridge (Mass); London, 1988; *Lifton R.J.* Ärzte im Dritten Reich. Stuttgart, 1988; Medizin unterm Hakenkreuz / Hg. A. Thom, G.I. Caregorodčev. Berlin, 1989; *Kater M.* Doctors under Hitler. Chapel Hill; London, 1989; *Lifton R.J. Marcusen E.* Die Psychologie des Völkermordes. Sttutgart, 1992; *Köhn M.* Zahnärzte. 1933–1945. Berufsverbot, Emigration, Verfolgung. Berlin, 1994; *Aly G., Chroust P., Pross Ch.* Cleansing the Fatherland Nazi Medicine and Racial Hygiene. Baltimore, 1994; *Klee E.* Auschwitz, die NS-Medizin und ihre Opfer. Frankfurt am Main, 1997; *Clay C., Leapmann M.* Herrenmenschen — Das Lebensborn-Experiment der Nazis. Berlin, 1997; Medizin und Gewissen. 50 Jahre nach dem Nürnberger Ärzteprozess — Kongressdokumentation / Hg. S. Kolb, H. Seithe. Frankfurt am Main, 1998; *Kramer S.* "Ein ehrenhafter Verzicht auf Nachkommenschaft":

проблемой взаимоотношения науки и власти[30]. Среди работ, освещавших развитие биологии в целом, особое место заняли две монографии У. Дайхман, в которых рассмотрены различные институциональные, социально-политические, экономические аспекты развития этой отрасли знания при нацистах, дан всеобъемлющий анализ её роли в Третьем рейхе и приведены краткие биографические сведения обо всех наиболее важных ее представителях в национал-социалистической Германии[31]. Обе книги сразу после выхода в свет стали важнейшими источниками для понимания биологии того периода.

В фундаментальной коллективной монографии под редакцией Р. Фирхауса и Б. фом Брокке было начато разностороннее изучение развития науки, включая и биологию, в Обществе Кайзера Вильгельма (далее КВГ, Kaiser-Wilhelm-Gesellschaft)[32]. Содержательный анализ развития биологии в КВГ в годы национал-социалистической Германии с учетом его предшествовавшей истории дан

Theoretische Grundlagen und Praxis der Zwangssterilisation im Dritten Reich am Beispiel der Rechtsprechung des Erbgesundheitsobergerichts Celle. Baden-Baden, 1998; Psychiatrie in Natioinalsozialismus. Die Bayerischen Heil- und Pflegeanstalten zwischen 1933 und 1945 / Hg. M. von. Cranach, H.-L. Siemen. München, 1999; *Proctor R. N.* The Nazi War on Canzer. Princeton, 1999; *Seidler E.* Kinderärzte. 1933–1945. Entrechtet-geflohen-ermordet. Pediatricians — victims of persecution 1933–1945. Bonn, 2000; Vernichten und Heilen. Der Nürnberger Ärzteprozess und seine Folgen / Hg. A. Ebbinghaus, K. Dörner. Berlin, 2001; *Klee E.* Deutsche Medizin im Dritten Reich. Karrieren vor und nach 1945. Frankfurt am Main, 2001; Medizingeschichte und Medizinethik. Kontroversen und Begrundungsansätze 1900–1950 / Hg. A. Frewer, I.N. Neumann. Frankfurt am Main; New York, 2001. *Schmidt U.* Medical Films, Ethics and Euthanasia in Nazi Germany. The History of Medical Research and Teaching Films of the Reich Office for Educational Films: Reich Instutute for Films in Science and Education, 1933–1945. Husum, 2002.

[30] *Breitling R.* Die national-sozialistische Rassenlehre. *Müller-Hill B.* Murderous Science: Elimination by Scientific Selection of Jews, Gypsies, and Others. Germany 1933–1945. Oxford, 1985; Der Griff nach der Bevölkerung. Aktualität und Kontiniutät nazistischer Bevölkerungspolitik / Hg. H. Kaupen-Haas. Nördlingen, 1986; *Schmuhl H.-W.* Rassenhygiene, Nationalsozialismus, Euthanasie. Von der Verhütung zur Vernichtung «lebensunwerten Lebens». Göttingen, 1987; *Stocking G.W.* Bones, bodies, behavior. Essays on biological anthropology. Madison, 1988; *Becker P.E.* Zur Geschichte der Rassenhygiene — Wege ins Dritten Reich. Stuttgart; New York, 1988; *Bäumer Ä.* NS-Biologie. Stuttgart, 1990; *Fischer H.* Völkerkunde in Nationalsozialismus. Aspekte der Anpassung. Affinität und Behauptung einer wissenschaften Disziplin. Berlin; Hamburg, 1990; *Weindlich P.* Epidemics and Genocide in Eastern Europe 1890–1945. Oxford, 2000; *Weiss Sh.* The Race Hygiene Movement in Germany, 1904–1945 // Osiris. 1987. № 3. P. 193–236; *Weingart P., Kroll J., Bayertz K.* Rasse, Blut und Gene. Geschichte der Eugenik und Rassenhygiene in Deutschland. Frankfurt am Main, 1988; *Hansen F.* Biologische Kriegsführung im Dritten Reich. Frankfurt am Main; New York, 1993; *Satzinger H.* Die Geschichte der genetisch orientierten Hirnforschung von Cécile und Oskar Vogt (1875–1962, 1870–1959) in der Zeit von 1895 bis ca. 1927. Stuttgart, 1998; Wissenschaftlicher Rassismus. Analysen einer Kontinuität in der Human- und Naturwissenschaften / Hg. H. Kaupen-Haas, Ch. Saller. Frankfurt am Main; New York, 1999; *Wetzell R.* Inventing of Criminal: History of German Criminology. 1880–1945. Chapel Hill, 2000; Naturschutz und Nationalsozialismus / Hg. J. Radkau, F. Uekörner. Frankfurt am Main, 2003.

[31] *Deichmann U.* Biologen unter Hitler; *Deichmann U.* Flüchten, Mitmachen, Vergessen. Chemiker und Biochemiker in der NS-Zeit. New York; Chichester, a oth. 2001.

[32] *Albrecht H., Hermann A.* Die Kaiser-Wilhelm-Gesellschaft im Dritten Reich // Forschung im Spannungsfeld von Politik und Gesellschaft-Geschichte und Struktur der Kaiser-Wilhelm / Max-Planck-Gesellschaft / Hg. R. Vierhaus, B. vom Brocke. Stuttgart, 1990. S. 356–406.

в книге К. Макракис[33]. В итоге при президенте Общества Макса Планка (далее — МПГ, Max-Plank-Gesellschaft, MPG — так КВГ стало называться после войны) создана специальная комиссия, изучающая историю этого ведущего научного учреждения Германии при национал-социалистах. Комиссия под общей редакцией Р. Рюрупа и В. Шидера начала публикацию многотомной серии под общим названием «История Общества Кайзера Вильгельма при национал-социализме» (Geschichte der Kaiser-Wilhelm-Gesellschaft im Nationalsozialismus). В 2000 г. под редакцией Д. Кауфман опубликованы две части первого тома[34], в которых дан обзор состояния этого вопроса и намечены перспективы будущих исследований. В ряде статей рассматривались и расово-гигиенические, антропологические, селекционные, генетические и медицинские исследования, связанные с идеологией и практикой национал-социализма. В последовавшие годы в рамках этой программы были напечатаны несколько фундаментальных книг и репринтов, освещавших как отдельные стороны деятельности Общества Кайзера Вильгельма в области биологии, так и жизненные перипетии ее наиболее крупных представителей[35].

Аналогичные программы изучения истории собственного учреждения во времена национал-социализма разрабатывают академии[36], общества и фонды[37], университеты[38].

---

[33] *Macrakis K.* Surviving the Swastika: Scientific Research in Nazi Germany. New York; Oxford, MA, 1993.

[34] Geschichte der Kaiser-Wilhelm-Gesellschaft im Nationalsozialismus. Bestandsaufnahme und Perspektiven der Forschung / Hg. D. Kaufmann. Göttingen, 2000. Bde. 1–2.

[35] *Sachse C., Massin B.* Biowissenschaftliche Forschung an Kaiser-Wilhelm-Instituten und die Verbrechen des NS-Regimes. Information über den gegenwärtigen Wissensstand. Berlin, 2000; *Heim S.* Research for Autarky. The Contribution of Scientists to Nazi Rule in Germany. Berlin, 2001; Autarkie und Ostexpansion. Pflanzenzucht und Agrarforschung im Nationalsozialismus / Hg. S. Heim. Göttingen, 2002; Rassenforschung an Kaiser-Wilhelm-Instituten vor und nach 1933 / Hg. H.-W. Schmuhl. Göttingen, 2003; *Heim S.* Kalorien, Kautschuk, Karrieren. Pflanzenzüchtung und landwirtschaftliche Forschung in Kaiser-Wilhelm-Instituten 1933–1945. Göttingen, 2003; Die Verbindung nach Auschwitz. Biowissenschaften und Menschenversuche an Kaiser-Wilhelm-Instituten. Dokumentation eines Symposiums / Hg. C. Sachse. Göttingen, 2004; Adolf Butenandt und die Kaiser-Wilhelm-Gesellschaft. Wissenschaft, Industrie und Politik im "Dritten Reich" / Hg. W. Schieder, A. Trunk. Göttingen, 2004; *Schwerin A. von.* Experimentalisierung des Menschen. Der Genetiker Hans Nachtsheim und die vergleichende Erbpathologie 1920–1945. Göttingen, 2004.

[36] *Fischer W.* Exodus von Wissenschaften aus Berlin. Fragestellungen — Ergebnisse — Desiderate. Entwicklungen vor und nach 1933 (Akademie der Wissenschaften zu Berlin, Forschungsbericht 7). Berlin; New York, 1994; Die Elite der Nation im Dritten Reich. Das Verhältnis von Akademien und ihrem wissenschaftlichen Umfeld zum Nationalsozialismus. Leopoldina-Symposium vom 9. bis 11. Juni in Schweinfurt / Hg. M. Folkerts. Halle, 1995; Die Preussische Akademie der Wissenschaften zu Berlin. 1914–1945 / Hg. W. Fischer. Berlin, 2000.

[37] *Zierold K.* Forschungsförderung in drei Epochen. Deutsche Forschungsgemeinschaft. Geschichte — Arbeitsweise – Kommentar. Wiesbaden, 1968; *Kater M.H.* Das "Ahnenerbe" der SS. 1935–1945. Ein Beitrag zur Kulturpolitik des Dritten Reiches. München, 1997; *Hammerstein N.* Die Deutsche Forschungsgemeinschaft in der Weimarer Republik und im Dritten Reich. Wissenschaftspolitik in Republik und Diktatur. München, 1999.

[38] *Hartshorne E.Ya.* The German Universities and National Socialism. London, 1982; Handbuch der deutschen Bildungsgeschichte. Bd. V. 1918–1945. Die Weimarer Republik und die nationalsozialistische Diktatur / Hg. D. Langewiesche, H.-E. Tenorth. München, 1989; *Heiber H.* Universität unterm Hakenkreuz. Bd. 1: Der Professor im Dritten Reich. Bilder aus der akademischen Provinz. Bd. 2: Die Kapitulation der Hohen Schulen. Das Jahr 1933 und seine Themen. München; London; New York; Paris, 1991; *Jansen Ch.* Professoren und Politik. Politisches Denken und Handeln der Heidelberger Hochschullehrer 1914–1935. Göttingen, 1992; *Höpfner H.-P.* Die Universität Bonn im Dritten Reich.

Начинают выходить даже книги об отдельных факультетах[39]. Публикуется все больше книг о выдающихся биологах того периода (Э. Бауре, А. Бутенандте, О. Варбурге, Г. Геберере, К. Лоренце, Г. Нахтсхайме, Э. Штреземане, Г. Штуббе и др.), в которых уже не замалчиваются годы их научного творчества в Третьем рейхе, а объективно анализируется вся их научная деятельность, включая и сотрудничество с национал-социалистами. В многочисленных работах обсуждают различные аспекты социально-культурного и научного контекста, в котором разворачивалась деятельность биологов в начале XX века, в период между двумя мировыми войнами и в годы войны, а затем в побежденной Германии. Авторы пытались ответить на следующие вопросы. Как немецкие биологи относились к «модерну» и «модернизации»? Какова, по классификации Ф.К. Рингера[40], судьба «мандаринов»[41] и прагматиков-экспертов? Почему они все внешне столь единодушно поддерживали национал-социализм? Существовал ли особый стиль немецкой биологии? Насколько отличалась наука в Германии и в либерально-демократических странах Запада, прежде всего США, в период увеличивающей специализации и профессионализации? Почему среди немецких биологов доминировали расово-гигиенические, евгенические и расологические воззрения, сопровождаемые изрядной долей антисемитизма? В какой мере биологи смогли сохранить свободу исследования в условиях «аризации», «нацификации» и «милитаризации» («Arisierung», «Nazifizierung», «Militarisierung»)[42], когда руководство институтами, научными обществами, академиями и университетами перешло в руки национал-социалистов, которые, со своей стороны, пытались как-то утвердиться между министерствами и партийными организациями во все возрастающем хаосе политической системы Третьего рейха? Как менялось отношение биологов к политике и государству, которое выдвигало перед ними все новые и новые требования? Как на развитии биологии отразилось то, что карьера ученых с 1933 г. определялась не столько научной квалификацией, сколько политическими взглядами?

Авторы названных выше работ не ограничились историей самой биологии, а стремились проанализировать политико-идеологическую и социальную обстановку, которая между двумя мировыми войнами претерпевала столь кардинальные изменения, что предшествовавшую ее историю исследователи воспринимали как относительно безмятежную. Многие ученые, всячески содействовавшие властям в Первой мировой войне, в Веймарской республике не раз были обвинены в том,

---

Akademische Biographien unter nationalsozialistischer Herrschaft. Bonn, 1999; *Eberle H.* Die Martin-Luther-Universität in der Zeit des Nationalsozialismus 1933–1945. Halle, 2002; "Kämpferische Wissenschaft". Studien zur Universität Jena im Nationalsozialismus / Hg. U. Hossfeld, J. John, O. Lemuth, R. Stutz. Köln; Weimar; Wien, 2003; Die Berliner Universität in der NS-Zeit. Bd. 1: Strukturen und Personen / Hg. Cr. Jahr; Bd. 2: Fachbereiche und Fakultäten / Hg. R. vom Bruch. München, 2005.

[39] Die Marburger Medizinische Fakultät im "Dritten Reich" / Hg. G. Aumüller, K. Grundmann, E. Krähwinkel, H.H. Lauer, H. Remschmidt. München, 2001.

[40] *Ringer F.K.* The Decline of the German Mandarins: The German Academic Community, 1890–1933. Cambridge (Mass.), 1969.

[41] Так со времен М. Вебера стали иронически называть немецкую профессуру конца XIX — начала XX вв., находившуюся, как правило, на государственной службе и сравниваемую поэтому с китайскими чиновниками — мандаринами. Как правило, все они были выходцами из образованных кругов среднего класса (Bildungsbürgertum). Но до книги Рингера подобное название не было общепринятым.

[42] В англоязычной и немецкоязычной литературе часто используют термин «фашизация» (Faschisierungsprozess), однако он является некорректным, так как спутывают две разные вещи: итальянский фашизм и немецкий национал-социализм.

что не обеспечили победу, и, пережив хаос и кризис Веймарской республики, увидели в приходе Гитлера к власти «национальную революцию» и надежду на возрождение великой Германии, окончательно похороненную в мае 1945 г. Затем всем им пришлось приспосабливаться к оккупационным властям, далее к работе в условиях разделенной Холодной войной Германии. Не случайно некоторые из них, как, например, профессор патологии из Йены Г. Брунс, уверяли, что только что закончившийся век немецкие биологи не должны отождествлять с XX веком григорианского календаря. На самом деле он начался в 1918 г., когда рухнула Германская империя, а закончился демонтажем Берлинской стены в 1989 г. С этой даты Брунс предлагает вести отсчет XXI века, названного им веком постмодернизма[43]. Но если следовать его логике, то и в выделяемом им временном отрезке в 75 лет было немало грандиозных политико-социальных изменений, оказавших не меньшее влияние на судьбы немецкой биологии, чем крах кайзеровского рейха и снос Берлинской стены.

Именно поэтому работы, посвященные периоду с 1914 по 1945 гг., особенно важны для историков, изучающих взаимодействие науки с властью, обществом, а также влияние на поведение ученых политики и идеологии. В них показана судьба одного из старейших и авторитетнейших научных сообществ мира на протяжении тридцатилетнего перманентного кризиса. В условиях этого кризиса немецкие ученые не были пассивной, страдавшей стороной. Напротив, многие из них активно участвовали в формировании новых отношений между наукой и национал-социалистическим государством, в разработке и реализации научной политики, в осуществлении социально-политических утопий и даже в преступлениях против человечества. Большинство из оставшихся в Германии биологов охотно согласилось с изменениями своих функциональных ролей и общественного статуса, приняв на себя роль разработчиков научных основ политики и идеологии нацизма, осознав духовное единство с ним и вступая колоннами в его организации и союзы. Это неизбежно сказалось на тематике и на языке научных исследований, ритуалах научных мероприятий, ценностях и традициях научного сообщества, стиле поведения ученых. В период денацификации, правда, они все стремились изобразить себя жертвами нацизма[44]. Особенно усердствовали в этом те, чья научная карьера удачно сложилась в Третьем рейхе, прежде всего за счет вступления в национал-социалистическую немецкую рабочую партию (далее НСДАП — Nationalsozialistische Deutsche Arbeiterpartei), эсэсовские отряды (далее СС — буквально, охранные отряды — Schutzstaffeln der NSDAP)[45], штурмовые отряды (далее СА — Sturmabteilung der NSDAP), а также борьбы с неарийскими учеными и мнимыми противниками «немецкой науки». Но не следует забывать и о том, что и остальные биологи в поиске новых форм взаимоотношений с государством старались с максимальной выгодой для себя воспользоваться намерениями властей развивать определенные отрасли знаний, важные для обеспечения экономической и военной мощи,

---

[43] *Bruns G.* Eine Zeitdiagnose des XX Jahrhunderts — Von einem Betroffenen //Acta Historica Leopoldina. Vorträge und Abhandlungen zur Wissenschaftsgeschichte. 1999/2000. № 36. S. 9.

[44] *Walker M.* German National Socialism and the Quest for Nuclear Power, 1939–1949. New York, 1989. P. 192–203.

[45] В эти отряды зачисляли лиц, безупречных в расовом отношении, т. е. признанных соответствовавшими стандартам нордической расы, защита которой была одной из главных задач СС: *Wegner B.* Hitlers politischen Soldaten: Die Waffen-SS. 1933–1945. Leitbild, Struktur und Funktion einer nationalsozialistschen Elite. Paderborn, 1990. S. 70–73.

для идеологического оправдания своей политики, для решения задач внешней и внутренней политики.

Им удалось убедить власти в необходимости финансовой и материальной поддержки крупномасштабных проектов как необходимых для процветания государства и реализации его политико-идеологических целей. В то же время провалилась попытка нацистов централизовать научные исследования, превратив науку в важнейший элемент политики и идеологии, в мощный инструмент военной индустриализации. Стремление регулировать и контролировать все научные исследования не только не обеспечило нацистам победу во Второй мировой войне, но нанесло непоправимый ущерб самой немецкой биологии, потерявшей целое поколение потенциальных ученых в результате расовых и идеологических чисток гражданских служащих, политизации школ и университетов, а также огромных человеческих жертв во Второй мировой войне[46]. Опыт немецкой биологии в XX в. явно свидетельствует в пользу здорового консерватизма при реформировании науки и её институтов. Новые формы организации науки и её отношений с государством и обществом нередко таят в себе зародыши других, более глубоких кризисов. Немало подтверждений этого тезиса можно найти в недавней истории немецкой биологии[47].

Изучение специфических политических, социальных, экономических и культурных условий формирования, организации и практики научного знания и его использования во времена Третьего рейха шло главным образом на примере биохимии, генетики, эволюционной теории, антропологии, экологии и др. История конкретных отраслей знания наглядно показала, что нужно анализировать различные уровни научной реальности: результаты научного познания, соответственно научную практику, специфические формы организации знания и саму национал-социалистическую научную политику. Здесь, прежде всего, речь идет о снятии запретов на умерщвление — эвтаназию («щадящую смерть», «Gnaden Tod», убийство в национал-социалистической терминологии) тяжело больных и неугодных в расовом и политическим отношении. В результате миллионы заключенных, военнопленных, больных и обитателей сумасшедших домов превратились в экспериментальный материал для антропологов, биологов, медиков, психиатров и генетиков. И этим занимались отнюдь не псевдоученые садисты, а уважаемые специалисты, которые спокойно использовали представившиеся им возможности для проведения ранее невообразимых экспериментов при решении вопросов, поставленных самой мировой наукой.

Изучение взаимосвязей исследований медико-биологического комплекса с идеологией и практикой нацистов позволило выяснить связь расово-гигиенических и генетических исследований с расовой и демографической политикой национал-социалистов. Многочисленные примеры участия биологов в уничтожении людей подтвердили трактовку национал-социализма как доминирования целенаправленных действий, свободных от моральных обязательств. Однако, насколько связано подобное освобождение от морали с духом свободы самого научного поиска, ещё предстоит исследовать. Вместе с тем, уже ясно, что мероприятия по рациональному планированию общества, включая политику расовой гигиены,

---

[46] Geschichte der Kaiser-Wilhelm-Gesellschaft im Nationalsozialismus. Bde. 1–2.

[47] *Macrakis K.* Surviving the Swastika; Die Kaiser-Wilhelm / Max-Planck-Gesellschaft und ihre Institute. Studien zu ihrer Geschichte: Das Harnack-Prinzip / Hg. B. vom Brocke, H. Laitko. Berlin, 1990; *Kater M.H.* Das «Ahnenerbe» der SS; *Proctor R.* The Nazi War on Cancer. Princeton; New York, 1999; и др.

берут свое начало в гуманитарных науках, зародившихся на грани веков, когда во многих отраслях биологического знания, по словам одного из протагонистов «немецкой биологии» Э. Лемана, формировалась научная «основа национал-социалистического мышления»[48] . Речь шла, прежде всего, об эволюционной теории, антропологии, генетике и медицине, концепции, постулаты и факты которых вошли в парадигму расовой гигиены. Суть её заключалась в проведении селективных мероприятий на базе оценки общественной значимости наследственных признаков и медико-биологических норм. Интерпретация общества как некого «народного тела», «генофонда» и попытки его разумно организовать, с одной стороны, вырастали из медико-терапевтических мероприятий, а с другой стороны, базировались на вере в возможность генетически обоснованного и рационально осуществляемого контроля над размножением человека вплоть до вмешательства в сами процессы наследственности. Генетико-селекционные мероприятия по учету, отбору и уничтожению носителей тех или иных свойств можно было осуществить в особых политических, социальных и культурных условиях. Их набор стал возможен лишь при национал-социализме и наиболее ярко проявился в мерах по умерщвлению больных.

Но здесь интересен и более широкий спектр отношений немецкой биологии и расоведения к национал-социалистической системе, связанной с расовой политикой и политикой уничтожения целых народов. Ведь и генетики, и ботаники из КВГ активно участвовали в разработке «генерального плана "Ост"», при реализации которого было осуществлено хищение генетических коллекций на оккупированных территориях, включая и разграбление селекционных станций, организованных Н.И. Вавиловым.

Сравнительный анализ истории биологии в нацистской Германии и СССР позволил по-новому взглянуть на суть происходивших событий и разработать собственную концепцию о диалектической и арийской биологиях как специфических формах «идеологически корректных наук», неизбежно возникающих в условиях ускоренной модернизации при тоталитарных режимах, ищущих способа вырваться из тисков масштабных кризисов.

В отличие от СССР, где существует богатая традиция нелегальной литературы и устных преданий, из которых хорошо видно реальное отношение того или иного биолога к господствовавшей идеологии, в распоряжении историков биологии нацистской Германии, как правило, имеются только опубликованные труды и материалы государственных архивов, в которых преимущественно содержатся одобрительные высказывания в адрес теории и практики нацизма и почти нет критических замечаний. Понятно, что в условиях тотальной слежки, бесконечных доносов, бесед и допросов письма, дневники, а тем более обращения к властям были изначально сфальсифицированы самими авторами, озабоченными не столько точностью изложения своих мыслей, сколько необходимостью показать любому из потенциальных читателей, что они всецело поддерживают политику и идеологию национал-социализма. Поэтому о реальном отношении того или иного биолога к происходившим событиям порой можно лишь догадываться на основе материалов секретных служб, членства в нацистских организациях и т. д.

Цель этой работы — провести сравнительный анализ развития биологии в первой половине XX в. в России и Германии, ее диалектизации в СССР и аризации в

---

[48] *Lehmann E.* Vererbungslehre, Rassenkunde und Rassenhygiene // Der Biologe. 1938. Jg. 7. S. 306–310.

Германии, и показать, что идеологизация и политизация биологических исследований шла в рамках общего социально-культурного, политического и социально-экономического кризиса, в котором оказались обе страны после Первой мировой войны. Фактически они были неизбежным следствием ускоренной модернизации стран при помощи тоталитарных способов управления. Это позволит лучше понять динамику биологии в сложной конфигурации идеологии, политики и власти. В то же время эта книга посвящена, прежде всего, нормальной науке, академической и университетской, стремящейся к максимальной свободе от идеологии, политики и разного рода конъюнктурных соображений, ее лидерам и просто хорошим ученым, оказавшимся в обстановке перманентного кризиса, политического террора и идеологического давления и делавшим все от них зависящее, чтобы спасти любимое дело, порой ценой собственной жизни, как это было со многими советскими генетиками. Хотя в книге ученые часто изображены далеко не всегда в «белых одеждах», ее задача — показать, что на самом деле *не было* ни арийской, ни пролетарской биологии. Под этими названиями чаще всего скрывалась нормальная, неидеологизированная и неполитизированная наука, проблемы которой решались в условиях тотальных идеологий, загубленных жертв и потерянных талантов. Для выявления путей трансформации роли, функций и содержания биологии в обоих государствах, выяснения воздействия экстремистских политических течений на структуру биологического сообщества и выбор приоритета в исследованиях, оказалось необходимым учитывать поведение ученых в условиях кризиса, влияние государственного устройства на функционирование и выживание научных институтов.

* * *

К написанию этой книги меня побудили сугубо академические интересы, но в какой-то момент я начал ощущать ее завершение как долг перед памятью десятков миллионов людей, отдавших свою жизнь на полях Второй мировой войны. Одной из ее причин, и это я стараюсь доказать в книге, была ошибочная доверчивость общества к воззрениям отдельных биологов, использованных политиками для достижения своих целей. Человечество, и прежде всего русский народ, дорого заплатило за исправление этой ошибки. Около 100 миллионов погибших, убитых и умерших от болезней и голода, сотни миллионов неродившихся на свет, полтора миллиарда людей в Азии и Европе с искалеченными судьбами, сотни тысяч уничтоженных сел и городов, десятки миллионов квадратных километров разоренной территории — цена, которую пришлось заплатить ради спасения цивилизации. Попытки оправдать или реанимировать идеологию национал-социализма — это, прежде всего, акция, направленная против России и ее культурообразующего народа как главного противника национал-социалистического Третьего рейха и его геополитических планов. Один из плакатов, развешенных гитлеровцами на оккупированной территории СССР, звучал следующим образом: «Мы живем для того, чтобы убить русского». Жаль, что это не рассказывают десяткам тысяч русских подростков те, кто выводит их на улицы с нацистской символикой[49]. А о судьбе главного союзника

[49] Следовало бы им знать и о том, что сторонники концепции превосходства «тевтонской» или «нордической» расы считали славян стоящими гораздо ниже в расовом и культурном отношении. Так, согласно иммиграционным законам 1903 и 1907 гг., принятым в США под давлением приверженцев этой концепции, переселенцы славянского происхождения, вместе с евреями и выходцами из прибалтийских губерний России, были отнесены

Гитлера — Э. Рёма, приведшего Гитлера к власти при помощи штурмовых отрядов и убитого вместе со всеми своими ближайшими сотрудниками через год по его же приказу, пусть помнят те, кто готов проложить дорогу очередным фюрерам[50].

к четвертой (последней) категории национальностей, эмиграция которых в США является нежелательной, а натурализация должна проходить ускоренными темпами под жестким контролем. Иммиграционный закон 1917 г. положил начало серии ограничительных актов, закрывшим путь в США многим категориям россиян, включая и деятелей науки. См.: *Ульянкина Т.И.* «В целях сохранения национальной русской науки…» // ВИЕТ. 2006. № 1. С. 96–97.

[50] Я не склонен упрощать причины возникновения российского национал-социалистического движения в современном обществе, сводя их к замыслам неких недалеких политических кругов или враждебных сил. Увы, для него есть объективные основания. В числе факторов, подпитывающих национал-социализм в Российской Федерации, не раз справедливо называли: неэффективность так называемой демократической власти, осуществленные под ее эгидой передел собственности, разгром отечественной промышленности, вооруженных сил, науки и системы образования; ее неспособность предотвратить кровавые конфликты и геноцид во многих республиках бывшего СССР, катастрофическое обнищание народа, рост терроризма; культивирование у граждан России чувства ущербности, изгоев мирового сообщества; дикий национализм и русофобия в странах ближнего зарубежья и т. д. Это привело к дискредитации либерально-демократических ценностей в обществе. Ответственность за нее несут, прежде всего, лидеры, выступавшие от имени демократических сил, у которых «хватательный рефлекс» оказался сильнее павловского «рефлекса свободы». Отождествление национал-социализма («фашизма») с коммунизмом породило сумятицу в головах подрастающего поколения, оставшегося без ценностных ориентиров на постсоветском пространстве, но не желавшего принять дух жестокого меркантилизма и жаждавшего отомстить за «поруганную Родину». У многих возникает чувство исторической ошибки во Второй мировой войне, когда СССР воевал со странами, якобы родственными ему по идеологии и мировоззрению, т. е. с гитлеровской Германией, в союзе со странами-носителями либерально-демократических ценностей, представленных в уродливом и искаженном виде в современной России. Упрощенная трактовка 70 лет советской власти, в которых сторонники этих же ценностей ничего не желают видеть, кроме голода, массовых репрессий, тоталитарного идеолого-политического контроля и хронического дефицита, естественно, вызывает чувства протеста у значительной части населения, помнящей и о Великой Победе 1945 г., и о блестящих достижениях в области науки и техники, сделавших СССР «сверхдержавой». Все это порождает убеждение, что тоталитаризм в условиях России — наиболее эффективная система правления. Поскольку возврат к коммунизму невозможен, а либерально-демократические ценности дискредитированы, остается один путь — национализм, к которому неизбежно будет добавлена вторая часть — социализм. Считается, что его еще в России не было и стоит только заключить «антифашистский пакт», как все образуется. На самом деле, Россия все это проходила в 1881–1916 гг. Политика шовинизма и национализма Александра III — Николая II привела к Февралю и Октябрю 1917 г., явившим миру «жестокие и бессмысленные русские бунты-революции» (*Барковец О., Крылов-Толстикович А.* Неизвестный император Александр III. Очерки о жизни, любви и смерти. М., 2003. С. 179). У десятков миллионов людей на оккупированных территориях в 1941–1944 гг. также был и опыт жизни при национал-социалистах. Но при тотальном недоверии к властным структурам и их идеологам всякая правда о преступлениях национал-социалистов воспринимается теперь многими как остатки коммунистической пропаганды или происки сионистов. Практически малоизвестно, что из 13,5 млн. мирных жителей СССР (7,2 млн. уничтожены карательными отрядами, 2,7 — скончались на принудительных работах в Германии, 3,6 млн. умерли от голода на оккупированной территории) евреев было 1,5 млн., а остальные 12 млн. человек в основном белорусы и русские.

За последние 150 лет Россия в поисках идентичности испробовала несколько моделей государственных устройств и идеологий. Как долго будет продолжаться этот бег в кровавом колесе, никто не знает. Без ликвидации вечной, а ныне принявшей невиданные масштабы, отчужденности власти от народа всякие попытки «обустроить Россию» бессмысленны.

С первых дней своей жизни, а я вырос в интернациональной семье (отец — еврей по происхождению, но сугубо русский человек по культуре и поведению, мать — украинка с отцовской стороны и русская с материнской, бабушка — чистокровная русская, потомок астраханских крестьян, основавших г. Уссурийск на Дальнем Востоке), позднее в многолетнем общении с друзьями, среди которых преобладали русские, но были украинцы, евреи, латыши, эстонцы, татары, немцы, американцы, узбеки, азербайджанцы, армяне, китайцы т. д., и обучении у выдающихся биологов-эволюционистов и историков науки (К.М. Завадский — из древнего шляхетского рода Завадских-Рогалей, Ю.И. Полянский — из древнего дворянского рода Случевских, Д.В. Лебедев — из русских разночинцев) я многократно убеждался в правильности слов матери: «Нет плохих и хороших национальностей, есть только хорошие и плохие люди». Я искренне благодарен своим родителям, бабушке, учителям, друзьям, коллегам за то, что никогда в жизни я не усомнился в этом принципе. В течение XX века доминировали лозунги с призывами к объединению, направленные на разобщение человечества («Пролетарии всех стран, объединяйтесь», «Арии всех стран, объединяйтесь», «Мусульмане всех стран, объединяйтесь» и т. д.). Вряд ли ситуацию изменит новый лозунг: «Порядочные люди всех стран, объединяйтесь», так как отделить порядочных от непорядочных еще сложнее, чем пролетария от мелкого частного собственника, чистокровного арийца от смешанного в расовом отношении немца, правоверного мусульманина от террориста. Но надо помнить одно, что в настоящее время генетикой окончательно доказано не только то, что все мы принадлежим к одному биологическому виду, но и то, что у всех ныне живущих на Земле была общая «праматерь Ева», жившая приблизительно 200 000 лет тому назад, возможно, в районе Сахары[51]. Всякие попытки деления человечества по крови не имеют никаких биологических оснований. Расизм (расология) никогда не был наукой, он и сейчас остается орудием циничных политиков, готовых ради личных интересов пожертвовать, прежде всего, собственным народом, противопоставляя его всему человечеству[52].

Возможно, книга будет иметь дидактический смысл. В трагических трансформациях немецкой и российской биологии проступают не только преходящие эффекты моды и политической конъюнктуры, но и некие глубинные процессы, сделавшие закономерным вовлечение биологов в практику тоталитарных систем. Возможно, историческая самопроекция пройденного пути на современную ситуацию на всем постсоветском пространстве будет способствовать осознанию многими политиками пагубности пути разыгрывания националистической карты для решения преходящих проблем. Он вел к трагедии, прежде всего, их народов, о

---

[51] Этот вывод базируется на данных молекулярной биологии (идентификация микросателлитных маркеров, полиморфных нуклеотидных замен, подсчет нуклеотидных отличий в митохондриях и нерекомбинантной части мужской половой Y-хромосомы у разных рас современного человека, картирование генома человека, распределения групп крови, и т. д.) и палеоантропологии: *Уилсон А.К., Канн Р.Л.* Недавнее африканское происхождение людей // В мире науки. 1992. № 6. С. 8–14; *Diamond J.* The Third Chimpanzee. The Evolution and Future of the Human Animals. New York, 1992. P. 15–65; *Mayr E.* This is Biology. The Science of the Living World. Cambridge (Mass.); London, 1998. В «Информационном вестнике ВОГиС» (2006. Т. 10. № 1) даны новейшие сведения об эволюционной генетике человека. Р. 231–232; *Горбунова В.Н.* Что вы знаете о своем геноме? СПб., 2001. С. 83–100. В «Информационном вестнике ВОГиС» (2006. Т. 10. № 1) даны новейшие сведения об эволюционной генетике человека.

[52] *Майлз Р., Браун М.* Расизм. М., 2004. С. 211–214.

процветании которых они так пеклись, а затем нередко и к их собственной гибели. Я буду рад, если книга заставит и ученых задуматься об оправданности их претензий быть советчиками политиков, жаждущих строить светлое будущее на костях современных поколений, и не обольщаться иллюзиями быстрого решения сложнейших социально-политических проблем путем внедрения непроверенных методов и концепций в хозяйственную и общественно-политическую практику. Понимая всю иллюзорность подобных надежд, очень хочу верить, что хотя бы научное сообщество попробует извлекать уроки из своего прошлого, т. е. из истории науки.

Я благодарен моим коллегам: М.Б. Адамсу, Д. Вайнеру, Л. Грэхему, Д. Тодесу, М. Уолкеру из США, Дж. Вейндлингу и Дж. Харвуду из Англии, Д. Бойрау, В. Бэму, П. Вайнгарду, К. Венигу, А. Гойс, Е.-М. Энгельс, Э. Краусе, Р. Лётеру, Н. Рупке, Г.В. Шмулю, У. Хоссфельду, Т. Юнгеру, И. Ян из Германии, Я. Рабкину из Канады, Хироши Ичакава из Японии, Г.К. Шмутцу из Швецарии беседы с которыми, а особенно их труды, сыграли важную роль в формировании взглядов на проблемы динамики науки при тоталитарных режимах Германии и России. Особо я признателен директору Института современной истории в Ганноверском университете М. Хайнеману, которой мне очень помог при сборе архивного и литературного материала в Германии, а также В. Хинче. Встречи с Лю Дуном, Бао О, Бай Ли Пейшен и с другими китайскими коллегами дали возможность узнать особенности развития генетики и биологии в первые два десятилетия существования КНР, что было важно в плане формирования сравнительной методологии. Ю.А. Виноградов и А.Н. Дмитриев прочитали внимательно весь текст книги и сделали важные замечания и предложения по его улучшению. Огромную работу по совершенствованию текста в грамматическом и стилистическом отношении проделали И.А. Белозерова и А.В. Бекасова. С.В. Ретунская помогла проверить некоторые библиографические данные. Г.В. Снежинская исправила ряд ошибок в названии немецких работ, а Е.Н. Фатьянова проделала огромную работу по подготовке иллюстративного материала. Окончательный вариант был прочтен А.Н. Дмитриевым, который указал мне ряд важных современных работ по общей истории Германии. А.Б. Георгиевский прочитал отдельные, наиболее трудные для меня разделы по антропологии. Наконец, я крайне признателен своей семье, особенно жене Н.В. Колчинской за то, что она в течение многих лет мирилась с тем, что наша квартира больше похожа на библиотеку и офис после стихийного бедствия, пожара, ограбления и обыска, чем место для жилья. Выражая искреннюю признательность всем, кто прямо или косвенно способствовал написанию этой книги, я принимаю полностью на себя ответственность за её недостатки.

глава первая

ДИНАМИКА БИОЛОГИИ, ВЛАСТИ, ОБЩЕСТВА И ИДЕОЛОГИИ В ТОТАЛИТАРНЫХ РЕЖИМАХ

Историко-сравнительный анализ крупных социально-политических и экономических потрясений, от Английской революции XVII в. до «культурной революции» в Китае, включая Французскую революцию, события в Советской России, Веймарской и нацистской Германии, США во времена «великой депрессии» и маккартизма, милитаристской Японии, показал, что наука страдала в этих условиях одной из первых[1]. Нередко именно в ней видели причину кризиса или орудие его преодоления. Когда государство и общество зажаты в тисках экономических, социально-политических и идеологических кризисов, идет болезненный пересмотр и переоценка сложившихся норм и правил взаимодействия науки и государства, ведущая к выработке хотя бы временных схем этих отношений, удовлетворяющих все стороны. Власти, неудовлетворенные докризисными формами взаимодействия с учеными, стремились заставить исследователей работать над нужными им проблемами, требуя «идеологически корректной» науки, в которой открыто признавалась бы верность власти, ее политике, идеологии и философии[2]. Пересмотр взаимодействия науки, общества и власти завершали выработкой новых конфигураций их отношений, форм организации науки, изменением общественного статуса ученых, модификацией тематики и языка научных исследований, ритуалов научных мероприятий, традиций и этики научного сообщества. Новые формы не всегда оказывались долговечными. В условиях неустойчивости обострялась конкуренция внутри научного сообщества; борьба идей приобретала идеологический и политический оттенок; разрешение внутринаучных конфликтов шло с привлечением властных структур, что всегда было чревато новыми кризисами.

В период между двумя мировыми войнами, по крайней мере, три ведущие страны пережили тяжелейший кризис: революционная Россия прошла из пламени гражданской войны в горнило ускоренной индустриализации и коллективизации; Германия испытала все тяжести поражения в войне, не справилась с политической демократией и выбрала диктатуру национал-социализма; США пережили «Великую депрессию». И в Веймарской республике, и в США предлагали «объявить науке выходной» и наложить мораторий на исследования. Иначе было в Советской

---

[1] *Александров Д.А., Колчинский Э.И.* Наука и кризисы XX века: Россия, Германия и США между двумя мировыми войнами // Наука и безопасность России: историко-научные, методологические, историко-технические аспекты / Отв. ред. А.Г. Назаров. М., 2000. С. 288–325.

[2] *Gordin M., Grunden W., Walker M., Zuoyue Wang.* "Ideologically correct" science // Science and Ideology. A Comparative History / Ed. M. Walker. London; New York, 2003. P. 35–65.

России и нацистской Германии, где часть научного сообщества пыталась убедить власти, что будущее зависит от особых наук: «пролетарской» или «арийской». Эта тенденция сильно проявилась в биологии.

«Пролетарская», «диалектическая» биология в России и расовая биология в Германии — примеры попыток диалога науки и власти на базе общей идеологии. Чрезмерная восприимчивость биологии к идеологическим и политическим влияниям породила множество мифов о «мягко» и «жестко» идеологизированных науках, о «героях и злодеях науки», о биологах-«жертвах», «пособниках» и «инициаторах» преступлений режима, о биологах «под Гитлером», «при Гитлере», «с Гитлером» и т. д. Остается неясным, почему биологи, в том числе и первоклассные, охотно шли на сотрудничество с властью, участвуя в псевдонаучных проектах.

Обширный архивный и литературный материал, многочисленные беседы и интервью с активными участниками «диалектизации» биологии позволяют интерпретировать поиски «союза» биологии с официальной философией, характерные для СССР 1920-х — начала 1930-х гг., а также для Веймарской и нацистской Германии, как один из способов облегчить диалог ученых с властями в периоды кризисов. Биологи обеих стран знали, сколь опасна выжидательная позиция. Они активно занимались научной политикой: выступали с проектами и предложениями, боролись за свой статус, вели переговоры, шли на компромиссы, совершали сделки, обзаводились патронами среди политической элиты, используя их для решения организационных и финансово-административных вопросов. При этом идеология тоталитаризма и обслуживающая его философия, а порою и отдельные отрасли науки выполняли роль политической религии[3]. Вместе с тем поиски «союзов» биологии и философии в Германии и СССР протекали в различных социально-культурных контекстах.

Биология между наукой и идеологией

Из естественных наук биология в наибольшей степени испытала воздействие жесткого административно-государственного управления и оказалась восприимчивой к различным политическим и идеологическим влияниям. Расовая гигиена[4] и расовая антропология в Германии и мичуринская биология в СССР показали, как ради политических целей отдельные фрагменты научного знания идеологизировали и возводили в ранг веры, что, в конечном счете, превращало науку в её противоположность. Стремление понять механизмы подобного превращения и мотивы поведения ученых в этот период породило обширную литературу о биологии в нацистской Германии[5] и сталинском Советском

---

[3] "Totalitarismus" und "Politische Religionen". Konzepte des Diktaturvergleichs / Hg. H. Maier. Paderborn u. a. 1996; Duskurse und Entwicklungspfade. Der Gesellschaftsvergleich in den Geschichts- und Sozialwissenschaften. Frankfurt am Main; New York, 1999; *Fritze L.* Täter mit gutem Gewissen. Über menschliches Versagen im diktatorischen Sozialismus. Köln; Weimar, 1998.

[4] Несмотря на близость многих исходных положений расовой гигиены и евгеники, принято различать их, считая последнюю ненационалистической, нерасовой, нацеленной преимущественно на позитивную селекцию, подчеркивавшей добровольность стерилизации, отрицавшей умерщвление носителей патологических заболеваний и отдающей приоритет воспитательно-просветительской работе, а также социальным реформам.

[5] См. сноски 18–20 в предисловии.

Союзе[6], где анализируются взаимоотношения между наукой, идеологией и властью в условиях идеологического и политического господства партийной номенклатуры, осуществлявшей непрерывный контроль за всеми сторонами жизни общества, каждым её членом, и проводящей массовые репрессии. При этом нередко забывают, что эти взаимоотношения эволюционировали, и степень свободы отдельных ученых и отраслей знания зависела в значительной мере от государственной значимости проводимых исследований. Для успеха сравнительных исследований науки в сталинском СССР и гитлеровской Германии важно выяснить исходные социально-культурные и политические условия, в которых начиналось развитие российской биологии в послереволюционный период. Иначе трудно понять, почему, в отличие от Германии, где национал-социалисты быстро установили жесткую дисциплину и подчинили науку политико-административному контролю, в СССР потребовалось более трех десятилетий для установления, и то лишь на несколько лет, господства «мичуринской биологии».

При анализе взаимоотношений между биологией, идеологией и властью авторы, как правило, основное внимание уделяли деятельности Т.Д. Лысенко и её связи с общей партийно-государственной политикой, обусловившей подъем лысенкоизма и его процветание. События обычно освещали с позиций одной из групп участников дискуссий тех лет, деля их на абсолютно правых и безусловно виноватых. Биологическое сообщество представляли жертвой лысенковщины, порожденной сталинским режимом[7]. Попытки некоторых авторов возложить часть вины за

---

[6] *Joravsky D.* Soviet Marxism 1917–1932. New Haven, 1961; *Graham L.* Science and Phylosophy in the Soviet Union. New York, 1966; Репрессированная наука / Ред. М.Г. Ярошевский. Л., 1991. Т. 1; СПб., 1993. Т. 2; *Сойфер В.Н.* Власть и наука. М., 1993; *Weiner D.* Models of Nature: Ecology, Conservation and Cultural Revolution in Soviet Russia. Bloomington. 1988; *Löther R.* Lyssenkoismus contra Genetik // Biol. Zentralbl. 1996. Bd. 115. S. 171–176; На переломе: Советская биология в 20-х — 30-х годах. Вып. 1 / Ред. Э.И. Колчинский. СПб., 1997; *Weiner D.* Little Corner of Freedom. Nature Protection from Stalin to Gorbachev. Berkley; Los Angeles; London, 1999; *Колчинский Э.И.* В поисках советского «союза» философии и биологии. Дискуссии и репрессии 20-х — начала 30-х гг. СПб., 1999; *Ноздрачёв А.Д., Поляков Е.Л., Зеленин К.Н. и др.* И.П. Павлов. Первый Нобелевский лауреат России. СПб., 2004. Т. 1–3; И.П. Павлов. Достоверность и полнота биографии / Сост. Ю.А. Виноградов, Ю.П. Голиков, Т.И. Грекова. СПб., 2005; На переломе. Отечественная наука в конце XIX–XX вв. Вып. 3: Источники, исследования, историография / Ред. Э.И. Колчинский, М.Б. Конашев // Нестор. № 9. СПб., 2005; и др.

[7] *Гайсинович А.Е.* У истоков советской генетики. I. Борьба с ламаркизмом: 1922–1927 гг. // Генетика. 1968. Vol. 4. № 6. С. 158–175; *Gaissinovich A.E.* Origin of Soviet Genetics and the Struggle with Lamakrism // J. Hist. Biol. 80. № 13. P. 1–51; *Гайсинович А.Е.* Зарождение и развитие генетики. М., 1988; *Резник С.* Н.И. Вавилов. М., 1968; *Фролов И.Т.* Генетика и диалектика. М., 1968; *Medvedev Zh.* The Rise and Fall of T.D. Lysenko. New York; London, 1969; *Joravsky D.* The Lysenko Affair. Cambridge (Mass.), 1970; *Бляхер Л.Я.* Проблема наследования приобретенных признаков. М., 1971; *Lecourt D.* Proletarian science? The case of Lysenko. London, 1977; *Александров В.Я.* Трудные годы советской биологии. Записки современника. СПб., 1993; *Филатов В.П.* Об истоках лысенковской «агробиологии» (опыт социально-философского анализа) // Вопросы философии. 1988. № 8. С. 3–23; Страницы истории советской генетики в литературе последних лет // ВИЕТ. 1987. № 4. С. 115–125; 1988. № 1. 121–132; *Soyfer V.* Lysenko and the Tragedy of Soviet Science. New Brunswick, 1992; *Левина Е.С.* Вавилов, Лысенко, Тимофеев-Ресовский… Биология в СССР: история и историография. М., 1995; и мн. др.

лысенкоизм и на самих ученых[8], как правило, с негодованием отвергали[9]. Правда, доминировавшая в отечественной литературе апологетика сотрудничества ученых с советской властью сменились поиском только негативных его последствий[10]. Но история науки — не лучшее место для нравоучительных жизнеописаний в духе Плутарха. Даже хрестоматийные примеры свидетельствуют, что этичность ученого определяется его верностью ценностям и нормам самой науки. Тем более нельзя о прошлых событиях судить по мифам перестроечной публицистики. Важнее понять причины сотрудничества ученых со сталинским и гитлеровским режимами.

Многие ученые, пережившие ужасы Первой мировой и гражданской войн, смерть близких от холода, голода, погромов и расстрелов, инфляцию, массовую безработицу, позор Брест-Литовского и Версальского мирных договоров, были деморализованы, что сказывалось на их отношениях с властями. Исследователи были разочарованы идеями монархизма и либеральной демократии, приверженцы которых привели к краху и междоусобной войне великую Россию, к перманентному состоянию политико-экономического и социального кризиса Германию и поставили под угрозу существование двух великих государств. Но не только это толкало их на сотрудничество с большевиками или нацистами. У них появился шанс использовать мощные государственные ресурсы для реализации своих научных планов и притязаний на активное участие в разработке и принятии правительственных программ. И они были искренне уверены, что только прогресс науки обеспечит будущее процветание их стран.

Причины лысенкоизма как общественно-политического явления в науке XX в. не сводятся лишь к пристрастиям и вкусам руководителей советского государства. Подобное объяснение неприменимо и к арийской биологии в Германии. В трагических событиях истории двух стран сталкивались противоречивые тенденции, в которых нашли выражение интересы весьма неоднородных социальных групп с разным уровнем образования, нравственного сознания и с разным представлением о гражданском долге. Шел непрерывный процесс разрушения правящих элит во всех слоях общества. Торжествующие победители в политике, экономике, культуре, науке вскоре сами становились гонимыми, подвергаясь зачастую жестоким репрессиям. Неизбежная деформация общественного сознания в условиях жесточайшего социально-политического и экономического кризиса наложила прямой или опосредованный отпечаток на многие события последующих десятилетий и на тех, кто в них участвовал. Легенда о людях в «белых одеждах» мало соответствует открываемой историками картине постоянно инспирируемых дискуссий, многочисленных кампаний разоблачений, чисток и репрессий 1920-х — 1940-х гг.

Для создания более или менее объективной реконструкции важно исследовать разные аспекты социально-политических и нравственно-психологических составляющих борьбы идей в науке, проходившей в условиях бюрократической

---

[8] *Дубинин Н.П.* Вечное движение. М., 1973; *Берг Р.Л.* Суховей. Воспоминания генетика. Нью-Йорк, 1983. *Поповский М.* Дело академика Вавилова. Нью-Йорк, Эрмитаж, 1986.

[9] *Левина Е.С.* Трагедия Н.И. Вавилова // Репрессированная наука. Л., 1991. Вып. 1. С. 223–239; *Лебедев Д.В.* Помогают ли опыты на простейших понять трагические события в отечественной биологии // На переломе. СПб., 1997. Вып. 1. С. 165–170.

[10] *Сорокина М.Ю.* Русская научная элита и советский тоталитаризм (очень субъективные заметки) // Личность и власть в истории России XIX–XX вв. Материалы научной конференции. СПб., 1997. С. 248–255.

регламентации научной жизни, административной системы управления наукой, гитлеровского вождизма, сталинских репрессий и волюнтаризма Н.С. Хрущева. Однако сами эти феномены исследованы еще слабо, не ясны причины, породившие и питавшие их. До сих пор в архивах лежат документы, способные пролить свет на будто бы внешние по отношению к науке события, которые были важными факторами происходивших изменений в научном сообществе, сыграв роль пусковых механизмов свершившихся трагедий. Объективная реконструкция недавних событий затруднена тем, что они не только сохраняются в памяти их участников, но и вызывают эмоциональное отношение у историков науки, которые еще недавно не имели возможности рассказать обо всех перипетиях отечественной истории. В истории науки Нового времени трудно найти примеры столь грандиозных попыток идеологизировать и политизировать научные исследования, как это было в Германии и в СССР в 1930-х — начале 1950-х гг.

Объектом данного исследования выбраны те отрасли биологии, которые оказались в центре бушевавших тогда дискуссий, и их использование в идеологии и политике. Именно в биологии была предпринята всеобъемлющая попытка создания некой особой пролетарской науки, методологической основой которой провозглашали философию диалектического материализма. В Германии методологической основой подобного «союза» объявили мировоззрение «почвы и крови»[11].

В исследованиях взаимодействия биологии и власти в СССР долгое время основное внимание уделяли дискуссиям вокруг генетики или же борьбе «механицистов» со сторонниками «меньшевиствующего идеализма». В СССР авторы этих работ, как правило, старались найти положительные моменты в становлении «союза» диалектического материализма и биологии в 1920-х — начале 1930-х гг.[12] Исключение до недавнего времени представляли лишь изданные за рубежом работы И. Яхота[13], но и здесь автор скорее скорбел об участи философов-марксистов тех лет, чем пытался оценить реальный результат их деятельности.

Не могут удовлетворить и умножившиеся в последние годы попытки вести анализ социально-политических и идеологических факторов в отрыве от реальных проблем науки, бывших предметом дискуссий. Броские определения типа «сталинская наука», «нацистская наука», произносимые порой с иронией или даже издевкой, не могут скрыть тот факт, что и в либеральных англоязычных странах, и в гитлеровской

---

[11] Фактически в Третьем рейхе философия была упразднена, значительную часть философов изгнали из университетов, а от остальных потребовали верности национал-социалистическому мировоззрению с его идеями почвенничества, тотальности, холизма, биологизма, принципа фюрерства, единства науки и политики, милитаризма и т. д. Философия для нацистов была элитарным теоретизированием, чуждым реальности: *Leske M.* Philosophen im "Dritten Reich". Studie zu Hochschul- und Philosophiebetrieb im faschistischen Deutschland. Berlin, 1989. S. 65–90; *Dahms H.-J.* Philosophie // Die Rolle der Geisterwissenschaften im Dritten Reich 1933–1936 / Hg. F.-R. Hausmann. München, 2002. S. 193–228.

[12] *Алексеев П.В.* Марксистско-ленинская философия и медицина в СССР. М., 1970; *Ксенофонтов В.И.* Диалектический материализм и научное познание. Л., 1981; *Ильин А.Я., Мамзин А.С., Капралова Т.И.* Биология // История философии в СССР. М., 1985. Т. 5. Кн. 1; *Галл Я.М., Колчинский Э.И.* Общая характеристика развития эволюционной теории в СССР // Развитие эволюционной теории в СССР. Л., 1983. С. 62–78; *Георгиевский А.Б., Колчинский Э.И.* Дарвинизм и диалектический материализм // Философские науки. 1985. № 1. С. 36–43; и др.

[13] *Яхот И.* Подавление философии в СССР (20–30-е годы). Нью-Йорк, 1988.

Германии, и в сталинском СССР наука, в конечном счете, была одна и та же. Например, принципиальные идеи основополагающих книг по синтетической теории эволюции, написанные в Англии Дж.С. Хаксли, в США Ф.Г. Добржанским, Э. Майром и Дж. Симпсоном, в Германии Г. Геберером, Б. Реншем, В. Циммерманом, Н.В. Тимофеевым-Ресовским, В. Людвигом, в СССР Г.Ф. Гаузе, Н.П. Дубининым и И.И. Шмальгаузеном, были одинаковыми, хотя мировоззренческие и идеологические постулаты провозглашались совершенно разные. Самый рьяный сторонник приоритета социальных факторов в развитии науки вряд ли может дать вразумительный ответ на вопрос, почему даже столь идеологизированная наука, как эволюционная теория, развивалась сходно в самых различных социально-культурных условиях и, по сути дела, давала сходный набор конкурирующих концепций: неокатастрофистские концепции О. Шиндевольфа в Германии и Д.Н. Соболева в СССР; номогенез Л.С. Берга в СССР и Д. Розы в Италии и т. д. Все это побуждает к дальнейшему, более комплексному исследованию истории биологии в сталинском СССР и национал-социалистической Германии, которая уже несколько десятилетий привлекает внимание историков науки. Но если на Западе подобные исследования ведутся десятки лет с использованием огромного массива архивных материалов, то в России и Восточной Европе к ним смогли обратиться только в последние пятнадцать лет. Открытие архивов позволило только с 1989 г. начать исследования сложного и противоречивого процесса «советизации» науки.

Ввиду многомерности феномена «советизация» существуют различные направления в изучении его когнитивных, социально-психологических, социально-антропологических, идеолого-политических, экономических, институциональных, семантических, семиотических и символических аспектов. Долгое время для его описания использовали два цвета: белый и черный. Символом подобного подхода стал один из бестселлеров перестройки — роман В.Д. Дудинцева «Белые одежды» (1987). Открывшиеся архивы способствовали разрушению многих мифов о бескорыстных искателях истины в белых одеждах, что породило стремление изображать всех участников тех трагических событий, символом которых стал разгром генетики и торжество лысенкоистов, в серых тонах. Эта тенденция проявилась в книгах Н.Л. Кременцова «Сталинская наука», М. Давид-Фокс «Революция в умах» и др.[14] Более того, порою всю историю отечественной науки принялись описывать исключительно в черных тонах[15]. В то же время все чаще появляются работы, в которых дан многоаспектный, не ангажированный анализ советской науки[16].

---

[14] *Krementsov N.* The Stalinist Science. Princeton, 1997; *David-Fox M.* Revolution of the Mind. Higher Learning among the Bolsheviks, 1918–1929. Ithaca; London, 1997; Academia in Upheaval. Origins, Transfers and Transformations of the Communist Academic Regime in Russia and East Central Europe / Ed. M. David-Fox, G. Péteri. Westport; London, 2000.

[15] *Романовский С.И.* Наука под гнетом российской истории. СПб., 1999; *Романовский С.И.* «Притащенная» наука. СПб., 2004; *Салахутдинов Г.* Блеск и нищета К.Э. Циолковского. М., 2000.

[16] *Weiner D.* A Little Corner of Freedom. Russian Nature Protection from Stalin to Gorbachev. Berkley; Los Angeles; London, 1999; Im Dschungel der Macht. Intellektuelle Professionen unter Stalin und Hitler / Hg. D. Beyrau. Göttingen, 2000; *Gerovitch S.* From Newspeak to Cyberspeak. Hystory of Soviet Cybernetics. Cambridge (Mass.), 2002; За «железным занавесом». Мифы и реалии советской науки / Отв. ред. М. Хайнеман, Э.И. Колчинский. СПб., 2002; Академическая наука в Санкт-Петербурге в XVIII–XX веках. Исторические очерки / Отв. ред. Ж.И. Алфёров. СПб., 2003. Профессиональный историко-научный стиль

На мой взгляд, дальтонизм при описании процессов «советизации» науки столь же мифологичен, как и недавно господствовавшая легенда о «героях и злодеях российской науки». Его обычно декларируют как объективный анализ, призванный преодолеть якобы насквозь идеологизированную и политизированную прежнюю советскую историографию науки. Приводится также аргумент, что ранее историк науки главным образом ориентировался на научные сообщества не гуманитариев, не историков, а на представителей математики, физики, химии, геологии и т. д. и старался как-то приукрасить историю той или иной науки, чтобы заслужить одобрение их представителей. Указывается также, что в историю науки в советское время шли специалисты в области физики, математики, химии и т. д., потерпевшие фиаско в своих областях и вынужденные строить карьеру в других, используя при этом базовое образование.

Если следовать подобной логике, то любую смену сферы деятельности нужно рассматривать как проявление отсутствия таланта в выбранной специальности. Как известно, ни в СССР, ни в России историков науки не готовили в высших учебных заведениях, и все современные специалисты в этой области знания, включая и сторонников данной точки зрения, были раньше микробиологами, зоологами, физиологами, психиатрами, биохимиками, физиками и т. д. Им, конечно, лучше знать, почему и от чего они пришли в историю науки, возможно, действительно убедившись в ошибке на старте жизненного пути, что было естественным для многих, в том числе иногда и настоящих ученых, а может, испугавшись тяжести конкуренции и большей объективности оценок результатов в области естественных наук. Но сама по себе мобильность в науке, если она не сопровождается дилетантизмом и коньюнктурщиной, не раз доказывала свою эффективность, в том числе и в области естественных наук. Не случайно многие, если не большинство признанных историков и методологов науки, от Б. Рассела и Дж. Бернала до Т. Куна, М.Т. Гизелена, И. Лакатоса, Э. Майра и др., в историю науки пришли после того, как сделали имя в соответствующих отраслях знания, воспитав после этого уже чистых историков науки, для которых, увы, отсутствие навыков исследовательской работы в физике, математике, биологии не способствовало улучшению качества их исторических исследований. То же характерно и для советских историков науки. В частности, классики советской истории биологии — Б.Е. Райков, Л.Я. Бляхер, А.Е. Гайсинович, И.И. Канаев, К.М. Завадский и мн. др. — не только ни потерпели неудачу в биологии, но и пользовались громадным авторитетом среди элиты мирового научного сообщества. Немалое значение имела и их нравственная позиция в борьбе с лысенковщиной, за которую некоторые из них поплатились прерванными карьерами, годами безработицы и даже заключений.

Аргумент о большей объективности историка по сравнению с математиком, физиком, химиком и др. кажется вообще странным. Ведь во все времена и при всех правителях история всегда была наиболее ангажированной даже среди гуманитарных наук. Да и сейчас многие из историков легко меняют свои исследовательские установки. В естественных науках, где ученый отвечает своей репутацией

демонстрируют в своих трудах и многие российские историки науки, становление которых пришлось или на годы перестройки, или уже существования Российской Федерации как независимого государства (А.Ф. Андреев, Н.Е. Берегой, О.Ю. Елина, А.И. Ермолаев, Л.Я. Жмудь, А.В. Куприянов, Ю.А. Лайус, К.О. Россиянов, Г.А. Савина, А.А. Федотова, С.И. Фокин, Р.А. Фандо и мн. др.).

перед научным сообществом, столь ярко выраженный адаптационный синдром в принципе невозможен, хотя примеры конъюнктурщины и приспособляемости там тоже нередки. Представители естествознания, пришедшие в историю науки в 1950–1960-х гг., часто после десятилетий репрессий и гонений, в СССР 1970–1980 гг., как правило, стремились к максимальной отстраненности от политико-ангажированных позиций. Не случайно крупнейший биолог XX века Э. Майр одну из свой последних статей посвятил «памяти крупного мыслителя и педагога К.М. Завадского»[17]. В ней он выражал благодарность Завадскому за то, что благодаря ему смог лучше понять методологические установки собственных работ. Конечно, были историки науки и техники, которые буквально в последние годы советской власти писали о партийности в исследованиях истории науки и техники, обосновывая свои выводы решениями партийных съездов и трудами классиков марксизма. Но как раз многие из них стали самыми яркими обличителями советской историографии науки[18].

Однако вопрос даже не в том, кто больше и кто меньше политически и идеологически ангажирован в своих научных трудах, кто и чем занимался до перестройки, кто и от кого получал деньги, кто, когда и за сколько менял свои убеждения. Оставим эти темы для средств массовой информации. Многолетний опыт общения с рядом выдающихся деятелей советской биологии, которые сыграли огромную роль в борьбе с лысенковщиной и преодолении ее последствий, убедил меня в том, что среди них было немало бескорыстных искателей истины. При этом все они были яркими личностями, непохожими друг на друга, каждый имел собственную мотивацию и стратегию поведения, которые нередко менялись не столько от социально-культурного контекста, сколько от эволюции научных взглядов.

Всякое историко-научное исследование предполагает изучение огромного комплекса источников: архивных, литературных, устных и т. д., на базе которых строятся более или менее обоснованные реконструкции и делаются выводы. В последние годы стали доступны многие партийные и государственные архивы, в том числе ЦК ВКП(б) и НКВД и т. д., которые позволяют лучше понять многие пусковые механизмы в трагической истории советской науки. Но смотреть на науку только через документы Отдела науки и агитации или протоколы допросов арестованных ученых, на наш взгляд, дело бесперспективное. Отдел науки ЦК, по сути дела, в то время не занимался самой наукой, а преимущественно конфликтами между учеными, характерными для любого научного сообщества, но приобретавшими политическое значение в условиях тоталитарного режима. Многие ученые для сохранения или укрепления своих позиций, защиты или расправы с конкурентами, поиска денег и т. д. действительно апеллировали в партийные органы за поддержкой, но не это составляло суть их научной деятельности. О достоверности протоколов допросов вряд ли стоит вообще говорить[19].

---

[17] *Майр Э.* Корни диалектического материализма // Природа. 2004. № 9. С. 73.

[18] *Салахутдинов Г.А.* Принцип партийности в исследованиях по истории техники // Методологические проблемы истории техники и научно-технической революции. М., 1988. С. 19–29; *Салахутдинов Г.А.* Мифы о творчестве К.Э. Циолковского. М., 2000; *Салахутдинов Г.А.* История космонавтики или мифотворчество // Инженер. 2000. № 6. С. 20–21.

[19] В этом отношении показательны даже материалы допросов арестованных по «Академическому делу», когда, по крайней мере, к основным участникам не применяли мер физического давления. Что правда, а что ложь в протоколах, выяснить невозможно: Академическое дело. 1928–1931 гг. Вып. 1. Ч. 1–2; Дело по обвинению академика С.Ф. Платонова / Отв. ред. В.П. Леонов. СПб., 1993. Вып. 2. Ч. 1–2; Дело по обвинению академика Е.В. Тарле / Отв. ред. В.П. Леонов. СПб., 1998.

В так называемой «объективистской истории» науки отсутствует сама наука как специфическая практика, направленная, при всей ее противоречивости и многогранности, в конечном счете, все же на приобретение нового знания. Обычно подлинный успех приходит только к талантливому, целеустремленному и удачливому человеку, преданному своему делу. Примеров этого в советской истории можно найти немало. В противном случае СССР не смог бы конкурировать с США в области военной технологии и освоении космоса. Изображение всех советских ученых как занимавшихся научной практикой только ради финансирования, поиска патронажа среди власть предержащих, выстраивания социальных сетей, создания собственных школ как мафиозных группировок, построения «научных империй» и т. д. оставляет без ответа главные вопросы: «Для чего они это делали?», «Что они сделали?», «Как они это сделали?», «Почему у них были столь различные результаты?» и «Насколько их результаты соответствовали уровню мировой науки?». Без ответа на эти вопросы история науки теряет всякий смысл, как бессмысленна военная история без сражений, история литературы без художественных сочинений и т. д. В итоге мы имеем не столько нейтралистский анализ или объективистскую картину прошлого, сколько субъективный мир автора, конструировавшего всех своих героев от Н.И. Вавилова до Т.Д. Лысенко, от П.Л. Капицы до А.А. Максимова, от И.В. Сталина до Р.Я. Дозорцевой по своему образу и подобию[20].

Недавно М. Давид-Фокс отметил приход нового поколения американских историков российской науки. Отказавшись и от модернизма Холодной войны, и от социального объективизма, при котором вся научная жизнь изображалась как очередь в пустой магазин и стремление ускорить «вертикальную» динамику, они основное внимание стали уделять субъективным свидетельствам эпохи, прежде всего мемуарам, дневникам и письмам[21]. Тем самым в историю науки стал возвращаться важный аспект духовного мира и переживаний активных участников происходивших событий. Ученых вновь стали воспринимать не как безликих носителей научных практик и «пауков социальных сетей», а как субъектов истории науки. Бесспорно, данный подход будет способствовать преодолению крайностей социального конструктивизма, делая более разноцветными и многообразными исторические реконструкции.

Следуя, в целом, принципам нейтральности исторического исследования, с которым я в общем согласен, я старался, избегая, по возможности, морализирования и пафоса, использовать все цвета радуги и их оттенки при реконструкции процессов «советизации» биологии, рассматривая ее наряду с «аризацией» и «нацификацией» биологии в Германии как один из способов симбиоза государства и научного сообщества. Специфика этих процессов выражалась в стремлении государства контролировать всю научную деятельность, чтобы с максимальной

---

[20] Сочинения ряда сторонников «объективистской» истории науки так же трудно назвать проникновением в прошлое, как исторические романы В. Пикуля «Пером и шпагой», «Битва железных канцлеров» и др., столь популярные в 1970–1980-х гг. В них все государственные деятели Российской империи XVIII–XIX вв. от императоров, цариц, канцлеров, полководцев до низших офицерских чинов выглядели удивительно однообразно: пьяницы, воры, скандалисты, развратники и развратницы, хамы, дураки и т. д. Писать же об истории науки, игнорируя суть исследуемых проблем — занятие не только бесполезное, но и бессмысленное: ведь не зная языка ирокезкого, об оном ничего сказать нельзя кроме глупостей.

[21] *Давид-Фокс М.* Введение. Отцы, дети и внуки в американской историографии царской России. Вехи историографии последних лет. Императорский период. Самара, 2000. С. 5–48.

эффективностью для себя использовать ее для получения в первую очередь знаний, применимых для развития экономической и военной мощи, для идеологического оправдания своей политики и господства в обществе, для повышения своего международного престижа, представляя то или иное государство как подлинного защитника науки. Понимая, что образование и наука составляют единую систему, от которой впрямую зависит воспроизводство государственных чиновников и интеллигенции, правящая элита в СССР старалась не только поставить все сферы духовного производства под свой контроль, но воспитать особую разновидность ученых, разделявших её мораль, планы и мировоззрение. К тому же стремились, в сущности, и национал-социалисты, однако в силу традиций германской науки и сохранявшейся системы ее финансирования из разных источников им сложнее было это сделать.

Со своей стороны, научное сообщество, оказавшееся в условиях, когда только государство предоставляло средства для осуществления грандиозных научных проектов, вынуждено было искать особые формы взаимоотношений с властями и обществом. Достигнуть взаимопонимания оказалось не столь трудно, так как «советизация» протекала в стране, где науку многие ещё воспринимали как некое экзотическое растение, насильственно пересаженное волею Петра Великого из-за рубежа на российскую почву[22] . Для ее выживания все ещё требовалась поддержка государства, а сами лидеры научного сообщества были убеждены, что без мощного государственного финансирования и создания им особых благоприятных условий её развитие невозможно.

Диалог российских ученых с властями в первое десятилетие после революции вселял немало надежд, так как советское правительство именно в науке видело средство выжить, преодолеть кризис, порожденный мировой и гражданской войнами, и построить светлое будущее. Власть стремилась убедить научное сообщество направить свои усилия прежде всего на достижение общенациональных целей, побуждая ученых вести преимущественно прикладные исследования. Научные результаты пытались получить при минимуме затраченных средств и сил ценой индивидуального напряжения ученых.

Выбранный подход, как кажется, позволяет лучше понять механизмы преобразования отношений науки, государства и общества и мотивы поведения отдельных ученых, их групп и научного сообщества в целом. Ученые, способствовавшие краху царского режима, одними из первых пострадали от революции. Аналогичная история произошла и со сторонниками арийской физики и биологии. Нуждаясь в их поддержке в первые годы гитлеровского режима, власти уже вскоре не захотели считаться не только с их притязаниями на участие в управлении обществом, но даже на свободу творчества. Не желая довольствоваться прежними формами организации научных исследований и их эффективностью, они хотели

---

[22] С.И. Романовский в книге «“Притащенная” наука» (СПб., 2004) доказывает даже, что наука так и осталась чуждой российскому менталитету, «притащенной» из-за рубежа и поэтому не нужной ни власти, ни промышленности, ни народу. В какой-то степени с этим можно согласиться, но в каждом случае встает вопрос, о каком правительстве, о какой промышленности и даже о каком народе идет речь. Вряд ли можно отрицать, что за три века существования российской науки эти три главных фактора, определяющих место науки в обществе, менялись в России, мучительно искавшей в течение всего этого времени свою национальную идею. К тому же о «притащенной науке» можно говорить по отношению фактически к любому государству, так как даже в страны Европы она была «притащена» из Древнего мира арабами.

знать, чем арийские варианты физики могут быть полезнее Третьему рейху, чем критикуемая ее сторонниками Ф. Ленардом и Й. Штарком теория относительности. И безжалостно расставались со своими верными союзниками, если их исследования имели меньшее значение для промышленных и военных нужд Германии, чем труды приверженцев релятивистской и квантовой физики[23]. В поиске новых форм взаимоотношений науки и государства каждая из сторон старалась с максимальной выгодой для себя использовать неустойчивость ситуации. Государство при этом руководствовалось сиюминутными утилитарными соображениями военно-оборонного, социально-экономического или идеолого-политического порядка, а научное сообщество в целом старалось остаться в русле мировой науки.

Для достижения своих целей ученые старались убедить власти в необходимости финансировать научные проекты, подогревая их утилитаристские настроения. В тех случаях, когда государственный бюджет стал единственным источником финансирования научных исследований, конкуренция внутри научного сообщества за покровительство власть предержащих неизбежно резко обострилась, а лоббирование научных проектов во властных структурах стало необходимым для выживания. Неизбежны были этические и политических компромиссы.

Научное сообщество в целом было готово принимать любую идеологическую риторику и служить власти, требуя от нее взамен финансово-материальные ресурсы и, по возможности, невмешательство в саму науку. Хотя ученые были подвержены идеологическим влияниям, но в своей научной практике они следовали стандартам мировой науки. Даже наиболее идеологизированные области естествознания, например, эволюционная теория, развивались, в целом, в направлении, соответствовавшем мировым тенденциям. В свою очередь, режим вынужден был терпеть идеологическое инакомыслие и идти на уступки тем ученым, которых считал полезными для себя (И.П. Павлов, В.И. Вернадский в СССР), или закрывать глаза на их неарийское или ненемецкое происхождение (О.Г. Варбург и Н.В. Тимофеев-Ресовский в Германии)[24].

В условиях идейно-политического контроля со стороны государства борьба представителей различных концепций приобретала идеологический и политический оттенок; разрешение внутринаучных конфликтов шло с привлечением властных структур, но навязываемые ими решения научное сообщество в целом не принимало, и мнимая стабилизация оказывалась чреватой новыми кризисами во взаимоотношениях ученых с властью. Поэтому формы организации науки, выработанные в процессах ее «советизации» и «нацификации», в конечном счете, были недолговечными.

Вопросы общественно-политической ориентации, социального статуса, профессиональной деятельности, образа жизни, эмоционально-психологического состояния и менталитета научной интеллигенции особенно важны для изучения действующих сил в процессах идеологизации и политизации науки. В силу своего положения в обществе ученые вынуждены были участвовать в решении актуальных социально-экономических и политических проблем. Научная интеллигенция,

---

[23] *Walker M.* Nazi Science. Myth, Truth, and the German Atomic Bomb. Cambridge (Mass.), 1995. P. 41–63.

[24] *Бабков В.В.*, *Саканян Е.С.* Николай Владимирович Тимофеев-Ресовский. М., 2002; Рассекреченный Зубр. Следственное дело Н.В. Тимофеева-Ресовского / Сост. Я.Г. Рокитянский. М., 2003; *Rüting T.* Pavlov und Neue Menschen. Über Disziplinierung in Sowjetrussland. Oldenburg, 2002.

воспринимая себя как носителя национального разума, способного создать рациональные формы общественной жизни, претендовала на активное участие в управлении государством и выработке стратегических решений. Между двумя полюсами в интеллигенции — олицетворяющими эту власть и противостоящими ей — находились многочисленные группы, различные по политическим симпатиям и нравственным убеждениям, социальным ориентировкам. В поведении научной интеллигенции наиболее ярко выражалось личностное отношение к событиям, поскольку происходившее было прямо связано не только с их материальным положением и социальным статусом, но и с нравственным самосознанием, миром моральных и этических ценностей.

Научная интеллигенция, адаптируясь к тоталитарным режимам, решала, на первый взгляд, трудносовместимые задачи: с одной стороны, стремилась усилить свою профессиональную независимость, а с другой стороны — получить большую финансово-материальную поддержку от властей и обеспечить приток талантливой молодежи в науку. Власть же за предоставляемые ресурсы требовала не только, а иногда и не столько практических результатов, сколько идейно-политической поддержки.

«Советизация» науки в СССР и «нацификация» науки в Германии прошли несколько этапов. Сложившиеся ещё в послереформенной России противоречия между наукой и абсолютистским государством сыграли пагубную роль уже в событиях XX в., когда творческая интеллигенция не только не поддержала царское правительство, но была в первых рядах его противников, добивавшихся свержения режима. Зарождавшаяся в предреволюционное десятилетие плюралистическая система частных и государственных научных учреждений была сметена вихрем гражданской войны в 1918–1921 гг., а во взаимоотношениях науки и власти возник глубокий кризис, который власть пыталась преодолеть, прежде всего, путем жесточайших репрессий, арестами, расстрелами, голодом, обысками, конфискацией имуществ и квартир.

Временным выходом из этого кризиса, разразившегося в годы революции и гражданской войны, была сложная система, существовавшая в 1922–1928 гг., когда научные учреждения, как правило, получали множественную поддержку из разных источников. Но вскоре Советский Союз перешел к ускоренной индустриализации и тотальной коллективизации. В итоге и эта система была разрушена в годы «культурной революции» (1929–1933). Вместо нее по решению сверху была создана жестко регулируемая централизованная наука. Ученым пришлось осмысливать и заново формулировать представления о своем месте в национальном строительстве и об ответственности государства за развитие науки. Судебными процессами, расстрелами и ссылками ученых приучали к абсолютной лояльности по отношению к властям. Как ни странно, но в этих условиях наука не только выжила, но и укрепила свое положение в государстве и обществе. Правда, за это пришлось заплатить потерей независимости, а как позднее выяснилось, и потерей потенциала своего развития.

В период развернутой подготовки ко Второй мировой войне (1934–1941) наука превратилась в важнейший элемент безопасности государства, что придало ей беспрецедентное политическое значение. Исход войны в немалой степени зависел от отношений между властью и научным сообществом. Уже с 1934 г. Советское правительство начало кампанию по превращению страны в «осажденную крепость», где наука должна была обеспечить военно-технологическое преимущество и тем самым национальную безопасность. Москва была провозглашена «центром мировой науки», а пропаганда достижений российской науки стала одним из способов возвращения к имперским ценностям, подогревания националистических настроений и воспитания патриотизма. В предвоенные годы наука в СССР стала одним из главных государственных приоритетов. Число научных работников и научных учреждений возросло многократно, потребляя значительную часть национального дохода и ресурсов. Вместе с тем был опущен «железный занавес», фактически прервавший процесс взаимодействия научного сообщества в СССР с мировой наукой. В развязанных властями массовых репрессиях погибло немало ученых, а тотальный контроль над идеологизированной наукой привел к доминированию в некоторых отраслях знания псевдонаучных построений.

Великая Отечественная война (1941–1945) на некоторое время вывела советскую науку из состояния самоизоляции, восстановила научные контакты советских и англо-американских ученых и завершила формирование Большой науки как важнейшего фактора национальной безопасности. Однако в Холодной войне, начавшейся уже в 1946 г. и достигшей апогея в последние годы жизни И.В. Сталина, сотрудничество советских ученых с коллегами из Англии и США прекратилось. Недавние союзники превратились в потенциальных врагов. И в СССР была предпринята грандиозная попытка создания некой особой «советской» биологии, коренным образом отличавшейся от биологии на Западе. В условиях жесткой конкуренции между западным и восточным блоками сложившаяся до войны в СССР система взаимоотношений науки и государства была укреплена и ужесточена, но степень вмешательства партийно-государственного аппарата предопределялась значимостью той или иной отрасли знаний для укрепления военно-промышленного комплекса. Советская биология была всецело подчинена задаче победы в Холодной войне, что требовало её изолированности от научного сообщества Запада.

Форма организации науки в Советском Союзе в течение долгого времени обеспечивала поддержание паритета в гонке вооружений. Вместе с тем «железный занавес» и идеология «особости» советской науки обусловили постоянное вмешательство партийно-правительственных органов в организацию и функционирование научного сообщества, что привело к доминированию псевдонаучных построений в отдельных областях естествознания, прежде всего в биологии. Именно среди советских ученых зародилось диссидентское движение, и, в конечном счете, они выступили главной социальной опорой лидеров «перестройки», закончившейся распадом СССР и поставившей науку в пределах России и государств СНГ в тяжелейшее финансовое положение, а в конечном счете — на грань выживания.

Иначе процесс идеологизации биологии развивался в Германии. Немецкие ученые уже перед Первой мировой войной заняли сугубо консервативные позиции, активно участвуя в формировании имперского национализма. Профессора не только поддерживали политику правительства, но и способствовали ее «научному» обоснованию, доказывая необходимость передела мира и цивилизаторскую роль Германии на Востоке. Во время Первой мировой войны большинство биологов заняло ультрапатриотические позиции, призывая сограждан сплотиться для отражения угрозы варваров с востока. Поражение Германии и Ноябрьскую революцию 1918 г. они восприняли как трагедию. И на протяжении всей Веймарской республики враждебно относились к демократическому строю, грезя по утраченному могуществу. Уже в 1920-х годах многие из них встали под знамена национал-социализма. Гитлер оценил их готовность к сотрудничеству и предоставил в их распоряжение огромные финансовые и материальные ресурсы, что еще сильнее связало их с нацистским правительством.

В отличие от СССР, в Германии репрессии против ученых носили довольно четко очерченный вектор. Из университетов изгоняли и отправляли в концлагеря либо «расово неполноценных» ученых, либо открытых политических противников. При этом истинные арийцы отнюдь не возражали против того, чтобы в результате им доставались освобождавшиеся места в университетах и научных институтах, и, как правило, не предпринимали никаких действий в защиту своих коллег. В годы Второй мировой войны они активно участвовали в разграблении захваченных территорий, в вывозе научного оборудования и специалистов в Германию. Многие из них в качестве экспертов содействовали массовым расстрелам евреев, цыган и представителей других народов, подлежавших истреблению по биологическим соображениям. С крахом гитлеризма все они стали изображать себя жертвами нацизма и, сохранив ведущие позиции в биологическом сообществе, в течение нескольких десятилетий способствовали сохранению мифа о страданиях немецких биологов при нацистах и своей оппозиционности режиму[25]. Особенно сильно этот миф культивировался в ГДР. В то же время ГДР оказалась одной из немногих стран социалистического блока, которой удалось воспрепятствовать усиленному насаждению мичуринской биологии и сохранить мировой уровень исследований в генетике и эволюционной теории.

В последние десятилетия произошли колоссальные изменения в стратегии исследований как национал-социалистической, так и советской биологии. Возникли новые подходы к изучению такого специфического феномена, как мощная наука в условиях тоталитарного режима. Оказалось, что «за железным занавесом» кровавых режимов наука не только не погибла, но смогла достигнуть блестящих успехов. Для существенного прорыва в организации исследований полезно было бы, опираясь на средства современной информации, прежде всего Интернет, организовать коллективную базу данных, и не отдельных документов, а всего массива архивных документов по истории советской и немецкой науки и техники, с привлечением для работы с ними максимального количества ученых из разных стран. При всей утопичности подобного проекта только так можно будет преодолевать субъективизм в истории науки. В изучении науки тоталитарных стран особое значение имеет «устная история», которая, как показали исследования последнего десятилетия[26], иногда была более надежным источником информации, чем документы, большинство из которых изначально было фальсифицировано.

---

[25] В этом отношении показательны судьбы директоров и ведущих сотрудников главного академического учреждения по расовой биологии в Третьем рейхе — Институте антропологии, генетики человека и евгеники КВГ. В ФРГ расовые гигиенисты О.Ф. фон Фершуер, Ф. Ленц., Г. Нахтсхайм и др., расовые антропологи В. Гизелер, Г. Вайнерт, Г. Геберер, а также их ученики и последователи занимали кафедры генетики человека и антропологии в ведущих университетах, возглавляли основные журналы и научные сообщества. См. подробнее: *Kröner H.-P.* Das Kaiser-Wilhelm-Institut für Anthropologie, menschliche Erblehre und Eugenik und die Humangenetik in der Bundesrepublik Deutschland // Geschichte der Kaiser-Wilhelm-Gesellschaft im Nationalsozialismus. Bestandsaufnahme und Perspektiven der Forschung / Hg. D. Kaufmann. Göttingen, 2000. Bd. 1. S. 653–666.

[26] Репрессированная наука. СПб., 1991–1994. Вып. 1–2; *Sagdeev R.* The Making of a Soviet Scientist. New York, 1994.

Реальный ход отечественной истории может быть реконструирован лишь на базе огромного архивного и литературного материала, дополненного ресурсами коллективной памяти научного сообщества о событиях, нигде не зафиксированных, но оказавших огромное влияние на судьбы целых отраслей знаний, в также о действовавших в прошлом чиновниках и ученых, о их поведении и взглядах. Необходимо помнить, что в те годы люди думали одно, говорили другое, писали третье. И действовали они чаще всего не в соответствии со своими убеждениями, а как требовали обстоятельства[27].

Комплексная организация исследований могла бы стать гарантом того, чтобы на смену одним мифам об отечественной и немецкой истории науки не приходили новые. Тем самым удастся обеспечить поступательное движение по воссозданию реальной картины «советизации» и «нацификации» науки, позволяющие выйти за рамки палитры трех цветов: черного, белого, серого.

В предыдущих публикациях я старался показать, что появление Т.Д. Лысенко и его сторонников в высших эшелонах науки было закономерным итогом многочисленных попыток в 1920-х — начале 1930-х гг. создать некую «пролетарскую» или «диалектическую» биологию[28]. В те годы не только, и даже не столько, политическое руководство, сколько сами ученые были инициаторами идеологизации и диалектизации естествознания. Начинающие диалектизаторы биологии, среди которых впоследствии оказалось немало жертв сталинских репрессий, активно способствовали созданию первых научных марксистских организаций, печатались в идеологических журналах, активно участвовали в многочисленных дискуссиях о соотношении марксизма и различных естественнонаучных концепций. Важной предпосылкой для появления лысенкоистского варианта «советской биологии» была деятельность в годы «культурной революции» (1928–1932 гг.) марксистских организаций в Ленинграде, которые возглавлял И.И. Презент, ставший затем правой рукой Т.Д. Лысенко и его главным идеологом. Деятельность этих организаций позволяет лучше понять констелляцию институциональных, социально-культурных,

---

[27] Яркий пример приспособляемости к социально-политической и идеологической среде демонстрировал «дедушка расовой гигиены» Ф. Ленц, один из трех соавторов всемирно известной книги «Основы генетики человека и расовой гигиены» (*Baur E.*, *Fischer E.*, *Lenz F.* Grundriss der menschlichen Erblichkeitslehre und Rassenhygiene. München, 1921. Bd. 1–2), признаваемой около четверти века стандартом в этой области знаний и неоднократно переизданной в Германии и за рубежом. В ее первом издании Ленц защищал евреев от упреков в мнимом тлетворном влиянии на общество и даже провозглашал: «Еврейский дух вместе с германским духом — главные движущие силы современной западноевропейской культуре». В третьем издании 1931 г., вышедшем за два года до прихода Гитлера к власти, он продолжал сожалеть по поводу существования антисемитизма и писал: «Антисемитизм национал-социалистов, естественно, достоин сожаления. Следует сожалеть, что политическим массам требуется подобное чувство». Диаметрально другие оценки антисемитизму Ленц дал в четвертом издании 1936 г., когда в Германии окончательно установилась национал-социалистическая диктатура. Теперь он резко изменил свои прежние взгляды на противоположные и предупреждал о тяжелом ущербе, который евреи могут нанести народному хозяйству. Его буквальные слова: «организм лучше развивается без паразитов». Цит. по: *Richter H.-E.* Medizin und Gewissen // Medizin und Gewissen. 50 Jahre nach dem Nürnberger Ärzteprozess — Kongressdokumentation / Hg. S. Kolb, H. Seithe. Frankfurt am Main, 1998. S. 16–17.

[28] *Колчинский Э.И.* В поисках советского «союза» философии и биологии. СПб., 1999; Наука за «железным занавесом». Мифы и реалии советской науки. СПб., 2001.

политико-идеологических факторов, действовавших в СССР 1922–1932 гг. и сыгравших важную роль в появлении лысенкоизма. В этих организациях и выпускаемых ими журналах отражалась борьба внутри биологического сообщества, реакция различных групп ученых на попытку насильственной диалектизации и пролетаризации биологии, воздействие этих попыток на тематику и язык биологических исследований, на ритуал научных мероприятий (конференций, съездов, обществ), на идеи, ценности, традиции научного сообщества, на его взаимоотношения с властями, на стиль поведения ученых с власть предержащими. Особенно интересны оказались следующие вопросы. Насколько эффективна была деятельность Презента и его окружения в годы культурной революции? Какова социальная динамика этой группы? И что заставило его искать союз с Лысенко и ему подобными?

Сходные вопросы возникают при исследовании развития биологии в Германии, где, правда, не было общепризнанных лидеров национального масштаба, как в СССР. Вместе с тем процессы «нацификации» биологии охватили там гораздо более широкие круги биологического сообщества, поставив под сомнение возможность говорить об этике и ценностях научных исследований во многих ее отраслях.

Некоторые методологические основания исследования

Банальное изречение, что старые идеи не умирают, а исчезают из обихода науки вместе со своими сторонниками, поколеблено опытом развития науки XX века, когда на протяжении своей научной карьеры ученый вынужден был не раз приспосабливаться к новым фундаментальным открытиям в естествознании. Лишь в архиве науки сохранились гипотезы, которые сошли со сцены, растеряв своих приверженцев.

Обычно это концепции не очень высокого теоретического уровня, не касающиеся мировоззренческих и методологических проблем естествознания. Дискуссии же по фундаментальным вопросам длятся иногда многие столетия и даже тысячелетия. Очень часто участникам дискуссии кажется, что она уже закончена и одному из конкурирующих направлений обеспечена окончательная победа. Но уже, как казалось, повергнутая концепция возрождается во всем блеске новых теоретических аргументов и фактов.

К числу подобных относится ряд биологических проблем, использованных не раз в XX веке политиками разных стран для воплощения социальных утопий коммунизма и расизма, что обернулось гибелью десятков миллионов людей разных национальностей на разных континентах. От имени науки были предприняты попытки реализовать на практике концепции: преобразования природы и подчинения ее всецело целям человека; достижения расовой чистоты за счет уничтожения межрасовых гибридов и подбора партнеров для репродукции; предотвращения физической и психической дегенерации человека; улучшения его природы путем различных способов социальной и биологической селекции; ликвидация преступности путем сугубо биологической селекции или, напротив, исключительно социальными мерами и т. д. Авторы подобных концепций порою вполне полагали, как это по крайнем мере за 2 500 тысяч лет тому назад думали и Сократ, и Платон, предтечи современного фашизма и коммунизма[29], что наука уже в состоянии дать рекомендации по практическому решению многих проблем, которые на самом деле относятся к числу вечных, и их историю нельзя понять вне рамок концепции тематического анализа науки Дж. Холтона[30].

Хотя диапазон решения ряда фундаментальных проблем в целом предопределен совокупностью социальных и политических интересов и ценностей, выбор одного из них зависит от индивидуальной мотивации. Творческое воображение ученого в моменты выбора макрометодологии своего исследования детерминировано его личной, как правило, неявной даже для него самого приверженностью к определенным темам, число которых невелико и которые объединены в некие устойчивые структуры, состоящие из противостоящих друг другу элементов типа: атомизм — непрерывность, простота — сложность, анализ — синтез, селекция или прямое приспособление, жесткая или статистическая детерминация, неизменность — эволюция — катастрофизм, и т. д. Холтон предложил назвать их диадами или триплетами.

Эти структуры воспроизводятся практически на протяжении всей интеллектуальной истории человечества и сохраняют своих сторонников даже в период научных революций или смен парадигм по Т. Куну[31]. Господствующая парадигма и социально-культурные факторы оказывают влияние лишь на количественное соотношение приверженцев той или иной темы, ядро которых в каждой группе составляют люди, чьи убеждения не могут поколебать никакие когнитивные или идеолого-политические аргументы. В зависимости от уровня развития науки, ее последних открытий и их интерпретации, социально-культурного контекста и моды большая часть научного сообщества примыкает к одной из альтернативных точек зрения. Вопреки банальному изречению, в дискуссиях по этим темам истина и не рождается, и не умирает. В лучшем случае каждый остается при своем мнении.

Дискуссии вокруг арийской физики в нацистской Германии и пролетарской биологии в СССР, а также борьба различных школ и направлений в эволюционной теории, физиологии, генетике, математике, химии, показали, что в тоталитарных государствах оппонентов стараются поставить на путь истины при помощи партийно-правительственных органов и репрессивного аппарата. Но никакие идеологические проработки и репрессии не смогли искоренить в СССР сторонников номогенеза, механоламаркизма, неокатастрофизма или СТЭ, приверженцев евгеники и расологии, защитников окружающей среды и т. д.

Приверженность ученого к подобным всеобъемлющим темам определяется неким психологически обусловленным выбором, который, в конечном счете, служит главным источником его творческой энергии, побуждающей к созданию нового знания или отстаиванию своей позиции даже в тех случаях, когда ее не разделяет большинство ученых. Выбор темы зачастую мало зависит от когнитивной научной деятельности. Его нередко детерминируют события, происходившие еще в детстве, задолго до профессионализации ученого. В основе когнитивной деятельности лежит некое неявное знание, которое невозможно ни доказать, ни поколебать

---

[29] *Поппер К.* Открытое общество и его враги. М., 1992. Т. 1–2; *Томилов В.Г.* Коммунизм как искушение властью. Томск, 2005.

[30] *Холтон Дж.* Тематический анализ науки. М., 1981: *Holton G.* The Scientific Imagination. Cambridge (Mass.), 1998.

[31] *Кун Т.* Структура научных революций. М., 1975.

какими-либо рационалистическими или эмпирическими приемами[32]. Иногда его нельзя даже облечь в вербальную форму и передать другому, что обусловливает ожесточенность дискуссий и затрудняет поиск консенсуса в науке по этим проблемам. Тематическая привязанность вносит существенные поправки в чисто инструменталистские или утилитарные установки науки.

Наряду с другими социолого-психологическими, политическими и практическими мотивами, оказывающими значительное влияние на ход развития науки в целом и эволюционно-биологических дискуссий в частности, личное убеждение включено в текст научных исследований, наполняя ученого чувством глубокого удовлетворения в связи с постижением неких глубинных сфер бытия. Ученый в принципе не может отказаться от своего выбора, а способен лишь имитировать под влиянием социально-культурного контекста согласие с трактовкой, расходящейся с его личным мнением, демонстрируя своего рода научную мимикрию. Набор этих тем ограничен, так как наши когнитивные способности оставляют нам мало вариантов допустимых событий в реальности. В результате каждая из них переживает периоды подъема и упадка, заброшенности и возвращения, искоренения из господствующих парадигм и нового возрождения. При этом даже смена эпистем по М. Фуко не оказывала существенного влияния на структуру тематических диад и триплетов. Устойчивость тематических структур на протяжении всей интеллектуальной истории позволяет историкам науки избежать, казалось бы, неразрешимого противоречия антикваризма-презентизма. Объединяя внешне несоизмеримые и конфронтирующие друг с другом теории, они дают возможность в концепциях разных эпох, цивилизаций и школ выявлять черты постоянства, обеспечивая тем самым диалог ученых прежних эпох с современными исследователями.

Самые последовательные поклонники релятивизма В. Куйана или эпистемологического анархизма П. Фейерабенда[33] вынуждены признать существование в науке этих надысторических и не связанных культурными рамками концептуальных подходов к объяснению познаваемого объекта. Эти концептуальные подходы в значительной степени предопределили историю формирования традиций и школ в эволюционной теории, генетике, евгенике, антропологии и экологии, оказали влияние на дискуссии о границах применения на практике биологических знаний, в ходе которых научные оппоненты не слышали и не желают слышать аргументы друг друга. Это дает возможность политику по своему вкусу выбирать то или иное решение, опираясь в любом случае на авторитет науки.

Однако только индивидуальными пристрастиями ученых трудно объяснить периодическое оживление тех или иных концепций, становящихся иногда модными и излюбленными сюжетами не только научных сообществ, но и широкой публики. Их модность в значительной степени объясняется господствующим в научном сообществе менталитетом. Так, например, вначале естественнонаучные концепции эволюции: номогенез Л.С. Берга и филогенетический преформизм А.А. Любищева, предложенные в начале 1920-х гг. в СССР, были атакованы с разных сторон, прежде всего по биологическим, а затем уже по идеолого-политическим соображениям. Как новую вылазку антидарвинизма их оценивали биологи старшего поколения

[32] *Полани М.* Личностное знание. М., 1986; *Jha S.* On the duties of intellectuals to truth: The life and works chemist-philosopher Michael Polany // Sci. Context. 1998. Vol. 11. P. 89–141; *Swartz L.* Michael Polany and sociology of a free society // Amer. Sociol. 1998. Vol. 29. № 1. P. 59–70.

[33] *Фейерабенд П.К.* Избранные труды по методологии науки. М., 1986.

В.М. Шимкевич, Б.М. Козо-Полянский, А.М. Никольский, В.И. Талиев и др. без всякого идеолого-политического давления извне. Лишь в дальнейшем к ним присоединились юные биологи-марксисты И.И. Агол, Б.П. Токин, идеолог И.И. Презент и др. Хотя идеи, близкие к номогенезу, можно было впоследствии встретить в сочинениях В.Н. Беклемишева, А.А. Заварзина, П.Г. Светлова, в целом они оказались забытыми не только отечественными, но и зарубежными биологами. Ссылки на книгу Л.С. Берга «Номогенез, или эволюция на основе закономерностей» были крайне редки в крупнейших сводках по теории эволюции, опубликованных за рубежом в 1930–1990-х гг., несмотря на то, что книга трижды переиздавалась в Англии и США в 1926, 1969 и 1971 гг., т. е. в странах, где не было политического давления на биологические дискуссии. Предисловие к третьему изданию написал Ф.Г. Добржанский, общепризнанный основатель СТЭ.

Иной была судьба трудов Берга в СССР. В начале 1970-х гг., когда интеллектуальная оппозиция марксизму в нашей стране стала усиливаться, интерес к идеям Берга резко возрос. Некоторые из его главных эволюционных трудов были переизданы в 1977 г. Это стало возможно лишь потому, что переиздание активно поддерживали М.С. Гиляров, П.М. Жуковский, К.М. Завадский и Ю.И. Полянский, которые, будучи убежденными селекционистами, посчитали необходимым познакомить советского читателя с лучшей из антидарвиновских концепций эволюции в русском языковом пространстве. В большой вводной статье к этому изданию К.М. Завадский и А.Б. Георгиевский подробно рассмотрели дискуссии вокруг идей Берга, а также их значение для понимания проблемы ограничений эволюции и ее направленности[34].

Главные труды А.А. Любищева по систематике, морфологии и эволюции были переизданы также в начале 1980-х гг. Публикации этих работ вызвали новую полемику вокруг идей Берга и Любищева. Были ученые, которые частично поддержали их. Другие старались далее развить их в своих трудах. Но большинство увидело в этих концепциях альтернативу официально поддерживаемому в те годы селекционизму, и пропаганда их стала своеобразной формой безопасного диссидентства. Появились даже попытки отнести «творческий дарвинизм» к селекционизму, а августовскую сессию ВАСХНИЛ 1948 г. объявить кульминацией процесса огосударствления дарвинизма[35]. Делались прогнозы о схождении дарвинизма «с исторической сцены». На него возлагалась главная вина за отставание и кризис советской биологии[36].

Теперь же идеолого-политическая составляющая дискуссий вокруг дилеммы «номогенез — селекционизм» практически сошла на нет. И выяснилось, что слухи о смерти дарвинизма явно преувеличены. В странах Западной Европы и США эволюционные работы, выполненные с позиций теории естественного отбора, по-прежнему доминируют над работами, базирующимися на других концепциях эволюции, будь то теория прерывистого равновесия С. Гоулда и Н. Элдриджа или же организменные, системные, термодинамические теории эволюции и т. д. Немного сторонников имеют и отечественные варианты недарвиновских концепций, как,

---

[34] *Завадский К. М., Георгиевский А.Б.* К оценке эволюционных взглядов Л.С. Берга // *Берг Л.С.* Труды по теории эволюции. Л., 1977. С. 7–42.

[35] *Чайковский Ю.В.* О классиках и комментариях // ВИЕТ. 1992. № 4. С. 142.

[36] Ответ на подобную критику см.: *Колчинский Э.И., Лебедев Д.В., Полянский Ю.И.* История эволюционной биологии в королевстве кривых зеркал // ВИЕТ. 1993. № 2. С. 161–168.

например, эпигенетическая теория эволюции формы или же отечественные варианты неокатастрофизма и т. д. Неодарвинизм не вызывает сомнений у большинства биологов и фактически представляет идеологию современной биологии, — признает и очередной критик «неодарвинизма» Д.Л. Гродницкий[37]. Приведенные им доводы не блещут новизной и практически не отличаются от тех, что выдвигались против селекционизма со времен Дарвина. Тем не менее, автор не может преодолеть свое предубеждение против статистической детерминации эволюции, отдавая предпочтение жестким закономерностям.

Биологи на Западе все чаще и чаще выступают с резким критическим анализом книг по истории и философии эволюционной теории, в которых содержатся нападки на дарвинизм, где забыты реальные проблемы биологии и доказывается научный статус метафизических концепций, отвергнутых предшествующим развитием науки. Примером может служить рецензия В. Бока на недавнюю книгу М.Т. Гизелена «Метафизика и происхождение видов». Крупнейший орнитолог вновь указал, что принимаемые метафизические концепции зависят от взгляда научного сообщества на природу и современной популяционной биологии нет нужды возвращаться к типологической концепции вида, построенной на недоказуемом тезисе о реальном существовании неких идеальных прообразов, определяющих суть всех вещей. Бок пишет: «Метафизика, принимаемая Гизелином, была сформулирована более 2000 лет тому назад греческими философами, когда было мало что известно о науке, и ничего об эволюционной биологии», и удивляется, как архаичные взгляды можно пропагандировать в конце XX в[38]. В защите Дарвина и дарвинизма активно участвуют и многие философы[39]. Это показала международная конференция «Наука и общество» в 1999 г. в Санкт-Петербурге, в которой участвовали ученые России, США, Англии, Австралии, Франции и Голландии[40]. Подавляющее большинство статей в международных историко-биологических периодических изданиях — таких, как «Журнал истории биологии», «История и философия наук о жизни», «История и теория биологии» и др., — также написаны с позиций селекционизма.

Несколько иначе дело обстоит в нашей стране, где по-прежнему любая критика дарвинизма воспринимается на «ура» не только историками и философами, но и некоторыми биологами. И дело здесь не только в извечном стремлении представить Россию «родиной слонов» и выдвинуть собственных пророков, провозглашающих особый путь развития российской науки. Антидарвинизм и борьба против парадигм, принимаемых международным сообществом биологов, стали некими национальными традициями в России. Причины этого, на мой взгляд, коренятся во временах усиленной пропаганды советского творческого дарвинизма, когда десятки миллионов учащихся на школьной скамье знакомились с биологией и эволюционной теорией по учебникам В.А. Алексеева, Е.А. Веселова, В.А. Дворянкина, Н.В. Лебедева и др., а также фальсифицированного изложения взглядов

---

[37] *Гродницкий Д.Л.* Критика неодарвинизма // Журнал общей биологии. 1999. Т. 60. № 5. С. 488.

[38] *Bock W.* Towards a New Metaphysics: The Need for an Enlarged Philosophy of Science // Biology and Philosophy. 2000. Vol. 15. № 4. P. 604.

[39] *Ruse M.* Mystery of Mysteries: Is Evolution a Social Construction? Cambridge (Mass.); London, 1999; *Radick G.* Two Explanations of Evolutionary Progress // Biology and Phylosophy. 2000. Vol. 15. № 4. P. 475–491.

[40] Science and Society / Ed. J. Birx, E.I. Kolchinsky. SPb., 2000.

И.В. Мичурина и К.А. Тимирязева, объявленных предтечами «советского творческого дарвинизма». К тому же первоначальное философское образование советские биологи в 1930–1950-х гг. получали на базе трудов В.М. Каганова, В.И. Колодяжного, И.И. Новинского, Г.В. Платонова, И.И. Презента, Д.М. Трошина, представлявших собой смесь цитат из 4-й главы «Краткого курса истории ВКП(б)» и простого комментирования работ Т.Д. Лысенко, В.Р. Вильямса и О.Б. Лепешинской, провозглашенных корифеями «передовой агробиологической науки».

Над трудами советских «агробиологов», преподносимыми как новейшие достижения биологии и философской мысли, с середины 1940-х гг. потешалось все мировое научное сообщество[41] . Тем не менее, легко прослеживается совпадение постулатов лысенкоизма с рядом философско-теоретических утверждений современных отечественных критиков селекционизма как градуалистического и стохастического учения[42] . Это, видимо, не случайно. Ведь первое знакомство с биологией многих из них проходило как раз в годы доминирования лысенковщины, преподносившейся как творческое развитие учение Ч. Дарвина, что само по себе служило мощным стимулом для неприятия его идей. Часть советских биологов этого поколения невольно отождествляет современный дарвинизм, синтетическую теорию эволюции (СТЭ) с «советским творческим дарвинизмом» образца конца 1940 — начала 1960-х гг. и потому не может примириться с ним[43] . Другие, напротив, помня нападки лысенкоистов на неодарвинизм, стали приверженцами определенных тем еще до начала научной карьеры и возвращаются к мировоззренческим постулатам лысенкоизма в своих последних работах[44] . Третьи не могут забыть, что дарвинизм использовали в гитлеровской Германии для оправдания геноцида и захвата жизненного пространства. В их трудах отчетливы доводы, навеянные соображениями о науке как враге случайности, о строгой закономерности эволюции, о единстве организма и среды, о целесообразности как исходном свойстве живого, о наследственности как свойстве всей клетки, о системно-целостной реакции организма на воздействие внешней среды, о скачкообразном порождении видов и более крупных таксонов, о расовых выводах из селекционизма, о биологической детерминации всех свойств личности и т. д. Конечно, все современные критики дарвинизма обычно понимают, что лысенковщина не была научным направлением, а всецело порождена социально-политической системой сталинизма, но, тем не менее, именно с ее философских установок они пытаются осмыслить данные современной биологии. Снижение активности сторонников номогенеза в нашей стране за последние 15 лет, возможно, связано с постепенным уходом со сцены представителей поколения биологов, начинавших научную карьеру во времена лысенковцев. И хотя

---

[41] *Dobzhansky Th.* The new genetics in the Soviet Union // J. Hered., 1947. Vol. 38. P. 226–232; *Sax K.* Soviet genetics // J. Hered., 1946. Vol. 37. P. 279–280; *Huxley J.* Soviet genetics and the world science. Lysenko and the meaning of heredity. London, 1949.

[42] *Колчинский Э.И., Лебедев Д.В., Полянский Ю.И.* История эволюционной биологии в королевстве кривых зеркал.

[43] *Чайковский Ю.В.* Эволюция. М., 2003. С. 154–155.

[44] Так, некоторые заключительные положения книги В.И. Назарова «Эволюция не по Дарвину» (М., 2005. С. 450–451) об изначальной способности клетки целесообразно реагировать на воздействия внешней среде, об адаптивной эволюции без отбора, о непознаваемости законов изменчивости, наследственности и эволюции методами физики, химии и математики почти буквально повторяют положения учебника по дарвинизму В.А. Дворянкина, который возглавлял кафедру дарвинизма в МГУ.

по-прежнему проводят ежегодные любищевские чтения в Ульяновске, но состав их участников практически не меняется, включая в основном философов, а издаваемые труды Любищева далеки от проблем эволюционной биологии и содержат его историко-философские, эпистемологические и социально-этические воззрения.

В последнее время некоторые историки науки позволяют себе высказывания типа: «лысенковцы справедливо указывали на разрыв между генетикой и эмбриологией, между существующими концепциями наследственности и индивидуального развития, они также были правы, отмечая чрезмерное преувеличение генетиками роли хромосом в наследственности: через 10–15 лет цитоплазматическая наследственность станет одним из центральных предметов изучения генетики»[45]. Хочется думать, что подобные заявления кандидат биологических наук Н.Л. Кременцов делает скорее для эпатажа публики, чем следуя убеждениям. Как справедливо отметил «антилысенковец с довоенным стажем» Д.В. Лебедев, который, как известно, играл ключевую роль в борьбе против лысенковцев в 50–60-х гг., подобные суждения порождены попытками писать историю науки, оставляя в стороне научное содержание происходивших дискуссий[46]. На самом деле лысенкоизм имеет отношение к современным достижениям генетики еще меньше, чем сказка о ковре-самолете к успехам авиации, а опыты алхимиков — к расщеплению атомного ядра и превращению элементов.

Новейшие открытия действительно вновь подняли вопрос о молекулярно-генетических основах наследования приобретенных признаков. Так, О. Ландман в качестве механизмов его реализации называет: 1) наследование измененных структур клеточной оболочки или кортекса; 2) эпигенетические изменения без каких-либо модификаций ДНК; 3) наследование ДНК-модификаций, т. е. клонально передаваемых изменений в характере локального метилирования ДНК; 4) индуцированную утрату либо приобретение факультативных элементов генотипа[47]. На этот раз сами генетики инициируют обсуждение проблемы возникновения адаптивных или отбор-зависимых «направленных» мутаций (Дж. Кэйрнс, Б. Холл, Дж. Шапиро, М.Д. Голубовский). И это не случайно, так как современные дискуссии не имеют ничего общего с рассуждениями и опытами механоламаркистов, и несостоятельны попытки связать наследование приобретаемых признаков в результате взаимодействия облигатных и факультативных ДНК- и РНК-носителей с лысенковскими «вегетативными гибридами», «переделками природы организмов путем их воспитания», с «зарождением крупинок нового вида в недрах родительского», со скачкообразными порождениями «пеночкой кукушки», «елью — сосны», «грабом — лещины», «рожью — пшеницы» и т. д.

На самом деле современные постулаты генетики формировались не благодаря, а вопреки лысенковщине, ни одно из положений которой не осталось в мировой науке и не оказало никакого влияния на ее развитие. Поэтому было бы некорректно называть лысенкоизм «псевдонаукой», поскольку «привилегию» не оставить положительного следа в истории науки имеет только стопроцентная антинаука. В то же время система понятий и методология исследований противостоявшей

---

[45] *Кременцов Н.Л.* Принцип конкурентного исключения // На переломе. Вып. 1. Советская биология в 20-х — 30-х гг. СПб., 1997. С. 162.

[46] *Лебедев Д.В.* Помогают ли опыты на простейших понять трагические события отечественной биологии? (Реплика участника этих событий) // На переломе. Вып. 1. СПб., 1997. С. 165–170.

[47] *Landman O.* The inheritance of acquired characteristics // Ann. Rev. Gen. 1991. Vol. 25. P. 1–20.

лысенкоизму классической генетики и построенной на ней СТЭ вошли в золотой фонд науки XX в. и стали надежным фундаментом новейших достижений в изучении возможности наследования приобретенных признаков.

Лысенкоизм представлял собой мешанину каких-то обломков науки, не связанных друг с другом, и донаучных верований. Среди них можно найти фрагменты и номогенеза Л.С. Берга, и исторической биогенетики Д.Н. Соболева, филогенетического преформизма А.А. Любищева, например: закономерность (номогенез) — «наука — враг случайности» (лысенковщина); массовая перечеканка особей на больших территориях (номогенез) — массовая переделка особей под влиянием внешней среды и воспитания (лысенковщина); эволюция идет массовыми скачками (номогенез) — внезапное порождение новых видов (лысенковщина). Общность признания наследования приобретаемых признаков, а также отрицания творческой роли борьбы за существование и отбора создают иллюзию сходства взглядов некоторых представителей номогенетических концепций с лысенковщиной. На самом же деле вышеупомянутые авторы недарвиновских концепций прекрасно осознавали антинаучный характер последней. И в борьбе с нею в одном лагере были дарвинист В.Н. Сукачёв и антидарвинист А.А. Любищев, а лысенкоисты били одновременно номогенетика Л.С. Берга и дарвиниста Н.К. Кольцова.

В то же время нельзя отрицать, что сходство постулатов лысенковщины и номогенетических концепций эволюции порождено некими общими глубинными эвристическими установками, обусловленными приверженностью всех критиков селекционизма определенным фундаментальным темам. Различные судьбы номогенетических концепций Берга и Любищева в нашей стране и за рубежом наглядно демонстрируют, как многообразие эвристик и индивидуальных склонностей к определенным темам сложно взаимодействует с идеолого-политическими и социально-культурными факторами, оказывающими значительное влияние на ход научных дискуссий, создавая у современников впечатление окончательной победы какой-либо одной из альтернативных концепций.

Сказанное справедливо и относительно судьбы неокатастрофизма. Как показал недавно В. Райф, расцвет циклических сальтационистских концепций в эволюционной теории и палеонтологии в первой половине нашего столетия непосредственно связан не столько с естественнонаучными традициями идеалистической морфологии, сколько с господствовавшими в Западной Европе, особенно в Германии, представлениями О. Шпенглера о цикличности культур[48]. Немецкие сторонники циклического неокатастрофизма как особой динамической парадигмы XX века, в которой тесно переплелись естественнонаучные и мировоззренческие положения, субъективно осознавали себя историками органического мира и его эволюции, восприняв методологию биоморфной концепции истории О. Шпенглера. В их трудах отчетливо прослеживается извечный конфликт между «структуралистской» и «функционально-исторической» биологией, окрашенный глобальным пессимизмом в реалиях Веймарской республики.

---

[48] *Reif W.E.* Evolutionary theory in German paleontology // Dimensions of Darwinism. Cambridge, 1983. P. 173–203; *Reif W. E.* The search for a macroevolutionary theory in German paleontology // J. Hist. Biol. 1986. Vol. 19. № 1. P. 79–130; *Reif W. E.* Adolf Naef's Idealistische Morphologie und das Paradigma typologischer Makroevolutionstheorien // Ethik der Biowissenschaften. Berlin, 1998. S. 411–424; *Reif W.E.* Deutschsprachige Paläontologie im Spannungsfeld zwischen Macroevolutionstheorie und Neo-Darwinismus (1920–1950) // Die Entstehung der Synthetischen Theorie. Beiträge zur Geschichte der Evolutionsbiologie in Deuschland 1930–1950. Berlin, 1999. S. 151–188.

Социально-культурные факторы вряд ли играли главную роль в неприятии концепции Р. Гольдшмидта биологическим сообществом США в 1940-х гг., хотя и принято объяснять его неудачу социально-психологическими или даже политическими причинами[49]. В предисловии к переизданию книги Гольдшмидта С. Гоулд, пересказывая воспоминания американских профессоров об их реакции в бытность студентами на идеи Гольдшмидта, проводит даже аналогию с «двухминутками ненависти» из романа Дж. Оруэлла «1984»[50]. Якобы тысячи рядовых американских биологов, не знавших о том, что Гольдшмидт как еврей вынужден был эмигрировать из нацистской Германии, воспринимали его книгу «Генетические основы эволюции» как выступление представителя немецкой науки против выдающихся достижений школы Моргана и СТЭ, формирование которых связано с англоязычными странами.

Подобные «национально-патриотические» трактовки причин неудач Гольдшмидта в 1940–1950-х гг. оставляют без объяснения тот факт, что и в самой Германии подобные взгляды не пользовались популярностью, что хорошо видно на примере авторитетного авторского коллектива фундаментального труда «Эволюция организмов», подготовленного во время Второй мировой войны под редакцией Г. Геберера. А ведь в нем участвовали лучшие немецкие генетики, зоологи, ботаники, палеонтологи и антропологи. Конечно, оставаясь в рамках лишь социально-психологических объяснений, причину можно найти в неприятии нацистами (а большинство авторов этой книги состояли в нацистских организациях СА, СС и НСДАП), идей антифашиста, эмигранта, да к тому же еврея. Но доводы против гольдшмидтовских «перспективных монстров» даны как в первом издании «Эволюции организмов», вышедшем в разгар Второй мировой войны, так и в последующих переизданиях в ФРГ. Полностью солидарен со взглядами Гольдшмидта был убежденный нацист, палеонтолог К. Бойрлен, а специалисты в области биологии развития А. Дальк и К. Уоддингтон, типичные представители французской и английской науки, поддержали их вскоре после войны.

Если отвлечься от психологических особенностей ученого, определяющих его выбор из тематических конфигураций «целое — часть», «непрерывность — дискретность», то правильнее причины поведения научного сообщества в целом искать в самой науке или, точнее, в доминировавшей в ней в данный момент парадигме, которой, бесспорно, с конца 1930-х гг. и по настоящее время остается СТЭ. Недавний анализ протагонистов СТЭ и их трудов в нацистской Германии убедительно показал, что в немецкоязычном пространстве параллельно (приблизительно с 1935 г.) и частично независимо, накануне и во время Второй мировой войны, создавался и утверждался «современный синтез»[51]. Одновременно то же самое происходило и в СССР, несмотря на официальное доминирование концепции творческого дарвинизма[52]. Не отрицая национальные особенности СТЭ в Германии и СССР, следует признать, что сам синтез, а также основные положения и методы

---

[49] *Воронцов Н.Н.* Развитие эволюционных идей в биологии. М., 1999. С. 509.

[50] *Gould S.J.* The Uses of Heresy: An Introduction to Richard Goldschmidt's The Material Basis of Evolution // *Goldschmidt R.* The Material Basis of Evolution. New Haven, 1982. P. I–XXV.

[51] *Хоссфельд У., Юнкер Т., Колчинский Э.И.* Протагонисты и главные научные труды по эволюционному синтезу в немецком языковом пространстве // ВИЕТ. 2000. № 1. С. 69–95.

[52] Развитие эволюционной теории в СССР (1917–1970-е годы) / Отв. ред. С.Р. Микулинский, Ю.И. Полянский; ред.-сост. Э.И. Колчинский. Л., 1983.

СТЭ формировались одновременно сходным образом в разделенном мире: и при национал-социализме, и при коммунизме, и при либерализме[53]. «Современный эволюционный синтез» был международным феноменом[54], вопреки утверждениям некоторых современных историков науки в США и Англии[55]. И в либеральной Америке, и в национал-социалистической Германии книга Добржанского «Генетика и происхождение видов» была началом современного синтеза. Этому способствовал и ее перевод на немецкий язык в 1939 г. Благодаря деятельности Н.В. Тимофеева-Ресовского в Берлине и немецкому переводу книги Добржанского несомненно прямое влияние «русской генетической (биологической) школы» на немецкое биологическое сообщество. Тем более уместно рассматривать «современный синтез» в международном аспекте, так как и в развитии советской биологии в 1920–1940-х гг. имелись сходные параллели и с англоязычным, и с немецкоязычным пространствами.

Биологи Б. Ренш, Г. Геберер, В. Циммерман и Н.В. Тимофеев-Ресовский с полным правом относятся к сооснователям «современного синтеза», а книги В. Циммермана «Наследование приобретенных признаков и отбор» (1938), «Эволюция организмов» (1943) и Б. Ренша «Новые проблемы эволюционного учения. Надвидовая эволюция» (1947) были важными вехами его создания не только в Германии, но и в мировой науке. Точно так же книги И.И. Шмальгаузена, прежде всего «Факторы эволюции» (1946), изданные в коммунистическом СССР, считались в то время основополагающими для СТЭ. Вместе с тем, признание в англоязычновом мире получил лишь труд Б. Ренша, который вышел после войны, переиздавался дважды (в 1954 и 1972 гг.) и по рекомендации Добржанского был переведен на английский язык. В 1960 г. книга Ренша вышла под заголовком «Evolution above the Species Level» и с тех пор во всем мире считается одной из основополагающих для современного синтеза. Что же касается книги «Эволюция организмов», несмотря на два ее послевоенных переиздания, она практически не цитировалась в англоязычной литературе[56]. Аналогичной была и судьба труда И.И. Шмальгаузена «Факторы эволюции», опубликованного в 1949 г. в США по инициативе Добржанского. Его все реже упоминают на Западе как работу, лежавшую в основе СТЭ.

Невключение Г. Геберера в число архитекторов СТЭ, в принципе, можно объяснить социально-политическими причинами. Ученые США и Англии, вероятно, помнили о его активной деятельности в период национал-социализма, членство в главных нацистских организациях и защиту «арийской биологии». Ведь отстаиваемая им расовая наука детерминировалась тремя идеологемами: мировая история обусловлена развитием рас; раса индогерманцев предназначена к господству; биологические и антропологические исследования должны помочь в сохранении чистоты расы. Эти идеологемы были неприемлемы для либеральных ученых Англии и США, помнящих преступления нацистов. В результате книга, в подготовке трех изданий которой участвовали самые компетентные немецкие

---

[53] *Колчинский Э.И.* О формировании СТЭ в Германии и СССР // Русско-немецкие связи в биологии и медицине. СПб., 2003. Вып. IV. С. 75–88.

[54] The Evolutionary Synthesis: Perspectives on the Unification of Biology // Ed. E. Mayr, W. Provine. Cambridge (Mass.); London, 1980; 2-nd ed., 1998.

[55] *Smocovitis V.* Unifying Biology. The Evolutionary Synthesis and Evolutionary Biology. Princeton; New Jersey, 1996.

[56] *Hossfeld U.* Gerhard Heberer (1901–1973): Sein Beitrag zur Biologie im 20. Jahrhundert // Jb. für Geschichte und Theorie der Biologie. Suppl. 1. Berlin, 1997.

ученые, представляющие различные отрасли биологии, за исключением таких противников «современного синтеза», как палеонтологи О. Шиндевольф и К. Бойрлен, оказалась фактически проигнорированной в мировой науке. Несмотря на издание в США, книга Шмальгаузена также не пользовалась большой популярностью в англоязычном пространстве.

Подобное замалчивание роли монографий «Эволюция организмов» и «Факторы эволюции» в создании и утверждении СТЭ труднообъяснимо с позиций господствовавшей парадигмы. Ведь их авторы явно писали свои труды в рамках современного синтеза, а немецкие биологи даже в условиях войны с США и Англией опирались на достижения и теории англоязычного научного сообщества (см. указатели литературы). В числе немецких национальных особенностей этого синтеза называют: несоизмеримость «веса» генетики и палеонтологии при обсуждении эволюционных процессов в 1930-х гг.; дебаты о понятии «тип» и соотношении причин микро- и макрофилогении, а также микро- и макроэволюции; фактическое отсутствие популяционной генетики как основы создаваемого синтеза и одновременное сильное развитие ее математических моделей; недооценка исторической роли и значения систематики в познании эволюции; особое внимание к специфике эволюционного процесса у растений, животных и человека и т. д. Среди российских особенностей — подчеркивание экологических аспектов эволюции, роли борьбы за существование, модификационной изменчивости, активности организма в эволюции и т. д.

Предлагаемый синтез воспринимали универсальным и интернациональным, так как, в конечном счете, тематическая постановка вопросов и контекст их обсуждения ни в коем случае не были только национальной проблемой. И в Германии исходили из классического труда Добржанского, опирались на него и использовали его в качестве основы для дальнейших исследований, хотя коллективный труд, подготовленный Геберером, представлял собой инновационный и оригинальный вклад в развитие эволюционной биологии. С одной стороны, его с самого начала задумывали оригинальным как по содержанию, так и в дидактически-методическом отношении, и этим он отличался от предшествовавших немецкоязычных публикаций. С другой стороны, коллективный труд незначительно отличался по своему общему замыслу и структуре от книги Дж.С. Хаксли «Эволюция. Современный синтез», так как оба труда преследовали одну и ту же цель и тем самым идеально дополняли друг друга[57]. Кроме того, нужно подчеркнуть, что такие недарвиновские теории, как ортогенез, ламаркизм, идеалистическая морфология и сальтационизм, все еще отчасти популярные тогда, были оставлены по научным соображениям и в немецком языковом пространстве именно благодаря статьям, вошедшим в данную коллективную монографию. Это еще раз доказывает, что в споре между приверженцами «социального конструктивизма» и их противниками каждая из сторон может почерпнуть немало аргументов в истории эволюционных теорий во второй трети XX века. И сам спор далек от завершения.

В то же время ясно, что гипотеза Гольдшмидта была отвергнута научным сообществом США из-за того, что звучала слишком фантастично, противореча большинству известных тогда фактов популяционной генетики. Гольдшмидт, как и

[57] *Галл Я.М.* Джулиан Сорелл Хаксли. СПб., 2004.

другой «еретик» В. Йоллос, также бежавший из нацистской Германии, могли рассчитывать на сочувствие в США, но их концепции были отвергнуты североамериканском научным сообществом, так как вступали в конфликт с доминирующим стилем мышления[58]. Их «американизация» была возможна лишь при условии модификации их стиля в сторону адаптации к существовавшему. Поскольку этого не произошло, то пришлось ждать, когда модифицируется стиль самого биологического сообщества или значительной его части. Но, прежде всего, были необходимы радикальные изменения в представлениях об организации наследственной системы и характере ее изменчивости[59].

Еще сложнее взаимодействие когнитивных и социальных факторов в развитии представлений о совершенствовании биологии человека, в ходе которой произошло превращение социальных технологий евгеники в современные идеи геноинженерии и медицинской генетики с их проектами клонирования человека и культивирования стволовых клеток[60]. В настоящее время последствия изменения биологической природы человека так же непредсказуемы, как и полвека назад.

Историко-сравнительный анализ: перспективы и итоги

Суть любого историографического сравнения точно выразили Г.-Г. Гаупт и Ю. Кока в редакторском введении к книге «Историческое сравнение». По их определению, его задачей является «систематическое изучение двух исторических феноменов с выявлением их сходства и различия, чтобы описать и объяснить их как взаимосвязанные и взаимозависимые, а также сформулировать некоторые обобщающие положения об исторических событиях, процессах, институтах и структурах»[61]. Сам жанр подобного исследования известен давно, по крайней мере, со времен сравнительных жизнеописаний выдающихся деятелей Древней Греции и Древнего Рима в трудах Плутарха. Но в историю науки он пришел значительно позднее.

Историко-сравнительный анализ развития науки в разных странах стал интенсивно развиваться с начала 1960-х гг., когда запуск первого спутника Земли вызвал смятение в американской науке и политике, а также чувство страха, что СССР опередил США в освоении космоса. К лихорадочным поискам средств ликвидации отставания в этой области были подключены социологи науки, науковеды и историки науки, пытавшиеся выяснить причины неожиданного преимущества тоталитарного режима в чрезвычайно важной сфере научно-технического прогресса.

---

[58] *Dietrich M.* Richard Goldschmidt's "heresies" and the evolutionary synthesis // J. Hist. Biol. 1995. Vol. 28. T 3. P. 431–461; *Dietrich M.* On the mutability of genes and geneticists: The "Americanization" of Richard Goldschmidt and Victor Jollos // Perspect. Sci. 1996. № 4. P. 321–345; *Mayr E.* Goldschmidt and the evolutionary synthesis: A response // J. Hist. Biol. 1997. Vol. 30. № 1. P. 31–33.

[59] *Голубовский М.Д.* Век генетики: эволюция идей и понятий. СПб., 2000; *Hedgecoe A.M.* Transforming genes: Metaphors of information and language in modern genetics // Sci. Cult. 1999. Vol. 8. № 2. P. 209–229.

[60] Scientific and Social Issues in the Human Genome Project / Ed. D. Kevles, L. Hood. Cambridge (Mass.); London, 1992.

[61] *Haupt H.-G., Kocka Jü.* Historischer Vergleich: Methoden, Aufgaben. Eine Einleitung // Geschichte und Vergleich. Ansätze und Ergebnisse international-vergleichender Geschichtsschreibung / Hg. H.-G. Haupt, Jü Kocka. Frankfurt am Main, 1996. S. 9.

Одним из первых Дж. Бен-Давид попытался в результате сравнительного социального анализа развития науки в западных странах и СССР выяснить причины, благоприятствовавшие и препятствовавшие победе в конкуренции ученых разных стран[62]. С тех пор произошел настоящий бум литературы подобного жанра. В сравнительном плане анализируют поведение отдельных выдающихся ученых разных стран, отдельные науки, например, евгенику[63] или науку в целом в экстремальных условиях тоталитарных государств в XX в. и т. д.[64]

При этом выяснилось, что при сравнении наук или ученых из разных политических систем важны, по меньшей мере, два обстоятельства. Во-первых, общая подготовка, международные коммуникации, конкуренция и единые цели неизбежно обусловливают гомогенизацию научных исследований и единый вектор их развития в разных странах. Во-вторых, индивидуальные особенности поведения ученых по отношению к режиму, от коллаборационизма до диссидентства, ценности определенной культуры и конкретного политического режима, накладываясь на личностные особенности ученых и их познавательные установки, обусловливают широкий веер научных направлений и школ в разных государствах.

Оказалось, что в XX веке не было стран, в которых бы доминировала единая, официально признанная концепция. В итоге происходит постоянное и бесконечное противодействие факторов, обусловливавших единство и дифференциацию науки. В результате внимание исследователя не должно ограничиваться выяснением вопроса о сходстве и различии наук и ученых сравниваемых стран, но также включать выявление политических и культурных факторов, которые могли воздействовать на поведение ученых. Важно выяснить, какие силы действовали в сторону гомогенности науки, делая ученых бескомпромиссными в сфере своей специальности, а их науки — неподверженными идеолого-политическим влияниям, и какие факторы заставляли ученых быть сговорчивыми, а науку — пластичной. Особенно интересно узнать, как и почему это происходило.

К настоящему времени сложилось несколько путей историко-сравнительного анализа. Чаще всего он осуществляется небольшим коллективом, где каждый автор описывает хорошо известный ему случай, не пытаясь сделать сколько-нибудь серьезное сравнение с аналогичными ситуациями в других странах. Сравнение обычно содержится в предисловии редактора, или его предлагают сделать самому читателю. Другой путь предполагает выработку общего теоретического подхода до подготовки текста и прочтения его рукописного варианта с целью обеспечения перекрестных ссылок между главами. В данном случае каждый автор, участвуя в сравнительном анализе наук в разных странах, неизбежно опирается на источники, хорошо ему известные, а остальные сведения берет из вторых рук, полагаясь на мнение общепризнанных экспертов. Третий путь связан с разбивкой авторского коллектива на несколько групп, члены каждой выступают

---

[62] *Ben-David J.* The Scientists Role in Society. A Comparative Study. Chicago; London, 1984.

[63] *Kevles D.J.* In the Name of Eugenics: Genetics and the Uses of Human Heredity. New York, 1985; Eugenics and the Welfare State. Sterilization Policy in Denmark, Sweden, Norway and Finland / Ed. G. Broberg, N. Roll-Hansen. East Lansing, 1996; и др.

[64] *Beyrau D.* Bildungsschichten unter totalitären Bedingungen: Überlegungen zu einem Vergleich zwischen NS-Deutschland und der Sowjetunion unter Stalin // Archiv für Sozialgeschichte, 1994. Bd. 34. S. 36–41; Terroristische Diktaturen im 20. Jahrhundert / Hg. M. Vetter. Opladen, 1996; *Josephson P.* Totalitarian Science and Technology. New Jersey, 1996; Stalinism and Nazism: Dictatorschips in Comparison / Ed. I. Kershaw, M. Levin. Cambridge, 1997.

соавторами единого раздела, обсуждая не только общую концепцию, но и в деталях сравниваемые области знания или институты. При этом все равно трудно добиться единой позиции и избежать сборного характера труда. Наконец, существуют попытки, когда один автор берет на себя смелость и всю ответственность за проведение сравнительного исследования, при котором неизбежно значительная часть материала почерпнута из литературы, но зато обеспечено единство концепции. Каждый из этих подходов, обрисованных схематично, со всеми их минусами и плюсами не раз был реализован в литературе[65].

Существуют разнообразные типы сравнений локальных групп, регионов, наций, стран, империй, культур и даже цивилизаций. Сопоставление двух или более наций преобладает, но их глобальные сравнения редки. Чаще они реализуются через анализ отдельных параметров: социальных структур (учреждений, партий и т. д.); культурных феноменов (семьи, религии, идеологии и т. д.); социальных групп (интеллигенции, рабочих, крестьянства, служащих, учащихся); институтов (школ, университетов, академий, музеев, театров и т. п.); специфических регионов (например, индустриальных, сельскохозяйственных, научных); профессий (ученых, инженеров, шахтеров и т. п.). Во временном аспекте возможны диахронические сравнения (разные периоды в истории одной и той же страны), синхронические сравнения различных географических регионов и несинхронические сравнения, например, история возникновения науки в разных цивилизациях и странах.

Историки науки довольно часто сравнивают историю отдельных отраслей знания на протяжении длительного времени. История научных идей, экспериментальных и методологических традиций нередко мало отличается в разных национальных культурах и государствах, что не раз было показано на примере развития астрономии, физики и математики[66]. Поэтому в многочисленных работах на подобные темы сравнивали скорее не само знание, которое в целом было инвариантно в разных странах, а социально-культурный контекст его развития. Сопоставление наук в разных странах и культурах имплицитно реализовали путем объединения различных «case studies», как это было в серии сборников под редакцией Р. Портера[67], объединенных общей темой, но без всяких попыток проанализировать их сходство или различие в отдельных очерках.

Дальше сравнения в редакторских введениях не идет анализ и в сборниках «case studies», посвященных истории евгеники в Германии, Франции, Бразилии и России[68],

---

[65] Мне самому пришлось в ипостаси и редактора, и автора участвовать в нескольких международных проектах, испытав все трудности историко-сравнительного изучения: Русско-немецкие связи в биологии и медицине / Отв. ред. Э.И. Колчинский. СПб., 1999–2002. Вып. 1–4; *Koltschinski E.I.* Dialektik als intellektueller Knüppel: Auf der Suche nach einer marxistischen Synthese zwischen Philosophie und Biologie // Dschungel der Macht. Intellektuelle Professionen unter Stalin und Hitler / Hg. D. Beyrau. Göttingen, 2000. S. 84–105; Наука и кризисы. Историко-сравнительные очерки / Ред.-сост. Э.И. Колчинский. СПб., 2003; Российско-китайские научные связи: проблемы становления и развития / Отв. ред. Э.И. Колчинский, ред.-сост. Т.И. Юсупова. СПб., 2005; *Grunden W.E.*, *Kawamura Yu.*, *Kolchinsky E.*, *Maier H.*, *Yamazaki M.* Laying the foundation for wartime research: A Comparative overview of science mobilization in national socialist Germany, Japan and Soviet Union // Politics and Science in Wartime. Comparative International Perspectives on the Kaiser Wilhelm Institute / Ed. C. Sachse, M. Walker // Osiris. 2005. № 20. P. 107–130.

[66] См., например: *Darrigol O.* Electrodynamics from Ampère to Einstein. Oxford; New York, 2000.

[67] Scientific Revolution in National Context. Cambridge, 1992; Nature and Society in Historical Context. Cambridge, 1997.

[68] The Welborn Science. Eugenics in Germany, France, Brazil and Russia / Ed. M.B. Adams. New York, 1990.

вкладу науки США, Канады, Австралии и Японии и других стран в исход сражений на Тихоокеанском театре войны, который до сих пор игнорировался в историко-научных исследованиях[69], а также роли науки в создании мировых империй[70].

В книге «В джунглях власти», в которой сравниваются образованные круги в сталинском СССР и гитлеровской Германии, недостаток попыток сравнения в главах, посвященных научным структурам (Академия наук СССР, Институт красной профессуры), отдельным наукам и искусствам (сельскохозяйственной науке, биологии, физике, языкознанию, литературе и т. д.), всецело компенсирован подробным анализом в редакторском введении Д. Бойрау положения интеллигенции в двух странах и ее взаимоотношений с тоталитарной властью[71], а также кратким, но очень содержательным заключением «Об отношении национал-социалистического государства и СССР к науке: сравнение» в статье К. Фишера «Репрессии и привилегии: Научная политика в Третьем рейхе»[72].

В эту коллективную монографию вошли также анализ деформации исторической науки в двух странах в статье Б. Фауленбаха[73] и сравнение расовой генетики в Третьем рейхе и евгеники в СССР в статье Г.-В. Шмуля[74]. Для нас особенно интересна работа Шмуля, который сравнил евгенику в двух странах как социальную сеть, как научную парадигму и как практику. Но и здесь повторена ошибка предшествовавших исследований, начинающих отсчет развития евгеники в России только с работ Н.К. Кольцова и Ю.А. Филипченко. Между тем еще в 1860-х гг. в России были сделаны первые шаги по изучению наследственности человека, наследственной обусловленности его болезней и выработке мер по охране наследственного здоровья человечества[75]. Эти проблемы активно обсуждали и разрабатывали на протяжении всех предреволюционных десятилетий медики, биологи, экономисты, демографы, философы, писатели, дилетанты, сочинения которых в России, как и за рубежом, приобретали порою откровенно расистский характер[76]. Это продемонстрировано в книге, подготовленной В.Б. Авдеевым[77]. К сожалению, этот материал до сих пор не стал предметом профессионального анализа. Историки отечественной антропологии, генетики и евгеники продолжают следовать традиции замалчивания отечественных расологических работ, заложенной статьей Л. Грэхема, который положил начало сравнительному изучению евгеники в Германии и России[78].

---

[69] Science and the Pacific War: Science and Survival in the Pacific, 1939–1945 / Ed. R. MacLeod. Dordrecht, 2000.

[70] Science and Colonial Enterprise / Ed. R. MacLeod. Chicago, 2001.

[71] *Beyrau. D.* Einleitung // Im Dschungel der Macht. Intellektuelle Professionen unter Stalin und Hitler. S. 9–42.

[72] *Fischer K.* Repression und Privilegierung: Wissenschaftspolitik im Dritten Reich // Ibid. S. 188–190.

[73] *Faulenbach B.* Deformationen der Geschichtswissenschaft unter Hitler und Stalin // Ibid. S. 260–274.

[74] *Schmuhl H.-W.* Rassenhygiene in Deutschland — Eugenik in der Sovjetunion. Ein Vergleich // Ibid. S. 360–376.

[75] *Флоринский В.М.* Усовершенствование и вырождение человеческого рода. СПб., 1866.

[76] Русская расовая теория до 1917 г. Сборник оригинальных работ русских классиков / Под ред. В.Б. Авдеева. М., 2004. Вып. 1–2.

[77] *Авдеев В.Б.* Расология. Наука о наследственных качествах людей. М., 2005.

[78] *Graham L.* Between Science and Values: The Eugenics Movement in Germany and Russia in the 1920s // American Historical Review. 1977. Vol. 83. P. 1135–1164.

Относительно редко историки пытаются провести систематическое сравнение науки в различных национальных и культурных контекстах. Дж. Харвуд с успехом сделал это применительно к отдельной дисциплине — генетике, сравнивая не только немецких генетиков с их американскими конкурентами, но и различные группы биологов внутри генетического сообщества Германии[79]. Автор дал подробный анализ институциализации генетики, структуры и финансирования учреждений, в которых проводили генетические исследования, доминирующие темы исследований и т. д. Классическими считают работы Ф.К. Рингера, выполнившего сравнительные исследования высшего образования и академических сообществ Германии и Франции[80]. В рамках «Библиотеки сравнительных исследований», под общей редакцией Ю. Шривера на английском, французском и немецком языках опубликован сборник «Социальное пространство и академические культуры»[81]. Позднее он вместе с Г. Кэлбле редактировал книгу «Дискурс и пути развития: сравнение обществ в исторических социальных науках», в которой обсуждение методологии сравнительного анализа разных цивилизаций сопровождается исследованием процессов модернизации в Японии, Европе, поисков национальной идентичности у разных народов и т. д.[82]

Падение Берлинской стены и крах социалистического лагеря в Европе вызвал волну сравнительных исследований — например, таких, как «Академия в кризисах»[83] и «Захваченные университеты»[84]. Одним из итогов двух исследований истории высшего образования и академической науки в странах социалистического лагеря, крупных международных конференций в Германии (Галле, 1996, 1998), организованных М. Хайнеманом, стала книга о науке в СССР, в которой в ряде статей предпринята попытка сравнить процессы идеологизации и политизации науки в разных странах[85]. Ренессанс сравнительного изучения диктатур Германии и Советского Союза первоначально продолжал питаться концепцией тоталитаризма, сформулированной в конце 1920-х гг. для характеристики фашизма и большевизма, а затем примененной для анализа национал-социализма[86], но получившей широкое распространение в 1950-х гг. в разгар Холодной войны благодаря политически ангажированным трудам Х. Арендт, К. Фридерих и З. Бжезинского[87].

---

[79] *Harwood J.* Styles of Scientific Thought: The German Genetics Community, 1900–1931. Chicago, 1993.

[80] *Ringer F.K.* The Decline of the German Mandarins: The German Academic Community, 1890–1933. Cambridge (Mass.), 1969; *Ringer F.K.* Education and Society in Modern Europe. Bloomington, 1979; *Ringer F.K.* Fields of Knowledge; French academic Culture in Comparative Perspective, 1890–1920. Cambridge; Paris, 1992.

[81] Sozialer Raum und akademische Kulturen. Studien zur europäischen Hochschul- und Wissenschaftsgeschichte im 19. und 20. Jahrhundert / Hg. J. Schriewer, E. Keiner, Ch. Charle. Frankfurt am Main, 1993.

[82] Diskurse und Entwicklungspfade: Der Gesellschaftsvergleich in der Geschichts- und Sozialwissenschaften / Hg. H. Kaelble, J. Schriewer. Frankfurt am Main; New York, 1999.

[83] Academia in Upheaval. Origins, Transfers, and Transformations of the Communist Academic Regime and East Central Europe / Ed. M. David-Fox and G. Péteri. Westport; Connecticut; London, 2000.

[84] *Connelly J.* Captive Universiy: The Sovetization of East German, Czech and Polish Higher Education, 1945–1956. Chaptel Hill, 2000.

[85] За «железным занавесом». Мифы и реалии советской науки / Под ред. М. Хайнемана, Э.И. Колчинского. СПб., 2002.

[86] См.: *Hartshorne E.Ya.* The German Universities and National Socialism. London, 1937. P. 13–23.

[87] *Arendt H.* The Origin of Totalitarianism. New York, 1952; *Friedrich C., Brzezinski Z.* Totalitarian Dictatorship and Autocracy. Cambridge, 1956.

В ее рамках пытались искать черты сходства и различий в поведении научного сообщества в целом, его разных групп и отдельных ученых в условиях политической диктатуры[88]. Особое внимание привлекал вопрос: почему ученые охотно шли на сотрудничество с тоталитарными правительствами, участвуя нередко в псевдонаучных процессах? В то же время многие исследователи культивировали наивную, самоуспокаивающую веру в процветание науки только в условиях западной либеральной демократии. Этот лозунг, выдвинутый в июле 1945 г. В. Бушем, главным координатором научной политики США во Второй мировой войне[89], долгое время не подвергали сомнению, хотя успехи СССР в космосе его существенно поколебали. Американские ученые, пережившие эпоху маккартизма, педалировали идею Буша о пагубности тоталитаризма для развития науки и, следовательно, безопасности самого государства, чтобы напомнить властям об отсутствии иммунитета к авторитаризму даже у общества с демократическими традициями. Наиболее последовательно эту позицию защищал С. Гаудсмит; он призывал ученых и власти США помнить об уроках нацистской Германии, где благодушие и оппортунизм ученых закончился тем, что политики стали вмешиваться в дела самой науки, а партийных бонз назначали на руководящие посты в науке[90].

Со временем стало ясно, что с позиций концепции тоталитаризма трудно объяснить такие существенные моменты в национал-социалистической Германии и сталинском СССР, как экстренная модернизация экономики, быстрое и коренное преобразование социальной структуры общества, подготовка новой элиты во всех сферах общественной жизни, массовая поддержка политики правящей партии, внедрение коллективистских форм поведения и т. д.[91]. В ней не учитывался тот факт, что современный тоталитаризм является эпизодом в вечном бунте против свободы и разума и что со времен Древней Греции тирания при поддержке большей части населения нередко приходила на смену демократии. Исследования, выполненные с позиций концепции тоталитаризма, были изначально отягощены политическими и идеологическими пристрастиями, под влиянием которых еще до начала анализа дискредитировали объект сравнения[92]. Ведь сами понятия «диктатура», «тоталитаризм», «геноцид» и т. д. в западной цивилизации воспринимают негативно, в то время как для некоторых других цивилизаций авторитаризм,

---

[88] *Ахундов М.Д., Баженов Л.Б.* У истоков идеологизированной науки // Природа. 1989. № 2. С. 90–99; *Випер Д.* Экологическая идеология без мифов // Вопросы философии. 1995. № 5. С 82–97; *Beyrau D.* Intelligenz und Dissens: Die russischen Bildungsschichten in der Sowjetunion 1917 bis 1985. Göttingen, 1993; *Daniel R.* The End of the Communist Revolution. London, 1993; *Rabkin Ja.* Science, Scientists and the End of the Soviet Union // Europe: Central and East / Ed. M. Mendell, K. Nielsen. London, 1995. P. 111–129; *Josephson P.* Totalitarian Science and Technology. New Jersey, 1996; *Александров Д.А.* Наука и нацизм // Фашизм в Европе — прошлое и настоящее / Материалы семинара. СПб., 1996. С. 98–123.

[89] *Bush V.* Science, the Endless Frontier: A Report to the President on a Program for Postwar Scientific Research. Washington, 1960.

[90] *Goudsmit S.* Alsos. Los Angeles, 1946. P. XXVII–XXVIII.

[91] *Maier H.* "Totalitarismus" und "politische Religionen". Zwei Konzepte des Diktaturvergleichs // "Totalitarismus" und "politische Religionen". S. 233–250; *Bracher K.D.* Nationalsozialismus, Faschismus und autoritäre Regime // Ibid. S. 335–357; *Kershaw I., Levin M.* Afterthoughts // Stalinism and Nazism: Dictatorschips in Comparison. P. 343–358; *Ley M., Schoeps J.* Der Nationalsozialismus als politische Religion. Frankfurt am Main, 1997; *Schmiechen-Ackermann D.* Diktaturen im Vergleich. Darmstadt, 2002.

[92] "Historikerstreit": Die Dokumentation der Kontroverse um die Einzigartigkeit der nationalsozialistischen Judenvernichtung. München; Zürich, 1987.

ненависть к инородцам и иноверцам составляют неизбежный элемент организации и функционирования любой социальной структуры, включая государство.

Со второй половины 1990-х гг. начался поиск новых путей для сравнительных исследований в области науки, выходящих за пределы мифов и легенд Холодной войны с их жестко дихотомическим делением на положительные (демократия) и отрицательные (тоталитаризм) примеры воздействия политической системы на развитие науки. Американский историк советской науки Л. Грэхем, сравнивая состояние наук в СССР и на постсоветском пространстве, показал, что наука, достигшая громадных успехов при сталинской диктатуре, быстро погибла в демократической России[93]. Еще раньше М.Б. Адамс, сравнивая пути евгеники в разных странах, пришел к выводу об ошибочности доминирующего в США убеждения, что развитие их науки было главным в мире и задавало стандарты исследований[94]. Становилось ясным, что недостаточно изучать, как политика влияла на науку или как наука воздействовала на политику.

Более перспективным оказался анализ того, в какой мере наука и политика являлись ресурсами друг для друга, или в какой мере ученые и политики использовали друг друга для достижения собственных целей[95]. Как справедливо отметил М. Аш, «автономию науки и ее интеграцию в политическую систему ни в коем случае нельзя оценивать как несовместимые вещи, напротив, обе они не только взаимообусловлены, но и эффективно используют друг друга. Распределение сфер влияния между ними можно рассматривать как обычное разделение труда с целью наибольшей эффективности в достижении общих целей. Однако основа торга и соглашений может измениться не только из-за того, что утверждался новый режим. В новых условиях нередко вставал вопрос о целесообразности фундаментальных исследований, о быстрой практической пользе, как это произошло при национал-социализме в Германии»[96]. К сказанному остается добавить, что в современной России после краха коммунистического режима академическая наука неожиданно для ученых оказалась не востребована ни экономикой, ни обществом, ни властью, а приспособление научного сообщества к новой ситуации идет столь тяжело, что его результаты и их последствия для отечественной науки и российского государства в целом предсказать невозможно.

Хорошим примером преодоления мифов Холодной войны в истории науки стала изданная в 2003 г. в Германии книга об отношениях университетов и диктатур в XX веке[97]. Но сравнительный анализ в ней свели в основном к редакторским размышлениям М. Грютнера, сделавшего попытку преодолеть разрыв между общей историей и историей науки. Свидетельством укоренения новой методологии историко-научных сравнительных исследований стали вышедшие в том же 2003 году в России и в США книги, которые явились результатами крупных международных проектов.

---

[93] *Graham L.R.* What Have We Learned about Science and Technology from the Russian Experience? Stanford, 1998.

[94] *Adams M.B.* Toward a Comparative History of Eugenics // The Welborn Science. Eugenics in Germany, France, Brazil and Russia. New York, 1990. P. 221.

[95] *Колчинский Э.И.* В поисках советского «союза» философии и биологии. Дискуссии и репрессии в 20-х — начале 30-х гг. СПб., 1999.

[96] *Ash M.* Wissenschaft und Politik als Ressourcen für einander // Wissenschaft und Wissenschaftspolitik: Bestandsaufnahmen zu Formationen, Brüchen und Kontinuitäten im Deutschland des 20. Jahrhunderts / Hg. R. vom Bruch, B. Kaderas. Stuttgart, 2002. S. 50–51.

[97] Zwischen Autonomie und Passung. Universitäten in den Diktaturen des 20. Jahrhunderts / Hg. J. Connelly, M. Grüttner. Paderborn, 2003.

В первой из них, «Наука и кризисы»[98], в рамках общей теоретической программы проанализированы взаимоотношения науки, государства и общества в периоды крупных социально-политических экономических кризисов от Английской революции XVII века до «культурной революции» в КНР в XX в. Особое внимание авторы уделили проблемам выживания ученых и реформирования научных учреждений во время Великой французской революции, в Российской империи и СССР, Веймарской республике и национал-социалистической Германии, а также времен Великой депрессии в США, Второй мировой войны и «Холодной войны» в Германии, Японии, США и СССР. В книге было показано, что сохранение науки в кризисной динамике общества и государства обеспечивается реконструкцией их взаимоотношений, сопровождаемой нередко репрессиями против несговорчивых ученых, ликвидацией или трансформацией нежелательных научных институтов. В итоге создается новая конфигурация отношений науки к власти, организации науки, изменяется общественный статус ученых, модифицируется тематика и язык научных исследований, ритуалы научных мероприятий, традиции и этика научного сообщества. Однако новые взаимоотношения не всегда оказываются долговечными, так как в условиях неустойчивости или тоталитаризма обостряется конкуренция внутри научного сообщества, ведущая к гибели не только отдельных ученых, но и целых отраслей знания. Особенностью данного исследования стало использование как диахронологического или «вертикального» (т. е. сопоставление науки той или иной страны в разные периоды и при разных режимах), так и синхронологического или «горизонтального» (сравнение наук в разных странах в один и тот же период) анализов. Это дало возможность проследить временные и национальные особенности адаптации и выживания научных сообществ в разных социально-политических режимах.

Во второй книге, «Наука и идеология»[99], также использованы приемы как «горизонтального», так и «вертикального» сравнения ученых, институтов, взаимодействия науки, политики и идеологии в Германии, Китае, СССР, США, Франции и Японии. Предметом сравнения, как правило, брали науку XX века, явившую столь различные облики — от бескорыстного поиска истины на благо человечества до прямого пособничества государственной политике, направленной на достижение мирового господства, символом которого стал концентрационный лагерь Освенцим и ядерная бомбардировка Хиросимы и Нагасаки. При подготовке этой книги было проведено сравнение внутри каждой главы, соавторами которых были ученые из разных стран, эксперты по данному вопросу. Это позволило с максимальной эффективностью использовать преимущества сравнительного анализа и свести к минимуму разнообразие авторских подходов и стилей. Примером этого могут служить главы об «идеологически корректной науке» во Франции, СССР, Германии, Японии и Китае, о развитии теории информации и кибернетики в США, Франции и СССР, о научной политике в послевоенной Германии и Японии и др. Для целей нашего исследования особенно важна глава П. Джозефсона и Т. Зеллера о проектах преобразования природы при Сталине и Гитлере[100]. По этой модели Комиссия по истории Общества Кайзера Вильгельма при национал-социализме в 2005 г. издала книгу под редакцией К. Саксе и М. Уолкера, в которой отдельные институты и программы КВГ сравнивают с аналогичными структурами в Италии, Норвегии, США, СССР, Франции, Швейцарии, Японии[101]. В основном все

---

[98] Наука и кризисы. 2003.

[99] Science and Ideology. Comparative History. 2003.

[100] *Josephson P., Zeller Th.* The transformation of nature under Hitler and Stalin // Ibid. P. 124–155.

[101] Politics and Science in Wartime.

главы новой книги были синхронно организованы и сфокусированы на событиях, происходивших в научных сообществах разных стран во Второй мировой войне.

Несмотря на все трудности сравнительного анализа, он лучше всего применим для разрушения мифов, бытующих в истории всякого национального сообщества ученых, зачастую передаваемых из поколения в поколение при подготовке научной смены. Благодаря ему можно исследовать мотивы, намерения и действия в политической игре самих ученых, многие из которых предпочитали изображать себя в трудах и воспоминаниях аполитичными фигурами.

Основные периоды в диалектизации биологии в СССР

Как это ни удивительно, но наблюдается некоторое хронологическое совпадение в периодизации истории идеологизации и политизации биологии в России (императорской и советской) и Германии, что свидетельствует о некоторых закономерностях в использовании биологического знания для решения социально-политических проблем. Значительное сходство во времени, формах и тенденциях этих процессов связано, прежде всего, с тем, что, независимо от различий в идеологии и политике, обе страны решали одни и те же задачи — ускоренной модернизации и милитаризации. Поражение в Первой мировой войне, а затем выход из всемирного экономического кризиса путем жесткой диктатуры и национализма обусловили также другие общие черты. В обеих странах установление «союза» между теоретической биологией и философией шло противоречиво и неравномерно. Периоды бурного обновления доминирующих концепций сменяли длительные десятилетия стагнации и канонизации отдельных положений и концепций.

Анализ идеологизации биологии можно осуществлять под разными углами зрения. Можно исходить из особенностей социально-экономического и культурного развития страны, из специфики разработки общефилософской проблематики, из общего состояния исследований в области философских вопросов естествознания и, наконец, из уровня развития самой биологии. Последний путь был бы наиболее предпочтителен, так как при всей важности прочих обстоятельств смена методологии происходила всегда в недрах самой науки и не может быть объяснена только «прививками» извне. Однако данная закономерность сказывается лишь на крупных этапах истории науки. В пределах же относительно коротких периодов удельный вес социально-экономических, общефилософских и общенаучных факторов может неизмеримо возрастать. Особенно справедливо это для двух стран, ставших предметом данного исследования. В СССР более полувека шла не только насильственная диалектизация естествознания, но и культивировались весьма жесткие административные способы управления наукой. Поэтому предлагаемая периодизация построена на комплексе критериев.

В качестве основных периодов выделены следующие:

1860–1917 гг.;
1918–1928 гг.;
1928–1932 гг.;
1932–1939 гг.;
1939–1948 гг.;
1948–1964 гг.;
1964–1989 гг.

В период реформ в царствование Александра II многие воспринимали естествознание как основу мировоззрения, призванную заменить религию и обеспечить коренное преобразование общества на принципах рациональности и справедливости. Тысячи людей пришли в университетские аудитории, чтобы не только получить знания, но и использовать их на благо страны и народа. Новейшие концепции естествознания примеряли для решения актуальных социально-политических проблем. За развитием биологии следили все образованные слои общества, дискуссии вокруг ее важнейших проблем печатали в самых популярных литературных и общественно-политических журналах. Оппозиционные партии, и прежде всего, социалистического направления, видели в них естественнонаучную основу своих планов.

После Октябрьской революции биологическое сообщество в целом не приняло большевистский режим. Занятые гражданской войной руководители Советской России основное внимание уделяли задачам административного подчинения научных и учебных заведений и не принимали серьезных мер для установления идеологического контроля над естествознанием[102]. С началом НЭП были учреждены марксистские журналы и учреждения, в задачи которых входило установление провозглашенного В.И. Лениным «союза воинствующих материалистов с естествоиспытателями». Вначале поисками этого союза занялись люди, имевшие смутные представления о современной биологии, но вскоре к ним подключились сами биологи, по разным причинам воспринявшие философию диалектического материализма и старавшиеся внедрить эту методологию в научные исследования. При этом главное внимание уделяли философскому анализу конкретных естественнонаучных концепций, где смешивали зачастую теоретические обобщения биологии и её философские проблемы. Задачи философии в биологии понимали как внедрение диалектико-материалистической методологии в её исследования и борьбу с различными проявлениями метафизики, механицизма и идеализма.

В начале 1925 г. была создана Секция естественных и точных наук при Коммунистической академии (Комакадемия), возникли различные кружки и общества, призванные объединить марксистов-естественников. Это ввело новый параметр в борьбу между сторонниками различных направлений в биологии. Все чаще диалектическую фразеологию использовали для опровержения взглядов оппонентов. Делали попытки запретить некоторые направления в эволюционной теории, психологии. При этом философии отводили роль обобщения основных результатов теоретической биологии. Утверждали, что тем самым обогащается содержание таких категорий, как причина и следствие, необходимость и случайность, прогресс, целесообразность и т. д.

Первые шаги в разработке философских проблем биологии с позиций диалектического материализма совпали с преодолением кризиса в эволюционной теории, обусловленного крупными успехами в познании законов наследственности и изменчивости, на первых порах противопоставленных дарвинизму. Поиск методологических путей преодоления этого кризиса, философское осмысление сложного процесса складывающегося синтеза генетики и дарвинизма предопределили содержание большинства философских работ данного периода. В них делали попытки раскрыть философские основы конкурирующих эволюционных концепций в биологии. В эти же годы предлагали диалектико-материалистические трактовки таких фундаментальных проблем, как сущность и происхождение жизни, многоуровневый характер организации жизни, особенности пространства и времени в биологических системах, биосоциальная сущность человека и мн. др.

---

[102] *McClelland J.S.* The Professoriate in the Russian Civil War // Party, State and Society in the Russian Civil War. Exploration in Social History. Bloomington, 1989. P. 243–266; Наука и кризисы. С. 458–465.

Начавшаяся в 1928 г. «культурная революция» и последовавший вскоре «великий перелом» коренным образом изменили процессы диалектизации биологии. Были предприняты усилия положить конец относительной свободе дискуссий по философским вопросам биологии. Создавались массовые марксистские организации, призванные насильственно внедрить диалектический материализм в практику биологических исследований и подчинить их задачам социалистического строительства. Начались аресты и ссылки неугодных ученых. Однако к лету 1932 г. становится очевидным провал этих планов, что побудило одного из главных «диалектизаторов» этого периода И.И. Презента выбрать Т.Д. Лысенко в качестве лидера задуманной им «мичуринской» биологии.

В последующие предвоенные годы в условиях бюрократизации всех сфер общественной жизни, беззакония и массовых репрессий шло усиление антинаучных концепций в биологии, выразителями которых стали Т.Д. Лысенко и его сторонники. Причем их взгляды все чаще объявляли воплощением диалектико-материалистического метода. К концу этого периода генетика была провозглашена буржуазной наукой, а многие ее выдающиеся представители погибли.

Великая Отечественная война на время отодвинула на второй план противостояние в биологии сторонников и противников Лысенко, но уже вскоре после нее начался период, связанный с установлением в биологии его безраздельной монополии. По времени он совпал с общим походом И.В. Сталина против советской науки и культуры, преследовавшим цель окончательно отгородить их от остального мира и преобразовать в соответствии со своими взглядами и вкусами. Решающим моментом этого периода стала августовская сессия ВАСХНИЛ (1948 г.). На ней причудливая смесь механоламаркизма, телеологии и сальтационизма была провозглашена единственной концепцией эволюции, всецело соответствовавшей принципам диалектического материализма. Генетика была окончательно заклеймена как лженаука, вредная для строительства коммунизма, и дальнейшее продолжение генетических исследований было признано вредным. Серьезный удар был нанесен по научным исследованиям во всех разделах биологии. Не меньший вред развитию биологии нанесла и «Павловская сессия» АН СССР и АМН СССР (1950 г.), а также насильственное внедрение «клеточной теории» О.Б. Лепешинской.

Частичное преодоление лысенковщины стало возможным только в ходе ожесточенных дискуссий, в которых участвовали генетики, экологи, геоботаники, систематики, показавшие фактическую и философскую несостоятельность «советского творческого дарвинизма». Эти дискуссии постепенно создавали предпосылки для освобождения философских исследований в области биологии от догматизма и схоластики.

В октябре 1964 г. монополии Лысенко в биологии был положен конец, и исследования по философским вопросам биологии сконцентрировались на мировоззренческих и методологических аспектах эволюционной теории, генетики, молекулярной биологии, биофизики. Проблемы сущности и происхождения жизни, системного характера организации живого, взаимодействий между процессами, протекающими на разных уровнях жизни и т. п., стали предметом большого числа философских работ. На передний план были выдвинуты также вопросы, связанные с анализом функций биологического знания, закономерностей его генезиса, функционирования, развития и взаимодействия методов биологического познания с методами других наук. Философию диалектического материализма рассматривали как интегративную систему, в рамках которой на базе единой методологии и единого мировоззрения должны быть синтезированы данные разных наук. Интеграция биологических наук все чаще выходит за пределы самой биологии, вовлекая в синтез данные и обобщения других отраслей естествознания, а также общественных и даже технических наук.

Крах коммунистической системы в конце 1980-х гг. привел ко всеобщему отказу от диалектического материализма как одной из идеологических основ прежнего режима. Вместе с диалектико-материалистической методологией, охаянной в первую очередь её недавними догматическими приверженцами, фактически исчезли работы, связанные с философским осмыслением биологии. Образовавшийся вакуум быстро заполнили спиритуалисты, экстрасенсы, уфологи, сторонники реинкарнации и им подобные. На постдиалектико-материалистическом пространстве недавние атеисты занялись наведением мостов между естествознанием и религией, а книжный рынок заполнили переводные труды «научных креационистов» и их отечественных эпигонов.

Основные периоды в аризации и нацификации биологии в Германии

В немецкой биологии, лидировавшей в ряде отраслей вплоть до 1933 г., этапы ее идеологизации и политизации в какой-то мере совпадали с развитием политической системы:

1870–1918 гг.;
1919–1932 гг.;
1932–1938 гг.;
1939–1945 гг.;
1945–1949 гг.;
1950–1991 гг.

Еще до Первой мировой войны немецкие биологи способствовали формированию идеологии имперского национализма[103]. В 1900 г. патриарх немецкого эволюционизма Э. Геккель организовал. конкурс на лучшее сочинение на тему о целесообразности использования дарвинизма для внутриполитического развития государства. Приз за доклад «Наследственность и отбор в жизни людей» получил В. Шальмайер, которого вместе с А. Плётцем считают основателями расовой гигиены[104]. Они оба не были откровенными расистам и говорили не столько о превосходстве своей нации над другими, сколько о более и менее «совершенных» людях во всех нациях, призывая совершенствовать население Германии путем роста рождаемости «высших» немцев и устранения от размножения носителей наследственных болезней. Их, как и будущих расовых гигиенистов, пугал низкий уровень рождаемости в Германии, ведущий к «расовому суициду», т. е. к подавлению немцев более плодовитыми расами. В эпоху колониализма они, как и ученые других европейских стран, верили в превосходство белых, но отнюдь не были антисемитами. Их склонность к евгенике объяснялась скорее угрозой ускоренного размножения низших классов по сравнению с высшими, чем расовыми предрассудками.

Расовые концепции в немецкой биологии стали более экстремистскими в Веймарской республике, сотрясаемой кризисными последствиями проигранной войны, Ноябрьской революцией, гиперинфляцией, спадом производства, безработицей и

---

[103] *Weingart P.* German Eugenics Between Science and Politics // Osiris. 1989. № 5. P. 260–262; 1989; *Weindling P.* Darwinism and Social Darwinism in Imperial Germany: The Contribution of Cell Biologist Oscar Hertwig (1849–1922). Stuttgart; New York, 1991.

[104] *Weiss Sh.* The Race Hygiene Movement in Germany, 1904–1945 // Osiris. 1987. № 3. P. 193–236.

предчувствиями дегенерации общества[105]. Некоторые биологи связали себя с зарождавшимся национал-социалистическим движением[106]. Врач Ф. фон Ленц, генетик Э. Баур, психиатр Э. Рюдин, антрополог О. Фишер и многие другие публиковали труды и учебники по расовой гигиене и евгенике, принесшие им популярность в обществе, а некоторые заодно заняли кафедры в самых престижных университетах. В главном научном учреждении Германии — Обществе Кайзера Вильгельма — О. Фишер создал Институт антропологии, генетики человека и евгеники, а Э. Рюдин в 1917 г. возглавил Отдел генеалогии и демографии (Genealogische-Demographische Abteilung, далее — ГДА) в Немецком научно-исследовательском институте по психиатрии (Deutsche Forschungsanstalt für Psychiatrie, далее — ДФП) в Мюнхене, с 1931 г. — ДФП во всей Германии, а с 1928 г. — Институт психиатрии КВГ в Мюнхене.

Преобразовав социальную гигиену в расовую и добиваясь ее институциализации, врачи, антропологи, генетики опирались на поддержку различных политических сил, включая социал-демократов, которые выступали за социалистическую евгенику[107]. Противоречия между первыми представлениями о генетическом здоровье человечества и ценностями гуманизма, выявившиеся еще в последние десятилетия XIX века в трудах основоположников евгеники, социал-дарвинизма, расовой гигиены (Ф. Гальтона, Г. Спенсера, Э. Геккеля, К. Пирсона, Ч. Девенпорта, А. Плётца и др.) в разных странах, в Веймарской республике сказались на программах всех политических партий[108]. В результате до сих пор не прекращаются попытки найти естественнонаучные корни расизма национал-социалистов в либерализме и социализме, поставив порой рядом Ч. Дарвина, Г. Спенсера и А. Гитлера[109].

В последний год существования Веймарской республики (1932) в рейхстаг был представлен подготовленный учеными закон о стерилизации людей с физическими или умственными недостатками, если они или их опекуны давали согласие, т. е. в либерально-демократическом государстве расовые гигиенисты и евгеники предлагали ещё сохранить принцип добровольности. Проведение этих мер, доказывали ученые, будет способствовать возрождению утраченного Германией величия, заменяя военно-политическую мощь здоровьем нации. И в этом ученых поддерживали и правые, и левые. Профессор Берлинского университета Ф. фон Ленц тогда открыто высказывался в пользу концепции превосходства нордической расы и национал-социалистического мировоззрения.

---

[105] *Forman P.* Weimar Culture, Causality and Quantum Theory, 1918–1927: Adaptation by German Physicists and Mathematicians to a Hostile Intellectual Environment // Historical Studies in the Physical Sciences. 1971. Vol. 3. P. 1–115; *Harwood J.* Weimar Culture and Biological Theory: A Study of Richard Woltereck (1877–1944) // History of Science. 1996. Vol. 34. P. 347–377; *Уолкер М.* Наука в Веймарской Германии // Науковедение. 2000. № 2. С. 143–157.

[106] *Weingart P., Kroll Ju., Bayertz K.* Rasse, Blut und Gene. Geschichte der Eugenik und Rassenhygiene in Deutschland. Frankfurt am Main, 1988. S. 381–390; *Schmuhl H.-W.* Rassenhygiene, Nationalsozialismus, Euthanasie. Von der Verhütung zur Vernichtung "lebensunwerten Lebens". Göttingen, 1987. S. 115–126.

[107] *Schwarz M.* Sozialistische Eugenik: Eugenische Sozial-technologien und Politik in Debatten der deutschen Sozialdemokratie (1890–1933). Bonn, 1995.

[108] *Sohn W.* Zwischen Ethik und Genetik. Positionen und Funktionen der Eugenik in der Weimarer Republik // Ethik der Biowissenschaften. Geschichte und Theorie / Hg. E.-M. Engels, T. Junker, M. Weingarten. Berlin, 1998. S. 131–142.

[109] *Hawkins M.* Social-Darwinism in European and American Thought, 1860–1945: Nature as Model and Nature as Threat. Cambridge; New York, 1997; *Paul D.B.* The Politics of Heredity: Essays on Eugenics, Biomedicine and the Nature-Nurture Debate. Albany, 1998; *Weikart R.* From Darwin to Hitler. Evolutionary Ethiks and Racism in Germany. New York, 2004.

К национализму немецких биологов толкала не столько ностальгия по утраченной мощи, сколько чувство униженности от бойкота со стороны международного научного сообщества, исключившего их из всех прежних и не допускавшего в члены новых международных организаций после Первой мировой войны[110]. Поэтому не только расовые гигиенисты, для которых победа национал-социалистов открывала возможности для практической реализации их научных взглядов, но и специалисты из других отраслей биологии вступали в ряды НСДАП и СА еще во времена Веймарской республики. Осознавая, что политико-экономические последствия поражения и репараций могут покончить с процветающей наукой, и стремясь преодолеть международную изоляцию, они ратовали за воссоздание сильной власти и приветствовали занятие Гитлером поста канцлера, оценивая происходившее как «национальную революцию» и «духовное возрождение нации».

Вместе с Нобелевскими лауреатами в физике Ф. Ленардом, Й. Штарком, математиками Л. Бибербахом, Т. Валеном, химиком К. Вейгандом некоторые биологи (К. Бойрлен, Э. Леман, К. Фридерихс и др.) призывали обратиться к «арийской» науке, часто не поясняя, что понималось под этим, и лишь указывая на ее соответствие духу немецкого народа, нацеленность на решение «национальных задач» и на «служение народу»[111]. В первые годы нацизма они старались максимально использовать сложившуюся политическую ситуацию, претендуя на роль лидеров немецкой биологии и сводя счеты с оппонентами. Однако лидеры Третьего рейха быстро поняли, что за призывами создать арийскую биологию скрывалось лишь стремление изменить профессиональную иерархию. Нацистское государство само положило конец карьере всех идеологов «арийской» науки: Ф. Ленарда и Й. Штарка в физике, Л. Бибербаха в математике, Г. Фебера в технике, Э. Лемана в биологии. Сроки и жесткость предпринятых мер варьировали, но не было прямых репрессий. Лидеров арийской науки не постигла судьба вождя штурмовиков Э. Рёма или инициаторов «диалектизации» биологии в СССР, но их профессиональное и политическое влияние постепенно сошло на нет.

Руководители Третьего рейха быстро убедились, что сторонники арийской биологии не нужны самой биологии, в полезности которой они не сомневались. Биология в Германии отличалась от физики тем, что в ней не было единой отрасли типа релятивистской физики или группы ученых, которых можно было обозначить перед властями как «евреев» или, по меньшей мере, как «евреев по духу». Власть не собиралась менять саму биологию; она желала ее очистить от индивидов, ненадежных политически и нежелательных в расовом отношении. И традиционное биологическое сообщество с самого начала продемонстрировало готовность содействовать целям и задачам национал-социализма и приняло основные составляющие его идеологии: народность, расизм, антисемитизм, милитаризм, пангерманизм и вождизм.

Национал-социализм для многих германских ученых был своего рода политической религией отчетливо мессианского характера[112]. В Третьем рейхе образованнейшие интеллектуалы, молодые ученые — биологи, врачи, юристы, историки, филологи — легко вступали не только в нацистские организации, но даже в карательные органы, осуществлявшие массовые убийства. Примером может служить

---

[110] Реальный бойкот исчез только к концу 1920-х гг.

[111] *Lundgreen P.* Hochschulpolitik und Wissenschaft im Dritten Reich // Wissenschaft im Dritten Reich / Hg. P. Lundgreen. Frankfurt am Main, 1985. S. 14.

[112] См.: Der National-Sozialismus als politische Religion. Frankfurt am Main, 1997.

карьера В. Беста, заместителя Р. Гейдриха и главного идеолога гестапо, являвшего собой удивительное сочетание одаренного, начитанного и «разумного» юного юриста и фанатичного идеолога и практика СС[113] . Были и попытки создать комплексные идеологизированные научные учреждения, примером чего может служить фонд «Наследие предков» (АЭ, Ahnenerbe — АЕ), связанный с попыткой Г. Гиммлера установить духовный контроль над обществом, конструируя ценности и нормы на базе традиций древних германских племен[114] . Идеология «крови и почвы» (Blut und Boden), сформулированная в рамках Нордического круга (Nordischen Ring)[115] и подхваченная Союзом борьбы за немецкую культуру (Kampfbund für Deutsche Kultur)[116] , должна была служить интеграционным механизмом всей духовной жизни немецкого научного сообщества, о чем постоянно напоминала пропаганда Третьего рейха[117] . Впервые это сочетание употребил О. Шпенглер в отрывке «О борьбе крови и почвы». Постепенно оно стала лозунгом националистических кругов. Особую роль в его пропаганде сыграл Р.В.О. Дарре́, который в июне 1930 г. сделал доклад «Кровь и почва как основа Третьего рейха» на первом Всегерманском заседании Союза борьбы за немецкую культуру. возглавляемого А. Розенбергом. На этом заседании присутствовали Г. Геринг, Й. Геббельс, Ф. Заукель. В брошюре Дарре́ «Кровь и почва. Основа немецкого будущего», распространенной осенью 1933 г., Гитлер был назван борцом за государственную идею «крови и почвы»[118] .

Многие теоретические понятия биологии (наследственность, раса, чистые линии, гибридизация, отбор и борьба за существование) стали существенными элементами идеологии «крови и почвы», к которой некоторые биологи апеллировали, чтобы сохранить или повысить свой статус, ускорить карьеру, добиться финансирования, защититься от нападок или убрать конкурентов. Степень «зараженности» той или иной дисциплины идеологией нацизма определялась, прежде всего, их включенностью в решение проблем расологии (Rassenkunde), так или иначе связанных с изучением органической эволюции. В зависимости от профессиональной принадлежности биологи сильно различались по степени интегрированности в политические структуры, времени вступления в ту или иную организацию, использованию идеологем и языка нацистов в специальных сочинениях и т. д.

В этих условиях часть биологов (около 8%) эмигрировала по расовым, политическим или профессиональным соображениям[119] . Но у большинства не было серьезных осложнений по идеологическим причинам, а власти, в свою очередь, не имели проблем с «подбором и расстановкой» кадров. Найти квалифицированную и приемлемую в политико-идеологическом и расовом отношении замену изгнанным и

---

[113] *Herbert U.W.* Best. Biographische Studien über Radikalismus, Weltanschauung und Vernunft: 1903–1989. Bonn, 1996.

[114] *Kater M.H.* Das “Ahnenerbe” der SS. 1935–1945. Ein Beitrag zur Kulturpolitik des Dritten Reiches. München, 1997.

[115] Нордический круг был создан в 1926 г. в Баварии сторонниками идей превосходства нордической расы.

[116] Союз борьбы за немецкую культуру основал в 1929 г. А. Розенберг для распространения национал-социалистической идеологии и вытеснения «еврейского засилья в культурной жизни Германии».

[117] *Eidenbenz M.* “Blut und Boden”. Zu Funktion und Genese der Metaphern des Agrarismus und Biologismus in der nationalistischen Bauernpropaganda R.W. Darrés. Berlin, 1993. S. 1.

[118] *Darré R.W.* Blut und Boden. Die Grundlage der deutschen Zukunft. Berlin, 1936.

[119] *Deichmann U.* Biologen unter Hitler. S. 34.

уехавшим было нетрудно. Антропологи, расовые гигиенисты, генетики активно участвовали в принятии законов о стерилизации, эвтаназии и их реализации, проводили опыты над заключенными. Их деятельность обеспечивала «расовое здоровье» общества, а заодно освобождала койки в больницах для жертв приближающейся войны. Они служили «расовыми экспертами» в селекции и оценке жертв и на оккупированных территориях, в «германизации» их научных учреждений, в организации и функционировании лагерей смерти. Со временем число наций, подлежащих уничтожению, резко увеличилось, в него включили многие славянские народы, в первую очередь, поляков и русских. Таким образом, евгеника и антропология в Германии прошли путь от идей превосходства белых и улучшения собственной расы к немецкому национализму, а затем к оголтелому расизму, антисемитизму, антиславянизму, русофобии и т. д.

В то же время «союз» национал-социалистической идеологии и биологии для многих ученых был лишь способом диалога с лидерами Третьего рейха, идеологической адаптацией к его реалиям. Труды одних и тех же авторов, опубликованные в специальных журналах «Успехи ботаники», «Успехи зоологии» и т. д. и в нацистских периодических изданиях, адресованных широкой публике, — «Биолог», «Народ и раса», «Цель и путь», «Национал-социалистический ежемесячник», резко различались по языку и идеологическим комбинациям. С началом Второй мировой войны идеологизация науки явно отходила на второй план, уступая место функциональной полезности. В научные издания все реже включаются высказывания в духе национал-социализма и даже биологические понятия, вошедшие в его язык (отбор, борьба за существование). В то же время возрастает частота использования идеологически нейтральных или даже чуждых терминов (миграция, дрейф генов, гибридизация, макромутации в эволюции и т. д.).

Симпатии биологов к национал-социализму слабели с приближением поражения, которое обозначило конец нацистской биологии. Ученые заговорили, что их заставили вступить в национал-социалистические организации, что они пошли туда, чтобы бороться с крайностями расизма и сохранить традиции в науке[120]. И в этом многие из них были правы. Верность науке порождала пластичность в адаптации к политико-идеологической среде и позволяла продолжать научные исследования при всех режимах от кайзеровского рейха до объединенной Германии. Сама денацификация в области биологии была проведена весьма поверхностно. Она неизбежно была формальной, так как почти все крупные биологии официально приняли идеологию нацизма. В зонах, оккупированных западными державами, практически все активные деятели нацистской биологии сохранили свои кафедры и руководство институтами. Не слишком сильно отличалась ситуация в Восточной Германии. Победителей везде интересовали специалисты, их научная квалификация и труды, а о военных преступлениях, тем более о политическом коллаборационизме, забывали, если сами ученые были нужны новому порядку.

---

[120] *Lehmann E.* Irrweg der Biologie. Stuttgart, 1947.

глава вторая

БИОЛОГИЯ ГЕРМАНИИ И РОССИИ НАКАНУНЕ РЕВОЛЮЦИОННЫХ ПОТРЯСЕНИЙ

Историю науки в Германии и России в XX веке уже давно описывают с точки зрения влияния на ее развитие и даже доминирования политических, экономических и идеологических факторов. При этом в истории германской науки традиционно выделяют имперскую политику начала века, демократическую — в Веймарской республике, нацистскую — в Третьем рейхе, а затем коммунистическую — в Германской Демократической Республике и федеральную (демократическую) — в Федеративной Республике Германии. Объединение Германии в 1991 г. дало новый материал для анализа роли этих факторов в реформах науки в бывшей ГДР.

Германия оказалась одной из первых стран, где был разрушен миф об ученых как служителях истины в белых одеждах, познающих мир, сидя в башне из слоновой кости. Германия, объединенная «кровью и железом» твердой рукой канцлера О. фон Бисмарка, в результате военных побед и политических хитростей стремилась не только закрепить свое с боем завоеванное место в числе великих держав, но стать доминирующей военно-политической и экономической силой в мире. Особую роль в реализации этих амбиций должна была играть немецкая наука, признанный лидер в мировом научном сообществе. Большинство престижных и важных научных журналов и справочников (включая такую специализированную литературу, как реферативные журналы) выходило в начале XX века именно в Германии. Стремясь закрепить лидерство, учредители новых научных журналов в Германии всегда старались придать им международный статус. Немецкий язык был признанным языком общения ученых разных стран, а труды немецких ученых считались эталонами точности и оригинальности теоретических обобщений во многих отраслях знания.

Обучение в Германии и подготовка первых научных работ под руководством немецких наставников в их лабораториях и университетах стали нормой для многих будущих ученых континентальной Европы, которые с первых шагов в науке усваивали нормы и ценности научного сообщества кайзеровской Германии. Ученые всех стран хотели учиться и работать в Германии или хотя бы посещать Германию, публиковать в Германии свои труды, развивать контакты с немецкими коллегами. Немецкие университеты готовили выпускников, ориентированных на научные исследования[1] . Общество Кайзера Вильгельма и его институты предоставляли возможность заниматься наукой вне университетов, в немецкой промышленности

---

[1] *Brocke B. vom.* Die Entstehung der deutschen Forschungsuniversität, ihre Blüte und Krise um 1900 // Humboldt International. Der Export des deutschen Universitätsmodells im 19. und 20. Jahrhundert / Hg. R.C. Schwinges. Basel, 2001. S. 367–401.

укрепилась традиция поддерживать продуктивно работающие научно-исследовательские лаборатории.

Особое влияние на мировоззрение ученых оказывали немецкие философы, авторы многочисленных всеохватывающих систем, завороживших не одно поколение интеллектуалов в разных странах. В науке Германской империи завершилось преодоление рационализма классической немецкой философии, романтико-натурфилософских блужданий духа, а также гумбольдтовской традиции образования, на смену которым пришла эмпирически-аналитическая концепция знания, имевшего практическое значение[2]. Его яркими представителя в биологии были М.И. Шлейден, Ю. Либих, Г. фон Гельмгольц, Р.Л.К. Вирхов, А.Ф.Л. Вейсман. Но на смену прежним спекулятивным философским системам шли неокантианство, феноменология, философия жизни, экзистенциализм, марксизм, психоанализ и другие интеллектуальные течения XX века, многие из которых в преображенном виде затем использовались в национал-социалистической идеологии. Витализм, национализм и империализм глубоко укоренились в биологическом сообществе еще в конце XIX в. благодаря трудам Э. Геккеля, Г. Дриша, Э. Дакке́, Я. фон Икскюля и др. Не меньшую опасность для биологии представляли пантеистические труды вульгарных материалистов Л. Бюхнера, Я. Молешотта, К. Фогта.

Но хотя в канун Первой мировой войны немецкую науку воспринимали (особенно сами немцы) как доминирующую и лучшую в мире, ее традиционные научные соперники — Британия и Франция — тоже были сильны, а рвущиеся вперед США быстро догоняли своих европейских конкурентов и обещали вскоре их обойти. Сильную конкуренцию составляла им Россия, биология которой переживала быстрый институциональный рост в начале XX века, и где экспериментальные методы внедрялись в процесс исследования.

Русско-немецкие связи в биологии

В последние десятилетия была проведена огромная работа по изучению взаимовлияния биологических исследований, проводимых в Германии и России[3]. Были проанализированы обстоятельства развития целых научных школ, история отдельных открытий и их использование в научном сообществе, иррадиация и взаимодействие идей и научных направлений, изучены институциональные аспекты

---

[2] Романтизмом применительно к Германии называют не только особый стиль в истории литературы, живописи и музыки, архитектуры, но и специфические направления в медицине, в естественных, гуманитарных и социально-политических науках, в философии и теологии. Все эти сферы духовной деятельности благодаря романтизму функционировали как единая идейная система с разнообразными внутренними связями между её компонентами. Немецкий романтизм был универсален и энциклопедичен в своем специфическом единстве особенного и всеобщего, эмпирии и метафизики, факта и вымысла, истории и утопии, науки и искусства: Romantik in Deutschland / Hg. R. Brickmann. Stuttgart, 1978; Romantism and the Sciences / Hg. A. Cunnigham, N. Jardine. Cambridge, 1990; *Engelhardt D. von.* Historisches Bewusstsein von der Aufklärung bis zum Positivismus. Freiburg, 1979.

[3] Deutsche im Zarenreich und Russen in Deutschland: Naturforscher, Gelehrte, Ärzte und Wissenschaftler im 18. und 19. Jahrhundert / Hg. D. von Engerlhardt, I. Käsnter. 1993–2005. Bd. 1–12; Немцы в России / Отв. ред. Г.И. Смагина. СПб., 1997–2005. Вып. 1–9; Русско-немецкие связи в биологии и медицине / Отв. ред. Э.И. Колчинский. СПб., 2000–2003. Вып. 1–4.

развития науки в двух странах, эволюция форм организации научной деятельности, характера финансирования, публикаций, подготовки научных кадров, а также эволюция форм институционализации науки на разных этапах русско-немецкого взаимодействия в области биологии. Было показано, что специфическими особенностями русско-немецких научных связей были: а) их более чем двухвековая история теснейшего взаимодействия и практически единого развития в рамках общих школ и направлений; б) привнесение науки в Россию из Германии; в) двухвековое вхождение в состав России прибалтийских губерний, в которых преобладала немецкая языковая культура; г) широкое использование немецкого языка в научной биологической литературе в России в XVIII и XIX вв. При этом исследователями учитывались:

1. Положение науки в целом как социального института в различные периоды времени в XVIII–XX вв.;
2. Динамика дисциплинарных контактов в различных областях биологии;
3. Формы научных контактов;
4. Формирование и взаимодействие совместных научных школ и направлений исследований;
5. Значение обучения русских студентов в Германии и подготовки там же докторских и магистерских диссертаций;
6. Институциональные формы сотрудничества;
7. Научная продукция;
8. Использование немецкого языка в российской биологической литературе:
9. Отклики на русские исследования в Германии;
10. Членство в научных сообществах и академиях.

Остановимся кратко на динамике русско-немецких связей в области биологии и медицины в XVIII–XIX вв.[4]

Задолго до петровских реформ в Москве существовала немецкая слобода, в которой проживали иностранные специалисты. Многие из них были выходцами из Пруссии и немецких княжеств, постоянно враждовавших между собой. Ещё не были преодолены тяжелые последствия Тридцатилетней войны, опустошившей центральную Европу. Это обусловливало обширную миграцию. Немецкие инженеры, ремесленники, врачи, аптекари стали приближенными Петра I. Немцем был и первый президент Петербургской Академии наук Л.Л. Блюментрост, главный «двигатель» в приглашении ученых. Х. Вольф, ученик и последователь Г.В. Лейбница, пользуясь своим большим авторитетом и связями среди немецких деятелей науки, активно помогал в подборе ученых, рекомендуя им новую Академию как «рай для ученых»[5]. Отсутствие в России университетов и даже гимназий вынуждало правительство искать за рубежом ученых, которые отвечали бы

---

[4] Подробнее см.: *Kolchinskiy E.I.*, *Smagina G.I.* Zur Rolle der deutschen Wissenschaftler bei der Entwicklung der Biologie in Russland // Europe in der Frühen Neuzeit. Weimar; Köln; Wien, 1997. Bd. 3: Aufbruch zur Moderne. S. 293–312; *Колчинский Э.И.* Академия наук и становление естественной истории в России // Академическая наука в Санкт-Петербурге в XVIII–XX веках / Отв. ред. Ж.И. Алфёров; ред.-сост. Э.И. Колчинский, Э.А. Тропп. СПб., 2003. С. 83–116; *Колчинский Э.И.*, *Сытин А.К.*, *Смагина Г.И.* Естественная история в России (очерки развития естествознания в России в XVIII веке). СПб., 2004.

[5] *Копелевич Ю.Х.* «Рай для ученых»? (о судьбах первых российских академиков) // ВИЕТ. 1999. № 1. С. 47–68.

требованиям новой Академии и пожелали бы переехать в Россию. На протяжении всего XVIII в. и значительной части XIX в. большинство биологов в Российской империи составляли немцы, что объясняется рядом обстоятельств.

Сюда особенно охотно ехали немецкие ученые, которым нелегко было реализовать творческие замыслы на родине, так как стать доцентом или профессором в университетах было сложно. Пути немецких ученых в российскую науку были различны. Одни из них приехали в Россию как врачи, и лишь в России раскрылся их талант естествоиспытателей. Других с самого начала приглашали для научной работы. Были и такие, кто уже имел международное научное признание, был членом престижных научных обществ и академий и ехал в Россию, надеясь принять участие в широкомасштабных экспедициях в регионы, неизвестные тогдашней науке. Вхождение в Россию прибалтийских губерний, в которых преобладала немецкая культура, и наличие многих немцев на государственной службе облегчали адаптацию приезжающих ученых к русским условиям. Были и такие, кто или родился в России, или приехал сюда с родителями в столь юном возрасте, что Россия фактически была для них родиной. По-разному сложились их судьбы в России. Одни, несмотря на короткое пребывание в Петербурге, сумели выполнить ряд первоклассных исследований и, уехав из России, продолжали поддерживать постоянные контакты с Академией наук. Деятельность других в России продолжалась десятки лет, и лишь незадолго до смерти они покинули её. Для третьих Россия стала местом, где закончился их жизненный путь. Преобладание немцев в формирующемся научном сообществе России обусловило широкое использование немецкого языка в естественнонаучной литературе, выпускаемой в России.

Наука, привнесенная из-за рубежа, вызывала подозрение и неприятие со стороны разных слоев российского общества, что с самого начала придавало ей сугубо государственный характер. Власть и сами ученые считали науку важнейшим средством для достижения глобальных политических, военных, экономических и просветительских задач. Большая часть духовенства и высшего дворянства не интересовалась естественными науками. Не сулила она быстрой карьеры и выходцам из низших слоев[6]. Вместе с тем приезд в Петербургскую Академию наук молодых естествоиспытателей, хорошо знавших состояние науки того времени, способствовал быстрому становлению в России различных отраслей знания и вхождению российских ученых в мировую научную элиту[7]. Для оценки их роли в становлении отечественной науки полезно вспомнить «принцип основателя» Э. Майра, в соответствии с которым генофонд группы особей, а в исключительных случаях генотип одной особи, оказавшихся основателями новой популяции, предопределяет её дальнейшую эволюционную судьбу[8]. В качестве таких «основателей» российской биологии оказались первоклассные зарубежные ученые (Д.Г. Мессершмидт, Й. Вейтбрехт, И.Г. Гмелин, Г.В. Стеллер, П.С. Паллас, К.Ф. Вольф, С.Г. Гмелин, Й.Г. Кёльрейтер, И.Г. Георги и др.), начавшие изучение флоры и фауны Российской империи, антропологического

---

[6] *Копелевич Ю.Х.* Основание Петербургской Академии наук. Л., 1977. С. 140–143, 188.

[7] Подробнее см.: *Колчинский Э.И.* Академия наук и становление естественной истории в России // Академическая наука в Санкт-Петербурге в XVIII–XX веках. С. 83–116.

[8] *Колчинский Э.И., Смагина Г.И.* «Принцип основателя» и становление академической биологии // Журнал общей биологии. 1999. Т. 60. № 5. С. 449–486.

состава ее населения, выполнившие первые отечественные работы по анатомии, физиологии и эмбриологии и получившие широкую известность. Они способствовали быстрому становлению Санкт-Петербургской Академии как одного из главных центров мировой науки. Им удалось своим энтузиазмом «заразить» нескольких молодых россиян, как правило, выходцев из низших слоев, получивших благодаря таланту и непрерывному труду естественнонаучное образование и написавших первые работы на русском языке о растениях и животных Российской империи. Часто обучение и первые научные исследования шли одновременно, что способствовало быстрому созреванию творческого потенциала первых русских академиков-естествоиспытателей. Среди воспитанников немецких ученых, в первую очередь, надо назвать С.П. Крашенинникова, А.П. Протасова, И.И. Лепёхина, В.Ф. Зуева, Н.Я. Озерецковского, А.И. Соколова. Со времен А.Ф. Севастьянова и А.М. Шумлянского установилась традиция готовить докторские диссертации в немецких университетах.

Эти традиции продолжали культивироваться и развиваться на протяжении последующего времени вплоть до Первой мировой войны. Крупнейшие достижения в российской биологии, включая труды С.Н. Виноградского, А.О. и В.О. Ковалевских, И.И. Мечникова, И.М. Сеченова, И.П. Павлова, А.С. Фаминцына и мн. др., так или иначе, связаны с исследованиями их немецких учителей и коллег. Русско-немецкие научные связи в области биологии осуществлялись благодаря постоянным контактам научных школ, научных обществ, крупных научных учреждений (Академии наук, Московского и Санкт-Петербургского университетов, Медико-хирургической академии, Лесного института и т. д.), а также сотрудничеству в проведении совместных экспедиций, конференций, в образовании и подготовке специалистов и т. д. Большое число немецко-русских экспедиций по изучению флоры и фауны России было проведено в XIX в. Многие немецкие биологи учились и работали в России, других по-прежнему избирали иностранными членами Санкт-Петербургской Академии наук. В свою очередь, многие русские биологи, как и прежде, учились и начинали свою научную карьеру в Германии. Постоянно шел взаимный обмен идеями и методами в рамках отдельных направлений эволюционной биологии (эмбриологии, морфологии, палеонтологии и др.). Сотрудничество ученых, берущее свое начало в XVIII веке, ширилось, укреплялось, захватывая все новые сферы. Причем факторы социально-политического характера, связанные с территориальными изменениями, войнами, миграциями населения, различием в уровне развития науки, культуры и т. д., играли существенную роль в эволюции форм научного сотрудничества между биологами двух стран, прочно интегрируя биологическое сообщество России в общемировую науку. Сложившиеся на протяжении двух веков социальные связи между учеными двух стран оказали огромное воздействие на развитие биологии в Германии и России в первой половине XX века.

Имперская наука в Германии

Становление и расцвет науки в Германской империи

Становление имперской науки началось в 1870-х гг., когда под эгидой Пруссии были объединены десятки немецких государств, отличавшихся в значительной степени культурой, диалектами, обычаями и т. д. Предстояло из этих многообразных фрагментов выковать единую культуру. Для этого было недостаточно силой оружия связать людей в единое государство, надо было, чтобы его граждане осознали свою идентичность с его целями и задачами. Одним из путей для этого была выбрана предложенная ранее идея единой культурной и даже биологической истории древних германцев, родина которых находилась где-то в Центральной Азии, в Причерноморье, на Северном Кавказе. Активным пропагандистом этой идеи стали биолог-эволюционист Э. Геккель и его многочисленные поклонники.

Несмотря на преемственность в развитии научных сообществ кайзеровской Германии, Веймарской республики и национал-социалистической Германии, 1900–1918, 1919–1932 и 1933–1945 гг. были самостоятельными периодами, в каждом из которых существовала особая система взаимодействия науки, власти и идеологии, обладавшая определенной замкнутостью и целостностью. В Германской империи совокупность социально-политических, экономических, технологических, культурных и интеллектуальных факторов оказалась исключительно благоприятной для инноваций в самой науке и для ее институционализации. В итоге в немецкой науке было сделано много оригинальных открытий, получивших мировое признание. Из 16 Нобелевских лауреатов в области физиологии и медицины, удостоенных этих наград в 1900–1914 гг., четверо были немцами (Э. фон Беринг, Р. Кох, П. Эрлих, А. Коссель). Лауреатами премий за открытия в области химии и физики, результаты которых были использованы в биологии, в эти годы были химики и биохимики Э.Г. Фишер, И.Ф.В.А. фон Байер, Э. Бухнер, В. Оствальд, О. Валлах, Р.М. Вильштеттер, а также физики В.К. Рёнтген, Ф.Э.А. фон Ленард, М. фон Лауэ. Бактериолог Беринг и физик Рёнтген стали первыми лауреатами Нобелевских премий. Десятки немецких биологов, физиологов, врачей, химиков и физиков получили Нобелевские премии позднее за исследования, выполненные в Германской империи. Среди них химики и биохимики Ф. Габер, В.Г. Нернст, О.Ф. Мейергоф, Р.А. Зигмогди (австриец), Ф. Бергиус, К. Бош, О.Г. Варбург, эмбриолог Г. Шпеман, физиолог и фармаколог О. Леви и др.

Большой популярностью продолжали пользоваться ценности немецкой классической философии, национализм, патриотизм и прославление сословно-иерархической Пруссии как рационального воплощения абсолютного объективного духа. Из тех же ценностей исходили и новые варианты философии психологизма и иррационализма. Властителями дум немецких интеллектуалов становились сторонники философии жизни В. Дильтей и Г. Зиммель, феноменологии — Г. Гуссерль, физиологического психологизма — В. Вундт, экзистенциализма — М. Хайдеггер и К. Ясперс и др. Многие из их трудов в какой-то мере могут считаться интеллектуальными предтечами национал-социализма. Так, накануне войны был опубликован первый вариант труда Шпенглера о кризисе цивилизации XIX в. Предсказывая гибель европейской культуры и приход века империализма, грубой силы и примитивных форм политики, Шпенглер считал, что у Германии нет другого выбора: она должна «твердо стоять или погибнуть». В возвращении к прусским традициям в управлении государством и организации общества он видел возможность остановить наступление массовой культуры[9].

Германская империя славилась и многими институциональными нововведениями в науке, вызвавшими подражание во всем мире: разделение образования и

---

[9] *Spengler O.* Der Untergang des Abendlandes. Berlin, 1911.

научной работы, создание научных учреждений, финансируемых частной промышленностью и государством, и т. д.[10] Два явления — инновация и адаптация — подчеркивают контраст между преемственностью в науке и отсутствием таковой в политике при смене режимов, когда ученые и научные учреждения скорее изменялись под влиянием кризисной ситуации, чем сама наука.

Среди историков, изучавших веймарскую науку, очень популярным был тезис П. Формана о том, что ее культурная и интеллектуальная среда, чуждая принципу причинности, способствовала созданию в первой трети XX века квантовой механики, построенной на акаузальных механизмах[11]. Эта идея не давала покоя целому поколению историков науки, хотя ее невозможно ни подтвердить, ни опровергнуть. Многочисленные труды, посвященные экономическим, политическим и институциональным особенностям Веймарской республики, подтвердили предположение, что они удивительным образом благоприятствовали нововведениям в науке[12]. Анализ этих особенностей в Германской империи оказался столь же важным для понимания лидирующего положения немецкой науки в большинстве отраслей знания и техники накануне Первой мировой войны.

В те годы Германия была не просто одним из крупных государств, а ведущей индустриальной державой с новейшей технологией. Динамичным развитием и экономической мощью она в значительной степени была обязана плодотворному взаимодействию немецкой университетской системы (где впервые исследовательский талант стал основным критерием при подборе профессорско-преподавательского состава в высшей школе) со штатами новых промышленных исследовательских лабораторий в наукоемких областях производства, особенно в электротехнической и химической промышленности.

Это был период господства в академическом сообществе идеологии «мандаринов», разделявших ценности идеалистического гуманитарного образования и рассматривавших государство как их гаранта. Ее центральные элементы в области естественных наук — предпочтение крупных проблем, требовавших интегрального или синтетического решения; приверженность фундаментальным исследованиям и негативное отношение к прикладным; скептическое отношение к узкой специализации; поддержка классического образования; подчеркнутая беспартийность и бескорыстное служение кайзеру, отечеству, народу[13]. Для мандаринов была характерна демонстративная аполитичность и стремление выступать от имени всего народа в целом. На самом же деле политическая и идеологическая мотивировка многих научных споров и столкновений в научном сообществе была очевидной. Общественно-политическим воззрениям придавали

---

[10] *Pfetsch F.R.* Zur Entwicklung der Wissenschaftspolitik in Deutschland. 1750–1914. Berlin, 1974; *Pfetsch F.* Datenhandbuch zur Wissenschaftsentwicklung. Köln, 1982.

[11] *Forman P.* Weimar Culture, Causality, and Quantum Theory, 1918–1927. Adaptation by German Physicists to a Hostile Intellectual Environment // Historical Studies in the Physical Sciences. 1971. № 3. P. 1–115.

[12] *Forman P.* The Financial Support and Political Alignment of Physicists in Weimar Germany // Minerva. 1974. № 12. S. 39–66; *Schröder-Gudehus B.* The Argument for Self-Government and Public Support of Science in Weimar Germany // Minerva. 1972. № 10. P. 537–570; *Laquer W.* Weimar. A Cultural History 1918–1933. New York, 1974.

[13] *Ringer F.K.* The Decline of the German Mandarins: The German Academic Community, 1890–1933. Cambridge (Mass.), 1969.

огромное значение в профессорской среде, и носители чуждых ей ценностей не могли рассчитывать на карьеру.

В кадровой политике прусского Министерства по делам духовного образования и медицины (Ministerium der geistlichen Unterrichts und Medizinal-Angelegenheiten) господствовала так называемая система Ф. Альтхоффа, руководителя отдела высшей школы в министерстве просвещения Германии в 1882–1908 гг. Она строилась на сочетании бюрократического централизма и умеренной модернизации в соответствии с «духом времени» вместе с избирательным покровительством и «идеологически правильными» назначениями. Классическим примером «запрета на профессию» стал случай с физиком Л. Аронсом, правым социал-демократом, из-за чего ему отказали в занятии преподавательской должности в Берлине. По этому поводу кайзер Вильгельм II в октябре 1887 г. заявил: «Я не потерплю никаких социал-демократов среди моих чиновников, а также среди наставников нашей молодежи в имперских высших школах»[14]. Особенно сильно контроль над политическими воззрениями ученых осуществлялся в «святая святых» мандаринской интеллигенции — «науках о духе», где господствовало консервативно-монархическое большинство, зорко следившее за всякими посягательствами на инакомыслие и воспринимавшее их как покушение на свою монополию. М. Вебер жаловался на торможение университетской карьеры своих сторонников Р. Михельса и В. Зомбарта, новации которых, в конечном счете, не выходили за пределы традиционных буржуазных ценностей. Замеченным в «левизне» путь к профессорской кафедре был навсегда закрыт в кайзеровской Германии, даже если в зрелом возрасте претенденты демонстрировали эволюцию в сторону консерватизма.

Эта идеология неизбежно вступала в противоречие с новым «исследовательским императивом» германских университетов, где со времен В. фон Гумбольдта и Ю.Ф. фон Либиха университетское обучение все теснее связывалось с оригинальными научными разработками[15], что делало немецкие университеты и клиническую медицину образцом для всего остального мира, в особенности для США. К началу XX в. все труднее стало совмещать нужды промышленности и требования квалифицированного обучения, возложенные на университетских ученых. Ученые, преподаватели, промышленники и государственные служащие начали говорить о необходимости создавать научные учреждения нового типа: независимые от университетов и, соответственно, от преподавательских обязательств, а также неподотчетные правительствам отдельных немецких земель (которые оказывали финансовую поддержку университетским структурам), и финансируемые частной промышленностью и государством. Создание научно-исследовательских институтов нового типа шло под лозунгом «союз науки и капитала под эгидой государственных чиновников», высмеянным в популярной карикатуре, не раз приведенной в немецкой литературе[16].

---

[14] *Дмитриев А.Н.* Марксизм без пролетариата: Георг Лукач и ранняя Франкфуртская школа 1920–1930-е гг. СПб.; М., 2004. С. 257.

[15] *Harwood J.* The Rise of the Party-Political Professor. Changing Self-understanding among German Academics, 1890–1933 // Geschichte der Kaiser-Wilhelm-Gesellschaft im Nationalsozialismus. Bestandsaufnahme und Perspektiven der Forschung / Hg. D. Kaufmann. Göttingen, 2000. Bd. 1. S. 23.

[16] Forschung im Spannungsfeld von Politik und Gesellschaft-Geschichte und Struktur der Kaiser-Wilhelm / Max-Planck-Gesellschaft / Hg. R. Vierhaus, B. vom Brocke. Stuttgart, 1990. S. 366.

Первым таким учреждением в Германии стал Имперский Физико-технический институт (ФТР — Physikalische-Technischen Reichsanstalt, PhTR), основанный в 1887, в котором должны были сформироваться образцы как чисто научных исследований, так и промышленных технологий[17]. Его главным спонсором стал крупный промышленник, электротехник и изобретатель В. фон Сименс. Он хотел организовать учреждение, которое, занимаясь чисто научными исследованиями, решало одновременно и долгосрочные, и сиюминутные технологические и экономические задачи. Новый институт, возглавляемый когортой знаменитых физиков, начиная с харизматического и влиятельного Г. фон Гельмгольца, действительно преуспевал в обеих областях, производя важные эксперименты по радиации черного тела, способствующие развитию квантовой физики, разрабатывая электрические стандарты для наукоемкой промышленности, тестируя и сертифицируя научные инструменты, измерительные приборы и материалы. Свидетельством его успеха стало большое количество подражателей в разных странах, включая Бюро мер и весов в России (1893), Национальную физическую лабораторию в Великобритании (1900), Национальные бюро стандартов в США (1901) и во Франции (1902), Государственный физико-химический институт в Японии (1917) и Химико-технический институт в самой Германии, открытый в 1921 г.[18] Имперский Физико-технический институт инициировал создание еще двух новых учреждений: Гёттингенской Ассоциации развития прикладной математики и физики в 1898[19] и, что, возможно, ещё важнее — КВГ, основанного в 1911 г.[20]

В отличие от Имперского Физико-технического института, КВГ было учреждено, прежде всего, для поддержки фундаментальных исследований. Были созданы отдельные «институты Кайзера Вильгельма» с особыми исследовательскими программами, рассчитанными на конкретных ученых, которые вместе со своими помощниками и коллегами могли полностью посвятить себя научным исследованиям. Но хотя основной целью новых учреждений были фундаментальные исследования, их обычно проводили в отраслях знаний, представлявших интерес и для государства, и для промышленности. Угрозы ученых, что без мощной науки во всех областях знания Германия проиграет в развернувшейся борьбе за передел мира, правительство, промышленники и военные воспринимали всерьез. Германский истеблишмент в этом отношении демонстрировал редкое единодушие, и все участники диалога говорили на одном языке.

Об этом прямо сказано в справочнике КВГ, изданном в 1928 г. В нем говорится, что положение, в котором находилась немецкая наука на рубеже двух столетий, таило серьезную угрозу, так как немцы были приучены рассматривать науку не столько как принадлежащую нации, сколько, напротив, как достояние всего человечества, не заботясь тем самым о ее развитии, в первую очередь, в национальных интересах[21]. Этот подход всегда был характерен для университетов, в

---

[17] *Cahan D.* An Institute for an Empire: The Physikalisch-Technische Reichsanstalt 1871–1918. Cambridge, 1989.

[18] *Johnson J.* The Kaiser's Chemists: Science and Modernization in Imperial Germany. Chapel Hill, 1990.

[19] *Mehrtens H.* Moderne, Sprache, Mathematik. Frankfurt am Main, 1990.

[20] *Brocke B. vom.* Die Kaiser-Wilhelm Gesellschaft im Kaiserreich // Forschung im Spannungsfeld von Politik und Gesellschaft – Geschichte und Struktur der Kaiser-Wilhelm / Max-Planck-Gesellschaft. S. 17–162.

[21] Цит. по: *Jahn I., Löther R., Senglaub K.* Geschichte der Biologie. Jena, 1985. S. 460.

которых обучали студентов со всего мира. КВГ должно было обезопасить передовой край немецкой науки и ее секреты от возможных противников.

Непосредственным поводом к созданию КВГ стал доклад профессора палеонтологии О. Йекеля по случаю столетнего юбилея Берлинского университета, в котором он говорил о необходимости иметь в Германии «Бионтологическую академию». Вместе со старыми планами В. фон Гумбольдта создать министерство науки в Пруссии речь Йекеля побуждала учреждать наряду с университетами академии, где работали бы ученые, занимавшиеся в основном научно-исследовательской работой, а не преподаванием. При этом предполагалось, что академии, так же как университеты, формально должны быть независимы от государства. Образцом для этого служили американские фонды Карнеги и Рокфеллера, созданные на огромные деньги лидеров американской индустрии. Зная, сколь велик вклад американских учредителей в эти частные фонды, инициаторы КВГ подсчитали, что для его успеха нужны десятки миллионов марок, которые ни один немецкий промышленник не был готов выделить. План создания подобного общества как «немецкого Оксфорда» в пригороде Берлина много лет вынашивал Ф. Альтхофф, который буквально за несколько дней до смерти добился, чтобы Вильгельм II выделил для нового учреждения земельный участок размером в 50 га. земли. Реализация проекта была поручена новому руководителю науки и высшего образования Ф. Шмидт-Отту.

Создателем и первым президентом КВГ стал историк раннего христианства А. фон Гарнак, который, будучи прибалтийским немцем, уроженцем Дерпта (Тарту), прекрасно знал русский язык и, возглавляя КВГ до самой смерти в 1930 г., всячески поощрял русско-немецкие научные контакты. Его единомышленниками были Э. Фишер, В. Нернст, О. Декель, В. фон Боде и др. В своей инаугурационной речи Гарнак говорил, что в основании исследовательских институтов Германия в предшествующем столетии отстала от других стран, прежде всего от США. При этом он отмечал, что в США существует опасность, что научные исследования попадут в полную зависимость от крупного капитала. Увы, его надежды избежать подобной угрозы в Германии оказались иллюзорными. Уже в 1917 г. Гарнак подчеркивал: «Будущее Общества кайзера Вильгельма зависит от того, удастся ли ему защититься от мощных факторов, воздействующих на него как со стороны правительства и государства, так и со стороны экономики»[22].

В докладной записке, которую Гарнак подал вместе с химиком Э. Фишером и микробиологом А.П. фон Вассерманом кайзеру Вильгельму II, предусматривалось, что общество должно стать *кооперацией* государства и людей науки с патриотическими, готовыми на пожертвование людьми из состоятельных кругов. Опыт создания подобных учреждений в Германии уже был, например, Институт экспериментального изучения рака в Гейдельберге, Гамбургский научный фонд, фонд Фридриха Адольфа, Гёттингенская ассоциация прикладной физики и др. Всего за 20 довоенных лет в Германии было открыто 47 фондов, академий, ассоциаций и т. п. с годовым бюджетом от 100 тыс. до 4 млн.[23] Теперь же капитал призывали к участию в финансировании крупномасштабных и долгосрочных

---

[22] Цит. по: *Jahn I., Löther R., Senglaub K.* Geschichte der Biologie. S. 460.

[23] *Brocke B. vom.* Die Kaiser-Wilhelm-Gesellschaft im Kaiserreich // Forschung im Spannungsfeld von Politik und Gesellschaft. Geschichte und Struktur der Kaiser-Wilhelm / Max-Planck-Gesellschaft S. 110–112.

проектов, хотя кайзер, взяв новое общество под свое покровительство, обещал ему финансовую поддержку. Ставка на капитал в целом себя оправдала. Хотя Вильгельм II посещал все мероприятия, связанные с открытием институтов КВГ, первые институты действительно были основаны благодаря существенной финансовой помощи немецких промышленников. Общество старалось получить финансирование из различных источников — от государства, отдельных немецких земель и городов и от заинтересованных промышленников — для того, чтобы не зависеть полностью от какого-то одного спонсора. В канун Первой мировой войны под именем «институтов Кайзера Вильгельма» были открыты или, по крайней мере, санкционированы институты биологии, экспериментальной терапии, физиологии труда и физической химии[24]. Институт биологии начал работать в 1913 г.

КВГ было в полном смысле этого слова имперским учреждением, финансируемым мощной империей и используемым для ее нужд. Военная и экономическая мощь Германии в значительной степени зависела от эффективного использования научного потенциала. И немецкое государство, и промышленники готовы были поддерживать научные исследования, проводимые вне стен университетов. Ведущие ученые, в свою очередь, хотели заниматься тематикой, которая была бы «фундаментальной», но при этом имела бы прямое отношение к промышленности, а также была бы интересна для государственных структур. КВГ служило примером организации научного учреждения, но прежде чем оно смогло расшириться и охватить основные научные дисциплины, грянула Первая мировая война и коренным образом изменила научную политику в Германии.

По замыслу его создателей, КВГ должно было содействовать укреплению междисциплинарных связей биологов с химиками и физиками. С этой целью новые институты первоначально создавали в одном месте в Берлине, в районе Далема (Dahlem), где в 1911–1912 г. возникли три Института: химии, физической химии и физики. В Институте химии, возглавляемом Э.О. Бекманом, Л. Ганом и Р.М. Вильштеттером, вели биохимические исследования. Вильштеттер уже в 1913 г. изолировал красный пигмент крови и проанализировал строение природных пигментов — антоцианов. За эти работы, а также за установление ранее структуры хлорофилла он в 1915 г. был удостоен Нобелевской премии.

Задержка с основанием Института биологии, открытого только в 1913 г., была связана с тем, что, в отличие от физиков и химиков, среди ведущих немецких биологов существовали громадные различия в понимании фундаментальных проблем биологии и способов их решения. Это неизбежно вылилось в споры о направлении исследований будущего института и его структуре[25]. Прежде всего, не изжиты были противоречия между представителями механицизма и витализма, а также описательных и экспериментальных отраслей биологии[26]. Одни биологи ратовали за приоритет сравнительно-анатомических и эмбриологических исследований (О. Гертвиг), другие за экспериментальную эмбриологию (В. Ру и Г. Шпеман), третьи — исключительно за генетику (К.Э. Корренс). Было немало и тех, кто призывал развивать те отрасли биологии, которые важны для медицины (П. Эрлих). Наконец, в результате совместных усилий Т. Бовери, П. Эрлиха,

---

[24] *Brocke B. vom.* Die Kaiser-Wilhelm-Gesellschaft in Kaiserreich. S. 145–147.

[25] *Jahn I., Löther R., Senglaub K.* Geschichte der Biologie. Jena, 1985. S. 461.

[26] *Sucher U.* Das Kaiser-Wilhelm-Institut für Biologie. Seine Gründungsgeschichte, Seine problemgeschichtlichen und wissenschaftstheoretischen Voraussetzungen (1911–1916). Stuttgart, 2002.

Г. Хаберландта, В. Ру и М. Рубнера был создан комплексный Институт экспериментальной биологии с двумя директорами К.Э. Корренсом и Г. Шпеманом и пятью отделениями: 1) генетики и биологии растений (руководитель К.Э. Корренс); 2) механики развития и каузальной морфологии (руководитель Г. Шпеман); 3) генетики и биологии животных (руководитель — Р. Гольдшмидт); 4) протистологии (руководитель — М. Гартман); 5) отдел клеточной физиологии (руководитель О.Г. Варбург).

Хотя строительство нового института шло в первый год войны, уже с начала 1915 г. Корренс, Шпеман и Гартман могли начать исследовательскую работу в своих отделах, в то время как Гольдшмидту и Варбургу разразившаяся война помешала приступить к выполнению своих обязанностей[27]. Вскоре знаменитый иммунолог А.П. фон Вассерман возглавил биолого-медицинский институт КВГ, где химическим отделом руководил К. Нейберг. Без проблем прошло создание Института физиологии труда, который должен был заниматься проблемами физиологии, патологии и гигиены физического и умственного труда. Его возглавил физиолог и гигиенист М. Рубнер, а основную часть средств дал франкфуртский сталелитейный промышленник В. Мертон. 23 января 1915 г. на деньги семейства Круппов в КВГ был создан Институт мозга, который возглавил О. Фогт.

Кроме этих институтов, КВГ поддерживал ряд других исследовательских учреждений в области биологии, расположенных не в Берлине. Так, финансировали исследования по поведению животных Я. фон Икскюля (Uexküll) в Гамбурге, биолого-медицинские работы с радиоактивными изотопами В. Гиса (Лейпциг) и биохимические исследования структуры белка Э. Абдергальдена в Галле. Уже в 1911 г. КВГ взяло под свою опеку биологическую станцию Берлинского аквариума в Ровигно, но после войны она оказалась в области, отошедшей к Италии. Биологическая станция в Плёне после назначения ее директором А. Тинемана (Thienemann) вошла в состав КВГ под названием Гидрологического института. Изменение названия отражало суть новой обширной научной программы, связанной с изучением взаимодействия между биотопом и его обитателями во внутренних водоемах. Благодаря Тинеману институт превратился в первоклассное учреждение и дал впоследствии начало целому ряду новых направлений в экологии и научных учреждений лимнологического профиля. Так, с 1924 г. КВГ совместно с Венской Академией наук финансировало Лимнологическую станцию в Лунце, которая вела параллельные сравнительно-лимнологические исследования в соответствии с программой Тинемана.

Биологические учреждения КВГ работали успешно с первых дней своего существования благодаря выдающимся исследователям, возглавившим их и определившим с самого начала высокий уровень проводимых исследований. Но в полную силу их возможности раскрылись уже после окончания Первой мировой войны. В 1920-х гг. в КВГ возник целый ряд новых институтов биологического профиля. В целом, Институт биологии КВГ соответствовал современным тенденциям перехода к коллективным формам работы в области экспериментальной биологии. Не случайно почти одновременно в США в 1910 г. под руководством Т. Моргана сложился коллектив молодых исследователей — т.н. «дрозофилий-

---

[27] *Wendel G.* Kaiser-Wilhelm-Gesellschaft 1911–1914. Zur Anatomie einer imperialistischen Gesellschaft // Studien zur Geschichte der Akademie der Wissenschaften der DDR. Berlin, 1975. Bd. 4. S. 183.

ная команда», в которую входили К. Бриджес, Г. Дж. Мёллер и А. Стертевант. Благодаря совместной экспериментальной работе и новой методике в короткий срок были получены результаты, положенные в основу хромосомной теории наследственности[28].

Таким образом, КВГ не только обеспечило институциональный базис для развития только что возникших биологических дисциплин (генетики, биохимии, физиология, экологии), который был необходим для их дальнейшего прогресса, но, внедряя новые формы организации биологических исследований, предопределило их дальнейшее развитие в Германии. Сами причины их появления прекрасно отражают общественное положение биологии перед Первой мировой войной. Причины возникновения её институтов коренились как в самой биологии, так и в политической ситуации в стране. Резкий рост численности слушателей в университетах сопровождался увеличением учебной нагрузки профессорско-преподавательского корпуса, что неизбежно наносило ущерб научной работе. Вследствие усиливающейся тенденции биологии к дифференциации и интеграции появлялись все новые и новые отрасли, достижения которых с большим опозданием находили отражение в учебных программах. Сами преподаватели не могли заниматься экспериментальной работой, так как выделяемые университетам средства шли, прежде всего, не на научные исследования, а на совершенствование преподавания. В число же причин социально-политического характера входила нарастающая зависимость современной индустрии от новых технологий, в том числе и возникающих при помощи биологов. Немалую роль играли государственные интересы, связанное с претензиями Германии на культурное лидерство в мире и ее активное участие в борьбе за экономический и политический передел мира, обострившейся в начале двадцатого столетия между США, Японией, Германией, Англией, Францией, Италией, Россией и Австро-Венгрией. Поэтому государство все активнее участвовало в финансировании науки. К началу Первой мировой войны доля государственных средств в бюджете всех Академий наук, ранее финансированных в частном порядке, значительно увеличилась, достигая порою 50%[29].

Институциональным новообразованием кайзеровской Германии были частные исследовательские учреждения и специализированные высшие школы — Техническая и Сельскохозяйственная. Все они были различным образом связаны с промышленниками, которые выступали в роли их основателей, владельцев и потребителей научного продукта. Здесь идеология «мандаринов» с их негативным отношением к прикладным исследованиям не могла укорениться. Университетская система также быстро менялась, все дальше уходя от гумбольдтовского идеала, характерного для всего XIX века, к модели начала XX в.[30] Немалое значение имели изменения в среднем образовании, где стремительно росло число высших реальных училищ и гимназий, благодаря которым среди студентов стремительно

---

[28] *Allen G.E.* Thomas Hunt Morgan and His Science. Princeton, 1978; *Koeler E.* Drosophila and Evolutionary Genetics. The Moral Economy of Scientific Practice // History of Science. 1991. Vol. 29. P. 335–375.

[29] *Heydenreuter R.* Die Finanzierung der deutschen Akademien // Finanzierung von Universität und Wissenschaft in Vergangenheit und Gegenwart / Hg. R.C. Schwinges, M.-C. Pfaffen, K. Jost. Basel, 2005. S. 493–520.

[30] *Bruch R. von.* A slow farewell to Humboldt. Stages in the History of German universities, 1810–1945 // German Universities. Past and Future / Ed. M. Ash. Oxford, 1997. P. 3–27.

увеличивалось число детей промышленников и торговцев. В итоге резко упала ценность классического образования. Среди профессоров постепенно увеличивалось число выходцев из слоев общества, не испытывавших презрение или враждебность к индустриализации и модернизации. Так возникли два различных источника пополнения научной интеллигенции, которые неизбежно вели к столкновению в научном сообществе технократов (экспертов, прагматиков, модернизаторов) с приверженцами классического образования и классического облика ученого (мандаринами)[31].

Когда пишут об «имперской науке» («Imperial science»), обычно имеют в виду науку эпохи Германской империи (1871–1918). Однако немецкая наука была имперской и в другом значении, способствуя расцвету самой империи. Более того, она все быстрее превращалась в империалистическую науку с доминированием научных учреждений и научных исследований в метрополии и со стремлением расширить немецкое научное влияние, добиться господства в мировом сообществе ученых. Внутри страны это означало подавление политических движений и убеждений, которые угрожали тогдашнему status quo[32]. В академических кругах был распространен антисемитизм, что не раз приводило к скандалам при замещении профессорских должностей и было причиной конфликтов среди ученых. Знаменитый социолог культуры М. Вебер не смог простить своим коллегам, также выдающимся философам, неокантианцам Г. Риккерту и В. Виндельбанду отклонение по расовым соображениям кандидатуры Г. Зиммеля при конкурсе на занятие в 1908 г. кафедры философии в Гейдельбергском университете[33].

С объединением Германии и последовавшей вскоре экономической депрессией наметился устойчивый вектор движения всей Германии от либерализма к расистскому, консервативному пониманию немецкой нации, к росту антисемитских настроений в профессорской среде. Все пороки бурного развития капитализма (разрушение прежнего образа жизни, стремительная урбанизация, связанная с ростом социального напряжения из-за беспощадной эксплуатации рабочих, массовой безработицы, преступности, проституции, профессиональных заболеваний, производственных травм) приписывали исповедуемому евреями материализму и механицизму. Только в период 1873–1914 гг. в Германии было опубликовано не менее пятисот публикаций по «еврейскому вопросу», в которых «немецкий идеализм» защищали от «еврейского материализма»[34]. Восстание против ценностей либерализма сопровождалось широким распространением в научном сообществе идей антипозитивизма, антиредукционизма, потерей веры в прогресс и будущее процветание человечества. На грани веков менялся общественный менталитет и формировалась идеология консерватизма, национализма, расизма и антисциентизма[35].

---

[31] *Weber M.* Wirtschaft und Gesellschaft. Grundriss der Verstehenden Soziologie. Tübingen, 1925. Bd. 2. S. 737.

[32] *Heilbron J.* The Dilemmas of an Upright Man: Max Planck as Spokesman for German Science. Berkeley, 1986. P. 36–37.

[33] *Ringer F.K.* The Decline of the German Mandarine. P. 137.

[34] *Wehler H.-U.* The German Empire: 1871–1918. New Hamp., 1995. P. 106.

[35] *Mosse G.* The Crisis of German Ideology. Intellectual Origin of the Third Reich. New York, 1964; *Mosse G.* Masses and Man: Nationalist and Fascist Perceptions of Reality. New York, 1980; The Culture of Western Europe: the nineteenth and twentieth centuries / Ed. G. Mosse. Boulder, 1988.

Наука и Первая мировая война

Как и все население Германии, ученые восприняли Первую мировую войну с патриотическим воодушевлением и готовы были свою жизнь и труды предоставить в распоряжение государства ради победы «немецкого дела». Однако немецкая наука фактически не была задействована в начале «Великой Войны», которую власть и военные планировали как блицкриг[36]. Как и их противники в союзных странах, многие немецкие ученые и студенты, ликуя от предстоящего пожертвования своего таланта и жизни великой Германии, добровольно шли на фронт солдатами, младшими офицерами, полевыми врачами. Среди них было немало крупных ученых, включая профессоров. Лауреат Нобелевской премии за 1907 г. биохимик Э. Бухнер был смертельно ранен на фронте. Боевой опыт имели будущие лидеры немецкой науки: Нобелевские лауреаты О.Г. Варбург, О. Ган, Г. Герц, Г. Домагк, Р. Кун, О.Ф. Мейергоф, В.Г. Нернст, а также биологи и палеонтологи Р. Коурант, И. Вайгельт, Б. Ренш, В. Тролль, Э. Раутербег, А. Ремане, Т. Ромер, В. Франц, В. Циммерман и др. Многие из них получили серьезные ранения. Университеты и научно-исследовательские институты опустели, лишившись студентов, младшего преподавательского состава и части профессуры. Потери на фронте составили более 25% от общей численности профессорско-преподавательского состава и студенчества на июль 1914 г. в некоторых университетах. Так, только в Йенском университете жертвами войны стали более 500 человек[37].

Оставшиеся в тылу ученые поддерживали войну иным способом, составляя различного рода манифесты, в которых безоговорочно защищали военные цели и политику Германии. Как только заговорили пушки, «интернационал ученых» оказался в глубочайшем кризисе[38]. На берегах Рейна и Шпрее в одночасье были забыты заветы Г.В. Лейбница, инициатора и идеолога создания академических сообществ в Германии и России, о космополитическом характере науки. Почти все члены немецких Академий, включая старейшую и наиболее авторитетную из них — Прусскую в Берлине, — были охвачены воинствующим шовинизмом, хотя внешне начало войны никак не сказалось на деятельности Академий. Не было ни специальных заседаний, ни громогласных заявлений, в которых бы выражали лояльность академического сообщества государству и монархии и призывали бы к сплочению все «здоровые национальные силы» перед лицом внешней угрозы. С началом военных действий выяснилось, что многие исследовательские проекты должны быть отложены или вообще прекращены, так как сотрудники были призваны на военную службу.

Обращение Э. Геккеля к Прусской Академии наук 18 августа 1914 г. о поддержке составленного им и Р. Ойкеном пламенного заявления о коварном Альбионе было отклонено секретарями философского и естественнонаучного классов Г. Дильсом и Г.В.В. фон Вальдейером-Гартцем. Гартц указал, что подобные акции должны исходить от отдельных академиков, а не от всего сообщества. Решение принять участие в «войне умов» (Krieg der Geister), как в Германии назвали

---

[36] Forschung und Spannungsfeld von Politik und Gesellschaft. S. 164.

[37] *Hossfeld U., John J., Stutz R.* Weaving Networks. The University of Jena in the Weimar Republic, the Third Reich, and the postwar East German state // Science and Ideology. P. 194.

[38] *MacLeod R.* Der wissenschaftliche Internationalismus in der Krise // Die Preussische Akademie der Wissenschaften zu Berlin. 1914–1945 / Hg. W. Fischer. Berlin, 2000. S. 318–349.

обмен манифестами между академическими сообществами Англии, Германии и Франции, было принято месяц спустя, после консультаций со всеми академиями и университетами Германии[39]. Нельзя сказать, что академическое сообщество против его воли втянули в «войну умов». Академики всех стран считали своим долгом поддержать военные усилия собственных государств. Большинство из них не могло сделать это с оружием в руках, на полях сражений. Перья стали их оружием. Хронологически первыми «войну умов» объявили ученые Великобритании в так называемом заявлении Дома Веллингтона. Ответной реакции не пришлось долго ждать.

Подавляющее большинство профессорско-преподавательского корпуса было охвачено негодованием, не пытаясь дистанцироваться от массовых настроений и привести более веские научные обоснования необходимости войны. В «Воззвании к просвещенному миру» («An die Kulturwelt»), составленном при участии филолога-эллиниста У. фон Виламовиц-Мёллендорфа, нарушение нейтралитета Бельгии и варварское разрушение бельгийских городов представляли как акт чистой самообороны Германии. Его подписали 93 интеллектуала, в том числе 15 естествоиспытателей, и деятели искусства[40]. Среди соавторов обращения были выдающиеся биологи: микробиологи и иммунологи Э. фон Беринг, А.П. фон Вассерман и П. Эрлих, анатом и гистолог Г.В.Г. фон Вальдейер-Гартц, биохимики Р.М. Вильштеттер, Э.Г. Фишер и К.О.В. Энглер, зоолог Э. Геккель и др. В обстановке шовинистического угара немногие решились отказаться от предложения подписать это обращение, как сделали это члены Прусской академии наук математик Д. Гильберт и создатель теории относительности А. Эйнштейн[41].

Особый комитет, возглавляемый теологом Р. Зеебером, опубликовал в 1915 г. меморандум. Документ был назван «Манифестом профессоров», так как среди 1 300 его подписавших (интеллектуалов, промышленников, банкиров и офицеров) было примерно 300 профессоров. В нем оправдывали варварские действия немецких войск в зоне боевых действий и приводили исторические и правовые доводы в пользу аннексионистских претензий Германии. Свою апологию войны обнародовали и ректоры 19 университетов.

Во всех этих документах ответственность за развязывание войны возлагали на страны Антанты, особенно на Россию, которую клеймили за неблагодарность по отношению к Германии, давшей ей науку и культуру. «Ученые-интернационалисты» славили «высокую культурную миссию Германии» в борьбе с азиатскими ордами варваров из России. Войну с Францией немецкие интеллектуалы оправдывали неизбежностью борьбы немецкой культуры, «подлинно одухотворенной», против поверхностной культуры французов. При этом они пытались уверить окружающих, порою и себя, что их солидарность с этой борьбой не имеет ничего общего ни с немецким национализмом, ни с монархическо-имперским верноподданничеством, а продиктована исключительно научной объективностью и приверженностью к общечеловеческим ценностям справедливости, красоты и разума.

---

[39] *Mommsen W.J.* Wissenschaft, Krieg und die Berliner Akademie der Wissenschaften // Die Preussische Akademie der Wissenschaften zu Berlin: 1914–1945. S. 4.

[40] Манифест 93 ученых // Две культуры. Пг., 1916. С. 122–130.

[41] *Дмитриев А.Н.* Мобилизация интеллекта: Международное научное сообщество и Первая мировая война // Интеллигенция в истории. Образованный человек в социальных представлениях и действительности / Отв. ред. Д.А. Сдвижков. М., 2001. С. 296–335.

Как вынужденную оборону трактовало войну большинство биологов. Лейпцигский профессор, создатель физиологической психологии В. Вундт считал Россию главным инициатором войны и утверждал, что российская наука всецело обязана Германии. Известный палеонтолог и эволюционист Л. Плате из Йены, объясняя позже свою ультрапатриотическую позицию в Первой мировой войне, заметил: «В политическом спектре я всегда находился справа»[42]. Все сильнее в выступлениях биологов и врачей звучали расистские мотивы. Ставший знаменитым вскоре расовый гигиенист Ф. фон Ленц закончил свою статью «Возрождение этики» прославлением взгляда Гобино на «немецкий народ как последний бастион нордической расы»[43].

Особенно агрессивную позицию по отношению к странам Антанты занял коллега Плате Э. Геккель, обосновывая ее ссылками на эволюционную теорию, социал-дарвинизм и созданное им мировоззрение монизма[44]. Он объяснял, что именно сейчас Германия должна наконец-то осознать основной принцип жизни: «борьба — отец и мать всего»[45]. Как всякая борьба в мире живого завершается вымиранием наименее приспособленных, так и война должна завершиться уничтожением врага, чтобы в послевоенном мире Германия могла безраздельно доминировать. Обращаясь к немецким солдатам, он призывал их не бояться смерти, которая, как и жизнь, является игрой случая, и нет высшей чести, чтобы отдать ее на поле боя ради своего народа, ибо только там достигается оптимальный баланс между альтруизмом и эгоизмом. Защищать Отечество и погибнуть ради него, по Геккелю, было долгом каждого немецкого гражданина, который ради этого должен пожертвовать даже счастьем своих родных и близких.

Геккель не сомневался, что вся ответственность за развязывание войны лежит на Англии[46]. Это его особенно огорчало, так как он считал себя другом и последователем Ч. Дарвина, часто посещал Англию и в течение многих лет получал финансовую поддержку от английского правительства для обработки материалов экспедиции на судне «Челленджер». Для него война между Англией и Германией, принадлежащим к одной и той же расе, была историческим парадоксом. Более естественным, с эволюционно-биологической точки зрения, было бы их совместное доминирование в мире при разделе сфер влияния: Германия бы имела самую мощную сухопутную армию, а Англия — самый мощный военно-морской флот. Однако этот альянс, способный обеспечить процветание арийской расы и германской цивилизации, к сожалению, остался неосуществимым. Причину этого Геккель усматривал в глубоко укоренившимся в английской нации эгоизме, в ее стремлении эксплуатировать все народы мира. Он уверял, что надменный Альбион ненавидит и презирает все другие государства, поэтому ведет себя всегда вероломно, демонстрируя полное пренебрежение ко всем международным договоренностям и моральным обязательствам. Англии досталось за террор против нейтральных государств, за нападения

---

[42] *Plate L.* Kurze Selbstbiographie // Archiv für Rassen-Gesellschaftsbiologie. 1935. Bd. 29. № 1. S. 86–87.

[43] *Lenz F.* Zur Erneuerung der Ethik // Deutschlands Erneuerung. 1917. Bd. 1. S. 56.

[44] *Haeckel E.* Ewigkeit. Weltkriegsgedanken über Leben und Tod, Religion und Entwicklungslehre. Berlin, 1915.

[45] *Haeckel E.* Weltkrieg und Naturgeschichte // Nord und Süd. 1914. Bd. CLI. S. 142.

[46] *Haeckel E.* Englands Blutschuld am Weltkriege // Das monistische Jahrhundert. 1914. Bd. III. S. 538–548.

на их суда, за бомбардировку мирных городов, за создание империи лжи и т. д. Даже в отказе Англии принять десятичную систему измерений Геккель усматривал показатель порочности современной английской культуры.

Самым важным в этой геккелевской атаке на Англию была расовая интерпретация войны. В терминах, которые были бы более уместны в Третьем рейхе, чем во Втором, Геккель восхвалял моральную, интеллектуальную и расовую чистоту Германии, ведущей борьбу против расово космополитичной Англии. Он возмущался тем, что армии Антанты состоят из самых разных рас, включая негров, папуасов, малайцев, и ее союзниками являются «узкоглазые японцы». Он предупреждал о гибели всей европейской цивилизации, если победу в войне над расово чистыми Германией и Австрией одержит чудовищная смесь низших рас и народов, из которых состоят армии стран Антанты. Россию он особо клеймил за варварство и «манию панславизма». Конечную цель войны Геккель видел в создании мощной Германской империи, в которую войдут многие территории Российской империи (Прибалтийские губернии, Польша, Малороссия и т. д.), чтобы обеспечить жизненное пространство — «Lebensraum», а также создать буферную зону, охраняющую Германию от «варварской России на востоке»[47]. Эти идеи Геккеля, подкрепляемые ссылками на антропологию и эволюционную теорию, полностью соответствовали идеологии Пангерманской лиги, членом которой он вместе с другими биологами и физиками состоял с конца XIX века.

Аналогичные идеи высказывали авторы других статей третьего тома «Монистическое столетие» (Das monistliche Jahrhundert», выпущенного созданной Э. Геккелем в 1906 г. Немецкой лигой монистов (Deutschen Monistenbundes). Они доказывали миролюбие Германии, ставшей невинной жертвой полуцивилизованных и отсталых народов. В статье «Война» автор, скрывшийся под буквами Ф.М., уверял: «Россия и Сербия не входят в число цивилизованных наций. Это все ещё разбойные образования, состоящие из банд воров в облике государства»[48]. Следуя Геккелю, безымянный монист подчеркивал огромную опасность для будущего всей Европы попыток Англии ослабить Германию. По мнению М. Мауеренбрехер, мобилизация на европейский театр военных действий представителей «низших рас» с Востока (негров, японцев, индийцев, арабов и т. д.) грозит страшными бедствиями, так как позволила им стать свидетелями раскола внутри самой европейской цивилизации, в результате «негры видят войну, в которой белые убивают друг друга»[49].

После войны подобные высказывания, в которых с расистских позиций отождествлялась Германия и европейская культура, поставили многих немецких ученых в затруднительное положение и послужили поводом для их остракизма со стороны иностранных коллег. Однако если в первые военные месяцы лишь отдельные представители академического сообщества смогли удержаться от шовинистических выступлений, ход войны увеличивал число ее противников в академических кругах. Уже в 1915 г. против обращения профессуры к правительству вместе с Гильбертом и Эйнштейном выступили знаменитый физик М. Планк и Х. Рубенс. Среди биологов, осуждавших войну, был ученик Э. Геккеля Ю. Шаксель, ставший в 1916 г. экстраординарным профессором Йенского университе-

---

[47] *Haeckel E.* Weltkrieg und Naturgeschichte. S. 147.

[48] *F.M.* Der Krieg // Nord und Süd. 1914. Bd. CLI. S. 592.

[49] *Mauerenbrecher M.* Das neue Europa und die neue Kultur // Ibid. S. 795.

та. Война не изменила и принципов профессора Гейдельбергского университета, протозоолога и цитолога О. Бючли, воспитавшего целую школу российских зоологов, включая Н.К. Кольцова, В.Т. Шевякова и др. В условиях гонения на русских Бючли, рискуя собственным положением, добился того, чтобы все его ученики из России, оказавшиеся к началу войны в Германии, смогли выехать на Родину[50]. С пацифистских позиций была написана книга профессора медицины в Берлинском университете Г.Ф. Николаи «Биология войны» (1918)[51].

Особую роль среди немецких интеллектуалов в годы войны играли философы, социологи, юристы, близкие к левой социал-демократии или еврейской диаспоре, что часто совпадало. Это относится к В. Беньямину, Э. Блоху, Г. Радбруку, Г. Лукачу. Они обычно эмигрировали в нейтральные страны, считая перспективу окончательной победы милитаристской Германии кошмаром, угрожавшим западной цивилизации в целом и науке в особенности не меньше, чем поражение от царской России. Тому, кто не эмигрировал по собственной воле, грозило изгнание из академического сословия. По инициативе историка-пангерманиста Г. фон Белова из Гейдельбергского университета был уволен историк Ф. Валентин, который вынужден был некоторое время работать телеграфистом.

Один из институтов КВГ, Институт физической химии Ф. Габера был полностью переориентирован в связи с войной и стал первым научным учреждением, созданным для фундаментальных исследований, но вынужденным заняться прикладными военно-оборонными исследованиями[52]. В свою очередь, это стимулировало физиологические исследования в поисках средств защиты от газовых атак и способов спасения пострадавших. Созданные в военное время в КВГ институты по физиологии труда и мозга работали в тесной связи с программой Ф. Габера, в рамках которой было проведено несколько совместных конференций физиков, химиков, биологов, биохимиков. А.П. фон Вассерман, директор Института экспериментальной терапии КВГ, в начале войны оказался на фронте, но затем вернулся в свой институт, чтобы в лабораторных условиях искать способы профилактики и лечения сыпного тифа, паратифа, гангрены, дизентерии, сифилиса. В условиях войны существенно продвинулись исследования К. Нейберга, который позднее стал директором Института биохимии КВГ, по поискам заменителей мыла, глицерина и других веществ, ставших дефицитными в условиях войны. Институт физиологии труда, руководимый М. Рубнером, сконцентрировался на поисках заменителей дефицитных продуктов питания, жиров, сахаров и других углеводов.

Немецкое военное руководство, надеясь на очевидное немецкое военное преимущество, сначала игнорировало заявления ученых, что наука должна сыграть важную роль в войне, но когда провалился план А. фон Шлиффена молниеносно захватить Францию и война на Западе переросла в бесконечные окопные бои, стало ясно, что без помощи науки Германия быстро будет разгромлена. Наукоемкая индустрия обеспечивала Германию синтетическими материалами для фронта и синтетическими продуктами для тыла. Конечно, Германия все равно проиграла

---

[50] *Новиков М.М.* Бючли и его научная работа. Пг., 1922. С. 20.

[51] *Winter E.* Georg Friedrich Nicolai: Ein Kämpfer gegen Krieg // Forschen und Wirken. Festschrift zur 150. Jahr-Feier der Humboldt Universität zu Berlin. Berlin, 1960. Bd. 1. S. 461–466.

[52] *Burchardt L.* Die Kaiser-Wilhelm-Gesellschaft im Ersten Weltkrieg (1914–1918) // Forschung im Spannungsfeld von Politik und Gesellschaft. S. 164–172.

войну, но без мобилизации науки, особенно химии, она потерпела бы поражение гораздо раньше[53].

Значительных усилий ученых и промышленников-предпринимателей, таких, как Ф. Габер, В. Ратенау, потребовала задача убедить немецкое военное руководство в необходимости сначала просто выслушать, а впоследствии поддержать предложения о развертывании научных исследований в военных целях. Ратенау защищал идею о синтетическом производстве азота для изготовления снарядов, без которых немецкие военные усилия были бы сведены на нет в самом начале войны, когда блокада союзников перекрыла ввоз в Германию натуральных источников азота. Габер продвигал идею развития химического оружия, в особенности, отравляющих газов, — возможно, самого печально известного примера вклада немецкой науки в Первую мировую войну.

Габер, опираясь в значительной степени на личные связи с промышленниками, превратил свой институт в Центр исследования и разработки химического оружия[54]. Несколько молодых перспективных немецких ученых (впоследствии Нобелевских лауреатов), таких, как химики О. Ган, Г.О. Виланд, физик Дж. Франк, работали у Габера в этой области. Персонал института возрос до 1 500 человек, включая 150 научных работников, и бюджет увеличился вдвое. Вскоре институт стал напоминать промышленную лабораторию, в нем разрабатывали новые отравляющие газы, противогазы и другие средства защиты, газовые снаряды и другие средства поражения, а также эффективные стратегии использования химического оружия. Отравляющие газы, которые разрабатывались в институте, не стали основным оружием во время Первой мировой войны, но они терроризировали солдат обоих военных блоков — Антанты и Центральных держав — и создавали угрожающий прецедент использования науки в военных целях. После войны Габер (как и многие другие названные выше немцы еврейского происхождения) продолжал считать себя патриотом Германии, не сожалея о своей работе в военное время, хотя страны Антанты причислили его к военным преступникам.

Немецкие ученые и инженеры были также мобилизованы на исследования, связанные с разработкой и производством самолетов, развитием методов борьбы с эпидемическими заболеваниями, ликвидацией последствий газовой войны, идеологическим обоснованием военной политики[55]. Хотя это и не успело принести особых результатов до конца войны, огромное количество денег было инвестировано в междисциплинарные исследовательские центры.

Когда Германская империя рухнула, то же самое произошло и с ее «имперской» наукой. Международные научные организации, в которых доминировали немецкие ученые, были ликвидированы. Германия и Австрия не были включены в новые организации, основанные после войны[56]. Большинство немецких ученых

---

[53] *Szöllösi-Janze M.* Berater, Agent, Interessent? Fritz Haber, die BASF und staatliche Stickstoffpolitik im Ersten Weltkrieg // Ber. zur Wissenschaftsgeschichte, 1996. Bd. 19. S. 105–117.

[54] *Szöllösi-Janze M.* Fritz Haber. 1868 bis 1934. Eine Biographie. München, 1998.

[55] *Trischler H.* Luft- und Raumfahrtforschung in Deutschland 1900–1970. Frankfurt am Main, 1992.

[56] *Schroeder-Gudehus B.* Challenge to Transnational Loyalties: International Scientific Organizations after World War I // Science Studies. 1973. Vol. 3. P. 93–118; *Schröder-Gudehus B.* Internationale Wissenschaftsbeziehungen und auswärtige Kulturpolitik 1919–1933. Vom Boykott und Gegenboykott zu ihrer Wiederaufnahme // Forschung in Spannungsfeld von Politik und Gesellschaft. S. 858–885; *Grau C.* Die Preussische Akademie und die Wiederanknüpfung internationaler Wissenschaftskontakte nach 1918 // Die Preussische Akademie der Wissenschaften zu Berlin. 1914–1945. S. 279–315.

иностранные коллеги подвергали остракизму. Исключением из этого правила были лишь некоторые немецкие ученые, как правило, еврейского происхождения. Их символом стал А. Эйнштейн. Это привело к усилению антисемитских настроений в научном сообществе, к дифференциации его на ученых-арийцев и ученых-евреев, что особенно сильно сказалось в области физики. Разделение по национальному признаку подогревали политические и экономические последствия проигранной мировой войны.

Поражение стало катастрофой для консервативного большинства академических ученых. Они пытались убедить власть и общество, что наука — это все, что осталось у Германии от мировой державы, и научная мощь должна «заменить мощь политическую» (Wissenschaft als Machtersatz)[57]. Эта позиция укрепляла и усугубляла политизированность естественных наук, особенно биологии. Лидеры научного сообщества Германии опасались, что экономические и политические последствия проигранной войны и дальнейших репараций покончат с немецкой наукой.

Роль немецкой биологии в зарождении имперского национализма

Биологи Германии не только внесли свой особый вклад в формирование имперской науки, но одними из первых среди естествоиспытателей встали на путь всесторонней идеологизации своих исследований. Они были уверены, что Германская империя должна стать сильнее благодаря развитию науки, способствуя тем самым переходу человечества на более высокий уровень социального развития. По их мнению, биология должна быть полезна также в социальных и этических аспектах, способствуя выработке научно обоснованных форм правления и взаимодействия между различными социальными слоями. Для них Германия обладала не только политической и военной мощью, но и воплощала в себе высшую этическую ценность человечества.

Хотя большинство биологов продолжало считать себя «мандаринами» и верило, что стоят над политикой, реально они играли на руку интересам правящих кругов, добиваясь от них не столько внедрения в жизнь своих возвышенных этико-политических идеалов, сколько прозаичного признания, а в итоге и увеличения финансирования своих исследований. Примером этого служат практически все отрасли биологии, охватывающей все уровни организации живого, от клетки до экосистемы[58].

В целом биология Германии уже в кайзеровский период наглядно продемонстрировала развитие науки в сложном социально-культурном контексте, где когнитивные факторы, традиции и нормы научного сообщества в значительной степени были подвержены разного рода экстерналистским влияниям. В свою очередь, биологические концепции прямо воздействовали на политику, идеологию и даже

---

[57] *Forman P.* Scientific Internationalism and the Weimar Physicists: The Ideology and its Manipulation in Germany after World War I // Isis. 1973. Vol. 64. P. 151–180; *Macrakis K.* Surviving the Swastika: Scientific Research in Nazi Germany. New-York; Oxford, 1993. P. 33.

[58] *Löther R.* Biologiegeschichte im Spigel der Akademiegeschichte. Zur Genese und Differenzierung der Biologie von den dreissiger Jahren des 19. Jahrhunderts bis zum Ende des Kaiserreiches // Die Königlich Preussische Akademie der Wissenschaften zu Berlin in Kaiserreich / Hg. J. Kocka unter Mitarbeit von R. Hohfeld, R.P.T. Walther. Berlin, 1999. S. 315–332.

экономику[59]. Воздействие биологии ощущалось во всех важнейших сферах жизни имперской Германии, и прежде всего в здравоохранении, организации труда, образовании и в определении геополитики.

Особую роль при этом играл дарвинизм и отношение к нему, в котором выделяют несколько этапов, обусловленных социально-политическим и экономическим развитием Германии[60]. Вначале к дарвинизму тяготели отдельные представители либеральных кругов, видя в нем орудие борьбы с остатками феодализма (Л. Бюхнер, А. Ланге и ранний Э. Геккель). Затем дарвинистская риторика пришлась по вкусу марксистам, которые в дарвинизме вслед за К. Марксом стали усматривать естественнонаучное обоснование своей социальной программы. Фактически социал-дарвинизм и марксизм давали два разных пути решения проблемы усовершенствования общества (биологическими или социальными способами), чем и объясняется острота их противостояния[61]. В конце 1870 гг. начинается широкое распространение социал-дарвинизма, естественнонаучное обоснование которому опять же дал Геккель и его сторонники О. Аммон и А. Тилле. Социал-дарвинизм становится ключом для объяснения социальной структуры общества в трудах Л. Гумпловича, Г. Раценхофера, А. Шэффле. В итоге возникла расовая гигиена, сторонники которой (В. Шальмаейр, А. Плётц, Л. Вольтман) еще до Первой мировой войны провели институциализацию своей отрасли знания как новой биомедицинской прикладной науки, создали общества, печатные органы и заняли определенную нишу в биологическом сообществе.

Холизм и концепции социального организма

Как убедительно показал Дж. Вейндлинг, клеточная теория оказала огромное влияние на развитие имперской идеологии, приведя к созданию концепции «социального организма»[62]. Создатель теории клеточной патологии Р.Л.К. Вирхов, сыгравший огромную роль в развитии медико-биологических исследований в Германии и России, в 1858–1861 гг. сформулировал представления об автономности клеток и тканей, о подчиненности интересов клетки организму, об организме как «государстве клеток», о необходимости жесткой борьбы государства с элементами, угрожающими его целостности[63]. К этим выводам его толкал, прежде всего, опыт патологоанатома, который принимал иррадиацию тканевых воспалений за массовые деления вначале отдельных пораженных клеток[64]. В организме он выделял ткани, органы, ответственные за функции производства, обмена, транспортирования, обучения, управления и т. д. Специализация клеток для него была аналогом разделения труда, залога экономического роста и процветания страны.

---

[59] *Bayerzt K.* Darwinismus und Freiheit. Politische Aspekte der Darwinismus-Rezeption in Deutschland. 1863–1873 // Science. 1983. Vol. 118. P. 267–281.

[60] *Bayertz K.* Darwinismus als Politik. Zur Genese des Sozial-Darwinismus in Deutschland 1860–1900 // Welträtsel und Lebenswunder. Ernst Haeckel — Werk, Wirkung und Folgen. Wien, 1998. S. 282.

[61] *Weingart P., Kroll J., Bayertz K.* Rasse, Blut und Gene. Frankfurt am Main, 1992. S. 31.

[62] *Weindling P.* Darwinism and Social Darwinism in Imperial Germany: The Contribution of the Cell Biologist Oscar Hertwig (1849–1922). Stuttgart; New York, 1991.

[63] *Hiltner G.* Rudolf Virchov. Stuttgart, 1870; *Ackerknecht E.H.* Rudolf Virchow — Doctor, Statesman, Antropologist. Madison, 1953; *Meyer E.* Rudolf Virchov. Wiesbaden, 1956.

[64] *Virchow R.L.* Die Cellularpathologie in ihrer Begründung auf physiologischer und pathologischer Gewebelehre. Berlin, 1858.

По своим политическим убеждениям Вирхов был либералом. Активный участник буржуазно-демократической революции 1848 г., один из лидеров Партии свободомыслящих и депутат Прусского ландтага и Имперского рейхстага, Вирхов в первой период своей политической карьеры был активным сторонником социальных реформ с целью улучшения положения населения. На базе эпидемиологических данных он указывал на значение социальных факторов в распространении многих болезней и выступал за проведение масштабных санитарно-гигиенических мероприятий. Взгляд на индивид как «государство клеток» Вирхов рассматривал как составную часть общей социальной теории либерализма, построенную им с учетом новейших достижений биологии. После франко-прусской войны (1870–1871) и особенно Парижской коммуны (1871) политические воззрения Вирхова резко эволюционировали в сторону правого консерватизма и клерикализма, обоснованных им снова с позиций биологии. Подобная интерпретация своих работ оказалась в центре внимании критиков Вирхова как справа, так и слева, став символом использования биологии в политических целях[65].

С позиций либерализма сходные идеи развивал также цитолог О. Гертвиг, который доказывал, что биология является частью гуманитарных и социальных наук. Он был искренне убежден в необходимости обсуждать вопрос о значении биологических знаний для усовершенствования и рационального устройства общества. При этом Гертвиг старался влиять на политическую жизнь общества, популяризируя свои взгляды и излагая научные теории в терминах, знакомых для широкой публики. Клетку он называл «маленькой мастерской», нервные клетки — «аристократами», животное — «социальным союзом», гистогенез излагал с точки зрения теории разделения труда, «реформу» в клеточной теории оценивал как изменение конституции[66]. Позднее Гертвиг говорил также о кооперации в мире животных, подчеркивая значимость социальной организованности в мире животных и растений, о преимуществах взаимопомощи в борьбе за существование и т. д.[67] В конечном счете, он предпринял попытку сформулировать концепцию государства в терминах биологии, которая, по его убеждению, должна занимать центральное место в содружестве наук (Gemeinschaft der Wissenschaft). Будучи ректором Берлинского университета, Гертвиг не раз подчеркивал, что не только государство, но и наука с техникой должны развиваться путем увеличения дифференциации и централизации, позволяющим с максимальной степенью реализовать потенции человечества[68]. Оптимальное сочетание этих двух противоположных тенденций в развитии общества, по его мнению, позволит преодолеть социальные противоречия.

Исследования немецких ученых отличались исключительной тщательностью, скрупулезностью и точностью в описаниях и наблюдениях. Труды К.Э. фон Бэра, И. Мюллера, Р.Л.К. Вирхова, Г. Бронна, И.-В. Гёте, К. Гегенбаура, Р.А. фон Кёлликера и другие закладывали основы современной эмбриологии, сравнительной морфологии и анатомии, палеонтологии и т. д. Изучение процессов эмбриогенеза свидетельствовало о целенаправленном характере развития и его

---

[65] *Ackerknecht E.H.* Rudolf Virchow. 1951.

[66] *Hertwig O.* Die Geschichte der Zellentheorie // Deutsche Rundschau. 1879. Bd. 20. S. 417–420.

[67] *Hertwig O.* Die Symbiose: oder das Genossenschaftsleben im Tierreich: Vortrag in der ersten öffenlichen Sitzung der 56. Versammlung deutschen Naturforscher und Ärzte zu Freiburg am 18. September 1883 gehalten Oscar Hertwig. Jena, 1883. S. 10, 21.

[68] *Hertwig O.* Die Lehre vom Organismus und ihre Beziehung zu Sozialwissenschaften. Jena, 1899.

запрограммированности. Вот почему многие крупнейшие представители немецкой биологии (К.Э. фон Бэр, Г. Бронн, Р.А. фон Кёлликер, А. Виганд, В. Вааген и др.) тяготели к телеологии и даже витализму или, по меньшей мере, к признанию примата целого над частями.

Важный этап в развитии принципа холизма связан с экспериментальными исследованиями Г. Дришем эмбриогенеза морского ежа, опровергшими в 1890-х гг. универсальность мозаичной теории индивидуального развития В. Ру и доказавшими формирование единого целого организма из соединения многих дифференцирующихся независимо друг от друга зачатков. В результате Дриш предположил существование специального фактора — энтелехии, определяющей развитие целостного организма, и сформулировал тезис: «проспективное значение элемента есть функция его положения в целом». На базе своих эмбриологических экспериментов Дриш стремился делать виталистические обобщения. В 1907–1908 гг. он прочитал курс лекций «Наука и философия», в которых доказывал необходимость введения категории цели в науку как основополагающего принципа познания, соответствующего философии И. Канта[69].

Сформулированные ими принципы холизма многие биологи были склонны переносить на общество. Как в биологии функцию каждого органа рассматривали с точки зрения его полезности для организма, так и любая общественная структура, включая науку, по мнению многих биологов, полезна только в той мере, насколько она служила интересам общества, государства, нации. Они подчеркивали, что сумма всегда обладает большей мощностью по сравнению с составляющими ее единицами. Так эмбриология, морфология и физиология давали, казалось, базу для правильной организации общественной жизни. Поэтому представители этих наук были искренне убеждены в решающей роли науки в рациональном обустройстве государства[70].

Идея целостности биологических сообществ составила основу экологии, терминологическое обозначение которой в 1866 г. в книге «Общая морфология» предложил Э. Геккель. По его мнению, экология должна была стать наукой о «доме природы» или «домашнем хозяйстве природы» (Haushalt). Геккель обозначал экологию как «физиологию, изучающую отношения организмов друг с другом и с окружающей средой»[71]. Вскоре он дал более развернутое определение экологии, которое оказалось связано с представлениями К. Линнея и Ч. Лайеля об экономике и политике природы. Геккель писал: «Экология организмов — наука о всех отношениях организмов с окружающей средой, с органическими и неорганическими условиями существования; так называемая "экономия природы", изучающая взаимодействия всех организмов, которые обитают в одном и том же месте, их приспособление к окружающей среде, а также их изменения путем борьбы за существование, в особенности отношения паразитизма и т. д.»[72] По его мнению, экология призвана объяснить механическими причинами целостность биологических сообществ и «экономию природы», которую со времен Линнея трактовали как доказательство существования божественного планирования в природе.

---

[69] *Driesch H.* Der Vitalismus als Geschichte und als Lehre. Leipzig, 1905.

[70] Biologismus im XIX Jahrhundert / Hg. G. Mann. Stuttgart, 1973.

[71] *Haeckel E.* Generelle Morphologie der Organismen. Berlin, 1866. Bd. 2. S. 286–289.

[72] *Haeckel E.* Natürliche Schöpfungsgeschichte. Berlin, 1868. S. 539.

Десять лет спустя К.А. Мёбиус, обобщив свои исследования сообществ сидячих животных в небольшой книжке «Устрицы и устричное хозяйство»[73], предложил термин «биоценоз» для обозначения совокупности организмов, совместно населяющих участок суши или водоема. Этим термином он подчеркивал взаимосвязь всех компонентов биоценоза, их зависимость от одних и тех же абиотических факторов, свойственных данному местообитанию, роль естественного отбора в формировании состава биоценоза. Довольно быстро стали проводить аналогии между ценозом и обществом. В Англии вместо термина «ценоз» стали использовать термин «сообщество» (community), а в Германии и России для обозначения наук о растительном сообществе стали употреблять термины «фитосоциология» (Phytosoziologie, Pflanzensoziologie), предложенные в конце XIX в. почти одновременно и независимо друг от друга несколькими исследователями (И.К. Пачоским, П.Н. Крыловым и др.).

Ботаников все больше и больше стали интересовать физические и химические причины возникновения различных «ассоциаций» или «формаций» растений, границ между ними, внутриформационных связей, структура формаций и т. д., что еще сильнее подчеркивало сходство фитоценозов с обществом. Развитая Г. Спенсером в книге «Социальный организм» (1860) метафора о сходстве организма и сообщества нашла подтверждение в статье С. Форбста «Озеро как микрокосмос» (1887). Труды Й.Е.Б. Варминга о смене растительности на океанических дюнах (1887) стимулировали множество работ о том, что растительные сообщества как квазиорганизм имеют свои квазионтогенезы — сукцессии, которые заканчиваются устойчивыми сообществами — климаксами, победившими все предшествующие сообщества за счет лучшей организованности и эффективности, обеспеченных борьбой за существование между фитоценозами и их отбором[74]. В этом также усматривали новые аналогии между фитоценотическими взаимодействиями и политикой. А. Тинеман, возглавивший в 1917 г. гидробиологическую станцию КВГ в Плёне, реализовал в течение многих лет программу исследования трофических взаимодействий между членами лимнологических биоценозов, что, в конечном счете, привело к проникновению в экологию понятий «продуктивности биоценозов», «трофических связей», «биомассы» и т. д., многие из которых были заимствованы из общественных наук[75].

Под влиянием результатов исследований в различных отраслях организменной и биоценотической биологии в начале XX века немецкие ученые приступили к формированию теории государства в биологических терминах. Они были убеждены, что биология должна занять центральное место среди наук, так как могущество Германии возрастет благодаря не только наукам, дающим новые технологии, но наукам, предлагающим наиболее эффективные способы социальной организации. По их мнению, Германия должна обладать политической и военной мощью, а также стать высшей гуманитарной и этической целью человечества[76].

---

[73] *Möbius K.A.* Die Auster und Austernwirtschaft. Berlin, 1877.

[74] *Warming J.E.B.* An Introduction to the Study of Plant Communities. Oxford, 1909.

[75] *Thienemann A.* Untersuchungen über die Beziehungen zwischen dem Sauerstoffgehalt des Wassers und Zusammensetzung der Fauna in norddeutschen Seen // Archive f. Hydrobiologie. 1918. Bd. 12. S. 1–65; *Thienemann A.* Die Productionsbegriff in der Biologie // Archive f. Hydrobiologie. 1931. Bd. 22. S. 616–622.

[76] *Marienfeld W.* Wissenschaft und Schlachtflottenbau in Deutschland 1897–1926. Berlin; Frankfurt am Main, 1957.

Для ее достижения 270 профессоров поддержали программу создания мощного флота, чтобы обеспечить ведущую роль Германии в мировой политике, соответствующую ее статусу в Европе[77]. Их аргументация представляла собой сложную смесь научных, националистических и религиозных доводов, суть которых сводилась к тому, что интеллектуальная элита должна поддержать перевооружение страны по патриотическим и научным соображениям. Так идеалы науки превращались в идеологию интеллектуального империализма. Для процветания Германской империи ученые считали необходимым в рамках социального либерализма создать «единую немецкую нацию», ставшую одной из главных утопий немецких профессоров накануне Первой мировой войны[78].

Взгляд на Германию как доминирующую в мире этическую силу исходил из убеждения, что в процессе развития неизбежно достигается высшая форма социальной организации. Так, О. Гертвиг уверял, что телеологический фактор имманентен всякому эмбриологическому и физиологическому процессу. Подобно клетке в организме, человек приобретает новые функции и способности в более сложной социальной структуре, которая оценивалась им как более прогрессивная организация общества[79]. По мнению Гертвига, она достигается за счет индустриализации и модернизации, повышая целостность страны и реализуя внутренние тенденции развития.

На тех же идеях базировались представители правых консервативных кругов, среди которых оказался один из ведущих физиологов поведения животных Я. фон Икскюль, уроженец Эстонии. К началу войны он был очень огорчен положением немецкой нации. На родине его родственники-помещики подвергались гонениям, ему не предоставили поста директора Института биологии КВГ, оставив тем самым 50-летнего профессора без базы для исследований. Это навело его на печальные размышления сперва о судьбе немецкой биологии, а затем и самой Германии, с которыми он делился в письме к Х.С. Чемберлену[80]. Для Икскюля семья как элементарная ячейка общества образует «тело народа», которое должно находиться в гармонии с государством. Выход из состояния хаоса, в котором находиться общество, по мнению Икскюля, состоял в использовании теории «внешней среды», ранее сформулированной им для объяснения поведения животных, для построения теории государства как организма[81]. В «здоровом» государстве, основанном на принципах «нормальной» биологии, все социальные структуры должны выполнять строго определенные функции в сферах производства, торговли, распределения, обслуживания и управления. Их многообразие должно быть жестко связано и контролироваться центральным органом, одним человеком, которого он называл буквально «мозгом» государства. Демократия для него была столь же деструктивной и ненормальной, как если бы функции управления организмом от центральной нервной системы были бы переданы другим органам.

---

[77] Deutsche Universitätslehrer über die Flottenvorlage / Hg. A.F. Kirchhoff. Berlin, 1902.

[78] См.: *Heuss T.* Friedrich Naumann. Stuttgart, 1937.

[79] *Hertwig O.* Das Leben der Zellen im Zellenstaat, verglichen mit Vorgängen im Organismus der menschlichen Gesellschaft // Deutsche Revue. 1903. № 20. S. 198–212.

[80] *Harrington A.* Reenchanted Science. Holism in German Culture from Wilhelm II to Hitler. Princeton; New Jersey, 1996. P. 54–55.

[81] *Uexküll Ja. von.* Volk und Staat // Die neue Rundschau. 1915. Bd. 26. S. 53–66; *Uexküll Ja. von.* Biologie und Wahlrecht // Deutsche Rundschau. 1917. Bd. 174. S. 183–203; *Uexküll Ja. von.* Staatsbiologie (Anatomie — Physiologie — Pathologie des Staates). Berlin, 1920.

Эти идеи биологов прямо использовали социологи, которые рассматривали формирование государства как сугубо естественный процесс, управляемый законами сбалансированности тенденций к интеграции и дифференциации. А. Шэффле во второй половине 1870-х гг. опубликовал четырехтомный труд в 2 000 страниц о строении и жизни социального организма, который он рассматривал как предварительный проект энциклопедии об анатомии, физиологии и психологии человеческого общества с особым учетом экономики как социального обмена веществ[82]. В нем до малейших деталей понятия медицины и естественной истории были перенесены в социальную область. Он предлагал «естественную модель общества как организма», в котором все структурные элементы соответствуют тканям и органам человека. Подобные идеи П. фон Лилиефельд отстаивал в своем пятитомном труде, опубликованном в 1873–1881 гг. Адресат письма Икскюля, Х.С. Чемберлен, на расовых взглядах которого мы остановимся ниже, также признавал, что в 1896 г. под влиянием концепции целостности организма, усвоенной им при кратковременном изучении физиологии растений в Венском университете, он сформулировал представление о единстве немецкой расы как основополагающем принципе государственного устройства Германии[83]. Единство, архетип и образ живого организма в понимании И.В. Гёте, по мнению О. Шпенглера, противостоит точному закону физики в «мертвой природе И. Ньютона»[84].

Понимание государства как организма оказало в дальнейшем прямое воздействие на формирование принципов вождизма (фюрерства, Führerprinzip) и «подчинения части целому». Воздействие холизма не ограничилось только областью политики, а сказывалось также на «биологической теории музыки» и других областях искусства. Другим его приложением стало право, где (в отличие от англо-американского либерализма) приоритет отдавался государственным институтам, а не правам личности.

Эволюция и социал-дарвинизм

Еще сильнее социально-утопические идеи в виде рационального переустройства общества на базе биологических знаний проявились благодаря эволюционной теории и антропологии, развитие которых подорвало веру в уникальность человека и связанные с нею многовековые этические, религиозные и социальные традиции. Как результат этого мировоззренческого переворота возникли социал-дарвинизм и евгеника, сыгравшие огромную роль в истории Германии и ставшие идеологическим обоснованием сперва имперского национализма и расовой гигиены, а затем национал-социализма.

Однако далеко не сразу националисты и расисты с восторгом встретили дарвинизм. Только к концу XIX века, когда дарвинизм прочно укоренился в биологии, практически все политические силы стали использовать теорию естественного отбора как научную основу своих программ и взглядов на человека и общество. В конечном счете, каждый в дарвинизме видел то, что хотел увидеть. На его основе формировалась и идеология войны, и философия мира[85]. Там, где

---

[82] *Schäffle A.E.F.* Bau und Leben des socialen Körpers. Tübingen, 1875–1878. Th. 1–4.

[83] *Chamberlain H.S.* Lebenswege meines Denkens. München, 1919.

[84] *Шпенглер О.* Закат Европы / Под ред. К.А. Свасьяна. Новосибирск, 1993.

[85] *Crook D.P.* Darwinism, War and History. The Debate over the Biology of War from the "Origin of Species" to the First World War. Cambridge, 1994. P. 98–152.

Г. Спенсер усматривал борьбу за существование, П.А. Кропоткин — кооперацию и взаимопомощь[86]. Либералы А. Карнеги и Дж.Д. Рокфеллер в учении о выживании наиболее приспособленного находили оправдание общества, построенного на экономической конкуренции и соответствовавшего, тем самым. законам биологической эволюции[87]. Э. Геккель и В. Бёльше рассматривали дарвинизм как освобождение от религии, а А. Грей — как прославление мудрости Бога, давшего столь совершенные законы эволюции.

Взаимоотношения марксизма и дарвинизма немецкие социал-демократы обычно трактовали в соответствии с высказываниями Ф. Энгельса в трудах «Анти-Дюринг», «Людвиг Фейербах и конец немецкой классической философии», а также в «Набросках надгробной речи на могиле Маркса», «Похороны Маркса» и т. д., где он старался поднять авторитет марксизма указаниями на его сходство с дарвинизмом. Оценки Энгельса стали основополагающими для использования дарвинизма в философии марксизма. С 1860-х гг. практически каждый видный марксист (А. Бебель, И. Дицген, К. Каутский, Ф.А. Ланге, П. Лафарг, В. Либкнехт и др.) затрагивал вопрос о взаимодействии дарвинизма и марксизма в своих произведениях, а многие посвятили этому специальные статьи и даже книги[88]. Никто из них не желал замечать, что марксизм, планируя общество, свободное от классовой борьбы, фактически отказывался от дарвинизма, признававшего борьбу за существование важнейшей предпосылкой эволюции. Вместо этого они все стремились доказать возможность существования дарвинизма без теории Т.Р. Мальтуса. Много внимания немецкие социал-демократы уделяли пропаганде дарвинизма среди пролетариата.

Весь спектр этих различных оценок значения дарвинизма для познания человека и общества проявился в немецкой биологии. Хотя принято считать, что в Германии дарвинизм быстро получил широкое распространение, это утверждение далеко от истины. Среди его непримиримых противников было немало крупных биологов, включая тогдашнего либерала Р.Л.К. Вирхова, автора концепции целлюлярной патологии, изменившей коренным образом представления об образовании клеток[89]. Вначале он довольно умеренно относился к дарвинизму. В речи «О мнимом материализме современной науки о природе» на съезде в Штеттине в 1863 г. он благосклонно оценил доклад своего ученика Э. Геккеля, посвященный концепции Дарвина и поднимавший проблему происхождения человека. Однако с превращением дарвинизма в естественнонаучную основу политических концепций, призывавших к революционным потрясениям, отношение Вирхова к дарвинизму становилось все более агрессивным.

Его борьба против Дарвина вышла за пределы научных дискуссий на 50-м съезде естествоиспытателей и врачей в Мюнхене 22 сентября 1877 г. Ссылаясь на пагубный опыт Парижской коммуны, Вирхов призывал ограничить преподавание дарвинизма, который, по его словам, представлял угрозу для существующего строя в Германии ввиду отчетливой связи дарвинизма и социализма[90]. Он уве-

---

[86] *Кропоткин П.А.* Взаимопомощь как фактор эволюции. СПб., 1909.

[87] *Hofstadler R.* Social Darwinism in American Thought. London, 1945.

[88] *Bebel A.* Die Frau und der Sozialismus. Stuttgart, 1879; *Kautsky K.* Darwinismus und Marxismus // Österreichischer Arbeiterkalender, 1890. Bd. XI. S. 49–56.

[89] *Георгиевский А.Б.* Научная деятельность Р. Вирхова и ее восприятие в России // Русско-немецкие связи в биологии и медицине. СПб., 2001. С. 46–54.

[90] *Virchow R.* Freiheit der Wissenschaft im modernen Staate // Amtlicher Bericht der 50. Versammlung der Naturforscher und Ärzte in München. München, 1877. S. 65–77.

рял, что эволюционизм в целом — недоказанная гипотеза, происхождение человека от обезьяны немыслимо, а сознание не является функцией мозга. После ознакомления с выступлением Вирхова Ч.Р. Дарвин в 28 апреля 1879 г. в письме к Геккелю выразил сожаление по поводу отвратительного поведения его соотечественника и выразил надежду на то, что «ему когда-нибудь станет стыдно»[91]. Этим надеждам не суждено было осуществиться. Агрессивность Вирхова по отношению к Дарвину усиливалась по мере нарастания революционных сил в Западной Европе. Позднее Геккель с горечью констатировал, что политики-реакционеры и клерикалы используют авторитет Вирхова в борьбе с прогрессом. Сам он оценивал выступление Вирхова как злобную клевету и политический донос[92]. Но в этом споре Вирхов оказался ближе к истине, хотя и не понимал, что союз дарвинизма с правым радикализмом грозит Германии не меньшими бедствиями, чем пугающая его близость дарвинизма и марксизма. Именно через праворадикальные круги дарвинизм стали широко использовать в политике, что имело огромные последствия для общества, особенно когда им обосновывали расово-гигиенические мероприятия.

Германский эволюционизм изначально принял отчетливо ортогенетический и сальтационистский характер. Исторический процесс рассматривали здесь как чередование периодов бурного образования, «перечеканок» форм с периодами относительного покоя, во время которых изменчивость, как правило, не выходила за рамки вида. Внутривидовая изменчивость, ведущая к образованию новых групп внутри вида, и возникновение принципиально новых адаптаций и типов строения рассматривали как несвязанные между собой процессы. Они отличались и по характеру детерминации, и по темпам преобразования. Периоды относительного покоя естественно характеризовались низкими темпами преобразования. Действие законов, контролирующих их, осуществлялось медленно и постепенно. Законы же «перечеканок» организмов определяли высокие скорости эволюции. Причем, по существу, законы этих фаз в развитии филогенетических групп были не связаны друг с другом. Каждый из этих периодов управлялся специфическими законами, которые внезапно начинали действовать и столь же внезапно прекращали свое действие. Геккель, считавшийся дарвинистом, также выделял стадию подъема, соответствующую юности в индивидуальном развитии, стадию расцвета (т. е. зрелости) и стадию дегенерации (т. е. старости).

Столь специфический взгляд на процессы эволюции в какой-то степени был обусловлен естественнонаучными и философскими традициями Германии, оказавшими, как будет показано ниже, значительное влияние и на ряд отечественных исследований. Идея развития составляла суть немецкой натурфилософии и немецкого идеализма Ф.В.Й. Шеллинга и Г.В.Ф. Гегеля. Им в равной степени было присуще признание целеполагания и целестремительности как неотъемлемой стороны в детерминации процессов природы. Немецкой классической философии, пронизанной диалектикой, был чужд униформистский взгляд на процессы развития. Перерывы постепенности, скачкообразное разрешение противоречий, резкие ускорения процессов развития в периоды коренного преобразования реальности и саморазвития

---

[91] *Геккель Э.* Современные знания о филогенетическом развитии человечества. СПб., 1899. С. 69.

[92] *Haeckel E.* Gemeinverständliche Vorträge und Abhandlungen aus dem Gebiete der Entwicklungslehre. Bonn, 1902. Bd. 1. S. 280–288.

абсолютной идеи — эти и другие принципы диалектики занимали существенное место в философских системах, известных немецким естествоиспытателям.

Естественники, находившиеся под влиянием философских систем И.Г. Фихте и Ф.В.Й. Шеллинга с постулированным в них тождеством субъекта и объекта, утверждали, что для познания природы нет необходимости исследовать ее путем наблюдений и опыта. Достаточно лишь правильно мыслить для постижения результатов деятельности абсолютного духа. В итоге свои размышления о природе они стремились представить как продукт исключительно чистого мышления, оставляя за скобками результаты многочисленных наблюдений и опытов. Важно добавить, что немецкая идеалистическая философия была романтическим национализмом. Для ее представителей все нации и все поколения были частями единого исторического процесса самопознания духа, а в ряду переходов от низших форм культуры к высшим, он с наибольшей полнотой реализовался в немецком народе, достигшем максимальной степени свободы при прусском авторитаризме.

Свои аргументы первые немецкие эволюционисты направляли, прежде всего, против дарвинизма, который был для них типичным продуктом культуры Англии — главной конкурентки Германии в борьбе за мировое господство и интеллектуальное лидерство. При этом они опирались на идеи телеологического эволюционизма К.Э. фон Бэра, четко выраженные в его статье «Всеобщий закон природы, проявляющийся в каждом развитии» еще в 1834 г. Готовя ее в 1861 г. к переизданию, Бэр изменил лишь некоторые формулировки с целью показать публике, что еще за четверть века до публикации теории естественного отбора он предложил собственную концепцию трансформизма[93]. Выражая искреннее удивление тем, что теория Дарвина вызвала столь массовое ликование среди биологов, Бэр подчеркивал, что за тридцать лет, прошедших с момента первой публикации этой статьи, ему не пришлось менять своих воззрений. Характерной чертой этой работы было сочетание телеологического трансформизма с сальтационизмом, что прямо противопоставляли английской склонности к униформизму и эмпиризму. Впоследствии эти идеи получили всестороннее обоснование в трудах многочисленных немецких эволюционистов, неизменно занимавших антидарвиновские позиции[94].

В Германии социал-дарвинизм получил свое наиболее полное завершение и всестороннее обоснование[95]. Сам Ч. Дарвин, принимавший современное человечество за один вид, не причастен к зарождению социал-дарвинизма, связанного с попытками объяснить борьбой за существование и естественным отбором историю человечества[96]. Инициатива переноса на человеческое общество борьбы за

---

[93] *Baer K.E. von.* Das allgemeine Gesetz der Natur in aller Entwicklung // Karl Ernst von Baer. Reden gehalten in wissenschaftlichen Versammlungen und kleinere Aufsätze vermischten Inhalts. Erster Theil. St. Petersburg, 1864. S. 35–74.

[94] См. подробнее: *Колчинский Э.И.* Неокатастрофизм или селекционизм: вечная дилемма или возможность синтеза? СПб., 2003.

[95] *Weingart P.* German Eugenics Between Science and Politics // Osiris. 1989. № 5. P. 260–262; *Weindling P.* Health, race and German politics: between national unification and Nazism, 1871–1945; *Weindling P.* Darwinism and Social Darwinism in Imperial Germany.

[96] Как показал М. Хоукинс, социал-дарвинизм не был каким-то гомогенным образованием, представлявшим социальную интерпретацию биологической концепции. На самом деле под этим термином скрывался целый конгломерат построений, которые правильнее именовать «философскими инфраструктурами социальных феноменов»: *Hawkins M.* Social-Darwinism in European and American Thought, 1860–1945: Nature as Modell and Nature as Threat. Cambridge; New York, 1997. P. 36.

существование и естественного отбора принадлежит английскому идеологу либерализма Г. Спенсеру[97], горячо поддержанному в Германии националистом Э. Геккелем. При этом они оба старались ограничить роль естественного отбора в эволюции, придавая особое значение ламаркистскому принципу наследования приобретенных признаков. Для Спенсера природа человека была проблемой, завершающей биологию и начинающей социологию[98]. Он полагал, что в основу социологии должно быть положено биологическое знание, пренебрежение которым приведет к ужасным последствиям, а именно — к преобладанию в обществе наиболее слабых рас. В связи с этим он предсказывал бедствия, которые обрушатся на человечество в результате реализации социалистических утопий. Социалистическая революция, по его мнению, неизбежно должна завершиться военной деспотией.

По мнению Т.Г. Гексли, «бульдога» Дарвина и либерала, социализм убивал энергию рас. В то же время сын бедного учителя, блестящая карьера которого свершилась, прежде всего, благодаря таланту и исключительной трудоспособности, был против биологизации социальных явлений. Сам Гексли ограничивал действие борьбы за существование и естественного отбора низшими стадиями развития человечества[99]. Одно из своих последних выступлений он посвятил проблеме «эволюции и этики»[100]. Гексли подчеркнул, что социальный прогресс постепенно ограничивает действия факторов биологической эволюции, превращая космические процессы в этические. В итоге в цивилизованном обществе выживают люди, не наиболее приспособленные физически, а наиболее нравственные, руководствующиеся в своих действиях этикой и моралью. Для него история общества представляла собой триумф этики и человеческой изобретательности.

Предпосылки биологизации, предполагающей использование биологических фактов, идей, концепций и моделей для познания закономерностей других сфер бытия и знания и выработки на их основе способов действия, существовали еще задолго до Дарвина[101]. Идеалисты и романтики усматривали в организмах некий структурный принцип, определяющий смысл их строения. При этом понятие «организм» трактовали как духовнообразуюший принцип, который предопределяет новые методы изучения природы и общества. Французский основатель позитивизма О. Конт подходил к природе и обществу как тесно связанным реальностям, используя при этом новейшие биологические знания о клетках, тканях, системах тканей и органов и т. д. Но при этом аналогию государства и организма рассматривали как модель. Спенсер же и Геккель постарались эту модель наполнить реальным содержанием, используя для доказательства этого дарвинизм.

Уже в первом своем выступлении в защиту дарвинизма в 1863 г. на ежегодном собрании общества естествоиспытателей Геккель четко сформулировал все основные тезисы своего биологического подхода к обществу. Он говорил о том, что человек медленно и постепенно перешел от стада животных к примитивным

---

[97] *Wittkau-Horgby A.* Materialismus. Entstehung und Wirkung in den Wissenschaften des 19 Jahrhunderts. Hannover, 1997. S. 182–197.

[98] *Спенсер Г.* Основания биологии. СПб., 1870. Т. 2. С. 384–329.

[99] *Huxley T.H.* Science and Culture. London, 1882.

[100] *Huxley T.H.* Evolution and Ethics. The Romanes lecture 1893, delivered in the Sheldonian Theatre. May 18. 1893. Oxford, 1893.

[101] *Bäumer A.* NS-Biologie. Stuttgart, 1990. S. 5l; *Harrington A.* Reenchanted Science. P. 3–30.

формам культуры. Дальнейшее его развитие всецело подчинялось принципам прогресса, так как и «в общественных, и в духовных отношениях действуют все те же борьба за существование и естественный отбор, которые неизбежно ведут человека к более высоким культурам <…>. Прогресс является законом природы, который нельзя ничем остановить»[102]. Основная идея этой цитаты была использована в 1900 г. для темы конкурса «Что мы узнали из эволюционной теории полезного для внутриполитического развития и законодательства государства», на котором мы подробнее остановимся ниже.

Утверждение эволюционного подхода к современному человеку позволяло рассматривать его со всеми недостатками в строении как переходную форму к более совершенному виду. Многие предполагали, что со временем появится «новый человек» или «сверхчеловек», который сможет сознательно контролировать свое дальнейшее развитие, опираясь на дарвиновские принципы борьбы за существование и естественный отбор. Воодушевленный дарвиновскими трудами Э. Геккель строил эволюционную космогонию и много сил тратил на ее популяризацию, трансформируя дарвинизм в антирелигиозное, материалистическое мировоззрение для масс, названное им монизмом или союзом религии и науки[103]. Его «Естественная история творения», «Монизм» и «Мировые загадки» стали броскими манифестами дарвиновского монизма в понимании Геккеля[104]. Однако из этих книг видно, что, как и многие другие сторонники или противники теории Дарвина, Геккель его трудов, скорее всего, не читал или читал невнимательно. Его трактовка эволюции была ближе к Ж.-Б. Ламарку, чем к Дарвину. В ней явно преобладала странная смесь механицизма, идеализма, национализма, витализма и панпсихизма, направленная против христианства[105].

Геккель проявил себя как будущий теоретик расового империализма и необходимости расширения жизненного пространства для Германии. По его мнению, перенаселенная Германия без захвата огромных территорий во всем мире не сможет существовать. В «Мировых загадках» он изображал историю человечества как расовую борьбу, в которой всегда и всюду побеждали германцы как высшие представители арийской расы. В «Естественной теории творения» он называл законом природы склонность высших рас к завоеванию все новых территорий, к подчинению или уничтожению (пример австралийцев, индейцев) обитавших там народов. Геккель призывал лидеров Германии быть более энергичными в проведении колониальной политики, не боясь столкновения с другими великими державами (Англией, Францией, США) при захвате территорий на Дальнем Восто-

---

[102] *Haeckel E.* Über die Entwicklungstheorie Darwins // *Haeckel E.* Gemeinverständliche Werke. Leipzig; Berlin, 1924. Bd. 5. S. 26–28.

[103] *Геккель Э.* Монизм как связь между религией и наукой. Вероисповедание естествоиспытателя. II. Союз монистов. Положения для организации монизма. СПб., 1907.

[104] *Haeckel E.* Natürliche Schöpfungsgeschichte. Gemeinverständliche wissenschaftliche Vorträge über die Entwicklungslehre im Allgemeinen und diejenige von Darwin, Goethe und Lamarck in Besonderen, über die Anwendung derselben auf den Ursprung des Menschen und andere damit zusammenhängende Grundfragen der Naturwissenschaft. Berlin, 1868; *Haeckel E.* Der Monismus. Glaubensbekenntnis eines Naturforschers. Berlin, 1892; *Haeckel E.* Die Welträtsel, gemeinverständliche Studien über monistische Philosophie. Bonn, 1899.

[105] *Gasman D.* The Scientific Origins of National Socialism. Social Darwinism in Ernst Haeckel and German Monist League. London; New York, 1971. P. XVIII–XXV; *Weindling P.* Health, Race and German Politics between National Unification and Nazism. P. 25–48.

ке, на юге и севере Африки, в Южной Америке. В конечном счете, он стал одним из главных архитекторов Пангерманской лиги, империалистической, милитаристической, националистической и антисемитской организации, выдвинувшей в 1890 гг. агрессивную программу резкого расширения территории Германской империи. Создатели этой программы, в числе которых был Геккель, декларировали не только право Германии, но и её долг управлять всем миром[106]. Кроме того, Геккель был активным членом Немецкого союза в поддержку флота, Колониального общества, Союза зарубежных немцев и других организаций империалистической направленности[107]. Созданная им Немецкая лига монистов также всецело поддерживала империалистическую политику Германии.

Неотъемлемой частью геккелевского монизма была идея о необходимости уничтожения всех неизлечимо больных. По сути дела, он первый среди дарвинистов стал говорить и писать о медицине как антиселекционном факторе, не только позволяющем выживать неприспособленным, но и повышающем шансы оставления ими потомства[108]. Это обусловлено практикой воинской повинности, когда в армию не берут больных и слабых. В то время, когда пригодные к воинской службе на долгий срок лишены нормальной сексуальной жизни или гибнут в сражениях, их сверстники, забракованные медицинской комиссией, не ограничены в реализации репродуктивного потенциала[109].

К началу Первой мировой войны Геккель стал убежденным сторонником использования дарвинизма для внутриполитического развития государства. Он уверял, что смертная казнь для преступников и негодяев является не только справедливым воздаянием для них, но и благом для всего человечества, производя искусственный отбор и лишая казненных возможности передать свои дурные качества следующим поколениям. К тому времени Геккель стал общепризнанным апостолом дарвинизма в Германии, он как никто другой способствовал переносу идей борьбы за существование и естественного отбора в общественно-политическую сферу, где сам перешел от либерализма на позиции правого радикализма. Отвергая нападки на дарвинизм за его связь с марксистскими идеями, Геккель уверял, что между ужасами Парижской коммуны и теорией естественного отбора нет никакой связи. Геккель полагал, что дарвинизм дает научное обоснование неравенства и поэтому нельзя принимать всерьез беспочвенные рассуждения марксистов о возможности достижения социального уравнивания всех во всем, и даже в удовольствиях[110]. По его мнению, «дарвинистская трактовка эволюции аристократична, определенно не демократична и никогда не сможет быть социалистической», так как окончательно доказала, что и в «мире животных и в мире растений право на жизнь имеют только лучшие»[111]. Тем не менее, сам он считал возможным достижения некого состояния биологического равенства в рамках немецкой нации. Его взгляды в чем-то перекликались с

---

[106] *Wertheimer M.* Pan-German League: 1890–1914. New York, 1924.

[107] *Schmidt H.* Ernst Haeckel. Denkmal eines grossen Lebens. Jena, 1934. S. 76.

[108] *Sandmann J.* Ernst Haeckel Entwiklungslehre als Teil seiner biologischen Weltanschauung // Die Rezeption der Evolutionstheorie im 19. Jahrhundert / Hg. E.-M. Engels. Frankfurt am Main, 1995. S. 334–337.

[109] *Haeckel E.* Natürliche Schöpfungsgeschichte. 2. Auflage. Berlin, 1870. S. 150.

[110] *Gasman D.* The Scientific Origin of National Socialism. P. 106–121.

[111] *Haeckel E.* Freedom in Science and Teaching. New York, 1879. P. 90–94.

ранними высказываниями А.Р. Уоллеса, который в начале 1860-х гг. писал, что воплощение в практику планов социалистов превратило бы здоровый государственный организм в разлагающийся труп[112]. Уоллес был сторонником антропотехнических мероприятий, названных им «системой выпалывания» для «улучшения человеческой расы посредством исключения худших членов общества»[113]. Реализацию этой программы Уоллес относил ко времени уничтожения социального неравенства, затемняющего биологические различия людей.

Критике марксизма специальную книгу посвятил коллега Геккеля зоолог Г.Э. Циглер[114]. Он считал особенно возмутительными ссылки социал-демократов на научный характер своих построений. На самом деле, продолжал Циглер, социализм полностью утопичен, так как противоречит законам природы и общества. Подобно Геккелю, Циглер высмеивал веру марксистов в равенство людей и в возможность создать общество без конкуренции и конфликтов. На самом деле никакие изменения внешних социальных условий не смогут изменить природу человека. Процесс предшествующей эволюции носил постепенный характер и потребовал миллионы лет. Поэтому прежде, чем удастся создать нового человека, общество постигнет крах.

Подобная трактовка дарвинизма была характерна для многих немецких биологов. Главное, что они усваивали в нем, — это борьба за существование, которую ни за что не желали признать как метафору[115]. Причем немецкий перевод «Kampf ums Dasein» английского выражения «struggle for existence» звучал более твердо и определенно, чем в трудах Дарвина. Многие трактовали эту дарвиновскую метафору буквально, как грубую, физическую борьбу. Говорили о мире как поле боя, о том, что жизнь есть борьба. Неизбежно искажался смысл дарвиновских представлений об эволюции современного человека, которую трактовали как доказательство неравноценности рас[116].

Большое значение в вульгаризации дарвинизма в кайзеровской Германии сыграли книги другого сторонника монизма, популяризатора науки В. Бёльше, который до 1914 г. продал более 1,5 миллионов экземпляров своих книг[117], превзойдя в этом отношении коммерческий успех Геккеля. В отличие от Геккеля, он в основу эволюции мира положил не принцип борьбы за существование, а половую любовь. Его книга «Любовь в живой природе. Эволюционная история любви» имела колоссальный успех[118]. В этой и последующих двенадцати своих книгах Бёльше доказывал, что романтический принцип единства природы благодаря трудам Дарвина получил научное обоснование. Панпсихизм еще сильнее сказывался в его трудах по сравнению с сочинениями Геккеля. Сексуальная любовь

---

[112] *Walles A.R.* The Origin of Human Race and the Antiquity of Man. Deduced from the Theory of Natural Selection // J. of the Anthropological Society of London. 1864. P. CLVIII–CLXX.

[113] *Уоллес А.Р.* Естественный отбор. СПб., 1878. С. 463.

[114] *Ziegler H.* Die Naturwissenschaft und die sozialdemokratische Theorie, ihr Verhältnis darlegelegt auf Grund der Werke von Darwin und Bebel. Stuttgart, 1893.

[115] Biology as Society, Society as Biology: Metaphors // Ed. S. Maasen, E. Mendelsohn, P. Weingart. Dordrecht; Boston; London, 1995. P. 4.

[116] *Weingart P.* Struggle for Existence — Selection and Retention of a Metaphor. Report № 18/92 of the Research Group on Biological Foundation of Human Culture. Bielefeld, 1991/92. P. 11–12.

[117] *Bölsche W.* Die Abstammung des Menschen. Stuttgart, 1904; *Bölsche W.* Vom Brazillus zum Affenmenschen. Leipzig, 1900; *Bölsche W.* Menshen der Vorzeit. Leipzig, 1909–1911. Bde. 1–2.

[118] *Bölsche W.* Das Liebesleben in der Natur; eine Entwicklungsgeschichte der Liebe. Jena, 1895.

была для него главным мотором эволюции Вселенной, дарвиновская борьба за существование была лишь составной частью эротического монизма и играла второстепенную роль в эволюции, будучи побочным продуктом индивидуализации особей, характерной для высших ступеней животного мира и человечества. Благодаря управляемому отбору, по мнению Бёльше, природа может достигнуть идеальной цели — всеобщей гармонии.

В то же время многие биологи, включая О. Гертвига, накануне Первой мировой войны считали социал-дарвинизм ответственным за ухудшение политической ситуации, полагали необходимым осуществлять реализацию имперских амбиций мирным путем и считали опасной поддержку милитаризма с позиций социал-дарвинизма и расизма как враждебные принципу гармонии[119].

Однако ключевые понятия учения Ч. Дарвина («борьба за существование», «выживание наиболее приспособленного», «дивергенция» и т. д.) не случайно стали лозунгами социал-дарвинизма, отразившего в себе широкий социально-экономический контекст своего времени. Новейшие исследования происхождения теории естественного отбора подтвердили высказанное еще К. Марксом замечание о том, что ее генезис не может быть понят без знания манчестерских экономистов А. Смита и Д. Рикардо с их принципами разделения труда и конкуренции в экономике. Поэтому не удивительно, что социал-дарвинизм получил поддержку со стороны лидера немецкой оборонной промышленности Германии Ф.А. Круппа, стимулировавшего исследования в этой области на грани XIX–XX вв.

Формирование представлений о расовом многообразии человека и немецкий национализм

Неотъемлемой чертой мифологии любого народа было резкое разделение человечества на «мы» и «они». Согласно этой дихотомии, «мы» — потомки определенного героя, тотемного животного, продукт творения богов — являемся «людьми», богоизбранным народом, обладателями лучших биологических, интеллектуальных и нравственных свойств, в то время как «они» — нелюди, порождение злых сил, подлежат если не уничтожению, то, во всяком случае, ограничению, подавлению и угнетению[120]. Возникновение рабовладельческих цивилизаций Древнего Востока (аккадо-вавилонской, египетской, китайской и индийской) с их кастовой структурой укрепляло представления о неравноценности людей. Нередко эта кастовость базировалась на различиях по биологическим признакам. Действовавшие в Индии с древнейших времен законы Ману допускали только внутрирасовые браки, из которых исключались все родственники до шестого колена, что заставляло строго следить за генеалогией, обеспечивая тем самым чистоту расы.

Преступления, немыслимые среди соплеменников (кража, грабеж, убийство, изнасилование), считались делом «доблести и геройства» по отношению к другим народам. Шла мощная сакрализация собственного обычая, который, по словам греческого поэта Пиндара, был «царем всего», т. е. был обязательным законом для всех принадлежащих к данному закону, в то время как обычаи других народов представлялись дикими и кощунственными[121]. Обычаи и традиции становились

---

[119] *Hertwig O.* Das Werden der Organismen. Eine Widerlegung von Darwins Zufallstheorie. Jena, 1916. Bd. 3.

[120] Social Representations / Ed. R.M. Farr, S. Moscovici. Cambridge, 1984.

[121] *Геродот.* История в девяти книгах. Л., 1972. С. 150.

источником правовых законодательств, а тем самым и двойных стандартов в области морали и права. Их воплощением стали отношения спартанцев к илотам, которых можно было убить, не опасаясь наказания, а брачные союзы с ними были строго запрещены. Виновные в нарушении запретов сами становились несвободными. Изоляция свободнорожденных от захваченных в плен строго соблюдалась у древнегерманских племен, где до третьего поколения оставались неполноценными потомки отпущенных на свободу. Самым ярким примером культивирования первобытной вражды к чужим и ее сакрализации является индуизм с его тысячелетней традицией биологической неполноценности рас и искусственным брачным отбором, препятствовавшим смешению правящей касты с другими.

Благодаря путешествиям и колонизации Средиземноморья древние греки знакомились с расовым и этническим разнообразием народов и культур. Главным источником сведений об антропологическом своеобразии народов в разных регионах ойкумены в течение более двух тысячелетий стала история Геродота (484–406 до н. э.), который писал о публичных соитиях у индийцев, о черном семени у эфиопов, об одноглазых людях — аримаспах, о ежегодном обращении невров в волков, о козлоногих людях на Севере и т. п.[122] И хотя греки были также склонны именовать иноземцев варварами, а рабов не считали за полноценных людей, в трудах древних греческих философов были сделаны первые попытки сформировать представления о сущности человека без учета его расового и этнокультурного разнообразия[123]. Платон (422–347 до н. э.), рационализовав в диалоге «Тимей» миф о Демиурге, вложившем «разум в душу», а «душу в тело», писал о божественном происхождении всего человечества. Вместе с тем сословное деление государства, регулируемого строгим расовым и социальным отбором, казалось ему идеальной социальной структурой. Аристотель также рассматривал рабов как отличавшихся от свободных людей психологическими и интеллектуальными свойствами.

Воспитанник Аристотеля Александр Македонский основал империю, включавшую в себя великие древние цивилизации от Нила до Инда как равноправные составляющие. Эллинистический неоплатонизм стал философской основой христианства, которое выдвинуло проект построения Царствия божьего, где не будет «ни эллина, ни иудея». Разнообразие человеческих рас объясняли происхождением их от разных сыновей Ноя, но из легенд о сотворении Адама и Евы как предков всех людей вытекал вывод о равенстве их перед богом, что, правда, почти не учитывалось в реальной жизни. Тем не менее, вера в духовное, интеллектуальное и биологическое единство человека была сакрализована, а сам человек был поднят на высоту, недосягаемую для других существ. Однако в XI–XIV веках среди иудеев и христиан все чаще вспыхивали теологические споры, произошли ли негры также от Адама и Евы и не являются ли их биологические особенности, прежде всего цвет кожи, доказательствами связи с сатаной. Позднее Дж. Бруно уверял, что ни «один здравомыслящий человек не станет производить негров от одной и той же протоплазмы с евреями»[124].

---

[122] *Геродот.* История в девяти книгах. С. 170, 171, 213.

[123] *Baldry H.S.* The Unity of Mankind in Greek Thought. Cambridge, 1965.

[124] *Анучин Д.Н.* Расы или породы человечества // Энциклопедический словарь Ф.А. Брокгауза, И.А. Ефрона. СПб., 1899. Т. XXVI. С. 356.

Эпоха Великих географических открытий XV–XVI веков показала европейцам экзотические миры. О богатстве расового состава человечества ничего не было сказано ни в Библии, ни в античных сочинениях, ни в средневековых компиляциях. Началось интенсивное изучение анатомии, эмбриологии и физиологии людей с учетом их разнообразия в разных странах. В позднем средневековье стал формироваться монструозный облик дикаря, ужасного обликом, нецивилизованного, безнравственного, склонного к насилию, агрессивного, порочного, сексуального и т. д.[125] В условиях структурирования внешнего мира и отношений между людьми с помощью религии негативное отношение европейцев к другим народам и расам неизбежно принимало религиозную окраску, прежде всего, как необходимость противодействия экспансии ислама и иудаизма.

В 1501 г. была издана книга Магнуса Хундта «Антропология о достоинстве, природе и свойствах человека и об элементах, частях и членах человеческого тела». Позднее в 1533 г. было опубликовано сочинение Галеаццо Каппелы «Антропология, или рассуждения о природе человека», в котором приводятся также данные об индивидуальной изменчивости человека. Англичанин Э. Тайсон в 1699 г. издал книгу, посвященную детальному описанию шимпанзе, в которой указывал на них как на переходное звено между человеком и «низшими зверями». В конце XVII в. начались спекуляции о происхождении человека, так как библейская трактовка уже мало кого удовлетворяла. В качестве места первого появления человека называли Египет, Кавказ, Центральную Азию и даже Северный полюс, но постепенно все больше голосов стало склоняться в пользу Индии или Тибета.

Одновременно шло бурное развитие естественной истории, в рамках которой было сформировано представление о видах и разновидностях, или расах, применительно к человечеству. Попытку систематизировать знания о видовом разнообразии растений и животных сделал в середине XVIII века К. Линней. Род *Homo* Линней впервые поместил вместе с обезьянами и лемурами в отряд приматов[126]. Более того, он писал об особом виде «человека-животного» (троглодита), обладавшего прямохождением, но лишенного речи, покрытого волосами, ведущего ночной образ жизни и обитавшего в Юго-Восточной Азии. Фактически это была попытка изобразить промежуточное звено между человеком и шимпанзе, один из видов которого в современной систематике носит имя *Pan troglodytes*. Система Линнея подрывала основы антропоцентрического мышления европейцев, связанного с догмами иудаизма и христианства, и римский папа запретил ее. Но на запрет не обратили внимания, и уже в 1774 г. он был отменен. Внутри вида «человек разумный» Линней выделил четыре вариации: американскую, европейскую, азиатскую и негритянскую, повторив по существу деление на расы, предложенное французским путешественником и этнографом Ф. Бернье в 1684 г., который, однако, не отделял расы как биологические единицы от этнографических и лингвистических особенностей племен и народов. Линней же фактически продолжил изживание в биологии представлений об уникальности человека, начатое еще в 1655 г. иезуитом Исааком де ла Пейрера, доказывавшим на основе анализа

---

[125] The Wild Man within: An Image in Western Thought from the Renaissance to Romanticism / Ed. E. Dudley, M.E. Novak. Pittsburgh, 1972; *Friedman J.B.* The Monstruous Races in Medieval Art and Thought. Cambridge (Mass.), 1981.

[126] *Linnaeus C.* Systema Naturae. Stockholm, 1758.

Ветхого завета существование преадамитов как переходной стадии между человекообразными обезьянами и человеком, что подкреплялось сравнительными исследованиями высших обезьян (шимпанзе и орангутанга) и человека.

Труды Линнея стали отправной точкой для развития ряда биологических дисциплин, включая и антропологию. Ее оформление как специальной отрасли знания происходило с середины XIX века по трем направлениям: 1) изучение конституции человеческого организма и его изменчивости; 2) выяснение путей и факторов антропогенеза; 3) расовое разнообразие человечества[127]. Во всех ведущих странах Европы начинались исследования морфологии человека с применением методов антропометрии и этнического состава населения, а также изучение человекообразных обезьян с целью выяснить их отношение к человеку[128]. Французский путешественник Ф. Бернье впервые использовал термин «раса» для определения различий среди племен человека, а немецкий историк И.Ф. Блюменбах собрал богатую краниологическую коллекцию, описал различия форм черепа и в 1775 г. попытался классифицировать человечество на расы (кавказскую, негроидную, монголоидную, полинезийскую и американскую)[129]. Различие рас он оценивал как результат их деградации от единой, первоначального совершенного типа, кавказской расы, жившей около Каспийского моря. П. Кампер в 1791 г. ввел в антропологию количественные признаки, замеряя «лицевой угол». Швед А. Ретциус строил свою классификацию рас на основе деления черепов на «длинные» (долихоцефалы) и «короткие» (брахицефалы). Из опубликованных тератологических рукописей К.Ф. Вольфа видно, что пионер современной эмбриологии признавал наследственный характер многих болезней, духовно-нравственных свойств человека, включая криминальные наклонности[130].

Однако с самого начала расоведение столкнулось с отсутствием не только общепринятого среди биологов понятия «раса», но и огромного количества таксономических единиц в ботанике и зоологии, совпадавших и перекрывавшихся между собой и с расой: «подвид», «вариетет», «подраса или локальная раса», «род или клан», «нация», «морфа», «локальная морфа». Эта неопределенность сохранялась вплоть до конца 1930-х гг., когда была сформулирована концепция политипического и биологического вида, на базе которой с учетом многообразия изоляционных механизмов и комплекса генетических, биогеографических и экологических критериев удалось создать систему внутривидовых единиц у животных и растений[131].

Базируясь на данных о биологическом разнообразии человечества, немецкий романтизм, сменивший холодный и механистический век Просвещения, стремился к познанию таинственного и мистического универсума. Ф. Шлегель будора-

---

127 *Георгиевский А.Б.* Антропология. СПб., 2002. С. 27.

128 *Corbey R.* The Metaphysics of Apes. Negotiating the Animal-Human Boundary. New York, 2005. P. 51–59.

129 Блуменбах Иоганн Фридрих. Руководство к естественной истории Д. Иог. Фридриха Блуменбаха, с книг немецкого на российский язык переведенное истории естественной и гражданской и географии учителями Петром Наумовым и Андреем Теряевым. СПб., 1797.

130 *Вольф К.Ф.* Предметы размышлений в связи с теорией уродов. Л.,1973.

131 *Mayr E.* Systematics and the Origin of Species. New York, 1942; *Завадский К.М.* Вид и видообразование. Л., 1968; *Майр Э.* Зоологический вид и эволюция. М., 1968.

жил воображение юных немцев рассказами о жизни их древних героических предков, впервые появившихся якобы в Индии. Свои представления о германо-индийской расе он выразил в 1819 г. в термине «ариец» как носителе высшей культуры[132]. Два годя спустя И. Роде предложил считать Центральную Азию прародиной арийцев, а Г.В.Ф. Гегель уверял, что Европа была колонизирована этой высшей расой. Отказ от библейской трактовки происхождения человека в немалой мере был связан с антисемитизмом ранних приверженцев представлений об арийцах и Азии как месте зарождения их культур. Они не хотели вести свою историю с Ближнего Востока, а свой язык — от древнееврейского.

Библия, воспринимаемая в течение многих веков как некая парадигма в обсуждении вопросов происхождения народов и языков, стремительно теряла свое значение. Семитское прошлое не устраивало многих европейцев. Более предпочтительным им казалось иметь предками индийцев как носителей древней культуры[133]. Изучение языков стало главным инструментом для проникновения в прошлое народов и реконструкции родословной их культур. Изучение санскрита привело немецкого грамматика Ф. Боппа в 1816 г. к выводу, что этот язык появился вместе с первым человеком в Кашмире, где, по его мнению, находился и сад Эдем. В книге «Сравнительная грамматика» он вслед за англичанином В. Джонсоном доказывал генеалогическое единство индоевропейских языков. Французский лингвист Ж.Э. Ренан, размышляя об отношении различных языков, колыбелью человечества также называл Индию. Как у всех других сторонников этой теории, речь в его сочинениях шла не о современной Индии, а о некой мистической арийской Индии, якобы существовавшей несколько тысяч лет тому назад. Ренан делил человечество на высшие и низшие расы и верил, что их биологическое прошлое объясняет взаимоотношения между ними в современном мире.

Разрушив механистический мир Просвещения, романтики постулировали дух и волю как движущую силу Вселенной. Они приписали гипотетическим древним арийцам сильную волю и дух и охарактеризовали их как высшую расу в интеллектуальном, психологическом и культурном отношениях. Ранее единая проблема происхождения человека стала распадаться, по крайней мере, на два разных вопроса: «Где и когда возникли белокожие арийцы?» и «Где и когда появились остальные расы?». Человекообразные обезьяны, ещё более усложняющие познание антропогенеза, пока не привлекались при его обсуждении. Тем не менее, среди европейцев уже было немало ученых, задумывавшихся об их отношениях с различными расами. С отказом от традиции выводить все человечество из Ноева ковчега и считать его современное состояние результатом первородного греха люди стали бояться дегенерации и исчезновения своей цивилизации из-за межрасовых столкновений. Установив сходство языков, обычаев и поведения в различных культурах, европейцы продолжали искать колыбель своей культуры. Культура примитивных племен могла служить индикатором того, как далеко вперед продвинулись цивилизованные европейцы, но она могла также быть показателем того, как сильно деградировали остальные культуры[134]. Многие европейские интеллектуалы предпочитали первое, хотя широко была распространена

---

[132] *Poliakov L.* The Arian Myth. New York, 1974.

[133] Arktos: the polar myth in science, symbolism and Nazi survival / Ed. J. Godwin. Kempton, 1996.

[134] *Regal B.* Henry Fairfield Osborn. Race and the Search for the Origin of Man. Burlington, 2002. P. 9.

и точка зрения, что человекообразные обезьяны принадлежат к тому же виду, что и человек, а их современное состояние — результат его деградации.

Начатая систематиками классификация животных и растений на группы примитивных и более высокоразвитых организмов обострила интерес к оценке с этих позиций культур. Это оказалось нелегко сделать, так как многие «примитивные» культуры были иногда сложнее, чем европейская. И хотя философы и естествоиспытатели продолжали твердить о принципиальном отличии человека от всех других животных, многие исследователи указывали на большое сходство европейцев с африканцами, а последних с человекообразными обезьянами. Эта сходство угрожало представлениям европейцев об их привилегированном положении в мире, ставя под сомнение их геополитические притязания.

Антропологию вскоре стали рассматривать с точки зрения идей о расах, которые уже в течение нескольких десятилетий обсуждали немецкие философы И. Кант, И.Г. Гердер и др. Гердер, внедривший понятие «расы» в немецкую философию, проповедовал представления о национальной самобытности искусства и культуры, признавая, что создателями высшей европейской культуры были красивые и хорошо сложенные расы Средиземноморья. Для И.Г. Фихте и Ф.В.Й. Шеллинга наивысшей расой были жители германских государств. Немецкий библиотекарь, историк и лингвист Г.Ф. Клемм в 1845 г. издал книгу «Распространение активных рас по земному шару», развернутую впоследствии в 10 томов монументального труда «Общая культурная история человечества» (1843–1852). В этих изданиях он развивал мысль о том, что взаимоотношения «активных» и «пассивных» рас предопределяют прогресс и упадок народов. К числу активных рас он относил народы с белой кожей, большими глазами, круглым черепом, вьющимися волосами и т. д., к пассивным — негроидов и монголоидов. Подобные суждения вступали в противоречия с данными крупнейшего немецкого антрополога и анатома Ф. Тидемана, отрицавшего существование отличий в интеллектуальных и психических способностях негров и европейцев[135].

Тем не менее идеи немецких расовых философов и культурологов находили отклик и в других странах. В 1850 г. английский анатом Р. Кноха опубликовал книгу «Расы человека», ставшую популярной в английском обществе. В ней автор доказывал, что раса является главной характеристикой человека, связывая воедино полифилетическую концепцию расогенеза, автономность эмбриогенеза человека с идеей о биологически обусловленной исторической миссии англосаксов. Идеи Клемма использовал французский социолог и писатель, четверть века состоявший на дипломатической службе, Ж.А. де Гобинó[136]. Он существенно расширил содержание понятия «раса», вложив в него не только сугубо антропологические свойства, но и определенные историко-культурные, этнологические, религиозные и языковые элементы[137]. В его главных книгах «Неравенство рас» (1853) и «Моральные и интеллектуальные различия рас» (1855) содержались гипотезы об арийцах как представителях высшей расы и об их происхождении из Центральной Азии. Для него возникновение арийцев было результатом особого

[135] *Thiedemann F.* Das Hirn des Negers. Heidelberg, 1837.

[136] *Kleinecke P.* Gobineaus Rassenlehre. Stuttgart, 1920; Gobineau und der Rassismus: eine Kritik der anthropologischen Geschichtstheorie / Hg. E.J. Young. Archiv für vergleichende Kulturwissenschaft. Bd. 4. Meisenheim am Glan, 1968.

[137] *Gobineau J.A.C., de.* Essai sur l'inégalité des races humaines. Paris, 1853–1855.

творения. К тому времени идея множественных актов творения видов благодаря знаменитому швейцарскому геологу и палеонтологу Ж.Л. Агассису глубоко укоренилась в естествознании, и ученые, обсуждавшие проблему происхождения человека, разделились на два лагеря — сторонников монофилии или полифилии. Первые считали, что люди как биологические существа едины, отличаясь культурными и социальными характеристиками. Другие, в том числе и сам Ж.Л. Агассис, последние десятилетия своей жизни проведший в США и усвоивший там расовые предрассудки, уверяли, что все расы человека возникли независимо друг от друга благодаря многократным актам творения. Американские «преадамисты» уверяли даже, что негры были созданы в четвертый день творения, вершиной которого стал человек, появившийся на пятый день.

Приняв полифилетическую концепцию, Гобинó одним из первых высказал идею о том, что история человечества — это биологический процесс, и ее суть составляет борьба рас, возникших независимо друг от друга. В антропологических различиях Гобинó усматривал постоянную причину социального неравенства. Тем самым он наметил контуры антропологической социологии, получившей развитие только в конце XIX — начале XX вв. Однако в середине XIX в. его труды не привлекли внимание. Процветали идеи либерализма и социализма, а Гобинó яростно обличал демократию, равенство и свободу, позволявшие черни контролировать аристократов, а также игнорировал влияние внешней среды, уверяя, что расовое превосходство биологически предопределено и закреплено наследственно.

По его утверждению, различия между белыми, желтыми и черными расами возникли еще в первых поколениях людей, которые разделились на ряд разновидностей. Арийская раса была благороднейшей среди них и дала начало целой группе процветающих народов, говорящих на индоевропейских языках. Их прогресс обеспечивается чистокровностью происхождения от белых предков. Гобинó пугала гибель многих цивилизаций, причинами которой, по его мнению, были отнюдь не фанатизм, роскошь, безнравственность, произвол и суеверия. Для него они были лишь следствиями. Причину же их краха Гобинó усматривал в дегенерации культуротворческих народов из-за потери чистоты крови в беспорядочных смешениях первых разновидностей человека, приведших к появлению цветных рас, более слабых и деклассированных. Подобное деление человечества на неравноценные расы было для него законом природы, как и господство высшей арийско-германской расы. Угроза растворения ее путем смешения с другими народами повергала Гобинó в пессимизм.

Для этого у автора были все основания. Его объемное сочинение осталось практически незамеченным современниками. Один из корреспондентов Гобинó уверял автора, что его сочинение найдет более благодарную аудиторию у рабовладельцев США, чем в интеллектуальном сообществе Европы[138]. Однако это была ошибочная оценка. Значение Гобинó не столько в том, что он осознал историю человечества как результат расовой борьбы, сколько в том, что он впервые попытался доказать, что расовая трактовка истории была научной. Однако до XIX в. расовые или этнические предубеждения выражались скорее в терминах религии, чем биологии и расологии. Сама попытка изложить расовую концепцию в биологических понятиях была результатом резкого возрастания роли науки в европейской культуре.

---

[138] Цит.: *Proctor R.N.* Racial Hygiene. Medicine under the Nazis. Cambridge (Mass.); London, 1988. P. 12.

К середине XIX века наука благодаря своим достижениям стала престижной деятельностью, основным источником военной, индустриальной и экономической мощи. Это привело к изменению ее политических и идеологических функций. Ученые должны были не только объяснять происходящее, но и быть экспертами планов на будущее. Объяснение расовых различий, их происхождения и роли в обществе становилось важной частью социального контроля.

В период расцвета колониальных империй становящаяся антропология приобрела особое геополитическое значение. На европейском континенте были обнаружены первые останки ископаемого человека, что усилило позицию тех, кто доказывал законность доминирования в мире кавказской или европейской расы. Вскоре появилась возможность остеологического исследования антропогенеза и его филогенетической интерпретации. Первые прямые доказательства существования в древности людей, отличных от современных, были найдены именно в Германии, незадолго до выхода в свет «Происхождения видов». В 1856 г. Г. Шааффхаузен и И.К. Фульрот в пещере Неандерталь вблизи Дюссельдорфа обнаружили останки человека, названного позже неандертальцем, однако немецкие биологи не пожелали увидеть в них доказательство существования вымершей расы человека. Ученые принимали их то за останки старого голландца, то русского казака, отбившегося во время наполеоновского похода от армии. Лидер немецких биологов и антропологов Р.Л.К. Вирхов объяснял особенности черепа неандертальца не примитивностью, а патологической деформацией от рахита. И дискуссии на время утихли.

Эволюционная антропология и формирование расологии

Немецкие ученые одними из первых осознали недостаточность разрозненной деятельности ученых-одиночек в области сравнительной антропологии, изучения антропологических типов и расового состава населения и выступили с инициативой создания международных научных обществ по антропологии[139]. В Германии, как и в других ведущих странах, возникают антропологические институты, кафедры, лаборатории, общества. С 1861 г. регулярно организуются международные конгрессы по вопросам антропологии. Инициатором первого из них, в Гёттингене, был К.Э. фон Бэр, вернувшийся в Россию в 1834 г. Лидером немецкой антропологии в течение нескольких десятилетий был Р.Л.К. Вирхов, который и разработал методику классификации черепов на основе краниометрии. В 1868 г. под эгидой Вирхова создается Немецкое антропологическое общество с журналом «Архив антропологии» («Archiv für Anthropologie»), а также Берлинское общество антропологии, этнологии и предыстории. Ключевую роль в формировании антропологической ассоциации играл К. Фогт, который, в отличие от Вирхова, был одним из первых сторонников концепции происхождения человека от обезьян, но Вирхов постарался его быстро устранить и стал единственной доминировавшей фигурой.

Институциализация антропологии интенсивно шла и в других странах. В Париже в 1858 г. П.-П. Брока́ основал первую антропологическую лабораторию. Годом позже по его инициативе были созданы Антропологическое общество, Антропологическая школа и музей. В 1863 г. Антропологическое общество воз-

---

[139] *Curtin P.D.* The Image of Africa: British Ideas and Action, 1780–1850. London, 1965. *Gould S.J.* The Mismeasure of Man. Harmondsworth, 1984; *Oppenheimer J.M.* K.E. Baer and Anthropology // Folia Baeriana. Baer and modern Biology. Tartu, 1993. Vol. VI. P. 97–100.

никает в Лондоне, немного позднее — в Италии и других странах. В 1865 г. Брока́ выпустил первое в мире руководство по антропологии и краниометрии, создал ряд приборов, инструментов и инструкций для измерения тела и черепа человека, определения его пигментации. Начались расовые исследования народов Германии, Австрии, Швейцарии, Бельгии, России.

Вскоре после выхода в свет книги Ч. Дарвина «Происхождение видов» в условиях повышенного интереса властей и общества к антропологии почти одновременно к изучению сходства и родства между человеком и высшими приматами обратились француз П.-П. Брока́, англичанин Т.Г. Гексли, немцы К. Фогт и Э. Геккель. Немецкие биологи впервые выделили круг вопросов, необходимых для изучения происхождения человека методами естественных наук, и считали необходимым: 1) доказать сходство между человеком и высшими антропоидами; 2) установить их филогении с использованием метода тройного параллелизма; 3) изучить расогенез и эволюцию современного человека.

Естествоиспытатель и философ К. Фогт в 1863 г. публикует два тома «Лекций о человеке, его месте в мироздании и в истории Земли»[140]. Они сразу же были переведены на русский язык[141] и стали «библией антропологии» не только естествоиспытателей, увидевших в ней систему современных взглядов, но и оппозиционных групп, рассматривающих их как основу для борьбы с идеологией и политикой царской России, хотя сам Фогт враждебно относился к социализму. В них заложены основы эволюционной антропологии, построенной на использовании данных сравнительной анатомии, эмбриологии и палеонтологии. Идею промежуточного звена Фогт выразил в формуле: «телом человек, разумом обезьяна», в которой оставался непонятным переход от «неразумной обезьяны» к «разумному человеку». Неандертальца он рассматривал как возврат современного человека к организации обезьяны и предложил в 1867 г. концепцию микроцефалии, постулирующую существование в прошлом переходной формы с малым объемом мозга. В 1868 г французский археолог и геолог Луи Ларте́ открыл кроманьонца, признанного древнейшим представителем *Homo sapiens*.

В 1866 г. Э. Геккель построил генеалогическое древо позвоночных и млекопитающих, расположив человека в отряде приматов рядом с гориллой и орангутангом. Он исключил Америку из возможных мест происхождения человека и предложил искать его предков скорее среди узконосых обезьян Южной Азии, чем Африки. И в этом он отличался от Дарвина, который не разделял гипотезу об азиатском происхождении германо-индийской расы, усвоенную Геккелем от своих университетских учителей. Современных человекообразных обезьян Геккель рассматривал не как предков, а как родственников человека, и поэтому доводы Дарвина о наибольшем сходстве африканских гоминид с современным человеком он не принимал в расчет. В выделенных им 22 главных ступенях эволюции он расположил современных человекообразных обезьян и человека соответственно на 20 и 22 ступенях, в поздних работ Геккель выделял 30 ступеней[142].

---

[140] *Vogt K.* Vorlesungen über den Menschen, seine Stellung in der Schöpfung und in der Geschichte der Erde. Giessen, 1863–1865. Bd. 1–2.

[141] *Фогт К.* Человек и место его в природе. Публичные лекции. СПб., 1863–1865. Т. 1–2.

[142] *Геккель Э.* Мировые загадки. Общедоступные этюды по монистической философии. М., 1907.

Промежуточным между ними звеном Геккель считал «*Pithecanthropus alarus*» (обезьяночеловек неговорящий) и даже предложил его графическое изображение[143].

Вирхов одним из первых среди немецких антропологов отверг идею о «фиксированных расовых типах и о жизненной сущности народного характера»[144]. Свое отрицательное отношение к аристократическим или шовинистическим концепциям о некой древней германской или арийской расе Вирхов высказал в 1872 г. в Берлинском антропологическом обществе[145]. Он критиковал французских антропологов и назвал ошибкой их представления о расовой однородности арийцев. Особенно его возмущал их вывод о загрязненности населения Пруссии славянскими и монгольскими признаками, в то время как жители других немецких государств, а также Франции, — якобы подлинные арийцы и аристократы. Вирхов уверял, что глупо по антропологическим и этнографическим признакам населения судить о причинах политики современных стран, коренным образом отличавшихся от средневековых государств. Он придерживался концепции биологического единства человечества и отвергал рассуждения о высших и низших расах. Многие из антропологов, сотрудничавших с Вирховым, были евреями. Как истинный либерал, Вирхов полагал, что рабство противоречит законам природы. Для него история человечества была особым, автономным процессом, не подчиненным действию космических факторов и законов.

В этом он резко разошелся со своим учеником Э. Геккелем, для которого история человечества была лишь частью космической эволюции и который, рассматривая антропологию как мощное средство для секуляризации общества, спешил дать «научную» картину происхождения человека взамен библейской легенды о его творении. В своих фантазиях Геккель уверял, что проточеловек возник на исчезнувшем континенте Лемурия, откуда мигрировал в Азию, распространившись далее по Европе, а гиббоны были для него ближайшими предками человека. Он даже нарисовал пути миграции «лемурианов» и показал, как они дифференцировались на виды, из которых, в конечном счете, арийская раса оказалась высшей[146]. Для него главными признаками человека были высокоразвитый мозг и речь, позволяющие создавать абстрактные концепции высокого уровня[147]. Он считал, что низшие расы современного человека, например, австралийцы, тасманийцы, патагонцы, по интеллектуальному развитию ближе к млекопитающим (обезьянам, собаке), чем к европейскому человеку[148]. Он уверял, что в результате в будущем возникнет новая раса сверхчеловека, и готов был способствовать ускорению его появления из арийцев. Специалисты, включая даже

---

[143] *Haeckel E.* Generelle Morphologie der Organismen. Allgemeine Grundzüge der organischen Formen-Wissenschaft, mechanisch begründet durch die von Charles Darwin reformierte Deszendenz-Theorie. Berlin, 1866. Bde. 1–2; *Haeckel E.* Natürliche Schöpfungsgeschichte. Berlin, 1868.

[144] *Weindling P.* Health, race and German politics between national unification and Nazism. P. 48.

[145] *Virchow R.* Über die Methode der wissenschaftlichen Anthropologie // Zs. für Etnologie. 1972. Vol. 2. S. 300–320.

[146] *Haeckel E.* Systematische Phylogenie der Wirbeltiere. Berlin, 1895; *Геккель Э.* Современные знания о филогенетическом развитии человечества. СПб., 1899; *Геккель Э.* Естественная история миротворения. СПб., 1914; *Геккель Э.* Происхождение человека. М., 1919; *Геккель Э.* Мировые загадки. М., 1937.

[147] *Haeckel E.* Anthropogenie oder Entwicklungsgeschichte des Menschen. Leipzig, 1874. S. 491.

[148] *Haeckel E.* Die Lebenswunder. Gemeinverständliche Studien über biologische Philosophie. Stuttgart, 1904. S. 293–295.

его учителей, друзей и учеников (Т. Бовери, А.Ф.Л. Вейсман, Р.Л.К. Вирхов, К. Гегенбаур, Г. Дриш, А. Дорн, Н. Клейнберг, О. и Р. Гертвиги и др.), весьма скептически относились к спекуляциям Геккеля, неоднократно уличая его в фальсификации данных в области эмбриологии и систематики[149]. Но большинство из них, поддерживая деятельность Геккеля по пропаганде и защите дарвинизма от клерикалов, не критиковали его публично. В итоге широкие круги общественности, зачитывавшейся в начале XX в. во всем мире его «Мировыми загадками», продолжали считать Геккеля выдающимся зоологом, апостолом дарвинизма, что, в свою очередь, придавало поддерживаемым им расовым построениям ореол научности и, возможно, спасало их от забвения и исчезновения[150].

К этому времени отношение правящих кругов Германии к антропологии и эволюционной теории стало меняться. Глубокий экономический кризис 1880-х гг. обострил классовую борьбу, у многих появилось искушение переключить недовольство населения с социальных проблем на расовые. В 1880 г. при поддержке Министерства проблем духовного образования и медицины Пруссии была организована антропологическая выставка, чтобы показать культурные и этнографические различия в населении Германии. В 1886 г. на частные средства был открыт музей народоведения (Volkskunde), а в 1889 г. — Музей антропологии и первобытной истории. Одновременно усилилась тенденция считать евреев, среди которых было много социал-демократов, отдельной расой с собственной культурой и религией, предопределенной их биологией. Несмотря на протесты Вирхова, шло смешение расовых и конфессиональных отличий. Всячески подогревался народный антисемитизм, никогда не исчезавший в Германии среди верующих. Теперь его использовали для нагнетания антилиберальных, антисоциалистических и расовых настроений. Поскольку большая часть евреев — врачей, ремесленников, продавцов — работала и жила в бедных районах, составляя конкуренцию мелким частникам, среди последних и укоренился расовый антисемитизм. Не случайно будущие приверженцы и теоретики расовой гигиены генетик Э. Баур и антрополог О. Фишер были сыновьями соответственно аптекаря и продавца. Правда, их соавтор, врач Ф. фон Ленц происходил из помещичьей семьи.

Геккель прекрасно понимал новый социальный заказ власть предержащих в Германии и говорил теперь от имени науки то, что они хотели от нее услышать[151]. Будучи живым воплощением нордического идеала, Геккель любил природу, отечество, немцев и не мог допустить, что расы едины. Для него не только каждый индивид обладал собственной душой, но и каждая раса. Как противник церкви Геккель критиковал библейский миф о сотворении человека и активно защищал идеи о превосходстве арийской расы и мифическом героическом прошлом германцев, которое было разрушено христианством. Он написал популярную книгу о душе и эволюции человека. Базируясь на немецком романтизме, Геккель развивал философию монизма, главной целью которого была критика идеологических

---

[149] Welträtsel und Lebenswunder. Ernst Haeckel — Werk, Wirkung und Folgen. Wien, 1998. S. 3–184; *Hertler Ch.*, *Weingarten M.* Ernst Haeckel (1834–1919) // Darwin & C°. Eine Geschichte der Biologie in Portraits / Hg. I. Jahn, M. Schmidt. München, 2001. Bd. 1. S. 452–455.

[150] *Gasman D.* The Scientific Origin of National Socialism. New York; London, 1971. P. XIII, 40.

[151] *Геккель Э.* Мировые загадки. Общедоступные этюды по монистической философии. М., 1907.

основ европейской цивилизации, прежде всего гуманизма, либерализма. Вопреки связям с мировым научным сообществом основатель монизма рассматривал его как исключительно немецкую идеологию и стремился решить все проблемы германской расы вне европейских традиций. Он был сторонником гипотезы происхождения человека в Азии в основном из-за того, что она наиболее решительно рвала с библейскими традициями. Для него идеи эволюции и естественного происхождения человека обеспечивали единство человека и природы, надежно защищенное от вмешательства христианской церкви.

Опорой полифилетической концепции происхождения человека стало Антропологическое общество, созданное в Лондоне в 1863 г. в результате выделения из Этнологического общества. Во главе нового общества стал ученик Р. Коха Дж. Хэнк, обвинявший прежних коллег-этнологов в мании соблюдения прав человека и оправдывавший рабство[152]. Из расовых концепций, данных науки и политических доктрин он пытался сформировать представление о расовом превосходстве англосаксов, что позволяло им проводить дискриминацию остальных подданных Британской империи. К этому времени среди английских естествоиспытателй наметилась тенденция в споре сторонников полифилетического и монофилетического происхождения человека опираться не столько на построения гуманитариев и анатомов, сколько на данные естественной истории и формирующейся эволюционной теории. В результате совместных усилий Т.Г. Гексли, А.Р. Уоллеса, Дж. Лаббока антропологи и этнологи в 1871 г. были вновь объединены под руководством Гексли в рамках нового, более респектабельного в профессиональном отношении Антропологического института[153], который в своей деятельности базировался на эволюционизме.

Среди английских эволюционистов впервые о месте появления человека написал Ч. Чемберс[154]. В анонимно опубликованных «Следах естественной истории творения» (1844 г.) он, не утруждая себя доказательствами, вслед за немецкими романтиками назвал Азию колыбелью человечества. Началом естественнонаучного анализа проблемы антропогенеза стала книга Т.Г. Гексли «Место человека в природе» (1863). В ней впервые автор суммировал палеонтологические, эмбриологические и морфологические доказательства сходства человекообразных обезьян и человека и пришел к выводу, что различия между человеком и гориллой не так велики, как отличия, отделяющие человекообразных обезьян от остальных приматов[155]. Но, рассматривая вопрос о месте расселения рас с плоским и прогнатическим (prognathous) лицом, Гексли сперва также доверился немецким культурологам и выводил современного человека из Юго-Восточной или Центральной Азии. Два года спустя, обсуждая вопрос о методах и результатах этнологии, Гексли занял более осторожную позицию, уверяя, что человечество произошло монофилетически, но затем потомки единого предка эволюционировали в различные разновидности — светлокожую (xanthochoroide) и темнокожую (melanocroide) расы, которые можно считать отдельными видами, но однозначных аргументов в пользу такого вывода нет. Он не был склонен поддерживать идею об арийцах как высшей расе, хотя и назвал гипотетическо-

[152] Victorian Anthropology / Ed. G. Stocking. New York; London, 1987.

[153] *Desmond A.* Huxley: From Devil's Disciple to Evolution's Hight Priest. Reading, 1997. P. 320.

[154] *Chambers R.R.* Vestiges of Natural History of Creation. London, 1844.

[155] *Huxley T.H.* Man's Place in Nature. London, 1863.

го предка человека «кавказский *Xanthochtoi*», добавив, что из всех странных мифов, возникших в мире науки, гипотеза о возникновении арийцев как некой кавказской, т. е. европеоидной расе, наделенной высшими нравственными и интеллектуальными качествами, является наиболее странной. Сами представления об арийцах как единой расе, по его мнению, базировались не столько на данных биологии, сколько на поверхностном сходстве индоевропейских языков[156]. Через 25 лет Гексли вновь вернулся к вопросу об арийцах. Перечислив бесплодные попытки реконструировать пути расселения арийцев из Азии по всему миру, Гексли с иронией писал: «Все те, кто создают подобные труды, действуют с такой уверенностью, как будто они нашли остатки штаба генерал-квартирмейстера арийцев»[157]. Но к тому времени многие немецкие филологи и лингвисты (Р. Латам, Т. Бенфлей, В. Гейгер, К. Пенка и др.) пришли к выводу, что в индоевропейских языках не видно следов пребывания их предков на азиатском континенте.

В отличие от Гексли, Ч. Лайель, опубликовавший книгу «Геологические доказательства древности человека» в том же 1863 г., склонен был поддержать гипотезу происхождения человека, во всяком случае арийцев, из Центральной Азии. Однако он сомневался в том, что их потомки реально могли быть сохранены отбором в прежнем виде. По его мнению, в своем стремлении главенствовать в завоеванной ими Европе арийцы смешались с местными племенами и перестали существовать как особая раса[158].

В то время как главный создатель теории естественного отбора Ч. Дарвин, мимоходом бросивший в 1859 г. в «Происхождении видов» фразу, что его теория поможет пролить свет на возникновение человека, надолго замолчал и не участвовал в дискуссиях об антропогенезе и расогенезе, его «соавтор» А.Р. Уоллес активно в них включился уже в 1864 г. и попытался не только разобраться с полифилетическим или монофилитическим возникновением человека, но и обсудить вопрос о расовом превосходстве[159]. Он уверял, что расы, обитавшие в суровых климатических условиях, становились предусмотрительнее, выносливее и более склонными к коллективистским действиям, чем жители субтропических и тропических регионов. В связи с этим он считал более вероятной экспансию северных народов на юг, чем обратное движение, приводя в качестве доказательств и примеры из истории завоевания Индии, Италии и т. д. История, по его мнению, определялась естественным отбором, сохраняя наиболее приспособленные народы. Таким образом, в своей первой работе о расогенезе Уоллес однозначно высказался в пользу превосходства европеоидной или кавказской расы. К статье был приложен обзор дискуссий по этому вопросу. Уоллес вторил империалистическим взглядам и утверждал, что естественный отбор «неизбежно ведет к вымиранию всех интеллектуально недоразвитых популяций, с которыми сталкиваются европейцы». В этой статье трагическая судьба туземных популяций Северной Америки, Бразилии, Тасмании и Новой Зеландии для него «не какое-то исключение, а закономерный итог борьбы за существование между расами, неравными по интеллектуальным, психическим и физическим характеристикам»[160].

---

[156] Цит. по: *Regal B.* Henry Fairfield Osborn. P. 98.

[157] Ibid. P. 19.

[158] *Lyell Ch.* The Geological Evidence of the Antiquity of Man. London, 1863. P. 454–458.

[159] *Walles A.R.* The Origin of Human Race and the Antiquity of Man. Deduced from the Theory of Natural Selection. P. CLVIII–CLXX.

[160] Ibid. P. CLXV.

Вопреки намерению Уоллеса дистанцироваться от сторонников расовой дискриминации, его первая публикация по расогенезу свидетельствовала о готовности создателей теории естественного отбора дать дополнительные аргументы в пользу расистских построений[161]. Социальное происхождение, образование, опыт натуралиста и путешественника вынуждали Уоллеса признать превосходство европейской расы, с достижениями которой был связан научный, технический и промышленный прогресс Нового времени. В то же время склонность Уоллеса к спиритуализму, теизму и к социализму побуждала его резко осуждать страны Западной Европы и США за злоупотребления техническим могуществом. В середине 1860-х гг. его позиция лежала в русле формировавщегося социал-дарвинизма[162], хотя была очень противоречивой и непоследовательной. Уже в первой публикации Уоллес высказывал предположения об уникальности человека и о неподвластности расогенеза естественному отбору. Эти представления получили развитие в его многочисленных статьях и рецензиях по вопросам антропологии, антропогенеза, истории различных цивилизаций, опубликованных во второй половине 1860-х гг., когда усилению популярности социал-дарвинизма способствовал внук знаменитого натурфилософа и эволюциониста Э. Дарвина и двоюродный брат Ч. Дарвина Ф. Гальтон[163].

В работах «Наследственность таланта и характера», «Наследственный гений: исследование его законов и следствий» и других Гальтон проследил генеалогию около 400 знаменитых людей в истории человечества[164], предложил классификацию одаренности, разработал методы изучения изменчивости человека по интеллектуальным, волевым и этическим признакам (тестирование, массовое анкетирование, статистическая обработка результатов исследований, закон Л.А.Ж. Кетле об уклонении от средних величин) и их наследования (корреляционный анализ, закон регрессии, изучение близнецов). Создав вместе с К. Пирсоном биометрию, Гальтон показал, что психические признаки человека генетически детерминированы. На этом основании он отрицал биологическое равенство различных социальных групп, народов и рас и доказывал, что размножение психически больных, алкоголиков, проституток, преступников грозит деградацией человечеству. В книге «Английские люди науки. Их природа и питание» (1874) Гальтон провел анализ особенностей психического склада 100 наиболее выдающихся английских ученых и собрал путем анкет сведения об их примерно 2000 родственниках[165]. Изучая гене-

---

[161] *Haller J.S.* Outcasts from Evolution: Scientific Attitudes of Racial Inferiority, 1859–1900. Urbana, 1971; Social Darwinism: Science and Myth in Anglo-American Social Thought / Ed. R.S. Bannister. Philadelphia, 1979.

[162] *Fichman M.* Ideological Factors in the Dissemination of Darwinism in England: 1860–1900 // Transformation and Tradition in Sciences: Essays in Honor of Bernard Cohen / Ed. E. Mendelsohn. Cambridge, 1984. P. 471–485.

[163] *Galton F.* Hereditary talent and character // Macmillian's Magazine. 1865. Vol. 12. P. 157–166, 318–327; *Galton F.* Hereditary genius: an inquiry into laws and consequences. London, 1869 (Рус. пер.: Наследственность таланта, ее законы и последствия. СПб., 1875).

[164] Согласно генеалогии самого Ф. Гальтона, приведенной его учеником К. Пирсоном в виде приложения к первому тому биографии, трудов и писем Гальтона (*Pearson K.* The Life, Letters and Labours of Francis Galton. Cambridge, 1914. Vol. 1), среди предков двух его бабушек были Карл Великий, Ярослав Мудрый, Вильгельм Завоеватель, несколько английских королей. Если это так, то мы можем считать Гальтона «великим русским ученым».

[165] *Galton F.* English men of science, their nature and nurture. London, 1874.

тические предпосылки развития психофизических характеристик и способностей человека, Гальтон заложил основы дифференциальной психологии[166].

Наконец, в 1871 г., когда общество было ознакомлено с доказательствами о животном происхождении человека и дискуссии о причинах и формах расогенеза стали достоянием общественности, Ч.Р. Дарвин опубликовал книгу «Происхождение человека и половой отбор» (1871), в которой использовал труды своих немецких и английских предшественников, в том числе и заложивших основы социал-дарвинизма. Он описал механизм становления человека под действием отбора, сохранявшего признаки, повышающие шансы на репродуктивный успех, но полезные и другим особям данной группы, укрепляя сотрудничество между ними[167]. Шансы на выживание и эволюционную экспансию, по Дарвину, были выше у тех стад предков людей, в которых чаще встречались особи с зачатками человеческих черт (смелость, альтруизм, доброта, забота о потомстве и его воспитании и т. д.). Этой проблематике была посвящена и следующая книга Дарвина «Выражение эмоций у человека и животных» (1872). В отличие от большинства других авторов, Дарвин склонялся к мысли, что прародиной человека была Африка, а не Центральная Азия, так как обитавшие там гориллы и шимпанзе по своим биологическим свойствам ближе всего относятся к человеку. Таким образом, традиционное приписывание Дарвину приоритета в создании симиальной гипотезы, суть которой выражена в известном выражении «человек произошел от обезьяны», — исторический нонсенс. Его интерпретация этой гипотезы появилась десятилетие спустя после того, как последняя была детально аргументирована другими немецкими и английскими палеонтологами, антропологами и биологами-эволюционистами. Важно подчеркнуть, что Дарвин признавал человека единым видом и никогда не говорил о низших и высших расах.

Однако идея о причастности высшего Творца к появлению человека на Земле отнюдь не умерла среди естествоиспытателей в XIX веке. Приспосабливая ее к новой эволюционной парадигме в биологии, многие из немецких ученых включали в нее теологический постулат о боге как первоначальной причине и конечной цели органической эволюции — возникновении человека (А. Виганд, В. Вааген, Э. Гартман). На эту позицию встал и А.Р. Уоллес. Вопреки своим прежним воззрениям, он в рецензии на книгу Ч. Дарвина о происхождении человека писал, что борьба за существование между трибами, семьями и индивидами как фактор эволюции была бы возможна только при перенаселении людьми нашей планеты[168]. К тому же история, по его мнению, доказывает, что борьба в человеческом обществе способствует выживанию наихудших людей, тогда как честные, благородные, самоотверженные и смелые погибают первыми. Не согласился Уоллес с дарвиновской трактовкой полового отбора как важного фактора в эволюции человека, так как был убежден, что эстетика, этика и интеллект отличают человека

---

[166] *Pearson K.* The Life, Letters and Labours of Francis Galton. Vol. 1–3. Cambridge, 1914–1930; *Канаев И.И.* Фрэнсис Гальтон. Л., 1972; *Gillham N.W.* A Life of Sir Francis Galton. From African Exploration to the Birth of Eugenics. Oxford, 2001; *Bulmer M.* Francis Galton. Pioneer of Heredity and Biometry. Baltimore, 2003.

[167] *Дарвин Ч.* Происхождение человека и половой отбор // *Дарвин Ч.* Собрание сочинений: В 9-ти т. М.; Л., 1953. Т. 5. С. 221.

[168] *Walles A.R.* The Descent of Man, and Selection in Relation to Sex by Charles Darwin // The Academy. 1871. 15 March. P. 177–183.

«от собак и обезьян» не количественно, а качественно. Дарвин со свойственным ему тактом поблагодарил Уоллеса за рецензию, добавив, что, по отзыву Лайеля, никто не писал лучшего научного обзора. Однако в письме к дочери он подчеркнул, что ему не удалось как-то воздействовать на Уоллеса, но и критика последнего ни в коем случае не заставит его пересмотреть взгляды на происхождение человека из животного мира[169].

Спор о роли полового отбора в антропогенезе продолжается до сих пор среди биологов-эволюционистов, которые, правда, единодушно придерживаются теперь дарвиновской симиальной теории происхождения человека. Уоллес же в этом вопросе все дальше уходил от научных традиций, умудряясь как-то сочетать прекрасные биогеографические труды «Малайский архипелаг» (1866), «Географическое распространение животных» (1876), «Природа тропиков» (1878), «Островная жизнь» (1889) с защитой спиритуализма. В последних книгах «Чудеса и современный спиритуализм» (1896), «Место человека в природе» (1903), «Бунт демократии» (1913), «Социальная среда и моральный прогресс» (1913) и др. он стремился синтезировать прагматичный теизм, спиритуализм, почвенный национализм (land nationalism), биологический социализм (biological socialism) и эволюционизм в некое нравственно-политическое мировоззрение[170].

Это все больше отделяло его от большинства коллег (биологов и антропологов), подчеркивавших агностицизм и нейтральность в мировоззренческих проблемах. Для них не были убедительны доводы Уоллеса, почерпнутые в спиритуализме, теософии и френологии, об уникальности интеллекта и морали, которые поэтому не могли возникнуть естественным путем, а являются продуктом творения некой сверхъестественной силы. В своей эволюционной теологии Уоллес связывал с этой силой и два предшествующих, столь же недоступных научному объяснению события: возникновение вселенной и жизни. Сам же Уоллес, как подчеркивали в одном из некрологов, был уверен, что спиритуализм сделал более осмысленной его жизнь и дал ключ ко всему, что ранее казалось темным и безнадежным в жизни человека[171]. Свои взгляды он предпочитал называть уоллесизмом (wallaceism), подчеркивая их принципиальное отличие от дарвинизма.

Если у англичан вопрос о расовом единстве нации носил в целом академический характер, то в Германии в конце 1860-х гг. он приобрел громадное значение в связи со стремлением Пруссии объединить все немецкие государства. Тут же французские антропологи «доказали», что население Пруссии, больше похожее на финнов, резко отличается от жителей остальных немецких государств, а следовательно, идея единства немецкого народа ошибочна с антропологической точки зрения[172]. С ними в полемику вступил Р. Вирхов, который на базе измерений черепов, а также анализа цвета волос и глаз продемонстрировал надуманность претензий Франции на лидерство в южных, католических немецких госу-

---

[169] *Slotten R. A.* The Heretic in Darwin's Court. The Life of Alfred Russel Walles. New York, 2004. P. 296.

[170] *Fichman M.* An Elusive Victorian. The Evolution of Alfred Russell Walles. Chicago; London, 2004. P. 2.

[171] Promotion Dr. A.R. Walles // Light: A Journal of Physical, Occult and Mystical Research. 1913. November 15. P. 546–547.

[172] *Quatrefages A.J.L. de.* The formation of mixed human races // Anthropological Review. 1869. Bd. 7. P. 22–40.

дарствах[173]. Спор решила прусско-французская война, Наполеон III был свергнут, и мнение французских антропологов в Германии было признано ненаучным и шовинистическим. Либерал Вирхов в этом споре был на стороне нелюбимого им О. фон Бисмарка и своего главного оппонента, пангерманиста Э. Геккеля[174]. Однако в ходе проведенного Вирховом исследования выяснилась относительность расовых стандартов. Так, среди еврейских детей блондинов оказалось 11 %, а жители Пруссии были чаще белокурыми, чем обитатели Баварии.

Воззрения Уоллеса охотно были восприняты в России и Германии, где, в отличие от скептических и склонных к эмпиризму англичан, всегда было немало поклонников спиритуализма и теософии. В конце XIX века популярными стали сочинения российской аристократки Е.П. Блаватской о многократном возникновении рас человека, каждая из которых была более совершенной[175]. Последней из них была арийская раса, возникшая после монголоидной. В многословных и запутанных рассуждениях Блаватской, претендующих на некий эзотерический синтез науки, философии и религии на основе восточных мистических традиций, на самом деле не было ничего нового ни об эволюции космоса, ни о возникновении жизни и человека. Подобно авторам других недарвиновских концепций эволюции, она включала в свои построения прогрессизм, ортогенез, целенаправленность, строгую закономерность и т. д. Но, в отличие от них, она даже не старалась как-то доказывать свои измышления, уверяя, что проповедуемые ею истины открыли тайные учителя Блаватской, монахи из Тибета, адепты теософии и спиритуализма, которые, в свою очередь, узнали от своих учителей о тайном городе Шамбала в пустыне Гоби. Блаватской же было предназначено сообщить арийцам о величии их расы и о возможности ее дальнейшего процветания за счет технического прогресса.

Сочинения Блаватской представляли собой странную смесь науки и оккультизма. Используя труды антропологов и биологов-эволюционистов, включая Дарвина, Гексли, Геккеля, она переделывала их таким образом, что последние данные науки якобы подтверждали ее теософию. В «Тайной доктрине» Блаватская не только обезьян выводила от человека, но считала последнего родоначальником всех млекопитающих. Используя концепцию архетипа Р. Оуэна, она уверяла, что человек, как потенциальный архетип всех животных, гораздо древнее, чем считают биологи, которым недоступны ранние стадии его эволюции из-за отсутствия палеонтологических доказательств «астральных ископаемых форм». В отличие от Геккеля, Блаватская считала покинувших Лемурию настоящими людьми — «африкоатлантами», которые, эмигрировав в Европу, изменились под влиянием климата. В свою очередь, они были вытеснены из Европы арийцами, возникшими позднее. В сочинениях Блаватской много говорится об импульсивном характере творческой силы, об отсутствии изначального плана конечного творения, о модификациях готовых форм в ходе повторных циклов и т. д. И в этом отношении ее построения, по сути дела не отличавшиеся от идей неокатастрофизма, не вызвали интереса у антропологов. Но с изданием ее книг в Германии они сразу оказались в центре внимании немецких мистиков, приверженцев различного рода эзотерического

---

[173] *Virchow R.* Menschen- und Affenschädel. Berlin, 1870.

[174] *Di Gregorio M.A.* Reflections of a Nonpolitical Naturalist: Ernst Haeckel, Wilhelm Bleek, Friedrich Müller and the Meaning of Language // J. Hist. Biol. 2002. Vol. 35. P. 104.

[175] *Blavatsky H.P.* Secret Doctrine. New York, 1888. Vol. 1–2.

знания, связанного с происхождением человека и его рас. Оккультная эволюция была для них привлекательна, обещая быстрый духовный прогресс.

Изучение морфологических различий рас требовало совершенствования методов антропометрии. Немецкий антрополог Р. Мартин собрал в единую сводку цифровые данные об изменчивости остеологических, краниологических и анатомических признаков. Его методика и инструментарий (штанговый антропометр, скользящий циркуль и т. д.) используются до сих пор. С самого начала главное внимание было уделено форме и объему черепа как типичным расовым признакам. Для него антропология была «естественной историей гоминид»[176]. В 1899 г. он основал в Цюрихском университете кафедру антропологии, которая вместе с ранее основанной им такой же кафедрой в Мюнхенском университете была ведущим центром антропологических исследований в немецком языковом пространстве[177]. В 1911 г. Мартин по состоянию здоровья передал кафедру своему ученику О. Шлагенхауфену, а в 1917 г. его пригласили возглавить антропологическую кафедру в Мюнхене. В 1914 г. вышло первое издание учебника Мартина по антропологии[178].

Прогресс методов антропометрии сыграл важную роль в становлении антропологии и способствовал приданию расовым построениям облика нормальной науки по Куну. К этому времени ученый мир признал, что неандерталец является специальным видом *Homo neandertalensis*, а кроманьонец стал просто древним *Homo sapiens*. В 1888 г. Г. Шаaффхаузен закончил свой количественный анатомический анализ неандертальца словами: «Отсутствовавшее промежуточное звено еще не найдено. И задача заполнить пробел будет решена только в будущем»[179]. Такое звено следовало искать между человекообразными обезьянами и неандертальцем, так как последний оказался очень близок к кроманьонцу. Родиной же современного человека многие антропологи стали считать Европу, где были найдены доказательства обитания в недалеком прошлом параллельно двух независимых, но близких друг другу популяций неандертальцев и кроманьонцев. Однако конкретная локализация этой прародины зависела не столько от научных аргументов, сколько от национальности и гражданства автора той или концепции, его расовой самоидентификации и политических взглядов.

В качестве новой прародины арийцев стали называть районы Скандинавии, расположенные за Полярным кругам, так как только в экстремальных условиях крайнего Севера могла появиться раса могучих ариев, обладавших огромной жизненной энергией, храбростью и высоким интеллектом. Антропологи (французы Ж.Л.А. де Катрфаж де Брео и П. Топинар, швед А. Ретциус, немцы Г. Клаач и А. Эккерт и др.) доказывали, что тип черепа, преобладающий сейчас в районах Скандинавии и Северной Германии, по своему строению близок к черепу кроманьонца, которого все чаще описывали как блондина с голубыми глазами. В книгах, посвященных происхождению немцев и арийцев, Л. Вильзер также пришел к выводу, что Скандинавия была в древности заселена индогерманской или арий-

---

[176] *Martin R.* Anthropologie als Wissenschaft und Lehrfach. Eine akademische Antrittsrede. Jena, 1901.

[177] *Schmutz H.-K.* Die Gründung des Züricher Lehrstuhles für Anthropologie // Gesnerus. 1983. Bd. 40. № 2. S. 167–173.

[178] *Martin R.* Lehrbuch der Anthropologie in der systematischen Darstellung. Jena, 1914.

[179] *Schaaffhausen H.* Der Neanderthaler Fund. Bonn, 1888. S. 49.

ской расой[180]. Он был среди тех, кто вместе с Р.Л.К. Вирховым доказывал, что, по античным источникам, германцы, галлы и славяне были высокорослы, светловолосы и голубоглазы. В конце 1870-х гг. Л. Гейгер уверял, что нашел прародину индогерманцев в Средней и Западной Германии, где эта раса является наиболее чистой и несмешанной[181]. Р.Л.К. Вирхов подлинными арийцами считал баварцев. Широкое распространение получила идея о монголоидном происхождении альпийской расы, обитающей в Альпах, Пиренеях и т. д., в которой видели остатки первобытного населения Европы, покоренного арийцами.

Эти работы антропологов нашли соответствующий отклик у гуманитариев, которые все чаще стали приводить доказательства из сравнительной лингвистики, анализа мифов, сказаний и археологии[182]. Для становления немецкого варианта расологии важную роль играл труд А. Шлейхера «Немецкий язык» (1859), автор которого сравнивая индоевропейские языки, пытался реконструировать «пранарод» германских племен. В книге «Истории языкознания и восточной филологии в Германии» (1869) Т. Бенфлей пришел к выводу, что надежных доказательств азиатского происхождения ариев в сравнительной лингвистике не существует. Сходной точки зрения придерживался К. Пенк. В «Учебнике германских древностей» (1880) он отстаивал идею о их прародине на севере, так как почему-то считал, что в древних вариантах индоевропейских языков сходные обозначения имеются только для снега, льда, зимы, животных и растений северных и умеренных зон жизни. В 1902 г. М. Мух выпустил книгу «Родина индогерманцев в свете исторических исследований», в которой с позиций лингвистики поддержал гипотезу о возникновении индоевропейских народов на Севере Германии, а Г. Хирт в книге «Индогерманцы» (1905–1907) указал в качестве их прародины побережье Балтийского моря. Мух и Хирт указывали на нордическую расу как ядро индоевропейских народов. Интенсивно развивались этнографические и палеолингвистические исследования. В 1898 г. увидела свет «Немецкая этнография» Э.Г. Мейера, а в 1908 г. книга фон Лейена «Боги германцев и их саги о богах» и в переводе с датского «Нордическая духовная жизнь» А. Ольрика. В книге Эльзенхаса «Расовая теория Канта и ее непреходящее значение» (1904) подчеркивалось, что идея расовой сущности наций становится предметом серьезного рассмотрения историков.

Однако их доводы не убеждали последователей Блаватской. Они продолжали помещать выдуманных лемурианов и африкоатлантов перед неандертальцами и кроманьонцами, уверяли, что Центральную Азию по-прежнему следует считать колыбелью человечества, а арийцы были завершавшим звеном ряда астральных форм антропогенеза. Концепцию азиатского происхождения человека и арийцев продолжали разделять столь крупные биологи, как Э. Геккель, Э. Дюбуа и др.

Немецкие антропологи активно включились в поиск промежуточного звена, инициированный голландским врачом Э. Дюбуа в 1884 г., который отправился искать его не в Африку, где, по мнению Дарвина, жили наиболее близкие к человеку обезьяны — шимпанзе и горилла, а в колонию своей страны. Неожиданно для всех он в 1891–1892 гг. на острове Ява обнаружил фрагменты (зуб, фрагмент

---

[180] *Wilser L.* Die Herkunft der Deutschen. Stuttgart, 1885; *Wilser L.* Herkunft und Urgeschichte der Arier. Stuttgart, 1889; *Wilser L.* Weltbetrachtung eines Ariers // Polit.-anthropol. Rev. 1903–1904. Bd. 2. S. 404; *Wilser L.* Die Ueberlegenheit der germanischen Rasse. Stuttgart, 1915.

[181] *Geiger L.* Zur Entwicklungsgeschichte der Menschheit. Stuttgart, 1871.

[182] *Гюнтер Г.Ф.К.* Избранные работы по расологии. М., 2002. С. 64.

черепа и бедренную кость) скелета, который посчитал останками геккелевского питекантропа и назвал в 1894 г. *Pithecanthropus erectus*, т. е. обезьяночеловеком прямоходящим, жившим примерно миллион лет тому назад. Одним из главных доказательств Дюбуа была мозговая коробка, которая по объему занимала промежуточное положение между мозговыми коробками у человекообразных обезьян и у низших рас человека. По его данным, мозг европейцев в среднем был на 5–10 % больше, чем мозг негров, индейцев, маори и т. д. Одни антропологи (Р. Мартин) поддержали подобные доводы, другие (Р.Л.К. Вирхов) считали, что найденные кости принадлежат гиббону[183]. Выступая на пленарном заседании на Антропологическом конгрессе в 1894 г. в Вене, Вирхов утверждал, что человек так же может происходить от свиньи и от слона, как и от обезьяны. Не убедительны были оценки Дюбуа о различиях в размерах мозга у разных рас человека. Тогда Дюбуа решил апеллировать к публике. На Всемирной выставке в 1900 г. была представлена реконструкция питекантропа, демонстрировавшая наличие всех предполагаемых признаков гипотетической промежуточной формы. Скульптура вызвала сенсацию в обществе, но в научных кругах Германии на нее едва обратили внимание, и раздосадованный Дюбуа надолго спрятал свои находки в сейф, не допуская к ним даже специалистов.

В 1904 году немецкий антрополог Г. Швальбе на базе сравнительно-анатомических исследований сделал попытку привести в систему данные о временной последовательности человека, расположив их хронологически в единый филогенетический ряд: питекантроп, неандерталец, кроманьонец, современный человек[184]. Он также считал Европу местом возникновения современного человека, доказывая существование ранних неандертальцев, которые были менее специализированы, чем классические неандертальцы, и, следовательно, могли быть предками кроманьонца. В посмертно опубликованной статье Швальбе уверял, что человек (*Homo*) и шимпанзе (*Pan*) очень близки и отделились друг от друга в раннем плиоцене (не более 7 млн. лет тому назад по современной геохронологии)[185]. Его точка зрения наиболее соответствует современным воззрениям. Другие же антропологи (В. Грегори, Г.Ф. Осборн, Э. Смит т. д.) считали, что отделение филогенетических ветвей человека и остальных человекообразных обезьян произошло гораздо раньше, в миоцене или даже олигоцене, а за наиболее близкие к человеку формы принимали гориллу или орангутанга. Будучи сторонником брахицефальной теории, Швальбе всех гоминидов производил от общего брахицефального предка.

В том же году другой немецкий антрополог О. Шезензак (1908) опубликовал описание челюсти гейдельбергского человека *Homo heidelbergensesis* как звена, связывающего питекантропа и неандертальца. На этот раз английские антропологи не спешили признать подобную интерпретацию. К их радости, вскоре геолог-любитель Ч. Доусон «открыл» череп человека, признанный палеонтологом А. Смитом звеном между питекантропом и человеком и названный *Eoanthropus dawsonii* или «пильтдаунским человеком». Англия, казалось, могла быть признана прародиной человечества, но в начале 1950-х гг., с внедрением новых мето-

---

[183] *Shipman P.* The Man Who Found the Missing Link. The Extraordinary Life of Eugene Dubois. London, 2001.

[184] *Schwalbe G.* Der Vorgeschichte des Menschen. Braunschweig, 1904.

[185] *Schwalbe G.* Die Abstammung des Menschen und ältesten Menschen-Formen // Kultur und Gegenwart der Anthropologie. Leipzig, 1923.

дов исследований, выяснилось, что пильтдаунский человек — плод искусной мистификации[186].

Характерно, что Геккель не участвовал в дискуссиях о месте неандертальца в ряду предков человека, так как считал палеонтологические данные слишком ненадежными и отрывочными, а свою реконструкцию обезьяночеловека на базе сравнительно-анатомического метода — безукоризненной. С питекантропом Дюбуа он согласился, так как, по сути дела, он представлял собой повторение геккелевской модели. К тому же переходное звено было найдено в Азии, как и предсказывал Геккель. Только в 1908 г. он посчитал необходимым определить место неандертальца на прогрессивной шкале. Поскольку место между человекообразными обезьянами было уже занято питекантропом, то Геккель отнес неандертальца к роду человека, назвал его *Homo primigenius* и посчитал промежуточным звеном «между *Pithecantropus* и *Homo australis*, которого он считал самой низшей расой современного человека»[187]. В конечном счете, в роде *Homo* Геккель выделял 12 отдельных видов, считал, что *H. australis*, а также два вида пигмеев (ведасы в Азии и акки в Африке) происходили прямо от питекантропов и по интеллектуальному развитию ближе к млекопитающим (обезьянам, собаке), чем к европейскому человеку[188]. Виды человека Геккель объединил в пять больших групп, дифференциацию которых он сравнивал с различиями между львом, тигром, пумой и ягуаром[189]. Все они образовались в результате дивергентной эволюции от первого вида человека. В первую группу Геккель включил виды ископаемого человека, найденные в Австралии и Европе, во вторую группу — виды австралийцев, в третью — африканцев, четвертую — монголоидов. Европейцы были отнесены к пятой группе *H. leucodermus* (средиземноморские виды, или белый человек). Для него все виды этой группы стояли на высшей стадии эволюции. Для доказательства этого он обращался к лингвистам (А. Шлейхеру, В. Блеку и Ф. Мюллеру), надеясь различиями языков подтвердить, что человечество состоит из видов.

К концу XX в. эволюционная антропология и расовые воззрения Гобинó приобрели особое политическое и идеологическое значение в великих странах, готовившихся к схватке за передел мира и нуждавшихся в идеологических обоснованиях своего господства в колониях. Одним из главных средств в достижении этой цели стали грандиозные Всемирные выставки. Начало им положила Лондонская Всемирная выставка 1851 г., за которой последовали Парижские всемирные выставки 1867, 1878, 1889 гг. и Всемирные выставки в Филадельфии (1876, 1893, 1904)[190]. На них показ технологических инноваций, индустриальных достижений и научных открытий западноевропейской цивилизации сопровождали контрастными экспозициями примитивного быта и колониальных народов[191]. В них демонстрировали также «достижения» европейцев в колониях,

---

[186] *Джохансон Дж., Иди М.* Люси: Истоки рода человеческого. М., 1984.

[187] Dictionary of Scientific Biography. New York, 1972. Vol. VI. P. 9.

[188] *Haeckel E.* Die Lebenswunder. Gemeinverständliche Studien über biologische Philosophie. Stuttgart, 1904. S. 293–295.

[189] *Haeckel E.* Das Menschenproblem und die Herrentiere von Linné. Frankfurt am Main, 1907; *Haeckel E.* Unsere Ahnenreihe (Progonotaxis Homonis). Jena, 1908.

[190] Ephemeral Vistas: the expositions universales, great exhibitions and world's fairs, 1851–1939 / Ed. P. Greenhalgh. Manchester; New York, 1988.

[191] Victorian anthropology / Ed. G.V. Stocking. New York; London, 1987.

приписывая метрополиям длительную документированную историю, «биологически» оправдывавшую их политику. Немецкие антропологи всячески помогали своему правительству поддерживать миф об исторической миссии немцев. Находки черепов, ископаемых костей и каменных орудий должны были, в конечном счете, укреплять веру в прогрессивность германской цивилизации. Крупномасштабные экспозиции об успехах антропологов с сотнями фотографий, черепами и бесчисленными каменными рубилами должны были убедить зрителей в эволюционных связях человека с человекообразными обезьянами, а заодно, конституируя антропологию в общественном сознании, обеспечить увеличение финансирования ее полевых исследований. Антропологи, играя на националистических чувствах, выносили внутринаучные дискуссии на широкую публику. Начало формироваться некое специфическое сообщество филологов, историков, археографов, демографов, социологов, политиков и философов, которых объединяло только одно: они считали основным расовый подход к изучению общества, а арийскую расу — превосходившей всех остальных по физическим, интеллектуальным и нравственным характеристикам. В связи с этим писали о необходимости создания расоведения (Rassenkunde), расового учения (Rassenlehre), внедрения расового мышления (Rassengedanke), проведения расовых исследований (Rassenforschung) и т. д.

С совершенствованием антропометрических методик антропология в Германии приобретала черты «нормальной» науки, базировавшейся на точных измерениях. Их объектом стали все варьирующие признаки человека: объем и строение головного мозга, череп, конечности, прогнатизм, наличие атавистических признаков и т. д. Хотя ни в одном случае не было доказано, что та или иная аномалия присуща только определенным расам, а также не установлена их какая-то связь с интеллектуальными способностями, вывод всегда был однозначен: у низших рас чаще встречаются неблагоприятные отклонения, чем и объясняли их умственную отсталость. Тем не менее, расология демонстрировала потрясающую живучесть. С крушением очередной классификации рас по антропометрическим измерениям из-за несоответствия эмпирическим свидетельствам выдвигали новые классификации, базировавшиеся на более изощренной технике измерений[192]. Расология, будучи с момента своего возникновения идеологией, а не наукой, «оправдывала строительство колониальных империй»[193].

Предпринимались и первые попытки при помощи антропометрии объяснить социальное неравенство и структуру общества. Л. Вильзер одним из первых опубликовал данные о том, что процент длинноголовых среди городских жителей немного выше, чем среди сельского населения, что свидетельствует якобы о более низких интеллектуальных способностях последних[194]. О подобных корреляциях писал француз Ж.В. де Лапуж, пропагандировавший расовый взгляд на историю в книгах «Социальный отбор» (1896) и «Ариец и его социальная роль» (1899), выделявший особый вид человека *Homo europaues* как наиболее приспособленный к городской культуре[195]. Он уже начисто отвергал гуманизм и мораль

---

[192] *Curtin P.D.* The Image of Africa. P. 366; *Benedict R.* Rase and Rasism. London, 1983. P. 22 *Stocking G.W.* Rase, Culture and Evolution. New York, 1968. S. 50.

[193] *Freyer P.* Staying Power. The History of Black People in Britain. London, 1984. P. 171.

[194] *Wilser L.* Die Herkunft der Deutschen. 1885; *Wilser L.* Herkunft und Urgeschichte der Arier. 1889

[195] *Lapouge G.V. de.* Les sélection sociales. Cours libre de science politique professé a l'universit de Montpellier (1888–1889). Paris, 1896; *Lapouge G.V. de.* L'Aryen et son rôle social. Paris, 1899

усматривая спасение человечества в истреблении низших рас и сохранении только популяции долихоцефалов-блондинов, улучшенной за счет искусственного полового отбора и инцеста среди узкого круга «породистых арийцев»[196].

Аналогичные данные приводил О. Аммон[197], профессор Фрайбургского университета и автор многих трудов по социал-дарвинизму, евгенике и социальной антропологии: «Антропология баденцев» (1885), «Естественный отбор у человека» (1893) и др.[198] Его путь к расологии лежал от либерализма к правому консерватизму и расизму, который вместе с дарвинизмом должен был заменить христианство в европейской цивилизации. В книге «Общественный строй и его естественные основания» Аммон с позиций геккелевского социал-дарвинизма изложил социал-аристократическую теорию общества, отметив, что из-за размывания антропологической элиты погибли античные цивилизации[199]. Расовая борьба для Аммона была необходима для эволюции человечества, которая может процветать только при условии устранения слабых и больных[200]. Он был напуган тем, что в современной Германии представители нордической расы, т. е.высокие, голубоглазые, светловолосые долихоцефалы составляют чуть больше одного процента. По его мнению, в городском населении долихоцефалов в среднем больше среди представителей интеллигентных профессий, что оценивал как доказательство интеллектуальных отличий долихоцефалов и брахицефалов. Он делил людей на четыре класса, в первый из которых включал открывателей и изобретателей, прокладывавших человечеству новые пути, а в последний — неполноценных людей, неспособных даже усваивать чужую культуру. По его оценкам, среди аристократов всегда доминируют долихоцефалы, а среди низших слоев — брахицефалы. Соответствующая статистическая обработка антропометрических данных о различиях в форме черепа между европейскими и колониальными народами, естественно, доказывала интеллектуальную ущербность последних. Попытка Аммона связать антропометрические измерения черепа у жителей с антропологическими классификациями способствовала превращению евгеники в расовую гигиену[201]. Среди студентов Аммона были Э. Баур и О. Фишер, сыгравшие вместе с Ф. фон Ленцем ключевую роль в усвоении нацистами основных идей расовой гигиены.

В 1893 г. вышла в свет книга известного немецкого социал-дарвиниста А. Тилле «Народная служба. О социальном аристократе», в которой вслед за Геккелем автор подчеркивал аристократический характер природы и биологическую обусловленность социального неравенства[202]. Обозревая путь, пройденный расовой теорией от Дарвина до Ницше, Тилле приходит к выводу, что только биологические законы эволюции могут служить источником этики и морали[203].

---

[196] *Seidler H., Rett A.G.* Vacher de Lapouge (1854–1936) und der Sozialdarwinismus im Nationalsozialismus. Wien, 1982.

[197] *Lichtsinn H.* Otto Ammon und die Sozialanthropologie // Marburger Schriften zur Medizingeschichte. 1987. Bd. 21; 1991. Bd. 29.

[198] *Ammon O.* Die natürliche Auslese beim Menschen. Jena, 1893.

[199] *Ammon O.* Die Gesellschaftsforschung und ihre natürlichen Grundlagen. Entwurf einer Sozial-Anthropologie zum Gebrauch für alle Gebildeten, die sich mit sozialen Fragen befassen. Jena, 1895.

[200] *Ammon O.* Darwinismus gegen die Sozialdemokratie. Anthropologische Plaudereien. Hamburg, 1891. S.14.

[201] *Ammon O.* Die natürliche Auslese beim Menschen. S. 313.

[202] *Tille A.* Volksdienst. Von einem Sozialaristokraten. Berlin, 1893.

[203] *Tille A.* Von Darwin bis Nietzsche. Ein Buch der Entwicklungsethik. Leipzig, 1895.

Со второй половины XIX в. шел сбор доказательств об ущербности детей от межрасовых браков. Одним из первых об этом писал Д. Нотт, указывая, что мулаты недолговечны, уступают в интеллекте белым, подвержены заболеваниям, страдают хроническими заболеваниями, отличаются пониженной фертильностью в браках между собой и т. д.[204] Впоследствии он, правда, смягчил свои выводы, признав, что в Южной Америке мулаты долговечны и плодовиты, что якобы связано с теплым климатом. Этому вопросу было посвящено немало антропологических работ в разных странах (П.-П. Брока́, Т. Пеше, А. Штамм, Ф. Боас и т. д.), в которых было приведено много примеров гетерозиса по физическим и интеллектуальным признакам у гибридов. Тем не менее, в Германии все прочнее утверждался взгляд, что межрасовые браки, как правило, вредны, особенно для белой расы, способствуя ее деградации[205]. Они ведут к хаосу в наследственности, в результате чего у гибридных форм чаще всего наблюдается дисгармония физических, психических и интеллектуальных признаков.

Рост расологии шел на фоне возрождения немецкого романтизма (Э. Дидерох) и усиления критики христианства со стороны Народнического движения (Völkische Bewegung), сформировавшегося в Германии в 1870-х гг.[206] Его сторонники, восхваляя мистическое единство немецкого народа, искали персональное спасение в самоидентификации с национальной почвой. Вместе с последователями философии монизма Э. Геккеля они отрицали христианство как чуждое нордической душе и уверяли, что душа германцев, в отличие от других рас (особенно евреев), напрямую связана с природой. Поэтому необходимо сохранить исконные германские ландшафты, которые являются частью бытия немецкого народа, в то время как чувства глубинного родства с растениями и животными принадлежат к врожденным биологическим законам немецкого народа[207]. Народническое движение подчеркивало внутреннюю духовность немцев, базирующуюся на их расово обусловленной способности к воображению и творчеству. Для них арийцы были наиболее талантливыми и творческими людьми, а современные немцы — прямыми потомками арийцев.

Видным идеологом Народнического движения был Э. Краузе, близкий друг Э. Геккеля, вместе с которым он выпускал журнал «Космос» — главный орган сторонников немецкой версии дарвинизма в 1870–1880-х гг. Пропагандист и защитник дарвинизма, автор популярных биографий Э. Дарвина и Ч. Дарвина, Краузе незадолго до своей смерти написал две большие книги в защиту идеологии расового превосходства арийцев и германцев[208]. В них он постарался все

---

[204] *Nott J.S.* Hybridity of animals viewed in connection with the natural history of mankind. 1854. P. 33.

[205] *Вольтман Л.* Политическая антропология. Исследование о влиянии эволюционной теории на учение о политическом развитии народов. М., 2000. С. 187–191.

[206] *Mosse G.* Crisis of German Ideology; *Goodrick-Clark N.* The Occult Roots of Nazism. New York, 1992 (рус. пер.: *Гудрик-Кларк Н.* Оккультные корни нацизма. Тайные арийские культы и их влияние на нацистскую идеологию. СПб., 1994).

[207] *Dominick R.* Nascent Environmental Protection in the Second Empire // Germ. Stud. Rev. 1986. № 9. P. 264–267.

[208] *Krause E.* Tuisko'-Land, der arischen Stämme und Götter Urheimat. Glogau, 1891; *Krause E.* Die Trojaburgen Nordeuropas: ihr Zusammenhang mit der indogermanischen Trojasage von der entführten Sonnenfrau (Syrith, Ariadne, Helena) den Trojaspielen Schwert- und Labyrinthtänzen zur Feier ihrer Lenzbefreiung. Glogau, 1893.

имевшиеся исторические и литературные данные истолковать таким образом, что греки были арийцами и предшественниками германцев.

В конце XIX века все более популярными среди немецких интеллектуалов становились философско-поэтические эссе Ф. Ницще[209]. В книге «По ту сторону добра и зла» (1886) он, проповедуя эстетический иммморализм, дал резкую критику христианской культуры, которую он объявил антиарийской, а ее представления о всеобщей морали и равенстве людей назвал верой религиозных фанатиков и считал их выгодными лишь убогим и калекам. В других произведениях («Так говорил Заратустра» и «Воля к власти») Ницше, проповедуя культ сильной личности, которой все дозволено, разработал миф о «сверхчеловеке», «белокурой бестии» и «недочеловеке». В результате болезни и ранней смерти Ф. Ницше издание его трудов оказалось в руках недобросовестных людей, которые дали его интерпретацию в желательном для них духе. В Третьем рейхе Ницше был объявлен предтечей национал-социализма, хотя один из главных его идеологов А. Розенберг в книге «Миф XX века» (1930) указывал на неарийский характер проповедуемого Ницще дионисизма. Ницше, видимо, помня о своих польских корнях, был также чужд идеям пангерманизма, антисемитизма и славянофобии[210].

Тем не менее, высказывания Ницше о «морали для врачей», о «больных — паразитах общества», о необходимости «подтолкнуть падающего», о «расе господ и расе рабов» быстро стали материализоваться в трудах расистов. Проповедник мер по защите социальной аристократии А. Тилле в 1895 г. выпустил книгу «От Дарвина до Ницше», в которой подводил эволюционно-биологический фундамент под идею о сверхчеловеке. «Белокурая бестия» стала замеряться антропометрическими инструментами как типичный представитель арийской расы, высшей среди индогерманцев (индоевропейцев), а ее культ «был легализован как этико-биологическое явление, как неотъемлемое звено эволюции»[211]. Поэтические образы Ницше, материализуясь, превращались в «самостоятельные идеологемы», живущие и действующие независимо от их создателя.

Этому в значительной степени способствовали труды Э. Геккеля, который на рубеже веков завершил формирование селекционно-эволюционистской расовой теории в этнологии и наметил ее объединение с расовой гигиеной. Геккель был первым среди биологов, сформулировавший программу расового империализма и захвата жизненного пространства могучей, бурно развивавшейся, но перенаселенной Германией. Но Геккель не призывал к уничтожению людей по расовым соображениям, воздерживался он и от антисемитских высказываний, относя евреев к виду *Homo mediterraneus*, подчеркивая жизнеспособность потомства, где «пластическая восточная фантазия семитов и критический разум арийцев часто наилучшим образом дополняют друг друга»[212]. В то же время в серии интервью, проведенных в 1893 г. журналистом Г. Баром с рядом выдающихся деятелей Германии по вопросу

---

[209] *Ницше Ф.* Сочинения: В 2-х т. М., 1990.

[210] *Свасьян К.А.* Фридрих Ницше: мученик познания // *Ницше Ф.* Сочинения: В 2-х т. М., 1990. Т. 1. С. 42–43.

[211] *Авдеев В.Б.* Политическая антропология Людвига Вольтмана // *Вольтман Л.* Политическая антропология. Исследование о влиянии эволюционной теории на учение о политическом развитии народов. М., 2000. С. 36.

[212] Мировые загадки. Общедоступные этюды по монистической философии. М., 1907. С. 323.

об их отношении к антисемитизму, в ответах Геккеля явно звучали антисемитские ноты. В частности, он заявил, что евреи сами виноваты в антисемитском движении. Его причины он усматривал скорее в расовых и национальных отличиях евреев и немцев, чем в религии. Но, в конечном счете, Геккель ратовал за ассимиляцию евреев в немецкую культуру, так как нерешенность еврейского вопроса приносит вред Германии[213].

На грани двух веков, в 1899 гг., вышел фундаментальный труд англичанина Х.С. Чемберлена «Основы XIX века»[214], также посвященный пропаганде необходимости сохранения чистоты высшей арийской расы. Он полагал, что раса, как и всякий биологический вид, имеет в своей основе некую сущность, которая воспроизводится без изменения из поколения в поколение. Эта сущность определяет и единство вида, препятствуя наступлению расового хаоса из-за беспорядочных скрещиваний. Тевтонская раса, по Чемберлену, пришла в Европу с Севера как высокоинтеллектуальная раса, противостоящая евреям. Задача последних всегда заключалась не в сохранении, а в подрыве европейской цивилизации. Их политическое влияние, идеи и даже кровь (в случае шокирующих межрасовых скрещиваний) оказывают вредящее, хаотическое воздействие на культуру современного немецкого общества. Эти идеи стали основополагающими для идеологов национал-социализма А. Гитлера и А. Розенберга. После знаменитой встречи Чемберлена с Гитлером в 1923 г. обнаружилось некоторое разночтение в понимании целей и задач тевтонской расы относительно традиционных европейских ценностей, хотя Чемберлен и уверял в резонансе их идей[215]. В отличие от Гитлера, Чемберлен не рвал с христианством, доказывая реальность Христа-арийца[216].

В том же году французский граф Ж.В. де Лапуж публикует книгу «Ариец и его общественная роль», в которой предлагал взять под контроль размножение европейских народов, но ничего не говорил о нордических и ненордических компонентах среди них[217]. Сам термин «нордическая раса» годом позже ввел в широкое употребление французский антрополог Ж. Деникер[218]. Изменившаяся интеллектуальная обстановка предопределила судьбу идей Ж.А. де Гобинó. Если в момент появления трудов Гобинó они остались практически неизвестными, то в конце XIX стали популярны благодаря Л. Шеману, который в 1894 г. в Германии основал Общество Ж.А. де Гобинó. В 1898–1901 гг. в Штутгарте были опубликованы 4 тома книги Гобинó на немецком языке в переводе Шемана. С тех она стала настольной книгой пангерманистов и расологов.

Таким образом, возникшая в недрах немецкого романтизма идея об Азии как прародине арийской расы была подхвачена многими учеными и философами в Англии, Франции, России, США и других странах. Ее предназначением была замена прежней библейской легенды о святой земле и ее семитских обитателях экзотической мечтой об Индии, а затем Центральной Азии, поскольку только в суровых условиях первые арийцы могли развивать свои уникальные способнос-

---

[213] *Gasman D.* The Scientific Origin of National Socialism. P. 158–159.

[214] *Chamberlain H.S.* Foundation of Nineteenth Century. London, 1899.

[215] *Chamberlain H.S.* Adolf Hitler // Deutsche Press (München). 1924. 20–21 April.

[216] *Chamberlain H.S.* Mensch und Gott. Betrachtungen über Religion und Christentum. München, 1921.

[217] *Lapouge G.V. de.* L'Aryen et son rôle social. 1899.

[218] *Гюнтер Г.Ф.* Избранные работы по расологии. М., 2002. С. 38, 63.

ти без всякого вредящего влияния со стороны темнокожих народов, а затем начать свой победный бросок на Север и на Запад. Ключевым моментом этой гипотезы стала особость арийской расы как заключительного этапа духовной и физической эволюции космоса. Никто из известных авторов, написавших громадные труды об этой гипотезе, как правило, не бывал в Центральной Азии, а тем более не стремился подтвердить ее палеонтологическими и археологическими раскопками.

К началу Первой мировой войны все более популярной становится гипотеза об европейском происхождении нордической расы, которая укоренялась в Германии благодаря сторонникам пангерманизма, неоромантизма, монизма и Народнического движения. Правда, среди них не было единства о месте расположения ее прародины. В то же время многие, включая одного из самых знаменитых ученых первой трети XX века, американского палеонтолога Г.Ф. Осборна, продолжали настаивать на азиатском происхождении арийцев. Одной из целей организованной им крупномасштабной экспедиции в Монголию было стремление найти доказательства этой гипотезы. В результате многолетних раскопок были открыты уникальные фауны мезозоя и кайнозоя, описаны сотни новых исчезнувших видов. Однако приверженность Осборна романтизму расовой идеологии и мистицизму Геккеля и Блаватской не получила подкрепления в его палеонтологических и археологических изысканиях[219]. Несмотря на беспрецедентную грандиозность своего предприятия, Осборн не смог найти подтверждения гипотезы о центрально-азиатском происхождении арийской расы.

При обилии трудов по расовой тематике среди естествоиспытателей, гуманитариев и философов отсутствовало согласие по основным вопросам антропогенеза и расогенеза. Сложился огромный разброс мнений о том, когда, где, как и почему это произошло. Эти разногласия не преодолены и в настоящее время. Как отмечал автор широко известной классификации рас человека Ж. Деникер, «гипотеза местной европейской арийской расы длинноголовых блондинов столь же голословна, как и гипотеза прибытия арийцев из Азии»[220].

Тем не менее в Германии идея об особой арийской расе была принята приверженцами национализма и антимодернизма, среди которых было немало биологов-«мандаринов», своим авторитетом поддерживавших распространение расовых идей в обществе и ратовавших за их использование в политике. Самое удивительное, что при отсутствии палеонтологических и палеоантропологических данных свои доказательства расологи строили со ссылками на законы наследственности, о которых ничего не было известно до переоткрытия законов Г. Менделя в 1900 г. Поэтому расовые учения конца XIX в., проповедуемые многими крупными антропологами и биологами-эволюционистами, по существу не были подкреплены естественнонаучными данными. Их основой не были ни естественная история, ни экспериментальная биология. Их на самом деле подменяли разнообразными амальгамами философии, религии, культурологии, мистики, политики и т. д. Поэтому в эпоху своего зарождения расология не могла претендовать на статус чистой науки. Она была насквозь политизирована и идеологизирована. Как справедливо указывает Р.Н. Проктор: «Научный расизм не был эксплантаторной, т. е. созданной для объяснения, программой. Он всегда был

---

[219] *Regal B.* Henry Fairfield Osborn. P. 21.

[220] *Деникер И.* Человеческие расы. СПб., 1902. С. 398.

только политической программой, предназначенной укрепить определенные властные отношения как естественные и необратимые»[221]. В итоге ее использовали для реализации опасной социальной утопии XX века — государственными мерами спасти человечество от деградации и путем селекции обеспечить биологическое здоровье нации.

От расологии к евгенике и медицинской расовой гигиене

Одной из особенностей развития социал-дарвинизма в Германии стал его контакт с расологией, евгеникой и социальной гигиеной, которая стала быстро превращаться в медицинскую расовую гигиену. Хотя среди сторонников Ч. Дарвина оказалось немало марксистов, включая самого К. Маркса и Ф. Энгельса, а также других видных деятелей немецкой социал-демократии (А. Бебель, В. Либкнехт, К. Каутский, Э. Бернштейн), большинство из них не восприняло идею об использовании учения об естественном отборе для улучшения общества. Их социальная утопия исходила из идеи изменения производственных отношений как средства социального прогресса. Евгенику в кайзеровской Германии развивали представители правоконсервативных кругов, к которым примыкали главные немецкие расологи. Многие выдающиеся биологи были противниками социализма (А.Ф.Л. Вейсман, Р.Л.К. Вирхов, Э. Геккель).

В евгенике к этому времени сложились два направления: позитивная и негативная евгеника. Позитивная евгеника предполагала улучшение наследственности человека путем селективных мероприятий, а негативная — предполагала насильственное устранение от размножения носителей вредных признаков, что также должно было улучшить генофонд популяций человека. Социал-дарвинизм, расовая антропология и евгеника между собой были тесно связаны. В социал-дарвинизме биологические закономерности переносили на общественные отношения, в то время как евгеника и расовая гигиена предлагали практические меры по улучшению генофонда человека на базе учения Дарвина и генетики.

Исторические корни евгеники или расовой гигиены как доктрины и практики, призванных улучшить или сберечь генофонд собственной нации, уходят в век Просвещения, когда остро встал вопрос о причинах социального неравенства. Ещё в 1727 г. граф А.К. де Буленвийлье, доказывая биологическую обоснованность привилегий дворян Франции, уверял, что они представляют собой потомков высшей, долихоцефальной расы северных франков, покорившей низшую кельтскую расу галлов, и предостерегал от скрещивания между ними[222]. Подобные аргументы не раз звучали впоследствии в политических битвах, где конфликтующие партии за поддержкой всегда обращались к науке. Самые демократичные и либеральные политики того времени априорно исходили из признания биологического неравенства людей как основной причины социального неравенства. В конституции США права человека признавались только за белыми гражданами, а ее черное население обрекалось на рабство.

Интеллектуальные лидеры той эпохи также исходили из расового неравенства людей. Д. Юм сравнивал интеллект негра с умственными способностями попугая и был уверен, что люди этой расы никогда не смогут достигнуть состояния ума, сравнимого с разумом белого человека. Ж.-Ж. Руссо уверял, что жен-

---

[221] *Proctor R.* Racial Hygiene. P. 13.

[222] *Boulainvilliers H.C. de.* Historie de l'ancient gouvernement de la France. La Hague, 1727.

щины по интеллекту уступают мужчинам. Популярный во Франции основатель френологии Ф.Й. Галль по строению черепа стремился объяснить психические и интеллектуальные способности человека. П. Кампер предлагал использовать лицевой угол как ключ к сравнению рас; А. Ретциус делил их на долихоцефалов, брахицефалов и мезоцефалов; Ф. Тидеман проводил измерения мозга для установления различий в интеллектуальных способностях рас, что вызвало резкую критику со стороны Д. Нотта[223]. Вместе с Д. Глидлоном Нотт в 1854 г. опубликовал книгу «Типы человечества», выдержавшую до конца XIX века несколько изданий и оказавшую огромное влияние на расологию[224]. Хотя основополагающие труды в области расологии, включая сочинения Ж.А. де Гобинó, были написаны еще в додарвиновский период развития биологии, дискуссии на эти темы находились на периферии интересов научного сообщества в эпоху господства идей позитивизма, эмпиризма, либерализма, немецкого идеализма и т. д.

С развитием нейрофизиологии резко возрос интерес к вопросам о связи размеров, особенностей строения и функций головного мозга с интеллектуальными и психическими особенностями человека. Сложилось целое направление не только в исследовании мозга у представителей различных рас, но и в сравнительном изучении органа мышления у людей разных специальностей и социальных слоев. Особенно большой интерес в публике вызывали результаты исследований строения мозга у преступников и гениев. Для доказательств зависимости интеллектуальных и психических особенностей человека от строения его черепа, тела и т. д.широко использовали книги итальянского психиатра и криминалиста Ч. Ломброзо, доказывавшего биологическую обусловленность преступления[225]. Социальный заказ его трудов был очевиден современникам. Ломброзо изображал социальные волнения как следствия действия гениальных, но психически ненормальных людей, а репрессивные действия государства сравнивал с защитной реакцией животных. Возникло респектабельное, академически признанное направление в посмертном изучении головного мозга у интеллектуальной элиты (Т.Л.В. фон Бишоф, П. Флейшиг). Анатомы, физиологи ВНД (высшей нервной его деятельности), антропологи, философы, эстеты — все были заинтересованы в его результатах. Уже в конце XIX века по этой теме были созданы международные научные комиссии, учреждались кафедры и институты. Их труды послужили одним из источников возникновения расовой гигиены[226].

Предпосылки для евгенических представлений можно найти и в труде Дарвина «Происхождение человека и половой отбор». В заключительном разделе этого труда Дарвин писал: «Прогресс благосостояния человечества — чрезвычайно запутанная задача. Все, не имеющие возможности избавить своих детей от унизительной бедности, должны были бы воздерживаться от брака <…>. Человек, подобно всякому другому животному, очевидно, поднялся до настоящего высокого уровня путем борьбы за существование, проистекающей из его быстрого размножения; если ему суждено подвигаться еще далее, то ему необходимо

---

[223] *Майлз Р., Браун М.* Расизм. М., 2004. С. 55–56.

[224] *Gossett T.F.* Rase: The History of an Idea in America. New York., 1973. P. 50–52.

[225] *Ломброзо Ч.* Новейшие успехи в науке о преступлениях. СПб., 1892; *Ломброзо Ч.* Гениальность и помешательство. СПб., 1892.

[226] *Hagner M.* Geniale Gehirne. Zur Geschichte der Elitegehirnforschung. Göttingen, 2004. S. 234.

оставаться в состоянии жестокой войны»[227]. Ни закон, ни обычаи, по мнению Дарвина, не должны мешать естественной конкуренции между людьми, в противном случае преимущества получат менее одаренные индивиды. Вместе с тем, он полагал, что не меньшее значение для развития человечества имело становление нравственности, разума, образования и религии.

В этом высказывании Дарвин прямо ссылается на своего кузена Ф. Гальтона, взгляды которого получили широкую поддержку в Германии. Как уже отмечалось, в 1865 г. Гальтон сделал попытку перенести идеи отбора, эволюции и представления о наследственности из мира животных на человека, придя к выводу, что носители вредных свойств размножаются быстрее, чем индивиды, обладающие социально ценными признаками. В 1883 г. он предложил название «евгеника» (от «благородно рожденный») для науки, задачей которой станет улучшение человечества тем же способом, как это происходит с домашними животными, т. е.путем негативной и позитивной селекции[228]. Гальтон был уверен, что социальный контроль и отбор улучшат генофонд будущих поколений. Основой этой уверенности было предположение, что интеллектуальные и физические свойства человека наследственно обусловлены. Установленные наследственные различия между семьями, народами, расами, согласно Гальтону, могут быть усилены путем отбора и, тем самым, ускорить развитие человечества.

Для этого необходимо выработать соответствующие методы селекции человека и ввести их в действие. Гальтон безуспешно пытался ввести в практику «составные портреты», т. е. путем наложения нескольких фотографий получать типичные национальные лица «нации», характерный образ «преступника», «проститутки», «чахоточного» и т. д., чтобы установить корреляцию между психикой человека и чертами его лица. В 1884 г. Гальтон открыл первую в Англии антропометрическую лабораторию для массовых измерений различных свойств человека и сбора сведений медицинского характера с целью установления их корреляций. В 1904 году Гальтон создал (и сперва руководил) Бюро по евгенике, давшее начало Лаборатории по национальной евгенике при Лондонском университете (с 1906 г. ее возглавил К. Пирсон) и Евгеническому просветительскому обществу (1907), почетным президентом которого был избран Гальтон. После его смерти в 1911 Общество возглавил Л. Дарвин, сын создателя теории естественного отбора. Однако британские традиции в области прав человека оказались несовместимыми со стерилизацией людей; соответствующие проекты законов были провалены Палатой общин. И родина евгеники, к счастью для англичан, не стала местом апробации ее методов, хотя и нашла и здесь немало их сторонников[229].

В Германии идеи Гальтона попали на почву, хорошо подготовленную социал-дарвинистами, да к тому же удобренную имперскими настроениями национального превосходства немцев над другими нациями, подкрепленные авторитетом «апостола дарвинизма» Э. Геккеля. Интеллектуальным основанием расистской гигиены стали также труды другого популярного немецкого биолога-эволюциониста и эмбриолога А.Л.Ф. Вейсмана. Его теорию «непрерывности наследственной плазмы» многие расовые гигиенисты использовали как доказательство невозможности улучшить общество, не меняя наследственность человека. Поскольку прямое влияние

[227] *Дарвин Ч.* Иллюстрированное собрание сочинений. М. 1907. Т. VII. С. 486.

[228] *Galton Fr.* Inquiries into human faculty and its development. London, 1883.

[229] *Stone D.* Breeding Superman. Nietzsche, Rase and Eugenics in Edwardian and Interwar Britain. Manchester, 2002.

среды и наследование приобретенных признаков Вейсман отрицал, то выбор лучших наследственных плазм оставался для многих единственным способом социального прогресса. Если благодаря Ж.А. де Гобино́ стали писать о лучших в биологическом отношении расах и классах, то теперь эта идея, казалось, получала подкрепление в области эмбриологии и в первоначальных представлениях о носителях наследственности. Идеи Гобино́, Гальтона, Геккеля и Вейсмана стали эволюционно-биологическим обоснованием расовой гигиены, которая приобретала в Германии все больше и больше сторонников.

В 1900 г. одновременно три автора из немецкого языкового пространства (голландец Г. де Фриз, немец К.Э. Корренс и австриец Э. фон Чермак) вновь открыли законы Г. Менделя. Три года спустя профессор ботаники из Копенгагена В. Иоганнсен, также публиковавший свои труды на немецком языке, на основе тщательных экспериментов доказал «бессилие» естественного отбора в генетически чистых, т. е. гомозиготных, линиях[230]. Тем самым идея Вейсмана о непрерывности зародышевой плазмы и неизменности носителей наследственности, казалось, была подтверждена, а в распоряжении расовых гигиенистов оказались новые, экспериментально проверенные аргументы. Правда, при этом игнорировалось, что при скрещивании особей с альтернативными признаками их генетические детерминанты не смешиваются между собой и не теряются, а в скрытом, рецессивном виде передаются следующим поколениям, что гибридные формы, как правило, отличаются гетерозисом, повышенной жизнеспособностью, что существует полигенное наследование многих признаков человека, особенно его интеллектуальных и психических свойств и т. д. Эти факты, свидетельствовавшие против дегенерации нации в результате широкой панмиксии, замалчивались в трудах расовых гигиенистов.

Социальными причинами возросшей популярности евгеники и социал-дарвинизма в Германии стала великая экономическая депрессия в 1873–1895 гг., породившая в обществе ощущение надвигавшейся дегенерации[231]. Индустриализация и урбанизация были связаны с ростом социальной напряженности в обществе, безработицы, с забастовками, локаутами, с ростом популярности социал-демократических идей. Закон о запрете деятельности Социал-демократической партии Германии (СДПГ), действовавший в течение 1878–1890 гг., не дал желанных результатов. Ее популярность среди рабочих только возросла, и вместе с профсоюзами СДПГ становилась политической силой, угрожавшей не только промышленникам, но и традиционной прусской правящей элите. В этих условиях образованный средний класс Германии, связанный с ней, видел опасность для самого государства. Подтверждение этому они видели в увеличении преступности, особенно повторной и детской, в проституции и связанном с нею распространении венерических болезней, в росте инфекционных и раковых заболеваний, психических болезней, алкоголизма. Все это привело к дебатам о социальных последствиях неконтролируемого экономического либерализма и быстрой индустриализации, сопровождаемых пролетаризацией и люмпенизацией населения[232]. По мнению мандаринов, только государство могло прервать эти негативные тенденции.

---

[230] *Johannsen W.* Über Erblichkeit in Populationen und in reinen Linien. Jena, 1903.

[231] Death in Hamburg: Society and Politics in the Cholera Years: 1830–1910 / Ed. R.J. Evans. New York, 1987.

[232] *Nipperday Th.* Deutsche Geschichte 1866–1918. Bd. 1: Arbeitswelt und Bürgergeist. München, Bd. 2: Machtstaat vor Demokratie. München, 1990–1992.

Начиная с середины 1880-х гг. на книжный рынок хлынул поток популярной и художественной литературы, пропагандировавшей различные способы улучшения населения Германии путем искусственного подбора сексуальных партнеров и контроля над их размножением[233]. В 1886 г. в Лейпциге появилась социальная утопия, где анонимный автор предлагал укрепить общество половым отбором, разделив всех людей на два вида: «сверхлюдей» и низших двуногих существ, лишенных всяческих прав[234]. Об искусственном подборе супружеских пар писал в 1901 г. Г. Дрисман[235]. О том, как глубоко подобные утопии укоренились в умонастроениях общества, свидетельствует публикация популярным автором поэм о Нибелунгах Вильгельмом Йорданом романа «Две колыбели» (1887), где центральное место занимало восхваление практики разведения и селекции людей.

Все ведущие лидеры расовой гигиены, начиная от активных членов Немецкой лиги монистов Г.Э. Циглера и А.Г. Фореля до ее основателей В. Шальмайера, А. Плётца и Л. Вольтмана, обязаны Э. Геккелю большинством своих эволюционно-биологических идей. Вместе с тем, среди них наметилась дифференциация в оценках результатов неконтролируемой борьбы за существование для генетического здоровья нации. Если одни сторонники Геккеля (например, О. Аммон, А. Тилле и др.) продолжали считать, что нельзя вмешиваться в процессы биологической эволюции, разворачивавшиеся в обществе и автоматически обеспечивавшие выживание наиболее приспособленных, то другие полагали необходимым поставить эволюцию генетического состава популяций человека под жесткий общественный и государственный контроль и регулировать ее путем различных приемов положительной и негативной евгеники. Сторонники последней точки зрения стали создателями расовой гигиены в Германии.

В 1891 гг. В. Шальмайер и А. Плётц (оба бывшие социал-демократы) почти одновременно пришли к выводу, что в кровавых войнах, революциях и бунтах далеко не всегда побеждали наилучшие. К тому же к дегенерации немецкого народа ведет прогресс медицины, повышающий выживаемость слабых и больных, и ускоренное размножение бедных и неприспособленных по сравнению с талантливыми и приспособленными[236]. Для устранения негативных последствий этих трех факторов ее создатели предлагали коренное изменение политики в области здравоохранения и демографии и введение мер расовой гигиены.

Основные идеи программы расовой гигиены В. Шальмайер изложил впервые в брошюре «Об угрозе физической деградации цивилизованного человечества», опубликованной в 1891 г., но оставшейся практически незамеченной[237]. Как и Гальтон, Шальмайер пытался использовать дарвиновское учение для улучшения человечества. Но, в отличие от английского родоначальника евгеники, исходным пунктом своих идей он сделал медицину. В профилактической медицине

---

[233] *Conrad-Martius H.* Utopien der Menschenzüchtung. Der Sozialdarwinismus und seine Folgen. München, 1955; Der alte Traum vom neuen Reich: völkische Utopien und Nationalsozialismus / Ed. H.J. Trykkested. Frankfurt am Main, 1988.

[234] Die Aristokratie des Geistes als Lösung der sozialen Frage. Leipzig, 1885.

[235] *Driesmann H.* Die Wahlverwandschaften der deutschen Blutmischung. Leipzig, 1901.

[236] *Becker P.E.* Zur Geschichte der Rassenhygiene. Wege ins Dritte Reich. Stuttgart; New York, 1988. S. 1–55.

[237] *Schallmayer W.* Über die drohende körperliche Entartung der Kulturmenschheit und die Verstaatlichung des ärztlichen Standes. Berlin, 1891.

Шальмайер видел перспективную стратегию для сдерживания и даже ликвидации тенденции к дегенерации человечества.

Если Шальмайер считается основателем расовой гигиены, то А. Плётц стал ее первым миссионером, предложившим в том же 1891 г. сам термин «расовая гигиена», точнее — гигиена рас (Rassenhygiene). В его трудах речь, правда, шла не об искусственном культивировании определенных рас, а о повышении жизнеспособности всего человечества[238]. Плётц находился под большим влиянием дарвиновских идей. В книге «Способность нашей расы и защита слабых»[239] он выступал против различных форм антиселекции (войны, революции, здравоохранение) как главных угроз дегенерации населения. По его мнению, всячески следует избегать кровавых столкновений, а поддержку бедным оказывать только тем, кто уже прошел репродуктивный период. Плётц доказывал, что врач представляет особую опасность для общества, так как современная гигиена и медицина, поддерживая слабых, противодействуют естественному отбору и тем самым выступают как силы, враждебные самой природе. Столь же сомнительным для него был социализм со стремлением к равенству, тогда как горе, нужда и принуждение должны были сохраниться.

Выход из тупика нарастающей дегенерации общества, по мнению Плётца, был возможен только с установлением контроля над изменчивостью человека и его размножением. В связи с этим он предложил наряду с гигиеной индивида создать гигиену общества или расовую гигиену, целью которой должно стать благо всего общества. Слово «раса» он использовал в общепринятом смысле, т. е. как совокупность людей, сходных по физическим признакам. Целью расовой гигиены должно было стать усовершенствование всего человечества путем селекционного скрещивания людей для улучшения нации. Однако он ничего не говорил об искусственном подборе пар ради достижения этой цели, а скорее имел в виду сознательное воздействие на уже существующую практику предотвращение сексуальных контактов, могущих иметь нежелательные последствия, и поощрения благоприятных возможностей. Плётц поучал молодежь, что здоровые дети — это главная цель брака, а если вопреки всем мерам все-таки рождаются дети с отклонениями, то доктора должны их умертвить как можно скорее. Детей от матерей старше 45 лет, а отцов старше 50 должна постигнуть та же участь. Должно было быть определено количество детей в зависимости от уровня образования и социального дохода семьи. Кроме того, он ратовал за защиту населения от алкоголя, венерических болезней и других агентов, способных нанести ущерб «наследственной плазме». В том же году

---

[238] Шальмайер считал правильнее говорить о расовой гигиене (Rassehygiene), т. е. заботящейся о наследственном здоровье всего человечества, чем о гигиене отдельных рас (Rassenhygiene). Сам он предпочитал термин «гигиена наследственности» (Vererbungshygiene). Предлагали и другие названия: «гигиена размножения» (Fortpflanzungshygiene), «расовая служба» (Rassendienst), «расовое попечительство» (Rassenpflege), «расовая дегенерация» (Entartungslehre), «учение о регенерации» (Regenerationslehre), «гигиена здоровой наследственности» (Erbguthygiene), «народная гигиена» (Nationalhygiene или Volkshygiene). Различные варианты расовой гигиены так или иначе были связаны с антропологией, социальной антропологией и расологией или расоведением (Rassenkunde). Библиографию по этой теме до 1933 г. см.: *Gercke A.*, *Kummer R.* Die Rasse im Schrifttum, ein Wegweiser durch rassenkundliches Schrifttum. Berlin, 1933.

[239] *Ploetz A.* Die Tüchtigkeit unserer Rasse und der Schutz der Schwachen: ein Versuch über Rassenhygiene und ihr Verhältniss zu den humanen Idealen, besonders zum Sozialismus. Berlin, 1895. Th. 1.

в Германии была опубликован перевод книги английского социал-дарвиниста Дж. Хайкрафта «Дарвинизм как прогресс расы», в которой туберкулез, гепатит и проказа оценивались как «наши расовые союзники», так как этим заболеваниям подвержены люди со слабой конституцией[240].

Позднее Плётц заявлял о своей поддержке социальных и политических реформ, проводимых с целью снять социальное напряжение в обществе путем ликвидации безработицы и детского труда, сокращения рабочего дня, пенсионного обеспечения и т. д.[241] Вместе с тем он предупреждал, что их широкое распространение таит угрозу здоровью нации, поскольку, так или иначе, дает шанс на выживание и воспроизводство слабым и больным. В этом он видел противоречие между благотворительностью, с одной стороны, и «грубыми фактами природы», с другой стороны. Выходом из этого противоречия он считал контроль над размножением, который снизит интенсивность борьбы за существование в обществе путем удаления негативных качеств расы на уровне зародышевых клеток. Так более добрые и более гуманные формы селекции позволят исключить жестокие формы естественного отбора, а интеллектуальная расовая генетика сможет вообще ликвидировать необходимость борьбы за существование в обществе.

Плётц не желал придавать расовой гигиене антисемитский характер. Приводя примеры творческих достижений евреев, он называл антисемитизм бесполезной хитростью, буквально «ударом в воду» (Schlag ins Wasser), который, как он наивно надеялся, когда-нибудь исчезнет под влиянием достижений науки, роста демократии, а также исчезновения еврейского национализма. Он отрицал существование где-нибудь в мире чистых рас, которые с незапамятных времен представляли собой смесь различных племен и народов. Для него европейцы были не более чистыми арийцами, чем евреи — чистыми семитами. В то же время часть доводов Плётца о включении евреев в культурные расы звучал двусмысленно в расовом отношении: «Европейские евреи больше арийцы, чем семиты»[242]. Цитируя Ломброзо о том, что только 5 % евреев имеют чисто семитскую кровь, он уверял, что большинство евреев должно быть отнесено к арийской расе.

Плётц не рассматривал межрасовые браки как безусловное зло, указывая на увеличение изменчивости, приспособляемости и жизнеспособности у потомства. По его мнению, достижения Японии, в короткое время ставшей великой державой, связаны с тем, что японцы не были чистой расой, а представляют собой смесь монголоидов и малайцев. Он критиковал как социалистов, отрицавших расовые отличия между богатыми и бедными, так и «буржуазных дарвинистов», не признающих роль социальной среды в развитии человека и сводящих все его способности к наследственности[243].

Выступая во Франкфурте с докладом в Немецком обществе социологии, Плётц говорил о том, что государство и общество являются инструментом во внутренней и внешней борьбе за существование. Общество есть частное явление внутри расы, точно так же и социальная биология является частью расовой биологии. Наряду с этим он пытался говорить о расе в более узком смысле, подчеркивая

---

[240] *Hayckraft J.B.* Darwinismus als Rasse-Progress. Leipzig, 1895.

[241] *Ploetz A.* Soziale Politik und Rassenhygiene // Archive für Soziale Gesetzgebung und Statistik. 1902. Bd. 17. S. 393–425.

[242] *Ploetz A.* Die Tüchtigkeit unserer Rasse und der Schutz der Schwachen. S. 5, 138.

[243] Ibid. S. 90–176.

особое значение германской расы, но трактуя ее иначе, чем делали это позже национал-социалисты. Он был увлечен платоновской идеей совершенного человека, к которому немец нордической расы стоит ближе всего. Но говорил он, прежде всего, об европейцах, о западных арийцах, расово-гигиеническая защита которых, по его мнению, гарантировала прогресс человечества. Лишь в годы Третьего рейха Плётц, а он прожил до 1940 г., стал известен своими предпочтениями нордической расы. В годы же Германской империи у Плётца идеи расовой гигиены были наполнены эстетическими и нравственными чувствами, составляя смысл всей его жизни.

Благодаря активной деятельности Плётца расовая гигиена нашла поддержку среди социологов и стала общественно значимой. Так, философ и один из основателей гештальтпсихологии Х. фон Эренфельс ратовал за изменение системы сексуальных отношений, за введение селекции среди мужчин, в результате чего к размножению будут допускаться лучшие из них, что подразумевало введение полигамии[244], при которой каждый ценный мужчина стал бы отцом тысяч детей. Не исключал он и возможность искусственного оплодотворения женщин спермой наиболее ценных мужчин. По его мнению, полигамия может решить все проблемы модернизации и технократизации, с которыми столкнулось немецкое общество[245]. Он был заинтересован не столько в расово-гигиенических мероприятиях, сколько в реформе этики сексуальных отношений. Возможно, поэтому в его трудах также отсутствовали антисемитские высказывания.

Выше было сказано, что по инициативе Ф.А. Круппа, установившего приз в 30 тысяч рейхсмарок для победителей, патриарх эволюционизма в Германии Э. Геккель дал тему для проведения в 1900 г. конкурса на тему об использовании дарвинизма для внутриполитического развития государства. Вместе с ним в подведении итогов участвовали зоолог Г.Э. Циглер, экономист И. Конрад, палеонтолог Э. Фраас, историк-националист Д. Шефер. О первых двух судьях известно, что они были сторонниками Национально-либеральной партии, поддерживаемой крупным капиталом. Интерес Круппа к конкурсу был связан с его давним увлечением гидробиологией и многолетними контактами с А. Дорном, признанным лидером в области морской зоологии. В свою очередь, Геккель желал продемонстрировать могущественным магнатам, что социал-дарвинизм не несет никакой угрозы капитализму, а, напротив, может дать рекомендации для его сохранения.

К этому времени Геккель окончательно убедился в неизлечимости своей душевнобольной дочери и все более ожесточался против принципа «не убей»[246]. Для него «сохранение жизни у прокаженных, больных раком и сумасшедших представляется делом не только безнадежным, но источником огромных страданий и мук не только самого больного, но и его близких. В итоге нет пользы ни больным, ни их родственникам, а к тому же огромные потери для государства»[247]. По соображениям гуманизма он предлагал убивать душевнобольных безболезненно при

---

[244] *Ehrenfels Ch. von.* Die kontinuitive Verderblichkeit der Monogamie // ARGB. 1907. № 4. S. 801–814.

[245] *Ehrehfels Ch. von.* Leitziele zur Rassenbewertung // ARGB. 1911. № 1. S. 59–71.

[246] *Krausse E.* Ernst Haeckel. Biographien hervorragender Naturwissenschaftler, Techniker und Mediziner. Leipzig, 1984. Bd. 70; *Hertler Ch., Weingarten M.* Ernst Haeckel (1834–1919) // Darwin & C°. Eine Geschichte der Biologie in Portraits. Bd. 1. S. 436.

[247] *Haeckel E.* Die Lebenswunder. Gemeinverständliche Studien über biologische Philosophie. Stuttgart, 1904. S. 99.

помощи морфия или цианистого калия[248]. Правда, о способах уничтожения слабых и больных детей ничего не было сказано. Давая биологическое, этическое и экономическое обоснование целесообразности убивать граждан, Геккель полагал, что решение в конкретном случае должны выносить эксперты, назначенные государством. Подобную процедуру он называл «спартанской селекцией» и уверял, что благодаря ей улучшится здоровье немецкой нации[249]. Так свою ревизию дарвинизма Геккель завершил программой эвтаназии.

Из 60 работ, поступивших на конкурс, приз за признанное лучшим сочинение «Наследственность и отбор в жизни людей» получил В. Шальмайер. Его труд вместе с другими семью работами, признанными лучшими, был опубликован в серии «Природа и государство» в одном из авторитетнейших издательств научной литературы Густава Фишера. Эта серия стала подлинной энциклопедией социал-дарвинизма, подобной которой не было ни в какой другой стране.

Суть идей Шальмайера, изложенных в его конкурсном сочинении «Наследственность и отбор в жизни народов», вышедшем впервые в 1903 г., заключалась в том, что благодаря теории эволюции мы узнали о том, как наследственные свойства медленно и неизбежно меняются в человеческом обществе под влиянием различий в размножаемости людей[250]. К сожалению, именно высшие слои чаще всего прибегают к искусственному ограничению деторождения, что неизбежно ведет к ослаблению нации. Ситуация ухудшается тем, что в необеспеченных слоях число детей обычно очень велико. Государство должно вмешаться в эти процессы, поощряя рождаемость в обеспеченных слоях и ограничивая репродуктивный потенциал неимущих. Опасность дегенерации нависла и над белой расой, которая занимает ведущие позиции в современном мире. В связи с этим политика в области демографии приобретает особое значение, так как развитие медицины позволяет выживать и размножаться людям, которые раньше беспощадно элиминировались естественным отбором. К тому же в современной войне с ее техническими средствами исчез отбор наилучших на поле боя. Шальмайер дистанцировался от всех политических партий, надеясь, что предлагаемая программа может стать основой для общенационального согласия.

Вторая часть его труда была названа «Цель и методы расовой службы», которая должна была прежде всего участвовать в воспитании будущих родителей в духе ответственности за свое потомство перед государством и последующими поколениями. Кроме того, он предлагал конкретные государственные меры в области демографической политики: ранние браки, денежные пособия на детей, генетические консультации женщин, строительство дешевого жилья для многодетных семей. Конкурсное сочинение Шальмайера пользовалось огромной популярностью и издавалось еще несколько раз в переработанной форме в 1910, 1918 и 1920 гг. под названием «Наследственность и отбор. Очерк социальной биологии и учения о расовой службе»[251].

---

[248] *Haeckel E.* Die Lebenswunder. Gemeinverständliche Studien über biologische Philosophie. S. 436.

[249] Ibid. S. 100.

[250] *Schallmayer W.* Vererbung und Auslese im Lebenslauf der Völker. Eine staatswissenschaftliche Studie auf Grund der neueren Biologie. Jena, 1903.

[251] *Schallmayer W.* Vererbung und Auslese. Grundriss der Gesellschaftsbiologie und der Lehre vom Rassendienst. Jena, 1918.

Шальмайер не был расистом. Он ничего не говорил о превосходстве нордической расы над другими, а только о более и менее «совершенных» людях во всех нациях. Пропаганда нордической идеи оценивалась им как «реакционный аристократизм». Шальмайер, озабоченный проблемами дегенерации населения Германии, прежде всего, стремился предложить технократическую программу рационализации селекции, которая и так идет в обществе[252]. Как подданный Германской империи, он, естественно, стремился улучшить здоровье немецкой нации, но никогда и нигде не говорил о том, что следует культивировать отдельные расы. Он писал: «Создание для нордической расы особо благоприятных условий по сравнению с другими расовыми элементами немецкого народа не входит в евгеническую программу». Улучшение человечества он понимал, прежде всего, как улучшение отдельных наций. Для этого надо изучать наследственность каждого человека, с составлением их генетических карт. Брак и деторождение должны осуществляться не только в соответствии с желаниями родителей, но и с учетом интересов будущих поколений. Поэтому подлинный гуманизм Шальмайер видел не столько в том, чтобы помочь бедным, несчастным и нуждающимся, сколько в том, чтобы сделать все возможное для предотвращения их появления и размножения, чтобы не отягощать следующие поколения слабыми и больными. Расовая гигиена для него была частью медицинских мероприятий. В отличие от евгеников в Англии, расовые гигиенисты в Германии всегда были преимущественно ориентированы на медицинские мероприятия. Шальмайер умер в 1919 г., вскоре после краха Германской империи. Его труд оставался главным евгеническим сочинением в немецком языковом пространстве до 1921 г., когда вышла в двух томах книга Э. Баура, О. Фишера и Ф. фон Ленца «Очерки по учению о наследственности человека и расовой гигиене», на которой мы подробно остановимся в следующей главе.

В 1904 г. Плётц вместе с братом своей первой жены, психиатром Э. Рюдином, впоследствии одним из главных теоретиков эвтаназии в Третьем рейхе, основал журнал «Архив расовой и социальной биологии» (далее — АРГБ, Archive für Rassen und Gessellschaftsbiologie — ARGB), чтобы «исследовать принципы оптимальных условий для поддержания и развития расы»[253]. Так, учредители нового журнала заявили в программе, в соответствии с которой намеревались публиковать труды по проблемам медицины, психологии, биологии и социологии. Они ставили задачу способствовать исследованиям рас и общества в их взаимодействии, биологических параметров рас, способов их сохранения, что оценивалось как наиболее актуальная проблема. Специальный абзац был посвящен расовой биологии, которая уже не могла ограничиваться изучением расовой дифференциации по морфологическим признакам. Она должна была показать наследственную обусловленность различий в физиологических и интеллектуальных признаках, генетику близнецов, наследственную семейную патологию. Предполагали изучать также проблемы наследственности, изменчивости, отбора, ламаркизма, вейсманизма и др. Учение об обществе инициаторы журнала предлагали строить на базе биологии, концепции которой следовало использовать не только для сохранения, но и для развития

---

[252] *Weiss Sh.* Race Hygiene and National Efficiency: The Eugenics of Wilhelm Schallmayer. Berkeley; Los Angeles; London, 1983.

[253] Vorwort // ARGB. 1904. № 1. S. I.

общества. Особенно важным они считали применение биологического знания в области политики, вооружения, свободной торговли и в конкуренции наций, рас и обществ. Помимо Плётца и Рюдина, в составе редколлегии участвовали антрополог О. Фишер, биолог-эволюционист Л. Плате. Первый том они посвятили Э. Геккелю и А.Ф.Л. Вейсману.

За 40 лет своего существования АРГБ не изменил своей программе. В нем публиковали свои труды практически все известные, а также многие на сегодня забытые расовые гигиенисты из немецкого языкового пространства и других стран. С ним сотрудничили также ученые еврейского происхождения. Публикации о наследственной семейной патологии или о генетике близнецов, а также методологические размышления В. Вайнберга и Ф. фон Ленца о генетике человека не потеряли значимости до сих пор. В разные годы его редакторами были люди, имевшие репутацию серьезных ученых: Э. Рюдин, Ф. фон Ленц, А. Блум, О. Фишер, антрополог Т. Моллисон, гигиенист Э. Роденвальд, дерматолог Г.В. фон Сименс. Они дистанцировались от разного рода одиозных утопий Х. фон Эренфельса или В. Хенчеля, и особенно от откровенных расистов и антисемитов вроде Й.Л. фон Ланц-Либенфельса и Ф. Дупре́. Антисемитские высказывания и рассуждения о нордической расе стали публиковаться в АРГБ только с 1936 г., когда на смену ученым в редколлегию пришли политики и идеологи.

Годом позже в Берлине Плётц и Рюдин при активном участии правоведа А. Норденгольца, брата второй жены А. Плётца, и антрополога, этнолога и социолога Р. Турнвальда учредили в Берлине Общество расовой гигиены (Gesellschaft für Rassenhygiene). Общества с такими задачами тогда не было даже в Англии, на родине евгеники. Его основатели считали, что наряду с научными исследованиями и их пропагандой члены общества должны заниматься непосредственным практическим применением результатов своих исследований и вести определенный образ жизни. Вступающие в общество должны были обещать воздерживаться от брака, если он нежелателен с расовой точки зрения. Между тем, есть сомнения, что все основатели общества были безукоризненны в расовом отношении. Его деятельность быстро переросла дисциплинарные границы и пробудила широкий интерес у общественности, которая также была озабочена усовершенствованием качества населения Германии путем роста рождаемости «высших» немцев и устранением от размножения носителей наследственных болезней. Численность Общества быстро увеличивалась, так как расовая гигиена была признана важной, респектабельной частью биомедицинских наук. Если в год основания в Обществе состояло 32 человека, то через два года — уже более 100.

В 1907 г. возникли его региональные отделения. В Берлине такое отделение возглавляли до 1917 г. Плётц и Турнвальд, а позднее генетик Э. Баур, в Мюнхене — ведущий расовый гигиенист М. фон. Грубер и Э. Рюдин, во Фрейберге (1909) — антрополог О. Фишер, в Штутгарте (1910) — В. Вайнберг, соавтор знаменитого закона Харди-Вайнберга в популяционной генетике. Создатели общества стремились придать ему международный характер и с 1907 г. называли свое общество Международным обществом расовой гигиены, в 1910 г. в Швеции возникло первое зарубежное отделение Общества. С 1916 г. его стали именовать Немецким обществом расовой гигиены, так как было признано целесообразным сконцентрировать усилия на решении внутригерманских вопросов.

Среди членов общества и авторов АРГБ были В. Шальмайер, социальный гигиенист А. Гротьян[254], автор книги «Социальная гигиена и проблема вырождения» (1904), расовый социолог Л. Гумплович, евгенистка А. Блум. Снижение рождаемости в Германии они оценивали как угрозу подавления немцев более плодовитыми расами. Так, М. фон Грубер в 1914 г. показал, что в период с 1875 по 1911 гг. скорость прироста популяции на тысячу человек снизилась почти в полтора раза — с 4,3 % до 3 %, а у замужних женщин в Берлине число новорожденных на 1000 сократилось с 240 до 80[255]. Столь резкое сокращение рождаемости он объяснял как распространением противозачаточных средств, так и увеличением бесплодия у женщин из-за широкого распространения венерических заболеваний. Осознанное использование контрацептивов казалось ему особенно опасным показателем роста теоретического и практического индивидуализма, связанного с ростом феминистского движения, с девальвацией материнства и домашнего женского труда.

Блум, одна из первых последовательниц Плётца, с 1905 г. выступала с требованием не разрешать вступать в брак без медицинского обследования жениха и невесты, особенно выходцам из семей алкоголиков. Блум резко критиковала помощь роженицам, уверяя, что спасение их ведет к увеличению в популяции женщин, которые уже никогда не смогут родить. По ее мнению, появление боли при рождении имеет недавнее происхождение, а женщины примитивных народов рожают без боли[256]. Выходец из семьи промышленников доктор Г.В. фон Сименс указывал на опасность пролетаризации немецкой популяции, связанной с тем, что больные, психически ненормальные, слабые и бедные размножаются быстрее, чем талантливые[257]. Под последними понималась военная, промышленная и интеллектуальная элита. Ссылаясь на Гальтона, Сименс на примере популяций Вены, Парижа и Берлина демонстрировал обратную пропорциональность в численности семей в зависимости от их доходов. Он заметил, что его собственная знаменитая семья, в генетическом превосходстве которой он, конечно, не сомневался, имеет только 2,8 детей на одну супружескую пару, тогда как в семьях алкоголиков, преступников, безработных приходится от 3,5 до 4,9 ребенка на одну семью. Сохранение подобных соотношений, по его мнению, создавало угрозу исчезновения из немецкой популяции лучших наследственных признаков. Угрожающая ситуация с воспроизводством немецкой популяции была наглядно продемонстрирована на Международной гигиенической выставке, проходившей в Дрездене в 1911 г. Ее иллюстрированный каталог был подготовлен и издан М. фон Грубером и Э. Рюдином[258].

---

[254] А. Гротьян сыграл огромную роль в пропаганде и укоренении евгенических идей в немецких социалистических и либеральных кругах, создал собственную евгеническую школу: *Schwartz M.* Sozialistische Eugenik: Eugenische Sozialtechnologien in Debatten und Politik der deutschen Sozialdemokratie (1890–1933). Bonn, 1995. S. 47–72; *Tutzke D.A.* Grotjahn. Leipzig, 1979.

[255] *Proctor R.* Racial Hygiene. P. 19–20.

[256] *Bluhm A.* Zur Frage nach der generativen Tüchtigkeit der deutschen Frauen und der rassenhygienischen Bedeutung der ärzlichen Geburtshilfe // ARGB. 1912. № 9. S. 340–346.

[257] *Proctor R.* Racial Hygiene. P. 18–20.

[258] *Gruber M. von, Rüdin E.* Fortpflanzung. Vererbung. Rassenhygiene. Illustrierter Führer durch die Gruppe Rassenhygiene der Internationalen Hygiene-Ausstellung 1911 in Dresden. München, 1911.

С самого начала своей научной карьеры Рюдин не только стоял у истоков расовой гигиены, но был одним из самых надежных друзей и единомышленником Плётца[259]. Он получил прекрасное медицинское образование. Среди его учителей были звезды немецкой психиатрии и нейрофизиологии (Л. Вилле, Г. Оппенгейм и др.). Рюдин работал у знаменитого мюнхенского психиатра Э. Крэпелина, предложив критерии для разграничения эндогенной шизофрении от маниакально-депрессивного психоза[260]. Участие в редактировании АРГБ и удачная габилитация в 1909 г. открыла путь к быстрой карьере, в 1915 г. Рюдин — экстраординарный профессор в Мюнхенском университете. С первых дней своей карьеры Рюдин был убежден, что научные исследования не могут быть отделены от действий политиков, принимавших решение на правительственном уровне. Он старался не просто пропагандировать идеи расовой гигиены, но и формулировать их таким образом, чтобы заинтересовать ими общество и власть, и находил для исследования актуальные проблемы, имевшие прикладное значение. Главной областью своих работ Рюдин выбрал генетику психических заболеваний. В то время в медицинском сообществе практически никто не сомневался в их наследственном характере, но дальше общих рассуждений дело не шло, так как отсутствовали проверенные данные.

Рюдин пошел по пути сбора статистически обработанных сведений о психопатологии, психиатрии, генеалогии, демографии, физической антропологии у максимально большего количества пациентов. Результаты огромной работы были подведены в книге «Исследование возникновения и наследования душевных болезней», ставшей широко известной[261]. Её цель состояла в том, чтобы найти вероятность появления заболевания у потомства конкретного человека, а также формулировать вероятностный прогноз общей динамики психических заболеваний в Германии. Результаты генетической психиатрии, по мнению Рюдина, должны были помочь Германии найти путь для предотвращения генетической деградации населения, которое Рюдин рассматривал как совокупность групп, дифференцированных не столько социально, сколько биологически. В итоге и лечение болезней для него становилось исключительно политико-экономической (спасение государства), а не медицинской (выздоровление больного) задачей[262].

В 1907 г. Рюдин познакомился со студентом медицинского факультета Ф. фон Ленцем, который в 1911 г. участвовал в организации экспозиции для выставки в Дрездене[263]. Позднее Ленц не раз говорил, что эта выставка стала одним из самых ярких событий в его жизни, и посвятил ей свои стихи. Ученик патолога Л. Ашоффа, Ленц был хорошо знаком с молодой тогда генетикой, слушал лекции А.Ф.Л. Вейсмана и обсуждал с О. Фишером значение генетики для антропологии. В ходе этих дискуссий зарождался замысел будущей совместной книги. Докторская диссертация Ленца была посвящена наследственной патологии у муж-

---

[259] *Schulz B.* Ernst Rüdin // Archive für Psychiatrie. 1953. Bd. 190. S. 187–195; *Weber M.M.* Ernst Rüdin. Eine kritische Biographie. Berlin, 1993.

[260] *Schmuhl H.-W.* Rassenhygiene, Nationalsozialismus, Euthanasie. Von der Verhütung zur Vernichtung “lebensunwerten Lebens”, 1890–1945. Göttingen, 1987. S. 82–83.

[261] Studien über Vererbung und Entstehung geistiger Störungen / Hg. E. Rüdin. Berlin, 1916.

[262] *Ritter H.J.*, *Roelcke V.* Psychiatric Genetics in Munich and Basel between 1925 and 1945: Programs — Practices — Cooperative Arrangements // Politics and Science in Wartime. P. 268.

[263] *Becker P.E.* Zur Geschichte der Rassenhygiene — Wege ins Dritten Reich. S. 183–190.

чин в предопределении пола. У него были специальные работы по энтомологии. В 1913 Рюдин привлек Ленца к изданию АРГБ, что было полезно ему в плане расширения контактов. В эти годы Ленц испытывал духовный подъем в связи с перспективой служить делу генетического оздоровления Германии и нордической расы. В греческой философии киников, Сократа и Платона он находил оправдание мер по предстоящей селекции ценных и неценных членов общества. В годы войны он служил в качестве гигиениста в лагере военнопленных, но «габилитировался»[264] (получил право на доцентуру) в 1919 г. у М. фон Грубера по теме о наследственности и вырождении у бабочек, которые в те годы были любимым объектом его изучения.

Э. Баур относился к числу немногих биологов, сумевших сразу же оценить значение переоткрытия К.Э. Корренсом законов Менделя и способствовавших внедрению генетики в практику фундаментальных и прикладных исследований[265]. Врач по образованию, Баур в 1900 г. защитил магистерскую диссертацию о сложных формах туберкулеза, но в студенческие годы на него огромное впечатление произвели лекции А.Ф.Л. Вейсмана по эволюционной теории и Ф. Ольтманнса по ботанике. Докторскую диссертацию в 1903 г. он посвятил лекарственным формам лишайников и начал работать ассистентом в Ботаническом институте в Берлине, где уже в 1905 г. прошел «габилитацию» по работе о миксобактериях. В 1908 г. Баур основал первый в мире генетический журнал «Zeitschrift für induktive Abstammungs- und Vererbungslehre», в 1911 г. стал профессором кафедры ботаники в Высшей сельскохозяйственной школе в Берлине. Три года спустя Баур основал первый в Германии генетический институт. С 1907 г. Баур участвовал в работе Восточного отделения Немецкого общества по расовой гигиене, основанного Э. Рюдином в Берлине, а в 1917–1919 г. был его председателем. Он, опираясь на свое медицинское образование, одним из первых попытался использовать современную генетику для лечения определенных болезней и активно участвовал в разработке и популяризации расово-гигиенических проблем и подходов к их решению. Примером этого служит его академическая речь в 1920 г. о гибели культурных народов в свете биологии[266].

На общебиологические воззрения антрополога О. Фишера[267], как и остальных представителей молодого поколения расовых гигиенистов, большое влияние оказали лекции А.Ф.Л. Вейсмана. Медик по образованию, он прошел воинскую службу и защитил в Мюнхене в 1898 г. диссертацию по анатомии гениталий у самок орангутангов. Через два года он прошел габилитацию, работал приват-доцентом по анатомии в Институте Видерсхайма во Фрайбурге, а в 1912 г. был избран экстраординарным профессором в Вюрцбурге. В годы войны Фишер был военным хирургом, а с 1918 г. стал преемником Видерсхайма на посту директора института. Несмотря на медицинское образование и хирургическую практику, Фишер все больше интересовался

---

[264] Habilitieren — конкурс на замещение должности преподавателя (доцента).

[265] *Hagemann R.* Zum 100. Geburtstag des Genetikers Erwin Baur // Leopoldina. 1975. Reihe 3. № 21. S. 179–187; *Gilsenbach R.* Erwin Baur. Eine deutsche Chronik // Arbeitsmark und Sonderlass: Menschenverwertung, Rassenpolitik und Arbeitsamt / Hg. G. Aly, M. Hamann, S. Heim, A. Meyer. Ser. Beiträge zur nationalsozialistischen Gesundheits- und Sozialpolitik. 1989. Bd. 8. S. 184–197; *Kröner H.-P., Toellner R., Weisemann K.* Erwin Baur: Naturwissenschaft und Politik. München, 1994. S. 1.

[266] *Schiemann E.* Erwin Baur // Berichte der Deutschen Botanischen Gessellschaft. 1935. Bd. 52. S. 51–114.

[267] *Lösch N.C.* Rasse als Konstrukt: Leben und Werk Eugen Fischers. Frankfurt am Main, 1997.

антропологией. Он познакомился с основателем антропометрии Р. Мартином и в 1908 г. получил финансовую поддержку от Фонда Гумбольдта для проведения антропометрического обследования немецких колонистов в Юго-Западной Африке. Результаты исследования были подведены в книге по проблемам последствий межрасовых скрещиваний у человека, опубликованной в 1913 г. и принесшей Фишеру мировую известность, став классическим трудом для сторонников идеи о расовом превосходстве белого человека. В ней, базируясь на результатах обследования местных популяций, Фишер рекомендовал колониальным властям с аборигенами «быть добрыми, справедливыми, твердыми и не баловать их».

В ходе обследования в полузамкнутой популяции потомков голландцев-гугенотов с аборигенами Фишер убедился в огромном значении генетических законов Менделя для антропометрического изучения детей от межрасовых браков. В 1909 г. он прочитал во Фрайберге лекцию «Социальная антропология», которая, по словам его биографа Н.К. Лёша, была первой лекцией по расовой гигиене, прочитанной в немецких университетах[268]. Лекция заинтересовала А. Плётца, и после его визита Фишер организовал Фрайбергскую группу Восточного отделения Немецкого общества по расовой гигиене и привлек Ф. фон Ленца к работе в ней в качестве секретаря. В дальнейшем от физической антропологии Фишер перешел к изучению интеллектуальных способностей, превращаясь все больше в расового гигиениста. Он ввел понятие о надындивидуальной единице — расе или народе, базируясь на типологической трактовке расы. Народ или расу Фишер рассматривал как реальную систему, требующую защиты целостности при помощи особых практических мероприятий, которые можно проводить лишь при поддержке правительства.

Одним из соавторов О. Фишера в те годы был антрополог Т. Моллисон, который учился в те же годы во Фрайбургском университете у Вейсмана, а с 1905 г. специализировался в области антропологии[269]. Во время поездки в африканские колонии Германской империи в 1904 г. он усвоил ультранационалистические и расистские воззрения, участвуя в геноциде против местного населения. В 1916 г. Моллисон стал экстраординарным профессором антропологии в университете Гейдельберга, а через 10 лет получил кафедру антропологии в Мюнхенском университете. Объектом его исследований стали народы Полинезии. Сравнивая антропометрические измерения аборигенов из немецких колоний с ископаемыми остатками человека, Моллисон пришел к выводу, что современные австралийцы принадлежат к более низшей расе, чем неандертальцы, а африканцы к более высокой.

Таким образом, в имперской Германии сложилось четко обозначенное сообщество расовых гигиенистов. Среди них сформировалась группа молодых, амбициозных и очень активных ученых, принадлежавших к разным отраслям знаний (антропология, медицина, психиатрия, гигиена, генетика), что придавало новой отрасли знания междисциплинарный характер. Основой их взаимного понимания служил не только возраст и, соответственно, общий менталитет, отражавший дух эпохи, в которой они выросли, но базовое медицинское образование, облегчавшее общение, обсуждение общих проблем и даже соавторство. Почти все они, за исключением Ленца, были выходцами из слоев мелкой и средней буржуазии, обладали практическим складом ума, принадлежали к числу экспертов, а не мандаринов, и были нацелены на решение конкретных задач. Им не была

[268] *Lösch N.C.* Rasse als Konstrukt: Leben und Werk Eugen Fischers. S. 99.

[269] *Kater M.* Doctors under Hitler. Chapell Hill; London, 1989. P. 230–231.

чужда политическая жизнь. Проблемы общества они готовы были решать с позиций модернизма и технократии. В отличие от представителей старшего поколения расовых гигиенистов, их общебиологические взгляды формировались под влиянием уже не Э. Геккеля, а А.Ф.Л. Вейсмана. В своих расово-гигиенических и социал-дарвинистских построениях они уже исходили из данных современной генетики, а не из ламаркистского принципа наследования приобретаемых признаков. В результате полностью отрицалась роль социальной среды в формировании психических и интеллектуальных свойств, а также в заболеваемости, алкоголизме, проституции. В пропаганде создания здорового общества расовые гигиенисты все чаще находили точки соприкосновения со сторонниками проведения опытов на человеке с целью получения более надежных данных о причинах болезней и способах их лечения. Эти проблемы активно обсуждали в Германской империи на грани двух веков, находя все большую поддержку со стороны медицинского сообщества, которое ратовало за отмену клятвы Гиппократа и снятие ограничений при выборе способов лечения[270]. Немаловажное значение для способа поведения расовых гигиенистов и их подхода к решению социальных проблем имел опыт службы в армии с ее жесткой дисциплиной и культом решения социальных проблем без излишнего гуманизма. Бауру, Рюдину, Фишеру и Ленцу предстояло стать символом союза академической науки с национал-социализмом.

В результате правильно построенной стратегии первым сторонникам расовой гигиены не только удалось пройти первые шаги по ее институциализации (создать общества, журналы) как новой отрасли биомедицинских наук, но и заинтересовать своими идеями представителей разных отраслей естественнонаучного и гуманитарного знания. Их внедрение в академическую среду шло достаточно легко, так как в основе их карьеры лежали труды по общепризнанным отраслям знания (антропология, ботаника, медицина, психиатрия). Парадигма расовой гигиены обрела институциональные формы в социологии, криминальной биологии, генеалогии и медицине[271]. Секция по расовой гигиене была организована в Обществе немецких естествоиспытателей и врачей. Кроме того, было учреждено Медицинское общество по сексуальным наукам, которое издавало с 1913 г. «Журнал по сексуальным наукам» (Zeitschrift für Sexualwissenschaft).

В целом, немецкие расовые гигиенисты пытались убедить правящую элиту и общество, что нельзя так беспечно относиться к генетическому благополучию нации и своих семей, заботясь только о чистоте пород у лошадей. В эпоху колониализма они, как и ученые других европейских стран, верили в превосходство белых, но отнюдь не были антисемитами[272], некоторые, как, например, Блум и

---

[270] *Winau R.* Versuche mit Menschen. Ärzliche Praxis und rechtliche Regelungen vor 1933 // Medizin und Gewissen. 50 Jahre nach dem Nürnberger Ärzteprozess — Kongressdokumentation / Hg. S. Kolb, H. Seithe. Frankfurt am Main, 1998. S. 34–37; *Baader G.* Auf dem Weg zum Menschenversuch im Nationalsozialismus. Historische Vorbedingungen und der Beitrag der Kaiser-Wilheln-Institute // Die Verbindung nach Auschwitz. Biowissenschaften und Menschenversuche an Kaiser-Wilhelm-Instituten. Dokumentation eines Symposiums / Hg. C. Sachse. Göttingen, 2004. S. 195–157; *Winau R.* Versuche mit Menschen. Historische Entwicklung und ethischer Diskurs // Ibid. S. 158–177; Medizingeschichte und Medizinethik. Kontroversen and Begründungsansätze 1900–1950 / Hg. A. Frewer, I.N. Neumann. Frankfurt am Main; New York, 2001. S. 21–84.

[271] *Schmuhl H.-W.* Rassenhygiene, Nationalsozialismus, Euthanasie. S. 93.

[272] *Kiefer A.* Das Problem einer "judischer Rasse". Eine Diskussion zwischen Wissenschaft und Ideologie (1870–1930) // Marburger Schriften zur Medizingeschichte. 1991. Bd. 29.

Гумплович, были евреями по происхождению, а В. Вайнберг — полуевреем. Сам Плётц ратовал за браки между евреями и немцами как представителями наиболее древних рас, обладавших высокой культурой и прошедшими длительный отбор.

На этом этапе протагонисты расовой гигиены продолжали снова и снова подчеркивать, что цель расовой гигиены состоит «в искоренении болезней, от которых страдает все человечество и все расы в равной мере»[273]. Их нисколько не волновала «денордизация» немецкого народа, а Шальмайер резко критиковал сторонников концепции Гобинó о превосходстве арийской расы[274]. Основатели расовой гигиены не считали её единственной панацеей для искоренения болезней и бедности. Они поддерживали некоторые социальные реформы, проводимые в рамках государственного социализма. Общество расовой гигиены координировало свои действия с такими движениями как, например, Союз защиты матерей, члены которого выступали за реформы, призванные помочь женщинам, особенно матерям-одиночкам, воспитывать детей.

В то же время вряд ли можно провести четкую границу между генетикой человека, медицинской расовой гигиеной и немедицинским расизмом Нордического движения, состоящего преимущественно из германистов, социальных антропологов, юристов и политиков и сформировавшегося уже после войны[275]. В сочинениях Плётца немало чисто расистских высказываний о превосходстве белых над неграми (последние, в свою очередь, сравнивались с гориллами), об интеллектуальной отсталости негров, в результате чего у них неграмотность в десять раз выше, чем у остальной части населения и т. д.[276] В 1907 г. он вместе с Ф. Воллни и Ф. фон Ленцем организовал секретный кружок нордийцев (Ring der Norda), в задачу которого входило воспитание немецкого расового характера, а в 1912 г. в Мюнхене был создан Богенский клуб (Bogen — лук, дуга). Его члены должны были заниматься спортом, а также выполнять некие аллегорические действия, связанные с их планами на будущее.

Многие гигиенисты-врачи поддерживали контакты с Обществом Гобинó , основатель и председатель которого Л. Шеман был членом Фрайбергского отделения Общества расовой гигиены. На Пятом ежегодном заседании Общества расовой гигиены, проходившем в Мюнхене, оживленно дискутировался вопрос, должны ли в него входить только члены, принадлежащие к белой расе. И хотя некоторые высказывались за интернациональный подход, характерный для любого научного объединения, большинство пришло к выводу, что быть членами общества могут быть только представители белой или нордической расы. Это решение было зафиксировано в параграфе 4 нового Устава.

Переоткрытие законов Г. Менделя имело особое значение для расовых гигиенистов. Из них следовало, что расовая гигиена не может ограничиться только медицинским уходом, терапией, социальным обеспечением и т. д., а необходимо было найти замену ослабленному естественному отбору. У современного человека им мог стать только искусственный отбор, аналогичный отбору при выведе-

---

[273] *Rubbert H.* Rassenhygiene. Eine gemeinverständliche Darstellung. Bonn, 1910. S. 6.

[274] *Schallmayer W.* Gobineaus Rassenwerk und die moderne Gobineausschule // Zs. für Sozialwissenschaft, 1910. N. F. Bd. 1. S. 553–572.

[275] Biologismus im 19. Jahrhundert. Vorträge eines Simposium von 30 bis 31. Oktober. 1970 in Frankfurt am Main / Hg. G. Mann. Stuttgart, 1973.

[276] *Ploetz A.* Die Tüchtigkeit unserer Rasse und der Schutz der Schwachen. S. 91–94.

нии и сохранении пород домашних животных. Расовая гигиена была готова сделать следующий шаг от теории к медицинской практике. Этому способствовало и формирование медицинской генетики, у истоков которой стоял врач-акушер В. Вайнберг. В 1904 г. он опубликовал в «Политико-антропологическом обзоре» статью, в которой впервые в немецком языковом пространстве использовал понятие «элитный мозг». Вскоре этот термин широко вошел в литературу по расовой гигиене[277]. Узнав о законах Менделя, он заинтересовался наследованием патологических и нормальных признаков у человека и вскоре занялся семейным анализом и статистикой наследования[278]. Благодаря изучению склонности к рождению близнецов, наследуемых одним геном, и частоты появления двойников он пришел независимо от английского математика Г. Харди к формулировке закона распределения частот в панмиксической популяции. Однако до приезда в Германию Н.В. Тимофеева-Ресовского популяционная генетика не получила развития в Германии, и здесь доминировали мысли о быстром распространении вредного доминантного гена в популяции человека.

Среди участников конкурса 1900 г., где победителем был признан В. Шальмайер, третье место занял другой бывший марксист Л. Вольтман, книга которого, подготовленная к конкурсу, была опубликована в 1903 г. и имела огромный успех. Вскоре она была переведена на многие языки, в том числе и на русский в 1905 г. Будучи учеником Геккеля в области зоологии и эволюционной теории, Вольтман претендовал на собственную роль создателя политической антропологии. Суть ее заключалась в том, что «биологическая история человеческих рас есть естественная и основная история государств»[279], а творцами и носителями политической и духовной истории являются конкретные индивиды, их семьи, роды, племена и расы. Для него человеческая раса всецело подчиняется биологическим законам, включая борьбу за существование и естественный отбор как главные факторы эволюции. Как и другие виды животных, расы проходят периоды становления, подъема и упадка. Для доказательства этих идей он использовал представление В. Иоганнсена о «чистых линиях» у растений и уверял, что любой биологический вид сопротивляется смешению кровей (Blutmischung) и стремится очиститься от инородных примесей (Entmischungen), чтобы избежать угрозы вырождения. Гибридизация рас, по его мнению, неизбежно ведет к появлению ублюдков, а в конечном счете, к деградации нации. Разобрав примеры наследования интеллектуальных и психических способностей, он предложил ввести систему жесткого расового отбора (Rassenzucht) ради сохранения и усиления расовой энергии. Вольтман также использовал термин «антропологический пролетариат», куда включал преступников, бродяг, нищих, калек, уродов, наследственно больных и т. д.

В отличие от Шальмайера и Плётца, Вольтман был жестким сторонником кастового государства. Для него мероприятия расовой гигиены должны были проводиться не для оздоровления расы, а для закрепления господства самой энергичной, воинственной и культурной из рас. Таковой он считал нордическую расу, отличавшуюся определенным набором биологических свойств (светлая пигментация кожи, белокурые волосы, голубые глаза, высокий рост, большой объем

---

[277] *Hagner M.* Geniale Gehirne. Zur Geschichte der Elitegehirnforschung. Göttingen, 2004. S. 234.

[278] *Früh D.* Wilhelm Weinberg, Armenartzt und Populationsgenetiker // Biologisches Zbl. 1996. Bd. 115. S. 111–119.

[279] *Вольтман Л.* Политическая антропология. М., 2000. С. 61.

черепа, долихоцефалия, узкий нос, ярко очерченные надбровные дуги и т. д.). Их представителей он находил во главе всех народов, переживших период творческого созидания, будь то индусы, персы, шумеры, египтяне, китайцы, инки. Для него все наиболее значимые достижения (политические, научные и культурные) в истории человечества были совершены благодаря североевропейской, нордической расе арийцев, которые уже в глубокой древности якобы проникали в Месопотамию, Индию, Китай и даже Южную Америку[280]. Черты арийцев он усмотрел в сохранившихся изображениях Александра Македонского, Гая Юлия Цезаря, Августа, Карла Великого, Микеланджело, М. Лютера, И.-В. Гёте, персидских царей из династии Ахеменидов, брахманов и т. д. Великий полководец Наполеон, философ И. Кант и композитор Р. Вагнер с их ростом ниже среднего его не смущали, так как были долихоцефалами с голубыми глазами. Носители противоположных черт были для Вольтмана «недочеловеками» (Untermenschen).

Возражая против марксистского интернационала как «брака народов», ведущего к хаосу и деградации рас, Вольтман уверял, что политические пристрастия также определяются голосом крови, а партии формируются по принципу антропологической комплементарности, так как на выборах голосует не гражданин, а архетип его расы. По его мнению, только позитивная селекция при заключении внутрирасовых браков и безжалостный негативный отбор всех больных и слабых может спасти расу от хаоса крови и вырождения в результате безбрежной панмиксии А.Ф.Л. Вейсмана. Правда, оставалось неясным, как строгий расовый отбор, хотя бы у тех же спартанцев, вел к неуклонному сокращению числа воинов от 9000 во времена Ликурга (IX в. до н. э.) до 700 во времена Агиса IV (III до н. э.). Спарта погибла от недостатка людей, когда число ее воинов составило 40 человек.

В сочинениях Вольтмана не было откровенного антисемитизма. У части евреев он даже находил признаки арийской расы и сожалел, что Испания понесла существенные потери «через инквизицию и через изгнание евреев и мавров, лишивших ее наиболее деятельных сил в духовном, финансовом и промышленном отношениях»[281]. Из-за этого национал-социалисты не признали его официально своим предтечей, хотя из современных ему расологов Вольтман оказал наибольшее влияние на их расовую политику массовых убийств «антропологического пролетариата», «ублюдков» и разного рода «недочеловеков». Сдержанность нацистов к Вольтману была обусловлена и слухами об его еврейском происхождении, и близостью к марксистам в юности.

Для пропаганды своих идей Вольтман основал в 1903 г. периодическое издание «Политико-антропологическое обозрение», в котором заявил о необходимости сохранить нордическую расу. Он надеялся ее усовершенствовать при помощи столь несовместимых биологических концепций, как теория А.Ф.Л. Вейсмана о непрерывности зародышевой плазмы, гипотезы Ж.-Б. Ламарка о наследовании приобретенных признаков и мутационной теории Г. де Фриза. Среди его единомышленников был Л. Шеман, Л. Вильзер, О. Аммон и др. В основанном им журнале, так же как в журнале Плётца, было опубликовано много статей по евгенике и медицинской генетике, посвященных наследованию патологических признаков у человека, обследованию семей и т. д.

---

[280] *Вольтман Л.* Политическая антропология. С. 396–397.

[281] Там же. С. 375.

В целом, первое поколение расовых гигиенистов ратовало за модернизацию Германии, за ее ускоренное развитие благодаря использованию законов биологической эволюции. Но ее сторонники концентрировались в основном на крайне правом фланге политического спектра. Социалисты использовали дарвинизм как антипод религии, как модель социальной эволюции, как доказательство неизбежности социального прогресса, реализуемого в классовой борьбе, выполняющей в обществе функцию борьбы за существование. Это заставляло консервативные силы яростно бороться против социализма. Они поддержали закон Бисмарка о запрете политической деятельности социал-демократов, открывая тем самым путь к легальному использованию дарвинизма только правыми сторонниками модернизации. Не случайно журнал «Архив расовой и социальной биологии» спонсировал Ф.А. Крупп.

У медицинских расовых гигиенистов редукционистская стратегия сведе́ния всего социального к биологическому, расовому была выражена сильнее, чем у биологов — социал-дарвинистов. Учение об отборе в обществе здесь было тесно связано с расовыми концепциями, а расовый подход постепенно становился главным в решении всех общественных проблем. Медицинская расовая генетика превращалась в политическую. Отныне антропологию, генетику и эволюционную теорию пропагандировали, прежде всего, как прикладные науки для решения социально-политических задач. Главной целью журнала «Политико-антропологический обзор», большинство авторов которого составляли медики и психиатры, было распространение политико-антропологических идей. В публикуемых в нем статьях не столько антропологию человека, сколько структуру общества объясняли действием селекционных сил. Запрос со стороны общества побуждал Шальмайера и его сторонников анализировать социальные институты в терминах селекционизма, придавая особое значение репродуктивной селекции. Расовые гигиенисты в Германии накануне Первой мировой войны главное внимание уделяли разработке проектов новых социальных институтов, призванных обеспечить воспроизводство здоровой популяции человека, регулировать выбор половых партнеров, сохранять национальные брачные традиции. Но самое удивительное в том, что, ратуя за ограничение роли естественного отбора и введение различного рода искусственных форм селекции, расовые гигиенисты, по существу, поддерживали марксистов, доказывавших неприменимость дарвиновских, стихийных факторов эволюции для развития общества. Они, как и марксисты, выступали против неомальтузианства.

К началу Первой мировой войны евгеническое движение приняло мировой характер. В 1912 г. состоялся Первый международной конгресс в Лондоне. Но далеко не все немецкие биологи в те годы поддерживали сторонников расовой гигиены, усматривая в требованиях евгеников угрозу правам человека и христианским ценностям. Так, О. Гертвиг в 1918 г. напоминал об опасности непрофессионального использования принципа отбора во всех сферах общества[282]. Он писал, что в силу специфики человеческих популяций, медленной смены поколений, отсутствия изолирующих механизмов между расами, свободы выбора партнера и т. д., искусственный отбор не мог стать двигателем прогресса. Отбор в человеческом обществе,

---

[282] *Hertwig O.* Zur Abwehr des ethischen, des sozialen, des politischen Darwinismus. Jena, 1921. S. 85–90.

согласно классику морфологии, цитологии и эмбриологии, неизбежно вел к насилию над личностью, к вмешательству государства в самые интимные сферы человеческого бытия, что угрожало, в конечном счете, не только духовной, но и физической деградацией человека. Не менее важны были и политические причины, препятствующие реализации расово-гигиенических мероприятий, авторы которых фактически предполагали сократить рождаемость в пролетарских слоях общества, поставщиках основной рабочей силы для интенсивно развивавшейся экономики. Повышение рождаемости и рост населения были для Германии более актуальными задачами, чем расовая чистота нации и ее наследственность. Не случайно в 1912 г. Ю. Вольф опубликовал книгу, призванную остановить падение рождаемости сугубо социальными мерами[283].

С началом войны необходимость решения этой проблемы стала ещё более важной из-за огромных потерь на фронте и хронической нехватки рабочих рук в промышленности. В начале 1915 г. создается Немецкое общество по политике в области народонаселения (Deutsche Gesellschaft für Bevölkerungspolitik), вступившее сразу в конкуренцию с Немецким обществом расовой генетики. Новое общество быстро получило поддержку от всех партий, профсоюзов, промышленников, предпринимателей и ученых и благодаря росту численности приобретало все большее влияние, что вызывало разочарование у расовых генетиков. Цели популяционной политики скорее диктовались экономическими и государственными соображениями, прежде всего, это были сохранение и умножение численности населения Германии без учета его качественных биологических критериев, которые выдвигали на первое место расовые гигиенисты. Приспосабливаясь к конкурентной ситуации, расовые гигиенисты должны были менять свои программные заявления, делая упор на улучшение биологических показателей нации без существенного сокращения ее численности. Их предложения по расово-гигиеническим мероприятиям становились конкретнее и радикальнее.

Расовые утопии

По мере укрепления связей с правыми кругами и «народным» движением радикальные тенденции в расовой гигиене усиливались, и ее новые пророки все чаще оказывались за пределами научного сообщества. Это особенно характерно для В. Хенчеля и Й.Л. фон Ланц-Либенфельса, идеи которых повлияли на А. Гитлера. Подготовив под руководством Э. Геккеля диссертацию по зоологии, Хенчель не захотел делать академическую карьеру и стал участвовать в различного рода народных и антисемитских организациях. Хенчель был первым, кто от общих разговоров об обновлении и улучшении германской расы перешел к попыткам реализовать проект выведения «нового человека». В 1907 г. он выпустил книгу «Варуна. Закон подъема и упадка жизни в истории народов», в которой на исторических примерах доказывал правоту расологии и расовой гигиены[284]. Радикальную критику культуры накануне Первой мировой войны он вел с особым озлоблением и грубостью. Хотя главными ее объектами были право и религия, но

---

[283] *Wolf J.* Der Geburtenrückgang: Die Rationalisierung des Sexuallebens in unserer Zeit. Jena, 1912.

[284] *Hentschel W.* Varuna. Das Gesetz des aufsteigenden und sinkenden Lebens in der Volksgeschichte. Leipzig, 1907.

фактически она затрагивала все сферы общественного бытия. Он был ярым антисемитом, усматривая в евреях главную причину деградации жизни. Ей он противопоставлял идеи восходящей жизни и среднего царства «Mittgart». «Mittgart» в древнегерманских представлениях был страной обитания предков арийцев, между «Asgart» — небесным царством богов и «Niflheim», подземной обителью мертвых.

Хенчель назвал свою программу, выдвинутую в 1906 г., «Обновлением немецкой нации»[285]. Суть ее — следующая. Среди всех рас германская арийская — носитель высших жизненных ценностей. Она должна сохраниться, чтобы не исчезла западноевропейская культура. Но для сохранения ей необходим приток талантливых, жизнеспособных поколений. Как город в качестве очага культуры может существовать только за счет поступления в него людей со всей страны из сельской местности, так и нация сохраняет свое культурное достояние в течение долгого времени, только если в ее распоряжении находятся огромные людские резервы, незамутненные чужеродным влиянием. Поэтому нет более важной задачи, чем обновление и усиление этих резервов. Благодаря усилению народных сил, общих для всех немцев, и очищению их от всех чуждых влияний, прежде всего от поляков, чехов и евреев, немцы могут вернуть доминирующее место в мире, которое занимали уже тогда, когда были варварами.

Для достижения этой цели Хенчель считал необходимым создать союз «Mittgart», т. е. сад по разведению и охране нового человека. Как и Х. фон Эренфельс, он предлагал создавать репродуктивные колонии в среднем из 1000 женщин и 100 мужчин так, чтобы расово ценные мужчины могли иметь как можно больше детей, что фактически означало ликвидацию брака и семьи. Это отталкивало от проекта многих расологов, ратующих за сохранение традиционных институтов. Индивидуальный выбор при формировании колонии был отвергнут, он мог действовать только внутри ее при выборе партнера для размножения, опираясь на физические, эстетические и моральные предпочтения. Таким образом, Mittgart был представлен как фабрика по воспроизводству культуры идеализированного натурализма. При этом колония задумывалась им как некое государство в государстве, но в реализации подобной утопии должна участвовать вся Германия, так как цель проекта — нордизация немецкого народа. От размножения в первую очередь автор этой утопии предполагал отстранить мужчин с ненордическими наследственными задатками.

В 1906 г. Хенчель основал такую колонию в одном из маленьких городков Нижней Саксонии. Ее члены воспринимали себя как апостолов, а усвоение идей Хенчеля — как прозрение[286]. Но в самые лучшие времена колония состояла примерно из 80–90 человек. Она не пережила Первую мировую войну, а идеология Mittgart не получила широкого распространения. Даже расовые генетики отвергали ее как утопию. Сам Хенчель оставался аутсайдером в те годы из-за своих ярко выраженных национализма и антисемитизма. Даже Шальмайер считал бесполезными подобные частные предприятия по улучшению нордической расы. Плётц также полагал неправильным ограничиваться в селекции только нордическим элементом, но не так решительно выступал против проекта Хенчеля, как Шальмайер. Он возражал и против попыток возвращения назад к варварству, считая необходимым сохранить достижения современной цивилизации.

[285] *Hentschel W.* Mittgart. Ein Weg zur Erneurung der germanischen Rasse. Leipzig, 1904.
[286] *Hentschel W.* Vom aufsteigenden Leben. Ziele der Rassen-Hygiene. Leipzig, 1910.

В итоге первая попытка воплотить на практике идеи расовой гигиены в мистических формах Народнического движения закончилась неудачно[287].

В отличие от Шальмайера, Плётца и Хенчеля, австрийский расовый философ и оккультист Й.Л. фон Ланц-Либенфельс не стал известным автором, тем не менее, его труды вошли в историю расовой гигиены[288], так как, по утверждению некоторых авторов, они оказали большое влияние на молодого Гитлера, который поддерживал с ним личный контакт еще в 1910 г. в Вене[289]. В то же время пока нет никаких доказательств, что Гитлер читал его сочинения[290], хотя есть немало сходных мест, впрочем, как во всей расологической литературе, для которой плагиат и компиляция — основные методы. Бывший послушник монастыря, Ланц-Либенфельс самостоятельно изучал расологию и ушел в мир в 1899 г., чтобы создать орден «Верфенштейна», цель которого — содействовать расовой чистоте арийцев. В 1906 г. Ланц-Либенфельс основал в Вене Общество «Остара», названное по имени древнегерманского бога красоты, как союз для размножения голубоглазых блондинов и выпускал брошюры в виде антисемитского бульварного журнала «Остара. Журнал для блондинов». В них он проповедовал не только закономерность господства европейской расы, но и утверждал, что лишь белокурые арийцы являются настоящими людьми, и предупреждал германцев о постоянной опасности, которой подвергаются их невинные девушки со стороны мужчин низших рас. В качестве доказательств он приводил обычно цитаты из Библии, которую трактовал как книгу «людей-господ», которым удалось прекратить буйство в стадах обезьян и обезьяноподобных людей путем запрета рокового заимствования крови высших рас в процессах межрасового смешения[291]. Для него вся история человечества была борьбой арийцев с кареглазыми, низкорослыми, злобными, бесполезными и презренными недочеловеками. Христианская мораль и любовь к ближнему для Ланц-Либенфельса была действительна только относительно настоящих людей, к которым принадлежат только истинные представители нордической расы.

По аналогии с христианским воскресением Ланц-Либенфельс ратовал за воскресение господства высшей расы, которое могло быть достигнуто благодаря расово-гигиеническим мерам, включая и запрет на межрасовые браки. Распятие и смерть Христа на кресте были для него символическим изображением гибели

---

[287] *Bäumer A.* NS-Biologie. Stuttgart, 1990. S. 80.

[288] *Lanz-Liebenfels J.L. von.* Antropozoon biblicum. Vierteljahresschrift für Bibelkunde. Berlin, 1904; *Lanz-Liebenfels J.L. von.* Theozoologie oder die Kunde von den Sodoms-Äfflingen und dem Götter-Elektron. Eine Einführung in die älteste und neueste Weltanschauung und eine Rechtfertigung des Fürstentums und des Adels. Wien, 1904.

[289] *Daim W.* Der Mann, der Hitler die Ideen gab. Von den religiösen Verrirrungen eines Sektierers zum Rassenwahl des Diktators. München, 1958; *Bäumer Ä.* NS-Biologie. S. 82; Энциклопедия Третьего рейха / Сост. В. Телицын. М., 2005. С. 255.

[290] *Mosse G.* The Crisis of German Ideology.

[291] Мысль Й.Л. фон Ланц-Либенфельса о гибридизации совершенной расы пришельцев из космоса с обезьяноподобными обитателями Земли заинтересовала русского животновода И.И. Иванова, который поручил молодому антропологу М.Ф. Нестурху подготовить реферат книги Либенфельса, содержащей сведения из Библии о происходившем в прошлом смешении людей и животных. См.: *Россиянов К.О.* Опасные связи: И.И. Иванов и опыты скрещивания человека с человекообразными обезьянами // ВИЕТ. 2006. № 1. С. 21.

белокурого, героического арийского народа из-за смешения рас. Фактически он защищал расовую мистику и ариесофию. Для него эзотерические ценности составляли смысл Библии, ее познавательную значимость. По внешнему облику он был типичным арийцем и считал себя вправе говорить от имени всей арийской расы. Суть его расово-гигиенических указаний звучала следующим образом: арийцы должны любить только равных себе. Расовая гигиена в его представлении принимала форму религии для арийцев. Ланц-Либенфельс был, конечно, антисемитом, но среди смешанных рас выделял дворян и аристократов, с которыми общался. В этом смысле он К. Краузе, еврея, считал арийцем. Позднее Ланц-Либенфельс отказался от подобной дифференциации евреев.

Российские ученые в поисках путей переустройства общества[292]

В десятилетие, предшествовавшее Первой мировой войне, российские ученые находились в двойственном положении по отношению к существующему строю, что в значительной степени определяло и их отношение к использованию биологических знаний для рациональной организации общества. С одной стороны, они были членами международного научного сообщества, входили в престижные общества и академии, их труды получали широкое общественное признание. Проведя многие годы в Западной Европе, главным образом в Германии, многие из них стремились перенести в Россию укоренившиеся там формы организации науки, ее этоса, взаимоотношений между учеными, обществом и властями. В профессиональной культуре, поведении, языке, быте российские ученые практически не отличались от своих немецких коллег. Они были убеждены, что их деятельность служит государству и народу.

Важным компонентом этой идеологии в рамках академического сообщества был высокий престиж фундаментальных исследований, которые называли «чистой наукой». Если наука и образование были светской религией, то чистая наука была её самой священной территорией. Культ чистой науки предполагал, что настоящий ученый несет ответственность лишь перед этическими нормами своего священного призвания. В публикациях ученые подчеркивали объективность своих исследований, их оригинальность и новизну[293]. Съезды российских ученых и научные общества объединяли их по научно-дисциплинарным основаниям,

---

[292] Проблемы организации российской науки и взаимоотношения внутри научного сообщества в России в начале XX века были подробно проанализированы в ряде коллективных монографий: *Колчинский Э.И.*, *Кольцов А.В.* Российская наука и революционные кризисы в начале XX века // Наука и кризисы / Ред.-сост. Э.И. Колчинский. СПб., 2003. С. 291–334; *Колчинский Э.И.* В поисках новых форм организации российской науки // Академическая наука в Санкт-Петербурге в XVIII–XX веках. С. 336–360. При анализе взаимоотношений российской науки с властями и обществом я учитывал некоторые результаты блестящего исследования Б.Н. Миронова, изложенные в фундаментальной книге: *Миронов Б.Н.* Социальная история России периода империи (XVIII — начало XX в.). Генезис личности, демократической семьи, гражданского общества и правового государства. 3-е изд. СПб., 2003. Т. 1–2.

[293] *Thodes D.P.* Biological Psychology and the Tsarist Censor: The Dilemma of Scientific Development // Bulletin of the History of Medicine. 1984. Vol. 58. P. 529–544.

обеспечивая свободное «гражданское» пространство. Здесь они чувствовали себя экспертами, людьми с высокой профессиональной репутацией.

С другой стороны, большинство из них работало в учреждениях, финансируемых правительством и являвшихся частью государственной машины. Находясь на службе у правительства, они ощущали, как оно ограничивало их общественную активность. Большинство из них понимало, что правительство неспособно обеспечить научные исследования в масштабах, отвечавших потребностям страны. Возникал опасный разрыв между гражданским и профессиональным статусом профессоров и академиков как «слуг правительства», что неизбежно вело к противостоянию[294].

В этом противостоянии ученые руководствовались идеологией, сложившейся в первые десятилетия пореформенной России[295]. Как и их немецкие коллеги, они были убеждены, что научная деятельность дает определенное моральное превосходство над правительством, так как в процессе обучения шло усвоение неких высоких моральных качеств — служения истине, народу и обществу. Эти чувства биологов выразил в своих публицистических трудах физиолог растений К.А. Тимирязев, принадлежавший к поколению шестидесятников, когда тайны науки увлекли целое поколение студентов России. Для профессоров «мистика науки» была связана в какой-то степени с их осознанием своей «кастовости» и «корпоративности». Подобно масонам в век Просвещения, они воспринимали себя высокоморальными людьми, так как получили высшее образование, и распространение знаний считали священным долгом[296]. В конечном счете, большинство российских профессоров сформировало отчетливую социально-культурную группу, которая в академической деятельности стремилась следовать своей вере в необходимость научно-технического прогресса и реформ.

Для российских ученых наука была не просто профессией, а жизненным призванием и уникальной «карьерой», придававшей им некую моральную трансцендентную значимость. В журнале «Природа» физик В.А. Михельсон писал о главной, с точки зрения русских, особенности отечественной идеологии науки и этоса ученого: «Средний немец занимается наукой как выгодной профессией — выгодной не только лично для него, но также для людей и государства. Многие англичане и французы занимаются наукой как интересным и благородным спортом, не задумываясь о её полезности. Но русские и славяне вообще охвачены священным энтузиазмом, они считают занятие наукой единственным путем к достижению приемлемого, если не совершенного взгляда на мир. И воспринимают поиск истин как внутреннюю потребность личности и как моральный долг перед Родиной и всем человечеством»[297]. Эта ментальность в восприятии науки в немалой степени объясняет тот удивительный для зарубежных историков науки факт, что российские женщины первыми в мире дали профессиональных ученых в области ме-

---

[294] *Kassow S.D.* Students, Professors and the State in Tsarist Russia. Berkeley; Los Angeles, 1989.

[295] *Эймонтова Н.Г.* Русские университеты на путях реформы: шестидесятые годы XIX века. М., 1993.

[296] *Koselleck R.* Critique and Crisis: Enlightenment and Pathogenesis of Modern Society. Cambridge (Mass.), 1988.

[297] *Михельсон В.А.* Расширение и национальная организация научных исследований в России // Природа. 1916. № 5–6. С. 696.

дицины, биологии, физиологии, химии, математики и т. д., опередив такие страны, как Англии, Франции, США и др.[298]

Многие из них шли еще дальше, претендуя на роль носителей высших представлений об общественной жизни, выработанных путем научных исследований или усвоенных в ходе образования. Выразителем мнений ультрасциентистов в начале XX века стал академик, минералог, геохимик и биогеохимик В.И. Вернадский, один из создателей оппозиционного правительству Академического союза, ставшего основой партии конституционных демократов[299]. В 1892 г. он писал, что сила общества зависит от того, насколько сознательна его политика. Последнее возможно только в странах с развитой демократией, где мыслящим людям дана возможность высказывать и отстаивать свое мнение, которое учитывают при определении национальной стратегии, а «коллективные поступки делаются на основании правильно составленного мнения лучших людей»[300]. В противном же случае, по его мнению, жизнь в обществе, как это происходило в России в конце XIX века, становится все «труднее и безобразнее».

Ключевой элемент этого высказывания — выражение «лучшие люди», так как неизбежно вставал вопрос, кого считать таковыми. Вернадский и его сподвижники по партии идентифицировали себя как «лучших людей» страны, но на эту роль претендовали и политики, включая правительство и крайних радикалов, как справа, так и слева. Правительство в целом снисходительно относилось к притязаниям ученых играть ведущую роль в политике, включая их в разного рода комиссии и даже в Государственный совет, не препятствуя их усилиям проталкивать свои программы во властных структурах. Но, в конечном счете, власть решала любой вопрос в соответствии со своими интересами, а независимое положение не прибавляло ученым веса в принятии важнейших политических и социально-экономических решений. Достижения науки по-прежнему имели косвенное отношение к административной карьере, которая определялась преимущественно за счет сложной сети родственно-генеалогических связей среди дворянства и высшей бюрократии. Как подчеркивает Т. Маурер в фундаментальном труде о преподавателях высшей школы в царской России, благодаря этому большая часть студенчества набиралась из малоимущих сословий, а процент сыновей дворян и чиновников среди студентов неуклонно падал[301]. Несколько другие цифры приводит А.Е. Иванов, указывая, что к 1910 г. дворян среди профессоров стало чуть больше[302].

Правительство всегда с особым подозрением относилось к умонастроениям университетского сообщества, изначально формировавшегося в значительной мере за счет разночинцев[303]. Это отражалось в чередовании абсолютизма царской политики

---

[298] *Koblitz A.H.* Science, Women and Revolution in Russia. Amsterdam, 2000. P. XI.

[299] *Иванов А.Е.* Первая русская революция и профессура высших учебных заведений. Всероссийский Академический союз: идеология, политическая деятельность // Вопросы социально-экономического развития и революционного движения в России. М., 1977. С. 102–126.

[300] *Вернадский В.И.* Основа жизни — искание истины // Новый мир. 1988. № 3. С. 218–219.

[301] *Maurer T.* Hochschullehrer im Zarenreich. Ein Beitrag zur russischen Sozial- und Bildungsgeschichte. Köln u. a., 1998. S. 3.

[302] *Иванов А.Е.* Высшая школа России в конце XIX — начале XX века. М., 1991. С. 108–110.

[303] *Кулакова И.П.* Спор о первородстве: 275 лет Санкт-Петербургскому университету? // ВИЕТ. 1999. № 3. С. 57–92.

по отношению к университетам в XIX — начале XX вв. с периодами относительного либерализма, иллюстрацией чего являются неоднократные введения и последующие отмены автономии университетов. Подобные зигзаги правительственной политики способствовали усилению влияния в научном сообществе той частью профессорско-преподавательского контингента, которая придерживалась либерально-демократических убеждений. В итоге многие российские ученые были убеждены, что им как экспертам должно принадлежать последнее слово в судьбоносных для страны вопросах, прежде всего ее модернизации.

Часть правящей бюрократии также добивалась модернизации страны[304]. Выступая за увеличение правительственной поддержки научным и образовательным учреждениям, она старалась убедить ученых убрать из предлагаемых ими проектов реформ антиправительственные филиппики. Но многие ученые были не готовы к такому компромиссу, испытывая противоположное давление со стороны широких кругов общественности, особенно революционного студенчества, требовавшего от них более активно использовать науку и образование в борьбе против автократии[305]. К концу 1904 г. в результате студенческих волнений практически во всех университетских городах учебный процесс в высшей школе был парализован[306]. Революционные потрясения 1905 г. показали, что для многих наука важна только как таран для свержения царского правительства и как служанка для построения счастливого будущего[307]. После революции 1917 г. сторонники подобного взгляда отрицали возможность существования науки и образования, независимых от социально-экономических и идеологических интересов, и ставили под сомнение идею о существовании автономного, свободного от оценочных суждений царства чистой науки.

Вначале ученые, дистанцируясь от политических проблем, подчеркивали объективность своих сочинений и их независимость от социально-культурного контекста. Но постепенно усилилась оппозиция интеллигенции режиму, которому все больше ученых отказывало в способности обеспечить общественное развитие. Жесткие и репрессивные действия царского правительства, включая меры по ограничению демократических свобод и университетской автономии, вынуждали академиков и профессоров, по природе достаточно консервативных, как и их немецкие коллеги-«мандарины», бороться за академическую свободу и автономию высшего образования. В ходе этой борьбы они приходили к выводу, что необходимо изменить политическое устройство государства. Руководствуясь собственными взглядами на науку и своими профессиональными интересами,

---

[304] *Куликов С.В.* Царская бюрократия и научное сообщество в начале XX века: закономерности и «типы отношений» // Власть и наука, ученые и власть. 1880-е — начало 1920-х гг. Материалы международного научного коллоквиума / Редкол. Н.Н. Смирнов и др. СПб., 2002. С. 54–71.

[305] Материалы по истории студенческого движения в России. Лондон; СПб., 1993. Вып. 1; *Ольховский Е.Р.* Тайный арест академика Фаминцына (из истории изучения в 1878–1879 гг. причин волнений среди учащейся молодежи) // Очерки по истории Санкт-Петербургского университета. СПб., 1998. Вып. VII. С. 132–145; *Ганелин Р.Ш.* Февральские события 1899 г. в Петербургском университете и студенческое движение в Тарту // Там же. С. 146–162.

[306] *Иванов А.Е.* Университетская политика царского правительства накануне революции 1905–1907 годов // Отечественная история. 1995. № 6. С.104.

[307] *Сироткина И.Е.* Психопатология и политика: становление идей и практики психогигиены в России // ВИЕТ. 2000. № 3. С. 164.

академическая интеллигенция в 1905 г. присоединилась на время к общенациональной борьбе против абсолютистского режима, выступая за представительную демократию[308]. Вера в возможность достижения абсолютной интеллектуальной свободы, соблюдения гражданских прав и неприкосновенности личности стала основой их планов на будущее. Возросшая практическая ценность науки и ощущение своей незаменимости побуждало их претендовать на особую роль в решении проблем, возникших перед Россией во время русско-японской войны и революции 1904–1907 гг. Но, в отличие от консервативной немецкой профессуры, они все чаще занимали места в центре политического спектра.

Участвуя в либеральном движении, апологеты «чистой науки» также втягивались в политику, их академические интересы отступали на второй план, подменяясь общественно-организационной деятельностью, от которой они во благо народа и страны считали себя не вправе отказаться[309]. Они отождествляли себя, по словам МакКлелланда, с «академической интеллигенцией», которая, разделяя общие воззрения широких либеральных слоев, отстаивала при этом собственные интересы, подчеркивая жизненную необходимость для страны университетской автономии и громадную роль науки в будущем социальном и культурном развитии России[310].

Часть научного сообщества была убеждена, что правительство не способно решить назревшие проблемы, и, воспринимая себя носителями прогресса в отсталой стране, свое будущее связывала с коренными социально-политическими и экономическими реформами, созывом Учредительного собрания и введением конституционной монархии. Ученые протестовали против размещения полиции и воинских частей в зданиях Императорской Академии наук, закрытия университетов, репрессий против студентов, призывали офицеров и солдат не подчиняться приказам и уверяли, что волнения, забастовки и военные бунты — расплата за преступления властей[311]. Это вело их к столкновениям и дискуссиям с правительством, в ходе которых они не забывали о собственных профессиональных интересах[312].

Ученые высказывались за усиление государственной поддержки науки, отмену цензуры, развитие народного образования, демократизацию и автономность высшей школы[313]. Среди оппозиционеров были и наиболее авторитетные биологи, например, академики А.Н. Бекетов, И.П. Бородин, В.В. Заленский, Ф.В. Овсянников,

---

[308] *Ерман Л.К.* Интеллигенция в первой русской революции. М., 1966; *Лейкина-Свирская В.Р.* Русская интеллигенция в 1900–1917 гг. М., 1981.

[309] *Стеклов В.А.* Переписка с отечественными математиками. Воспоминания. Л., 1991. С. 259

[310] *MacClelland J.C.* Autocrats and Academics. Education, Culture and Society in Tsarist Russia. Chicago; London, 1979. P. 60.

[311] Санкт-Петербургский филиал Архива РАН (далее — ПФА РАН). Ф. 6. Оп. 1. Д. 26. Л. 15, 19–21; Там же. Ф. 36. Оп. 1. Д. 289. Л. 3; Там же. Ф. 6. Оп. 1. Д. 28. Л. 57–58; Протоколы заседаний Общего собрания Императорской Академии наук (далее ОС ИАН). 1905. § 216.

[312] Программа конституционно-демократической партии // Архив русской революции. Т. 21. Берлин, 1934. С. 460.

[313] Записка о нуждах просвещения в России // Наша жизнь. 1905. 20 января; Протоколы заседаний ОС ИАН. 1905. Приложение к протоколу ОС ИАН 18 февраля 1905 года. С. 22; Там же. Прил. к протоколу заседания от 24 марта 1905 г. 1-е прил. С. 1–2. Прил. к протоколу заседания экстраординарного ОС ИАН от 11 мая 1905 г. С. 1–3.

А.С. Фаминцын и др. Они не желали слушать выговоры от академического начальства, требовавшего от них как государственных служащих соблюдения лояльности по отношению к правительству. Узнав о порицании президента ИАН вел. кн. Констатнина Константиновича за подпись в «Записке 342», ботаник И.П. Бородин сразу же подал прошение об отставке. 4 марта 1905 г. создатель эволюционной физиологии растений и теории симбиогенеза А.С. Фаминцын писал президенту: «Не подавать в отставку, а твердо бороться за свои взгляды, хотя бы с риском потерять занимаемый на государственной службе пост, представляется мне прямой обязанностью гражданина»[314].

Обидевшись на обвинения в получении казенного содержания «от порицаемого правительства», зоолог В.В. Заленский в письме от 23 февраля 1905 г. подчеркивал, что деньги дает народ, а правительство лишь распределяет их, и за особые услуги правительству он денег никогда не получал[315]. Один из старейших академиков, физиолог Ф.В. Овсянников писал президенту 1 марта 1905 г.: «Если бы в России было обращено должное внимание на потребности народа в грамотности и в учении, дана была бы свобода слова и печати, она, несомненно, пользовалась бы в настоящее время спокойствием внутри, силою и уважением извне. Народ жил бы в большом достатке и довольствии»[316]. Его письмо отражает реакцию академиков на поражение Отечества в войне с Японией. С пафосом он вопрошал: «Можно ли требовать от общества, исстрадавшегося, прожившего целые месяцы в тревоге, проливающего потоки крови и слез, чтобы оно спокойно взирало на горе страны и своим молчанием закрепляло дальнейшую гибель отечества. Не только страдают те сотни тысяч народа, которые непосредственно потерпели от войны, кто потерял друга, кто сына, кто брата, кто кормильца; страдает все общество, печалится и болеет весь русский народ».

И хотя академики, как правило, подчеркивали общую лояльность, тон и содержание писем явно показали, что в начинавшейся революции «первенствующее научное сословие» явно не на стороне правительства, а, напротив, считало, что настало время предъявить ему счет за все явные и мнимые упущения в научной политике и в организации высшего образования. Их настроение выразил А.С. Фаминцын, заявив, что подписавшие «Записку 342» «заслуживают не порицания, высказанного в циркулярном обращении, а полного сочувствия и уважения со стороны лиц, которым близки к сердцу судьбы нашего отечества»[317]. Показательно, что в январе 1905 г. директор Зоологического института В.В. Заленский протестовал против размещения полиции и воинских частей в зданиях Императорской Академии наук после расстрела мирной демонстрации на Дворцовой площади[318]. Отмечались случаи столкновения академических сотрудников, недовольных нарушением нормальной работы своих учреждений, с офицерами и солдатами. В период октябрьской политической стачки 1905 г., когда в Императорском Петербургском университете проходили крупные выступления студентов, в зданиях Академии наук снова были размещены полиция и войска. Снова академики и профессора составляли и подписывали протесты.

---

314 ПФА РАН. Ф. 6. Оп. 1. Д. 26. Записка о нуждах просвещения в России.

315 Там же. Л. 137–138.

316 Там же. Л. 148.

317 Там же. Л. 151.

318 ПФА РАН. Ф. 6. Оп. 1. Д. 26. Л. 15, 19, 20–21.

После вооруженных восстаний 1905 г., особенно боев в Москве в 1905 г., ученые уже не мечтали о «слиянии с народом», а боялись его, по выражению М.О. Гершензона, «пуще всех козней власти», славя ее за то, что она «штыками и тюрьмами» ещё ограждала их от «ярости народной»[319]. Как констатировал с горечью С.Н. Булгаков: «В революционные дни опять повторилось гонение на знание, на творчество, на высшую жизнь духа <...>. Наша интеллигентная молодежь не может признать самостоятельного значения науки, философии, просвещения, университетов»[320] и чуждается их, не видя возможности использовать знание во зло царизму.

В итоге научное сообщество, включая академическую элиту, оказалось резко дифференцированным по политическим пристрастиям. Часть его разделяла консервативную политику двора и группировалась вокруг октябристов. Другие придерживались либерально-демократических воззрений. В столичных городах, особенно в Петербурге, доминировали оппозиционные настроения, а в Малороссии немало членов профессорской корпорации придерживались проправительственной политики и нередко были членами черносотенных организаций. Столь резкая дифференциация научного сообщества России в годы первой русской революции — показатель глубокого разрыва между политической реальностью Российской империи и самосознанием ученых[321]. Участие в Государственном Совете депутатов от Академической курии похоронило последние надежды на реформы «сверху» в области науки и образования[322]. Стало ясным, что профессора должны взять на себя заботу о дальнейшем развитии в этой сфере.

Выход из создавшейся ситуации многие ученые, включая и биологов, видели, прежде всего, в укреплении связи фундаментальных исследований с промышленностью и сельским хозяйством, в повышении их роли в социально-экономическом и культурном развитии России, а также в привлечении в науку частных, кооперативных и земских средств. Они вовлекали студентов в научную работу, добивались укрепления материальной базы вузов, вводили новые курсы и специальности. Создавая частные вузы, общественные фонды, научно-исследовательские институты, исследовательские лаборатории на промышленных предприятиях, селекционные и эпидемиологические станции, ботанические сады, они расширяли социальную и экономическую базу науки[323]. Следуя примеру своих западных коллег, они основали Общество содействия успехам опытных наук и их практических применений им. Х.С. Леденцова, Общество Московского научного института, Университет им. А.Л. Шанявского и десятки других научно-исследовательских

---

[319] Вехи. Сборник статей о русской интеллигенции. М., 1909. С. 92.

[320] Там же. С. 28.

[321] *Bails K.* Science and Russian Culture in an Age of Revolutions. V.I. Vernadsky and His Scientific School, 1863–1945. Bloomington; Indianapolis, 1990. P. 80–137.

[322] *Мочалов И.И.* Владимир Иванович Вернадский (1863–1945). М., 1982. С.154. См. подробнее.: Стенографические отчеты сессии Государственного совета. Сессии 1–13. СПб., 1906–1916.

[323] Наука в России. Справочный ежегодник. Вып. 1. Пг., 1918; Вып. 2. Пб., 1920; *Бастракова М.С.* Становление советской системы организации науки (1917–1922). М., 1973; *Беляев Е.А., Пыщкова Н.С.* Формирование и развитие сети научных учреждений СССР: Исторический очерк. М., 1979; *Елина О.Ю.* Сельскохозяйственные опытные станции в начале 1920-х гг.: советский вариант реформы // На переломе: Советская биология в 20-х — 30-х годах. СПб., 1997. Вып. 1; и др.

учреждений и вузов, в которых проводились исследования не на государственные средства[324]. В итоге в 1914 г. в стране функционировали 298 научных учреждений, а количество научных и научно-педагогических кадров достигло 11 600[325]. Их большая часть была сконцентрирована в 65 государственных и 59 общественных и частных высших учебных заведениях.

Создавая негосударственные научные учреждения и университеты, ученые не отказывались от усилий по увеличению финансирования науки со стороны государства. Они добивались дальнейшего развития сети государственных научных и высших учебных заведений. «Такая великая страна, как Россия, — писал биогеохимик В.И. Вернадский по поводу проекта создания Ломоносовского института, — не может и не должна остаться чуждой тому напряженному соревнованию, которое на этом поприще проявляют народы Западной Европы и страны за океаном. Этого не допускает не только благородное чувство национальной гордости, но, насколько могут об этом судить люди науки, и сознание государственной пользы»[326]. От императора и правительства ученые требовали расширения учреждений Академии наук, увеличения ее финансирования, принятия нового Устава, укрепления международных связей, создания новых университетов и других вузов, приведения высшего образования в соответствие с нуждами экономики и его демократизации. Это вело к новым столкновениям с властью.

Вплоть до начала Первой мировой войны германские научные учреждения, общества и университеты традиционно оставались главными научными партнерами ИАН и университетов. Российские ученые по-прежнему ездили в Германию для «ученых занятий», закупки книг, приборов и коллекций, сбора и фотографирования материалов, участия в международных конгрессах и т. д. Они участвовали в подготовке и праздновании юбилеев Прусской Академии наук, Гёттингенского ученого общества, Общества естествоведения в Брауншвейге, Бреславского и Лейпцигского университетов, Университета Фридриха-Вильгельма в Берлине и т. д. ИАН содействовала научным командировкам немецких естествоиспытателей на Кавказ и в Среднюю Азию, а также работе Германской арктической экспедиции на Таймыре. Велась работа по подготовке Конвенции о защите авторских прав, которую Россия предполагала заключить с Австро-Венгрией, Германией и Францией. Шло взаимное предоставление во временное пользование книг, рукописей и коллекций. Через издательства и книготорговые фирмы — в основном Лейпцига, а также Берлина, Йены и других городов Германии — происходило распространение изданий и закупка иностранной литературы. Весной 1914 г. на Международной выставке печатного дела и графики в Лейпциге был специальный Русский отдел.

---

[324] Московский городской народный университет имени Шанявского. Текст закона со стенографическим отчетом Государственной думы и биографией А.Л. Шанявского. М., 1908; *Федоров С.А.* Памяти Христофора Семеновича Леденцова. Речь на общем собрании общества 5 декабря 1910 года. М., 1910; *Сперанский Н.В.* Возникновение Московского городского народного университета им. А.Л. Шанявского. М., 1913; «...Начинание на благо возрождения России» (создание Университета имени А.Л. Шанявского). Сборник документов. М., 2004.

[325] Народное хозяйство СССР за 70 лет. Юбилейный статистический ежегодник. М., 1987. С. 60; *Иванов А.Е.* Высшая школа России в конце XIX — начале XX веков. М., 1991. С. 3.

[326] *Вернадский В.И.* О Ломоносовском институте Императорской Академии наук // Ломоносов. Сборник статей и материалов. М.; Л., 1965. Т. 6. С. 297.

Традиционно высоким был процент немецких ученых, избранных в 1901–1913 гг. в число иностранных членов-корреспондентов ИАН (29 из 98) и почетных членов (5 из 14). Характерно, что от Англии было избрано только 2 почетных члена и 9 членов-корреспондентов, а от Франции — соответственно 2 и 19[327]. Аналогичная ситуация была и среди почетных иностранных профессоров ведущих российских университетов. Все это свидетельствует, что академическое сообщество России в предвоенные годы по-прежнему ориентировалось главным образом на связи с учеными Германии.

Первая мировая война заставила многих забыть о недовольстве правительством и вызвала всплеск патриотизма, сплотившего в «общем порыве либералов, консерваторов, крайне правых, ещё накануне находившихся в состоянии межпартийной и академической вражды»[328]. Немалую роль здесь сыграло настроение студенчества, которое монархическими манифестациями, молебнами и пением гимна встретило Манифест об объявлении войны[329]. Преклонив колени перед портретами императора, студенты клялись отправиться на фронт и защитить российский престол. Молебны нередко завершались погромами среди немецкого населения во многих городах, включая Москву и Санкт-Петербург, который срочно был переименован в Петроград.

В обстановке патриотического подъема большая часть оппозиции, в том числе и ученые, активно поддержала царское правительство. Как вспоминал А.Ф. Керенский, предполагали на время отложить борьбу с остатками абсолютизма, пока шло «сражение с могущественным врагом, который в техническом отношении значительно превосходил нас. В этих условиях надо было сконцентрировать все наши усилия, всю волю народа ради достижения одной цели. Массы были готовы проявить добрую волю и не вспоминать старое»[330]. На волне шовинистического угара «идейные пацифисты» надевали мундиры и шли на фронт (бактериолог С.С. Абрамов, патофизиолог П.П. Авроров, протозоолог А.В. Белицер, физиолог В.Н. Болдырев и др.). Правда, ученых среди добровольцев и мобилизованных в России было гораздо меньше, чем в Германии, где на фронт шли даже профессора и Нобелевские лауреаты. Но война не щадила биологов ни на фронте, ни в тылу. Убиты были геоботаник М.Ф. Короткий и селекционер В.И. Андронаки, тяжело контужен альголог А.Г. Генкель.

Этот патриотизм «ученого сословия» имел отчетливо шовинистический и верноподданнический характер, приобретая порой остро-демонстрационные формы. Так, профессор Петроградского университета гистолог А.С. Догель призвал ученых не печатать труды на немецком языке и в немецких изданиях, разорвать научные связи с учеными Германии и её союзников и исключить немецких ученых из числа почетных членов университета. Эта инициатива после некоторых колебаний была поддержана практически всеми научными учреждениями и вузами. Воззвание немецких ученых «К просвещенному миру» вызвало

---

[327] Российская Академия наук. Персональный состав. М., 1999. Кн. 1: 1724–1917. С. 496–525.

[328] *Иванов А.Е.* Российское «ученое сословие» в годы «Второй Отечественной войны» (Очерк гражданской психологии и патриотической деятельности) // ВИЕТ. 1999. № 2. С. 109.

[329] *Олесич Н.* Господин студент Императорского С.-Петербургского университета. СПб., 1999.

[330] *Керенский А.Ф.* Россия на историческом повороте // Вопросы истории. 1990. № 9. С. 132.

столь же верноподданническую отповедь Совета Казанского университета[331]. Но в целом российские ученые весьма пассивно участвовали в «войне умов» и не запятнали себя хлесткими филиппиками против внезапно обретенного врага, к какому относились их недавние учителя и друзья[332].

Вместе с тем, как и вся страна, ученые включились в оборонные мероприятия. В октябре 1914 г. в Большом конференц-зале главного здания Академии был открыт лазарет для раненых воинов. Лазарет финансировали частные лица. Средства на его нужды выделяли вел. кн. Константин Константинович, другие члены императорской фамилии, многие академики и сотрудники ИАН. Лазареты разместили в актовом зале и коридоре Петроградского университета, в помещениях других вузов столицы и крупнейших городов России. Многие профессора и преподаватели делали регулярные отчисления на их содержание, вели сбор средств в помощь жертвам войны. В благотворительной деятельности активно участвовали и студенты.

Исследуя социально-психологические причины столь неожиданного единодушия ученых и властей, А.Е. Иванов справедливо отмечает, что всем было ясно: поражение чревато революцией, которая теперь пугала не только правых, но и либеральных профессоров[333]. Революция, по словам Э.Д. Гримма, была бы равнозначна апокалипсическому взрыву «первобытных инстинктов, дремлющих в человеке»[334]. Некоторые полагали, что война станет мощным фактором консолидации общества и властей, пробудит дремлющие в народе силы и приведет к обновлению нравственности и морали во всех кругах и сословиях. Но при этом прежние противоречия между взглядами либеральной и консервативной буржуазии на послевоенное устройство России сохранялись, хотя и отошли на второй план. Либералы надеялись, что в благодарность за поддержку царское правительство передаст под их контроль не только организацию научных исследований и образования, но и дипломатические отношения, пути сообщения, экономическое и правовое обустройство тыла, снабжение армии, определение общестратегических целей войны и т. д.

Немногие из профессоров, включая лауреата Нобелевской премии физиолога И.П. Павлова, физиолога растений К.А. Тимирязева, зоологов Н.К. Кольцова и В.М. Шимкевича, с самого начала не поддались шовинистическому угару, указывая, что разрыв традиционных научных связей повредит российской науке в не меньшей степени, чем немецкой. Со временем эти настроения стали доминировать. Н.К. Кольцов постоянно публиковал в редактируемом им журнале «Природа» статьи о немецких ученых и редактировал переводы их сочинений. Д.В. Викторов перевел сочинение В. Вундта «Основы психологии», не обращая внимания на русофобские высказывания автора во время войны. В том же направлении действовали и некоторые представители гуманитарной науки. В разгар войны Петроградский университет выпустил сборник, посвященный российскому филологу

---

[331] Ответ германским ученым. [На обращение к цивилизационным нациям, опубликованное 93 германскими учеными]. Казань, 1915.

[332] *Maurer T.* Der Krieg der Professoren. Russische Reaktionen auf deutschen "Aufruf an die Kulturwelt" // Jahrbuch für Wirtschaftsgeschichte. 2001. № 1. S. 231–247.

[333] *Иванов А.Е.* Российское «ученое сословие» в годы «Второй Отечественной войны». С. 109.

[334] *Гримм Э.Д.* Пьяные илоты. Немецкие бесчинства и европейская культура // Русская мысль. 1915. №. 2. С. 81.

немецкого происхождения Ф.А. Брауну, а в Москве под редакцией Д.М. Петрушевского издали статьи немецкого медиевиста Г. фон Бюлова, объединенные в книгу «Городской строй и городская жизнь средневековой Германии» (1915). Вторым изданием под редакцией М.С. Сергеева вышел перевод книги Э. Кон-Винера «История стилей изящных искусств» (1915).

Академическое сообщество с самого начала дистанцировалось от действий тыловых ура-патриотов и не поддержало официально провозглашенный царским правительством курс на борьбу с «немецким засильем» внутри страны[335]. В отличие от своих коллег из Прусской Академии наук в Берлине, Императорская Академия наук в Санкт-Петербурге не предпринимала никаких демонстративно верноподданнических действий и отмежевалась от той части профессорско-преподавательского корпуса, которая призывала разорвать научные связи с учеными из Центральных держав и исключить их из числа почетных членов всех университетов, научных учреждений и обществ[336]. Более года Общее собрание тянуло с исполнением распоряжения правительства от 14 октября 1914 г., предписывавшего всем государственным учреждениям очиститься от подданных неприятельских стран[337]. 14 марта 1915 г. в ответ на обращение и. о. министра народного просвещения М. Таубе академики заявили, что «не следует думать, что такая чрезвычайная мера, как лишение почетных званий, которая ни в какие войны в качестве боевого средства не применялась ни нашей Академией, ни другими, не имела бы никаких последствий для учреждения, ее применившего»[338]. 9 января 1916 г. Академия наук аналогичным образом ответила на запрос Санкт-Петербургского генерал-губернатора[339]. И только месяц спустя требуемое решение было принято[340], но и тогда было заявлено, что Академия наук оставляет за собой право восстановить исключенных лиц в почетных академических званиях. Однако и такая полумера не удовлетворила математиков А.А. Маркова, А.М. Ляпунова и В.А. Стеклова. К постановлению было приложено их особое мнение, суть которого состояла в том, чтобы до конца войны отложить решение вопроса.

Война разорвала сложившиеся в научных сообществах международные связи. Стали невозможными периодические международные конференции, личные встречи, обмен публикациями. Прежде всего, это касалось научных контактов российских ученых с их коллегами из Германии и Австро-Венгрии. Взамен традиционных связей предпринимали попытки установить тесные научные отношения с Англией и Францией. На Общем собрании 15 октября 1916 г. под председательством и.о. президента ИАН А.П. Карпинского была создана специальная Комиссия для усиления контактов с союзниками, в которую пригласили войти также представителей университетов и ученых обществ Петрограда[341], но Февральская

---

[335] *Vinogradov Ju.A.* Die deutschen Biologen — Mitglieder der Imperatorischen Akademie der Wissenschaften (IAW) und der Erste Weltkrieg // Russian-German links in Biology and Medicine: 300-Year Experience of Interactions. St.-Petersburg, 1999. S. 14–16.

[336] *Виноградов Ю.А.* Германские биологи — члены Императорской Академии наук и Первая мировая война // Русско-немецкие связи в биологии и медицине: опыт 300-летнего взаимодействия. СПб., 2000. С. 130–139.

[337] ПФА РАН. Ф. 1. Оп. 1а–1915. Д. 162. Л. 181–181 об.

[338] Там же. Ф. 1. Оп. 1а–1915. Д. 162. Л. 36 об, 38 об.–41, приложение II–III.

[339] Там же. Ф. 1. Оп. 1а–1916. Д. 163. Л. 17.

[340] Там же. Л. 34–35.

[341] Там же. Л. 103 об.

революция оттодвинула эту задачу на второй план. Война наложила «свою тяжелую руку и на развитие науки, — писал академик В.И. Вернадский в 1915 г., — отвлекала средства, <…> на долгие месяцы отбила от научной работы ее работников»[342]. В Стамбуле закрыли Русский Археологический Институт[343], а в Лейпциге — Русский отдел Международной выставки книгопечатания[344], экспонаты которой до окончания войны были переданы в Музей книжного дела. С первых дней войны ИАН вынуждена была заняться охраной памятников науки и культуры, оказавшихся под угрозой уничтожения и конфискации[345].

Никогда до этого научное сообщество России не было столь тесно связано с повседневными потребностями государства. Через год после начала Первой мировой войны стало ясно, насколько важно содействие ученых развитию сельского хозяйства и промышленности России в целях освобождения от экономической зависимости от Германии и рационального использования природных ресурсов. Биологи инициировали институциализацию научных исследований в этом направлении. Для мобилизации ресурсов, необходимых для обороны, под председательством В.И. Вернадского создали Комиссию по изучению естественных производительных сил (КЕПС)[346]. Ее первоначально возглавил ботаник А.С. Фаминцын, но в октябре 1915 г. председателем избрали минералога и биогеохимика В.И. Вернадского. Уже в первый состав КЕПС вошли ученые, представлявшие практически все отрасли естественных наук, в том числе биологию, почвоведение и палеонтологию: Н.И. Андрусов, Л.С. Берг, А.А. Борисяк, И.П. Бородин, Н.А. Буш, К.Д. Глинка, К.М. Дерюгин, В.В. Заленский, Н.М. Книпович, В.Л. Комаров, Н.М. Кулагин, В.Н. Любименко, А.П. Павлов, И.П. Павлов, В.И. Палладин, Д.Н. Прянишников, Р.Э. Регель, Я.В. Самойлов, А.П. и В.П. Семёновы-Тян-Шанские, В.Н. Сукачёв, Б.А. Федченко, В.М. Шимкевич, П.Ю. Шмидт и мн. др. Без преувеличения можно сказать: здесь был сконцентрирован цвет российской биологии. К ним присоединились инженеры, гуманитарии, военные, правительственные чиновники, работники оборонных предприятий, специалисты по сельскому хозяйству и рыбопромышленности. В первую очередь ученые ботаники, зоологи, гидробиологи, входящие в КЕПС, старались наладить учет природных ресурсов, в том числе растительных и рыбных. В связи с возрастанием роли Севера в Первую мировую войну рос интерес к изучению его природных богатств. В 1914 г. организовали Постоянную Полярную комиссию при ИАН и Комитет Севера при РГО.

Центральное место в работе КЕПС занимали проблемы обеспечения фронта и тыла стратегическим сырьем. Ученые решали вопросы продовольственного снабжения, использования диких растений для производства лекарств и т. д. Результаты исследований они обобщали в серийных изданиях КЕПС: «Естественные производительные силы России», «Богатства России», «Отчеты о деятельности КЕПС» и др. От имени КЕПС печатали справочные и популярные работы по лекарственным и техническим растениям. КЕПС развивалась как новая форма организации комплексных научных исследований, финансируемых разными пра-

---

[342] Очерки и речи акад. В.И. Вернадского. СПб., 1989. С. 282.

[343] ПФА РАН. Ф. 1. Оп. 1а–1914. Д. 164. Л. 449.

[344] Там же. Д. 161. Л. 78.

[345] *Соболев В.С.* Во имя будущего России. СПб., 1999.

[346] *Кольцов А.В.* Создание и деятельность Комиссии по изучению естественных производительных сил. СПб., 1999.

вительственными учреждениями. Большая часть средств поступала от министерств и ведомств, заказы которых выполняла комиссия.

В соответствии с требованиями обороны была перестроена научная деятельность высшей школы. В составе центрального аппарата Военно-промышленного комитета трудились ученые Петроградского, Казанского университетов и других вузов. Неудачный для России ход войны потребовал эвакуации ряда научных и образовательных учреждений из зоны боевых действий. Из западных областей был эвакуирован в Ростов-на-Дону Варшавский университет (1915), а в Харьков — Ново-Александровский сельскохозяйственный институт. Университет св. Владимира из Киева вывезли в Саратов, где он проработал один семестр, а затем его вернули обратно. Библиотеку и коллекции Юрьевского университета отправили в Нижний Новгород, а затем в Пермь, но значительная часть профессоров, состоящая преимущественно из немцев, не видела необходимости бежать от германских войск в далекое Предуралье. Профессора, этнически русские, предпочли уехать в Воронеж, где оказалась большая часть университетского оборудования. В этих пертурбациях профессорско-преподавательский состав оказался оторванным от своих коллекций, книг, лабораторного оборудования, разрушались сложившиеся научные коллективы, рвались традиционные связи, прерывались многолетние проекты.

Вскоре ученые стали понимать, что Россия не сможет победить, хотя ещё сохраняли надежду, что она не потерпит сокрушительного поражения. Война подорвала материально-финансовую базу научных исследований, инфляция съедала выделяемые ассигнования. Не было денег на ремонт зданий, закупку оборудования и книг. Наблюдая поворот высшей школы к решению прикладных задач и нарастающую политизацию студенчества, академики все активнее выступали за создание сети специализированных научно-исследовательских институтов, субсидируемых государством, но управляемых учеными. Последовательным пропагандистом этой идеи стал Вернадский, доказывавший «невозможность и невыгодность соединения научно-технической работы с современной высшей школой»[347]. Подобное соединение, по его мнению, наносило ущерб, прежде всего, педагогическому процессу.

Единство царя и образованных кругов было недолгим. В 1915 г. сформировался Прогрессивный блок либералов и умеренных консерваторов, лидеры которого уже вскоре стали разрабатывать планы отрешения от власти императора с целью предотвращения революции снизу[348]. Их популярность среди студентов и других слоев общества была очень велика. Ведущую роль среди кадетов попрежнему играли многие академики, профессора и преподаватели высшей школы. Оценивая ситуацию летом 1915 г., В.А. Стеклов был возмущен ничтожностью всех политических деятелей, за разговорами и поступками которых «прячется обман, предательство, либо невежество и тугодумие», в результате чего «несемся в пропасть, к явной гибели»[349]. Непрерывные поражения русской армии возродили оппозиционные настроения среди ученого и профессорского сословия, чьи сыновья гибли на фронтах войны, защищая ненавистное правительство. Ухудшалось и материальное положение. Вновь зазвучали слова о неразрывности науки и демократии.

---

[347] Очерки и речи акад. В.И. Вернадского. Пг., 1922. С. 31.

[348] *Miljukov P.N.* Memoires. New York, 1955. Vol. 2. P. 217.

[349] *Стеклов В.А.* Переписка... С. 229.

Депутаты от Академической курии составляли ядро оппозиции и в Государственном совете[350]. Поэтому в общей критике правительства затрагивались вопросы науки и образования. Ученое сообщество призывалось к освобождению от недемократического правительства и к прекращению работы на войну, стихией которой является «ложь», в то время как наука неотделима от «истины»[351]. Значительная часть ученых и преподавателей вузов вновь связывала будущее развитие науки и образования с заменой царского режима конституционной монархией. Послевоенное устройство им грезилось как союз европейских стран, базировавшийся на всеобщем разоружении и высоких этических нормах. Экономическое и правовое устройство России должно было обеспечиваться всесторонним использованием научного знания. С такими демократическими мечтаниями значительная часть российских ученых подошла к февральской революции 1917 г.

Отречение царя и приход к власти Временного правительства большинство биологов, как и научное сообщество, встретило с воодушевлением[352]. 4 марта 1917 г. руководители РАН направили обращение к Временному правительству, в котором приветствовали объединение России в «могучий и свободный народ, способный отстаивать свою культуру и оберегать её от внутренней разрухи и внешнего врага», и сообщали о единогласном решении Академии «предоставить Правительству, пользующемуся доверием народа, те знания и средства, которыми она может служить России»[353]. 24 марта 1917 г. состоялось экстраординарное ОС, с энтузиазмом одобрившее это обращение[354]. Аналогичные резолюции принимались во всех вузах, научных учреждениях и обществах. Казалось, настало время воплотить все прежние планы о развитии науки как главного гаранта экономического и социального процветания страны.

Но было среди ученых немало и тех, кто в обстановке всеобщей эйфории негативно оценивал происходящие события и задавал вопрос, что они сулят России: «начало её возрождения или гибели?»[355]. Столичная масса, впрочем, как и провинциальные обыватели, по мнению академика В.А. Стеклова, «совершенно рассудок потеряла. Достаточно того, что такого шута и мелочь, как Керенский, возвела чуть ли не в национальные герои»[356]. Наряду с презрением к властям рос страх по отношению к народным массам, следовавшим призывам социалистических лидеров. Особую ненависть вызывали большевики. Революция вновь оказалась не такой, какой её ожидали либералы, жаждавшие увидеть прекрасную даму в белоснежных одеждах и с ужасом увидевшие безликую, «с широко раскрывающимися ртами» толпу, склонную к пьянству, грабежам и насилию и явно занявшую позицию «левее здравого смысла». Многие ученые испытывали тоску «без просвета впереди»[357]. Расстрел

---

[350] Кризис самодержавия в России. 1895–1917. Л., 1984. С. 563–564.

[351] *Тимирязев К.А.* Наука и демократия. М., 1920.

[352] *Каганович Б.С.* Сергей Федорович Ольденбург. Опыт биографии. СПб., 2006. С. 70–73.

[353] Известия Академии наук. 1917. № 11. С. 739.

[354] Протоколы Общего собрания РАН. 1917. § 94. С. 92.

[355] *Князев Г.А.* Из записной книжки русского интеллигента за время войны и революции 1915–1922 гг. // Русское прошлое. 1991. Кн. 2. С. 132.

[356] *Стеклов В.А.* Переписка... С. 284.

[357] «Интуитивное предвидение» Егора Ивановича Орлова (Накануне и в первый год после Великой Октябрьской) // Природа. 1994. № 3. С. 94.

июльской демонстрации был воспринят как открытие «русско-русского фронта», т. е. как начало гражданской войны.

Министерство народного просвещения, которому подчинялась Российская Академия наук, теперь возглавляли их коллеги — профессора А.А. Мануйлов (позднее С.С. Салазкин), а с 20 июля 1917 г. — С.Ф. Ольденбург. Его заместителем был В.И. Вернадский. Ученые постарались реализовать свои замыслы по реформированию науки. Были предприняты реальные шаги по демократизации Академии наук: ввели автономность правления и выбрали президента, отказались от обязательного проживания академиков в Петрограде, начали создавать исследовательские институты, ассоциации и т. д.[358] Комиссию по реформе высшего образования возглавил зоолог М.М. Новиков. В предлагаемых им реформах речь шла о расширении сети университетов, о выработке новых уставов высших учебных заведений, о демократизации состава слушателей университетов, об открытии их дверей для выпускников реальных и коммерческих училищ, учительских семинарий и женских средних учебных заведений, о полном уравнении прав женщин и мужчин в обучении и занятии должностей, о снятии ограничений на прием по сословным, политическим, национальным и религиозным соображениям, об изменении ведомственной принадлежности части вузов с целью приближения их к насущным задачам практики и т. д.

Одновременно был разработан проект Союза научных учреждений, в котором предлагали сгруппировать все научные учреждения страны (музеи, общества, институты) и отдельных ученых по функциональному признаку, образуя союзы гуманитарных, естественнонаучных, научно-прикладных исследований[359]. В свою очередь, из них сформировали бы «союз союзов» во главе с Комитетом, председатель которого имел право прямо обращаться в Совет министров. При этом предполагаемый союз не должен был осуществлять контроль над научными учреждениями. Его задача состояла лишь в обеспечении государственного финансирования научных исследований, а главным принципом его деятельности должна была стать автономия каждого коллектива и исследователя. Реформу должны были проводить на основе и с сохранением существовавших институтов. Были предприняты шаги для реализации этого проекта. В апреле 1917 г. под председательством А.П. Карпинского начало функционировать Совещание представителей ученых учреждений и вузов.

28 марта 1917 г. Общее собрание РАН решило создать «Свободную ассоциацию для развития и распространения положительных наук». Ее задачи состояли в привлечении внимания общественности и правительства к перспективам развития науки, пропаганде ее достижений и поиске средств для новых научных институтов[360]. Это решение было поддержано рядом научно-просветительских обществ и учреждений Петрограда и Москвы. На учредительном собрании, проходившем 26 мая 1917 г., в Совет были выбраны преимущественно

[358] *Есаков В.Д.* От императорской к российской Академии наук в 1917 г. // Отечественная история. 1994. № 6. С. 120–132.

[359] *Иванова Л.В.* Формирование советской научной интеллигенции (1917–1927 гг.). М., 1980. С. 210–211.

[360] *Конашев М.Б.* К истории создания Свободной Ассоциации для развития и распространения положительных наук // Наука и техника: Вопросы истории и теории. Вып. XIV. СПб., 1998. С. 154–155.

биологи: И.П. Бородин, В.И. Вернадский, П.П. Лазарев, И.П. Павлов, А.С. Фаминцын, Н.Е. Введенский, Н.М. Книпович, В.Л. Комаров, С.П. Костычев, К.А. Тимирязев, Ю.А. Филипченко. Задуманное прежде всего как ассоциация точных и естественных наук, новое объединение предполагало создать Институт положительных наук с хорошо оборудованными лабораториями, библиотеками, музеями, аудиториями. Планировалось привлечь к будущей научной работе талантливую молодежь, обеспечив ее материально «надлежащим образом».

Комиссия по ученым учреждениям и научным предприятиям, возглавляемая В.И. Вернадским, подготовила записку о создании университетов нового типа с предоставлением им права открывать факультеты и отделения по прикладным наукам, так как недостаток лиц с высшим образованием мешал экономическому и культурному развитию страны. Для быстрого исправления создавшегося положения предполагалось создавать высшие учебные заведения нового типа, совмещавшие задачи чисто научного и профессионального образования.

Но вскоре Временное правительство вновь занялось борьбой со студентами, не желавшими воевать до победного конца и требовавшими немедленных социально-политических и экономических преобразований. Уже предложенный в сентябре 1917 г. проект нового устава высших учебных заведений давал ректорам право принимать все необходимые меры «для поддержания порядка и спокойствия в университете, хотя бы меры сии и превышали принадлежащую ему власть»[361]. Временное правительство затягивало начало учебных занятий в вузах Петрограда, тем самым фактически их закрыв. Десятки тысяч студентов были выбиты из колеи нормальной жизни и обучения. Создавшуюся ситуацию в вузах современники оценивали в газетах как развал высшей школы. Вновь приходилось откладывать конкретные действия по реализации планов развития науки и высшего образования во благо России. Октябрьская революция и последовавшая вскоре гражданская война положила конец надеждам ученых на реформирование российской науки в рамках демократического государства.

Российская биология между наукой и политикой

Со второй половины XIX века российские ученые заняли лидирующее положение во многих отраслях биологии, которой принадлежало особое место в общественной жизни пореформенной России. В ней многие видели образец естественнонаучного знания, которое было призвано покончить с архаичными формами идеологии и политического устройства России и обеспечить ее поступательное развитие. Трудами А.О. Ковалевского, И.И. Мечникова и В.В. Заленского были созданы сравнительная и эволюционная эмбриология и заложены основы экспериментальной биологии в России. В.О. Ковалевский стал основателем эволюционной палеонтологии, а с именами И.М. Сеченова и И.П. Павлова связаны крупнейшие открытия в физиологии высшей нервной деятельности. В 1904 г. И.П. Павлов стал первым в России лауреатом Нобелевской премии, которая была присуждена ему за работы по физиологии пищеварения. Нобелевская премия за фагоцитарную теорию иммунитета была присуждена И.И. Мечникову

[361] *Купайгородская А.П.* Высшая школа Ленинграда в первые годы советской власти (1917–1925). Л., 1984. С. 28.

в 1908 г. Успешно продолжались исследования и в других отраслях биологии. Проблемам анатомии и физиологии растений посвящены работы академика И.П. Бородина. Возглавив Ботанический музей, он осуществил издание «Флоры Сибири и Дальнего Востока». В 1916 г. при Академии наук было организовано Русское ботаническое общество. Академик В.И. Палладин получил известность своими трудами по биохимии окисления и дыхания. Руководители Зоологического музея академики В.В. Заленский и Н.В. Насонов стремились пополнить коллекции, сделать более совершенными экспозиции музея, которые с 1901 г. размещали в Экспозиционном зале международных промышленных выставок, выходящем на Стрелку Васильевского острова. В 1911 г. было положено начало изданию многотомной серии «Фауна России и сопредельных стран».

По примеру своих немецких учителей российские биологи стремились сочетать свою исследовательскую деятельность с преподаванием. Плодотворность такого сочетания видна на примере И.П. Павлова, который работал в Имп. Военно-хирургической академии (с начала XX в. — Военно-медицинской), с 1890 г. в Имп. Институте экспериментальной медицины, а с 1907 г. и в Академии наук. Во всех этих учреждениях сложились исследовательские коллективы, изучавшие под его руководством проблемы физиологии пищеварения и высшей нервной деятельности. В тексте его Нобелевского диплома отмечали, что премия присуждена ученому «в знак признания его работ по физиологии пищеварения, каковыми он в существенных частях пересоздал и расширил сведения в этой области»[362]. Отчеты Физиологической лаборатории Академии наук за 1908–1914 гг. показывают, что именно в это время ученый выполнил многие исследования, ставшие основой его будущего труда «Двадцатилетний опыт изучения высшей нервной деятельности (поведения) животных» (1923).

Биологи активно участвовали в создании разного рода негосударственных организаций, лабораторий, частных и общественных университетов, научных обществ. Стремительно росла численность обществ: Любителей естествознания, антропологии и этнографии при Московском университете, естествоиспытателей при главных университетах страны, Русского ботанического, Русского палеонтологического, Русского энтомологического и др. Эти общества способствовали координации ученых в проведении исследований, укреплению связей науки, медицины и сельского хозяйства. Регулярно созывались съезды обществ, на которых подводились итоги исследований и определялись перспективы научного поиска. Складывавшаяся система жесткой конкуренции между государственными, общественными и частными научными учреждениями и вузами способствовала быстрому росту качества обучения и исследований.

Характерной чертой российской биологии было стремление ученых сочетать фундаментальные исследования с участием в обсуждении и предполагаемых решениях жгучих мировоззренческих, социально-политических и экономических проблем, стоящих перед обществом. Это хорошо видно на их позиции в разработке вопросов о соотношении психики и физиологии, а также путей улучшения генетического здоровья россиян и эволюционной теории. Исходным пунктом для их решения стала теория Дарвина, которая в России буквально с первых дней привлекла внимание широкой общественности[363].

---

[362] Первый в России исследовательский центр в области биологии и медицины: К 100-летию Института экспериментальной медицины. 1890–1990. Л., 1990. С. 34.

[363] *Завадский К.М.* Развитие эволюционной теории после Дарвина. Л., 1973. С. 136–174.

«Борьба за существование» и политическая борьба

Выражение «Россия — вторая родина дарвинизма» стало клише в русском языковом пространстве. Но, как и большинство других клише, оно лишь частично отражает истину. Эволюционизм действительно занял особое место в культурной и общественно-политической жизни страны, став важнейшим компонентом мировоззрения русской интеллигенции[364]. Однако взгляды его российских приверженцев зачастую существенно отличались от дарвиновских.

Знакомство с теорией естественного отбора происходило в годы коренных реформ в России. В обществе был высок авторитет естественных наук, в которых многие видели основу для рациональных преобразований. Новаторский дух дарвинизма особенно подчеркивали в своих статьях радикалы Д.И. Писарев и М.А. Антонович, оказавшие большое влияние на молодое поколение российских биологов[365]. Труд Дарвина быстро оказался в центре острых социально-политических, философско-религиозных и этических дискуссий, превратившись для многих в священное писание, требующее или поклонения со стороны приверженцев коренных изменений в обществе, или безоговорочного осуждения и «ссожения» в консервативных кругах. Создатель философии экзистенциализма Н.А. Бердяев считал, что абсолютизация дарвинизма была связана со способностью российской интеллигенции превращать в догмат любую научную гипотезу, возникшую на Западе и подлежащую проверке. Он полагал, что в результате отсутствия у русских скептицизма, «когда русский интеллигент делался дарвинистом, то ко всякому, не принимавшему этого догмата, например, к стороннику ламаркизма, возникало морально подозрительное отношение»[366].

От русских радикалов 1860-х гг. (П.Л. Лаврова, В.А. Зайцева, Н.Д. Ножкина и др.) идет традиция рассматривать дарвинизм как естественнонаучную основу революционных преобразований[367]. Г.В. Плеханов дал первую марксистскую интерпретацию дарвинизма в России, рассматривая его как краеугольный камень марксистской философии. Плехановское выражение «марксизм есть дарвинизм в его приложении к социальным наукам» повторяли в многочисленных публикациях. Аналогии между дарвинизмом и историческим материализмом первоначально искали с целью доказать научный характер последнего. Желая заменить религию авторитетом науки, социал-демократы заботились о популяризации дарвинизма, пропаганде его среди пролетариата. В этом помогали им и либералы в своих публичных лекциях и популярных изданиях. Но нередко под видом дарвинизма российские социал-демократы излагали виталистические и спиритуалистические взгляды Геккеля или Уоллеса.

Проблемами эволюции интересовались широкие круги общественности, что позволяло биологам чувствовать себя вовлеченными в активную общественно-

---

364 *Vučinich A.* Darwin in Russuan Thought. Berkeley; Los Angeles; London, 1988.

365 *Антонович М.А.* Теория происхождения видов в царстве животном // Современник. 1864. Т. 1. № 3. С. 63–101; *Антонович М.А.* Ч. Дарвин и его теория. СПб., 1896; *Писарев Д.И.* Прогресс в мире животных и растений // Русское слово. 1864. Апрель. С. 1–52; май. С. 43–70; июнь. С. 233–274; июль. С. 1–46; сентябрь. С. 1–46.

366 *Бердяев Н.А.* Истоки и смысл русского коммунизма. Париж, 1955. С. 18.

367 *Rossmanith W.* Darwinismus, Kommunismus, Lysenkoismus // Darwin und Darwinismus: Eine Ausstellung zur Kultur und Naturgeschichte / Hg. B.-M. Baumunk, J. Riess. Berlin, 1994. S. 192–200.

политическую деятельность. Статьи по проблемам эволюции часто публиковались в популярных литературных журналах «Отечественные записки», «Русский вестник», «Русская мысль», «Русское богатство», «Русское слово», «Северный вестник», «Современник», на страницах которых длительно дискутировали сторонники разных концепций эволюции. За ними внимательно следили образованные слои Российской империи, чьи симпатии обычно были на стороне тех эволюционистов, взгляды которых можно было бы использовать в общественной деятельности и политической борьбе.

Все это предопределило своеобразие восприятия дарвинизма в России по сравнению с Германией, которое за последнее десятилетие не раз становилось предметом исследования отечественных и зарубежных авторов[368]. В серии статей Ю.В. Чайковский тщательно исследовал первые шаги дарвинизма в России, восстановил картину обсуждения проблем органической эволюции в книгах и журналах России в 1859–1864 гг., где до недавнего времени осталось много неясного, и осветил некоторые своеобразные черты раннего российского дарвинизма[369]. В ряде работ было показано разнообразие реакции русского общества на дарвиновскую революцию в биологии[370]. В них своеобразие российской эволюционной мысли объясняли, прежде всего, особенностями социально-политической ситуации в дореволюционной России, а не традициями ее биологического сообщества, доминировавшими в нем программами и стилями исследований.

Однако это верно только отчасти. Популярность дарвинизма в России нельзя объяснить лишь социально-политическими и идеологическими факторами. Не меньшую роль здесь играли традиции отечественной биологии, становление которой пришлось на начало многовекового спора о том, каковы пределы изменчивости видов и могут ли виды трансмутировать настолько, чтобы возникали новые формы[371]. Уникальная территория России с ее разнообразным климатом давала возможность русским биологам изучать органическое разнообразие в самых различных экосистемах и анализировать удивительную приспособленность органических структур к жизни в различных средах. Усвоенная многими русскими биологами, обучавшимися в Германии, склонность к широким теоретическим обобщениям и, прежде всего, к немецкой натурфилософии стала также важным стимулом к исследованию эволюции[372].

В 1780 г. П.С. Паллас впервые систематически изложил доводы против идеи беспредельной трансформации видов: 1) трудности появления межвидовых гибридов в природе и их бесплодие; 2) изменяемость только внешних признаков

---

[368] Die Rezeption von Evolutionstheorien im 19. Jahrhundert / Hg. E.-M. Engels. Frankfurt am Main, 1995.

[369] *Чайковский Ю.В.* О Дарвине между строк // Вопросы истории естествознания и техники. 1983. № 2. С. 108–119.

[370] The Comparative Reception of Darwinism / Ed. T. Glick. Chicago; London, 1988; The Darwinian Heritage / Ed. D. Kohn. Princenton; New Jersey, 1985; *Scudo F.M.*, *Acanfora F.M.* Darwin and Russian evolutionary biology // The Darwin Heritage / Ed. D. Kohn. New Jersey, 1985. P. 731–752; *Vučinich A.* Darwin in Russian Thought. Berkeley; Los Angeles; London, 1988.

[371] *Kolčinskij E.I.* Zu den deutschen Vorläufern von Charles Darwin: Die Quellen des Transformismus in der russischen Biologie // Deutsche im Zarenreich und Russen in Deutschland. 2005. Bd. 12. S. 273–286.

[372] *Райков Б.Е.* Русские биологи-эволюционисты до Дарвина. Т. 1–4. М.; Л., 1951–1959.

(волосяной покров, окраска, размеры и пропорции рогов и т. д.) под влиянием факторов среды; 3) исчезновение появившихся изменений при скрещивании их носителей с исходными формами или при возвращении прежних климатических условий; 4) постоянство признаков многих видов, обитавших на громадных территориях с различным климатом; 5) отсутствие переходных ископаемых форм; 6) устойчивость многих видов в условиях доместикации (кошка, северный олень) и невозможность вывести новые породы путем особого ухода. Паллас однозначно высказывал приверженность креационизму. Поэтому его речь не раз служила источником аргументов для отечественных критиков дарвинизма — К.Э. фон Бэра и Н.Я. Данилевского. В то же время его доводы были направлены против идеи наследования приобретенных признаков и объективно способствовали устранению ошибочных трактовок причин эволюции. Не случайно именно работы Палласа, а не его оппонентов, использовал Ч.Р. Дарвин при обосновании теории естественного отбора. Вместе с академиками К.Ф. Вольфом, Х. Пандером и К.Э. Бэром Паллас был среди тех, кто объективно способствовал возникновению теории эволюции. Однако их доводы, как уже отмечалось выше, работали не на дарвинизм, а на телеологический сальтационизм.

Другим источником формирования российского эволюционизма стали труды биологов Московского университета, и прежде всего К.Ф. Рулье и его учеников[373]. Но они способствовали возникновению российского ламаркизма, а не теории естественного отбора. В трудах полевых исследователей, прежде всего ботаников, например, А.Н. Бекетова, широкое распространение получили идеи о гармонии природы, регулирующей взаимодействия между видами. Поэтому они критиковали мальтуазианские корни дарвинизма, его концепцию борьбы за существование[374].

Отсутствию сильных антиэволюционных традиций в России в значительной степени способствовала структура высшего образования, при которой узкая специализация в одной какой-либо области биологии была практически невозможной. Как правило, культивировался широкий подход. Не только все биологическое сообщество, но и каждый биолог фактически комбинировал два различных научных подхода, которые в западной историко-биологической литературе обычно характеризуют как натуралистический и экспериментальный. Биологи, работавшие только в лаборатории, в те годы составляли меньшинство, экспериментальную работу ученые нередко сочетали с полевыми исследованиями.

Эволюционизм не встретил в России серьезной оппозиции со стороны православного духовенства, которое, в отличие от католической церкви, как правило, не вмешивалось в споры естествоиспытателей. Здесь не было ярких дискуссий между представителями эволюционизма и церкви, так как её руководство считало их нецелесообразными, в то время как западные клерикалы активно в них участвовали. Богословский догматизм, представленный в статьях и брошюрах Е.И. Ловягина, не привлек внимания биологов. Довольно сдержанным было отношение к теории естественного отбора со стороны цензуры, которая не препятствовала публикации объемных книг самого Дарвина и его последователей, а также эволюционных статей в научных журналах. И в дальнейшем по мере

---

[373] *Рулье К.Ф.* Жизнь животных по отношению к внешним условиям. М., 1852.

[374] *Бекетов А.Н.* Гармония в природе // Русский вестник. 1860. Т. 30. Ноябрь. Кн. 1. С. 197–241; Декабрь. Кн. 1–2. С. 534–558.

роста популярности дарвинизма власть старалась препятствовать лишь распространению его идей в народных массах, опасаясь, что они подорвут устои государства и догматы церкви[375]. К рукописям и печатным наборам популярных книг, брошюр и статей, в которых с дарвиновских позиций обсуждался вопрос о природе человека и его происхождении от обезьян, цензура относилась более придирчиво, но их, в конечном счете, она также пропускала[376].

Идея о животном происхождении человека оттолкнула от дарвинизма многих его первоначальных сторонников (В.А. Попов, Н.Н. Страхов, И.Ф. Цион и др.). Отныне его критиковали нередко с позиций клерикализма и выступали против него как рассадника атеизма и материализма (Б. Кудрявцев-Платонов, И.П. Семёнов, А.А. Тихомиров). Подобную критику профессор Московского университета А.А. Тихомиров в начале XX в. завершал призывами к упразднению дарвинизма из-за атеистических тенденций[377]. В то же время в лице К.А. Тимирязева, В.М. Шимкевича, М.А. Мензбира дарвинизм нашел мощных защитников и пропагандистов. Особенно велико было влияние Тимирязева на предреволюционные поколения российских биологов, которые из его книг усваивали не только основные положения учения о естественном отборе, но и его атеистическую трактовку, и социальное значение для преобразования общества на принципах эволюционизма[378]. Многие биологи не видели разницу между взглядами Э. Геккеля и Дарвина.

Как и в Германии, в России многие биологи, считавшие себя последователями Дарвина, на самом деле проповедовали взгляды, сильно отличавшиеся от основных положений теории естественного отбора[379]. Уже первые отклики в российской прессе на теорию естественного отбора и краткие её изложения[380] показали, что российский эволюционизм сразу приобрел национальную специфику. Большинству российских биологов идеи Дарвина стали известны не по английскому изданию, а по немецкому переводу Г. Бронна, так как немецкий оставался в России по-прежнему главным языком биологических публикаций. Так, борьбу за существование они также воспринимали не как метафору, введенную Дарвином для характеристики всей системы экологических взаимодействий, а как прямые столкновение вплоть до уничтожения одного из конкурентов.

Российские биологи включились в обсуждение вопросов о реальности вида и эволюции в рамках крупных таксономических единиц (С.А. Усов, Н.А. Северцов, Н.П. Вагнер, Э.Л. Регель, А.Н. Бекетов, Н.Н. Страхов и др.). Практически все они умолчали о борьбе за существование и об естественном отборе как главной

---

[375] *Чайковский Ю.В.* Первые шаги дарвинизма в России // Историко-биологические исследования. 1989. № 10. С. 121–141.

[376] *Харахоркин Л.Р.* Чарльз Дарвин и царская цензура // Тр. Ин-та истории естествознания и техники. 1960. Т. 31. Вып. 6.

[377] *Тихомиров А.А.* Судьба дарвинизма. СПб., 1910; *Тихомиров А.А.* Основной вопрос эволюционизма в биологии. СПб., 1911.

[378] *Тимирязев К.А.* Краткий очерк теории Дарвина. СПб., 1865; *Тимирязев К.А.* Исторический метод в биологии // Русская мысль. 1892. Кн. VIII. Отд. II. С. 83–99; Кн. X. Отд. II. С. 142–163; *Тимирязев К.А.* Ч. Дарвин и К. Маркс // Пролетарская культура. 1919. № 9–10.

[379] *Thodes D.* Darwin without Malthus: The Struggle for Existence and Russian Evolutioinary Thought. New York, Oxford, 1989.

[380] Как установил Ю.В. Чайковский, в совокупности за 1859–1864 гг. было более 70 публикаций о дарвинизме, треть из которых представляли переводы и пересказы иностранных откликов.

причине адаптациогенеза. Высказываясь в пользу труда Дарвина, они явно не принимали его статистическую детерминацию эволюции, выступая иногда прямо против абсолютизации мальтузианской модели эволюции[381].

Центрами дискуссий по проблемам эволюции с самого начала стали научные общества, лишь позднее к ним подключились университеты. Наиболее авторитетное научное учреждение страны — Императорская Академия наук в течение долгого времени старалась оставаться в стороне от эволюционных дискуссий. Официально научные заслуги Ч. Дарвина были ею признаны в ноябре 1867 г., когда английский естествоиспытатель был избран её членом-корреспондентом. Однако и тогда академики основное внимание уделили его ботаническим трудам и проявили максимальную сдержанность при оценке эволюционных воззрений[382]. Ф.И. Рупрехт, Ф.Ф. Брандт, Ф.В. Овсянников, Л.И. Шренк и А.А. Штраух в рекомендации к избранию Ч. Дарвина, отмечая целостный характер его эволюционной концепции и богатую фактическую основу, констатировали наличие в ней слабых мест и ошибок, не уточняя, впрочем, своих претензий, а лишь классифицировав его теорию «пока» как «гипотезу», стимулирующую развитие систематики.

Лишь с избранием в 1880–1890-х гг. А.О. Ковалевского, В.В. Заленского, Н.В. Насонова, Н.В. Железнова, А.С. Фаминцына, С.И. Коржинского академиками, а И.И. Мечникова, К.А. Тимирязева и А.Н. Бекетова членами-корреспондентами или почетными членами биологи ИАН активно включились в разработку эволюционной проблематики, однако и тогда взгляды далеко не всех ее членов можно охарактеризовать как дарвинистские. Это проявилось, прежде всего, в трудах А.С. Фаминцына и С.И. Коржинского. О широком распространении недарвиновских взглядов в академическом сообществе свидетельствует и тот факт, что мнения членов академической комиссии по присуждению премии митрополита Макария разошлись при обсуждении резко антидарвиновской книги Н.Я. Данилевского[383]. Тем не менее с 80-х гг. XIX в. все чаще биологов-эволюционистов, в том числе и зарубежных (Т. Гексли, А. Грея, Дж. Гукера, Э. Зюсса, Р.А. фон Кёлликера, Ч. Лайеля, Э. Ланкастера, К. Нэгели) избирали в состав ИАН.

Первоначально российские биологи, поддержавшие учение Дарвина, сосредоточили внимание на доказательствах реальности эволюции. Особое значение имели труды А.О. Ковалевского и И.И. Мечникова, показавших в своих эволюционно-эмбриологических трудах единство происхождения позвоночных и беспозвоночных животных, а также создателя эволюционной палеонтологии В.О. Ковалевского[384].

Существенный вклад российские биологи внесли в исследование борьбы за существование среди растений (Н.Ф. Леваковский, В.Н. Сукачёв, В.Н. Хитрово, Н.В. Цингер)[385]. Российские ботаники активно участвовали в создании и раз-

---

[381] *Галл Я.М.* Борьба за существование как фактор эволюции. Л., 1976.

[382] *Манойленко К.В., Хахина Л.Н.* Из истории развития эволюционной теории в Академии наук и вклад академика А.С. Фаминцына // Журнал общей биологии. 1984. № 2. С. 308–314.

[383] *Данилевский Н.Я.* Антидарвинизм. Критическое исследование. СПб., 1885–1889. Ч. 1–2.

[384] *Георгиевский А.Б., Хахина Л.Н.* Развитие эволюционной теории в России. СПб., 1996. С. 150–163.

[385] *Галл Я.М.* Борьба за существование как фактор эволюции. С. 16–47.

витии фитосоциологии (Г.Ф. Морозов, И.К. Пачоский), стремясь, как и немецкие экологи, провести широкие аналогии между сообществами растений и человеческим обществом. Проблемы географической изменчивости и структуры вида были исследованы в трудах А.Н. Бекетова, В.Л. Комарова, С.И. Коржинского, В.Н. Любименко, М.А. Мензбира, В.И. Талиева, закономерности макроэволюции в работах В.О. Ковалевского, В.М. Шимкевича, А.Н. Северцова[386]. При этом в работе практически каждого из них присутствовали идеи и оценки, существенно отличавшиеся от дарвиновских.

В отличие от Германии, социал-дарвинизм не получил поддержку в российском биологическом сообществе, оказав, однако, огромное воздействие на взгляды некоторых революционных демократов. О приложении борьбы за существование к человеческому обществу писал и кумир российских нигилистов Д.И. Писарев, трансформируя дарвинизм в социал-дарвинизм, оправдывая тем самым революционную борьбу и террор[387]. Подобные попытки научно оправдать жестокость и бесчеловечность как со стороны государства, так и его противников вызывали у гуманистически настроенной творческой интеллигенции неприязнь, выраженную не только в сочинениях писателей (Ф.М. Достоевский, Л.Н. Толстой и др.), но и ученых и популяризаторов науки (Н.Я. Данилевский, Н.Н. Страхов). Попытки И.И. Мечникова и А.С. Фаминцына ввести дискуссию в научные рамки оказались безуспешными. Это в значительной степени предопределило воздействие дарвинизма на философскую мысль в России. Если представители консервативной философии Н.А. Бердяев, В.В. Розанов, Н.Н. Стасов, В.С. Соловьев не принимали дарвинизм по религиозным, морально-этическим и социально-политическим соображениям, то радикалы трактовали его как естественнонаучное обоснование предстоящей революции, а впоследствии и как краеугольный камень марксизма. Большинство же крупных биологов-эволюционистов (А.О. и В.О. Ковалевские, К.А. Тимирязев, А.С. Фаминцын и др.) считали дарвиновское учение о борьбе за существование лишь метафорой, затрудняющей понимание эволюции, в первую очередь, у высших животных. Например, Тимирязев рекомендовал пользоваться выражением «элиминация и естественный отбор» вместо «несчастной» метафоры «борьбы за существование»[388].

Хотя дарвинизм находил все большую поддержку в обществе, в том числе и в академическом сообществе, критическое отношение к классическому дарвинизму постепенно усиливалось. Многие из эволюционистов от пропаганды учения Дарвина перешли к его критике с позиций телеогенеза, механоламаркизма и сальтационизма (К.Э. фон Бэр, Ф.Ф. Брандт, А.Н. Бекетов, А.П. Богданов, Н.П. Вагнер, П.Ф. Лесгафт и др.). Все подходы к эволюционным проблемам, существовавшие тогда в Германии, имели своих сторонников и среди русских биологов, приобретая порой специфическую окраску. Большинство русских биологов, поддержав доктрину эволюции, пыталось её далее развить как путем обоснования новыми фактами, так и выдвижением собственных оригинальных концепций эволюции.

Высказавшись в начале 1860-х гг. в поддержку эволюционных идей Ч. Дарвина, Бэр впоследствии выступил с резкой критикой борьбы за существование

---

[386] *Завадский К.М.* Вид и видообразование. Л., 1968. С. 73–94.

[387] *Писарев Д.И.* Прогресс в мире животных и растений.

[388] *Тимирязев К.А.* Собрание сочинений. М., 1938. Т. 8. С. 118.

как фактора эволюции и встал на позицию тотальной критики селекционизма, что отнюдь не означало его переход в лагерь антиэволюционистов. Он первым в России начал критиковать теорию Дарвина с позиций эволюционизма в специальной статье «Споры вокруг дарвинизма»[389], опубликованной в газете в 1873 г. Свое долгое молчание он объяснял тем, что хотел посмотреть, как Дарвин выполнит свое брошенное вскользь обещание пролить свет на происхождение человека. Выход его книги «Происхождение человека» разочаровал Бэра, он не мог понять, как прямоходящий и разумный человек мог произойти от древесной обезьяны. В дарвиновской трактовке происхождения человека ему чудилась угроза биологизации духовной и социальной эволюции, с которой он никак не желал согласиться.

Вновь подчеркнув, что он был трансформистом задолго до Дарвина, Бэр посчитал необходимым еще раз изложить свою телеологическую трактовку процессов развития, а также попытаться объяснить причины ее неприятия в современной науке. Бэр полагал, что последнее является результатом негативной реакции на наивную естественную теологию его предшественников, когда любое событие, любой процесс в органическом мире объяснялись деятельностью Творца. Научная же телеология, по мнению Бэра, должна исходить лишь из признания организованности процессов, ход которых является целестремительным, а не целесообразным[390]. Таким образом, в дарвинизме его не устраивала статистическая трактовка эволюции и отсутствие целеполагания в эволюции.

Дарвинизм Бэр критиковал с позиции примата целого над его составляющими, сформулированной им в ходе эмбриологических исследований ещё в 1820–1830-х гг., когда он выработал собственные взгляды на возможность эволюции в пределах отдельных типов. Эволюцию он трактовал по аналогии с онтогенезом, рассматривая органический мир как результат развития, стремящегося к высшей цели и руководимого разумом. Это развитие, согласно Бэру, шло чаще всего путем резких изменений. Тем самым Бэр стал лидером телеологического и сальтационистского направления не только в немецком, но в российском эволюционизме, так как последние десятилетия своей научной деятельности он провел в Санкт-Петербурге и в Тарту.

Взгляды Бэра были развиты в трудах его спутника по Каспийской экспедиции Н.Я. Данилевского, книга которого «Антидарвинизм» стала одним из наиболее детально разработанных вариантов телеологических и автогенетических концепций эволюции. Подобно авторам других автогенетических доктрин, Данилевский исходил из убеждения о существовании внутреннего стремления к прогрессивному развитию и изначальной целесообразности живого. Но в него были включены положения о том, что эволюция есть развертывание уже существующих зачатков; она строго направлена, так как наследственная изменчивость управляется жесткими законами, а эволюционные изменения, вызываемые внутренними факторами, всегда внезапны. Наряду с К.Э. фон Бэром и Н.Я. Данилевским среди сторонников телеологического эволюционизма оказалось немало других биологов, высказавшихся вначале в поддержку учения Дарвина (Н.П. Вагнер, А.П. Богданов, Н.Н. Страхов и др.).

---

389 *Baer K.E. von.* Zum Streit über den Darwinismus // St.-Petersburgische Zeitung. 1873. № 119.

390 *Baer K.E. von.* Über den Zweck in den Vorgängen der Natur. Erste Hälfte. Über Zweckmässigkeit oder Zielstrebigkeit überhaupt // Reden gehalten in wissenschaftlichen Versammlungen und kleine Aufsätze vermischten Inhalts. St. Petersburg, 1876. Th. II. S. 49–105.

Влияние не только научных доводов, но и общей социально-политической ситуации в стране прямо отразилось на учении К.Ф. Кёсслера и П.А. Кропоткина о взаимопомощи как факторе эволюции[391] или в гипотезе А.С. Фаминцына и К.С. Мережковского о симбиогенезе[392]. Пропаганда идей солидарности, сотрудничества, кооперации как более совершенных форм организации общества оказалась не безразличной для некоторых авторов этих концепций. Кропоткин был одним из общепризнанных теоретиков анархизма, а Фаминцын активно поддерживал революционные выступления студентов и участвовал в либерально-демократическом движении. Правда, другой соавтор концепции симбиогенеза Мережковский придерживался крайне правых взглядов. Н.Г. Чернышевский, звавший крестьян «взяться за топор», резко критиковал дарвинизм прежде всего из-за многочисленных попыток использовать его социал-дарвинистами[393].

Неоламаркизм в России всегда был в меньшинстве. Хотя даже такие крупные ботаники, как А.Н. Бекетов, К.А. Тимирязев, В.Л. Комаров, И.П. Бородин, были склонны к механоламаркизму, они рассматривали ламаркистские идеи скорее как некую модификацию классического дарвинизма, чем как противопоставление учению о естественном отборе. Российские неоламаркисты подчеркивали прямое влияние внешней среды как первичного фактора эволюции и важное значение наследования приобретенных признаков, но не писали ничего о внутреннем стремлении организмов к совершенству. Переоткрытие законов Менделя обострило дискуссии по этому вопросу, побудив многих отечественных биологов в борьбе против антидарвиновских выпадов первых генетиков более ясно заявить о признании значительной роли в эволюции наследования приобретенных признаков. Лишь последующее включение главных факторов неоламаркизма в построения Т.Д. Лысенко и И.И. Презента дискредитировало это направление эволюционной мысли в глазах российских ученых.

В отличие от автогенетических и неоламаркистских доктрин, различные объяснения, базирующиеся на идеях сальтационизма и неокатастрофизма в широком смысле этого слова, были всегда популярны. Эти воззрения составляли существенную часть автогенетических концепций эволюции К.Э. фон Бэра и Н.Я. Данилевского, когда они пытались объяснить внезапное возникновение новых органов или типов. Вскоре произошло возрождение идей Ж. Кювье при объяснении крупномасштабных трансформаций целых флор и фаун. Неокатастрофизм был ярко представлен в трудах таких палеонтологов, как М.А. Павлова, А.П. Павлов, П.П. Сушкин и др. Массовые вымирания в геологическом прошлом и неполнота фоссилизированных остатков были главными аргументами сальтационизма. В дореволюционный период сложились взгляды харьковского геолога и палеонтолога Д.Н. Соболева, который синтезировал различные идеи о факторах и законах макроэволюции, выдвинутых в автогенетических и эктогенетических концепциях сальтационизма. Несомненно, обстановка постоянной нестабильности, ожидание революционного взрыва как грядущего прорыва к более совершенным формам

---

[391] *Кёсслер К.Ф.* О законе взаимной помощи // Тр. Санкт-Петербургского общества естествоиспытателей. 1880. Т. IX. Вып. 1. С. 124–136; *Кропоткин П.А.* Взаимная помощь как фактор эволюции. СПб., 1907.

[392] *Фаминцын А.С.* О роли симбиоза в эволюции организмов // Известия ИАН. 1912. Сер. VI. Т. VI. № 1. С. 51–58; № 11. С. 707–714.

[393] *Чернышевский Н.Г.* Происхождение теории благотворности борьбы за жизнь // Русская мысль. 1888. Сентябрь. С. 79–114.

организации общества, признание революции и резких переломов важнейшими периодами в развитии человечества непосредственно влияли как на самих авторов неокатастрофистских концепций эволюции, так и на их популярность[394].

Одной из наиболее оригинальных концепций сальтационизма была теория гетерогенного размножения, выдвинутая в конце XIX века ботаником С.И. Коржинским[395]. Во многом она предвосхитила мутационную концепцию де Фриза, так как каждому акту наследственной изменчивости (гетерогенезу) придавался характер расо- или видообразования. Вся эволюция объяснялась им из скачкообразной изменчивости, что потребовало ввести некую автогенетическую тенденцию к прогрессу.

В отличие от эволюционной теории, генетика в дореволюционной России практически не успела укорениться. Начиная с 1913 г. К.А. Тимирязев, учитель нескольких поколений отечественных биологов-эволюционистов, все резче и резче высказывался в адрес законов Менделя, уверовав, в конечном счете, что исключительно частный случай наследования с полным доминированием фанатические поклонники Менделя желают возвести в основной закон наследственности, отрицая явно противоречащие ему случаи[396]. Но подобные высказывания не могли остановить распространение в России знаний о теории Менделя и предотвратить начало генетических исследований. В знакомстве русской общественности с новыми взглядами на наследственность приняли участие такие авторитетные русские биологи-эволюционисты, как И.П. Бородин и В.М. Шимкевич. В 1913 г. в России были опубликованы работы зарубежных генетиков Э. Баура, К.Э. Корренса, Р. Пеннета, а в следующий год Е.А. Богданов напечатал первую оригинальную русскую сводку по генетике «Менделизм как теория скрещивания»[397].

В эти годы начинали чтение лекций по генетике в университетах. Впервые в России в Петербургском университете такой курс разработал и прочитал Ю.А. Филипченко в 1913 г., а с 1916 г. его курс «Учение о наследственности и генетике» попал в число курсов, рекомендованных для студентов-зоологов. В слабом распространении генетики кроется одна из причин того, что здесь не получили широкого признания евгенические идеи, а тем более расово-гигиенические, тогда как за рубежом они становились все более и более популярными.

Психофизиологическая проблема и политика

В центре исследований отечественных физиологов оказались проблемы природы и происхождения психики и сознания, соотношения физиологического и психического, и, прежде всего, проблема рефлекторной сущности психики человека. Эволюционная идея Дарвина и открытие закона сохранения и превращения энергии оказали особое влияние на формирование представлений об организме как саморегулирующейся адаптивной системе. Они приобрели особое значение в атмосфере российской действительности, и с самого начала на их изучение прямо или косвенно воздействовали социально-политические и идео-

---

394 *Колчинский Э.И.* Неокатастрофизм и селекционизм. Вечная дилемма или возможность синтеза. СПб., 2002. С. 266–277, 302–316.

395 *Коржинский С.И.* Гетерогенезис и эволюция. // Известия ИАН. 1899. Т. 9. № 2. С. 1–94; 1899. Т. 10. № 3. С. 255–268.

396 *Тимирязев К.А.* Отбой мендельянцев (Из научной летописи за ужасный год) // Вестник Европы. 1913. Кн. 5. С. 267–283.

397 *Гайсинович А.Е.* Зарождение и развитие генетики. М., 1988. С. 251–252.

логические факторы, преломляясь всегда через личностный мир ученых, трактующих их общественную и политическую значимость в соответствии со своими ценностями и убеждениями. Не столько в специальных физиологических исследованиях, сколько в их интерпретациях отразилась вся сложность взаимодействия науки с обществом и властью[398].

Общепризнанным создателем первой русской физиологической школы был И.М. Сеченов, но среди его учеников и последователей можно встретить ученых, разных по своим политическим, философским и религиозным воззрениям. Их споры были стимулированы трудами И.М. Сеченова «Рефлексы головного мозга» (1863), «Кому и как разрабатывать психологию» (1873)[399] с доказательствами того, что все феномены сознательной и бессознательной жизни совершаются рефлекторно. С рефлексами он связывал способность организмов осуществлять обратную связь с внешней средой, сохраняя при этом постоянство основных биохимических, энергетических и физиологических процессов за счет постоянной коррекции реакции.

Классическим объектом исследования Сеченова в лаборатории К. Бернара в Париже стала обезглавленная лягушка, на реакциях которой он формулировал представления о саморегуляции как общем принципе жизнедеятельности, базирующемся на различении, управлении и обратных связях[400]. Наблюдая в дальнейшем расстройство координации движения у больных, страдавших атаксией, и используя исследования Г. фон Гельмгольца о роли мышц глаза в пространственном видении, Сеченов постарался дать строго причинное объяснение целесообразности поведения, базирующегося на предметной соотнесенности образа. Иными словами, он попытался решить ключевую проблему физиологии — о причине соответствия образа, находящегося внутри мозга, внешнему предмету — путем признания мышечного чувства, способного объективировать представления. В двигательной активности для него коренились «элементы мысли», зарождавшиеся во внешних практических действиях во взаимодействиях организма со средой и интериоризующихся впоследствии в центральной нервной системе. Тем самым «психическая среда» и мысли человека, по Сеченову, в конечном счете, формировались благодаря внешним предметным действиям. Им была доказана тормозящая роль нервных центров, сформулированы представления о координации между ними, с позиций которых он объяснял механизм волевого действия. Таким образом, продолжая традиции своих предшественников и учителей — Г. фон Гельмгольца, К. Людвига, Э. Дюбуа-Реймона и К. Бернара, — Сеченов экспериментально выявил наличие в головном мозге центров, тормозящих периферийные рефлексы, и открыл функцию головного мозга — тормозить (угнетать), а не возбуждать движения и вегетативные процессы животного и человека (1862). В электрофизиологических исследованиях изолированного спинного и продолговатого мозга лягушки (1879–1882) Сеченов открыл спонтанные ритмические колебания биопотенциалов, обнаружил электрические реакции (как возбуждение, так и торможение) продолговатого мозга на стимуляцию периферических нервов и спинного мозга, первым наблюдал суммацию возбуждения в нервных центрах.

---

[398] *Ярошевский М.Г.* Сеченов и мировая психологическая мысль. М., 1981. С. 30–44; Физиологические науки в СССР. Становление, развитие, перспективы. Л., 1988. С. 94–116; *Thielen M.* Sowjetische Psychologie und Marxismus. Geschichte und Kritik. Frankfurt am Main; New York, 1984. S. 29–46.

[399] *Сеченов И.М.* Избранные произведения. М., 1952–1956. Т. 1–2.

[400] *Ярошевский М.Г.* Психология XX века. М., 1971. С. 37.

Он также доказывал, что высшие психические и интеллектуальные процессы должны подавлять низшие функции организма, обеспечивая моральное поведение — признанный гарант правопорядка в обществе. Рассматривая психически регулируемое действие как инструмент приспособления к среде, Сеченов трактовал его как орудие выживания, сформированное в ходе эволюции. Эти представления, лежавшие в русле развития идей Дарвина, с самого начала стали предметом ожесточенной борьбы, далеко выходящей за пределы науки, а в условиях реформируемой России в 1860-х гг. стали знаменем борьбы за воспитание «нового человека», освобожденного от религиозных догм и идеологем предшествовавших поколений[401].

Первоначально популярное изложение взглядов Сеченова должно было появиться в журнале «Современник», но после ареста в декабре 1863 г. его редактора Н.Г. Чернышевского контроль цензуры усилился, и цензор усмотрел угрозу для основ общества и морали в попытках автора свести психическое к нейрофизиологическим процессам. Под названием «Рефлексы головного мозга» работа появилась в специализированном медицинском издании, а Сеченов попал в сферу внимания тайной полиции. Зато шестидесятники, ратовавшие за радикальные социально-политические и экономические изменения под флагом борьбы с религиозными и идеалистическими представлениями, увидели в ней естественнонаучное обоснование своих программ. Религиозную концепцию «души» они трактовали отныне как фундамент идеологии подавления личности государством, церковью и семьей.

Исследованиями Сеченова оправдывали разночинцев, выбравших тяжелый интеллектуальный труд как способ карьеры в трудных условиях больших городов. Они вселяли надежду, что лишения закалят их волю, а аскетический образ жизни окажется лучшим способом подготовки к миссии будущего революционера и реформатора общества. В физиологических терминах, им казалось, Сеченов объяснял подавление чувств и потребностей как процессы торможения в центральной нервной системе. Одновременно он отождествлял объясняемые им феномены высшей нервной деятельности (ВНД) с моральными качествами общественных кругов, которым он симпатизировал. На склоне лет, в 1901 г. сам Сеченов признал, что исповедовал нигилизм как новую религию[402]. Он активно популяризировал эволюционное учение, участвовал в переводе на русский язык и издании важнейших трудов Ч. Дарвина и Т. Гексли.

В атмосфере ожидания общественного апокалипсиса материализм физиологов для многих превращался в веру, тайно связанную с религиозными символами и мотивами. Даже препарирование лягушек стало неким священным действием во имя торжества естествознания, а обезглавленная лягушка как будто бы становилась мученицей новой веры, приносилась ей в жертву и гибла на кресте во имя ее. На знаменитой фотографии в книге Сеченова три лягушки похожи на жертвы как бы распятые на крестах. Вспомним Базарова, препарировавшего ежедневно десятки лягушек, в романе И.С. Тургенева «Отцы и дети». Если внимательно вслушаться в светскую риторику последователей нового учения, то можно было обнаружить, как они бессознательно прибегали к библейскому языку, мотивам и

---

[401] *Rüting T.* Pavlov und der Neue Mensch. Diskurse über Disziplinierung in Sowjetrussland. München, 2002. S. 72–76.

[402] *Сеченов И.М.* Автобиографические записки. М., 1952.

символам для того, чтобы их использовать в обновленном виде для вербовки новых сторонников. Особенно ярко это проявилось в публицистических статьях Д.И. Писарева, в которых он, уверовав в науку как некоего нового спасителя, мессианским тоном призывал возлюбить лягушку, обезглавленную во имя храма знания, в котором произойдет освобождение и обновление русского человека[403]. Как сын божий отдал свою жизнь ради спасения человечества, так лягушка, по мнению Писарева, жертвовала жизнью для освобождения человека от пут невежества.

Как и в других странах Европы, физиологическая концепция торможения рефлексов и функций оказалась тесно вплетена в контекст борьбы за новые принципы этики и преобразование общественных наук. Многим казалось, что нейрофизиология с ее авторитетом эмпирической науки способна обосновать веру в то, что инстинкты можно сдержать благодаря индивидуальному самоконтролю, следующему законам или морали, чтобы сохранить порядок в обществе. Материалисты, выступавшие за обновление общества, черпали в бурно развивавшейся физиологии, в особенности, в физиологии ВНД новую систему понятий, новый язык и новое орудие для реформирования морали и этики. Распространение рефлекса и автоматизма на все стороны поведения человека, вырванного из религиозного дурмана, делало излишним репрессивное государство. Сеченов не скрывал социальные выводы из своей теории, призванной воспеть активного человека с сильной волей, действовавшего на базе выработанной в ходе эволюции морали, реализуемой путем рефлексов.

В конце 1860-х годов в российском обществе популярными были сочинения И.С. Тургенева и Ф.М. Достоевского, нападавших на радикальных сциентистов с разных позиций, но в равной степени отрицавших их позитивистские и утилитаристские ценности. Особенно возмущало писателей стремление свести всю духовную жизнь человека, его социальный и эмоциональный мир к набору рефлексов. Даже А.И. Герцен просил своего сына, увлекшегося физиологией, не использовать ее при обсуждении социальных проблем[404]. Вместе с тем труды Сеченова продолжали волновать все новые и новые поколения студентов. Многие из них выбирали свой путь под их воздействием. Он стал основателем важной научной традиции, развивавшейся в российской физиологии и психологии на протяжении почти 150 лет. Постулированная им попытка сведения психологических процессов к физиологическим оценивалась как доказательство того, «что не только психология, но и социология покрываются физиологией»[405].

Приверженцем этой традиции был физиолог И.Ф. Цион, который, в отличие от Сеченова, недолго придерживался либеральных и демократических идей, превратившись к середине 1870-х гг. в воинствующего клерикала, державника и монархиста[406]. Подобная эволюция соответствовала изменениям общественной мысли в Европе и России в 1860–1880-х гг., но определялась в значительной степени его происхождением, особенностями характера и темперамента. Выходец из

---

[403] См.: *Писарев Д.И.* Сочинения. СПб., 1871. Т. 4, 5.

[404] *Герцен А.И.* Полное собрание сочинений и писем / Под. ред. М.К. Лемке. Пг., 1919. Т. 10. С. 45, 171. См. также: *Сироткина И.Е.* Герцен-отец и Герцен-сын: спор о науке и человеке // ВИЕТ. 2001. № 4. С. 5–23.

[405] *Ноздрачёв А.Д., Поляков Е.Л., Зеленин К.Н и др.* И.П. Павлов — первый Нобелевский лауреат России. СПб., 2004. Т. 1. С. 57.

[406] *Артёмов Н.М.* Илья Фаддеевич Цион. Нижний Новгород, 1996.

еврейской семьи, он, приняв православие и получив должность в Санкт-Петербургском университете, занял крайне правые позиции. Цион оказал огромное влияние на формирование научных интересов многих выдающихся русских физиологов, включая И.П. Павлова. Физиологические работы Циона были проникнуты идеями нервизма К. Бернара. Одним из первых он сформулировал концепцию о саморегуляции вегетативных процессов организма, в которой обратную связь обеспечивают интероцепторы[407]. Он выступил с критикой сеченовской теории торможения, предложив взамен интерференционную теорию торможения[408], которая стала важнейшим истоком учения Н.Е. Введенского о единстве процессов возбуждения и торможения в ЦНС. В актовой речи «Сердце и мозг» (1873) Цион впервые дал эскиз физиологической теории эмоций. Свою концепцию он стремился увязать с учением Г. фон Гельмгольца о «бессознательных умозаключениях», с подозрением относился к учению Сеченова о рефлексах головного мозга и пришёл к идеалистическим выводам.

В конечном счете Цион выступил против нигилизма и нигилистов, подрывавших, по его мнению, государственный строй, православие и нравственность. Вынужденный покинуть в 1875 г. ИМХА из-за протестов студентов, не желавших слушать лекции профессора — реакционера и идеалиста, Цион эмигрировал и продолжил научные исследования в Париже. Помимо физиологических работ, он опубликовал много популярных статей, заметок, политических произведений, вызывавших возмущение в либеральных и социалистических кругах и даже угрозы расправы. Тем не менее он твёрдо отстаивал охранительные идеи М.Н. Каткова и К.П. Победоносцева, отвергал материалистическую психологию, дарвинизм и концепцию естественного происхождения человека[409], резко и грубо критиковал либеральное и революционно-демократическое движение, особенно анархиста П.А. Кропоткина, народовольцев С.М. Степняка-Кравчинского и Л.А. Тихомирова[410]. Цион некоторое время был финансовым агентом правительства и даже числился чиновником особых поручений Министерства финансов, пока не вступил в конфликт с министром финансов И.А. Вышнеградским. Не сложились у него отношения и с С.Ю. Витте. На склоне лет он уверял: «Я занимался экспериментальной психологией в политике, в истории, в финансах, и особенно стремился исследовать явления социальной справедливости». Весь жизненный путь Циона демонстрировал прямую зависимость научной карьеры и популярности одного из талантливейших физиологов в России от его социально-политической и мировоззренческой позиции. Даже после смерти Циона вплоть до развала СССР не было напечатано ни одной книги, посвященной ему.

В отличие от Циона, Н.Е. Введенский, со времен студенчества участвовавший в деятельности народовольцев и приговоренный по делу 193-х в 1875 г. к

---

[407] *Цион Э.Ф.* Рефлексы одного из чувствительных нервов сердца на двигательные нервы сосудов // Медицинский вестник. 1867. № 11. С. 101–104; № 12. С. 113–117; № 13. С. 125–130.

[408] В отличие от Сеченова, Цион полагал, что никакого особого процесса торможения не существует. Факт же подавления деятельности в результате взаимодействия процессов возбуждения Цион объяснял интерференцией волн возбуждения.

[409] *Цион И.Ф.* Научные беседы. Популярное изложение главнейших успехов естествознания. СПб., 1880; *Цион И.Ф.* Дарвин и его учение. Критический этюд // Русский вестник. 1886. № 9. С. 269–302.

[410] *Цион И.Ф.* Нигилисты и нигилизм // Там же. № 6. С. 426–443; № 7. С. 262–298; № 8. С. 772–826; *Цион И.Ф.* Как установить в России правовой государственный строй? Записка на Высочайшее имя. Что делать государю? Как быть оппозиции? Paris, 1905.

тюремному заключению, где провел более трех лет, смог сделать блестящую карьеру, создав собственную школу в физиологии. На базе экспериментальных работ, начатых под руководством И.М. Сеченова, Введенский развил учение о единстве процессов возбуждения и торможения, вскрыл их ритмический характер и практическую неутомляемость нервов[411]. По мнению А.А.Ухтомского, ученика Н.Е. Введенского, функциональной единицей деятельности мозга является система нервных центров, а не отдельная рефлекторная дуга. С 1904 г. он разрабатывал учение о доминанте как общефизиологическом принципе деятельности нервной системы[412]. В.А. Вагнер, рассмотрев основные этапы развития психики, обосновал идею сопряженной эволюции инстинктивного поведения с эволюцией поведения разумного типа[413]. Он указал, что синтез зоопсихологии с дарвинизмом приведет к созданию общебиологической теории поведения, построенной на принципах эволюционизма.

Среди представителей традиции объяснять психологию физиологией особое место принадлежит И.П. Павлову и В.М. Бехтереву, взгляды которых формировались в значительной степени под влиянием трудов Сеченова в том же социально-культурном контексте ожесточенных дискуссий консерваторов с радикалами, придерживавшимися материалистических и детерминистских взглядов на сознание и волю как в наибольшей степени соответствовавших высшим нравственным идеалам.

От К. Бернара и И.Ф. Циона Павлов воспринял представления о нервизме и об организме как сложной, целесообразно действующей, но управляемой механистическими законами машине. Придерживаясь этого представления, Павлов стремился в целостном реагировании высших животных вскрыть жестко детерминированные, повторяющиеся регулярности в выполнении определенных функций. Главная цель его исследований заключалась в изучении не столько внутренней среды организма, сколько его взаимоотношения с окружающим миром. Для этой цели он создал, по выражению Д. Тодеса, «целый исследовательский завод», где в период 1893–1904 гг. работали более ста человек, объединенных единой программой и методикой исследований, в которой подопытная собака была не столько препарированным организмом, сколько искусственно созданной технологией для исследования поставленной задачи[414]. Это позволило впервые в мировой практике провести исследование физиологических механизмов деятельности пищеварительных систем в условиях хронического эксперимента на здоровом животном, при сохранении целостной и непрерывной работы желудочно-кишечного тракта. Результаты этих экспериментов были обобщены в книге Павлова «Лекции о работе главных

---

[411] *Введенский Н.Е.* Полное собрание сочинений. Л., 1953. Т. 4: Возбуждение, торможение и наркоз. Л., 1954. Т. 5: Курс лекций по физиологии животных и человека, читанных в Петербургском университете.

[412] *Ухтомский А.А.* Из истории учения о нервном торможении // Сеченов, Павлов, Введенский — физиология нервной системы. М., 1952.

[413] *Вагнер В.А.* Биологические основания сравнительной психологии. СПб., 1910–1913. Т. 1–2.

[414] *Тодес Д.* Физиологический завод Павлова // На переломе. Вып. 2: Отечественная наука в первой половине XX века. СПб., 1999. С. 189–243; *Thodes D.P.* Pavlov's Physiology Factory. Experiment, Interpretation, Laboratory Enterprise. Baltimore; London, 2002.

пищеварительных систем» в 1897 г. На следующий год она была издана в Германии, сделав фамилию Павлова известной широкой зарубежной общественности. За этот цикл работ Павлову была присуждена Нобелевская премия 1904 г.

Но к тому времени его научные интересы претерпели существенное изменение. Он задумал на основе разработанной им методологии приступить к изучению физиологии ВНД, связанной с исследованной им «психической стороной деятельности пищеварительных желез»[415]. Ключом к формированию его представлений по этому вопросу стали классические опыты по выработке условного рефлекса. На их основе Павлов пытался понять деятельность головного мозга и механизмы поведения и мышления. Этой работе Павлов посвятил последние десятилетия своей жизни, доказав, что условнорефлекторная деятельность осуществляется при участии коры больших полушарий головного мозга. Рассматривая мыслительную деятельность как функцию головного мозга и отстаивая идею о единстве физиологического и психического, Павлов ввел понятие «второй сигнальной системы» как специфической формы ВНД человека, связанной с речью и абстрактным мышлением. Итоги своих дореволюционных исследований Павлов подвел в книге «Двадцатилетний опыт объективного изучения высшей нервной деятельности (поведения животных). Условные рефлексы» (1923).

Разрабатывая эту проблематику, Павлов все больше и больше вовлекался в обсуждение проблем детерминации социального поведения человека и возможности воздействовать на него. В лекциях Павлова все чаще стали звучать темы о причинах самоубийств, механизмах гипнотического поведения и сна, связанных с динамикой положительных и тормозных условных рефлексов, деятельностью корковых анализаторов, наследованием свойств высшей нервной деятельности и т. д. Его исследования все больше теряют узконаправленный профессиональный аспект и привлекают внимание различных политических сил хотя сам Павлов не высказывал ярко выраженных политических симпатий которые располагались где-то между конституционными демократами и октябристами. Тем не менее в 1905 г. он был одним из организаторов нелегального союза профессоров, собирая в ИВМА подписи профессоров под петицией, требовавшей введения конституционной монархии[416]. Хотя, по воспоминаниям Л.А. Орбели, многие профессора в тот же день отозвали свои подписи, но с тех пор многие среди правых и даже умеренных воспринимали Павлова как одиозную фигуру, способную на антиправительственные действия[417].

Первую мировую войну Павлов встретил как государственник и патриот всецело воспринявший ее цели. Разочарованный действиями русской армии, он резко отзывался об императоре Николае II, называя его «идиотом» и «дегенератом»[418]. Тем не менее лауреат Нобелевской премии отказался поддержать пораженческие настроения своих коллег, входящих в партию кадетов, понимая, что

---

[415] *Голиков Ю.П., Ланге К.А.* Краткий очерк жизни и деятельности И.П. Павлова // *Павлов И.П.* Pro et contra. СПб., 1999. С. 597.

[416] *Павлов И.П.* Достоверность и полнота биографии / Сост. Ю.А. Виноградов, Ю.П. Голиков и Т.И. Грекова. СПб., 2005. С. 51.

[417] *Орбели Л.А.* Воспоминания. М.; Л., 1966. С. 45.

[418] *Самойлов В.О.* Эволюция политических взглядов И.П. Павлова // *Павлов И.П.* Pro et contra. СПб., 1999. С. 653; *Тодес Д.* Павлов и большевики // Там же. С. 690.

революция во время войны означает гибель государства. В 1916 г. он выступил перед педагогами с концепцией «рефлекса цели», т. е. «стремления к обладанию определенным раздражающим предметом, понимая и обладание, и предмет в широком смысле слова»[419]. Тем самым обозначилась тенденция по преодолению границ прежних физиологических исследований, установленных представлениями о жестко детерминистском взаимодействии организма со средой, его гомеостазе и адаптации, и осмыслению поведения человека как некоего «темного, первичного, неодолимого влечения, инстинкта или рефлекса». Самоубийство он оценивал как результат торможения «рефлекса цели», которое особенно сильно сказывается у русского человека как «проклятое наследие крепостного прошлого». При явной биологизации социальных процессов Павлов огромное значение придавал возможности усиления этого рефлекса путем воспитания и обучения, что позволит проявить огромные потенции «нашей творческой силы». В том же году Павлов совместно с М.М. Губергрицем предложил понятие «рефлекс свободы»[420].

Приняв Февральскую революцию вначале настороженно, Павлов в какой-то момент вместе с другими академиками поверил в возможность благоприятного исхода войны, был окрылен перспективами, открывавшимися перед наукой в демократической России, и даже вошел в состав совета «Свободной ассоциациии для развития и распространения положительных наук», учрежденной 26 мая 1917 г. Провал апрельского наступления и июльские события в Петрограде вновь заставили его заговорить о надвигавшейся катастрофе, которую не могло предотвратить правительство, возглавляемое А.Ф. Керенским. Последнего Павлов именовал «паршивым адвокатишкой» и «соплей». Октябрьскую революцию Павлов воспринял крайне болезненно и через несколько месяцев вступил в открытую конфронтацию с новой властью. Тем не менее, именно большевики со временем создали ему прекрасные условия для научной деятельности, отдав в его распоряжение несколько научных учреждений, а его учение об условных рефлексах провозгласили вершиной в понимании нейрофизиологических основ психики и сознания и пытались сделать основой для воспитания нового человека.

Рефлексологическую концепцию сознания разрабатывал и В.М. Бехтерев, который также ратовал за объективные методы изучения психики человека[421], пытаясь связать психические явления с физическими и социальными раздражениями и рассматривая их как реакции на эти раздражения. Внутренние же процессы, обусловливающие поведение индивидов и коллективов, были энергетическими по своей природе. Впоследствии с позиций «энергетического монизма» Бехтерев разрабатывал идеи индивидуально-энергетического и социального бессмертия человечества. Бехтерев применил «энергетический монизм» к объяснению социальных процессов, полагая, что в них «раскрываются те же общие космические законы, как закон сохранения энергии, тяготения, отталкивания, противодействия равного действия, подобия, ритма, энтропии, эволюции, дифференцировки, обобщения или синтеза, приспособляемости, отбора, инерции и т. д.» Поэтому он считал возможным всю социологию свести к развиваемой им рефлексологии, так как в «коллективных рефлексах» прослеживаются реакции коллективов людей на воздействие

---

[419] *Павлов И.П.* Pro et contra. СПб., 1999. С. 107.

[420] Там же. С. 114–118.

[421] *Бехтерев В.М.* Психика и жизнь. СПб., 1904; Объективная психология. СПб., 1907–1910. Вып. 1–3.

среды. Особое внимание он уделял космическим факторам. Например, усматривая взаимосвязь социальных революций с максимумом пятен на солнце, Бехтерев предлагал составлять «политические гороскопы».

Бехтерев отличался высокой социально-политической активностью. Он основал журнал «Неврологический вестник» (1893) и Казанское общество невропатологов и психиатров. С 1908 г. Бехтерев был директором созданного им Психоневрологического института, добивался создания и специального Института по изучению алкоголизма. Бехтерев был прекрасным клиницистом, и в 1912 г. у него были кой-какие шансы стать лауреатом Нобелевской премии, но, как считают некоторые историки, он ее не получил из-за неприязненных отношений с Павловым, с которым они не подавали друг другу руки в течение многих лет[422]. В правящих кругах В.М. Бехтерев пользовался репутацией неблагонадежного. Его судебно-психиатрическая экспертиза в процессе М. Бейлиса, обвиняемого в ритуальном убийстве мальчика-христианина, выступления по вопросам социальных причин самоубийства и т. д. привели к тому, что он довольно рано был отправлен в официальную отставку из ИВМА и Женского медицинского института с официальной формулировкой «за выслугу лет».

Зоопсихологические исследования В.А. Вагнера, коллективная рефлексология В.М. Бехтерева, учение И.П. Павлова об условных рефлексах и регулирующей функции центральной нервной системы, теория доминанты А.А. Ухтомского создавали естественнонаучную основу для понимания сознания. В школах Павлова, Бехтерева и Ухтомского разрабатывались идеи о тесной связи психического и физиологического в целостном поведении. Материалистическому направлению в объяснении психики и сознания человека противостояли сильные школы так называемых психологов-идеалистов К.Д. Кавелина, А.И. Введенского, Г.И. Челпанова и др.

Либерал Кавелин противопоставил жесткому детерминизму Сеченова индетерминистскую трактовку человеческой личности[423]. Он проводил существенные различия между физическим и психическим, доказывая непознаваемость первого и самостоятельность второго, а также наличие свободы воли и врожденных форм ценности. Сторонник отмены крепостного права, Кавелин в своих исторических и юридических трудах ратовал за отказ от социалистического устройства общества, доказывая, что общественное неравенство является естественным законом. Он обосновывал необходимость мирного, постепенного, юридически закрепленного пути развития и отрицал неизбежность революционных переворотов. Эти различия в политических воззрениях Кавелина и Сеченова прямо сказалась в их дискуссии о предмете и задачах психологии в 1870–1880-х гг.[424]

Профессор Санкт-Петербургского университета А.И. Введенский примерно четверть века возглавлял Философское общество. Слушателями его лекций, которые пользовались большой популярностью, были студенты не только столичного университета, но и Высших женских курсов, ИВМА. По воспоминаниям современников, их завораживали не столько сами идеи Введенского, сколько необычайное вдохновение и сила, с которыми они произносились[425]. В концепции

---

[422] *Блох А.М.* Советский Союз в интерьере Нобелевских премий. Факты. Документы. Размышления. Комментарии. СПб., 2001. С. 18, 44.

[423] *Кавелин К.Д.* Задачи психологии. СПб., 1872.

[424] *Ярошевский М.Г.* Психология XX века. М., 1971. С. 37.

[425] Русские философы России XIX–XX вв. М., 1995. С. 106.

«психологии без метафизики» он постулировал наличие у человека особого органа познания «метафизического чувства», сходного с кантовским «нравственным чувством»[426]. Изучение последнего, по мнению Введенского, открывало путь к решению извечных метафизических проблем, связанных с познанием категорий «бога», «бессмертия», «свободы». Для него естественнонаучное решение этих проблем невозможно, так как названные категории изначально присутствуют в нашем сознании, они не связаны с внешним миром и их невозможно искоренить никакими рефлексами. Задача, согласно Введенскому, заключается только в том, чтобы, изучив связи между ними, выработать нравственно-обязательное отношение к своим убеждениям, сформированным этими категориями нашего сознания[427].

За пределами естественнонаучного решения психофизиологической проблемы лежали воззрения заведующего кафедрой философии Московского университета, создателя и директора Психологического института Г.И. Челпанова, который, опираясь на традиции вундтовской и вюрцбургской школ, развивал представления об «эмпирическом параллелизме» души и тела[428]. С этих позиций он резко критиковал физиологов за их вульгарное объяснение процессов сознания и мышления.

В целом, следует согласиться с Д. Жоравским, что общепринятое положение о русской физиологической школе как тотально механистической и материалистической является мифом[429]. На самом деле значительная часть, если не большинство российских физиологов, психологов и зоопсихологов склонны были к метафизике, идеализму и религии, создавая различные варианты науки об уме, душе, психике и поведении. Стремясь создать «психологию без метафизики», они на самом деле предлагали метафизические концепции о сознании человека, не подкрепленные экспериментами. Все они, включая Сеченова, больше рассуждали о психике и сознании человека, чем ставили опыты их познания. Павловская собака, а тем более сеченовская лягушка, вряд ли могли претендовать на роль репрезентативных объектов для изучения психики человека, что, впрочем, они сами прекрасно понимали. Близок к взглядам социал-дарвинистов был зоопсихолог Вагнер. В итоге каждый из них развивал собственную психологию, выраставшую из их философской и социально-политической интерпретации собственных экспериментов.

Борьба этих школ и течений прямо и косвенно отражала социально-культурный контекст развития тогдашней России. В условиях своеобразного «идеологического» заказа со стороны радикальных кругов была создана естественнонаучная концепция сознания, формирующегося под влиянием взаимодействий человека с внешней средой. Оппоненты противопоставили ей другую, в рамках которой отстаивали представления о вечности и независимости от окружающего мира основных категорий сознания. В этом случае, соответственно, подразумевалось, что менять что-то в обществе бесполезно.

Существовала ли «русская расовая теория»?

О существовании в России до 1917 г. мощного направления расологии до недавнего времени не было принято говорить, пока о нем в лозунговой форме не напомнил В.Б. Авдеев, составитель и редактор недавно вышедших двух объемистых

---

[426] *Введенский А.И.* О пределах и признаках одушевления // Журнал МНП. 1892. № 7.
[427] *Введенский А.И.* Психология без всякой метафизики. СПб., 1914.
[428] *Челпанов Г.И.* Мозг и душа. СПб., 1900; *Челпанов Г.И.* Психология. Ч. 1–2. М., 1909.
[429] *Joravsky D.* Russian Psychology. A Critical History. Cambridge (Mass.), 1989. P. 96.

сборников[430], включавших оригинальные работы отечественных авторов, в том числе и признанных классиков российской антропологии, биологии и психиатрии Д.Н. Анучина, В.М. Бехтерева, А.П. Богданова, Р.Л. Вейнберга, А.А. Ивановского, И.И. Мечникова, И.А. Сикорского. К обоим сборникам Авдеев написал пространные предисловия, в которых доказывает, что сочинения «красных профессоров» «с лихвой выдают биологическое происхождение критиков» расовой теории[431] и создают искаженную картину развития до 1917 г. всей отечественной науки, где забыта «русская расовая теория как гигантский пласт мудрости и опыта нашего народа, запечатленный в академических трудах гениальных русских ученых»[432].

Подобное заявление, отвергавшее прежние труды по истории антропологии в России[433], требует от историка науки подробного анализа развития расологии в России, который возможен при фундаментальной подготовке в области антропологии, генетики и этнографии, с использованием всего корпуса опубликованных источников, насчитывающих несколько сот книг и статей, а также огромного массива архивных документов. Здесь же я рассмотрю только вопрос о русской расологии, её связи с социально-культурным контекстом дореволюционной России и соотношении с немецкими работами с позиций историка эволюционной биологии. В качестве источниковой базы избраны в основном работы российских ученых, признанных классическими самими современными расологами и опубликованными в вышеупомянутых сборниках.

До недавнего времени зарождение в России интереса к генетическому разнообразию человечества обычно связывали с формированием евгенического движения, которое якобы пришлось на первые годы Советской власти. Обстановка тех лет, действительно, способствовала широкому обсуждению различных путей использования биологических знаний для улучшения природы человека, удлинения продолжительности его жизни, омоложения, борьбы с наследственными заболеваниями и т. д. По версии, предложенной М.Б. Адамсом[434], а затем повторенной во многих работах, пионерами генетики и евгеники в России были одни и те же люди Н.К. Кольцов в Москве и Ю.А. Филипченко в Петрограде. Они, оценив дешевизну проведения евгенических исследований (требовались лишь бумага и карандаш, так как анкетирование, сбор генеалогических и антропометрических данных в библиотеках и архивах были единственными способами получения данных о наследственности человека), сумели заинтересовать своими проектами членов большевистского правительства А.В. Луначарского и Н.А. Семашко и убедить их в важности евгеники для быстрого построения социалистического общества. Финансирование евгенических работ помогало поддерживать и генетические исследования. Иными словами, получалось, что евгенические работы создателей советской генетики были обусловлены исключительно конъюнктурными соображениями

---

[430] Русская расовая теория до 1917 г. Сборник оригинальных работ русских классиков Под ред. В.Б. Авдеева. Вып. 1–2. М., 2004.

[431] *Авдеев В.Б.* Расология. Наука о наследственных качествах людей. М., 2005. С. 10

[432] *Авдеев В.Б.* Русская расовая теория до 1917 (предисловие) // Русская расовая теория до 1917 г. Вып. 1. С. 6. Характерно, что к народной мудрости апеллировали О.Б. Лепешинская, Т.Д. Лысенко, И.И. Презент и другие творцы «мичуринской биологии».

[433] *Левин М.Г.* Очерки по истории антропологии в России. М., 1960; *Залкинд Н.Г.* Московская школа антропологии в развитии отечественной науки о человеке. М., 197

[434] *Адамс М.Б.* Политика в области наследственности человека в СССР: 1920–1940 Тр. СПбЕ. Эволюционная биология / Отв. ред. Э.И. Колчинский. 1994. Т. 90. № 1. С. 16

продиктованными заботой о развитии респектабельной генетики, а не какими-то утопическими планами по улучшению наследственности человечества.

В этой концепции оставалось непонятно, как в течение буквально нескольких месяцев на страницы новых научных журналов («Русский евгенический журнал» — РЕЖ и «Известия Бюро по евгенике») и книг хлынул поток первоклассной продукции, не уступавшей зарубежным трудам. Без ответа оставался вопрос, почему российское научное сообщество, всегда внимательно следившее за развитием науки за рубежом, до Октябрьской революции было невосприимчиво к идеям расологии и евгеники, набиравшим влияние в западной науке. Ссылки на то, что эти идеи всегда были чужды прогрессивной российской интеллигенции, в наше время вряд ли могут кого-либо удовлетворить. Сейчас ситуация начинает проясняться. Оказывается, что существовало немало работ, которые ни в коем случае нельзя игнорировать при изучении интеллектуальной истории России. Их использовали в политической борьбе представители крайне правых, а то и откровенно черносотенных организаций, что и предопределило их историческую судьбу. В силу социально-политической ситуации в СССР создатели евгенических учреждений, обществ и журналов, как правило, не могли ссылаться на работы своих отечественных предшественников, так как некоторые из них носили откровенно расистский характер. Тем не менее, эти труды должны занять по праву принадлежащее им место в истории отечественной биологии.

Российские ученые одними из первых осознали необходимость изучать биологию человека в свете данных археологии, анатомии и эмбриологии. Инициатором стал К.Э. фон Бэр, который интересовался проблемами антропологии на протяжении всей научной карьеры, начиная с докторской диссертации по медицине «Эндемические болезни эстонцев», опубликованной в 1814 г. в Дерпте[435]. Во время преподавания в Кёнигсбергском университете Бэр с 1822 г. читал курс лекций по антропологии. В 1824 г. он опубликовал первый том книги «Познай самого себя» с основными сведениями по анатомии человека и особенно органам чувств. Во второй том должны были войти разделы об эмбриологии человека, психологии, расах, этнографии, археологии и антропологической географии, но этим планам не суждено было сбыться. В те годы Бэр основное внимание уделял антропологии. Установленное им сходство многих стадий индивидуального развития человека и обезьян явно свидетельствовало об их близости, с чем, однако, сам Бэр никак не мог согласиться.

Приехав в Санкт-Петербург, Бэр среди прочих академических обязанностей заведовал Анатомическим кабинетом ИАН и продолжал заниматься антропологией. Он разработал программу и методику краниологических исследований, собрал обширную коллекцию черепов и выполнил первые работы по краниологии древнего населения России. Начало этим исследованиям положили измерения и классификация черепов, собранных адмиралом Ф.Ф. Литке во время кругосветного путешествия. Антропологическая коллекция в Кунсткамере, собранная Бэром, была хорошо известна в России. Благодаря Бэру Россия стала одной из первых стран, где физическую антропологию выделили в специальную дисциплину. Хотя цензура во времена Николая I предписывала: «Всякая вредная теория, таковая, как, например, о первобытном зверском состоянии человека, будто бы естественном <…>

[435] *Oppenheimer J.M.* K.E. Baer and Anthropology // Folia Baeriana. Baer and modern Biology. Tartu, 1993. Vol. VI. P. 97.

и тому подобные отнюдь не должны быть одобрены к печатанию»[436], — появлявшиеся сведения о находках «дилювиального» («допотопного») человека волновали российскую публику. Ответом на общественный запрос стал доклад Бэра «О древнейших обитателях Европы» в декабре 1859 г. в Русском географическом обществе с обзором новейших данных о находках ископаемого человека во Франции, Дании и Швейцарии. Бэр сыграл важную роль и в международной институциализации физической антропологии. По его инициативе в 1861 г. в Гёттингене состоялся Первый международный конгресс по антропологии, который, по замыслу Бэра, должен был стандартизировать методику антропометрических изменений.

Ещё до занятия проблемами краниологии Бэр заинтересовался вопросом о роли рас в истории. В 1834 г. он опубликовал статью «Об отношении Пруссии к историческому развитию человечества»[437], в которой изложил свою классификацию рас (южноокеаническая негроидная, африканская негроидная, американская, монголоидная и кавказская), базировавшую на схеме И.Ф. Блюменбаха, в которой учитывались, в основном, только краниологические признаки. В дальнейшем он считал недостаточным при распределении рас учитывать только признаки долихо- и брахицефалии, ортогнатии и прогнатии, предпочитая географический принцип размещения коллекций. Не устраивала его классификация по языкам, которые могли быть заимствованы в процессах смешения народов[438]. В кавказкой расе Бэр выделял финно-татарскую, семитскую и санскритскую подрасы. У него не было оценочных суждений о биологических расах как высших или низших, но их культуры он рассматривал под иным углом зрения. Так, в статье, предназначенной для публикации в Пруссии, он превозносил немецкую культуру как более прогрессивную, чем остальные. Позднее он уверял, что для индогерманцев характерна долихоцефалия, а там где встречается иная форма черепа, произошло их смешение с более древними племенами Европы[439]. Описывая черепа из скифских курганов, он отметил их брахицефалию, но не находил в них монголоидных черт в строении лица[440]. Резкие отличия в классификациях рас человека Бэр оценивал как доказательство принадлежности их всех к одному виду[441]. Будучи убежденным последователем концепции моногенетического происхождения человечества, причину расовых отличий он усматривал во влиянии географических условий и климата.

Первоначально Бэр не только поддержал теорию Ч. Дарвина, но написал Т.Г. Гексли в 1860 г., что уже в 1849 г. признавал трансформацию рас человека под влиянием внешних условий[442]. В этой статье он стоял на позициях огра-

---

[436] Цит.: *Формозов А.А.* Начало изучения каменного века в России. М., 1983. С. 13.

[437] *Baer K.E.* Über das Verhältnis des Preussischen Staates zur Entwicklungsgeschichte de[r] Menschenheit // Abh. königlichen Deutsch. Gesellsch. Königsberg. 1834. Bd. 3. S. 228–248.

[438] *Baer K.* Nachrichten über die ethnographisch-craniologische Sammlung der Kaiserliche[n] Akademie der Wissenschaften zu St. Petersburg // Bull. de la classe physico-mathématique de l'Aca[d.] Imp. St. Petersbourg, 1859. T. XVII. № 12–14. P. 191–192, 201–202.

[439] *Бэр К.М.* О черепах ретийских романцев // Записки ИАН. 1862. Т. 1. Кн. 2. С. 162–18[.]

[440] *Бэр К.М.* Описание черепов, вырытых из Александровского кургана // Древност[и] Геродотовской Скифии. Сборник описаний археологических раскопок и находок [в] Черноморских степях. С атласом. СПб., 1866. Вып. 1.

[441] *Baer K. von.* Über Papuas und Alfüren // Mem. de l'Acad. Imp. des Sciences [d]e St.-Petersbourg. Serie VII. Sciences naturelles. 1859. T. VIII. P. 340.

[442] *Бэр К.М.* О влиянии внешней природы на социальные отношения отдельн[ых] народов и историю человечества. СПб., 1849.

ниченного эволюционизма, обращая основное внимание на изменения характера и поведения человека, но не его внешних черт. В 1862 г. в пятом томе «Энциклопедического словаря, составленном русскими учеными и литераторами», выпускаемого одним из идеологов народничества П.Л. Лавровым, Бэр опубликовал статью «Антропология»[443]. Вскоре после выхода в свет этого тома Лаврова арестовали и сослали. Участие в этом издании свидетельствует о близости антропологических идей Бэра новым поколениям российского общества, среди которых были как народники, так и панслависты, в том числе его коллега и спутник по Каспийской экспедиции в 1853–1857 гг., ихтиолог Н.Я. Данилевский.

В своем духовном развитии Данилевский прошел путь от социализма до панславизма и близости к расологии. В годы обучения в университете он посещал «пятницы» М.В. Петрашевского, на которых изучали труды французских социалистов и обсуждали возможность революции в России и где Данилевского считали знатоком трудов социалиста Ш. Фурье. В 1849 г. все члены кружка, в который входил Ф.М. Достоевский, были арестованы, главные из них приговорены к расстрелу, замененному в последнюю минуту, когда осужденные уже были на эшафоте, пожизненной каторгой. Был арестован и Данилевский, которого после 100-дневного заключения в Петропавловской крепости сослали под надзор полиции в Вологду, где с мая 1850 г. он служил в губернской канцелярии, а в 1852 г. был переведен в Самару, где был назначен в экспедицию для исследования состояния рыбного хозяйства на Волге и Каспийском море, в которой работал несколько лет под руководством Бэра.

Встреча с Бэром в значительной степени предопределила дальнейшую жизнь Данилевского, который в 1857 г. был причислен к Департаменту сельского хозяйства Министерства государственного имущества. В течение более 20 лет он возглавлял экспедиции по изучению рыбных или тюленьих промыслов на Белом, Черном, Азовском и Каспийских морях, в Северном Ледовитом океане, обследовав практически все воды Европейской России и став крупнейшим в России специалистом по рациональному использованию природных ресурсов. Собранные им материалы легли в основу российского законодательства о рыболовстве. Как член Русского Географического общества Данилевский поместил в его трудах немало статей по климатологии, геологии и этнографии России, однако со временем позитивизм перерастает в его творчестве в объективный идеализм и провиденциализм. Как было показано выше, Данилевский занял резко отрицательную позицию по отношению к дарвинизму, доказывая божественное происхождение человека. Тем не менее, его историософские воззрения были близки социал-дарвинизму и расологии.

В 1869 г. Данилевский опубликовал в журнале «Заря» (в № 5–8) труд «Россия и Европа», который затем не раз издавал в виде отдельной книги, принесшей ему мировую известность как самобытному мыслителю, историософу и культурологу. В ней он отвергал идею о существовании общечеловеческой цивилизации, единого вида человека и развивал концепцию замкнутых цивилизаций[444]. Человечество для Данилевского было пустым понятием, а народ — конкретной реальностью как особый биологический и «культурно-исторический тип» человечества, под которым он понимал племена и народы, объединенные общностью

---

[443] *Левин М.Г.* Очерки по истории антропологии в России. М., 1960. С. 25.

[444] *Данилевский Н.Я.* Россия и Европа. Взгляд на культурные и политические отношения славянского мира к германо-романскому. СПб., 1995. С. 74–76.

происхождения, языка и культуры, со своей собственной цивилизацией, не подлежащей передаче другому «типу» или заимствованию у него[445]. Выделяя 4 разряда культурно-исторической деятельности (религиозную, политическую, социально-политическую и культурную, т. е создание произведений искусств), Данилевский называл 10 культурно-исторических типов: «1) египетский, 2) китайский, 3) ассиро-вавилонский-финикийский, халдейский или древнееврейский, 4) индийский, 5) иранский, 6) еврейский, 7) греческий, 8) римский, 9) ново-семитский или аравийский, 10) германо-романский или европейский»[446]. Перенося из биологии идею запрограммированной эволюции каждого типа, проходящего определенные стадии развития, Данилевский полагал, что каждая цивилизация распадается в истории на стадии юности, зрелости и старости. Причем время расцвета и плодоношения, как и у человека, очень кратко. Последняя стадия раз и навсегда исчерпывает силы культурно-исторического типа. Каждый из этих типов связан с особым видом человека[447].

Славянский историко-культурный тип, по мнению Данилевского, являющийся высшим продуктом биологической и культурной эволюции, находится в стадии становления[448]. В связи с этим реформы Петра Великого Данилевский расценивал как попытки привить в России чуждые славянству ценности европеизма и ратовал за освобождение России от «парализующего и враждебного влияния Европы». Господство единого культурного типа (романо-германского) означало для него постепенную деградацию. Достижение единства славянства, по его мнению, должно быть главной задачей, важнее свободы, науки и просвещения. Реализацией этого плана должно стать создани Всеславянского союза со столицей в Константинополе, в историческом центре православия, во главе с православным императором, служащим гарантом всемирного равновесия культур и отражения агрессии Запада. Панславизм и проповедь уникальности славянского типа оборачивались откровенной апологетикой царизма. Труды Данилевского были направлены на поддержку официальной религии и сохранения царского правительства как наиболе соответствующих культурно-историческому типу русского народа, присущи ему форм религиозной, политической, социально-экономической и культурной деятельности.

При всей политической ангажированности этой философской и культурологической концепции ее теоретическим источником служила опять же теория К.Э. фо Бэра о четырех главных типах животных, в рамках которых может происходит эволюция как запрограммированный процесс. Не случайно срок существовани историко-критических типов Данилевского ограничен во времени, они проходя стадии, напоминающие онтогенез. Его книга «Россия и Европа» стала прообразо концепции замкнутых, циклически развивающихся культур О. Шпенглера, повлиявшей, в свою очередь, на идеологию национал-социализма. Другим теоретически источником построений Данилевского стали труды немецкого историка Г. Рюккерта, впервые высказавшего мысль о существовании «культурно-исторических типов». Таким образом, концепция эволюции К.Э. фон Бэра и его антропологически

[445] *Данилевский Н.Я.* Россия и Европа. С. 77–78.

[446] Там же. С. 74.

[447] Там же. С. 103.

[448] Там же. С. 398–431.

работы оказали прямое воздействие на формирование представлений о расовой детерминации культур. Но, в отличие от Бэра, Данилевский был убежден, что не немцы, а славяне, представлявшие особый биологический вид, являются вершиной биологического и социального развития.

В конце 1850-х гг. историк С.В. Ешевский, которого современные отечественные расологи считают основателем русской расовой теории, отправился в Европу, где познакомился с автором учения об «активных» и «пассивных» расах Г.Ф. Клеммом. Вернувшись в Россию, Ешевский стал читать профессорский курс по всемирной истории в Императорском Московском университете. Свой подход к истории с расовых позиций он изложил во вводном разделе курса, изданного в качестве отдельной работы[449]. Проанализировав значение различных наук (археологии, этнографии, фольклористики, лингвистики, права и т. д.), используемых для реконструкции отдельных народов и стран, Ешевский пришел к выводу, что все они не могут объяснить постоянство внешнего облика, духовной природы, особенностей характера и нравственности отдельных племенных групп и народов, отличающихся их друг от друга. Постоянство этих различий, по его мнению, становится понятным только благодаря антропологии, давшей первичную классификацию рас человека.

Из различных объяснений причин разнообразия человеческих рас Ешевский особое внимание уделил гипотезе полифилетического происхождения человека, сторонники которого выводили современное человечество из разных корней, доводя число рас, сотворенных или возникших независимо друг от друга, до 150 и более, и ставя под сомнение объективность критериев, позволявших выделять расы внутри одного народа и проводящих к бесконечному его дроблению. Отмечая реальную устойчивость расовых типов и расовых характеров, сохранившихся в течение всей известной истории, он скептически относился к утверждению о вымирании и исчезновении одних рас как следствии их неконкурентноспособности с более высокими расами или об изначальной ущербности межрасовых гибридов. Жестокость, массовые убийства, депортацию, рабство, бесправие, грабеж, нищету, голод, алкоголизм, болезни, по мнению Ешевского, несли туземному населению в основном англосаксонские колонизаторы, в то время как действия выходцев из романских стран в Южной Америке и Африке не имели, по его мнению, столь тягостных последствий[450].

Относительно мирную колонизацию славянскими племенами территорий, занятых вплоть до Днепра первоначально угро-финнами, Ешевский приводил в качестве другого примера возможного формирования новой однорасовой народности путем взаимной ассимиляции разных рас и культур[451]. Отвергал он и утверждения о пониженной жизнеспособности, бесплодности, духовной деградации детей из межрасовых браков. В качестве примеров высокой плодовитости, живучести и огромного культурного потенциала гибридов разных рас Ешевский ссылался на страны Южной Америки, состоящих преимущественно из мулатов, метисов, креолов и т. д.[452] Уникальный эксперимент повышения жизнеспособности гибридов, по его мнению, был поставлен волей обстоятельств на ранее необитаемом острове Питкерн в Тихом океане, где сформировавшаяся при самых неблагоприятных условиях брачная группа из нескольких европейцев и туземцев в

---

[449] *Ешевский С.В.* О значениии рас в истории // Русская расовая теория до 1917 г. С. 55–110.
[450] Там же. С. 93–95.
[451] Там же. С. 96–98.
[452] Там же. С. 100–101.

условиях полной изоляции в период в 1790–1825 гг. дала начало устойчивой, процветающей популяции, члены которой отличались красотой телосложения, силой мускулов, необычайной ловкостью, здоровьем, высокой плодовитостью и выживаемостью[453].

Таким образом, ученик «западников», либеральных историков Т.Н. Грановского и П.Н. Кудрявцева, С.В. Ешевский, провозглашенный ныне родоначальником русской расовой теории, стоял на позициях единства человечества как биологического вида, признавал его расы разновидностями, приводил бесспорные примеры формирования новых этносов и народностей. Он отвергал идею расово чистых народов, приводя многочисленные примеры успешной гибридизации европейцев с представителями всех других рас. Ешевский утверждал, что основные народы не «могут похвастаться чистотою происхождения»[454]. Его конечный вывод звучал так: «Гипотеза о нескольких видах, на которые распадается человечество, не выдерживает критики и поверки наблюдениями над современной действительностью и достоверными фактами, представляемыми историей. И наблюдения, и предания говорят о возможности смешения самых различных пород, об образовании новых племенных типов»[455]. Более того, он предсказывал гибель тем народам и племенам, которые, презирая другие народы и расы, надеются построить свое процветание на их костях. Ешевский предлагал «высшим представителям человечества» увидеть его «внутреннее единство» за внешним разнообразием, осознав историческую ответственность «народов высшей цивилизации — быть руководителями племен, находящихся еще на низшей стадии развития, на пути к той общей всем им цели, к которой идет человечество во всемирно-человеческом развитии»[456].

В 1860-х гг. в России были сделаны первые шаги по изучению наследственности человека, наследственной обусловленности его болезней и выработке мер по охране наследственного здоровья человечества[457]. В.М. Флоринский, возможно, независимо от Ф. Гальтона поставил проблему принципов рационального воспроизводства человека, необходимости выяснить наследственную составляющую в возникновении болезней человека. Интерес к этим вопросам у него возник в период подготовки докторской диссертации в Западной Европе, в том числе в Берлине, Вене и Мюнхене. Проблемы, волновавшие зарубежных медиков и приведшие к возникновению евгеники и расовой гигиены, получили в трудах русского врача демократическое и гуманистическое истолкование, созвучное современным исканиям медицинской генетики. В частности, он указывал на вырождение царских и аристократических семей не столько из-за близкородственного скрещивания, сколько из-за паразитического образа жизни[458]. Флоринский отмечал огромное преимущество межплеменных и межрасовых скрещиваний, характеризующихся, как правило, высокой плодовитостью. В открытости репродуктивной системы великороссов он усматривал причины физической и нравственной силы великороссов, правда, в ущерб их красоте[459]. Однако в социально-культурном контексте реформ 1860-х гг., направленных прежде всего на

---

[453] *Ешевский С.В.* О значениии рас в истории. С. 101–102.

[454] Там же. С. 102.

[455] Там же. С. 105.

[456] Там же. С. 9.

[457] *Флоринский В.М.* Усовершенствование и вырождение человеческого рода. СПб., 1866

[458] Там же. С. 192.

[459] Там же. С. 19.

изменение общества, они не получили широкой известности и оказались, скорее всего, забыты. Вопрос о воздействии Флоринского на дальнейшее развитие евгеники в России мало изучен[460].

В институциализации антропологии в России огромная заслуга принадлежит профессору Московского университета А.П. Богданову[461], который в 1864 г. организовал антропологический отдел Императорского Общества любителей естествознания (с 1867 г. — Императорское общество любителей естествознания, антропологии и этнографии, ИОЛЕАиЭ) при Московском университете, а в 1867 г. стал профессором зоологии и директором Зоологического музея университета. Его первоначальные работы были посвящены анатомии и эмбриологии членистоногих, но после защиты докторской диссертации Богданов увлекся антропологическими, этнографическими и археологическими исследования народов России. С 1865 г. Богданов проводил раскопки курганов, собирал краниологическую коллекцию, ставшую основой «Материалов для антропологии курганного племени Московской губернии» (1867), в которых впервые были сформулированы представления о краниологических типах древних обитателей России. По признанию Анучина, Богданов видел главную цель антропологии в краниометрии и наивно считал, что только благодаря ей можно достичь «разрешения многих коренных вопросов, касающихся человеческих рас»[462]. Усилиями Богданова, С.В. Максимова и других антропологов и этнографов в 1867 и 1879 гг. в Москве были организованы выставки, где был представлен богатый краниологический материал (более 600 черепов), этнографические коллекции, антропометрический инструментарий и другие экспонаты[463].

Уже первая из них была проведена при покровительстве императорской семьи, предоставившей в распоряжение организаторов выставки свои коллекции[464]. Почетным председателем Всероссийской этнографической выставки 1867 г. был великий князь Владимир Александрович, который открыл ее 23 апреля вместе с епископом Можайским Игнатием, профессором богословия Н.А. Сергиевским, президентом Императорского общества любителей естествознания Г.Е. Щуровским, председателем комитета выставки, директором Московского Публичного и Румянцевского музеев В.А. Дашковым, ректором Московского университета С.И. Баршевым. На следующий день выставку посетил император Александр II с цесаревичем Александром (будущим императором Александром III), его супругой Марией Федоровной и великим князем Владимиром Александровичем, осматривая около двух часов ее экспонаты[465]. Богданов, инициировавший идею выставки, первоначально преследовал цель ознакомить власть и общество России с достижениями молодой науки и способствовать ее институциализации. Однако в ходе ее подготовки первоначальный замысел подвергся существенному

---

[460] *Канаев И.И.* На пути к медицинской генетике // Природа. 1973. № 1. С. 52–68.

[461] *Анучин Д.Н.* О людях русской науки и культуры. М., 1952. С. 236–255; *Левин М.Г.* Очерки по истории антропологии в России. С. 80–105.

[462] Там же. С. 248.

[463] Указатель русской этнографической выставки, устроенной Императорским Обществом любителей естествознания в 1867 году. М., 1867; Этнографическая выставка 1867 // Известия ИОЛЕАиЭ. 1878. Т. XXIX. Вып. 1. С. 17–22; *Гладкова Т.С.* Антропологическая выставка 1879 г. и основание Музея антропологии // Советская антропология. 1959. № 2. С. 127–137.

[464] Всероссийская этнографическая выставка и славянский съезд в мае 1867 г. М., 1867. С. 42.

[465] Там же. С. 50–56.

изменению и основное внимание на выставке было уделено не показу антропологического разнообразия человеческих рас, проживавших в пределах Российской империи, а демонстрации ее могущества и претензий стать центром всего славянского мира.

В какой-то степени ее моделью служила Всемирная выставка в Хрустальном дворце в Лондоне (1851), призванная не столько отразить расовое и культурное разнообразие население Земли, сколько доказать превосходство европейских наций над остальными народами, показать в гипертрофированном виде силу и масштабы европейской цивилизации и ее достижений на фоне этнографии примитивных народов, а значит, неотъемлемое право на доминирование в мире. Эта противоречивость задач и целей лишь отчасти проявилась во Всероссийской этнографической выставке 1867 г., имевшей огромный успех, множество посетителей, но вызвавшей немало споров и критических замечаний в печати[466]. С одной стороны, в ней виртуально представили символическое пространство Великой империи от алеутов Аляски до мазуров Польши. С другой стороны, визуальное оформление ее национального многообразия должно было в какой-то мере продемонстрировать превосходство русских над инородцами[467]. Однако особые нарекания вызвала как раз экспозиция, посвященная русскому народу, отнюдь не демонстрировавшая его как наиболее жизнеспособный и сильный, а следовательно, и по праву первенствовавший среди российских народов. По мнению М.Н. Каткова, этот раздел стал наглядным примером русской склонности к самоуничижению в угоду ложно понятому реализму[468]. В отличие от западноевропейских аналогичных выставок, во Всероссийской выставке 1867 г. отсутствовали идеи расовой неполноценности народов, их биологической неоднородности и необходимости сохранения расовой чистоты.

Идеологию национального доминирования не удалось провести до конца как из-за существовавших тогда традиций научных практик и языка, так и от незавершенности ревизии традиционных представлений о природе империй и русской идентичности, связанных с переходом от династического принципа управления государством императора Николая I как утвержденного Богом самодержца над этнически, культурно и религиозно разнородным населением к националистической, самодержавной идеологии Александра III, при котором величие империи напрямую связывали с ее этнической и конфессиональной идентичностью. Правивший тогда Александр II, проводя либеральные реформы, еще придерживался династического принципа, построенного на равенстве граждан перед государством независимо от этнографических, расовых и конфессиональных отличий. Но постепенно антропология становилась одним из главных каналов проникновения национализма и шовинизма в общественное сознание России[469].

---

[466] Всероссийская этнографическая выставка и славянский съезд в мае 1867 г. С. 87–110.

[467] *Найт Н.* Империя напоказ: Всероссийская этнографическая выставка 1867 г. // Новое литературное обозрение. 2001. № 51.

[468] *Катков М.Н.* Собрание передовых статей «Московских ведомостей» 1867. М., 1897–1898. С. 4–5.

[469] *Татищев С.С.* Император Александр II, его жизнь и царствование. СПб., 1911; *Яковлев А.И.* Александр II и его эпоха. М., 1992; Russia's Orient Imperial Borderlands and Peoples, 1700–1917 / Ed. D. Brower, E. Lazzerini. Bloomington, 1997; Император Александр II. Воспоминания. Дневники. СПб., 1995; Американская русистика. Вехи историографии последних лет. Императорский период: Антология / Сост. М. Дэвид-Фокс. Самара, 2000; *Wortman R.* Scenarios of Power: Myth and Ceremony in Russian Monarchy. Vol. 2. From Alexander II to the Abdication of Nicolas II. Princeton, 2000.

С 1868 г. стали выходить сборники, посвященные результатам антропологического и исторического изучения России, которое, по мнению их издателя В.А. Дашкова, «должно было лечь в основание бытовой, внутренней, культурной истории русского государства»[470]. Однако, вопреки первоначальным целям, уже большинство статей первой книги было посвящено проблемам этнографии, а вторая книга, опубликованная через пять лет, уже не содержала ни одной статьи по антропологии. О влиянии географических условий (почвы, животного и растительного мира) на физический облик различных народов, племен, рас и их культуру, экономику писали М.Н. Катков, Я.И. Вейнберг, П.И. Медведев, Н.Д. Никитин, А.С. Петровский. Но были и работы расологического содержания. Так, И.Д. Беляев полагал, что с доисторических временем вся Великороссия была заселена славянскими племенами, а маршруты вражеских полчищ аваров, гуннов, половцев, печенегов и татар проходили гораздо южнее. Он полагал, что только миграция угров в Западную Европу прошла через северную часть европейской территории нынешней Российской империи. Но она, как и орды Батыя, не сказалась на расовом составе великороссов, складывавшемся путем объединения различных славянских и финских племен[471]. И.К. Бабст уверял, что черты национального характера не меняются под влиянием внешних условий и предопределяют хозяйственную деятельность того или иного народа[472]. Он полагал возможным судить о превосходстве одних племен над другими даже среди западноевропейских народов («англогерманского племени над романским»)[473]. Однако в его суждениях еще не было чисто биологического расизма, так как стойкость племенного характера, по мнению Бабста, не зависела от смешения с другими народами. В итоге русский народ, принявший много «чужой крови» и не «оставшийся племенем чистым», сохранил, однако, «преобладающий славянский характер»[474]. Антропологические аспекты миграции народов на территории России освещались в подробных «Протоколах заседаний Антропологического отдела ИОЛЕАиЭ», основанных А.П. Богдановым и выходившим в течение нескольких десятков лет.

О важности антропологических исследований и трудностях в интерпретации антропометрических измерений черепов писал А.П. Богданов, полагая вместе с тем, что по преобладанию долихоцефальных черепов в древних захоронениях Московской губернии можно говорить о том, что первоначальными поселенцами здесь были не финны, но и нет никаких указаний на то, что они были славянами[475]. В конечном счете, он приходил к выводу, что краниологии «приходится решать очень сложные вопросы относительно племен и народонаселений, обусловленные самыми разнообразными факторами, а для решения этих вопросов она имеет пока чрезвычайно мало данных»[476]. Имея в распоряжении всего несколько сот черепов, антропология не в состоянии судить об антропологическом составе

---

[470] От издателя // Сборник антропологических и этнографических статей в России и странах, ей принадлежащих / Изд. В.А. Дашков. М., 1868. Кн. 1. С. II.

[471] *Беляев И.Д.* О великорусском племени // Там же. С. 119–123.

[472] *Бабст И.К.* Значение племенного характера в народном хозяйстве // Там же. С. 102–103.

[473] Там же. С. 103.

[474] Там же. С. 106.

[475] *Богданов А.П.* Значение краниологии // Там же. С. 55.

[476] Там же. С. 56.

50 млн. великороссов, «вобравшего в себя в разных местностях различные небольшие племена, живущего под самыми разнообразными условиями».

В 1878 г. Богданов издал на средства В.Х. Спиридонова труд «Антропологическая физиогномика», в котором сделал попытку связать морфолого-анатомические черты народов с их национальным характером и культурой. Он стремился найти в изменчивости черты, специфические для каждого народа, неподверженные влиянию внешних условий, смешиванию и времени, отмечая вместе с тем устойчивые изменения физиогномических и даже морфологических признаков в истории многих народов, связанные с преобразованием образа жизни, духовной и интеллектуальной деятельности, норм и идеалов. Но материалом для сравнения он брал, как правило, художественные изображения людей прошлых эпох, образы которых при отражении и восприятии зависят от многих меняющихся факторов социально-культурного и психологического порядка. Субъективность выбора классификационных критериев признавал и сам Богданов, уверяя, что его цель — «выбирать характеристические особи, а не добиваться средних наименее выдающихся форм»[477].

При таком подходе возникала возможность каждому сформулировать свое представление о типичных представителях расы или народа и на его основании объявлять кого-то истинным, а кого-то неистинным французом, немцем, русским и т. д. Понимая шаткость подобного подхода, Богданов встал на путь выделения нескольких типов в каждом народе, например, галлов и франков у французов, набор признаков которых определялся также довольно субъективно. Опытный зоолог-систематик, А.П. Богданов прекрасно знал о трудностях выделения видовых признаков, но в извечном споре представителей монотипической и политипической концепций вида симпатизировал явно первым. В то же время его беспокоило, что многие опытные антропологи, включая П.Ф. Лесгафта, пришли к выводу, что краниологические измерения не дают основания для выделения типично русских анатомических черт черепа. Подробную выдержку из рассуждений Н.И. Надеждина, выдававшего расплывчатые этнографические идеалы, запечатленные в сказках и поговорках, за типичный образ великороссов, Богданов снабдил замечанием, что они сходны с попытками искать тождества в расплывчатых формах облаков. Столь же запутанным представлялся для него вопрос о последствиях межрасовых браков, о плодовитости и жизнеспособности метисов[478]. Для его решения он предлагал масштабную программу исследования. С усилением патриотическо-консервативных настроений Богданов пересмотрел свое критическое отношение к расовым построениям, допуская отныне возможность существования русских не как этнографической, а как антропологической единицы, которую легче всего выделить в сравнении с инородцами и родственными народами — украинцами и белорусами[479].

Составленный им ещё в 1867 г. «Антропологический альбом русского народа» не раз демонстрировали на международных выставках, подвергая при этом постоянным упрекам за предвзятый выбор только красивых лиц. Вывод многих критиков был однозначен: антропологических типов великороссов нет, и все попытки их описать обречены на неудачу. С этими выводами Богданов не соглашался и

[477] *Богданов А.П.* Антропологическая физиогномика // Русская расовая теория до 1917 г. С. 128.

[478] *Богданов А.П.* Скрещивание и метисы // Там же. С. 145.

[479] *Богданов А.П.* Антропологическая физиогномика. С. 133.

старался найти все новые и новые объяснения противоположной точке зрения. Он писал о склонности русских к бракам между собой, о нежелании русских женщин вступать в брак с иноверцами, о сохранении идеалов антропологической чистоты в песнях, сказках и поговорках, покидая тем самым поле естествознания и пускаясь в область расплывчатых рассуждений, недоступных проверке, но которые, по его мнению, должны были убедить публику в важности и полезности финансирования проводимых им антропологических исследований. Помещая в своих изданиях фотографии типичных великороссов, их черепов, снимки антропометрических инструментов, Богданов стремился убедить публику в объективности методов своих исследований, материалы которых как раз и не давали оснований для предлагаемых выводов. Тем не менее, умелое лоббирование интересов антропологии приносило плоды.

С 1873 г. А.П. Богданов возглавлял Комиссию Императорского общества любителей естествознания, антропологии и этнографии, которая в 1877 г. была переименована в Комитет Антропологической выставки 1879 г.[480] Комитет организовал первое систематическое антропологическое обследование жителей Кавказа, Крыма, Поволжья, Урала и ряда губерний Европейской части России (В.Н. Бензенгр, Н.К. Зенгер, Н.Ю. Зограф, А.И. Кельсиев, Ф.Д. Нефедов, В.И. Чернявский и др.). В октябре 1878 г. на средства фабриканта и владельца железных дорог К.Ф. фон Мекка в Московском университете была создана первая в России кафедра антропологии. В том же году на Парижской всемирной выставке была представлена антропологическая коллекция Комитета, состоявшая из разделов: общая антропология и краниология; доисторическая археология, медицинская география и преподавание антропологии. Обилие экспонатов (бюстов, масок, портретов, моделей доисторических жилищ и могил, каменных и костяных орудий, расовых и этнических вариаций болезней, таблиц миграций эпидемий и т. д.) заинтересовало посетителей и организаторов выставки. За участие в подготовке русской секции Д.Н. Анучин был награжден почетным знаком Французской Академии наук и вошел в состав совета Антропологического конгресса, проходившего в Париже одновременно с выставкой. Вице-президентом конгресса был избран А.П. Богданов.

3 апреля 1879 г. в Москве в здании Манежа состоялось торжественное открытие грандиозной Антропологической выставки под председательством А.П. Богданова, которая, в целом, носила строго научный, аполитичный характер[481]. На открытии не было никого из царствующего дома. В молебствии епископ Дмитриевский Амвросий объявил антропометрические измерения и палеоантропологические исследования богоугодным делом, так как «ученые путем точных исследований подходят к богу»[482]. В то же время он выразил сожаление, что «от многознания

---

[480] *Гладкова Т.С.* Антропологическая выставка 1879 г. и основание музея антропология. С. 130–131.

[481] Известия ИОЛЕАиЭ. 1879–1880. Т. XXXV. Ч. 1. Вып. 4. Антропологическая выставка 1879 г. Т. III. Ч. 1–2; Известия ИОЛЕАиЭ. 1886. Т. XLIX. Вып. 1–2. Антропологическая выставка 1879 г. Т. IV. Ч. 1–2; Пятидесятилетие ИОЛЕАиЭ. М., 1914 С. 16–17; *Гладкова Т.С.* Антропологическая выставка 1879 г. и основание Музея антропология // Советская антропология. 1959. № 2. С. 132–133; *Левин М.Г.* Очерки по истории антропологии в России. С. 88–90; *Залкинд Н.Г.* Московская школа антропологов. С. 34–62.

[482] Открытие выставки 3 апреля 1879 // Известия ИОЛЕАиЭ. 1879–1880. Т. XXXV. Ч. 1. Вып. 4; Антропологическая выставка 1879 г. Т. III. Ч. 1–2 / Ред. А.П. Богданов. С. 112.

они иногда впадают в самомнение и тем самым поставляют преграду между естественной мудростью и видением божественным, растворяемым благодатною простотою и всецело согласуемым с Библией»[483]. После торжественных речей московский генерал-губернатор кн. В.А. Долгоруков, сопровождаемый А.П. Богдановым, осмотрел выставку. В экспозиции было много экспонатов из частных коллекций, в том числе из личных собраний цесаревича Александра. Вечером губернский предводитель дворянского собрания гр. А.В. Бобринский дал обед в честь депутатов и устроителей выставки, на котором присутствовала вся московская знать. Президент ИОЛЕАиЭ Г.Е. Щуровский произнес первый тост за Александра II, царствование которого стало «эпохой возрождения и развития науки»[484], а затем за здоровье почетного председателя выставки вел. кн. Константина Николаевича. От зарубежных гостей выступил представитель Парижского антропологического общества Шервен. Позднее выставку посещали вел. князья Константин Константинович, Константин Николаевич, Сергей Александрович, Павел Александрович, митрополит Московский и Коломенский Макарий, а вслед за ними – все высшие иерархи православной церкви, московский генерал-губернатор кн. В.А. Долгоруков, ректор Московского университета Н.С. Тихонравов, ректор Санкт-Петербургского университета К.Ф. Кёсслер и др. Особое значение имело посещение выставки 1 июня митрополитом Макарием. Его визит был оценен как желание «дать нравственную поддержку обществу и рассеять возникшее против выставки недоразумение»[485]. Недоразумение было вызвано неверным использованием еврейских культовых предметов. Митрополит заверил, что «представители православия всегда знали цену истинно научным трудам и стремлению к распространению научных знаний»[486].

Тем самым власть и церковь России одобрили антропологические исследования, что позднее было отмечено участниками состоявшегося 27 июля — 3 августа в Москве Второго съезда депутатов русских и иностранных обществ любителей естествознания, посвященного проблемам доисторической археологии и антропологии[487]. Среди 12 зарубежных гостей преобладали антропологи Франции, в том числе выдающиеся ученые П.-П. Брокá, Ж.-Л.-А. Катрфаж де Брео, Л.-Л.-Г. де Мортиллье, П. Топинар[488]. В течение 10 дней участники съезда были приняты всеми высшими должностными лицами г. Москвы, включая генерал-губернатора, ректора Московского университета. На первом торжественном обеде, данном в честь иностранных гостей 27 июля, исполняющий обязанности президента ИОЛЕАиЭ А.Ю. Давидов, занимавшийся статистикой смертности, провозгласил тост за «Государя Императора, Августейшего покровителя науки в России»[489]. От иностранцев выступали Катрфаж, Брокá, де Мортиллье, которые благодарили российских ученых за поддержку, оказанную ими французской науке после поражения Франции в войне с Пруссией, и за противодействие России

[483] Открытие выставки 3 апреля 1879.

[484] Там же. С. 113.

[485] Дневник выставки // Известия ИОЛЕАиЭ. 1887. Т. XLIX. Вып. 4. С. 38.

[486] Там же. С. 44.

[487] Известия ИОЛЕАиЭ. 1886. Т. XLIX. Вып. 1–3. Антропологическая выставка 1879 г. Т. IV. Ч. 1–2.

[488] Прием депутатов русских и иностранных в июле — августе 1879 г. на Антропологической выставке во время второй сессии Общества любителей естествознания // Известия ИОЛЕАиЭ. 1879–1880. Т. XXXV. С. 245–257.

[489] Там же. С. 245.

дискриминационным мерам со стороны немецких антропологов по отношению к французским коллегам.

29 июля состоялось первое заседание конгресса. На состоявшемся в тот же день обеде в ресторане «Славянский базар» президент конгресса Ж.-Л.-А. Катрфаж де Брео провозгласил первый тост за императора Александра II, благодаря которому участники заседаний и выставки были избавлены от необходимости преодолевать многие трудности идеологического и политического характера, к которым они привыкли при проведении подобных мероприятий в других странах[490]. Его поддержали другие члены французской делегации П.-П. Брокá и де Мортиллье, провозгласившие тосты соответственно за почетного председателя выставки, великого князя Константина Николаевича и министра народного просвещения, будущего президента ИАН графа Д.А. Толстого. 5 августа участники конгресса по приглашению митрополита Макария посетили Троице-Сергиеву лавру, где на торжественном обеде, устроенном в их честь, Катрфаж де Брео провозглашал тост за русское духовенство и за народ. Он сказал: «Народ, который живет патриотизмом и религией, может творить чудеса»[491].

В том же году Д.Н. Анучин создал и возглавил в Московском университете Музей антропологии, становясь ведущей фигурой в российской антропологии[492]. Основой Музея стали экспозиции Антропологической выставки 1879 г., хранившиеся в помещении Исторического музея. В 1889 г. он основал журнал «Этнографическое обозрение», а в 1900 г. активно участвовал в создании «Русского антропологического журнала». В научном сообществе Анучин был вначале известен работами по этнографии народов Балкан и Сибири, а также экстравагантными изысканиями «дивьих людей» (т. е. снежного человека). В статье, опубликованной в 1874 г. в трех номерах журнала «Природа», он пытался доказать скорее на базе сказаний и преданий, чем антропологического материала, большую близость «низших рас» в своем строении и поведении к обезьянам[493].

В 1880 г. Анучин защитил докторскую диссертацию «О некоторых аномалиях человеческого черепа и преимущественно об их распространении по расам», в которой доказывал более быстрое в среднем срастание костей черепа в постнатальный период у представителей неевропейских народов. Как следовало из работы, сохранение лобного шва незаросшим на протяжении всей жизни является аномалией (метопизмом), которая была более характерна у европеоидов. Этот вывод сразу привлек внимание отечественных и зарубежных авторов, так как, казалось, давал в руки объективный расово-диагностический критерий для оценки интеллектуальных способностей, служа в качестве некого социально-культурного маркера. Именно так оценил метопизм профессор Стокгольмского университета В. Лехе, а Немецкое антропологическое общество провело исследование территориального распределение аномалий швов черепа у европейского населения. Проблемой скорости зарастания черепных швов занимались в России В.А. Бец, М.А. Попов, А.Л. Рава, А.М. Фортунатов и др.

---

[490] Прием депутатов русских и иностранных в июле — августе 1879 г. на Антропологической выставке во время второй сессии Общества любителей естествознания. С. 247–248.

[491] Там же. С. 252.

[492] *Богданов В.В.* Дмитрий Николаевич Анучин. Антрополог и географ (1843–1923). М., 1941; Памяти Д.Н. Анучина. 1843–1923. М., 1947; *Левин М.Г.* Очерки по истории антропологии в России. С. 106–137.

[493] *Анучин А.Н.* Антропоморфные обезьяны и низшие типы человечества // Русская расовая теории до 1917 г. 2004. Вып. 2. С. 227–257.

Однако в те годы сам Анучин был весьма далек от расовых построений, постоянно подчеркивая в своих трудах единство человечества, отсутствие расово чистых народов и национальностей, абстрактность понятия расы и т. д. В наиболее концентрированном виде его зрелые воззрения на расовые проблемы изложены в статьях, опубликованных в 1890-х гг. в «Энциклопедическом словаре Брокгауза и Ефрона». Приводя классификации черепов человека на базе головного указателя (отношения наибольшей ширины к наибольшему поперечнику) на долихоцефалов, мезоцефалов и брахицефалов, Анучин показал, что он ни в коем случае не может служит критерием для классификации рас, а только методом установления корреляций между отдельными частями черепа и скелета[494]. Так, по мере возрастания этого указателя среди «длинноголовых» (от 71,49 до 73,34) оказались австралийцы, эскимосы, готтентоты, кроманьонцы, «поддлинноголовых» (75,01–77,77) — жители северных районов Франции, древние египтяне, полинезийцы, баски, китайцы, «среднеголовые» (77,78–80,00) — галлы, голландцы, парижане, «под-короткоголовые» (80,00–81,61) — эстонцы, монголы, турки, яванцы, «короткоголовые» (83,63–85,93) — савойцы, финны, баварцы, лапландцы, сирийцы. По его мнению, все «человечество происходит от одних и тех же общих прародителей»[495], которое, расселяясь и сталкиваясь с новыми условиями природной и социальной среды, благодаря биологическим факторам образовывало новые разновидности. В процессах постоянных столкновений и войн одни расовые типы вымирали, другие процветали, третьи оказывались в изоляции на длительный срок[496]. Вместе с тем Анучин подчеркивал: «Сталкиваясь между собой, племена приходили и во взаимное (кровное) смешение, производили помеси, сглаживающие различия между расами путем образования промежуточных типов»[497]. Для него расовые типы представляли собой «более или менее отвлеченные концепции признаков, которым лишь отчасти удовлетворяют живые представители этих типов», так как «полное воплощение этих типов встречается сравнительно редко, и мы видим гораздо чаще смешанные и переходные типы. Объяснялось, это, прежде всего тем, что род человеческий представляет собой собственно один вид, и самые обособленные его разновидности имеют лишь значение подвидов». Именно поэтому «в среде одного и того же народа могут быть представители разных расовых типов, или представители одной расы могут встречаться у различных племен и народов»[498]. Анучин был уверен, что метод бельгийского ученого Л.А.Ж. Кетле для антропологии оказался непригодным, так как представление о «среднем человеке» или «идеальном, собирательном» расовом типе, составленное путем статистической обработки результатов измерений физических и психологических свойств человека, является абстракцией с зоологической и этнографической точек зрения[499].

Не раз отмечал Анучин и отсутствие надежного материала для выяснения расовых особенностей славянских и финских народов и их роль в формировании

[494] *Анучин Д.Н.* Антропология. С. 869.

[495] *Анучин Д.Н.* Расы или породы человечества // Энциклопедический словарь Ф.А. Брокгауза, И.А. Ефрона. СПб., 1899. Т. XXVI. С. 359.

[496] *Анучин Д.Н.* О задачах и методах антропологии // РАЖ. 1902. № 1. С. 62–88.

[497] *Анучин Д.Н.* Расы или породы человечества. С. 359.

[498] Там же.

[499] *Анучин Д.Н.* Антропология. С. 869.

русской нации[500]. По его мнению, «образование великорусского народа из соединения разных элементов, происходило ли оно путем брачного смешения славян с финнами или путем непосредственного, постепенного обрусения последних, по необходимости должно было оказать известное влияние на видоизменение первоначального типа, какой представляли в своем сложении и облике русско-славянские племена прежде их утверждения на территории финнов»[501].

Столь обширные цитаты приведены, чтобы показать поспешность причисления Анучина к отцам-основателям русской расовой теории.

Специфический вклад в русскую расовую теорию сделал И.И. Мечников, который к середине 1870-х гг. резко изменил свое юношеское негативное отношение к учению о естественном отборе как несостоятельном в «самых главных существенных положениях»[502]. В конце 1860–1870-х гг. ему пришлось пережить тяжелые испытания. Провал на выборах на должность ординарного профессора Медико-хирургической академии в Петербурге в 1868 г., смерть от чахотки первой жены в 1873 г. и обострение болезни глаз, сделавшее невозможным продолжение прежних научных занятий, привели Мечникова к «первой попытке самоубийства»[503]. Занятие проблемами антропологии стало важнейшим средством выхода из депрессивного состояния. Он задумывается о причинах «биологической дисгармонии человеческой природы», совершает путешествия в Астраханские и Ставропольские степи, изучает антропологию и этнографию монголоидных племен, предков современных калмыков и казахов-киргизов. Итогом этих исследований стала серия антропологических статей, опубликованных Мечниковым в популярных общественно-литературных и специальных журналах в 1871–1877 гг.[504]

В 1876 г. в пяти номерах «Вестника Европы» Мечников дал обширное изложение своих новых эволюционных взглядов[505], отмечая теперь незыблемость основ дарвинизма — учения о естественном отборе и борьбе за существование, хотя по-прежнему выражал несогласие с преувеличением роли перенаселения в эволюции, с недооценкой значения внутривидовой конкуренции, с отождествлением прогресса и адаптивной эволюции и т. д.[506] Через два года он вернулся к

---

500 *Анучин Д.Н.* Великороссы // Энциклопедический словарь Ф.А. Брокгауза, И.А. Ефрона. СПб., 1892. Т. V. С. 828–843.

501 Там же. С. 832.

502 *Мечников И.И.* Несколько слов о современной теории происхождения видов // *Мечников И.И.* Собрание сочинений. М., 1960. Т. 4. С. 20.

503 Илья Ильич Мечников. 1845–1916. Материалы к биобиблиографии ученых / Сост. Л.В. Шутько, Н.М. Ансерова; вступит. статья Т.И. Ульянкина. М., 2005. С. 18.

504 *Мечников И.И.* Воспитание с антропологической точки зрения // Вестник Европы. 1871. Т. 1. Кн. 1. С. 105–132; *Мечников И.И.* Заметки о населении Калмыцкой степи Астраханской губернии // Известия РГО. 1873. Т. 9. № 10. С. 335–351; *Мечников И.И.* Борьба за существование в обширном смысле // Вестн. Европы. 1873. Т. 5. Кн. 7. С. 13–16; *Мечников И.И.* Антропология и дарвинизм // Вестн. Европы. 1875. Т. 1. С. 159–165; *Мечников И.И.* Антропологический опыт калмыков // Известия ИОЛЕАиЭ. 1876. Т. 20. Кн. 2. Вып. 1. С. 205–209; *Мечников И.И.* Очерки воззрений на человеческую природу // Вестн. Европы. 1877. Т. 2. Кн. 4. С. 537–560.

505 *Мечников И.И.* Очерк вопроса о происхождении видов // Там же. 1876. Т. 2. Кн. 3. С. 68–134; Кн. 4. С. 715–747; Т. 3. Кн. 5. С. 117–149; Т. 4. Кн. 7. С. 158–197; Т. 4. Кн. 8. С. 567–606.

506 *Завадский К.М.* Развитие эволюционной теории после Дарвина. Л., 1973. С. 147–152.

вопросу о роли борьбы за существование в эволюции, высказав ряд суждений о ее значении для понимания эволюции человечества[507]. Мечников подчеркивал, что неравенство индивидов, племен, рас и народов является естественным состоянием, и ратовал за снятие всяких ограничений для конкуренции между ними, поскольку именно она была движущей силой прогресса. По его мнению, нравственные нормы, снижая остроту борьбы, обрекают цивилизованные народы на деградацию и на гибель. Интересно, что Мечников в своих построениях не использовал результаты собственных антропологических исследований, опираясь исключительно на литературный материал. Сын еврейки и молдаванина, Мечников ничего не говорил о высших и низших расах, отмечая только, что материальная, а не духовная (литература, искусство, наука) культура определяет исход борьбы между народами разных цивилизаций[508].

Синтез антропологии, правительственной власти и церкви дал особо яркие плоды в эпоху царствования Александра III и первых лет правления Николая II с их политикой великодержавного шовинизма, притеснением иноверцев, инородцев и погромами[509]. Власти оценили политико-идеологические ресурсы антропологии в деле русификации национальных окраин России и в обосновании геополитических претензий в евроазиатском пространстве. В противовес другим колониальным державам, в том числе и Германии с ее пропагандой идей превосходства «тевтонской или германской расы», началось обсуждение идей о единой «славянской расе» как основе для создания союза славянских народов под эгидой Российской империи. В феврале 1888 г. было учреждено Русское антропологическое общество при Императорском Санкт-Петербургском университете, состоящее в основном из профессоров и преподавателей (биологов, геологов, антропологов, археологов) университета и ИВМА (А.А. Иностранцев — президент, А.И. Таранецкий — вице-президент[510], А.А. Бобринский, С.Н. Данило, А.В. Елисеев, Л.К. Ивановский, П.Ф. Лесгафт, И.В. Маляревский, К.С. Мережковский, П.А. Путятин) и выпускавшее «Протоколы заседаний». Довольно скоро среди рефератов и сообщений стала доминировать психиатрическая проблематика, например, о методах наблюдений за больными, о строении мозга у идиотов, о строении черепа у душевнобольных и т. д.[511] В моду вошли и любительские антропометрические исследования. В магазинах продавались приборы для расовых измерений.

Было проведено немало обширных антропологических исследований по изучению особенностей строения и развития головного мозга у различных народов России. Пионером этих работ был Зёрнов, считавший особенности извилин мозга признаками, важными для выяснения взаимосвязи строения мозга с интеллектуальной деятельностью[512]. А.М. Фортунатов отмечал запаздывание зарастания черепных швов у некоторых великороссов по сравнению с инородцами, однако

---

[507] *Мечников И.И.* Борьба за существование в обширном смысле // Вестн. Европы. 1878. Кн. 7. С. 9–47; Кн. 8. С. 437–483.

[508] Там же. С. 482–483.

[509] *Барковец О., Крылов-Толстикович А.* Неизвестный император Александр III. Очерки о жизни, любви и смерти. М., 2002. С. 170–179.

[510] А.И. Таранецкий позднее создал Антропологическое общество при ИВМА.

[511] *Анучин Д.Н.* Антропология. С. 870.

[512] *Зёрнов Д.Н.* К вопросу об анатомических особенностях мозга интеллигентных людей. Труды Второго съезда русских врачей в Москве. М., 1887.

не видел однозначных отличий между русскими и другими народами, а также нигде и никогда не ставил вопрос о влиянии этой особенности на их интеллектуальные способности[513]. Н.В. Гильченко провел более 700 взвешиваний головного мозга у только что умерших военнослужащих разных национальностей и их жен, выясняя средние значение таких показателей, как вес мозга, соотношения правого и левого полушарий, корреляций между весом и ростом, возрастом, полом и т. д. у русских, украинцев, белорусов, башкир, татар, народов Кавказа и др. Однако он также не выявил никакой связи между размерами мозга и интеллектуальными способностями людей, приводя в качестве одного из примеров отсутствия подобной корреляции размеры головного мозга двух генералов, отличавшиеся на 64%. О различных скоростях в росте тех или иных частей головного мозга у народов, находящихся на разных ступенях интеллектуального развития, писал Н.В. Гильченко[514]. Антрополог А.С. Аркин безуспешно пытался выявить племенные различия в развитии ассоциативных центров[515].

Целое направление в изучении особенностей строения мозга у людей разных национальностей составляют труды профессора Юрьевского университета Р.Л. Вейнберга. Он исследовал особенности у разных народов в срастании Роландовых и Сильвиевых борозд, формах обонятельной борозды, в специфике разделения лобных и теменных долей, в многочисленных перерывах и мостиках между соседними извилинами и т. д. Изучение анатомических особенностей строения мозга поляков привели его к выводу, что ни одна из них «не могла бы считаться абсолютно этническими признаками данного племени»[516]. Из-за огромной индивидуальной изменчивости по этим признакам у всех обследованных им народов Вейнберг не находил каких-либо оснований для суждений о том, какой мозг является нормальным, а какой нет, или о связи анатомических особенностей мозга с интеллектом[517]. По его мнению, «для решения вопроса о совершенстве или несовершенстве мозга той или иной расы» у нас нет надежных данных, так как мы не знаем о принадлежности тех или иных различий в строении извилин и борозд головного мозга к индивидуальной или расовой изменчивости. Сведений в этой области «крайне мало», и, как можно полагать, сама проблема «разъяснится даже не в скором будущем». Однако подобные осторожные высказывания некоторые историки, этнографы, филологи, а также политики воспринимали как авторитетные конечные данные естествознания, интерпретируя их всякий раз с точки зрения своих интересов.

Одной из задач российских антропологов стало выяснение физических параметров основного культурообразующего расового типа Российской империи, т. е. типичного русского человека. Раскопки древнейших захоронений свидетельствовали, что в прошлом здесь доминировали долихоцефалы, процентная доля которых уменьшалась по мере приближения к современности. Эти данные стали трактовать

---

[513] *Фортунатов А.М.* Материалы к вопросу о последовательности и порядке закрытия швов у инородцев России. СПб., 1889. С. 36–37.

[514] *Гильченко Н.В.* Вес головного мозга и некоторых его частей у различных племен, населяющих Россию. Материалы для антропологии России. М., 1899. С. 3.

[515] *Аркин А.С.* О расовых особенностях в строении мозговых полушарий человека // Журн. невропатологии и психиатрии им. С.С. Корсакова. 1909. Кн. 3–4. С. 277–313.

[516] *Вейнберг Р.Л.* Мозг поляков. М., 1905. С. 107.

[517] *Вейнберг Р.Л.* О строении мозга у эстов, латышей, поляков. Сравнительно-анатомический очерк. М., 1899. С. 15, 304, 311.

как свидетельство расовой чистоты древнейших жителей территории России, борьба которых с монголоидами и метисами стала главным биологическим содержанием российской истории. Вместе с тем, авторы допускали, что постепенное вытеснение долихоцефалов брахицефалами произошло под влиянием культуры, путем наследования происходящих изменений мускулатуры при переходе от примитивного образа жизни[518]. Эти выводы российских антропологов, впервые сформулированные в 1860-х гг. А.П. Богдановым[519], часть зарубежных коллег принимала, а другие оспаривали. Крупнейшие авторитеты в антропологии того времени (П.-П. Брока́, Р.Л.К. Вирхов и др.) не желали признавать славян арийцами и описывали их древнейших представителей как брахицефалов. В 1882 г. на средства, пожалованные Александром III, был издан фундаментальный труд профессора геологии Санкт-Петербургского университета А.А. Иностранцева, в котором на основании 18 черепов было констатировано существование племени долихоцефалов на побережье Ладожского озера[520]. Краниометрическая часть книги была подготовлена Богдановым, зоологическая — самим автором, Д.Н. Анучиным и др.[521]

Возникало немало сложностей при попытках выделить не только типичный облик всех великороссов, но и населения отдельных губерний и даже уездов[522]. Крупнейший специалист по этому вопросу, редактор «Русского антропологического журнала» А.А. Ивановский, также отнесенный к классикам расологии, писал в 1905 г.: «Трудно сказать, какими краниологическими типами характеризуется сама средне-русская возвышенность, так как эта часть России очень мало исследована в антропологическом отношении»[523]. Более того, он отмечал во многих районах, населенных великороссами, преобладание брахицефалов, людей низкого роста. Везде существовало огромное разнообразие по всем анализируемым признакам: форме черепа, росту, телосложению, цвету глаз, волос, кожи и т. д. Эти выводы Ивановский делал на основе многолетних изучений антропологического состава населения России, включая как собственные антропометрические исследования, так и обработку обширного антропологического материала других исследователей[524]. Обобщая опыт развития мировой антропологии, Ивановский в 1911 г. в фундаментальном труде выделил 41 расообразующую группу всего населения Земли, построенную с учетом только физических показателей[525]. Но и здесь он вынужден был отметить крайнюю противоречивость

---

[518] *Воробьев В.В.* Великороссы // Русская расовая теории до 1917 г. Вып. 1. С. 168.

[519] *Богданов А.П.* О черепах людей каменного века, найденных до сего времени в России // Известия ИОЛЕАиЭ. 1886. Т. XLIX. Вып. 7. С. 90.

[520] *Иностранцев А.А.* Доисторический человек каменного века побережья Ладожского озера. СПб., 1882.

[521] *Анучин Д.Н.* Антропология // Энциклопедический словарь Ф.А. Брокгауза, И.А. Ефрона. СПб., 1890. Т. 1а. С. 870.

[522] *Беляев И.Д.* О великорусском племени // Сборник антропологических и этно графических статей в России и странах, ей принадлежащих / Изд. В.А. Дашков. М., 1868. Кн. 1. С. 119–123.

[523] *Ивановский А.А.* Расы Европы // Русская расовая теории до 1917 г. Вып. 2. С. 261.

[524] *Ивановский А.А.* Об антропологическом изучении инородческого населения России // РАЖ. 1902. № 1. С. 112–134; *Ивановский А.А.* Об антропологическом состоянии населения России. М., 1904.

[525] *Ивановский А.А.* Население земного шара. Опыт антропологической классификации. М., 1911.

данных и слабую изученность всех народов, включая европейские. Он указывал на отсутствие четких антропологических типов у евреев и немцев. Так, например, среди евреев 62% — брахицефалов, 22% — мезоцефалов и 16% — долихоцефалов[526]. У немцев соответствующие показатели выглядели следующим образом 68% — брахицефалы, 22% — мезоцефалы и 10% — долихоцефалы. Среди великороссов долихоцефалы также встречались в незначительном количестве, за исключением Владимирской губернии[527].

Обширные антропологические обследования различных народов России и прилегающих к ней территорий проводили многие российские антропологи[528]. Однако все они не привели к выделению основных типов внутри того или иного народа. Как подчеркивал Я.Д. Галай, продолживший антропологические исследования Ивановского, невозможно делать выводы об основном типе великорусского племени, поскольку «подробных исследований о великорусских, которые бы захватили возможно большее число антропологических признаков, в настоящее время ещё мало»[529].

Немало разногласий существовало по поводу того, каким образом шла колонизация славянами территорий, занятых угро-финскими племенами (путем уничтожения, вытеснения, замещения или ассимиляции славянских и угро-финских черт, или даже растворением славян как антропологических типов). Однако ответа на этот вопрос до сих пор нет. Тем не менее, высокий, белокурый и голубоглазый долихоцефал был провозглашен некоторыми российскими антропологами одним из главных созидателей и носителей культуры на европейской территории России[530]. Одновременно, другие антропологи уверяли, что предки славян, хотя и были высокого роста, но с глазами и волосами темного цвета и с брахицефалическим черепом[531].

Крупный французский антрополог, президент Парижского антропологического общества, Ж. Деникер[532] впервые назвал «нордическую расу», соответствующую

---

[526] *Ивановский А.А.* Население земного шара. Опыт антропологической классификации. С. 382.

[527] Там же. С. 384.

[528] *Данилов Н.П.* К характеристике антропологических и физиологических черт современного населения Персии. М., 1894; *Элькинд А.Д.* Евреи // РАЖ. 1902. № 3. С. 1–44; *Арутинов А.А.* Удины (материалы для антропологии Кавказа). М., 1905; *Джавахатов А.Н.* Антропология Грузии. М., 1908. Т. I: Грузины Карталинии и Кахетии; М., 1914. Т. II: Грузины Имеретии, Гурии и Рали; Енисейские остяки по наблюдениям и измерениям В.И. Анучина, обработанным А.И. Синельниковым. М., 1911; и др.

[529] *Галай Я.Д.* Антропологические данные о великорусах Старицкого уезда, Тверской губернии. М., 1905. С. 159.

[530] *Елисеев А.В.* Антропологические заметки о финнах. М., 1880. С. 16–17; *Зограф Н.Ю.* Антропометрические исследования мужского Великорусского населения Владимирской, Ярославской и Костромской губернии. М., 1892. С. 176–177; *Чепурковский Е.М.* Географическое распределение формы головы и цветности крестьянского населения преимущественно Великороссии в связи с колонизацией ее славянами. М., 1913. С. 101.

[531] *Воробьев В.В.* Об антропологическом изучении славянского населения России // РАЖ. 1902. № 1. С. 106.

[532] В русском переводе недавно изданной книги Г.Ф.К. Гюнтера «Избранные работы по расологии» (2002. С. 63). Ж. Деникер ошибочно назван «русским расологом». Деникер родился в 1852 г. во французской семье в Астрахани, в Санкт-Петербурге окончил Технологический институт, в 1873 г. объездил нефтяные месторождения Крыма, Кавказа и северной Персии, а затем уехал за границу. С 1877 г. до самой смерти в 1918 г. Деникер жил в Париже, где под влиянием П.-П. Брока́ заинтересовался антропологией и в 1886 г. защитил диссертацию по

ранее выделяемым кимрийской расе П.-П. Брока́, тевтонской расе В. Риплея и европейской расе Ж.В. де Лапужа. Деникер предлагал классифицировать человечество на 17 основных рас и 29 подрас. Он указывал, что нордическая или северная раса состоит из высоких людей, в среднем 1 м 73 см, с белокурыми, волнистыми волосами, голубыми глазами, продолговатым черепом, розовато-белой кожей и выдающимся, прямым носом[533]. По Деникеру, к нордической расе в России относились только жители Прибалтийских губерний и Финляндии, говорящие по-шведски. Жители же большинства губерний, населенных русскими, причислены им к восточной расе: суббрахицефальной, малорослой (в среднем 163–164 см), с прямыми волосами пепельно-серого или льняного цвета, широким, квадратным лицом, вздернутым носом, голубыми или серыми глазами[534]. Характеристику Деникером нордической и восточной рас использовали во всех последующих сочинениях по антропологии, в том числе и изданных в Третьем рейхе[535]. Они служили разработчикам плана «Ост» научным основанием для германизации восточных территорий с уничтожением значительной части славянского населения.

Ещё ранее в России были попытки доказать, что нордическая раса была культуротворящей и в истории многих народов Азии. Так, А.В. Вилькинс уверял, что население Средней Азии сложилось в результате борьбы и смешения ариев (благородных иранцев) и монголов (варваров из Турана)[536]. Знаменитый путешественник и исследователь Памира, Забайкалья, Монголии, Приморья Г.Е. Грумм-Гржимайло приводил сведения из различных письменных источников и сказаний о существовании на этих территориях древних арийских племен (дили, дисцы, динлины) вплоть до первого тысячелетия до н.э. По его мнению, вплоть до V–VI вв. н.э. многие правители отдельных княжеств Китая были высокорослыми и голубоглазыми долихоцефалами-блондинами, напоминавшими создателей культуры Ближнего Востока[537].

В 1875 г. на русский язык была переведена книга Ф. Гальтона «Наследственность таланта, ее законы и последствия», которая стимулировала активизацию исследований генетических аспектов психологии и психиатрии. 5–11 января 1887 г. в Москве проходил Первый съезд российских психиатров под председательством профессора ИВМА И.П. Мержеевского[538]. В нем участвовали более 80 врачей, земских деятелей, юристов. Выступая на Торжественном заседании открытия съезда, Мержеевский подчеркнул, что социальная среда, особенно безработица, нищета, алкоголизм родителей, способствует проявлению доставшейся по на-

---

анатомии и эмбриологии человекообразных обезьян. Все его антропологические и этнографические труды изданы на французском языке. На русском языке изданы только «Человеческие расы» Деникера (1902), перевод опубликованной ранее в Париже его книги «Les races et les peuples de la terre» (Paris, 1900). Деникер впервые последовательно провел выделение рас исключительно по физическим признакам, что вызвало интерес к его классификации во многих странах. Неоднократно эта книга издавалась на английском языке, но вряд ли на основе этого можно причислять Деникера к англичанам.

533 *Деникер И.* Человеческие расы. СПб., 1902. С. 405–407.

534 Там же. С. 407.

535 *Гюнтер Г.Ф.К.* Избранные работы по расологии. М., 2002. С. 38, 63.

536 *Вилькинс А.В.* Антропологические темы в Средней Азии // Известия ИОЛЕАиЭ. 1887. Т. XLIX. Вып. 4. С. 326–334.

537 *Грумм-Гржимайло Г.Е.* Почему китайцы рисуют демонов рыжеволосыми? (К вопросу о народах белокурой расы в Средней Азии). СПб., 1899.

538 Труды Первого съезда отечественных психиатров. СПб., 1887. Т. 1–2.

следству склонности к психическим заболеваниям[539]. Основное внимание 30 докладчиков уделили мерам по организации лечения болезней, используемым способам лечения больных, классификации психических болезней, юридическим аспектам освидетельствования больных и установления опеки над ними, влиянию алкоголя на рост психических заболеваний и т. д.

В ряде докладов затрагивались проблемы нервно-физиологического, интеллектуального и нравственного вырождения нации и резкого увеличения числа психических заболеваний и самоубийств. Выступая в последний день съезда, И.А. Сикорский видел главную задачу нервно-психической гигиены в создании правильной организации труда, ограждении общества от волнений, в борьбе с алкоголем и другими ядами. При этом он считал необходимым использовать в борьбе с вырождением «биологические достоинства славянской расы», не поясняя, правда, что понимается под ними[540]. И.А. Сикорский указывал на необходимость соблюдения нервно-психической гигиены и профилактики психических заболеваний.

Предлагался комплекс мер для поддержания психического и нравственного здоровья нации. В целом все участники съезда базировались на теории вырождения или дегенерации человечества, выдвинутой французскими психиатрами Б.-О. Морелем и Моро де Туром, которые уверяли, что в результате тяжелых условий жизни, продолжавшихся из поколения в поколение, число болезней неуклонно увеличивается. На ранних стадиях патологические изменения проявляются в виде повышенной нервозности, алкоголизма, а затем в телесных уродствах, идиотии и т. д. Закрывая съезд, Мержеевский наметил ряд организационных мер для усовершенствования системы лечения больных[541].

Подобные настроения доминировали и на Втором съезде российских психиатров, состоявшемся в разгар буржуазно-демократической революции 1905 г. Съезд проходил в Киеве с 4 по 11 сентября под председательством И.А. Сикорского. В нем участвовали 163 человека, в основном врачи земских, городских, университетских и частных клиник. В центре внимание продолжали оставаться проблемы организации лечения больных и социальные меры по профилактике заболеваний. Каждый доклад становился поводом для детального обсуждения[542]. Авторитетный специалист по истории отечественной психиатрии И.Е. Сироткина считает, что в целом теория Мореля была воспринята российскими психиатрами, которые особый упор делали на изучении социальных причин дегенерации[543].

Немало подтверждений этому можно найти в литературе. Отмечая тенденцию к вырождению населения России (увеличение смертности, уменьшение среднего роста и продолжительности жизни, рост психических заболеваний, поразивших 300 000 человек, дегенерация, алкоголизм), один из наиболее выдающихся психиатров и невропатологов России В.М. Бехтерев среди главных причин происходившей дегенерации называл непомерный физический и умственный труд, безжалостную эксплуатацию, погоню за наживой и другие бедствия российского

---

[539] *Мержеевский И.П.* Об условиях, благоприятствующих развитию душевных и нервных болезней в России, и мерах, направленных к их уменьшению // Там же. С. 10.

[540] *Сикорский И.А.* Задачи нервно-психической гигиены и профилактики // Там же. С. 1057.

[541] *Мержеевский И.П.* Заключительная речь председателя // Там же. С. 1064–1066.

[542] Второй съезд российских психиатров. Киев, 1905.

[543] *Сироткина И.Е.* Психопатология и политика: становление идей и практики психогигиены в России. С. 156–160.

общества, ведущие к психическим и физическим лишениям[544]. Он видел единственный путь к прекращению вырождения населения в «устранении капиталистического строя и установлении путем постепенного развития более правильных форм общественной жизни»[545]. А.С. Шоломович основную причину вырождения населения России также усматривал в социальных условиях и в общественном строе[546].

Рассматривая меры по охране чистоты белой расы и борьбы с преступностью, предпринимаемые в США по рекомендации евгеников, П.И. Люблинский указал на отсутствие их обоснованности с точки зрения современной науки[547]. По его мнению, стерилизация преступников и психически больных бесполезна, так как ничего не известно ни об их наследственной основе, ни об ее эффективности как способе селекции. К тому же он считал стерилизацию абсолютно неприемлемым способом борьбы с вырождением и преступностью в Западной Европе как противоречащей традиционным нормам и морали, попиравшей исконные права каждого человека.

Тем не менее, расово-психологическое объяснение преступлений, предложенное Ч. Ломброзо, находило сторонников в России[548]. По инициативе Н.А. Козлова, опубликовавшего работу о применении антропометрии с пенитенциарными целями, при МВД в 1894 г. был открыт криминально-антропологический отдел. На следующий год юрист К. Беликовский выпустил книгу «Антропологический тип преступника». В трудах И.Я. Фойницкого и П.П. Пустороспева были приведены сведения о понимании преступлений у разных народов и порядке осуществления правосудия[549]. В «Вестнике психологии, криминальной патологии и гипнотизма», учрежденном по инициативе В.М. Бехтерева в Санкт-Петербурге, регулярно печатали отдельные статьи, в которых затрагивалась проблема психоантропологической экспертизы криминальных наклонностей населения. Но в целом большинство ведущих антропологов было согласно с тем, что преступность зависит не от расово-биологических особенностей, а от «умственного развития, нравственного, религиозного, экономического, социально-государственного и т. д.»[550]. О социально-исторической, а не антропологической обусловленности преступности у разных народов, включая даже такие крайние формы, как каннибализм, подробно писал С.С. Арнольди[551].

Резко критиковал теорию Ломброзо известный специалист по анатомии человека, профессор Московского университета Д.Н. Зёрнов, считая преступность социальным, а не биологическим явлением[552]. Он подчеркивал, что «статисти-

---

[544] *Бехтерев В.М.* Вопросы вырождения и борьба с ним // Обозрение психиатрии и невропатологии. 1908. № 9. С. 518–521.

[545] Там же. С. 520.

[546] *Шоломович А.С.* Наследственность и физические признаки вырождения у душевнобольных и здоровых. Казань, 1913.

[547] *Люблинский П.И.* Новая мера борьбы с вырождением и преступностью // Русская мысль. 1912. Март. С. 31–56.

[548] *Авдеев В.Б.* Русская расовая теория до 1917 (предисловие). С. 44.

[549] *Фойницкий И.Я.* Учение о наказании в связи с тюрьмоведением. СПб., 1889; *Пустороспев П.П.* Понятие о преступлении. М., 1891.

[550] *Пустороспев П.П.* Понятие о преступлении. С. 312.

[551] *Арнольди С.С.* Цивилизация и дикие племена. СПб., 1904.

[552] *Зёрнов Д.Н.* Критический очерк анатомических оснований криминальной теории Ломброзо. Речь, произнесенная в торжественном собрании Московского университета 12-го января 1896 г. заслуженным ординарным профессором медицинского факультета Д. Зерновым. М., 1896.

ческое исследование всех возможных действительных и измышленных признаков дегенерации <…> показало, что численность субъектов такого рода, по всей вероятности, одинакова, как среди преступников, так и среди непреступных людей»[553]. Его вывод базировался на многолетнем опыте изучения ЦНС и органов чувств у животных, включая детальное исследование изменчивости борозд и извилин головного мозга. Созданный им энцефалометр (1889) стал первым в мире аппаратом для анатомических исследований мозга человека и для хирургических операций на нем. Книга Д.Н. Зёрнова «Руководство описательной анатомии человека» переиздавалась 14 раз в период с 1890–1939 гг., став основным учебным пособием для нескольких поколений российских врачей, предопределив отрицательное отношение большинства из них к расовым построениям.

Анучин также резко выступал против попыток реанимировать гипотезу Ч. Ломброзо о наследственной предрасположенности к преступлениям лиц с определенными морфофизиологическими и психологическими характеристиками. Реферируя два выпуска сочинения «Малолетние преступники» Д.А. Дриля и отмечая важность изучения психофизиологической организации преступников, Анучин в то же время подчеркивал, что работа Дриля, «подобно этюдам других авторов в той же области, страдает <…> некоторой односторонностью взглядов, недостаточной критикой источников и наклонностью к довольно смелым обобщениям»[554]. В числе недостатков работ антропологического направления в криминологии он называл стремление видеть в каждом преступнике ненормального человека, преувеличение различных психофизиологических особенностей, значение и распространение которых недостаточно изучены или оценены совершенно неверно, ошибочное толкование генезиса различных психологических типов, преувеличение роли наследственных факторов в общественной жизни и т. д. В целом, Анучин приходил к выводу, что «большинство юристов, как теоретиков, так и практиков, считают существование особого класса неисправимых преступников, т. е. людей, в силу органических аномалий, неспособных приспособиться к условиям гражданственности, общежития, недоказанным»[555]. Отдавая дань моде, Анучин допускал, что со временем «человечеству придется встать лицом к лицу с задачей упрочения своих лучших типов и содействия их сохранению и развитию в потомстве»[556]. Вместе с тем, он называл утопиями любые евгенические мероприятия[557].

Тем не менее евгенические идеи постепенно укоренялись в России. Разочарование революционными событиями 1905 г. заставляло российских приверженцев евгеники, как и их немецких коллег и учителей, сконцентрироваться на медико-биологических аспектах социальных проблем: дифференцированность общества по рождаемости, психопатология, врожденные болезни и дефекты, алкоголизм. Во многих из этих работ, написанных крупными психиатрами и нейрофизиологами, рассматривалось, как вырождение (дегенерация) населения России сказывается на распространении психических заболеваний, преступности, алкоголизме

[553] *Зёрнов Д.Н.* Критический очерк анатомических оснований криминальной теории Ломброзо. С. 53.

[554] *Анучин Д.Н.* Изучение психофизических типов // Русская расовая теории до 1917 г. 2004. Вып. 2. С. 219.

[555] *Анучин Д.Н.* Антропология. С. 871.

[556] *Анучин Д.Н.* О задачах и методах антропологии // РАЖ. 1902. № 1. С. 88.

[557] *Зёрнов Д.Н.* Критический очерк анатомических оснований криминальной теории Ломброзо. С. 87.

и т. д.[558] На русский язык была переведена книга А. Блум «Этика и евгеника» (1909). Популярностью пользовались труды психиатра С.С. Корсакова, который по изменениям в строении головного мозга брался диагностировать расстройство нервной системы и психические заболевания[559]. П.А. Минаков ставил вопрос о роли расовых и племенных особенностей в этиологии болезней[560].

Временной переориентации психиатров в поиски причин социальной нестабильности способствовали массовые репрессии против левых радикалов в период столыпинской реакции, во время которых погибли 1324 врача[561]. Однако, в конечном счете, в отличие от Германии, и подавляющее большинство российских психиатров продолжало уверять, что причины дегенерации населения надо искать в социальных условиях, что репрессии, от кого бы они ни исходили — от власти или революционных масс, — порождают «атмосферу беззакония и страха» и способствуют «эпидемии душевных болезней»[562]. Об этом вновь говорили М.Ю. Лахтин, В.П. Сербский, П.П. Тутышкин и др. в 1911 г. на Первом съезде Союза русских невропатологов и психиатров, запрещенном полицией. В конечном счете, в отличие от Германии, российская евгеника сформировалась не как часть психиатрии или психогигиены, а как одно из направлений экспериментальной биологии уже в 1920-х гг.[563]

Однако были в России и убежденные сторонники расовых трактовок причин психических заболеваний. И.А. Сикорский, отец знаменитого авиаконструктора, в течение нескольких десятилетий возглавлял кафедру душевных и нервных болезней в университете Св. Владимира в Киеве. Он был выдающимся психиатром, автором многих трудов в этой области, не потерявших свое значение и в наши дни[564]. В некоторых из них Сикорский старался связать данные антропологии и психиатрии и на этой основе дать психологические характеристики расовых особенностей психологии и поведения разных народов[565]. Славян он изображал воплощением всех добродетелей, пронизанными чувством нравственного самосохранения, гуманизма, идеализма, религиозной и расовой терпимости, научного гения и т. д. У него вся белая

---

[558] *Юдин Т.И.* Психозы у близнецов // Журнал невропатологии и психиатрии им. С.С. Корсакова. 1907. № 7. С. 68–83; *Рыбаков Ф.Е.* Атлас для экспериментально-психологического исследования личности с подробным описанием и объяснением таблиц. Составлен применительно к цели педагогического и врачебно-диагностического исследования. М., 1910.

[559] *Корсаков С.С.* Курс психиатрии. 2-е изд., посмертное. М., 1901. С. 4.

[560] *Минаков П.А.* Значение антропологии в медицине // РАЖ. 1902. № 1. С. 102–112.

[561] Russian Physicians in an Era of Reform and Revolution. 1856–1905 / Ed. N.M. Frieden. Princeton; New York, 1981. P. 319.

[562] *Сироткина И.Е.* Психопатология и политика: становление идей и практики психогигиены в России. С. 164.

[563] The Welborn Science. Eugenics in Germany, France, Brazil and Russia / Ed. M.B. Adams. New York, 1990. P. 159.

[564] *Менжулин В.* Другой Сикорский. Неудобные страницы истории психиатрии. Киев, 2004.

[565] *Сикорский И.А.* Черты из психологии славян (1895) // Русская расовая теории до 1917 г. С. 219–227; *Сикорский И.А.* Характеристика черной, желтой и белой рас в связи с вопросами русско-японской войны. Киев, 1904; *Сикорский И.А.* Русские и Украинцы. Киев, 1913; *Сикорский И.А.* Современная всесветная война 1914 года. Причины и устранение их. Киев, 1914.

раса обладала «наиболее счастливым сочетанием душевных способностей — что выражается в равномерном, симметрическом развитии ума, воли и чувств. При таком складе души, белая раса могла осуществить в себе идеал всестороннего психического развития и явилась созидательницей наук и искусств, устроительницей общественной и государственной жизни, творцом возвышенных религий и мировой поэзии, архитектором благоприятной для жизни среды при механических и технических усовершенствованиях. Психическим прототипом белой расы явились древние греки»[566], которые погибли как раса, но сохранились как этнос.

Многие работы Сикорского были написаны на злобу дня, с целью свести причины войн России с Японией и Германией к вечным различиям в психологии их народов. Их политическая ангажированность проявилась в его заключении по знаменитому делу еврея М. Бейлиса, в котором он как эксперт поддержал обвинение в ритуальном убийстве русского мальчика Андрюши Ющинского. Для его сочинений характерны жесткие обвинения в адрес всех инородцев, особенно евреев[567]. Приверженец Г. Спенсера, Сикорский даже не задумывался о том, чтобы как-то подкреплять свои расовые суждения. Для него все инородцы априорно были представителями низшей расы, и в этом он следовал духу науки своего времени. В то же время Сикорский издал серию интересных биографий деятелей русской культуры, в которых объяснял их достижения, например, А.С. Пушкина, потомка африканца, унаследованной психической организацией, а также ряд важных работ по охране психического здоровья русских, о необходимости борьбы с курением, проституцией.

К числу наиболее оригинальных российских авторов в области эволюционной теории относится зоолог и антрополог К.С. Мережковский, автор термина «симбиогенезис» и один из главных разработчиков концепции возникновения эуокариотной клетки путем симбиогенеза[568]. Свои ранние либеральные воззрения он быстро сменил на националистические и антисемитские, получив место профессора в Казанском университете, одновременно став осведомителем царской охранки в Казани и передатчиком средств МВД черносотенным организациям[569]. В 1914 г. он был уволен из Казанского университета из-за педофилии и садизма и вынужден был эмигрировать[570]. Этот случай несколько дней обсуждался в Госдуме в июле 1914 г., но министру народного просвещения Л.А. Кассо удалось отложить по нему решение благодаря начавшейся Первой мировой войне. 9 января 1921 г. Мережковский покончил жизнь самоубийством в женевской гостинице, не желая вести существования старого, больного и нищего человека.

В первой половине 1880-х гг. Мережковский интенсивно занимался палеоархеологией, вел раскопки в Крыму, в результату которых собрал уникальную коллекцию каменных и костяных орудий, а также черепов. Параллельно он провел около 45 000 антропологических обмеров татар, сравнивая древние кости и черепа с антропометрическими данными современных татар. Накануне первой буржуазно-демократической революции Мережковский опубликовал на русском

---

[566] *Сикорский И.А.* Данные антропологии // Русская расовая теории до 1917 г. С. 249.

[567] *Сикорский И.А.* Экспертиза по делу об убийстве Андрюши Ющинского. СПб., 1913.

[568] *Мережковский К.С.* Теория двух плазм как основа симбиогенезиса, нового учения о происхождении организмов. Казань, 1909.

[569] *Золотоносов М.Н.* Братья Мережковские. М., 2003. Кн. 1: Отщеpenis Серебряного века. Роман для специалистов. С. 113.

[570] Там же. С. 149–166, 193–460.

и немецком языках национал-евгеническую утопию[571]. В ней рассказано, как была выведена совершенная раса людей, соответствовавшая его педофильскому идеалу, живущая в тропиках и состоящая из трех групп людей: покровителей, друзей и рабов — очеловеченных приматов. Друзья благодаря неотении выглядят как 12–14-летние дети, они всегда наги, беззаботны, счастливы и постоянно занимаются сексом между собой или с покровителями. Когда им исполняется 35 лет, покровители их убивают, так как они уже не подходят для сексуальных развлечений. Эта популяция была выведена из 650 женщин и 25 мужчин, в которую вошли французы, итальянцы, испанцы и несколько славян, все остальное человечество, прежде всего негроиды, монголоиды и семиты, были уничтожено в ходе войны, разразившейся в XX веке[572]. В романе реализовалась расово-гигиеническая утопия об очищении Земли от неполноценных и нездоровых рас и выведения новой более совершенной породы людей на базе арийской расы. Главными средствами подобной антропотехники для Мережковского были искусственная селекция, половой отбор, искусственное осеменение, тотальная эротизация, инцест, стерилизация и убийства женщин, непригодных для секса или ухудшающих породу. В те годы Мережковский объявлял евреев потомками Каина, сына Порока, главными инициаторами идей прогресса и гуманизма, губительных для человечества. Планируя тотальное уничтожение человечества, не склонного к педофилии, он заклинал, чтобы в первую очередь были хотя бы поголовно стерилизованы все люди с примесью еврейской крови[573]. Правда, после Февральской революции, когда евреи появились в правящих кругах, он внезапно изменил свои взгляды и стал проповедовать необходимость «союза» евреев и монархистов ради спасения России[574].

Основные идеологемы расовой утопии Мережковского были навеяны трудами Ж.В. де Лапужа и О. Аммона об уничтожении или стерилизации всех рас, кроме арийской, которая, в свою очередь, должна быть улучшена путем жесткого полового отбора и близкородственного скрещивания. Но на ее специфическом оформлении сказались не только педофильские пристрастия Мережковского, но и влияние его учителя Н.П. Вагнера, ярого сторонника социал-дарвинизма, с именем которого связано открытие педогенеза, т. е. размножения некоторых беспозвоночных бесполым путем из неоплодотворенных яиц[575]. От Вагнера Мережковский мог перенять и «зоологический антисемитизм», сказавшийся не только в финансировании черносотенных организаций и теоретических рассуждений, но и в активной борьбе против избрания Л.С. Берга профессором географии в Казанском университете[576].

Практически не было ни одной отрасли гуманитарного знания в России, в которой в той или иной степени не сказались расологические представления.

---

[571] *Мережковский К.С.* Рай земной или сон в зимнюю ночь. Сказка-утопия XXVII // Там же. С. 766–869 (*Merezhkowsky C.* Das irdische Paradies. Ein Märchen aus dem 27. Jahrhundert: Eine Utopie. Berlin, 1903).

[572] Там же. С. 750–758.

[573] Там же. С. 748–750; *Sapp J., Carrapiço Fr., Zolotonosov M.* Simbiogenesis: The Hidden Face of Constantin Merezhkowsky // History and Philosophy of the Life Sciences. 2002. Vol. 24. № 3–4. P. 433–434.

[574] Там же. С. 608–613.

[575] *Вагнер Н.П.* Самопроизвольное размножение у гусениц насекомых. Казань, 1862; *Вагнер Н.П.* Дарвин в XIX веке // Новое время. 1882. 16 апреля.

[576] *Золотоносов М.Н.* Братья Мережковские. С. 141, 550–576.

Крупный русский ученый Н.И. Кареев посвятил целый том всестороннему рассмотрению принципов социологии на биологической основе, в котором первобытные народы называл низшими расами и располагал их по филогенетической школе между животными и цивилизованными народами[577]. Он гордился тем, что одним из первых среди историков разграничил понятия «раса» и «нация» и сформулировал основные признаки расы как совокупности однородных обществ, сохранявших свое постоянство, обусловленное наследственностью, на протяжении всего исторического периода. Его интерес к роли рас в истории сказался в развиваемой им концепции «общих типов» или «цивилизаций», объединенных общностью происхождения и исторических судеб[578]. Вместе с тем Кареев однозначно высказывался против попыток дать какое-то определение расовых характеров, показав на примере противопоставления арийцев и семитов, ведущего начало от немецкого санскритолога, историка и археолога Х. Лассена и подхваченного французским писателем Ж.Э. Ренаном и немецким философом и эстетом М. Каррьером и другими, что все антитезы национальных и расовых характеров произвольны, подбор признаков случаен и ничем не обоснован, и его формируют субъективно по мифологическому принципу расчленения мира на две группы, в которую тот или иной народ причисляется в зависимости от того, что автор хотел доказать[579].

Социолог и философ, один из основных идеологов русского анархизма П.Л. Лавров в начале XX века активно эксплуатировал идеи социал-дарвинизма[580]. Он писал о жестокой борьбе между различными расами, народами и культурами, утверждая, что естественный отбор всецело сохранился в человеческом обществе и действует не только на уровне индивидов, но и народов. Лавров был уверен, что гуманизм не спасет те народы, которые, встав на путь цивилизации, не готовы к ней и обречены на вымирание. Различным аспектам социал-дарвинизма с точки зрения расового вопроса посвящены многочисленные труды одного из основателей Парижского международного института социологии Я.А. Новикова, изданные на французском языке[581]. Генерал-лейтенант и картограф А.Ф. Риттих опубликовал целую книгу о том, как следы древнего расселения славян запечатлены в названиях Центральной и Западной Европы[582]. С попытками преуменьшить значение вклада великороссов в создание европейской цивилизации боролись палеограф и славист В.И. Ламанский, публицист-историк Д.И. Иловайский и др. Подобные работы соответствовали нормам и традициям мировой науки того времени. Наряду с этим выходили в свет работы откровенно шовинистического содержания, трактовавшие практически все нерусское население России как неполноценное с расово-биологической, психологической и интеллектуальной точек зрения.

Практически все идеи в области расовой гигиены, евгеники и расовой антропологии нашли здесь своих сторонников, скептиков и противников. К концу

---

[577] *Кареев Н.И.* Основные вопросы философии истории. М., 1883–1890. Т. 1–3.

[578] *Кареев Н.И.* История Западной Европы в Новое время. СПб. (Пг.), 1892–1917. Т. 1–7.

[579] *Кареев Н.И.* Расы и национальности с психологической точки зрения // Русская расовая теория до 1917 г. С. 216–217.

[580] *Лавров П.Л.* Цивилизация и дикие племена. СПб., 1903; *Лавров П.Л.* Национальности в истории. СПб., 1906.

[581] История социологической мысли в России в XIX — начале XX вв. Л., 1978.

[582] *Риттих А.Ф.* Славянский мир. Историко-географическое и этнографическое исследование. Варшава, 1885.

царствования Александра II, когда рассеялись иллюзии о быстрых положительных плодах реформ, а правительство встало на путь возрождения охранительных механизмов, существенно изменился тон антропологических исследований. Рассуждения 1860-х гг. об отсутствии объективных критериев для оценки неравенства рас и народов в трудах Бэра, Богданова, Ешевского сменила жесткая риторика в духе социал-дарвинизма. Часть антропологов, этнографов, лингвистов, криминалистов и врачей уловила смену социального заказа, выдвинув на смену либеральным и просветительским идеям лозунги национализма и ксенофобии.

В XIX веке Россия вела длительные колониальные войны, связанные с покорением Кавказа, Средней Азии, Дальнего Востока, что неизбежно привело к становлению имперского самосознания русских. К прежним притязаниям быть хранительницей подлинной христианской веры и преемницей Византийской империи добавилась убежденность в историческом предначертании экспансии России для выполнения цивилизаторской миссии западного просвещения низших рас и отсталых народов Востока[583]. Русские генералы и офицеры шли завоевывать эти земли с изначальным сознанием своего расового и культурного превосходства над дикими и отсталыми народами, заселявшими эти земли с древнейших времен. Воспоминания участников походов и приказы военачальников разного уровня наполнены словами о вероломных, лживых, хитрых, корыстолюбивых, воровских и т. д. народах, навлекших на себя гнев благородного русского императора своими низкими поступками. Великодержавным шовинизмом наполнены сочинения выдающихся русских исследователей Центральной Азии Н.М. Пржевальского и П.К. Козлова, которые не раз писали о трусости, рабском духе, жадности, неверности и т. д. местных народов[584]. Вот как подытоживает П.К. Козлов результаты переговоров с различными властями Монголии: «Скоты, отказываются от слов, данных неделю тому назад, подсиживают, норовят все получить даром, воспользоваться случаем. Свинство. Нет ни одного благородного человека»[585].

Имперский менталитет был характерен и для части столичной профессуры. Примеры этого можно найти в трудах самых выдающихся ее представителей. Например, Д.И. Менделеев накануне русско-японской войны писал немало об угрозе нашествия «желтой расы», о китайцах, пребывающих из-за своей косности и отсталости в компании с неграми, арабами, полинезийцами и сравнимых в своем «самообожании» только с англичанами и евреями[586]. Сокрушительное поражение российских войск в войне с Японией заставило рассматривать Китай

---

[583] Russianness: Studies on National's Identity, 1840–1995: in honor of Rufus Mathewson. An Arbor, 1990; *Chadwell W.R.* Russia Imagined: Art, Culture and National Identity. New York, 1997; *Rancour-Laferrier D.* Russian Nationalism from an Interdisciplinary Perspective: Imagining Russia. Lewinston; New York, 2000; Russian Subject: Empire, Nation, and the Culture of the Golden Age / Ed. M. Greenleaf, S. Moeller-Sally. Evanston, 1998; *Thompson E.M.* Imperial Knowledge: Russia Literature and Colonialism. Westport, 2000. Идентичность и география в постсоветской России / Ред. М. Бассин, К.Э. Аксенов. СПб., 2003.

[584] *Андреев А.И.* Китай в исследованиях П.К. Козлова: научные и политические аспекты // Российско-китайские научные связи: проблемы становления и развития / Ред. Э.И. Колчинский, Т.И. Юсупова. С. 56–64.

[585] Петр Кузьмич Козлов. Дневники Монголо-Тибетской экспедиции 1923–1926. Научное наследство. Т. 30. / Ред.-сост. Т.И. Юсупова; сост. А.И. Андреев; отв. ред. А.В. Постников. СПб., 2003. С. 88.

[586] *Менделеев Д.И.* Заветные мысли. М., 1995. С. 11, 194, 195, 197.

как будущего союзника, и Менделеев изменил свои оценки китайцев[587]. Отныне он характеризовал их как «миролюбивых», «мудрых», «образованных», «веротерпимых», «истинно демократических», «справедливых», «благожелательных», «близких и даже родственных нам по духу» и т. д.

Далеко не все ученые и литераторы приняли идеологемы имперской ментальности. Об их пагубности для будущего России писали не раз лидеры русской философии и богословия. Например, в конце 1880-х гг. В.С. Соловьев, чуждый и либерализму, и марксизму, считал, что великое будущее России станет возможным только в случае осознания русскими себя неотъемлемой частью Вселенной и достижения ими солидарности с другими народами «в высших всечеловеческих интересах»[588]. Правда, и он опасался предстоящего нашествия китайцев, связывая эти страхи со сказаниями об Антихристе[589]. Один из выдающихся российских антропологов Н.Н. Миклухо-Маклай отстаивал идею о видовом единстве и взаимном родстве рас человека, опроверг взгляды на негроидов Новой Гвинеи как представителей особого вида, отличного от других рас человечества[590]. Он впервые описал меланезийский антропологический тип, распространенный в Западной Океании и на островах Юго-Восточной Азии.

Успех стихийного, а затем и планомерного расширения колониальных владений России на востоке и на юге на протяжении XVI–XVIII веков был обеспечен, прежде всего, тем, что царское правительство, как правило, не вмешивалось в местные обычаи, обряды, религии, сборы налогов и даже в управление, оставляя его в распоряжении прежней элиты. Отсутствие жесткой «вертикали власти» и иноземного гнёта давало возможность покоренным или присоединенным народам не идентифицировать себя с жителями колоний[591]. Огромное значение имела склонность большинства русских переселенцев включаться в окружавшую иноэтническую среду, воспринимать черты национального самосознания и культуры местного населения, изучать его язык, жениться на аборигенках, а также формировать особое славянское население (казаков) в приграничье[592]. Такая практика обеспечивала достаточно бесконфликтную интеграцию различных народов в многонациональную и многокультурную среду Российской империи[593].

---

[587] *Бондаренко Л.Б.* «Имперская болезнь» и ее лечение (Д.И. Менделеев о русско-китайских отношениях) // Российско-китайские научные связи. С. 45–55.

[588] *Соловьев В.С.* Сочинения: В 2-х тт. М., 1989. Т. 1. С. 261.

[589] *Соловьев В.С.* Три разговора. СПб., 1900.

[590] *Миклухо-Маклай Н.Н.* Собрание сочинений: В 6 т. М., 1990–1999; *Левин М.Г.* Очерки по истории антропологии в России. С. 57–79; Человек с Луны. Дневники, письма, статьи Н.Н. Миклухо-Маклая / Сост., коммент. и посл. Б.Н. Путилова. М., 1982. Путешествия. Т. 1: Путешествия в Новой Гвинее в 1871, 1872, 1874, 1876, 1877, 1880, 1883 гг. / Вст. ст. Д.Н. Анучина. М., 1923.

[591] *Люкшин Д.И.* Особенности провинциальной идентификации: географические постоянные и политические переменные // Идентичность и география в постсоветской России. С. 213–234.

[592] *Постников А.В.* Изменения в национальном (этническом) самосознании («идентичности») народов порубежья («фронтира») в процессе создания российских центроазиатских владений в XIX в. // Там же. С. 17–52.

[593] См. содержательный научный обзор новейшей исторической литературы: *Сибирова А.* Становление проблематики имперских и национальных исследований в современной российской научной периодике // Новая имперская история постсоветского пространства. Казань, 2004. С. 575–598, а также материалы выходящего с 2000 г. журнала «Ab Imperio».

Все стало меняться со вступлением Александра III на престол. Социально-культурный контекст России в последние десятилетия царского режима способствовал развитию российской расологии, а внутренняя и внешняя политика Александра III и Николая II создавала для нее благоприятную среду. О популярности расистских идей в широкой публике говорят дилетантские сочинения генерала от артиллерии в Царстве Польском В.А. Мошкова с его спекуляциями о происхождении современного человека в результате скрещивания питекантропа с белой расой, о сходстве низших рас с травоядными животными, а высших рас с хищниками, об отличиях животного и человека, о вырождении человечества и т. д., базировавшимися на смешении фактов, домыслов, предположений, предрассудков и резонерства из самых различных сфер научного знания, нравственности, религии, мифологии и обыденного сознания[594]. В царской России выводы расологов совпадали во многом с целями и задачами новой колониальной политики правящих кругов, направленной на русификацию инородцев. Они хорошо подходили под реалии начавшихся еврейских погромов и массовой эмиграции евреев и поляков за рубеж[595]. Власть не осознавала, что проповедь особого «русского пути» развития страны на самом деле была выгодна только «зарубежным политикам, заинтересованным в сохранении экономической и военной отсталости России»[596]. К сожалению, Александр III внял рекомендациям О. фон Бисмарка и Вильгельма II, а не М.Т. Лорис-Меликова и Н.А. Епанчина, предупреждавших, что в отказе от парламентаризма и конституционной монархии заинтересована прежде всего Германия, жаждавшая подчинить Россию своему культурному, политическому и экономическому влиянию[597]. Осознание правильности этого предупреждения к идеологам правящего класса стало приходить в разгар Первой мировой войны, когда прежние шовинисты призывали пересмотреть основы внутринациональной политики, вплоть до установления союза «евреев и монархистов» ради единения всех созидательных сил России и спасения престола (В. Спешинский, К.С. Мережковский, Б.В. Никольский и др.). Даже убежденные антисемиты стали уверять, что юдофобство не свойственно русскому народу, а коварно насаждалось немцами — исконными врагами России — с целью подорвать ее культуру и могущество[598].

Если же вернуться к «естественнонаучной» составляющей трудов российских расологов, то в догенетический период развития биологии рассуждения о наследственной основе различных рас, о постоянстве расовых характеристик и их изменчивости под влиянием культур с последующим наследованием приобретенных признаков не подлежали экспериментальной проверке. Представления о «виде», «расе», «племени» и т. д., использованные в большинстве работ по расам и их классификациям, по существу, учитывали лишь морфологические и географические критерии их выделения у животных и растений, игнорируя тот факт

---

594 *Мошков В.А.* Новая теория происхождения человека и его вырождения, составленная по данным зоологии, геологии, археологии, антропологии, этнографии, истории и статистики. Варшава, 1907. Т. 1.

595 *Виттенберг Б.М.* «Еврейский» вопрос и российское общественное мнение 80-х гг. XIX в. // Источник. Историк. История. Вып. 1 / Отв. ред. Н.Б. Вахтин. СПб., 200[illegible] С. 347–367.

596 *Дмитриев И.С.* Человек эпохи перемен: очерки о Д.И. Менделееве и его времени. СПб., 2004. С. 317.

597 Александр III: Воспоминания. Дневники. Письма. С. 191.

598 *Золотоносов М.Н.* Братья Мережковские. С. 608–611.

что физиологический критерий, т. е. репродуктивная изоляция, со времен Д. Рея и П.С. Палласа является главным признаком дискретности вида у организмов и видов с половым размножением и т. д. А в этом отношении человечество представляет собой единую популяцию, разделенную лишь этнокультурными и психологическими барьерами. К сожалению, в большинстве расологических работ не учитывали представления о виде как сложной политипической системе, которые с начала XX века разрабатывал русский путешественник и зоолог А.П. Семёнов-Тян-Шанский, построивший внутривидовые формы в подчиненный ряд: вид, географическая раса (подвид), локальная географическая раса (племя), зарождающаяся раса (морфа)[599]. На экологическую определенность вида, обусловливающую возможность его существования только в конкретной среде, указывал орнитолог В. Бианки[600]. Таким образом, при рассуждениях о видовом статусе различных рас человека можно судить лишь на базе комплекса критериев (дискретность, географическая и экологическая определенность, нескрещиваемость, пониженная фертильность, биохимическая специфичность), которые позволяют выделить вид как реальную единицу в биосфере.

Ни один из расологов не представил доказательств в пользу существования нескольких видов человека с учетом состояния биологии даже того времени. Лидеры же антропологии вообще сомневались в существовании видов или разновидностей у человека и считали эти понятия применимыми лишь условно только при морфологическом изучении человека[601]. Как писал Деникер, «каждый исследователь может по личному усмотрению обозначать такие группы каким угодно термином», предпочитая вслед за Дарвином считать «расы» человека «подвидами», добавляя к тому же, что «нет существенной разницы между обоими этими терминами и словом “вид”»[602].

Даже на базе достаточно беглого анализа можно сделать вывод об отсутствии некоей особой «русской расовой теории» в дореволюционной России. Работы, объединенные ныне В.Б. Авдеевым под таким названием, столь разнообразны по постановке проблем, методике, предлагаемым решениям, выводам и рекомендациям, что их трудно считать каким-то завершенным теоретическим построением, а тем более единым научным направлением. Теории, посвященной расовым проблемам, в России не было, как, впрочем, её не было никогда и в других странах. Среди сторонников этой идеи было очень мало профессиональных антропологов и биологов[603]. Доминировали отдельные, как правило, не связанные друг с другом или противоречащие самим себе, порой оригинальные спекуляции гуманитариев, психиатров, социологов. От зарубежных аналогов они отличались только тем, что в них доказывали принадлежность русских или их предков к

---

[599] *Семенов-Тянь-Шанский А.П.* Таксономические границы вида и его подразделения // Записки АН. Сер. 8. 1910. Т. 25. Вып. 1. С. 1–29.

[600] *Бианки В.* Вид и подчиненные ему таксономические единицы // Рус. зоол. журн. 1916. Т. 1. Вып. 9–10. С. 287–297.

[601] *Деникер И.* Человеческие расы. СПб., 1902. С. 8.

[602] Там же. С. 11.

[603] В личной беседе директор Музея антропологии и этнографии им. Петра Великого РАН Ю.К. Чистов сказал, что, по его мнению, среди антропологов всех стран сторонники идеи неравенства рас в среднем всегда составляли не больше 2 %. Конечно, в некоторые периоды и в некоторых странах ввиду социальной конъюнктуры их число могло увеличиться. Но, в целом, надо признать, что в России эти цифры близки к реальности. Расологическими спекуляциями во все времена обычно занимались люди весьма далекие как от антропологии, так и от самой науки.

нордической расе, в редких случаях к особой славянской расе, приписывая культурообразующему народу Российской империи всяческие добродетели по сравнению с другими народами. Но в этом наши расологи ничем не отличались от зарубежных коллег, которые также считали свои народы вершинами эволюции и воплощением всех достоинств человека. Практически шла не научная дискуссия, а вечный в России идеолого-политический спор западников и славянофилов (с использованием в данном случае некоторых биологических понятий), которому посвящено море исторической и философской литературы. Со второй половины XIX века биологизм как способ доказательства социально-политических взглядов ссылками на данные биологии стал обычен в литературе[604].

С развитием генетики и началом изучения точными методами наследственной детерминации анатомо-морфологических, физиологических, психических и интеллектуальных признаков, а также с возникновением популяционной генетики, это направление научной мысли было обречено на вымирание, как это произошло во всех странах западной цивилизации в середине XX века. В России этот процесс оказался даже ускоренным, так как биологизм в объяснении сущности человека и исторического процесса вступал в противоречие с социальным детерминизмом марксизма. К тому же политические симпатии немногих российских расологов принадлежали обычно крайне правому крылу политического спектра, что заставляло их выступать с верноподданническими, охранительными декларациями в отношении к царскому правительству. Естественно, левые видели в расологах с их биологическим обоснованием социального неравенства своих политических противников, стоявших на их пути к осуществлению планов всемирной революции и противоречащих принципам пролетарского интернационализма. Немалую роль в отторжении расологии научным сообществом России, а затем СССР, играл тот факт, что большинство отечественных биологов-эволюционистов во главе с А.О. и В.О. Ковалевскими, К.А. Тимирязевым, А.С. Фаминцыным не только не приняли социал-дарвинизм, но считали учение Дарвина о борьбе за существование как факторе эволюции ненужной добавкой к теории эволюции.

Сам термин «русская расовая теория» — своеобразный рецидив советской историографии науки 1940–1960-х гг., когда коммунистические идеологи типа А.А. Жданова делили науки на пролетарские и буржуазные, советские и зарубежные, на русские и нерусские, с неизбежным доказательством прогрессивности, оригинальности, глубины и т. д. первых членов этих дилемм. К тому же, если по мнению современных отечественных расологов, именно крови, генам, биологии и т. п., а не культуре и языку, принадлежит главная роль в национальной идентификации, то как полуеврей-полумолдаванин И.И. Мечников или, тем более, француз Ж. Деникер, который, кстати, писал об условности таксономических единиц видового уровня применительно к человечеству и считал его единым биологическим видом, могли стать классиками русской расовой теории?

В заключение приведу подробную выдержку из статьи Н.И. Кареева, посвященной критическому разбору различных попыток охарактеризовать расы и нации с психологической точки зрения. Показав недостатки подобных построений ряда зарубежных авторов, Кареев задает вопрос: «Может ли серьезная наука воспользоваться материалом, доставляемым подобными построениями для теории расы и национальности с психологической точки зрения, для решения вопроса о том, какую роль играет раса и национальный дух в историческом развитии народов

[604] Biologismus und Historismus im 19. Jh. / Hg. F. Wagner. Stuttgart, 1973; *Velden M.* Biologismus – Folge einer Illusion. Göttingen, 2005.

Ответ, очевидно, должен быть отрицательным: все подобные построения получены не из строгого анализа фактов, а придуманы для втискивания в них фактов»[605]. Далее, перечисляя основные пороки подобных сочинений, Кареев отмечал: «недостаток теоретической подготовки», «смутность понятий», «смешение существенного и несущественного», «подмена расы каким-нибудь одним народом», «неумение выделить оригинальное», «подтасовка фактов в угоду готовой теории», «непонимание приемов положительного метода» и т. д. Конечный вывод Кареева: «Без понимания элементарных требований положительной науки, ни на каком запасе фактического знания нельзя построить теорию, имеющей притязания на научное знание»[606]. Создается впечатление, что составитель сборника невнимательно прочел помещаемые там материалы. В против случае он вряд ли бы причислил Кареева, да и многих других авторов (Д.Н. Анучина, Р.Л. Вейнберга, С.В. Ешевского, Д.Н. Зёрнова, А.А. Ивановского и т. д.), к классикам «русской расовой теории».

А может, была надежда, что поверят на слово, и никто не будет читать весь сборник, а прочитают, как сейчас принято, несколько страниц предисловия, которые написаны, надо признать, ярко и с большей фантазией. Тем более, автор, вероятно, не мог предположить, что в наши дни кто-то пойдет в библиотеки и поднимет труды замечательных российских антропологов и психиатров, которые на самом деле почти все писали о принадлежности рас и народов к единому биологическому виду и не принимали идеи зарубежных немецких националистов, грезивших о мировом господстве, считавших все нации и народы, прежде всего русских, своими будущими рабами. Антиславянская направленность трудов западных, особенно немецких, расовых антропологов делала их идеи неприемлемыми для русских. Для большинства российских ученых остались чужды идеи расологов, расовых гигиенистов и евгеников, а путь к прекращению вырождения населения они видели прежде всего в социальных реформах. Следует согласиться с доктором политических наук, членом фракции «Родина» Государственной думы А.Н. Савельевым, что труды В.Б. Авдеева — это «вызов научным кругам»[607]. Из этого видно, что сами расологи и их политические покровители понимают, что их воззрения не имеют никакого отношения к науке, которая никогда и нигде не существовала вне научного сообщества. Трагический опыт разгрома французской науки в годы якобинского террора во Франции и лысенковщина в СССР — яркие тому подтверждения[608].

Не касаясь сущности пропагандируемых Авдеевым воззрений, я полагаю, что его изыскания не имеют прямого отношения к истории отечественной науки, так как построены зачастую на неточном изложении работ российских антропологов, а приводимые цитаты даны без указания страниц, что затрудняет их проверку. Его сочинения скорее следует отнести к ангажированной политической публицистике. В то же время автор поднял важный вопрос о необходимости более тщательного изучения нашего научного наследия с учетом разнообразных подходов в антропологических исследованиях в России, вернул из забвения некоторые имена и сделал более объемной картину вклада отечественных ученых в познание расового состава населения России и его динамики.

---

605 *Кареев Н.И.* Расы и национальности с психологической точки зрения // Русская расовая теории до 1917 г. С. 217.

606 Там же.

607 *Савельев А.Н.* Предисловие // *Авдеев В.Б.* Расология. Наука о наследственных качествах людей. М., 2005. С. 7.

608 *Сойфер В.Н.* Власть и наука. М., 1993; *Löther R.* Lyssenkoismus contra Genetik // Biol. Zentralbl. 1996. Bd. 115. S. 171–176; *Колчинский Э.И.* В поисках советского «союза» философии и биологии. Дискуссии и репрессии 20-х — начала 30-х гг. СПб., 1999. Наука и кризисы. С. 157–229.

Биология и практика

В течение долгого времени в историографии биологии культивировали миф, что успех Лысенко у партийного руководства связан с тем, что ученые старой формации были далеки от практических задач, тяготели к фундаментальным исследованиям и поэтому не смогли вписаться в новые социальные реалии, когда от них потребовали участия в социалистическом строительстве. На самом деле все обстояло с точностью наоборот. С первых шагов биологических исследований в России перед ними была поставлена конкретная задача — изучение биологических ресурсов с целью использования их в лесоводстве, рыболовстве, виноделии, сельском хозяйстве, медицине и т. д. Практическая направленность биологии резко усилилась с проведением реформ во второй половине XIX века и бурным развитием капитализма. Из-за необъятности данной темы назовем лишь некоторые примеры.

Весьма перспективной оказалась идея сочетания государственных ассигнований с привлечением общественных, прежде всего, земских капиталов, заложенная в программу организации опытного дела в России, которую разработали ученые и агрономы: В.В. Винер, В.В. Докучаев, А.Г. Доренко, А.С. Ермолов, Д.Н. Прянишников, И.А. Стебут, В.В. Таланов, А.С. Фаминцын[609]. Программу организации опытного дела, родившуюся в земской среде и поддержанную Министерством земледелия и Государственной думой, Николай II утвердил в 1912 г. Она предполагала централизованное сельскохозяйственное районирование территории России, порайонное устройство опытных учреждений и объединение их в единую государственную сеть. Она не предусматривала какого-либо разделения между научной деятельностью и ее практическим применением. Более того, на базе опытных станций планировали создать в дальнейшем «институты опытной агрономии», призванные разрабатывать проблемы общенаучного и методологического характера[610].

Нередко в стремлении соединить фундаментальные исследования с практикой отечественные исследователи опережали даже западные страны на 15–25 лет. Пионером массового применения искусственного осеменения в животноводстве стал И.И. Иванов. Несмотря на сопротивление практиков-специалистов в области зоотехники и культивирования домашних животных, он преуспел во внедрении столь «неестественного способа» размножения. До Первой мировой войны благодаря искусственному осеменению появилось около 7 000 лошадей, на юге проводились массовые опыты на овцах, а в заповеднике Аскания-Нова были получены межвидовые гибриды животных и птиц, не скрещивающихся ни в природе, ни в неволе[611]. По авторитетному мнению К.О. Россиянова, успеху в столь необычном деле способствовал не только талант ученого, заручившегося поддержкой многих крупных ученых, включая А.О. Ковалевского, М.В. Ненцкого, В.М. Шимкевича и др., но и желание части царских бюрократов (В.Ф. Нагорского, П.А. Столыпина) в короткий срок догнать развитые страны Запада, «действуя при этом “сверху” и опираясь в том числе и на достижения науки и техники»[612].

---

[609] *Елина О.Ю.* Сельскохозяйственный опытные станции в начале 1920-х гг.: Советский вариант реформы // На переломе: Советская биология в 20-х — 30-х годах. СПб., 1997. Вып. 1. С. 27–93.

[610] Труды Совещания по реорганизации сельскохозяйственного опытного дела в России. СПб., 1909. С. 327–328.

[611] *Россиянов К.О.* Опасные связи. С. 8–11.

[612] Там же. С. 7.

Недавно Ю.А. Лайус и А.А. Федотова исследовали, как Первая мировая война сказалась на прикладной ботанике, а также рыбохозяйственных исследованиях на Баренцевом море[613]. Так, например, в ботанике, наряду с деструктивными моментами (гибель части опытных участков Бюро прикладной ботаники, срыв плана ряда экспедиций и стационарных исследований, сокращение финансирования фундаментальных исследований, мобилизация на фронт молодых научных сотрудников, ослабление связей ботаников с местными властями и земледельцами и т. д.), шло усиление связей научных исследований с задачами центральных властей. Эта динамика сказывалась в выполнении проектов, связанных с нуждами военного времени: сбор и культивирование лекарственных и технических растений, заготовка дубильного вещества, повышение ботанического образования фармацевтов, садовников, агрономов, развитие флористических и ботанико-географических исследований. В феврале 1916 г. под руководством принца А.П. Ольденбургского прошло «Особое совещание по вопросу о культуре и сборе лекарственных растений и организации их использования и сбыта», в котором участвовали профессора ИВМА и университетов, руководители ботанических садов и опытных станций, чиновники из Департамента земледелия, представители земств и фармацевтических служб. Совещание способствовало координации исследований ботаников. Разрыв связей с немецкими коллегами ускорил процесс национального объединения ботанического сообщества России. В декабре 1915 г. ученые создали Русское ботаническое общество (РБО) и учредили его печатный орган «Журнал РБО», что способствовало унификации русской ботанической терминологии и позволило знакомиться с работой российских коллег не через иностранные журналы.

Первая мировая война, изменив привычный уклад научно-исследовательской работы, внесла свои коррективы в развитие и других отраслей биологии, которые в ущерб фундаментальным проблемам должны были приблизиться к нуждам военного времени. Многие микробиологи, эпидемиологи, иммунологи, биохимики, патологоанатомы и т. д. решали задачи, связанные с обеспечением медико-санитарного обслуживания нужд фронта и тыла. С сентября 1914 г. функционировало «Особое совещание» из профессоров химии, медицины и фармакологии, образованное Министерством просвещения: его участники подготовили перечень медикаментов, которые могли изготовить вузы. Практическое применение нашли методические рекомендации сотрудников Императорского Института экспериментальной медицины (ИИЭМ) по предотвращению эпидемий и эпизоотий. Вакцины, сыворотки и другие препараты против инфекционных заболеваний, изготовленные в институте, поступали в распоряжение фронтовых и армейских госпиталей, санитарных поездов и ветеринарных лазаретов.

С началом войны основатель и попечитель ИИЭМ принц А.П. Ольденбургский стал начальником Главного санитарно-эвакуационного управления при Главнокомандующем и фактически всех сотрудников ИИЭМ, имевших опыт эпидемиологии, расставил на ключевые позиции в армейской медицине[614]. Так, А.А. Владимиров с 1914 г. был назначен заведующим военно-санитарным отрядом

---

[613] *Лайус Ю.А.* Развитие рыбохозяйственных исследований Баренцева моря в конце XIX — первой трети XX веков: взаимоотношения науки и практики: Дисс. … канд. ист. наук. М., 2004; *Федотова А.А.* Российские ботаники в Первую мировую войну // История социокультурных проблем науки и техники. М., 2004. Вып. 2. С. 208–223.

[614] *Анненкова Э.А., Голиков Ю.П.* Принцы Ольденбургские в Петербурге. СПб., 2004. С. 451.

Петроградского железнодорожного узла, а с 1915 г. главным эпидемиологом армии стал Д.К. Заболотный, который сумел организовать эпидемиологическую и санитарно-гигиеническую службу на всех фронтах. Он же провел два совещания бактериологов в Москве и в Киеве, где обсуждались меры по борьбе с заразными заболеваниями в условиях военного времени. Е.С. Лондон работал в бактериологических лабораториях при военных госпиталях Западного фронта. И другие сотрудники ИИЭМ трудились на фронтах. Благодаря их усилиям были спасены многие тысячи солдат[615].

* * *

Анализ когнитивных, институциональных и социально-культурных факторов развития биологии в Германии и России в период социально-политической и экономической нестабильности предвоенных десятилетий и Первой мировой войны свидетельствует, что специфика биологических концепций в русскоязычном и немецкоязычном языковых пространствах, которые не всегда совпадали с национальными границами, в значительной степени была обусловлена социально-культурной средой двух стран и общими научными традициями, ценностями, нормами. Их единство особенно ярко сказалось на развитии эволюционной теории, антропологии, экологии и генетики, которые, адаптируясь к политической обстановке двух стран, стали научной основой для планов реализации глобальных социальных утопий о расовом оздоровлении нации или построении социалистического общества. Так, например, в зависимости от национальной специфики решающим фактором эволюции и развития человечества признавалась или борьба за существование (в Германии), или взаимопомощь (в России).

Основные тенденции истории биологии в России соответствовали направлениям её развития в Германии. Уже с 1860-х гг. в развитии немецкой и российской биологи проявлялась высокая степень идеологизации и политизации научных гипотез и концепций, ставших основой социальных утопий, реализация которых в последующие десятилетия ввергла и Россию, и Германию в хаос революционных потрясений и разрушений. В целом, был подтвержден тезис П. Формана о тесной взаимосвязи научных концепций и их мировоззренческих интерпретаций с социально-культурной обстановкой. Популярность холизма, социал-дарвинизма и расовой гигиены в Германии, с одной стороны, и рефлексологии, концепций симбиогенеза и мутуализма в России, с другой, — тому наглядные свидетельства.

В сложные предреволюционные годы как в Германии, так и в России складывались новые формы организации биологических исследований, в которых все чаще видели ключ к реформе общества. В обеих странах складывались системы, включавшие как государственные, так и негосударственные учреждения, финансировавшиеся из частных средств. Несмотря на свою оппозиционность правительству, российские ученые активно сотрудничали с ним в решении важнейших прикладных и социальных проблем. В имперской Германии биологи приняли участие в формировании нескольких социально-политических утопий оздоровления общества, выдвинутых от имени науки. Когда новые отрасли биологии находились еще в процессе формирования, их идеи и обобщения распространяли

615 Первый в России исследовательский центр в области биологии и медицины К 100-летию Института экспериментальной медицины. 1890–1990. М., 1990. С. 25–28.

за пределы предметной области. Поданные в систематизированном, наукообразном виде, они были восприняты в обществе, во властных структурах и в конкурировавших политических партиях как последнее слово науки. На самом деле они выражали частные интересы определенных общественных групп, социальных институтов и партий. В биологических утопиях немецкие ученые напрямую связывали когнитивные ценности с их общественным использованием, призывая к внедрению в социальную практику своих воззрений, не вычленяя в них естественнонаучную и политико-идеологическую составляющие.

Российские биологи, тесно связанные со своими немецкими коллегами и учителями, в целом оказались восприимчивыми к этим утопиям. Однако, в отличие от немцев, воплощения утопий в практику часть из них ожидала не от правительства, а от будущей демократической власти. В конечном счете, «долихоцефальные» интеллектуалы, претендовавшие на знание законов общественного развития, ошиблись в обеих странах. В России вместо авторитарного царского режима установилась не демократическая власть, а жесткая политическая и идеологическая диктатура с тотальным контролем над научным сообществом. Сменившая германскую империю демократия Веймарской республики не просуществовала и пятнадцати лет, исчезнув в горниле национал-социалистической революции. В обоих государствах пропагандируемые учеными социально-политические проекты оказались нереализованными, как из-за непонимания с властями, так и из-за слабой устойчивости общественного развития, прерываемого катастрофическими потрясениями из-за проигранных войн и революций.

глава третья

НАЧАЛО ДИАЛЕКТИЗАЦИИ И НАЦИФИКАЦИИ БИОЛОГИИ

Наука и глобальный послевоенный кризис

Первая мировая война, во время которой огромные материально-финансовые, экономические, людские и интеллектуальные ресурсы великих держав были подчинены военным целям, оказала дезорганизующее воздействие на все сферы общественной жизни. Более семидесяти миллионов трудоспособного населения были мобилизованы, а общие потери составили 10 млн. убитыми и свыше 20 млн. ранеными. В воюющих странах доминировали весьма радикальные формы национализма. Военная техника, созданная трудами ученых и инженеров, наносила ущерб воюющим сторонам в таких масштабах, о каких боевые генералы не могли раньше мечтать. Новое оружие не различало военных и мирных жителей. При бомбардировках, применении газов, торпедировании гражданских судов и артиллерийских обстрелах гибель не была избирательной. Не было различий между героями и трусами. Война теряла свой героический флер, вела к всеобщему озлоблению и деморализации.

Кризис напрямую затронул научные сообщества. Впервые наука и образование оказывались подчиненными оборонным целям. Распался интернационал ученых. Во всех странах они активно включились в идейно-пропагандистскую поддержку своих правительств, демонстрируя под флагом патриотизма и «защиты отечества» ненависть к коллегам в странах противника, оправдывая милитаризм, агрессивность и жестокость собственных правительств и армий высокопарными сентенциями о защите мировой культуры и общечеловеческих ценностей.

Россия оказалась первой страной, не выдержавшей нараставший глобальный социально-политический, экономический и идейный кризис. Революции 1917 г. вывели ее из числа воюющих стран. Сепаратный Брестский мир, продиктованный немцами большевикам в феврале 1918 г., зафиксировал ее полное поражение и привел к громадным материально-финансовым и территориальным потерям. Но аннексии и контрибуции не спасли Центральные державы. Предпринятое ими массированное наступление на Западном фронте закончилось провалом. Победоносное контрнаступление войск Антанты привело к поражению Германии и Австро-Венгрии и закончилось крахом еще двух империй. Новые тяготы Германии принесли Ноябрьская революция и Версальский мир, который не дал покоя и победителям.

Тяжелые испытания выпали на долю ученых России и Германии, которые в наибольшей степени пострадали в Первую мировую войну. Обе страны, сражавшиеся до последней капли крови, вышли из этой войны с поражением, социально-политическими революциями и потерями, поставившими под угрозу само существование их как целостных суверенных государств. Россия прошла еще и гражданскую войну,

Германия, хотя и избежала социалистической революции, понесла на себе тяжести нового мира, продиктованного победившими странами Антанты, и анархию первых послевоенных лет. Версальский мир осознавался немецкими учеными как национальная трагедия. Крах имперского сознания они воспринимали столь же тяжело, как и огромные контрибуции, отобранные колонии и территории, отошедшие к Франции, Дании, Польше, Бельгии, Литве. Территориальные потери понесла и Советская Россия, которая вместе с Веймарской республикой находилась в состоянии международной изоляции и обструкции со стороны своих недавних союзников.

Военная и пропагандистская мобилизация масс, военное поражение, крах династических режимов и сословного принципа построения общества покончили с бытовавшим восприятием модернизации как трансформации и эрозии традиционных социальных форм (община, сословное общество) и надеждами на возможность конституционных реформ сверху. Вышедшие на улицы вооруженные массы задали новый вектор истории. Отныне общественное развитие при всей его проблематичности, неоднозначности и неоднонаправленности стало восприниматься интеллектуалами как реальность. Традиционная стабильность и «онтологическая определенность», по К. Манхейму, оказались утрачены навсегда. Проблема состояла только в том, какой путь модернизации выбрать. Если в Германии эти дискуссии продолжались до 1933 г., то итоги гражданской войны в России предопределили ее путь модернизации до конца 1980-х гг.

Страшная инфляция подтачивала финансы обеих стран. За годы гражданской войны деньги в России, которые к тому же выпускались многими правительствами, оказались полностью обесценены. Приход большевиков к власти и их отношение к профессорско-преподавательскому корпусу стали для русской науки причинами болезненных метаморфоз. Многие ученые, не выдержав тяжелых испытаний, умерли или погибли. Другие эмигрировали[1]. Общие потери составили примерно 50% от 11 000-ного профессорско-преподавательского корпуса и научных сотрудников в Российской империи[2]. Введение в годы НЭПа золотого червонца как-то стабилизировало ситуацию, но выживание ученых было возможно только путем привилегий, предоставляемых властями наиболее нужным для них специалистам за оказываемые экспертно-консультативные услуги. Процесс установления рабочих отношений между наукой и новой властью был непростым и приобретал порой трагический характер.

Инициативу диалога с большевиками взяли на себя руководители Российской Академии наук, авторитет которых был наиболее высок в научном сообществе. При этом они полагали, что наука и техника обеспечивают экономический и социальный прогресс, а соответственно их научная работа была важной частью национального строительства, их вкладом в развитие страны. Как и при царском режиме, многие ученые считали, что руководить научными и учебными учреждениями — их долг перед страной, а не перед правительством. Не приняв революцию, не признавая идей и методов новой власти, ученые постепенно вступали в

---

[1] За границей существовали целые научные учреждения, ставшие местом работы многих ученых-эмигрантов из России. См., напр.: *Фокин С.И.* Русские ученые в Неаполе. СПб., 2006; Russen in Berlin 1918–1937 / Hg. F. Mierau. Leipzig, 1987; Der große Exodus. Die russische Emigration und ihre Zentren. 1917 bis 1941 / Hg. K. Schlöger. München, 1994; Russische Emigration im Deutschland 1918 bis 1941. Leben im europäischen Bürgerkrieg / Hg. K. Schlöger. Berlin, 1995.

[2] *Колчинский Э.И.* Наука и эмиграция: судьбы и цифры // Зарубежная Россия. Кн. 2: 1917–1939. С. 165–169.

активные отношения с правительственными учреждениями, включались в государственную работу, связанную с экономическим и культурным восстановлением России, которое было невозможно без решения научно-технических проблем.

Диалог с большевиками российские ученые первоначально вели на базе общих представлений о практической ценности науки в служении народу, обществу и государству, о ее роли в выходе из кризиса, в развитии культуры, образования, промышленности и сельского хозяйства. Попытки властей ввести в диалог представления о классовом характере науки, ее партийности, философской и политической ангажированности не находили серьезного отклика у научного сообщества. Только примерно с 1923 г. общие идеологемы все чаще стали формулировать на языке, близком к марксистскому, наиболее понятному большевикам. Тем самым часть научного сообщества демонстрировала готовность принять коммунистическую идеологию. Наука должна была адаптироваться к правительству, провозгласившему своей целью строительство социализма.

Общая обстановка в Германии послевоенных лет характеризовалась глобальной политической неустойчивостью и экономическим беспорядком[3]. Стачки часто перерастали в уличные бои. Сменяли друг друга центральные и свергались земельные правительства. Спекулятивная торговля в условиях дефицита обогащала финансистов и разоряла в равной мере страны победителей и побежденных. Бизнесменов и промышленников рассматривали как «спекулянтов», «воров», «наживавшихся на национальном несчастии». Если промышленники, финансисты и политики заботились о себе сами, а рабочие отстаивали свои интересы в ожесточенной стачечной борьбе, то преподаватели вузов и сотрудники научных учреждений были беззащитны в противоречивой культуре и социально-политической жизни послевоенного периода. Возросла популярность социалистических и коммунистических идей, в противовес которым усиливался консервативный радикализм и национализм. Со временем две крайности объединились в Национал-социалистической немецкой рабочей партии (НСДАП) А. Гитлера, идеологической основой которой стала амальгама популистских идей из арсенала левого и правого радикализма.

Первые пятнадцать послевоенных лет Германии были периодом перманентного кризиса. Само слово «кризис» стало неотъемлемым от духа времени. Рухнули могучие империи, а сменившие их режимы оказались неустойчивыми и шли к гражданским войнам. Интеллигенция беспрестанно говорила о кризисе основ мировоззрения, морали, о кризисе политики и всей западной цивилизации. Выразителем этих настроений стал философ и историк культуры О. Шпенглер (1918, 1922)[4], который свою прежнюю концепцию гибели европейской цивилизации теперь прямо связывал с поражением Германии в Первой мировой войне. Шпенглер как бескомпромиссный критик Веймарской республики и либеральной парламентской демократии, рассматриваемой им как импортированной из Англии и чуждой менталитету немецкого народа, стал одним из пророков «консервативной революции».

Кризис в обществе и культуре оказался глубоко связан с кризисом познания[5]. Социально-культурная и политическая среда прямо, а иногда в самых грубых формах воздействовала на науку во всех ее аспектах. Ученые говорили о кризисе

---

[3] *Winkler H.A.* Weimar, 1918–1933: Die Geschichte der ersten deutschen Demokratie. München, 1993.

[4] *Шпенглер О.* Закат Европы. Новосибирск, 1993.

[5] *Ringer F.K.* The Decline of the German Mandarins: The German Academic Community, 1890–1933. Cambridge (Mass.), 1969.

науки вообще и отдельных дисциплин в частности. Они чувствовали себя заброшенными в море социально-политической демагогии, оккультизма, мистицизма и теософии, процветавших в обществе[6]. В образованных слоях доминировала атмосфера квазирелигиозных обращений из одной веры в другую, была ли эта вера философской или политико-идеологической. Под сомнение были поставлены принципы и ценности науки Нового времени: рационализм, материализм, причинность, закономерность и атомизм. В условиях доминирования культурного пессимизма ученых обвиняли в позитивизме, эмпиризме, механицизме, скептицизме, догматизме, в технократизме, в узкой специализации, в отрыве от повседневной жизни и т. д.[7] В условиях усиления антисемитских настроений особенно подозрительными для многих стали физика, химия, математика, где процент евреев среди ведущих ученых был особенно велик.

Агрессивная общественная среда неизбежно влияла на мировоззренческие и морально-ценностные основы научного сообщества, поколебленные еще во время «войны манифестов» ученых. Наука оказывалась прямо вовлеченной в политическую борьбу и идеолого-философские дискуссии[8]. Все сильнее распространялось радикально-этическое неприятие ценностей буржуазной цивилизации, ввергнувшей мир в ужасную войну и приведшей к краху великую Германию и великую Россию. Среди научной элиты произошел раскол на тех, кто поддерживал модернизацию и кто сравнивал ее с социальной деградацией. И этот раскол сказывался во всех гуманитарных, социальных, естественнонаучных и математических дисциплинах[9].

Инфляционные волны в начале 1920-х гг. захлестывали Веймарскую республику. После войны немецкая марка стремительно обесценивалась, дойдя в 1923 г. за краткий период общественной паники до 17 миллиардов марок за доллар. Как вспоминал морфолог животных Д. Штарк, булочка хлеба стоила 1,5 миллиарда марок, и на месячную зарплату можно было купить только две булочки хлеба[10]. Дальнейшая ее стабилизация, вызванная скорее психологическими, чем экономическими причинами[11], не принесла улучшения финансового положения тем слоям населения или учреждениям, чьи сбережения были съедены инфляцией. К концу 1923 г. были закрыты почти все основные научные институты Германии. У них не было денег ни на зарплату сотрудникам, ни на тепло и электричество. В одной из газет в конце 1922 г. был опубликован укор обществу и власти: «Где же общественное видение ситуации у бюрократии, которая, когда гамбургский докер получает 2 400 марок в день, выдает всего лишь 45 000 марок в год <...> преподавателю высшей школы?»[12].

---

[6] *Forman P.* Weimar Culture, Causality, and Quantum Theory, 1918–1927: Adaptation by German Physicists and Mathematicians to a Hostile Intellectual Environment // Historical Studies in the Physical Sciences. 1971. Vol. 3. P. 1–115; *Harwood J.* Weimar Culture and Biological Theory: A Study of Richard Woltereck (1877–1944) // History of Science. 1996. Vol. 34. P. 347–377.

[7] *Stern F.* The Politics of Cultural Despair: A Study in the Rise of Germanic Ideology. New York, 1965. P. 160.

[8] *Döring H.* Der Weimarer Kreis. Studien zum politischen Bewußtsein verfassungstreuer Hochschullehrer in der Weimarer Republik. Meisenheim am Glan, 1975.

[9] *Harwood J.* Styles of Scientific Thought. The German Genetics Community. 1900–1933. Chicago; London, 1993. P. XV.

[10] Dietrich Starck zum 90. Geburtstag. Befragt von Uwe Hossfeld und Thomas Junker // NTM. 1998. № 6. S. 134.

[11] *Laqueur W.* Weimar: A Cultural History, 1918–1933. London, 1974.

[12] *Feldman G.* The Politics of Wissenschaftspolitik in Weimar Germany: A Prelude to the Dilemmas of Twentieth-century Science Policy // Changing the Boundaries of the Political / Ed. C.S. Maier. Cambridge, 1987. P. 255–286.

Образно-сатирическое изображение состояния науки и общественного умонастроения в Германии в это время дано в серии карикатур под названием «Новые пути науки» из журнала «Симплициссимус» за январь 1921 г. Читатель видел страдания астронома в оборванной одежде, который никак не мог получить у правительства, изображенного в виде жирных богатеев в перстнях и с сигарами, деньги на ремонт разваливающейся обсерватории, в которой на него льет дождь. Астроном вынужден надеть одежды мага и фокусника и читать лекции по астрологии в обсерватории разбогатевшим спекулянтам, в том числе и членам правительства, стремившимся узнать астрологические прогнозы на будущее. На заработанные деньги астроном ремонтирует обсерваторию, покупает новое оборудование, а затем, одетый уже в новый костюм, продолжает заниматься своей наукой на фоне новых телескопов[13].

Действительно, первые попытки получить деньги от правительства на спасение немецкой науки не увенчались успехом. Ни парламент, ни правительство в Берлине не желали тратить на науку бюджетные средства. Они указывали, что университеты, а тем самым наука, были в ведении земельных властей, а Общество кайзера Вильгельма (КВГ) было полунезависимой корпорацией, так как только около половины его бюджета составляли правительственные субсидии. Федеральные власти не желали заботиться о науке, успехи которой не предотвратили военное поражение и которая не могла себя кормить во время кризиса, чьи масштабы в глазах части общества были в значительной степени обусловлены ее же достижениями. Как и их российские коллеги, ученые Германии должны были активно действовать, чтобы создать формы организации и финансирования науки, которые были бы не только удобны для них, но приемлемы и даже привлекательны для правительства, парламента, финансово-промышленных кругов и основных социальных слоев.

Налаживание отношений ученых России и Германии с новыми властями шло в различных социально-культурных контекстах, хотя в обоих случаях научное сообщество в целом было настроено оппозиционно. Профессора высшей школы, составлявшие основу научного сообщества Германии, не были ультраконсерваторами, но их не устраивала и реальная демократия, которую они не желали поддерживать[14]. Еще негативнее новые порядки воспринимали студенты. Постепенно усиливалась политизация профессорско-преподавательского корпуса и его дифференциация по партийным предпочтениям[15]. Все меньше профессоров следовало идеологии мандаринов, суть которой заключалась в том, что академическое сообщество должно стоять над партиями и быть нейтральным в высказываниях по политическим вопросам. В то же время профессора, исповедующие консервативные ценности, неприязненно относились к модернизации, встречая в штыки всяческие реформы и нововведения в образовании и науке. Так, попытка одного из руководителей прусского министерства культуры ориенталиста К.Г. Беккера, пользовавшегося поддержкой СДПГ, ввести социологию в число приоритетных университетских дисциплин вызвала резкую отповедь со стороны Г. фон Белова[16]

---

[13] *Forman P.* Weimar Culture. P. 1.

[14] *Sontheimer K.* Die Haltung der deutschen Universitäten zur Weimarer Republik / Universitätstage 1966 der Freien Universität. Berlin, 1966. S. 35.

[15] Handbuch der Deutschen Bildungsgeschichte. Bd V: Die Weimarer Republik und nationalsozialistische Diktatur / Hg. D. Langewiesche, H.-E. Tenorth. München, 1989.

[16] *Ringer F.K.* The Decline of the German Mandarins. P. 125–126.

Для немецкого научного сообщества начала XX в. характерна была неприязнь к пацифистам в собственных рядах. Даже консерватор историк О. Хётч, заподозренный в мягком отношении к России, смог получить место постоянного профессора в Берлине только при настойчивой поддержке Министерства науки, воспитания и народного образования Пруссии — МВЕФБ (Ministerium für Wissenschaft, Erziehung und Volksbildung — MWEVB). В 1920 г. был лишен профессуры в Берлинском университете медик Г.Ф. Николаи, соратник А. Эйнштейна по борьбе против Первой мировой войны. С точки зрения академического истеблишмента, все они были предателями Отечества. Трудности возникли при избрании профессором Берлинского университета бывшего члена Коммунистической партии Германии (далее — КПГ) античника А. Розенберга, которого на эту должность назначило МВЕФБ вопреки воле факультета. В столкновениях МВЕФБ, контролируемого в 1920-х гг. весьма умеренными либералами в вопросах образования, с руководством некоторых университетов и их научными сообществами при учреждении новых кафедр или замещение вакантных должностей побеждало обычно консервативное большинство. Инакомыслящие оставались вне пределов академического сообщества, как это было с молодым историком Э. Керром, который, несмотря на все свои таланты, должен был довольствоваться местом преподавателя Высшей школы политики.

Ученые-мандарины продолжали искренне верить, что им принадлежит особое место в обществе, позволяющее судить о стратегии его развития и выступать с защитой национальных интересов в целом. Их взгляд на идеальный политический строй характеризовали такие принципы, как гармония, целостность и единство. В среде общественных дисциплин преобладал принципиально надклассовый «мандаринский этос» с характерным поиском немарксистской и непролетарской идеологии, некоего немецкого социализма в духе В. Зомбарта с пропагандой традиционных, общинных форм социальной жизни в условиях сословной стратификации. Все это делало академическое сообщество восприимчивым к обещаниям национал-социалистов в последние годы Веймарской республики[17].

Вместе с тем, в академическом обществе зарождалось и иное, периферийное движение, охарактеризованное Дж. Харвудом как группа экспертов[18]. Их появление означало социальную трансформацию академического сообщества, в котором возникал новый тип самосознания ученых, с практической направленностью и с притязаниями на активное участие в решении всех общественных проблем, включая разработку стратегий политических партий ради более эффективного лоббирования собственных интересов.

Еще до Первой мировой войны немецкие ученые способствовали формированию идеологии национализма. Например, создатели расовой гигиены ратовали за усовершенствование качеств германской нации путем роста рождаемости «высших» немцев и ограничения размножения носителей наследственных болезней. Постепенно эти установки становились все более экстремистскими, превращаясь в откровенный национализм и антисемитизм, а их популярность росла как в обществе, так и в профессорской корпорации. От Гальтона основатели немецкой расовой

---

[17] *Haberer J.* Politics and the Community of Science. New York, 1969; *Dahrendorf R.* Society and Democracy in Germany. New York, 1969.

[18] *Harwood J.* The Rise of the Party-Political Professor? Changing Self-understanding among German Academics, 1890–1933 // Geschichte der Kaiser-Wilhelm-Gesellschaft im Nationalsozialismus. Bestandsaufnahme und Perspektiven der Forschung / Hg. D. Kaufmann. Göttingen, 2000. Bd. 1. S. 21–22.

гигиены восприняли идею о том, что отныне наука должна быть основой новой этики. Сочинения расовых гигиенистов (Э. Рюдин, Ф. фон Ленц и др.), претендовавших на ведущее место в определении политики в области демографии и здравоохранения, противоречили доминировавшим нравственным ценностям. Поэтому, с их точки зрения, этику необходимо было изменить так, чтобы она соответствовала духу современной науки. Утверждали, что биологам, а не гуманитариям принадлежит право формулировать нормы морали, нравственности и этики.

Изменение системы ценностей в соответствии с достижениями современной науки неизбежно влекло за собой и изменение форм социального поведения. Евгеника, в которой наиболее ярко проявился сциентизм экспертов, стала основой технократической стратегии, призванной выработать общественные критерии и меры новой социальной технологии. Для этого требовалось решить, какие наследственные признаки являются общественно хорошими, а какие плохими. Подобная качественная оценка наследственности всегда происходила в конкретном обществе и зависела от множества социальных факторов, в том числе и от правительственной демографической политики, в которой учитывалась бы динамика народонаселения и его национального состава, определяемая, в свою очередь, множеством социальных факторов — медициной, образованием, экономикой и т. д. Здесь же из рудиментарной идеи политической регуляции народонаселения с помощью науки вызревала будущая идеология национал-социалистического режима, в рамках которого станет возможным проведение социал-дарвинистской, евгенической политики в области демографии, противоречащей прежним ценностям. Широкомасштабные расово-гигиенические мероприятия были возможны только в условиях жесткой личной диктатуры. Создать такое государство обещали национал-социалисты, и их политическая программа включала многие элементы новой социальной технологии, что делало ее привлекательной в глазах части академического истеблишмента.

Таким образом, евгеника как модное течение среди биологов и врачей вышла за рамки естествознания и медицины, завоевывая все больше и больше сторонников среди леворадикальных и праворадикальных кругов. Предчувствуя упадок общества, многие ученые связывали себя с национал-социалистическим движением. Осознавая, что политико-экономические последствия поражения и репараций могут покончить с процветающей наукой, и стремясь преодолеть международную изоляцию, они ратовали за «национальную революцию», итогом которой станет установление сильной власти, призванной обеспечить «духовное возрождение немецкого народа».

Концепция «консервативной революции» или «революции справа», как ее охарактеризовал в 1931 г. профессор Лейпцигского университета — социолог Х. Фрайер в одноименной книге-манифесте[19], формировалась в противовес идеалам либерализма и коммунизма, исповедуемым частью модернизаторов. По его мнению, ее сторонники исходили из различий «охранительного» и «реститутивного» (восстановительного) консерватизма. Для радикал-консерваторов высшими реальностями были народ и государство как гегельянское воплощение абсолютного разума в социальном бытии. Их экзистенциальная онтология и политическая этика, ориентированные на национально-романтические и традиционалистские идеи, закономерно дрейфовали в сторону национал-социализма[20]. По мысли са-

[19] *Давыдов Ю.Х.* Фрайер. Критика учения М. Вебера с позиций правого гегельянства // Социологические исследования. 1996. № 1. С. 83.

[20] *Kaufmann W.H.* Monarchism in the Weimar Republic. New York, 1953. *Klemperer K.* Von konservativen Bewegungen zwischen Kaiserreich und Nationalsozialismus. München; Wien, 1957.

мого известного представителя этого направления — М. Хайдеггера, необходимы были героические усилия, чтобы освободить «изначальное» и «первозданное» от «неподлинности» либерального конституционализма, а «героически-народное» от «приземленной повседневности»[21]. В отличие от Хайдеггера, другой знаменитый экзистенциалист К. Ясперс в книге «Духовная ситуация времени» (1931) указывал на угрозу возникновения массового общества, которое будет управляться анонимными силами, подразумевая под ними национал-социализм.

Один из лидеров консервативной революции О. Шпанн, оказавший огромное влияние на «фёлькишское» (народническое) умонастроение (völkische Kreise) Германии и Австрии, исходил из принципов универсализма и целостности государства, почерпнутых в учении Платона, средневековом мистицизме и немецком романтизме. Он выступал против Версальского договора, марксизма и демократии и доказывал необходимость третьего пути для Австрии и Германии как единого, сословного, иерархического государства. Национал-социалисты, разделявшие его критику индивидуализма, научного рационализма и концепции классовой борьбы, в то же время рассматривали проповедь Шпанном учения о целостности общества как крах консерватизма. В его надеждах на «консервативную революцию», инициируемую и контролируемой католической церковью, они усматривали попытки возродить средневековую Священную Римскую империю германской нации.

В целом, утверждение либеральных моделей шло сложно и противоречиво во всех немецких университетах, где академический истеблишмент в первой трети XX века в основном исповедовал идеалы примата духа и государственной целостности и был гораздо более склонен прислушиваться к лозунгам как консерватизма, так и правого радикализма. В противовес идеологии либерализма, защищаемой К. Ясперсом, М. Шелером и К. Манхеймом, все сильнее звучали голоса их оппонентов — философов, социологов, юристов, публицистов (М. Хайдеггера, Х. Фрайера, К. Шмитта, Э. Юнга и др.)[22], которые с позиций немецкого романтизма, антикапитализма и национализма ратовали за консервативную революцию, под которой подразумевался путь модернизации с возвратом к исконным ценностям немецкого народа[23]. В то же время часть университетских преподавателей оказалась восприимчивой к идеологии социализма и даже коммунизма (Т. Адорно, К. Корш, Э. Ледерер, Г. Радбрук, М. Хоркхаймер).

С расколом в научном сообществе власти Веймарской республики должны были считаться. Профессорско-преподавательский корпус оставался серьезной социальной силой, хотя и не выступавшей самостоятельно на политической арене, но существенно воздействовавшей на общественное мнение. В симпатиях ученых нуждались различные политические партии, лидеры которых стали понимать, что поддержка науки в вузах имеет долговременное значение. Они знали, что, хотя ученые не строят баррикад, и их нищенское положение не влияет на политическую ситуацию сегодня, но их недовольство властью может сказаться позже через разочарованность воспитанной ими молодежи, проходящей через университеты и технические вузы.

---

[21] *Уэйт Дж.* Политическая онтология М. Хайдеггера // Философия М. Хайдеггера и современность. М., 1991. С. 204–206.

[22] *Breuer S.* Anatomie der konservativen Revolution. Darmstadt, 1993. S. 3.

[23] *Herf J.* Reactionary Modernism: Technology, Culture, and Politics in Weimar and the Third Reich. Cambridge; London; New York a. oth. 1984. P. 18–48.

Для Германии в целом и для немецких ученых в первую очередь стало характерным представление о науке как «заменителе силы», пришедшее на смену прежнему лозунгу «союза науки и капитала» в Германской империи. Как отмечает П. Форман, доминировало убеждение, что, «помимо прямой экономической, технической или военной выгоды, получаемой от лидерства в науке, сам факт того, что Германия остается великой научной силой, оказывался качеством, в каком-то смысле конвертируемым в политический статус великой державы»[24]. В реалиях Версальского мира присуждение Ф. Габеру, М. Планку, Й. Штарку и В.Г. Нернсту в 1918–1920 гг. Нобелевских премий воспринимали как реванш над странами Антанты и подтверждение того, что наука является «Macht-Ersatz», т. е. источником и заменителем политической мощи[25]. В парламенте аплодисментами встретили слова о том, что «немецкая наука — единственное, в чем мир еще завидует Германии, и ради ее сохранения необходимо выделить миллиарды из военного бюджета и заставить эти непродуктивные миллиарды снова работать для целей культуры и науки Германии»[26].

В Веймарской республике раскол академического сообщества на ортодоксов и модернистов, пребывающих в оппозиции традиционной идеологии «мандаринов», далеко вышел за пределы догм о единстве государства, нации и культуры. В разных формах этот конфликт воспроизводился и на естественных факультетах, где дополнительным фактором раскола и аргументом в спорах было еврейское происхождение многих «модернистов». Особенно сильно это сказалось в физике, где бесспорным лидером модернистов был еврей, да к тому же и пацифист, пользующийся огромной популярностью в мире, — А. Эйнштейн[27]. Это превращало его в подлинного злодея в глазах многих националистов, монархистов и правых консерваторов.

Маргинальное положение в академическом истеблишменте в немецкоязычном пространстве занимала небольшая группа ученых, пытавшихся использовать марксизм в теоретических построениях. Среди них были социолог К. Манхейм, экономист Э. Ледерер, юрист Г. Радбрук, биологи П. Каммерер, М.Л. Левин, Ю. Шаксель и др. Некоторые из них, например, Манхейм, принадлежали к «поколению 1914 г.», задержавшего их научную карьеру, которая протекала в условиях «невротического шока» Первой мировой войны, Ноябрьской революции и разрухи послевоенной Германии. Это делало их особенно восприимчивыми к «духу эпохи», побуждая искать свою нишу в условиях идеолого-политической полифонии, вступая нередко в оппозицию ценностям консервативного большинства в профессорском корпусе. В то же время политическая ангажированность в отдельных случаях не сразу сказывалась на академической карьере, как это будет далее

---

[24] *Forman P.* Scientific Internationalism and the Weimar Physicists: The Ideology and Its Manipulation in Germany after World War I // Isis. 1973. Vol. 64. P. 161.

[25] Характерно, что так же воспринимали это ученые стран Антанты. По словам английского физика, лауреата Нобелевской премии Ч.Г. Баркла, состоявшееся 1 июня заседание по случаю дня рождения А. Нобеля превратилось в чисто немецкий праздник. А бельгийский бактериолог Ж. Борде, также Нобелевский лауреат, в знак протеста против предпочтений Нобелевским комитетом ученых из Германии отказался присутствовать на этом заседании: *Brocke B. vom.* Die Kaiser-Wilhelm-Gesellschaft in der Weimarer Republik // Forschung im Spannungsfeld von Politik und Gesellschaft. Geschichte und Struktur der Kaiser-Wilhelm / Max-Planck-Gesellschaft / Hg. R. Vierhaus, B. vom Brocke. Stuttgart, 1990. S. 203.

[26] *Forman P.* Scientific Internationalism and the Weimar Physicists. P. 164.

[27] *Мелихов А.* Звездная квадрига // Нева. 2006. № 3. С. 192–217.

показано на примере невропатолога О. Фогта. В 1924 г. впервые в Германии ректором университета (в Гамбурге) стал социалист, правовед Лаун.

О перипетиях «академизации марксизма» в Веймарской республике свидетельствуют бурные истории Йенского и Франкфуртского университетов[28]. Политические симпатии и антипатии части профессорского корпуса накладывали специфический отпечаток на обострившийся конфликт мандаринов и модернизаторов, а быстро менявшийся политико-социальный ландшафт и расстановка политических сил прямо сказывались на судьбах отдельных ученых и возглавляемых ими научных направлений, делая размытыми грани между элитой и маргиналами в академическом сообществе.

Например, эмбриолог профессор Ю. Шаксель приветствовал Ноябрьскую революцию и даже был избран в Совет рабочих и солдатских депутатов. При поддержке фонда К. Цейса ему в 1918 г. удалось создать свой Институт биологии развития. Во время нахождения у власти коалиционного правительства социал-демократов и коммунистов в Тюрингии он был куратором Министерства народного образования. Ввод войск в Тюрингию и отстранение от власти правительства рабочих положили конец его политической карьере в Веймарской Германии, но ему удалось сохранить академическую позицию. По мере усиления пронационал-социалистических настроений в Йенском университете и Тюрингии Шаксель неизбежно становился маргиналом[29]. Но маргиналом профессорско-преподавательского корпуса был и его главный оппонент справа — расолог Г.Ф.К. Гюнтер. Другому радикальному стороннику марксизма К. Коршу, избранному в 1923 г. профессором Йенского университета и также участвовавшему в работе коалиционного правительства Тюрингии, после его разгона и временного запрета КПГ было не разрешено читать лекции, хотя за ним сохранили денежное содержание.

Университет во Франкфурте-на-Майне с начала 1920-х гг. под влиянием социал-демократически ориентированного Министерства науки, воспитания и народного образования Пруссии, стремившегося к демократизации высшего образования, поддержал инициативу марксиста Ф. Вайля о создании при факультете экономики и общественных наук Института социальных исследований. Его руководителем стал К. Грюнберг, профессор Венского университета и издатель «Архива по истории социализма и рабочего движения». Это превратило университет в форпост марксистского социализма в академическом мире, хотя его сотрудники всячески дистанцировались от повседневной политической борьбы. В это же время при философском факультете был открыт Институт культурной морфологии, во главе которого встал антрополог, африканист Л. Фробениус, сторонник О. Шпенглера. Тем самым Институт социальных исследований, создавший Франкфуртскому университету славу «красного», приобрел фактически одновременно консервативный и иррациональный противовес в лице института Фробениуса.

---

[28] *Dubiel H.* Wissenschaftsorganisation und politische Erfahrung. Studien zu frühen kritischen Theorien. Frankfurt am Main, 1976; *Hossfeld U.*, *John J.*, *Stutz R.* Weaving Networks. The University of Jena in the Weimar Republic, the Third Reich, and the postwar East German state // Science and Ideology. London; New York, 2003. P. 194–198; *Дмитриев А.Н.* Марксизм без пролетариата: Георг Лукач и ранняя Франкфуртская школа. 1920–1930-е гг. СПб.; М., 2004.

[29] *Hopwood N.* Biology university and proletariat. The making of a red professor // Hist. of Scien. 1997. Vol. 35. № 3. P. 367–424.

После краха Веймарской республики процесс нацистской унификации (Gleichschaltung) не случайно начали с университета во Франкфурте-на-Майне[30].

Неприятие консервативным большинством профессорско-преподавательского корпуса Гейдельбергского университета процессов модернизации и демократизации вынудило либерала К. Манхейма переехать во Франкфурт-на-Майне. Тем самым напряжение для самого Манхейма было снято, но не для всех было возможно подобное разрешение конфликтов внутри профессорского корпуса. Профессор философии Ганноверской высшей технической школы Т. Лессинг, выступивший в 1925 г. со статьей-предупреждением против избрания генерал-фельдмаршала П. фон Гинденбурга президентом, по требованию националистически настроенных студентов и преподавателей был отстранен от чтения лекций. Впоследствии, 31 августа 1933 г. его застрелил наемный убийца в Праге[31]. Поста профессора в Гейдельбергском университете был лишен и математик Э. Гумбель, публично назвавший жертвы Первой мировой войны «павшими на поле бесчестья». Этого «оскорбления памяти погибших за Родину» ему не простило праворадикальное студенчество.

Таким образом, раскол научного сообщества Германии проходил через многие университеты. Политический ландшафт академической среды не был застывшим, а представлял собой волнующееся море с преобладанием консервативных и праворадикальных настроений, с вкраплениями либеральных и социал-демократических в отдельных университетах, а зачастую даже на кафедрах. Идейный разброд в академической среде отражал растерянность научного сообщества, которое в Германии, как и во всем мире, в первую очередь страдало от всеохватывающего кризиса[32]. В целом, как консервативно-охранительные традиции, так и либеральные и марксистские новации в академическом сообществе в интеллектуальном плане оказались беспомощными перед вызовом времени. Их сторонники не смогли осмыслить феномен национал-социализма и выдвинуть приемлемую для общества альтернативу ему.

Националистические тенденции все сильнее внедрялись в сознание австрийских ученых, испытавших, как и их немецкие коллеги, все тяготы военного поражения в Первой мировой войне. Распад империи, финансовый кризис и галопирующая инфляция тяжело сказались на положении австрийской науки. Правительственные субсидии Академии наук в Вене выплачивали нерегулярно и не полностью. Для покрытия убытков был организован сбор средств среди частных лиц, фирм, финансовых учреждений. Стали поступать новые крупные пожертвования, которые по традиции охраняли как самостоятельные фонды. Из мелких пожертвований Академия создала объединенный фонд. Но все равно не удавалось обеспечить своевременный выпуск академических изданий, из которых сохранились только «Вестник» и «Альманах», да и то в сокращенном объеме. Ощущались трудности в

---

[30] *Hartshorne E.Ya.* The German Universities and National Socialism. London, 1982. P. 13–71; *Weinreich M.* Hitler's Professors: The part of Scholarship in Germany's Crimes Against the Jewish People. London, 1999. P. 10–21; *Heiber H.* Universität unterm Hakenkreuz. Th. 1: Professor im Dritten Reich. Bilder aus der akademischen Provinz. München u. a., 1991. S. 160–172; Th. 2: Die Kapitulation der Hohen Schulen. Das Jahr 1933 und seine Themen. München u. a., 1994. S. 571–602.

[31] *Heiber H.* Universität unterm Hakenkreuz. Th. 1. S. 54–57; *Дмитриев А.Н.* Марксизм без пролетариата. С. 386–387.

[32] *Evans R.* The German Unemployed. Experience and Consequences of Mass Unemployment from Weimar Republic to the Third Reich. New York; London, 1982. S. 10–22.

получении новой иностранной литературы, резко сократились экспедиции и экспериментальные исследования. Переживаемые экономические трудности, а также бойкот со стороны ученых из стран Антанты, толкали австрийских ученых в объятия националистов. Ностальгические воспоминания об империи Габсбургов сменялись симпатиями к националистическому движению[33].

Впервые же с фашизмом как с государственным строем научное сообщество столкнулось в Италии, которая в годы Первой мировой войны воевала на стороне победившей Антанты. Далеко не все итальянские ученые безоговорочно приняли фашистскую идеологию. Многие эмигрировали в другие страны. Королевская академия деи Линчеи пыталась отстаивать свою независимость, выражала свое несогласие с политикой новой власти в области культуры. Б. Муссолини, нуждавшийся в научном учреждении, выполнявшем одновременно политико-идеологические и культурные функции, создал в 1926 г. Академию наук Италии и сам назначил первых ее 30 членов, в числе которых, кроме ученых, были государственные деятели и дипломаты. Позднее все другие академии (Академия деи Линчеи, Академия сорока) были присоединены к Академии Италии, то есть фактически ликвидированы.

В 1929 г. фашистское правительство провело ревизию всех научных учреждений Италии. Желая уйти из-под контроля властей, Итальянское научное общество, или Академия сорокá, сообщало, что его задача — публикация важнейших трудов по математике, физике и биологии, что оно не является юридическим лицом, не проводит собраний, его уставы не утверждаются министерскими декретами и т. п. Требование властей в 1930 г. представить на общую ревизию устав Общества вызвало ответ президента, пояснявшего, что «Общество сорока <...> имеет устройство совершенно специфическое», что оно первым в Италии приобрело характер национальный, но в условиях раздробленности страны стало «передвижным и бродячим», что связи и выборы проводятся путем переписки, устав общества закреплен традицией и не нуждается в пересмотре[34].

Судьбы науки в странах-победительницах, сохранивших приверженность ценностям либеральной демократии, были не столь трагичными, но и здесь ученые переживали нелегкие времена. После периода повышенного внимания в годы войны они вновь вынуждены были тратить громадные усилия в попытках добиться государственного финансирования. Здесь также, хотя не в столь трагических формах, ученые вели диалог с властями в поисках оптимальных форм взаимодействия науки, власти и общества. В Англии в послевоенные годы создавали специализированные научные органы, координирующие исследования в рамках отдельных отраслей знания (медицины, сельскохозяйственных наук, научно-промышленных исследований и т. п.). Координация исследований в общенациональном масштабе шла путем межминистерских консультаций и образования объединенных комитетов. Велика была роль неформальной координации во время личных контактов. В Великобритании ученые не ставили перед собой задачу создания научной корпорации, объединяющей представителей всех областей науки, правительственного

---

[33] О политической и культурной истории Австрии от Франца-Иосифа до аншлюса см.: *Джонстон У.М.* Австрийский Ренессанс. М., 2004; Вопросы взаимодействия биологии и политики Австрии в 1920–1938 гг. подробно освещены: Wissenschaft, Politik und Öffentlichkeit / Hg. M.J. Ash, Ch. Stifter. Wein, 2002.

[34] *Penso G.* Scientiati Italiani e unitá d'Italia. Storia dell'Accademia Nazionale dei XL // Accademia Nazionale dei XL. Scritti e documenti. Roma, 1978. Vol. 1. P. 390–391.

органа по управлению наукой или какого-либо государственного фонда поддержки английской науки в общенациональном масштабе. Ее крупнейшие корпоративные организации занимались физико-математическими и естественными отраслями знания, а гуманитарные науки развивались исключительно в университетах.

Во Франции Первая мировая война, потребовавшая мобилизации всех ее материальных и людских ресурсов, обескровила науку. Страна не могла обеспечить широкомасштабные исследования фундаментальных проблем. Исследования в университетах ограничивали, как правило, традиционными отраслями, например, в биологических науках — зоологией и ботаникой. Новейшие направления развивали в Пастеровском институте, Радиевом институте, в Коллеж де Франс, в Высшей практической школе и т. п. Случаи успешного сочетания фундаментальных и прикладных проблем в университетах были редки. Исключением была аэродинамика, которая развивалась во многих университетах при поддержке государства, заинтересованного в создании отечественной авиации. Неудовлетворенные своим статусом в обществе, французские ученые создали в 1920 г. Конфедерацию работников умственного труда для защиты интеллектуальной собственности. В ее состав входило около сотни организаций, насчитывавших 200 тыс. членов.

Экономический кризис 1929 г. резко ухудшил положение ученых. Они стали требовать оценки научного труда в соответствии с его вкладом в развитие экономики и культуры, а также в обеспечение обороноспособности. Они развернули широкую кампанию в поддержку науки, что побудило правительство перейти к политике координации и организации фундаментальных исследований. При Министерстве просвещения был организован Высший совет научных исследований для содействия фундаментальным наукам. Созданный в 1932 г. Национальный фонд помощи научным исследованиям был призван содействовать ученым, не имевшим статуса государственных служащих. Предпринимались попытки координировать научные исследования в отдельных отраслях экономики. Вместе с тем недостаток средств по-прежнему мешал вести их в тех масштабах, на которые претендовало французское научное сообщество.

Из главных стран западной демократии наиболее глубокие испытания в послевоенные годы выпали на долю научного сообщества США в период экономического кризиса 1929–1933 гг. («Великой депрессии»), потрясшего основы экономики и финансов крупнейшей капиталистической страны, что эхом отозвалось во всем мире. Ученые осознали, что без помощи государства им не выжить, и прилагали максимум усилий, чтобы добиться бюджетного финансирования. С другой стороны, правительство также вынуждено было искать пути спасения науки, достижения которой оно намеревалось более интенсивно использовать в экономике страны.

На фоне этого глобального социально-политического и экономического мирового кризиса развивались процессы диалектизации биологии в СССР и тенденция к ее нацификации в Веймарской республике. Вместе с тем создание нацистской биологии в Германии и пролетарской биологии в СССР начиналось в различном социально-культурном контексте. Как было показано в предыдущей главе, многие немецкие биологи ещё до войны внесли свой вклад в разработку идеологии имперского национализма. После войны сторонники расовой биологии образовали прочный союз с консервативными и праворадикальными кругами. До прихода Гитлера к власти сложились научные взгляды главных представителей расовой гигиены (Э. Рюдина, О. Фишера, Ф. фон Ленца, И. Ланге, Т. Моллисона, П. Ниче

Р. Риттера, О.Ф. фон Фершуера и др.), установился их союз с праворадикальными кругами, возникли институты расовой гигиены, евгеники и антропологии типа Института генеалогии и демографии в Мюнхене или Института антропологии, наследственности человека и евгеники КВГ в Берлине.

Но не только «расовые гигиенисты», для которых победа национал-социалистов открывала возможности практической реализации своих научных взглядов, но и специалисты в других отраслях биологии приветствовали приход Гитлера к власти[35].

В России, несмотря на популярность материалистических и дарвинистских воззрений, составлявших философскую и естественнонаучную основу марксизма, аналогичные славословия по поводу Октябрьской революции лишь через много лет станут непременным местом в трудах ведущих биологов. В послереволюционные годы из авторитетных биологов только К.А. Тимирязев доказывал конгениальность дарвинизма и марксизма[36].

Борьба за выживание, или «союз науки и труда»: неравный брак по расчету

От сопротивления к сотрудничеству и приспособлению

Для большинства российских ученых прогресс науки был немыслим вне демократии. Как и подавляющее большинство научной интеллигенции, биологи восприняли захват власти большевиками, по словам В.И. Вернадского, как «небывалую в истории катастрофу»[37]. Их первой реакцией было резкое неприятие такого поворота событий[38]. Академики одобрили действия С.Ф. Ольденбурга, который заявил, что не признает Военно-революционный комитет, явившемуся от его имени приват-доценту Петроградского университета, лингвисту Е.Д. Поливанову. 18 ноября 1917 г. состоялось экстраординарное заседание Общего собрания РАН, на котором президент А.П. Карпинский заявил, что происходящие события угрожают стране гибелью, и предложил подготовить протест, «чтобы РАН не молчала в такое исключительное время»[39]. Против обращения к интеллигенции резко выступил математик В.А. Стеклов, которого поддержал вице-президент, ботаник И.П. Бородин. Обозначилось расслоение научного сообщества: к сотрудничеству с большевиками была готова часть естествоиспытателей, представителей точных и технических наук, а гуманитарии и философы, в целом, были резко против, предчувствуя, что при новом строе им не будет места.

В отчетном докладе С.Ф. Ольденбурга за 1917 г. сказано: «Россия стала на край гибели». Вскоре стали раздаваться официальные призывы уничтожить прежние научные учреждения «как совершенно ненужные пережитки ложноклассической эпохи развития классового общества». Их авторы были убеждены: «Коммунистическая наука мыслима лишь как общенародное, коллективное трудовое жизненное дело, а не как волхование в неприступных святилищах, ведущее к

---

[35] *Beurlen K.* Das Gesetz der Überwindbarkeit des Todes in der Biologie. Breslau,1933.

[36] *Тимирязев К.А.* Наука и демократия. М.; Пг., 1920. С. 464–475.

[37] *Вернадский В.И.* Дневники 1917–1921. Октябрь 1917 — январь 1920. Киев, 1994. С. 28.

[38] Петроградский ВРК. Документы и материалы. М., 1966. Т. 2. С. 230, 238; *Каганович Б.С.* Сергей Федорович Ольденбург. С. 74–76.

[39] Протоколы Общего собрания РАН (далее ОС РАН). 1917. § 306. С. 28.

синекурам, развитию классовой психологии жречества и сознательного или добросовестного шарлатанства»[40].

Ученые использовали все легальные пути давления: принятие антисоветских резолюций, коллективное заявление в печати о непризнании новой власти, письма-протесты. ЦК партии кадетов стал координирующим органом акций сопротивления, предостерегая ученых от всяческих контактов с руководителями наркомата просвещения А.В. Луначарским и М.Н. Покровским. В организации сопротивления большевикам активно участвовали палеонтолог Н.И. Андрусов, биогеохимик В.И. Вернадский, геолог А.Е. Ферсман и другие. 16 ноября было опубликовано воззвание членов Временного правительства к гражданам «защитить Учредительное собрание». В ответ правительство отдало приказ об аресте «подписантов», в том числе и Вернадского. Он вынужден был уехать на юг, где впоследствии участвовал в создании ряда научных учреждений.

В годы гражданской войны ученые в полной мере испытали тяготы времени: аресты, голод, холод, отсутствие элементарных условий для проведения исследований. Многие из биологов постарались эмигрировать за границу или попасть на территории, контролируемые белыми властями. Часть академического сообщества примкнула к антисоветским движениям, войдя в состав различных правительств и комитетов в ряде регионов распадавшейся России. Другие, как корреспондент РАН, цитолог и евгеник Н.К. Кольцов, входили в состав разного рода антисоветских организаций типа «Союза возрождения России» или «Национального центра». Часть будущих диалектизаторов биологии служила в белой армии: К.М. Быков, провозглашенный в 1950 г. лидером советской физиологии, служил в армии Колчака. К сожалению, до сих пор нет исследований, позволяющих точно оценить потери биологического сообщества в годы гражданской войны, но они очень велики[41].

Выжившие и оставшиеся биологи, не разделяя целей большевиков, тем не менее, старались наладить сотрудничество с ними и требовали безотлагательно принять меры, «дабы не гибла русская наука и не гибли напрасно русские ученые»[42]. В качестве таких мер называли сохранение преемственности научной работы, ограждение ученых «от всякого рода посягательств на их свободный труд и формы их внутренней организации», сохранение «рассадников знания», создание «прочного научного фундамента народнохозяйственной жизни»[43]. Говорили о необходимости тесного единения между прикладными и «чистыми» знаниями, привлечения ученых к участию в работе высших государственных органов, бережного отношения к высшей школе, развития научного издательства.

---

[40] О реформе деятельности ученых учреждений и школ высших ступеней в Российской Социалистической Федеративной Советской Республике // Вестник народного просвещения Союза коммун Сев. обл. 1918. № 6–8. С. 69.

[41] Наука и кризисы / Ред.-сост. Э.И. Колчинский. СПб., 2003. С. 409–424.

[42] Протоколы ОС РАН. 1920. Прил. § 156. С. 98.

[43] Конформизм интеллигенции в отношениях с новой властью в первые десятилетия ее правления обусловливался разнообразными причинами, среди которых ведущее значение имели технократические установки дореволюционного научного сообщества: *Яров С.С.* Конформизм интеллигенции в 1917–1920-е гг. причины, мотивации и формы сотрудничества с властями // Технология власти. Источники, исследования, историография / Ред. И.В. Лукоянов, С.Е. Эрлих. Нестор. СПб., 2005. Т. 7. С. 300–314.

Один из главных путей преодоления кризиса государства ученые видели в росте науки, обозначая пути и условия такого роста[44].

И их призыв был услышан. Уже в годы гражданской войны начался диалог политиков и ученых. В результате в начале 1920-х гг. установились прочные личные контакты части научной элиты с большевистскими лидерами, что создавало возможность видным ученым влиять на научную политику, а большевикам через них воздействовать на умонастроение и поведение научного сообщества.

С завершением гражданской войны вопрос о модусе существования науки при большевиках стал крайне актуальным. Вновь надо было выяснить, какую науку следует развивать и каково место дореволюционных ученых в этом процессе. Широкое распространение получили различные проекты создания пролетарской и коммунистической науки, и соответственно, отказа от буржуазной. Стороны должны были также выяснить, «о чем и как говорить»[45]. Для этого надо было найти общий язык. Ученые должны были «перевести» свои планы и проекты на язык, доступный и понятный их патронам, а большевики — сформулировать свои политико-идеологические и социальные ценности на языке ученых. Только в этом случае было возможно согласие в вопросах о приоритетных направлениях научной политики, о принципах создания научных учреждений и управления ими.

Часть ученых и некоторых лидеров большевиков объединяло общее отношение к науке. Между государственной элитой в царской России и учеными были сословные различия, проявлявшиеся в мировоззрении и жизненных ценностях. Большевистское руководство было также во многом чуждо научному сообществу. Но их взгляды сходились в главном. Обе стороны верили в социальный прогресс, достижимый при помощи науки и техники. Всячески приветствуя науку, обращенную к практике, большевики поощряли и движение научного сообщества в этом направлении. И в этом встречном движении было достигнуто многое уже к концу гражданской войны. Показателен в этом отношении журнал «Наука и её работники», издаваемый ПетроКУБУ в начале 20-х гг. Его лозунгом члены редколлегии (М. Горький, А.П. Пинкевич, С.Ф. Ольденбург, А.Е. Ферсман) выбрали слова Ф. Лассаля: «В том и состоит величие этого века, что ему суждено выполнить то, о чем в предшествующем веке и помыслить не могли, а именно привести науку к народу».

Ссылки на народный характер науки становились штампом. Так, почетный академик А.Ф. Кони с пафосом писал: «Наука постепенно выходит из замкнутых стен ученых коллегий и академий, не теряя своего серьезного значения по существу, облекается в более упрощенные формы, более доступные широким слоям населения»[46]. Ему вторил А.Е. Ферсман, провозглашая: «Наука вышла за пределы библиотеки и лаборатории ученого, она сделалась достоянием всего народа, его гордостью и его детищем»[47]. Вместе с тем, он предупреждал общество и власти, что

---

[44] Трагические судьбы российских ученых в годы гражданской войны и сложный путь их перехода от конфронтации к сотрудничеству, а затем к приспособлению и подчинению рассмотрены недавно подробно в главах двух коллективных монографий: Наука и кризисы. С. 357–549; Академическая наука в Санкт-Петербурге в XVIII и XX вв. / Отв. ред. Ж.И. Алфёров; ред.-сост. Э.И. Колчинский, Э.А. Тропп. СПб., 2003. С. 361–434.

[45] *Кременцов Н.Л.* Принцип конкурентного исключения // На переломе. Вып. 1: Советская биология в 20-х — 30-х гг. СПб., 1997. С. 113.

[46] *Кони А.Ф.* Ораторское отделение в Институте Живого Слова // Наука и её работники. 1921. № 5. С. 8.

[47] *Ферсман А.Е.* Пути научного творчества // Там же. № 1. С. 3.

при отсутствии изменений в их политике: «Ни научных деятелей, ни техников мы не видим в близком будущем России, когда в естественном порядке вещей окончательно вымрут современные ученые и техники»[48]. Трагически звучали слова Ферсмана: «Тяжелые дни переживает русская наука: один за другим в вечность уходят учителя; в замерзших помещениях и библиотеках, в лабораториях, лишенных газа и электричества, работают другие. Без научной литературы, почти без возможности печатать, без этого воздуха и света ученого — слабеет творческий порыв и прерывается научная мысль»[49].

Ученые стремились апеллировать к общественному мнению, убеждая массы: «Никакие потрясения государств, никакие разрухи промышленно-хозяйственной жизни не страшны для государств, если <…> не угас дух мысли и творчества <...>. Во всех таких тяжелых переживаниях экономическо-промышленной жизни государствам приходилось обращаться за помощью к исключительно беспристрастному своему другу — науке»[50].

Теперь власти не желали довольствоваться прежним согласием ученых к сотрудничеству, их признанием практической направленности науки. Не устраивали их и декларации о преданности народу и национальным интересам. Им хотелось, чтобы ученые стали частью общегосударственного аппарата, всецело подчиненного большевикам. Они должны были не просто выполнять отдельные задания правительства, а чувствовать себя проводниками его политики в области подготовки кадров для создания пролетарской науки. Ученые должны были включиться и в пропаганду достижений советской науки за рубежом.

В полном объеме эти требования не сразу были искренне приняты научным сообществом. Даже ученые, ставшие на путь сотрудничества с большевиками в первые годы советской власти, не верили в их окончательную победу. Скорее доминировала мысль о скорой и бесславной кончине их авантюры. По воспоминаниям А.С. Изгоева, сперва к ним относились скорее полуиронически[51]. О неизбежном крахе социального эксперимента, для которого он бы пожалел даже лягушки и который неизбежно ведет к культурной гибели России, не раз заявлял И.П. Павлов.

Дневники и письма ученых в те годы переполнены быстро сменяющимися надеждами, что скоро порядок наведут немцы, поляки, союзники, разнообразные правительства белых[52]. Но все надежды на иной сценарий развития событий оказались тщетными. Теперь надо было готовиться к долгосрочному правлению большевиков и объяснить себе и близким, ради чего они согласились примириться с ним. Не раз к этим вопросам обращался в своих дневниках и письмах В.И. Вернадский. Пережив поражение Добровольческой армии и паническое бегство её остатков за рубеж, Вернадский пришел к выводу, что только наука обеспечит создание общества, соответствующего законам эволюции биосферы. Желанной для него становится власть, обеспечивающая стабильность и создающая условия для развития науки и внедрения изобретений в производство. К тому же процветающую

---

[48] «Молчать далее нельзя…» (Из эпистолярного наследия академика С.Ф. Ольденбурга) // ВИЕТ. 1995. № 3. С. 112.

[49] *Ферсман А.Е.* Два юбилея // Наука и её работники. 1921. № 21. С. 3.

[50] *Ипатьев В.Н.* Наука и промышленность на Западе и в России. Пг., 1923. С. 4.

[51] *Изгоев А.С.* Пять лет в Советской России (отрывки воспоминаний и заметки) // Архив русской революции. М., 1990. Т. X. С. 20.

[52] *Гессен И.В.* В двух веках. Жизненный отчет // Архив русской революции. Берлин, 1937. Т. 22. С. 382.

Россию он видел как единое и мощное государство и все чаще задумывался о том, что из действовавших сил лишь «государственное творчество» большевиков может обеспечить территориальную целостность страны. В речах В.И. Ленина и Л.Д. Троцкого Вернадский ощущает силу, отсутствующую в лагере белых. Его не пугают мысли о принудительном труде как неотъемлемой черте социализма[53]. Более того, он полагает, «что в принципе советская организация (идеал синдикализма) есть правильная», так как только жесточайшим насилием можно «вновь обуздать взбунтовавшегося коня», т. е. народ, который он в сердцах называл «пьяными свиньями», «невежественными, дикими, пьяными каннибалами», «ленивыми, невежественными животными» и т. п.[54] По мнению Вернадского, «все силы должны быть направлены на охрану научной, творческой работы. Надо приспособиться к среде, строя свое, может быть, даже ей недоступное по сути»[55]. Сохранение и развитие науки было для него залогом и доказательством «роста и силы будущего России»[56].

Столкновение с советской реальностью ошеломило Вернадского. Он отмечал, что его надежды на прекращение большевиками «междоусобной, братской войны»[57] не оправдались. «Террор, облавы, убийства, грабежи» породили панический страх у населения, на глазах которого комиссары устраивали «жизнь»[58]. Он фиксирует: «Все идейное коммунистическое движение пронизано гангреной аморализма»[59]. Для него «ясна картина безотрадного умирания и полного крушения»[60]. Буквально в те же дни Г.А. Князев писал: «Развал кругом полный. Самое тяжелое — это нравственное падение. Измалодушествовались люди. Такой лжи, такого воровства, такой вакханалии взяточничества и спекуляции мир вряд ли когда видел <...>. Тут весь народ. Многомиллионный народ»[61].

На место отмененного военного коммунизма «оказался введенным не настоящий капитализм, а хозяйственно-социальный строй, представляющий смесь всех отрицательных сторон капитализма (спекуляция, хищничество, шакализм, контрасты голода и роскоши и т. п.) без его положительных организационно-производственных функций и всех отрицательных сторон деспотического коммунизма (тирания, опека, бесправие, подавление стимулов к труду и т. д.) без его положительных сторон (уничтожение неравенства, эксплуатации и т. д.)»[62]. Власть развратила и верхушку коммунистов, забывших, ради чего свершалась революция. В коммунисты, по словам В.А. Стеклова, «полезли каторжники, хулиганы, бывшие царские приспешники, которым ни до каких идей нет ни малейшего дела; их задача — поживиться, когда угодно и как угодно»[63].

---

[53] *Вернадский В.И.* Дневники 1917–1921. Январь 1920 — март 1921. Киев, 1997. С. 63.

[54] Там же. С. 63, 64, 66.

[55] Там же. С. 82.

[56] BHF. Vernadsky's collection (Далее VC). Box 11. Письмо В.И. Вернадского к сыну. 12 июля 1921 г.

[57] *Вернадский В.И.* Дневники 1917–1921. Январь 1920 — март 1921. С. 119.

[58] Там же. С. 120.

[59] Там же. С. 124.

[60] Там же. С. 125.

[61] *Князев Г.А.* Из записной книжки русского интеллигента за время войны и революции 1915–1922 гг. // Русское прошлое. 1994. Кн. 5. С. 201.

[62] *Сорокин П.А.* Россия после НЭПа (К 5-летнему юбилею Октябрьской революции) // Вестн. РАН. 1992. № 2. С. 129–138; № 3. С. 69–82.

[63] *Стеклов В.А.* Переписка… С. 286.

Но вера, что в науке спасение страны, не иссякает. В.Н. Ипатьев заклинал: «Не следует жалеть средств как материальных, так и умственных, для исследования каждого технического вопроса с научной точки зрения, и, несмотря на трудное, переживаемое нами время экономической разрухи, надо принять все меры к тому, чтобы не угас свет и живой дух в наших научных лабораториях, призванных не только разрешать научные вопросы, но и создавать школы будущих научных деятелей»[64].

Из опыта братоубийственной войны Вернадский вынес твердое убеждение, что политическая борьба непродуктивна, важнее сконцентрироваться на возрождении «духа России». Эта мысль становится доминантой его последующей деятельности. 15 июня 1921 г. он пишет сыну Г.В. Вернадскому из Петрограда: «Я считаю сейчас самым важным и самым нужным творческую работу — научную, художественную, философскую. В ней спасение русской культуры, а следовательно, и России <...>. Но политическую и публицистическую деятельность я бы сейчас поставил на второе место»[65]. Ему была созвучна вера большевиков в возможность построения нового общества на базе научного знания. Поэтому он не осуждал сотрудничество с ними Ольденбурга и Ферсмана, признавая, что «в этих невероятных условиях русские ученые в России делают огромное, великое дело»[66]. Он не раз писал, что в «этой работе творится будущее России, т. е. создается то, что не дает возможности укорениться в ней большевизму», так как большие успехи науки, по его мнению, достигнуты «вопреки большевистскому укладу жизни»[67].

Сходными соображениями объяснял сыну свое сотрудничество с большевиками Ольденбург: «Я верю в Россию, верю в людей и надеюсь, что работой поможем преодолеть трудные дни»[68]. Как уже отмечалось, ученые находили свое оправдание сотрудничеству с большевиками и в самом большевизме, считая его «необходимым для больной России», и не видели ничего, способного его заменить.

В январе 1921 г., когда голод, холод и разруха вынуждали к восстаниям даже прежде ударную силу большевиков — матросов Кронштадта, среди которых теперь преобладали выходцы из деревни, Д.И. Шаховской писал В.И. и Н.Е. Вернадским, что до краев полон ощущением «совершающихся вокруг великих процессов жизни». Он убежден: «Так значительно это переживаемое нами время и такое оно благодатное для себя или лучше для оплодотворения готового воспринять все благое и действительно народного духа. Надо смело приступать к творческой работе всем, кто сознательно жил и вынес из этой жизни прочно уверенное понимание окружающей жизни»[69]. Спустя пять лет Шаховской утверждал: «Наряду с разрушением революция несет огромные новые возможности»[70]. Идеологически не приняв революцию, ученые не встали на путь саботажа и решили продолжать исследования.

Уже за границей бывший царский генерал-лейтенант и бывший академик В.Н. Ипатьев, без сомнений надевший красноармейскую гимнастерку с ромбами в петлицах и много сделавший для победы большевиков, писал, что можно было

---

[64] *Ипатьев В.Н.* Роль научных исследований в развитии промышленной жизни страны // Наука и её работники. 1921. № 3. С. 16.

[65] BHF. VC. Box 11. Письмо В.И. Вернадского к сыну. 15 июня 1921 г.

[66] Ibid. Box 86. Письмо В.И. Вернадского к сыну. 12 июля 1921 г.

[67] Ibid. Box 11. Письмо В.И. Вернадского к сыну. 15 апреля 1925 г.

[68] *Сидоров М.А.* Непременный секретарь — заступник и хранитель Академии // Вестн. РАН. 1993. Т. 63. № 4. С. 361.

[69] *Шаховской Д.И.* Письма о братстве / Публ. Ф.Ф. Перчёнка, А.Б. Рогинского, М.Ю. Сорокиной // Звенья. Вып. 2. М.; СПб., 1992. С. 222.

[70] Там же. С. 235.

не соглашаться с идеями большевиков и считать их лозунги утопическими, но нельзя отрицать, «что переход власти в руки пролетариата в октябре 1917 года, проведенный Лениным и Троцким, обусловил собою спасение страны, избавив её от анархии и сохранив в то время в живых интеллигенцию и материальные богатства страны»[71]. В эмиграции Л.П. Карсавин также уверял, что «большевики сохранили государственность», «без них разлилась бы анархия и Россию расхватали бы по кускам»[72].

Даже самые непримиримые вынуждены были признать вскоре, что «большевики сидят крепко» благодаря тому, что для удержания власти увеличили «насилие до гомерических размеров» «в соответствии с “национальными” особенностями» русского народа, непонятными для европейца. «Чем власть диче, чем она больше себе позволяет, — тем ей больше позволяют»[73]. Народ представлялся им «с животной (невинной) хитростью, с первичными инстинктами, <...> может быть, впрочем, со своеобразной ещё придурью»[74]. «Готовность русского человека “услужить”, — по мнению С.П. Тимошенко, — и есть вероятная причина прочности большевиков. Довольно иметь кучку наглецов, и все готовы подчиняться»[75].

Уже в 1920 г. Н.В. Устрялов, профессор Харбинского юридического факультета, доказывал, что большевики победили, так как защищали единство и целостность России, а белые со своей национальной идеей оказались неразрывно связаны в сознании народа с интервентами[76]. Поэтому сотрудничество с ними — «сплошная ошибка, вовне представляющаяся преступлением»[77]. Провозглашая здравицы «Советской России»[78], Устрялов звал интеллигенцию к «подвигу сознательной жертвенной работы» во имя будущего России, поскольку только таким образом можно заставить большевизм, непобежденный силой оружия, «эволюционно изживать себя в атмосфере гражданского мира»[79]. Аналогичные идеи звучали и в документе «Что делать после крымской катастрофы», опубликованном в то же время профессором П.Н. Милюковым от имени Парижского комитета партии кадетов. Однако эти идеи не получили широкой поддержки среди эмигрантов. С подозрением к ним отнеслись и большевики, причислив Н.В. Устрялова к «откровенным врагам»[80]. На самом деле большевикам не нужны были эмигранты как союзники за рубежом. Они их боялись: «эмигранты были опасны советской власти по самому существу своему — опасны потому, что они не пригнетены, не обращены в рабское состояние»[81].

В 1921 г. в Праге был издан сборник «Смена вех», авторы которого — Н.В. Устрялов, А.В. Бобрищев-Пушкин, Ю.В. Ключников, С.С. Лукьянов,

---

[71] *Ipatieff V.N.* The Life of Chemist. Stanford; London, 1946. P. 262, 297.

[72] *Гессен И.В.* В двух веках. С. 408.

[73] *Гиппиус З.* «Черные тетради» / Подгот. текста М.М. Павловой; пред. и прим. М.М. Павловой и Д.И. Зубарева // Звенья. Вып. 2. М.; СПб., 1992. С.114.

[74] Там же. С. 128.

[75] BHF. VC. Box 87. Письмо С.П. Тимошенко к В.И. Вернадскому. 14 марта 1925 г.

[76] *Устрялов Н.В.* В борьбе за Россию. Сб. статей. Харбин, 1920.

[77] *Устрялов Н.В.* Белый Омск. Дневник колчаковца / Подг. текста, пред. и коммент. А.В. Смолина // Русское прошлое. 1991. Кн. 2. С. 327.

[78] Там же. С. 328.

[79] *Устрялов Н.В.* В борьбе… С. 5.

[80] *Ленин В.И.* Полное собрание сочинений. Т. 45. С. 94.

[81] Родина и эмиграция: подготовка публичного доклада В.А. Мякотина в Париже (январь 1926 г.) // Русское прошлое. 1994. Кн. 5. С. 252.

Ю.Н. Потехин, С.С. Чахотин, — оценив «НЭП» как «перерождение» большевизма, призвали русскую интеллигенцию к сотрудничеству с Советской властью[82]. Основой сформированной за рубежом идеологии «сменовеховства» стала национальная идея о возрождении сильного и мощного государства, которая была воспринята, прежде всего, научной интеллигенцией в Советской России. Эту идею они использовали для морального самооправдания. Ученые старались искренне верить в последующую эволюцию диктатуры большевиков в сторону демократического государства. В 1926 г. вернулся в Россию В.И. Вернадский, в 1927 г. — академик А.Н. Крылов, и ещё через год — крупнейший химик А.П. Орехов, избранный позднее действительным членом АН СССР. Вернадский уверял себя и окружающих: «Ничто не сломает моего свободного духа и между ним и окружающей рабьей атмосферой останется непроходимая пропасть»[83]. Их аргументы выглядели вполне аполитичными. Озабоченные развитием «производительных сил», они уверяли, что это необходимо для будущего России, которое возможно лишь при сильной экономике, обеспечивавшей её защиту от иностранных государств. Были и такие, кто даже вступал в партию, объясняя это сменой своих взглядов. Но нередко причина крылась в политическом оппортунизме.

Многие оценили идеологию «сменовеховства» как выражение интересов части интеллигенции, получившей название «госспецов», и пестрой группы интеллигентствующих деятелей культуры, подкармливаемой властями разного рода подачками, синекурами и т. п.[84] В целом, научное сообщество в те годы с презрением относилось к ученым, вставшим на путь активного сотрудничества с новой властью, именуя их «перебежчиками» и «попутчиками». Характеризуя настроения ученых, В.П. Волгин говорил: «В 1922 г. коммунист, появлявшийся на собрании научных работников, чувствовал себя буквально во враждебном лагере»[85]. При этом осуждавшие других за сотрудничество с большевиками, как правило, сами активно сотрудничали с ними в организации собственных исследований.

Архивные материалы позволяют понять конфликт между властью и научным сообществом. Используя архивы политического контроля, В.С. Измозик убедительно показал, что утверждение о переходе большинства старой интеллигенции, включая в первую очередь научную, на позиции сознательного принятия советской власти и участия в социалистическом строительстве является пропагандистским мифом[86]. Хотя большинство ученых старалось скрывать подлинные чувства и взгляды под маской лояльности, в период НЭПа у значительной части сохранялись культурно-духовные и социально-экономические ориентиры, весьма далекие от официальных. Интеллигенция, в том числе и ученые, была недовольна своим экономическим положением, местом в структуре общества и мерой своего участия в принятии государственных решений. Вспоминая уровень дореволюционной обеспеченности, профессора и преподаватели вузов не могли довольствоваться

---

[82] Смена вех. Прага. 1921.

[83] BHF. VC. Box 11. Письмо В.И. Вернадского к дочери. 17 нояб. 1925 г.

[84] *Сорокин П.А.* «Смена вех» как социальный симптом // Вестн. литературы. 1921. № 12 (36). С. 2.

[85] *Волгин В.П.* Советская власть и научная интеллигенция за 10 лет: Речь, произнесенная в собрании студентов I МГУ 26 сентября 1927 г. // Научный работник. 1927. № 11. С. 22.

[86] *Измозик В.С.* Настроение научной и педагогической интеллигенции в годы НЭПа по материалам политического контроля и нарративным источникам // За «железным занавесом». Мифы и реалии советской науки. СПб., 2002. С. 342–356.

зарплатой «едва-едва на хлеб, и только». К тому же продолжались задержки с выплатой денег, перебои в снабжении сельскохозяйственными продуктами, периодически возникавшие дефициты муки, хлеба, сахара, спичек, макарон, мануфактуры и т. д.

Научная интеллигенция остро ощущала отсутствие социальной стабильности и собственную незащищенность. Многим была понятна иллюзорность надежд на быстрое построение социалистического общества. Реалии быта убеждали в правильности первоначального диагноза о безумстве «большевистского эксперимента». Большинство ученых не видело личных перспектив в случае участия в его продолжении. Даже часть коммунистической интеллигенции — выпускники Института Красной профессуры (ИКП) считали, что продолжение репрессивных способов управления, желание и дальше «кормить страну казнями» не оставляет перспектив для построения социализма. Особенно интеллигенцию тяготило отсутствие духовной свободы, все усиливающийся мелочный идеологический контроль и новые формы репрессий[87].

Одним из немногих, кто не боялся и в эти годы открыто выражать недовольство, был И.П. Павлов. Его Ленин хотел приручить, поручив Н.И. Бухарину «сделать Павлова лояльным к советской власти»[88]. Во вступительной лекции к курсу физиологии, прочитанной 25 сентября 1923 г., Павлов резко обрушился на «догматизм марксизма или коммунистической партии», который, по его твердому убеждению, «есть чистый догматизм»[89]. Он возмущался, что наукой хотят управлять люди, «которые сами признают, что они ничего в этой науке не знают»[90]. Павлов протестовал против правительства, выделявшего скудные средства на финансирование академической науки, раскассировавшего целые университеты, увольнявшего в массовом порядке профессуру, постоянно пересматривавшего учебные программы, рекрутировавшего студентов из малограмотных рабфаковцев, отменившего докторские степени и т. д. Он вопрошал, как можно анархию «культурно-интеллектуального производства уничтожить» путем уничтожения университетов, и предупреждал, что «революционная энергия» «есть просто дикий элемент» и, в конечном счете, «ведет к уничтожению русской культуры»[91].

Эта речь имела большой общественный резонанс и вызвала немедленную реакцию большевистских вождей[92]. Особенно ругательными были публикации Н.И. Бухарина и Г.Е. Зиновьева, но их гнев не напугал Павлова. Напротив, возмутившись «передергиванием» своих слов и высказываний, он с ещё большей яростью стал нападать на власть предержащих. Его подогревало, что его вынудили уйти из Военно-медицинской академии, в которой он преподавал непрерывно полвека. Теперь уже в публичных лекциях Павлов без оглядки клеймил не только идеи большевиков, но и средства их достижения. Так, в лекции «Несколько применений новой физиологии мозга к жизни», прочитанной 20 апреля 1924 г. в здании бывшей Городской думы[93], Павлов напал на ленинское

---

[87] *Гимпельсон Е.Г.* Политическая система и НЭП: неадекватность реформ // Отечественная история. 1993. № 2. С. 39.

[88] *Самойлов В.О.* Эволюция политических взглядов И.П. Павлова // И.П. Павлов: pro et contra / Сост. Ю.П. Голиков, К.А. Ланге. СПб., 1990. С. 659.

[89] И.П. Павлов: pro et contra. С. 177.

[90] Там же. С. 175.

[91] Там же. С. 176.

[92] *Самойлов В.О., Виноградов Ю.А.* Иван Павлов и Николай Бухарин // Звезда. 1989. № 10. С. 94–121.

[93] *Гредескул Н.А.* Условные рефлексы и революция // Там же. 1924. № 3.

высказывание об утверждении диктатуры пролетариата «путем террора и насилия», утверждая, что врожденный людям рефлекс свободы нельзя вытравить никакими репрессиями. Он угрожал властям, что этот рефлекс даже у нации, превращенной в рабов, даст о себе знать в самый неподходящий исторический момент.

Над стремлением к чрезмерной централизации с горечью иронизировал В.Г. Короленко: «Большевикам действительно кажется, что нельзя даже траве предоставить расти на воле и солнце, а надо непременно подтягивать её мерами “комиссаров” и их подчиненных. При этом, конечно, затаптывается очень много, что росло до сих пор само собой»[94] . Во время НЭПа резко усилился процесс возвращения бывших людей во властные структуры армии, наркоматов, главков, трестов, университетов. Из рядов коммунистов-чиновников и их попутчиков выходила новая буржуазия, пролетариат деклассировался. «Интеллигенция — частью продолжала вымирать, частью, в виде “спецов”, вошла в состав нового чиновничества и новой бюрократии <...>. Усиленная семитизация государственно-партийного аппарата резко изменила расово-этнографический состав “командующего класса”»[95] . Это задевало национальные чувства многих ученых, создавало новые источники напряжения в научном сообществе, порождая будущие конфликты, достигшие апогея в период борьбы с космополитизмом.

Оставшимся в России приходилось трудно при объяснении мотивов своего поведения эмигрировавшим друзьям и родственникам, которые не могли понять, как ради занятия наукой можно сотрудничать с правительством, продемонстрировавшим презрение к элементарным правам человека, включая право на саму жизнь. Их называли «агентами III Интернационала», продавшимися большевикам за «академический паек», «обеды в совнаркомовской столовой», «санатории», «служебные машины» и т. д. Не подал руки Ипатьеву его старший сын при встрече за границей (младший сын от него отрекся после его эмиграции за границу). Сама мысль о возможности возвращения Вернадского в «совдеповский рай» приводила в неистовство его верного друга А.В. Гольштейн[96] . Она не желала понять, как ради возможности продолжить занятия наукой можно вернуться к большевикам, и была уверена, что «его там прижмут за долгое пребывание за границей и за позднее возвращение, которое объяснят тем, что не удалось ему устроить свою жизнь здесь, и вот там, в Совдепии, его будут кормить»[97] . Правда, допускалось, что прижимать не будут, а «окажут великий почет». Она пыталась убедить Вернадского. что его возвращение нужно большевикам только в целях пропаганды, а впоследствии они могут его арестовать, уморить, выслать, расстрелять «при надобности или без надобности»[98]

Ф.И. Родичев также не мог понять, как можно возвращаться туда, где нет свободы слова и царит «отвратительнейшая тирания — мартышек, которые очки “то понюхают, то полижут”»[99] . Он не верил рассказам А.Ф. Иоффе и С.Ф. Ольденбурга о внимании большевиков к науке, считая их разрушителями народной школы и

---

[94] Письма В.Г. Короленко Х.Г. Раковскому // Вопросы истории. 1990. № 10. С. 14.

[95] *Сорокин П.А.* К 5-летнему юбилею Октябрьской революции // Вестн. РАН. 1992. № 2. С. 136–137.

[96] История полувековой дружбы / Публ. А. Сергеева и А. Тюрина // Минувшее. Вып. 18. 1995. С. 353–425.

[97] Там же. С. 412.

[98] Там же. С. 398–400, 402–403.

[99] BHF. VC. Box 87. Письмо Ф.И. Родичева к В.И. Вернадскому. 24 янв. 1926 г.

высшего образования, и возмущался сравнениями В.И. Ленина с Петром I, так как созданные в СССР университеты и научные институты Родичев воспринимал потемкинскими деревнями. Позднее, в год «великого перелома», Родичев отмечал, как вредно для национального самосознания идти на поводу у аморальных властей. «Для массы издевательства над их верованиями ужасно вредны. Это приучает молча переносить озорство власти и презирать себя за попустительство, и придумывать себе потом извинения. А власть приучает к разнузданности: "прикажут — придут сами сечься", — говорил когда-то Троцкий»[100].

Среди большевиков не было единства в отношении к научной интеллигенции. Одни из них считали возможным теперь не очень церемониться с ней, учитывая её неискоренимую враждебность к большевикам. Другие, ратуя за экономическое возрождение, понимали необходимость интеллигенции, которую, не доверяя ей полностью, стремились подкупить различного рода привилегиями. Такое заигрывание революционные радикалы рассматривали как реванш свергнутой элиты. Сами технические специалисты были для них пережитками прошлого. Управление наукой и промышленными предприятиями они жаждали вручить исключительно в руки пролетариата. Выразителями их взглядов ещё в годы гражданской войны были лидеры рабочей оппозиции во главе с А.М. Коллонтай, А.Г. Шляпниковым и др. Накопившиеся разногласия вылились в дискуссии на страницах газеты «Правда» в сентябре 1922 г., когда председатель ЦК «Пролеткульта» В.Ф. Плетнёв выдвинул тезис о том, что вся культура, включая науку и технику, подлежит коренной переделке[101]. Пролетариат с его коллективистскими формами деятельности исходно враждебен индивидуализму буржуазных специалистов. Но при этом он весьма смутно формулировал идею науки и техники нового типа, кроме заявления о том, что они будут более практичными и социально ориентированными. Он призывал к созданию науки, отличавшейся от прежней по сути, форме, методологии и методу и способной открыть «связь всех явлений». Для него старые специалисты были неспособны к пониманию новой эпохи. Критика Плетнёва была дана в статьях Н.К. Крупской, И.И. Степанова (Скворцов-Степанов), Я.А. Яковлева[102]. Они старались объяснить, что современная наука крайне сложна, и поэтому овладение ею требует значительных усилий. Само будущее советской власти зависит от того, как быстро она сможет руками буржуазных профессоров и инженеров овладеть научными знаниями. Аналогичных взглядов держался Ленин, который в заметках на полях статьи Плетнёва высмеивал призывы к пролетариату создавать собственную науку и вопрошал, сколько лояльных пролетариев знают, как построить паровоз[103].

Власти стремились включить научное сообщество в советскую структуру, встав на путь ликвидации независимых профсоюзов и создания вместо них полностью подконтрольных объединений, прообразом которых могли стать организации «красной профессуры» или «левой профессуры»[104]. Однако большинство ученых

---

[100] Письмо Ф.И. Родичева к В.И. Вернадскому. 28 авг. 1929 г.

[101] *Плетнёв В.* На идеологическом фронте // Правда. 1922. 27 сентября.

[102] Пролетарская идеология и Пролеткульт // Правда. 1922. 8 октября; *Яковлев Я.А.* О пролетарской культуре и Пролеткульте // Там же. 24 октября; *Скворцов-Степанов И.И.* Что такое спец и как его делают? // Там же. 28 октября.

[103] Вопросы культуры при диктатуре пролетариата. М., 1925.

[104] *Финкель С.* Организованная профессура и университетская реформа в советской России (1918–1922) // Власть и наука, ученые и власть. 1880-е — начало 1920-х гг. Материалы международного научного коллоквиума / Редкол. Н.Н. Смирнов и др. СПб., 2002. С. 54–71; *Купайгородская А.П.* Объединение научных и высших учебных заведений Петрограда // Там же. С. 185–201.

отпугивала ультрареволюционная риторика их членов, лозунги о тесных связях с властями. В ответ на это специальная комиссия Президиума ЦК работников просвещения признала прежние независимые профессиональные организации ученых Москвы и Петрограда «замкнутыми кастовыми образованиями», существующими вопреки статусу профессиональных советских союзов[105] . В апреле 1921 г. Союз научных деятелей был распущен. В 1922 г. такая же участь постигла и Союз научных учреждений и вузов. Одновременно осуществлялись мероприятия по созданию новой профессиональной организации ученых, которая была бы лояльно настроена по отношению к советской власти.

Ученым предлагали вступать в созданную летом 1921 г. Секцию научных работников, входившую в Союз работников просвещения. Но только к началу 1923 г., используя политику «кнута и пряника», и прежде всего, столь близкий российской интеллигенции лозунг «союза науки и труда», удалось прекратить бойкот научными работниками этой секции, руководимой партийными интеллигентами В.П. Волгиным, В.И. Невским, О.Ю. Шмидтом и др. На 1-ом Всероссийском съезде научных работников, состоявшемся 23–26 ноября 1923 г., в состав Центрального совета вошли Н.С. Державин, С.Ф. Ольденбург, Н.Я. Марр, А.Е. Ферсман, давно вставшие на путь сотрудничества с властями. Отделения Секции создавали во многих крупных городах РСФСР, столицах союзных республик. Только с сентября 1923 г. по октябрь 1926 г. количество членов Секции возросло с 8 000 до 13 500[106] . Постепенно сфера деятельности Секции стала распространяться на всю страну.

Руководивший работой по организации Ленинградского отделения Секции В.А. Зеленко писал, что первый этап этой работы «проходил мучительно болезненно; обращение организационного бюро к научным работникам Ленинграда не встретило широкого отклика»[107] . По свидетельству В.А. Зеленко, организационное бюро приложило максимум усилий, чтобы первая конференция не провалилась. «Кое-какой успех был достигнут — Конференция представляла собою одну тысячу “организованных” научных работников Ленинграда. Но первый ее день принес новые огорчения, — он прошел под знаком большой безжизненности. Наблюдалось со стороны делегатов такое же выжидательное отношение, какое можно было констатировать и со стороны всей массы. И только на другой день, к заключительному аккорду, лед бурно тронулся, — после доклада тов. Зиновьева возник оживленный обмен мнениями, темой которого было отношение к существующему порядку вещей»[108] . По тому, как формировалось одно из крупнейших отделений Секции — Ленинградское, хорошо видно, что даже после шести лет жесточайших репрессий властям с трудом удавалось добиться от ученых даже внешних признаков готовности к сотрудничеству в рамках создаваемых ими советских профсоюзов. В декабре 1924 г. Пленум Центрального совета Секции принял «Положение», согласно которому перед Секцией ставили задачу разработки «всех вопросов, касающихся профессиональных, материальных и правовых интересов научных работников, и содействия научно-учебной и научно-

---

[105] *Иванова Е.А.* Формирование советской научной интеллигенции. 1917–1927 гг. М., 1980. С. 214.

[106] Научный работник. 1929. № 2. С. 22.

[107] *Зеленко В.А.* Из опыта работы ленинградской Секции научных работников // Научный работник. № 1. 1925. С. 113.

[108] Там же. С. 114.

жизни страны»[109]. В феврале 1927 г. Секция созвала II Всесоюзный съезд научных работников. На съезд прибыли 177 делегатов. Открывая съезд, Н.Я. Марр призывал ученых идти «в такт с шагами рабочего класса»[110].

При этом власти старались создать у членов Секции иллюзию, что в их компетенции находятся важнейшие вопросы организации науки. На самом деле им в лучшем случае позволяли заниматься лишь вопросами обеспечения нормальных условий труда и быта ученых. Секция заботилась о снабжении деятелей науки продовольствием, одеждой и обувью, о повышении заработной платы сотрудникам научных учреждений и вузов, улучшении их жилищных условий и медико-санаторного обслуживания. Руководство Секции систематически обращалось с соответствующими ходатайствами в государственные органы.

Первые профессиональные объединения ученых, функционировавшие в 1917–1922 гг., находились в оппозиции к советской власти. Секция же сыграла важную роль в советизации научных учреждений и вузов. Она в какой-то степени реализовывала заветную идею о профсоюзах «как школе коммунизма» для научных сотрудников, приучая последних выпрашивать у власти блага в обмен на безусловное послушание и подчинение. Её деятельность особенно была важна для власти в условиях практического отсутствия дееспособных, массовых комсомольских и партийных организаций в научных учреждениях и вузах.

Начало советизации науки

Скоро обнаружилась тенденция ограничить автономность научных исследований от политико-идеологического дискурса. Были приняты меры для ликвидации плюрализма мнений, свободы дискуссий, в которые бы не примешивался страх за свое будущее. Отъезд за границу значительной части творческой интеллигенции, не принявшей революции и ужаснувшейся жестокостью гражданской войны, нанес урон интеллектуальному потенциалу страны.

Для утверждения гегемонии марксизма использовали, прежде всего, административные меры. В начале 1920-х гг. некоторых профессоров, участвовавших в университетских забастовках, отстранили от преподавания, а в августе 1922 г. в числе других видных ученых, философов, писателей, художников их насильственно выслали за границу. Опубликованная 21 августа 1922 г. в газете «Правда» статья «Первое предупреждение» давала понять оставшимся, что лишь принадлежность к сторонникам материализма позволит продолжать научные исследования. Такое сужение диапазона в выборе методологии не могло не влиять негативно и на судьбы исследований в области биологии. Внешний напор был столь сильным, что даже ученые, стоявшие на иных философских позициях, объявляли себя сторонниками материализма.

Установили контроль над доступом ученых к научной информации. В июне 1922 г. создали Главное управление литературы и издательств (Главлит). Оно и органы государственной безопасности (Главное политическое управление — ГПУ, а затем Объединенное главное политическое управление — ОГПУ) обеспечили надежный заслон на пути проникновения в советское государство зарубежной литературы. Об этом свидетельствуют «Секретные бюллетени Главлита», которые с

---

[109] Научный работник. 1925. № 1. С. 20.

[110] *Луппол И.К.* Итоги съезда и ближайшие задачи Секции // Научный работник. 1927. № 3. С. 3.

1923 г. рассылались для политического и идеологического руководства страны. С начала 1922 г. стали контролировать работу частных издательств с целью ограничить публикацию литературы. Вместо запрещенных журналов учреждали пропагандистско-агитационные издания типа журнала «Под знаменем марксизма» (далее — ПЗМ). В 1924 г. прекратили свое существование Философское общество, Вольфил и другие центры немарксистской мысли, на месте которых спешно создавались различные организации, находившиеся под партийным контролем, типа Коммунистических университетов и объединений Левой профессуры.

В сентябре 1923 г. была основана Российская ассоциация научно-исследовательских институтов по общественным наукам (РАНИОН) для консолидации марксистов и подготовки кадров для высшего образования. Однако вскоре выяснилось, что ориентированные на сотрудничество с правительством ученые предпочитают работать в Комакадемии и учреждениях Высшего совета народного хозяйства (далее — ВСНХ). Проиграв конкуренцию на научном фронте, руководители РАНИОН сконцентрировали усилия на травле ученых и преподавателей, обвиненных в оппозиции правительственным реформам.

Бесцеремонное вмешательство коммунистов в общественные науки вызывало негативную реакцию у естественников. Взгляды биологов на действия большевиков точно выразил В.И. Вернадский в 1921 г.: «Все изгажено и ухудшается, ничего сделать не удается <…> в факультеты и советы вводятся чиновники и коммунисты и им даже не дают права выбора, а все сосредоточивается в канцеляриях комиссариата! В Москве были студенческие волнения на этой почве, быстро подавленные: главари избиты в Ч.К., а затем все студенты распущены и в короткий срок высланы на родину, и все успокоилось. Высшая школа переживает тяжелый кризис, и она надолго искалечена»[111] . Рассказывая о тяжелом положении Академии наук и её сотрудников, об ухудшении питания и нерегулярной выдаче пайков, он замечает: «В общем, сильнейшее чувство рабства и полное отсутствие какого бы то ни было улучшения»[112] . Арестами и обысками будущих корифеев советской биологии, например, В.И. Вернадского, А.А. Ухтомского, Н.К. Кольцова, К.М. Дерюгина, власти внедряли в сознание научной интеллигенции необходимость соблюдать лояльность режиму и его идеологии. О том, сколь сложен был путь налаживания сотрудничества крупных ученых с большевистским режимом, видно на примерах И.П. Павлова, оставшегося в Советской России[113] , и В.И. Вернад-ского, вернувшегося на родину после пяти лет фактической эмиграции[114] .

Их лояльность была необходима коммунистическим вождям, инициировавшим структурные и институциональные перестройки в науке с целью её всеобщей «советизации». Уже в 1923 г. провели реформу сельскохозяйственных опытных учреждений, призванную усилить практическую отдачу научных исследований и отделить прикладную науку от фундаментальной, сконцентрировав последнюю в элитных и хорошо финансируемых учреждениях.

В отношении примата прикладных исследований над фундаментальными коммунистическая и нацистская политики в области науки были идентичны. Следует

[111] Письмо В.И. Вернадского к сыну. 1921 г. (без даты) // Vernadsky Collection (VC) Bakxmeteff Archive (BA). Box 11.

[112] Письмо В.И. Вернадского к А.В. Гольштейн. 1 мая 1921 г. // Ibid. Box 3.

[113] И.И. Павлов: pro et contra.

[114] *Колчинский Э.И.* В.И. Вернадский и большевики // За «железным» занавесом. Мифы и реалии советской науки. С. 133–151.

учитывать и общность взглядов немецких и российских ученых на науку как способ служения государству, на необходимость её использования в практических целях для улучшения общества. Но, в отличие от Германии, где неарийцев с работы увольняли, в Советской России в годы НЭПа практически всем крупным биологам, независимо от их происхождения и политических взглядов, предоставляли возможность не только продолжать научную деятельность, но и руководить лабораториями, кафедрами, институтами, готовить научные кадры. У научной интеллигенции, издавна считавшей, что царское правительство практически игнорировало нужды науки, были основания полагать, что большевики создавали обстановку, стимулировавшую научные исследования, привлечение к ним талантливой молодежи.

1920–1925 гг. характеризовались ростом научных учреждений. О его масштабах свидетельствуют данные в статье начальника Главнауки в Наркомпросе Ф.Н. Петрова. Так, из 88 научно-исследовательских институтов в РСФСР в 1925 г. после революции организовали 73, и только 19 из них были ориентированы на разработку проблем общественных наук, остальные занимались естественнонаучными и прикладными проблемами[115]. Создавали новые научные учреждения в рамках КЕПС и АН СССР, при наркоматах и ведомствах, в том числе для отраслей биологии, признанных базовыми для марксистской идеологии и в реализации планов социалистической модернизации.

В отличие от Германии, где к моменту прихода нацистов к власти уже были организованы институты и кафедры расовой гигиены, антропологии и евгеники, большевикам с первых дней советской власти пришлось реализовывать планы ученых о создании лабораторий, институтов и кафедр по новейшим отраслям биологии, общебиологических и специализированных журналов, о переводе на русский язык сочинений современных западных биологов. Особое внимание уделяли эволюционной биологии и генетике, на которые возлагали большие надежды в преобразовании общества, сельского хозяйства и природы. Не случайно генетик и эволюционист Н.И. Вавилов в 1929 г. стал первым президентом ВАСХНИЛ.

Возглавляемый Н.К. Кольцовым Институт экспериментальной биологии в Москве с 1917 г., основанные Ю.А. Филипченко кафедра экспериментальной биологии и генетики и Бюро по евгенике в Петрограде (1921), реорганизованное Н.И. Вавиловым Бюро по прикладной ботанике (1924), созданная Академией наук по предложению В.Л. Комарова Комиссия по экспериментальной биологии (1923), в которую входили И.П. Бородин, Д.Н. Насонов, И.П. Павлов, В.И. Палладин, А.Н. Северцов, В.М. Шимкевич, Н.И. Вавилов, Ю.А. Филипченко и др., положили начало созданию организационной базы для научных исследований советских биологов. Десятки научных институтов и учреждений биологического профиля возникли в системе ВАСХНИЛ.

Большинство новых институтов создавалось по инициативе ученых, которые разрабатывали проекты организации многих из них ещё до 1917 г. Создание сети небольших институтов, комиссий, бюро и лабораторий обеспечивало быстрое развитие науки благодаря множественным источникам финансирования. Мощный интеллектуальный потенциал отечественной науки, созданный в предреволюционные десятилетия, оказался востребованным только в 1920-е гг. Большевики покровительствовали, прежде всего, прикладным исследованиям, которые

[115] *Петров Ф.Н.* Научно-исследовательские институты СССР // Молодая гвардия. 1925. № 9–11. С. 146–149.

изымали из ведения политизированных вузов и реорганизовывали под наблюдением ВСНХ. Аналогичная политика Наркомздрава и Наркомзема в области медицины и сельского хозяйства вела к оживлению исследований. Но «буржуазные» ученые должны были воздерживаться от политической деятельности.

Ученые были нужны большевикам и для реализации их целей во внешней политике. Поддержка Академии наук, поездки ученых за границу и приглашения иностранных коллег считали важными для укрепления престижа советского правительства. Из биологов главным «полпредом» советской науки за рубежом вначале был Н.И. Вавилов, которого позднее сменил В.И. Вернадский.

Российские ученые вскоре оценили государственную поддержку своих исследований. Находясь за границей, Вернадский постоянно получал письма от своих друзей и учеников, которые с воодушевлением описывали благоприятные изменения для научных исследований в Советской России[116]. Так, Я.В. Самойлов в конце 1922 — начале 1923 гг. не раз писал об увеличивавшемся притоке студентов-рабфаковцев, о способной молодежи, которая учится с энтузиазмом, о создании новых научно-исследовательских институтов и кафедр при Московском университете. Под влиянием писем учеников Вернадский пришел к выводу: «Сейчас результаты научной работы в пределах России очень велики и с ними приходится считаться здесь всем. Русские ученые, оставшиеся там (т. е. в Советской России — Э.К.), делали и делают большую мировую работу <...>. Сейчас работы Павлова, Ферсмана, Баха, Лазарева, Кольцова, Иоффе, Зелинского, Курнакова, Марра, Карпинского и очень многих других оказывают влияние на человеческую мысль»[117]. Вскоре Вернадскому пришлось убедиться в справедливости слов Ферсмана о том, что в Петрограде для научной работы возможности в десять раз больше, чем в Париже. После неудачных попыток получить длительную и масштабную финансовую поддержку для своих работ по биосфере Вернадский вернулся в Россию, уже усматривая в большевиках некую внутреннюю связь с русским народом. Вернадский выражал типичную для русского ученого веру, что наука сама по себе является важнейшей целью бытия человека, и искренне верил, что научная деятельность неизбежно преобразит коммунистический режим. По сходным соображениям остался на родине И.П. Павлов.

Сциентистская политика советского правительства привлекала внимание крупных зарубежных биологов. Только из генетиков здесь побывали патриарх генетики У. Бэтсон, лидер немецких генетиков Э. Баур, ученики Т. Моргана (Г. Дж. Мёллер и К. Бриджес), С. Харланд и мн. др. Будущий лауреат Нобелевской премии Г.Дж. Мёллер проработал в СССР несколько лет. В 1931 г. АН СССР пригласила делегацию английских биологов и медиков, в составе которой был и один из главных создателей СТЭ Дж. С. Хаксли. В ходе поездки, которую организовал и курировал Н.И. Бухарин, Дж.С. Хаксли встретился со многими ведущими советскими дарвинистами, включая Н.И. Вавилова. По возвращении в Англию Хаксли не только подчеркивал, что Советская Россия имеет ряд преимуществ перед другими странами (в книге «Ученый в стране Советов»), но и принял участие в создании неправительственного Комитета по планированию науки. Другой архитектор

[116] Например, письма Я.В. Самойлова к В.И. Вернадскому. 20 октября 1922 г., 26 апреля 1922 г. // Box 85; Письма А.Е. Ферсмана к В.И. и Н.Е. Вернадским. 20 октября 1922 г. 26 апреля 1923 г., 7, 30 июля, 8 августа 1924 г. // Ibid. Box 86.

[117] Письмо В.И. Вернадского к дочери. 5 мая 1924 г. // Ibid. Box 11.

СТЭ Дж.Г. Симпсон провел несколько месяцев в Москве в 1920-х гг., посвятив этому несколько страниц в своих воспоминаниях. Все они сочувственно относились к попыткам использовать биологию для рационального преобразования общества.

Понимая свою зависимость от государственного финансирования, биологи стремились к сотрудничеству с властями. Они обзаводились покровителями среди партийных лидеров, используя их в решении организационных и административных вопросов. Такими патронами для лауреата Нобелевской премии И.П. Павлова был член ЦК ВКП(б) Н.И. Бухарин, для Н.К. Кольцова — нарком здравоохранения Н.А. Семашко и нарком просвещения А.В. Луначарский, для Н.И. Вавилова — председатель Совнаркома до 1930 г. А.И. Рыков и управляющий делами Совнаркома Н.П. Горбунов, для В.И. Вернадского — секретарь ЦК ВКП (б), а с 1930 г. председатель Совнаркома В.М. Молотов. Ученые прекрасно понимали, что без подобной поддержки трудно добиваться нужных решений в Научно-техническом управлении ВСНХ, Главнауке Наркомпроса, в соответствующих структурах наркоматов здравоохранения и земледелия, созданных для руководства научно-исследовательскими и научно-учебными заведениями.

Союз большевиков и старорежимных специалистов, казалось, был закреплен в середине 1925 г., когда постановлением ЦИК СССР и СНК СССР от 27 июля Академия наук была признана высшим научным учреждением страны. В приветственном послании к 200-летнему юбилею АН, напечатанном 8 сентября 1925 г. в «Правде», руководители СССР выражали уверенность, что в будущем столетии АН сможет с блеском развернуть научную работу и достигнуть замечательных результатов. И наконец, 11 сентября 1925 г. ЦК ВКП(б) принял постановление о работе специалистов, в котором отмечал необходимость их вовлечения в социалистическое строительство, улучшения условий их деятельности, быта, отказа от огульного охаивания. Фактически был провозглашен курс на сотрудничество с ними с указанием на недопустимость оценки специалистов лишь с точки зрения классового происхождения. Постановление предписывало создавать благоприятные условия для научно-технических обществ, научных учреждений, наладить издание специальных журналов, облегчить контакты с зарубежными учеными и т. д.[118]

В годы НЭПа ученые испытывали двойственные чувства по отношению к властям. С одной стороны, они были явно в привилегированном положении. У них были свои санатории, комиссии помощи ученым, секции научных работников. В среднем ученый, работая в двух — трех местах, получал в несколько раз больше учителя и рабочего. Настроенное на сотрудничество с интеллигенцией партийное руководство позволяло ученым объединяться в профессиональные союзы, научные общества и воздерживалось от прямого вмешательства в научную жизнь. Наукой управляли государственные чиновники, которые старались поддерживать нормальные рабочие отношения с крупными учеными, а Отделы агитации, пропаганды и печати в ЦК ВКП(б) непосредственно управляли лишь партийными школами и комвузами. Казалось, руководство признало незаменимость научных исследований, и борьба за относительную автономность научных исследований увенчалась успехом.

---

[118] О ходе, подготовке и проведении празднования юбилея и его последствиях для научного сообщества см.: *Кольцов А.В., Колчинский Э.И.* 200-летний юбилей РАН и политика // Науковедение. 2001. № 1. С. 22–39; *Копелевич Ю.Х., Колчинский Э.И.* За «железным занавесом». Мифы и реалии советской науки. СПб., 2002. С. 226–234; *Сорокина М.Ю.* Двухсотлетний юбилей Академии наук // На переломе. Отечественная наука в конце XIX–XX вв. Нестор. 2005. № 9. С. 206–235.

В то же время ученые чувствовали себя в ущемленном положении, их квартиры «уплотняли», к ним подозрительно относились в правительственных учреждениях, их подвергали критике студенты — выходцы из пролетарских слоев. Правда, последние, несмотря на студенческие чистки, по-прежнему составляли меньшинство в вузах. Большинство молодых преподавателей было из семей дореволюционной интеллигенции, так как рабочая молодежь неохотно шла в аспирантуру.

В этих условиях ученые, зависимые от государственного финансирования, стремились к сотрудничеству с властью и старались эффективно использовать социально-политическую и идеологическую обстановку послереволюционных лет для развертывания биологических исследований в СССР в масштабах, обеспечивавших лидирующее положение во многих отраслях науки. Они стремились напомнить властям о своих заслугах в решении задач, поставленных советским правительством. Так, вице-президент АН СССР В.А. Стеклов и её непременный секретарь С.Ф. Ольденбург в феврале 1925 г. подчеркивали: «Едва ли можно указать какое-либо предприятие, преследующее полезные и практические цели, в котором бы Академия наук не принимала ближайшего участия, давая ему то или иное научное обоснование, а иногда и прямо практическое осуществление»[119].

Монополизация права на истину за определенными кругами научной, а впоследствии ненаучной общественности проявилась далеко не сразу. Огосударствление и бюрократизация творческой жизни затянулись на несколько лет. Более того, в начале 1920-х гг. наблюдалась вспышка творческой активности. Возникли десятки кружков, семинаров, обществ, творческих объединений как в науке, так и в искусстве. По всей стране шли дискуссии о путях использования буржуазной культуры при построении нового общества. На страницах советских журналов печатали статьи крупнейших зарубежных биологов, в том числе и сторонников немарксистской философии.

Так формировали симбиоз науки и власти, а точнее — неравноправный альянс «науки и труда» в условиях тотальной национализации всех сфер интеллектуальной жизни. Неогосударствленными до конца 1920-х гг. оставалось только небольшое число сформированных до революции естественнонаучных и технических обществ. Особо строгий контроль был установлен над высшей школой. Прием осуществлялся по классовому принципу, в результате плохо подготовленные студенты нередко жаловались на недоступность лекций из-за их «буржуазной» направленности.

На подступах к пролетарской биологии

С первых лет советской власти правительство предполагало со временем осуществить идеологизацию естествознания. Для пропаганды марксизма и подготовки марксистских кадров в области преподавания и науки создавали сеть марксистских учреждений и организаций[120]. Ещё в 1918 г. была организована Социалистическая академия общественных наук, в 1923 г. переименованная в Коммунистическую (далее — Комакадемия). В апреле 1925 г. здесь создали Секцию естественных и

---

[119] Организация науки в первые годы советской власти (1917–1925). Сб. документов. Л., 1969. С. 199–202.

[120] *Vučinich A.* The Soviet Academy of Science. Stanford, 1958; *Joravsky D.* Soviet Marxism and Natural Science. 1917–1932. New York, 1961; *Graham L.* The Soviet Academy of Science and the Communist Party. 1927–1932. Princeton, 1967; *Vučinich A.* Empire of Knowledge. The Academy of Science of USSR (1917–1970). Berkeley; Los Angeles; London, 1984; *Лахтин Г.А.* Организация советской науки: история и современность. М., 1990.

точных наук, субсидировавшую исследования, важные для борьбы за материализм. Некоторые молодые талантливые биологи на первых порах связывали себя именно с Комакадемией. Вначале существование двух академий с их конкурентными отношениями было полезно для российской науки — оно добавляло новое измерение к разнообразию ее институциональной базы. Однако со временем, проигрывая научное соревнование, деятели Комакадемии все чаще нападали на Академию наук с политических позиций. Создавая сеть марксистско-ленинских научных учреждений по всей стране, лидеры Комакадемии стремились превратить её в главное научное учреждение страны, понизить статус АН, лишить её важных правительственных заданий и даже ликвидировать её как единую организацию с передачей отдельных институтов в ведение Комакадемии и соответствующих наркоматов.

В 1919 г. был создан Коммунистический университет (далее Комуниверситет) им. Я.М. Свердлова, а двумя годами позже — Институт Красной профессуры (ИКП)[121]. Здесь готовили партийную молодежь для научной работы в области естествознания. В Комуниверситете возникла биологическая лаборатория во главе с Б.М. Завадовским, которая должна была разрабатывать проблемы биологии с позиций марксизма. В 1921 г. Завадовский создал здесь Биологический музей им. К.А. Тимирязева с отделами экспозиции доказательств эволюции, происхождения человека, экологии и т. д. Научную же работу сосредоточили на изучении желез внутренней секреции, внешних факторов формообразования, генетике и экспериментальной эмбриологии. Позднее был организован ИКП естествознания в Комакадемии.

В целом преподавателей и слушателей особенно не загружали политическими и идеологическими задачами. Как позднее вспоминал лауреат Нобелевской премии академик И.Е. Тамм, за «паек, комнату, жалование, в общем, материальную обеспеченность и занятие своей научной работой» ставилось лишь одно условие — «материалистическое мировоззрение в философии, науке и общественных вопросах»[122]. В 1924 г. создали Тимирязевский научно-исследовательский институт, в регламент которого впервые ввели ограничения для работы по естественнонаучной тематике. По утвержденному в Главнауке положению, в институте могли работать только «лица, обладающие строго материалистическими взглядами в области естествознания», а от сотрудников некоторых подразделений требовали уже «диалектико-материалистическое мировоззрение». Взамен ликвидированных массовых обществ (Общества любителей естествознания, антропологии и этнографии, Пироговского общества, Русского технического общества и др.) возникали общества по пропаганде марксизма среди естествоиспытателей: Общество воинствующих материалистов (1923), Кружок врачей-материалистов (1924), Кружок биологов-материалистов (1925), Общество материалистических друзей гегелевской диалектики (1927) и т. д.

На страницах общенаучных, биологических, философских и общественно-политических журналов — «Спутник коммуниста», «Пролетарская культура», «Вестник знания», «Коммунистическая мысль», «Вестник Коммунистической академии» (ВКА), «Под знаменем марксизма» (ПЗМ) и др. — печатали статьи по философским проблемам эволюционной теории, физиологии, генетике, евгенике.

---

[121] *Козлова Л.А.* Институт Красной профессуры // Социологический журнал. 1994. № 1. С. 96–107. *David-Fox M.* Revolution of the Mind. Higher Learning among the Bolsheviks, 1918–1929. Ithaca; London, 1997; *Берендт Л.-Д.* Институт красной профессуры: «кузница кадров» советской партийной интеллигенции // За «железным» занавесом. Мифы и реалии советской науки. С. 166–197.

[122] И.Е. Тамм в дневниках и письмах к Наталии Васильевне // Природа. 1995. № 7. С. 148.

Так постепенно складывалась организационная основа для внедрения идеологии марксизма в биологию.

В резолюции XII съезда РКП (б) в 1923 г. была поставлена задача превратить Социалистическую Академию в центр коммунистической мысли, тесно связанный с научно-исследовательской деятельностью различных организаций, вузов и университетов и постепенно объединяющий всю научную работу в стране. В её задачи включали и разработку естественнонаучных проблем. Комментируя эту резолюцию на собрании членов Социалистической академии 11 октября 1923 г., М.Н. Покровский призвал к прямому вмешательству в преподавание математических и естественных наук, где буржуазная профессура поощряет идеализм.

Первоначальное знакомство советских философов с достижениями биологии нередко вело к попыткам объяснить общественные явления в терминах биологических наук. Это выражалось в отождествлении закономерностей общественного развития с биологическими законами (социал-дарвинизм), в поисках физиологических путей для решения проблем общественного поведения (социальная рефлексология), в выработке методов применения законов генетики для совершенствования человека (евгеника), в установлении границ использования обобщений фрейдизма в марксистской философии. Вместе с тем и явления живой природы пытались объяснить в понятиях социологии (фито- и зоосоциология).

Становление «союза» биологии с марксистской философией шло также в условиях ожесточенных дискуссий между самими философами-марксистами, по-разному понимавшими взаимодействие философии и естествознания, предмет, задачи и цели исследований в области философских проблем биологии. Вначале все они были объединены в Обществе воинствующих материалистов (ОВМ), созданном в 1924 г. для пропаганды диалектического материализма и для борьбы с его извращениями и идеализмом. Несмотря на грозные формулировки, прием в ОВМ был очень либерален, так как его учредители были заинтересованы в привлечении естественников, «идущих» к материализму. Единый фронт материалистов стал быстро дифференцироваться вслед за насильственным искоренением из советской биологии виталистических и идеалистических концепций. Борьба в дальнейшем шла между «механицистами» и «диалектиками». «Механицисты» отрицали «философствование», отделенное и обособленное от естествознания. Философия, по их мнению, должна представлять наиболее общие выводы науки, в качестве идеала которой они усматривали естествознание, основанное на отождествлении различных форм движения, на редукционизме как ведущем методе познания явлений жизни, на абсолютизации лапласовского детерминизма и количественных закономерностей. К механицистам примкнули и многие естествоиспытатели, принявшие марксизм уже после революции. Нетерпимость к схоластическим рассуждениям и стремление к философским обобщениям на базе достоверных выводов естествознания приводили к утверждению, что философия не должна вмешиваться в естествознание и к призывам освободить науку от всякой философии, так как «наука — сама себе философия»[123].

Лозунг ректора Коммунистического университета в Ленинграде С.К. Минина «Философию за борт» был поддержан во многих работах первой половины 1920-х гг. Философию Минин рассматривал как стадию в развитии религиозного сознания, и соответственно рекомендовал полностью освободить от нее науку

[123] *Степанов И.И.* Исторический материализм и современное естествознание. М., 1925. С. 49.

социалистического общества. У пролетариата не должно быть никакой философии. У него должна остаться только наука. Близкие взгляды высказывал один из основателей отечественной философии, истории и социологии науки И.А. Боричевский, который утверждал, что Гегель не нужен ни марксизму, ни естествознанию, что стремление к установлению гегемонии одной школы в философии и биологии — «научный империализм»[124]. Его лозунг — «Вперед — вместе с Эпикуром» — призывал к слиянию естествознания с истинной философией науки, которое возможно на базе единства логического и эмпирического.

Еще дальше в своих выводах пошел физиолог Э.С. Енчмен, выступивший в начале 1920-х гг. с «теорией новой биологии». По его мнению, низвержение эксплуататорских классов неизбежно приведет к отмиранию ценностей прежней культуры, в том числе к ликвидации сотен научных понятий и теорий[125]. Прежде всего, по его мнению, погибнут логика, гносеология, методология, все социально-экономические и гуманитарные науки, а также биология. В этих условиях неизбежен возврат человечества к «некой единой системе органических движений», которую он понимал как эпоху равенства биологических организмов. Идеи Енчмена встретили резкую критику со стороны Н.И. Бухарина, К.Н. Корнилова и др., которые заклеймили их за антимарксизм, нигилизм и вульгарный материализм.

В целом призывы освободить науку от посягательств философии на идейное лидерство пользовались популярностью среди естествоиспытателей, но вызвали критику со стороны «диалектиков», представленных А.М. Дебориным и его сторонниками, которые в гегелевской диалектике усматривали методологическую и мировоззренческую основу естествознания. В работах «диалектиков» высказывалась мысль о необходимости создания некой специальной «марксистской теории естествознания» и даже единого «диалектического естествознания», где философия должна играть ведущую роль[126].

Некоторые сторонники Деборина, хорошо знакомые с новейшими достижениями биологии и активно участвовавшие в изучении конкретных вопросов генетики и эволюционной теории, понимали, что для установления союза философии с естествознанием нужны не материалистические формулы, не терминологический псевдомарксизм, а работа над конкретными проблемами естествознания, исследовавшая «природу так, как она есть»[127]. Диалектический метод, подчеркивал И.И. Агол, не может и не должен заменить ни одной науки. У него нет готовых ответов на вопросы. Об опасности скатывания в пустую схоластику при философствовании, оторванном от реальных проблем науки, предупреждал в те годы и В.И. Вернадский.

Вопреки сложившимся стереотипам, дискуссии по философским проблемам естествознания нельзя сводить лишь к спорам механицистов и диалектиков. Были и сторонники других подходов к установлению взаимоотношений между марксизмом и биологией. Эти разногласия выявились уже при обсуждении задач Комакадемии.

---

[124] ПФА РАН. Ф. 238. Оп. 1. Д. 126. Л. 69.

[125] *Енчмен Э.* Восемнадцать тезисов о «теории новой биологии»: Проект организации Революционно-научного совета Республики и введение системы физиологических паспортов. Пятигорск, 1920. С. 33. *Енчмен Э.* Теория новой биологии и марксизм. Вып. 1. Пг., 1923. С. 31;

[126] *Сапожников П.* Новая победа диалектического материализма // Большевик. 1925. № 16. С. 90.

[127] *Агол И.И.* Диалектический метод и эволюционная теория. М., 1930. С. 5–6.

Если Деборин считал диалектический материализм главной методологией науки и важным звеном между наукой и советской идеологией и считал занятие эпистемологическими основаниями революционных изменений в XIX–XX вв. главной задачей марксистов, то Д.Б. Рязанов был убежден, что ни естествознание, ни точные науки не могут помочь марксистам в выполнении их главной задачи — познании структуры и динамики общества. По мнению Рязанова, нет нужды в поведении собак искать обоснования исторического материализма[128] . Неоправданное увлечение философией естествознания ведет лишь к усилению позитивизма в марксистской философии. Он негодовал против осквернения диалектического материализма естественнонаучными положениями и концепциями. В этой охоте на естествознание, по мнению Рязанова, повторится картина того, что не охотник (диалектический материализм) обхватит медведя, а медведь (естествознание) его не отпустит. И «эти признаки заражения не естествознания марксизмом, а марксизма естествознанием все больше и больше и больше усиливаются»[129] .

В прокрустово ложе дилеммы «механицисты — деборинцы» не укладывались также взгляды О.Ю. Шмидта и его сторонников, ведавших разработкой философских проблем естествознания в Комакадемии. Не принимая ни преклонения механицистов перед стихийной диалектикой естествознания, ни диктаторского тона деборинцев по отношению к последнему, сторонники «шмидтовского» направления ориентировались на такой «союз» философии и естествознания, при котором применение материалистической диалектики в естествознании определялось бы, прежде всего, степенью потребности в ней самого естественнонаучного знания. И такая позиция импонировала многим крупным советским естественникам, которые ничего не имели против призыва Шмидта к совместной работе философов и ученых при разработке конкретных проблем естествознания. Не возражали они и против его обещаний дать им со временем «надлежащую философскую установку». Сам Шмидт прекрасно понимал, что для выработки подобной установки потребуется многолетняя совместная работа естественников и марксистов.

Такая позиция в годы НЭПа была одобрена руководством Комакадемии. Председатель ее президиума М.Н. Покровский поддерживал курс О.Ю. Шмидта на создание институтов и лабораторий, где ученые и марксисты работали бы вместе. Особенно важными он считал совместные исследования в физиологии и биологии, где «особенно остро сталкиваются буржуазное и наше мировоззрение в области естествознания»[130] . Заместитель Покровского по Комакадемии В.П. Милютин оценивал курс на изоляцию марксизма от естествознания как вредный и антимарксистский. Он призывал марксистов идти в лаборатории, вступать в дискуссию по конкретным естественнонаучным проблемам[131] .

11 декабря 1924 г. на заседании Бюро Президиума Комакадемии было принято решение создать Секцию естественных и точных наук, которая будет субсидировать исследования, наиболее важные для борьбы за материализм, для критики нематериалистических учений и построения «чисто материалистической системы знаний», для «отбора материалистического зерна истины <…> от идеалистичес-

---

[128] Первая Всесоюзная конференция марксистско-ленинских учреждений (22–25 марта 1928) / Стенографический отчет // ВКА. 1928. № 26 (2). С. 252–253.

[129] Там же. С. 252.

[130] Там же. С. 268.

[131] Там же. С. 285.

кой шелухи»[132]. Предполагалось, что Секция должна со временем стать идеологическим центром всех естественнонаучных учреждений страны, давая им темы исследований и способствуя печатанию отобранной научной продукции. Фактически речь шла о создании конкуренции ранее существовавшим академическим структурам с целью их дальнейшего подчинения или ликвидации.

Заведующим секцией стал Шмидт. В плане ее работы, утвержденном Президиумом Комакадемии, главной задачей было названо «отражение нападок на материализм и содействие построению материалистической науки, для которой в современной общераспространенной (т. е. буржуазной) науке имеются элементы»[133]. Для этого предполагали организовать просмотр всех научных теорий на предмет выявления в них элементов идеализма и материализма, синтез последних в некие «чисто материалистические общие теории», очищение истории науки от фальсификаций и т. д. Инициаторы подобных идей понимали, что достижение этих целей возможно лишь в результате длительной, кропотливой работы.

Прежде всего было решено создать в Комакадемии Институт по изучению высшей нервной деятельности (ВНД)[134] и включить в его состав Лабораторию им. И.П. Павлова в Твери. 28 ноября 1925 г. Совнарком СССР утвердил положение об Институте по изучению высшей нервной деятельности, который стал первым научно-исследовательским институтом по естествознанию в Комакадемии. В январе 1926 г. в штате Секции естественных наук числилось всего десять сотрудников Института высшей нервной деятельности во главе с Д.С. Фурсиковым и психоневрологического отдела, возглавляемого А.Н. Залманзоном.

Таким образом, взаимодействие между философией и естествознанием началось с ожесточенных дискуссий между самими философами-марксистами. Различные перипетии этой борьбы анализировали в литературе, что избавляет от необходимости вновь останавливаться на них. Отмечу только сильную тенденцию игнорировать философию, растворить ее содержание в выводах теоретического естествознания. Сторонники этой точки зрения наталкивались на рецидивы натурфилософского навязывания естествознанию умозрительных схем. Встречались и попытки опровергнуть некоторые выдающиеся открытия в области естествознания, если их интерпретации казались несовместимыми с диалектическим материализмом. Были и стремления отсечь подобные открытия, если их авторы приходили к идеалистическим или агностическим выводам в мировоззренческих и гносеологических проблемах.

Озлобленная вражда механицистов и диалектиков, в ходе которой оппоненты стремились довести до абсурда и тем самым исказить взгляды противников, мешала естествоиспытателям понять суть дискуссии. Создавалось впечатление, что дискуссии порождены не разными оценками современных естественнонаучных концепций, а какими-то причинами, находящимися вне науки. Заверения Деборина о том, что философия является высшим достижением человеческой мысли на каждом этапе развития науки и общества, напоминали старый тезис о философии

---

[132] Архив РАН. Ф. 350. Оп. 1. Д. 26. Л. 1–1 об. Протокол общего собрания Коммунистической академии от 2 июня 1925 г. // ВКА. 1925. № 12. С. 363–389; Краткий отчет о деятельности Коммунистической академии за 1925 г. // ВКА. 1926. № 15. С. 325–338.

[133] План работ Секции естественных и точных наук Коммунистической академии на 1925 год, доложенный зав. секцией О.Ю. Шмидтом и принятый в заседании Президиума Комакадемии 28 марта 1925 года // ВКА. 1925. № 12. С. 390–392.

[134] Архив РАН. Ф. 350. Оп. 1. Д. 32. Л. 89–91, 102–122; Д. 50. Л. 142–153; Д. 51. Л. 49–74.

как «царице всех наук». Ход борьбы определяла не столько аргументированность этой точки зрения, сколько то, что группа Деборина была более сплоченной и агрессивной.

Первоначально диалектизацией биологии занялись марксисты, имевшие смутные представления о ней, но лихо делившие её концепции на диалектические и метафизические: А.Н. Бартенев, Г.А. Гурев, М. Попов-Подольский, М. Равич-Черкасский, В. Рожицын, В.Н. Сарабьянов и др.[135] Осужденные в печати за вульгаризацию марксизма, они вскоре уступили место профессиональным биологам. В 1925 г. опубликовали свои работы ботаник Б.М. Козо-Полянский, систематик А.А. Любищев, психоневролог В.М. Бехтерев, генетик А.С. Серебровский, эмбриолог М.М. Завадовский, заявившие о своей приверженности официальной философии[136].

Политизация биологических дискуссий началась, когда в них включились биологи и философы, получившие образование через рабфаки, ИКП и Комвузы. Появились труды биологов, изначально обсуждавших научные проблемы с позиций диалектического материализма: ботаник И.М. Поляков, физиолог Б.М. Завадовский, генетик Н.П. Дубинин. Особое значение имела деятельность И.И. Агола, С.Г. Левита, В.Н. Слепкова и Е.А. Финкельштейна[137], вскоре возглавивших марксистские организации и учреждения, связанные с биологией. Имея опыт гражданской войны, студенческих и партийных чисток, они активно использовали политические аргументы, внося в дискуссии дух непримиримости, обвиняя оппонентов в витализме, мистицизме, идеализме, телеологии. На формирование взглядов биологов в СССР влияли и немецкие биологи-марксисты, эмигрировавшие в СССР в 1920–1930-е гг.: бывший военный комиссар Баварской республики М.Л. Левин и Ю. Шаксель, «первый марксист среди биологов и первый биолог среди марксистов»[138]. Утверждали даже, что «черты идеологической воинственности и бескомпромиссности» у первого поколения биологов-марксистов были «следствием свойственной их учителям-немцам прямолинейности и твердости»[139].

Подобный стиль усваивали и другие участники дискуссий. Возрастала агрессивность формулировок. Выступая 20 ноября 1926 г. в Комакадемии, генетик А.С. Серебровский заклинал присутствовавших «рассеять туман ламаркизма» и звал к бескомпромиссной борьбе с ним «под знаменем революционного марксизма всюду и в первую очередь здесь, в стане нашей Коммунистической Академии»[140].

---

[135] *Попов-Подольский М.* Современный антидарвинизм и марксизм // Коммунистическая мысль. 1923. № 6–7. С. 31–45; *Рожицын В.* Дарвинизм и современный марксизм // Дарвинизм и марксизм. Харьков, 1923. С. 230–252; *Бартенев А.Н.* К вопросу о старых и современных путях в биологии // ПЗМ. 1924. № 12. С. 72–88; и др.

[136] *Козо-Полянский Б.М.* Диалектика в биологии. Ростов-на-Дону, 1925; *Любищев А.А.* Понятие эволюции и кризис эволюционизма // Известия Биол. НИИ при Пермском ун-те, 1925. Т. 4. Вып. 4. С. 137–153; *Бехтерев В.М.* Психология, рефлексология и марксизм. М., 1925.

[137] *Агол И.И.* Диалектический метод в эволюционной теории. М., 1927; *Слепков В.Н.* Диалектический метод в биологии // ПЗМ. 1927. № 10–11. С. 249–262; *Левит С.Г.* Эволюционные теории в биологии и марксизм // Медицина и диалектический материализм. М., 1926. Вып. 1. С. 15–32.

[138] *Krausse E.* Julius Schaxel an Ernst Haeckel (1906–1917). Leipzig; Jena; Berlin, 1987. S. 9.

[139] *Музрукова Е.Б., Чеснова Л.В.* Советская биология в 30–40-е гг. // Репрессированная наука. СПб., 1994. Вып. 2. С. 49.

[140] *Местергази М.М.* Эпигенезис и генетика // ВКА. 1927. Вып. 19. С. 231–232.

По словам Ф.Г. Добржанского, эмигрировавшего позднее в США и ставшего там одним из главных генетиков XX в., уже в 1926 г. основным аргументом в биологических спорах часто становилась апелляция к диалектическому материализму[141], что соответствовало провозглашенному еще в первых номерах журнала «Под знаменем марксизма» лозунгу о союзе философии диалектического материализма и естествознания[142].

Обычными становились и аргументы о практическом значении взглядов выступавшего для строительства нового мира. Не была забыта и евгеника. Например, М.В. Волоцко́й предлагал предотвращать размножение особей с нежелательными генами (вплоть до стерилизации), что, мол, обеспечит улучшение качества популяций человека, а тем самым быстрое построение социализма[143]. Правительство финансировало многочисленные зарубежные экспедиции Вавилова, связанные с поисками исходного материала для обещанного им быстрого выведения высокоурожайных и устойчивых сортов культурных растений[144].

В условиях становящегося тоталитаризма идеологические дискуссии и проработки завершались оргвыводами и кадровыми перестановками. Идейной формой часто прикрывали откровенный карьеризм. Поэтому трудно установить подлинные мотивы действий отдельных лиц. Но молодые биологи-марксисты объективно воспринимали традиционные научные школы как конкурентов и стремились ускорить свою профессиональную карьеру, обвиняя своих учителей и коллег в приверженности «буржуазной» науке. Они, как и другие партийные интеллигенты, не возражали против университетских чисток в 1924 г., реорганизации Академии наук в 1929 г. и т. д.[145] Но многие биологи и старшего поколения участвовали в марксистских организациях и журналах, стараясь сохранить или повысить свой статус, получить финансовую поддержку, низвергнуть конкурентов, защититься от нападок. Как показала дискуссия в апреле 1925 г. на заседании Научного общества марксистов в Ленинграде, представители четырех школ в физиологии ВНД стремились доказать, что именно их взгляды должны стать основой марксистской социологии[146].

Эта идеологизация биологии шла на фоне идейной борьбы между представителями различных школ и направлений в самой биологии, например, дарвинистами и механоламаркистами, приверженцами В.А. Вагнера, В.М. Бехтерева, И.П. Павлова и А.А. Ухтомского в физиологии и психологии. При отсутствии ясных представлений о диалектической методологии каждый мог объявлять близкие

---

[141] *Dobzhansky Th.* The Birth of the Genetic Theory of Evolution in the Soviet Union in the 1920-s // The Evolutionary Synthesis: Perspectives of the Unification of Biology. Cambridge (Mass.); London, 1980. P. 230.

[142] Письмо тов. Л.Д. Троцкого // ПЗМ. 1922. № 1. С. 5–7: *Ленин В.И.* О значении воинствующего материализма // ПЗМ. 1922. № 2. С. 5–12.

[143] *Волоцко́й М.В.* Классовые интересы и современная евгеника. М., 1925.

[144] *Вавилов Н.И.* Пять континентов. М., 1987.

[145] *Fox M.* Political Culture, Purges and Proletarianization at the Institute of Red Professors, 1921–1929 // The Russia Review. 1993. Vol. 52; *Козлова Л.А.* Институт Красной профессуры (1921–1938 гг.) // Социологический журнал. 1994. № 1. С. 96–112; *Перчёнок Ф.Ф.* «Дело Академии наук» и «великий перелом» в советской науке // Трагические судьбы: репрессированные ученые Академии наук СССР. М., 1995. С. 201–235.

[146] ПФА РАН. Ф. 238. Оп. 1. Д. 126.

ему теории и концепции соответствующими марксизму, а взгляды оппонентов и конкурентов — антимарксистскими. Бывало, что в ходе дискуссий менялись взгляды того или иного ученого, но каждый раз заявлялось, что они базируются на марксизме. Например, С.Г. Левит вначале был уверен в необходимости для марксиста признавать наследование приобретаемых признаков, позднее доказывал, что только теория естественного отбора и хромосомная теория наследственности соответствуют диалектическому материализму[147].

В обстановке ожесточенных дискуссий по общетеоретическим проблемам биологии и постоянной борьбы против «павловщины», «бехтеревщины», «райковщины», «корниловщины» и т. д. формировалась практика навешивания ярлыков на научных оппонентов, которых шельмовали как реакционеров и пособников мировой буржуазии. Все ощутимей становилось не столько стремление убедить оппонента в своей правоте, сколько указать на вредность его взглядов и исследований. В этих условиях большинство представителей «старорежимной», «буржуазной» интеллигенции старалось ограничиться лишь формальным заявлением о материалистической направленности своих исследований. Немногие, как крупный физиолог А.Ф. Самойлов, открыто заявляли в марксистской печати о бесплодности подобной диалектизации науки[148]. Все чаще делались попытки заставить ученых формулировать свои задачи, используя язык марксистской методологии, а научные дискуссии все более напоминали внутрипартийную борьбу.

Центром идеологических бурь, сотрясавших биологию в эти годы, была Москва, где находились основные марксистские учреждения и общества, а близость к партийно-правительственным кругам обостряла конкуренцию. С конца 1925 г. в Секции естественных и точных наук Комакадемии стали проводить дискуссии по биологии, в которых в основном сталкивались сторонники механоламаркизма (Ю.М. Вермель, М.В. Волоцко́й, Ф.Ф. Дучинский, Б.М. Завадовский, Б.С. Кузин, М.С. Навашин, Е.С. Смирнов, А.К. Тимирязев) и генетики (И.И. Агол, Н.П. Дубинин, Н.К. Кольцов, С.Г. Левит, А.С. Серебровский, В.Н. Слепков, С.С. Четвериков)[149]. Ниже мы подробнее остановимся на сути обсуждаемых проблем. Здесь же только отметим, что с самого начала дискуссии, отличавшиеся исключительным накалом и резкими высказываниями в адрес оппонентов, привлекли внимание биологического сообщества, так как на них обсуждались актуальнейшие проблемы науки. Практически каждый доклад становился поводом для взаимных обвинений ламаркистов и генетиков в отказе от диалектического материализма. Но, несмотря на острые разногласия по ключевым проблемам биологии, все участники дискуссий готовы были бороться с «виталистическими, идеалистическими течениями, а также со всякими извращениями диалектического материализма в биологии, участвовать в борьбе против использования достижений биологии в классовых интересах»[150]. Так было записано в проекте устава Общества биологов-материалистов (ОБМ), подписанном ста пятьюдесятью биологами и философами и направленном в ноябре 1926 г. в Президиум Комакадемии с просьбой об учреждении такого общества.

---

[147] *Левит С.Г.* Эволюционные теории в биологии и марксизм // Медицина и диалектический материализм. 1926. Вып. 1. С. 15–32; *Левит С.Г.* Диалектический материализм в медицине // Вестн. современной медицины. 1927. Вып. 23. С. 1481–1490.

[148] *Самойлов А.Ф.* Диалектика природы и естествознание // ПЗМ. 1926. № 4–5. С. 81.

[149] Архив РАН. Ф. 350. Оп. 2. Д. 48. Л. 1–63; Д. 112. Л. 1–58; Д. 115. Л. 1–70.

[150] Там же. Д. 51. Л. 189.

Это предложение поддержал О.Ю. Шмидт. Однако Президиум Комакадемии явно не спешил сделать новую организацию, прославившуюся уже острыми дискуссиями и взаимными обвинениями в антимарксизме, полноправной структурой[151]. Руководители Комакадемии были не готовы взять на себя ответственность за ее работу. Этот вопрос обсуждали много раз в течение полугодия. И лишь ссылки Шмидта на то, что затягивание официальной регистрации марксистского научного центра, активно участвовавшего в подборе тем научно-исследовательских работ, может произвести неблагоприятное впечатление на биологическое сообщество, позволили после длительных дискуссий решить вопрос положительно[152]. В ОБМ состояло около 200 членов. И среди них было немало первоклассных ученых (И.И. Агол, Л.Я. Бляхер, С.Н. Боголюбский, А.Е. Гайсинович, И.И. Ежиков, Н.П. Кренке, П.П. Лазарев, А.И. Опарин, А.В. Румянцев, А.С. Серебровский, Е.С. Смирнов и др.). Возглавляли общество М.Л. Левин, С.Г. Левит и Г.А. Шмидт. Были здесь и те, кто позднее выступил в поддержку Лысенко, а также будущий автор концепции «живого вещества», старая большевичка О.Б. Лепешинская, которая уже тогда тратила много сил на искоренение «чуждых» элементов из советской биологии. Свидетельством этого была её активная борьба против согласия руководства Комакадемии на поездку А.Г. Гурвича, В.М. Дончаковой, С.Г. Навашина и А.Д. Тимофеевского на 2-й Международный конгресс по изучению клетки[153].

В мае 1926 г. было принято решение создать Биологическое отделение в Комакадемии в составе Ю.М. Вермеля, Б.С. Кузина, Е.С. Смирнова и предложить австрийскому механоламаркисту П. Каммереру руководить его работой. Тематика Биологического отделения была, прежде всего, связана с поиском экспериментальных доказательств наследования приобретаемых признаков и влияния внешних факторов на процессы формообразования. Эти исследования проводили Смирнов и Вермель, но в них участвовали также Р.И. Белкин, Б.М. Завадовский, Д.Л. Рубинштейн и др. Сам Навашин вместе с Е.Н. Герасимовой проводил цитологические исследования. В Психоневрологическом отделе исследовались проблемы психоанализа, психопатологии, зоопсихологии, физиологии нервной системы, взаимоотношений психологии и марксизма. Вскоре Комакадемия стала субсидировать и генетические работы А.С. Серебровского, И.И. Агола, Н.П. Дубинина, М.А. Гептнера, С.Г. Левита и др. в Московском зоотехническом институте[154]. В декабре 1927 г. М.Л. Левин организовал и возглавил Кабинет по истории естествознания, где в основном разрабатывали историю биологических проблем и был подготовлен ряд книг по истории эволюционной теории и генетики.

Несколько иная картина была в Ленинграде, где сохранялись научные школы с всемирно признанными лидерами (В.И. Вернадский, Н.И. Вавилов, И.П. Павлов и др.), и идеи диалектизации биологии не имели серьезной поддержки среди ученых. До 1929 г. здесь не было учреждений Комакадемии и отделений других марксистских обществ, включая ОБМ. Ряды же действительных членов естественно-научной секции Научного общества марксистов (НОМ), созданного еще в 1919 г., вплоть до 1928 г. составляло несколько человек, среди которых только физиолог

---

[151] Архив РАН. Л. 180.

[152] Там же. Оп. 1. Д. 112. Л. 6, 7, 10–12.

[153] Там же. Д. 311. Л. 135, 138–139.

[154] Краткий отчет о деятельности Коммунистической академии за 1925 г. // ВКА. 1925. № 15. С. 325–338; Деятельность Коммунистической академии // ВКА. 1929. № 31. С. 229–247.

А.А. Ухтомский (потомок Рюрика по отцовской линии и Чингисхана по материнской)[155] и орнитолог П.В. Серебровский, служивший в белой армии П.Н. Врангеля, пользовались авторитетом в научном сообществе. На заседания секции, проходившие обычно в кабинете ректора университета, приходило 10–15 человек. И на пленарных заседаниях НОМ присутствовало 8–12 его действительных членов, а аудиторию актового зала университета заполняли слушатели из учреждений, где преподавал докладчик, но больше всего военные, направляемые на лекции по наряду[156]. Для поднятия авторитета НОМ в качестве докладчиков секционных и пленарных заседаний приглашали известных ученых: В.М. Бехтерева, Н.И. Вавилова, В.Л. Комарова др. Дискуссии носили вполне академический характер.

С 1925 г. в работе Естественнонаучной секции НОМ участвовал И.И. Презент, закончивший юридическое отделение факультета общественных наук, но считавший себя специалистом по диалектике живой природы. К тому времени он уже собрал вокруг себя группу студентов, с помощью которых не раз пытался дестабилизировать работу естественнонаучной секции НОМ, но каждый раз встречал твердый отпор со стороны руководства секции и правления НОМ[157]. Весной 1928 г. Презент стал внештатным сотрудником секции философии Ленинградского научно-исследовательского института по изучению марксизма-ленинизма (ЛИМ), созданного в 1927 т. работниками Ленинградского Комуниверситета. Возникновение ЛИМа связано с прибытием в Ленинград выпускников ИКП, в том числе интересовавшихся философией естествознания (Р.Э. Яксон, Г.С. Тымянский, М.Л. Ширвиндт и др.). Члены секции философии были последователями А.М. Деборина, возглавлявшего тогда Институт философии Комакадемии и журнал «Под знаменем марксизма». К ним и примкнул Презент. В соответствии с установками Деборина Презент свою задачу видел в «построении имманентной логики биологического процесса» и «в исследовании логической концепции различных биологических теорий»[158]. К концу 1927 г. стало ясно, что НОМ не справляется с задачами пропаганды марксизма среди ученых. Не раз в постановлениях и записках партийных органов отмечалось, что недостаточно «выяснена физиономия общества», что в публикациях НОМ «нет отражения современных проблем, а само общество не может считаться марксистским»[159].

Руководителям НОМ часто приходилось в Главнауке, ВЦИКе и ЦК ВКП (б), Ленгубкоме ВКП (б) и Ленгубисполкоме отстаивать право на существование и выбивать скудное финансирование. Положение НОМ резко осложнилось после создания ЛИМ. Его руководители (Б.Н. Позерн, С.Л. Гоникман), опиравшиеся на поддержку Ленгубкома, с самого начала стремились поглотить НОМ. 28 мая 1928 г. научно-политическая секция Наркомпроса приняла решение о «реорганизации НОМ и объединении его с работой Института»[160]. Полтора года ушло на попытки доказать различия Общества (НОМ) и Института (ЛИМ), все было тщетно. Подчиняясь указаниям «сверху», 28 декабря 1929 г. фракция ВКП (б) в НОМ

---

[155] К моменту вступления в НОМ Ухтомского уже дважды арестовывали.
[156] Там же. Д. 40. Л. 44–49.
[157] Там же. Д. 20. Л. 14; Д. 96. Л. 12–13.
[158] ПФА РАН. Ф. 235. Оп. 1. Д. 7. Л. 22.
[159] Там же. Ф. 238. Оп. 1. Д. 31. Л. 10.
[160] Там же. Ф. 235. Оп. 1. Д. 9. Л. 7.

сама выступила с предложением, в связи с существованием аналогичной марксистской организации ликвидировать НОМ и передать его имущество в Комакадемию[161]. Эта «инициатива снизу» сразу же была поддержана. 5 января 1930 г. Главнаука приняла соответствующее решение. Естественнонаучная секция вошла в Ленинградское отделение ОВМД, став вскоре основой Ленинградского Общества биологов-марксистов (ОБМ). Но только два члена этой секции, П.Н. Овчинников и И.И. Презент, участвовали в последующей диалектизации биологии.

Биология и марксизм

Дарвинизм и марксизм

В XX веке идеологическое и социально-политическое значение дарвинизма резко усилилось в связи с возникновением мощных евгенических движений. Биология в целом и дарвинизм в особенности занимали привилегированное положение в партийных планах. Вожди и идеологи Октябрьской революции (В.И. Ленин, Л.Д. Троцкий, Н.И. Бухарин) искренне верили, что дарвинизм поможет им в строительстве социализма. Желая заменить религию авторитетом науки, партия заботилась о благоприятных условиях для эволюционных исследований и их популяризации, не вмешиваясь сперва в сами эволюционные дискуссии, требуя от их участников лишь деклараций о том, что их концепции согласуются с диалектическим материализмом. Дарвинизм традиционно рассматривали как научную базу марксистского взгляда на общество. Из разнообразных высказываний К. Маркса о теории Дарвина, часть из которых явно свидетельствует о его симпатиях к недарвиновским концепциям, марксисты, как правило, использовали лишь его оценку «Происхождения видов» в письме к Ф. Энгельсу от 19 декабря 1860 г.: «Эта книга дает естественноисторическую основу для наших взглядов». Дарвинизм объявили научной основой официальной идеологии. В СССР даже утверждали, что только дарвинизм соответствует марксизму, а остальные концепции должны быть удалены как идеологически вредные и научно несостоятельные. Эту установку поддерживали многие биологи, доказывавшие, что только дарвинизм может быть методологией биологических исследований. В этих условиях противники дарвинизма вынуждены были выдавать свои взгляды за развитие учения естественного отбора. Особенно преуспел в этом позднее Т.Д. Лысенко, который добился, чтобы его антидарвиновские построения были объявлены «советским творческим дарвинизмом» и внедрены в учебные программы, включая и философию[162].

Однако негативные последствия столь повышенного внимания государства к вопросам эволюционной теории выявились не сразу. Первые пятнадцать лет после революции оказались даже благоприятными для институциализации эволюционной биологии: возникла сеть биологических институтов, во главе которых, как

---

[161] ПФА РАН. Ф. 238. Оп. 1. Д. 100. Л. 42–43.

[162] В своих выступлениях в 1930-х гг. Лысенко не раз заявлял, что он до встречи с И.И. Презентом учения Ч. Дарвина не знал. В устной истории сохранился даже анекдот о их первой встрече в Ленинграде в 1929 г. на Всесоюзной конференции по генетике, селекции и семеноводству. По рассказам, услышав от Презента совет внимательно почитать Дарвина, Лысенко спросил, присутствует ли Дарвин на конференции, так как он хотел бы лично поговорить с ним.

правило, были поставлены крупные эволюционисты — А.А. Борисяк, Н.И. Вавилов, В.И. Вернадский, Н.К. Кольцов, Б.А. Келлер, Л.А. Орбели, А.А. Сапегин, А.Н. Северцов, И.И. Шмальгаузен. В ведущих университетах и других высших учебных заведениях страны формировались кафедры, лаборатории, разрабатывавшие проблемы самой эволюционной теории и тесно связанных с нею биологических дисциплин. К началу 1930-х гг. дарвинизм стал обязательным предметом при высшем биологическом образовании, а его основы излагали во всех учебниках по марксистской философии. Был налажен выпуск новых биологических журналов, уделявших большое внимание проблемам эволюции. Эволюционная проблематика занимала видное место и в периодических изданиях, основанных в 1920-х гг. для пропаганды марксистской философии. Переводили на русский язык и публиковали книги зарубежных генетиков и эволюционистов: П. Каммерера, Ш. Депере, Г. де Фриза, Т. Моргана, Л. Плате, Р. Гольдшмидта, Дж.С. Хаксли. Переиздавали труды многих эволюционистов XIX в., включая апостолов дарвинизма в XIX веке А.Р. Уоллеса, Т.Г. Гексли, Э. Геккеля, А.Ф.Л. Вейсмана и К.А. Тимирязева. С 1939 года стали публиковать академическое собрание сочинений Ч. Дарвина в 10 томах. Текущую научную литературу на главных европейских языках, по свидетельству Ф.Г. Добржанского, читали в России регулярнее, чем в США. Интенсивно шло создание нового эволюционного синтеза. В то время, когда в большинстве своем зарубежные биологи мало интересовались проблемами эволюции, их русские коллеги всячески старались подчеркнуть эволюционную значимость своих исследований. Продолжались и научные контакты советских ученых с зарубежными коллегами. В длительные научные командировки отправлялись молодые биологи, получившие высшее образование после революции (И.И. Агол, А.Р. Жебрак, С.Г. Левит др.), изначально воспринимавшие философию марксизма как единственно верную.

Особенно тесные связи советское правительство старалось установить с дарвинистами, придерживавшимися марксистских взглядов. Среди них особое место занимал один из пионеров исследования антибиотиков, генетик и эволюционист Дж.Б.С. Холдейн. Будучи членом Коммунистической партии Англии, он написал книгу «Наука и марксизм», в которой значительное место отвел вопросу об использовании марксизма в современном дарвинизме[163] . Его книга «Факторы эволюции» была издана в СССР в 1932 г. фактически сразу после публикации в Англии. Холдейн был убежден, что марксизм особенно полезен при решении комплексных проблем. Марксистских воззрений придерживался Г.Дж. Мёллер, который, работая в СССР, безуспешно пытался убедить Сталина в необходимости осуществлять евгенические мероприятия. В СССР эмигрировал и работал до конца Второй мировой войны крупный болгарский генетик, специалист по отдаленной гибридизации культурных растений Д. Костов.

Выполнение социального заказа на превращение биологии в естественнонаучную основу марксизма шло в условиях резкого противопоставления генетики учению о естественном отборе и оживления финалистических, ламаркистских и сальтационистских концепций. В посмертно изданной в 1922 г. книге «Исторический метод в биологии» патриарх российского дарвинизма К.А. Тимирязев со свойственной ему резкостью обрушился на все недарвиновские концепции эволюции, включая мутационную теорию и генетику. Сходство «революции», произведенной

[163] *Фельдман Г.Э.* Д.Б.С. Холдейн. М., 1976. С. 46–55.

Марксом в общественных науках публикацией в 1859 г. труда «К критике политической экономии», с революцией в естествознании, связанной с выходом в том же году книги Дарвина «Происхождение видов», он усматривал, прежде всего, в объяснении общественной истории и биологической эволюции материалистическими факторами, в изгнании теологии и телеологии из социальных и естественных наук, в также в использовании актуализма. Аналогии Тимирязев находил и в процессах выработки новых признаков организмов, и в изобретении орудий труда как форм приспособления живого и общества к внешним условиям существования. Сциентизм и прометейство Тимирязева были пронизаны непримиримостью к иным воззрениям. По мнению Тимирязева, в науке, в естествознании, а не в «пережитках позорно издыхающей буржуазной культуры, должна быть заложена основа идущей ей на смену культуры пролетарской — культуры будущего»[164] . Многие советские ученые, пришедшие в науку после революции, воспринимали дарвинизм и его философию под влиянием этого труда.

Следуя установке вождей революции, с первыми докладами на тему «Дарвинизм и марксизм» в Научном обществе марксизма в Ленинграде выступили в 1922 г. социолог Е.А. Энгель и юрист Н.А. Гредескул. Пафос их выступления сводился к преувеличению аналогий, а иногда и к стиранию граней между дарвинизмом и марксизмом. Сущность теории Дарвина Гредескул усматривал в причинном объяснении целесообразности, в признании прогрессивного усложнения организмов и их взаимодействий с окружающей средой, в эктогенетическом характере эволюции. Он призывал к прямому переносу идей дарвинизма в социологию. Аналогичной позиции придерживались эмбриолог М.А. Бубликов и марксист Г.А. Гурев, которые в борьбе за существование видели причину развития и органов животных («естественных технологий»), и производительных сил «искусственных технологий»[165] . В учебнике «Эволюционное учение», выдержавшем несколько изданий, Ф.Ф. Дучинский заявил, что марксизм — продолжение дарвинизма, начиная с истории первобытного общества, где Дарвин закончил свои исследования. Вместе с тем он подчеркивал отличие результатов отбора в природе и в обществе, где «выживают часто не более талантливые, сильные, здоровые, а более изворотливые, хитрые, бесчестные». Дарвинизм Дучинский понимал шире, чем только учение об естественном отборе, включая в него принципы ламаркизма, мутационизма и других концепций эволюции. Другие марксисты (А.Н. Бартенев, Л. Боголепов, М. Попов-Подольский, В. Рожицын, В.Н. Сарабьянов и др.), столь же далекие от биологии, трактовали дарвинизм иначе — как чуждую диалектическому материализму метафизическую и градуалистическую концепцию. Дарвина критиковали также за абсолютизацию количественных изменений и случайности, за отрицание законов эволюции, за непонимание диалектики прогресса и регресса, за идеализм в трактовке происхождения человека и за скрытую телеологичность. Они призывали переработать дарвинизм на диалектико-материалистической основе. В качестве концепций, более соответствовавших марксизму, называли мутационную теорию Г. де Фриза, номогенез Л.С. Берга и механоламаркизм.

Характер дискуссии изменился, когда в середине 1925 г. в нее включились биологи, исходившие из основных положений опубликованной в 1925 г. рукописи

---

[164] *Тимирязев К.А.* Ч. Дарвин и К. Маркс // Дарвинизм и марксизм. 2-ое изд. М., 1925. С. 40.

[165] *Бубликов М.* Борьба за существование и общественность. Дарвинизм и марксизм. М., 1926; *Гурев Г.А.* Дарвинизм и марксизм. Гомель, 1924.

Ф. Энгельса «Диалектика природы», разъясненных вскоре в большой статье «Энгельс и диалектика природы» главного редактора журнала «Под знаменем марксизма» А.М. Деборина. Его рассуждения о соответствии отдельных положений дарвинизма и марксизма (относительность целесообразности, всеобщность принципа причинности, единство структуры и функций, регрессивных и прогрессивных изменений, влияние организации на последующее развитие и т. д.), в том числе и его конечный вывод о необходимости преодолеть градуализм и переработать дарвинизм с позиций философии марксизма, хорошо усвоили ученики Деборина в ИКП.

Однако этот вывод встретил резкое возражение ботаника Б.М. Козо-Полянского, который без оговорок принимал идентичность дарвинизма и диалектического материализма. Дарвин, вероятно, был бы удивлен, узнав, что он «всю великую мощь своего ума отдал созданию и пропаганде материалистической диалектики» и «сделал диалектику могучим орудием биологии»[166] . Перевод книги Ю. Шакселя «Биологические теории и общественная жизнь» (1926), где он предлагал коммунистический вариант социал-дарвинизма, в значительной степени предопределил восприятие марксизма и дарвинизма у молодых советских биологов. В отличие от Козо-Полянского, физиолог Б.М. Завадовский выступил против эпигонского отношения к дарвинизму и призвал к необходимости дополнить его рядом ламаркистских принципов, что закрепил даже в курьезной опечатке «ламарксизм».

Уже к середине 1920 г. стало ясно, что вопрос об отношении дарвинизма и ламаркизма к марксизму разделяет биологов и философов на два лагеря, сторонники каждого старались доказать, что именно их взгляды соответствуют диалектическому материализму. Центрами этих дискуссий стали Секция естественных и точных наук Комакадемии, Общество биологов-материалистов (ОБМ) в Москве и Естественнонаучная секция Научного общества марксистов в Ленинграде. Дискуссия началась, когда биологи приступили к синтезу теории естественного отбора и генетики. Философское обоснование этого синтеза с позиций марксизма пытался дать А.С. Серебровский и его сотрудники — выпускники естественнонаучного отделения ИКП И.И. Агол и В.Н. Слепков, а также начинающий генетик Н.П. Дубинин. Не столько в эксперименте, сколько в цитатах из Энгельса они черпали аргументы о том, что борьба за дарвинизм и за диалектический метод в эволюционной теории — звенья одной цепи, подчеркивая методологическую ценность высказываний Энгельса о диалектической трактовке Дарвином представлений о виде, необходимости, случайности, законе, факторе и т. д.

Наиболее последовательно эту линию проводил И.И. Агол. В специальной книге «Эволюционная теория и диалектический материализм» (1927) он предпринял попытку марксистского анализа эволюционных проблем. Его основной тезис состоял в том, что теория Дарвина — не просто естественнонаучная концепция, но и философско-методологическая основа любого биологического исследования. Для него дарвиновская эволюция — единство противоречивых процессов: наследственности и изменчивости, необходимости и случайности. Он возражал против обвинений Дарвина в мальтузианстве. Сходной позиции придерживались Л.Я. Бляхер, М.Л. Левин, С.Г. Левит, М.М. Местергази, И.М. Поляков. Все они доказывали, что, выдвинув теорию естественного отбора, Дарвин объяснил причины эволюции, происхождение органической целесообразности и многообразие

---

[166] *Козо-Полянский Б.М.* Диалектика в биологии. Ростов-на-Дону; Краснодар, 1925. С. 39, 54.

живых форм. Успех дарвинизма, по их мнению, был обусловлен материалистической трактовкой причин эволюции и раскрытием статистического характера причинности, относительного характера целесообразности живого. Дарвинизм они использовали для раскрытия диалектики случайного и необходимого, доказывая, что неопределенная наследственная изменчивость возникает закономерно под влиянием внешних и внутренних факторов, но она случайна по отношению к будущим адаптивным преобразованиям, которые направляет естественный отбор. Диалектичность концепции Дарвина состояла, по мнению этой группы авторов, в трактовке прерывистости и непрерывности в эволюции. Защищая Дарвина от обвинения в вульгарном эволюционизме, они пытались показать, что дарвиновское учение о видообразовании раскрывало, каким образом накопление мелких изменений ведет к возникновению нового качества. Они подчеркивали, что Дарвин понимал эволюцию как непрерывный процесс возникновения все новых и новых форм и непрерывными у него были процессы дивергенции, ведущие к возрастанию сложности организмов и открывающие новые зоны существования жизни.

С подобными оценками дарвинизма были не согласны те из биологов и философов, которые считали именно свои антидарвиновские концепции эволюции бесспорной естественнонаучной основой марксизма. Официальная поддержка дарвинизма со стороны властей не только не изжила, но, напротив, усилила критическое отношение к нему. Основные типы эволюционных концепций (автогенез, мутационизм-неокатастрофизм или сальтационизм и неоламаркизм), существовавшие тогда в мировой науке, имели своих сторонников и в Советской России.

На первых порах особый интерес вызвал «Номогенез» (1922) Л.С. Берга, который настаивал на закономерности эволюции, стремлении живого к прогрессу и его изначальной целесообразности. В «Номогенез» входили все основные положения автогенеза, эктогенеза и сальтационизма: эволюция была развертыванием уже существующих зачатков, строго направлена, так как наследственной изменчивостью управляют жесткие законы; эволюционные изменения, вызываемые внутренними факторами, всегда внезапны; эволюционные изменения, вызываемые прямым воздействием «географического ландшафта» на зародышевую плазму всех обитателей данного региона, напротив, были постепенны, и также строго детерминированы внутренними свойствами. По мнению Берга, дарвинизм давно стал тормозом для развития эволюционной теории, защищая «ложные гипотезы о борьбе за существование, отборе как факторах прогресса». Даже многие известные в будущем дарвинисты, например, Н.И. Вавилов и Ф.Г. Добржанский, симпатизировали теории Берга, когда она только появилась. По воспоминаниям Е.И. Лукина, в дискуссиях, проходивших в Харькове в 1922–1923 гг. в связи с публикацией «Номогенеза», участвовали преподаватели разных институтов и присутствовало много студентов, которые с интересом слушали выступавших ораторов[167]. И хотя среди биологов оказалось немного открытых приверженцев Берга, его воззрениям сочувствовали биологи, не принимавшие учение о естественном отборе. Некоторые философы-марксисты (В. Рожицын, В.Н. Сарабьянов) также объявили номогенез эволюционной теорией, наиболее соответствовавшей марксизму.

Вместе с тем, она была атакована с разных сторон, как по биологическим, так и идеологическим соображениям. Как новую вылазку антидарвинизма её оценили биологи старшего поколения В.М. Шимкевич, А.М. Никольский, В.И. Талиев

[167] Запись на видеопленке интервью с Е.И. Лукиным в сентябре 1990 г.

и др. Даже Ю.А. Филипченко, сочувственно относившийся к автогенезу, признавал уязвимость биологической аргументации Берга. Молодые биологи-марксисты оценивали эту доктрину как несовместимую с диалектическим материализмом[168] и указывали на логические ошибки Берга, противоречивость его высказываний, близость номогенеза к витализму в трактовке органической целесообразности, на абсолютизацию необходимости, отрицание случайности в эволюции, непризнание статистического характера детерминации, абсолютизацию скачков и т. д. Выступая 25 ноября 1923 г. на пленарном заседании НОМ, А.П. Омельченко в докладе «Новый антидарвинизм» уверял, что номогенез под оболочкой последнего слова науки оказывает поддержку богословию и выражает идею «творческого начала».

Не получила поддержки и автогенетическая концепция А.А. Любищева (по его терминологии — «филогенетический преформизм»), хотя сам он уверял, что она ближе к диалектическому материализму, чем любая другая гипотеза эволюции. По его мнению, «революционность и периодичность в эволюции жизни» свидетельствуют о «спиралеобразном характере филогенеза, что, видимо, является одной из существенных особенностей гегелевской диалектики»[169] и свидетельствует о некоем «едином законе диалектического развития организма». Гегельянская терминология не способствовала популярности Любищева среди биологов и в то же время не спасла его от критики со стороны марксистов.

Фактически обе автогенетические гипотезы были первыми естественнонаучными концепциями, которые были осуждены у нас в стране по идеологическим соображениям. И хотя идеи, близкие к номогенезу, можно было впоследствии встретить в сочинениях В.Н. Беклемишева, А.А. Заварзина, П.Г. Светлова, идеологический характер критики Берга и Любищева обусловил их забвение на долгие годы. Чаще всего их вспоминали только для того, чтобы лишний раз призвать к «разоблачению идеалистической концепции». Стремясь не допустить избрания Берга в Академию наук, сторонники Лысенко в 1939 г. писали в газете «Правда», что книга Берга — «законченный антидарвинистский трактат, усиливающий позиции идеализма и поповщины»[170] и что «на “Номогенез” Берга ссылаются активные антидарвинисты, вроде фашиствующего палеонтолога Шиндевольфа»[171]. Поэтому номогенетики старались не заявлять открыто о своих взглядах.

В отличие от автогенеза, сальтационизм и неокатастрофизм были популярны среди эволюционистов в 1920-е гг. С их позиций объясняли не только возникновение новых органов или типов, но и крупномасштабные трансформации флор и фаун (А.Н. Криштофович, М.А. Павлова, А.П. Павлов, П.П. Сушкин, Н.Н. Яковлев, М.И. Голенкин и др.). В наиболее целостном виде неокатастрофизм был изложен в концепции исторической биогенетики Д.Н. Соболева, который попытался синтезировать представления о макроэволюции, выдвинутые в автогенетических и эктогенетических концепциях сальтационизма. Он развивал представления о циклах в коренных преобразованиях органического мира как

[168] *Агол И.И.* Диалектический метод и эволюционная теория. М., 1927. С. 39–40.

[169] *Любищев А.А.* Понятие эволюции и кризис эволюционизма // Известия Биологического НИИ Пермского ун-та. 1925. Т. 4. Вып. 4. С. 145.

[170] Им удалось на семь лет задержать избрание Л.С. Берга действительным членом АН СССР.

[171] *Бах А.Н., Келлер Б.А., Коштоянц Х.С.* Лжеученым не место в Академии наук // Правда. 1939. 11 января.

целостной системы, находящейся в неразрывном единстве с абиотической средой. В целом, сальтационизму в те годы не было уделено должного внимания из-за дискуссий между мутационистами, механоламаркистами и дарвинистами. В то же время многие ортодоксальные дарвинисты поспешили отвергнуть эти концепции, указав на их близость к катастрофическим идеям Ж. Кювье. Особенно досталось Соболеву, концепция которого вместе с воззрениями Берга и Любищева стала излюбленным примером открыто идеалистических и телеологических концепций эволюции. Так, например, палеонтолог Л.Ш. Давиташвили уверял, что «любой естествоиспытатель, свободный от реакционных взглядов, столь сильных в наше время в науке капиталистических стран, откажется принять» концепцию Соболева[172].

В целом, даже среди генетиков было немало сторонников недарвиновских концепций эволюции. Создатель первой в России кафедры генетики Ю.А. Филипченко в 1923 г. высказал идею о различии механизмов макро- и микроэволюции. По его мнению, только адаптивные преобразования внутри популяций могут быть объяснены взаимодействием мутагенеза и отбора, а возникновение крупных таксонов связано с изменением цитоплазмы[173]. Предложенное им разграничение двух уровней эволюции было изложено в вышедшей на немецком языке книге «Изменчивость и мутации», оказав огромное влияние на дальнейшее развитие эволюционной мысли, особенно в Германии.

В первые годы советской власти среди биологов, включая Н.И. Вавилова, были последователи мутационизма и гибридогенеза. Некоторые диалектизаторы биологии, следуя за К. Каутским и Г.В. Плехановым в оценке мутационной концепции Г. де Фриза как новейшего естественнонаучного обосновании диалектического материализма, заявили, что именно де Фриз наиболее правильно решил вопрос о смене революционных и эволюционных фаз в истории органического мира. Однако были и резкие выступления против мутационизма. Так, Д.Г. Гульбе утверждал, что в теории мутаций проблему причинности и некоторые другие вопросы решали виталистически, метафизически и даже идеалистически[174]. Де Фризу досталось и за отрицание непрерывности изменений, игнорирование влияния внешней среды, отрицание связи периодов стабильности вида с периодами его коренных преобразований, отрыв количественных изменений от качественных. Гульбе был уверен, что теория де Фриза, «несостоятельная с точки зрения диалектического материализма, неизбежно должна оказаться несостоятельной и перед лицом современного естествознания». Такая оценка теории де Фриза вызывала и резкие возражения. Указывали на ее близость к дарвинизму в вопросах о роли крупных и мелких мутаций в эволюции, о наследственной изменчивости как материальной предпосылке отбора, о роли мутаций и отбора в эволюции, и делался вывод, что обе теории дополняют «друг друга, создавая стройную общую теорию развития органической жизни на Земле»[175].

---

[172] *Давиташвили Л.Ш.* Развитие идей и методов в палеонтологии после Дарвина. М.; Л., 1940. С. 121.

[173] *Philiptschenko Ju. A.* Variabilität und Variation. Berlin, 1927.

[174] *Гульбе Д.Г.* Дарвинизм и теория мутаций с точки зрения диалектического материализма // ПЗМ. 1924. № 8–9. С. 157–166.

[175] *Дучинский Ф.Ф.* Дарвинизм и теория мутаций // ПЗМ. 1925. № 3. С. 77, 128–139; *Великанов И.М.* Теория мутаций в биологии // Медицина и диалектический материализм. Вып. 1. М., 1926. С. 40.

В целом, резкая философская критика номогенетических и сальтационистских (мутационистических) концепций эволюции привела к тому, что их сторонники в дальнейшем выдавали свои воззрения за творческое развитие дарвинизма. Отдельные их идеи, в утрированной форме, были представлены в концепциях лысенкоистов. В отличие от номогенетических и сальтационистских построений, концепция механоламаркизма прочно укоренилась. Анализ причин широкого распространения механоламаркизма и дискуссий вокруг проблемы наследования приобретенных признаков не раз становился предметом исследований отечественных и зарубежных авторов[176]. Подвергнутый критике со стороны генетиков, эволюционистов различных специальностей и философов, механоламаркизм не только не сошёл с научной арены, но, напротив, стал одним из основных теоретических источников лысенкоизма. Именно в трудах механоламаркистов создатели советского творческого дарвинизма пытались найти обоснование своих воззрений, а также заимствовали некоторые теоретические принципы и философские рассуждения.

Активность ламаркистов в 1920-е гг. отнюдь не связана с симпатиями некоторых вождей советского государства к ламаркизму, как это часто утверждается в литературе. Некоторые из них (Г.Г. Боссе, Б.А. Келлер, С.С. Перов) впоследствии поддержали борьбу Т.Д. Лысенко и И.И. Презента против генетики. Другие же (А.П. Владимирский, Ю.М. Вермель, В.Л. Комаров, Б.С. Кузин, П.В. Серебровский) по разным причинам не вмешивались в дальнейшем в споры вокруг тезиса о наследовании приобретаемых признаков, который в 1930-х стал главным лозунгом Т. Д. Лысенко и его идеолога И.И. Презента в борьбе за «советский творческий» дарвинизм. Лысенкоисты явно были неприемлемы из-за своего воинствующего невежества для таких механоламаркистов, как А.П. Владимирский и В.Л. Комаров. Некоторые из них сами пострадали в сталинских репрессиях и погибли в тюрьмах и лагерях (Ю.М. Вермель). В 1920-е годы дискуссии между сторонниками и противниками принципа наследования приобретаемых признаков шли фактически во всех странах. На ее ход влиял тот факт, что многие российские дарвинисты (А.Н. Бекетов, И.П. Бородин, В.В. Заленский, М.А Мензбир, К.А. Тимирязев и др.) всегда принимали принцип наследования приобретенных признаков как существенное дополнение к теории естественного отбора, а не как противопоставление ей. Так, например, московские зоологи Е.С. Смирнов, Ю.М. Вермель и Б.С. Кузин[177] были уверены, что только с позиций эктогенеза можно познать причины и законы эволюции, единство организма и среды. При этом они утверждали, что генетика ничего не дает для понимания процессов эволюции, так как отрицает наследование приобретаемых признаков.

Физиолог-марксист Б.М. Завадовский выступал против тех, кто не видит «естественное развитие дарвинизма», и призывал к синтезу дарвинизма и ламаркиз-

---

[176] *Гайсинович А.Е.* У истоков советской генетики. 1. Борьба с ламаркизмом (1922–1927) // Генетика. 1968. Т. 4. №. 6. С. 158–175; *Бляхер Л.Я.* Проблема наследования приобретенных признаков. М., 1971; *Дубинин Н.П.* Вечное движение. М., 1973; *Завадский К.М.* Развитие эволюционной теории после Дарвина. Л., 1973; *Gaissinovich A.E.* The origin of soviet genetics and the struggle with Lamarckism (1922–1929) // J. Hist. Biol. 1980. Vol. 13. № 1. P. 1–51; *Dobzhansky Th.* The Birth of the Genetic Theory of Evolution in the Soviet Union in the 1920-s. P. 229–242; *Гайсинович А.Е.* Зарождение и развитие генетики. М., 1988; *Фролов И.Т.* Философия и история генетики — поиски и дискуссии. М., 1988.

[177] *Смирнов Е.С., Вермель Ю.М., Кузин Б.С.* Очерки по эволюции. М., 1924. С. 113, 197.

ма, который станет важнейшей основой марксизма. Принципы механоламаркизма казались более очевидными и понятными широкому кругу биологов и философов, чем положения дарвинизма о причинах эволюции как сложном взаимодействии многих факторов, интегрируемом отбором. На страницах журнала «Под знаменем марксизма» появилась серия статей, авторы которых или прямо поддерживали ламаркизм, или также ратовали за синтез с дарвинизмом. Так, В.Н. Слепков протестовал против разделения организма на генотип и фенотип, а отказ от принципа наследования приобретаемых признаков был для него в то время равносилен признанию телеологических, мистических принципов автогенеза[178]. Вскоре Слепков не только стал убежденным сторонником генетики, усматривавшим в ней последовательный диалектический материализм, но и разработал интересную научно-исследовательскую программу, оставшуюся, к сожалению, нереализованной из-за репрессий, которым он подвергся как принадлежащий к бухаринской школе[179]. Ф.Ф. Дучинский также агитировал за синтез дарвинизма и ламаркизма. Отказ от наследования приобретаемых признаков, по его мнению, означал ревизию дарвинизма, после которой невозможно последовательное материалистическое объяснение эволюции, что потребует пересмотра и «самих основ марксизма»[180]. Гены представлялись ему какими-то таинственными существами, развивающимися по имманентным законам «совершенно независимо и обособленно от жизни организма». Сам спор дарвинистов и ламаркистов и возможность синтеза их положений был изображен как конкретизация основополагающего закона диалектического материализма о единстве и борьбе противоположностей — эктогенеза и автогенеза. По мнению П.В. Серебровского, в этот синтез следовало включить еще и ортогенез. Без этих добавлений дарвинизм был для него телеологической концепцией, так как в нем якобы все признаки считали полезными и игнорировали формообразующее воздействие среды. Ботаник и будущий президент АН СССР В.Л. Комаров, выступая в декабре 1928 г. на пленарном заседании НОМ, также уверял, что дарвинизм не дает ответа на вопрос о причинах возникновения полезных изменений под влиянием внешних воздействий.

В неприятии наследования приобретенных признаков ряд биологов, общественных деятелей и философов склонны были усматривать политические и классовые корни, заставляющие, якобы, противников механоламаркизма отрицать возможность воспитания всесторонне развитого человека из представителей рабочего класса и крестьянства. Будущий директор Института медико-генетических исследований С.Г. Левит, критикуя учение о наследственной детерминированности болезней как мистическое, реакционное и буржуазное, уверял, что пролетариат уже давно стихийно признал возможность наследования приобретенных признаков, ибо в противном случае была бы не нужна вся профилактическая медицина и гигиенические мероприятия.

---

[178] *Слепков В.Н.* Наследственность и отбор у человека // ПЗМ. 1925. № 4. С. 102–122; *Слепков В.Н.* Рецензия на кн. Т. Моргана и Ю.А. Филипченко «Наследственны ли приобретаемые признаки» (Л., 1925) // ПЗМ. 1925. № 7. С. 234–237.

[179] *Ермолаев А.И.* История генетических исследований в Казанском университете. Казань, 2004.

[180] *Дучинский Ф.Ф.* Дарвинизм, ламаркизм и неодарвинизм // ПЗМ. 1926. № 7–8. С. 101, 106, 121.

Вскоре в дискуссию между ламаркистами и генетиками-дарвинистами оказалась вовлечена Комакадемия. Начало дискуссии положили доклады Б.М. Завадовского (28 ноября 1925 г.)[181] и А.С. Серебровского (12 января 1926 г.)[182]. Завадовский повторил свои доводы о необходимости синтеза дарвинизма и ламаркизма. Серебровский же отметил, что противопоставление теории Моргана-Менделя марксизму основано на недоразумении. Само противоречие марксизма современной науке могло свидетельствовать, по его мнению, только о неразработанности марксистского мировоззрения. Он полагал, что в таком случае надо исправлять не естествознание, а марксизм. Здесь прозвучали утверждения Серебровского о громадной хозяйственной значимости генетических исследований и его предложение о создании генофонда для воспроизводства талантливых людей. 27 мая 1926 г. с докладом «Проблема наследования влияния среды и эволюция» выступил Е.С. Смирнов, вызвав гневную отповедь со стороны А.С. Серебровского и С.С. Четверикова[183]. Далее прошла серия дискуссий, в которых, как правило, участвовали одни и те же лица. Особый интерес вызвали доклады М.М. Местергази[184], М.В. Волоцкóго, стенограммы прений по поднятым в этих докладах вопросам были опубликованы в «ВКА»[185]. Вопросы наследования приобретаемых признаков затрагивались также в докладах С.Г. Навашина, Г.Г. Щёголева, Ю.М. Вермеля, С.Г. Левита, С.Л. Соболя, М.Л. Левина, М.А. Гремяцкого, Г.Э. Корицкого.

В январе 1926 г. по поручению Президиума Комакадемии О.Ю. Шмидт обратился с предложением к известному австрийскому механоламаркисту П. Каммереру приехать в СССР[186]. Во время его пребывания в Москве в мае 1926 г. было принято решение создать для Каммерера специальную лабораторию в Комакадемии для экспериментальных работ по наследованию приобретаемых признаков. Каммерер принял приглашение, но 23 сентября 1926 г. покончил жизнь самоубийством после публикации статьи в журнале «Nature» о фальсификации результатов его исследования о наследственном увеличении пигментации на брачных мозолях жабы-повитухи. Его советские единомышленники постарались представить происшедшее так, что будто бы Каммерер пал жертвой со стороны клерикалов и буржуазных ученых, не желавших простить ему приверженность материализму[187]. Более того, в некрологе по поводу смерти П. Каммерера в «Вестнике Комакадемии» утверждали, что руководство Комакадемии якобы получило от некоего Четверикова открытку с поздравлением по поводу самоубийства Каммерера. Через два года на экраны вышел снятый по сценарию А.В. Луначарского, бывшего тогда наркомом просвещения, фильм «Саламандра», где авторы сценария в форме политического детектива доказывали классовую подоплеку спора о наследовании приобретаемых признаков и гибель Каммерера изображали как результат заговора

---

[181] *Завадовский Б.М.* Дарвинизм и марксизм: доклад и прения // ВКА. 1926. № 14 С. 226–274; Архив РАН. Ф. 350. Оп. 2. Д. 48. Л. 1–63.

[182] *Серебровский А.С.* Теория наследственности Моргана и Менделя и марксизм / ПЗМ. 1926. № 3. С. 98–117; Архив РАН. Ф. 350. Оп. 2. Д. 112.

[183] Архив РАН. Ф. 350. Оп. 2. Д. 115. Л. 1–70.

[184] *Местергази М.М.* Эпигенез и генетика: доклад и прения // ВКА. 1927. № 19. С. 187-222; Архив РАН. Ф. 350. Оп. 2. Д. 93. Л. 1–68.

[185] *Волоцкóй М.В.* Спорные вопросы евгеники: доклад и прения // ВКА. 1927. № 20 С. 212–254; Архив РАН. Ф. 350. Оп. 2. Д. 68. Л. 1–71.

[186] Архив РАН. Ф. 350. Оп. 1. Д. 50. Л. 3–5.

[187] Памяти проф. П. Каммерера // ВКА. 1926. №. 17. С. 3–10.

клерикалов, банкиров, фашистов, фальшивомонетчиков. Впоследствии, столкнувшись с резкой критикой этого фильма со стороны зарубежных и советских ученых, Луначарский признал, что он не слишком компетентен в биологии, но испытывал искреннюю симпатию к сторонникам идеи прямой зависимости животных форм от среды, что якобы позволит разрушить веру в существование наследственной аристократии[188].

Опыты Г. Дж. Мёллера по искусственному мутагенезу окончательно доказали, что обвинения генетиков в автогенезе и абсолютизации неизменности генов лишены всяких оснований. Состоявшийся в 1927 г. Генетический конгресс в Берлине продемонстрировал, что проблема наследования приобретаемых признаков потеряла свою актуальность. Однако сторонники механоламаркистов в СССР не спешили менять свои теоретические взгляды. Соглашаясь с тем, что нет опытов, подтверждавших наследование приобретаемых признаков, они утверждали, что нет и опытов, окончательно опровергавших такое наследование.

Постепенно агрессивность со стороны приверженцев генетики по отношению к ламаркизму росла. Все чаще основное внимание уделяли критике его философских основ, постулируя неизбежность перехода ламаркизма в теологию. Эту идею настойчиво пропагандировал И.И. Агол, который уверял, что ламаркизм «неизбежно вынужден встать на телеологическую точку зрения в объяснении процессов развития», признавая изначальную целесообразность его реакций на воздействия внешней среды. По его мнению, за ширмой материалистических терминов в ламаркизме скрывается «большой идеалистический и виталистический заряд». А.С. Серебровский и его ученик Н.П. Дубинин главную заслугу дарвинизма и генетики в развитии диалектического материализма видели в обосновании принципа статистической детерминации эволюции живого. Ламаркисты же сводили эволюционный процесс, охватывающий популяции и виды, к физиологическим процессам отдельной особи, тогда как массовые явления несводимы к единичным, поскольку здесь действуют принципиально различные типы закономерностей: статистические и динамические.

К концу 1920-х гг. все больше биологов и врачей, симпатизировавших ранее механоламаркизму, начали переходить на позиции дарвинизма как концепции, соответствовавшей марксизму. Начинала доминировать точка зрения, высказанная в редакционной статье вышедшего в 1929 г. первого номера журнала «Естествознание и марксизм» (ЕиМ). В ней именно теорию Дарвина признавали монолитной системой знаний, позволявшей решать сложные фундаментальные и практические проблемы, возникающие в ходе социалистического строительства. Философ и популяризатор биологии М.М. Местергази тогда же написал: «У ламаркизма все в прошлом». Но прогнозы в науке редко сбываются, а в условиях тоталитарных режимов, где судьбу того или иного учения предопределяют вкусы и пристрастия политических деятелей, бессмысленны. Оказалось, что спор не только не завершен, но это лишь начало трагического противостояния ламаркизма и дарвинизма, в котором марксистскую философию будут активно использовать обе стороны для шельмования идейных противников и завоевания симпатий властей. Далее события в эволюционной теории и генетике в СССР стали в значительной степени определять политические и идеологические факторы.

---

[188] *Луначарский А.В.* Как возник сценарий «Саламандра» // Советский экран. 1929. № 1. С. 47.

Генетика и марксизм

Несмотря на огромное число прекрасных книг, посвященных советской генетике и ее создателям[189], до сих пор нет обобщающего труда по истории генетики в СССР, сравнимого с книгой Дж. Харвуда о развитии генетики в Германии в первой трети нашего века[190]. Лишь в книге В.В. Бабкова дан целостный анализ московской школы эволюционной генетики[191].

Историю философского осмысления достижений генетики также не раз избирали предметом историко-научных и философских работ, в них обычно доказывали, что генетические исследования двигались в сторону усвоения диалектико-материалистической методологии. Не избежали этого и зарубежные историки науки, выражая удивление по поводу того, что генетику объявили в СССР не соответствовавшей диалектическому материализму, в то время как многие выдающиеся генетики в 20-е гг., включая Г. Дж. Мёллера и Дж.Б.С. Холдейна, прямо заявляли о диалектическом материализме как методологической основе своих исследований.

В 1918 г. Ю.А. Филипченко создал лабораторию генетики и экспериментальной зоологии, а годом позже кафедру с таким же названием. Возглавляемая Филипченко кафедра положила начало институциализации генетических исследований в СССР. Здесь сложилась сильная генетическая школа, из которой вышел и крупнейший генетик и эволюционист XX в. Ф.Г. Добржанский. Другим центром генетических исследований в Ленинграде стало Бюро по прикладной ботанике, генетике и селекции, которое после нескольких реорганизаций стало в 1929 г. называться Всесоюзным институтом растениеводства. Его возглавлял Н.И. Вавилов, который собрал в институте прекрасный ансамбль уже сложившихся генетиков (Г.Д. Карпеченко, Г.А. Левитского, М.А. Розанову и др.).

В Москве генетические исследования были начаты в рамках Института экспериментальной биологии, основанного Н.К. Кольцовым в 1917 г. на частные средства и вошедшего в 1919 г. в Государственный институт народного здравоохранения (ГИНЗ) — объединение научных учреждений Наркомздрава РСФСР. Здесь в 1922 г. под руководством С.С. Четверикова создали генетическую лабораторию. Четвериков организовал преподавание генетики в Московском университете, где ему в течение нескольких лет удалось подготовить группу талантливых молодых генетиков.

В течение НЭПа институциализация генетики шла быстрыми темпами, захватывая все новые регионы, а объект генетических исследований все расширялся. Её лидеры весьма умело взаимодействовали с властями, добиваясь ассигнований на генетические исследования. Успех генетиков в конкуренции за финансирование был одной из причин, побуждавших их оппонентов с особенным энтузиазмом выискивать несоответствия генетики диалектическому материализму. Тем более что ранние представления о закономерностях наследственности истолковывали в духе неизменности генов, их независимости от внешних условий, мозаичного характера детерминируемых ими признаков организма. Это давало повод философам и биологам, далеким от генетики, расценивать ее теоретические обобщения как механистические и метафизические. Противопо-

---

[189] См. подробно: *Конашев М.Б.* Библиография по истории отечественной генетики. 1986–2003 // На переломе. Отечественная наука в конце XIX–XX. Вып. 3. Нестор. № 9. СПб., 2005. С. 398–413.

[190] *Harwood J.* Styles of Scientific Thought.

[191] *Бабков В.В.* Московская школа эволюционной генетики. М., 1985.

ставление первыми генетиками своих открытий дарвинизму, казалось, подкрепляло такие оценки.

С критикой генетики особо резко выступали сторонники ламаркизма, среди которых вначале оказались и те, кто впоследствии немало сделал для её защиты. В начале 1920-х гг., когда усилия искусственно получить мутации были безрезультатны, обвинения генетики в постулировании полной независимости генов от внешней среды и внутриорганизменных процессов казались справедливыми. К этому еще примешивались опасения, что генетика может задержать социальные преобразования в нашей стране. Это в значительной степени связано с тем, что многие лидеры генетики (Н.К. Кольцов, А.С. Серебровский, Ю.А. Филипченко и др.) были инициаторами евгенических исследований, которые начались в послереволюционные годы. Поэтому борьба с использованием выводов евгеники на практике для многих означала одновременно и неприятие самой генетики.

В защиту генетики ленинградские и московские ученые выступали вместе. Но если ученики и сотрудники Вавилова и Филипченко, как правило, стремились оставаться в рамках научной дискуссии, то часть московских генетиков старалась идеологизировать и политизировать спор. Особо активен вначале был А.С. Серебровский. Как вспоминал Добржанский, уже в 1926 г. Серебровский обвинял оппонентов в несоответствии их взглядов диалектическому материализму[192] . Используя данные о мелких мутациях, фенотипическом эффекте полиплоидии, новообразованиях при гибридизации и т. д., он писал, что генетика уже подошла к дарвиновскому пониманию эволюции и за истекшее после Дарвина время мы имеем только процесс углубления дарвинизма.

В широко известной статье (1926) С.С. Четвериков развивал представление о популяции как элементарной саморегулирующейся единице существования и эволюции вида. Четвериков вскрыл механизмы поддержания целостности популяций, проанализировал проблему комплексной детерминации ее преобразований, связал колебание численности и изменения частот мутаций с процессами видообразования. Высказанная Четвериковым гипотеза о насыщенности природных популяций мутациями была подтверждена в многочисленных исследованиях. В итоге снималось возражение дарвинизму об отсутствии достаточного материала для действия отбора и о невозможности статистической детерминации эволюционного процесса.

Статья Четверикова положила начало формированию представлений о целостности генотипа и о генетической структуре популяций. Выдвинутое им понятие «генетическая среда» подрывало идею об организме как мозаике признаков, детерминируемых отдельными генами. Было показано, что действие каждого гена зависит от всех других и его эффект контролирует весь генотип и процессы его реализации в морфогенезе. Концепция «эффекта положения генов» хоронила представления о независимых генах, показав, что их проявление и участие в обменных процессах обусловлено положением в хромосоме. Тем самым в генетике утверждались принципы целостности и системности.

Для преодоления представлений об имманентности мутационного процесса большое значение имели исследования по искусственному мутагенезу. Уже в 1925 г. Г.А. Надсон и Г.С. Филиппов доказали многократное усиление мутационного

---

[192] *Dobzhansky Th.* The Birth of the Genetic Theory of Evolution in the Soviet Union in the 1920-s. P. 230.

процесса у низших грибов под воздействием рентгеновского облучения. Через два года классические опыты Г.Дж. Мёллера окончательно убедили мир в существовании внешних факторов мутагенеза, что способствовало устранению автогенеза из генетики.

В 1920 г. Н.И. Вавилов сформулировал закон гомологической изменчивости, который раскрывал зависимость внутривидовой изменчивости от исторически сложившейся организации вида. Тем самым он опровергал представление об абсолютной случайности мутационного процесса, темп и характер которого также контролируется отбором. Наряду с исследованиями ученых многих стран (К. Бриджес, К. Дарлингтон, Т. Морган, А. Стертевант и др.) советские генетики способствовали познанию материальных основ наследственности. В цитогенетических исследованиях Г.Д. Карпеченко и Г.А. Левитский изучали кариотипическую дифференциацию видов, роль полиплоидии и гибридизации в преобразовании аппарата наследственности и возникновении новых органических форм. А.С. Серебровский и Н.П. Дубинин сформулировали концепцию сложного строения гена и его делимости. Постепенно вырабатывали представления о том, что само строение аппарата наследственности и формы мутационной изменчивости являются результатами эволюции и находятся под контролем естественного отбора. Все это опровергало суждения о независимости генов и мутационного процесса от внешних факторов и внутриорганизменных процессов. В те годы зародилось и стремление проникнуть в физико-химические процессы, обеспечивающие хранение, передачу и считывание наследственной информации. В 1927 г. Н.К. Кольцов высказал гипотезу о хромосоме как гигантской молекуле, включающей в линейном порядке самовоспроизводящиеся единицы. Центральная мысль этой гипотезы о механизме образования новых молекул предвосхищала классическое открытие Д. Уотсона и Ф. Крика.

Таким образом, открытия советских генетиков способствовали преодолению механицизма раннегенетических взглядов. Они вырабатывали представления о физико-химической природе наследственного вещества, о дискретном характере строения генов, о целостности генотипа, о связи процессов генетического уровня с механизмами онтогенеза и видообразования и др. В работах И.И. Агола, Н.П. Дубинина, Н.И. Вавилова, С.Г. Левита, М.Л. Левина, А.С. Серебровского, В.Н. Слепкова и других были сделаны попытки философски осмыслить достижения генетики и представить их как соответствующие диалектическому материализму[193].

Утверждали, что благодаря достижениям генетики не только дарвинизм, но и диалектический материализм подняты «на более высокую ступень». Отвергая идею Е.С. Смирнова о возможности некоего синтеза ламаркизма и генетики путем освобождения последней от ошибочного представления о гене как причине признака, Дубинин оценивал эти два течения научной мысли как «два противостоящих мировоззрения, всякая попытка их синтеза может привести только к эклектике. Борьба между ними должна пройти до конца»[194]. Такая непримиримость к научным взглядам оппонентов, философско-идеологическая их оценка впоследствии ударила бумерангом по самой генетике. Борьбу до конца довели противники генетики. Буквально в тех же выражениях ее стали критиковать после осуждения деборинцев (в числе которых находились и генетики-марксисты), а в конечном счете официально заклеймили как полностью враждебную социализму на сессии ВАСХНИЛ (1948 г.).

---

[193] *Агол И.И.* Диалектический метод и эволюционная теория. М., 1930. С. 141.

[194] *Дубинин Н.П.* Генетика и неоламаркизм // ЕиМ. 1929. № 4. С. 88, 82.

1. Апофеоз идеи эволюции

2. Карикатура на «союз науки и капитала» под патронажем чиновников

3. Открытие двух первых институтов КВГ (по химии и по физической химии и электрохимии) 23 октября 1912 г. Слева направо: кайзер Вильгельм II, Ф. Габер, Э. Фишер и А. фон Гарнак

4. А. фон Гарнак

5. Изображение шимпанзе (бонобо), опубликованное в 1641 г. голландским анатомом и врачом Н. Толпом, который был уверен, что открыл новое существо, напоминающее сатиров

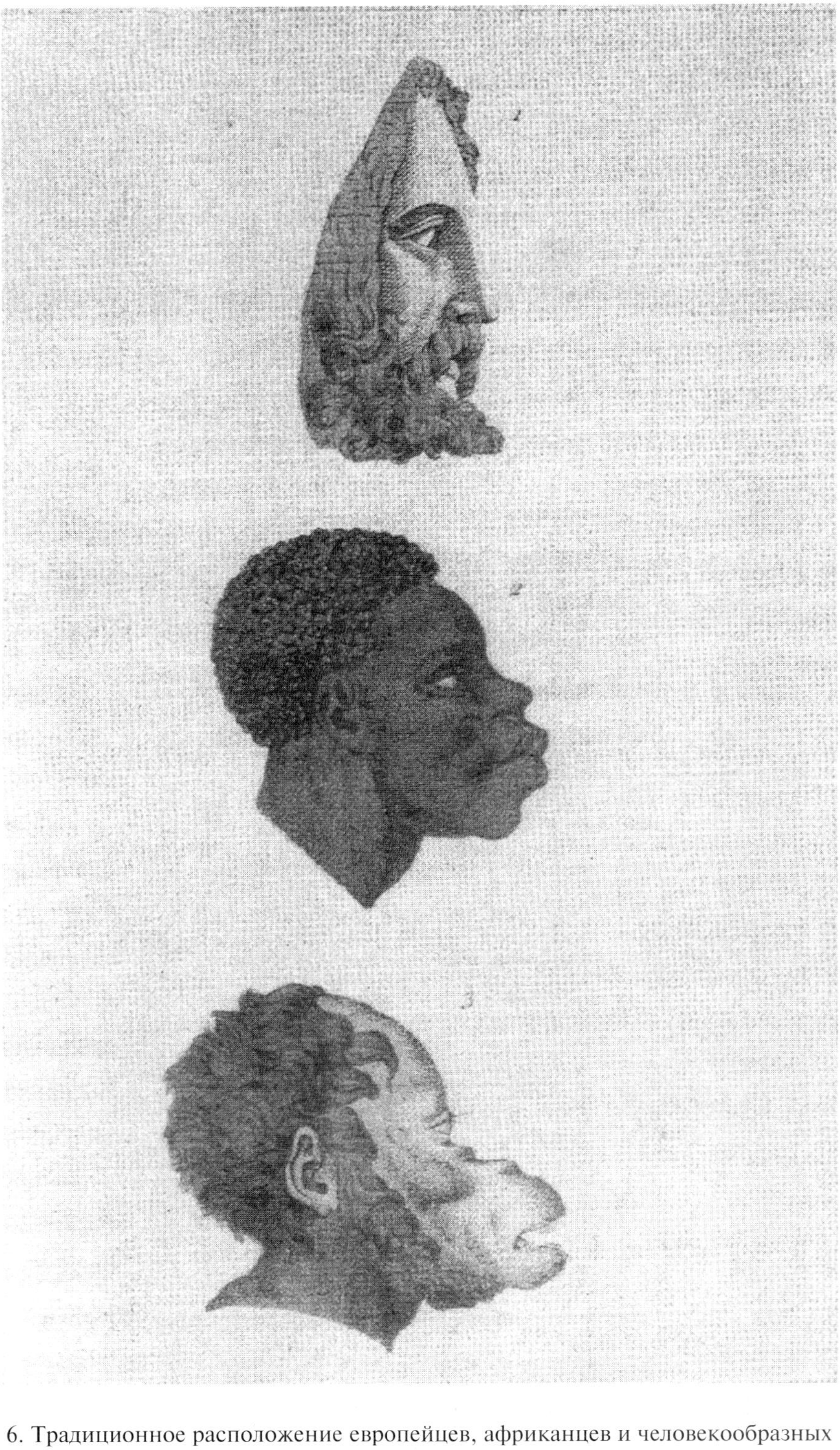

6. Традиционное расположение европейцев, африканцев и человекообразных обезьян на «шкале существ» в начале XIX века, подчеркивавшее бóльшую близость африканцев к гоминоидам, чем к белым

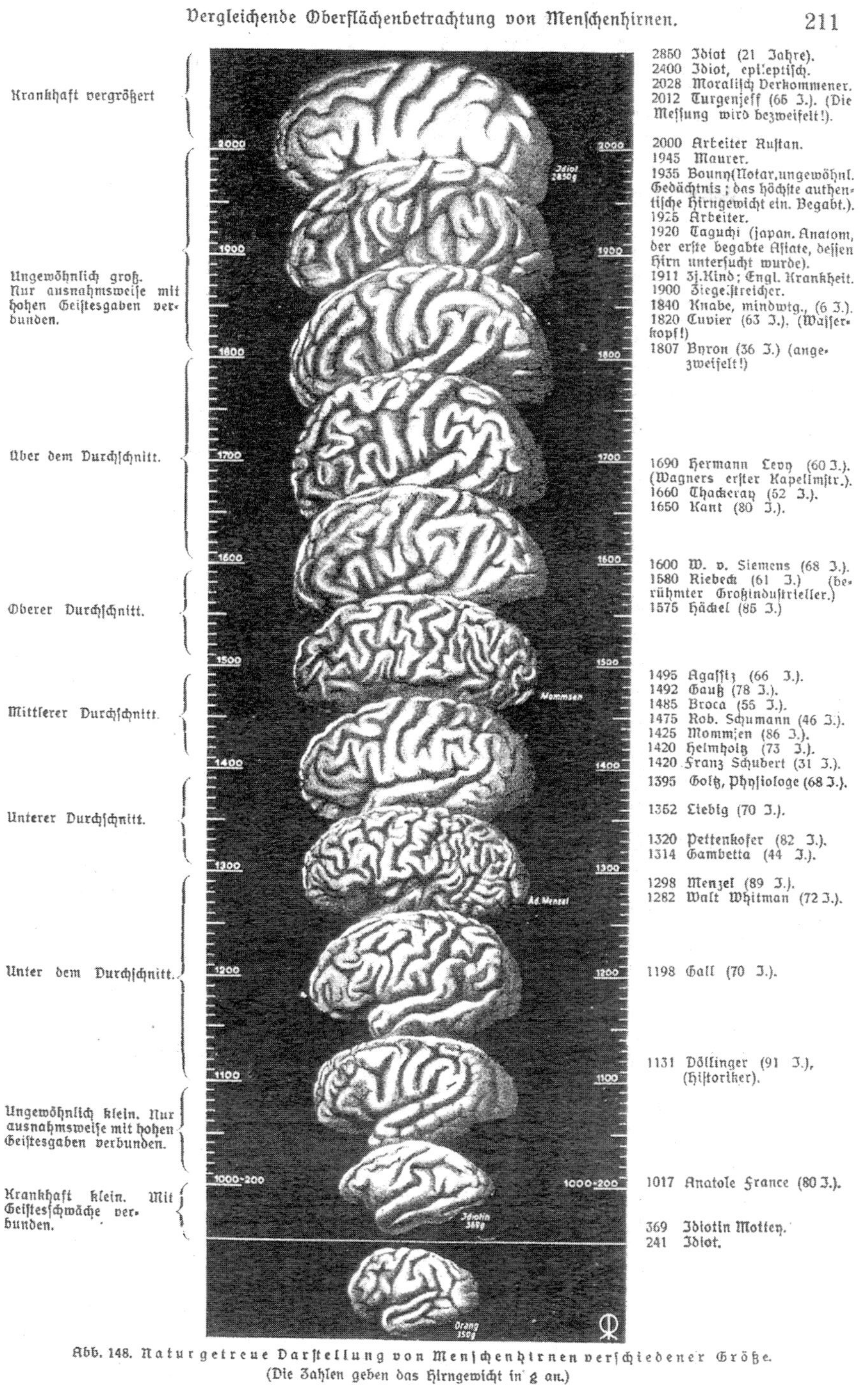

7. Диаграмма Ф. Кана о связи размеров мозга с талантом, показывавшая, что наиболее крупный (2851 г.) и самый маленький мозг (241 г.) встречался у идиотов. Весьма велик диапозон его размеров у талантливых людей: у А. Франса — 1017 г., у И. Канта — 1650 г., у Ж. Кювье — 1820 г.

8. Э. Геккель

9. А. Вейсман

10. В. Шальмайер

11. А. Плётц

12. Х.Ф. фон Эренфельс

13. В. Хенчел

14. А.П. Богданов

15. Д.Н. Анучин

16. И.И. Мечников

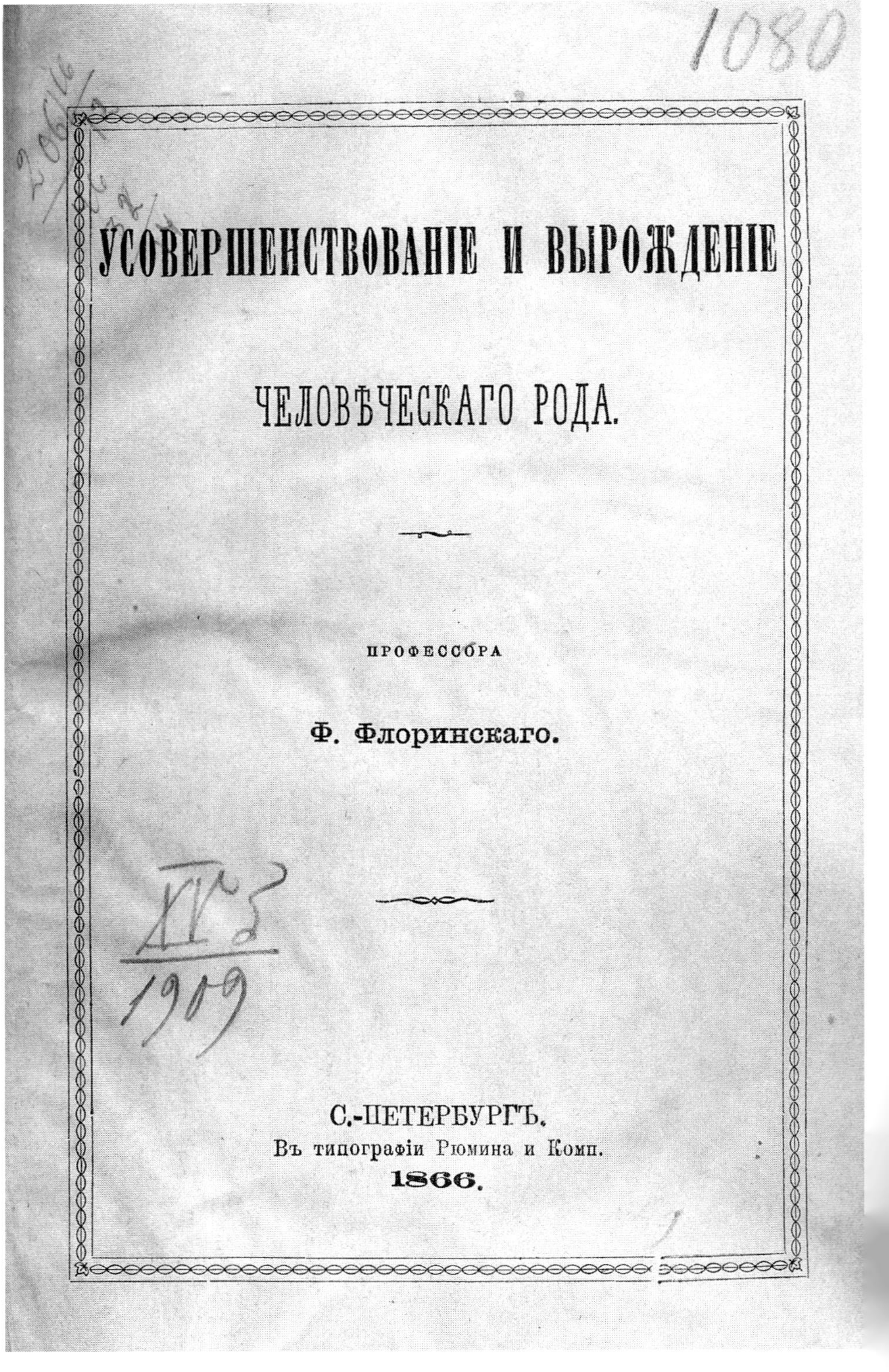

УСОВЕРШЕНСТВОВАНІЕ И ВЫРОЖДЕНІЕ

ЧЕЛОВѢЧЕСКАГО РОДА.

ПРОФЕССОРА

Ф. Флоринскаго.

С.-ПЕТЕРБУРГЪ.
Въ типографіи Рюмина и Комп.
1866.

17. Обложка книги Ф. Флоринского «Усовершенствование и вырождение человеческого рода». СПб., 1866

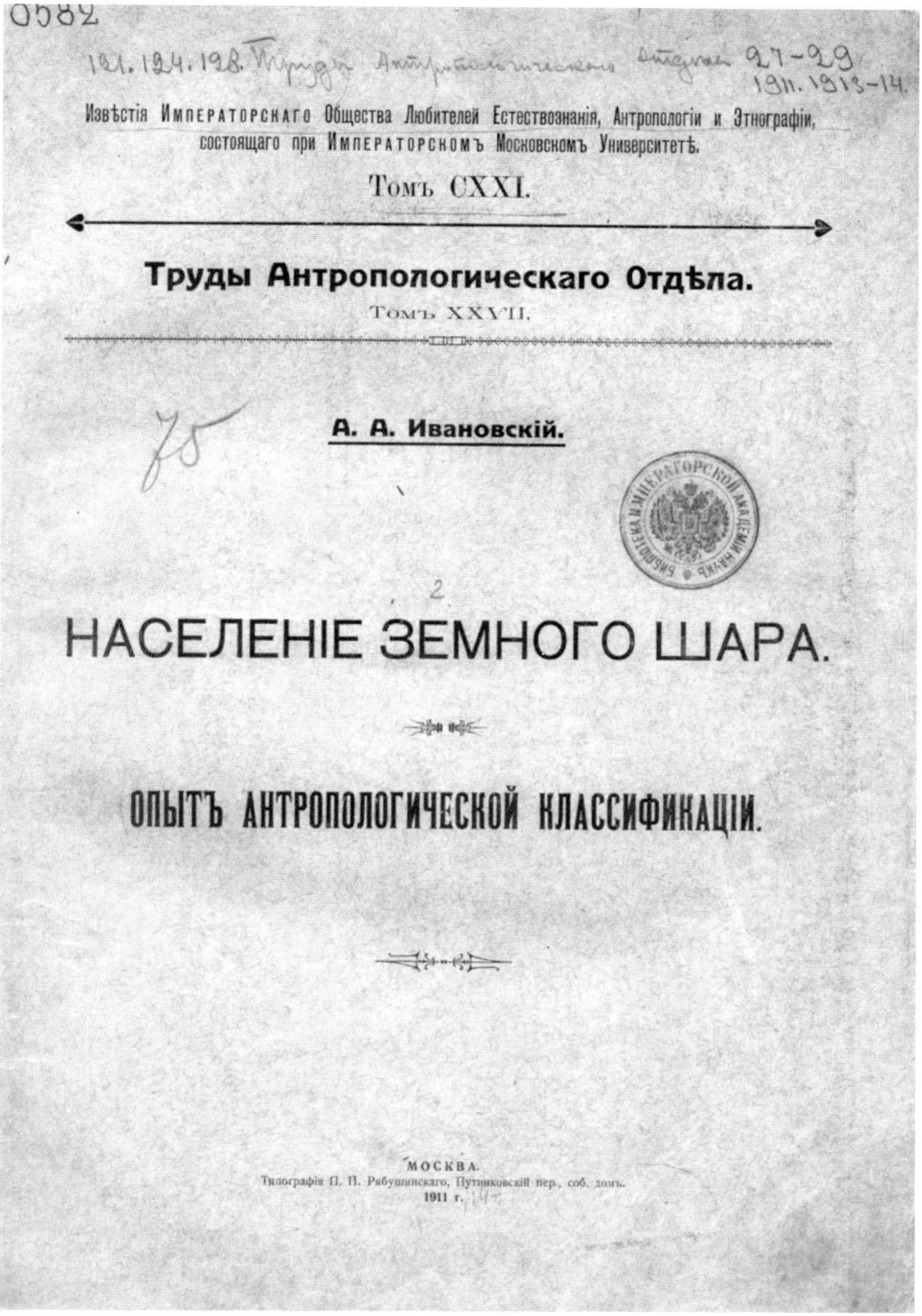

Извѣстія Императорскаго Общества Любителей Естествознанія, Антропологіи и Этнографіи, состоящаго при Императорскомъ Московскомъ Университетѣ.

Томъ CXXI.

Труды Антропологическаго Отдѣла.

Томъ XXVII.

А. А. Ивановскій.

НАСЕЛЕНІЕ ЗЕМНОГО ШАРА.

ОПЫТЪ АНТРОПОЛОГИЧЕСКОЙ КЛАССИФИКАЦІИ.

МОСКВА.
Типографія П. П. Рябушинскаго, Путинковскій пер., соб. домъ.
1911 г.

18. Обложка книги А.А. Ивановского «Население земного шара. Опыт антропологической классификации». М., 1911

19. В.И. Вернадский

20. С.С. Четвериков

21. А.С. Серебровский

22. С.Г. Левит

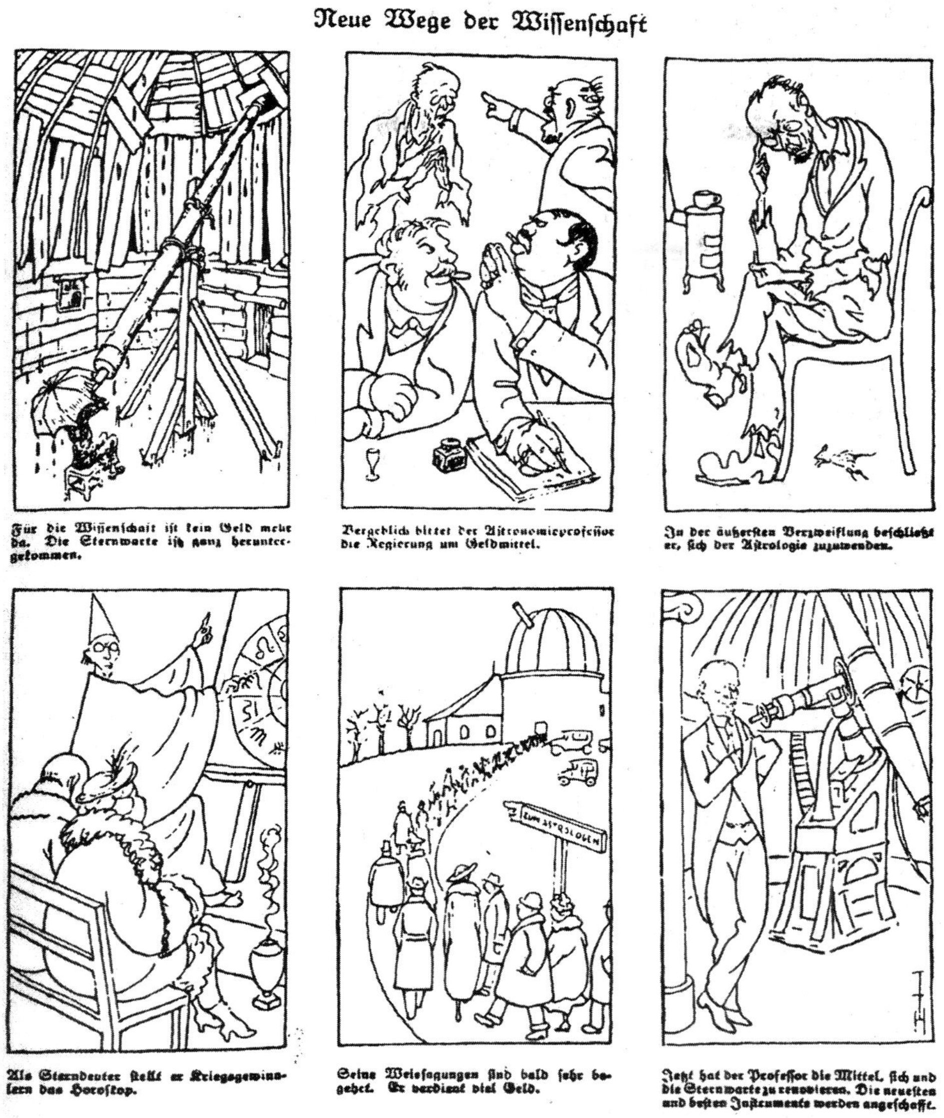

23. «Новые пути науки». Серия карикатур из журнала «Симплициссимус»

24. Ф-Шмидт Отт

25. Э. Баур

26. О. Фишер

27. Ф. Ленц

28. Э. Рюдин

29. Ф. Глум

30. М. Планк

31. Г.Ф.К. Гюнтер

32. Обложка книги Г.Ф.К. Гюнтера «Краткая расология немецкого народа». Берлин, 1937

Grundriß
der menschlichen
Erblichkeitslehre und
Rassenhygiene

von

Prof. Dr. ERWIN BAUR,
Direktor des Instituts für Vererbungsforschung in Potsdam

Prof. Dr. EUGEN FISCHER,
Direktor des anatomischen Instituts der Universität Freiburg i. Br.

Dr. FRITZ LENZ,
Privatdozent für Hygiene an der Universität München

Mit 65 Figuren im Text

J. F. Lehmanns Verlag, München
1921

33. Обложка книги Э. Баура, О. Фишера и Ф. Ленца «Основы генетики человека и расовой гигиены». Мюнхен, 1921

Rassenkunde des deutschen Volkes

von

[F. K.]

Dr. Hans Günther

Mit 8 Karten und 409 Abbildungen

J. F. Lehmanns-Verlag / München

1922

34. Обложка книги Г.Ф.К. Гюнтера «Расология немецкого народа». 1-е изд., Мюнхен, 1922

35. Собрание на заводе им. И.В. Сталина (Ленинград) с участием академиков (1931 г.)

36. А.М. Деборин

37. Т.Д. Лысенко и И.И. Презент осматривают образец яровизированной пшеницы сорта «Кооператорка» (1936 г.)

38. И.И. Презент и И.В. Мичурин (1932 г.)

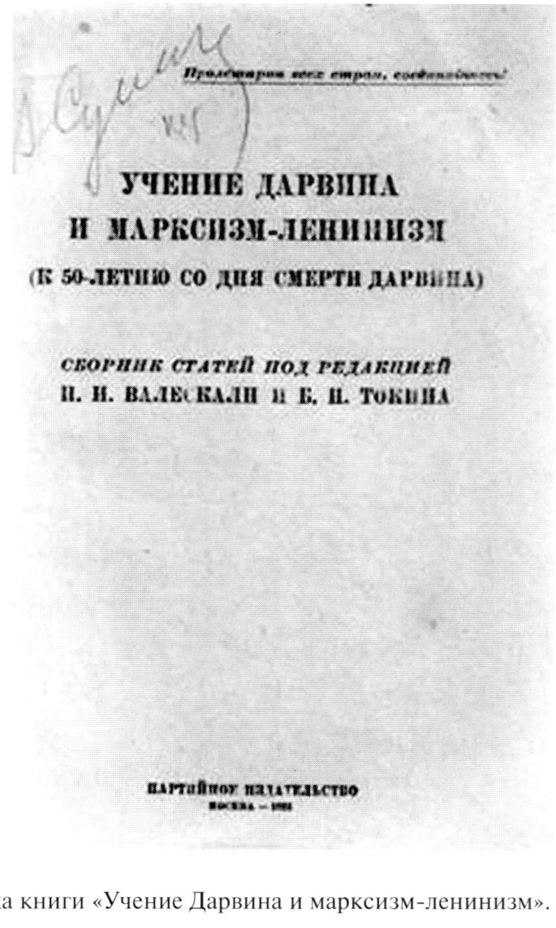

Пролетарии всех стран, соединяйтесь!

УЧЕНИЕ ДАРВИНА
И МАРКСИЗМ-ЛЕНИНИЗМ
(К 50-ЛЕТИЮ СО ДНЯ СМЕРТИ ДАРВИНА)

СБОРНИК СТАТЕЙ ПОД РЕДАКЦИЕЙ
П. И. ВАЛЕСКАЛН И Б. П. ТОКИНА

ПАРТИЙНОЕ ИЗДАТЕЛЬСТВО
МОСКВА — [illegible]

39. Обложка книги «Учение Дарвина и марксизм-ленинизм». Л.-М., 1932

40. Обложка книги И.И. Презента «Теория Дарвина в свете диалектического материализма». Л., 1932

41. Н.И. Вавилов

42. Г.Д. Карпеченко

43. Е.И. Лукин

44. Н.И. Бухарин

45. А.А. Парамонов.

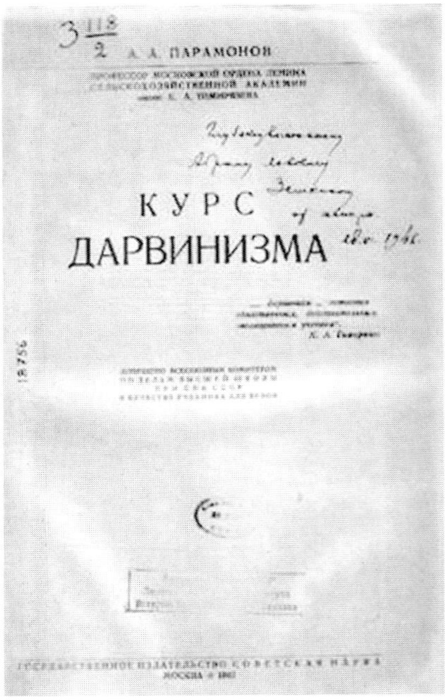

46. Обложка книги А.А. Парамонова «Курс дарвинизма». М., 1945

47. И.И. Шмальгаузен

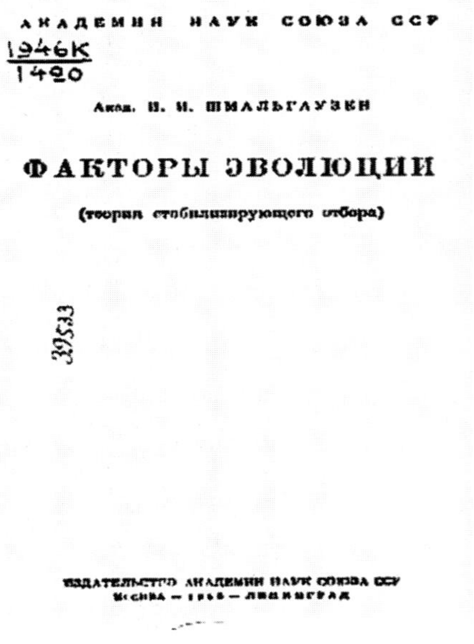

48. Обложка книги И.И. Шмальгаузена «Факторы эволюции». М., 1946

49. Г. Геринг

50. Плакат «Хайль Геринг»: подопытные животные приветствуют рейхсмаршала Г. Геринга, приказавшего прекратить вивисекцию и пригрозившего отправить в концлагерь тех, кто будет продолжать приносить невыносимые страдания животным

51. Р.В.О. Дарре́

52. К. Мейер

53. А. Розенберг

54. В. Гейзенберг

55. И. Штарк

56. О. фон Фершуйер

57. Г. Нахтсхайм

58. Р. Гольдшмидт

59. К. Бойрлен

60. Г. Штуббе

61. В. Сиверс

62. Б. Руст

63. Л. Конти

64. Р. Менцель

65. А. Бутенандт

66. О. Варбург

Но тогда генетикам казалось, что борьба со сторонниками механоламаркизма, собственно, уже закончилась. Никто не мог предполагать, что вмешательство внешних по отношению к науке факторов в эту борьбу может создать новые сложности. Было неизвестно, что научные споры между ламаркистами и генетиками отнюдь не безразличны для И.В. Сталина, который в 1906 г. утверждал, что в биологии неодарвинизм уступает место неоламаркизму[195]. А Сталин свои взгляды менял редко. Не удивительно, что именно по эволюционной теории и генетике были нанесены первые и самые сильные удары в период культурной революции, которая уже начиналась, когда генетики торжествовали свою победу над оппонентами.

Евгеника и антропотехника

Причиной начавшихся гонений на генетику в СССР в какой-то степени стала увлеченность ее основателей в Советской России евгеникой, которая к тому времени уже во всех странах Западной Европы и США была вовлечена в сложные идеологические и политические споры. Везде ученые использовали евгенику для распространения своих политических убеждений, а политики использовали её для достижения собственных целей[196]. Попытки использовать рекомендации евгеников в некоторых штатах Северной Америки для стерилизации асоциальных элементов вызвали резкие протесты. Германия оказалась единственной страной, где расовым гигиенистам не только удалось убедить как крайне правых радикалов, так и их противников слева в целесообразности использовать генетику и эволюционную теорию для улучшения наследственности человека. Расовая гигиена, сходная с евгеникой, стала знаменем рвущихся к власти национал-социалистов. Готовность правящей элиты и большей части общества в Германии приступить к практическому воплощению рекомендаций евгеников в государственном масштабе послужила основой для обвинений генетиков в СССР в приверженности человеконенавистническим планам. К этому времени в стране существовало сильное евгеническое движение[197].

В 1920 г. по инициативе Н.К. Кольцова, заручившегося поддержкой наркома здравоохранения Н.А. Семашко, учредили Русское евгеническое общество (РОЕ). В его работе участвовали нарком просвещения А.В. Луначарский, профессора А.И. Абрикосов, Д.Д. Плетнёв, Г.И. Россолимо и др. В феврале следующего года на заседании Совета КЕПС при РАН создается Бюро по евгенике во главе с Ю.А. Филипченко. Возникали и периодические издания по евгенике: «Русский евгенический журнал», «Известия Бюро по евгенике», «Клинический архив гениальности и одаренности», а также региональные отделения РОЕ в Ленинграде, Саратове, Киеве, Одессе. В них участвовали многие будущие лидеры советской биологии, включая академика и вице-президента ВАСХНИЛ, селекционера Г.К. Мейстера. В программных работах Н.К. Кольцова и Ю.А. Филипченко были очерчены

---

[195] *Сталин И.В.* Сочинения. Т. 1. С. 376.

[196] *Kenneth L.* Genetics and American Society: A Historical Appraisal. Baltimore, 1972; *Searle G.* Eugenics and Politics in Britain: 1900–1914. Leiden, 1976; *Kevles D.J.* In the Name of Eugenics: Genetics and the Uses of Human Heredity. New York, 1985; *Schmuhl H.-W.* Rassenhygiene, Nationalsozialismus, Euthanasie. Von der Verhütung zur Vernichtung "lebensunwerten Lebens", 1890–1945. Göttingen, 1987; *Proctor R.N.* Racial Hygiene: Medicine under the Nazis. Cambridge (Mass.), 1988; *Roll-Hansen N.* The Progress of Eugenics: Growth of Knowledge and Change in Ideology // History of Science. 1988. Vol. 26. P. 295–331; *Ordover N.* American Eugenics. Race, Queer Anatomy and the Science of Nationalism. Minneapolis; London, 2003. P. 9–50; и др.

[197] *Adams M.B.* Eugenics in Russia. 1900–1940 // The Welborn Science. Eugenics in Germany, France, Brazil and Russia / Ed. M.B. Adams. New York, 1990. P. 153–225.

главные направления евгенических исследований: изучение наследственности талантов и других интеллектуально-психических особенностей человека путем построения генеалогии выдающихся деятелей науки и культуры; исследование наследственности нормальных и аномальных признаков у человека; статистические исследования воздействия войны, браков, образования, национальных традиций на изменение популяции человека и, прежде всего, на показатели рождаемости и смертности; пропаганда евгенических знаний и консультации лиц, вступавших в брак, с целью снижения вероятности появления потомства с наследственными отклонениями[198]. Как и в других зарождающихся науках, родоначальники евгеники в СССР были преисполнены оптимизма относительно её практических возможностей и обещали вскоре разработать методы, обеспечивавшие ликвидацию болезней и улучшение породы людей. Они придавали большое значение отбору в обществе и генетическим факторам в детерминации социальных черт человека.

Для основателей евгеники в России она была, прежде всего, областью генетики. Они скептически относились к идеям о наличии в человеческом обществе каких-то евгенически наиболее ценных групп, подлежащих воспроизводству (клонированию) в массовых масштабах, полагая, что важнейшей наиболее ценной особенностью человеческой расы является именно огромное разнообразие её генотипов, обеспечивавших прогрессивную эволюцию человека при самых разнородных случайностях её неведомого будущего[199]. В специальной статье, посвященной генеалогии «выдвиженцев» (М. Горького, С.А. Есенина, Л.М. Леонова, Ф.И. Шаляпина), Кольцов приходит к выводу о богатстве «народной массы ценными генами»[200]. Филипченко также считал, что среди представителей всех слоев общества находятся те гены, счастливое сочетание которых обусловливает возникновение таланта, но в среде интеллигенции вероятность появления высокоодаренных людей выше в силу ряда социальных условий, благоприятствующих аккумуляции таких наследственных задатков из поколения в поколение. К таким выводам Филипченко пришел на основании обработки 605 анкет по наследственности у петроградских ученых, писателей и художников, собранных им вместе с Д.М. Дьяконовым, Т.К. Лепиным и Я.Я. Лусом.

Широкое распространение в те годы получили исследования по наследственной изменчивости таких признаков, как цвет глаз и волос, группа крови, а также различного рода психических и морфофизиологических отклонений (гигантизм, алкоголизм, шизофрения, эпилепсия и т. д.). Помимо генетиков, в периодических изданиях Бюро по евгенике и Русского евгенетического общества, Ленинградского общества евгеников и аналогичных организаций в других городах участвовали зоологи, гигиенисты, врачи, психиатры, антропологи, этнографы, юристы (Л.С. Берг, В.М. Бехтерев, В.В. Бунак, С.Н. Давиденков, Д.А. Золотарёв, П.И. Люблинский, Я.Я. Рогинский, Л.Я. Штернберг, Т.И. Юдин), обеспечива

---

[198] *Филипченко Ю.А.* Что такое евгеника? Пг., 1921; *Филипченко Ю.А.* Как наследуются различные особенности человека. Пг., 1921; *Филипченко Ю.А.* Пути улучшения человеческого рода. Евгеника. Л., 1924; *Кольцов Н.К.* Улучшение человеческой породы // РЕЖ. 1922. Т. 1. Вып. 1. С. 1–27.

[199] *Кольцов Н.К.* Генетический анализ психических особенностей человека // РЕЖ. 1923. Т. 2. Вып. 3–4. С. 307; *Кольцов Н.К.* Родословные наших выдвиженцев // РЕЖ. 1926. Т. 4. Вып. 3–4. С. 143.

[200] *Филипченко Ю.А.* Интеллигенция и таланты // Известия Бюро по евгенике. 192 № 3. С. 83–101.

тем самым междисциплинарный комплексный подход к изучению человека. В 1925 г. Юдин издал первый учебник по евгенике на русском языке[201]. В нем он подчеркнул отличие российского варианта евгеники от немецкой расовой гигиены. Для него евгеника не была частью антропологии или медицины, а синтезом социологии и генетики и поэтому привлекла внимание в первую очередь представителей медико-биологических наук.

При этом существовали различия во взаимодействиях генетики, медицины, социологии и политики в двух евгенических центрах СССР. Если в Москве под «зонтиком» евгеники взаимодействовали, в основном, биологи, медики и антропологи, то в Ленинграде шла кооперация естественников, обществоведов и гуманитариев, определяемая задачами Психоневрологического института. Наряду с РОЕ в рамках Российского общества нейрологов и психиатров было создано Генетическое бюро во главе с С.Н. Давиденковым, члены которого основное внимание уделяли медицинской генетике человека.

В 1928 г. Н.К. Кольцов при поддержке Семашко инициировал создание Общества по изучению расовой патологии и географического распределения болезней. На учредительном собрании было избрано бюро из десяти человек во главе с Кольцовым. Одной из главных задач нового общества было создание совместной с Институтом мозга КВГ советско-немецкой лаборатории для изучения расовой патологии, а также специального Расового института в Закавказье[202]. Этим планам не суждено было осуществиться. Из-за «культурной революции» в 1931 г. немецким коллегам было приказано вернуться в Германию, и совместная работа возобновилась только в 1933 г., когда евгеника как наука уже была запрещена в СССР.

Евгеника привлекла внимание биологов-марксистов, увидевших в ней способ ускорить создание нового общества. В Комакадемии активно обсуждались проблемы пролетарской или биосоциальной евгеники. Её сторонники стояли на ламаркистских позициях в отношении генетики. И путь к физическому совершенствованию человека они видели в физкультуре, воспитании и улучшении условий жизни. Ламаркист М.В. Волоцкóй посчитал, что именно отрицательная евгеника, связанная с насильственным (вплоть до стерилизации) предотвращением размножения особей с нежелательными генами, обеспечит быстрое улучшение качества человеческих популяций[203]. Он был убежден, что стерилизация прекратит неограничиваемое воспроизводство потомков с патолого-анатомическими и психическими отклонениями, снизит интенсивность борьбы за существование в обществе, покончит с анархией в размножении и придаст организованность социальным процессам. Отвергая буржуазную евгенику, базирующуюся на положительном отборе в человеческом обществе, Волоцкóй полагал, что, помимо устранения от размножения нежелательных индивидов, социалистическая евгеника должна использовать длительные модификации, называемые им «филогенетический фенотип»

---

[201] *Юдин Т.И.* Евгеника: Учение об улучшении природных свойств человека. М., 1925.

[202] *Satzinger H., Vogt A.* Elena Aleksandrovna Timofeeff-Ressovsky und Nikolaj Vladimirovich Timofeeff-Ressovsky // Max-Planck-Institut für Wissenschaftsgeschichte. Preprint № 112. Berlin, 1999.

[203] *Волоцкóй М.В.* О половой стерилизации наследственно дефективных // РЕЖ. 1923. Т. 2. Вып. 1. С. 201–222; *Волоцкóй М.В.* Поднятие жизненных сил расы: Новый путь. М., 1923; *Волоцкóй М.В.* К истории евгенического движения: книга В.М. Флоринского «Усовершенствование и вырождение человеческого рода». Классовые интересы и современная евгеника. М., 1925; *Волоцкóй М.В.* Вопросы биологии и патологии евреев. М., 1926.

и наследование приобретенных признаков. Правда, он признавал, что практически нет данных о длительных модификациях в эволюции человека, но считал возможным говорить о них на основе приобретения различными по своему происхождению племенными группами сходных черт в одной и той же среде (головной указатель, выступающие скулы, цвет кожи и т. д.).

Отрицавший вначале научный характер евгеники А.С. Серебровский, не желая, видимо, уступать ламаркисту Волоцкóму право на участие генетики в построении человека будущего, также предложил ввести «социалистическую евгенику», назвав её антропотехникой[204]. Суть её заключалась в увеличении числа потомков людей с желательными признаками путем искусственного осеменения женщин спермой, взятой от талантливых и ценных мужчин-производителей. По его мнению, это позволило бы выполнить первую пятилетку за два с половиной года. Таким образом, биологи-марксисты (ламаркист Волоцкóй и генетик Серебровский) оказались едины в вопросе о возможности улучшения человечества путем сугубо биологических методов с целью ускорения построения социализма. Но различное отношение к проблеме наследования приобретенных признаков предопределило их разногласия о методах евгенических мероприятий.

Если предложения и Волоцкóго, и Серебровского не пытались экспериментально проверить, то знаменитый животновод И.И. Иванов, работавший в Институте экспериментальной ветеринарии и в Московском высшем зоотехничес ком институте, поставил экзотические опыты по выведению нового вида. Он впервые предпринял попытки получения гибридов человека и человекообразных обезьян путем искусственного осеменения[205]. Он выполнял работы под эгидой АН СССР, которая в 1926 г. направила возглавляемую им экспедицию в Африку с целью осеменения самок обезьян спермой человека. В то время Иванов был главным экспертом по искусственному осеменению домашних животных и их гибридизации. Эту работу поддержали директора Института Пастера в Париже Э. Ру и А. Кальмет, которые позволили Иванову проводить эти работы на приматологической станции во Французской Гвинее, в Киндиа. Однако осеменение трех самок шимпанзе спермой человека в первой половине 1927 г. закончилось неудачно. Тогда Иванов решил продолжить свои эксперименты в Сухумском приматологическом центре, где спермой орангутанга оплодотворял девушек, жаждавши добровольно пойти на опасный эксперимент ради науки. Эти эксперименты, бе учета их научной обоснованности, содержали целый ряд нравственно-юридичес ких проблем, так как в случае удачи оставался бы непонятным биологический социальный статус гибрида человека с обезьяной, его расовая принадлежност этническая идентификация и пр.[206]

В сторону опасных экспериментов подталкивала ученого вся обстановка СССР, разрушившая в короткий срок не только старое общество, но и складывавшиеся десятилетиями нормы этики, морали, права. В стране, где так быстр

---

[204] *Серебровский А.С.* Антропогенетика и евгеника в социалистическом обществе Медицинско-биологический журнал. 1929. № 5. С. 1–19.

[205] *Rossiianov K.* Beyond species: Il'ya Ivanov and his experiments on cross-breeding huma with anthropoid apes // Science in Context. 2002. Vol. 15. № 2. P. 277–316.

[206] Сложный комплекс проблем гибридизации человека и человекообразных обезьян недавно подробно рассмотрен в прекрасной статье К.О. Россиянова: Опасные связ И.И. Иванов и опыты скрещивания человека с человекообразными обезьянами // ВИЕ 2006. № 1. С. 3–51.

рухнули социальные барьеры и многие культурные запреты, казалось, не составляло труда в краткий срок сломать барьер между человеком и животными во имя торжества науки и опровержения религии. В то же время эти эксперименты вполне вписывались в контекст генетики, антропологии и расологии того времени, что обеспечило им поддержку у части европейского научного сообщества. Как это ни горько звучит, но только ОГПУ, арестовавшее и сославшее И.И. Иванова в Казахстан в 1931 г., положило конец этим антигуманным экспериментам, в которых участвовали женщины, плохо осведомленные о возможных последствиях проводимых «опытов».

Далеко не все генетики поддерживали предложения о регулировании генетического состава популяций человека. С резкой критикой евгенических взглядов Филипченко выступил В.Н. Слепков[207] , обвиняя его в игнорировании роли социальных факторов в развитии психических и интеллектуальных признаков человека и отвергая механистическое деление человека на истинную природу (генотип) и неистинную природу (фенотип). Это согласовывалось со взглядами Волоцкóго, который считал, что наследственное закрепление воздействий социальной среды (воспитания, физкультуры, социальных реформ и революций) будет способствовать успехам «биосоциальной или пролетарской евгеники»[208] .

Подобные рассуждения вызвали язвительную реплику Филипченко, который сказал, что наследование приобретаемых признаков было бы невыгодно пролетариату, так как, лишенный важных элементов науки и культуры в течение многих поколений, он сохранил меньше благоприятных генов, чем представители других классов[209] . Особенно понравилась генетикам ремарка Филипченко о том, что с ламаркистскими друзьями пролетариату не нужны никакие враги. Отсюда прямо следовал вывод о контрреволюционности ламаркизма, который не замедлили сделать М.М. Местергази, А.С. Серебровский.

Однако этот выпад Волоцкóй парировал во время дискуссии по вопросам евгеники в Комакадемии 7 декабря 1926 г.[210] Он уверял, что представитель буржуазной интеллигенции Филипченко не учитывает полезной роли труда, создавшего, согласно Энгельсу, человека. Поэтому классы, ведущие паразитический образ жизни, дегенерируют, тогда как трудовая деятельность позволяет пролетариату сохранить возможность к интеллектуальному развитию, несмотря на бедность, невежество и нищету в предшествовавших поколениях. Используя благоприятные длительные модификации, возможно создать условия, способствующие быстрому преобразованию человека. Эту позицию Волоцкóго во время дискуссии поддержал только А.И. Аврамов, который утверждал, что пролетарская евгеника, в отличие от буржуазной, интересуется не комбинациями и подбором генов, «а правилами практического воздействия на известные физиологические условия искусственной социальной среды человека, в целях направления влияния этих условий на него в желательном борющемуся за свое

[207] *Слепков В.Н.* Наследственность и отбор у человека // ПЗМ. 1925. № 4. С. 102–122; *Слепков В.Н.* (Рецензия). *Морган Т.Г., Филипченко Ю.А.* Наследственны ли приобретенные признаки? // ПЗМ. 1925. № 7. С. 234–237.

[208] *Волоцкóй М.В.* Физическая культура с точки зрения евгеники // Физическая культура в научном освещении. М., 1924. С. 62–75.

[209] *Морган Т.Г., Филипченко Ю.А.* Наследственны ли приобретенные признаки? Л., 1925. С. 56–57.

[210] Архив РАН. Ф. 350. Оп. 2. Д. 68. Л. 71–71; *Волоцкóй М.В.* Спорные вопросы евгеники // ВКА. 1927. № 20. С. 212–254.

освобождение пролетариату направлении». С резкой критикой позиции Волоцкóго выступили Г.А. Баткис, М.М. Местергази, А.С. Серебровский, Г.А. Фадеев и др.

Даже сейчас улучшение генофонда человечества остается скорее задачей будущего, чем практического осуществления. Все попытки вмешательства в интимные процессы воспроизводства человечества показали, сколь неоднозначны и неожиданны могут быть их результаты. В какой-то степени это начали осознавать и инициаторы евгеники в Советском Союзе. Не случайно уже вскоре в новом названии Бюро по генетике и евгенике проблема улучшения генофонда человека была отодвинута на второй план, а в апреле 1927 г. Бюро по предложению самого Филипченко было переименовано в Отдел по генетике. РЕЖ и РЕО просуществовали до 1930 г., когда их ликвидировали в связи с начавшимся «великим переломом» и «культурной революцией».

Психология и поведение человека в свете марксизма

С первых дней советской власти лидеры физиологии и психологии заняли резко отрицательную позицию по отношению к большевикам. Много шума наделали три публичные лекции И.П. Павлова весной 1918 г. под общим названием «Об уме вообще и о русском в частности», в которых он предупреждал, что тщетны притязания народа, недалеко отошедшего «от рабского состояния, а в интеллигентских слоях большею частью лишь заимствовавшего чужую культуру», воображать себя «вождем человечества»[211] . Павлов не сомневался, что эти планы обречены на гибель «как слепое отрицание действительности». Павлов клял большевиков и последовавшие за ними массы за крах великого государства. После этих лекций Павлов стал для научного сообщества «символом человеческого противодействия неблагоприятным обстоятельствам»[212] . В хорошо известной академической речи в 1923 г. И.П. Павлов, критикуя книгу Н.И. Бухарина и Е.А. Преображенского «Азбука коммунизма», заявил, что марксизм является псевдонаукой и лишь теория рефлексов может дать основу для научного понимания мышления. Эти высказывания вызвали отповедь со стороны Н.И. Бухарина, тогда лидера левых коммунистов, обвинившего Павлова в интеллигентском пессимизме[213] .

В.М. Бехтерев также вначале не принимал новые власти. Анализ характера солнечных пятен в 1917 г. привел его к негативной оценке социалистической революции. Он утверждал, что взбаламученные солнечными пятнами народные массы устремились «за демагогами интернационалистического склада» и поэтому «общественное течение как против войны, так и против буржуазии и капитализма» одержало вверх, но поскольку большевизм превратил революцию «из общенациональной в партийную», то «со временем, однако, и большевизм начинает разочаровывать»[214] . А будущий основоположник советской марксистской психологии К.Н. Корнилов в 1919 г. ещё призывал к удалению психологии из физиологии и протестовал против преподавания атеизма в школах[215] .

---

[211] И.И. Павлов: pro et contra. С. 656.

[212] *Самойлов В.О.* Эволюция политических взглядов И.П. Павлова // И.П. Павлов: pro et contra. С. 649–685.

[213] *Бухарин Н.И.* Культурный фронт и интеллигентский пессимизм // Правда. 1923. 24 июня; *Бухарин Н.И.* О мировой революции, нашей стране, культуре и прочем: Ответ проф. И. Павлову // Красная новь. 1924. № 1–2. С. 170–188.

[214] *Бехтерев В.М.* Коллективная рефлексология. Пг., 1921. С. 406.

[215] *Корнилов К.Н.* Школа и завет божий. М., 1919.

Понимая научный вес лидеров отечественной физиологии и значение их работ для обоснования марксистской теории сознания, коммунистические вожди стремились к компромиссу с оппозиционерами. Так, Л.Д. Троцкий, симпатизируя учению З. Фрейда, не раз уверял, что учение Павлова имеет столь же основополагающее значение для современной науки, как и взгляды австрийского психиатра[216]. По меткому замечанию Д. Жоравского, развиваемый Бухариным и Троцким марксистский материализм в физиологии и психиатрии был достаточно эластичной формулой[217]. Это был своего рода компромисс, который ранее Галилей предлагал церкви, когда признавал святость и неизменность религиозного знания, а научное знание трактовалось как мирское, нечестивое, преходящее и скоротечное. Правда, для Бухарина марксизм не был священен и неизменен, поскольку он был научен, а значит — и изменяем.

С первых лет советской власти большевики предприняли громадные усилия для развития институциальной базы физиологических исследований. Узнав о намерении Павлова уехать за границу, В.И. Ленин в июне 1920 г. распорядился предоставить ему сверхнормативный паек и вообще позаботиться о более комфортабельных условиях для его семьи и его работы. Подписанный Лениным в 1921 г. декрет Совнаркома об обеспечении научно-исследовательских работ под руководством И.П. Павлова положил начало созданию мощной сети научно-исследовательских учреждений по физиологии. В 1925 г. Физиологическую лабораторию И.П. Павлова превратили в Физиологический институт АН СССР. Существенную поддержку получил и возглавляемый И.П. Павловым Физиологический отдел в Институте экспериментальной медицины Наркомздрава. Была создана знаменитая Биологическая станция в Колтушах. В 1918 г. в Петрограде по инициативе В.М. Бехтерева был организован Институт по изучению мозга и психической деятельности, переименованный в 1925 г. в Государственный рефлексологический институт по изучению мозга. Как выше уже отмечалось, в Комакадемии в 1925 г. был создан Институт по изучению высшей нервной деятельности во главе с учеником И.П. Павлова Д.С. Фурсиковым. Возник целый ряд и других институтов и лабораторий, посвященных другим разделам физиологии, помимо ВНД.

Подобная политика побуждала недавних яростных противников Советской власти менять свои взгляды. Так, по словам А.Б. Залкинда, Бехтерев в 1924 г. уже заявлял: «Сейчас же в ученом кругу считается странным не признавать огромных успехов и исторической мудрости Октябрьской революции»[218]. Все чаще они стали усматривать близость марксизма к физиологическим объяснениям психики. Однако, раскрывая физиологические основания психики человека, лидеры физиологии, естественно, не всегда могли показать конкретные научные средства для исследования социально-исторической детерминации сознания. Это использовали для обвинения физиологов в механицизме, в биологизации психики и сознания, в дуализме при изучении психики, в сведении законов психики к законам механики, а сложного социального поведения к простым рефлексам и т. д.[219] Указывали на то, что недопустимо объяснять сугубо физиологическими процессами мораль, этику, нравственность, классовую борьбу, как это делали некоторые последователи

---

[216] *Троцкий Л.Д.* Сочинения. 1925. Т. 21. С. 275–277, 430–431, 488–499.

[217] *Joravsky D.* Russian Psychology. A Critical History. Cambridge (Mass.), 1989. P. 40.

[218] *Залкинд А.Б.* Очерки культуры революционного времени. С. 154.

[219] *Франкфурт Ю.В.* Рефлексология и марксизм. М.; Л., 1926; *Франкфурт Ю.В.* Учение В.М. Бехтерева и марксизм // ПЗМ. 1928. № 6. С. 48–79.

Бехтерева и Павлова. Особенно доставалось физиологу Э. Енчмену, который, объявив себя последователем И.П. Павлова, сводил психическое полностью к физиологическому[220]. По его мнению, психика не существует реально, так как она носит невещественный характер и не пространственна.

Дискуссии вокруг проблем психики и сознания в конечном итоге сводились к задаче построить «диалектико-материалистическую психологию», которая якобы была бы свободна от недостатков ранее господствовавшей субъективной психологии. Лидером этого движения стал директор Института психологии в Москве К.Н. Корнилов, который, усвоив основные положения марксизма в популярном изложении, стремился доказать, что именно его реактология является «марксистской психологией»[221].

Работы Корнилова вызвали длительную дискуссию с взаимными обвинениями в философских грехах и отступлениях от марксизма[222]. Сами участники дискуссий порой характеризовали ее следующим образом[223]. Павлов не признает рефлексологию Бехтерева; Бехтерев не признает никакой психологии и обвиняет Корнилова в субъективизме; Корнилов обвиняет Павлова, Бехтерева и Енчмена в механистическом материализме, а Блонского в бихевиоризме; Челпанов упрекает Корнилова в незнании марксизма; Франкфурт уличает Павлова и Бехтерева в позитивизме и эклектике, а Челпанова в извращении марксизма; Троцкий в опытах Павлова видит путь к материализму; Бухарин в опоре на рефлексологию усматривает опасность агностицизма и позитивизма. В одних работах доказывали, что коллективная рефлексология служит научной базой марксизма в объяснении индивидуального и общественного сознания. В других трудах такой базой называли теорию рефлексов Сеченова, которую почему-то противопоставляли учению Павлова. Много споров шло о том, как трактовать ту или иную естественнонаучную концепцию с точки зрения марксизма, что следует брать из них в качестве научного факта, а что отвергать как ошибочный мировоззренческий вывод[224]. Участники дискуссий сходились только в одном: каждый считал, что именно его взгляды соответствуют марксизму.

---

[220] *Енчмен Э.* Теория новой биологии и марксизм. Пг. 1924. Вып. 1.

[221] *Корнилов К.Н.* Учение о реакциях человека с психологической точки зрения (реактология). М., 1922; *Корнилов К.Н.* Современная психология и марксизм // ПЗМ. 1923. № 1. С. 86–114; *Корнилов К.Н.* Диалектический метод в психологии // ПЗМ. 1924. № 1. С. 107–113.

[222] *Бехтерев В.М.* Психология, рефлексология и марксизм. Л., 1925; *Бехтерев В.М., Дубровский А.И.* Диалектический материализм и рефлексология // ПЗМ. 1926. № 7–8. С. 69–94; *Рейснер М.А.* Проблемы психологии и теория исторического материализма // Вестн. Социалистической академии. 1923. № 3. С. 210–255; *Иванов-Смоленский А.Г.* Условные рефлексы // Молодая гвардия. 1924. № 4. С. 163–171; *Челпанов Г.И.* Психология и марксизм. М., 1924; *Челпанов Г.И.* Спинозизм и материализм: Итоги полемики о марксизме в психологии. М., 1927; *Выготский Л.С.* Сознание как проблема психологии поведения // Психология и марксизм. М.; Л., 1925; *Струмлинский В.* Марксизм в современной психологии // ПЗМ. 1926. № 4–5. С. 207–233; *Артемов В.А.* Введение в социальную психологию. М., 1927; *Черановский Р.* Рефлексология или психология? // ПЗМ. 1928. № 9–10. С. 198–214; *Курманов Б.* Рефлексология или психология // ПЗМ. 1929. № 6. С. 127–145; Рефлексология или психология: Материалы дискуссии. Л., 1929; Рефлексология и смежные направления: Материалы II конф. методолог. комиссии рефлексологического ин-та. 24–30 сентября 1929 г. Л., 1930.

[223] *Корнилов К.* Современное состояние психологии в СССР // ПЗМ. 1927. № 10–11. С. 195–217.

[224] *Thielen M.* Sowjetische Psychologie und Marxismus. Geschiche und Kritik. Frankfurt am Main; New York, 1984. S. 46–66.

В этом отношении характерна дискуссия 11 апреля 1925 г. на пленарном заседании НОМ по докладу В.М. Бехтерева и А.И. Дубровского «Рефлексология и диалектический материализм». В своем выступлении Бехтерев заявил не только о полной солидарности с диалектическим материализмом, но и о совпадении основных положений рефлексологии о соотносительной или сочетательно-рефлексорной деятельности человека с принципами диалектического материализма: непрерывности изменений, причинной зависимости явлений, всеобщей связи явлений, единства количественных и качественных изменений, скачкообразности развития, прогресса[225]. Положения рефлексологии в докладе формулировались следующим образом: 1) Личность развивается под влиянием внешней среды; 2) Эта среда материальна, как материальна и нейродинамическая основа поведения человека; 3) Человек реагирует на внешнюю среду в соответствии с гегелевской триадой; 4) Люди живут в созданной ими общественной среде; 5) Поведение человека определяется генетическими и социальными факторами, но роль последних возрастает в ходе исторического развития и онтогенеза; 6) Развитие рефлекса идет скачкообразно, от недифференцированного к дифференцированному; 7) Нет абсолютных истин; 8) Каждый человек является членом социальной группы или класса; 9) Практическое использование данных ВНД; 10) Движение общественной жизни нельзя представить без борьбы классов. Личность в рефлексологии характеризовалась как «комплекс рефлексов, результат видового, индивидуального и социального опыта», а основными методами рефлексологии назывались объективное наблюдение и эксперимент. Все это давало основание Бехтереву с соавтором для вывода: «Рефлексология может и должна быть опорой марксизма»[226].

Однако из выступавших только Л.Л. Васильев и А.И. Дубровский поддержали этот вывод докладчиков. По мнению П.Ф. Куразова, Н.А. Гредескула, А.А. Ухтомского и др., рефлексология дает лишь основу для борьбы с субъективизмом, но остается описательной, а не экспериментальной наукой. Она построена в новом стиле, но из старого материала. В ней находили элементы метафизики, энергетизма, смешивание физиологического с психическим и т. д. На этой дискуссии дебютировал на поприще философских проблем биологии И.И. Презент, который сказал, что нельзя смешивать отношение Бехтерева к диалектическому материализму с отношением его теории к философии марксизма. В довольно сумбурной манере Презент обвинил Бехтерева в вульгарном материализме, в смешивании диалектического метода с конкретной областью знания, в неоправданности претензий рефлексологии на изучение общественных явлений и т. д. По-видимому, Презент тогда казался столь незначительной фигурой, что ни Бехтерев, ни Дубровский не посчитали необходимым ответить на его выпады, тогда как возражения других участников дискуссии были ими внимательно рассмотрены.

В целом накал дискуссии определяла конкуренция школ В.М. Бехтерева, В.А. Вагнера, И.П. Павлова и А.А.Ухтомского в претензии на марксистское объяснение психики и сознания человека. Правда, сам Павлов не раз выступал с критикой философии марксизма, но его стремление объяснить все психические явления на базе физиологии, его понимание целостности личности во взаимодействии с внешней средой, учение о второй сигнальной системе и т. д. побуждало его учеников и философов-марксистов искать во взглядах Павлова основу диалектического

---

[225] ПФА РАН. Ф. 238. Оп. 1. Д. 126.

[226] Там же. Л. 34.

материализма. Как справедливо заметил И.А. Боричевский, сложилась любопытная ситуация, когда «четыре соперничающих друг с другом течения естественнонаучной мысли <…> предлагают марксистской социологии свои услуги»[227]. Он предостерегал марксистских социологов от вмешательства в эти споры и призывал их к лояльности по отношению к каждой из них, так как стремление к гегемонии одной школы есть не что иное как «научный империализм», который неизбежно приведет к стагнации науки. Но этому предостережению, основанному на глубоком знании истории науки, не вняли участники тех дискуссий.

Не вдаваясь в подробности споров, которые уже анализированы в ряде работ по истории психологии[228], отметим только, что за короткий срок было выдвинуто множество идей, способствующих усилению материалистических тенденций в отечественной психологии. Были проанализированы бихевиоризм, гештальтпсихология, психоанализ и т. д. Участники дискуссий были единодушны в признании психики свойством высокоразвитой материи и социальной обусловленности сознания, что открывало путь к комплексному изучению психики и сознания как целостного явления, детерминируемого биологическими и социальными факторами. Признав необходимость учений Бехтерева, Павлова и Ухтомского для изучения физиологических основ психики, участники дискуссий отвергли вместе с тем попытки Э. Енчмена растворить социальные черты личности в биологических процессах. Так, И. Орлов подчеркивал важность «при физиологическом исследовании принимать во внимание также субъективную, психологическую сторону вопроса; должен быть установлен тесный контакт между физиологическим и психологическим подходом».

С 1928 г. дискуссии по этим вопросам в Комакадемии сменили прежние споры о взаимоотношениях ламаркизма, дарвинизма и генетики. Начало положила дискуссия 19 января 1928 г. вокруг докладов Д.С. Фурсикова «Методика физиологического изучения функций коры головного мозга» и М.О. Гуревича «Соотношение между физиологией и морфологией мозга», в которой выступили Б.М. Розенцвейг, М.И. Рубинштейн, Я.М. Урановский[229]. За нею последовали дискуссии по докладам: Г.П. Зелёного «Виды мозговых ассоциаций у человека и у животных» (4 февраля 1928 г.), выступавшие М.О. Гуревич, Б.М. Завадовский, М.А. Рейснер, Ю.П. Фролов[230], П.П. Лазарева «Закон “все или ничего” в применении к физиологии» (12 апреля 1928 г.)[231], выступавшие М.Л. Левин, С.Г. Левит, Г.Э. Корицкий, В.Г. Фридман; Ю.В. Франкфурта «Сдвиг в современной рефлексологии» (26 апреля 1928 г.), выступавшие А.Б. Аптекарь, Д.Ю. Квитко К.Н. Корнилов, Б.М. Розенцвейг[232]. Учредительное собрание Общества психоневрологов-марксистов было ознаменовано докладом А.Б. Залкинда «Психонев

---

[227] ПФА РАН. Ф. 238. Оп. 1. Д. 126. Л. 67.

[228] *Kussmann Th.* Sowjetische Psychologie. Auf der Suche nach der Methode: Pavlovs Lehre und das Menschenbild der marxistischen Psychologie. Bern; Stuttgart; Wien, 1974; *Ярошевский М.Г.* Марксизм в советской психологии // Репрессированная наука. Л., 1994. Вып. 2. С. 24–44; *Thielen M.* Sowjetische Psychologie und Marxismus; *Joravsky D.* Russian Psychology. A Critical History. Cambridge (Mass.), 1989; *Rüting T.* Evolutionskonzepte in Pavlovs Erbe und die Stalinische Monobildung in der Lebenswissenschaft // На переломе. Вып. 1. СПб., 1997. С. 280–305.

[229] Архив РАН. Ф. 350. Оп. 2. Д. 359. Л. 1–44.

[230] Там же. Д. 283. Л. 1–36.

[231] Там же. Д. 296. Л. 1–41.

[232] Там же. Д. 354. Л. 1–99.

рология в СССР» (17 ноября 1928 г.), в обсуждении которого приняли участие Д.Н. Артемьев, Р.Л. Дунаевский, А.Н. Залманзон, П.П. Тутышкин, Ю.В. Франкфурт, И.Н. Шпильрейн[233]. На два заседания растянулось обсуждение доклада механициста В.Н. Сарабьянова «Психофизиологическая проблема» (18 декабря 1928 г., 19 января 1929 г.), где выступили З.Я. Белецкий, Вейсброд, М.Я. Выгодский, Т.В. Гейликман, А.Н. Залманзон, Л.Р. Перельман, И.Д. Сапир, П.П. Тутышкин, Ю.П. Фролов, Ю.В. Франкфурт. Последовавшие вскоре события культурной революции покончили с практикой относительно свободных дискуссий по этим проблемам.

Выработке понимания необходимости объективно-рефлексологических и субъективно-психологических методов в изучении сознания способствовала и многолетняя дискуссия вокруг концепции З. Фрейда. Многим казалось, что учение Фрейда, включая биологические и социальные факторы детерминации поведения человека, способно объединить разные подходы к его объяснению. В ходе дискуссий высказывались диаметрально противоположные точки зрения: от полного отрицания научной значимости психоанализа до признания его естественнонаучной основой исторического материализма. Аналогичная картина складывалась и в дискуссиях о бихевиоризме, гештальтпсихологии и т. д.

В целом же работы физиологов, психологов и философов в те годы (П.П. Блонский, В.М. Бехтерев, Л.С. Выготский, К.Н. Корнилов, М.А. Рейснер и др.) лежали в русле утверждавшихся в мировой науке подходов к решению биосоциальных проблем. Эти труды способствовали выработке представлений о том, что в объяснении психики и сознания необходимо учитывать различные направления физиологии и психологии: учение Павлова, рефлексологию Бехтерева, учение о парабиозе, бихевиоризм, сравнительную зоопсихологию и т. д. Это понимали и официальные диалектизаторы естествознания, что нашло отражение в программном заявлении нового журнала «Естествознание и марксизм». Но это заявление осталось пустым звуком.

В рамках Психоневрологического отделения Комакадемии шла в основном литературная работа, а большую часть научной продукции, однако, давали не сотрудники Комакадемии, а авторы со стороны (А.А. Ухтомский «Парабиоз и доминанта», Б.Н. Бирман «Учение о гипнотизме в свете учения об условных рефлексах», В.А. Крылов «Условные рефлексы морфийного отравления» и т. п.). В единственном её учреждении, в Институте ВНД, вели работу по выявлению локализации центров анализаторов в коре головного мозга, по выяснению распределения чувствительных и двигательных зон, влияния наркотических веществ на головной мозг, цито- и микроархитектонике головного мозга.

За несколько лет тематику исследований расширили. В Институте ВНД, Государственном рефлексологическом институте по изучению мозга, Обществе психоневрологов-материалистов, Обществе врачей-материалистов разрабатывали проблемы влияния трудовых процессов на психику, астенизации личности, педологии, типологии и характера (профессиональной одаренности, психотехники, социальной и педологической типологии), психопатических механизмов, социальной психологии и социальной психопатологии, генетики в психоневрологии и т. д. Разработку учения Павлова об условных рефлексах дополняли данными биохимии, биофизики, эндокринологии, гистологии нервной системы.

---

[233] Архив РАН. Ф. 350. Оп. 2. Д. 280. Л. 1–63.

Но продуктивная мысль о необходимости опоры на опыт всей мировой физиологии и психологии вскоре оказалась забытой в годы «культурной революции». Возобладал тезис о глубоком кризисе буржуазной науки и о приоритете отечественных работ над зарубежными. Под запретом оказались многие направления психологии, а педология стала наукой, осужденной специальными партийными постановлениями. Фактически это было первое научное направление, запрещенное официально. Теорию условных рефлексов И.П. Павлова объявили единственно верной, ее положения догматизировали, а сам он был объявлен великим гением, осознавшим историческую правоту Октябрьской революции после некоторого заблуждения. Его учение о выработке условных рефлексов путем положительных и отрицательных подкреплений показалось властям наиболее удобным для воспитания, точнее, для дрессировки советских людей[234].

От охраны природы к ее преобразованию

В разгар перестройки на русском языке издали прекрасную книгу американского историка науки Д. Вайнера, посвященную становлению охраны природы в СССР и развитию заповедного дела в первое десятилетие советской власти. В книге ярко показано: «1925–1929 годы для молодого советского природоохранного движения были временем больших надежд»[235]. Более того, до начала 1930-х гг. Советский Союз был лидером в разработке теории и практики охраны природы. Советское правительство впервые воплотило на практике рекомендации ученых о выделении специально охраняемых территорий для изучения экосистем. В правительственных кругах, и прежде всего у В.И. Ленина, А.В. Луначарского, П.Г. Смидовича, Н.В. Крыленко, в годы НЭПа находила поддержку идея ученых о том, что планирование регионального землепользования и восстановление разрушенных ландшафтов следует осуществлять на базе экологических исследований. Эта идея составляла суть научного направления в природоохранном движении, которое с началом НЭПа отодвинуло на второй план два других направления: утилитарное и культурно-эстетико-этическое. Если сторонники последнего, враждебные к планам индустриализации (И.П. Бородин, А.П. Семёнов-Тян-Шанский, В.Е. Тимонов), после 1922 г. практически перестали публиковаться, то сторонники рационального использования природных ресурсов (В.И. Вернадский, Г.А. Кожевников, Н.М. Кулагин, Ф.Ф. Шиллингер, В.Н. Сукачёв и др.) задавали тон в разработке планов взаимодействия природы и общества.

Мы остановимся только на нескольких аспектах этой проблемы, не нашедших отражения в монографии Д. Вайнера. Это, прежде всего, проблема управления органической эволюцией, поднятая в 1922 г. Б.М. Козо-Полянским в книге «Финал эволюции». В ней констатировалось, что в нашу эпоху совокупная мощь воздействия человека на органический мир чрезвычайно возросла. Рост численности населения, развитие производительных сил, приручение животных и окультуривание растений, распашка громадных территорий, создание пастбищ, вырубка лесов, индустриализация добычи морских животных — все эти и другие прямые и косвенные воздействия человека на дикоживущие виды и среду их обитания, по

---

[234] *Rüting T.* Pavlov und der Neue Mensch. Diskurse über Disziplinierung in Sowjetrussland. München, 2002.

[235] *Вайнер Д.* Экология в Советской России. Архипелаг свободы: заповедники и охрана природы. М., 1991. С. 70.

мнению автора, привели к тому, что биологическая эволюция как процесс природы завершилась. Человечество превратилось в единственный фактор эволюции организмов, которая возможна лишь под его прямым контролем.

В одном из первых откликов на эту книгу В.Н. Слепков справедливо отмечал, что сейчас под прямым контролем человека находятся всего несколько сотен видов домашних животных и культурных растений. И если встать на точку зрения Козо-Полянского, то подавляющее большинство организмов обречено на вымирание, будучи не в состоянии адаптироваться к среде, преобразованной человеком. В действительности же это не так. «Эволюция не может прекратиться никогда. Она может только изменить свою форму»[236]. Необходим переход к эволюции органического мира, управляемой человеком.

Именно последняя идея стала лейтмотивом многих публикаций по проблеме взаимодействия человека с живой природой. Саму идею о громадном влиянии деятельности человека на эволюцию природы часто высказывали в своих трудах крупнейшие ученые XIX в. — основатели эволюционных концепций (Ж.-Б. Ламарк, сэр Ч. Лайель, Ч.Р. Дарвин и др.). Важность перехода к планомерному взаимодействию человека со средой стали обсуждать широкие круги научной общественности в начале XX в. Так, например, А.Е. Ферсман подчеркивал, что человек должен согласовывать свою деятельность с законами окружающего мира. В приспособлении к нему заключается «весь закон эволюции, борьба за существование, естественный отбор, вся сложность химических превращений и физических процессов, наконец, вся жизнь человека с её постоянной борьбой и постоянными исканиями»[237].

Аналогичные идеи разрабатывал В.И. Вернадский. Он доказывал неизбежность перехода от стихийной эволюции к сознательному управлению её процессами[238]. Вместе с тем он понимал, что в настоящий момент человек еще не способен к управлению эволюцией. Его воздействие на природу ведет к вымиранию видов, к разрыву устоявшихся биоценотических связей, а в конечном итоге — к дестабилизации биогеохимического круговорота, что грозит существованию самого человека. Идея Вернадского о скорейшем переходе к управлению биосферными процессами была философским обобщением, возникшим на базе синтеза биогеохимии, эволюционной теории и истории науки. В настоящее время требования Вернадского о всесторонней планомерности воздействия человека на окружающую среду и учете его отдаленных последствий общепризнанны, но реализация их остается делом туманного будущего. Тогда же они остались практически незамеченными, так как противоречили духу идеологии — заставить природу служить построению социализма. Напротив, наибольшую популярность вскоре получили призывы к «покорению природы», осуществление которых, в конечном счете, вело к экологическому кризису.

Между тем в 1920-х гг. были выполнены экологические исследования, создававшие естественнонаучную основу для рационального использования природных ресурсов. Интенсивно разрабатывались идеи о тесной взаимосвязи организмов в сообществах и о единстве биоценозов со средой обитания[239]. Для понимания

---

[236] *Слепков В.Н.* Диалектический материализм и биология // ПЗМ. 1927. № 10–11. С. 257.

[237] *Ферсман А.Е.* Химические проблемы промышленности. Л., 1924. С. 50.

[238] *Вернадский В.И.* Очерки геохимии. М.; Л., 1927.

[239] *Пачоский И.К.* Основы фитосоциологии. Херсон, 1921; *Сукачёв В.Н.* Растительные сообщества: Введение в фитосоциологию. М., 1928.

механизмов регуляции популяций и биоценозов большое значение имели опыты и наблюдения В.Н. Сукачёва по борьбе за существование, показавшие регулирующее значение внутривидовой конкуренции у растений.

Широкое развитие в те годы получили комплексные исследования экологических и генетических факторов внутривидовой дифференциации, получившие название геоэкологии (М.А. Розанова, В.Н. Синская, В.В. Станчинский). Для управления эволюцией органических форм Н.И. Вавилов в 1920-х гг. организовал планомерные исследования закономерностей распространения генов в различных географических районах. Это крупномасштабное изучение генетического потенциала сельскохозяйственных растений и их диких родичей во много раз расширяло возможности селекции, как по выбору исходного материала, так и по обнаружению новых хозяйственно полезных свойств и признаков. Опора на достижения генетики и эволюционной теории обеспечивала создание сотен сортов растений и пород животных, выведенных в те годы в СССР трудами и при участии Е.А. Богданова, Б.Н. Васина, Я.Л. Глембоцкого, М.Ф. Иванова, П.Н. Константинова, Н.Н. Кулешова, П.И. Лисицына, Г.К. Мейстера, А.А. Сапегина, А.С. Серебровского, А.П. Шехурдина и мн. др. Эти достижения селекции Вавилов и его последователи использовали для демонстрации практической значимости фундаментальных исследований, благодаря которым селекция могла превратиться в учение об «эволюции, направляемой волей человека»[240] . По мнению Вавилова, именно селекция эффективно реализовала принцип единства теории и практики, выступающий, согласно марксизму, решающим критерием истинности того или иного естественнонаучного обобщения.

Однако власти решили, что для преобразования и покорения природы необходимо было прежде всего окончательно подчинить биологическое сообщество, преобразовав его по собственному вкусу. К концу 1928 гг. стало ясно, что относительно мирный период сосуществования прежней науки и новой власти подходил к концу.

Наука в Веймарской Германии

Немецкая наука периода Веймарской республики — прекрасный пример научного знания, созданного в экстремальных условиях острого социально-экономического и политического кризиса при глубоком воздействии идеологии не только на интерпретацию вырабатываемых тогда теорий и концепций, но и на их содержание. За короткий период здесь было сделано немало оригинальных открытий в области физики, химии и биологии, определивших облик мировой науки, и внедрены новые институциальные формы, сохранившиеся до наших дней Здесь особенно надо выделить несколько лет (1924–1930), которые называют обычно «золотыми двадцатыми»[241] . Стабилизация марки позволила перейти от выживания к планомерному и обеспеченному финансами развитию при поддержке федерального правительства, правительств земель и индустрии. Как отмечал А. фон Гарнак в октябре 1924 г. на заседание сената КВГ, из тяжелейшего кризиса КВГ вышло невредимым. В тяжелейшие годы государство спасло КВГ и стало глав

[240] *Вавилов Н.И.* Селекция как наука. М.; Л., 1934.

[241] Forschung im Spannungsfeld von Politik und Gesellschaft. S. 250.

ным спонсором 10 из 17 его институтов. Дальнейший успех был связан с умелой политикой руководства КВГ, которое всячески старалось укрепить свою независимость, расширяя многообразие финансовых источников и выстраивая сложные социально-политические сети с властью, обществом и промышленностью. Душой и мотором этой деятельности стал генеральный секретарь КВГ Ф. Глум, который с 1923 по 1937 гг. делал все возможное, чтобы, оставаясь автономным от всех ветвей власти и промышленности, с максимальной эффективностью использовать их возможности. И эта политика ему удавалась до тех пор, пока национал-социалистические лидеры не отправили его в отставку.

За 13 лет существования Веймарской республики число Нобелевских лауреатов пополнилось пятью немецкими биологами и биохимиками (О.Ф. Мейергоф, О.Г. Варбург, Г.О. Виланд, А.О.Р. Виндаус, Г. Фишер), заложившими основы современных отраслей знаний о жизни[242]. В эти годы были выполнены основные труды Г. Шпемана, Г. Домагка, В. Форсмана, удостоенные позднее Нобелевской премии. В последние годы Веймарской республики началась академическая карьера ещё четырех будущих Нобелевских лауреатов, прерванная приходом к власти нацистов (Э. Чейна, Х.А. Кребса, Ф. Липмана, К. Нейберга). Подобные достижения в условиях перманентной нестабильности и кризиса, на первый взгляд, кажутся парадоксальными. Ведь молодые сотрудники, как правило, работали бесплатно или же за минимальные деньги. Все они впоследствии отмечали удивительную атмосферу свободы, совместного научного поиска и причастности к великим открытиям, которую создавали в биологических и биохимических лабораториях КВГ всемирно известные ученые[243]. Немалое значение имела и умелая институциональная политика. Несмотря на хронический финансовый кризис, руководителям КВГ удавалось добиваться расширения государственной поддержки в условиях сохранения независимости. Росло число биологических институтов КВГ, как за счет создания новых, так и за счет включения ранее существовавших в его структуру или преобразования их из прежних биологических станций, музеев, клиник и т. д. Существовавший с 1886 г. Музей энтомологии в Берлине во время инфляции потерял все свои средства и был включен в состав КВГ. То же произошло с Институтом психиатрии в Мюнхене, возглавляемым Э. Крэпелином. С 1924 г. он был уже Институтом КВГ. Непрерывно шло формирование все новых биологических институтов КВГ, возникавших в разных городах: Институт селекции в Мюнхеберге (1927, директор Э. Баур), Институт клеточной физиологии в Берлине (1930, директор О. Варбург), Институт медицинских исследований КВГ в Гейдельберге (1930, директор Л. фон Крель), Зоологический научно-исследовательский институт и музей в Бонне (1931, директор А. Кёниг). Таким образом, расширялась и география институтов КВГ.

Быстрая динамика политических, экономических и идеологических структур прямо сказывалась на отношениях науки, государства и общества, демонстрируя контраст между преемственностью в науке и отсутствием таковой в политике. Как в СССР, так и в Веймарской республике научное сообщество показало миру,

---

[242] Всего за годы Веймарской республики немецкими Нобелевскими лауреатами стали 15 ученых. Помимо уже названных ранее, в их числе были А. Эйнштейн, Дж. Франк, Г. Герц, К. Бош, Ф. Бергиус, В. Гейзенберг, Э. Шрёдингер.

[243] *Macrakis K.* Surviving the Swastika. New York; Oxford, 1993. S. 44–46.

что под влиянием кризисной ситуации, прежде всего, преобразуются ученые и научные учреждения, а сама наука достаточно устойчива и независима от всякого рода политических и идеологических влияний. Тем не менее, интерпретационный диапазон научных результатов столь велик, что не всегда под разными упаковками удается разглядеть общепринятые положения и концепции.

Хотя наука в Веймарской республике предшествовала науке Третьего рейха, а некоторые ученые пытались дать естественнонаучное обоснование доктринам национал-социализма, облегчая восхождение к власти А. Гитлеру и его единомышленникам, ее принято рассматривать как самостоятельное явление, а не только с точки зрения возникновения предпосылок для арийской науки. Веймарский период дает хороший материал для изучения проблемы взаимодействия науки и идеологии, его экономического, культурного, технологического и интеллектуального аспектов[244]. Веймарская Германия удивительно благоприятствовала нововведениям в науке своим социально-экономическим, политическим и идеологическим климатом[245].

Поражение Германии в Первой мировой войне было национальным унижением и экономической катастрофой. Немецкие солдаты (среди них было немало бывших и будущих ученых, мобилизованных на фронт) возвращались домой к политической революции, социальной нестабильности и голоду. Стоимость немецкой марки упала сразу после войны, и через несколько лет последовала гиперинфляция. Ученым приходилось бороться, чтобы сохранить рабочие места и финансирование своих исследований. Слабая экономика и гиперинфляция разрушили благосостояние многих научных учреждений и вынудили ученых конкурировать за финансы, объем которых постоянно сокращался, и становиться более зависимыми от правительства и промышленности.

Эти тяжелые времена потребовали существенных реформ в научной политике и особенно в системе финансирования науки. После Первой мировой войны науку во многих развитых промышленных странах поддерживали университеты и (особенно в США) частные фонды. Это считалось эффективной системой. В США, например, фонды Карнеги и Рокфеллера были одним из наиболее важных источников финансирования науки, а поэтому имели значительное влияние на ее развитие[246]. В Веймарской Германии, однако, с деньгами было настолько сложно, что немецкие ученые и их спонсоры вынуждены были создавать новые научные учреждения для более эффективного использования денежных средств и вводить систему экспертных оценок, сохранившуюся до наших дней. К февралю 1920 г. конкретные очертания принял проект Прусской Академии наук в Берлине, поддержанный многими научными учреждениями и университетами[247]. В его реа-

---

[244] *Forman P.* Weimar Culture, Causality and Quantum Theory, 1918–1927.

[245] *Schroeder-Gudehus B.* The Argument for Self-Government and Public Support of Science in Weimar Germany // Minerva. 1972. № 10. P. 537–570; *Forman P.* The Financial Support and Political Alignment of Physicists in Weimar Germany // Minerva. 1974. №. 12. P. 39–66.

[246] *Harwood J.* The Rise of the Party-Political Professor? Changing Self-understanding among German Academics, 1890–1933 // Geschichte der Kaiser-Wilhelm-Gesellschaft im Nationalsozialismus. Bestandsaufnahme und Perspektiven der Forschung. S. 21–22.

[247] *Zierold K.* Forschungsförderung in drei Epochen. Deutsche Forschungsgemeinschaft: Geschichte — Arbeitsweise — Kommentar. Wiesbaden, 1968. S. 4–5; *Hammerstein N.* Die Deutsche Forschungsgemeinschaft in der Weimarer Republik und im Dritten Reich. Wissenschaftspolitik in Republik und Dictatur. 1920–1945. München, 1999. S. 32–64.

лизации участвовали десятки политических деятелей разных убеждений[248]. Проект умело лоббировал бывший министр просвещения и культов Пруссии Ф. Шмидт-Отт[249]. Вместе с химиком Ф. Габером они обсуждали направления деятельности будущей организации 13 марта 1920 г., когда на улицах Берлина шли столкновения в ходе так называемого «капповского путча». Отклонение проекта в рейхстаге 27 апреля 1920 г. не обескуражило ученых. На совещании представителей основных научных учреждений, университетов, обществ Министерства науки, воспитания и народного образования Пруссии у министра внутренних дел Э. Кок-Везера выступления ученых о бедственном положении немецкой науки со ссылками на книгу О. Шпенглера «Закат Европы» принесли долгожданные плоды[250].

30 октября 1920 г. был создан Фонд помощи немецкой науке (Stifterverband der Notgemeinschaft der Deutschen Wissenschaft — НГДВ). На учредительном собрании представителей всех академий, многих университетов и высших школ, КВГ, союза научно-технических обществ, немецкого общества врачей и естествоиспытателей и др. было избрано правление во главе с государственным министром Ф. Шмидт-Оттом, в которое вошли также профессор права В. фон Дискальтер, Ф. Габер и А. фон Гарнак. Под давлением прессы парламент 23 ноября утвердил финансирование фонда. Его задачами стали 1) продолжение прежних крупных проектов; 2) публикация результатов исследований; 3) закупка зарубежной литературы.

С 1929 г. Фонд стали называть Немецким обществом поддержки и содействия научным исследованиям (Deutsche Gemeinschaft zur Erhaltung und Förderung der Forschung), просуществовав под этим названием до 1937 г., когда нацисты переименовали его в Немецкое научно-исследовательское общество (Deutsche Forschungsgemeinschaft — ДФГ), существовавшее до весны 1945 г.[251] Веймарский период в истории общества принято называть «эрой Шмидт-Отта», возглавлявшего Фонд в качестве президента в 1920–1934 гг. Столь долгое пребывание на государственном посту в Веймарской республике, где за этот же срок сменилось 16 министров внутренних дел и 18 правительств, — свидетельство не только уникальных дипломатических способностей Шмидт-Отта, но и независимости Фонда, получавшего деньги также от правительств земель, банкиров и промышленников. Шмидт-Отт был активным сторонником развития советско-немецкого научного сотрудничества, участвовал в работе Общества по изучению Восточной Европы и возглавлял его в течение нескольких лет. Бюджет вновь созданного общегерманского государственного фонда составил примерно 20 млн. марок (примерно 500 тыс. золотых марок) или 3 % от общих средств, затраченных научными учреждениями Германии до войны[252], но уже на следующий год, благодаря поступлениям помимо бюджета центрального правительства, сумма увеличилась более чем в три раза, составив 1 600 000 золотых марок[253]. Фонд выпустил

---

[248] *Schlicker W.* Konzeptionen und Aktionen bürgerlicher deutschen Wissenschaftspolitik // Zs. für Geschichtswissenschaftspolitik. 1979. Bd. 27. S. 432–428.

[249] Friedrich Schmidt-Ott: Erlebtes und Erstrebtes: 1860–1950. Wiesbaden, 1952.

[250] *Zierold K.* Forschungsförderung in drei Epochen. S. 14–20.

[251] Возрождение фонда началось в 1949 г. в ФРГ, где практически по кругу прошла серия новых переименований, пока в 1954 г. не установилось одно из прежних названий — ДФГ, сохранившееся до наших дней.

[252] Советско-германские научные связи времен Веймарской республики / Отв. ред. Э.И. Колчинский. СПб., 2001. С. 32.

[253] *Zierold K.* Forschungsförderung in drei Epochen. S. 55.

12 ежегодных отчетов и 27 томов под общим названием «Немецкое исследование» (Deutsche Forschung), которые стали основным источником сведений о его деятельности. За первые пять лет существования фонда гранты и ассигнования на проекты в области биологии составляли в среднем 5–7 % от общего числа поддержанных проектов и выделяемых сумм на их реализацию. Часть биологических проектов шла по разрядам медицины и сельского хозяйства[254].

В Германии было лишь несколько научно-исследовательских институтов, поддерживаемых центральным правительством. Большинство исследований осуществлялось в университетах, финансируемых правительствами земель. Перед Первой мировой войной эти средства выделяли руководителю института или кафедры в университете, который распределял их по своему усмотрению, предопределяя тем самым карьеры молодых ученых. После войны правительства земель были сильно ограничены в средствах. Денег на науку было столь мало, что нужна была новая, более эффективная система их распределения. НГДВ получал средства в основном у центрального правительства, что неизбежно делало экспертов и ученых зависимыми от министров и рейхстага.

При введенной системе экспертиз научных проектов Фонд выделял деньги не институтам, а конкретным исследователям[255]. Вместо автоматической поддержки от властных структур, распределяемой директором института, ученые теперь сами подавали заявки со своими личными проектами, а фонд определял, какие из них целесообразно финансировать. Эти решения принимали небольшие комиссии, состоящие из авторитетных ученых в соответствующей отрасли знания. Хотя система грантов не была напрямую предопределена политическими структурами Веймарской республики, она формировалась в рамках демократических традиций в форме диалога представителей наиболее авторитетных научных учреждений и университетов с властями Рейха и Пруссии под контролем депутатов Рейхстага. В результате была создана система финансирования науки, более ответственная и демократичная, чем раньше. Для ее создания были политические причины. Распределяя деньги только по индивидуальным проектам, фонды не брали на себя ответственность за поддержку университетов и за равномерное распределение средств между немецкими землями[256].

Эксперты изучали заявки в комиссиях, распределяли средства в соответствии с их новизной и значимостью примерно по 20 отраслям гуманитарных, социально-экономических, естественнонаучных и технических отраслей знаний. Соотношения грантов в общественных науках и в естественных или технических науках было 1: 2[257]. Наибольшое число грантов выделяли на коллективные экспериментальные исследования. В период с 1928 по 1932 гг. на них было выделено 45 % общих средств. На втором месте шли индивидуальные проекты — 29 %, затем издательские проекты — 16 %, а остальные 10 % — конференции[258]. Конечно, не всегда и не все решения были объективны. Нередко отдавали предпочтение тому или иному направлению в определенной отрасли знаний в ущерб другим. Многое зависело от научного и административного веса экспертов. Физик-теоретик, лау-

---

[254] *Zierold K.* Forschungsförderung in drei Epochen. S. 69.

[255] Ibid. S. 67–104.

[256] Ibid. S. 21–28.

[257] Ibid. S. 70.

[258] Ibid. S. 69.

реат Нобелевской премии М. Планк был очень влиятельным членом экспертной комиссии и внимательно следил за тем, чтобы квантовая физика и теория относительности получали щедрую поддержку Фонда. В итоге гранты по физике и химии получали 22 % общих средств, распределяемых фондом, в то время как на всю биологию выделялось всего 5 %[259]. Учитывая, что налогоплательщиков интересует больше всего собственное здоровье и борьба с болезнями, на проекты по медицине руководители Фонда выделяли 19 %.

Создавая конкуренцию за материальные и финансовые ресурсы в научном сообществе, Фонд усиливал стимулы к творческой научной работе, оцениваемой экспертами как важные и перспективные. У ученых появлялась дополнительная возможность взглянуть на свои исследования со стороны, так как количество грантов становилось еще и показателем эффективности и востребованности их труда. В итоге экономические трудности в Веймарской Германии вкупе с интеллектуальным климатом, отвергавшим лапласовский детерминизм, возможно, в некоторой степени влияли на ускорение развития современных направлений в физике и химии, построенных на познании ведущей роли стохастических закономерностей и ставших вскоре основой формирования молекулярной биологии. От системы оценок главным образом выиграли создатели современной квантовой механики М. Борн, В. Гейзенберг и П. Йордан, а также генетики, биохимики, физиологи.

Политический и экономический переворот, последовавший за поражением Германии, быстро сделал «современную физику» — проще говоря, квантовую механику и теорию относительности, — гордостью немецкой науки и мишенью нападок для ученых и граждан, не придерживавшихся либерально-демократических принципов[260]. Физики старшего поколения, ощущавшие себя носителями имперских национальных традиций и сохранившие верность классическому естествознанию, не получили особых выгод от этой системы финансирования. Проигрыш в конкуренции за средства некоторые из них связывали с дискриминацией по национальному признаку, так как среди молодого поколения процент евреев был высоким. В биологии противостояние по национальному признаку между учеными разных поколений было не столь заметным. Но здесь и не было ярких открытий типа теории относительности, перевернувших мировоззрение всего человечества. Однако трудами многих немецких биохимиков, среди которых было немало лиц еврейского происхождения, (О. Г. Варбург, О.Ф. Мейергоф, К. Нейберг, Х.А. Кребс, Ф.А. Липман, Э.Б. Чейн и др.), по существу, закладывались основы будущей молекулярной биологии, но о будущем громадном значении их трудов для человечества широкая общественность в то время даже не догадывалась.

Фонд помощи немецкой науке и немецкие ученые выиграли от необычного консенсуса по проблемам науки в национальном парламенте[261]. И левые, и правые соглашались, хотя и совершенно по разным причинам, что науку нужно поддерживать. Немецкие научные учреждения были порождены кайзеровским рейхом и оставались близки правым по духу. Социал-демократы, выступавшие за глубокие социально-демократические реформы, не доверяли людям, управлявшим наукой в Германии, но, тем не менее, поддерживали их по идеологическим причинам. В итоге в науке многие видели компенсацию былой политической мощи

[259] *Zierold K.* Forschungsförderung in drei Epochen. S. 69.

[260] *Walker M.* Nazi Science. New York, 1995. P. 6–16.

[261] *Zierold K.* Forschungsförderung in drei Epochen. S. 67–104.

страны: то, что Германия потеряла на политической и военной арене, должно быть компенсировано развитием науки и культуры.

К концу Веймарской республики МВЕФБ Пруссии было озабочено вопросом контроля над реализацией новой системы финансирования научных исследований. Его чиновники желали, чтобы Шмидт-Отт и члены правления Фонда распределяли деньги по строгим процедурам. Экспертная система действительно была более открытой и демократичной для финансирования научных проектов, чем все использованные ранее, но внедрялась отнюдь не демократическим путем, а авторитарно Шмидт-Оттом, который собирал информацию о заявителе и проекте из различных источников в Фонде и зачастую принимал решения единолично, не желая делить с кем-либо ответственность за них.

Для Общества Кайзера Вильгельма деньги также были проблемой[262]. До войны оно в основном финансировалось частным образом, за исключением зарплаты директорам институтов, поступавшей от правительства Пруссии. Но к началу 1920-х гг. поступления частных средств сократились, промышленники стали осторожнее с выделением денег. Для преодоления финансового кризиса была выработана модель получения средств из разных источников, позволявшая не попадать в полную зависимость ни от государства, ни от промышленности, ни от банков. С одной стороны, руководство КВГ добивалось средств от правительств Веймарской республики и земель, прежде всего Пруссии, а с другой стороны, старалось в максимальной мере использовать средства промышленников. Им удалось убедить промышленных лидеров внести свой вклад в поддержку науки, дополнив сеть фундаментальных исследовательских институтов, построенных или задуманных до войны, десятками новых научных учреждений в различных индустриальных районах Германии[263]. В конечном счете лидеры различных отраслей промышленности стали оценивать КВГ как систему организации исследований, более выгодную и результативную, чем исследовательские лаборатории на производстве.

Вопреки стараниям некоторых политиков левого толка и министерских чиновников, КВГ, как и Фонд помощи немецкой науки, так и не стало демократическим. КВГ оставалось элитным учреждением с авторитарными руководителями институтов, но оно процветало, несмотря на инфляцию и депрессию. В 1930 г. член рейхстага, коммунист Маловский характеризовал КВГ как учреждение, развивавшее «буржуазную науку» и «витавшее в облаках»[264]. В течение всего Веймарского периода оно разрасталось, количество его институтов к началу 1930-х гг. утроилось и достигло 30. Не удивительно, что в 1929 г. его обвинили в использовании общественных средств не только на перспективные исследования, но и на создание своей финансовой независимости и обеспечение влияния как учреждения.

Университетская система, в рамках которой шло большинство фундаментальных исследований и готовили молодых ученых, также не приняла демократию, сопротивлялась реформам и оставалась архипелагом с автократическим правлением. «Мандарины» делали вид, что защищают аполитичную систему обучения,

---

262 *Brocke B. vom.* Die Kaiser-Wilhelm-Gesellschaft in der Weimarer Republik. Ausbau zu einer gesamtdeutschen Forschungsorganisation (1918–1933) // Forschung im Spannungsfeld von Politik und Gesellschaft. S. 227–239.

263 Ibid. S. 239–249.

264 *Macrakis K.* Surviving the Swastika. P. 39.

в то время как на самом деле активно противостояли новым демократическим порядкам, не желали идти на компромиссы с ними, воспринимали происходящие реформы как покушения масс на их священные права хранителей образцовой системы образования и истинных ценностей науки, которые предполагают изменить во имя узкопрактичного образования и прикладных исследований[265]. Уже к началу 1930-х гг. они были готовы принять национал-социализм как избавление от модернизации и экспертов-технократов, конкурирующих с ними, внося тем самым свой вклад в фундамент будущего триумфа Гитлера.

Д. Харвуд применил тезис Ф.К. Рингера, исследовавшего в основном ученых-гуманитариев, для анализа биологического сообщества, прежде всего генетического, в Веймарской республике, и доказал, что там также были и «мандарины», и «эксперты-модернизаторы», отличавшиеся по исследовательским приоритетам[266]. Первые, приверженцы традиций, были более разносторонни и фундаментальны в научной работе, вторые — более прагматичны. Контраст, в свою очередь, объяснялся также и разницей в образовании и социальном происхождении. Генетики, происходившие из мелкой буржуазии или промышленных кругов, посещавшие современные школы, склонны были сосредотачиваться на конкретных вопросах с выходом в практику. Ученые из более образованной части среднего класса, закончившие классические гимназии, обычно интересовались фундаментальными проблемами.

Мандарины и эксперты концентрировались в разных учреждениях. Первых из них можно было чаще встретить в университетах и в Институте биологии КВГ, а вторых — в Сельскохозяйственной высшей школе в Берлине, позднее — в Институте селекции КВГ. Однако и многие старейшие университеты пополняли профессора из числа экспертов-модернизаторов. Появившиеся леволиберальные профессора склонны были к фундаментальным исследованиям, т. е. к научной политике мандаринов[267], но в то же время многие из них занимались активной политической деятельностью, защищая демократический парламентаризм. И это меньшинство положительно относилось к политически ангажированным пацифистам и сторонникам социализма. Соотношение между мандаринами и экспертами существенно различалось не только в рамках поколений или областей знаний, но и между университетами[268]. Х. Янсен впервые показал, что в Гейдельбергском университете в 1920-е гг. число членов различных партий среди профессорско-преподавательского корпуса стремительно возросло до 25 % по сравнению с 14 % во время войны; в Гамбургском университете 25 % преподавателей и 35 % заведующих кафедрами были членами политических партий, в Тюбингенском университете процент состоявших в партиях к 1933 г. достиг 36 %, в Гёттингене в 1920 г. их было 36 %, а в 1927 г. — уже 42 %. Но даже те, кто по-прежнему заявлял, что стоит над политической жизнью, в реальности действовали на пользу одной из партий. Все это свидетельствовало о существенных изменениях в политической практике академического сообщества. В то же время среди тех, кто избирался в рейхстаг или земельные парламенты, подписывал политические петиции, открыто высказывался в пользу той или иной

---

[265] *Ringer F.K.* The Decline of the German Mandarins. P. 80.

[266] *Harwood J.* Styles of Scientific Thought. P. 285–286.

[267] *Döring H.* Der Weimarer Kreis. Studien zum politischen Bewußtsein verfassungstreuer Hochschullehrer in der Weimarer Republik. Meisenheim am Glan, 1975.

[268] *Jansen Ch.* Professoren und Politik. Politisches Denken und Handeln der Heidelberger Hochschullehrer, 1914–1935. Göttingen, 1992.

политической партии, было гораздо меньше представителей естественных наук, чем ученых — экономистов, юристов, историков, теологов и т. д.

В целом, в период Веймарской республики меньшинство академического сообщества (около трети) открыто заявляло о своих политических симпатиях, а большинство предпочитало их не афишировать. Если судить по числу депутатов-ученых в рейхстаге Веймарской республики, то пристрастия ученых простирались от центра к правому флангу: Немецкая демократическая партия, Немецкая народная партия Немецкая национальная народная партия. Симпатии различались также в зависимости от университета и области знаний. Все это породило некоторые устойчивые характеристики университетов: «Гейдельберг — центр национальных скандалов», «Фрайбург и Вюрцбург были очень католическими», «Гамбург был слишком красный», «Эрланген и Йена — главные опорные пункты национал-социалистического движения» и т. п.[269] Среди биологов и медиков профессора в одних университетах тяготели к левым, в других — к правым, в третьих — симпатии делились примерно поровну. Рост политизированности профессорско-преподавательского корпуса в период Веймарской республики обычно оценивают как показатель его недовольства реалиями и желания изменить существующий строй. Гиперинфляция первых послевоенных лет имела значительное влияние на всех работавших в университетах, лишив их спонсорской помощи и превращая любое долгосрочное планирование финансов в утопию[270]. Хотя штатные профессора не боялись потерять свои должности, будущее молодых, менее заслуженных ученых, было неопределенным. Профессорско-преподавательский корпус вынужден был считаться и с настроениями студенчества.

Из-за экономической нестабильности все больше и больше студентов устремлялось в университеты, что еще усложнило положение немецкой науки. В 1931 г. в Германии было 138 010 студентов, большая часть из них принадлежала к мелкой и средней буржуазии, восприимчивой к национал-социалистическим обещаниям, что вело к правой радикализации студенчества[271]. Этот процесс, начавшийся с создания национал-социалистической студенческой организации во главе с В. Темпелем в Мюнхене в 1926 г., постепенно распространился по всей стране. В 1932 г. во многих университетах студенты на выборах своих организаций в подавляющем большинстве проголосовали за национал-социалистический список[272]. Йена (86,8 %), Эрланген (68,2 %), Берлин (65,4 %), Марбург (63,4 %). Большая часть студентов Фрайбурга, Гиссена. Гёттингена, Ростока также отдала свои предпочтение нацистам, а в остальных они получили чуть меньше половины. Исключение составил лишь Боннский университет (26,2 %) и, как ни странно, Мюнхенский университет (32,5 %), всегда считавшийся опорой крайне правых радикалов. Правда, в 1933 г., когда проходили последние свободные выборы в студенческие организации и стала реализоваться программа национал-социалистов, количество поданных за них студенческих голосов резко снизилось, превысив половину только в Гиссене.

Происходившее по-разному отражалось на ученых, поскольку некоторые работы можно было продолжать с минимальными средствами, а о других капитальных

---

[269] *Heiber H.* Universität unterm Hakenkreuz. T. 1. S. 19.

[270] *Feldman G.D.* The Great Disorder: Politics, Economics and Sociery in the German Inflation 1914–1924. New York, 1993.

[271] *Grüttner M.* Studenten im Dritten Reich. Paderborn; München; Wien; Zürich, 1995. S. 23.

[272] Ibid. S. 96.

исследованиях, интенсивно проводимых в других странах, нельзя было даже и мечтать. Таким образом, хотя теоретическую физику финансировали достаточно щедро, Германия не могла конкурировать с Америкой и Британией в том, что касалось, например, циклотронов и других новейших типов ускорителей элементарных частиц, а должна была вести эти исследования в кооперации с учеными других стран, что было нелегко в условиях международной изоляции. Бойкот со стороны научных сообществ стран-победителей тяжело сказывался на научных связях немецких ученых[273] . В этом случае их взоры неизбежно обращались к Советской России, к другому «изгою» международного научного сообщества, где также в Германии видели главного научного партнера.

Годы между гиперинфляцией (1923) и началом Великой депрессии стали, казалось, периодом процветания для Германии в целом и ее науки в частности. В это время были осуществлены или, по крайней мере, начаты многие научные разработки, наиболее значительные для Веймарского периода. В 1929 г. великий экономический кризис и депрессия вызвали новую волну финансовой нестабильности, бюджеты были вновь урезаны, научные исследования приостановлены, карьеры разрушены, а поток студентов, устремившихся в университеты, опять возрос. В этой ситуации научные направления, изучавшие физико-химические основы жизни, не получали той финансовой поддержки, которую они заслуживали, по мнению их создателей и лидеров. Они, как и многие другие в Германии, считали, что Веймарская система не позволила им реализоваться. Именно в эти годы начинается быстрое умножение сторонников национал-социализма в университетах. В том, что власть нацистов укоренилась, определенную роль сыграла поддержка со стороны профессорско-преподавательского корпуса.

В первых программах НСДАП, принятых в феврале 1920 г. и в мае 1926 гг. отсутствовали положения, прямо связанные с научной политикой, за исключением указания на то, что учебные планы и наука «должны соответствовать практике», «задачам народного государства» и «целям национал-социализма»[274] . Для завоевания симпатии интеллигенции в 1926–1929 гг. Гитлер пытался создать массовые национал-социалистические организации деятелей культуры, студентов, учителей, врачей, юристов, обещая их членам свободу творчества в духе национал-социализма. Главной целью научной политики в те годы было для него изгнание евреев-марксистов из высших учебных заведений и научных учреждений и замещение вакантных должностей подлинными арийцами. Для этого собирались создать «Национал-социалистическое научное общество», но этот план не был реализован. Более успешной оказалась работа со студенчеством.

Существует мнение, что необратимая политизация науки произошла в Германии между началом Первой мировой войны и концом Второй. На самом деле она началась с широкого публичного обсуждения теории Ч. Дарвина и генетических открытий. Теория относительности А. Эйнштейна завершила превращение науки в важную политическую силу, приведшую к созданию атомной бомбы, гонке ядерных вооружений и соперничеству в космосе. Хотя наука пересекалась с политикой

---

[273] *Schröder-Gudehus B.* Internationale Wissenschaftsbeziehungen und auswärtige Kulturpolitik 1919–1933. Vom Boykott und Gegenboykott zu ihrer Wiederaufnahme // Forschung in Spannungsfeld von Politik und Gesellschaft. S. 858–885.

[274] *Scheel K.* Die Wissenschaftspolitik des Deutschen Faschismus auf dem Weg in den Zweiten Weltkrieg / Hg. B. Brentjes. Wissenschaft unterm NS-Regime. Berlin; Bonn, 1992. S. 15.

в различные эпохи и в разных странах, именно в период между двумя мировыми войнами она стала синонимом политической силы.

Сколь велико было политическое влияние научных теорий в Веймарской республике, видно по карьере А. Эйнштейна[275] . До приезда Эйнштейна в Берлин в начале Первой мировой войны его исследования были мало известны. В Берлине он не занимался преподавательской работой, а получил престижную должность в КВГ, стал членом Прусской академии наук. Его неожиданная мировая известность способствовала и росту авторитету этих двух столпов академической науки. Научная и общественная известность Эйнштейна всегда была амбивалентной. Во время войны французы критиковали его теорию относительности как типичную для немецкой физики, а после войны на нее нападали в Германии уже как на типично еврейское построение[276] . Еще в начале войны Эйнштейн имел мужество публично объявить себя пацифистом и интернационалистом, что вызывало жгучую ненависть у большинства соотечественников и робкое одобрение со стороны всего нескольких единомышленников. Такая позиция не была по достоинству оценена и в странах Антанты. Немногие ученые во всем мире осмеливались открыто пропагандировать столь непопулярные пацифистские взгляды в эпоху расцвета шовинизма и ультрапатриотизма.

В военные годы британские астрофизики экспериментально подтвердили предсказания общей теории относительности. С тех пор теорию относительности Эйнштейна стали широко пропагандировать в печати. Ее жаждали узнать массы, которые были равнодушны к остальным отраслям физики, разрабатываемым его коллегами. Газеты и популярные журналы работали на рост популярности Эйнштейна как неординарной личности, независимой от господствовавших в обществе настроений и взглядов, и как автора непонятной, а тем самым особо привлекательной для обывателя, научной теории. После окончания войны Эйнштейн путешествовал по всему миру, неся физикам «евангелие» теории относительности, а философам — возможность поспекулировать по мировоззренческим, методологическим и эпистемологическим проблемам. Эйнштейн оказался вовлеченным в политическую деятельность, где его друг, крупный промышленник и финансист В. Ратенау, занимавший пост министра иностранных дел, добивался выхода Германии из международной изоляции и подписал вместе с К.Й. Виртом Рапалльский договор с Советской Россией. В то время как большинство немецких ученых подвергали остракизму, а Германию не пустили в новые международные научные организации, возникшие после войны, Эйнштейн свободно путешествовал по миру как посланник доброй воли, вызывая ненависть консерваторов и реакционеров в самой немецкой науке и за ее пределами[277] .

В целом, Эйнштейн выделялся среди коллег, вызывая явную враждебность, негодование и зависть некоторых из них. Популярность еврея, пацифиста, демократа среди публики превращала его в их глазах в некий культурный и политический символ Веймарской республика, значимость которого превосходила сами научные достижения, вызывая возмущение политиков-консерваторов и научных оппонентов. Активная пропаганда теории относительности, с их точки зрения, была обусловлена не

---

[275] *Scheideler B.* Albert Einstein in der Weimarer Republik. Demokratisches und elitäres Denken im Widerspruch // Vierteljahrshefte für Zeitgeschichte. 2005. Bd. 53. № 3. S. 381–419.

[276] *Kleinert A.* «Von der "science allemande" zur deutschen Physik» // Francia. 1978. S. 509–525

[277] *Walker M.* Nazi Science. 1995. P. 3

столько ее научными достоинствами, сколько тесными связями автора с политической и финансово-экономической элитой Веймарской республики. В массовом сознании формировался образ незаслуженно осыпанной признаниями весьма спорной научной теории. В итоге политическая и научная оппозиция Эйнштейну и его теории относительности стала важной составляющей дальнейшей борьбы «арийской физики» и «еврейской физики», достигшей апогея во времена Третьего рейха.

У двух консервативных немецких физиков, Нобелевских лауреатов Ф. Э.А. фон Ленарда и Й. Штарка, в годы Веймарской республики все больше терялся контакт с современной физической мыслью, представленной в трудах А. Эйнштейна, М. Планка и В. Гейзенберга. Ленард, получивший Нобелевскую премию ещё в 1905 г., был одержим подозрением, что английский физик, директор Кэвендишской лаборатории в Кембридже, Дж. Томпсон украл его экспериментальные данные, клеймил английский материализм и эгоизм как чуждые духу немецкой физики[278]. Во время Первой мировой войны он апеллировал к националистическим чувствам, уверяя, что война представляла собой вечную схватку немецкой культуры с западной цивилизацией, в которой «Англия, как всегда, была политическим монстром»[279]. Поражение в войне, Версальский мир и Баварская республика обострили его консерватизм и национализм и привели в лагерь народнического расизма. Теорию относительности, которая сделала ненужным постулат о существовании эфира и разрушила привычную Ленарду картину мира, он отвергал не только исходя из постулатов теоретической физики XIX века, но и по мировоззренческим соображениям[280]. Ленард отнюдь не был одинок в неприятии современных концепций. Многие физики, как в Германии, так и Советской России (например, крупный электротехник В.Ф. Миткевич), представители старого поколения, сопротивлялись революционным изменениям, вносимым Эйнштейном и другими молодыми учеными в картину мира.

Но Ленард завидовал ещё и международной славе А. Эйнштейна. Начиная с 1922 г. в его научных трудах стали проскальзывать антисемитские высказывания, что еще больше удалило Ленарда от молодого поколения физиков. Сугубо профессиональные дискуссии по поводу теории относительности привели к антисемитским нападкам на Эйнштейна, который ответил такими же политическими доводами, и, в первую очередь, Ленарду как наиболее авторитетному физику прежнего поколения[281]. Таким образом, выступления Ленарда против Эйнштейна вышли за рамки профессионального поведения, стали личностными, идеологическими и расистскими. В первые годы Веймарской республики Ленард стал мучеником национализма (а впоследствии национал-социализма). В апреле 1919 г. его институт был захвачен толпой сторонников Баварской республики Советов, которую, по его мнению, организовали евреи. Его самого взяли в заложники и подвергали оскорблениям, Публичное унижение еще более укрепило его идеологические и политические убеждения, он с интересом стал читать речи малоизвестных тогда А. Дрекслера и А. Гитлера. После убийства 24 июня 1922 г. В. Ратенау членами террористической организации «Консул» Ленард отказался соблюдать

---

[278] *Beyerchen A.* Scientists under Hitler. P. 81, 87.

[279] *Lenard Ph.* England und Deutschland zur Zeit des großen Krieges: geschrieben Mitte August 1914. Heidelberg, 1914. S. 16.

[280] *Lenard Ph.* Über Relativitätsprinzip, Äther, Gravitation: Mit einem Zusatz betreffend der Nauheimer Diskussion. Leipzig, 1921.

[281] *Harwood J.* The Rise of the Party-Political Professor. S. 26.

официально объявленный траур. Это поставило под вопрос его пребывание в профсоюзе и привело к дисциплинарному взысканию. Но, ободренный поддержкой правонастроенного студенчества, Ленард открыто стал на сторону А. Гитлера и Э. Людендорфа, находившихся в Ландсбергской тюрьме после провалившейся попытки «Пивного путча». 8 мая 1924 г. он опубликовал в мюнхенской газете «Großdeutsche Zeitung» статью, в которой заявил, что видит у Гитлера дух Г. Галилея, И. Кеплера, И. Ньютона и М. Фарадея[282] . В духе нацистской риторики того времени он восторженно восхвалял Гитлера: «борьба призраков тьмы с носителями света <...> [Гитлер] и его товарищи в борьбе <...> являются для нас дарами свыше, пришедшими из далеких, смутных времен, когда расы были более чистыми, люди более великими, а души менее подлыми». Сравнение лидера захудалой партии с великими естествоиспытателями в устах Нобелевского лауреата явно работало на культ будущего фюрера и еще сильнее сблизило Ленарда с НСДАП и «фёлькишским» движением.

В издательстве Ю. Лемана Ленард опубликовал книгу «Великие естествоиспытатели», в которой уверял, что все они были арийско-германского происхождения, а вместо современной теоретической физики предлагал свое учение об органическом универсуме, чуждое механистическим и абстрактным теориям[283] . В конечном счете, Ленард стал ведущим пропагандистом арийской физики, подчеркивая не только ее духовные параметры, но и центральное место в ней народа и расы. В то же время он отказывался от мировой физики как «еврейского обмана». У него установились тесные отношения с А. Розенбергом, Р. Гессом и лидерами народнического крыла НСДАП. В 1928 г. Гитлер посетил Ленарда и заверил его в глубокой заинтересованности в арийской физике. Вновь и вновь Ленард повторял, что наука, как и все другое, всецело обусловлена расой и кровью. Его лаборатория стала одним из главных центров правого радикализма. Столь активная публичная поддержка Гитлера и НСДАП в то время была явлением, довольно редким среди ученых.

В отличие от Ленарда, научные заслуги которого в получении Нобелевской премии до сих пор ставятся под сомнение, Штарку принадлежит честь открытия расщепления спектральных линий атомов и молекул в электрическом поле, названный его именем «эффект Штарка», а премию он получил за работы в области электромагнетизма[284] . В 1922–1924 гг. он был профессором в университете Вюрцбурга, где выступал не только против теории относительности, но и модели атома Н. Бора[285] . Его вывод о кризисе физики в Германии не нашел поддержки в научном сообществе. Вспыльчивый, диктаторский и амбициозный характер Штарка заставил его отказаться от профессорства в Вюрцбурге в ожидании другого назначения, которое не состоялось[286] . Дальнейшая его изоляция привела к тому, что он стал видеть в Эйнштейне и его теории причину собственных неудач. Себя он ощущал не агрессором, а жертвой. Это чувство привело к тому, что Штарк забросил работу по специальности и стал активистом Народнического движения в Баварии, занимаясь написанием памфлетов и организацией митингов. Он ещё до

---

[282] *Scheel K.* Die Wissenschaftspolitik des Deutschen Faschismus auf dem Weg in den Zweiten Weltkrieg / Hg. B. Brentjes. Wissenschaft unterm NS-Regime. Berlin u. a., 1992. S. 16.

[283] *Lenard Ph.* Große Naturforscher: Eine Geschichte der Naturforschung in Lebensbeschreibungen. München, 1929.

[284] *Stark J.* Erinnerungen eines deutschen Naturforschers. Mannheim, 1987.

[285] *Stark. J.* Die gegenwärtige Krisis in der Deutschen Physik. Leipzig, 1922.

[286] *Beyerchen A.* Scientists underm Hitler. P. 113–114.

начала «пивного путча» в 1923 г., «предоставил себя в распоряжение Гитлера как фюрера», а в мае 1924 г. Штарк и Ф.Э.А. фон Ленард в беседе с Гитлером увидели в нём «будущего фюрера всего немецкого народа»[287]. По его собственным словам, Штарк стал в Мюнхене местным представителем национал-социализма. Его оружием против тех, кто вынудил его уйти из науки, отныне был расизм, и он клеймил «еврейскую физику», которая не базируется на фактах и экспериментах и противоречит реальности. 1 апреля 1930 г. Штарк вступил в ряды НСДАП и стал самым именитым физиком-нацистом. Вместе с Ф. Э.А. фон Ленардом он старался встроить науку в национал-социалистическое мировоззрение[288].

Таким образом, под влиянием неудач в профессиональной карьере Леонард и Штарк отказались от образа мандаринов, аполитичных университетских профессоров, и предприняли более радикальные шаги в политике. Они также публично поддержали А. Гитлера в 1923 г., во время его тюремного заключения, а уж затем начали призывать к возвращению к так называемой «арийской физике», к отказу от физики «еврейской». Не совсем ясно, что именно они понимали под этими терминами, кроме того, что арийскую физику создавали арийцы, а еврейскую — евреи. Инициатор арийской математики Т. Вален еще в начале Веймарского периода был региональным лидером НСДАП. В конечном счете, из-за своей нетерпимости к республике он потерял пост профессора в университете Грейфсвальда и нашел прибежище в техническом университете в Австрии[289].

Как было показано в предыдущем разделе, сближение науки и расизма стало общемировой тенденцией еще во второй половине XIX в. Ж.А. де Гобинó и Х.С. Чемберлен создали миф о превосходстве арийской расы над другими, а некоторые последователи Ч. Дарвина развивали в своих трудах социал-дарвинизм. Благодаря трудам Ф. Гальтона и английского биометрика К. Пирсона возникла евгеника как наука об улучшении человеческой природы, получившая широкую общественную поддержку во многих странах Западной Европы и США[290]. Политическим и идеологическим последствием популярности генетики стало использование социал-дарвинизма для оправдания несправедливости человеческого общества, эксплуатации колониальных народов, захватнических войн и т. д. Огромный экономический разрыв между богатыми и бедными в странах Западной Европы объясняли аналогией с естественным отбором: мол, более богатые и более удачливые люди (или нации) лучше приспособлены к жизни.

В Германской империи евгеники, называвшие себя «расовыми гигиенистами», в основном не были расистами, как правило, воздерживались писать о превосходстве одних рас над другими и не допускали антисемитских высказываний. Однако вера в нордическое превосходство принуждала некоторых из них сочувственно воспринимать национал-социалистическую пропаганду. Демографические и медицинские исследования, свидетельствовавшие, что у других этнических групп уровень воспроизводства был выше, чем у немцев, пробуждали страх, что сравнительно низкий уровень рождаемости немцев приведет к «расовому суициду», и

---

287 Цит.: *Zierold K.* Forschungsförderung in drei Epochen. S. 174.

288 Ф. Ленард вступил в НСДАП только в 1937 г.

289 *Siegmund-Schulze R.* Theodor Vahlen — zum Schuldanteil eines deutschen Mathematikers am faschistischen Mißbrauch der Wissenschaft // Schriftenreihe für Geschichte der Naturwissenschaften, Technik und Medizin. 1984. Vol. 21. № 1. P. 17–32.

290 *Kevles D.J.* In the Name of Eugenics. P. 3–147.

немцы будут подавлены «низшими», но более плодовитыми расами, например, восточной расой, т. е. славянами. Кроме того, понятия «биологическая дегенерация», «расовая чистота», «смешение рас», «расовый стыд» или «расовый позор», «запрет на расовое смешение», «ксенофобия», «чуждое тело» и т. д., сформированные еще в имперской Германии, но используемые только крайними расистами и антисемитами, входили в широкий оборот и составляли существенную часть лексики во многих общественных и политических союзах, объединениях, партиях[291].

Нарастание расистских настроений напрямую зависело от общей ситуации в обществе, пережившем последствия войны, гиперинфляцию и предчувствовавшем дегенерацию моральных ценностей. Сокрушительное поражение могучего кайзеровского рейха было питательной почвой для слухов о предательстве в тылу в тот момент, когда победа казалась столь близкой, об общемировом еврейском заговоре. Среди политиков Веймарской республики был велик процент евреев, особенно среди социал-демократов. Немалую роль здесь играли данные о национальном составе лидеров большевиков. Все больше граждан Веймарской республики начинало рассматривать евреев как угрозу буржуазному строю, как носителей разрушительного начала в обществе. Центром концентрации антисемитских политических сил стал Мюнхен, переживший в 1919 г. короткую, но кровавую гражданскую войну из-за попыток учредить Баварскую Советскую республику. Здесь и произошло зарождение национал-социалистического расового учения[292].

На смену расовым антропологам и расовым гигиенистам первого поколения (В. Шальмайеру, Л. Вольтману, О. Аммону), не допускавшим антисемитских высказываний, шло новое поколение антропологов и евгеников, в котором важную роль играли Г.Ф.К. Гюнтер, Ф. фон Ленц, О. Рехе. Появилось множество сочинений по расовой психологии и психиатрии (Э. Рюдин, Э. Янш, Э. фон Эйкштедт). Особенно популярными стали сочинения Э. Кречмера о связи основных типов конституционного телосложения человека (пикнический, астенический, атлетический) с определенными типами темперамента, Л.А. Коха и К.С. Шнайдера о психопатической личности, И.К. Притхарда о «моральном слабоумии», Л.Ф. Клауса о расовой душе и т. д.[293] В то же время все отчетливее становились различия между евгениками, подчеркивавшими сугубо академический характер своей науки и независимость суждений от расовых и националистических предрассудков, и расовыми гигиенистами, все чаще склонными рассуждать о низших и высших расах. Хотя ненацистское направление в расовой гигиене все еще сохранялось, некоторые расовые антропологи и расовые гигиенисты установили контакты с зарождавшимся национал-социалистическим движением с начала его формирования. Среди них были Ю. Леман, врач и издатель, и филолог-расолог Г.Ф.К. Гюнтер.

Другие до начала 1930-х гг. старались дистанцироваться от нового одиозного политического движения. Ф. фон Ленц, профессор расовой гигиены в Мюнхенском университете, являл собой пример респектабельного ученого, разделявшего теорию превосходства нордической расы, но воздерживавшегося от антисемитских высказываний в период Веймарской республики. В широко читаемом и имевшем

---

[291] *Przyrembel A.* “Rassenschande”. Reinheitsmythos und Vernichtungslegitimation im Nationalsozialismus. Göttingen, 2003. S. 24–47.

[292] *Breitling R.* Die national-sozialistische Rassenlehre. Entstehung, Ausbreitung, Nutzen und Schaden einer politischen Ideologie. Meisenheim am Glan, 1971. S. 37–61.

[293] *Кречмер Э.* Строение тела и характера. М.; Л., 1930; *Schmuhl H.-W.* Rassenhygiene, Nationalsozialismus, Euthanasie. S. 85–86.

огромное влияние во всем мире учебнике, написанном вместе с Э. Бауром и О. Фишером, Ленц защищал евгенические мероприятия[294].

С 1918 г. началось чтение университетских курсов по расовой гигиене. Вскоре их включили в свои учебные планы все немецкие университеты и технические высшие учебные заведения. В 1927 г. в КВГ начал функционировать Институт антропологии, генетики человека и евгеники. Феномен огромного политического влияния расовой гигиены и евгеники нельзя объяснить ни профессиональными устремлениями врачей, ни большей рационализацией расово-гигиенических идей ни, наконец, лучшим пониманием их политиками.

Для успеха расовой гигиены необходимо было преобразовать систему ценностей. Шаг в этом направлении был сделан еще в кайзеровском рейхе, где начиная с 1910 г. заговорили об экономической ценности человека. Человек стал рассматриваться с точки зрения его значения для экономики страны. Это отразилось в названии конкурса, объявленного в 1911 г.: «Сколько стоят неполноценные государству?». В сочинениях авторы должны были указать, во что обходится государству забота о людях с наследственными и врожденными патологиями. К разочарованию инициаторов этого конкурса, из-за отсутствия надежного статистического материала не удалось получить однозначного ответа.

Ситуация изменилась во время мирового экономического кризиса, охватившего западную экономику в конце 1920-х гг. Одним из его следствий стала хроническая нехватка средств на здравоохранение. С 1929 г. стали выдвигать радикальные предложения в духе расовой генетики о сокращении ассигнований на лечение больных, чтобы сделать больницы «рентабельными»[295]. Эти предложения шли на фоне увеличения числа пациентов психбольниц и домов призрения со 185 000 в 1923 г. до 300 000 в 1929 г., что означало увеличение роста их доли в населении Германии с 0,3 % до 0,5 %[296]. В 1932 г. в прусском ландтаге впервые обсуждали подобные предложения, и депутаты пришли к выводу о необходимости снизить расходы на содержание психически и физически неполноценных, число больных на одну койку в год было увеличено с 1,4 до 1,8, средняя продолжительность их пребывания сокращена с 215 до 187 дней. В том же году реальные очертания получили и предложения расовых генетиков о введении ограничений на размножение инвалидов. Уже с середины 1920-х гг. они настойчиво пропагандировали необходимость консультационных бюро по вопросам брака. Вначале эти бюро должны были обслуживать на частной основе только желавших узнать о собственных наследственных заболеваниях. С 1926 г. вышло министерское распоряжение создавать государственные консультационные пункты по вопросам генетики. Требования расовых генетиков об обязательном освидетельствовании всех вступавших в брак оставались еще невыполненными.

С 1929 г. все громче зазвучали законодательные инициативы о стерилизации инвалидов, что значительно снизило бы государственные расходы в области

---

[294] *Baur E., Fischer E., Lenz F.* Grundriß der menschlichen Erblichkeitslehre und Rassenhygiene. München, 1921. Bd. 1–2.

[295] *Berger E.* "Rentabilität" im Krankenhaus in den 20er Jahren und die Realisierungen im der Weimarer Zeit bzw. im Nationalsozialismus // Medizin. Naturwissenschaft, Technik und Nationalsozialismus. Kontinuität und Diskontinuitäten / Hg. C. Meinel, P. Voswinckel. Stuttgart, 1994. S. 71–82.

[296] *Siemen H.-L.* Psychiatrie im Nationalsozialismus // Psychiatrie im Nationalsozialismus. Die Bayerischen Heil- und Pflegeanstalten zwischen 1933 und 1945 / Hg. M. von Cranach, H.-L. Siemen. München, 1999. S. 18.

социальной помощи и здравоохранения, а также преступников[297]. Эти инициативы исходили, прежде всего, от членов Общества криминальной биологии и Немецкого общества психической гигиены, в том числе от его главы, известного психиатра из Гиссена А. Зоммера. Их поддерживали многие психиатры и расовые гигиенисты (Э. Баур, О. Фишер, Г. Муккерман, Э. Рюдин и др.), но считали необходимым повременить с легализацией стерилизации из-за политических соображений[298]. Но были среди психиатров сторонники более радикальных мер (А.Е. Кохе, Б. Кин, Г. Рёмер), предлагавшие приступить к эвтаназии безнадежно больных[299].

Веймарская евгеника достигла апогея в январе 1932 г. когда в Государственном комитете по здравоохранению обсуждали закон о стерилизации: людей с физическими или умственными недостатками (включая некоторые особенности, которые сегодня признаны не передающимися по наследству) могли подвергнуть стерилизации с санкции государства, если они (или их опекуны) давали согласие[300]. И здесь соображения были, прежде всего, экономические: устранение от размножения инвалидов снизит расходы государства на содержание их потомства. Именно так утверждал в своем решении Комитет. Предполагали и серию мер по расово-гигиеническому просвещению и финансированию евгенических исследований. Эти идеи были в полной мере восприняты пришедшими к власти национал-социалистами, устранившими аспект добровольности и передавшими государству право решать, кто должен и кто не должен иметь потомство. В июне этот закон был передан в прусский парламент. Саму идею стерилизации по различным соображениям поддержали все главные политические партии, от НСДАП до КПГ[301].

Биология и Веймарская республика

Биология Веймарской республики значительно отличалась не только от биологических исследований в других странах, но и от биологии самой Германии, как в предшествовавший имперский период, так и в последующий национал-социалистический. В ряде биологических сообществ (в частности, среди генетиков) довольно мощной была группа экспертов, выбиравших для разработки вопросы, доступные для экспериментального решения, независимо от их масштабности. Они, дифференцируясь по объектам исследований (генетика животных или

---

[297] *Weindling P.* Health, Race and German politics between national unification and Nazism. 1870–1940. Cambridge, 1989. P. 450–457.

[298] Ibid. P. 451.

[299] Во всем этом трудно найти какую-нибудь немецкую специфичность, так как те же проблемы обсуждались во всех странах, регулярно проводились международные конгрессы, на которых ученые разных стран обсуждали пути реформ сексуальных отношений, включая и меры насильственной стерилизации: *Klevenow A.* Geburtenregelung und “Menschenökonomie”. Die Kongreße für Sexualreform 1921 bis 1930 // Der Griff nach der Bevölkerung. Aktualität und Kontinuität nazistischer Bevölkerungspolitik / Hg. H. Kaupen-Haas. Nördlingen, 1986. S. 65–72; *Schmiedebach H.-E.* “Kein Platz für Halbe, Viertels- und Achtels-Kräfte”. Historische Anmerkung zur “Euthanasie”-Debatte // Medizin und Gewissen. 50 Jahre nach dem Nürnberger Ärzteprozess — Kongressdokumentation / Hg. S. Kolb, H. Seithe. Frankfurt am Main, 1998. S. 39–51.

[300] *Schleiermacher S.* Die Innere Mission und ihr bevölkerungspolitisches Programm // Der Griff nach der Bevölkerung. Between national unification and Nazism. 1870–1940. Cambridge, 1989. S. 80.

[301] *Weindling P.* Health, Race and German Politics. P. 454.

генетика растений), не смотрели свысока на прикладные науки. Их научные интересы были гораздо шире, чем у сторонников классического образования. К тому же они не считали политическую деятельность несовместимой с наукой[302].

Из этого не следует, что мандарины в биологии были аполитичны или действовали вне политики, как они себя сами характеризовали. На самом деле они только предполагали, что стоят над политикой, выражая общенациональные интересы, и на этом основании претендовали на интеллектуальное руководство в обществе. Им казалось, что они морально и нравственно более готовы к служению государству и имеют право претендовать на статус выразителей общенациональной политической программы, которая недоступна обычной повседневной партийной деятельности. Они верили, что их образование дает право судить о политике, не отделяя свои научные знания от собственных политических интересов. Эксперты же прекрасно видели границу между наукой и политикой.

Эти различия генетиков-мандаринов и генетиков-экспертов обусловливали два типа поведения ученых в политической жизни. Одни уклонялись от участия в ней, другие, напротив, активно участвовали, вступая в какую-либо партию. Первый тип поведения был более характерен для старшего поколения биологов, родившихся в 1860–1880-х гг., а активное включение в политическую жизнь было свойственно молодым ученым 1890–1905 гг. рождения. Однако было немало исключений.

К их числу можно отнести морфолога-невролога О. Фогта, работавшего с 1902 г. в созданном им в Нейробиологическом институте в Берлинском университете[303]. Несмотря на принадлежность к биологическому истеблишменту и связи с крупным капиталом, Фогт не скрывал социалистических взглядов и симпатий к СССР. Он был среди врачей, лечивших В.И. Ленина, а после смерти первого председателя Совнаркома руководил исследованиями его мозга, обнародовав их результаты в 1927 г. На следующий год он создал в Москве Институт мозга, который фактически возглавлял до 1930-х гг., определяя основные направления его деятельности. Ему в 1930-м г. предлагали даже заведовать генетическим отделом в Институте изучения Кавказа, созданном по решению трех закавказских республик[304]. Благодаря Фогту интенсивно шло немецко-советское сотрудничество в этой области медико-биологических знаний. К нему в Берлин на стажировку приезжали Н.С. Попов, С.А. Саркизов, И.А. Станкевич и др. Сотрудники Берлинского института Г.И. Клейн и В.М. Рейниг в 1928 г. работали на Дальнем Востоке, в Забайкалье и Средней Азии с целью пополнения коллекции шмелей Фогта и сбора насекомых для генетических исследований.

Фогт стремился всячески модернизировать биологические исследования в возглавляемых им учреждениях. Заинтересовавшись наследственной обусловленностью патологии мозга, он решил развернуть в Институте мозга генетические

[302] *Harwood J.* Styles of Scientific Thought.

[303] *Bielka H.* Das Medizinisch-Biologische Institut Berlin-Buch. Beiträge zur Geschichte. Berlin, 1997; *Satzinger H.* Die Geschichte der genetisch orientierten Hirnforschung von Cécile und Oskar Vogt (1875–1962, 1870–1959) in der Zeit von 1895 bis ca. 1927. Stuttgart, 1998; *Hagner M.* Im Pantheon der Gehirne. Die Elite- und Rassengehirnforschung von Oskar und Cécile Vogt // Rassenforschung an Kaiser-Wihlhelm-Instituten vor und nach 1933 / Hg. H.-W. Schmuhl. Göttingen, 2003. S. 99–144.

[304] *Satzinger H.* Krankheiten als Rassen. Politische und wissenschaftliche Dimensionen eines internationalen Forschungsprogramms am Kaiser-Wilhelm-Institut für Hirnforschung (1919–1939) // Rassenforschung an Kaiser-Wihlhelm-Instituten vor und nach 1933 / Hg. H.-W. Schmuhl. Göttingen, 2003. S. 168–173.

исследования, пригласив с этой целью молодых русских генетиков Н.В. и Е.А. Тимофеевых-Ресовских и С.Р. Царапкина. Связи с руководителями СССР и Веймарской республики позволили ему преодолеть все препятствия в оформлении их командировок и виз. В конце 1920-х гг. Фогту удалось получить деньги от Рокфеллеровского фонда и Фонда помощи немецкой науке для строительства новых зданий Института мозга КВГ, который до этого находился в одном помещении с Нейробиологическим институтом. Благодаря настойчивости Фогта, умело лоббировавшего свои интересы в условиях глобального экономического кризиса, строительство главного здания Института мозга в Берлин-Бухе было завершено в феврале 1930 г.[305] 2-го июня 1931 г. состоялось торжественное открытие здания нового Института, на котором с речами выступил новый президент КВГ (с 1931 г.) М. фон Планк, президент попечительского совета Института Г. Крупп фон Болен унд Хальбах (далее Г. Крупп), а также представители Министерства внутренних дел и Берлинской ратуши[306].

Серьезные разногласия существовали и в мировоззренческих вопросах веймарской биологии, которая отнюдь не была вся холистской или виталистической. Это ставит в тупик тех исследователей, которые уверовали, что материализм и механицизм был чужд интеллектуальной обстановке Веймарской республики[307]. Хотя всеобщее ощущение кризиса захватило и биологов, многие из них стремились уйти от наследия имперских традиций, ища выход вне идеализма и акаузализма. Во всех отраслях биологии, прежде всего, новейших — генетике и экологии, шли интенсивные дебаты о механицизме и материализме, критически воспринятые в политических кругах. Механистический материализм господствовал в это время среди немецких генетиков, возглавляемых М. Гартманом.

Механистический материализм критиковали с разных позиций, в том числе и с позиций доминирующего в СССР диалектического материализма. Однако среди видных биологов Германии, по-видимому, был только один представитель этой философской установки — эмбриолог Ю. Шаксель[308]. Унаследовав от Э. Геккеля не только приверженность материализму и атеизму, но и кафедру в Йенском университете, Шаксель, в отличие от других членов Немецкой лиги монистов, в середине 1920-х гг. тесно связал себя не с правоконсервативными, а с коммунистическими кругами. Будучи руководителем созданного для него в 1918 г. Института биологии развития (позднее Институт экспериментальной биологии), Шаксель в 1924 г. посетил СССР, работал в Институте Маркса и Энгельса, участвовал в комментировании и подготовке к изданию «Диалектики природы» Энгельса, опубликованной в 1925 г. Во время пребывания в СССР он уверовал в блестящее будущее науки при социализме и с тех пор призывал всех ученых, независимо от их политических взглядов, участвовать в великом историческом эксперименте по построению бесклассового общества. Для пропаганды естественнонаучных знаний и борьбы с витализмом Шаксель основал и редактировал журнал «Урания»

---

[305] Рассекреченный Зубр. Следственное дело Н.В. Тимофеева-Ресовского / Вст. ст. Я.Г. Рокитянский. М., 2003. С. 166–167.

[306] *Bielka H.* Das Medizinisch-Biologische Institut Berlin-Buch. S. 25–26.

[307] *Harwood J.* Weimar Culture and Biological Theory // History of Science. 1996. Vol. 34. P. 347–377.

[308] *Hapwood N.* Biology between University and Proletariat. The Making of Red Professor // History of Science. 1997. Vol. 35. № 3. P. 386–387.

(Monatschrift über Natur und Gesellschaft — Urania), который выходит и в наши дни. Издавал этот журнал Шаксель в противовес буржуазному научно-популярному журналу «Космос» (Kosmos), где, по его мнению, не показывали путь к преодолению кризиса в науке и обществе. Сам Шаксель выход из этого кризиса видел в познании законов природы и общества с философско-методологических позиций марксизма и много сил посвятил пропаганде диалектического материализма. Его лекции «Диалектика природы: естествознание и диалектический материализм», «Биология и социология», «Маркс и Дарвин» будоражили студенчество и профессоров Йенского университета и становились объектом резкой критики.

Наука, философия и политика в деятельности Шакселя были фактически неотделимы. Эту позицию он твердо усвоил от Геккеля, работая в годы Первой мировой войны с корректурой десятого издания «Мировых загадок». Осуждая Первую мировую войну, Шаксель приветствовал Ноябрьскую революцию в 1918 г., состоял в Совете рабочих и солдатских депутатов. После поражения Ноябрьской революции и установления Веймарской республики он продолжал политическую деятельность в Немецком союзе доцентов, в правлении Союза немецкой высшей школы, был куратором в Министерстве народного образования Тюрингии. После отстранения от власти правительства рабочих в Тюрингии Шаксель всячески старался помешать усилению националистических и консервативных настроений в Йенском университете, что вовлекло его во многие внутриуниверситетские конфликты. Его многочисленные экспериментальные работы по формообразованию у животных, пересадке органов, регенерации и т. д. были направлены не только на решение научных проблем, но и на опровержение популярных в те годы механицизма в генетике и неовитализма в эмбриологии.

Шаксель настойчиво пропагандировал тезис о диалектическом характере дарвинизма. Идеи немецких расовых евгеников, усвоенные им от Геккеля, Шаксель старался перенести в марксизм, призывая «создавать новые расы» на основе знаний и методов частной генетики[309]. Особую неприязнь у Шакселя вызывал витализм и автогенез. Он настаивал на неизбежности перехода механистического по своей природе механоламаркизма в телеологию, которую, в свою очередь, оценивал как попытку в капиталистических странах уберечь биологию от проникновения материализма.

Среди других биологов, отвергавших механицизм, но не материализм, были О. Гертвиг, Л. фон Берталанфи и незначительная часть генетиков. К противникам и материализма, и механицизма относятся ученые типа неврологов Х. Монакова и К. Гольштейна. В последнюю группу антимеханистического материализма следует причислить холистов и виталистов — физиолога Я. фон Икскюля, эмбриологов Г. Дриша и Г. Шпемана, энтомолога К. Фридерихса и др.

Биологи и медики заняли лидирующие позиции в движении научного сообщества за социальные реформы и модернизацию. Прежняя сциентистская модель государства как организма была переработана многими из них с учетом генетики и представлена власти и обществу как социальная биология, готовая решить проблемы демографии, медицины, селекции животных и растений, обеспечения Германии продовольствием и т. д. В условиях расцвета иррационализма многие биологи критиковали механистический рационализм и либеральную модель прогресса. Они обещали сделать гуманным индустриальное общество и вернуться к естественным

---

[309] *Шаксель Ю.* Биологические теории и общественная жизнь. Л., 1926. С. 25, 32.

ценностям путем улучшения городской среды и возрождения сельской местности. Значительная часть биологов и медиков Германии шла по пути взаимодействия с властями Веймарской республики, представляя себя экспертами в решении острейших проблем с позиций социально ориентированной биологии. Когда общество вслед за Шпенглером оплакивало гибель великой Германии, они пытались вселить в правительство и людей веру в возможность национального возрождения путем объединения принципов науки с категориями природы, жизни и расы.

Эволюционная теория в кризисе

Практически на протяжении всего существования Веймарской республики в подавляющем большинстве немецкие биологи и палеонтологи продолжали придерживаться недарвиновских концепций эволюции[310]. Переоткрытие законов Менделя в 1900 г. опровергло концепцию наследования приобретенных признаков, установив дискретный характер наследственной изменчивости, устранило возражение против гипотезы естественного отбора о «заболачивающем» эффекте скрещивания. Казалось, что дарвинизм получил в менделизме мощного союзника, однако их взаимоотношения начались с острого столкновения, обусловленного несколькими причинами. Во-первых, экспериментальные методы генетики противопоставлялись спекуляциям эволюционистов. Во-вторых, ее данные первоначально истолковывали с позиции неизменности генов и их независимости от воздействий внешней среды. В-третьих, эксперименты В. Иоганнсена показали бесплодность отбора в чистых линиях.

Антидарвинистские истолкования генетики породили ряд эволюционных концепций в немецкоязычном пространстве, в том числе мутационную концепцию Г. де Фриза, публиковавшего свои научные труды на немецком языке[311]. В ней автор повторил основные положения теории гетерогенезиса С.И. Коржинского, о которой уже шла речь. Де Фриз постулировал скачкообразное видообразование, происходящее под влиянием автогенетических факторов, а естественному отбору отводил чисто элиминирующую функцию устранения неудачных видов, в результате чего исходный вид порождает целую группу новых форм. Представление де Фриза о групповом характере видообразования соответствовало гипотезе М. Штандфуса о взрывообразном массовом характере появления новых видов, родов и т. д. Он даже попытался вывести количественную формулу продолжительности мутационных и стабильных периодов, которая, правда, носила сугубо спекулятивный характер. Многие биологи, разочаровавшиеся в описательной биологии и сомневавшиеся в состоятельности ссылок на неполноту палеонтологической летописи, следовательно, и градуализме, увидели в трудах де Фриза подтверждение сальтационизма.

---

[310] *Bowler P.* The Eclipse of Darwinism: anti-Darwinian evolution theories in the decades arou 1900. Baltimore, 1983; *Reif W.E.* Evoluionary theory in German paleontology // Dimensions Darwinism. Cambridge, 1983. P. 173–203; *Reif W.E.* The search for a macroevolutionary theory German paleontology // J. Hist. Biol. 1986. Vol. 19. №. 1. P. 79–130; *Reif W.E.* Adolf Naefs Idealistisc Morphologie und das Paradigma typologischer Makroevolutionstheorien // Ethik der Biowissenschafte Berlin, 1998. S. 411–424; *Reif W.E.* Deutschsprachige Paläontologie im Spannungsfeld zwisch Macroevolutionstheorie und Neo-Darwinismus (1920–1950) // Die Entstehung der Synthetisch Theorie. Beiträge zur Geschichte der Evolutionsbiologie in Deuschland 1930–1950. Berlin, 199 S. 151–188.

[311] *Vries H. de.* Arten und Varietäten in ihrer Entstehung durch Mutation. Berlin, 1906; *Vries H.* Gruppenweise Artbildung unter spezieller Berücksichtigung der Gattung *Oenothera*. Berlin, 191

Негативному отношению к дарвинизму в Германии способствовали и результаты опытов В. Иоганнсена, опубликованные также в Германии в 1903 г. В них было показано «бессилие» естественного отбора в гомозиготных линиях[312]. В результате широко распространились представления о естественном отборе как исключительно элиминирующем факторе, а скачкообразную изменчивость стали рассматривать как непосредственную движущую силу эволюции. Новые недарвинистские концепции появились в других странах. Сторонники гибридогенеза Я. Лотси (1916) и У. Бэтсон (1911) отрицали эволюционное значение мутаций и считали, что в основе эволюции лежит перекомбинация неизменных генов. Согласно гипотезе преадаптации Л. Кено (1901), приспособление возникает в результате единичной мутации, случайно оказавшейся полезной в будущих условиях существования мутанта. Каждая из этих концепций имела своих сторонников среди немецких ученых.

Нападки на дарвинизм с позиций мутационной теории вызвали резкие возражения со стороны убежденных неодарвинистов. Основатель неодарвинизма А.Ф.Л. Вейсман убеждал, что данная теория неприменима к высшим животным, у которых трудно провести грань между модификациями и мутациями. Кроме того, у животных, по мнению Вейсмана, все признаки носят приспособительный характер, и их возникновение можно объяснить только индивидуальной изменчивостью, контролируемой отбором. В предисловии к третьему изданию «Лекций по эволюционной теории» А.Ф.Л. Вейсман уверял, что селекционное учение Дарвина никогда не будет заброшено, хотя оно должно быть дополнено гипотезой о зародышевом отборе[313]. Из сказанного видно, что сторонники естественного отбора, так же как и их оппоненты из ранних генетиков, не осознавали еще перспективность объединения их позиций.

Бурное развитие экспериментальной эмбриологии в Германии (О. Гертвиг, Г. Дриш, В. Ру, Г. Шпеман и др.) существенно расширило число установленных типов аномалий, а также позволило начать систематическое изучение причин их появления. Усиление неокатастрофизма, подкрепляемого данными экспериментальной генетики, привело к появлению гипотез о существовании трехфазных и четырехфазных циклов в истории всего органического мира и отдельных филогенетических ветвей (Э. Дакке́, Р. Ведекинд, О. Шиндевольф, К. Бойрлен). Если со времен Т. Гексли было распространено мнение о том, что палеонтология ничего не может дать для понимания причин эволюции, то в 1920-х гг. многие немецкие палеонтологи были убеждены, что именно им, изучавшим реальный процесс органической эволюции в масштабе геологического времени, принадлежит решающая роль в объяснении ее причин и закономерностей. Как правило, все они базировались на идеалистической морфологии и рассматривали высшие таксоны как реальные, целостные системы, соответствующие архетипам[314].

Достаточно вспомнить имена О. Абеля, К. Бойрлена, Р. Ведекинда, Э. Дакке́, О. Йекеля, Э. Кокена, Ф. Нопса, Л. Плате, Э. Хеннига, Ф. фон Хюне, Г. Штеймана, К. Циттеля для того, чтобы убедиться, насколько глубоко укоренилось в палеонтологии убеждение, что филогенетические закономерности, выделенные

---

[312] *Johannsen W.* Über Erbligkeit in Populationen und in reinen Linien. Jena, 1903.

[313] *Вейсман А.* Лекции по эволюционной теории. Пг., 1918. С. XI.

[314] *Naef A.* Idealistische Morphologie und Phylogenik: Zur Methodik der systematischen Morphologie. Jena, 1919.

при реконструкции отдельных филумов и всей картины эволюции органического мира, якобы являются ее факторами и причинами. Они были недовольны, что генетики все еще не нашли доказательств существования ламаркистских механизмов эволюции, и считали искусственным разделение фенотипа и генотипа. Себя они воспринимали историками живой природы, которые могут судить о прошлом только на основе сохранившихся документов, а следовательно, личностной интерпретации сохранившихся фоссилий нет альтернативы. Им казалось, что они в палеонтологии и геологии могут отказаться от основы актуализма — настоящее есть ключ к познанию прошлого, доказывая, что настоящее мы можем понять на основе знания прошлого[315]. Методологией их работ служило предложенное Ю.А. Филипченко разделение эволюции на два уровня — макро и микро.

В конечном счете, это открывало возможности для выдвижения различных гипотез о существовании неких факторов и причин эволюции, в принципе недоступных экспериментальной проверке. Постоянно происходило смешивание пройденного, уже завершившегося этапа эволюции с совершающимися в данный момент эволюционными преобразованиями. Ретроспективный анализ сохранившихся документов органической эволюции воспринимался субъективно как фундаментальное каузальное изучение. Прошлое использовали для объяснения настоящего, а не наоборот. Отсюда стремление представить отдельные результаты и стороны филогенетических процессов как доказательство существования особых законов эволюции: например, закона инерции (О. Абель)[316], запрограммированности срока существования каждого таксона (К. Бойрлен)[317] и др. Широкую популярность получили разнообразные филогеронтологические рассуждения о том, что любой таксон в ходе своего филогенеза проходит те же стадии юности, зрелости, старения и смерти, что и любой индивид. Расцвету различного рода гипотез о цикличном характере эволюции способствовало и распространение в немецкой историософии идеи о существовании строгих стадий в истории цивилизаций (Ф. Ницше, О. Шпенглер и др.).

Свои аргументы неокатастрофисты черпали в трудах немецкого геолога Г. Штилле, развивавшего идеи об эволюционно-революционном характере тектонического развития Земли. В систематизированном виде свою концепцию он изложил в 1924 г. в фундаментальной книге «Основные вопросы сравнительной тектоники», в которой доказывал, что все складчатости и горообразования приурочены к относительно редким и кратким по времени фазам более или менее планетарного значения[318]. Штилле описывал историю Земли как чередование длительных эпох тектонического покоя с кратковременными орогенетическими фазами, которых он с начала кембрия насчитывал около 30. Оценивая среднюю продолжительность орогенетических фаз приблизительно в 250–300 тыс. лет, Штилле отводил периодам покоя 15–18 млн. лет. Таким образом, речь шла о катастрофическом характере орогенетических событий лишь в масштабе геологического времени. Идеи Штилле о чередовании фаз орогенеза и эпейрогенеза в истории Земли нашли немало сторонников, особенно среди немецких геологов[319]. Идею циклического характера

---

[315] *Завадский К.М., Колчинский Э.И.* Эволюция эволюции: Историко-критические очерки проблемы. Л., 1977. С. 52–78.

[316] *Abel O.* Paläobiologie und Stammesgeschichte. Jena, 1929.

[317] *Beurlen K.* Das Gesetz der Überwindbarkeit des Thodes in der Biologie. Breslau, 1933.

[318] *Stille H.* Grundfragen der vergleichenden Tektonik. Berlin, 1924.

[319] *Bubnoff S. von.* Grundprobleme der Geologie. Berlin, 1931.

геологических процессов поддержали сторонники концепции движения литосферных плит[320] и пульсационной гипотезы глобального тектогенеза[321].

Эти идеи оказывали влияние и на палеонтологов. В Германии, как и в СССР, широкое распространение получили концепции пульсирующего действии законов эволюции, обусловливающих преобразование организмов в определенном направлении[322]. Исторический процесс рассматривался здесь как чередование периодов бурного образования, «перечеканок» форм с периодами относительного покоя, во время которых изменчивость, как правило, не выходила за рамки вида. Внутривидовая изменчивость, ведущая к образованию новых групп внутри вида, и возникновение принципиально новых адаптаций и типов строения рассматривались как совершенно различные, не связанные между собой процессы. Они отличались и по характеру детерминации, и по темпам преобразования. Периоды относительного покоя, естественно, характеризовались низкими темпами преобразования. Действие законов, контролирующих их, осуществлялось медленно и постепенно. Законы же «перечеканок» организмов определяли высокие скорости эволюции. Причем, по существу, законы этих разных фаз в развитии филогенетических групп были не связаны друг с другом. Каждый из этих периодов управлялся специфическими законами, которые внезапно начинали действовать и столь же внезапно прекращали свое действие. Таким образом, даже не возникал вопрос о преемственности между чередующимися факторами и законами эволюции, отличающимися друг от друга характером и интенсивностью действия.

Эти представления подпитывали резкое усиление телеологических и сальтационистских воззрений в палеонтологии, где, несмотря на все успехи в изучении филогенетических отношений, среди ископаемых не представлялось возможным проследить переходы от одной группы к другой. Теоретически реконструированную промежуточную форму обычно не могли отыскать в палеонтологической летописи. Среди палеонтологов все прочнее укоренялись убеждения, что невозможно восстановить ход эволюции, ее движущие силы и закономерности, «если руководствоваться данными фактами и не обманывать себя более или менее гениальными, но бесплодными соображениями, выходящими за рамки этого знания»[323]. Особенно проблематичным оставалось происхождение крупных таксонов, так как, начиная с кембрийских отложений, были представлены практически все типы животных, за исключением позвоночных.

Философские и естественнонаучные традиции, сформированные в кайзеровской Германии и царской России, продолжали сказываться в Веймарской республике и СССР. Более того, появились новые факторы, предопределявшие особенности эволюционной мысли в Старом и Новом Свете. Если в Северной Америке палеонтологией занимались обычно зоологи и ботаники, то в Европе, и прежде всего в Австро-Венгрии, Германии и России палеонтологические исследования оказались в полной зависимости от геологии, цель которой — поиск руководящих форм для стратиграфии — явно была далека от задач максимально точного

---

[320] *Wegener A.* Die Entstehung der Kontinente und Ozeane. Braunschweig, 1915.

[321] *Bucher W.H.* The Deformation of the Earth's Crust. Princeton, 1933.

[322] *Колчинский Э.И.* Неокатастрофизм и селекционизм. Вечная дилемма или возможность синтеза? СПб., 2002. С. 289–296.

[323] *Дакке Э.* Палеонтология, систематика и эволюционное учение // Новые идеи в биологии. М., 1915. Вып. 8. С. 44.

восстановления филогении. Сами ископаемые хранили не в ботанических и зоологических музеях, а в геологических. Естественно, в первую очередь обсуждались геологические (возраст, характер, толщина и распространенность осадочного слоя) или палеонтологические (место, находки, способ захоронения, тафономические факторы, существование в рамках отдельной фации, фаунистические и флористические корреляции с другими находками, определение возраста) проблемы. Для биолога же требовались еще сравнительно-анатомические и эмбриологические исследования, изучение питания, размножения, роста, движения, адаптационной значимости признаков и т. д. Немецкие и русские палеонтологи, будучи более геологами, чем биологами, не очень заботились о выяснении генетических и экологических условий появления новых групп. Зачастую сам факт перерыва в отложениях рассматривался как окончательное доказательство внезапного появления новых форм. Из неонтологической биологии привлекали преимущественно данные экспериментальной эмбриологии и тератологии.

В книге «Филогенезы и проблемы их точного изучения» эмбриолог Б. Дюркен и палеонтолог Г. Зальфельд из Гёттингена уверяли, что они независимо друг от друга пришли к сходным исследовательским программам изучения макромутаций как главного механизма эволюции[324]. Они отграничивали крупные мутации В. Ваагена, которые они предложили назвать «цепными мутациями», от обычных мутаций Г. де Фриза и уверяли, что многие признаки, появлявшиеся у предков на ранних стадиях онтогенеза, как бы предваряют таксономические признаки их потомков. По их мнению, это связано с тем, что наряду с ядерной наследственностью существует цитоплазматическая. В случае изменения взаимодействий между ними фенотипический эффект может быть очень большим при практически том же генотипе, т. е., говоря современным языком, речь идет как будто о соотношении структурных и регуляторных генов. В итоге эволюцию можно трактовать как фактически постепенный и закономерный процесс, при котором появлявшиеся в цитоплазме факторы постепенно переходят в ядро и становятся частью генотипа, ответственной за формирование таксономических признаков. Однако в филогенезе аммонитов это выглядело как резкие изменения. В конечном счете, и Дюркен, и Зальфельд трактовали макроэволюцию как ортогенетический процесс, используя генетику для обоснования ламаркистских и телеологических механизмов эволюции.

Идея существования двух типов наследственности и изменчивости — хромосомной, расположенной в ядре и подчиняющейся менделевским законам, и плазмонной, расположенной в цитоплазме, — была очень популярна среди немецких биологов вплоть до конца Второй мировой войны[325]. Фактически она стала основой неоламаркистских концепций макроэволюции. Цитоплазматическую наследственность называли плазмоном или «основным корнем» (Grundstock) и делали ответственной за формирование признаков крупных таксонов, закладываемых на ранних этапах эмбриогенеза. Среди ее сторонников были анатомы Г. Штиф, Р. Фрак, ботаник Г. Винклер, палеонтолог Л. Плате, даже некоторые генетики Р. фон Веттштейн и Р. Гольдшмидт[326].

---

[324] *Dürken B.* Die Phylogenese. Fragestellungen zu ihrer exakten Erforschung. Berlin, 1921.

[325] *Harwood J.* Styles of Scientific Thought. P. 104–108.

[326] *Winkler H.* Über die Rolle von Kern und Protoplasma // Zs. für induktive Abstammungs- und Vererbungslehre, 1924. Bd. 33. S. 238–253; *Fick R.* Bemerkung über einige Vererbungslehren // Naturwissenschaften. 1925. Bd. 13. S. 524–529; *Wettstein R. von.* Das Problem der Evolution und moderne Vererbungslehre // Zs. für induktive Abstammungs- und Vererbungslehre. 1928. Suppl. S. 370–380.

Представления о естественном отборе, действующем на основе мелких мутаций, как главной причине эволюции в эти годы защищали другие немецкие генетики (Э. Баур, Ф. фон Веттштейн и др.)[327] . Книга Э. Баура «Введение в экспериментальную науку о наследственности» стала одним из главных источников подготовки СТЭ в Германии[328] . В ней он доказывал, что в природных популяциях имеется достаточный полиморфизм, чтобы обеспечивать эволюцию путем естественного отбора, действовавшего на базе мелких, случайных мутаций и их рекомбинаций. Более осторожной позиции придерживался другой генетик М. Гартман в учебнике «Всеобщая биология», выдержавшем несколько изданий. Он допускал ламаркистский механизм выработки адаптаций на базе длительных модификаций[329] .

Сторонники телеологических концепций эволюции также продолжали разработку идей Р.А. фон Кёлликера, А. Виганда, В. Ваагена, С.И. Коржинского, Э. Гартмана о наличии некоего внутреннего закона, действующего импульсивно лишь на определенных этапах филогенеза, которые были дополнены представлением о трехфазных циклах в истории каждого филогенетического ствола. По существу, здесь произошло объединение идей телеологического сальтационизма с филогеронтологическими воззрениями, столь популярными в эволюционной палеонтологии первой трети XX века (О. Абель, О. Бульмен, А. Грабау и др.).

В пользу сальтационистского понимания эволюции, по мнению Э. Дакке́, свидетельствует обилие пропусков в палеонтологической летописи, удивительная редкость промежуточных форм, наличие хиатусов между современными таксонами и большая вероятность того, что формы, называемые переходными, вроде археоптерикса, в действительности являются боковыми ветвями. Для него не убедительны были доводы градуализма о том, что переходные формы не сохранились из-за малочисленности, быстрой смены поколений, ограниченного ареала распространения, неблагоприятных условий существования. Все формы, выдаваемые за переходные, уже высокоспециализированы. В связи с этим Дакке́ повторял крылатое выражение Э. Кокена, что ни моря, ни земли прошлого не были населены схематичными организмами, несущими якобы в себе все признаки своих будущих потомков[330] . Эти доводы склоняли его к заключению, что «типы действительно новые всегда специализированы и должны возникнуть внезапно»[331]. Однако в начале 1920-х гг. Дакке́ еще воздерживался говорить о причинах эволюции[332] . Для него оставалось неясным, были ли они механическими, виталистическими или психофизическими. Ответ он нашел только в середине 1930-х гг., когда в Германии уже был установлен национал-социалистический режим. В те годы Дакке́ стал одним из соавторов обновленной идеалистической морфологии и принял гипотезу трехфазных циклов в развитии любой филогенетической линии[333] .

---

[327] *Baur E.* Die Bedeutung der Mutationen für das Evolutionsproblem // Zs. für induktive Abstammungs- und Vererbungslehre. 1925. № 37. S. 107–115; *Woltereck R.* Grundzüge einer allgemeine Biologie. Stuttgart, 1932.

[328] *Baur E.* Einführung in der experimentelle Vererbungslehre. Berlin, 1919.

[329] *Hartmann M.* Allgemeine Biologie. Eine Einführung in die Lehre vom Leben. Jena, 1933.

[330] *Koken E.* Paläontologie und Deszendenzlehre. Jena, 1902.

[331] Ibid. S. 52.

[332] *Dacqué E.* Vergleichende biologische Formenkunde der fossilen niederen Tiere. Berlin, 1921.

[333] *Dacqué E.* Organische Morphologie und Paläontologie. Berlin, 1935.

Автором этой гипотезы был немецкий палеонтолог Р. Ведекинд[334] , убежденый, что эволюция протекает крайне неравномерно и не прямолинейно. После возникновения таксон стабилизируется, прекращается эволюция и отдельных органов, и организма в целом. Столь ярко выраженная неравномерность эволюции обусловливает два крупных периода в каждом филогенетическом стволе: периода «стабилизации» (Invirenzperiode) и периода «превращения» (Virenzperiode), или периода «расцвета» (Blüteperiode). По мнению Ведекинда, в течение громадных промежутков времени формы остаются практически неизменными. Все преобразования происходят только на стадии превращения, которая, в свою очередь, распадается на три фазы. Каждая из этих фаз отличается специфическими факторами и скоростями эволюции.

Переход от периода стабилизации к периоду превращения происходит на фазе «лабильного развития». Резко возрастает флюктуирующая изменчивость ранее стабильных форм. Появляется множество новых форм, связанных между собой цепью непрерывных переходов и дивергирующих веерообразно. На следующей фазе «скачкообразного развития» главным фактором становятся крупные мутации, вызывающие внезапные наследственно закрепленные перечеканки исходной формы. Темп эволюции резко возрастает. Ранее тесно связанные «пучки» форм неожиданно резко раскалываются, и обнаруживаются резко обособленные филогенетические группы. Наконец, на фазе «ограничения стволов» происходит реализация потенций. Главным законом эволюции становится ортогенез. Происходит постепенное затухание эволюционных преобразований, которые могут идти как в прогрессивном, так и регрессивном направлении. Эволюционная судьба отдельных ветвей различна: представители одних ветвей вымирают, другие же сохраняются в относительно неизменном виде — персистируют. Вымиранием или персистированием завершается весь период «превращения». Свои теоретические построения Ведекинд иллюстрировал графическим изображением смен различных периодов в филогенезе палеозойских беспозвоночных. Многие из этих графиков в измененной форме использовали в своих трудах сторонники циклического неокатастрофизма. Весьма символичен и тот факт, что в том же номере журнала была статья крупного и оригинального сторонника неокатастрофизма О. Шиндевольфа[335] , в которой он высказывал ряд идей, получивших дальнейшее развитие уже в 1930-х гг.

В отличие от Ведекинда, К. Бойрлен[336] не признавал стабилизацию в качестве особого периода, а включал ее как один из моментов во вторую фазу постулируемого им автогенетического цикла. Поклонник немецкой философии жизни, Бойрлен оценивал приход национал-социалистов к власти как время возвращения немецкого народа к своим истокам, означающее духовное возрождение нации. Циклы, двигательной силой которых является «воля к жизни», «стремление к преодолению смерти», он усматривал и в живой природе. В связи с этим он считал необходимым освободиться от градуализма, доминировавшего якобы в роман-

---

[334] *Wedekind R.* Über Virenzperioden (Blütenperioden) // Sitzber. Gesell. zur Förderung der gesamten Naturwiss. Marburg, 1920. H. 2. S. 17–31.

[335] *Schindewolf O.H.* Über die Siphonalbildung der Ammonoidea // Sitzber. Gesellsch. zur Förderung der gesamten Naturwiss. Marburg, 1920. H. 2. S. 32–42.

[336] *Beurlen K.* Funktion und Form in der organischen Entwicklung // Naturwissenschaften 1932. Bd. 20. S. 73–80; *Beurlen K.* Das Gesetz der Überwindbarkeit des Todes in der Biologie Breslau, 1933; *Beurlen K.* Vom Aussterben der Tiere // Natur und Museum, 1933. H. 1. S. 1–8; H. 2 S. 55–62; H. 3. S. 102–106.

ских и англоязычных странах. Чередование периодов расщепления и более медленного развития составляет автогенетический цикл эволюции.

Начальную фазу каждого цикла — взрывное расщепление (explosiver Aufspaltung) — Бойрлен характеризовал как бурное образование новых типов организации (Neomorphose) в результате педоморфоза, неотении и других резких трансформаций онтогенеза. Это фаза юности и молодости таксона, эволюция которого может идти в самых разных направлениях. Но поскольку результат этого взаимодействия зависит от природы организма, то он, как правило, не является приспособительным. Вторая фаза — ортогенетическое развитие — представляет собой процесс, детерминируемый главным образом внутренними факторами, заложенными в конституцию организмов на предыдущей фазе. Одновременно начинает действовать и закон необратимости эволюции, запрещающий возврат к уже пройденным состояниям и повторение осуществленных однажды адаптаций. Темп эволюции постепенно снижается, а в конце фазы происходит «застывание» формы. В заключительной фазе, по Бойрлену, вновь возрастает изменчивость, которая часто носит аномальный характер. Все признаки, характерные для вымирающих групп (увеличение размеров, сверхспециализация, гипертрофия отдельных признаков и органов), были следствиями задержки в развитии половой системы. Нарушения половой, следовательно, и эндокринной системы ведут к патологической изменчивости. Задерживается развитие половых желез, уменьшается плодовитость, снижается рождаемость. В итоге большинство видов обречено на «старческое вырождение», бесплодие и т. д. Это создает реальную возможность для вымирания, которое никогда не грозит крупному таксону с широким ареалом. Любые физико-географические катаклизмы (наводнения, похолодания, горообразования) «могли быть второстепенными, ускоряющими или замедляющими факторами». Только благодаря действию «закона преодоления смерти» некоторым группам, загнанным в тупик сверхспециализации и дегенерации, удавалось избежать вымирания и путем омоложения (неоморфозы, по Бойрлену) дать начало новым филогенетическим ветвям, которым суждено пройти прежний цикл. Характерно, что примеры инадаптивной эволюции, установленной В.О. Ковалевским[337], Бойрлен рассматривал как доказательство формирования множества форм в период взрывного расщепления.

Концепцию Бойрлена отличает четко выраженный исторический подход к факторам эволюции. Однако эта плодотворная мысль была погребена под филогеронтологическими рассуждениями о том, что все таксоны являются некими «коллективными большими особями», а их вымирание есть столь же закономерное явление, как и смерть организма. Идеалистические идеи о некой «активной целостности», «воле к жизни», «законе преодоления смерти», «примате формы над функцией или функции над формой» и т. д. сводили на нет и весь тот огромный материал, в том числе генетические и эмбриологические данные Р. Гольдшмидта, который Бойрлен привлекал для обоснования своих взглядов.

Концепции Бойрлена и Дакке́ были предметом многих дискуссий. Если сторонники сальтационизма и автогенеза в целом оценивали их положительно и во многом следовали за ними в своих построениях[338], то сторонники теории

[337] *Ковалевский В.О.* Остеология двух ископаемых видов из группы копытных *Entelodon* и *Gelocus* // Изв. ИОЛЕАиЭ. 1875. Т. 16. Вып. 1. С. 1–59.

[338] *Beringer C.* Stammesgeschichte als historische Naturwissenschaft. Jena, 1941.

естественного отбора Б. Ренш и Г. Геберер указывали, что в своих рассуждениях Дакке́ и Бойрлен не учитывали многие исключения из постулируемого ими закона чередования трех фаз[339]. Во многих случаях быстрое формообразование наступает после длительных периодов медленной эволюции на протяжении многих миллионов лет. Кроме того, во многих линиях эксплозитивная фаза наблюдалась многократно. Вымирание же не всегда является следствием сверхспециализации и дегенерации. Напротив, нередко прежние формы вытесняются новыми, более адаптивными группами. Приводили и то соображение, что все таксономические категории, от вида до класса, являются членами длинной череды поколений, во время которой они претерпевали самые разнообразные изменения, не всегда обнаруживая четкую последовательность установленных Дакке́ фаз. Вместе с тем они признавали реальность подобных фаз во многих группах организмов, а Б. Ренш даже пытался объяснить их с помощью изменения давления отбора.

В концепциях Бойрлена, как и других сторонников автогенетического сальтационизма, с наибольшей ясностью сказалась вся неустойчивая социально-культурная обстановка Веймарской республики: крах веры в детерминизм и причинность, отказ от эмпиризма и принятие телеологии. Все его рассуждения пронизаны изрядной долей шовинизма и рассуждениями о национальных отличиях немецкой эволюционной мысли от теоретизирования англосаксонских и славянских ученых. При этом определенную роль играли и традиции немецкой классической философии и натурфилософии, к которым добавилось увлечение идеями Ф. Ницше и О. Шпенглера о цикличности развития, о вечном возвращении к исходному состоянию в процессах космического круговорота, о непознаваемом волевом порыве и т. д. Характерно, что те, в свою очередь, сами искали в биологии подтверждение эмпирических законов развития историко-культурных типов как целостных, замкнутых и автономных систем, проходящих в своей истории через три неизбежных стадии: юности, зрелости, старости. Концепция циклического развития отдельных культур Н.Я. Данилевского, опиравшаяся первоначально на закономерности эмбриогенеза, теперь использовалась немецкими палеонтологами без ссылок на первоисточник уже для обоснования филогенеза. Влияние, а иногда и прямые ссылки на работы Ницше и Шпенглера мы видим в трудах немецких и российских биологов. Зародившиеся в России идеи цикличности развития отдельных культур возвращались к нам через работы немецких философов и палеонтологов. Нельзя забывать и о воздействии механистических представлений о вечном круговороте, основу которого нередко видели в законе сохранения энергии.

Кризисная обстановка Веймарской республики благоприятствовала популярности других телеологических концепций эволюции, претендовавших на оригинальность, как, например, гипотеза апогенеза Г. Пржибрама и др. Произошло усиление и прежних недарвиновских концепций. Большой популярностью по прежнему пользовался механоламаркизм, продолжались попытки экспериментально доказать наследование приобретенных признаков, воздействуя различными

---

[339] *Rensch B.* Die paläontologischen Evolutionsregeln in Zoologischer Betrachtung // Biologia Generalis. 1943. Bd. 17. H. 1. S. 1–55; *Heberer G.* Das Typenproblem in der Stammensgeschichte // Die Evolution der Organismen. Jena, 1943. S. 545–587.

агентами на онтогенез (П. Каммерер, Р. Вольтерек)[340]. За наследование приобретаемых признаков в одних случаях принимали результат отбора в гетерозиготном материале, в других — отдельные мутантные формы, в третьих — длительные модификации. Многие опыты оказались просто невоспроизводимыми, что впоследствии привело крупных немецких орнитологов к разочарованию в постулатах механоламаркизма и к отходу многих его сторонников на позиции дарвинизма (Э. Майр, Б. Ренш). В те годы, однако, они были убеждены в правильности ламаркизма, и их отход от него происходил постепенно уже в национал-социалистической Германии. Палеонтологи также продолжали верить, что среда может прямо воздействовать на гены. Об этом однозначно заявляли Л. Плате и Э. Хенниг[341]. С другой стороны, Э. Хенниг уверял, что макроэволюция независима от среды и «вопреки ей идет собственным путем»[342]. О самоускоряющейся эволюции (Selbststeigerung) писал зоолог Р. Вольтерек[343], а будущий лауреат Нобелевской премии эмбриолог Г. Шпеман все сильнее склонялся к признанию ведущей роли психики и интеллекта в эволюции[344]. Даже те, кто, казалось, придерживался неодарвинизма, излагал его основные постулаты со многими оговорками. В этом отношении показательна книга крупного генетика Р. Гольдшмидта[345].

Если в СССР и англоязычных странах на базе математических моделей естественного отбора (Дж.Б.С. Холдейн, С. Райт, Р. Фишер) были сформулированы представления об эволюции внутри популяции и механизме возникновения новшеств во времени, то немецкие систематики основное внимание уделяли механизмам увеличения видового разнообразия в пространстве. По мнению лидера немецких орнитологов Э. Штреземана, доминировавшие генетические работы об изменении частот генов в популяции не могли решить эту проблему, нужна была концепция биологического вида и географического видообразования[346]. Для него без длительной и полной географической изоляции градуальные и направленные наследственные изменения, завершающиеся возникновением нового вида, невозможны, за исключением случаев внезапного возникновения репродуктивной изоляции. Еще ранее он объяснял возникновение градуальной (как ее впоследствии назвали, клинальной) изменчивости вторичным контактом и интеграцией форм, которые во время предшествовавшей географической изоляции приобрели видовые отличия. Выдвигая репродуктивную изоляцию как главный критерий вида, Штреземан утверждал: «Форма ранга вида в такой степени физиологически дивергировала от других, что после разрушения географической изоляции они не могут скрещиваться друг с другом»[347].

---

[340] *Kammerer P.* Environmental Vitalism: The Inheritance of Acquired Characteristics. Anahein, 2003.

[341] *Plate L.* Warum muss der Vererbungsforscher an der Annahme einer Vererbung erworbener Eigenschaften festhalten? // Zs. für induktive Abstammungs- und Vererbungslehre. 1931. Bd. 58. S. 266–292; *Hennig E.* Wesen und Wege der Paläontologie. Berlin, 1932.

[342] *Hennig E.* Von Zwangsablauf und Geschmeidigkeit in organischer Entfaltung. Rede bei der Rektoratsübergabe am 25. April 1925. Tübingen, 1929. S. 38.

[343] *Woltereck R.* Grundzüge der allgemeine Biologie. Stuttgart, 1932. S. 474.

[344] *Spemann H.* Forschung und Leben / Hg. F.W. Spemann. Stuttgart, 1943.

[345] *Goldschmidt R.* Einführung in die Vererbungswissenschaft. Berlin, 1928.

[346] *Stresemann E.* Aves // Handbuch der Zoologie. Bd. 7. Abt. 2 / Hg. W. von. Kükenthal, T. Krumbach. Berlin; Leipzig, 1927–1934. S. 1–817.

[347] *Stresemann E.* Über die europäischen Baumläufer // Verh. Ornith. Gesell. Bayern, 1919. Bd. 14. S. 39–74.

Эти воззрения становились догмами новой систематики птиц, разрабатываемой немецкими орнитологами[348]. Виды понимались как группа популяций или географических рас, приспособленных к местным условиям и физиологически изолированных от другой группы рас, а морфологическая дивергенция была независима от генетических и физиологических различий. Эти идеи Штреземан многократно повторил в серии статей с 1920 до 1936 гг., подчеркивая вновь и вновь, что нескрещиваемость является главным критерием вида. Исследования Штреземаном полиморфных видов птиц впервые установили связь орнитологии с генетикой. Признавая мелкие наследственные изменения основой видообразования, он считал себя ортодоксальным дарвинистом, но, как и другие немецкие систематики, приступившие к изучению эволюции на уровне вида, полагал, что не только мутационный процесс и отбор, но и наследование приобретенных признаков и ортогенез могли совместно обеспечить возникновение и стабилизацию вида.

Штреземан не считал возможным объяснять действием отбора адаптивное значение явлений, названных правилами К. Бергмана, К. Глогера и др. Довольно часто он выражал скептицизм по поводу безграничных возможностей отбора, резко возражая, например, против попыток увидеть мимикрию между иволгой (*Oriolus*) и медососами (*Philemon*), относя подобные примеры в область беспочвенных фантазий, столь характерных для селекционистов-экстремистов. Подобно другим своим современникам, Штреземан допускал, что мутационное давление может свести на нет действие отбора, как это, по его мнению, произошло в Тасмании с белым ястребом (*Accipiter novaehollandiae*), который полностью вытеснил пигментированную, окрашенную в защитные цвета форму. Это явление он приписывал действию некоторых внутренних сил, которые приводят к изменению химического состава всего организма. Штреземан не воспринял отбор как дифференцированный репродуктивный успех, предполагая, что одни и те же мутации не могут встречаться у всех организмов данного вида. Сам термин «мутация» он воспринимал в смысле Г. де Фриза как относительно редкое, но существенное изменение. В целом он проводил четкое различие между мутационной и градуальной (дарвиновской) изменчивостью.

В конце 1929 г. сотрудник Штреземана Б. Ренш опубликовал книгу «Принцип географических кругов рас и проблемы видообразования», содержавшую изрядную дозу идей механоламаркизма и ортогенеза[349]. В ней Ренш подробно анализировал корреляции географической изменчивости различных признаков птиц с климатическими условиями их ареалов. Для него географическая раса как комплекс особей, неограниченно скрещивавшихся между собой и сходных морфологически, или различавшихся только в рамках индивидуальной, эколо-

---

[348] *Haffer J.* (with contribution by E. Mayr). "We must lead the way on new path". The work and correspondence of Hartert, Stresemann, Ernst Mayr — international ornitologists. Ornithologen — Briefe des 20. Jahrhunderts. Ludwigsburg, 1997; *Haffer J.* Beiträge zoologischer Systematiker und einiger Genetiker zur Evolutionären Synthese in Deutschland (1937–1950) // Die Entstehung der Synthetischen Theorie. Beiträge der Evolutionsbiologie in Deutschland 1930–1950 / Hg. T. Junker, E.-M. Engels. Berlin, 1999. S. 121–150; *Haffer J., Rutschke E., Wunderlich K.* Erwin Stresemann (1889–1972) — Leben und Werk eines Pioners der wissenschaftlichen Ornithologie. Halle, 2000; *Колчинский Э.И.* Э. Майр и современный эволюционный синтез. М., 2006.

[349] *Rensch B.* Das Prinzip geographischer Rassenkreise und das Problem der Artbildung. Berlin, 1929.

гической и сезонной вариации, были основной внутривидовой таксономической единицей. «Круги рас» (Rassenkreise) — комплексы географических рас, которые, по Реншу, развивались одна из другой, замещая друг друга географически и сохраняя скрещиваемость с соседями, объединялись в виды, а те, в свою очередь, в «круги видов» (Artenkreise). В 1933 г. Ренш сформулировал ряд экологических правил, демонстрировавших адаптивную природу географической изменчивости, по-прежнему комбинируя для их объяснения географическую модель видообразования с ламаркизмом. Но скоро он сделал важный шаг к признанию взаимодействия плейотропии, мелких мутаций и отбора как механизма, обеспечивающего адаптивный и градуальный характер географической изменчивости. Эти изменения были внесены Реншем под влиянием контактов с Н.В. Тимофеевым-Ресовским и работы в его лаборатории[350].

Провинциальный священник и знаменитый орнитолог О. Кляйншмидт выступил с учением о «кругах форм» для сокращения числа видовых названий[351]. Суть его предложения состояла в необходимости различать естественный род (Realgattung) или «круг форм» (Formenkreise), географическую расу (Rasse) и условный вид, вариетет (Spielart). Понятием «круг форм» он обозначал географически варьирующий, но в то же время неделимый, типологически неизменный вид. Хотя вопрос о его происхождении Кляйншмидт в те годы оставлял открытым, но он был уверен, что географические расы не являются зарождающимися видами, а каждый «круг форм» возник независимо и не связан филогенетически с другими «кругами форм». Такую трактовку «расы» Кляйншмидт использовал не только для отрицания происхождения человека от обезьян, но и как доказательство единства всего человечества и стабильности его рас. Предложенную ранее Э. Хартертом тройную номенклатуру птиц Кляйн-шмидт быстро приспособил к политическим целям, выделив специальную расу *Homo sapiens germanicus*[352]. Политические и идеологические выводы из трактовок рас у животных делали и другие зоологи[353].

Попытка преодолеть раскол между биологами в немецком языковом пространстве была предпринята 8 сентября 1929 г. в Тюбингене на встрече генетиков и палеонтологов. Расхождения были представлены как противостояние неоламаркизма и неодарвинизма. Взгляды первых были представлены в лекции палеонтолога Ф. Вейденрейха о соотношении генетических экспериментов и сравнительной анатомии[354]. Главная идея его выступления заключалась в том, что адаптации имеют сложный характер, вряд ли они могли быть созданы на базе генов, затрагивающих отдельные признаки. Позицию генетиков представлял Г. Федерлей, который рассказывал о плейотропном воздействии генов и о

---

[350] *Rensch B.* Lebensweg eines Biologen in einem turbulenten Jahrhundert. Stuttgart; New York, 1979. S. 64–68.

[351] *Kleinschmidt O.* Die Formenkreislehre und das Weltwerden des Lebens. Halle, 1926.

[352] *Kleinschmidt O.* Kurzgefasste deutsche Rassenkunde. Leipzig, 1933.

[353] *Potthast T.* "Rassenkreise" und die Bedeutung des "Lebensraums". Zur Tier-Rassenforschung in der Evolutionsbiologie // Rassenforschung an Kaiser-Wilhelm-Instituten vor und nach 1933. S. 275–308.

[354] *Weidenreich F.* Vererbungsexperiment und vergleichende Morphologie // Paläontologische Zs. 1929. Bd. 11. S. 275–276.

длительных модификациях[355]. Но сближения позиций не произошло. Оппоненты, не поняв друг друга, разошлись, и синтез, который активно шел в советской биологии, в этот период в Германии оказался отложенным на несколько лет. Во время дискуссии в Тюбингене В. Циммерман занимал осторожную позицию в спорах об отношениях ламаркизма и дарвинизма. Вскоре он в книге «Филогения растений» (1930) выступил против таких «иррационалистических идеалистических направлений», как идеалистическая морфология и сальтационизм, но рассуждал о проблеме отношений ламаркизма и дарвинизма опять с большой сдержанностью[356].

По мнению Майра, неприятие генетики большинством биологов в значительной степени объясняется медленным ее внедрением в университетские курсы, что, в свою очередь, было связано с нехваткой средств[357]. В большинстве университетов был один профессор с двумя-тремя помощниками. Профессор имел фиксированный, незначительный бюджет, что не позволяло ему привлекать к работе приват-доцентов[358]. К тому же в Германии тогда еще не было популяционной генетики, без которой был практически невозможен синтез эволюционных знаний. Н.В. Тимофеев-Ресовский, приглашенный О. Фогтом для этой цели, еще только приступал к своим трудам, которые базировал на эмпирически добытых количественных данных полевых и лабораторных исследований, анализируя роль рецессивных мутаций и модификаций в эволюции и их возможность служить материалом для естественного отбора[359].

На преодоление противоречий между биологами-эволюционистами была направлена опубликованная в Германии книга А.Н. Северцова о морфологических закономерностях эволюции[360]. Общепризнанный специалист в области сравнительной эмбриологии, эволюционной эмбриологии и палеонтологии предложил завершенный вариант своей концепции филэмбриогенезов, разрабатываемой им с начала XX века, сформулировал понятие «ароморфоз», наметил новые подходы к изучению взаимоотношений онтогенеза и филогенеза в учении об основных направлениях макроэволюции. Важно, что эти проблемы он рассматривал с позиций селекционизма, что имело важное значение для дарвинистской трактовки макроэволюции. Впоследствии книгу перевели на русский язык, и она стала основой многих работ по макроэволюции.

Следует отметить, что в Веймарской республике дискуссии между ламаркистами и дарвинистами принимали все более политический характер, постепенно становясь способом выявления политического вероисповедания[361]. Ламаркизм в Веймарской республике, как и в СССР, считали политически левым, и — соответственно — еврейским учением, в то время как его противников причисляли к правому политическому лагерю. Этот политический вопрос приобретал все большую остроту и достиг кульминации после самоубийства в 1926 г. П. Каммерера.

---

[355] *Federley H.* Weshalb lehnt die Genetik die Annahme einer Vererbung erworbener Eigenschaften ab? // Zs. für induktive Abstammungs- und Vererbungslehre. 1930. Bd. 54. S. 20–50.

[356] *Zimmermann W.* Die Philogenie der Pflanzen. 1930. S. VI, 400.

[357] *Mayr E.* How I became Darwinian // The Evolutionary Synthesis. Perspectives on the Unification / Ed. E. Mayr, W.B. Provine. Cambridge (Mass.), 1980. P. 413–423.

[358] *Mayr E.* Introduction // The Evolutionary Synthesis. Cambridge (Mass.); London, 1980. P. 281.

[359] *Бабков В.В., Саканян Е.С.* Н.В. Тимофеев-Ресовский. М., 2002.

[360] *Sewertzoff A.N.* Morphologische Gesetzmäßigkeiten der Evolution. Jena, 1931.

[361] Evolutionsbiologie von Darwin bis heute / Hg. R. Brömer, U. Hossfeld, N. Rupke. Berlin, 1999.

Генетика, евгеника и практика

Генетик растений Э. Леман, один из главных претендентов на пост фюрера немецкой биологии при нацистах, в 1938 г. охарактеризовал соотношение между национал-социалистической идеологией и наукой следующим образом: генетика, расовая антропология и расовая гигиена — три столпа национал-социализма[362]. Из проведенного им статистического анализа развития немецкой биологии следовало, что с середины 1920-х гг. установилась тесная связь между этими отраслями знания, которые в совокупности дали естественнонаучную основу теории и практике национал-социализма. Переплетение их целей, задач, проблем и методов исследования у некоторых ученых зачастую оказывалось столь велико, что подчас трудно сказать, к числу каких специалистов можно отнести того или иного исследователя. Исходной базой их объединения все же стала евгеника как мощное международное общественное движение, призванное на биологической основе осуществить социальную утопию усовершенствования человечества.

Особенности развития генетики в Веймарской республике детально проанализировал Дж. Харвуд в прекрасной книге «Стиль научного мышления. Немецкое генетическое сообщество в 1900–1933 гг.»[363]. Он убедительно показал, как социально-политическая обстановка того времени сказалась на мировоззрении ученых, которое, в свою очередь, неизбежно отражалось в их гипотезах и концепциях. В условиях краха ценностей рационализма и господства мистицизма и холизма теория Т. Моргана (в которой гены, как бусинки, нанизанные на хромосоме, рекомбинировались между собой за счет инверсий, делеций, дупликаций, транслокаций в ходе конъюгации) казалась многим реликтом изжитого в Германии атомизма и механицизма[364] . Кроме того, на США в Европе смотрели как на главный источник модернизации всех сфер общества, что вызывало гнев у консервативно настроенных ученых и одобрение со стороны их оппонентов, жаждавших прогрессивных перемен. Противостояние немецких генетиков хромосомной теории наследственности связано было и с тем, что в ней не было ответа на вопросы о реализации генетических программ в индивидуальном развитии и эволюции, которые традиционно интересовали немецких биологов[365]. Генетикам же в англоязычных странах казалось, что немецкие коллеги сконцентрировали внимание на вопросах, не поддающихся экспериментальному изучению, и тем самым оказались на периферии развития современной науки.

Многие генетики, которых по классификации Ф.К. Рингера следует отнести скорее к экспертам-практикам, в той или иной мере были причастны к евгеническим проблемам, посвящая нередко им статьи и даже целые монографии. Особое место здесь занимали взгляды одного из лидеров немецкой генетики, основателя Института селекции растений КВГ в Мюнхеберге Э. Баура[366], который был характерным представителем школы прагматиков и модернизаторов среди генетиков. Сам Баур никогда не был членом НСДАП или каких-либо других нацистских

---

[362] *Lehmann E.* Vererbungslehre, Rassenkunde und Rassenhygiene // Der Biologe. 1938. Bd. 7. S. 306–310.

[363] *Harwood J.* Styles of Scientific Thought. 1993.

[364] Ibid. S. XV, 138–180.

[365] *Harwood J.* Styles of Scientific Thought. S. 49–98.

[366] *Hagemann R.* Zum 100. Geburtstag des Genetikers Erwin Baur // Leopoldina. 1975. Reihe 3. № 21. S. 179–187.

организаций. По словам современников, ему был внутренне присущ демократизм при ярко выраженных задатках лидера[367]. Эти задатки сказались не только в его организаторской деятельности, но и в пропаганде евгенических мероприятий. Совместно с Ф. фон Ленцем и О. Фишером Баур опубликовал знаменитую монографию по генетике человека и расовой гигиене в двух томах, на которой мы подробно остановимся в следующем параграфе.

В эти годы в Германии бурное развитие претерпевали отрасли генетики, связанные с решением прикладных проблем сельского хозяйства и медицины. Бесспорным лидером в этом направлении среди генетиков был Э. Баур[368]. К тому времени селекция высокоурожайных сортов культурных растений приобрела особое значение, так как плодородие почв неуклонно снижалось, а удобрения не могли компенсировать их улучшение. Уже в 1917 г. Баур обратился в КВГ с предложением основать институт для разработки на базе современной генетики проблем селекции культурных растений с целью повышения урожайности, содержания масла, волокна у существующих сортов, а также создания новых полезных растений[369]. Главной целью деятельности института было достижение сельскохозяйственной независимости Германии. Баур предполагал также, что будущий институт должен быть дополнен сетью опытных селекционных станций в разных частях Германии, а также в ее колониях. Фактически это предложение предвосхищало будущие действия Н.И. Вавилова в СССР. Поражение Германии, потеря колоний и затяжной экономический кризис сняли предложения Баура с повестки дня.

Но Баур продолжал добиваться перехода к политике автаркии, доказывая необходимость независимости Германии от импорта продовольствия и сырья и полагая, что базирующиеся на современной методике растениеводство и селекция культурных растений будут способствовать достижению этой цели[370]. Так, жирами и белками, по его мнению, Германия могла обеспечить себя буквально в несколько лет[371]. Оптимизм Баура подкрепляли результаты работ его ассистента Р. Зенгбуша, который создал новую методику быстрого определения процентного содержания жира в люпине. Кроме того, он не раз указывал на отставание Германии в этой области от США и СССР. В 1929 г. Баур посетил ВИР в Ленинграде и пришел к выводу, что СССР — лидер в области селекции растений и прикладной генетики[372]. Как и Вавилов, Баур и его сотрудники ездили для сбора семян культурных и диких

---

[367] *Schiemann E.* Erwin Baur // Berichte der Deutschen botanischen Gesellschaft. 1934. Bd. 52. S. 100.

[368] Роль Баура в развитии генетики в Германии чем-то напоминает деятельность Н.И. Вавилова в СССР. Оба они были крупными организаторами науки, учеными с широким кругозором, нацеленными на решение практических задач селекции и растениеводства, создателями мощных научных направлений мирового значения, лидерами в национальных сообществах генетиков своих стран и т. д. Не случайно между ними были дружеские отношения. Хотя Баур не симпатизировал социализму, он не раз приезжал в СССР.

[369] *Wieland T.* "Die politische Aufgaben der deutschen Pflanzenzüchtung". NS-Ideologie und die Forschungsarbeiten der akademischen Pflanzenzüchter // Autarkie und Ostexpansion. Pflanzenzucht und Agrarforschung in Nationalsozialismus / Hg. S. Heim. Göttingen, 2002. S. 40.

[370] *Harwood J.* Styles of Scientific Thought. P. 229.

[371] *Heim S.* Research for Autarky. The Contribution of Scientists to Nazi Rule in Germany. Berlin, 2001. S. 10.

[372] Николай Иванович Вавилов. Очерки, воспоминания, материалы. М., 1987. С. 224

растений в Турцию (1926–1928), Испанию (1928), Южную Америку (1930–1931)[373]. Успехи США также были маяком для немецких генетиков в практическом использовании их науки для обеспечения Германии продовольствием.

Во второй половине 1920-х гг. сенат КВГ принял предложения Баура и, заручившись поддержкой Имперского министерства питания и сельского хозяйства, Прусского министерства сельского хозяйства, государственного имущества и лесов, банкиров, промышленников и т. д., в 1928 г. создал специально для Баура Институт селекции КВГ в Мюнхеберге. Это было удачное решение КВГ, так как Баур умело совмещал фундаментальные и практические исследования, а из генетиков обладал наиболее широкой амплитудой научных исследований, начиная от проблем эволюционного значения малых мутаций до решения сугубо сельскохозяйственных проблем. Практически с первых дней на посту директора Баур столкнулся с громадными финансовыми трудностями из-за начавшегося нового экономического кризиса, что заставляло его продолжать доказывать властям и обществу огромное экономическое и военно-политическое значение селекционно-генетических исследований[374].

В генетическую практику широко внедрялись методы сравнительной генетики при изучении наследственной патологии[375]. Их инициаторами были Г. Нахтсхайм, П. Гертвиг, Ф. Крёнинг, Г. Штуббе, Г. Юст. Сравнительная наследственная патология была частью обширного направления исследований, в рамках которого экспериментальная генетика расширяла арсенал своих методов и по-новому определяла свое место в биологии. Но сравнительная генетика не ограничивалась изучением только патологий у животных и растений. Ее пионеры стремились выйти на вопросы генетики человека, невольно вторгаясь в область евгенических исследований. Как вспоминал Нахтсхайм в 1954 г.: «Мы модели опытов на животных сумели использовать для изучения генетики человека»[376]. Биологов интересовали генетические последствия войны для немецкой популяции. Если ламаркист Геккер верил в возможность регенерации[377], то Баур был настроен более пессимистично, будучи уверен в ограниченных возможностях восстановления потерь из-за гибели на фронте, эмиграции и перехода к другим государствам огромных территорий с немецким населением[378].

В период Веймарской республики формируется сеть институтов биомедицинского профиля, в которых племенное животноводство велось с целью получения подопытных, генетически изученных особей как моделей для изучения генетики человека. Такие работы щедро финансировались НГДВ. Лидерами в их проведении были Зоологический институт в Гёттингене, возглавляемый А. Кюном, и Государственный институт экспериментальной терапии во Франкфурте под руководством В. Колле. В итоге генетика не только начинала активно воздействовать

---

[373] *Flitner M.* Agrarische Modernisierung im genetischen Diskurs. Ansatzpunkte zu einem internationalen Vergleich, 1925–1939 // Autarkie und Ostexpansion. S. 95.

[374] *Baur E.* Nationalwirtschaftliche Aufgaben und Möglichkeiten der Pflanzenzüchtung // Archive des Deutschen Landwirtschaftsrats. 1933. Bd. 51. S. 1–14.

[375] *Schwerin A. von.* Experimentalisierung des Menschen. Der Genetiker Hans Nachtsheim und die vergleichende Erbpathologie 1920–1945. Göttingen, 2004. S. 84–135.

[376] *Nachtsheim H.* Der Modellversuch am Tier in seiner Bedeutung für das Verständnis menschlicher Erbleiden // Experenentia. 1954. Bd. 10. S. 317.

[377] *Haecker V.* Allgemeine Vererbungslehre. Braunschweig, 1921.

[378] *Baur E.* Die biologische Bedeutung der Auswanderung für Deutschland // Archive für Frauenkunde und Eugenik. 1921. Vol. 7. S. 206–208.

на биомедицинские исследования, но способствовала формированию новых областей — сравнительной генетики и наследственной патологии.

Такая исследовательская установка могла успешно реализоваться в определенном социальном и эпистемологическом контексте, важной частью которого была бурная институциализация евгеники во многих странах. Но далеко не везде политики приступили к реализации ее рекомендаций. Британские традиции в области прав человека, как уже выше отмечалось, были несовместимы со стерилизацией людей, и все попытки провести подобные законы через Палату общин были провалены еще в 1927 г. Безуспешными оказались попытки внедрить евгенические мероприятия и в СССР, где Н.К. Кольцов, А.С. Серебровский, так же как и их немецкие коллеги, были преисполнены оптимизма относительно ее возможностей и обещали путем стерилизации, искусственного оплодотворения и подбора пар ликвидировать болезни, улучшить породы людей, создать нового человека, ускорить социалистическое строительство и т. д. Евгеника в Советском Союзе была осуждена, евгенические учреждения, общества, печатные издания были закрыты. На десятилетия были прекращены исследования и по медицинской генетике, а сами попытки заявить о некоторых рациональных зернах в евгенике[379] требовали вплоть до середины 1980 гг. немалого гражданского мужества, так как оценивались как антисоветская вылазка.

Иначе сложилась ситуация в США, где горячим адвокатом евгеники стал генетик Ч. Девенпорт. Здесь в 1921 г. возникло влиятельное Американское евгеническое общество. В практику были внедрены тесты на определение интеллекта. Некоторые штаты приняли законы о принудительной стерилизации лиц, как правило, выходцев из Африки и Азии, а также представителей некоторых европейских наций, которые якобы наносят ущерб генофонду «расово чистого» населения США[380]. В том же году в Нью-Йорке состоялся Второй Международный евгенический конгресс, президентом которого был знаменитый американский палеонтолог Г.Ф. Осборн, чья мировая известность уступала в те годы только славе А. Эйнштейна. В своей вступительной речи он выразил надежду, что подобные встречи в будущем приобретут ещё большее значение, так как только евгеника, призванная избавить человечество от наследственно больных и асоциальных элементов, поможет реализовать основополагающий принцип демократии — равенство всех людей[381]. Как и многие другие биологи того времени, он был искренне уверен, что евгенические мероприятия будут способствовать укреплению семьи и государства. Более того, он считал нацизм позитивной силой, способной путем расово-гигиенических мероприятий преодолеть хаос Великой депрессии и обеспечить возрождение великой Германии[382]. В Европе впервые закон о стерилизации был принят в кантоне Ваадт (Швейцария) в 1928 г., в 1929 г. аналогичный закон приняла Дания, вскоре за ней последовали Норвегия, Швеция, Латвия, Эстония.

---

[379] *Эфроимсон В.П.* Родословная альтруизма // Новый мир. 1971. № 10. С. 193–213; *Канаев И.И.* Фрэнсис Гальтон. Л., 1972.

[380] Недавно В. Клайн предложила новый взгляд на итоги стерилизации в США, уверяя, что одной из ее целей было повысить сексуальность женщин среднего класса, поощряя промискуитет и останавливая падение рождаемости: *Kline W.* Building a Better Race: Gender, Sexuality and Eugenics from the Turn of Centure to the Baby Boom. Berkeley, 2001.

[381] *Osborn H.F.* Adress of Welcome // Eugenics, Genetics and the Company. Vol. 1. Baltimore, 1923. P. 1–4.

[382] *Regal B.* Henry Faired Osborn. Burlington, 2002. P. 185–186.

Евгеника или расовая гигиена: научная или политическая дилемма?

В веймарской Германии, где все сегменты политического спектра оплакивали физическую и нравственную деградацию населения, борьба за наследственное здоровье нации стремительно становилась важнейшей частью государственной политики. Исход войны вел к выдвижению новых задач. Смерть лучших на полях сражений заставляла оставшихся в живых задуматься о будущем нации. Мюнхенские лидеры Немецкого общества расовой гигиены М. фон Грубер, Э. Крэпелин, А. Плётц и В. Шальмайер с 1918 г. установили контакты с Пангерманской лигой, Немецкой национальной партией, Немецко-народным союзом защиты и отпора, Добровольческим корпусом и множеством других праворадикальных организаций, плодившихся в Баварии в бурные 1918–1920 гг.[383] Важную роль в повороте расовых гигиенистов вправо сыграл мюнхенский издатель Ю.Ф. Леман, сотрудничество которого с Грубером и Рюдином началось в 1911 г., когда Леман помог им издать каталог экспозиции по расовой гигиене[384]. Леман вел переговоры с А. Плётцем и Ф. фон Ленцем об издании учебника о расовых типах, подобного популярным книгам В. Риплея «Расы Европы» (1899), М. Гранта «Смерть великой расы или расовая основа европейской истории» (1916), Л. Стоддард «Бунт против цивилизации» (1920), изданным в Нью-Йорке. В них восхвалялась нордическая раса за независимость и стойкость. Но Ленц отказался писать популярную книгу о превосходстве нордической расы над альпийской и средиземноморской. Его гораздо больше интересовала проблема использования генетики для изучения болезней. К тому же он не хотел рисковать научной репутацией, связывая имя с популистской расовой антропологией. Подобным образом вели себя М. фон Грубер и А. Плётц. Хотя «Архив расовой и социальной биологии» теперь печатался у Лемана, редакторы продолжали следовать академическим стандартам. Сам же Леман с 1918 г. активно занялся пропагандой и популяризацией идей расовой гигиены и расовой антропологии, соединенных с восхвалением нордической расы[385].

В декабре 1918 г. по инициативе А. Плётца и А. Вольни члены Богенского клуба решили учредить новую организацию, имя которой «Видар» было заимствовано из германской мифологии. Так звали сына Одина, который отомстил убившему Одина страшному волку Фенриру за смерть отца во время последней битвы богов перед гибелью мира. Председателем общества был избран Плётц, а вице-президентом Ленц. Союз «Видар» был таким же закрытым обществом, как и его учредитель — Богенский клуб. Его члены собирались, чтобы заслушивать лекции о древних исландских сагах, а затем обсуждать их с учетом проблем политики, биологии и расы. В условиях слабого государства новое общество, состоявшее примерно из 50 человек, должно было заботиться о духовном, нравственном и физическом здоровье своих членов и их семей ради создания в будущем генетически здоровой нации, обитавшей в чистой среде. По подсчетам Плётца, только 10 % немцев укладывались в нормы здорового человека, а большинство бесполезны для государства и как граждане, и как люди. Подобный аристократический подход

---

[383] *Weindling P.* Health, Race and German Politics. S. 305–311.

[384] *Stark C.D.* Der Verleger als Kulturunternehmer: Der J.F. Lehmanns Verlag und Rassenkunde in Weimarer Republik // Arhive für Geschichte des Buchwesens. 1976. Bd. 15. S. 291–318.

[385] Fünfzig Jahre J.F. Lehmann's Verlag: 1890–1940; zur Erinnerung an das 50-jahrige Bestehen am 1 Sept. 1940. München, 1940.

неизбежно обрекал Плётца на изоляцию. К тому же все сильнее стала обозначаться дифференциация между евгениками, ратующими за изучение генетики человека, позитивный отбор и социальные мероприятия по охране здоровья, и расовыми гигиенистами, выступавшими за резкие формы отбора, вплоть до эвтаназии наименее ценных и дорого стоящих государству людей. Плётц сторонился нордического движения. Хотя Ф. фон Ленц и генетик человека О.Ф. фон Фершуер считали Плётца духовным учителем, он все больше отходил от практических дел, предпочитая заниматься сугубо теоретическими проблемами.

В 1919 г. формируется Общество охраны немецко-германской культуры (Gesellschaft deutsch-germanischer Gesittung-Schutzbund), целью которого также было поддержание здоровья индивида, семьи и нации. В том же году возникли еще два союза. «Немецкий орден» добивался возрождения немецкого народа на базе исконных ценностей и культивирования арийской крови. Под лозунгом «Арии всех стран, объединяетесь» был сформирован Международный союз ариев в Данциге.

16 марта 1925 г. была создана массовая евгеническая организация «Немецкий союз за оздоровление народа и наследственности» (ДБФЕ — Deutscher Bund für Volksaufartung und Erbkunde, DBVE), объединявший более 7 000 человек[386]. Его инициаторами были чиновники из государственных служб здравоохранения и учреждений, регистрировавших рождения, браки и смерти. Президентом ДБФЕ стал ветеран движения за охрану здоровья детей К. фон Бер-Пиннов, вице-президентом, а с 1930 президентом Союза был деятель здравоохранения Пруссии А. Остерман, близкий к умеренным социал-демократам. ДБФЕ уделял огромное внимание популяризаторской и просветительской деятельности и выпускал журналы «Евгеника» (Eugenik) и «Журнал за оздоровление народа и генетики» (Zeitschrift für Volksaufartung und Erbkunde), которые тиражом около 5 000 распространяли бесплатно среди членов ДБФЕ и Немецкого общества расовой гигиены (ДГРГ). Руководители ДБФЕ планировали объединить свои усилия с ДГРГ (насчитывавшем в 1932 г. 500 членов), так как в их программах было немало общего. Бер-Пиннов принимал вывод расовых антропологов Г.Ф.К. Гюнтера и О. Фишера о популяции немцев как смеси нордической, средиземноморской, альпийской и динарской рас, а также представления Э. Кречмера о расовой обусловленности психики[387]. Не сомневался он и в интеллектуальном превосходстве нордической расы. Десять заповедей ДБФЕ («Богат тот народ, который состоит из здоровых людей», «Человек богат, если он физически и духовно здоров», «Духовное и физическое здоровье зависит от наследственности», «Наследственность родителей предопределяет ценность детей» и т. д.)[388] были понятны каждому и не вызывали возражений. В условиях кризиса и постулируемой деградации немцев от засилья преступников, алкоголиков, симулянтов, душевнобольных идеи евгеников многим казались более привлекательными, чем академические теоретизирования расовых гигиенистов.

Многие в те годы активно эксплуатировали образы и мотивы германской мифологии. По тому же пути шел В. Хенчель, который после войны стал наставником

---

[386] *Schmuhl H.-W.* Rassenhygiene, Nationalsozialismus, Euthanasie. S. 96–99; *Weindling P.* Health Race and German Politics. P. 406–409.

[387] *Behr-Pinnow C. von.* Die Zukunft der menschlichen Rasse. Grundlagen und Forderung de Vererbungslehre. Berlin, 1925.

[388] *Becker P.E.* Zur Geschichte der Rassenhygiene — Wege ins Dritte Reich. Stuttgart; New York, 1988. S. 115–116.

правого молодежного движения «Артаманен», основанного в 1923 г. и названого Хенчелем по имени бога древних ариев Артама. Под руководством В. Котцде и Б. Танцмана «артамане» стали наиболее влиятельным пронацистским движением молодежи в Веймарской республике, объединившим сторонников экологических и «народнических» идей. Они отстаивали идею замены военной службы земледельческим трудом и ратовали за насильственное расширение территорий Германии, для того чтобы обеспечить всех немцев земельными участками. Следуя Хенчелю, артамане агитировали за создание расово чистого немецкого крестьянства, которое должно будет заселить восточные территории, освобожденные от поляков, чехов, русских, белорусов и украинцев. Для них были неприемлемы жизнь и работа в городах, представлявших собой расовый «хаос», поэтому они создавали трудовые коммуны и поселялись в сельской местности, образуя будущие ячейки расово чистых сообществ. Многие будущие лидеры национал-социализма, включая рейхсфюрера СС Г. Гиммлера, министра сельского хозяйства, рейхсляйтера, обергруппенфюрера (генерала) СС Р.В.О. Дарре́, коменданта Освенцима Р. Хёсса в этих поселениях получили соответствующее идеологическое и социальное воспитание, проявившееся в годы Третьего рейха. Благодаря Хенчелю эволюционно-биологические идеи Геккеля нашли применение в практике национал-социализма. Некоторое время Хенчель надеялся с помощью Гитлера реализовать свой проект и вступил еще в начале 1920-х гг. в НСДАП. После прихода национал-социалистов к власти он быстро понял, что его надеждам не суждено сбыться, и уже в 1934 г. покинул партию.

Не только правые радикалы связывали себя с программой биологических способов решения социальных проблем. Среди евгеников было немало социал-демократов, проповедовавших взгляды, не слишком отличавшиеся от расово-гигиенических. Среди них был один из создателей системы здравоохранения в Веймарской республике А. Гротьян. который с 1913 г. в Берлинском университете читал лекции по социальной гигиене, в основе которой лежали расово-гигиенические представления[389]. Гротьян агитировал за снижение рождаемости в низших слоях и повышение ее в высших, понимая евгенику как «рационализацию сексуальной жизни»[390]. Он существенно расширил число групп, подлежащих стерилизации и изоляции, включая в них уже бродяг, лодырей, нищих, пьяниц, проституток, эпилептиков и др.[391] Для него евгеника, связанная с охранной генофонда нации, вместе с социальной медициной и индивидуальной гигиеной были лишь элементами общей программы здравоохранения. Он выступал за введение принудительной стерилизации, которой, по его расчетам, должно быть подвергнуто более миллиона дефективных или асоциальных немцев. В этом он был единодушен с теоретиками расовой гигиены Ф. фон Ленцем, К. Астелем, Б.К. Шульцем и расовым антропологом Г.Ф.К. Гюнтером, которые, правда, отождествляли «расовую идентичность» с «социальной эффективностью». Сам же Гротьян предпочитал термин «социальная гигиена», подчеркивая, что расовые гигиенисты придают слишком большое значение биологическим аспектам проблемы. С ним постоянно полемизировал Ленц, полагавший, что биология должна стать основой социальной политики[392]. Позицию Гротьяна он предлагал именовать не «социальной, а социал-демократической гигиеной»[393].

---

[389] *Schmuhl H.-W.* Rassenhygiene, Nationalsozialismus, Euthanasie. S. 79–82.
[390] *Grotjahn A.* Erlebtes und Erstrebtes. Erinnerung eines sozialistischen Ärztes. Berlin, 1932.
[391] *Grotjahn A.* Die Hygiene der menschlichen Fortpflanzung. Berlin; Wien, 1936.
[392] *Rissom R.* Fritz Lenz und die Rassenhygiene. Husum, 1983.
[393] *Weindling P.* Health, Race and German Politics. P. 471.

Многие евгеники и даже расовые гигиенисты поддерживали государственный социализм, отдавая властям право решать о пользе и вреде тех или иных членов общества (А. Блашко, Б. Хайес, М. Хирш, М. Хиршфельд, Г. Лёвенштейн)[394]. Евгениками были анатомы Л. Ашофф и О. Фогт, симпатизировавшие СССР. Профессор антропологии, член СДПГ К.В. Мюллер в статье «Раса и социализм» отвергал утверждение о том, что социализм одинаково относится ко всем народам и расам[395]. Для него цели рабочего движения распространяются только на белых людей, так как они не могу быть одинаковыми для китайца или индийца, с одной стороны, и для представителей альпийской (французы) или нордической (шведы) рас, с другой. По расчетам Мюллера, среди лидеров СДПГ 54 % — блондины, а среди руководителей профсоюзов текстильщиков их доля ещё выше — 75–80 %. Подобные расчеты национал-социалисты всячески пропагандировали. Правда, в целом объединения биологов и врачей марксистской ориентации были более критичны к целям и задачам расовой гигиены, чем их национал-социалистические коллеги. В последние годы Веймарской республики журнал «Социалистический врач» (Sozialistische Arzt) резко критиковал расовых гигиенистов, правда, главным образом за их близость с нацистами и публикации в нацистских медицинских журналах «Цель и путь» (Ziel und Weg) и «К союзу здоровых» (Zur Gesundbund).

Тем не менее, вплоть до последних дней Веймарской республики евгеника и расовая гигиена не укладывались в прокрустово ложе политической дилеммы «правые или левые»[396]. Как и в других странах, ее сторонников можно было встретить во всех сегментах политического спектра, включая коммунистов, социалистов, либералов, консерваторов, националистов. Многие марксисты рассматривали меры по расовой гигиене как внедрение планового начала в здравоохранение. Одним из первых в Германии провел нелегальную стерилизацию в 1928 г. врач Р. Фетчер, симпатизировавший социалистам. Социал-демократическая газета «Вперед» (Vorwärts) в 1929 г. критиковала за непоследовательность принятый в Дании закон о стерилизации, запрещавший ее принудительное проведение. В 1931 г. КПГ и СДПГ поддержали в рейхстаге проект закона от праворадикальных партий о стерилизации людей с умственными или физическими недостатками, с оговорками, что больные или их опекуны должны дать согласие. Аналогичные законы были приняты в скандинавских странах и Швейцарии, где их применяли до 1960-х гг., часто втайне от общественности. Но в целом, конечно, правые контролировали общества расовых гигиенистов, расовых антропологов и т. д. и основные их орга-

---

[394] *Schwartz M.* Sozialistische Eugenik: Eugenische Sozialtechnologien in Debatten und Politik der deutschen Sozialdemokratie (1890–1933). Bonn, 1995. S. 162–169.

[395] *Proctor R.* Racial Hygiene. P. 20.

[396] *Graham L.* Between Science and Values: The Eugenics Movement in Germany and Russia in the 1920s // American Historical Review. 1977. Vol. 83. P. 1135–1164; *Proctor R.* Racial Hygiene. P. 22; *Weindling P.* Health, Race, and German Politics between National Unification and Nazism. P. 331–334; *Adams M.B.* Eugenics in the Hisrory of Science // The Welborn Science. P. 6–7; The Code of Codes. Scientific and Social Issues in the Human Genome Project / Ed. D.J. Kevles, L. Hood. Cambridge (Mass.); London, 1992. P. 3–36; *Allen G.E.* The Eugenics Record Office at Cold Spring Harbor, 1910–1940 // Osiris. 1986. Vol. 2. P. 225–264; *Paul D.* The Politics of Heredity: Essays on Eugenics, Biomedicine and the Nature-Nurture Debate. Albany, 1998; *Cooke K.J.* Duty or Dream?: *Edwin G.* Conklin's Critique of Eugenics and Support for American Individualism // J. Hist. Biol. 2002. Vol. 35. P. 365–382; *Cogdell Ch.* Eugenic Design. Streamlining. America in the 1930s. Philadelfia. 2004; *Rosen Ch.* Preaching Eugenics. Religious Leaders and the American Eugenics Movement. Oxford, 2004.

ны. В итоге многие евгеники — Г. Муккерман, А. Остерман, К. Заллер — всячески подчеркивали отличие их аполитичной, академической науки от становящегося все более расистским и антисемитским движением расовых гигиенистов. Это нисколько не мешало либералам и правым (Бауру, Фишеру, Фершуеру, Муккерманну и И. Ланге — руководителю клинического отдела ДФП) вместе представить в июле 1932 г в Комиссию по народонаселению и евгенике Прусского совета по здравоохранению проект закона о стерилизации, который ранее в 1929 г. отклонил по политическим соображениям правый радикал Э. Рюдин[397].

«Этапная книга трех мужчин»

Отвечая на общественный заказ, два наиболее авторитетных среди молодых сторонников расовой гигиены профессора, Э. Баур, О. Фишер и пока еще мало известный широкой публике приват-доцент Ф. фон Ленц опубликовали в 1921 г. два тома совместной книги «Очерки по учению о наследственности человека и расовой гигиене». Этой книге было суждено оказать огромное влияние на ход истории XX века, в том числе и на развитие расовой гигиены[398]. За последующие 19 лет книга переиздавалась пять раз, трижды существенно перерабатывалась и дополнялась: в 1927 г. — третье издание, в 1936 г. — четвертое издание, уже после смерти Баура. В пятом издании, вышедшем в 1940 г., вторая часть 1 тома была названа «Наследственной патологией» и к её написанию были привлечены О.Ф. фон Фершуер, И. Ланге и В. Вейтц. Она стала стандартом в области расовой гигиены, вызывая восторженное одобрение большинства мирового научного сообщества и резкие возражения меньшинства, указывавшего на поспешность и недоказанность ее основных выводов, сильную идеологизированость и политизированность. Её перевели на шведский и английский языки. В общей сложности на нее было опубликовано 324 рецензии, из них отрицательных только 13, нейтральных — 21, абсолютно положительных — 239, положительных с замечаниями — 51[399]. Уже в откликах на первое издание книгу именовали «эталонным трудом», «основополагающим учебником» и «классикой расовой гигиены». Начиная со второго издания, многие рецензенты подчеркивали личностное отношение к авторам, говоря «наши Баур, Фишер и Ленц» или «эти Баур, Фишер и Ленц», а многие их труд именовали «книгой трех мужчин», указывая на мужество в изложении точки зрения, столь противоречащей исконным европейским ценностям. Пик откликов (103) пришелся на издание 1927 г., что совпадало с максимальной популярностью евгенического движения во всем мире. По мере того, как рекомендации расовых генетиков обретали реальность в законах о стерилизации США и Германии[400] и стали очевидны ужасающие их последствия, интерес к книге Баура, Фишера и Ленца в обществе падает. В 1941 г. вышла только одна, она же и последняя, рецензия.

Как было показано выше, расовая гигиена, представлявшая собой конгломерат знаний из разных областей биологии с целью улучшения генетической популяции человека, претендовала с начала XX века стать научной основой нового

---

[397] *Weindling P.* Health, Race and German Politics. P. 451.

[398] *Baur E., Fischer E., Lenz F.* Grundriß der menschlichen Erblichkeitslehre und Rassenhygiene.

[399] *Fangerau H.* Etablierung eines rassenhygienischen Standardwerkes: 1921–1941. Der Baur-Fischer-Lenz im Spiegel der zeitgenössischen Rezensionsliteratur. Frankfurt am Main; Berlin; Wien, 2001. S. 81.

[400] *Sofair A., Kaldjian L.* Eugenic Sterilization and Qualified Nazi Analogy: The United States and Germany, 1930–1945 // Annals of International Medicine. 2000. Vol. 132. S. 312–319.

мировоззрения, политики и морали. Анализ, проведенный Г. Фангерау, показал, что почти половина рецензий (45 %) была написана представителями социальных и политических наук, примерно треть (35) — медиками, а на долю биологов, антропологов и расовых гигиенистов, к которым прежде всего была обращена книга — только 12 %. Это, конечно, все равно много, если учесть, что общее их число — более 300[401]. Подавляющее большинство всех рецензий приходится на немецкие журналы — 297, на зарубежные — 27, в том числе две опубликованы в СССР, а вот процент отрицательных отзывов в других странах почти в пять раз — 18,5 % (абсолютно положительных 63 %) превышает отрицательные отклики в Германии (2,7 %). Большинство зарубежных рецензий было опубликовано в ведущих общебиологических и генетических журналах. Бесспорным лидером были США: 12 положительных и 3 отрицательные рецензии[402]. Это понятно, так как именно там евгеническое движение было на подъеме.

Почти все историки национал-социалистической биологии подчеркивали, что книга «трех мужчин» оказала огромное влияние на формирование взглядов Гитлера, став их естественнонаучной основой. Но в этом нет ничего странного, если учесть ее резонанс в немецкой и зарубежной научной периодике. Принимая во внимание поток хвалебных откликов в медико-биологической литературе, следует признать, что у будущего фюрера были основания принимать книгу Баура, Фишера и Ленца за последнее слово биологии и медицины. Более удивительно, что после 19 лет непрерывных славословий по поводу их труда, как это Г. Фангерау показал на графике распределения рецензий по 1921–1941 гг. и по изданиям[403], биологическое сообщество внезапно замолчало, а затем курение фимиама сменило на карающий меч, «сжигая все то, чему недавно поклонялось», или замалчивая книгу как постыдный эпизод в своей истории. Насколько мне известно, книга в целом еще ни разу не стала предметом специального анализа. Биографы или социальные историки науки подробно анализировали отдельные её разделы, написанные Э. Бауром[404], О. Фишером[405] или Ф. фон Ленцем[406]. И это неудивительно, так как, за исключением совместного двухстраничного введения самого общего характера и нескольких выводов в каждом разделе, повторявших обычные декларации расовых генетиков, учебник более похож на сборник, чем на совместный труд «трех мужчин». Его объединяла не научная концепция, а мировоззрение. В главах генетика Э. Баура и антрополога О. Фишера нет никаких доказательств возможности улучшить генофонд человека, а расово-гигиенические представления Ф. фон Ленца базировались не на данных генетики и антропологии, а главным образом на показателях медицинской статистики и социал-дарвинистских рассуждениях о борьбе за существование и отборе в человеческом обществе, а также о вреде медицинской помощи больным и социального обеспечения нищих, слабых и обиженных.

Вообще-то правильнее называть ее книгой «одного мужчины» — Ф. фон Ленца. Уже в 1-ом томе первого издания «Учение о наследственности человека» раз-

---

[401] *Fangerau H.* Etablierung eines rassenhygienischen Standardwerkes. S. 84.

[402] Ibid. S. 90.

[403] Ibid. S. 82.

[404] *Kröner H.-P., Toellner R., Weisemann K.* Erwin Baur: Naturwissenschaft und Politik. München, 1994.

[405] *Lösch N.C.* Rasse als Konstrukt: Leben und Werk Eugen Fischers. Frankfurt am Main; Berlin u.a., 1997.

[406] *Becker P.E.* Zur Geschichte der Rassenhygiene. S. 171–173; *Proctor R.* Racial Hygiene: Medicine under the Nazis. Cambridge, MA, 1988. P. 46–64.

делы, написанные им — «Болезненная наследственность» и «Наследственность душевных болезней» — составили больше половины книги, точнее, 154 страницы из 297. Второй том — «Отбор у человека и расовая гигиена» (240 стр.) — полностью написан Ленцем. Иными словами, ему принадлежало более 70 % общего текста, в то время как Э. Бауру — 73 страницы (около 14 %), а Фишеру — 66 страниц (12 %). В дальнейшем Баур почти ничего не добавлял в свой раздел «Очерк об общем учении о наследственности и изменчивости», в то время как Ленц и Фишер более чем в три раза увеличили свои части[407]. В конечном счете, доля Ленца составляла все те же приблизительно 70 %.

Как уже говорилось, общие идеи авторы изложили на двух страницах введения, где говорили о непрерывной динамике наследственных свойств народов, о закономерных этапах юности, расцвета и гибели в истории каждого из них, о процессах дегенерации наследственных свойств народов в отсутствии действия отбора и т. д. Без знания причин этих процессов, по их утверждению, нельзя решить ни одну социальную или политическую проблему[408].

Раздел Баура в основном посвящен изложению основ генетики и его собственных опытов над львиным зевом, на базе которых он рассуждал о генетической обусловленности всех свойств человека, о недоступности отбору вредных рецессивных мутаций у гетерозигот, о выщеплении их в инцесте и т. д. В итоге Баур уверял читателя, что улучшение условий питания и жизни дает возможности выживать менее ценным людям (niederwertigen), что угрожает деградацией и гибелью народов[409].

В разделе Фишера приводятся сведения об изменчивости скелета, мускулатуры, внутренних органов и пигмента кожи у человека, а также о расовых различиях по этим признакам. Эти различия, по его мнению, носят адаптивный характер и сформировались еще в момент возникновения человека. Расы постоянны, межрасовые гибриды фертильны, но неевропейские народы, как правило, обладают доминантными генами, поэтому межрасовая гибридизация угрожает будущему европеоидной расы. Фишер отнюдь не отводил расовому принципу решающую роль в истории человечества, а лишь подчеркивал его действия наряду с другими причинами социального и географического порядка[410]. Далее он уверял, что расы различаются также по психическим и интеллектуальным свойствам, что сказывается на их языке, культуре, искусстве, обычаях и т. д., подчеркивая, однако, расовую неоднородность всех европейских народов, в том числе и немецкого.

Центральное место в книге занимали главы Ленца. Самый юный соавтор излагал подробно и обстоятельно расовую гигиену, относя к генетическим болезням или к генетической предрасположенности к ним рак, туберкулез, сифилис, гонорею и т. д. Часть из этих болезней, по его мнению, продолжала играть селективную функцию, устраняя от размножения носителей вредных генов. Как и его предшественники, Ленц уверял, что внедрение в практику рекомендаций расовой генетики повысит здоровье нации, так как создаст препятствия на пути размножения неполноценных. Для этого он предлагал ввести всеобщее генетическое обследование населения, проводимое под контролем государства. В отличие от своих

---

[407] *Baur E., Fischer E., Lenz F.* Menschliche Erblichkeitslehre und Rassenhygiene. München, 1936.

[408] *Baur E., Fischer E., Lenz F.* Grundriß der menschlichen Erblichkeitslehre und Rassenhygiene. Bd. 1. S. 2.

[409] Ibid. S. 66.

[410] Ibid. S. 121.

соавторов, Ленц допускал расистские высказывания, прежде всего в адрес евреев, скрывая свой антисемитизм за наукообразными рассуждениями. Он уверял также, что нордическая кровь быстрее течет в высших слоях и среди профессорского корпуса, связывая евгенические идеи с «фёлькише» (народническими) и националистическими идеями. Для него государство должно было дать размножаться наиболее ценным элементам, а Россия — стать объектом немецкой колонизации. Вскоре книгой «Биологические основы воспитания» (1925) Ленц положил начало проникновению идей расовой гигиены в педагогику, призывая сломать системы Веймарской республики, построенной на принципах либерализма и равенства.

«Книга трех мужчин» была написана прекрасным языком, в доступной форме, что обеспечило ее успех в Германии, переживавшей муки послевоенной самоидентификации. Справедливости ради надо сказать, что ее основная идея — стимулировать размножение людей со здоровой наследственностью без учета их расовой принадлежности — не несла в себе еще ничего от национал-социализма. Правда, ее появление было не случайно, а являлось частью хорошо продуманного плана Ю.Ф. Лемана по внедрению идей расовой гигиены и расовой антропологии в общество[411]. План будущей книги возник у Ленца, которому, в отличие от Фишера и Баура, в то время ещё надо было заботиться о получении кафедры. Ленц рассказал в некрологе «За что я благодарен Бауру», что именно Баур открыл ему путь к академической карьере, согласившись изложить свои генетические воззрения в книге по расовой гигиене, придав ей тем самым академический характер[412].

Таким образом, «труд трех мужчин» оказался важной частью плана Лемана по институциализации национал-социалистической науки как особой отрасли естествознании[413]. Ещё до войны он начал издавать «Мюнхенский медицинский еженедельник», а с 1917 г. — журнал «Обновление Германии» и с 1925 г. — популярный журнал «Народ и раса» (Volk und Rasse). Последний должен был пропагандировать идеи расовой гигиены в обществе. В его издательстве вышли также труды расового антрополога Г.Ф.К. Гюнтера (1922) и одного из апостолов арийской физики Й. Штарка. По заказу Ю. Лемана Нобелевский лауреат Ф. Ленард в 1929 г. написал книгу «Великие естествоиспытатели», в которой убеждал, что европейскую науку создали главным образом представители нордической расы. С 1920 г. Леман — член НСДАП. Он первым получил медаль — нацистский золотой Знак чести, которым затем было награждено ещё 100 000 наиболее заслуженных национал-социалистов.

Судьбы трех авторов «этапной книги» и их отношения с национал-социалистами и с национал-социализмом в дальнейшем сложились по-разному. Фишер и Ленц стали ключевыми фигурами в расовой гигиене в Третьем рейхе, сыграв важную роль в ее институциализации, и несут ответственность за применение своих рекомендаций на практике. Баур остался генетиком и к вопросам, поднятым в книге 1921 г., впоследствии обращался лишь в популярных статьях[414], издаваемых и переиздаваемых Ю. Леманом в виде отдельных брошюр, курсивом выделяя особо

---

[411] *Stark C.D.* Der Verleger als Kulturunternehmer. S. 291–318.

[412] *Fangerau H.* Etablierung eines rassenhygienischen Standardwerkes.

[413] В начале 1920-х гг. Леман был председателем Пангерманской лиги и одним из основателей Немецкого народного союза защиты и отпора.

[414] *Baur E.* Der Untergang der Kulturvölker im Lichte der Biologie. München, 1933.

важные места, чтобы привлечь внимание читателей. Так произошло со статьей Баура в журнале «Volk und Rasse» (1932. H. 2), в которой он уверял, что причины глобального кризиса культурных народов, приведшего к упадку науку, искусство, религию, политику и экономику, по своей природе были биологическими, и сравнивал положение в Веймарской республике с последними годами Древнего Рима[415].

Баур, как и большинство его современников-генетиков, путал в своих трудах скудные знания по генетике человека с личными убеждениями в нарастающей угрозе гибели культурных народов. Он считал возможным прямой перенос методов селекции растений на человеческое общество. Но, в отличие от антропологов и расологов, Баур не отождествлял понятия «народ» и «раса». Для него немецкий народ был результатом менделевского смешения разных рас, которые отличаются друг от друга только полигенными признаками, в результате чего между ними нельзя провести строгой границы. Для него эти границы были столь же расплывчаты, как различия между разновидностями львиного зева. Вместе с тем, он полагал, что иногда количественные различия могут оказаться столь существенными, что некоторые народы, например, аборигены Австралии, не могут создать высокой культуры[416]. Он был уверен в расовой неполноценности среднего славянина по сравнению с обычным, средним немцем, воздерживаясь в то же время от антисемитских высказываний и призывов к поддержанию расовой чистоты немецкого народа.

Смесь генетики с евгеникой и культурологией, окрашенная пессимистическими настроениями послевоенной Германии, побуждала его к высказываниям, не подкрепленным фактами, но звучавшим в его устах как последнее слово генетики. Он писал о генетической деградации рас в связи с быстрым размножением низших социальных групп, о необходимости контролировать их размножаемость, о введении позитивной селекции в обществе, которая действует у примитивных народов. Ратовал он и за негативную селекцию в современном обществе, т. е. изоляцию и стерилизацию больных людей, инвалидов, преступников и других социально бесполезных или опасных элементов. Но вряд ли подобные высказывания следует воспринимать как национал-социалистические. Их сторонников тогда можно было встретить в США, Англии и других либеральных странах. Выход из сложившегося положения Баур видел в союзе крестьянства и части рабочего класса, якобы в наибольшей степени сохранивших физическое и нравственное здоровье из-за постоянного жесткого отбора. Этот союз, по его мнению, мог обеспечить биологическое возрождение населения Германии[417].

О вкладе Баура в идеологию и практику нацизма до сих пор идут споры. Одни авторы утверждают, что в ГДР, ФРГ и СССР сознательно замалчивали тот факт, что его совместный труд с Ленцем и Фишером стал основой для гитлеровской программы эвтаназии больных, уничтожения миллионов евреев, цыган, поляков и русских[418]. При этом указывают, что в тюремном заключении после неудавшегося путча Гитлер читал книгу Баура с соавторами, разрабатывая свои расовые идеи. Другие отвергают подобные обвинения как фактически ошибочные, исторически

---

[415] *Baur E.* Der Untergang der Kulturvölker im Lichte der Biologie. München, 1933. S. 3.

[416] Ibid. S. 6–7.

[417] Ibid. S. 18.

[418] *Gilsenbach R.* Erwin Baur. Eine deutsche Chronik // Beiträge zur nationalsozialistischen Gesundheits- und Sozialpolitik. 1989. Bd. 8. S.184.

неверные и с моральной точки зрения бессмысленные[419]. Такие крайности, как показал Т. Юнкер, обусловлены прямолинейными трактовками соотношения науки и политики, концепции и идеологии и, прежде всего, существовавших в Германии различий между евгеникой как теорией и расовой гигиеной как практикой[420]. Отношение Баура к нацистам вплоть до 1933 г. предопределяли в первую очередь надежды, что его идеи в области агрополитики и евгеники будут реализованы. Увы, иллюзии Баура по поводу сотрудничества с нацистами быстро развеялись. Конфликт с Р.В.О. Дарре́, главой Имперского министерства продовольствия и сельского хозяйства (РМЕЛ — Reichsministerium für Ernährung und Landwirtschaft, RMEL) стал одной из причин внезапной смерти Баура от инфаркта. Ему, к счастью, не удалось увидеть, к чему привела реализация его идей о позитивной и негативной селекции человека.

Баур скоропостижно умер 2 декабря 1933 г., прожив при нацистах меньше года, и, возможно, просто не успел перейти от традиционных евгенических представлений к национал-социалистической расовой гигиене, как это произошло с его соавторами Ф. фон Ленцем и, отчасти, О. Фишером. До конца жизни он считал иллюзорным вопрос о расовом единстве. В статье, вышедшей в сборнике «Что такое раса?» уже после его смерти, Баур еще раз подчеркнул, что нельзя говорить о чистоте рас у человека, как это делают при обсуждении чистых линий у растений и животных[421]. Тем самым главную цель национал-социалистов — создать расово чистую нацию — Баур как генетик принять не смог. В 4-ом издании совместного труда О. Фишер отметил это заблуждение своего покойного соавтора[422].

Сенат КВГ назвал скоропостижную смерть Баура «национальным несчастьем» и «невосполнимой потерей для немецкого народа и немецкой науки»[423]. Вскоре после смерти он был «канонизирован» расовыми генетиками, которые отныне видели в нем своего гениального предшественника-натуралиста. Р. Гольдшмидт также видел в нем убежденного националиста, со злорадством говоря о его внезапной кончине: «Наци, убитый супер-нацистом»[424]. Но и сам Гольдшмидт эмигрировал не сразу после прихода к власти Гитлера, а только тогда, когда убедился, что новый режим в его генетических консультациях при стерилизации и эвтаназии не нуждался. Сходство евгенических и расово-теоретических идей Баура с национал-социалистической идеологией наиболее сильно проявилось в его представлениях о генетической иерархии рас, не допускавших возможности широкой панмиксии человечества, о неполноценности славянских народов и т. д. В то же время Баур по праву занимает почетное место в истории науки XX в., но не как соавтор «книги трех мужчин», а как выдающийся генетик-селекционер и протагонист синтеза генетики и дарвинизма.

---

[419] *Kröner H.-P., Toellner R., Weisemann K.* Erwin Baur. S. 1.

[420] *Junker T.* Synthetische Theorie, Eugenik und NS-Biologie // Evolutionsbiologie von Darwin bis heute. S. 311.

[421] *Baur E.* Pflanzenzüchtung und Rasse // Was ist Rasse? Gespräche mit den größten deutschen Forschern der Gegenwart / Hg. S. Köhn-Behrens. München, 1934. S. 34.

[422] *Baur E., Fischer E., Lenz F.* Menschliche Erblichkeitslehre und Rassenhygiene. S. 269.

[423] *Heim S.* Research for Autarky. 2001. S. 13.

[424] *Goldschmidt R.* In and out of the Ivory Tower, The Autobiography of Richard Goldschmidt. Seattle, 1960. S. 272.

Институциализация евгеники

В Веймарской республике, вероятно, впервые конкретное политическое событие — поражение в Первой мировой войне — связали с биологической дегенерацией общества и потребовали от властей заняться качественным улучшением популяции[425]. В то время как лидеры Немецкого общества расовых гигиенистов погрузились в дискуссии о нордическом идеализме, их соперники-евгеники занимали влиятельные позиции в государстве. Начиная с 1918 г. в университетах Германии стали читать курсы с различным названием («социальная и расовая гигиена», «расовая гигиена и евгеника», «социальная антропология», «социальная гигиена, политика, биология», «социальная гигиена и криминальная психология», «сексуальная, расовая и социальная гигиена», «расовое благополучие и наследственность», «демографическая политика с учением о расе», «расовая психология»). В 1918 г. таких курсов было два (в Берлине и Гёттингене), в 1919 к ним добавилось 7, а в 1920 г. — ещё 7. Возник план объединить ученых, обеспокоенных здоровьем нации, включая остатки расовых гигиенистов, в рамках набиравших силу Немецкого общества по политике в области народонаселения, Союза за благополучие семьи (Verein für Familienwohl). С ноября 1920 г. начали выпускать популярный евгенический журнал «Будущее поколение» (Das kommende Geschlecht), название которого стало ключевым словом в программных заявлениях немецких евгеников, доказывавших, что научный подход должен заменить прежнюю филантропию. Берлинское отделение Немецкого общества расовых гигиенистов начало выпускать популярный журнал «Дитя и народ» (Kind und Volk), который редактировал католический священник из Берлина Г. Муккерман, считавшийся специалистом по семейному здоровью. Плётц попросил исключить его из редакционного бюро нового журнала из-за разногласий с редактором и поддержал другой новый журнал «Нордическая раса» (Nordische Rasse).

На первой послевоенной конференции Немецкого общества расовой гигиены, состоявшейся в Мюнхене в 1922 г., председатель М. фон Грубер заявил, что Общество фактически не функционировало с 1918 г. и его правление следует перевести в Берлин. Его бездействие понятно, так как лидеры общества из Мюнхена увлеклись созданием крайне правых организаций. Произошла смена руководства Обществом. Плётц и Грубер остались почетными президентами, а председателями были избраны прусский медицинский чиновник Кроне (Krohne) и юрист Э. Шубарт, ратовавший за введение брачного евгенического сертификата[426]. В руководство общества вошел и Муккерман. Переезд правления Общества в Берлин оживил его деятельность и укрепил связь с властью, церковью и политическими партиями. В 1922 г. была согласована новая программа, а в 1922–1927 гг. Берлинское общество получало существенную финансовую поддержку от правительства для медико-генетических, евгенических и генеалогических исследований. В сентябре 1923 г. Общество вступило в Международный комитет по евгенике, что значило много в условиях продолжавшегося бойкота немецких ученых в международных научных организациях. Общество стало форумом для обсуждения проблем наследственности, в котором активно участвовали специалисты разных областей знания. Активно создавались местные отделения общества: в Дрездене, председатель —

---

[425] *Schwartz M.* Sozialistische Eugenik. S. 156–161.

[426] *Schmuhl H.-W.* Rassenhygiene, Natuonalsozialismus, Euthanasie. S. 93.

бактериолог Ф. Кун, секретарь — евгеник и врач Р. Фетчер, в Тюбингене — председатель гигиенист К. Вольф, секретарем — его ученик О.Ф. фон Фершуер, впоследствии ставший ближайшим сотрудником Фишера, а затем и его преемником. Такая же картина складывалась в других обществах, состоявших в основном из врачей.

1922 г. четко обозначил серьезные расхождение в политике и научных интересах между берлинскими и мюнхенскими членами общества. Если первые были настроены на встраивание в политическую систему Веймарской республики и ее здравоохранение, то лидеры вторых — Грубер, остававшийся до смерти в 1927 г. председателем местного отделения в Мюнхене, Э. Рюдин, Ю. Леман, Э. Ф. фон Ленц, К. Кискальт — гигиенист, возглавлявший отделение с 1927 г., находились в непримиримой оппозиции к республиканским институтам. В итоге заседания проходили нерегулярно, финансирования не было, приходящих на годичные конференции было так мало (обычно 7–10 человек), что нельзя было провести перевыборы руководства[427]. Практически в каждом региональном отделении Немецкого общества расовой гигиены был разрыв между членами, ориентировавшимися или на установки Берлинского отделения на позитивную евгенику, или Мюнхенского отделения на негативную с националистическим уклоном. Мюнхенские расовые гигиенисты были связаны с консервативными кругами, поддержавшими Гитлера. К ним принадлежали хирург Ф. Зауербрух, психиатр Э. Крэпелин, клиницист Ф. фон Мюллер, которые, однако, дистанцировались от нацизма. Так, Ф. Зауербрух, принимая раненых во время «пивного путча» в 1923 г., охарактеризовал Гитлера как «полуобразованного психопата»[428]. Грубер, проведший в 1923 г. расовое освидетельствование Гитлера, также занимал довольно критическую позицию[429]. Он также признал Гитлера психопатом, но ещё и нечистым в расовом отношении (rassische Mischling). Вообще Грубер скептически относился к самой идее чистых рас, за что был прозван в официальной национал-социалистической газете «Народный наблюдатель» «врагом немецкой расы»[430]. Взгляд Грубера был характерен для правых расовых гигиенистов, ориентировавшихся все же на стандарты науки и считавших Гитлера демагогом-популистом. Тем самым они оказывались изолированными от тех расовых гигиенистов, расовых антропологов и расологов, которые искали мистические основы объединения и возрождения арийской расы.

В то время как мюнхенские расовые гигиенисты ориентировались на правые круги, их берлинские конкуренты обратились за поддержкой налево. А. Гротьян спокойно воспринял поражение Германии, отрицая пангерманский экспансионизм и нордический расизм, но разделяя веру в призвание немцев быть лидерами[431]. Он установил контакт с министром образования Пруссии К. Хэнишем и с его заместителем К. Бокером и предложил создать кафедру социальной гигиены в Берлинском университете, мотивируя желанием многих студентов изучать эту дисциплину. Вопреки сопротивлению руководства университета, Гротьян был назначен профессором 14 июня 1920 г. Вскоре аналогичные кафедры стали создавать в других высших учебных заведениях.

---

[427] *Weindling P.* Health, Race and German Politics… P. 318.

[428] *Kudlien F., Andree C.* Sauerbruch und der Nationalsozialismus // Medizinhistorische Zs. 1980. Jg. 15. S. 201–220.

[429] *Kudlien F.* M. von Gruber und die frühe Hitler-Bewegung // Ibid. 1982. См. Jg. 17. S. 109–129.

[430] Völkischer Beobachter. 1926. № 25 (31 Januar).

[431] *Grotjahn A.* Erlebtes und Erstrebtes. S. 190.

С 1919 г. Ф. фон Ленц, будучи приват-доцентом, читал курс лекций по социальной и расовой гигиене. Правда, его противники-евгеники, например, И. Кауп, уверяли, что Ленц не понимал разницы между социальной и расовой гигиенами, соединял генетику с расизмом, ошибочно трактовал будущее расовой гигиены, роль отбора в повышении здоровья нации и т. д.[432] Нападки Каупа на Ленца только разозлили директора Института гигиены М. фон Грубера. Когда в 1923 г. освободилась ставка экстраординарного профессора по тропической медицине, Грубера нетрудно было убедить, что с потерей Германией колоний тропическая медицина потеряла свое значение и учреждение кафедры расовой гигиены более актуально. В итоге Ленц стал первым профессором расовой гигиены в Германии. Курс лекций он читал четыре семестра, их содержание соответствовало проблемам книги «трех мужчин». Для него наследственная патология была важной частью расовой гигиены, в которую входила также антропология и социальная биология. Тем самым Ленц считал расовую гигиену главной среди отраслей биомедицинских наук, позже составивших естественнонаучную основу национал-социализма. Он организовал коллоквиум, на котором проблемы расовой гигиены обсуждал вместе с вопросами демографии и политики[433].

В мае 1920 г. в Пруссии был учрежден Совет по расовой гигиене и популяции, созданный при отделе здравоохранения Министерства благотворительности[434]. В состав Совета вошли известные генетики Э. Баур, К.Э. Корренс, Р. Гольдшмидт, Г. Полл, антрополог Ф. фон Лушан, а также патологи, гинекологи, анатомы, психиатры, психологи и т. д.[435] Это отражало переворот в общественном мнении, которое до войны в целом негативно относилось к расово-гигиеническим мероприятиям, придерживаясь в основном либеральных ценностей. Заседания Совета происходили ежеквартально. Его члены обсуждали вопросы о влиянии на здоровье населения абортов, эмиграции, возвращения колонистов, урбанизации, загрязнения среды, а также целесообразность введения налогов на евгенические мероприятия, выдачи генетических брачных сертификатов, принудительной стерилизации, исследования групп крови.

Одержимость экспертов идеей о расовой деградации нации производила впечатление на партийных экспертов по здравоохранению и депутатов рейхстага[436]. Социалисты ее причины усматривали в социальных лишениях, националисты — в падении национальной морали. Но правые и левые были согласны в необходимости вести преподавание в области здравоохранения на научной базе, которую готовы были представить эксперты-евгеники. Все это вело к профессионализации и централизации евгенических исследований.

Вскоре министр социального обеспечения Пруссии обратился в федеральное правительство с докладом, подготовленным новым комитетом, в котором, в частности, предлагал создать лабораторию по расовой наследственности и демографии, которая бы изучила проблемы расовой деградации, собрала материал о росте числа алкоголиков, психически больных, сифилитиков и т. д. Образцом служил

---

[432] *Kaup I.* Volkshygiene oder selektive Rassenhygiene. Lepzig, 1922.
[433] *Becker P.E.* Zur Geschichte der Rassenhygiene. S. 190.
[434] *Schwartz M.* Sozialistische Eugenik. S. 176–187.
[435] *Weindling P.* Health, Race and German Politics… P. 340.
[436] *Schwartz M.* Sozialistische Eugenik. S. 210–263.

шведский Государственный институт расовой биологии, созданный в 1921 г. при поддержке всех партий, представленных в риксдаге. Руководитель федерального министерства здравоохранения одобрил план и предложил учредить орган, координирующий подобные исследования во всех частях страны.

Два с половиной года спустя президент КВГ А. фон Гарнак представил на рассмотрение сената КВГ план создать Германский научный центр по антропологии, генетике человека и евгенике в Обществе Кайзера Вильгельма. Необходимость создания нового института Гарнак аргументировал тем, что дилетантизм в этой сфере недопустим, как это уже поняли в Англии, США и Швеции. Теолог и либерал А. фон Гарнак подчеркивал, что промедление в этом направлении теоретической и прикладной биологии угрожает национальной безопасности. Решение о создании такого института Сенат КВГ принял в 1926 г., а в 1927 г. его учредили и начали финансировать, в основном, из государственного бюджета. Директором был назначен О. Фишер. В том же году был создан Институт селекции КВГ в Мюнхеберге, который возглавил его соавтор по «книге трех мужчин» Э. Баур. На следующий год Э. Рюдин возглавил Институт психиатрии КВГ в Мюнхене. Таким образом, сторонники расовой гигиены, эксперты и модернизаторы заняли ключевые позиции в академическом сообществе биологов уже в Веймарской республике.

В своем программном заявлении О. Фишер подчеркнул цели нового Института и охарактеризовал его основные направления[437]. Он определил антропологию как науку, занимавшуюся комплексом отношений наследственности и среды. Один вопрос казался ему особенно интересным. Это еврейская популяция, живущая среди других народов. Расовую биологию Фишер понимал как биологию человека, включающую биологию размножения. Он призывал интенсивно исследовать нормальные и патологические линии в популяции, указывая при этом, как мало мы знаем о различиях между ними. Веря, что подлинная антропология не допускает ценностных суждений, он использовал термин «социальная антропология», изучающая и свойства ныне живущих людей, и их наследуемость в поколениях. Как и его предшественники, он указывал на низкую скорость размножения ценных линий и на необходимость обеспечить при размножении чистоту рас. Однако раса для него не была единицей систематики. Его не оставляла мысль, что контроль над размножением можно осуществлять как путем этических убеждений, так и социальных и юридических мер. Выбор их зависит от культуры общества[438]. Но при этом Фишер заверял собравшихся, что новый Институт будет исследовать проблемы человеческих рас и расовой дифференциации сугубо научно, без политических и социальных предубеждений. И это позволило бы, по его убеждению, немецкому народу взять в руки руль управления своим будущим.

Институциализация расовой гигиены под крышей столь авторитетного научного учреждения, как КВГ, порождала надежды и умеряла опасения тех, кто с подозрением смотрел на лозунги крайне правых. Представитель социал-демократов в рейхстаге Ю. Мосес выразил надежду, что новый Институт будет свободен в своих исследованиях от националистических или ненационалистических предпочтений. Вместе с тем, он отметил, что в рабочем классе растет недоверие к науке, представители которой все чаще оказываются политически ангажирован-

---

[437] *Fischer E.* Aufgaben der Anthropologie, menschlichen Erblichkeitslehre und Eugenik // Naturwissenschaften. 1926. Bd. 32. S. 749–755.

[438] *Fischer E.* Von wissenschaftlichen Instituten // Kultur und Leben. 1927. H. 4. S. 315.

ными. В качестве примера он привел недавно изданную книгу А. Беслера «Введение в расовую и социальную гигиену» (1925), где автор описывал пролетариат как класс рабов, формирующийся из неспособных и ущербных людей.

Позднее секретарь КВГ Ф. Глум вспоминал, что инициаторы основания Института антропологии, генетики человека и евгеники преподносили свой проект как способ покончить со спекуляциями по поводу генетического здоровья нации со стороны сторонников национал-социализма, быстро набиравших политический вес[439]. Его создание выражало конфликт внутри расовых гигиенистов между либералами из Берлина и правыми консерваторами из Мюнхена, отражавший противоречие между приверженцами имперской, националистической Германии и сторонниками ее модернизации[440]. Первые считали необходимым контролировать, прежде всего, биологическое здоровье нации, а вторые подчеркивали также значение социального планирования и регулирования потребления на основе идеологии социального партнерства. По их мнению, использование биологических знаний должно было стать составной частью рационализации экономики и общества. Это ярко проявилось в работах по физиологии и психологии труда. Одним из проявлений этого конфликта стало создание в 1925 г. ДБФЕ, о котором говорилось ранее. Его инициаторы предполагали со временем объединить свои усилия по пропаганде евгенических мер с ДГРГ.

Однако объединение состоялось не сразу, так как обе организации оказались в остро конкурентных отношениях. Расовые гигиенисты ранее получали финансовую поддержку от правительства Пруссии, а теперь деньги перетекли к их конкурентам, лидеры которых оказались тесно связанными с правительственными кругами, формируемыми тогда католической и социал-демократической партией. Активную борьбу против конкурентов вел Ю. Леман, обвиняя их в отсутствии народных корней и клеймя как «клику берлинских евреев». Само использование термина «евгеника» правые консерваторы из Мюнхена оценивали как «левый уклон» (Linksabweiching) от расовой гигиены[441]. В свою очередь, берлинские евгеники обвиняли их в близости к расизму лидеров «фёлькише» (народнического) движения. В то же время О. Фишер, Э. Баур и некоторые другие расовые гигиенисты, не склонные в те годы к антисемитизму и занимавшие видные академические позиции в КВГ, были настроены на сотрудничество с ДБФЕ, участвуя в качестве докладчиков на многочисленных конференциях, организованных ДБФЕ по социальным и биологическим аспектам брака, материнства, школьного обучения и т. д.[442] Выборы правления ДГРГ в 1929 г. принесло победу умеренному крылу. Сопредседателями стали Фишер и Остерман, их заместителями — Муккерман и Фершуер.

В конечном счете, лидеры Немецкого общества расовой гигиены, стремясь укрепить свои позиции в правительственных кругах, в 1930 г переименовало Берлинское общество расовой гигиены в Берлинское общество евгеники, а в 1931 г. на общем собрании ДГРГ были внесены изменения в устав, и его стали называть

---

[439] *Glum Fr.* Zwischen Wissenschaft, Wirtschaft und Politik: Erlebtes und Erdachtes im vier Reichen. Bonn, 1964. P. 371.

[440] *Weindling P.* Health, Race and German Politics… P. 401.

[441] В книге, посвященной 50-летию издательства Ю. Лемана, подчеркивалось, что в период после Первой мировой войны «еврейско-демократические и клерикальные круги, особенно в Берлине, пытались нейтрализовать расовую гигиену, называя ее евгеникой»: Fünfzig Jahre J.F. Lehmanns Verlag. S. 67.

[442] *Weindling P.* Health, Race and German Politics... P. 409.

Немецким обществом евгеников[443]. Цель переименования состояла не только в том, чтобы объединить усилия по продвижению расово-гигиенических и евгенических планов, но и показать либералам и социал-демократам, что их сторонники занимаются не расовыми проблемами, а только евгеническими мероприятиями по охране генетического здоровья семьи и немецкой популяции. Теперь цели прежнего общества звучали и более практично, и внешне более научно. Оно институциализировало себя в качестве организации, ведущей фундаментальные исследования в области евгеники, и в то же время утвердило свою значимость и респектабельность в глазах министерств здравоохранения и социального обеспечения. На самом же деле его лидеры неизбежно занимались политическими проблемами, претендуя на решающий голос в медицинской и евгенической практике. Институт Фишера выглядел как ключевой в подобной стратегии лидеров расовой гигиены.

Разделение крайних расовых гигиенистов и евгеников, институциализированное в 1927 г. основанием Института антропологии, генетики человека и евгеники КВГ и закрепленное в новом названии прежнего ДГРГ, определялось различиями среди его членов в определении путей улучшения расы, зависящими, в свою очередь, от понимания расы или как некой мистической единицы правыми радикалами, или как биологической категории академическим сообществом. И расовые гигиенисты (Леман, Ленц, Моллисон, Рехе, Рюдин, Фишер), и евгеники (Муккерман, Остерман) не желали ограничиваться институциализацией своих исследований, они стремились к внедрению их результатов и рекомендаций в практику[444]. Идеологические мотивы преобладали у тех, кто ратовал за искоренение социально неполноценных и за предотвращение их размножения, независимо от расы.

Лидирующее положение среди берлинских расовых генетиков и евгеников накануне прихода Гитлера к власти занимали О. Фишер, Г. Муккерман и О.Ф. фон Фершуер. Все трое католики, правда, Фишер позднее оставил церковь. Фишер совмещал должности директора института КВГ и руководителя отдела антропологии. К тому времени он перестал заниматься физической антропологией, сконцентрировавшись все больше на изучении интеллектуальных способностей человека и окончательно превращаясь в расового гигиениста. Народ или расу он рассматривал как естественные единицы, требующие защиты при помощи практических мер, предполагавших определенные политические действия. Хотя в самой евгенике не предполагался расизм, установка на обеспечение преимущественного скрещивания внутри рас и социальных групп фактически означала социальный расизм, направленный против социальных аутсайдеров. В 1930-е гг. Фишер принял концепцию расовой чистоты и стал проповедником «научного» расизма и антисемитизма. При этом он уже в 1930 г. указывал на необходимость проведения экспериментов, чтобы получить возможность воздействовать на наследственность человека[445].

Вторым директором нового Института был Г. Муккерман, возглавлявший отдел евгеники[446]. Бывший священник, иезуит и популяризатор евгеники, ста

---

[443] *Schmuhl H.-W.* Rassenhygiene, Nationalsozialismus, Euthanasie. S. 97.

[444] Ibid. S. 97.

[445] *Roth K.H.* Erfassung zur Vernichtung. Von der Sozialhygiene zum "Gesetz über Sterbehilfe" Berlin, 1984. S. 60.

[446] *Ebert H.* Hermann Muckermann // Humanismus und Technik. 1976. Vol. 20. S. 29–40; *Richter* Katholizismus und Eugenik in der Weimarer Republik und im Dritten Reich. Zwische Sittlichkeitsreform und Rassenhygiene. Paderborn u.a., 2001. S. 314–320.

профессором биологии, сконцентрировал свои усилия на проблемах нормальной семьи. Он был убежденным сторонником стерилизации, до того как это было осуждено в энциклике папы. После нее Мукерманн стал сторонником позитивной евгеники и ратовал за ценностный подход к наиболее богатым социальным слоям, предлагая создать благоприятные условия для их размножения.

Отдел генетики человека возглавил барон О.Ф. фон Фершуер, специалист по близнецам, который в процессе их исследования заинтересовался наследованием патологических признаков[447]. Фершуер был известен как благочестивый христианин и архиконсерватор, участвуя в 1920 г. в студенческих добровольных группах, подавлявших восстание коммунистов. Его исследования, поддержанные РМИ и Рокфеллеровским фондом, были связаны с изучением наследования туберкулеза и рака у 150 пар близнецов-преступников[448]. И хотя он выступал за стерилизацию психически больных и моральных уродов, его вряд ли возможно отнести к числу радикальных расовых гигиенистов или антисемитов. Он осуждал демократию как систему, не учитывающую качественные различия между людьми, и указывал на необходимость учитывать биологические основы классовой структуры общества[449].

Национал-социализм и проблема политического выбора

Лидеры нового учреждения КВГ оставались, в целом, верными либеральным ценностям Германской империи. Их рассуждения о генетике человека, неравноценности рас и необходимости евгенических мероприятий не выходили за рамки диапазона мнений, обычного в биологическом сообществе того времени. Когда политическая борьба обострилась и приход национал-социалистов стал реален, поведение расовых гигиенистов стало более дифференцированным. Несмотря на чувство удовлетворения от того, что Гитлер воспринял большую часть его собственных идей, Фишер не спешил с развернутыми знаменами примкнуть к национал-социализму. Он не слишком полагался на разум нацистов, хорошо осознавал их политический фанатизм и не соглашался с буквальным истолкованием своих идей и готовностью безоглядно применять их на практике. Он отклонял предложение Гитлера исключить евреев из генетического пула арийцев как слишком одностороннее. Да и в теории он возражал против некоторых рекомендаций Гитлера. Так, например, запрет браков противоречил демократическим убеждениям Фишера, который ратовал, говоря современным языком, за генетические консультации для людей, вступающих в брак, и будущих родителей. Возражал Фишер и против насильственной стерилизации и эвтаназии. По его мнению, нельзя было автоматически переносить методы селекции домашних животных на общество.

Для него на первом месте стояли вопросы государственной политики в области демографии. Здесь он предлагал примерно то же самое, что А. Плётц и В. Шальмайер,

---

[447] *Thomann K.-D.* Otmar Freiherr von Verschuer — ein Hauptvertreter der faschistischen Rassenhygiene / Hg. A. Thom, H. Spaar. Medizin im Faschismus. Ost-Berlin, 1985. S. 57–67; *Wess L.* Humangenetik zwischen Wissenschaft und Rassenideologie. Das Beispiel Otmar von Verschuer (1896–1969) // Patient Geschichte. Festschrift für Karl Heinz Roth / Hg. K. Linne, T. Wohlleben. Frankfurt am Main, 1993. S. 166–184.

[448] Das ehemalige Kaiser-Wilhelm-Institut für Anthropologie, menschliche Erblehre und Eugenik: Bericht über die wissenschaftliche Forschung, 1927–1945 // Zs. für Morphologie und Anthropologie. 1964. Bd. 55. H. 2. S. 127–174; *Kater M.* Doctors under Hitler. P. 232–233.

[449] *Weindling P.* Health, Race and German Politics. P. 477.

дополняя их доводы статистическим материалом по воспроизводству народонаселения. Он был противником насилия и принуждения, ратовал за убеждение, апеллируя к разуму. В своих политических оценках расы он исходил не из смутных предположений, а давал детализированные указания на возможные последствия планируемых акций. Он вел себя как оппортунист не только из-за политических реалий Веймарской республики, но и из гуманных соображений. При нацистах он даже выступил против пропаганды внебрачных детей, чем навлек на себя гнев Г. Гиммлера. Подобная позиция создала Фишеру некоторые трудности в первые годы правления нацистов, но он быстро перестроился и 6 мая 1936 г. в «Общей газете» (Allgemeine Zeitung) благодарил фюрера за принятие Нюрнбергских расовых законов, давших возможность расовым гигиенистам на практике проверить свои рекомендации[450].

Плётц, сыгравший столь важную роль на начальном этапе институциализации расовой гигиены и ее популяризации среди населения, в эти годы свои исследования посвятил экспериментальному изучению наследственной склонности к алкоголизму и его воздействию на наследственность животных. Объектом исследования служили кролики. В конце 1920 г. он сообщил, что исследовал более 5 тысяч животных. И хотя не было установлено значительного влияния алкоголя на наследственность, тем не менее был сделан важный шаг к пониманию деградации расы, так как алкоголь способствовал гибели половых клеток[451]. Обдумывая расово-гигиенические последствия Первой мировой войны для немецкой нации, Плётц вновь приходил к выводу, что наследственности и репродуктивному потенциалу населения Германии был нанесен серьезный удар, так как на фронтах погибли самые здоровые в физическом и духовном отношении мужчины[452]. Эту мысль он много раз повторял в своих выступлениях и статьях до середины 1930-х гг., ратуя за мирные средства возрождения Германии. Его выступление на эту тему в 1931 г. в Мюнхенском университете вызвало резкие возражения со стороны Г. Гиммлера, находившегося среди слушателей. Плётц вначале не желал принять национал-социалистическую диктатуру, противоречащую его вере в необходимость личной свободы и республиканским убеждениям.

Однако Плётц должен был приспосабливаться к новым реалиям, забыв о прежних либеральных ценностях. Иногда он выступал в качестве эксперта по проблемам демографии, участвовал в работе основанных им обществ и журнала, оставаясь, впрочем, номинальной фигурой. С середины 1920 г. все большую роль в их деятельности играли Э. Рюдин и Ф. фон Ленц. Тем не менее, Плётц оставался в почете у нацистов как человек, заложивший «биологический фундамент» нацистского расового государства. В 1936 г. его избрали почетным профессором расовой гигиены Мюнхенского университета и наградили золотой медалью им. И.-В. Гёте, высшей наградой нацистского государства в области науки. В том же году по инициативе Гитлера его выдвинули на Нобелевскую премию. Благодарный Плётц, забыв все прежние расхождения с национал-социалистами, в 1937 г., в возрасте 77 лет, вступил в НСДАП. Умер он через три года. На его похороны прислали венки от А. Гитлера, Р. Гесса, В. Фрика, Л. Конти, А. Гютта, В. Гросса, Ф. Заукеля и

---

[450] *Weingart P., Kroll J., Bayertz K.* Rasse, Blut und Gene. S. 293.

[451] *Becker P.E.* Zur Geschichte der Rassenhygiene. S. 116–117.

[452] *Ploetz A.* Rasse und Menschheit // Süddeutsch. Mh., 1927. H. 7. S. 3–7; *Ploetz A.* Die rassenbiologische Bedeutung des Krieges und sein Einfluss auf den deutschen Menschen // Volk und Rasse. 1931. H. 3. S. 148–155.

других руководителей НСДАП и министерств Третьего рейха. В похоронной речи Рюдин сказал, что созданная Плётцем расовая гигиена позволила ему «следовать за знаменем Адольфа Гитлера с глубочайшей научной убежденностью и с радостной надеждой на счастливое будущее немецкого народа»[453].

Сам Рюдин с 1919 г. — руководитель Генеалого-демографического отдела (ГДА) Немецкого научно-исследовательского института по психиатрии (ДФП)[454]. Его отдел фактически стал первым в мире научным учреждением, занимавшийся генетической психиатрией[455]. В 1924 г. ДФП вошел в систему институтов КВГ, с 1925 г. Рюдин — ординарный профессор психологии в Базеле, где он возглавлял также Отдел генетических исследований в университетской психиатрической клинике. В 1928 г. ГДА был превращен в самостоятельный Институт психиатрии КВГ. С 1930 г. начинается сотрудничество Рюдина с П. Ниче — одним из главных руководителей будущей акции по эвтаназии.

С 1931 г. он становится одновременно директором ДФП, т. е. лидером всех психиатров Германии. Выступая в 1930 г. в качестве руководителя немецкой делегации на Первом международном конгрессе по психической гигиене, Рюдин подчеркивал значение генетики для понимания наследственности душевных заболеваний. В центре его интересов был синтез новейших отраслей науки и евгеники и внедрение их результатов в государственную политику Германии и Швейцарии. Свою вступительную речь на Второй немецкой конференции по психологической гигиене в 1932 г. Рюдин начал и кончил словами о том, что генетическое здоровье народа и расы составляет главную цель расовой психиатрической генетики[456]. Он продолжал ратовать за биологическую оптимизацию различных социальных групп под государственным контролем и всегда выступал за стерилизацию по расово-гигиеническим соображениям.

Генетико-психиатрические и расово-гигиенические интересы Рюдина были сконцентрированы на проблемах дегенерации[457]. На него большое влияние оказало учение о дегенерации швейцарского нейрофизиолога А.Г. Фореля, который был уверен, что рост психических нарушений является неизбежным следствием цивилизации и поэтому ради здоровья человечества необходимо перейти к новой врачебной этике, допускающей стерилизацию и эвтаназию[458]. В психиатрической практике Рюдин ежедневно сталкивался с алкоголиками, сифилитиками, слабоумными и не видел средств к их излечению, а традиции мешали искоренить их из общества. По его мнению, лозунг врачей «защити слабого»

---

[453] *Rüdin E.* Alfred Ploetz zum Gedächtnis // Archiv für Rassenbiologie. 1940. Bd. 34. S. 1–8.

[454] *Weber M.M.* Ernst Rüdin: eine kritische Biographie. Berlin, 1993.

[455] *Ritter H.J., Roelcke V.* Psychiatric Genetics in Munich and Basel between 1925 and 1945: Programs — Practices — Cooperative Arrangements // Politics and Science in Wartime. Comparative International Perspectives on the Kaiser Wilhelm Institute / Ed. C. Sachse, M. Walker // Osiris. 2005. № 20. P. 264.

[456] *Rüdin E.* Psychiatrie und Rassenhygiene // Münchener Medizinische Wochenschrift. 1934. Bd. 81. S. 1949–1052.

[457] *Roelcke V.* Programm und Praxis der psychiatrischen Genetik an der Deutschen Forschungsanstalt für Psychiatrie unter Ernst Rüdin. Zum Verhältnis von Wissenschaft, Politik und Rasse-Begriff vor und nach 1933 // Rassenforschung an Kaiser-Wilhelm-Instututen vor und nach 1933. S. 38–67.

[458] *Rüting T.* Von der Erbsünde zur Eugenik, von Ameisen zu Menschen — Auguste Henri Forel (1841–1931) // Vorträge und Abhandlungen zur Wissenschaftsgeschichte, 2000/2001: Acta Historica Leopoldina. 2004. Bd. 39. S. 227–265.

препятствовал действию естественного отбора в обществе, позволяя размножаться генетически больным и увеличивая по закону Харди-Вайнберга концентрацию вредных мутаций в популяции человека. Все это препятствовало, по мнению Рюдина, улучшению здоровья населения. Он призывал вернуться к селекции в обществе ради создания в ближайшем будущем нового человека. Рюдин настаивал на развертывании исследований генетики психических заболеваний. Существовавшая по этому вопросу литература его не устраивала. Только массовые обследования семей и статистическая обработка полученных данных, по его мнению, могла дать надежные данные для вычисления вероятности появления больных в той или иной генеалогической линии.

Поставленная им проблема генетического груза в популяциях человека привлекла внимание многих немецких и зарубежных ученых, приезжавших к нему в Мюнхен для консультации и обсуждения совместных проектов. Его работы щедро финансируют не только германские (ДФГ), но и зарубежные фонды, включая фонд Рокфеллера. Он возглавлял крупную программу по генетическому обследованию населения Германии, в которой участвовало 17 университетов. Накануне прихода Гитлера к власти в 1932 Рюдина избрали членом Академии естествоиспытателей Леопольдина и президентом Международной федерации евгенических организаций. У него не было сомнений относительно служения национал-социалистам ввиду совпадения их целей в области демографии. С другой стороны, для них был очень важен такой политический союзник.

Если Рюдин занимался главным образом генетикой психических заболеваний, то основатель и первый директор Немецкого института психиатрии Э. Крэпелин интересовался генетикой преступлений и надеялся, что психиатрия будет играть большую роль в реформе систем наказаний[459]. Он работал в тесном контакте с уголовной полицией Баварии с целью получить статистические данные о передаче преступных наклонностей от родителей к детям. Сбором таких данных еще до войны занимались психиатры Э. Блойер и Г. Ашеффенбург. Последний пришел к выводу, что нет никаких доказательств существования генетически обусловленной склонности к преступлениям, которую он связывал исключительно с условиями воспитания. С ним был согласен психиатр К. Бирнбаур, давший в 1921 г. обзор литературы по этому вопросу[460]. Вместе с Крэпелином работал его ученик И. Ланге, унаследовавший Клинический отдел в Институте после смерти учителя. Ланге начал исследования близнецов, взяв за основу тезис, что преступления вызываются психическими аномалиями, генетика которых сложна и носит комплексный характер, обусловленный как прямой передачей «преступных генов», так и различными их комбинациями[461]. Он выбрал 13 однояйцевых и 17 двуяйцевых пар близнецов, в которых был осужден хотя бы один из близнецов. В первом случае корреляция равнялась 77 %, а во втором 12 %. В то же время он вынужден был признать, что огромную роль при формировании преступных наклонностей играет общая среда воспитанников. Его исследования были продолжены Ф. Штум-

[459] *Wetzell R.E.* Kriminalbiologische Forschung an der Deutschen Forschungsanstalt für Psychiatrie in der Weimarer Republik und im Nationalsozialismus // Rassenforschung an Kaiser-Wilhelm-Instututen vor und nach 1933. S. 68–98.

[460] *Birnbaur K.* Kriminalpsychopathologie. Berlin, 1921.

[461] *Habel H.* Die Bedeutung des Lebenswerks von Johannes Lange für die Entwicklung der kriminalbiologischen Forschung // Monatsschrift für Kriminalbiologie und Strafrechtsreform. 1939. Bd. 30. S. 1–9; *Lange I.* Verbrechen als Schicksal. Studien an kriminellen Zwillingen. Leipzig, 1929

пфлем, который исследовал группы родственников 195 рецидивистов и контрольную группу 166 осужденных за легкие преступления. Результаты подтвердили гипотезу автора. Оказалось, что у рецидивистов родственники совершают преступления чаще, чем у остальных осужденных[462]. Но и он был вынужден признать, что во многих случаях никакой генетической предрасположенности к преступлениям выявить не удалось, и они были совершены под влиянием внешних условий. В целом, корреляцию преступления с какими-то генетическими отклонениями удавалось установить только в пределах 14,5–20,1 %[463].

Книга «трех мужчин» превратила Ф. фон Ленца в фигуру мирового масштаба[464]. В Третьем рейхе его называли даже «дедушкой расовой гигиены», утверждая, что именно Ленц оказал решающее влияние на гитлеризм, впервые объединив проекты расовых гигиенистов с ключевыми положениями будущей гитлеровской идеологии. Важнейшим рупором научных и политических взглядов для него оставался журнал «Архив расовой и социальной биологии». Для него расовая гигиена, так же как и философия, была и наукой, и мировоззрением, тесно связанным с политикой. Он ратовал за распространение биологических знаний в обществе, чтобы вылечить «больную» социальную мораль. Ленц открыто симпатизировал правым, включая Б. Муссолини, и их идеям возрождения народного духа, однако не был согласен с научным обоснованием антисемитизма, утверждая, что концепция расы базировалась как на научных, так и ценностных соображениях. Не согласен он был и с их военной программой, утверждая, что оздоровления нации надо достигать прежде всего мирным путем. Будучи социал-дарвинстом, он строил свою расовую гигиену на представлениях об отборе, и политические пристрастия отчетливо проявил в научных трудах. Деление общества на классы, по его мнению, определяется прежде всего биологическими факторами. Соединение научных и идеологических соображений уже четко отразилось в его книге, написанной вместе с Э. Бауром и О. Фишером. И хотя её главная идея — стимулировать размножение людей со здоровой наследственностью без учета их расовой принадлежности — не несла в себе еще ничего от национал-социализма, но сам Ленц явно дрейфовал в этом направлении.

Ленц мыслил политически, проверяя каждое свое расово-гигиеническое предложение с точки зрения его реализации. Согласно его рассуждениям, расовые гигиенические проекты должны стать реальностью, для того чтобы остановить деградацию нордической расы и вновь обеспечить ее прогресс. В 1930 г. НСДАП стала второй по численности в рейхстаге. Ленц, предвидя ее политическое будущее, напечатал в своем журнале обзор о значении национал-социалистического движения для расовой гигиены[465]. Он был одним из немногих ученых, кто не только тщательно проштудировал программную книгу А. Гитлера «Mein Kampf», но привел в обзоре обширные цитаты из неё с комплиментарными краткими комментариями. Не принимая радикальный антисемитизм книги, он приветствовал Гитлера как

---

[462] *Stumpfl F.* Erbanlage und Verbreche: charakterologische und psychiatrische Sippenuntersuchungen. Berlin, 1935.

[463] *Proctor R.* Racial Hygiene. P. 202.

[464] *Becker P.E.* Zur Geschichte der Rassenhygiene. S. 137–218.

[465] *Lenz F.* Die Stellung des Nationalsozialismus zur Rassenhygiene // ARGB. 1931. Bd. 25. S. 300–308.

первого влиятельного политика, признавшего первостепенное значение расовой гигиены для решения актуальных политических проблем и готового внедрить в практику рекомендации расовых гигиенистов[466]. Ленц видел духовные связи между расовыми гигиенистами и национал-социалистами и надеялся, что они победят.

Особо Ленц отмечал совпадение взглядов расовых гигиенистов и национал-социалистов на роль государства в охране генетического здоровья нации. «Согласно Гитлеру, государство должно заботиться о том, чтобы только здоровые люди имели детей. Государство должно без оглядки на понимание или непонимание, одобрение или сопротивление действовать в этом направлении». Ленц подробно излагал рассуждения Гитлера о том, что только шестивековой запрет размножаться уродам, калекам и психически больным может освободить человечество от несчастий и обеспечить здоровье нации, которое сейчас кажется едва ли возможным, что необходимо оставить возможность размножаться только самым здоровым представителям расы и создавать комиссии, которые отбирали бы наиболее ценных в расовом отношении людей и выносили вердикты о стерилизации менее ценных. Важной предпосылкой для сохранения чистоты расы и здоровья народа Ленц, как и Гитлер, считал создание государством такой системы воспитания и образования, чтобы расовое чувство укоренилось как инстинкт в умах и сердцах молодых людей. При этом и внешняя политика государства должна следовать цели обеспечить, прежде всего, процветание расы, составляющей основу этого государства.

Хотя Ленц признавал, что большинство идей Гитлера заимствованы намеренно или бессознательно у разных авторов, он не склонен был обвинять автора в плагиате, а, напротив, указывал, что безукоризненные ссылки на труды предшественников выглядели бы неуместно в пророческих размышлениях лидера политического движения. В любом случае, по его мнению, Гитлер хорошо усвоил основные идеи расовой гигиены и изложил их энергично, с огромным воодушевлением, в то время как большинство академических авторитетов представило их в малопонятном виде, неспособном привлечь общество.

Ленц не случайно хвалил будущего фюрера, так как в его трудах находил много пассажей из своих сочинений. Гитлер сам и его последователи штудировали их весьма усердно, многие его слова и выражения вошли в официальный партийный язык. С приходом к власти национал-социалистов Ленц заменил Муккермана на посту заведующего отделом евгеники, сразу переименованного в отдел расовой гигиены в Институте антропологии, генетики человека и евгеники КВГ, и занял кафедру расовой гигиены в Берлинском университете. Естественно, что к 1933 г. Ленц уже более подробно ознакомился с национал-социалистическим мировоззрением и попытался способствовать его распространению. В 1933 г. он переиздал очерк «К обновлению этики», впервые опубликованный в 1917 г. На этот раз очерк назывался «Раса как принцип мира». Здесь Ленц впервые провозгласил, что в его книге изначально содержались все основные идеи нацистов и, возможно, она даже способствовала возникновению этого политического движения[467]. Он был настроен оптимистически и верил, что Германия стоит на «пороге нового периода мировой истории»[468]. При выборе заведующего кафедрой расовой гигиены, созданной Гротьяном, в Берлинском университете в 1933 г., национал-

---

[466] *Lenz F.* Die Stellung des Nationalsozialismus zur Rassenhygiene. S. 308.
[467] *Lenz F.* Die Rasse als Weltprinzip: Zur Erneurung der Ethik. München, 1933. S. 7.
[468] Ibid. S. 48.

социалистическое руководство предпочло Ленца, хотя Фишер, занимавший в то время пост ректора, настойчиво продвигал своего сотрудника О.Ф. фон Фершуера[469]. Симпатизируя нацистам, осторожный Ленц, в отличие от многих своих коллег, не спешил вступать в НСДАП. Это произошло только в 1937 г., но уже в 1944 г. он впал в глубокую депрессию и даже подумывал о самоубийстве. В 1946 г. Ленц вновь получил кафедру по генетике человека в Гёттингене, которую, правда, должен был оставить в 1947 г., так как совет факультета запретил ему читать лекции.

Реакция коллег Ленца на национал-социализм была не столь восторженна, главным образом по соображениям политического благоразумия. Нацисты еще не были у власти. За шесть месяцев до того, как это произошло, нацистская партия сама старалась максимально сблизиться с Немецким обществом евгеников, обратившись с письмом к некоторым его лидерам. Ссылаясь на профессора Ленца, письмо декларировало, что в партии есть группа расовой гигиены в отделе общественного здравоохранения и что ей поручено подготовить серьезные мероприятия, которые следует предпринять, чтобы количественно и качественно изменить к лучшему существование германского народа. Предлагали создать рабочие группы по разным областям социальной гигиены для разработки таких мероприятий. При этом подчеркивали, что политические разногласия не должны мешать сотрудничеству специалистов с национал-социалистами в деле реализации своих идей. Письмо было адресовано как раз к тем, кто дистанцировался от нацистов.

До 1933 г. Фишер никогда и нигде не высказывал антисемитских воззрений[470]. Возглавляя тогда Обществе немецкой евгеники, он ответил на письмо, указав, что с интересом следит за деятельностью национал-социалистической партии и мог бы подписаться под большинством пунктов ее евгенической программы. Однако Фишер добавил, что может сотрудничать только в качестве советника, так как боится за политическую независимость своего Института. Этот страх развеялся после января 1933 г., когда нацисты пришли к власти. В 1933 г. Фишер уже сетовал, что вопреки всем заявлениям о необходимости использовать рекомендации расовых гигиенистов, их практика в Веймарской республике была сведена фактически к нулю[471] . Эта медлительность в масштабном применении евгенических мер, осуществляемых профессионалами, по его словам, и вынудила обратиться к нацистам. Он выступал теперь открыто против «интернационального интеллектуализма» в пользу идеала нордической расы предков, стремившихся к расовой чистоте и беспощадно уничтожавших все чуждые расы. Естественно, он выступал против всего чуждого народному духу, осуждал еврейскую эмиграцию в Германию. Характерно, что ученые в немецкоязычных странах, ещё не попавшие под власть нацистов (как, например, лидер расовых гигиенистов в Австрии, профессор университета в Граце Г. Рейхель), еще в 1934 г. возражали против эвтаназии и преследования полуевреев, доказывая гуманные цели своей науки[472].

---

[469] *Schleiermacher S.* Rassenhygiene und Rassenanthropologie an der Universität Berlin // Die Berliner Universität in der NS-Zeit. Bd. 1. Strukturen und Personen / Hg. Ch. Jahr. München, 2005. S. 76–77.

[470] *Kater M.* Doctors under Hitler. P. 231.

[471] *Fischer E.* Eugenik // Handwörterbuch der Naturwissenschaften. Jena, 1933. S. 900.

[472] *Exner G., Kytir J., Pinwinkler A.* Bevölkerungswissenschaft in Österreich in der Zwischenkriegszeit (1918–1935): Personen, Institutionen, Diskurse. Wien; Köln; Weimar, 2004. S. 135–140.

Муккерман в принципе был готов к сотрудничеству, несмотря на несогласие с некоторыми пунктами нацистской программы, но видел общую цель в преодолении генетической дегенерации народа и в предотвращении увеличения семей с наследственными заболеваниями. Вопреки благоприятному ответу Муккермана, в сотрудничестве с ним было отказано как бывшему иезуиту. Но, возможно, причина была более прозаической. В свое время Муккерман охарактеризовал Гитлера «идиотом», об этом, скорее всего, было известно фюреру. В любом случае, Муккерман был вынужден уступить свою должность Ленцу фактически сразу же после прихода Гитлера к власти, что обычно не происходило с чистокровными арийцами.

Контакты расовых гигиенистов и национал-социалистов зависели отнюдь не от взаимных симпатий или тождественности расовой гигиены как сциентистского мировоззрения с национал-социализмом как политической идеологией. Мировоззренческие постулаты расовых гигиенистов приобретали в политических требованиях национал-социалистов радикальную форму. Их взаимное притяжение было продиктовано, прежде всего, утилитарными соображениями. Стремящиеся к власти нацисты и расовые гигиенисты, жаждавшие профессионализации, надеялись использовать друг друга для достижения собственных целей. Нацисты впитали в себя различные духовные течения: социал-дарвинизм, пангерманизм, ариеманию, идеологию народности и расовую гигиену. С помощью последней значительная часть нацистских идеологем получала научную легитимность. Расовая теория, казалось, оправдывала выросшее из национализма и антисемитизма учение о генетической детерминации моральных, психических и интеллектуальных свойств народов, а также притязания на господство в мире арийской расы. Рекомендации расовых генетиков по поддержанию чистоты расы в радикальной форме были оформлены Гитлером в книге «Моя борьба» в понятии «заботы о наследственности» (Erbpfleg). Ещё до захвата власти Гитлером между лидерами расовой гигиены и НСДАП установились тесные контакты, в которых были тогда заинтересованы, прежде всего, нацисты. С приходом Гитлера к власти тактические маневры с целью установления сотрудничества с ними перестали иметь большое значение для нацистов. Новое правительство уже в марте 1933 г. установило полный контроль над Немецким обществом евгеников, которому было возвращено прежнее имя.

Вполне понятно, почему идеи расовых гигиенистов и евгеников были взяты на вооружение рвущимся к власти национал-социализмом. Их воззрения хоть и были средневековыми и утопичными, но предлагали практически реализуемые и приемлемые для многих цели: путем расовой селекции искоренить угрюмый критический дух «еврейской» Веймарской республики; создать вместо вавилонского смешения кровей и рас единое в расовом и мировоззренческом отношении общество; очистить общество и окружающую среду от вредных элементов и загрязнителей расы. Но предлагаемые евгенические мероприятия были поддержаны не только национал-социалистами, но и другими партиями, включая социал-демократов[473]. И причиной этого были не только их научно-технократические установки на рациональное планирование природы и общества, но и идеология социалистического гуманизма. Евгеники говорили о здоровье общества. Социал-демократы, отвергая их расовые и антропологические выводы, соглашались с селекцией людей с целью избавить общество от страдающих.

[473] *Schwartz M.* Sozialistische Eugenik. S. 290–310.

Антропология: между наукой и расологией

Начиная с 1928 г. Д. Блэк, а позднее Ф. Вейденрейх вели раскопки вблизи Пекина, выявившие многочисленные останки синантропа (*Sinanthropus pekinensis*), морфологически близкого к питекантропу и поэтому отнесенного к обезьянолюдям и помещенного между питекантропом и гейдельбергским человеком. Его реконструкцию произвел Вейденрейх, который ввел в науку термин *H. erectus* (последний обитал примерно 350 тыс. лет тому назад). Теперь могли торжествовать уже сторонники идеи о том, что именно Азия, откуда происходили арийцы, была центром формирования человечества. Католический монах и палеонтолог П. Тейяр де Шарден стал знаменит своими исследованиями синантропов.

В 1924 г. палеонтолог из ЮАР Р.А. Дарт доказал правильность гипотезы Дарвина об Африке как прародине человека. Вблизи станции Танг в пустыне Калахари он нашел почти полностью сохранившийся детский череп австралопитека (*Australopithecus africanus*), т. е. африканской южной обезьяны как переходного звена между человекообразными обезьянами и питекантропом. Эта находка, подрывавшая окончательно теорию об азиатском происхождении человека, далеко не сразу была принята. Один из самых знаменитых биологов того времени Г.Ф. Осборн отказывался ее признать, так как она закрывала парадигму об азиатском происхождении гоминид, а тем самым его главную мечту найти в Азии ископаемые остатки первых арийцев[474]. Часть антропологов оспаривала это открытие из-за ювенильных обезьяньих черт у черепа, но в 1936 и 1938 гг. шотландский палеонтолог Р. Брум нашел взрослые особи австралопитековых и описал два новых вида *A. transvalensis* и *A. robustus*, назвав последнего парантропом. Позднее Дарт и Брум нашли еще три формы австролопитековых, выделенных ими как раздельные виды. Возрастало число находок и ранних гоминоидов (рамапитек, гигантопитек, дриопитек и т. д.).

Уже к середине XX в. гипотеза происхождения человека от обезьяноподобных предков превратилась в научную концепцию, подкрепленную прямыми палеонтологическими доказательствами о существовании переходных форм, многочисленными находками древних орудий и остатками жизнедеятельности первобытных людей. Попытки ее запретить, как это произошло на «обезьяньем процессе» в г. Дайтоне (США), по словам Бернарда Шоу, сделали целый континент посмешищем в глазах мировой общественности и ускорили отход даже религиозных мыслителей от ортодоксально-библейского креационизма.

Вместе с тем оставалось много неясного в последовательности этапов антропогенеза и его движущих силах. Практически каждой находке присваивали родовое или видовое название и выделяли ее как свидетельство особого этапа в генезисе человека. Предполагали, что каждое из звеньев эволюционной цепи выступало на арену жизни после вымирания своего предшественника. Сформировались два подхода в объяснении причин антропогенеза. Один из них основывался на ламаркистском принципе наследования признаков человека, вырабатываемых под влиянием труда. Трудовая концепция происхождения человека предполагала его принципиальное отличие от животных. Она была опубликована в 1925 г. в СССР в книге Ф. Энгельса «Диалектика природы» и признана основополагающей для марксизма, доминируя в течение нескольких десятилетий в социалистических странах. Второй подход продолжал дарвиновскую традицию поиска биологических

---

[474] *Regal B.* Henry Faired Osborn. P. 167–168.

причин формирования человеческих признаков. Были и попытки совместить теорию Дарвина с трудовой гипотезой путем постулирования специфических форм отбора: «трудового», «культурного», «биосоциального» и т. п.

Для обозначения процесса трансляции культуры не через половые клетки, а посредством обучения были предложены такие понятия, как «сигнальная наследственность», «надгаметные связи», «социальное наследование». В 1926 г. Л. Больк впервые указал на неотению (размножение на ранних стадиях онтогенеза) как механизм ускоренного перехода от обезьяны к человеку. В пользу этой гипотезы говорило наличие у человека признаков, характерных для детенышей шимпанзе (слабо выступающая вперед лицевая часть, тонкие кости черепа, отсутствие надглазничных валиков, небольшие челюсти, слабо развитый волосяной покров, направленность у самок влагалища вперед и т. п.). По его мнению, неотения была морфогенетическим механизмом, сделавшим возможным быстрое становление прямохождения, крупного мозга, подвижной руки и т. д.

Религиозные убеждения, политические симпатии и националистические предрассудки ярко проявились в расоведении, занимавшемся классификацией человеческих рас, поисками географических центров их происхождения, антропологическим составом народов мира. Результаты изучения переходов между основными расами и огромного диапазона изменчивости в популяциях человека требовали или признать современное человечество единым, или создать дробную классификацию рас. Первоначально антропология пошла по второму пути. В 1860 г. И. Жоффруа де Сент-Илер выделил 4 главные расы и тринадцать второстепенных, а Гексли предложил в 1870 г. 5 главных рас и 14 второстепенных. П. Топинар 16, а затем 19 рас объединял в три группы. Геккель среди современного человечества выделял в 1898 г. 4 рода, 12 видов и 34 расы, относя неандертальца и кроманьонца к современным людям. В начале XX в. итальянский антрополог Ж. Руджери выделил восемь «элементарных видов» у современного человека, а Ж. Деникер, как уже говорилось, разделил человечество на 29 подрас, объединенных в 17 рас и 6 групп. Он также находил черты ископаемых людей (неандертальцев и кроманьонцев) в современных популяциях человека. Позднее выделяли даже 37 рас и 30 субрас (Б. Лундман). Предпринимались попытки найти так называемые национальные типы. Флоуэр свои одиннадцать рас и три подрасы соединял в три группы. Подобный разнобой свидетельствовал об отсутствии научно обоснованных критериев для классификации человеческих рас и суждений о их таксономическом статусе.

Тем не менее, эти классификации использовали политики для выделения «истинных» представителей тех или иных рас, прежде всего арийской, и для расчленения человечества на расы господ и рабов. Набиравшие политический вес нацисты собирались уничтожить целые народы как расово неполноценные. Значительная идеологическая нагрузка по-прежнему содержалась в дискуссиях о моно- или полифилетическом происхождении человека. Вейденрейх насчитал четыре центра его происхождения в соответствии с основными расами: Африка (негроидная), Европа (европеоидная), Восточная Азия (монголоидная) и Юго-Восточная Азия (австралоидная). Сторонники широкой полифилии утверждали, что каждая раса имела своего предка среди неандертальцев и даже питекантропов, обитавших там, где живут их современные потомки. Проводились экзотические опыты по искусственному оплодотворению человекообразных обезьян спермой представителей разных рас с целью доказать их близость. Палеоантропологи постепенно приспосабливались к меняющемуся политическому климату, но до 1930 г. они в основном занимались сбором и каталогизированием найденных остатков, держась в стороне от расовых проблем.

Крупным событием в развитии расологии в сторону расизма, антисемитизма и национал-социализма стали труды Г.Ф.К. Гюнтера, именуемого «расовый Гюнтер» (Rasse-Günther)[475]. Филолог, фольклорист и литературовед по специальности, Гюнтер к биологическим проблемам расологии обратился по настоянию Ю.Ф. Лемана, который по-прежнему лелеял свой довоенный план об издании атласа расовых типов. Летом 1920 г. он познакомил Гюнтера с А. Плётцем и Ф. фон Ленцем. Их заинтересовала книга Гюнтера «Рыцарь, смерть и дьявол» (1920), в которую они попросили добавить раздел о расах. До этого они обращались с просьбой написать книгу о расах к работавшему тогда в Мюнхене Р. Мартину, но основатель антропометрии, по словам антрополога К. Заллера, «указал на неверность наших расовых представлений и отказался участвовать в издательских планах Лемана»[476].

Там, где отказался знаменитый антрополог, филолог Гюнтер не сомневался ни на иоту. Он взялся выполнять просьбу издателя и быстро подготовил требуемый раздел на базе опубликованной статьи Ф. Ленца «Нордическая раса и смешение с нами восточных соседей». Успех переработанной книги окрылил автора и издателя. С этого времени Гюнтер занимался только проблемами расовой антропологии, преимущественно ее индогерманскими и лигвистическими аспектами. В январе 1922 г. он выпустил книгу «Расология немецкого народа», которую уже к осени 1922 г. существенно переработал с учетом появившихся критических отзывов в научных журналах. В ясной и доходчивой форме, с 8 картами, 409 иллюстрациями и огромным списком литературы, Гюнтер изложил свои соображения о физических и духовных признаках немецкого народа. Суть книги была проста: доказать телесную и духовную красоту нордической расы и ущербность евреев. Уже на первой странице Гюнтер заявил, что «ценность любого народа тем выше, чем больше германской крови в его жилах»[477]. Книга стала необычайно популярной. Только за первые два годы вышло шесть изданий, а всего до 1930 г. их было 14.

В этой книге Гюнтер намеревался преодолеть разрыв в изучении расы с позиций естественных и гуманитарных наук, создав из хаоса разрозненных сведений рельефные образы расовых типов. В основе его понимания взаимоотношений между расами лежала классификация Ж. Деникера, но, в отличие от него, Гюнтер учитывал не только физические признаки. Для него раса была, прежде всего, единством физических, психических и интеллектуальных свойств, предопределяемых биологическими факторами, а не внешней средой. Культура и поведение расы, по Гюнтеру, также были детерминированы генетически. Он отделял расы от наций, в основе деления которых лежат различия по языкам (индоевропейским, угро-финским, тюркским, алтайским, семитским и т. д.). Каждая из этих языковых групп представляет смесь рас.

В первом издании книги Гюнтер описал четыре европейские расы: нордическую, западную (средиземноморскую), восточную (альпийскую) и динарскую; в

---

[475] *Hossfeld U.* Die Jenaer Jahre des "Rasse-Günther" von 1930 bis 1935. Zur Gründung des Lehrstuhls für Sozialanthropologie an der Universität Jena // Med. Hist. J. 1999. Bd. 34. S. 47–103.

[476] *Saller K.* Die Rassenlehre des Nationalsozialismus in Wissenschaft und Propaganda. Darmstadt, 1961. S. 55.

[477] *Günther H.F.K.* Rassenkunde des deutschen Volkes. München, 1922. S. 1.

шестом издании, вышедшем в 1924 г., добавил к ним восточно-балтийскую, а в двенадцатом (1928) — фальскую и судетскую. Гюнтер полагал, что «каждый немец, каждый европеец, вообще каждый человек не может выводить все свои наследственные задатки от одной-единственной расы», все они «далеки от идеала»[478]. В пределах немецкого языкового пространства нордические элементы убывают по мере перехода от северо-западных областей к юго-восточным, смешиваясь на востоке с восточнобалтийской расой, а на юге — с альпийской и динарской. Тем самым понятие «раса» теряло у него реальность, превращаясь в теоретическую абстракцию, сконструированную подбором различных физических, психических и нравственных характеристик. Ядром их служила некая нордическая душа, обусловливающая единую немецкую культуру.

Физическое описание нордической расы Гюнтер позаимствовал у Ж. Деникера. Но у него высокорослые, белокурые и голубоглазые долихоцефалы обладали ещё определенным набором психически-нравственных характеристик, которые становились главными при определении расы. Представители нордической расы были мужественными, совестливыми, преданными долгу, правдивыми, законопослушными, сдержанными, умеренными, осторожными, предусмотрительными, сердечными, неэмоциональными, бесстрастными, склонными к самоубийству, недоверчивыми, чистоплотными, энергичными, трудолюбивыми, деловитыми, великодушными, самоотверженными, настойчивыми, суровыми, жестокими, миролюбивыми и т. д. Как видно из этого неполного перечня, не всегда его характеристики согласуются друг с другом, но лживость, бессовестность, преступность, интриганство, плутовство, краснобайство, скрытность, трусость, лень, озлобленность, жадность, грубость, гипетрофированная сексуальность, экзальтированность, нерешительность, бездушие, эгоизм, мелочность, созерцательность и другие отрицательные качества в разной пропорции были распределены между остальными расами. Он разделял точку зрения Ж.В. де Лапужа и Л. Вольтмана о том, что все великие люди в истории человечества были представителями нордической расы, исключительное дарование они проявляют в войнах, государственном управлении, музыке, поэзии, архитектуре, изобразительном искусстве и науке.

Дав наряду с описанием рас их духовную характеристику, Гюнтер пытался представить в новом ракурсе прошлое и будущее человечества. Здесь у Гюнтера было немного оригинальных идей. Как и другие апологеты консервативной революции, он призывал отказаться от ценностей гуманизма и индивидуализма, которые вели не к прогрессу, как уверяли либералы, а к упадку и деградации общества и человека. Гюнтер не разделял исторического пессимизма О. Шпенглера. Для него взамен века техники грядет век биологии, где законы природы сменят произвол свободы, переоценка целей образования будет способствовать умножению ценных наследственных задатков, а человек станет ответственным перед прошлым и будущим. Его антропология была аристократична, он призывал высшие слои повысить размножаемость, оцениваемую им как решающий фактор в исходе борьбы за существование между разными расами человека и призывал немцев прекратить расовое смешение. Как и один из его предшественников Ю. Лангбен, Гюнтер везде и во всем видел расовое начало и желал, чтобы все германские народы вновь обрели свою нордическую суть. Он мечтал об их союзе под руководством нордической расы, путь к возрождению которой, по его мнению, лежал

---

[478] *Гюнтер Г.Ф.К.* Избранные работы по расологии. М., 2002. С. 85.

через отбор расово чистых элементов, способный обеспечить численный перевес ее представителям. Этот отбор следует вести, видимо, по отдельным признакам. Для него с доисторических времен культуротворящей силой в Европе была лишь нордическая раса, а восточнобалтийская раса всегда играла подчиненную роль в историческом и культурном процессе[479]. От разобщения нордической расы, с точки зрения Гюнтера, выигрывала переднеазиатская раса, так как мировые войны ведут к истреблению наиболее ценных нордических элементов во всех странах.

Гюнтер подчеркивал принципиальное отличие своих рецептов оздоровления человечества от рекомендаций расовых гигиенистов, построенных на селекции ценных наследственных задатков у всех народов и у всех рас. Для него такая селекция должна вестись только с целью восстановления чистоты нордической расы. Отсутствие отбора, по его мнению, всегда вело к вырождению рас и, в конечном счете, к гибели цивилизаций. В подтверждения своей гипотезы он попытался искать аргументы как в древней истории, так и в современной ему действительности, приводя в качестве примеров не только традиционный Древний Рим, но и современную ему Францию, где шла усиленная гибридизация различных рас. Гюнтер, подчеркивая ненасильственные способы оздоровления расы и необходимость принятия мер по ускоренному размножению представителей нордической расы, постоянно говорил о «пагубном влиянии еврейского духа на жизнь немецкого народа, о пагубности смешения немецкой крови с еврейской»[480] и настаивал на безусловном удалении еврейства из Германии.

Книга Гюнтера, по словам антрополога В. Шейдта, была художественным изложением расовой истории. В ней образное мышление явно доминировало над рациональным. Поэт, художник и политик побеждал естествоиспытателя. Подобное воссоединение «тела и духа», «расы и культуры», «биологии и истории» произвело большое впечатление на часть общественности, жаждавшей обрести национальную целостность в раздираемой кризисами побежденной Германии. Академическое же сообщество, в основном, холодно встретило его сочинения, оценивая их как дилетантские и неоригинальные[481]. Даже М. фон Грубер напечатал 8 января 1926 г. в «Народном обозревателе» (Völkische Beobachter) критический обзор, в котором доказывал ненаучный характер сочинения Гюнтера, отказывался признать цвет волос, глаз и т. д. критериями для разделения высших и низших рас и подчеркивал смешанный расовый характер населения Германии. В защиту Гюнтера выступил Леман, который считал главным в сочинении Гюнтера не научные доводы, а доказательства необходимости возрождения нордической чистоты крови и духа великих предков, права немцев на господство в мире, а также антидемократические и антисемитские выводы. Положительную оценку книге Гюнтера дал О. Фишер в академическом журнале[482]. Позднее они опубликовали в 1927 г. совместную книгу «Немецкие головы нордической расы», в 1929 г. — сокращенный дешевый вариант «Расологии немецкого народа для каждого».

Дискуссии и нападки не смутили Гюнтера, демонстрировавшего высокую продуктивность и выпускавшего не только обновленные переиздания «Расологии

---

[479] *Гюнтер Г.Ф.К.* Избранные работы по расологии. С. 74.

[480] Там же. С. 99–100.

[481] *Weindling P.* Health, Race and German Politics... P. 312.

[482] *Fischer E.* Günthers Rassekunde // Zs. für Morphologie und Anthropologie. 1926. Bd. 25. S. 160–163.

немецкого народа», но и новые книги: «Расология Европы» (1924), «Нордическая идея среди немцев» (1926), «Аристократия и раса» (1926), «Раса и стиль» (1926), «Платон как хранитель жизни» (1928), «Расовая история эллинского и римского народа» (1928) и «Расология еврейского народа» (1929). Несмотря на высокую издательскую плодовитость, Гюнтер в 1920-х гг. испытывал большие материальные трудности и вынужден был подрабатывать в реальной гимназии в Дрездене в качестве учителя-сменщика. В 1930 г. он познакомился с руководителями НСДАП, победившей на выборах в Тюрингии. Новый министр внутренних дел и образования Тюрингии, видный деятель НСДАП В. Фрик учредил для него кафедру социальной антропологии в Йенском университете. На его вступительной лекции «Причины расового упадка немецкого народа после Великого переселения народов», прочитанной 15 ноября 1930 г. в Йене, присутствовал А. Гитлер.

Лекция вызвала взрыв возмущения в профессорско-преподавательском корпусе и резкие отклики в печати, в которых Гюнтера именовали «фанатичным невеждой» и «антисемитом на кафедре». Особенно резок был Ю. Шаксель. Он указал на многочисленные принципиальные биологические ошибки в лекции. Убийствен был конечный вывод: «Каждое слово в защиту расовой чистоты является бессмыслицей с фактической, исторической, социологической, биологической точки зрения. Нордического человека не было в прошлом, нет и рецепта, как его сделать в будущем»[483]. Поддержка земельного правительства и студенчества, настроенного по большей части в духе национал-социализма, позволила Гюнтеру пренебречь нападками со стороны профессоров и продолжать читать лекции, как будто ничего не произошло.

Вскоре ему удалось расквитаться с обидчиками. Ботаник Ф. Меркеншлагер, автор издевательской брошюры «“Боги”, герои и Гюнтер» (1927), по личному указанию Р.В.О. Дарре́ был отправлен в концлагерь[484]. Причиной послужила его совместная книга с антропологом К. Заллером, доцентом Гёттингенского университета, в которой они в 1934 г. продолжали доказывать биологическую несостоятельность теории Гюнтера о северном происхождении немцев[485]. В связи с этим шеф гестапо Р. Гейдрих 30 января 1935 г. направил в издательство письмо, в котором характеризовал книгу как «подрывную деятельность под видом науки». Заллер и рассуждения Розенберга о расах считал абсолютным нонсенсом с точки зрения антропологии[486]. К счастью для Заллера, его лишь.уволили. Книги обоих критиков были запрещены. Ю. Шаксель был освобожден от должности директора Института экспериментальной биологии и лишен немецкого гражданства. Так отныне завершались «научные споры». Благодарный за «поддержку в дискуссии» Гюнтер посвятил В. Фрику вышедшую в апреле 1933 г. брошюру «Народ и государство и их отношение к наследственности и отбору». А. Розенбергу он посвятил работу «Религиозность нордического типа» (1934). В 1933 г. Гюнтер напечатал новую книгу «Нордическая раса среди индогерманцев Азии». Он активно

---

[483] *Krausse E.* Julius Schaxel an Ernst Haeckel (1906–1917). S. 13.

[484] *Гинцберг Л.И.* Под пятой тоталитаризма. Наука в фашистской Германии // Вестн. РАН. 1993. Т. 63. № 7. С. 642.

[485] “Kämpferische Wissenschaft”. Studien zur Universität Jena im Nationalsozialismus / Hg. U. Hossfeld, J. John. O. Lemuth, R. Stutz. Köln; Weimar; Wien, 2003. S. 528.

[486] *Proctor R.* Racial Hygiene. P. 253.

публиковал все новые и новые статьи в периодических изданиях: «Народ и раса», «Журнал расовой физиологии», «Архив расовой и социальной биологии» и др.

Популярность его идей росла по экспоненте. Для их пропаганды создали журнал «Раса» (Rasse), редакторами которого были М. Хеш и К. Холер. Под его влиянием создали книги Л.Ф. Клаус «Нордическая душа» и «Раса и душа», Р. Пфаллер «Расовые ядра», Ф. Ланге «Язык человеческого лица», Р. Эйхенауэр «Музыка и раса», З. Каднера «Раса и юмор», П. Шульце-Наумбург «Искусство и раса» и «Нордическая красота». Авторы старались доказать, что предопределяемая расой духовная деятельность накладывает отпечаток на все сферы культуры и искусства, включая поэзию, живопись, скульптуру, танец, оформление ландшафта и т. д. Расовый подход Гюнтера получал все большее признание у расовых гигиенистов, приобретая отчетливо биоантропологический характер. О. Фишер полагал, что к прежним исследованиям необходимо добавить генетику человека, биологию человеческих рас и изучение межрасовых гибридов. Шел синтез этнологии и антропологии в изучении расового происхождения и культуры народов. Новые области исследований стали интенсивно развиваться и институциализироваться.

В 1926 г. министр по реформированию государственной службы Баварии Г. Конопатцкий (Конопат) предпринял попытку объединить всех сторонников нордической идеи в организацию «Нордического движения» или «Нордического круга» (Nordische Bewegung, Nordische Ring). В нее вошли расолог Г.Ф.К. Гюнтер, архитектор П. Шульц-Наумбург, психолог Л.Ф. Клаус, бактериолог-гигиенист Ф. Кун, индолог Я. Хауэр, шведский генетик Г. Нильсен-Эли и др.[487] Особое место в новом объединении занял животновод, главный идеолог мировоззрения «крови и почвы» и будущий министр РМЕЛ Р.В.О. Дарре́[488]. Последний в своих публикациях «Крестьянство как источник жизни нордической расы» (1928), «О крови и почве» (1929), «Новая аристократия из крови и почвы» (1930)[489] уверял: нордическая раса была подлинным создателем европейской культуры; немецкое крестьянство следует считать главной движущей силой истории; необходимо восстановить единство немецкого народа[490]. Он объединял расологию с генетикой и евгеникой. В книге о свиноводстве он сравнивал дестабилизирующей эффект при доместикации животных с пагубным воздействием цивилизации на человека. Дарре́ оказал огромное влияние на формирование взглядов Гиммлера, с которым их объединяло общее стремление синтезировать эзотерические, мистические представления с современной наукой, технократией и рационализмом[491]. Нордическое движение Ленц назвал «белокурым интернационалом». Через него Нордическое движение было связано с

---

[487] *Weindling P.* Health, Race and German Politics... P. 471–478.

[488] *Eidenbenz M.* "Blut und Boden". Zu Funktion und Genese der Metaphern des Agrarismus und Biologismus in der nationalsozialistischen Bauernpropaganda R.W. Darrés. Bern; Berlin; Wien, 1993.

[489] *Darré R.W.* Neuadel aus Blut und Boden. München, 1930; *Darré R.W.* Das Bauerntum als Lebensquell der nordischen Rasse. 6. Auflage. München, 1937.

[490] *Breitling R.* Die national-sozialistische Rassenlehre. S. 62–69; *Weindling P.* Health, Race and German Politics... P. 475–477; *Eidenbenz M.* "Blut und Boden". S. 99–138.

[491] Гиммлер, возглавивший в 1926 г. отряды СС, подчеркивал необходимость модернизации расологии с учетом достижений биологии и медицины. В его подчинении формировался штат биологических и медицинских экспертов, призванных дать научное обоснование идеологии нордизма в сочетании с культом сельского населения.

сообществом расовых гигиенистов. Члены круга встречались, чтобы читать саги, обсуждать рунические письменности и стремиться возродить прежние обычаи.

Одним из протагонистов нового направления в антропологии был О. Рехе. К антропологии Рехе обратился вскоре после защиты в 1904 г. диссертации на тему «Форма и функции шейных позвонков у китообразных»[492]. С 1905 г. он работал в Отделе Африки и Океании в Этнографическом музее в Берлине, а с 1906 г. — ассистентом и заведующим отделом Этнографического музея в Гамбурге. В 1908–1909 гг. Рехе участвовал в Тихоокеанской экспедиции на архипелаг Бисмарка, во время которой вел антропологические исследования туземцев и собрал большую коллекцию их черепов и скелетов. Уже в 1919 г. он был профессором во вновь созданном университете в Гамбурге, в 1924–1927 гг. — заведующим кафедрой и директором Института антропологии и этнологии в Венском университете, где основал Немецкое общество по исследованию групп крови (Deutsche Gesellschaft für Blutengruppenforschung) и его печатный орган «Журнал расовой физиологии» (Zeitschrift für Rassenphysiologie) (1928). Годом раньше он и доктор Б.К. Шульц взяли на себя руководство журналом «Народ и раса» (Volk und Rasse).

Одним из первых Рехе начал разрабатывать антрополого-генетическую методику определения отцовства[493]. В его работах по генетической обусловленности группы крови содержатся прямые свидетельства готовности перевести абстрактные идеи расологии в расово-гигиеническую практику[494]. Подчеркивая значение исследований группы крови для расовой физиологии и расовой патологии, он сетовал, что у антропологов и этнографов отсутствует практическое видение своих проблем, и призывал их к сотрудничеству с генетиками и расовыми гигиенистами, так как распределение групп крови имеет прямые расово-биологические следствия[495]. Рехе, как и многие другие немецкие антропологи, предполагал, что исследования групп крови позволят выяснить расовый состав европейских народов и их генезис.

В 1926–1945 гг. Рехе, будучи заведующим кафедрой антропологии и этнологии и директором Государственного саксонского научно-исследовательского института этнографии, организовал экспедиции в Индию и Португальскую Гвинею. Он проявлял все больший интерес к расоведению, пытаясь связать биологическую и культурную эволюции человека, каждую из которых до этого изучали в отдельности антропологи и этнографы[496]. Для него культура и цивилизация были продуктом взаимодействия расы, истории и внешнего мира. Весьма любопытно и его определение расы, в котором соединены характеристики разновидности, генетически изолированной от других подвидовых единиц, с этнографическими и психологическими чертами. Для него раса как подвид обладает также определенной «гармонией, стилем жизни и характером»[497].

---

[492] *Hesch M.* In memoriam. Otto Reche, 1879–1966 // Anthropologischer Anzeiger. 1966. Bd. 30. S. 90–91.

[493] *Schade H.* Vaterschaftsbegutachtung. Grundlagen und Methoden der anthropologisch-erbbiologischen Vaterschaftsfeststellung. Stuttgart, 1954.

[494] *Walter H.* Die Rassenhygienische Fachgesellschaft (1831–1945) im Naturwissenschaftlichen Verein zu Bremen // Abh. Natur. Verein Bremen. 1990. Bd. 41. H. 2. S. 197–214.

[495] *Reche O.* Blutgruppenforschung und Anthropologie // Volk und Rasse. 1928. Jg. 3. S. 1–13.

[496] *Reche O.* Natur- und Kulturgeschichte des Menschen in ihren gegenseitigen Beziehungen // Ibid. S. 68–81.

[497] *Reche O.* Der Begriff "Rasse" // Ibid. 1933. Jg. 8. S. 217.

Идеи нордического движения и расовой антропологии были использованы в публикациях полуофициального философа и идеолога НСДАП А. Розенберга[498]. Его книгу «Миф XX века»[499] считали второй, после гитлеровской «Майн кампф», библией национал-социалистического движения. Родившийся в Ревеле в семье эстонки и латыша, Розенберг после революции 1917 г. поселился в Мюнхене, где стал заметной фигурой в белоэмигрантских кругах и активным членом ультранационалистического, склонного к оккультизму Общества Фуле (Туле), названного в честь легендарного острова в Северном море. Это дало ему возможность изображать себя немцем, изгнанным из родной Прибалтики комиссарами-евреями. Вступив в НСДАП еще в 1919 г. когда она называлась Немецкой рабочей партией, Розенберг был представлен Гитлеру в 1923 г. и произвел на него большое впечатление своей эрудицией, а также националистическим фанатизмом, антибольшевизмом и антисемитизмом. Для карьеры Розенберга немаловажным фактом оказалось то, что именно он впервые в 1923 г. назвал Гитлера «фюрером Германии». В памфлетах «Следы евреев в смене времен» (1919), «Безнравственность в Талмуде» (1919) и «Преступления масонов» (1923) Розенберг изложил свою концепцию о еврейско-масонском заговоре. Цель заговора, по Розенбергу, состоит в установлении господства во всем мире, и для ее достижения евреи подрывают основы существования всех народов. По его мнению, масоны организовали Первую мировую войну, а мировое еврейство устроило революцию в России. В качестве доказательства он приводил «Протоколы сионских мудрецов», сфабрикованные ещё царской охранкой. К концу 1920-х гг. Розенберг был признанным теоретиком и пропагандистом НСДАП по расовым вопросам, хотя многие из ближайшего окружения Гитлера считали Розенберга чужаком, иностранцем, этнически и расово сомнительным элементом в партии. У него были постоянные конфликты с Г. Эссером, Ю. Штрейхером и другими видными деятелями раннего национал-социалистического движения.

В «Мифе XX века» Розенберг резко усилил расистские тезисы Ж.А. де Гобинó и Х.С. Чемберлена, говоря о мистике чистоты крови, которая под знаком свастики обеспечит духовную мировую национал-социалистическую революцию. Он выдвинул тезис: «История и будущие задачи уже больше не означают классовую борьбу, а только расовую борьбу»[500]. Для него наука, искусство, право, закон, истина и заблуждение все зависели от расистских субстанций, обладавших собственной душой, и поэтому вся мировая история — не что иное, как история рас. Арийцы, древние германцы для него были воплощением нравственных и духовных совершенств, отражая душу «своей расовой субстанции». Они были лучшими представителями нордической расы, призванной господствовать в Европе и сыгравшей важную роль в возникновении всех основных цивилизаций от Индии, Персии, Египта в Азии до античных Греции и Рима в Европе. Розенберг постулировал необходимость борьбы против гибридизации германской идеи товарищества по крови с христианско-либеральным мировоззрением и «семитским духом», пронизывающим католическую церковь. Иудейство и христианство с их идеалами равенства, любви, добра, смирения, жалости, согласно Розенбергу, были злейшими

---

[498] *Cecil R.* The Myth of the Master Race: Alfred Rosenberg and Nazi Ideology. London, 1972.
[499] *Rosenberg A.* Der Mythus des XX. Jahrhunderts. München, 1930.
[500] Ibid. S. 1.

врагами «немецкого духа» и должны быть полностью искоренены из немецкого народа. Он призывал крест заменить свастикой как «живым символом крови и расы», а христианские обряды и символы — культами древнегерманских богов и руническими надписями. Розенберг уверял, что евреи более всего повинны в появлении и широком распространение христианства, столь гнусного и оказавшегося вредоносным для духа германской расы. Розенберг расширил социал-дарвинистскую терминологию, делая упор не столько на отбор и выживание наиболее приспособленных, сколько на «искоренение», «уничтожение», «выбраковку» (Ausmerze) неприспособленных. Многие полагают, что именно Розенберг тесно связал расовое учение с антисемитизмом и национал-социализмом[501].

Иррационалистическое и мистическое толкование нордической расы вело к эволюции антисемитизма. В этом отношении характерно изменение в лозунгах Й.Л. фон Ланц-Либенфельса, который в 1930 г. уже провозглашал грядущую гибель еврейства (Untergang des Judentums); при этом от самих евреев зависит только, будет ли она кровавой или бескровной[502]. Сутью всей истории человечества для него была расовая борьба; и он уверял, что настало время, когда арийскую, белокурую, героическую расу следует призвать к господству в мире. В его сочинениях много мест, свидетельствовавших о восприятии им идей национал-социализма. В 1928 г. он характеризовал бывшего собеседника Гитлера своим учеником и «единственным спасителем от хаоса времени». Правда, когда нацисты, захватив в 1938 г. Австрию, не отдали должные почести Ланц-Либенфельсу за идейное воспитание Гитлера, тот сменил прежнее восхищение фюрером на порицание, которое ему не позволили открыто высказывать. По личному указанию Гитлера сочинения Ланц-Либенфельса были запрещены, и он, вероятно, уже не гордился тем, что в юности, возможно, делился своими идеями с будущим «спасителем немецкого народа и арийской цивилизации».

Таким образом, в веймарский период немецкая антропология приняла две отчетливые особенности. С одной стороны, антропологи ориентировались на генетико-теоретические знания, а с другой — их исследования все сильнее принимали расоведческую ориентацию, превращаясь, в конечном итоге, в расологию. И если первая черта была характерна для мировой антропологии, то гипертрофированное внимание к расово-теоретическим построениям неизбежно вело немецких антропологов и расоведов к объединению с расизмом национал-социалистов, выводящим всю проблематику антропологии, расоведения и евгеники за пределы не только науки, но и европейской цивилизации.

Недавно Р. Вайкарт попытался вновь возложить основную вину за социал-дарвинизм на создателя теории естественного отбора[503]. В книге «От Дарвина до Гитлера» он старался доказать, что евгеника и расизм в Германии являются прямым результатом селекционизма, поэтому корни национал-социализма следует искать не в Германии, а в Англии. По его версии, Э. Геккель и расовые генетики были лишь пропагандистами дарвиновских идей, которые изначально были аморальными, атеистическими и антигуманными. Но при этом остается непонятным, почему именно в Германии расовая генетика и евгеника приобрели такую популяр-

---

[501] *Breitling R.* Die national-sozialistische Rassenlehre. S. 34–35.

[502] *Bäumer A.* NS-Biologie. Stuttgart, 1990. S. 83.

[503] *Weikart R.* From Darwin to Hitler. Evolutionary Ethics, Eugenics and Rasism in Germany. New York, 2004.

ность после Первой мировой войны, когда в других странах, включая СССР, они подвергались все усиливавшейся критике, прежде всего, со стороны дарвинистов. Сам социал-даврвинизм к тому времени стал основой, в первую очередь, праворадикальных, консервативных сил, рвущихся к власти в Веймарской республике.

* * *

И в Веймарской республике, и в Советской России периода НЭПа ученые не были пассивной группой, ожидавшей, что кто-нибудь определит и проложит им путь в будущее. Они не мирились со сложившимися обстоятельствами, не пасовали перед роком или тиранией властей, не ждали дарованных благ. Ученые активно искали не только способы адаптации и выживания, но и возможности влияния на научную политику государства, стремясь заинтересовать общество и власти перспективами научных исследований, доказывая их важность для экономического и социально-культурного развития. Они легко шли на формирование новых взаимоотношений науки с государственными структурами, военными ведомствами, промышленностью и образованием. Активное занятие научной политикой и общение с властными структурами неизбежно было связано с морально-этическими издержками. В условиях неустойчивости защита науки оказывалась невозможной без компромиссов и сделок.

Выработка новых форм взаимодействия науки с властями и руководителями промышленности была возможной только при наличии общего языка и личных контактов между учеными и политиками. Поддержка науки со стороны немецких лидеров определялась тем, что ученые имели с ними традиционные общие интересы и формы взаимодействия, в том числе коренившиеся в общности социального происхождения и кругов общения. Ученые были вхожи в круги банкиров и промышленников, так как последние имели университетское образование и сохраняли уважение к своим учителям. В итоге повсеместно создавались различного рода «общества друзей» университетов или попечительские советы, собиравшие для них средства или оказывавшие денежную поддержку, которая была весьма существенной для финансового обеспечения высшей школы, в том числе и для научных исследований в лабораториях университета, где издавна студенты и докторанты под руководством профессоров готовили свои диссертации.

На общности идеологем базировалось взаимодействие ученых и политиков в Веймарской Германии и Советском Союзе, где каждая из сторон рассматривала науку как важнейшую, если не единственную силу, способную вывести их страны из того тяжелейшего положения, в котором они оказались: СССР — из отсталости к индустриализации, к военно-промышленной мощи и к новому социально-экономическому устройству общества, Германию — от поражения и национального унижения к возрождению утраченной мощи. Не случайно, что в этих странах государство становилось основным или даже единственным партнером ученых. Стабильность в научной политике и гранты со стороны Фонда помощи немецкой науке обеспечивались, прежде всего, тем, что государство активно включилось в финансирование фундаментальных исследований. Это позволило Фонду сыграть решающую роль в сохранении науки и в ее успехах в Веймарской республике. Расцветом науки в 1920-е гг. Германия во многом обязана тому, что Фонд, где решение о выделении финансовых средств на научные проекты выносили сами ученые, поддержал деньгами как традиционные научные школы, так и перспективные направления, развиваемые молодыми учеными.

В СССР пронаучная политика правительства также стимулировала приток талантливой молодежи в науку и обеспечила быстрый прогресс в наиболее перспективных отраслях физики, математики, биологии и химии. Беспрецедентный рост разнообразных научных учреждений, созданных по инициативе ученых, но финансируемых государством, обеспечил не только выживание, но и поступательное развитие науки в 1920-е гг. Особенно быстро развивались научные учреждения, связанные с хозяйственной практикой. Постепенно возобладала тенденция всецело подчинить науку задачам социалистического строительства, поставив ученых под строгий административный и идеологический контроль, эффективность которого обеспечивали все усиливающиеся репрессии. Негативные последствия ограничения свободы научного поиска правительство компенсировало постоянным увеличением ассигнований на науку. Это вело к созданию мощного научного потенциала, ядром которого становилась «укрощенная» и «советизированная» Академия наук. Коммунистическая партия не только контролировала, но и поддерживала науку, обеспечив уже в довоенные годы резкое увеличение численности занятых в ней сотрудников.

История выживания и развития науки в период между двумя войнами в Советском Союзе и Германии заставила многих политиков в странах с либерально-демократическим устройством согласиться с учеными в том, что организационно-финансовые основы для развития науки в XX в. посильны только государству. Рост объема научных исследований и размаха научных проектов усиливал стремление ученых получать стабильную поддержку со стороны государства. И хотя в Англии, Франции и особенно в США продолжались дискуссии о возможных пределах уступки государственным структурам контроля над научными исследованиями и размерах их финансовой поддержки из государственного бюджета, в них также шло создание правительственных органов, призванных координировать научные исследования в общенациональном масштабе. К тому же «Великая депрессия» 1929–1933 гг. в США окончательно выявила неспособность существовавшей организации обеспечить интенсивное использование научных исследований для возрождения экономики страны и быстрого преодоления последствий кризиса. Научное консультативное бюро, созданное распоряжением президента США Ф.Д. Рузвельта по инициативе руководства Национальной Академии наук и Национального исследовательского совета, было призвано изучить функции и взаимоотношения различных научных организаций и определить место науки в правительственной деятельности. Неудовлетворенность правительства реализацией программ, подготовленных Бюро, привела к его ликвидации в конце 1935 г. Некоторые его функции взял на себя созданный в Америке Комитет по связям с правительством и научным консультациям, но в 1939 г. и он был распущен, а Академия возобновила прежнюю практику, когда правительственные запросы посылались в ее специальные комиссии. Научное сообщество и правительство США были еще не готовы совместно решать в треугольнике науки, государства и общества проблемы, обозначившиеся в условиях глобального социально-экономического кризиса.

Тем не менее, неудачные попытки ученых и политиков быстро выработать формы взаимоотношений, которые бы удовлетворили обе стороны, обеспечив и свободу исследований, и государственные интересы, в перспективе не были трагедией для американской науки. Как говорит народная мудрость, «тише едешь, дальше будешь». Путь поиска новых форм взаимодействия науки, государства и общества в США оказался долгим, но, в конечном счете, более эффективным, чем скорое решение этой проблемы в Веймарской республике и СССР.

Даже внимание, оказанное науке политической элитой Веймарской республики, не изменило общий отрицательный настрой массы образованных людей по отношению к новой для них политической системе. Ученые не желали мириться с ухудшением материального положения и потерей социального статуса. Профессор Веймарской республики был намного беднее профессора кайзеровской Германии, что заставляло ученых считать политиков ответственными за ухудшение их материального положения и за общее состояние дел в стране. Хотя среди ученых было немного прямых сторонников нацистов, вся система высшего образования производила людей, разочарованных в демократии. Многие из них позднее говорили, что мы не были нацистами, радикалами и революционерами, но положение в стране было действительно ужасным. Беспрецедентный рост иррационализма и мистицизма сопровождался столь же безапелляционной верой в успехи немецкой техники как порождения немецкого гения. Ученым, при всей финансовой и организационной поддержке со стороны правительства и промышленности, несомненно, было трудно жить в этом новом для них мире.

Экономическая депрессия рубежа 1920–1930-х гг. окончательно подорвала веру немцев в возможности демократии. В обществе резко усилился политический радикализм. Возглавляемые Коммунистической партией Германии левые радикалы звали научную интеллигенцию выбрать путь социальных преобразований, осуществляемых в СССР, где ученые якобы участвовали в определении научной политики и общей стратегии развития страны. Но их идеи не находили всеобщей поддержки в атмосфере, пропитанной жаждой реванша. Все больше людей выражало свою приверженность правой ориентации и свое доверие Национал-социалистической немецкой рабочей партии. И рабочие, и выпускники университетов начинали верить, что именно идеи правых радикалов о сильном государстве и централизованной власти выведут Германию из нищего состояния. И те, и другие верили в возможности националистического государства. Рабочие надеялись на рост зарплаты и увеличение рабочих мест в промышленности, взбодренной государственными инвестициями и оборонными заказами. Ученые — на рост инвестиций в науку со стороны той же промышленности, на прямую помощь государства науке и высшей школе, на улучшение положения ученых в обществе и на помощь в карьере чистокровным арийцам. То, что это могло быть достигнуто только за счет роста военной машины и было связано с реваншизмом и перспективой новой мировой войны, не пугало приверженцев национализма среди ученых, поскольку со времен Ф. Бэкона они говорили, что «знание — это сила»[504].

И сила пришла. За несколько месяцев 1933 г. Германия превратилась в тоталитарную диктатуру со значительным числом приверженцев, прежде всего среди образованных слоев, в том числе среди ученых. Люди интеллектуальных профессий в национал-социалистической рабочей партии превосходили все остальные социальные группы. Вся Германия, и немецкая наука вместе с ней, приступила к

---

[504] По-английски бэконовское выражение «The knowledge is power» означает также «знание — власть». Можно предположить, что этот знаменитый афоризм отражает притязание ученых на власть в обществе, что они не раз демонстрировали в новейшей истории.

созданию Третьего рейха, вожди которого главной задачей ставили ускоренную подготовку к победоносной войне. В конечном счете это привело к формированию огосударствленной науки и далее к быстрому общенациональному краху «тысячелетнего» Третьего рейха через 12 лет — весной 1945 г.

Еще раньше огосударствленная наука была создана в СССР, при поддержке значительной части самих ученых, среди которых все большее влияние приобретали выходцы из трудящихся классов. Но ее устойчивость в силу различных обстоятельств оказалась выше государственной науки в нацистской Германии. Сформированная в СССР к концу 1932 г. система отношений науки, государства и общества просуществовала более полувека и пошатнулась лишь с крахом СССР. Жестко централизованное управление наукой позволяло сконцентрировать усилия ученых на приоритетных направлениях научно-технического прогресса, что было необходимо в условиях всеобщей милитаризации страны, существованию которой реально угрожала на востоке милитаристская Япония, а на Западе — национал-социалистическая Германия. Однако усилия государства в интенсификации научных исследований были оправданны лишь постольку, поскольку стратегию научных исследований выбирали при активном участии самих ученых.

Вскоре после Второй мировой войны многие люди, в т. ч. сами ученые, стали изображать науку Веймарской республики и СССР в 1920-х гг. ностальгически. Но был ли этот период действительно так благоприятен для ее развития, или он только выглядит таковым в ретроспективе, в сравнении с эпохой Третьего рейха или годами жестких сталинских репрессий? Действительно ли ученые переживали тогда золотой век?

Германия начала Первую мировую войну, имея хорошо организованное, всесторонне развитое, плодотворно и на высоком уровне работающее научное сообщество. Поражение, экономические трудности, политические беспорядки бросали вызов научным работникам, но в большинстве случаев они принимали этот вызов и находили в себе силы продолжить работу и провести много добротных исследований. Однако, несмотря на новый политический режим, наука в Германии не стала более демократичной. Скорее, большинство ученых и научных учреждений продолжали придерживаться имперских символов и традиций. Германия уже не была ведущей научной державой, но она все еще оставалась одной из лучших. Расовая гигиена установила контакт с национал-социализмом, и отдельные ученые, вроде Штарка, поддерживали Гитлера, однако наука и нацизм имели немного общего в веймарский период. Только когда национал-социалисты пришли к власти, произошло их объединение.

В СССР большевики действительно создали возможность для беспрецедентного роста научных учреждений, а возникавшие сложности в решении административных вопросов и разгром университетов тогда казались академическому сообществу не столь существенными. Но, как оказалось в ближайшем будущем, ощущение стабильного роста и безопасности, свойственное советским ученым в годы НЭПа, было иллюзией. «Великий перелом», «культурная революция» и последовавший вскоре «Большой террор» ввергли отечественную науку в катастрофу.

глава четвертая

БИОЛОГИЯ МЕЖДУ КОММУНИЗМОМ, НАЦИОНАЛ-СОЦИАЛИЗМОМ И ЛИБЕРАЛИЗМОМ

Модели взаимодействия науки и власти (1929–1945)

Из главных стран западной демократии наиболее глубокие испытания в межвоенные годы выпали на долю научного сообщества США в период экономического кризиса 1929–1933 гг. («Великой депрессии»), потрясшего основы экономики и финансов крупнейшей капиталистической страны, что эхом отозвалось во всем мире. Ученые в очередной раз осознали, что без помощи государства им не выжить, и прилагали максимум усилий, чтобы добиться бюджетного финансирования. С другой стороны, правительство также вынуждено было искать пути спасения науки, достижения которой оно намеревалось более интенсивно использовать в экономике страны. Но при этом во всех странах наметилась тенденция поставить ее под прямое управление, что в первой половине XX века было трудно сделать.

Технические средства того времени существенно облегчили международную кооперацию и разделение труда в науке, обеспечили надежность международных коммуникаций. Ученые были объединены в разного рода международные сообщества, комиссии, комитеты, советы, редакции международных журналов, участвовали в совместных экспедициях, лабораторных исследованиях и т. д. Система стажировок и командировок в другие страны, конгрессы, журналы, престижные во всем мире премии, типа Нобелевской, общий научный язык преодолевали любые государственные и политико-идеологические преграды. Все режимы стремились убедить ученых пойти на ограничения научных интересов ради высших национальных целей, в качестве которых было сформулировано требование обеспечить национальную безопасность и готовиться к неизбежной войне. Как справедливо подчеркнул Р. МакЛеод, сейчас стало возможным прочитать историю науки и историю подготовки и технического обеспечения войн как параллельную, часто пересекающуюся и взаимополезную деятельность[1]. История науки в этот период — это, прежде всего, история участия ученых в подготовке к войне и усилий для ее успешного завершения[2]. С этой точки зрения всех ученых других стран неизбежно рассматривали как представителей будущих союзников или врагов. Интернационал ученых в период подготовки ко Второй мировой войне был окончательно похоронен.

---

[1] *MacLeod R.* Der wissenschaftliche Internationalismus in der Krise // Die Preußische Akademie der Wissenschaften zu Berlin. 1914–1945 / Hg. W. Fischer. Berlin, 2000. S. 318–349.

[2] Science and the Pacific War: Science and Survival in the Pacific, 1939–1945 / Ed. R. MacLeod. Dordrecht, 2000. P. 2.

Раньше всех на путь научной автаркии встала Советская России, оказавшаяся без союзников после Первой мировой войны и пытавшаяся найти собственные пути выхода из глобального национального кризиса. Стабилизация периода НЭПа оказалась недолгой. Из пламени гражданской войны Россия попала в горнило индустриализации и коллективизации, потрясших до основания все устои общества. Успехи советской науки в годы НЭПа создали у многих тогдашних правителей иллюзию, что не последнюю роль в этом сыграла их политика. Они были уверены, что ключи от будущего у них в руках, и задача заключается лишь в том, чтобы поскорее заставить всех маршировать по избранному пути. Это должна была обеспечить «культурная революция» в науке и образовании, призванная окончательно подчинить науку задачам социалистического строительства[3]. Для реализации этих целей И.В. Сталин и его соратники, победившие во внутрипартийной борьбе, опирались на мощный революционный настрой тех слоев, которые считали, что социалистическая реконструкция общества в годы НЭПа фактически замерла, что вместо этого реставрировались буржуазные институты, а бывшие специалисты третировали пролетарские кадры. В кампаниях «культурной революции» не было рациональной единой схемы, её направление и лозунги не раз менялись[4]. Их объединяло одно. В стремлении добиться безоговорочного подчинения научного сообщества власть придала извечным антиавторитарным и иконоборческим инстинктам младших по рангу против старших характер жестокой борьбы с классовым врагом. Этим естественная борьба поколений приобрела жестоко-агрессивный, дезорганизующий характер, стимулировала примитивные нападки под флагом классовой ненависти, что для многих ученых стало причиной личных и профессиональных трагедий.

Накануне «культурной революции» речь шла «о решительном приближении академической научной работы к промышленности и сельскому хозяйству»[5]. Предполагалось делать это на базе использования новейших достижений мировой науки. Такая постановка вопроса была приемлема для биологов, заинтересованных в практическом использовании их знаний и достижений. Они полагали, что тесная связь научных исследований с политико-социальными задачами не будет потерей ни для науки, ни для общества, а, напротив, сулит большие перспективы. Их рекрутирование на службу государству всецело соответствовало профессиональным интересам.

В то же время большинство представителей фундаментальной науки полагало, что признание приоритета практических исследований в условиях доминирования

---

[3] *Fitzpatrick Sh.* Cultural Revolution as Class War // Cultural Revolution in Russia, 1928–1932. Bloomington, 1984. P. 8–40; *Fitzpatrick Sh.* Power and Culture Front in Revolutionary Russia. Ithaca; London, 1992; *Plaggenberg S.* Revolutionskultur. Menschenbilder und kulturelle Praxis in Sowjetrußland zwischen Oktoberrevolution und Stalinismus. Köln u.a., 1996 (Рус. изд.: *Плаггенберг Ш.* Революция и культура. Культурные ориентиры в период между Октябрьской революцией и эпохой сталинизма / Пер. с нем. И. Карташёвой. СПб., 2000).

[4] Существует точка зрения, что нет оснований выделять «культурную революцию» в качестве решающего момента в превращении СССР периода НЭП в сталинскую. По мнению К. Кларк, это превращение шло по модели «прерывистой эволюции», т. е. серии катаклизмов, чисток, культурных революций, оттепелей, больших откатов и т. д.: *Clark K.* Petersburg, Crucible of Cultural Revolution. Cambridge (Mass.); London, 1995. P. IX.

[5] КПСС в резолюциях и решениях съездов, конференций и пленумов ЦК. М., 1984. Т. 4. С. 289.

социалистической идеологии угрожало свободе научного творчества и, в конечном счете, могло принести ущерб всей науке. Они сопротивлялись большевизации Академии наук, диалектизации естествознания и внедрению планирования в науку. В этом столкновении альтернативных представлений о месте науки в социалистическом обществе под напором власти победила противоположная точка зрения. В конце 1920-х — начале 1930-х гг. принцип планирования стал основополагающим в организации науки.

Руководство страны сочло, что настало время через подготовленные в послереволюционные годы кадры вмешаться в тематику научных исследований и дискуссии, вынося вердикты о соответствии тех или иных теорий и концепций проводимым в стране преобразованиям. Поводом для новой кампании против интеллигенции послужили инсценированные судебные дела — «Шахтинское», «Промпартии», «Академическое». В стране развернули «спецеедскую» кампанию, призванную закрепить в сознании общественности идеологему о неискоренимой враждебности бывших специалистов к советской власти и их готовности ради её свержения идти на любые преступления вплоть до прямого предательства, террористических актов и вредительства.

Ранее ожесточенная внутрипартийная борьба не позволяла контролировать все научные исследования. Этим объяснялась некоторая вялость партийной политики в области науки в годы НЭПа. К началу «культурной революции» ключевые посты в Комакадемии и других марксистских организациях заняли приверженцы А.М. Деборина. В гегелевской диалектике, в трудах Маркса и Энгельса они усматривали методологическую и мировоззренческую основу естествознания и стремились все науки подчинить идеологическому диктату. Предлагалось создать некое марксистское естествознание.

В 1928 г. на VIII съезде ВЛКСМ И.В. Сталин провозгласил «массовый поход революционной молодежи в науку»[6], которую представил крепостью со многими отраслями знания. Он указывал: «Эту крепость мы должны взять во что бы то ни стало. Эту крепость должна взять молодежь, если она хочет быть строителем новой жизни, если она хочет стать действительной сменой старой гвардии».

Объективными причинами для перехода к более жесткому контролю над наукой было соперничество новых коммунистических научных учреждений и обществ, сконцентрированных главным образом в Москве и тесно связанных с правительственными кругами, с традиционными школами и институтами, базировавшимися, прежде всего, в Ленинграде, стремление партийно-правительственной бюрократии лишить АН СССР её особого статуса как высшего научного учреждения страны и дать возможность партийному аппарату прямо воздействовать на избрание новых «бессмертных» академиков[7].

Система подготовки «пролетарских» кадров Комакадемии и ИКП не обеспечивала вытеснение «буржуазных» специалистов. Попытки коренным образом изменить это положение и вызвали «культурную революцию» в науке, которая,

---

[6] *Сталин И.В.* Собрание сочинений. Т. 11. С. 76.

[7] *Перчёнок Ф.Ф.* Академия наук на «великом переломе»: Звенья (исторический альманах). 1991. Вып. 1. С. 163–235; *Перчёнок Ф.Ф.* «Дело Академии наук» и «великий перелом» в советской науке // Трагические судьбы: репрессированные ученые АН СССР. М., 1995. С. 201–235; *Каганович Б.С.* Сергей Федорович Ольденбург. Опыт биографии. СПб., 2006. С. 151–199.

однако, вскоре закончилась провалом, и был провозглашен курс на сотрудничество с интеллигенцией. Но и это сотрудничество закончилось массовыми репрессиями. Существовали и политические мотивы этого процесса, связанные с сохранением среди научной интеллигенции влиятельных групп, скептически относившихся к действиям властей.

Поворот от курса на «мировую революцию» к «построению социализма в отдельно взятой стране» прямо отразился на отношении большевиков к международному сотрудничеству ученых. «Культурная революция» привела к резкому свертыванию международных контактов, а к 1937 г. международные контакты практически были полностью прекращены[8]. На смену правительственному поощрению контактов с зарубежной наукой и гордости за советских ученых, приглашаемых на международные форумы, пришло восприятие науки как «одного из орудий в борьбе с капиталистическим миром». Ученым, выезжающим за границу, предписывалось «выявлять секреты капиталистической науки», скрывая секреты пролетарской науки. Слишком близкие связи с зарубежными учеными стали подозрительными, их заведомо трактовали как преступление[9]. Отныне система информации о состоянии науки за рубежом включала все большее число идеологем, призванных возвышать собственные ценности и культивировать чувство враждебности к чужим[10]. Ужесточавшаяся цензура и централизация научной информации призвана была обеспечить закрытость общества.

Из стран будущей антигитлеровской коалиции СССР первый встал на путь милитаризации науки. Она базировалась вначале на результатах предшествовавших поисков системы взаимодействия научного сообщества с советским правительством, завершившихся «культурной революцией» и массовыми репрессиями. Партийный аппарат в основном «кнутом» формировал советскую систему организации науки, но — при жестком контроле над научным сообществом — оставлял все же возможность научной элите влиять на партийно-государственную бюрократию, участвуя тем самым в выработке научной политики СССР. Изолированность от зарубежных коллег предполагала опору на внутренние ресурсы.

Выход из глобального кризиса, порожденного послевоенной и послереволюционной разрухой, в отечественной науке был достигнут путем огосударствления всех научных исследований и их подчинения тотальному идеологическому и политическому контролю. Характерными чертами советской организации науки стали жесткая централизация, иерархизация и политизация научного сообщества, контролируемого партийно-государственными структурами. Сложилась специфическая номенклатура в науке, объединившая выдвиженцев культурной революции с представителями дореволюционного поколения ученых, принявших новые правила взаимоотношений научного сообщества с властью. Складывалась и «специфическая культура» научного сообщества: риторика и ритуалы. Неуклонно увеличивалась пропасть между высшим образованием и научными исследованиями. С 1934 г. кампании социалистического патриотизма все чаще приобретали оттенок великорусского шовинизма.

---

[8] *Кожевников А.Б.* Филантропия Рокфеллера и советская наука // ВИЕТ. 1993. № 2. С. 80–111.

[9] *Лисневский Ю.И.* Георгий Антонович Гамов. Жизнь в России и СССР // Там же. 1989. № 1. С. 48–55; № 2. С. 87–107.

[10] *Чугров С.В.* Идеологемы и внешнеполитическое сознание // Мировая экономика и международные отношения. 1993. № 2. С. 40.

С января 1933 г. аналогичные процессы шли и в Германии, где власть оказалась в руках национал-социалистов, что означало начало интенсивной подготовки Германии к крупномасштабной войне, в которой немецкие ученые намеревались принять самое активное участие[11]. Особую поддержку политика Гитлера, провозгласившего, что национал-социализм — это биология в действии, находила среди биологов[12]. Не случайно У. Дайхман, автор книги «Биологи под Гитлером»[13], признает, что правильнее было бы сказать «биологи при Гитлере» или даже «биологи с Гитлером». На его стороне было явное их большинство[14].

С Гитлером было немного физиков, среди них главными оставались Й. Штарк и Ф. Э.А. фон Ленард, боровшиеся за арийскую физику ещё до прихода Гитлера к власти. Энтузиазм ученых, поддерживавших национал-социалистические идеи до 1933 г., был оценен властями. Первые годы Третьего рейха характеризовались единством новой политической верхушки и научного сообщества, разделявших опасный консервативный романтизм арийской идеологии. Благодаря приходу новой власти Штарк стал директором самого знаменитого учреждения в Германии — Имперского физико-технического института (ФТР) и президентом Немецкого общества поддержки и содействия научным исследованиям, а Ленард был личным советником Гитлера и объяснял фюреру при встречах, как должна быть организована наука в Германии. К тому времени он был уже очень стар. И хотя в 1936 г. Ленард одним из первых получил учрежденную нацистами премию в области науки как награду за длительную борьбу за арийскую физику, а его четырехтомная книга «Немецкая физика» (1936–1937) была популярна в партийных кругах, Ленард попрежнему чувствовал себя оттесненным на второй план и все больше уходил в частную жизнь, проводя почти все время в своей деревне вблизи Гейдельберга.

Вообще нацисты не слишком долго прислушивались к советам ученых, бывших их союзниками в период борьбы за «национал-социалистическую революцию». Вскоре после непродолжительного выступления «активистов» произошло ужесточение дисциплины и подчинение культуры и науки политико-административному контролю, не допускавшему какого-либо самоуправства. В Германии были четко определены и «фронты» борьбы с интеллигенцией. С различной степенью жестокости репрессии обрушивались на ученых-демократов, коммунистов и социал-демократов, но, прежде всего, на евреев. С 1933 по 1939 гг. представители этих групп, как правило, были уволены со службы, арестованы или принуждены к эмиграции[15]. Только в 1933 г. работы лишились 20 % или 614 профессоров и доцентов, из них только 80 человек были уволены по политическим причинам. Три

---

[11] См. библиографический обзор публикаций до 1988 г.: *Mehrtens H.* Das “Dritte Reich” in der Naturwissenschaftsgeschichte: Literaturbericht und Problemskizze // Naturwissenschaft, Technik und NS-Ideologie. Beiträge zur Wissenschaftsgeschichte des Dritten Reichs / Hg. H. Mehrtens, S. Richter. Frankfurt am Main, 1990. S. 15–87; *Mayer H.* Latest Results and Disederata in the History of Science and Technology during World War II // Science and War. Workshop. 1. okt. 2002. Hyrosima, 2005. P. 3–9.

[12] *Юнкер Т., Хоссфельд У.* Синтетическая теория эволюции и фашизм // Науковедение. 1999. № 3. С. 151–163.

[13] *Deichmann U.* Biologen unter Hitler. Vertreibung. Karrieren, Forschung. Frankfurt am Main; New York, 1992.

[14] Handbücher deutschen Bildungsgeschichte. Bd. 5. 1918–1945. Die Weimarer Republik und die national-sozialistische Diktatur / Hg. D. Langewiesche, H.-E. Tenorth. München, 1989.

[15] *Fischer K.* The Operationalization of Scientific Emigration Loss // Historische Sozialforschung. 1988. Bd. 48. S. 99–121; Die Emigration der Wissenschaft nach 1933 / Hg. H. Strauss. München, 1991.

университета (в Берлине, Бреслау и во Франкфурте-на-Майне) потеряли до 40% своего профессорско-преподавательского корпуса. В конечном счете, к 1940 г. из Германии, Австрии и Чехословакии эмигрировали 15% ученых, что составило приблизительно около 1 500 профессоров, а всего около 2 000 ученых[16]. Оставшиеся должны были принести клятву на верность фюреру, немецкому народу и рейху. Над ними был установлен жесткий контроль со стороны партийных ячеек в университетах и институтах, а также осведомителей СС и СД.

Такая унификация, а скорее, даже «самоунификация» научных институтов проходила достаточно спокойно, без осложнений, хотя ей не предшествовал сколько-нибудь длительный период запугивания ученых, как это было в Советской России в годы гражданской войны и «культурной революции»[17]. Среди немецких ученых немногие возражали против идеологических установок, четко определявших, кого будут увольнять с работы, не говоря уже о том, чтобы возражать против решений, какие социальные группы подлежат полному уничтожению, а какие не представляют опасности для режима.

Для многих ученых этот период был крахом их надежд на сильную науку в сильной Германии. Тем не менее, протесты против увольнения даже выдающихся ученых, являвшихся символом немецкой науки, были редким исключением. Напротив, немало было тех, кто с радостью занимал освобождавшиеся места. Многие ученые активно участвовали в рационализации иррациональных побуждений нацистов и нередко сами были инициаторами гонений на своих коллег. Нападки на В. Гейзенберга и других «врагов нации» и «белых евреев» стимулировали сами физики, руководствовавшиеся при этом разными мотивами. Одни старались сохранить или повысить свой статус, другие — получить финансовую поддержку, третьи — низвергнуть конкурентов, четвертые — защититься от нападок[18]. И в этом их поведение ничем не отличалось от поведения их советских коллег в годы «культурной революции». Условия тоталитарного режима диктовали определенный тип адаптации ради выживания или карьеры[19].

Однако в политике нацистов довольно скоро произошел поворот от идеологического романтизма к политической прагматике. То, что было важно в партийно-общественной риторике до 1933 г., оказалось попросту вредно в новой государственно-партийной системе. Для правителей Третьего рейха становилось постепенно ясным, что неважно, какая у них физика — английская или немецкая, теоретико-догматическая или экспериментальная. Им нужна была современная физика и современная биология, способные обслуживать военную машину Третьего рейха и реализовать задачу генетического оздоровления нации. В случае необходимости они не обращали внимание даже на еврейское происхождение ученых, как это произошло с лауреатом Нобелевской премии О.Г. Варбургом, до конца войны возглавлявшим Институт клеточной физиологии КВГ. Как любил говорить Г. Геринг, в своем ведомстве я определяю, кто еврей. При этом нацисты недооценивали фундаментальные исследования, в результате чего, а также из-за

---

[16] *Ash M., Söllner A.* Forced Migration and Scientific Change after 1933 // Forced Migration and Scientific Change: Emigré German-speaking Scientists and Scholars after 1933 / Ed. M.G. Ash, A. Söllner. Washington; Cambridge, 1996. P. 6–7.

[17] *Beyrau D.* Bildungsschichten unter totalitären Bedingungen. Überlegungen zu einem Vergleich zwischen NS-Deutschland und der Sowjetunion unter Stalin // Archiv für Sozialgeschichte. 1994. Bd. 34. S. 44

[18] *Walker M.* Die Uranmaschine. Mythos und Wirklichkeit der deutschen Atombombe. Berlin, 1990

[19] Wissenschaft im Dritten Reich / Hg. P. Lundgren. Frankfurt am Main, 1985.

изгнания физиков-евреев, остался неиспользованным значительный инновационный потенциал физики. В то же время фундаментальным исследованиям в области медицины, биологии и особенно генетики нацисты оказывали значительную поддержку. Они казались им более полезными и важными в идеологическом отношении. Этим умело пользовались генетики, добывавшие огромные средства на исследования фундаментальных проблем. Примером этого может стать деятельность Н.В. Тимофеева-Ресовского[20].

Непосредственно к началу Второй мировой войны число сторонников нацистов среди физиков явно поубавилось. Иначе обстояло дело в биологии. От многих своих рьяных приверженцев, считавших, что за преданность им позволят определять научную политику Третьего рейха, нацисты сами избавились, отстранив их от высоких должностей или отправив на пенсию. Правда, в отличие от СССР, освобождение от прежних союзников, как правило, никогда не носило характер беспощадных расправ. Важные в военно-техническом отношении научно-исследовательские проекты были подчинены СС, а на заключительном этапе войны в концентрационных лагерях, используя опыт «шарашек» в СССР, стали создавать лаборатории и научные подразделения, используя потенциал ученых-узников. Лагеря стали местом физиологических, биохимических и медицинских опытов над людьми, при этом многие ученые воспринимали эти эксперименты как занятие обычной, нормальной наукой[21].

В целом, нацисты довели до логического конца начавшееся уже во время кайзера Вильгельма II вторжение государства во все сферы общественной жизни. Теперь они осуществляли планирование не только перевозок, но и народонаселения, обеспечения «здорового тела народа». Вся общественная жизнь для них была «садом», использование селективных мер в котором обеспечивало бы рост и процветание. Это должно было поддержать «единство нации», завоевание и сохранение Германией мирового господства.

Нацисты ввели плановую экономику. В такой характеристике их экономической политики нет никакого преувеличения — она была настолько плановой, насколько это было возможно в рамках монополистического капитализма с промышленными картелями. Для осуществления «четырехлетнего плана», предложенного Герингом, было создано Управление развития экономики, в котором научные исследования стояли не на последнем месте. Двадцать пять институтов, работавших на бюджетном финансировании, планомерно создавали и внедряли стратегически важные научно-технические разработки. В 1934 г. было создано Имперское министерство науки, воспитания и народного образования — РМВЕФБ (Reichsministerium für Wissenschaft, Erziehung und Volksbildung, RMWEVB), которое возглавил «старый борец», член НСДАП с 1925 г. Б. Руст. Под его началом оказалась огромная «империя» знания, включая науку, высшее и среднее образование, молодежные объединение и союзы. Помимо идеологических задач нацификации образования, возглавляемое им министерство должно было направлять усилия немецкой науки на нужды военной индустриализации и реализации программ

---

[20] *Бабков В.В., Саканян Е.С.* Николай Владимирович Тимофеев-Ресовский. М., 2002; Рассекреченный Зубр. Следственное дело Н.В. Тимофеева-Ресовского / Вступ. ст. Я.Г. Рокитянского. М., 2003.

[21] См. подробнее: *Александров Д.А.* Наука и нацизм // Фашизм в Европе — прошлое и настоящее. Мат. семинара. СПб., 1996. С. 98–123.

расовой гигиены. Все научные учреждения, в том числе и КВГ со всеми его институтами, перешли под контроль Министерства. Под лозунгом «чистоты расы» Руст осуществил полное обновление немецкой интеллектуальной жизни, что, в конечном счете, привело к потере Германией лидирующей роли во многих отраслях естествознания из-за увольнения и эмиграции примерно двух тысяч выдающихся химиков, физиков, математиков и инженеров. Подрастающее поколение было воспитано в духе милитаризма и национализма в соответствии с идеалами арийской расы. Руст заявлял: «Нам нужны новые поколения арийцев, или мы потеряем свое будущее»[22] . Но будущее немецкая наука потеряла как раз из-за реализации планов национал-социалистов, а сам Руст покончил самоубийством в день безоговорочной капитуляции Германии, 8 мая 1945 г.

Министерство не справилось с научным обеспечением военных программ, призванных принести победу Германии, хотя в распоряжении Германии оказались научные ресурсы оккупированных ею государств Европы. Не удалось и централизовать научную деятельность путем создания единой Академии наук, хотя в 1937 г. была учреждена Национал-социалистическая академия наук в Гёттингене, ликвидированная после капитуляции гитлеровской Германии. В рамках генерального плана «Ост», предусматривавшего эксплуатацию научных ресурсов оккупированных стран, нашло отражение тесное и специфическое соединение академической науки и национал-социалистического планирования научных исследований и их применения для реализации нацистской политики уничтожения наций[23] . При этом не брезговали и прямым грабежом, как это было с похищением национал-социалистами в 1943 г. генетических материалов в российских институтах, организованных Н. И. Вавиловым[24] .

В первые два года Второй мировой войны СССР фактически был союзником Германии, и всякие научные контакты с Англией и США были чрезвычайно опасными. Нападение гитлеровской Германии на СССР ранним утром 22 июня 1941 г. внезапно все изменило. Страны западной демократии и либерализма из потенциальных врагов превратились в желанных союзников. Вторжение немецких войск и их победоносное шествие в первые месяцы войны заставило государственно-партийную бюрократию по-новому оценить значение науки, определить научному сообществу новые обязанности и дать новые права, как внутри страны, так и в международном общении. Ученые становились не только консультантами, но и партнерами власти при определении научной политики. Они играли важную роль в укреплении союзнических уз, будучи полпредами нашей страны в Америке и Великобритании, создавая у интеллектуальной элиты Запада позитивный образ

---

[22] *Wistrich R.* Wer war wer im Dritten Reich. München, 1983. S. 232.

[23] *Aly G., Heim S.* Vordenker der Vernichtung. Auschwitz und die deutschen Pläne für neue europäische Ordnung. Hamburg, 1991. S. 394–440; Der "Generalplan Ost". Hauptlinien der national-sozialistischen Planungs- und Vernichtungspolitik / Hg. M. Rössler, S. Schleiermacher. Berlin, 1993; *Schleiermacher S.* Soziobiologische Kriegsführung? Der "Generalplan Ost" // Berichte zur Wissenschaftgeschichte, 1996. Bd. 19. S. 145–156; *Heim S.* "Vordenker der Vernichtung" Wissenschaftliche Experten als Berater der nationalsozialistischen Politik // Geschichte der Kaiser-Wilhelm-Gesellschaft im Nationalsozialismus. Bestandsaufnahme und Perspektiven der Forschung Hg. D. Kaufmann. Göttingen, 2000. Bd. 1. S. 77–91.

[24] *Хоссфельд У.* Захват немецкими фашистами генного материала вавиловских институтов в 1943 г. // На переломе. Отечественная наука в первой половине XX в. Вып. 2. СПб., 1999. С. 244–259.

СССР, оплота демократии и социальной справедливости, заклятого врага нацизма. Военный союз с Великобританией и США предполагал также тесное сотрудничество советских ученых с учеными англоязычного пространства в разработке нового оружия и новых военных технологий. В результате резко возрос социальный статус ученого, а административная верхушка научного сообщества сама стала частью высшей государственной элиты[25].

Война срочно потребовала новые формы взаимоотношений науки и государства в англоязычном пространстве, прежде всего в США. Национальная Академия наук США продолжала обширную консультативную работу, но, оставаясь независимой от «федеральной структуры», она не могла официально возглавить привлечение научных сил страны к выполнению задач военного времени. А для осуществления общенациональных программ Академия не имела ни исследовательской базы, ни соответствующих финансов. Война стала мощным катализатором становления в США системы государственных органов руководства наукой.

Еще до вступления в антигитлеровскую коалицию правительство США, учитывая опыт Первой мировой войны, предприняло ряд организационных мер по мобилизации национальных научно-технических ресурсов. Суть их, по оценке президента Массачусетского технологического института К. Комптона, заключалась в том, чтобы в переживаемый страной «большой кризис» создать временно «новые органы», призванные встретить «критические обстоятельства лицом к лицу» и справиться с ними, «обеспечивая важные проекты в военной обстановке»[26]. С этой целью в июне 1940 г. Совет национальной обороны образовал Национальный комитет оборонных исследований, который возглавил известный американский физик В. Буш, президент института Карнеги, тесно связанный с академическими и промышленными кругами. В подчинение вновь созданного органа были переданы все исследования оборонного значения, за исключением работ, традиционно входивших в компетенцию Национального консультативного совета по аэронавтике (НАСА). Вновь созданному Комитету было дано право использовать для оборонных исследований не только правительственные лаборатории, но и по контрактам привлекать к ним неправительственные учреждения.

В июне 1941 г. для повышения эффективности координации работ военно-оборонного характера было создано Управление научными исследованиями и разработками, которое было наделено бóльшими полномочиями, чем Национальный исследовательский совет в Первую мировую войну. Управлению было дано право организовывать срочные проекты военного значения и поручено ликвидировать разрыв между исследованиями, разработками и производством современного оружия, координируя научно-технические разработки в военных ведомствах, а также военно-медицинские исследования. Управление также возглавил Буш, а Национальный комитет оборонных исследований был превращен в отдел Управления, отвечающий за военно-техническую программу. Военно-медицинские исследования координировал и контролировал другой отдел Управления.

---

[25] О вхождении академической элиты в высшие эшелоны власти см.: *Korenjuk N.* Die Akademie der Wissenschaften der UdSSR als elitäre Korporation // Im Dschungel der Macht: Intellektuelle Professionen unter Stalin und Hitler / Hg. D. Beyrau. Göttingen, 2000. P. 65–84.

[26] Цит. по: Эволюция форм организации науки в развитых капиталистических странах / Ред. Д.М. Гвишиани, С.Р. Микулинский. М., 1972. С. 62.

В исполнительный комитет Управления вошли выдающиеся ученые, которые и выступали инициаторами новых разработок и решали вопросы о распределении отобранных проектов среди организаций. В конечном счете, было заключено около 2 500 контрактов на сумму свыше 500 млн. долларов[27]. Среди организованных Управлением работ особое место занимал «Манхэттенский проект» создания атомного оружия. На его реализацию Конгресс еще до августа 1945 г. выделил свыше 2 млрд. долларов, сумму до этого немыслимую для государственных субсидий на науку. Значительные изменения война внесла и в научные исследования военных ведомств США, управлявших армией, военно-морскими и военно-воздушными силами. Созданные в них научно-исследовательские подразделения эффективно действовали во время войны и были сохранены по ее завершению.

Государственный контроль, координация и планирование научных исследований военно-оборонного значения были введены и в Англии. С этой целью в 1940 г. при правительстве создали Специальный научный комитет по научно-техническим проблемам. В ряде министерств сформировали аппарат научных советников. Организовали Управление колониальных исследований, учредившее Совет по исследованию колониальных продуктов. Изменение правительственной научной политики опиралось на широкую общественную кампанию в поддержку национальной науки. Научный комитет при парламенте рекомендовал в пять раз увеличить финансирование высшего образования и в десять раз — ассигнования на научные исследования[28]. Ученые стали консультантами в государственных органах на постоянной и формальной основе, что позволяло им активно влиять на выработку и проведение государственной научной политики.

«Культурная революция» и советизация биологии

«Культурная революция», начавшаяся в СССР в 1929 г., коренным образом изменила взаимоотношения властей и ученых. До этого власти не вмешивались в биологические дискуссии, используя внутринаучную конкуренцию для проведения своей политики. Но в апреле 1929 г. руководитель Комакадемии М.Н. Покровский заявил о прекращении мирного существования с немарксистами-естественниками и об изживании «фетишизма перед буржуазными учеными». Вскоре на 2-ой Всесоюзной конференции марксистско-ленинских учреждений были осуждены механицисты, доказывавшие, что современное естествознание само по себе диалектично. Официальную поддержку получила идея А.М. Деборина о перестройке естествознания на основе материалистической диалектики. Отныне становилось возможным отвергать любую научную концепцию как несоответствующую марксизму, а противники Деборина, в том числе и биологи — сторонники механоламаркизма, лишились руководящих постов в Комакадемии и подвергались непрерывной критике и проработке.

Не прошло и двух лет, как сами деборинцы были обвинены в капитуляции перед буржуазной наукой, в отрыве теории от практики, в аполитичности и академизме. Выдвинутое партией требование связи науки с задачами социалистического строительства позволяло ликвидировать любое научное направление в биоло-

---

[27] Эволюция форм организации науки в развитых капиталистических странах. С. 6

[28] Там же. С. 214.

гии, обвиненное в отрыве от практики. Для идеологического контроля над учеными все планы научных работ и учебные программы отныне должны были представляться в Ассоциацию естествознания Комакадемии. Её руководителем в начале 1931 г. стал Э.Я. Кольман, готовый даже законы Ньютона и Бойля-Мариотта переработать с позиций марксизма. Он уверял, что биология в СССР кишит вредителями: генетики отстаивают евгенические меры, зоологи и ботаники противостоят созданию совхозов-гигантов, ихтиологи занижают производительные способности водоемов[29].

Труды сторонников Деборина в биологии (И.И. Агола, С.Г. Левита, М.Л. Левина, А.С. Серебровского и др.) объявили антимарксистскими. Их места в учреждениях и обществах Комакадемии заняла следующая когорта диалектизаторов биологии (Б.П. Токин, В.С. Брандгендлер, П.П. Бондаренко, В.М. Каганов, М.С. Мицкевич, Р.Э. Яксон, Г.Ю. Яффе). Проверке и «проработке» подлежали все ученые, но в первую очередь каяться заставляли свергнутых лидеров «диалектической биологии».

Во всех биологических учреждениях развернули травлю ведущих ученых. Так, заместитель директора Медицинского института Казанского университета А.А. Диковицкий громил заведующего кафедрой физиологии Казанского университета Д.С. Воронцова: тот якобы во время чистки ВАРНИТСО заявил, что в СССР нет диктатуры пролетариата, а есть диктатура партии над пролетариатом, ЦК — над партией и Политбюро — над ЦК, и что он не согласен с линией партии. Статья «Платформа белогвардейца с трибуны ВАРНИТСО» была снабжена подзаголовком-доносом «Проф. Воронцов — это не агент врага, а сам враг, который, окопавшись наукой, вербует свою агентуру для контрреволюционных действий»[30]. В 1935 г. Воронцов уехал на Украину, где стал действительным членом АН УССР. Самого же Диковицкого обвинили в троцкизме, что было обычным итогом деятельности подобного рода разоблачителей.

Не столько борьба с «буржуазными» учеными, сколько конкуренция за руководящие посты и покровительство партийной элиты, за финансы и влияние были движущими силами в диалектизации биологии. Так же как их коллеги в Германии, победители и здесь спокойно занимали освобожденные места после низвержения предшественников-конкурентов. Возглавивший биологию в Комакадемии Б.П. Токин уже готов был бороться с Вавиловым[31]. Но не успел он разобраться с «механистическими материалистами и меньшевиствующими идеалистами», как будущий автор концепции «живого вещества» О.Б. Лепешинская обратилась в ЦКК ВКП (б) с предложением назначить следствие по его делу[32]. В архивах немало документов о том, как будущие борцы с лысенкоизмом использовали марксизм для дискредитации своих научных оппонентов. Для биологии главным «выдвиженцем» «культурной революции» оказался И.И. Презент, ставший впоследствии правой рукой Т.Д. Лысенко и его главным идеологом. Презент

---

[29] План научно-исследовательской работы Институтов на 1932 г. // ВКА. 1932. № 1. С. 17–39; *Кольман Э.* Вредительство в науке // Большевик. 1931. № 2. С. 71–81.

[30] Цит. по: Очерки истории Казанского университета. К 200-летию Казанского университета. Казань, 2002. С. 215.

[31] Против механистического материализма и меньшевиствующего идеализма в биологии. М., 1931. С. 12.

[32] Архив РАН. Ф. 1588. Оп. 2. Д. 103. Л. 1.

возглавил в Ленинграде отделение ОБМ, естественнонаучную секцию Общества воинствующих материалистов-диалектиков (ОВМД), Биологическую секцию в Ленинградском отделении Комакадемии (ЛОКА), вошедшую в 1931 г. в Институт естествознания ЛОКА, кафедру диалектики природы и эволюционного учения в ЛГУ и ряд других организаций, созданных для проведения политики партии среди биологов.

Как никто другой, Презент умел придать любой дискуссии характер обострившейся классовой борьбы, будь то обсуждение методики преподавания или охраны природы[33]. На первом заседании Биологической секции ЛОКА он вещал: «Октябрьская революция в отношении перетряхивания теоретических установок только начинается <...>. Нужно взять на критику всех. Черновой просмотр, сборка материала должны вестись широко и массово во всех учреждениях»[34]. Первоначально предполагалось заняться реакционными течениями в генетике и ботанике и выяснить их вредительское влияние на работу прикладных учреждений, подготовкой Всесоюзных съездов, реорганизацией научных обществ, методичным просмотром всех кафедр биологического профиля в вузах Ленинграда, их трудов за весь период после революции. От ученых он требовал ссылки на партийные документы, заявляя, что в биологии нет научных школ, есть только школы партийные и антипартийные. Деятельность Презента ярко отразила новые тенденции в диалектизации биологии — сокрушение традиционных научных школ.

Образ «карликового самца», нарисованный в современной литературе, мало соответствует действительности. Блестящий талант оратора и полемиста, активная позиция, граничащая с авантюризмом смелость, рассказы о «героическом революционном прошлом», забота о ближних, успех у женщин и т. д. — все это привлекало к Презенту многих людей[35]. Среди его поклонников в те годы было немало будущих непреклонных борцов с лысенкоизмом. Прошедшие в те годы Всесоюзные съезды по генетике, зоологии, ботанике, физиологии, охране окружающей среды показали, что многие ученые были готовы идти «в авангарде мировой науки» и вести научные исследования согласно партийным директивам. Так, например, на 1-ом Всесоюзном съезде по генетике, селекции, семеноводству и племенному животноводству генетике был придан образ науки, не просто способной на чудо, а уже творящей чудеса в кратчайшие сроки и способной передать свои достижения на поля. Уподобляя генетика создателю, Н.И. Вавилов говорил, что генетик «должен действовать как инженер, он не только обязан изучать строительный материал, но он может и должен строить новые виды живых организмов»[36]. К числу учреждений, которые «идут впереди научных организаций всего мира», Вавилов причислял и Генетико-селекционный институт в Одессе, где тогда уже работал Т.Д. Лысенко[37]. Таким образом, генетики начали культивировать веру в быстродействующие средства подъема сельского хозяйства и обновления общества. Правда, урожай с этой веры на сталинской ниве собрали лысенкоисты.

---

[33] *Колчинский Э.И.* Исай Израилевич Презент — герой своего времени // Der Agrarbiologe Lyssenko — ein Exempel für die Ideologisierung der Wissenschaft. DAMU-Heft. 1999. № 3. S. 17–29.

[34] ПФА РАН. Ф. 240. Оп. 1. Д. 5. Л. 58.

[35] *Голлербах М.М.* [На этом фоне необычайно положительная роль принадлежала К.М. Завадскому] // Ученый, учитель, гражданин: Памяти К. М. Завадского. СПб., 1997. С. 75–76.

[36] Вечерняя Москва. 1929. 17 января.

[37] Ленинградская правда. 1929. 12 января.

Прежде всего, Презента поддерживала молодежь, не обладавшая прочными профессиональными знаниями, но стремившаяся быстро повысить свой статус, ликвидировать замкнутость науки путем вовлечения широких масс в обсуждение её проблем и разоблачения «реакционной» профессуры. За это им обещали быструю карьеру, и действовали они с постоянной оглядкой на партийные органы. Так, жена Презента, Б.Г. Поташникова, призывая к борьбе с Вавиловым, отмечала: «Вопрос с Вавиловым надо бы было согласовать с Обкомом» и признавала, что «за проработку Вернадского, Павлова и других лиц мы еще взяться не можем»[38]. Из таких рвущихся в бой «специалистов» формировались бригады по «проработке» теорий лидеров научных школ в генетике, биогеохимии, экологии, лесоводстве. Бригады устраивали лекции, диспуты, проверяли учебные планы студентов и аспирантов, готовились к Всесоюзным совещаниям по различным отраслям биологии. Особое внимание уделяли практическим занятиям, так как, по признанию Презента, именно при обучении методам экспериментальных исследований студенты «попадают под влияние буржуазных специалистов».

Не раз осуждали и научные общества, чей кастовый характер особенно возмущал молодежь, не имевшую печатных работ. Общества они характеризовали как «научные болота», «цитадели реакционной профессуры», где она «прячется от докучливых взоров советской общественности» и т.д. Их обвиняли в нездоровом академизме, «в сочетании чистой науки с нечистой политикой», в идеологическом терроре по отношению к ученым-коммунистам. Отмечали, что в Русском энтомологическом и Русском палеонтологическом обществах много дворян, в том числе и эмигрантов. Как враждебные характеризовались Физиологическое общество во главе с И.П. Павловым, Русское ботаническое общество во главе с В.Л. Комаровым, Ленинградское общество естествоиспытателей во главе с В.И. Вернадским и др. Для их коренной реорганизации предлагали ввести в состав коммунистов, затем провести перевыборы и организовать Совет ассоциации обществ, подчинив его ЛОКА.

На каждом этапе диалектизации биологии к руководству приходили все более агрессивные группы и усиливалось идеологическое давление на ученых. Конкуренция была особенно жестокой между лицами, стремившимися к сотрудничеству с властью. Победителем вышел Презент, который вовремя усвоил, что единственным критерием истины в биологии стала готовность слепо следовать политике Сталина и менять взгляды вслед за её изменениями. Это обеспечивало «успех» Презенту вплоть до его «звездного часа» на августовской сессии ВАСХНИЛ в 1948 г.

Деятельность создаваемых Презентом бригад доставила много неприятностей биологам, попавшим под проработку. Приход в научные учреждения и вузы малограмотных людей дестабилизировал ситуацию. Многие специалисты были отстранены от преподавания и уволены. Другие арестованы и сосланы в отдаленные города. Третьи были осуждены и попали в лагеря. Начались и расстрелы.

Но главная цель «культурной революции» — привлечь большое число ученых в марксистские организации и «расслоить» специалистов — провалилась. Часть биологов, внешне усвоив новую терминологию, продолжала работать по-прежнему. Другие открыто выступали против попыток диалектизировать биологию,

---

[38] ПФА РАН. Ф. 240. Оп. 1. Д. 5. Л. 57–58.

называя их демагогией и словоблудием (В.И. Вернадский, В.Е. Тищенко, И.Н. Филипьев)[39]. Ученые осознавали опасность и давали отпор критикам. Вред диалектизации биологии признали и некоторые ее зачинатели. Например, ботаник Б.М. Козо-Полянский заявил о своей приверженности механицизму, так как его альтернативой может быть только витализм[40].

Это понимали и некоторые философы. Председатель ЛО ОВМД Г.С. Тымянский говорил, что само название отталкивает естественников. Даже зачисленные в ОВМД студенты уклонялись от критики преподавателей и борьбы «с реакционной профессурой», «упорно стоявшей на идеалистических и эклектических теориях»[41]. В 1932 г. специальная комиссия не обнаружила каких-либо материалов о деятельности ОВМД в Академии наук, хотя по отчетам здесь было пять его ячеек. Характерно сообщение о лекции на заводе «Красный коммунар», где говорилось, что лекция была хорошая, но на ней присутствовали только пропагандисты.

На правлении ОВМД признавали: «Все наши усилия по охвату беспартийной профессуры не увенчались успехом»[42]. Весь состав общества — это партактив, так как его создавали в порядке партийной дисциплины. «Если есть в районе работник философского фронта, то существует общество. Достаточно философу уехать — общество распалось. В разговоре с профессорами выясняется, что они боятся слова "диалектика"». В ОБМ формально числилось 650 человек, из них 250 в Москве и пятьдесят в Ленинграде. Но реально все выглядело иначе. Даже коммунисты, мобилизованные обкомом, по словам Презента, просили «дать заполнить все карточки на вступления в общества, не стремясь даже узнать их название»[43]. Из анкет видно, что подавляющее большинство чисто механически заполняло карточки или, скорее всего, не знало о своей причастности к обществу.

Жалобы на отсутствие поддержки среди ученых, пассивность своих ячеек скоро стали лейтмотивом выступлений на бесчисленных заседаниях президиумов, правлений, бюро. Наспех подготовленные аспиранты не могли серьезно критиковать биологов, а борьбу с ними успешнее вели комиссии по «чистке», а вскоре и ОГПУ, арестовывавшее и ссылавшее неугодных. Даже Презент вызывал нарекания. В январе 1932 г. партийное бюро Института естествознания ЛОКА отмечало, что Биологическая секция не взяла на себя инициативу по разоблачению враждебных школ в биологии, не начала работы по реконструкции Академии наук и ВАСХНИЛ. 15 февраля 1932 г. Президиум ОБМ отметил, что все конференции в Ленинграде проведены плохо[44].

Глухое сопротивление, жаловался Презент, оказывают даже биологи-коммунисты. Чисто внешне демонстрировали свое согласие с диалектическим материализмом К.М. Быков, В.Н. Любименко, В.Н. Сукачёв, А.А. Заварзин и др. Например, Сукачёв признавал ошибочным поиск аналогий между растительными группировками и обществом. Каялся он и в склонности к механицизму, усвоенному им некритически из учений Г.Ф. Морозова о лесе и концепции Н.И. Бухарина о подвижном равновесии. Но диспут в Лесотехнической академии, где предпо-

[39] ПФА РАН. Ф. 240. Оп. 1. Д. 35. Л. 101–134.
[40] Там же. Ф. 239. Оп. 1. Д. 32. Л. 27.
[41] Там же. Д. 12. Л. 22.
[42] Там же. Д. 32а. Л. 14.
[43] Там же. Д. 35. Л. 110.
[44] Там же. Ф. 240. Оп. 1. Д. 7. Л. 3.

лагалось «дать решительный бой Сукачёву» и развенчать его вместе с другими профессорами перед научной общественностью, был признан проваленным. Диалектизаторов биологии не поддержали даже члены партии. Неудачей для Презента закончился и диспут в Ихтиологическом институте, где в защиту критикуемых зоологов В.А. Догеля и Л.С. Берга выступил крупный гидробиолог Н.М. Книпович, отметивший односторонность нападок Презента и его невежество. В.А. Ковда возмущался, что публичное заявление Вернадского о быстрой деградации географии и минералогии в СССР и о расхищении коллекций и библиотек «малограмотными студентами и научными работниками-недоучками» не встретило никакого отпора[45].

«Реорганизованная» в 1929 г. Академия наук пополнилась коммунистами, быстро усваивавшими ведомственные интересы. Новые её руководители В.П. Волгин (непременный секретарь) и Г.М. Кржижановский (вице-президент), как и их предшественники (С.Ф. Ольденбург и А.Е. Ферсман), пытались оградить её от дальнейших «чисток»[46]. В записке, составленной в 1933 г. для РКИ, они уверяли, что Академия наук «превратилась из оплота реакционных элементов научных работников страны в научное учреждение вполне советское». Они возражали против сокращения Биологической ассоциации с 672 человек до 154, так как это приведет к разрушению коллективов, выполнявших важные задания. В итоге под сокращение попадали в основном дворники, сторожа, шоферы, столяры и т. д., а научных сотрудников сохраняли.

Осознание Презентом неудачи побудило его искать покровителя, популярного среди партийного руководства, от имени которого можно было бы создать некую теоретическую базу для новых усилий по «диалектизации» биологии. Презент уже знал, что в Ленинграде никто из крупных ученых не станет с ним сотрудничать. В феврале 1932 г. он договорился с Лысенко о сотрудничестве и вскоре уже составлял докладную записку о необходимости поездки с группой аспирантов и сотрудников Биосектора к Т.Д. Лысенко в Одессу, а также в заповедник Аскания-Нова и к И.В. Мичурину.

Письмо Лысенко Презенту от 22 мая 1932 г. свидетельствовало о том, что Лысенко ещё не знал отчества своей будущей «правой руки», именуя его «Исаем Исаевичем», но уже считал приезд Презента «крайне желательным»[47]. Взаимная готовность к сотрудничеству принесла быстрые плоды. Из письма Лысенко к Презенту от 6 ноября 1932 г. видно, что они уже приступили к написанию совместных работ[48]. Лысенко просил доработать статью и считать её «результатом работы бригады Комакадемии». Во время пребывания Презента у Лысенко летом 1932 г. началась ликвидация организаций и журналов, созданных для внедрения марксизма в биологию. Прежде всего, ликвидировали учреждения, наиболее активно проявившие себя в годы «культурной революции». Из главных ленинградских диалектизаторов естествознания Презент был единственным, кто заранее почуял крах «культурной революции» и вновь успел вовремя сменить покровителя. Остальные все погибли в последующих репрессиях. Места выбывших занимали выдвиженцы «культурной революции», которая, в конечном счете, ускорила отчасти кадровое обновление биологии.

[45] ПФА РАН. Д. 35. Л. 128.
[46] Там же. Ф. 4. Оп. 28. Д. 46. Л. 108–116.
[47] Там же. Ф. 240. Оп. 1. Д. 22. Л. 12.
[48] Архив РАН. Ф. 1593. Д. 128. Л. 1.

Принято считать, что сталинская наука сложилась в годы «культурной революции», а сталинский «массовый поход революционной молодежи на науку» взрастил генерацию, всегда готовую к поискам врагов социализма и ставшую вскоре основой лысенкоизма. Вместе с тем «культурная революция» не выполнила поставленных целей. Не удалось создать «пролетарскую» биологию, сравнимую в теоретических и практических аспектах с расовой гигиеной и антропологией в Германии. Не было контролируемых партией массовых движений, подобных движениям гигиенистов и евгеников в Германии. Не были написаны и марксистские учебники по биологии. Более того, занятие философией стало считаться дурным тоном среди биологов. В нем отныне усматривали угрозу науке. Частая смена кампаний и лозунгов показала многим ученым, что наиболее уязвимыми оказывались те, кто участвовал в пропаганде официальной идеологии.

Сталинская наука и биология

Сталинская наука

С 1933 г. в СССР наметился очередной крутой поворот научной политики: на этот раз от пролетарской и леворадикальной к консервативной и национально-государственной, завершившийся созданием сталинской науки. Ускоренная индустриализация страны и насильственная коллективизация сельского хозяйства наглядно показали, что волюнтаристских методов и энтузиазма малограмотных партийцев послереволюционного призыва недостаточно для достижения поставленных целей. В ходе «культурной революции» окончательно обнаружился утопический характер намерений заменить традиционные научные структуры. Комакадемия и другие марксистские учреждения показали полную неспособность вести исследования в области естествознания и математики. Установка Ленина на сохранение форм организации интеллектуальной деятельности, унаследованных от царской политики, выдержала яростные атаки слева и доказала свою жизнеспо собность в условиях ускоренной трансформации общества.

Очередной поворот правительственной политики по отношению к научной интеллигенции, новое сталинское предложение старорежимным специалистам сотрудничестве в области науки, техники, управления и экономики показал им что они остались незаменимыми, несмотря на ускоренное создание «красной ин теллигенции». В конце 1930-х гг. выяснилось, что хотя выдвиженцы и оккупиро вали стратегически важные позиции в управлении, в самой науке лица буржуа ного происхождения, получившие образование до 1917 г., как и прежде, занимал ведущие позиции. Но они уже никогда не вернули себе тех степеней свободы которые необходимы для нормального развития науки.

К концу 1930-х гг. окончательно сформировались основные черты сталинско науки, где негативные последствия ограничения свободы творчества жестко цен трализованным и иерархизованным управлением, массовыми репрессиями и п правительство в какой-то степени компенсировало постоянным увеличением а сигнований на науку. А по своему масштабу этот процесс не имел аналогов мире. Считая науку важнейшим фактором в построении социалистического общ ства и в превращении аграрной страны в передовую индустриальную держав правительство выделяло на нее колоссальные средства. Отныне во всех докуме тах ЦК ВКП(б) и СНК СССР рост науки рассматривали как важное условие экономического и культурного развития страны и декларировали необходимость поддерживать ученых. В конечном счете, был создан мощный научный потенциал, ядро его составляла АН СССР, которая после провала фундаментальных реформ советской науки в годы «культурной революции» окончательно превратилась в центральное учреждение советской науки, находившееся под полным контролем партийных органов. Степень влияния академического сообщества на научную политику определяло партийно-государственное руководство. Само развитие научного сообщества зависело от контактов его руководства, назначенного партийными органами, с партийно-государственным аппаратом в определении приоритетных направлений и обеспечении непрерывного фронта научных исследований в стране.

Увеличение численности научных сотрудников опережало численность роста в других отраслях общественного производства. Возникали новые Академии, связанные с биологическими исследованиями, например, Академия медицинских наук, Академия педагогических наук. Продолжали создавать новые институты биологического профиля в ВАСХНИЛ и в АН СССР. Коммунистическая партия и государство не только контролировали науку, но и поддерживали её[49]. В условиях резкого увеличения ассигнований на науку и жесткого централизованного управления удавалось сконцентрировать усилия ученых на главных, приоритетных направлениях научно-технического прогресса. Эти усилия оправдывали себя в тех случаях, когда стратегию исследования выбирали при активном участии самих ученых. Немаловажное значение имело то, что социальный статус ученого был достаточно высок. Привлекал талантливую молодежь в науку и тот факт, что, по сути дела, это был единственный островок творческой свободы. Как показала история советской генетики, только ученые осмеливались на открытое противостояние сталинским фаворитам.

В то же время стабилизация и укрепление старых научных институтов таили в себе потенциал новых кризисов. Партийные идеологи прекрасно осознавали, что трансформация науки в целом не удалась, что многие ученые чисто внешне восприняли новые формы взаимоотношений с властью и тяготились своей зависимостью от неё, что их не устраивали ритуалы и традиции, насаждаемые сверху. В связи с этим радикальные реформаторы, чьи планы коренной реконструкции науки так и не были осуществлены, продолжали не без основания подозревать ведущих ученых в антисоветских настроениях и в различного рода отклонениях от диалектического материализма. Этим в значительной степени объясняется огромный процент ученых, пострадавших в массовых репрессиях во второй половине 1930-х гг.

С введением плановой экономики «командные высоты» заняли наспех подготовленные представители партийной интеллигенции, завоевавшие посты в ходе бурного создания новых структур и чисток «буржуазных специалистов». Репрессии стали неотъемлемой частью революционного «прорыва» в науке при переходе к мнимо-рациональной плановой экономике. Испытанные на «буржуазных специалистах» технические приемы террора с середины 1930-х гг. стали применять по отношению к новым коммунистическим кадрам в науке.

С этого момента наука была поставлена под строгий идеологический контроль. Ученые должны были заявлять о безукоризненности мировоззренческих

---

[49] *Graham L.* The Soviet Academy of Sciences and the Communist Party. 1927–1932. Princeton, 1967.

основ своих исследований, базирующихся только на историческом и диалектическом материализме. Непрерывно инициировали борьбу за укрепление «союза» философов и естествоиспытателей. Отныне явное инакомыслие в науке не допускалось. Крайняя политизация и идеологизация науки отрицательно сказывались на результатах исследований. Особенно страдали от этого гуманитарные науки. От естественников же нередко требовали лишь мало обязывающие декларации о самоотверженном участии в строительстве социализма. Иначе обстояло дело в биологии, где под прямым покровительством Сталина стали создавать некую советскую биологию.

На смену представлениям о пролетарской биологии, потерпевшей крах в «культурную революцию», внедряли убеждение о существовании «советской биологии», базировавшейся на передовых национальных традициях науки дореволюционной России. В связи с этим создавали идеологическую базу для политических вмешательств в науку, ярчайшим примером которых стал лысенкоизм — образец советской биологии, противостоящей буржуазной.

Социально-политическим фоном научной деятельности стала непрекращающаяся череда различного рода съездов, сессий, слетов, совещаний и конференций, на которых рапортовали о хозяйственных и политических успехах. Одновременно устраивали политические процессы над бывшими лидерами партии, шла кампания «покаяния» и «признания» ошибок. Гибель представителей партийной элиты (Н.И. Бухарин, Н.П. Горбунов, А.И. Рыков и др.), наиболее тесно связанной с сообществом биологов, не могла не иметь трагических последствий для ученых, которым легко было приписать связь с врагами народа. Практически все лидеры биологии в 1920-х гг. были с ними связаны. Начиная с 1936 г. вал репрессий накрыл научное сообщество. В тюрьмы были брошены многие сотрудники академических учреждений, профессора и преподаватели вузов. В числе жертв «Большого террора» оказались лидеры многих отраслей биологии, в том числе Н.И. Вавилов, Г.А. Левитский, Г.А. Надсон, Я.О. Парнас, Н.М. Тулайков и др. В каждом учреждении репрессии коснулись десятков человек, от руководителей вузов и институтов до ассистентов, младших научных сотрудников, смотрителей и аспирантов. Список потерь отечественной биологии, прервавших в расцвете сил многие карьеры и развитие новейших направлений, вряд ли будет когда составлен, но прямые и косвенные цифры по отдельным учреждениям свидетельствуют, что, по крайней мере, более 25 % биологов числились уволенными в 1930-х гг., что в то время практически означало арест, а часто и расстрел.

Как ни странно, но именно в эти годы многолетние критики большевиков стали отмечать «огромный положительный сдвиг»[50] в образовании, в экономике, в снабжении населения продовольствием после 1933–1934 гг., когда «люди умирали с голоду, и было людоедство». Понимая, что источник этих изменений — рабский труд миллионов заключенных, Вернадский пишет сыну, что «часть работы заключенных государственно нужна» и что благодаря массовым репрессиям «подняты наверх и могут легче проявляться социальные и интеллектуальные силы народных масс. А эти силы большие и здоровые»[51]. Не находя слов сочувствия к

[50] Week-end в Болшево, или Еще раз «вольные письма» академика В.И. Вернадского / Публ. и коммент. М.Ю. Сорокиной // Минувшее. Исторический альманах. СПб., 1998. Вып. 23. С. 335.

[51] Там же. С. 337.

репрессированным коммунистам в Академии наук и в руководстве Ленинграда, он в действиях их палачей усматривал не только садистские наклонности, но и моральную чистоту, достойную главы испанской инквизиции Т. Торквемады. Больше всего он теперь опасался, что внешние силы попытаются разрушить «коммунистическое русское по существу государство» или заставят свернуть с «курса созидательной работы, который жизненно необходим для страны, на который стал Сталин и с которого свернуть нельзя без больших потрясений»[52].

Эти годы стали временем расцвета «научной империи» Вернадского. Он начинает, по словам Л.С. Берга, в своем лице представлять «всю Академию», участвуя в работе трех отделений Академии наук (геолого-географических, химических, физико-математических наук), а руководимая им Биогеохимическая лаборатория в 1941 г. была приписана к Биологическому отделению. Среди его учеников десятки «маститых» ученых — академиков, членов-корреспондентов, докторов наук, ещё многим кандидатам и лаборантам предстояло стать ими. Не удивительно, что в разгар массовых репрессий, в 1938 г. Вернадский пишет о созвучии своих идей о ноосфере научному социализму К. Маркса и Ф. Энгельса, а Октябрьская революция стала для него событием геологического масштаба, ознаменовавшим «начало перехода к государственному строю сознательного воплощения ноосферы»[53]. В то же время Вернадский не переставал бороться с попытками как-то ограничить свободу его научного творчества, используя все возможности для преодоления гнета Главлита[54].

Резкая смена политико-идеологических приоритетов коренным образом повлияла даже на Павлова, который отмечал исчезновение лозунгов об интернационализме и всемирной революции, уступивших место милым ему идеям государственности, патриотизма, подкрепляемым примерами из российской истории[55]. Все его поведение во время XV Международного конгресса физиологов, проведенного в августе 1935 г. в Ленинграде и завершенного в Москве, свидетельствовало о принятии им советской власти. Он поверил в удачу советского эксперимента, для которого в 1918 г. не желал жертвовать даже лягушкой, а теперь заявлял: «Мы должны одобрять и поддерживать борьбу нашего правительства за мир»[56]. Для Павлова оно уже было его правительством, со всеми свершенными им преступлениями, ошибками и достижениями. Он уже не терпит антисоветские шутки и анекдоты в своей среде и выговаривал рассказчикам: «Тот негодяй, кто хулит собственное правительство, когда родина в опасности»[57].

Непреклонный критик большевиков отныне поднимал бокал и пил «за единственное правительство в мире, которое так ценит науку и горячо её поддерживает»[58]. Он не раз отмечал успехи в индустриализации страны, в укреплении Красной Армии перед лицом надвигавшейся германской угрозы. Н.И. Бухарин имел все основания написать 28 февраля 1936 г. в «Известиях»: «Павлов наш

---

[52] Week-end в Болшево, или Еще раз «вольные письма» академика В.И. Вернадского. С. 341.

[53] *Вернадский В.И.* Философские мысли натуралиста. М., 1988. С. 52.

[54] *Мочалов И.И.* В.И. Вернадский и Главлит // ВИЕТ. 1999. № 2. С. 15–163.

[55] И.П. Павлов. Первый Нобелевский лауреат. Т. 1: Павлов без ретуши. Мемуары С.В. Павловой, А.Ф. Павлова, М.К. Петровой. СПб., 2004.

[56] Интервью И.П. Павлова // Известия. 1935. 18 августа.

[57] *Самойлов В.О.* Эволюция политических взглядов И.П. Павлова // *Павлов И.П.* Pro et contra. СПб., 1999. С. 681.

[58] *Павлов И.П.* Полное собрание сочинений. М.; Л., 1951. Т. 1. С. 15.

целиком, и мы его никому не отдадим». Даже Н.И. Вавилов, который в середине 1936 г. подвергался беспрецедентной травле, отверг попытки западной прессы встать на его защиту. 22 декабря 1936 г. в «Известиях» появилась его телеграмма в газету «Нью-Йорк Таймс», сообщившую незадолго об аресте Вавилова. В ней он обвинил заграничную прессу в систематическом распространении лжи «о советской науке и советских ученых, добросовестно работающих на дело социализма»[59]. Вавилов заявлял о полной свободе научного творчества в СССР, об исключительном внимании руководителей партии и правительства к нуждам ученых, «об огромном прогрессе науки в советское время». Он указывал, что возглавляемый им ВИР насчитывает сейчас 1700 человек, увеличившись за годы советской власти почти в 30 раз. В заключение Вавилов заявлял: «Как верный сын Советской страны, я считаю своим долгом и счастьем работать на пользу моей родины и отдать самого себя науке в СССР».

Если так вели себя Вавилов, Вернадский и Павлов, то, что же в этих условиях говорить об умонастроениях и поступках части интеллектуальной элиты, воспитанной после революции в духе преданности марксизму как единственно верной доктрине? Их взгляды, скрепленные беспощадной партийной дисциплиной, послушно следовали за эволюцией политики правящей элиты. Изгнание старых профессоров из гуманитарных и экономических вузов, проработки и репрессии ученых-естественников, реорганизация и политизация научных институтов закрыли все каналы для публичной защиты прежних ценностей научного сообщества. На это осмеливались лишь немногие (В.И. Вернадский, П.Л. Капица и И.П. Павлов), которым позволяли лично обращаться к председателям правительства А.И. Рыкову, позднее — В.М. Молотову, или в Отдел агитации и пропаганды ЦК ВКП (б), ведавшим наукой. Остальным даже невинные обращения с заверениями в полной лояльности стоили жизни, примером чего служит судьба Н.И. Вавилова. В этих условиях происходили вольные или невольные изменения социальной идентификации ученых[60].

Сохраняя в душе ощущение принадлежности к академической элите, ее лидеры публично играли роль активных сторонников социализма, всячески демонстрируя свою политическую и идеологическую лояльность. Но вскоре новая роль хорошо усваивалась и даже начинала нравиться. Со вкусом и выдумкой ученые исполняли вошедшие в практику ритуалы критики и самокритики, поиска мнимых и реальных научных и политических ошибок у своих коллег, ходатайства в партийные органы, участия в митингах и т. д. Разобщенные и запуганные ученые быстро утратили прежние ценности и искренне воспринимали предписанную сверху общественную роль как новую социальную идентификацию.

Официально насаждаемые идеологемы подкрепляли личным опытом и знанием тяжелого положения науки в веймарской Германии, в годы «великой депрессии» в США, когда наука была посажена на голодный паек, и тем более о нацистских преследованиях немецких ученых после прихода Гитлера к власти[61]. Восприятие действительности как арены борьбы между силами добра (прогресса

---

[59] «В советскую биологию вовлечена идеология...» (Некоторые документы к истории VII Международного генетического конгресса) / Публ., предисл. и коммент. М.Е. Раменской, Г.А. Савиной, И.В. Полумордвиновой // ВИЕТ. 2005. № 4. С. 29–30.

[60] *Вайнер Д.* Активисты природоохранного движения и социальная идентификация // За «железным занавесом»: Мифы и реалии советской науки. С. 290–291.

[61] *Гинцберг Л.И.* Под пятой тоталитаризма. Наука в фашистской Германии // Вестн. РАН. 1993. Т. 63. № 7. С. 640–649.

в лице коммунистического движения и его оплота — СССР) и миром зла (реакционные страны империализма), где победа добра исторически предопределена, стало характерно и для значительной части научного сообщества. Многие его члены согласились с тем, что для достижения единой общенациональной цели — превращения СССР в лидера «прогрессивного» человечества — оправдана и единая жестко централизованная партия, харизматический вождь, террор как средство мобилизации населения на выполнение заявленных планов. Здесь же формировали и представление о сакральном характере границы как механизма, сдерживавшего враждебное влияние. Отсюда стремление «держать границу на замке» как на «входе», так и на «выходе», что применительно к науке означало прервать международные контакты, запретить публикации за рубежом, оградить себя от тлетворного влияния Запада, защитить свою культуру. Свертывалось сотрудничество с немецкими инженерами и конструкторами в танкостроении и авиастроении[62].

Всячески пропагандировали тезис о СССР как острове стабильности в шквале социально-политических и экономических кризисов, сотрясавших страны капитала. Им противопоставлялся реальный подъем жизненного уровня советских людей к середине 1930-х гг. по сравнению со страшным голодом в период коллективизации и первых лет индустриализации. Культивировался образ СССР как самой могущественной силы на международной арене. Недопустимыми становились ходившие еще в 1920-х гг. представления о научно-технической и культурной отсталости России[63]. Начиная с «культурной революции» и вплоть до Великой Отечественной войны у подавляющего большинства научного сообщества «позитивный образ Запада тускнел и терял свою притягательность» под воздействием пропаганды, стабилизации внутреннего положения, относительного роста уровня жизни и смены поколений[64].

Биологов все активнее вовлекали в работы по повышению обороноспособности страны. Ближайшие ученики академика Павлова Л.А. Орбели и Е.М. Крепс решали проблемы подводной и авиационной физиологии, связанные с глубоководными спусками и высотными полетами. Во многих учреждениях Наркомата обороны (НКО) и «шарашках» Наркомата внутренних дел (НКВД) шли работы по созданию бактериологического, химического и токсического оружия и мерам защиты от него[65]. При этом первоначально использовали созданную ещё в Российской империи сеть бактериологических и эпидемиологических станций для борьбы с такими заболеваниями, как чума, холера, оспа, сибирская язва и т. д., в которых работали высококвалифицированные микробиологи, эпидемиологи и гигиенисты. Подобно другим индустриальным странам, СССР осуществлял программу по производству биологического оружия и средствам защиты первоначально на базе химической промышленности в рамках Военного химического комитета, возглавляемого с 1925 г. Я. Фишманом, которого на Западе называют «отцом советского

---

[62] *Захаров В.В.* Военные аспекты взаимоотношений СССР и Германии. 1921 — июнь 1941 гг. М., 1992. С. 105–124; *Соболев Д.А.* Немецкий след в истории советской авиации. М., 1996. С. 4.

[63] *Голубев А.В.* Запад глазами советского общества (основные тенденции формирования внешнеполитических стереотипов в 30-х годах) // Отечественная история. 1996. № 1. С. 114–119.

[64] Там же. С. 117.

[65] *Домарадский И.В.* Перевертыш. М., 1997; *Alibek K.* Biohazard. New York, 1999; *Левина Е.С.* Экспериментальная биология в системе безопасности России второй половины XX века: биологическое оружие или здравоохранение // Наука и безопасность России / Ред. А.Г. Назаров. М., 2000. С. 367–394.

биологического оружия»[66]. В 1928 г. Фишман предложил сделать ответственными за разработку защиты от биологического оружия Институт химической обороны, Наркомздрав и ОГПУ. Программа Фишмана стала частью общих планов по военной модернизации страны, проводимой под руководством М.Н. Тухачевского. В ней участвовали и немецкие специалисты.

По данным К. Алибека, эмигрировавшего в США бывшего заместителя директора объединения «Биопрепарат», в 1928 г. было издано постановление Революционного военного совета (РВС) СССР о начале научно-исследовательских разработок по использованию тифа в качестве боевого оружия[67]. Местом их проведения и испытаний стали ВМА в Ленинграде и исправительно-трудовые лагеря на Соловецких островах. Вскоре объектом внимания стали другие возбудители инфекционных болезней (малярия, сап, чума и др.). В докладах не указано, кого использовали в качестве подопытных, но не исключено, что эксперименты проводили и на заключенных. Советско-немецкое сотрудничество в создании новых видов оружия, включая химическое и биологическое, прекратилось в связи с приходом Гитлера к власти в 1933 г.[68] Возникла серьезная угроза отстать в этой области от Германии, Франции, Британии и Японии. Вступив во Вторую мировую войну, США также энергично стали работать над проблемами биологического оружия[69].

По сведениям Дж. Гуллимина, военно-биологические исследования вели также заключенные ученые в Научно-исследовательском медицинском институте Красной Армии, возглавляемом И. Великановым, под Москвой[70]. Со временем были созданы институты под Свердловском (Екатеринбургом), Чкаловом (Оренбургом), Кировом (Вяткой) и в других городах, недоступных бомбардировочной авиации Германии. В качестве главного способа применения возбудителей болезней было выбрано рассеивание их в воздухе с самолетов. В 1926–1930-х гг. под руководством Великанова были проведены испытания биологического оружия на безлюдном острове Аральского моря. В 1937 г. Фишман и Великанов были арестованы во время сталинской «чистки» Красной Армии, захватившей ее медицинские и научные учреждения. Многие главы институтов были арестованы, сгинув в ГУЛАГе. Их обвиняли в шпионаже в пользу Германии и Японии, в распространении возбудителей чумы, холеры, сибирской язвы, сапа и других инфекционных заболеваний людей и домашних животных.

Дальнейшее развитие разработок биологического оружия и защиты от него связано с именем Е.И. Смирнова, будущего академика АМН и министра здравоохранения СССР, возглавившего с 1939 г. Главное военно-санитарное управление Красной Армии. По предположению К. Алибека, вспышка туляремии в 1942 г. в районах боевых действиях, возможно, была вызвана использованием биологического оружия[71]. В конце войны были захвачены документы и препараты япон-

---

[66] *Guillemin J.* Biological Weapons. From the Invention of State-Sponsored Programm to Contemporary Bioterrorism. New York, 2005. P. 135.

[67] *Alibek K.* Biohazard. P. 33–37.

[68] *Горлов С.А.* Совершенно секретно. Альянс Москва — Берлин, 1920–1933 гг. М., 2001; *Zeidler M.* Reichswehr und Rote Armee. 1920–1933. Wege und Stationen einer ungewöhnlichen Zusammenarbeit. München, 1994.

[69] *Endicott S.*, *Hagerman E.* The United States and Biological Warfare. Secrets from Early Cold War and Korea. Bloomington, Indiana, 1998. P. 27–42.

[70] *Guillemin J.* Biological Weapons. P. 134–135.

[71] *Alibek K.* Biohazard. P. 30.

ского подразделения 731 в Маньчжурии, проводившего испытание биологического оружия над военнопленными. Их изучение дало Смирнову основания энергично добиваться внедрения современных способов разработки химического оружия на индустриальной основе. На пути к этому стояли теоретические воззрения Т.Д. Лысенко на наследственность. К работам по созданию биологического оружия и средствам защиты от него привлекали паразитологов, микробиологов и биохимиков из Института микробиологии АН СССР (директор академик Г.А. Надсон) и Института биохимии АН СССР (директор академик А.Н. Бах). В этих работах участвовали заместители А.Н. Баха: биохимик Б.И. Збарский, разработавший вместе с В.П. Воробьевым метод бальзамирования тела В.И. Ленина, и токсиколог Г. Майриновский, ставший в 1938 г. руководителем лаборатории № 1 НКВД, специализировавшейся на умерщвлении заключенных при помощи биохимических ядов[72].

Информационная изолированность и беспощадное искоренение всяких поползновений к инакомыслию закрепляло эту тенденцию в общественном менталитете. Его проявлением стало и изобретение неких отечественных школ типа «мичуринской биологии», «павловской физиологии», «докучаевского почвоведения», «бутлеровского учения». В научном сообществе эти школы служили, как отметил академик Л.А. Арцимович, «для того, чтобы, пользуясь именами выдающихся ученых, прикрыть себя от критики и иметь возможность устрашать инакомыслящих»[73]. Новоявленные корифеи советской науки, прикрываясь фамильными знаменами, освященными в верхах, стремились монополизировать целые отрасли науки.

В условиях нагнетаемой ксенофобии любое проявление внимания к зарубежным работам и публикациям в иностранных журналах вызывало подозрение, и оценивали его в лучшем случае как отсутствие советского патриотизма, но чаще всего как шпионаж. В научно-исследовательских институтах организовывали «прения» о связи научной теории и практики, о месте и положении науки в социалистическом обществе, о чести и достоинстве советского человека, на которых, по словам «Правды», «старых академиков и советскую молодежь» объединяло «гордое сознание силы, свободы и независимости науки в Советской стране»[74].

Международная изоляция отнюдь не была навязана всему научному сообществу властями. Она, как отметил Д.А. Александров, складывалась при участии многих факторов, и усиливающаяся с середины 1930-х гг. тенденция к автаркии государства была лишь одной из детерминантов нарастающей «научной автаркии», которая «началась с естественного стремления к самодостаточности и была

---

[72] *Бобрынев В.* «Доктор смерть». М., 1997; *Birstein V.J.* The Perversion of Knowledge. Cambridge, 2001. P. 161. Эти факты только недавно стали достоянием широкой общественности. И причина этого не только в секретности работ, связанных с опытами над заключенными. Как и их американские коллеги, участвовавшие в разработке биологического оружия (см.: *Fitzgerald G.* Rene Dubos in the Library with Candlestick // Recent Science Newsletter. 2000. Vol. 2. № 2. P. 1, 10–13), советские ученые, помня о судьбе экспериментаторов над людьми в Японии и Германии, сами предпочитали помалкивать о своих заслугах в деле повышения обороноспособности страны. В этом они резко отличались от отечественных и западных создателей атомного и водородного оружия, ракет и т. д.

[73] Первая публичная отповедь членов АН СССР Т.Д. Лысенко // Вестн. РАН. 1994. Т. 64. № 12. С. 117.

[74] Достоинство советской науки // Правда. 1936. 6 августа.

следствием силы отечественного научного сообщества»[75]. Лидеры новых для России научных дисциплин желали, чтобы у национального сообщества было свое лицо и свои печатные издания, отражавшие его. Они с энтузиазмом создавали журналы на русском языке, представлявшие отечественную науку в соответствующих отраслях знания в концентрированном виде, а не разбросанной «по задворкам заграничных изданий»[76]. В биологии это были лидеры генетики, физиологии, экспериментальной биологии, эволюционной теории (Н.К. Кольцов, И.П. Павлов, Л.А. Орбели, Н.И. Вавилов, Ю.А. Филипченко, И.И. Шмальгаузен).

Они реализовали стремление отечественных ученых иметь свои научные журналы и свои профессиональные общества, захватившее почти все отрасли российской биологии еще с начала Первой мировой войны, закрывшей русским ученым возможность публиковаться в немецких журналах. Так, в 1916 г. Н.К. Кольцов подчеркивал, что стремление иметь сеть собственных национальных журналов диктует отнюдь не узкий национализм, а желание привлечь к научной работе «великие силы, таящиеся в русском народе»[77]. Отечественная наука стала самодостаточной, и её лидеры, встроившиеся в государственную систему и получившие мощную правительственную поддержку, не слишком нуждались в международном признании. Доля публикаций на иностранных языках в продукции советских ученых неуклонно снижалась, и эта тенденция была характерна для всех основных отраслей знания[78]. Причем политические репрессии и нежелание публиковаться в немецких журналах после прихода к власти национал-социалистов отнюдь не были главными причинами нарастающего изоляционизма.

Вспышка патриотизма как любви к социалистическому отечеству в какой-то степени была реакцией на длительную социально-экономическую и культурную европеизацию России[79]. Изолированность СССР и его населения от западных стран стала способом «консервации отсталости России», а власть использовала с максимальной эффективностью ненависть низших классов к дифференцированным формам социально-культурного и политико-экономического бытия.

Решающую роль в становлении сталинской науки сыграли события 1934–1936 гг., когда после переезда в столицу АН СССР ее провозгласили штабом советской науки, а Москву — центром мировой науки. Перемещение Академии наук шло в рамках установления жесткой централизации во всех сферах экономической и культурной жизни, которая должна была дополнить уже существовавшую политическую и государственную централизацию. Власти считали, что в Москве будет легче контролировать каждый шаг Академии наук и эффективнее использовать её для разработки и реализации экономических и хозяйственных планов. С их стороны

---

[75] *Александров Д.А.* Почему советские ученые перестали печататься за рубежом: становление самодостаточности и изолированности отечественной науки, 1914–1934 // ВИЕТ. 1993. № 3. С. 22.

[76] Академик Алексей Алексеевич Заварзин / Сост. А.А. Заварзин, В.А. Отеллин. М., 1994. С. 17.

[77] *Кольцов Н.К.* Ученые общества и научные журналы в России // Природа. 1916. № 2. С. 253–254.

[78] *Александров Д.А.* Почему… С. 6–7.

[79] *Струве П.Б.* Социальная и экономическая история России с древнейших времен до нашего в связи с развитием русской культуры и ростом российской государственности. Париж, 1952. С. 19.

это был логичный шаг, завершавший превращение Императорской Академии наук, действительные члены которой до революции обязательно проживали в столице Российской империи — Петербурге, в АН СССР как общегосударственный центр научных исследований, расположенный в столице СССР. Тем более что в годы «культурной революции» в Москве сформировался мощный комплекс научно-исследовательских институтов преимущественно прикладного характера.

Характерно, что на этот раз правительство не советовалось с академическим сообществом, оставив на долю академиков лишь право одобрить правительственное решение и сердечно благодарить за него. Биологи не замедлили с одобрением. Н.И. Вавилов оценил это следующим образом: «Перевод академии в Москву — это создание новой сильной базы исследовательской работы по всей Советской стране»[80]. По мнению В.И. Вернадского, это должно было стать «не простым переселением из одной столицы в другую, а развертыванием по новому и широкому плану научной организации Академии, концентрирующей научную мысль и научную мощь Союза»[81].

С переездом Академии наук началось расширение её административных полномочий, она превратилась в некое правительственное ведомство, обладавшее властью и влиявшее на государственную научную политику. Её издательская деятельность и число периодических журналов не только не сократилось, но, напротив, неуклонно росло, несмотря на начало массовых репрессий. Хотя Ленинград утратил роль главного центра академической науки, решение правительства по ряду причин оказалось выполненным далеко не полностью[82]. К началу 1941 гг. в городе ещё было 33 академических учреждения. Здесь жили и работали 39 академиков и 60 членов-корреспондентов, т. е. более трети от общего их количества.

Географическая близость Академии наук к властным структурам символизировала, что отныне вся её работа посвящена обслуживанию нужд социалистического строительства и находится под повседневным контролем партийно-государственного аппарата. Не только основополагающие, но и второстепенные вопросы, будь то заграничная командировка или восстановление в списках академиков, решались в Кремле. Перевод Академии наук в Москву завершил её огосударствление. Оценивая это событие, биохимик А.Н. Бах прямо указывал его мотивы: «Академия наук должна быть в тесном непосредственном контакте с правительством и иметь пребывание в Москве как правительственном центре». Это, по мнению Баха, обещало грандиозные перспективы её развития[83].

АН СССР и её руководители отныне стали главными посредниками между политическими лидерами и всем научным сообществом страны. В этих условиях властям приходилось особенно беспокоиться об идеологической и политической лояльности ведущих ученых. На передний план выдвигали задачи контроля их связей с мировым научным сообществом, публикаций в зарубежных изданиях, а также достижения наибольшей технической отдачи. Для эффективного контроля властям требовалось ослабить позиции некоторых, как им казалось, слишком авторитарных научных лидеров.

Выражением новой политики стало смещение в 1935 г. Н.И. Вавилова с поста президента ВАСХНИЛ. В новых условиях нужен был человек, не ориентированный

---

[80] За социалистическую науку. 1934. 3 апреля.

[81] *Мочалов И.И.* В.И. Вернадский (1863–1945). М., 1982. С. 283.

[82] *Кольцов А.В.* Ленинградские учреждения Академии наук СССР в 1934–1945 гг. СПб., 1997. С. 74–75.

[83] *Бах А.Н.* К вопросу о переводе Академии наук // Фронт науки и техники. 1934. № 5–6. С. 143.

на Запад. Им стал член партии, заместитель наркома земледелия А.И. Муралов. Умершего 15 июля 1936 г. А.П. Карпинского на посту президента АН СССР сменил В.Л. Комаров, при котором произошло окончательное подчинение академического сообщества партийному контролю даже в решении повседневных вопросов[84]. Однако был сохранен принцип избираемости членов АН СССР и ее руководства.

Советизация биологии

Еще в период культурной революции сложилась традиция переносить политические лозунги в биологию, отождествляя ее концепции и политику. Биологию стали воспринимать как классовую и партийную. Так называемый анализ философских аспектов того или иного обобщения в биологии означал чаще всего некомпетентное суждение по конкретным проблемам биологии. Крупнейшие обобщения мирового значения назывались буржуазными, вредительскими, идеалистическими, кулацкими, расистскими, фашистскими и т. п. Разворачивавшаяся кампания принимала антитехнологический характер, что предопределяло судьбу новых направлений, призванных с помощью биологии и селекции модернизировать общество. Усилилось противопоставление советских исследований мировой науке. Сам «союз» философии и биологии отныне трактовали как идейную и методологическую гегемонию упрощенно понимаемого диалектического материализма.

Внедряли административные методы борьбы с неугодными направлениями. Так, директор Биологического института им. Тимирязева Комакадемии Р.И. Белкин 24 декабря 1931 г. сообщал президиуму Комакадемии, что сотрудники экологической лаборатории (Е.С. Смирнов, Б.С. Кузин, Ю.М. Вермель, Г.Ф. Гаузе), созданной незадолго до этого путем слияния Отделения биологических основ социальных явлений с Биологической лабораторией Комакадемии, «используют нынешнюю борьбу с антимарксистскими взглядами Деборина и борьбу с идеалистическими ошибками группы генетиков (Серебровского, Агола, Левита, Левина) в свою пользу, решительно сопротивляясь совершаемому Институтом повороту в научно-исследовательской работе»[85]. В письме отмечалась научная несостоятельность попыток продолжить опыты Каммерера, в которых использовали генетически непроверенный материал и в итоге «желаемое выдается за сущее». По мнению Белкина, эти работы потеряли «политическую и социальную значимость» и только дискредитировали Комакадемию. В итоге — чисто административный аргумент: сотрудников экологической лаборатории уволить, а ее работу коренным образом перестроить.

Однозначен был и вывод бригады ЦК ВКП(б), обследовавшей этот институт в мае 1931 г. Проверявшие отмечали, что по вине Агола Институт находится в тяжелом положении и по социальному составу сотрудников, и по «политической направленности исследований»[86]. Агол якобы мешал приему в институт членов ВЛКСМ, пренебрежительно относился к выпускникам естественного отделения ИКП, не вел с механицистами серьезной борьбы, сохранял экологическую лабораторию, состоявшую в основном из механоламаркистов, покровительствовал «ползучему эмпиризму» и т. д. Вспоминалась не только его связь с группой Деборина, но и кратковременная поддержка в 1923 г. троцкистов.

---

[84] *Савина Г.А.* Опыт социальной истории в лицах. В.Л. Комаров — президент АН СССР // На переломе. Отечественная наука в конце XIX–XX вв. Вып 3. Нестор. 2005. № 9. С. 165–205.

[85] Архив РАН. Ф. 350. Оп. 1. Д. 471. Л. 4–4 об.

[86] Там же.

Вскоре Б.П. Токин сменил Белкина на посту директора этого же Института. Теперь уже он указывал: «Нужна решительная борьба, разоблачение реакционных “теорий” отдельных научных работников, пытавшихся ограничить возможность вмешательства экспериментатора, исследователя в ход развития животных и растений, обосновывающих созерцательное, пассивное, любительское отношение к живой природе»[87]. В обязанности «марксистам-ленинцам» вменялось решать проблемы превращения озимых сортов культурных растений в яровые, хлопковой и каучуковой независимости, борьбы с засухой и т. д. «Массы» биологов должны были повернуться к задачам социалистического строительства. В соответствии с устанавливавшимся ритуалом дискуссий, Б.П. Токин свою деятельность начал с критики одного из своих предшественников на посту директора Биологического института им. К.А. Тимирязева, обвиняя Агола в «аполитичности» проводимых исследований, в отрыве их от задач социалистического строительства, в протаскивании реакционных идей, прикрываемых марксистской и диалектической фразеологией[88]. В качестве примеров «вылазки» классовых врагов в биологии Токин привел статью Н.Н. Подъяпольского, который писал, что сплошная распашка сельскохозяйственных угодий нанесет вред совхозам-гигантам.

Токина возмущало «святое» невмешательство в методологические установки крупнейших биологов, включая и Н.И. Вавилова, А.Г. Гурвича, М.М. Завадовского, снисходительное отношение Б.М. Завадовского, М.Л. Левина, А.С. Серебровского к ламаркистским ошибкам Энгельса, зачарованность И.И. Агола, М.Л. Левина, С.Л. Левита, А.С. Серебровского реакционными идеями буржуазной генетики. Досталось от него и недавним противникам деборинцев — механицистам, которые, по его словам, «обросли всяческими консервативными идеями и теориями», «протянули руку ламаркистам», вредят борьбе с идеализмом, «тормозят разработку вопросов эволюции, проблем индивидуального развития», «наносят прямой вред социалистическому строительству». Токин предостерег механицистов от «истерической радости» по поводу краха деборинцев и призвал на борьбу до конца с обоими направлениями в биологии. Все надежды на реализацию планов диалектизации биологии Токин связывал с «пролетарской и коммунистической молодежью», с «большевиком-биологом», имевшим опыт гражданской войны, борьбы с троцкизмом и правым уклоном.

Характерно, что эти высказывания Токина не вызывали возражений. Все знали, что он излагает согласованную в «верхах» установку, и прения носили характер хорошо отрепетированного спектакля. Критикуемые (М.Л. Левин, Б.М. Завадовский, А.С. Серебровский и др.) лишь каялись в инкриминируемых им ошибках и преступлениях. В письме в редакцию газеты «Правда», опубликованном в журнале «ПЗМ» (1932. № 3–4), И.И. Агол «признавался» в игнорировании основных вопросов социалистического строительства, в подмене марксистской методологии естественнонаучными теориями, в либеральном отношении к буржуазной науке, контрабандном протаскивании «писаний и идеек», выдаваемых за марксизм, в биологизации социологии и т. п. Он обещал все силы приложить для борьбы с собственными теоретическими воззрениями. В те годы подобным смирением ещё можно было

---

[87] *Мицкевич М., Токин Б.* Эволюционную науку на службу соцстроительства // Учение Дарвина и марксизм-ленинизм. М., 1932. С. 127.

[88] Против механистического материализма и меньшевиствующего идеализма в биологии. М.; Л., 1931.

на время заслужить прощение. Агола назначили главным редактором нового журнала «Успехи современной биологии», а через год вице-президентом Всеукраинской ассоциации марксистских учреждений и потом заведующим отделом генетики в Институте зоологии и биологии АН УССР. Но в марте 1937 г. его расстреляли.

Немногие при этом сохранили достоинство и удержались от выпадов в адрес своих недавних единомышленников. Большинство доказывало, что их критики совершали ещё более грубые ошибки. Предпринимали слабые попытки как-то парировать часть обвинений в свой адрес. В частности, Н.К. Кольцов сказал, что непродуктивно заниматься только критикой, надо обсуждать также конкретные биологические проблемы, имевшие громадное хозяйственное значение. Едко подметил он и суть происходящих событий, обусловленных желанием нового поколения свергнуть прежние авторитеты и занять их места[89]. Это высказывание Кольцова особенно задело новых руководителей ОБМ, которые доказывали, что главным мотивом их действий является не личная корысть, а стремление отстаивать интересы пролетариата в науке[90].

В резолюции совещания записали необходимость «организовать разоблачение идеалистических концепций Гурвича, Любищева, Беклемишева, Берга, Соболева и др., так же как и механистических школ и концепций Н. Кольцова, М.М. Завадовского, И. Павлова, П. Лазарева, А. Самойлова. Необходима борьба с ламаркистскими направлениями типа Е. Богданова, Е. Смирнова вместе с решительной борьбой против автогенетической концепции Серебровского, Левита, Левина, Агола и др.»[91]. Сам перечень фамилий показывает, что переработке подлежали фактически все крупные направления в биологии[92]. Была создана специальная бригада для «углубленной проработки и критики школ Е.А. Богданова и А.С. Серебровского в составе: Брандгендлер (бригадир), Серебровский, Коштоянц, Поздняков, Бондаренко, Власов, Богданов и Гершензон» «бригаду для изучения и критической оценки работ Н.И. Вавилова», а также бригады: «а) По разбору работ Кольцова — в составе: Комиссарук (бригадир), Баткис, Елизарова, Закгейм, Николаев, Конов, Муравейский, Морозова и Рохлина <…> в) по разбору работ Самойлова — в составе: Коштоянц (бригадир), Лифшиц, Бондаренко, Очаковская, Закгейм и товарищи от кафедры физиологии животных МГУ».

Аналогичные бригады создавали во всех научных исследовательских и учебных заведениях биологического профиля. В ходе проработок крупнейших ученых с позиций «диалектического материализма» их заставляли каяться в философских и идеологических ошибках. Так происходило насильственное «обращение» естествоиспытателей в сторонников диалектического материализма. Мысль о возможности стихийной «диалектизации» биологии была объявлена антимарксистской, а вместе с ней и тезис о дарвинизме как общей методологии биологии. Дарвинизм все чаще критиковали как плоскоэволюционную теорию развития. Запрету стали подвергать целые научные направления и даже дисциплины. Вне закона оказались попытки использовать биологические знания для объяснения социальных процессов, поиск общих закономерностей развития в природе и обще-

---

[89] Против механистического материализма и меньшевиствующего идеализма... С. 47

[90] Там же. С. 83–84.

[91] Там же. С. 89.

[92] Там же. С. 92–93.

стве. В широкий оборот был запущен термин «биологизировать», используемый для обвинения противников в идеологических грехах.

Первой жертвой такого подхода стала фитосоциология, сторонники которой доказывали аналогичность строения и функционирования растительных ценозов и общества. В растительных сообществах находили даже классовые группировки, ведущие между собой ожесточенную борьбу за существование[93]. Подобная антропоморфизация растений была подвергнута резкой критике как наглядный пример биологизаторства, а сам термин после ряда выступлений в печати стал бранным. Вместе с фитоценологией под критику попала экология за преклонение перед природой и призывы к ее охране. На смену охранительному принципу пришел сугубо потребительский подход, который обеспечил бы максимальное использование биологических ресурсов, не заботясь о их восстановлении.

Осуждали и попытки установить точки взаимодействия между марксизмом и психоаналитической концепцией З. Фрейда, рефлексологией В.М. Бехтерева, реактологией К.Н. Корнилова, теорией условного рефлексов И.П. Павлова. Синтез фрейдизма и исторического материализма, начатый Л.Д. Троцким и поддержанный некоторыми немецкими и советскими марксистами[94], был отвергнут руководителями Общества психоневрологов Комакадемии. Как показала дискуссия в Комакадемии 28 ноября 1929 г. в связи с докладом немецкого марксиста-фрейдиста В. Рейха, если И.Д. Сапир ещё допускал практическое использование некоторых достижений З. Фрейда, то А.Н. Залманзон и А.Б. Залкинд утверждали, что «практика психоанализа вредна, так как его идеология вредна» и что фрейдизм играл реакционную роль в педагогике, отвлекал внимание педагогов от социальных эмоций ребенка, от трудовой тренировки и воспитания волевых усилий, мешал пропаганде психогигиены, демонстрируя бессилие интеллекта перед бессознательными импульсами[95]. В итоге фрейдизм фактически вплоть до начала перестройки оказался под запретом в СССР, а исследователи бессознательного в психике человека (В.Н. Басин, Д.Н. Узнадзе) должны были скрывать близость своих воззрений к психоанализу. За биологизаторство социальных явлений, механицизм, дуализм и противоречивость критиковали учение И.П. Павлова. Под удар попали и технократические попытки на базе генетики и евгеники создать нового человека.

Нападкам подвергались и другие отрасли биологии. Биогеохимические идеи В.И. Вернадского, обогатившие представление о сущности жизни, подвергли разгромной критике А.М. Деборин, А.А. Максимов, Д.И. Новогрудский, обвинившие его в создании специфического витализма, названного ими геохимическим[96]. Труды Вернадского они объявили нематериалистическими и даже ненаучными. На этот раз критики не дождались покаяния и смирения. Резкую отповедь дал им сам Вернадский. Отвергая эти обвинения как ложные, он писал, что они

---

[93] *Бубликов М.А.* Борьба за существование и общественность. М., 1926.

[94] *Рейх В.* Психоанализ как естественнонаучная дисциплина // ВКА. 1929. № 35–36. С. 345–346.

[95] *Проппер Н.И.* Рефлексологическое направление в физиологии // За марксистско-ленинское естествознание. М., 1932. № 3–4. С. 17–37.

[96] *Деборин А.М.* Проблема времени в освещении акад. Вернадского // Известия АН СССР. Сер. 7. 1932. № 4. С. 543–569; *Деборин А.М.* Критические замечания на критические замечания акад. В.И. Вернадского // Там же. 1933. № 3. С. 409–419; *Новогрудский Д.* Геохимия и витализм // ПЗМ. 1931. № 7–8. С. 168–203.

высказаны «людьми, говорящими о том, чего они не знают, а углубиться во что они не желают». И саркастически добавлял: «Углубиться, конечно, нелегко. Для этого необходим большой тяжелый труд»[97].

Постепенно главным объектом критических нападок становилась генетика. Причем, если в 1920-х гг. ее противники не отрицали теоретическое и практическое значение генетики, то отныне курс взяли на ее огульное охаивание. Пример — статья члена президиума ОБМ Г.Ю. Яффе, который уверял, что методология махизма пронизывает все теоретические построения генетики и что «это кантианско-махистское учение о фенотипе и генотипе полностью принимается т. Аголом и другими представителями меньшевиствующего идеализма в биологии»[98]. Зародышевая плазма у А.Ф.Л. Вейсмана, по мнению Яффе, играет роль души, которая наделяется активностью в отличие от пассивной сомы. Отсюда следуют обвинения генетиков в их заигрывании с идеализмом и витализмом. Яффе уверяет, что все экспериментальные опровержения наследования приобретенных признаков негодны, так как строились исходя из философских позиций кантианства и махизма. Поэтому генетика якобы пытается заставить биологию вернуться к неодарвинизму, проникнутому «мистикой, механистическими и математическими (?) тенденциями». И в заключение можно прочесть, что «неодарвинизм играет на руку интересам буржуазии в эпоху ее загнивания, в эпоху социалистической реконструкции, ибо неодарвинизм <…> тащит нас от методологии дарвинизма». Он требует от генетиков «пересмотра своих позиций и соответствующей критики реакционных тенденций неодарвинизма». Подобные обвинения в адрес генетики были повторены в последующие тридцать лет в сотнях работ.

Надо сказать, что определенная часть генетиков на эту критику реагировала сходными декларациями. Как уже отмечалось, в 1929 г. на первом Всесоюзном съезде по генетике, селекции, семеноводству произошел большой поворот советской генетики к политике, ставший предпосылкой будущих коллизий. Благодаря усилиям руководителей съезда и журналистов, генетике был придан образ некоей чудо-науки, творцы которой должны и могут, по словам Н.И. Вавилова, «строить новые виды живых организмов». Через два года в обращении оргкомитета по созыву очередной всесоюзной конференции генетиков их уже призывали искать пути «для ускорения научных исследований, осветить ряд теоретических моментов, необходимых для идейного вооружения пролетариата, для борьбы против вредительства, против идеалистических и механистических извращений марксизма»[99]. Судя по этому обращению, генетики были готовы к «реконструкции своей науки», «пересмотру методов её работы», «внедрению принципа партийности на основе марксистско-ленинской методологии», «пересмотру направлений и взаимоотношений с другими науками», приведенными буржуазными учеными «к состоянию раздробленности, взаимной оторванности и взаимного непонимания, а тем самым к состоянию загнивания, часто к прямому крохоборству».

Все чаще подобные «дискуссии» вели к закрытию научных учреждений, кафедр, к увольнениям и арестам критикуемых. Так, арестом в 1931 г. с последующим осуждением Б.Е. Райкова и его учеников завершилась кампания против его методов преподавания биологии в школе и институте. Серией арестов (Л.А. Зен-

---

[97] *Вернадский В.И.* По поводу критических замечаний академика А.М. Деборина // Известия АН СССР. Сер. ОМЕН. 1933. № 3. С. 406.

[98] *Яффе Г.* Философские основы неодарвинизма // ПЗМ. 1932. № 7–8. С. 196–237.

[99] ПФА. Ф. 232. Оп. 1. Д. 19. Л. 16.

кевич, Г.А. Клюге, Н.П. Танасийчук и др.) закончилась «дискуссия» о путях миграции сельди в Баренцевом море и перспективах её ловли на Мурмане[100]. Как показала Ю.А. Лайус, конфликт ведомственных интересов и стремление обойти конкурентов побуждали ряд биологов поставить под сомнение факт нерегулярного подхода сельди к побережью Мурмана и признать мурманскую сельдь постоянным обитателем Баренцева моря, в котором якобы были расположены и ее нерестилища. Эти утверждения стали основой для интенсивного развития рыбного промысла на Мурмане и объяснения громадных уловов в 1930–1935 гг. успехами советской прикладной науки, борьбой с вредительскими теориями и очередной победой над природой.

Разгрому были подвергнуты возглавлявшиеся В.Н. Слепковым Научно-исследовательский институт биологии и кафедра методологии биологии со специализацией по генетике в Казанском университете[101]. Его увольнение и арест в январе 1933 г. объясняли невыполнением задач партийности в руководстве аспирантами и извращением марксистско-ленинской методологии в естествознании. Кроме того, он позволял себе на семинарах отрицательно говорить о коллективизации, а аспирантам давал возможность критически подходить к трудам классиков марксизма. Суровость наказания объяснялась его связью с Н.И. Бухариным и арестом в Москве брата В.Н. Слепкова — главного редактора «Комсомольской правды» А.Н. Слепкова, входившего в «антисталинскую группу» М.Н. Рютина. После следствия, административной ссылки и краткого пребывания на свободе Слепков был вновь арестован, приговорен к расстрелу 1 августа 1937 г., и в тот же день приговор был приведен в исполнение. В 1933 г. семь его аспирантов были отчислены, а в 1937 году двое из них были расстреляны (И.М. Позднин, М.З. Савин), а трое осуждены на 10 лет лагерей[102]. В итоге становление генетики в Казанском университете было отложено на многие годы[103].

В планах биологических учреждений появились специальные разделы «Борьба с враждебными идеологическими направлениями». К их числу относили работы крупнейших советских биологов, критику их поручали ученикам этих школ. Главной задачей этих планов была «большевистская реконструкция биологии, <…> проводимая на основе широкого развертывания подлинной коллективности, соцсоревнования и ударничества». Для этого Биологический институт Комакадемии должен был установить методологический контроль над учреждениями Наркомпроса, Наркомзема (прежде всего ВАСХНИЛ), биологическими институтами и кафедрами университетов и других вузов; участвовать в подготовке всесоюзных съездов зоологов, ботаников, физиологов и генетиков; подготовить к изданию труд «Против витализма»; разрабатывать типовые программы по биологическим курсам для вузов и рабфаков, проводить антирелигиозную

---

[100] *Лайус Ю.А.* Биологическая океанография, рыбохозяйственная наука и рыбная промышленность: возникновение новых взаимоотношений при советской власти // За «железным занавесом»: мифы и реалии советской науки. СПб., 2002. С. 297–312.

[101] *Писарева Л.В.* Слепков Василий Николаевич // Возвращенные имена: документальные очерки. Казань, 1990. С. 171–176.

[102] Очерки истории Казанского университета. К 200-летию Казанского университета. Казань, 2002. С. 201.

[103] *Ермолаев А.И.* История генетических исследований в Казанском университете. Казань, 2004.

и пропагандистскую работу, обеспечить методологический контроль над выпускаемой биологической литературой и т. д. Слушателям на заводах и фабриках предлагали лекции о борьбе за дарвинизм, о религии и душевных болезнях, о роли социальных факторов в становлении человека. Характерны и названия лекций: «Против буржуазной идеологии в биологии», «Пути механистической генетики», «Задачи естествознания в реконструкционный период», «К методологии основ регенерации», «Механистическое направление в ботанике», «Антимарксизм “марксистов” в биологии» и т. д.

В числе главных исполнителей в разделе «Методологическая и практическая помощь в организации разработки биологических проблем биологии» значилась старая большевичка О.Б. Лепешинская — автор концепции «живого вещества», ставшая позднее наряду с Т.Д. Лысенко, И.В. Мичуриным и В.Р. Вильямсом классиком агробиологии. Вместе с тем, явно наметилось раздвоение между заявляемыми целями и сущностью проводимых исследований. Даже в планах Комакадемии на 1931–1932 гг. большую часть занимали сугубо биологические проблемы, т. е. проблемы нормальной науки[104]. Так, генетическое отделение Ассоциации естествознания под руководством А.С. Серебровского разрабатывало проблемы строения хромосом, взаимодействия генов и внешних факторов в реализации наследственности и изменчивости и т. д. Физиологическое отделение под руководством Б.П. Токина занималось проблемой митогенетических лучей, клеточного деления. Бригады под руководством В.С. Брандгендлера и Х.С. Коштоянца обсуждали проблемы селекции, генетики и животноводства, а руководимая Б.М. Завадовским бригада работала над проблемой естественного отбора, борьбы за существование и целесообразности. Чисто биологическая проблематика значилась в планах гидробиологического отделения и отделения механики развития. Обращает на себя внимание то, что в разных разделах планов Комакадемии и ОБМ значились одни и те же фамилии: И.А. Вайсберг, Б.М. Завадовский, Х.С. Коштоянц, Ф.П. Майоров, Н.Н. Никитин, Д.И. Новогрудский, И.И. Презент, П.Н. Овчинников, Б.Г. Поташникова, А.С. Серебровский, Б.П. Токин, что свидетельствует о том, что число биологов, пытавшихся диалектизировать биологию, было весьма невелико.

Захватив руководство диалектизацией биологии, молодые диалектизаторы (Б.П. Токин, В.С. Брандгендлер, П.П. Бондаренко, Р.Э. Яксон, Х.С. Коштоянц и др.) использовали и представителей старой интеллигенции, полагавших, что они недостаточно оценены академическим сообществом (Б.А. Келлер, В.Р. Вильямс, А.И. Опарин, А.В. Немилов, В.П. Бушинский), или вынужденных в силу своего прошлого (участие в гражданской войне на стороне белых или пребывание в антибольшевистских партиях) с особым усердием демонстрировать свою лояльность властям (А.Н. Бах, К.М. Быков, П.В. Серебровский).

К сожалению, нет даже приблизительных данных о масштабах репрессий в отдельных отраслях биологии и научных учреждениях биологического профиля. Работа по составлению списков «вычищенных», т. е. уволенных в результате чисток, а также арестованных и расстрелянных, еще вообще не начиналась. Мы не знаем и общего числа биологов, профессоров и преподавателей высшей школы, сотрудников АН СССР и ВАСХНИЛ, ВИЭМ и т. д., ставших жертвой культурной револю-

[104] ПФА. Ф. 232. Оп. 1. Д. 3. Л. 1–72.

ции. Но число их огромно. Вот фамилии лишь некоторых из них: М.С. Алексин, А.А. Баев, Е.И. Балкашина, Ю.М. Вермель, Г.Г. Винберг, С.Г. Габаев, Л.А. Зенкевич, Г.А. Клюге, И.В. Кожухов, Е.М. Крепс, Б.С. Кузин, Н.Н. Кулешов, Г.А. Левитский, Р.Г. Лейбсон, Н.А. Максимов, А.И. Мальцев, В.Е. Писарев, М.Г. Попов, Б.Е. Райков, П.Ф. Рокицкий, Д.Д. Ромашов, В.В. Таланов, Н.П. Танасийчук, К.А. Фляксбергер, С.С. Четвериков, К.М. Чинго-Чингас, В.П. Эфроимсон и сотни, если не тысячи, других. Многие из репрессированных уже никогда не вернулись к научной работе. Другим удалось это сделать только после многолетнего пребывания в лагерях и ссылках. Третьи там и закончили свой жизненный путь.

Закрывались целые научные учреждения, например, Волжская, Тихоокеанская, Мурманская и др. биологические станции, а все их сотрудники арестовывались[105]. Только среди ихтиологов и специалистов рыбохозяйственной науки были арестованы и расстреляны около сотни человек[106]. Частичная правда об истинных мотивах этих репрессий стала известна лишь в последние годы[107].

Тем не менее, к весне 1932 г. стала очевидной неудача поставить под контроль биологическое сообщество при помощи массовых марксистских организаций. Крах этой кавалерийской атаки обусловлен и отсутствием варианта «советской биологии», с позиций которой можно было бы регламентировать исследования.

Провал «культурной революции» в целом, и в биологии в частности, был очевиден и лидерам партии. Сталин в речи, опубликованной 23 июня 1931 г. в газете «Вечерняя Москва», предлагал прекратить травлю старой интеллигенции. В ноябре этого же года журнал «Пролетарская революция» (1931. № 6) опубликовал сталинское письмо, означавшее начало чистки уже среди коммунистической интеллигенции и ликвидацию пролетарских организаций. Выдвинутые Сталиным «шесть условий» положили конец форсированному проведению «культурной революции». На смену «великому перелому» пришел «большой откат» (The Great Retreat)[108], одним из проявлений которого стало широкое привлечение «буржуазных» специалистов к социалистическому строительству. Часть биологов вернулась из тюрем и ссылок, но многие ненадолго.

Летом 1932 г. началась ликвидация марксистских учреждений и обществ, возникших в период «культурной революции». Ученый комитет по заведованию учеными и учебными заведениями при ЦИК СССР решил выделить из состава Комакадемии ряд гуманитарных институтов. Тогда же Президиум Комакадемии заслушал информацию своего нового руководителя М.А. Савельева о ликвидации Института естествознания и техники Комакадемии в Москве. Вскоре последовала ликвидация всей Ассоциации естествознания. Ликвидация учреждений «культурной революции» растянулась на несколько лет. В 1932 г. из состава Комакадемии вновь выделяется ИКП, насчитывавший к тому времени около трех тысяч аспирантов. Вскоре перестали выходить журналы «За марксистско-ленинское естествознание», «Научное слово», «За марксистско-ленінське природознавства»

---

[105] ПФА. Ф. 240. Оп. 1. Д. 5. Л. 42–44.

[106] *Чернавин В.* Записки «вредителя». М., 1996. С. 68–106.

[107] *Танасийчук В.С.* Аресты на Мурманской биологической станции в 1933 году // Репрессированная наука. Вып. 2. СПб., 1994. С. 306–318.

[108] *Tamasheff N.S.* The Great Retreat: the Growth and Decline of Communism in Russia. New York, 1948.

и «Проблемы марксизма», бывшие главными печатными органами по диалектизации естество-знания. Для решения судьбы журнала «Проблемы марксизма» оказалось достаточной одной фразы Сталина: «Здесь нет ни проблем, ни марксизма». Эта очередная реорганизация оценивалась руководством Комакадемии как фактор «дальнейшего развития и улучшения её работы, повышения квалификации научных работников, изживания обезличивания в научной работе и увеличения научной продукции»[109]. Утверждалось, что коллектив Комакадемии «очистил свои собственные ряды от всякого рода оппортунистов и вырастил кадры идеологически стойких научных работников». Ликвидацию Ассоциации естествознания объясняли улучшением дела с марксистскими кадрами в естественных науках и созданием большой «сети естественнонаучных учреждений, теснейшим образом связанной с практикой социалистического строительства, имеющей огромную экспериментальную базу, чего как раз и не было у Ассоциации естествознания»[110]. Из всех её учреждений к сентябрю в Комакадемии остался только кабинет истории естествознания, да и тот был включен в состав общей библиотеки Комакадемии[111].

В ближайшие годы прекратили свое существование ОВМД, ВАРНИТСО, все научные общества Комакадемии, сама она была ликвидирована в 1936 г. В 1937 году закрыли ИКП, а в начале 1938 — Комуниверситет им. Я.М. Свердлова. Исчезли все центры по диалектизации естествознания. В Постановлении ЦИК СССР от 19 сентября 1932 г. указали недостатки в реформе высшей школы, приведшей к сугубо количественному росту вузов и учащихся и к резкому падению уровня подготовки специалистов[112]. Отныне комплектование аспирантуры предписывали проводить только за счет успешно закончивших вузы по представлению кафедр и Советов вузов. Подготовку аспирантов предусматривали в наиболее мощных вузах, имевших необходимые кафедры для научного руководства. Прикрепленные к кафедрам аспиранты должны были работать по индивидуальному плану, ввели систему зачетов, а перед окончанием — защиту диссертаций.

Началось расширение сети университетов и географии их размещения. Их воссоздавали чаще всего в старых университетских городах (Днепропетровск, Киев, Нижний Новгород, Одесса, Пермь, Свердловск, Харьков и др.). Возникали и новые университеты в союзных республиках. В мае 1933 г. восстановили факультетскую систему организации университетов. Ликвидировали возникшие в начале 30-х гг. различные сектора, циклы, уклоны. Основной ячейкой научно-методической и учебно-методической работы вновь признали кафедры. При подборе руководителей кафедр, факультетов и институтов, прежде всего, стали учитывать уровень их профессиональной квалификации. Практически прекратили рост числа научно-исследовательских институтов, провели их укрупнение и сокращение численности сотрудников. Часть НИИ возвратили университетам, а занятия наукой в вузах в основном происходили вновь на кафедрах.

В Ленинграде разыгрался классический сценарий «революции, пожиравшей своих детей». Среди пострадавших в репрессиях 1930-х гг. оказалось немало активистов «культурной революции». За исключением П.Н. Овчинникова и И.И. Пре-

---

[109] ПФА РАН. Ф. 225. Оп. 1. Д. 14. Л. 75–76.

[110] К итогам работы Комакадемии за первую пятилетку // ВКА. 1933. № 6. С. 100.

[111] Архив РАН. Ф. 350. Оп. 1. Д. 740. Л. 40.

[112] Собрание законов и распоряжений Рабоче-крестьянского Правительства СССР. 1932. № 68. Ст. 409.

зента, погибли все главные диалектизаторы естествознания в Ленинграде (И.А. Вайсберг, Н.А. Гредескул, П.Ф. Куразов, Л.А. Лейферт, Н.Н. Никитин, Г.С. Тымянский, Я.М. Урановский, Р.Э. Яксон и др.). Такая же картина была по всей стране. Вскоре за ними уничтожили первоклассных биологов, лояльных к властям, бывших активными организаторами советской науки. Достаточно назвать Н.И. Вавилова, Г.К. Мейстера, Г.А. Надсона, В.В. Станчинского. Кровью заплатили за свое участие в диалектизации биологии талантливые ученые-партийцы, последователи А.М. Деборина в философских проблемах биологии (И.И. Агол, М.Л. Левин, С.Г. Левит, В.Н. Слепков и др.). В лагерях и тюрьмах побывали В.Л. Меркулов, Б.Б. Полынов, Ю. Шаксель. Их места в вузах и отраслевых институтах, как правило, занимали выдвиженцы «культурной революции».

Один Презент вовремя покинул тонущий корабль и, найдя нового покровителя, продолжал реализовывать план диалектизации биологии. Агробиология, созданная Презентом с Лысенко, была представлена руководителям партии как подлинно пролетарская наука, изначально построенная на принципах диалектического материализма и поэтому способная стать орудием осуществления самых грандиозных планов в сельском хозяйстве.

Конец евгеники и медицинской генетики

Один из главных ударов «культурная революция» нанесла по попыткам использовать биологию для усовершенствования человека. Набиравший в Германии политический вес национал-социализм, ставший главным конкурентом Коммунистической партии Германии, сделал евгенику абсолютно неприемлемой для советских властей. Теоретический спор о двух путях воспитания нового человека, начатый ещё в XIX веке между социал-дарвинистами и марксистами, перешел в плоскость практического решения задачи. В итоге национал-социалистическая Германия, с одной стороны, и Советский Союз стали противостоящими друг другу политическими системами в решении задачи — улучшать ли генофонд популяции путем отбора или изменений социальной среды. Оба решения, в конечном счете, оказались неудачными из-за крайней абсолютизации роли или биологических, или социальных процессов[113]. К тому же каждое из них отказывалось от традиционных человеческих ценностей, доводя до абсурда контроль государства над самыми интимными сторонами человеческих отношений. Выдвигая на передней план «борьбу за существование» или «классовую борьбу» лидеры двух систем сводили на нет кооперацию, взаимопомощь, альтруизм как важнейшие факторы эволюции человека.

В условиях обозначавшегося политического противостояния сторонников двух идеологий (национал-социалистической и коммунистической) апостолов евгеники СССР Н.К. Кольцова, А.С. Серебровского, Ю.А. Филипченко обвинили в пропаганде «черносотенного бреда», «звериного шовинизма» и «зоологической ненависти к людям». Если зарубежным евгеникам инкриминировали обоснование законов о стерилизации, организацию еврейских погромов, распространение человеконенавистской идеологии, то советским — поддержку их деятельности[114].

---

[113] *Weingart P., Kroll J., Bayertz K.* Rasse, Blut und Gene. Frankfurt am Main, 1992. S. 31.

[114] *Баткис Г.* Евгеника // БСЭ. Т. 23. 1931. С. 812–819; *Кольман Э.* Черносотенный бред фашизма и наша медико-биологическая наука // ПЗМ. 1936. № 11. С. 64–72; *Бах А.Н., Келлер Б.А., Коштоянц Х.С.* и др. Лжеученым не место в Академии наук // Правда. 1939. 11 января.

Широкую известность получило стихотворение Демьяна Бедного «Евгеника», опубликованное в «Известиях» 4 июня, где будущая Москва изображалась заселенной тысячами тождественных копий людей.

В итоге Н.К. Кольцов был отстранен от преподавания в МГУ и снят с поста директора основанного им Института экспериментальной биологии. Лишился своей кафедры генетики в Ленинградском университете Ю.А. Филипченко, вскоре умерший от менингита. К травле своих учителей подключились и молодые генетики. С гордостью за свою принципиальность и верность партийным установкам Н.П. Дубинин в 1973 г. вспоминал, что он прямо заявил А.С. Серебровскому, что его статья о социалистической антропотехнике «реакционная, антимарксистская и ничего, кроме вреда, генетике принести не может», так как «ничего не имеет общего с учением марксизма о личности и обществе»[115]. Возмущенный таким поведением своего ученика и соавтора Серебровский промолчал, не желая унижаться до ответа. Вскоре сам Дубинин вместе с В.Е. Альтшулером, М.С. Навашиным и другими был уволен из Биологического института им. К.А. Тимирязева за неспособность обеспечить «развитие классовой пролетарской науки»[116]. Отныне само упоминание евгеники ассоциировалось с расизмом и фашизмом, а исследования по генетике человека стали называть медико-генетическими. По мнению Агола, классовый характер буржуазной науки наиболее ярко проявился в антропологии и евгенике.

В декабре 1930 г. был арестован И.И. Иванов, предлагавший путем искусственного осеменения и отдаленной гибридизации повысить продуктивность сельскохозяйственных животных и пытавшийся получить гибриды человека с различными видами человекообразных обезьян. В том же году распустили Русское евгеническое общество, ликвидировали Секцию евгеники в Институте экспериментальной биологии, директор Биомедицинского института и руководитель его отдела наследственности и конституции человека С.Г. Левит был снят со своих должностей в 1932 г., после возвращения из длительной заграничной командировки в США.

Апогеем нападок на евгенику стали юбилейные собрания и публикации, посвященные 50-летию со дня смерти Ч. Дарвина[117]. 21 марта 1932 г. Бюро Президиума Комакадемии поставило задачу превратить юбилей «в широкую политическую кампанию» против «“ученых” мракобесов, попов, социал-фашистов», «героев обезьяньих процессов» и т. д.[118] С.Г. Левит опубликовал в эти дни статью «Учение Дарвина, расовый шовинизм и социал-фашизм», которая, видимо, на время реабилитировала его в глазах властей. Вскоре Левит, хотя и ненадолго, вернул утраченные позиции, и ему поручили создать научно-исследовательской центр по генетике человека, в котором планировали широкомасштабные исследования близнецов[119]. Пытаясь спасти свою науку, инициаторы евгеники при поддержке М. Горького убедили власти организовать Медико-биологический институт, носящий им. М. Горького, в системе Наркомздрава.

Фактически в нем вели те же работы, что и в Институте антропологии, генетики человека и евгеники КВГ в Берлине. Но с самого начала его сотрудники стара

---

[115] *Дубинин Н.П.* Вечное движение. М., 1973. С. 106.

[116] Там же. С. 107.

[117] См. подробнее: *Колчинский Э.И.* В поисках советского «союза» философии биологии (дискуссии и репрессии в 20-е — начале 30-х гг.). СПб., 1999. С. 188–194.

[118] Архив РАН. Ф. 350. Оп. 1. Д. 600. Л. 1–53.

[119] Тр. Медико-биологического научно-исследовательского института им. Максим Горького. М., 1934.

лись всячески дистанцироваться от буржуазной генетики и евгеники[120]. Исследуя генетику расовых отличий, они главный упор делали на критике расовых теорий как полностью несостоятельных. Идеологически выдержанными были доклады на Первой конференции по медицинской генетике, в которой участвовало около 300 человек, а среди докладчиков были В.В. Бунак, С.Н. Давиденков, Н.К. Кольцов, С.Г. Левит, Г.Дж. Мёллер, Т.И. Юдин и др.[121] В резолюции конференция призывала к развитию в СССР новой дисциплины, имевшей огромное значение для улучшения здоровья трудящихся и опровержения псевдонаучного расизма.

В целом, исследования в Медико-биологическом институте не выходили за проблемы евгеники, поднятые в 1920-х гг. и исследуемые теми же методами и теми же людьми. При тематической и кадровой преемственности медицинскую генетику власти представляли идеологически и методически сверенной с марксизмом, политически лояльной и находящейся на переднем крае борьбы с фашизмом и расизмом. В 1933 г. научный вес сторонников евгеники в СССР существенно возрос благодаря приезду в СССР Г.Дж. Мёллера, открывателя индуцированного мутагенеза и будущего лауреата Нобелевской премии. В Академию наук СССР он приехал с надеждой создать социалистическое общество и не упускал случая, чтобы выступить с пропагандой социалистической евгенической программы.

В сборнике, посвященном десятилетию со дня смерти В.И. Ленина, Мёллер, работавший в СССР до 1937 г., опубликовал большую статью, доказывая, что марксизм-ленинизм необходимо дополнить евгеникой для создания более совершенных людей[122]. В книге «Свет в конце туннеля» Мёллер причудливым образом соединил социалистические убеждения с идеей искусственного осеменения «сознательных женщин» спермой выдающихся революционеров и ученых (например, В. И. Ленина и Ч. Дарвина), повторяя основные положения антропотехники Серебровского[123]. Широкое применение методов евгеники, по его мнению, могло в краткий срок улучшить популяцию человека и направить в нужную сторону его биологическую эволюцию, ускорив тем самым построение социалистического общества. Он был сторонником позитивной евгеники, ратуя за создание благоприятных условий «лучшим людям» и резко критикуя практику негативной селекции в США и Германии. Эта книга широко обсуждалась в прессе разных стран[124].

В отстаивании своей социальной утопии Г.Дж. Мёллер был отнюдь не одинок в англоязычном научном пространстве. Таких же идей придерживался эволюционист Дж.С. Хаксли, генетик Дж. Б.С. Холдейн и эмбриолог Дж. Нидхэм в либеральной Англии. Все они были сторонниками радикальных социальных реформ, которые были бы ускорены проведением эффективных евгенических мероприятий, призванных создать благоприятные комбинации генов. К этому их подвигали и работы Мёллера по генетическому грузу (т. е. сохранение из поколения в поколение вредных мутаций) в генофонде человека. В отличие от евгеников старшего поколения, они понимали, что реализация благоприятных комбинаций возможна только при условии благоприятной среды.

---

[120] *Adams M.B.* The Politics of Human Heredity in the USSR, 1920–1940 // Genome. 1989. Vol. 11. № 2. P. 879–884.

[121] Конференция по медицинской генетике. Доклады и прения. М., 1934.

[122] *Muller H.J.* Lenin's doctrines in relation to genetics // Pamiati V. I. Lenina. M., 1934. P. 453–469.

[123] *Muller H.J.* Out of the Night. A Biologist's view of the Future. London; New Jork, 1935. P. 122.

[124] *Paul D.* The Politics of Heredity: Essays on Eugenics, Biomedicine and the Nature-Nurture Debate. Albany, 1998. P. 20–24.

Понимая, что его утопия имеет шансы на реализацию только при поддержке И.В. Сталина, Мёллер 5 мая 1936 г. обратился к нему с письмом, в первых строках которого заверил Сталин в своей убежденности как ученого в победе большевизма, для ускорения которой необходимо развивать социалистическую евгенику, таящую «безграничные возможности прогресса»[125]. В письме Мёллер резко отмежевался от использования евгеники в либеральных и фашистских странах, указав на принципиально иную природу евгеники при социализме. Ссылаясь на тезис Маркса о необходимости переделать мир, он призывал Сталина поддержать идеи о переделке биологической природы человека, чтобы в течение нескольких поколений каждого человека наделить задатками гения. Вместо стихийной эволюции человека под действием отбора он предлагал «сознательный социалистический контроль», который в сочетании изменений в социальных условиях и в воспитании даст возможность максимальной реализации способностей человека.

Сталин не ответил на это письмо, но Мёллеру стала известна его отрицательная реакция[126]. В условиях начинающегося «Большого террора» неудовольствие вождя было смертельно опасно даже для такого выдающегося ученого, как Мёллер, а тем более для его единомышленников. 14 ноября 1936 г. Политбюро ЦК ВКП(б) отменило свое решение о проведении VII Международного генетического конгресса в 1937 в СССР, так как его подготовка и повестка не обеспечивают «проведение конгресса в соответствии с интересами нашего государства»[127]. Особо отметили секцию генетики человека, в программе которой был «перевес сторонников фашистской генетики»[128]. Эту секцию готовил Г. Дж. Мёллер, который намеревался на ней дать бой расистским взглядам нацистов и доложить об успехах генетики в СССР.

В газетах была развернута оголтелая кампания против С.Г. Левита и его института. В конце ноября он был обвинен на партийном собрании Института в пропаганде фашистских идей и концепций и исключен из ВКП(б). Не удивительно, что на декабрьской сессии ВАСХНИЛ в 1936 г., где впервые сошлись в лобовой атаке генетики и лысенкоисты, Мёллер был единственным, кто осмелился выступить в защиту евгеники, хотя и был предупрежден заранее, что не следует касаться этой темы. Его выступлением сразу же воспользовались лысенкоисты, указавшие, что арест Агола и обвинения Левита доказали фашистскую природу евгеники и медицинской генетики[129]. В ответ Мёллер обвинил оппонентов в идеализме, антимарксизме и антидарвинизме. Евгенические грехи припомнили также Н.К. Кольцову и А.С. Серебровскому. Им также инкриминировали приверженность к расизму и фашизму.

В этих условиях судьба медицинской генетики была предрешена, а Мёллеру пришлось срочно уезжать из СССР. Москву он покинул как член интернациональной бригады, отправлявшейся в республиканскую Испанию для борьбы с Ф. Франко. По дороге он написал своему единомышленнику и другу Дж.С. Хаксли, что Москва не лучшее место для реализации программы социалистической

---

[125] Письмо Германа Мёллера И.В. Сталину / Публ. Ю.Н. Вавилова; предисл. к публ И.А. Захарова // ВИЕТ. 1997. № 1. С. 68.

[126] *Бабков В.В.* Биологические и социальные иерархии. Контексты письма Г.Г. (Дж.) Мёллера И.В. Сталину // ВИЕТ. 1997. № 1. С. 87–90.

[127] Академия наук в решениях Политбюро ЦК РКП (б) — ЦК ВКП (б): 1922–1952 / Сост. В.Д. Есаков. М., 2000. С. 246.

[128] Там же.

[129] Спорные вопросы генетики и селекции. М., 1937.

евгеники[130]. На следующий день после отъёзда Мёллера был расстрелян И.И. Агол как троцкист, а в начале 1938 г. был арестован и в мае расстрелян С.Г. Левит. Созданный им Институт медицинской генетики еще раньше был закрыт после многочисленных предвзятых проверок.

Начавшийся «Большой террор» положил конец евгенике и медицинской генетике. Всякие исследования в этом направлении были прекращены. Евгеника была первым направлением в генетике, которое подверглось идеологическому осуждению и было запрещено. Это дало основание для новых нападок на генетиков, хотя евгеника не обязательно связана с генетикой. Евгенических взглядов придерживались и такие немецкие неоламаркисты, как О. Гертвиг и Л. Плате, а в СССР — М.В. Волоцкóй.

Разочаровавшись в возможностях реализации евгеники в СССР, группа видных биологов Великобритании и США в 1939 г. сформулировала и напечатала в журнале «Nature» манифест «Биология и популяционное улучшение»[131]. Среди подписантов были сторонники социалистической (Дж.Б.С. Холдейн, Г. Дж. Мёллер, Дж. Нидхэм) и леволиберальной (Дж.С. Хаксли, К. Уоддингтон) евгеник. Их объединяло сознание необходимости противостоять нацистским истолкованиям генетики и преодолеть ошибки евгеников предшествовавшего поколения, уверенных, что генотип предопределяет все интеллектуальные и психологические черты. В этом движении уже не могли участвовать ученые из СССР.

Классическая генетика и лысенкоизм

К концу 1920-х гг. отечественная генетика стала конкурировать с зарубежной в ряде направлений. Среди ее главных достижений обычно отмечают статью С.С. Четверикова, опубликованную в 1926 году, в которой сделана попытка объединить генетику, биометрию и практику полевых исследований в рамках дарвинизма, а также первые систематические исследования генетической структуры природных популяций дрозофилы (Н.В. Тимофеев-Ресовский); концепцию А.С. Серебровского о генофонде популяций; концепцию С.С. Четверикова о генетической среде и ее значении для эволюции; гипотезу Н.П. Дубинина и Д.Д. Ромашова о генетико-автоматических процессах, высказанную одновременно, но независимо от гипотезы С. Райта о генетическом дрейфе. Познанию генетических факторов эволюции способствовали интенсивные работы по химическому и радиационному мутагенезу, планомерные исследования генетического потенциала и разнообразия культурных форм, закономерностей распространения генов в различных географических регионах, геногеографии и генетической изменчивости домашних животных, экспериментальные доказательства внезапного образования фертильной формы путем отдаленной гибридизации у растений. Удваивая хромосомные наборы межвидовых гибридов шелковичного червя, Б.Л. Астауров получил фертильную форму даже у животных. Как писал норвежский генетик О.Л. Мор, председатель комитета по созыву VII Международного генетического конгресса, А.И. Муралову, назначенному решением Совнаркома СССР президентом Организационного комитета конгресса, предложение провести его в Москве в 1937 г. было принято мировым сообществом генетиков

[130] *Адамс М.* Политика в области наследственности человека в СССР: 1920–1940 // Тр. СПбОЕ. Эволюционная биология. 1994. Т. 90. № 1. С. 22.
[131] *Галл Я.М.* Джулиан Сорелл Хаксли. СПб., 2004. С. 226.

«в первую очередь из чувства почтения и восхищения великолепными научными достижениями советских генетиков»[132]. Было тогда общепризнано, что по размаху и оригинальности генетические исследования в СССР сравнимы только с достижениями генетиков США, лидеров в этой области знания.

Тем не менее, именно генетика оказалась главным объектом нападок со стороны властей, что объясняется несколькими причинами. Из опыта активного участия в диалектизации биологии в 1920-х гг. генетики поняли, что «колебание» с линией партии не гарантировало выживания, а необходимы активные действия. Это и побудило их вступить в борьбу с Презентом и Лысенко в середине 1930-х гг. Кроме того, основу теоретических воззрений Лысенко составлял принцип наследования приобретаемых признаков, который явно противоречил данным генетики и на опровержение которого генетики потратили немало сил. Не случайно этот принцип оказался в центре всех нападок на генетиков, преподносимых под видом борьбы за советский творческий дарвинизм. Возникло целое направление, названное впоследствии лысенковщиной и традиционно считавшееся наиболее характерным проявлением сталинской науки.

Социальными корнями его возникновения стало тяжелое положение сельского хозяйства, нехватка продуктов и гибель миллионов людей от голода. В этих условиях надежду возлагали на скорейшее получение высокоурожайных сортов растений и высокопродуктивных пород животных, на нахождение каких-то чудодейственных агрономических приемов. На веру принимали широко разрекламированные обещания Лысенко и Презента о выведении новых сортов пшеницы, о превращении яровых сортов в озимые, о «расшатывании» консервативной наследственности и т. д. Газеты и журналы открыто высказывали симпатии к бесхитростным заявлениям агронома из народа, усматривая в них некую многовековую народную мудрость как панацею от всех бед и основу советской биологии. В 1935 г. его борьба с противниками «яровизации» получила публичную поддержку И.В. Сталина на Втором всесоюзном съезде колхозников-ударников. Эта поддержка была не случайна, так как Сталин искренне верил, что, опираясь на административные меры, можно резко увеличить сельскохозяйственную продукцию как источник поступления средств, направляемых на индустриализацию. И здесь его не устраивали рекомендации генетиков и селекционеров, результатов которых надо было ждать годы и которые также не всегда сбывались.

Первоначальному успеху Лысенко способствовало также то, что многие биологи были верны механоламаркизму и вначале принимали воззрения Лысенко за его разновидность. Однако Лысенко полностью отвергал биологические представления о наследственности, добытые биологией в XX в., и фактически гальванизировал представления первой половины XIX в. Он не признавал существование материальных носителей наследственности, которую он объявил всеобщим внутренним свойством живой материи. Это свойство якобы разлито по всем молекулам и «крупинкам» клетки и состоит в требовании строго определенных условий существования, неизменность которых обеспечивает преемственность поколений. Изменения же внешних условий могут вызвать направленные целесообразные изменения наследственности, передаваемые потомкам. Рупором этого направления, в котором

[132] «В советскую биологию вовлечена идеология...» С. 31.

фактически отвергалась автономность организма, был журнал «Яровизация». Для его авторов было характерно вести дискуссии в формате политического доноса, обвиняя оппонентов — сторонников генетики — в расизме, фашизме и т. д. Так, Презент сравнивал борьбу Лысенко и его сторонников против генетики с борьбой партии против троцкистско-бухаринской оппозиции[133].

1936 год, ознаменованный серией специальных сессий, совещаний и дискуссий, стал решающим в дискуссии генетиков с лысенкоистами. Особое значение имела сессия ВАСХНИЛ, на которой впервые остро проявился главный конфликт в сталинской биологии, на лидерство в которой претендовал Т.Д. Лысенко. В отличие от физики и математики, где конкуренция шла между лидерами крупных научных школ и поддержка властями той или иной группы не несла угрозы данной отрасли знания в целом, на Четвертой сессии ВАСХНИЛ, проходившей 19–25 декабря 1936 г., научное сообщество впервые вынуждено было защищаться от массовых атак лысенкоистов, которым явно симпатизировал Сталин[134]. Эту сессию, ставшую «репетицией» печально известной сессии ВАСХНИЛ 1948 г., не раз подробно анализировали в отечественной и зарубежной литературе[135].

Ведущие генетики и селекционеры (Н.И. Вавилов, В.С. Кирпичников, Н.К. Кольцов, Г.Д. Карпеченко, Г.А. Левитский, П.И. Лисицын, Г.Дж. Мёллер, М.М. Завадовский, П.Н. Константинов и мн. др.) пытались привести научные доводы против резких обвинений Т.Д. Лысенко и поддержавших его Б.А. Келлера, Н.И. Нуждина, С.С. Перова, П.Н. Яковлева и яростных диалектизаторов естествознания (Э.Я. Кольмана, М.Б. Митина, П.Ф. Юдина). В их выступлениях наиболее ярко сказывался сложившийся советский стиль «научной полемики». Научные аспекты генетики и агробиологии практически не затрагивались, а главное внимание было сосредоточено на политико-идеологических и практических аспектах проблемы, что давало повод обвинить своих противников в разного рода «преступлениях». Так, например, Кольцову, Мёллеру и Серебровскому инкриминировали приверженность к расизму и фашизму. В том же духе диалектизаторам естествознания отвечали и некоторые генетики-марксисты (Н.П. Дубинин, Г.Дж. Мёллер), указывая на идеализм, антимарксизм, антидарвинизм и механицизм своих оппонентов.

Казалось, что с самого начала итоги дискуссии были предрешены, так как участникам было известно, на чьей стороне симпатии заведующих Сельхозотделом и Отделом науки ЦК ВКП(б) (Я.А. Яковлева и К.Я. Баумана), наркомов земледелия и совхозов (М.А. Чернова и М.И. Калмановича) и самого Сталина. Сессия шла на фоне прямого запугивания сторонников генетики. Накануне был исключен из партии С.Г. Левит, а после торжественного открытия сессии газеты объявили об аресте И.И. Агола «за прямую связь с троцкистскими убийцами», что на языке тех лет означало расстрел[136]. Тогда же газеты разъяснили, что запланированный на 1937 г. VII Международный конгресс по генетике, председателем

---

[133] *Презент И.И.* За дарвинизм в генетике // Яровизация. 1936. № 5.

[134] Спорные вопросы генетики и селекции. М., 1937.

[135] *Фролов И.Т.* Генетика и диалектика. М., 1968; *Дубинин Н.П.* Вечное движение. М., 1973; *Medvedev Zh.* The Rise and Fall of T.D. Lysenko. New York; London, 1969; *Joravsky D.* The Lysenko Affair. Cambridge (Mass.), 1970. *Резник С.* Дорога на эшафот. Париж; Нью Йорк, 1983.

[136] *Бабков В.В.* Биологические и социальные иерархии. Контексты письма Г.Г. (Дж.) Мёллера И.В. Сталину. С. 76–93.

орг комитета которого был Н.И. Вавилов, а ученым секретарем — И.И. Агол, отложен по просьбе ученых, т. е. отменен[137].

В этих условиях на генетиков нападал не только президент ВАСХНИЛ А.И. Муралов, призвавший деятелей сельскохозяйственной науки взять за образец работу Т.Д. Лысенко, но даже вице-президент, селекционер Г.К. Мейстер. Досталось главным докладчикам-генетикам (Н.И. Вавилову, Н.К. Кольцову, Г.Дж. Мёллеру) и от своих. В идеологических грехах обвинил своих учителей Н.П. Дубинин[138]. Р.Л. Берг писала: «Среди бичей карателей вместе с кнутом Презента свистела и плеть Дубинина. Он бичевал идеалистические пороки Филипченко, Серебровского, Левита»[139]. Каялся за свои прежние симпатии к евгенике А.С. Серебровский.

Тем не менее, генетикам удалось в значительной степени отстоять свои позиции и вписать в резолюцию сессии пункт о развертывании экспериментальных работ в области «спорных вопросов генетики и селекции» и выделении дополнительных ресурсов для этого. Большинство ученых, имевших опыт селекционной работы, и авторы известных сортов культурных растений и пород животных выступили против Лысенко. За ним, в основном, пошли выдвиженцы «культурной революции». С письмами-протестами против травли Н.И. Вавилова выступил агрохимик академик Д.Н. Прянишников[140]. 19 марта 1937 г. генетикам удалось вновь добиться согласия Политбюро на проведение Международного генетического конгресса в 1938 г.[141], отмененного решением Политбюро 14 ноября 1936 г.[142]

Однако, в отличие от физики и математики, где научному сообществу удалось отстоять науку, в биологии, которая к тому же постоянно привлекала внимание Сталина, события развивались трагическим образом. Здесь высокий авторитет Вавилова обусловил его лидирующую роль в противостоянии генетиков и лысенкоистов. Трагедия состояла и в том, что на первых этапах карьеры Лысенко Вавилов положительно оценил его работы по физиологии развития растений. Взаимоотношениям Вавилова с Лысенко в литературе уделено много внимания[143].

---

[137] *Рокитянский Я.Г.* Драма в двух действиях. О VII Международном генетическом конгрессе // Вестн. РАН. 2003. Т. 73. № 12. С. 1113–1128; «В советскую биологию вовлечена идеология...» С. 4–63; *Кременцов Н.Л.* Научный интернационализм — идеология, покровители и сети: 7-й Международный генетический конгресс // На переломе. Отечественная наука в конце XIX–XX. С. 255–298; *Krementsov N.* International Science between the World War. The case of genetics. London; New York, 2005.

[138] *Дубинин Н.П.* Вечное движение. М., 1973. С. 165–169.

[139] *Берг Р.Л.* Суховей. Воспоминания генетика. Нью-Йорк, 1983. С. 46.

[140] Мужество академика Д.Н. Прянишникова // Вестн. РАН. 1992. № 9. С. 128–137.

[141] *Есаков В.Д.* Академия. 251–253.

[142] Там же. С. 248–247.

[143] *Medvedev Zh.* The Rise and Fall of T.D. Lysenko. New York; London, 1969; *Joravsky D.* The Lysenko Affair. Cambridge (Mass.), 1969; *Резник С.* 1983. Дорога на эшафот. Париж; Нью-Йорк, 1983; *Эфроимсон В.П.* О Лысенко и лысенковщине // ВИЕТ. 1989. № 1. С. 79–93; № 2. С. 132–148; № 3. 96–119; № 4. С. 1–11; *Левина Е.С.* Трагедия Н.И. Вавилова // Репрессированная наука. Л., 1991. Вып. 1. С. 223–239; *Маневич Э.Д.* А.С. Серебровский и борьба за генетику // ВИЕТ. 1992. № 2. С. 78–93; *Резник С.* Правда и ложь о Вавилове и Лысенко // ВИЕТ. 1992. № 2. С. 62–78; *Soyfer V.N.* Lysenko and the tragedy of Soviet Science. New Brunscwick; New Jersey, 1992; *Сойфер В.Н.* Власть и наука. История разгрома генетики в СССР. М., 1993; *Левина Е.С.* Вавилов, Лысенко, Тимофеев-Ресовский... Биология в СССР: история и историография. М., 1995; *Лебедев Д.В.* Помогают ли опыты на простейших понять трагические события в отечественной биологии // На переломе. Вып. 1. СПб., 1997. С. 165–170.

М. Поповский впервые на базе архивного материала КГБ описал «дело» Вавилова, назвал виновников его ареста, следователя, мучившего Вавилова на допросах, и, наконец, голодную смерть в саратовской тюрьме[144]. Материалы следственного дела Вавилова с подробным анализом и комментариями позднее были опубликованы в уникальной книге «Суд палача»[145].

Сначала Вавилов стремился перевести разногласия в русло обычной научной дискуссии, что объяснялось его желанием избежать прямых столкновений с властными структурами, поддержавшими Лысенко в надежде дешево поднять подорванное коллективизацией сельское хозяйство. Зная, что за Лысенко сам Сталин, Вавилов полагал, что сдержанность в полемике позволит спасти генетику и селекцию от разгрома[146]. Он стремился уберечь от удара властей и свое любимое детище — ВИР, где работала основная часть ведущих представителей «Вавиловской школы». Когда же Лысенко перешел в наступление на генетику, на теоретические основы селекции и семеноводства, угрожая самой науке, Вавилов ни на какие компромиссы не шел. Тогда прозвучали его твердые слова: «Пойдем на костер, будем гореть, но от убеждений своих не откажемся».

Следует подчеркнуть ещё раз, что эта борьба носила политический характер. На одной стороне был мощный партийно-правительственный аппарат, а на другой стороне — ученые, отстаивавшие автономию своей отрасли знаний. Острота борьбы определялось именно этим, а не разногласиями вокруг законов генетики. Бросив вызов тоталитарному режиму, Вавилов осознанно пошел на костер сталинской инквизиции.

В отличие от физиков, генетики и селекционеры в этой борьбе с обскурантизмом не были поддержаны биологами других специальностей. Как сказал автору Б.Я. Александров, активный борец с лысенковщиной в 1950-е гг., «тогда пожар был у соседей. Мы им сочувствовали, но не помогали. Только после войны для нас стало ясно, что Лысенко губит не только генетику, но и всю отечественную биологию». Для многих потребовались годы, чтобы понять сущность Лысенко. Здесь уместно вспомнить, что не только много раз критикуемый за доверчивость и конформизм Н.И. Вавилов, но даже В.И. Вернадский, грезившей о будущем биосферы и человечества, долго не понимали, что имели дело не с талантливым, пусть и малограмотным, агрономом из народа, но с беспринципным авантюристом. Как показала Г.А. Савина, Вернадский называл Лысенко «ученым, и интересным», хотя и удивлялся, что «талантливая фигура Лысенко <…> резко обрушивается на генетику, основ которой не знает»[147].

Да и генетики с селекционерами были далеко не единодушны. Среди них оказались ученые, примкнувшие к Лысенко по разным соображениям, а также молодые генетики, включившиеся в кампанию политико-идеологической травли своих учителей. Вавилову и его сторонникам удавалось сдерживать напор лысенкоистов до тех пор, пока «Большой террор» не разрушил полностью ранее существовавшую

---

[144] *Поповский М.* Дело академика Вавилова. Эрмитаж, 1983.

[145] *Рокитянский А.Г., Вавилов Ю.Н., Гончаров В.А.* (сост.) Суд палача. Николай Вавилов в застенках НКВД. Биографический очерк. Документы. М., 1999.

[146] *Колчинский Э.И., Лебедев Д.В.* Джордано Бруно XX века // Выдающиеся отечественные биологи. Вып. 1. СПб., 1996. С. 29–44.

[147] *Савина Г.А.* Чистые линии (В.И. Вернадский о Н.И. Вавилове) // Трагические судьбы репрессированных ученых АН СССР. М., 1995. С. 24–25.

оргкомитета которого был Н.И. Вавилов, а ученым секретарем — И.И. Агол, отложен по просьбе ученых, т. е. отменен[137].

В этих условиях на генетиков нападал не только президент ВАСХНИЛ А.И. Муралов, призвавший деятелей сельскохозяйственной науки взять за образец работу Т.Д. Лысенко, но даже вице-президент, селекционер Г.К. Мейстер. Досталось главным докладчикам-генетикам (Н.И. Вавилову, Н.К. Кольцову, Г.Дж. Мёллеру) и от своих. В идеологических грехах обвинил своих учителей Н.П. Дубинин[138]. Р.Л. Берг писала: «Среди бичей карателей вместе с кнутом Презента свистела и плеть Дубинина. Он бичевал идеалистические пороки Филипченко, Серебровского, Левита»[139]. Каялся за свои прежние симпатии к евгенике А.С. Серебровский.

Тем не менее, генетикам удалось в значительной степени отстоять свои позиции и вписать в резолюцию сессии пункт о развертывании экспериментальных работ в области «спорных вопросов генетики и селекции» и выделении дополнительных ресурсов для этого. Большинство ученых, имевших опыт селекционной работы, и авторы известных сортов культурных растений и пород животных выступили против Лысенко. За ним, в основном, пошли выдвиженцы «культурной революции». С письмами-протестами против травли Н.И. Вавилова выступил агрохимик академик Д.Н. Прянишников[140]. 19 марта 1937 г. генетикам удалось вновь добиться согласия Политбюро на проведение Международного генетического конгресса в 1938 г.[141], отмененного решением Политбюро 14 ноября 1936 г.[142]

Однако, в отличие от физики и математики, где научному сообществу удалось отстоять науку, в биологии, которая к тому же постоянно привлекала внимание Сталина, события развивались трагическим образом. Здесь высокий авторитет Вавилова обусловил его лидирующую роль в противостоянии генетиков и лысенкоистов. Трагедия состояла и в том, что на первых этапах карьеры Лысенко Вавилов положительно оценил его работы по физиологии развития растений. Взаимоотношениям Вавилова с Лысенко в литературе уделено много внимания[143]

[137] *Рокитянский Я.Г.* Драма в двух действиях. О VII Международном генетическом конгрессе // Вестн. РАН. 2003. Т. 73. № 12. С. 1113–1128; «В советскую биологию вовлечена идеология...» С. 4–63; *Кременцов Н.Л.* Научный интернационализм — идеология, покровители и сети: 7-й Международный генетический конгресс // На переломе. Отечественная наука в конце XIX–XX. С. 255–298; *Krementsov N.* International Science between the World War. The case of genetics. London; New York, 2005.

[138] *Дубинин Н.П.* Вечное движение. М., 1973. С. 165–169.

[139] *Берг Р.Л.* Суховей. Воспоминания генетика. Нью-Йорк, 1983. С. 46.

[140] Мужество академика Д.Н. Прянишникова // Вестн. РАН. 1992. № 9. С. 128–137.

[141] *Есаков В.Д.* Академия. 251–253.

[142] Там же. С. 248–247.

[143] *Medvedev Zh.* The Rise and Fall of T.D. Lysenko. New York; London, 1969; *Joravsky D.* The Lysenko Affair. Cambridge (Mass.), 1969; *Резник С.* 1983. Дорога на эшафот. Париж; Нью-Йорк, 1983; *Эфроимсон В.П.* О Лысенко и лысенковщине // ВИЕТ. 1989. № 1. С. 79–93; № 2. С. 132–148; № 3. 96–119; № 4. С. 1–11; *Левина Е.С.* Трагедия Н.И. Вавилова // Репрессированная наука. Л., 1991. Вып. 1. С. 223–239; *Маневич Э.Д.* А.С. Серебровский и борьба за генетику // ВИЕТ. 1992. № 2. С. 78–93; *Резник С.* Правда и ложь о Вавилове и Лысенко // ВИЕТ. 1992. № 2. С. 62–78; *Soyfer V.N.* Lysenko and the tragedy of Soviet Science. New Brunswick; New Jersey, 1992; *Сойфер В.Н.* Власть и наука. История разгрома генетики в СССР. М., 1993; *Левина Е.С.* Вавилов, Лысенко, Тимофеев-Ресовский... Биология в СССР: история и историография. М., 1995; *Лебедев Д.В.* Помогают ли опыты на простейших понять трагические события в отечественной биологии // На переломе. Вып. 1. СПб., 1997. С. 165–170.

СТЭ и советский творческий дарвинизм

История создания СТЭ (синтетической теории эволюции), и вклад представителей отдельных стран и наук в ее формирование проанализированы во многих статьях и книгах. Среди них наиболее значимыми являются «Эволюционный синтез: Перспективы унификации биологии» и «Развитие эволюционной теории в СССР»[151]. Однако, чем больше десятилетий отделяет нас от создания СТЭ, тем больше разногласий о ее сущности и путях ее возникновения. Содержание СТЭ все чаще пытаются свести к объединению популяционной генетики с идеей естественного отбора, осуществленному Ф. Добржанским в книге «Генетика и происхождение видов», и вообще ограничить число архитекторов СТЭ только учеными из англоязычного пространства[152]. Это побуждает вновь обратиться к вопросу о создании СТЭ в русском и немецком языковых пространствах.

Напомним, что недавние исследования поставили под сомнение традиционные представления о происхождении самого термина «синтетическая теория эволюции»[153]. Его обычно связывали с книгой английского зоолога Дж.С. Хаксли «Эволюция. Современный синтез», опубликованной в 1942 г., и с системой представлений, в которой эволюционные процессы от перестройки генетической структуры популяций до образования видов и их дальнейшей дивергенции, т. е. процессы микро- и макроэволюции, объяснялись естественным отбором[154].

Однако аналогичный термин для обозначения сходных воззрений десятью годами раньше Дж.С. Хаксли предлагал Н.И. Бухарин. В докладе на торжественном заседании, посвященном 50-летию со дня смерти Ч. Дарвина, он назвал современный дарвинизм «*синтетической теорией эволюции*» (курсив Бухарина), где закономерности изменчивости и наследственности соподчинены основной закономерности естественного отбора»[155]. На той же конференции выступал Н.И. Вавилов — один из авторов сборника «Новая систематика», опубликованного в 1940 г. под редакцией Хаксли. Последний в 1931 г. приезжал в Советский Союз по приглашению Академии наук. Эту поездку курировал Бухарин, с которым Хаксли несколько раз встречался. Вполне вероятно, что Бухарин прямо или косвенно причастен к названию современного дарвинизма. Трагическую судьбу Бухарина разделили его книги, которые уничтожали в библиотеках и лишь немногие чудом сохранились. Поэтому приоритет Бухарина в предложении термина «синтетическая теория эволюции» и возможное заимствование со стороны Хаксли не были известны ни в СССР, ни за рубежом. Сейчас статья Бухарина издана в Германии. Возможно, это восстановит историческую справедливость по отношению к Бухарину, которого следует считать, по крайней мере, соавтором термина.

---

[151] The Evolutionary Synthesis: Perspectives on the Unification of Biology // Ed. E. Mayr, W. Provine. Cambridge (Mass.); London, 1980; 2-nd ed. 1998; Развитие эволюционной теории в СССР (1917–1970-е годы) / Ред.-сост. Э. И. Колчинский. Л., 1983.

[152] *Dobzhansky Th.* Genetics and the Origin of Species. New-York, 1937; *Smocovitis V.* Unifying Biology. The Evolutionary Synthesis and Evolutionary Biology. Princeton; New Jersey, 1996; *Adams M.B.* Introduction: Theodosius Dobzhansky in Russia and America // The Evolution of Theodosius Dodzhansky. Princeton; New Jersey, 1994. P. 3–28.

[153] *Колчинский Э.И.* В поисках советского «союза» философии и биологии. СПб., 1999; *Хоссвельд У., Юнкер Т., Колчинский Э.И.* Протагонисты и главные научные труды по эволюционному синтезу в немецком языковом пространстве // ВИЕТ. 2000. № 1. С. 69–95.

[154] *Huxley J.* Evolution. The Modern Synthesis. London, 1942.

[155] *Бухарин Н.И.* Дарвинизм и марксизм // Учение Дарвина и марксизм-ленинизм. М., 1932. С. 34–61.

Среди историков нет разногласий в том, что книга Ф.Г. Добржанского «Генетика и происхождение видов», изданная Колумбийским университетом в США в 1937 г., представляла собой первое концентрированное изложение основных представлений СТЭ[156]. В ней, наряду с общими эволюционно-биологическими размышлениями, центральное место занимали разработанные в популяционной генетике представления об изменениях частот генных и хромосомных мутаций как основах межрасовых и межвидовых различий. Другие главы книги были посвящены значению отбора, изоляционных механизмов, гибридизации и полиплоидии для эволюционно-биологических процессов, а также проблеме вида. По собственному признанию, Добржанский стремился возбудить своей книгой в США междисциплинарные дискуссии о значении генетическо-популяционных исследований не только для понимания микроэволюции, но и образования видов, а также более крупных таксонов.

Добржанский всегда подчеркивал российские корни своих воззрений, сформировавшиеся в послереволюционной России, где дарвинизм был признан естественнонаучной основой официальной идеологии. Идея синтеза знаний о факторах и закономерностях эволюции здесь буквально витала в воздухе с момента выхода статьи С.С. Четверикова в 1926 г. В ней была предпринята первая попытка объединить популяционную генетику с идеей естественного отбора, продолженная в трудах А.С. Серебровского, Н.П. Дубинина, Д.Д. Ромашова, С.М. Гершензона и др. Тогда же стали публиковать работы с попытками рассмотреть значение данных экологии и других наук для понимания эволюционного процесса. Уже в 1925 г. В.Н. Сукачёв выдвинул обширную программу исследований по экспериментальной фитоценологии — фактически программу популяционной ботаники. Серия статей Г.Ф. Гаузе, опубликованная в США в виде книги «Борьба за существование» (1934), демонстрирует синтез теории эволюции, экспериментальной экологии и математического моделирования.

В год выхода книги Добржанского в СССР была опубликована большая статья С.А. Северцова «Дарвинизм и экология» (1937), в которой анализ предмета и задач экологии показывал неразрывность ее проблем с дарвинизмом. На следующий год (1938) вышла статья А.П. Шенникова с симптоматичным названием: «Дарвинизм и фитоценология». В русле создаваемого синтеза многие работы, связанные с изучением вида и макроэволюции, опубликовали: А.В. Благовещенский — «Биохимическая эволюция растений» (1939), Л.Ш. Давиташвили — «Дарвинизм и проблема вымирания» (1939), И.И. Ежиков — «Соотношение онто- и филогенеза» (1939), И.М. Поляков — «Дарвинизм и проблема мимикрии» (1939), А.А. Борисяк — «Палеонтология и дарвинизм» (1940), Н.И. Вавилов — «Новая систематика растений» (1940). Даже простое перечисление демонстрирует разнообразие путей сближения дарвинизма, обогащенного достижениями генетики, со всем комплексом фундаментальных биологических наук.

Это привело к созданию в конце 1930-х — начале 1940-х гг. ряда работ, положивших начало современному дарвинизму в СССР. К ним относится серия обобщающих трудов эмбриолога и морфолога И.И. Шмальгаузена: «Организм как целое в индивидуальном и историческом развитии» (1938), «Пути и закономерности эволюционного процесса» (1939), «Факторы эволюции» (1946); морфолога А.А. Парамонова «Курс дарвинизма» (1945), зоолога-систематика Е.И. Лукина «Дарвинизм и географические закономерности в изменении орга-

[156] *Dobzhansky Th.* Genetics and Origin Species. New York, 1937.

низмов» (1940); экологов Г.Ф. Гаузе «Экология и происхождение видов» (1941) и С.А. Северцова «Динамика населения и приспособительная эволюция животных» (1941). Так, благодаря С.С. Четверикову и его ученикам синтез популяционной генетики с селектогенезом уже в 1920-е гг. становился основой новой системы эволюционных взглядов в СССР, а вскоре в ее рамки были включены данные биогеографии, феногенетики, микросистематики, экологии, а позднее эмбриологии, морфологии и палеонтологии. И был прав М.Б. Адамс, признавая: «В период 1928–1940 гг. эволюционный синтез осуществлялся в Советском Союзе более интенсивно и всеохватывающе, чем в какой-либо другой стране»[157]. Книга Ф. Г. Добржанского «Генетика и происхождение видов» в какой-то степени была экспортом идей и традиций российского эволюционизма на Запад.

Особенное внимание в советском варианте СТЭ было уделено экологическим аспектам эволюции, роли борьбы за существование, модификационной изменчивости, активности организма в эволюции. С наибольшей полнотой эти особенности отражены в книге И.И. Шмальгаузена «Факторы эволюции» (1946). Эту книгу не раз сравнивали с книгой Дж.С. Хаксли, так как они дают наиболее полное представление о СТЭ.

Выход книги Добржанского пришелся на пик Большого сталинского террора, когда автора подвергали травле властей, подогреваемой лысенкоистами, и, конечно, никто не осмелился пикнуть о переводе книги «невозвращенца». Насколько мне известно, не было рецензий, никто даже не упоминал книгу, поразившую научное сообщество Запада. В работе И.И. Шмальгаузена 1939 г. «Пути и закономерности эволюционного процесса» отсутствуют ссылки на нее, хотя из контекста видно, что она была Шмальгаузену известна. О своей поддержке взглядов Добржанского Шмальгаузен заявил открыто только в книге «Факторы эволюции», опубликованной в 1946 г., когда США формально еще считались нашим союзником. В 1949 г., когда Шмальгаузен находился в опале после сессии ВАСХНИЛ 1948 г., Добржанский организовал издание «Факторов» в США, где она была признана другими архитекторами СТЭ одной из основных для оформления нового синтеза в области макроэволюции. К сожалению, это забыли современные американские историки СТЭ. Впрочем, возможно, некоторые обороты языка диалектического материализма, встречающиеся в книге Шмальгаузена, были одной из причин ее малой популярности в англоязычном мире.

Вместе с тем в СССР продолжали существовать и процветать иные направления эволюционной теории, в том числе и неокатастрофизм, который по-прежнему имел немало сторонников среди палеонтологов, опиравшихся на труды советских геологов, склонных идеологическими аргументами подкреплять теоретические концепции. Это вызывало резкую реакцию со стороны Н.С. Шатского, который протестовал против попыток неоправданно переносить понятия и термины диалектического и исторического материализма на процессы природы и считал необоснованными рассуждения о революциях в земной коре, геологической истории и т. д.[158] Однако эти вполне оправданные протесты встретили резкую отповедь со стороны его оппонентов, которые именно в недрах диалектического

[157] *Adams M.B.* Severtsov and Schmalhausen: Russian Morphology and the Evolutionary Synthesis // The Evolutionary Synthesis: Perspectives on the Unification of Biology. P. 222.

[158] *Шатский Н.С.* О неокатастрофизме // Проблемы советской геологии. 1937. № 7. С. 532–551.

материализма искали дополнительную аргументацию в пользу защищаемого ими неокатастрофизма. Так, например, М.А. Усов уверял, что в основу его тектонической теории Земли, суть которой заключается в признании «непрерывно-прерывистого хода Земли с быстрыми революционными фазами тектогенеза»[159], положены принципы диалектического материализма. Более того, настаивая на глобальном характере революционных преобразований на поверхности Земли, Усов уверял, что «всякая серьезная фаза движения, как образующая скачок в саморазвитии материи Земли, не может не быть всеобщей»[160]. В соответствии с духом того времени М.И. Воронцов призывал «на основе овладения марксистско-ленинской теорией вести непримиримую, острую борьбу на два фронта — против реакционной теории катастрофистов и вульгарных эволюционистов»[161], которые, по мнению автора, являются «гнильем и пустоцветом» в «пышном расцвете» советской науки. Подобные аргументы использовали и другие сторонники эктогенетического неокатастрофизма.

Однако наиболее опасным противником СТЭ оказался советский творческий дарвинизм, который к середине 1930-х гг. стал представлять собой причудливую смесь из отдельных положений всех основных антидарвиновских концепций эволюции от механоламаркизма до витализма. Его создатели на словах ещё апеллировали к дарвинизму, но фактически подвергли ревизии все основные стороны теории Дарвина. Теорию естественного отбора критиковали за плоский эволюционизм, за отрицание скачков в эволюции, за плоский эмпиризм. Все эти нападки прикрывали диалектико-материалистической фразеологией. Такая критика явно импонировала И.В. Сталину, который также считал, что «дарвинизм отвергает не только катаклизмы Кювье, но также и диалектически понятое развитие»[162]. Однако до 1948 г. он прямо не вмешивался в эту дискуссию, и в вузах в основном преподавали дарвинизм.

Последний «форпост» свободы: экология и охрана окружающей среды

Фитоценология и экология, как я уже отмечал, одними из первых стали объектами для критики биологизаторского подхода. Основание этому дали некоторые сторонники фитосоциологии (Б.А. Келлер, В.Н. Сукачёв, В.В. Алёхин, М.А. Бубликов и др.)[163]. Их антропоморфизация растений не раз вызывала критику со стороны самих биологов (Л.Г. Раменский, А.А. Еленкин, В.А. Вагнер). Однако объектом ожесточенной идеологической и политической критики фитосоциология стала уже после выступления в 1928 г. в НОМ П.Н. Овчинникова и публикации на следующий год разгромной статьи И.И. Бугаева[164]. Сам термин «фитосоциология» стал бранным и заменен «фитоценологией». Однако и лидеры осужденной фитосоциологии не были особенно щепетильными со своими оппонентами. Примером может служить письмо В.Н. Сукачёва от 26 декабря 1931 г. И.И. Презенту, где он предлагал выступить на

---

[159] *Усов М.А.* Фазы тектогенеза // Советская геология. 1938. № 11. С. 10.

[160] *Усов М.А.* Геотектоническая теория саморазвития материи Земли // Известия АН СССР. Сер. геология. 1940. № 1. С. 8.

[161] *Воронцов М.И.* Борьба на два фронта современной геологии против неокатастрофистов и вульгарных эволюционистов // Советская геология. 1939. № 8. С. 22.

[162] *Сталин И.В.* Сочинения. 1946. Т. 1. С. 309.

[163] *Бубликов М.А.* Борьба за существование и общественность. М., 1926.

[164] *Овчинников П.Н.* Социологическая ботаника // Записки НОМ. 1928. № 2 (10). С. 147–155; *Бугаев И.И.* Фитосоциология или фитоценология // ЕиМ. 1929. № 1. С. 76–92.

философском семинаре с критикой работ В.Н. Беклемишева[165]. Весной того же года он резко выступал против своих коллег по Лесотехнической академии. Сукачёв заявлял: «Контрреволюционная теория проф. Орлова в течение 14 лет преподавалась с кафедры и была положена в основу многих хозяйственных мероприятий», а в трудах «директора ЛТА, коммуниста Шульца до самого последнего момента мы имеем троцкистские установки, так как он отрицал возможность освоения Севера»[166].

Вскоре нападкам стали подвергать экологию в целом. На IV Всесоюзном съезде зоологов, анатомов и гистологов в Киеве (1930), 1-ой Всесоюзной конференции по геоботанике и флористике в Ленинграде (1930), Всесоюзной конференции по фаунистике в Ленинграде (1932), во время серии дискуссий, организованных Ботаническим институтом АН СССР в 1934 г., высказывали упреки в адрес экологов и биоценологов за абсолютизацию целостности, взаимосвязанности и динамического равновесия в биологических сообществах, за отрыв теории от практики, за ползучий эмпиризм, за неоправданное широкое использование математики и т. д.

К этому времени экология и охрана природы приобретали в глазах научной общественности все большое значение как один из последних форпостов сопротивления политике тотального преобразования окружающего мира в соответствии с планами построения социализма. Энтузиасты природоохранного движения, как справедливо отметил Д. Вайнер, воспринимали себя и как защитников некой реликтовой автономии науки, неподвластной партийным директивам[167]. Стараясь избежать прямого столкновения с властями, лидеры природоохранного движения переименовали к концу 1920-х гг. охрану природы в раздел экологии[168]. Они доказывали, что задача использования и эксплуатации ресурсов природы является сугубо научно-технической проблемой и должна решаться путем научных исследований и оценок экспертов. Ученые заявляли, что только экология сможет указать пределы допустимых вмешательств человека в экологические сообщества как структурные блоки биосферы. По их мнению, всякая экосистема в какой-то мере самодостаточна, целостна и, подобно организмам, существует в состоянии устойчивого неравновесия, при котором все структурные элементы и процессы сбалансированы, а флуктуации популяций саморегулируются. Поэтому задача экологии заключается в том, чтобы определить для каждого типа биоценоза пределы антропогенного воздействия, не угрожавшего ему катастрофическими последствиями.

Саму концепцию сбалансированного развития экономики и охраны окружающей среды разработал московский энтомолог Г.А. Кожевников. Он предложил создать сеть природных заповедников, предназначенных исключительно для изучения природных сообществ, и предполагал, что они будут эталонами неиспорченных, «условно девственных» биоценозов и моделями «здоровой» природы. При поддержке руководителей Наркомпроса РСФСР и его Главнауки в течение 1920-х гг. создали сеть подобных заповедников. «Культурная революция» нарушила баланс интересов власти и ученых. Отныне требования экологов сделать обширные территории недоступными для хозяйственно-экономической деятельности

---

[165] Архив РАН. Ф. 1593. Д. 142. Л. 1–1 об.

[166] ПФА РАН. Ф. 240. Оп. 1. Д. 35. Л. 119.

[167] *Вайнер Д.* Активисты природоохранного движения и социальная идентификация // За «железным занавесом»: Мифы и реалии советской науки. С. 283–296.

[168] *Вайнер Д.* Экология в Советской России. Архипелаг свободы: заповедники и охрана окружающей среды. М., 1991. С. 107–139.

многие представители власти воспринимали как некую политическую оппозицию пятилетним планам. Сами же ученые, как верно заметил Вайнер, воспринимали борьбу за охрану природы как свой священный долг перед наукой и будущими поколениями. Но фактически они добивались права вето в решении политико-экономического вопроса об использовании природных ресурсов, монополия на которые принадлежала государству. Таким образом, в социально-политическом контексте 1930-х гг. заповедники становились, по выражению С. Залыгина, главного редактора «Нового мира» в эпоху перестройки, «уголками свободы» в мире концентрационных лагерей и тотального управления всеми сферами общества[169]. Это объективно превращало борьбу за сохранение и расширение системы заповедников в движение за создание режима экстерриториальности, где хотя бы природа могла развиваться без вмешательства властей. Иными словами, заповедники функционировали и как географическое воплощение свободы[170].

Как прекрасно показал в монографиях о природоохранном движении в СССР Д. Вайнер, ученые не мучили себя сомнениями, является ли отстаиваемая ими концепция биоценоза наилучшим научным объяснением структуры биосферы и не является ли иллюзорной сама конструкция — «здоровой» или «патологической» природы. Не задумывались они и о том, а не приносят ли они в жертву саму жизнь и истину ради культа чистой науки. В условиях тотальной политизации всех форм общественной деятельности сохранившиеся добровольные научные общества натуралистов и краеведов, прежде всего, Всесоюзного общества охраны природы, приобретали огромное значение для сохранения дореволюционных ценностей ученых. Подобно европейскому зубру, сами заповедники и природоохранные общества воспринимались как реликты и атавизмы былых эпох. Институты, практика и язык природоохранного движения формировали основу для непрерывного выражения и утверждения неподвластных властям ценностей, что делало их особенно подозрительными в их глазах. Полевые натуралисты создали, по выражению Д. Вайнера, «мимикрию выживания», суть которой заключалась в том, чтобы, прикрываясь заявлениями о полной поддержке целей и задач режима, сохранить нормы и ценности биологического сообщества царской России. Свою роль активисты охраны природы восприняли как предназначение свыше, обращаясь к властям от имени научного общественного мнения, которое они рассматривали как бастион дореволюционной академической идеологии. Для них «научное общественное мнение» было единственным достойным внимания «общественным мнением», так как оно было «научным». Веря в свою правоту, они от имени науки считали возможным критиковать политику режима в вопросах взаимодействия природы и общества. Эта критика в прямой и завуалированной форме звучала на ряде съездов и конференций конца 1920 — первой половины 1930-х гг. Такая установка научного сообщества вступала в противоречие со стратегией правительства, согласно которой все природные ресурсы должны были быть учтены, организованы и преобразованы в соответствии с планом строительства социализма, итогом которого должна была стать упорядоченная и правильно организованная природа[171]. Особенно актуальной эта задача

---

[169] *Залыгин С.* Откровение в нашем имени // Новый мир. 1992. № 10. С. 215.

[170] *Weiner D.R.* Little Corner of Freedom. Russian Nature Protection from Stalin to Gorbachev. Berkeley; Los Angeles; London, 1999.

[171] *Josephson P., Zeller T.* The transformation of nature under Hitler and Stalin // Science and Ideologie: Comparative History / Ed. M. Walker. London; New York, 2003. P. 137.

стала в годы «культурной революции», когда возобладала технократическая вера в возможность научно обоснованного способа управления природой, чтобы обеспечить ее доступность для нынешнего и будущих поколений.

Прологом грядущих перемен в области экологии и охраны природы стал в Москве в сентябре 1929 г. Первый Всероссийский съезд по охране природы[172]. Открывая съезд, председатель, член ЦИК и ВЦИК П.Г. Смидович призвал не ограничиваться только охраной природы, а искать пути к преобразованию природных сообществ с целью повышения их производительности в интересах развивающейся экономики. В завуалированной форме он предостерег оппонентов, что в противном случае природоохранное движение не выживет в условиях развернутого наступления на всех фронтах социалистического строительства. Хотя никто не осмелился открыто выступить против тезиса об активном участии в построении социализма, за видимым единодушием ораторов скрывались серьезные разногласия. Одни из них указывали, что нельзя охрану природы рассматривать только как средство рационального производства и эксплуатации природных ресурсов (В.В. Алёхин, С.Г. Григорьев, Д.Н. Кашкаров, Н.М. Кулагин, С.А. Северцов, В.В. Станчинский, Б.Ф. Фортунатов и др.). Их аргументация была различна. Указывалось, что природные сообщества должны быть сохранены для полноценного отдыха трудящихся и для научного изучения экосистем, что хищническая эксплуатация природных ресурсов ведет к их истощению и т. д. Эта позиция нашла отражение в итоговой резолюции съезда, которая, в конечном счете, спасла сеть заповедников, обреченных Наркомземом на полную ликвидацию.

Большинству участников съезда противостояли представители ряда правительственных учреждений (Наркомзем, Главохота, Госторг) М.П. Потёмкин, Ю.А. Кудрявцев, А.Ф. Скоробогатов, которые ратовали за интенсификацию эксплуатации природных ресурсов заповедников, доказывая, что это никак не скажется на их составе, функциях и биопродукции. Помимо извечного противоречия «ученые и власть», сказывалось и различие интересов разных поколений в научном сообществе. Глашатаем чаяний молодых натуралистов стал П.П. Смолин, страстно призвавший покончить с противостоянием производительной деятельности человека стихийным процессам природы. Он заверил делегатов, что молодые биологи против консервации природы, за планомерное вмешательство в ее процессы[173].

Массовая коллективизация, сопровождаемая гибелью степных экосистем, вызвала тревогу у экологов и деятелей охраны природы. Появились статьи, призывавшие к альтернативным способам повышения урожая за счет борьбы с вредителями сельского хозяйства (В.Д. Соколов, С.В. Покровский), рационального использования природных ресурсов (А.А. Теодорович). Гнев активистов «культурной революции» вызвала статья агронома Н.Н. Подъяпольского, который указал, что механизация сельского хозяйства в условиях коллективизации ведет к выравниванию ландшафта на всей Русской равнине, к уничтожению чересполосицы и гибели разделявших поля лесов, служащих нишами для выживания многих видов[174]. Эту статью председатель ОБМ Б.П. Токин расценил как «вылазку классовых врагов» в биологии[175]. Удары по

---

[172] Тр. I Всероссийского съезда по охране природы. М., 1930.

[173] Там же. С. 151.

[174] *Подъяпольский Н.Н.* Индустриализация сельского хозяйства и очередные задачи охраны природы // Охрана природы. 1930. № 3. С. 49.

[175] Против механистического материализма и меньшевиствующего идеализма в биологии. М., 1931.

обществам краеведов и защитников природы наносили и другие руководящие деятели Комакадемии[176], обвинявшие их в пресмыкательстве перед немецким краеведением, ограничивавшимся выявлением и инвентаризацией памятников природы.

На Всесоюзной фаунистической конференции, созванной в Ленинграде в 1932 г., также разгорелась дискуссия[177], где, по мнению молодой сотрудницы ЗИНа Е.И. Кирьяновой, звучали «открыто враждебные выступления». Заявляли, что марксизм никакого отношения к гельминтологии не имеет (Ш.Д. Мошковский), что надо осторожно вмешиваться в природу (Б.В. Властов, А.П. Семёнов-Тян-Шанский и др.)[178]. Однако их притязания выступать от имени науки и научной общественности инициаторы «культурной революции» и правительственные чиновники воспринимали как амбициозные, так как было неясно, как велика эта общественность и кто уполномочил их говорить от ее имени, да и от имени самой науки. Фактически они выступали как представители дореволюционной элиты страны, что прекрасно понимали их оппоненты, в первую очередь, инициаторы и руководители «культурной революции» в биологии (Б.П. Токин, И.И. Презент и др.). В заявлениях от имени чистой науки они слышали ностальгию по надеждам и чаяниям прежних эпох.

К этому времени уже были осуждены и успели покаяться сторонники фитосоциологии (Б.А. Келлер, В.Н. Сукачёв, В.В. Алёхин, М.А. Бубликов и др.), искавшие аналогии между растительными ценозами и обществом[179]. Следующим объектом критики стала экология в целом. На IV Всесоюзном съезде зоологов, анатомов и гистологов в Киеве (1930) с критикой В.В. Станчинского выступил И.И. Презент, который выразил сомнение в праве экологии называться наукой. Он претендовал и на методологическое руководство работой 1-ой Всесоюзной конференции по геоботанике и флористике, состоявшейся в Ленинграде в феврале 1931 и дискуссиями, организованными Ботаническим институтом АН СССР в 1934 г., на которых экологов и биоценологов призывали отказаться от охраны природы ради самой природы и повернуться к актуальным задачам социалистического строительства[180]. Эти упреки парировали в разной форме не только старшее поколение сторонников охраны природы в романтических, порою внешне донкихотских выступлениях, но и относительно молодые экологи (Д.Н. Кашкаров, С.А. Северцов, В.В. Станчинский, Г.Ф. Гаузе и др.).

Однако с началом первой пятилетки стали усваивать идеологию «великого преобразования природы», которую описывали нередко как враждебную человечеству силу, которую необходимо победить, подчинить своей воле и преобразовать. Эта технократическая утопия нашла отражение не только в политических постановлениях, но и в ряде научных трудов и даже в искусстве. Культивировали образ инженера — преобразователя природы. Хор энтузиастов среди деятелей культуры возглавил М. Горький, восславивший в своих сочинениях строитель-

---

[176] *Пинкевич А.П.* Предмет советского краеведения // Советское краеведение. 1930. № 1–2 С. 8–21; *Соболев В.С.* Для будующего России. СПб., 1999. С. 126–131.

[177] Тр. Всесоюзной фаунистической конференции Зоологического института. Секция гидробиологическая. Л., 1934.

[178] *Кирьянова Е.* Всесоюзная фаунистическая конференция // Природа. 1932. № 5 453–458.

[179] *Бубликов М.А.* Борьба за существование и общественность. М., 1926.

[180] Основные установки и пути развития советской экологии // Советская ботаника 1934. № 3. С. 3–68; Что такое фитоценоз? // Там же. № 5. С. 3–59.

ство Беломорско-Балтийского канала руками десятков тысяч заключенных. Не меньше восторгов вызывали грандиозные стройки Днепрогэса, канала Москва-Волга, приведшие к уничтожению природных биоценозов на тысячах квадратных километров. В 1930-х гг. была спроектирована серия гидроэлектростанций на великих реках Сибири. Предлагали и менее грандиозные проекты интродукции в природные экосистемы новых видов растений и животных с целью повышения биопродуктивности и роста ресурсов. Кампания по акклиматизации ондатры, нутрии, пятнистого оленя, енотовидной собаки, отдельных видов рыб и т. д. и ее итоги стали предметом обсуждения и дискуссий практически всех крупных совещаний по ботанике, зоологии, экологии и сельскохозяйственным наукам. Среди ее сторонников были крупные зоологии (В.В. Карпов, М.А. Мензбир, И.И. Пузанов, Л.А. Зенкевич) и ботаники (Н.И. Вавилов, А.П. Ильинский, Б.А. Келлер). Им решительно противостояли Е.В. Вульф, Г.А. Кожевников, В.Э. Мартино, Н.Н. Подъяпольский, В.В. Станчинский, В.Н. Сукачёв и др., которые предсказывали деградацию заповедников из-за пренебрежения к принципу их абсолютной неприкосновенности. О негативных последствиях необдуманных вмешательств в природу говорили Б.В. Властов, В.И. Жадин, А.П. Семёнов-Тян-Шанский, М.И. Тихий и др. на Всесоюзной фаунистической конференции. В целом в экологии накапливалось все больше сведений о пагубном влиянии ускоренной индустриализации (строительство дамб, каналов, электростанций и т. д.) на судьбы сотен видов.

Тем не менее, на Первом Всесоюзном съезде охраны природы, созванном в Москве в январе 1933 г., сторонники консервации природы оказались в роли мальчиков для битья. Их противники требовали заповедники, находившиеся под охраной Наркомпроса, передать в распоряжение хозяйственных ведомств, так как сотрудники заповедников превратили свои учреждения в убежища для занятия чистой наукой и полностью игнорировали повседневные задачи. Однако эти атаки удалось отбить, и сеть заповедников сохранили. Для этого некоторыми из них — например, Аскания-Нова — пришлось пожертвовать[181]. Его защитник и директор Научно-исследовательского института В.В. Станчинский был смещен со всех постов, а впоследствии арестован и умер в Вологодской тюрьме в 1942 г.

Активисты природоохранного движения, косвенно выступавшие против правительственной политики, находились в двойственном положении, так как в конечном счете единственным источником их деятельности был правительственный бюджет. Хотя они гордились некоторыми своими независимыми инициативами по составлению карт и разработке проектов новых заповедников, их конечная цель заключалась в том, чтобы просвещенные ими руководители страны предоставили ученым законное место арбитров-экспертов при решении вопросов об эксплуатации ресурсов. Опасаясь темного невежества масс, «научное общественное мнение» уповало на реализацию своих природоохранных программ правительственными указами. Незначительные либеральные дуновения в коридорах власти пробуждали в них надежду, что они будут востребованы Кремлем. Их руководители всячески маневрировали, стараясь мимикрировать словесно под партийную стратегию и сохранить заповедники. По мнению Д. Вайнера, ситуация с полевыми натуралистами в СССР — уникальный пример

[181] Тр. Всесоюзного съезда по охране природы. М., 1935.

вынужденных, но бесполезных усилий по сохранению традиционной профессиональной идентичности и корпоративного духа в тоталитарных условиях[182].

В отличие от представителей других биологических наук (генетиков, эволюционистов, физиологов, биохимиков и т. д.), востребованных жизнью и с энтузиазмом воспринявших новые формы социального поведения, натуралистам было невыгодно менять образ жизни, «поэтому они и защищали старую профессиональную идентификацию с поразительным упорством <…>. Сам процесс защиты собственной идентификации стал для них компонентом их профессиональной идентификации»[183]. В борьбе за прежние ценности натуралисты вопреки собственной воле вынуждены были меняться ввиду коренных преобразований в институтах науки и образования, в финансировании научных исследований и их патронаже. Свои притязания они вынуждены были корректировать с учетом интересов правительственных групп.

Вторая мировая война и советская биология

В первые два года Второй мировой войны СССР фактически был союзником Германии, и всякие научные контакты советских биологов с Англией и США были чрезвычайно опасными. Нападение Германии и ее союзников на СССР ранним утром 22 июня 1941 г. внезапно все изменило. Страны западной демократии и либерализма из потенциальных врагов превратились в желанных союзников. Вторжение наци-фашистских войск и их победоносное шествие в первые месяцы войны заставило государственно-партийную бюрократию по-новому оценить значение науки и придать научному сообществу новые обязанности и новые права, как внутри страны, так и в международном общении[184]. Приняв лозунг «Все во имя победы», ученые становились не только консультантами, но и партнерами власти при определении научной политики. Отныне только проекты, имевшие непосредственное оборонное значение, оставались в планах научных институтов. Это были, прежде всего, проекты, связанные с разработкой новых типов оружия, новых технологий и внедрением их в массовое производство, помощь промышленности в реорганизации производства, мобилизация топливно-минеральных ресурсов, идеологические и пропагандистские мероприятия[185].

Для их координации при Государственном комитете обороны (ГКО), возглавляемом И.В. Сталиным, был создан Научно-технический совет (НТС). Впоследствии ГКО создал Советы по радиолокации, по противотанковым средствам, по геологическому и географическому обслуживанию Красной армии и т. д., при которых формировали группы специальных исследовательских институтов и лабораторий.

---

[182] *Вайнер Д.* Активисты природоохранного движения и социальная идентификация. С. 293.

[183] Там же. С. 295.

[184] См. подробнее: Наука и кризисы. Историко-сравнительные очерки / Ред.-сост. Э.И. Колчинский. СПб., 2003. С. 440–549.

[185] Вопросы мобилизации советской науки в годы Второй мировой войны см.: *Grunden W.E., Kawamura Yutaka, Kolchinsky E.I., Maier H.F., Yamazaki Masakutsu.* Laying the Foundation for Wartime Research: A Comparative Overview of Science Mobilization in National Socialist Germany, Japan, and the Soviet Union // Politics and Science in Wartime. P. 79–106; *Колчинский Э.И.* Академия наук СССР и Вторая мировая война // На переломе. Вып. 3: Отечественная наука в конце XIX–XX веков: источники, исследования, историография / Ред. Э.И. Колчинский, М.Б. Конашев // Нестор. 2005. № 9. СПб., 2005. С. 313–328; *Kolchinsky E.I.* Science Mobilization in the Soviet Union // Historia Scientiarum. 2006. Vol. 16. № 1. P. 15–28.

Председатель НТС Кафтанов был обязан оперативно докладывать Сталину о нуждах научных учреждений, их рекомендациях и разработках. В 1943 г. руководителем научных работ при ГКО был назначен один из лидеров советской физики С.И. Вавилов. Кроме того, практически все наркоматы создали научные советы, которые, как правило, возглавляли члены АН СССР. Некоторые из них стали заместителями наркомов: по черной металлургии, электрической промышленности, электростанциям, здравоохранению, а П.Л. Капица — членом правительства. В военных ведомствах также были созданы научные комиссии и советы, возглавляемые академиками, которые надели генеральские погоны. Сама АН СССР создала Комиссию по мобилизации ресурсов Урала, Западной Сибири и Казахстана во главе с президентом АН СССР В.Л. Комаровым. Аналогичную Комиссию по мобилизации ресурсов Поволжья и Прикамья возглавлял вице-президент АН СССР Е.А. Чудаков. Комиссией по научно-техническим военно-морским проблемам руководил А.Ф. Иоффе.

Во главе Комиссии по выявлению дополнительных пищевых ресурсов для фронта и тыла и Военно-санитарной комиссией был поставлен академик-секретарь Отделения биологических наук АН СССР, а вскоре и вице-президент АН СССР, начальник ВМА, директор Физиологического института АН СССР Л.А. Орбели, которому было присвоено звание генерал-полковника. В ее задачи входила координация военно-медицинских проектов, связанных с разработкой медицинских препаратов и новых методов оперирования и лечения, используемых в военно-полевой хирургии и госпитальной терапии. Среди важнейших задач медико-биологических наук в годы войны Л.А. Орбели называл изучение действий ускорений, вибраций и гипоксии на организм летчиков, исследование физиологических механизмов мозговых ранений и повреждений нервной системы, разработку проблемы ночного зрения, стимуляторов, формирование основ рационального питания всех родов войск и т. д.[186]

И эти задачи успешно решались, несмотря на трудности военного времени[187]. Академик И.С. Бериташвили исследовал влияние на организм взрывной волны. Создавались новые препараты для лечения ран и переломов костей, а также первые советские антибиотики. В Институте биохимии АН СССР под руководством В.Н. Букина была разработана технологическая схема промышленного производства витаминов, по которой было построено 5 заводов для снабжения витаминами воинских частей. В осажденном Ленинграде, находясь постоянно на границе между жизнью и смертью, сотрудники биологических учреждений вели работы, имевшие оборонное значение[188]. Ученые Физиологического института АН СССР в Ленинграде изучали влияние голода, обстрелов и бомбардировок на возникновение и течение неврозов. Академик А.А. Ухтомский, отказавшийся эвакуироваться из осажденного города, вместе со своими сотрудниками занимался вопросами травматического шока, имевшими большое значение для спасения раненых. Обеспечением жителей блокадного города витамином С, изготовляемым из хвои, занимались сотрудники НИИ витаминов и Ботанического института АН СССР. Сотрудники ВИР, умирая от голода, спасли бесценную коллекцию семян, собранную под руководством Н.И. Вавилова. Ботаники, выращивая лекарственные растения, сыграли важную роль в обеспечении фронта и жителей города остродефицитными медикаментами.

---

[186] *Григорьян Н.А.* Научная династия Орбели. М., 2002. С. 267.

[187] Физиологические науки в СССР. Становление, развитие, перспективы. Л., 1988. С. 283–285.

[188] *Кольцов А.В.* Ленинградские учреждения Академии наук СССР в 1934–1945 гг. СПб., 1997. С. 116–119, 137–139, 141–144.

Война сыграла важную роль в дальнейшей институциализации медико-биологических исследований, способствуя расширению сети республиканских филиалов АН СССР и создание на их базе Академий наук в Грузии, Армении. Практически в каждой союзной республике были созданы биологические и физиологические институты. Их становлению способствовали биологи и физиологи, эвакуированные в республики Средней Азии и в Казахстан во время войны из оккупированных территорий. В 1944 г. была создана Академия медицинских наук во главе с главным хирургом Советской Армии Н.Н. Бурденко.

Однако, в целом, влияние войны и военных задач на развитие биологии было значительно меньшим, чем в Германии. В отличие от физиков, химиков и техников, биологам не удалось убедить И.В. Сталина в огромном оборонном значении фундаментальной, неидеологизированной науки и сделать свои исследования более независимыми от партийно-государственного контроля. Война лишь приостановила репрессии против генетиков и селекционеров, но они возобновились с новой силой после августовской сессии ВАСХНИЛ в 1948 г., когда генетика была запрещена и тысячи её сторонников были изгнаны с работы[189] . Если физики смогли предотвратить атаки «диалектизаторов» на квантовую физику, игравшую ключевую роль в создании атомного оружия, то советским биологам в полной мере пришлось испытать «прелести» идеологизированной и политизированной науки.

Послевоенные события в отечественной биологии в полной мере показывали, что организационная модель развития науки, принятая в СССР в предвоенные годы, таит в себе угрозу самой науке. Иерархическая, централизованная и монополизированная система советской науки вообще и Академии наук в частности порождала бешеную конкуренцию и беспощадное столкновение научных групп в борьбе за ключевые позиции в системе. Лысенковщина, как и все последовавшие политические кампании 1940-х гг., была результатом борьбы за власть в науке, в которой почти с неизбежностью терпела поражение сама наука. Последствия оказывались тяжелыми потому, что в системе практически не было «резерваций» для выживания идей и ученых, не согласных с признанными теориями, — система была в существенной степени иерархична, однородна и прозрачна для политического контроля. Выходом из этого организационного тупика становилось экстенсивное развитие науки: умножением числа научных институтов и беспрецедентным ростом научных кадров. Расширение географии научных учреждений, создание баз и филиалов создавало условия для миграции «научных диссидентов» и их выживания вдали от сотрясавших столицы политических кампаний. Но подобный выход, как правило, был временным, так как карательные органы были вовлечены в конкуренцию в научном сообществе и помогали выискивать и наказывать носителей научной ереси.

В годы войны террор против биологов ослаб, чтобы возродиться вскоре после победы в связи с начавшей в 1946 г. Холодной войной. К борьбе с Презентом и Лысенко присоединились биологи других специальностей, что привело к августовской сессии ВАСХНИЛ 1948 г. О ее тягостных последствиях мы достаточно

---

[189] О положении в биологической науке. Стенографический отчет сессии Всесоюзной академии сельскохозяйственных наук им. В.И. Ленина. 1 июля — 7 августа 1948 г. М., 1948; *Сойфер В.* Власть и наука. История разгрома генетики в СССР. М., 1993. С. 363–468; *Есаков В.Д.* Новое о сессии ВАСХНИЛ 1948 года // Репрессированная наука. Вып. 1 / Ред. М.Г. Ярошевский. Л., 1991. С. 57–82; *Аршавский М.А.* О сессии «двух академий» // Репрессированная наука. Вып. 2 / Ред. М.Г. Ярошевский. Л., 1994. С. 239–242.

осведомлены, так как подавляющая часть современных работ по истории биологии в СССР посвящена темам, связанным с ней. В годы перестройки была создана Комиссия по анализу истории развития генетики в СССР во главе с В.А. Струнниковым, которая успела составить и опубликовать в журнале «Генетика» лишь предварительный отчет. В нем сказано: «Только осенью 1948 г. было уволено 127 преподавателей, из них 66 профессоров. Общее число уволенных, пониженных в должности или устраненных от руководящей работы после сессии ВАСХНИЛ 1948 г. исчислялось тысячами человек»[190]. За ней в 1950-х гг. последовала «Павловская» сессия по проблем физиологии, где уже не псевдоученые, а одни ученики И.П. Павлова (К.М. Быков, Д.А. Бирюков, А.Г. Иванов-Смоленский, Э.А. Асратян и др.) по указке партийных кругов громили других его последователей (Л.А. Орбели, Н.А. Бернштейна, И.С. Бериташвили, А.Г. Гинецинского и др.)[191].

Столь масштабные репрессии обеспокоили все научное сообщество. Сразу после смерти И.В. Сталина в борьбу с Т.Д. Лысенко вступили физики, математики, химики. Так, в биологии возникла реальная оппозиция: ученые не переставали отстаивать свободу в научных исследованиях[192]. Одним из ключевых моментов этой борьбы стала реабилитация лидера советских генетиков Н.И. Вавилова, находившегося с 1941 гг. под запретом и ставшего в 1950–1960-х гг. символом сопротивления научного сообщества тоталитарному режиму. Но власть старалась дать свободу лишь в той степени, в какой считала их деятельность полезной. Это порождало постоянный диалог с властями, в ходе которого зрело недовольство ими. Здесь коренятся истоки диссидентского движения, набиравшего силу в СССР со второй половины 1960-х гг.

Биология при национал-социализме

Наука и национал-социализм

Вскоре после прихода Гитлера к власти началась чистка германских научных учреждений, что способствовало широкому распространению убеждения о том, что Третий рейх изначально был настроен враждебно по отношению к науке и ученым и что гонения на евреев и политических противников, а также жесткое администрирование нанесли огромный вред немецкой науке. Так, американский физик С. Гаудсмит, проанализировав развитие ядерной физики в Германии при Гитлере, пришел к выводу, что немецкая наука Германии, находившая в руках таких людей, как обергруппенфюрер (бригадный генерал) СС Р. Менцель, возглавлявший ДФГ и РФР, и Э. Шуман, руководивший Отделом научных исследований в Главном командовании Вермахта, не могла свободно развиваться и неизбежно

---

[190] *Струнников В.А.* Шёлковый путь. М., 2004. С. 153.

[191] Научная сессия, посвященная проблемам физиологического учения академика И.П. Павлова. 8 июня — 4 июля 1950 г. М., 1950; *Thielen M.* Sowjetische Psychologie und Marxismus. Geschichte und Kritik. Frankfurt am Main; New York, 1984. S. 138–141; *Ярошевский М.Г.* Сталинизм и судьбы советской науки // Репрессированная наука. Вып. 1. С. 24–29; *Лейбсон Л.Г.* Академик Л.А. Орбели. Неопубликованные главы биографии. Л., 1990.

[192] *Колчинский Э.И., Конашев М.Б.* Как «Правда» учила «Ботанический журнал» // ВИЕТ. 2003. № 4. С. 47–74; *Колчинский Э.И., Конашев М.Б.* ЦК, «Ботанический журнал» и другие. Архивные документы о борьбе с лысенковщиной // На переломе. Отечественная наука в конце XIX–XX вв. Вып 3. С. 33–58.

деградировала[193]. Эта оценка была с удовольствием подхвачена самими немецкими учеными, любивших «вспоминать» о жутких гонениях, притеснениях и невзгодах, «перенесенных» ими во время национал-социалистического режима. Поверившие им историки в 1940–1970 гг. опубликовали немало книг о несчастной немецкой науке, разоренной репрессиями и жестким администрированием.

Однако в последние десятилетия стала проясняться, мягко говоря, «мифологичность» подобных оценок. На самом деле до 1933 г. и в первые годы Третьего рейха наука и ученые не представляли большого интереса для национал-социалистов и, несомненно, не были главной целью их политики, хотя некоторым ученым в Германии и за рубежом казалось, что национал-социалистический режим стремится разрушить или, по крайней мере, трансформировать науку. Скорее всего, не так думала часть академического сообщества, оказавшая поддержку Гитлеру в первые месяцы 1933 г., когда ещё никто не знал, насколько прочен будет режим национал-социализма.

В этом отношении характерен пример М. Хайдеггера, вступившего в НСДАП 1 мая 1933 г. К этому шагу его подвигла не жажда карьеры и политический оппортунизм, а желание убежать от ужаса, выраженного им в книге «Бытие и время» (1927), перед концом индивидуального бытия, испытываемого человеком в плюралистическом и преходящем бытии Веймарской республики. Как выход из экзистенционального страха он воспринял идеологемы национал-социализма о «коллективной судьбе», «чувстве долга перед расой», «вождизме», «достоинстве ведомого и величии служения фюреру и нации»[194]. Он стал первым национал-социалистическим руководителем в одном из ведущих университетов Германии, во Фрайбурге. Довольно быстро его претензии на идейное руководство вождями Третьего рейха были отвергнуты, и Хайдеггер уже в 1934 г. оставил пост ректора и перешел к ним в оппозицию. В море литературы, посвященной теме «М. Хайдеггер и нацизм», его сотрудничество с нацизмом объясняли желанием демократизировать закостеневшую университетскую систему, где доминировали мандарины[195]. Столь своеобразный модернистский поход (пятясь назад) против кастовой идеологии мандаринов побуждал Хайдеггера культивировать мотив «почвы и крови», «интимного ощущения Родины», бросая вызов рационализму, науке, технике[196].

В 1933 г. О. Шпенглер также приветствовал национальное освобождение «самых глубин нашей крови» и оценивал национал-социализм как «могучий феномен»[197]. Однако и у него иллюзии скоро развеялись, и Гитлера и его партию Шпенглер рассматривал как детскую бессмыслицу. Он отвергал биологический антисемитизм нацистов и оставался одним из немногих правоконсервативных независимых мыслителей. В свою очередь, идеологи НСДАП критиковали Шпенглера за пессимизм, консервативно-элитарное мышление, недооценку народа. Чувствуя себя изолированно в государстве, приход которого он в какой-то степени предсказал и оправдывал, Шпенглер умер, к счастью, своей смертью в Мюнхене 8 мая 1936 г., ровно за девять лет до безоговорочной капитуляции Третьего рейха.

---

[193] *Goldsmith S.* Also. New York, 1947. P. 239.

[194] *Farias V.* Heidegger und der Nationalsozialismus. Frankfurt am Main, 1987. S. 131–244; Martin Heidegger und das "Dritte Reich" / Hg. B. von Martin. Darmstadt, 1989. S. 14–50, 165–185; *Alisch R.* Heideggers Rektoratsrede im Kontext // Deutsche Philosphen 1933 / Hg. W.F. Haug. Hamburg, 1989. S. 69–89.

[195] *Bordieu P.* The Political Ontology of Martin Heidegger. Stanford, 1991.

[196] *Херш Ж.* Ставка в споре с Хайдеггером // Историко-философский ежегодник. 1992. М., 1994. С. 358.

[197] *Spengler O.* Jahre der Entscheidung. Münhen, 1933.

Гораздо меньше повезло другому пророку национал-социализма, консервативному теоретику О. Шпанн. После прихода к власти национал-социалисты уже не нуждались в его поддержке. Напрасно Шпанн вместе со своими приверженцами пытался адаптироваться к новой ситуации, одобряя даже массовое сожжение книг в 1933 г. Но отрицание менталитета «крови и почвы», а также расизма национал-социалистов как вариантов современного материализма неизбежно привело Шпанна к теоретическим разногласиям с национал-социалистами, завершившимся прямыми репрессиями. Для Шпанна раса была не столь важна, как дух нации, которую он трактовал, прежде всего, как духовную общность. Он предлагал выделить евреям в Германии собственную территорию типа гетто, где они должны были опекаться государством без права активно участвовать в политике, экономике, в культурной деятельности и т. д. Этот умеренный антисемитизм, а также претензии Шпанна быть идеологом Третьего рейха привели к тому, что с 1935 г. его концепцию все чаще критиковали в печати. После аншлюса Австрии в марте 1938 г. Шпанн и его сын были арестованы, помещены в концентрационный лагерь Дахау и подвергнуты пыткам.

Другие, признав в национал-социалистическом правительстве силу, способную воплотить в жизнь их рекомендации, до последних дней войны сохраняли ему лояльность. Так, например, ведущий австрийский историк Г.Р. фон Србик, будучи по происхождению, образованию и научным трудам глубоко связанным с культурой и менталитетом габсбургской империи, после аншлюса вел себя как убежденный национал-социалист. В итоге он был президентом Венской Академии наук и удостоен медали Гёте за исторические сочинения. Немало было и биологов, которые, приняв национал-социализм в 1933 г., служили ему верой и правдой. Среди них в первую очередь следует назвать О. Фишера, ставшего в мае 1933 г. первым ректором Берлинского университета при национал-социалистах, а затем членом Прусской академии наук. Он был в числе девяти ректоров университетов Германии, обратившихся в 1933 г. к интеллигенции всего мира о признании Гитлера и национал-социалистического государства, сплотивших немецкий народ во имя «свободы, справедливости, чести и мира»[198]. Свое обращение Фишер уже закончил приветствием «Хайль Гитлер» и «Зиг Хайль». Аналогичные идеи высказывал и ректор Лейпцигского университета зоолог А. Гольф. Выступая 29 июля 1933 г. с речью «Немецкое государство с биологической точки зрения», Фишер всячески подчеркивал верность идеологии «почвы и крови», постоянно повторял, что служба Третьему рейху — долг каждого немецкого ученого[199]. Но уже в конце 1934 г. он должен был уступить пост ректора В. Крюгеру, который был ставленником Б. Руста[200]. Однако Фишер сохранил за собой университетскую кафедру по антропологии и создал на сельскохозяйственном и животноводческом факультете Институт расологии, нордической биологии и сельскохозяйственной социологии, в котором работали его сотрудники и ученики по КВГ О. фон Фершуер, Г. Вайнерт, В. Абель, К. Готтшальд, а также Г.Ф.К. Гюнтер[201]. Институт просуществовал до 1939 г., до отъезда Гюнтера во Фрайбург. Кафедру антропологии Фишер в 1942 г. передал Абелю.

---

[198] Bekenntnis der Professoren an den Deutschen Universitäten und Hochschulen zu Adolf Hitler und dem nationalsozialistischen Staat. Dresden, 1933. P. 136.

[199] *Fischer E.* Der Begriff des völkischen Staates, biologisch betrachtet. Rede bei der Feier's Erinnerung an den Stifter den Berliner Universität König Friedrich Wilhelm III. Berlin, 1933.

[200] *Jahr Ch.* «Das "Führen" ist ein sehr schwieriges Ding». Anspruch und Wirklichkeit der "Führeruniversität" in Berlin 1933–1945 // Die Berliner Universität in der NS-Zeit. Band 1. Strukturen und Personen / Hg. Ch. Jahr. München, 2005. S. 25.

[201] *Schleiermacher S.* Rassenhygiene und Rassenanthropologie an der Universität Berlin // Ibid. S. 85–86.

Среди значительной части академического сообщества, поспешившей встать под знамена национал-социализма, были не только приверженцы модернизации, эксперты и прагматики, но и мандарины. В то же время среди первых были и сторонники левых партий[202]. Это хорошо видно на примере генетического сообщества. Значительная часть экспертов, возглавляемых Э. Бауром в Сельскохозяйственном колледже, включала активных социал-демократов, левых либералов — членов «Веймарского кружка» и членов НСДАП. Это наглядно свидетельствует о том, что в Веймарской республике и в первые месяцы правления национал-социализма среди экспертов-биологов были как его сторонники, так и противники. Были и такие, кто не объяснял резкую смену своих политических предпочтений, демонстрируя презрение к общественному мнению и здоровый оппортунизм. В этом отношении характерно поведение философа и юриста К. Шмитта, политического советника последних канцлеров Веймарской республики Ф. фон Папена и К. фон Шлейхера. Хотя ещё в 1932 г. он ратовал за одновременный запрет КПГ и НСДАП, в марте 1933 г. он начал поддерживать консервативно-популистскую политику последней, став ее членом уже 1 мая 1933 г.[203]

Для понимания научной политики нацистов важно учитывать особенности функционирования национал-социалистического государства как поликратического картеля блоков власти, включая армию, большой бизнес, государственную службу и НСДАП[204]. Подобную структуру власти Ф. Нойман ещё в начале 1940-х гг. предложил назвать «бегемотом», подчеркивая плохую совместимость ее звеньев[205]. Действительно, блоки жестко конкурировали и конфликтовали друг с другом, но в 1933 г. объединились, чтобы сформировать национал-социализм и установить жесткий контроль над обществом. Другие группы (рабочий класс, церковь, женщины и т. д.) не имели доступа к власти. Как дополнительные блоки власти вначале действовали: СС, СД, СА, империя Г. Геринга, министерство вооружений А. Шпеера и т. п. Со второй половины 1930-х гг., когда началась подготовка к войне, а особенно с началом боевых действий, они вместе с армией становились главными в структуре власти, оттесняя на второй план партийных функционеров и идеологов. Эти блоки, как и все организации во времена Третьего рейха, имели доступ к власти только благодаря поддержке фюрера[206]. Властные функции исходили только от него или были, по крайней мере, им опосредованы, так как «долгом каждого немца было работать в тех направлениях, которые указал фюрер»[207]. Но он далеко не всегда контролировал ситуацию, проявляя себя или как «господин в своих владениях», или как «слабый диктатор»[208]. Роль Гитлера в создании ракет и атомной бомбы хорошо

---

[202] *Harwood J.* The Rise of the Party-Political Professor. Changing Self-understanding among German Academics, 1890–1933 // Geschichte der Kaiser-Wilhelm-Gesellschaft im Nationalsozialismus. Bestandsaufnahme und Perspektiven der Forschung. Bd. 1. 2000. S. 44.

[203] *Дмитриев А.Н.* Марксизм без пролетариата: Георг Лукач и ранняя Франкфуртская школа. 1920–1930-е гг. СПб.; М., 2004. С. 353–354.

[204] Обзор литературы о природе власти в национал-социалистическом государстве см.: *Kershaw I.* The Nazi Dictatorship. Problems and Perspectives of Interpretation. 3 ed. London, 1993. P. 1–16.

[205] *Neumann F.* Behemoth. The Structure and Practice of National Socialism. New York, 1942; Scientists, Engineers, and National Socialism // Science, Technology and National Socialism / Ed. M. Renneberg, M. Walker. Cambridge, 1993. P. 1–4.

[206] *Kershaw I.* Hitler. London, 1991. P. 1–15.

[207] Там же. P. 15.

[208] *Kershaw I.* The Nazi Dictatorship. P. 59–79.

иллюстрируют эти две ипостаси его воздействия на разработку важнейших типов современного оружия. Конструкторы нацистской Германии создали первые ракетные самолеты, непрерывно совершенствовали авиационные приборы и вооружение[209].

Сферы деятельность блоков власти иногда перекрывались, в том числе и в управлении наукой. Так, химик, старый член партии и бригаденфюрер СС Р. Менцель при помощи Б. Руста создал свою мини-империю внутри Имперского министерства науки, воспитания и народного образования, возглавляя с 1939 г. Научный совет министерства, контролируя через него Государственный научно-исследовательский совет (РФР) и Немецкое научно-исследовательское общество (ДФГ), а следовательно, большинство средств, выделяемых на исследования. Для надежности этого контроля Менцеля еще в 1936 г. назначили на пост президента этого общества взамен Й. Штарка, не оправдавшего надежды нацистов на безусловное подчинение, а с 1937 года — вторым вице-президентом КВГ. Э. Шуман, поспешивший вступить в партию весной 1933 г., имевший влиятельную позицию в том же министерстве, позднее стал главным советником Р. Менцеля в ДФГ и возглавлял исследовательский отдел в Главном командовании Вермахта. К. Краух управлял «четырехлетним планом» Г. Геринга, который в то же время работал в тесном контакте с СС и Имперским министерством вооружений, возглавляемым Шпеером. Такие управляющие среднего звена часто обладали значительной властью в национал-социалистическом государстве благодаря большому количеству начальников-покровителей.

Эти макро- и мини-империи определяли технократическое управление наукой Третьего рейха, которое, как ученые традиционно считают, эффективнее всего работает при тоталитарном режиме. Особенность технократии при Гитлере заключалась в том, что рациональные средства и технократические принципы использовали для достижения как рациональных, так и иррациональных целей[210]. Иными словами, технократические методы были отделены от технократических целей. В итоге технократы при нацизме продемонстрировали способность рационально организовать хаос и обеспечили самоуничтожение Третьего рейха. Национал-социализм, в конечном счете, не дал возможности техническим экспертам рационально управлять обществом. Они часто обладали значительной властью, но только как исполнители решений различных блоков власти.

Третий рейх был не способен институциализировать технологические изменения для достижения собственных целей: поликратический картель блоков властей, перекрывающихся, конкурировавших между собой и действовавших вопреки друг другу, сильно мешал, препятствуя систематическому развитию и внедрению специфических технологий и политик, не говоря о технологическом преобразовании в целом. В итоге было невозможно определить постоянные «государственные цели», за исключением таких самых общих, как территориальная и экономическая экспансия, расовая «чистота» населения и тотальный контроль над всеми сторонами общества. Но даже эти цели не были достигнуты, несмотря на Вторую мировую войну, полицейское государство, СС и геноцид.

---

[209] *Hahn F.* Deutsche Geheimwaffen. 1939–1945. Flugzeugbewaffnungen. Heidenheim, 1963.

[210] Это неизбежное следствие противоречивости национал-социалистической власти в Германии, у которой изначально было два лика — «социальная реакция» и «социальная революция» (*Kershaw I.* The Nazi Dictatorship. P. 131–149).

В Германии тенденция к технократии постоянно усиливалась, как до 1933 г., так и после, но особенно во времена Веймарской республики. Оппозиция технократии и рационализму также существовала, даже внутри самой науки. Но, как показало исследование реакционного модернизма, выполненное Дж. Херфом, технократическая и консервативная (романтическая) идеологии не конфликтовали. Между двумя войнами технократы были рассеяны в немецком обществе и включены с самого начала в национал-социалистическую систему[211] . Современную технологию изощренно использовали для пропаганды НСДАП. Большое количество технократов с энтузиазмом устремилось в партию и вспомогательные организации после 1933 г., и именно эти технократические национал-социалисты способствовали оппортунистическому союзу биологии и власти, объединив идеологию «крови и почвы» с мощью науки и технологии, сделав тем самым реальным Третий рейх с его репрессиями, гонениями, войнами и геноцидом.

Влияние технократов в пределах различных блоков власти дважды резко возрастало: с 1936 г. — в результате усилий, направленных на перевооружение армии, и в 1942 г. — после окончательного провала блицкрига. Технократы из партийного руководства, СС, Вермахта и специальных учреждений, таких, как Главное управление экономикой по четырехлетнему плану, Имперское министерство экономики (Reichswirtschaftministerium), Имперское министерство вооружения и оборонной промышленности — РМРКП (Reichsministerium für Rüstung und Kriegsproduction, RMRKP), командование Вермахта, военно-морских сил и авиации, видели друг в друге соперников, будучи ревностными представителями своих блоков. Но все они были едины в том, что научная, технологическая и бюрократическая рациональность является единственным способом решения проблем, стоящих как перед ними самими, так и перед Германией в целом: «окончательно решить еврейский вопрос» и обеспечить победу во Второй мировой войне.

К концу войны и «тысячелетнего Рейха» технократия — а вместе с ней наука и изобретательство — стали одним из наиболее могучих и последних столпов национал-социалистического государства. Типичным представителем немецких технократов, без талантов и лояльности которых любое современное тоталитарное государство не сможет утвердиться и развиваться, был А. Шпеер, назначенный 2 сентября 1943 г. на пост рейхсминистра РМРКП. Благодаря налаженному им сотрудничеству между учеными, конструкторами, инженерами и промышленниками было сотворено подлинное «немецкое чудо». Под непрерывной бомбежкой авиации союзников в несколько раз увеличилось производство военных самолетов и тяжелых танков (самолетов в 1941 г. — 9 450, в 1944 г. — 35 350, танки — соответственно 2 900 и 17 300). В итоге он с полным правом утверждал в своих воспоминаниях, что благодаря принятым им мерам по научно-технической модернизации оборонной промышленности Третьего рейха поражение Германии удалось оттянуть, по крайней мере, на год[212] .

«Захват власти»[213] национал-социалистами драматически и решительно воздействовал на все части немецкого общества. Национал-социалистическое

---

[211] *Herf J.* Reactionary Modernism: Technology, Culture, and Politics in Weimar and the Third Reich. Cambridge; New York a. oth., 1984. P. 189–216; *Breuer S.* Anatomie der konservativen Revolution. Darmstadt, 1993. S. 180–202.

[212] *Speer A.* Erinnerungen. Frankfurt am Main, 1982.

[213] Выражение «захват власти» (Machtergreifung), используемое обычно в литературе для обозначения событий в начале 1933 г., любили национал-социалисты, чтобы придать

руководство едва ли в полной мере интересовались какой-либо отдельной отраслью знания, кроме биологии, чтобы проводить в ее отношении какую-то особую политику устрашения. Однако принятый 7 апреля 1933 г. закон о восстановлении профессионального чиновничества (Gesetz zur Wiederherstellung des Berufsbeamtentums) и последовавшие за этим безжалостные чистки государственных гражданских учреждений эффективно освобождали университеты и финансируемые государством исследовательские институты, подобные КВГ, от евреев, левых и других политических элементов, несовместимых с «новой Германией», тем самым нанося мощный удар по всем отраслям немецкой науки. Не остались в стороне и Академии (Прусская, Баварская, Гейдельбергская, Эрфуртская, Гёттингенская и Леопольдина), хотя формально они были автономны, а их члены не получали государственного жалования[214]. Как показал пример с А. Эйнштейном, либеральное мировоззрение и еврейское происхождение делали многих ученых подлинными злодеями в глазах нацистов[215].

В начале Третьего рейха Гитлер и его соратники нуждались в поддержке со стороны влиятельных представителей консервативной элиты Германии, в которую входили ученые, и они получили её. «Захват власти» нацистами сопровождался нескоординированным и даже несанкционированным давлением со стороны рядовых членов партии и СА, которое власти использовали для устранения всякой оппозиции. Праворадикально настроенное студенчество, активно вступавшее в НСДАП, СА и СС, играло важную роль в утверждении новой власти в университетах[216]. Но поскольку национал-социалистическое руководство желало создать впечатление мирного, упорядоченного общества, находящегося под его контролем, такая «революция снизу», в конечном счете, стала нежелательной. Гитлер публично призвал «к эволюции вместо революции», что содержало слегка завуалированную угрозу своим собственным сторонникам. Когда в 1934 г. руководители СА стали требовать в своих воззваниях начать «вторую революцию», от которой бы выиграли низшие слои национал-социалистического движения, их большая часть, в том числе Э. Рём, была устранена 30 июня 1934 г., в кровавую «ночь длинных ножей», и подобные призывы замолкли[217]. Поводом для их уничтожения Гитлер

этим событиям революционный, героический характер, а их противники — для изображения себя жертвами некоего насилия, путча и т. д. Однако все было не совсем так или, точнее, совсем не так. К власти нацисты пришли конституционным путем, при полной поддержке основных блоков правящей элиты, которая рассматривала Гитлера как своего временного «управленца» для проведения непопулярных мер, за которые затем можно было бы возложить всю вину на него. В первом правительстве А. Гитлера нацисты были в меньшинстве. «Захват власти» наступил позднее, когда была принята новая конституция, и завершился «ночью длинных ножей» 20 июня 1934 г. С этого времени и наступил момент окончательной капитуляции интеллектуальных слоев Германии перед идеологией национал-социализма. См.: *Haug W. F.* Philosophie im deutschen Faschismus // Deutsche Philosphen 1933. S. 5–6. В 1935 г. почти все, кто оказывал сопротивление, были или высланы, или отправлены в концлагеря, остальные оппоненты предпочитали молчать.

[214] Leopoldina-Symposium “Die Elite der Nation im Dritten Reich. Das Verhältnis von Akademien und ihrem wissenschaftlichen Umfeld zum Nationalsozialismus”, vom 9. bis 11. Juni 1994 in Schweinfurt // Acta Historica Leopoldina. 1995. № 22. S. 1–288.

[215] *Walker M.* Nazi Science. P. 7–11.

[216] *Grüttner M.* Studenten im Dritten Reich. Paderborn; München; Wien; Zürich, 1995. S. 287–316.

[217] *Wegner B.* Hitlers politischen Soldaten: Die Waffen-SS. 1933–1945. Leitbild, Struktur und Funktion einer nationalsozialistischen Elite. Paderborn, 1990. S. 81–86.

чаще всего называл необходимость сохранения нравственной чистоты расы и борьбы с гомосексуализмом, который процветал в штабе штурмовиков[218]. Эта модель («революция снизу», «эволюция вместо революции», «вторая революция» и, наконец, национал-социалистическая «революция», пожирающая собственных «детей») также хорошо иллюстрирует процессы, происходившие в «арийской науке» во время Третьего рейха, хотя сроки наступления каждой стадии варьировали в разных дисциплинах, и конечные результаты редко были столь кровавы.

Не добившись быстрого осуществления своих планов, рядовые национал-социалисты были недовольны и вели себя агрессивно, так как разбились их мечты о мгновенном вознаграждении сразу после прихода Гитлера к власти. Их недовольство выплескивалось в беспорядочных насилиях над евреями и другими «врагами нацистов»; и в результате национал-социалистическое руководство решило направить эту энергию на бойкот еврейского бизнеса в Германии, якобы организованный в частном порядке НСДАП, но на самом деле одобренный и запланированный в самых верхних эшелонах национал-социалистической власти. Большинство немцев проигнорировало эту акцию, и провал «однодневного бойкота» оказал двоякое воздействие на немецкую науку.

Неудача бойкота также спровоцировала национал-социалистическое руководство издать закон о восстановлении профессионального чиновничества (типичное национал-социалистическое эвфемистическое обозначение для деструктивных действий), который привел к увольнению большинства еврейских (и очень немногих политически активных) ученых с государственной службы. Например, по некоторым оценкам, работы лишились приблизительно 50 физиков, или 15 %, но некоторые, самые выдающиеся научные центры, в том числе и университетские, потеряли около 50 %[219]. Аналогичная картина (14,7 %) была в психологии, но эмигрировали 4 директора (из пяти) самых известных в мире научных центров[220]. Правда, в конечном счете, благодаря введению сертификатов в этой области знаний, число профессоров за десять лет стало намного больше[221]. Некоторые университеты и институты потеряли большой процент своих ученых, другие — едва заметный, что свидетельствует о неравномерном распределении левых и евреев среди немецких университетов и научно-исследовательских институтов[222].

---

[218] Nazism 1919–1945. A Documentary Reader / Ed. J. Noakes, G. Pridhama. New York, 1988. P. 167–188.

[219] *Fischer K.* Identification of Emigration – Induced Scientific Change // Forced Migration and Scientific Change. P. 23–42.

[220] *Mitchell G., Ash M.G.* Disziplinenentwicklung und Wissenschaftstransfer — deutschsprachige Psychologen in der Emigration // Berichte zur Wissenschaftsgeschichte. 1984. Bd. 7. S. 208–209.

[221] *Geuter U.* Die Professionalisierung der deutschen Psychologie im Nationalsozialismus. Frankfurt am Main, 1984. S. 352–389.

[222] Все оставшиеся профессора должны были принести клятву верности фюреру и Германии, заявить о принятии национал-социалистического мировоззрения, соблюдать нацистские приветствия, проявлять уважение к знаменам со свастикой и прочим символам. Тем не менее, часть профессуры, понимая свою важность для нацистов, например, лауреат Нобелевской премии, биохимик А.О.Р. Виндаус, исследовавший структуры стероидов и образование витамина Д из эргостерина под действием ультрафиолетовых лучей, демонстративно игнорировал это требование, в знак приветствия прикасался правой рукой к свой шляпе. И подобные случаи были не единичны, что приводило в неистовство университетских национал-социалистических активистов: *Heiber H.* Universität unterm Hakenkreuz. T. 1. Der Professor im Dritten Reich. Bilder aus der akademischen Provinz. München; London; New York; Paris, 1991. S. 22.

«Неарийские» молодые ученые, которые еще не имели постоянной должности, были уволены сразу же и понимали, что они никогда не смогут получить в Германии финансовую поддержку своих исследований. Но нацисты довольно легко нашли им квалифицированную замену, послушную, старательную и приемлемую в политико-идеологическом и расовом отношении. Ученые, занимавшие освобождавшиеся места, отнюдь не всегда были убежденными национал-социалистами. Но национал-социалистический режим считал их своими и давал шанс на научную карьеру при новом строе[223] . И они старались его не упустить, вступая в ряды НСДАП и Национал-социалистического немецкого союза доцентов — НСДДБ (National-sozialistischer Deutscher Dozentenbund, NSDDB). В этом Союзе должны были состоять все младшие преподаватели высшей школы, так как через Имперское министерство науки, образования и воспитания, назначавшее ректоров и профессоров, НСДДБ влиял на назначение на должности профессоров лиц, угодных партийному руководству. С 1935 г. рейсхфюрером НСДДБ был «старый борец» В. Шульц, вступивший еще в 1919 г. в предшественницу НСДАП — Немецкую рабочую партию. Возглавляя союз доцентов в течение 8 лет, Шульц завершил перестройку университетов в соответствии с принципами расовой чистоты и партийной лояльности. В речи перед членами Национал-социалистических союзов учащихся высшей школы (NS-Hochschullehrerverbandes), произнесенной в 1939 г. а Мюнхене, Шульц подчеркивал, что немецкие университеты готовы пополнять ряды борцов за дело национал-социализма, которое народ считал важнейшим делом[224] . Для него академическая свобода имела границы в реальном бытии немецкого народа. Мировоззрение долга и признание зависимости образования и науки от политики он считал основными требованиями к преподавателям высшей школы, очищенной от расово чуждых элементов.

Благодаря деятельности подобных руководителей национал-социалистических организаций в высшей школе начиная с 1933 г. среди профессоров, назначенных взамен 1 500 уволенных, преобладали члены партии: в среднем около 60 %, среди получивших доцентуру их было уже 70 %, а у фармакологов — так даже все 100 %[225] . Членство в нацистской партии и близость к ее лидерам сильно ускорили академические карьеры многих химиков. Головокружительная административная карьера химика Р. Менцеля, контролировавшего огромную часть научных исследований и регулировавшего их развитие путем выделения грантов ДФГ, всецело определялась его ранним членством в СА (1922), НСДАП (с 1928) и активным участием в студенческом национал-социалистическим движении, позволившем ему установить тесные контакты с Б. Рустом[226] . Его академическая карьера (габилитация в 1933 и профессура в 1934) протекала под прямым давлением Руста. Впоследствии Менцель, попав в плен к американцам, пытался представить себя «руководителем группы сопротивления» в науке. Этот пример наглядно демонстрирует, как «старые

---

[223] *Tenorth H.-E.* Bildung und Wissenschaft im "Dritten Reich" // Deutschland 1933–1945. Neue Studien zur nationalsozialistischen Herrschaft / Hg. K.D. Bracher, M. Funke, H.-A. Jacobson. Bonn, 1993. S. 241–247.

[224] *Wistrich R.* Wer war wer im Dritten Reich. 1983. S. 247.

[225] *Deichmann U.* Flüchten, Mitmachen, Vergessen. Chemiker und Biochemiker in der NS-Zeit. New York; Chichester u.a., 2001. S. 213.

[226] *Zierold K.* Forschungsförderung in drei Epochen. Deutsche Forschungsgemeinschaft: Geschichte – Arbeitsweise – Kommentar. Wiesbaden, 1968. S. 213–272.

борцы» партии (alte Kämpfer) при благоприятном стечении обстоятельств быстро завоевывали высокое академическое положение, на которое они вряд ли могли вообще надеяться, а если и могли, то отнюдь не так быстро.

В этом отношении показательны цифры, приведенные У. Дайхман о распределении членов нацистской партии среди биологов разных возрастных групп[227]. Так, среди биологов старше 60 лет в НСДАП состояли 26 %, в возрасте 50–60 лет — 32 %, 40–50 лет — 52,5 %, 30–40 лет — 63,2 % и младше 30 лет — 70,5 %. Аналогичные показатели были среди биохимиков и химиков: старше 60 лет — 8 %; 50–60 лет — 32,9 %, 40–50 лет — 55,7 %, 30–40 лет — 61 % и младше 30 — 65,1 %[228]. Очевидно, как и в СССР, легче всего принимали на себя политические обязательства биологи и биохимики, находившиеся в начале профессиональной карьеры, надеясь ускорить ее таким образом.

Тех, кто эмигрировал, в других странах не встречали с распростертыми объятиями. Последствия мировой депрессии были таковы, что в странах потенциальной эмиграции часто даже местные крупные ученые искали работу. Сложности в поисках работы, с которыми сталкивались ученые-эмигранты, означали, что молодые, еще не признанные исследователи, которых не вынуждали уезжать, имели бы за границей мало перспектив, решись они на отъезд[229]. Были и ученые, часто достаточно авторитетные, которые охотно служили новому режиму и оставались в Германии по своему выбору, а не в силу тех или иных сложностей.

Согласно У. Дайхман и Б. Мюллеру-Хиллу, среди биологов было 337 профессоров и доцентов в немецких университетах и КВГ[230]. Из них 30 (8,9 %) потеряли работу из-за того, что были евреями или были женаты на неарийках. 26 из них эмигрировали, 9 (из них четверо в Австрии) были уволены по политическим причинам, и два — по неизвестным. Три знаменитых профессора (Г. Дриш, Р. Гессе, К. Циммер) были по политическим мотивам отправлены в отставку против их воли. Эмигрировало всего 33 биолога.

КВГ также подвергли чистке[231], хотя государство финансировало его только на 50 %, и формально половина его сотрудников не попадала под нацистский закон о государственной службе. Его президент М. Планк открыто не сопротивлялся увольнениям, вместо этого он действовал за сценой и хлопотал перед разными министрами о сохранении некоторых ученых. В мае 1933 г. Планк встретился

---

[227] *Deichmann U.* Biologen unter Hitler. S. 227.

[228] *Deichmann U.* Flüchten, Mitmachen, Vergessen. S. 208.

[229] Но для тех, кому удавалось продолжить работу за рубежом, смена национального контекста, как правило, не проходила безболезненно. «Вынужденная миграция» и связанные с нею стресс, страх, обиды, потеря привычной среды и дискурса вели к потере «национального стиля и этоса науки», к денационализации ученых, что так или иначе сказывалось на их творческом потенциале: *Ash M., Söllner A.* Forced Migration and Scientific Change. P. 4–5.

[230] *Deichmann U., Müller-Hill B.* Biological research at universities and Kaiser Wilhelm Institutes in Nazi Germany // Medizin, Science, Technology and National Socialism. Cambridge, 1994. P. 162–163; *Deichmann U.* Die biologische Forschung an Universitäten und Kaiser-Wilhelm-Instituten 1933–1945 // Naturwissenschaft, Technik und Nationalsozialismus. Kontinuität und Diskontinuitäten / Hg. C. Meinel, P. Voswinckel. Stuttgart, 1994. S. 101.

[231] *Macrakis K.* Surviving the Swastika: Scientific Research in Nazi Germany. New York; Oxford 1993; *Albrecht H., Hermann A.* Die Kaiser-Wilhelm-Gesellschaft im Dritten Reich // Forschung im Spannungsfeld von Politik und Gesellschaft. Geschichte und Struktur der Kaiser-Wilhelm / Max-Planck-Gesellschaft / Hg. R. Vierhaus, B. vom Brocke. Stuttgart, 1990. S. 356–406.

с Гитлером и пытался убедить его, что массовые увольнения евреев приносят огромный вред немецкой науке, а следовательно, и самой Германии[232]. Однако и Планк, и другие официальные лица КВГ добились немногого[233]. В конечном счете, ему самому пришлось расстаться с постом президента КВГ. На его место был назначен крупный промышленник А. Фёглер (A. Vögler), который, хотя никогда не был членом НСДАП, но был предан лично Гитлеру и пользовался его полным доверием. 16 апреля 1945 г. Фёглер покончил жизнь самоубийством.

После Второй мировой войны руководители КВГ утверждали, что защищали ученых от национал-социализма, но, в лучшем случае, это была полуправда. В действительности немногие позволяли себе открыто протестовать. Историческая память сохранила, в основном, имена физиков-лауреатов Нобелевских премий. Отказался признать новый режим А. Эйнштейн. Директор Института физики Гёттингенского университета Дж. Франк подал в отставку в знак протеста против преследования евреев[234]. Директор института теоретической физики в Берлинском университете и заместитель директора Института физики КВГ Макс фон Лауэ позволял себе, хоть и безуспешно, не раз противостоять властям[235]. Даже Институт физической химии во главе с лауреатом Нобелевской премии Ф. Габером, представлявший собой, в некотором роде, форпост процветавшей академической науки, быстро обезлюдел. Еврею Габеру приказали уволить всех его «неарийских» сотрудников. Он так и сделал, а затем подал в отставку в соответствии с политической модой, навлекая на себя гнев со стороны РМВЕФБ[236]. Некоторое время институт возглавлял будущий Нобелевский лауреат радиохимик О. Ган, который вместе с М. Планком, К.Ф. Бонхёфером, М. Дельбрюком, Л. Майтнер, Ф. Шрассманом, несмотря на запрет со стороны партийной организации и министерства, 29 января 1935 г. организовал торжественное заседание, посвященное памяти Габера, скончавшегося в 1934 г. в эмиграции[237]. Эта акция была расценена как открытый протест. Институт был поставлен под временное управление национал-социалистических активистов, которые добились также изгнания Гана из Берлинского университета за отказ вступить в НСДАП. Впоследствии Гану пришлось расстаться также с соавтором многих своих открытий Л. Майтнер, которая из-за своего еврейского происхождения должна была оставить работу (вместе они были на пороге открытия расщепления атомов урана), а Ган помог ей нелегально эмигрировать в 1938 г. Среди биологов и медиков реальное сопротивление нацистам при увольнении евреев оказывали только некоторые медицинские факультеты в Халле, в Дюссельдорфе, а также некоторые члены КПГ[238].

В 1935 г. директором Института физической химии и электротехники КВГ был назначен 36-летний П.А. Тиссен, с 1922 г. поддерживавший Гитлера и одним из первых вступивший тогда в ряды НСДАП и СА[239]. Правда, в конце 1920-х гг. он должен был выйти из партии, так как иначе возникали проблемы с получением

---

[232] *Proctor R.* Racial Hygiene. P. 253.

[233] *Cassidy D.* Uncertainty: The Life and Science of Werner Heisenberg. New York, 1991.

[234] Freiwilliger Amtsverzicht Prof. James Francks // Göttingener Zeitung. 1933. 18 April.

[235] *Beyerchen A.* Scientists under Hitler. P. 64–65.

[236] *Hahn O.* Mein Leben. München, 1968.

[237] *Beyerchen A.* Scientists under Hitler. Politics and the Physics Community in the Third Reich. New Haven; London, 1977. P. 66–69.

[238] *Proctor R.* Racial Hygiene. P. 235–237.

[239] *Elb Ch.* Der Physikochemiker Peter Adolf Thiessen als Wissenschaftsorganisator (1899–1990). Stuttgart, 1999.

профессуры, но с 1933 г. он — снова член НСДАП. С 1932 г. он экстраординарный профессор в Гёттингене. В 1933 г. Й. Штарк добился его назначения ординарным профессором физической химии в Фрайбурге, откуда его предшественник Г. фон Гевеси был уволен как еврей, а позднее возглавил институт физической химии КВГ. По иронии судьбы при нем Институт занялся в основном разработкой химического оружия, т. е. именно тем, что делал Габер за два десятилетия до этого[240]. Другим «неарийцам» удалось продержаться дольше в других институтах КВГ. Но отсрочка продолжалась только несколько лет. В конечном счете, они все должны были уйти, и КВГ, осознавая свою полную зависимость от национал-социалистического режима, умыло руки относительно их.

Э. Баур, как директор Института селекции КВГ, также должен был уволить всех евреев, кроме садовника Ф. Дюбуа-Реймона[241]. Но вскоре он умер, и не только аризация, но и нацификация биологических институтов в КВГ была продолжена. По словам М. Планка, биологи без всякого протеста восприняли увольнение своих коллег и сразу выразили готовность служить режиму. Смиренно восприняли свою судьбу и уволенные. Планк в своем ежегодном отчете пытался изобразить, что они якобы просто уехали за границу, приняв приглашение на работу: мол, К. Штерн уехал работать в университет в Рочестере, В. Йоллос — в Институт генетики в Висконсине, а Ф. Гросс — в Лондон к Дж.С. Хаксли и Р. Фишеру[242]. На самом же деле Йоллос никогда не имел постоянного места работы в США. После того как в 1935 г. в Нюрнберге были приняты расистские законы, был уволен один из директоров Института биологии КВГ Р. Гольдшмидт. И вновь Планк информировал об этом в спокойных тонах: «Проф. Р. Гольдшмидт получил должность в Калифорнийском университете»[243]. В конечном счете, почти все ученые-евреи (9 человек) КВГ были уволены, кроме тех, которых национал-социалисты по тем или иным мотивам объявили арийцами.

В отличие от Института биологии КВГ, в Институте селекции КВГ евреи к тому времени уже не работали, здесь чистке подлежали лица, подозреваемые в нелояльности к новым властям. Новый директор Института селекции В. Рудорф, явный сторонник нацистов, первым уволил Ф. Дюбуа-Реймона. В 1936 г. при активном участии директора были уволены еще три ассистента (Г. Кукук, Р. Шик, Г. Штуббе), обвиненные институтскими членами НСДАП и СС в пацифистских настроениях[244]. Через несколько месяцев под нажимом Рудорфа вынужден был подать в отставку один из ближайших сотрудников Э. Баура Р. Зенгбуш — также из-за политической нелояльности. В конечном счете, Штуббе вернулся в КВГ и даже стал директором Института культурных растений в Вене, а Зенгбуш, Кукук

---

[240] В дальнейшем Тиссен стал одним из главных лиц в ДФГ, а в конце войны он установил связь с коммунистами, в 1945–1956 гг. работал в СССР в рамках атомного проекта, был удостоен Сталинской премии, в 1966 г. избран иностранным членом АН СССР. Вернувшись в ГДР в 1957 г., он возглавил Институт физической химии в АН ГДР и Научно-исследовательский совет ГДР (Forschungsrat der DDR).

[241] *Käding E.* Engagement und Verantwortung. Hans Stubbe, Genetiker und Züchtungsforscher. Eine Biographie. Müncheberg, 1999. S. 36.

[242] *Planck M.* Die Naturwissenschaftler, 1934. Bd. 22. S. 344.

[243] Ibid. 1937. Bd. 25. S. 376.

[244] *Käding E.* Engagement und Verantwortung. S. 41–42; *Flitner M.* Sammler, Räuber und Gelehrte. Die politischen Interessen an pflanzengenetischen Ressourcen 1895–1995. Frankfurt am Main; New York, 1995. S. 89–90.

Не только и не столько страх определял лояльность лидеров немецкой биологии. В ее основе совпадение интересов биологии и власти, обусловленное серьезными политическими, идеологическими, экономическими и военными соображениями.

В связи с первыми военными успехами руководители Третьего рейха решили придать немецкой науке важные политические функции, диктуемые необходимостью достижения немецкого господства в Европе. Это ясно проявилось во время Конференции, созванной РМВЕФБ в Берлине 12 ноября 1940 г., на которой присутствовали директора биологических институтов КВГ (Ф. фон Веттштейн, О. Фишер, Р. Кун). Из-за болезни отсутствовал приглашенный А. Кюн. Из биологов присутствовал также руководитель сельскохозяйственной и биологической секции в ДФГ, автор «генерального плана Ост» К. Мейер. На совещании представители министерства Скурло и Р. Менцель подчеркнули, что научная работа будет иметь огромное внешнеполитическое значение только в том случае, если немецкие ученые будут превосходить в своих исследованиях зарубежные страны[256]. Ученым предлагали определить отношение к существующим международным научным ассоциациям, расположенным с 1918 г. в Париже и Брюсселе, и обсудить вопрос об их переводе в Германию, чтобы успешнее конкурировать с США. Скурло выразил надежду, что в новой Европе немецкой науке будет легче претендовать на лидерство в духовной сфере.

Этот призыв поддержали биологи. Как заявил Ф. фон Веттштейн, в Европе, в которой под руководством Германии создается «новый порядок», Ассоциация европейских биологов могла бы обогнать США по уровню и масштабу исследований. Конкуренция с США, по его мнению, будет продолжаться и после войны, поэтому важно, кому будет принадлежать руководство в международных биологических организациях. Генетические исследования, составлявшие большую часть биологических работ в КВГ, имели и идеологическую подоплеку. Ниже мы подробнее остановимся на том, как крупные генетики Г. Штуббе и Н.В. Тимофеев-Ресовский, не будучи членами НСДАП, подчеркивали значимость своих работ для расовой гигиены.

Так реализовался на практике симбиоз в научной политике нацистов и биологов. Нацисты рассчитывали на успех в реализации своих планов, на безраздельное доминирование в мире при поддержке выдающихся биологов. Последние, в свою очередь, надеялись при помощи военных акций вернуть лидирующую роль немецкой науке, утраченную ею после Первой мировой войны. Этим, по меньшей мере, можно было бы объяснить щедрую поддержку нацистским режимом фундаментальной биологии в КВГ. В свою очередь, биологи всячески демонстрировали верность режиму. Выше уже говорилось, какой высокий процент членов НСДАП был среди биологов до сорока лет. Более того, в процентном отношении среди биологов членов НСДАП было в несколько раз больше, чем в среднем по стране для соответствовавших возрастных групп[257]. Так, среди биологов старше 60 лет членов НСДАП было 26 %, а эта возрастная группа среди всех членов партии составляла всего 5,6 %. По мере перехода к более молодым группам различие постепенно снижалось, но и среди биологов младше 30 лет членов НСДАП было 70,5 %, а в целом по стране членов партии до 30 лет было 31,6 %. И здесь мы видим принципиальные отличия от того, что происходило в СССР. Мне неизвестен ни один из крупных биологов, вступивших в ВКП(б) до начала «культурной революции»,

---

[256] *Deichmann U.* Biologen unter Hitler. S. 157.

[257] Ibid. S. 227.

Желая избавиться от Н.В. Тимофеева-Ресовского, Шпатц добился выделения из Института мозга Отдела генетики как учреждения, самостоятельного в административном, финансовом и научном отношениях. С апреля 1945 г. Отдел генетики стали называть Институтом генетики и биофизики. Свою мировую известность Н.В. Тимофеев-Ресовский использовал при нацистах для улучшения технического обеспечения лаборатории, подчеркивая, что его приглашали на работу в Институт Карнеги, в Голд Спринг Харбор (США), что его отъезд нанесет ущерб немецкой науке. К удивлению своих американских коллег М. Демереца и Л. Дана, которые считали, что Тимофееву-Ресовскому грозит опасность в нацистской Германии, он отклонил их предложения эмигрировать в США, использовав саму переписку по этому вопросу для торга с нацистами[252]. Как советский гражданин, он чувствовал себя политически нейтральным и оценивал свое положение в Германии как вполне нормальное, если не произойдет «коммунистической революции» или войны. Его не смущало, что из Института мозга ушли все биологи-евреи и даже не-еврей О. Фогт, пригласивший его на работу в Берлин. В решении нацистов поддержать Тимофеева-Ресовского немалое значение имел тот факт, что они не сомневались в его готовности работать при нацистах, так как были осведомлены о его антикоммунистических убеждениях.

Всего из КВГ уволили примерно треть биологов — 9, которые затем, в основном, эмигрировали. Тем не менее, Планк был вынужден уже в 1933 г. заверить власти, что КВГ полно желания внести вклад в «подъем новой Германии»[253]. В юбилейные торжества по случаю 25-летнего юбилея КВГ его генеральный секретарь Ф. Глум сказал: «КВГ отдало себя всецело в распоряжение нового Рейха и его вождя Адольфа Гитлера и тем самым вносит вклад в преобразование немецкого отечества, понимая, что это является долгом всякого научного учреждения Германии»[254]. По мнению Н. Бора, Планк и его помощники в КВГ действовали столь осторожно и сдержано, так как в них глубоко укоренилась прусская традиция верно служить государству и правительству. Кроме того, они надеялись, что новая власть быстро исчезнет и все вернется в нормальное русло. За эту ошибку ему пришлось дорого заплатить. Его второй сын Эрвин был арестован и казнен гестапо за участие в заговоре против Гитлера 20 июля 1944 г. Планк не только за кулисами пытался как-то сдержать преследование евреев. Он открыто защищал научное значение трудов А. Эйнштейна от нападок Прусской академии, а в 1934 г., несмотря на все предупреждения со стороны РМВЕФБ, организовал торжественное заседание в честь эмигрировавшего Габера.

Несмотря на все сложности в налаживании взаимодействия КВГ с новой властью, неуклонно росли ассигнования и на само КВГ, и на его биологические институты, которые занимали особенное место в планах многих нацистов, прежде всего благодаря прикладным исследованиям. Из 32 научных учреждения КВГ в 1936 г. 15 было медико-биологических[255]. Позднее были созданы новые институты КВГ по биологии и сельскому хозяйству в оккупированных Софии и Афинах.

---

[252] *Конашев М.Б.* Несостоявшийся переезд Н.В. Тимофеева-Ресовского в США // На переломе. Вып. 1. СПб., 1997. С. 94–106.

[253] *Planck M.* Vorwort // 25 Jahre Kaiser Wilhelm-Gesellschaft. Zur Förderung der Wissenschaften / Hg. M. Planck. Berlin, 1936. S. III.

[254] *Glum F.* Die Kaiser Wilhelm-Gesellschaft zur Förderung der Wissenschaften // Ibid. S. 5.

[255] 25 Jahre Kaiser Wilhelm-Gesellschaft. S. 93–136, 173–193.

Не только и не столько страх определял лояльность лидеров немецкой биологии. В ее основе совпадение интересов биологии и власти, обусловленное серьезными политическими, идеологическими, экономическими и военными соображениями.

В связи с первыми военными успехами руководители Третьего рейха решили придать немецкой науке важные политические функции, диктуемые необходимостью достижения немецкого господства в Европе. Это ясно проявилось во время Конференции, созванной РМВЕФБ в Берлине 12 ноября 1940 г., на которой присутствовали директора биологических институтов КВГ (Ф. фон Веттштейн, О. Фишер, Р. Кун). Из-за болезни отсутствовал приглашенный А. Кюн. Из биологов присутствовал также руководитель сельскохозяйственной и биологической секции в ДФГ, автор «генерального плана Ост» К. Мейер. На совещании представители министерства Скурло и Р. Менцель подчеркнули, что научная работа будет иметь огромное внешнеполитическое значение только в том случае, если немецкие ученые будут превосходить в своих исследованиях зарубежные страны[256]. Ученым предлагали определить отношение к существующим международным научным ассоциациям, расположенным с 1918 г. в Париже и Брюсселе, и обсудить вопрос об их переводе в Германию, чтобы успешнее конкурировать с США. Скурло выразил надежду, что в новой Европе немецкой науке будет легче претендовать на лидерство в духовной сфере.

Этот призыв поддержали биологи. Как заявил Ф. фон Веттштейн, в Европе, в которой под руководством Германии создается «новый порядок», Ассоциация европейских биологов могла бы обогнать США по уровню и масштабу исследований. Конкуренция с США, по его мнению, будет продолжаться и после войны, поэтому важно, кому будет принадлежать руководство в международных биологических организациях. Генетические исследования, составлявшие большую часть биологических работ в КВГ, имели и идеологическую подоплеку. Ниже мы подробнее остановимся на том, как крупные генетики Г. Штуббе и Н.В. Тимофеев-Ресовский, не будучи членами НСДАП, подчеркивали значимость своих работ для расовой гигиены.

Так реализовался на практике симбиоз в научной политике нацистов и биологов. Нацисты рассчитывали на успех в реализации своих планов, на безраздельное доминирование в мире при поддержке выдающихся биологов. Последние, в свою очередь, надеялись при помощи военных акций вернуть лидирующую роль немецкой науке, утраченную ею после Первой мировой войны. Этим, по меньшей мере, можно было бы объяснить щедрую поддержку нацистским режимом фундаментальной биологии в КВГ. В свою очередь, биологи всячески демонстрировали верность режиму. Выше уже говорилось, какой высокий процент членов НСДАП был среди биологов до сорока лет. Более того, в процентном отношении среди биологов членов НСДАП было в несколько раз больше, чем в среднем по стране для соответствовавших возрастных групп[257]. Так, среди биологов старше 60 лет членов НСДАП было 26 %, а эта возрастная группа среди всех членов партии составляла всего 5,6 %. По мере перехода к более молодым группам различие постепенно снижалось, но и среди биологов младше 30 лет членов НСДАП было 70,5 %, а в целом по стране членов партии до 30 лет было 31,6 %. И здесь мы видим принципиальные отличия от того, что происходило в СССР. Мне неизвестен ни один из крупных биологов, вступивших в ВКП(б) до начала «культурной революции»,

---

[256] *Deichmann U.* Biologen unter Hitler. S. 157.

[257] Ibid. S. 227.

что было связано не только с их стремлением держаться вне политики, сколько с ориентацией ЦК ВКП (б) на прием новых членов из рабочего класса и крестьянства.

Помимо политических, существовали идеологические, экономические и военные мотивы для государственного патронажа КВГ. Власти всячески поощряли генетические исследования в Институтах биологии и селекции КВГ в области изучения мутаций, особенно полиплоидии, с целью быстрого выведения новых сортов растений. Еще большее значение для них имело участие ботаников в расширении жизненного пространства для немцев, в германизации подлежащих аннексии областей Польши и СССР от Одера до Урала, предполагавшие окончательное решение еврейского вопроса и уничтожение десятков миллионов славян или превращение их в рабов. На ботаников возложили обязанность провести инвентаризацию флоры, захватить селекционные коллекции, вывести новые высокоустойчивые сорта, разработать способы использования растений для производства белка, жиров, медикаментов, горюче-смазочных материалов, резины и т. д. Ниже мы подробнее остановимся на участии биологов КВГ в реализации этих планов. Здесь же отметим, что они не вызывали никакого возражения с их стороны, а жестокость и аморальность значительной части из них ученые легко объясняли требованиями военного времени и необходимостью использовать все возможности для окончательной победы. Этим микробиологи мотивировали и свои предложения по созданию биологического оружия, которые, однако, были отклонены, так как даже немецкие генералы и сам А. Гитлер были против него[258]. Только когда план блицкрига провалился, при поддержке Абвера и СС была создана бактериологическая группа во главе с Г. Кливе для изучения возможности разработки и применения биологического оружия[259].

Прусская Академия наук, в чьем ведении находились как гуманитарные и социальные науки, так и естественные науки, представляет собой другой пример приспособления к национал-социализму[260]. В период Веймарской республики большинство членов Академии проявили себя как сознательные республиканцы[261]. Тем сильнее была их трансформация по пути «аризации, нацификации и милитаризации»[262]. С самого начала один из руководителей Академии М. Планк пытался спасти традиции Прусской академии и верил при этом, что необходимо идти на уступки[263]. Тогда как КВГ удалось обменять сотрудничество в некоторых областях на автономию в других, Прусская Академия постепенно полностью трансформировалась в орудие культурной пропаганды национал-социализма. Некоторые сотрудники работали в Академии по найму, другие были ее постоянными членами. Нежелательные элементы из числа первых были уволены ещё во время чистки государственной гражданской службы. Некоторые члены Академии, потеряв свои университетские должности, покинули Германию в первые годы Третьего рейха. Однако небольшое число ее постоянных членов, признанных «неарийцами», но не покинувших Германию, осталось в Академии.

---

[258] *Klee E.* Auschwitz, die NS-Medizin und ihre Opfer. Frankfurt am Main, 1997. S. 87–93 *Geißler E.* Hitler und Biowaffen. Münster, 1998. S. 54–76.

[259] *Hansen F.* Biologische Kriegsführung im Dritten Reich. Frankfurt am Main; New York, 1993 S. 128–136.

[260] Die Preussische Akademie der Wissenschaften zu Berlin. 1914–1945.

[261] *Hardwig W.* Die Preussische Akademie der Wissenschaften in der Weimarer Republik // Ibid S. 25–50.

[262] *Walther P.T.* "Arisierung", Nazifizierung und Militarisierung. Die Akademie im "Dritten Reich" // Ibid. S. 87–120.

[263] *Hoffmann D.* Das Verhältnis der Akademie zu Republik und Diktatur // Ibid. S. 53–85.

Biologie
im Leben der Gegenwart

Von

Dr. Ernst Lehmann

Professor der Botanik
Tübingen

J. F. Lehmanns Verlag / München

67. Обложка книги Э. Лемана «Биология в современной жизни». Мюнхен, 1933

Charlotte Köhn-Behrens

Was ist Rasse?

Gespräche mit den größten deutschen Forschern der Gegenwart

F E N 19 34

Verlag Frz. Eher Nachf., G. m. b. H., München

68. Обложка книги Ш. Кён-Беренс «Что такое раса». Беседы с крупнейшими современными немецкими учеными. Мюнхен, 1934

Gesetz zur Verhütung erbkranken Nachwuchses

vom 14. Juli 1933

mit Auszug aus dem Gesetz gegen gefährliche Gewohnheitsverbrecher und über Maßregeln der Sicherung und Besserung vom 24. Nov. 1933

Bearbeitet und erläutert von

Dr. med. Arthur Gütt
Ministerialdirektor
im Reichsministerium des Innern

Dr. med. Ernst Rüdin
o. ö. Professor für Psychiatrie an der Universität und Direktor des Kaiser Wilhelm-Instituts für Genealogie und Demographie der Deutschen Forschungsanstalt für Psychiatrie in München

Dr. jur. Falk Ruttke
Geschäftsführer des Reichsausschusses für Volksgesundheitsdienst
beim Reichsministerium des Innern

Mit Beiträgen:

Die Eingriffe zur Unfruchtbarmachung des Mannes und zur Entmannung
von Geheimrat Prof. Dr. med. **Erich Lexer**, München

Die Eingriffe zur Unfruchtbarmachung der Frau
von Geheimrat Prof. Dr. med. **Albert Döderlein**, München

Mit 15 zum Teil farbigen Abbildungen

J. F. Lehmanns Verlag / München 1934

69. Закон о предотвращении размножения носителей наследственных заболеваний, принятого 14 июля 1933 г. с официальными комментариями А. Гютта, Ф. Рутке и Э. Рюдина

70. А. Гитлер и А. Фёглер

71. Й. Менгеле

Rasse und Heimat der Indogermanen

Von

Otto Reche

Professor der Rassen- und Völkerkunde
an der Universität Leipzig

Mit 113 Abbildungen und 5 Karten

J. F. Lehmanns Verlag / München 1936

72. Обложка книги О. Рейхе «Раса и родина индогерманцев». Мюнхен, 1936

Entstehung der Menschenrassen

Von

Dr. Hans Weinert

o. Professor für Anthropologie
Direktor des anthropol. Instituts der Universität Kiel

Mit 184 Einzelabbildungen und 7 Rassenkarten

1·9·3·8

Ferdinand Enke Verlag Stuttgart

73. Обложка книги Г. Вайнера «Возникновение рас человека». Штутгарт, 1938

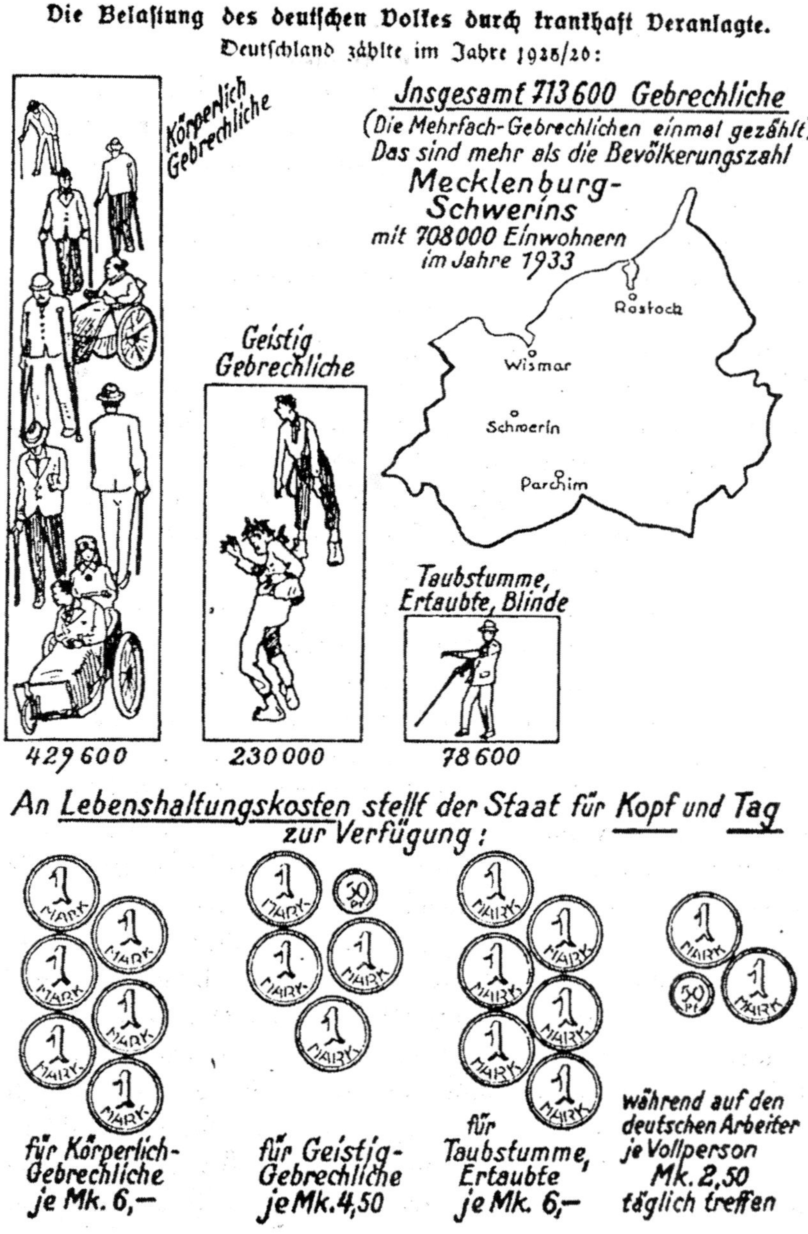

74. Груз немецкого народа из-за наследственно больных и падения рождаемости

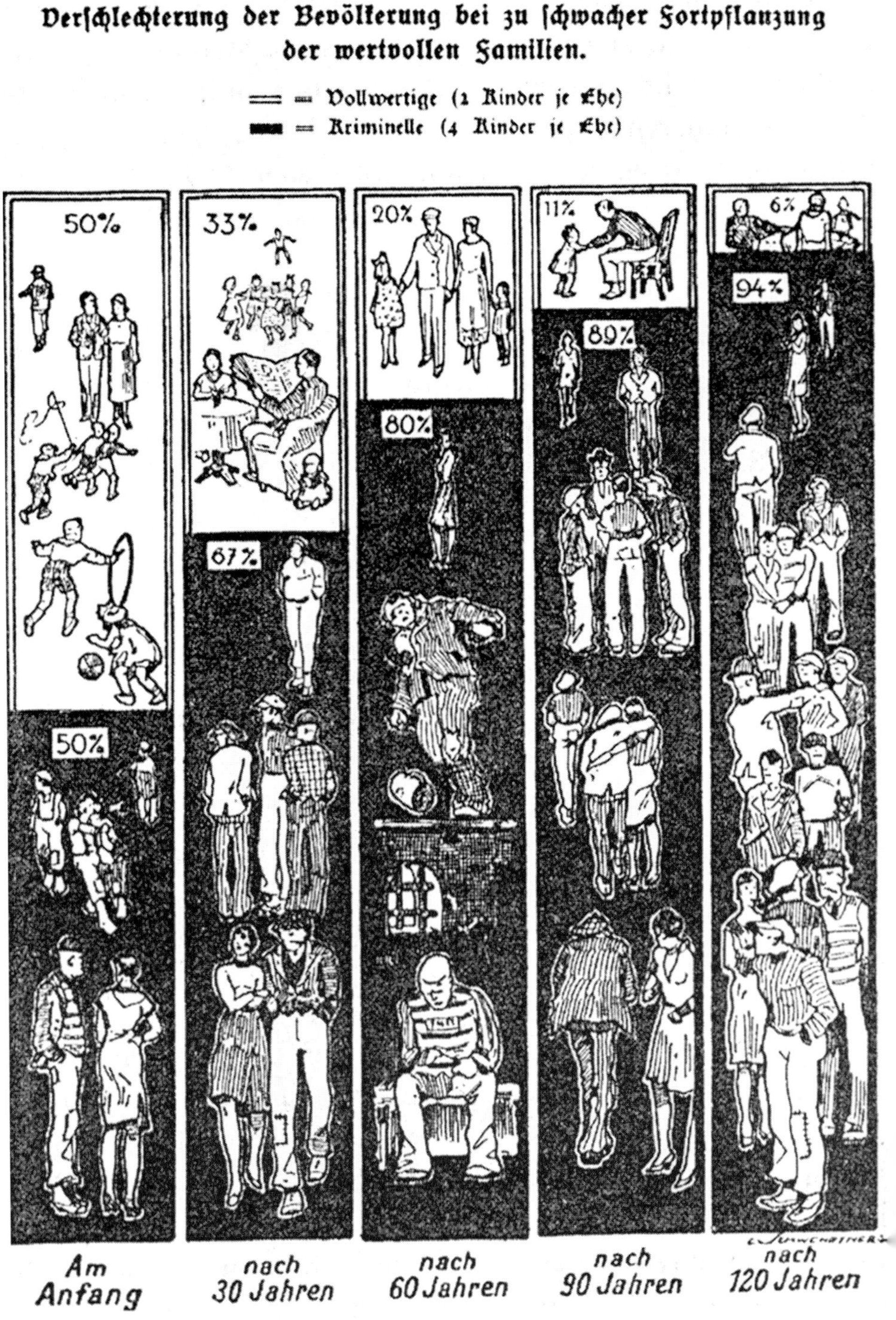

75. Деградация населения Германии из-за падения рождаемости в генетически ценных семьях

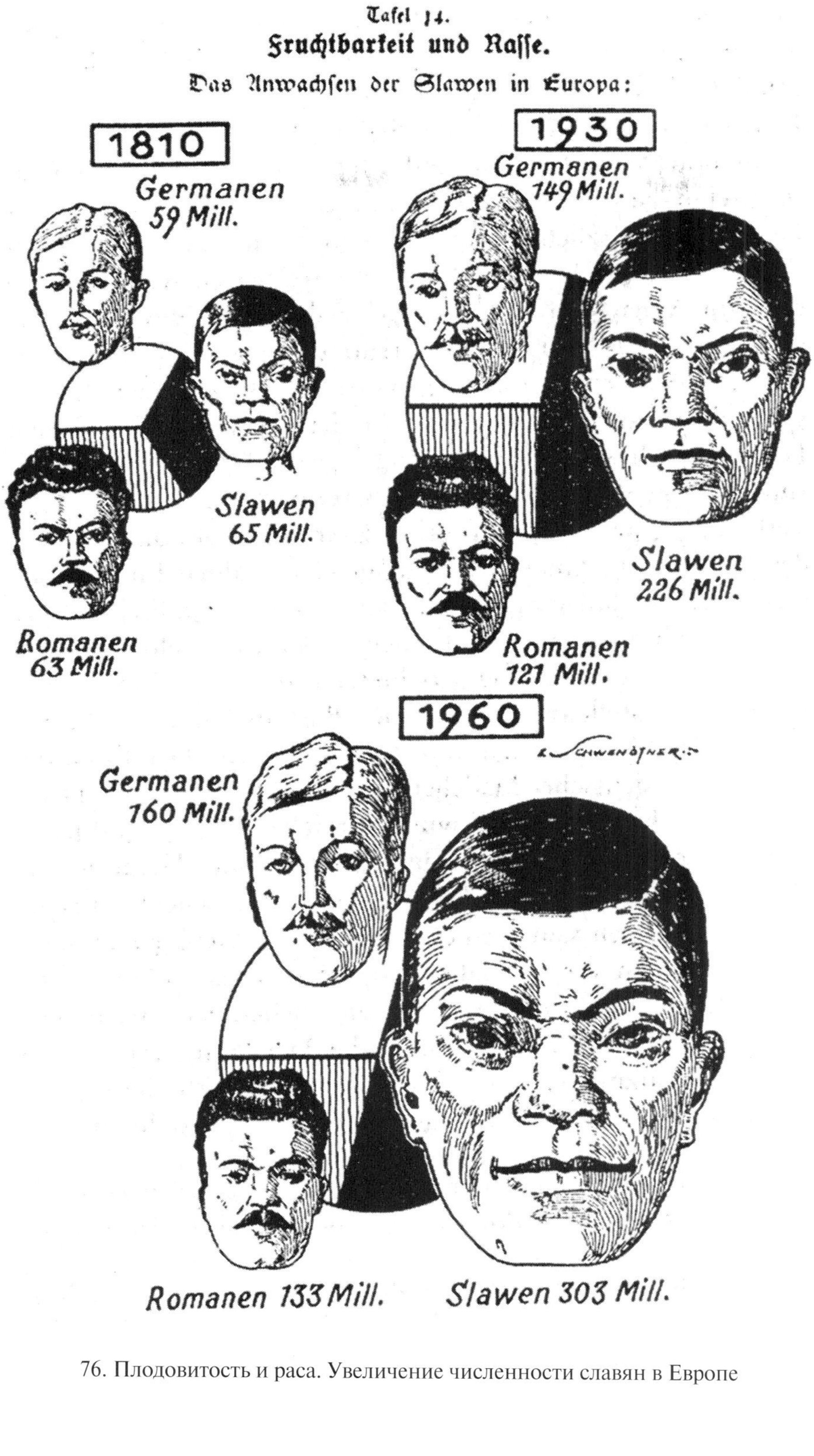

76. Плодовитость и раса. Увеличение численности славян в Европе

77. Плакат, призывавший немцев к самоотверженному труду, со словами И.В. Гёте «Не важно, что я живу, важно, что я работаю»

78. Плакат на передовой немецких войск с надписью «Русский должен умереть, для этого мы живем»

79. Рисунок К. Лоренца 1939 г., на котором он изобразил деградирующее воздействие доместикации на гусей, уток, собак, рыб и свиней, а цивилизации — на человека. Характерно, что человек, незатронутый цивилизацией, похож на А. Гитлера

Die Evolution der Organismen

Ergebnisse und Probleme der Abstammungslehre

Bearbeitet von

H. Bauer-Berlin, H. Dingler-München, V. Franz-Jena, W. Gieseler-Tübingen, G. Heberer-Jena, W. Herre-Halle, C. v. Krogh-München, K. Lorenz-Königsberg, W. Ludwig-Halle, K. Mägdefrau-Straßburg, O. Reche-Leipzig, B. Rensch-Münster, L. Rüger-Jena, F. Schwanitz-Müncheberg-Rosenhof, N. W. Timoféeff-Ressovsky-Berlin, J. Weigelt-Halle, H. Weinert-Kiel, W. Zimmermann-Tübingen, W. Zündorf-Jena

Herausgegeben von

Gerhard Heberer

Jena

Mit 221 Abbildungen im Text

Jena
Verlag von Gustav Fischer
1943

80. Обложка книги «Эволюция организмов». Йена, 1943

81. В. Циммерман

82. Б. Ренш

83. Г. Геберер

84. Н.В. Тимофеев-Ресовский

Сначала их не тронули, возможно, потому, что наука в целом и Академия в частности не были главными в списке институтов, которые национал-социализм хотел трансформировать. В конечном счете, продолжавшееся присутствие академиков-евреев сделало Академию мишенью для национал-социалистических атак. В 1936 г., после того как РМВЕФБ приступило к реорганизации различных немецких академий наук, Прусская Академия изменила свой статус, заменив слово «избираемый» на «назначаемый». Хотя с этого времени Академия, как казалось на первый взгляд, продолжала функционировать независимо, фактически же она могла теперь только выполнять рекомендации Министерства. С осени 1938 г. РМВЕФБ потребовало еще больше изменить статус Академии, ввести принцип фюрерства вместе с должностью назначаемого президента; увеличить число академиков, чтобы сильнее ослабить влияние прежних членов; предоставить право быть академиками только «арийцам»; и, наконец, исключить евреев, которые ещё оставались в Академии. Большинство членов академии приняло изменения неохотно, но без возражений. В ее состав были избраны лидеры расовой гигиены О. Фишер (1937) и О.Ф. фон Фершуер (1943). Кроме них, академиками стали ботаник Ф. фон Веттштейн (1935) и зоолог А. Кюн (1935), которые в своих трудах также затрагивали расово-генетические проблемы[264]. Планк безуспешно старался противодействовать сперва избранию нациста Т. Валена в Академию, потом его избранию президентом Академии и заключительной чистке Академии от последних «неарийцев», однако эти выступления не смогли изменить планы национал-социалистов.

Выборы в Академию в 1939 г. уже шли с учетом не только научной квалификации претендентов, но и их политических взглядов. Академия могла сохранить незначительную свободу в условиях «аризации», «нацификации» и «милитаризации» только до этих выборов, когда её руководство перешло в руки академиков — национал-социалистов, которые, со своей стороны, пытались как-то утвердиться между министерствами и партийными организациями во все возрастающем хаосе политической системы Третьего рейха.

Массовые чистки провели среди врачей. В 1933 г. юдофобы объединились в Национал-социалистический немецкий союз врачей (Nationalsozialistische Deutsche Ärztenbund — НСДАБ), который возглавил Г. Вагнер, а после его смерти — Л. Конти[265]. Уже к началу 1934 г. 2 600 врачей-евреев уволили из государственных медицинских учреждений, что понизило их процент с 16 % до 11 %. Освободившиеся места быстро заняли юные арийские доктора. Оставшихся всяческими способами принуждали к эмиграции. Через три года у всех врачей-евреев отобрали лицензии на занятие врачебной деятельностью, лишь немногим дали возможность служить в армии[266]. В сентябре 1939 г. все евреи-врачи были депортированы в гетто и концлагеря, где после попыток продолжить врачебную практику они были умерщвлены. Из-за недостоверности статистики Холокоста точная цифра умерщвленных врачей неизвестна. Предполагают, что от 4 500 до 6 000 врачей выслали из Германии, отобрав их имущество, 2/3 из них были неарийцы; 5 %, или

---

[264] *Weingart P.* Wie widerstandsfähig war Akademie? // Ibid. S.197–206.

[265] *Lilienthal G.* Der Nationalsozialistische Ärztebund (1929–1943/1945) // Ärzte im Nationalsozialismus / Hg. F. Kudlien. Köln, 1985; *Kater M.* Probleme der Ärzte im Dritten Reich: Der Antisemitismus gegen die judischen Kollegen // Medizin und Gewissen. 50 Jahre nach dem Nürnberger Ärzteprozess — Kongressdokumentation / Hg. S. Kolb, H. Seithe. Frankfurt am Main, 1998. S. 68–76.

[266] *Kater M.* Doctors under Hitler. Chapell Hill; London, 1989. P. 192–205.

несколько сот врачей, покончили жизнь самоубийством, и приблизительно 2 000 врачей стали жертвами Холокоста[267]. Так шла трансформация «немецкого “Красного Креста” в нацистскую “Коричневую Свастику”»[268].

В целом, примерно 10 % биологов, уволенных и эмигрировавших из гитлеровской Германии — не так уж много по сравнению с другими отраслями естественных и точных наук. Не было ни одного университета, потерявшего всех своих профессоров по ботанике и зоологии, хотя среди последних пострадавших было больше, в то время как, например, в Гёттингене все профессора математики вынуждены были эмигрировать. Если сравнить потери с российским дореволюционным научным сообществом, то после Октябрьской революции из дореволюционной профессуры за границей оказалось примерно 25 % профессоров в области биологии и медицины, и примерно столько же погибло во время гражданской войны или сталинских репрессий из дореволюционного профессорского корпуса[269].

Во времена Третьего рейха предприняли несколько попыток централизованно управлять научными исследованиями, координируя и контролируя их. Эти попытки соответствовали общей тенденции к централизации в национал-социалистическом государстве, в отличие от тенденции к децентрализации в Веймарской республике и Германской империи. Их наивысшим достижением было создание Имперского научно-исследовательского совета (РФР, Reichsforschungsrat — RFR) — нового и вследствие этого подлинно национал-социалистического института. Он был основан в 1937 г. и пользовался наибольшим влиянием во время Второй мировой войны. РФР часто оценивают как неэффективную организацию, деятельность которой не соответствовала поставленным целям. Тем не менее, Совет демонстрировал радикальные изменения традиционной немецкой научной политики и добился значительной централизации и координации исследований. Его провал был обусловлен скорее общей хаотической и поликратической структурой Третьего рейха с его многими конкурировавшими и мешавшими друг другу центрами власти, включая Вермахт, правительственную бюрократию, НСДАП, СС, СД и т. д.

РФР был создан в контексте Четырехлетнего плана реорганизации экономики Германии для перехода на массовый выпуск военной продукции, о котором Г. Геринг доложил в сентябре 1936 г. на съезде НСДАП. Назначенный его главой Г. Геринг создал мощный концерн «Рейхсверке Герман Геринг» по добыче и переработке руды, угля и древесины, работавший в тесном сотрудничестве с высшими чиновниками из ИГ-Фарбен[270]. Задача РФР заключалась в том, чтобы более эффективно координировать все научные и технологические исследования, как государственные, так и частные, и тем самым способствовать их включению в мероприятия по перевооружению. Ведущие ученые, назначенные главой Совета, должны были отвечать за различные области исследований, решая, какие исследования следует поддержать. Заявки на гранты по биологии и палеонтологии посылали руководителям четырех отделов: сельскохозяйственных наук и общей биологии — К. Мейеру;

---

[267] *Kater M.* Doctors under Hitler; *Kater M.* Foreword // Cleansing the Fatherland. Nazi Medicine and Racial Hygiene / Ed. G. Aly, P. Chroust, Ch. Pross. Baltimore; London, 1994. P. XII–XIII.

[268] *Seithe H.* Vom roten Kreuz zum braunen Kreuz. Zur Transformationen des Deutschen Roten Kreuzes im Nationalsozialismus // Medizin und Gewissen. S. 86.

[269] Подсчет произведен по биографическому словарю: *Волков В.А., Куликова М.В.* Российская профессура XVIII — начало XX в. Биологические и медико-биологические науки. СПб., 2003.

[270] *Hayes P.* Industry and Ideology. IG Farben in the Nazi Era. New York, 1987. P. 163–212.

медицины — Ф. Зауербруху, политической демографии, генетики и расовой безопасности — К. Бломе, геологии, минералогии, геофизики — К. Бойрлену[271]. Фактически же руководители отделов и эксперты Совета редко могли осуществлять подобный контроль и вместо этого должны были удовлетворяться распределением финансов, материалов и задач между различными проектами и исследователями.

Совет не имел собственной администрации и фактически оставался частью Немецкого научно-исследовательского общества (ДФГ), так с 1937 г. называлось Немецкое общество сохранения и содействия немецкой науке, которое распределяло гранты по естественным наукам. На развитие биологии особое влияние оказывал К. Мейер (К. Мейер-Хетлинг)[272], убежденный национал-социалист, вступивший в НСДАП в первых рядах, оберфюрер СС. Он возглавлял Ассоциацию сельскохозяйственных наук, кафедру земледелия и сельскохозяйственной политики Берлинского университета. В 1934–1937 гг. Мейер был вице-президентом ДФГ, а с 1937 г. — РФР, членом Прусской Академии наук. Он возглавлял Отдел планирования Комитета по благосостоянию немецкого народа при рейхсфюрере СС Гиммлере, тесно сотрудничал также с министрами РМЕЛ Р.В.О. Дарре́ и РМВЕФБ Б. Рустом, распоряжался большими средствами. Объединив в своих руках такое количество ключевых постов, Мейер оказался одним из главных руководителей науки в Германии, особенно ее биологических, медицинских и сельскохозяйственных отраслей. Вице-президентом фонда был другой сотрудник РМБЕФБ В. Янсен, профессор медицины, директор Института гидротерапии Берлинского университета. Раньше фонд принимал решение о финансировании на основе отзыва двух анонимных экспертов. С 1937 г. система анонимных рецензий была ликвидирована и решение о выделении грантов принимал единолично назначенный эксперт, и их давали только на проекты, признанные важными для государства и связанные с оборонными исследованиями. Приоритет до начала войны отдавали сельскохозяйственным наукам, биологии и медицине, на которые в 1937 г. были выделено 741 тыс. из 2 278 тыс. марок, 270 грантов из 469[273]. В ДФГ приоритет также отдавали этим наукам, но доля их в общем финансировании была несколько ниже. В том же году на работы в этой области было выделено 3 400 тыс. из 8 350 тыс. марок[274]. Часть проектов, имевших общебиологическое значение, проходили также по отделам химии и наук о Земле. Особое внимание уделяло ДФГ поддержке исследований по расовой биологии, как имевших огромное военное и оборонное значение[275].

РФР страдал от отсутствия политической поддержки, потому что должен был конкурировать с уже утвердившимися учреждениями, которые сопротивлялись попыткам ограничить их влияние и автономию. Первый президент РФР, генерал

---

[271] *Zierold K.* Forschungsförderung in drei Epochen. 1968. S. 220–221.

[272] *Rössler M., Schleiemacher S.* Der “Generalplan Ost” und die “Modernität” der Großraumordnung. Eine Einfuhrung // Der “Generalplan Ost”. S. 7–11; *Rössler M.* Konrad Meyer und der “Generalplan Ost” in der Beurteilung der Nürnberger Prozesse // Ibid. S. 356–365; Dok. 11. Urteil des Internationalen Militärgerichtshofes in Nürnberg gegen Konrad Meyer-Hetling vom 10. März 1948 // Ibid. S. 366–367; *Ruckl S., Noack K.-H.* Agrarökonomen der Berliner Universität 1933–1945 // Die Berliner Universität in der NS-Zeit. Bd. II. Fachbereiche und Fakultäten. Berlin, 2005. S. 84–87.

[273] *Zierold K.* Forschungsförderung in drei Epochen. S. 230.

[274] Ibid. S. 233.

[275] *Klee E.* Auschwitz, die NS-Medizin und ihre Opfer. S. 61–93.

К.Е. Беккер имел много других служебных обязанностей, более насущных, чем дела Совета. Он преподавал военную технологию, физику и баллистику, был деканом вновь созданного военно-технологического факультета в Берлинском техническом университете. В 1938 г. Беккер возглавил еще и управление по вооружению. Главный орган РФР собирался примерно один раз в год. На первом заседании, состоявшемся 25 мая 1937 г. в РМВЕФБ, присутствовали Гитлер и Геринг, которые, правда, не выступали. После докладов Руста и Беккера Гитлеру были представлены все руководители секторов РФР, но он никому не подал руки. По воспоминаниям П.А. Тиссена, если бы Гитлер общался со звездами кино, а не с учеными, он вряд ли был бы так сдержан. Это был единственное посещение Гитлером РМВЕФБ, о деятельности руководителя которого он неизменно отзывался отрицательно[276].

Во время Второй мировой войны немецкая наука не была полностью мобилизована в военных целях, но ученые, которые хотели получить значительное финансирование, в большинстве случаев вынуждены были посвятить себя прикладным исследованиям на пользу армии. И молодые исследователи охотно включались в такие проекты, чтобы избежать призыва в армию. Осенью 1939 г. РМВЕФБ воспользовалось начинавшейся войной для установления полного контроля над ДФГ и РФР, в результате чего последний перестал относиться к «Четырехлетнему плану» Геринга и лишился его поддержки. С момента основания и до начала Второй мировой войны РФР постоянно сокращали финансирование. После самоубийства Беккера в 1940 г. Б. Руст взял на себя руководство РФР, сделав его тем самым практически ненужным.

9 июня 1942 г. Гитлер издал указ о назначении рейхсмаршала Г. Геринга президентом РФР, которое отныне должно было контролировать и финансировать только работы, имевшие оборонное значение[277]. Его заместителями были назначены Б. Руст и А. Шпеер. Фактически предписывалось создать Совет, который должен был поглотить предшествующий. Был сформирован Президиум РФР, в состав которого вошла вся правящая элита в науке Третьего рейха (М. Борман, К. Брандт, Г. Гиммлер, Л. Конти, В. Кейтель, Р. Менцель, А. Розенберг, Л. Шустер, А. Фёглер и др.)[278]. Однако никто из них не появлялся в РФР, так как всем были назначены представители, а реальную работу вели прежние руководители отделов по отраслям науки. Только в 1944 г. выделили в качестве самостоятельного Отдел биологии во главе с профессором из Страсбурга, зоологом Г. Вебером. Новый совет, по-прежнему, получал финансирование от ДФГ, которое, в свою очередь, находилось под контролем Руста. Несмотря на то, что Геринг был теперь формально главой РФР, он последовательно изымал значимые исследовательские проекты по военно-воздушным силам из его юрисдикции, сводя на нет все попытки как-то централизовать научно-исследовательскую работу. А. Шпеер, проводя централизацию военной экономики, попытался все-таки реорганизовать РФР. Перед профессором В. Озенбергом поставили задачу создать в РФР отдел планирования, чтобы координировать научные и технологические исследования для нужд фронта. Но и его усилия были обречены на неудачу, так как РФР был не способен взять под контроль исследования в таких влиятельных учреждениях, как КВГ, АЭ, а тем более в учреждениях, подчиненных командованию вооруженных сил, военно-морского флота и военной авиации (die Wehrmacht, die Marine, di

---

[276] *Zierold K.* Forschungsförderung in drei Epochen. S. 223–224.

[277] Ibid. S. 237–238.

[278] Ibid. S. 142–143.

Luftwaffe). РФР мог дать лишь классификацию приоритетов для их финансирования с точки зрения РМРКП. Поскольку классификация приоритетов, выделение денег на исследования и освобождение от военной службы могли быть обоснованы только с точки зрения вклада в военные усилия, многие научные работы к этому времени в Германии сложно переплелись с военно-исследовательскими работами в немецкой промышленности и часто зависели от её поддержки[279].

Хотя РФР был продуктом национал-социалистического государства и был распущен после краха Третьего рейха, в нем было мало национал-социалистического. Фактически он походил на учреждения, которые столь успешно проводили научную политику в США и Советском Союзе, в странах — победительницах во Второй мировой войне. Однако там ученым, назначенным государством, была дана обширная власть над академическим сообществом и промышленностью с целью централизовать и координировать научные достижения государства. Это подтверждает, что появление данного типа учреждения в Германии было обусловлено не столько национал-социалистической идеологией, сколько международными тенденциями в развитии науки, техники и вооружения, в частности, общепринятой идеей о всеобъемлющем центральном планировании и координации. Этот пример также показывает, что не идеология, а технократия больше определяла научную политику внутри национал-социалистической системы.

Особое место во взаимоотношениях власти и ученых заняли проблемы удовлетворения притязаний старых членов НСДАП на лидерство в той или иной отрасли знания. Классическим примером здесь служит судьба лауреата Нобелевской премии Й. Штарка, которая представлялась блестящей на старте Третьего рейха[280]. В благодарность за раннюю и эффективную поддержку Гитлера он был вознагражден должностями президента в Немецком обществе поддержки и содействия научным исследованиям (1934–1936)[281] и в ФТР (1933–1939), возглавляя одновременно фонд, через который шла наибольшая доля правительственного финансирования науки, и один из лучше всего оборудованных исследовательских центров по физике[282]. Именно с его назначения в 1934 г. президентом начался процесс «унификации» (Gleichgeschaltung) главного научного фонда Германии[283]. Вопреки своим риторическим заявлениям, Штарк не преобразовал ни то, ни другое подведомственное ему учреждение. Он даже не проводил чистку этих учреждений, поскольку ушедшая в отставку администрация уже выполнила закон о государственной гражданской службе и уволила всех еврейских сотрудников. Штарк реализовал в этих учреждениях национал-социалистический принцип лидера, в соответствии с которым каждый занимал место в строгой иерархии, где от

---

[279] *Mertens L.* Die Notgemeinschaft der deutschen Wissenschaft / Deutsche Forschungsgemeinschaft im Dritten Reich // Die Rolle der Geisteswissenschaften im Dritten Reich 1933–1945 / Hg. F.-R. Hausmann. Oldenbourg, 2002. S. 21–38.

[280] *Walker M.* Nazi Science P. 5–63.

[281] Й. Штарк был назначен руководителем фонда 23 июня 1934 г., т. е. ровно за неделю до «ночи длинных ножей», когда Гитлер уничтожил всех своих реальных и мнимых противников в НСДАП и СА. При голосовании его кандидатуры на пост президента он прошел только за счет голосов ректоров, прямо подчинявшихся Русту. Представители КВГ и академий не поддержали Штарка.

[282] Во главе ФТР Штарк был назначен вопреки воле подавляющего большинства ведущих немецких физиков.

[283] *Zierold K.* Forschungsförderung in drei Epochen. S. 173–212.

него ожидали, что он будет безоговорочно повиноваться стоящему выше его, но он, в свою очередью, должен был ожидать то же самое от тех, кто находился ниже его[284]. Эта политика соответствовала авторитарной натуре самого Штарка. Он старался отслеживать, чтобы гранты не получали евреи или сторонники еврейской науки[285]. Но он не очень жаждал подчиняться вышестоящим начальникам.

Подобно другим ведущим национал-социалистам в различных сферах, Штарк намеревался создать свою собственную империю и открыто говорил о своем превращении в «диктатора физики». Практически это означало, что он стремился установить контроль над публикациями по физике и назначениями физиков в университетах, что встретило открытое сопротивление со стороны физического сообщества (В. Гейзенберга, О. Гана, М. фон Лауэ и др.). Он часто выступал против теоретической физики и соответственно подчеркивал значение прикладных тем для техники, промышленности, оборонной индустрии и автаркии страны. Естествоиспытатель, по мнению Штарка, прежде всего должен выполнять долг перед нацией, поэтому лидирующие позиции в науке Третьего рейха должны занимать только национально сознательные, чистокровные немецкие ученые[286]. Способность к объективным наблюдениям явлений природы, согласно Штарку, была свойственна только нордической расовой душе, в итоге вся наука в основном создана людьми с нордически-германской кровью. Еврейских естествоиспытателей Штарк изображал как эгоцентриков и прирожденных адвокатов, смешивавших постоянно факты и измышления. Кроме того, они были якобы заинтересованы не в истине, а только в том, чтобы преподнести себя в выгодном свете и заработать на этом, подменяя способности к истинно творческой работе «догматическим усердием» и пропагандистской трескотней. Чем меньше они работают в лаборатории, тем больше выступают с публичными лекциями, печатают статьи в прессе и путешествуют по свету. Из этих пассажей видно, что и на вершине власти Штарка сжигала ненависть и зависть к всемирно знаменитому Эйнштейну.

Начиная с 1936 г. Штарку и его союзникам помимо научного сообщества стали препятствовать другие, более влиятельные силы внутри национал-социалистического движения[287]. Крупной ошибкой Штарка и его вице-президента Э. Вильдхагена был выбор А. Розенберга почетным президентом Фонда. Но Розенберг, хотя и был назначен Гитлером ответственным за воспитание целостного мировоззрения у НСДАП, в политическом отношении был слабой фигурой. Предпочтение, отданное Штарком Розенбергу, было недружественным актом по отношению к Гиммлеру[288]. Он явно переоценивал значение своих личных отношений с

---

[284] *Mertens L.* Das Führerprinzip in der Forschungsförderung. Der politische Einfluss auf die Notgemeinschaft der deutschen Wissenschaft / Deutsche Forschungsgemeinschaft im Dritten Reich. 1933–1937 // Politischer Systemumbruch als irreversibler Faktor von Modernisierung in der Wissenschaft? / Hg. L. Mertens. 2001. S. 33–72.

[285] Фактически Фондом правил один из вице-президентов Э. Вильдхаген, назначенный рейхскомиссаром Фонда еще в 1929 г. социал-демократическим правительством. В 1934 г. Вильдхаген вступил в НСДАП и СА. Штарк же был поглощен руководством в ФТР, в Фонде его интересовали в основном гранты по физике и химии. В свою очередь, Мейер и Янсен хотели самостоятельно распоряжаться грантами по биологии, сельскому хозяйству и медицине, что было источником постоянных конфликтов в руководстве Фондом.

[286] *Stark J.* Nationalsozialismus und Wissenschaft. München, 1934.

[287] *Beyerchen A.* Scientists under Hitler. P. 115–122.

[288] *Zierold K.* Forschungsförderung in drei Epochen. S. 182.

Гитлером и чувствовал себя независимым ни от Министерства, ни от СС. Однако усилия Штарка, направленные, в частности, на «вторую революцию» в германской физике, которая вышла бы за рамки первоначальной чистки государственной гражданской службы, наталкивались на противодействие чиновников в РМВЕФБ и СС. Штарк быстро приобрел могучих врагов среди национал-социалистической элиты, так как он не только нарушал принятую систему ценностей в области науки, но и наносил ущерб имиджу немецкой науки за рубежом. В итоге амбициозный Штарк поссорился с рейхсминистром Б. Рустом, который решил заменить его на малоизвестного химика, но известного и верного партийного функционера Р. Менцеля[289]. Штарком были недовольные и влиятельные лица в СС, так как он, прекратив финансировать те исследования, которые обозначал термином «еврейская наука», в то же самое время не поддерживал и исследования «Наследия предков» СС (АЭ), считая их ненаучными. Эта принципиальная позиция привела к тому, что Штарка уже в 1936 г. вынудили отказаться от руководства фондом. Менцель на посту президента Немецкого исследовательского общества — ДФГ (так фонд назывался с 1937 г.) учел ошибки своего предшественника и щедро финансировал исследования АЭ. 8 июня 1937 г. он освободил К. Мейера и В. Янсена от обязанностей вице-президентов. Его главными советниками в ДФГ стали физик Э. Шуман и химик П.А. Тиссен, Розенберг перестал быть почетным президентом[290]. Благодаря правильно построенной стратегии в отношениях с руководством РМВЕФБ Менцелю удалось увеличить бюджет ДФГ в предвоенные годы в 4, 5 раза (с 2 до 9 млн. марок)[291]. Это была почти половина суммы, выделенной на научные исследования по Четырехлетнему плану. В целом политика Менцеля в Фонде отличалась от деятельности предшественника только в том, что приоритет стал отдаваться исследованиям, признанным значимыми для национал-социалистического государства. Более чем две трети из них выделялись на биологию, сельское хозяйство и медицину[292].

Штарк, лишившись поста президента ДФГ, фактически утратил контроль над бюджетом и в ФТР, сильно страдал от того, что потерял в партийных кругах облик бескорыстного искателя истины. Три года спустя, в 1939 г., его уволили из ФТР. Чувствуя себя затравленным и отвергнутым как своими научными, так и национал-социалистическими коллегами, и понимая, что власть ускользает из рук, Штарк вложил много энергии и агрессии в борьбу за «арийскую физику»[293]. Вероятно, самая известная победа в истории арийской физики, так называемое «замещение А. Зоммерфельда», знаменует пик её влияния. Штарк нападал на профессора Лейпцигского университета, лауреата Нобелевской премии по физике В. Гейзенберга в статьях в национал-социалистической газете «Народный обозреватель» (Völkische Beobachter) и в еженедельнике СС «Черный корпус», называя его «белым евреем», «евреем по духу» и стремясь помешать ему стать преемником А. Зоммерфельда на кафедре теоретической физики в Мюнхенском университете. После короткой схватки он победил, и Гейзенберг остался в Лейпциге, что было не так уж плохо для него[294]. К тому же вскоре выяснилось, что

[289] *Rasch M.* Beitrag über Rudolf Menzel in der NDB. Berlin, 1994.
[290] *Zierold K.* Forschungsförderung in drei Epochen. S. 224.
[291] Ibid. S. 225.
[292] Ibid. S. 230.
[293] *Walker M.* Nazi Science. P. 41–64.
[294] Werner Heisenberg in Leipzig: 1927–1942 / Hg. Cr. Klein, G. Wiemars. Berlin, 1993.

Штарк выиграл лишь первое сражение, но в итоге проиграл всю войну с лидером оставшихся в Германии приверженцев «еврейской физики».

Своими атаками на Гейзенберга и современную физику Штарк дал повод рейхсфюреру СС под видом проверки политических убеждений Гейзенберга окончательно свести счёты с амбициозным лидером «арийской физики»[295]. В результате ее Гиммлер не только лично реабилитировал Гейзенберга, но вскоре ему предложили более престижные должности, чем профессор Мюнхенского университета. В 1941 г. он стал директором Института физики КВГ и профессором Берлинского университета. Однако за это надо было платить, и впредь Гейзенберг осознавал разницу между поддержкой научной теории и поддержкой ученого, создавшего её. Используя теорию относительности и квантовую механику, он должен был критиковать Эйнштейна или, в крайнем случае, игнорировать его. Решение Гейзенберга и его коллег работать внутри системы национал-социализма означало их неизбежное сотрудничество с ней[296]. Поскольку национал-социалистическое государство дало ученым-физикам то, что они хотели, они должны были служить ему. Штарку же было отказано даже в демонстративных актах внимания. Когда в 1941 г. он опубликовал свою последнюю брошюру «Еврейская и немецкая физика», на нее никто не обратил внимание. Его авторитет в научном сообществе был окончательно подорван. После войны Штарк предстал перед Баварским судом и был приговорен к четырем годам работ в лагере. Позднее, однако, приговор был отменен.

Неудача Штарка типична для судеб движения за арийскую науку. Ирония заключалась в том, что не движение за арийскую физику сделало её нацистской, скорее борьба научного сообщества с Ф. Э.А. фон Ленардом и Й. Штарком и их последующее сотрудничество с режимом привели к этому. Сходным образом война, перевооружение и возможности, которые они представляли ученым, превращали промышленную физику Германии в нацистскую. Ведь ранее работа физиков, математиков и психологов не казалась национал-социалистическому руководству очень значимой, чего нельзя сказать о химии, технике и биологии. Химии также пришлось столкнуться с движением за «арийскую науку», которое поддержали немногие химики-теоретики (К. Вейганд, К.-Л. Вольф, Г. Хармс) и которое не могло составить конкуренции очевидной экономической и военной значимости современной («еврейской», т.е. хаберовской) химии, столь ясно продемонстрированной уже в Первой мировой войне[297].

В конечном счете, национал-социалистическое государство решительно положило конец всем движениям за арийскую науку. Сроки и жесткость этих мер варьировали, потому что в промежутке традиционные научные сообщества, иногда ценой значительных усилий, демонстрировали свое желание и способность содействовать в дальнейшем целям национал-социализма. Приверженцев арийской науки не постигла судьба Э. Рёма и руководства СА, но их профессиональное и особенно политическое влияние постепенно сошло на нет.

Национал-социализм пытался использовать ученых в пропагандистских целях. Для создания положительного имиджа нацистской научной политики использовали крупных ученых. После публичной реабилитации Гейзенберг стал желанным

---

[295] *Beyerchen A.* Scientists under Hitler: P. 156–164.

[296] *Powers T.* Heisenbergs Krieg. Die Geheimgeschichte der deutschen Atombombe. Hamburg, 1993.

[297] *Beckstedt M.* Gestalthafte Atomlehre. Zur “Deutschen Chemie” im NS-Staat // Naturwissenschaft, Technik und NS-Ideologie: Beiträge zur Wissenschaftsgeschichte des Dritten Reichs. P. 142–165.

лектором как в самой Германии, так и за рубежом[298]. Его лекции были аполитичны, он никогда не поддерживал открыто национал-социализм, но как Нобелевский лауреат и знаменитый ученый был удачным посланцем немецкой культуры, демонстрируя расцвет науки и культуры в Третьем рейхе. По мере развития военных действий власти оказывали все меньше и меньше сопротивления поездкам Гейзенберга, используя его в качестве инструмента культурной пропаганды. Не нацист, он тем не менее старался убедить своих коллег в оккупированных странах, что победа Германии во Второй мировой войне будет «наименьшим злом». Очевидно, что Гейзенберг распространял нацистскую пропаганду невольно, а может быть, даже неосознанно. Однако столь же очевидно, что соответствующие национал-социалистические чиновники использовали его в пропагандистских целях, что его деятельность была эффективной в этом отношении, и что его иностранные коллеги имели основание считать его агентом влияния нацизма.

Национал-социализм — «прикладная биология»

С точки зрения перспективности национал-социалисты разделяли науку и технику на две категории: 1) дисциплины, явно полезные для Третьего рейха в идеологическом и практическом смысле (биология, химия, география и техника); 2) остальные дисциплины, такие как математика, физика, физиология, которые должны были еще доказать свою полезность для «новой» Германии[299]. Не случайно, что во всех последних дисциплинах, в отличие от первых, было активное движение «за арийскую науку» или нечто равносильное, что изменило бы существующую в них профессиональную иерархию. «Полезные» дисциплины нужно было только очистить от индивидов, ненадежных политически и нежелательных в расовом отношении. Кажущиеся бесполезными дисциплины подверглись бы чистке в любом случае, но должны были еще и бороться за признание и поддержку со стороны государства, и в связи с этим были особенно уязвимы для политических нападок.

В моду вошел термин «политическая биология», а Ю.Ф. Леман инициировал издание серии книг на эту тему, редактором которой стал Г. Мюллер. В предисловии к книге известного статистика Ф. Бургдёрфера он писал, что национал-социалистическая политика может быть только биологической, т. е. руководствоваться «законами жизни», служить «борьбе за существование», «здоровью народа» и «чистоте расы»[300]. Биология при национал-социализме получала большую государственную поддержку и процветала. Эмиграция сказалась значительно меньше на ее развитии, чем на состоянии других наук. Более того, здесь постоянно увеличивалось государственное финансирование фундаментальных исследований. Нет ни одного случая поддержки от ДФГ бессмысленных или идеологически ориентированных проектов. Неуклонно росло и число грантов, выделяемых в биологии именно на фундаментальные исследования. Динамику финансирования биологии в национал-социалистической Германии подробно исследовала У. Дайхман,

---

[298] *Walker M.* Nazi Science. P. 153–181.

[299] Из 69 млн., предусмотренных бюджетом для науки, более 2/3 предназначалось для медицины, сельскохозяйственных наук и биологии: *Brentjes B.* Wissenschaft unter dem NS-Regime und die Völker Osteuropas // Wissenschaft unter dem NS-Regime / Hg. B. Brentjes. Berlin; Bern, 1992. S. 30. Причем на все академии и фундаментальные исследования выделялось чуть более 5 млн.

[300] *Burgdörfer F.* Völker am Abgrund. München, 1936.

которая показала, что относительное количество средств, получаемых биологами КВГ с 1933 г. по 1944 г., по сравнению с биологами университета увеличилось с 10 % до 50 %, а в 1945 г. они достигли даже 80 %[301] . Правда, в этот последний год войны было выделено всего 9 грантов, что не дает возможности делать статистически обоснованные выводы. В целом, это отражает общую тенденцию направлять государственную поддержку преимущественно КВГ, а не университетам. Общий бюджет КВГ рос следующим образом: 5,7 млн. марок в 1932 г., 7,4 млн. марок в 1937, 10,9 млн. в 1940 г. и 14,4 млн. в 1944 г. Если в 1935 г. грант, данный биологам в КВГ, в среднем был в два раза выше, чем грант, полученный университетскими биологами, то в 1944 г. средняя разница составляла уже 2,9 раза. Кроме того, заявки из КВГ отклоняли в несколько раз реже, чем из университетов[302] . А после 1941 г. отказов вообще не было. Среди получателей грантов в период с 1937 по 1945 гг., когда уже были удалены все еврейские ученые, 56 % были полные профессора и 17 % — директора пяти институтов КВГ. В то же время сравнение индексов цитирования показывает, что биологам в КВГ надо было получить в среднем грантов в 3,3 раза больше, чтобы иметь такое же цитирование на статью, как в среднем профессору в университете.

Еще красноречивее говорят цифры, отражающие рост числа грантов по биологии и выделяемых средств. В период с 1933 по 1938 гг. число биологов, получивших гранты, увеличилось почти в 4 раза. Только разница между 1937 г. (101) и 1938 г. (135) составила 34 %. С началом войны число грантов уменьшилось до 80 в 1940 г. и 67 в 1944 г. Однако выделяемая сумма, при стабильности покупательной способности марки, увеличилась с 300 000 марок до 520 000[303] . Во всяком случае, упадок немецкой биологии после окончания войны можно объяснять чем угодно, но только не недостатком средств во время Третьего рейха[304] .

Третий рейх, используя лозунги типа «Национал-социализм — это прикладная биология»[305] , поощрял биологические и медицинские исследования, которые поддерживали проводимую нацистами расовую политику. Однако здесь не было столь мощного движения за арийскую биологию, как это было в физике. Э. Леман был одним из немногих, кто, приветствуя начало Третьего рейха, призывал к созданию «немецкой или арийской биологии», а для себя — соответствующего института[306] . Однако его заявление на вступление в НСДАП было отвергнуто и его профессорство в Тюбингенском университете было приостановлено в 1937 г., по официальной версии — из-за его прежнего членства в масонской ложе, но, скорее всего, из-за интриг конкурентов, также претендовавших на роль лидеров «немец-

---

[301] *Deichmann U.* Biologen unter Hitler. S. 63.

[302] *Albrecht H., Hermann A.* Die Kaiser-Wilhelm-Gesellschaft im Dritten Reich // Forschung im Spannungsfeld von Politik und Gesellschaft.1990. S. 377.

[303] *Deichmann U., Müller-Hill B.* Biological research at universities and Kaiser Wilhelm Institutes in Nazi Germany. P. 167.

[304] Ibid. P. 161.

[305] Эта характеристика национал-социализма была предложена в 1935 г. Г. Шеммом, одним из лидеров НСДАП, гауляйтером Баварского Остмарка, баварским государственным министром образования и культуры, редактором ряда нацистских газет и журналов: *Weinreich M.* Hitler's Professors: The Part of Scholarship in Germany's Crimes Against the Jewish People. London, New York; 1946. P. 34.

[306] *Deichmann U.* Biologen unter Hitler. S. 289–305.

кой биологии». Представления Лемана об арийской биологии, на которых мы подробнее остановимся ниже, были довольно туманны, если не считать непременных атак на «еврейскую науку». Однако биология отличалась от физики тем, что в ней не было единой отрасли или группы ученых, которых можно было обозначить как «евреев» или «евреев по духу». В связи с этим она не понесла столь большие потери, а возможно, поэтому нелегко найти биологов, которых можно было бы однозначно назвать противниками режима (Regimegegner), как это делают относительно физиков Г.О. Виланда и Ф. Штрассмана. Первый из них сумел сохранить свой Институт в Мюнхене как «оазис порядочности» (Oase der Anständigkeit)[307], а второй избегал всяческих компромиссов и даже во время войны укрывал евреев в своем доме[308].

Биология Третьего рейха была главной отраслью естествознания, из которой ее власти черпали свои идеи, концепции, методы управления, а биологическая терминология и ее метафоры составляли существенную часть нацистской идеологии и политики[309]. В политический язык вошли понятия «раса», «вид», «гибридизация», «борьба за существование», «здоровье народа», «наследственное здоровье», «кровь», «тело», «эвтаназия», «стерилизация» и т. д. Это неизбежно вовлекало всю биологию и медицину в повседневную политическую жизнь, делая их причастными к установлению «гармонии между духом и расой»[310]. Изменения в мировоззрении и политических взглядах многих биологов, происшедшие в 1920-х гг., облегчали им принятие нацизма. Они легко идентифицировали себя с национал-социалистической идеологией и, выступая экспертами в разработке законов об эвтаназии и насильственной стерилизации, в опытах над заключенными, в массовых уничтожениях евреев и других народов на оккупированной территории, продемонстрировали уникальное сочетание модернизма в науке, технике и организации исследований с диким варварством. Биологическое сообщество Германии в целом смогло продолжать начатые до 1933 г. работы благодаря выбранному ее членами стилю политического поведения, которое М. Уолкер определил относительно немецких физиков как компромисс и сотрудничество[311].

Подобное поведение и его морально-политические ценности были предметом ряда исследований на темы «коллаборационизм»[312], «самомобилизация или сопротивление»[313]. Коллаборационизм и самомобилизация науки, конечно, характерны для поведения научного сообщества других стран в периоды крупных социально-политических потрясений. Это было показано в результате анализа науки и периоды кризисов, начиная с Английской буржуазной революции и

---

[307] *Witkop B.* Erinnerungen an Heinrich Wieland (1877–1957) // Liebigs Annalen der Chemie. 1992. S. I–XXXII.

[308] *Kraft F.* Im Schatten der Sensation. Leben und Wirken von Fritz Strassmann. Weinheim, 1981.

[309] *Kater M.* "Volksgesundheit". Ein biologischer Begriff und seine Anwendung // Nationalsozialismus in den Kulturwissenschaften. Bd. 2. Leitbegriffe — Deutungsmuster — Paradigmenkämpfe. Erfahrungen und Transformationen im Exil / Hg. H. Lehmann, O.G. Oexle. Göttingen, 2004. S. 101–115.

[310] *Raphael L.* "Ordnung" zwischen Geist und Rasse: Kulturwissenschaftliche Ordnungssemantik im Nationalsozialismus // Ibid. S. 116–138.

[311] *Walker M.* Die Uranmaschine. 30–57.

[312] *Mehrtens H.* Kollaborationsverhältnisse. Natur- und Technikwissenschaften in NS-Staat und ihre Historie // Medizin, Naturwissenschaft, Technik und Nationalsozialismus. Kontinuität und Diskontinuitäten. S. 13–32.

[313] *Trischler H.* Self-mobilization or Resistance? Aeronautical Research and National-Socialism // Science, Technology, and National Socialism. P. 72–87.

кончая Китайской культурной революцией[314]. Применительно к Третьему рейху эта стратегия поведения означала принятие расистской и антисемитской политики режима и поддержка войны на уничтожение на Востоке. С этой точки зрения доказано, что, например, поведение немецких химиков в двух мировых войнах существенно отличалось: в 1914–1918 гг. они действовали в рамках обычного патриотического и националистического дискурса, в 1941–1945 гг. участвовали в создании и усовершенствовании газов, используемых не только для уничтожения военной силы противника, но и для массовых убийств мирных граждан, включая собственных соотечественников.

Кроме того, биологи способствовали пропаганде мифических биологических особенностей нордической расы, возвышающей ее над всеми другими арийцами. В этом отношении весьма примечательны дискуссии об актуализме, которые шли среди немецких палеонтологов и геологов еще с начала XX в., но в Третьем рейхе получили националистическое звучание. Так, К. Бойрлен отвергал всякое научное значение актуализма на том основании, что он якобы превратился в догму и препятствует изучению и пониманию переломов в геологической истории, имеющих качественный характер. Красноречива «философская» аргументация автора: «Актуализм построен на механистическом мировоззрении Лайеля, который отвергал всякое развитие <…>. Немецкий дух не может быть удовлетворен таким мировоззрением в области геологии»[315]. Будучи поклонником немецкой философии жизни, палеонтолог-романтик оценивал приход нацистов к власти как время возвращения немецкого народа к своим истокам, означающее духовное возрождение нации. Циклы, двигательной силой которых является «воля к жизни», «стремление к преодолению смерти», Бойрлен усматривал и в живой природе. В связи с этим он призывал освободиться от градуализма, доминирующего в романских странах[316].

В Третьем рейхе, как и в СССР, была предпринята грандиозная попытка свести биологию до уровня идеологии, однако разрушительное воздействие политики и идеологии национал-социализма по-разному сказалось в разных отраслях. После войны ФИАТ-Ревьюс (Field Intellegence Agency, Technical-Reviews) опубликовал несколько десятков томов о тематике научных исследований в Германии в 1939–1945 гг., финансируемых ДФГ и РФР. В них даны обзоры исследований в области биофизики (тт. 21–22), биохимии (тт. 39–42), биологии (тт. 52–55). Авторами этих обзоров были немецкие ученые, видимо, поэтому в них не вошли исследования по расовой гигиене. Даже в тех случаях, когда рассказывали о результатах исследований биологов и врачей, приговоренных к смертной казни на Нюрнбергском процессе, например, о работах руководителя Института гигиены СС, оберштурмфюрера (лейтенанта) СС И. Мруговского или ученика Г.К.Ф. Гюнтера, руководителя Анатомического института в Страсбурге, гауптштурмфюрера (обер-лейтенанта) СС, профессора А. Хирта, даже не упомянули об их преступных опытах над заключенными концентрационных лагерей. Между тем Институт Мруговского входил в число тех научных

---

[314] Наука и кризисы. СПб., 2003.

[315] *Beurlen K.* Der Aktualismus in der Geologie // Zbl. f. Min., Geol. und Paläont. Abt. B. 1935. H. 12. S. 521.

[316] *Beurlen K.* Das Gesetz der Überwindbarkeit des Todes in der Biologie. Breslau, 1933; *Beurlen K.* Vom Aussterben der Tiere // Natur und Mustum. 1933. H. 1. S. 1–8; H. 2. S. 55–62; H. 3. S. 102–106; *Beurlen K.* Der Aktualismus in der Geologie. S. 521–526; *Beurlen K.* Die stammesgeschichtlichen Grundlagen der Abstammungslehre. Jena, 1937. S. 237–241.

учреждений, которые ответственны за использование газа «Циклон-Б» при эвтаназии. Сам он был экспертом, посылавшим людей на смерть, а также инфицировал здоровым заключенным в лагерях Освенцим и Заксенхаузен туберкулезные микробактерии, а русских умертвлял отравленными таблетками[317]. Опыты Хирта по хемотерапии, а также искусственно вызванному дефициту витаминов также заканчивались гибелью людей[318].

10 января 1936 г. было основано Немецкое общество зоопсихологии для изучения психики животных и использования зоопсихологических знаний, чтобы налаживать взаимоотношения человека с животными для эффективного использования их в военных целях. ДФГ поддержало работы доцента Ф.Ф. Брокка из Института исследования окружающей среды в Гамбурге по роли обоняния в поведении собак и улучшению обучения собак-поводырей. Профессор Берлинского университета Г. фон Ленгеркен исследовал инстинкт заботы о потомстве у насекомых и с 1939 г. также имел грантовую поддержку этого фонда за разработку биологических средств борьбы с вредителями. Профессор Кёнигсбергского университета О. Кёлер анализировал способности голубей считать и установил, что они могли различать продолжительность ряда событий до шести. Кёлер вел длительную полемику с Ф. Альвердесом из Марбургского университета, который уверял, что у инфузорий также есть высшие психические способности. До 1941 г. Г. Нахтсхайм в Институте генетико-селекционных исследований в Берлинском университете исследовал генетику эпилепсии, водянки, катаракты, карликовости, аномалий зубов и т д. у домашних животных (преимущественно у кроликов) что также было признано важным с военной точки зрения[319].

Особую известность получили этологические исследования будущего лауреата Нобелевской премии, венского зоолога К. Лоренца[320]. В 1938 г. он вместе с голландцем Н. Тинбергеном опубликовал статью о том, что у животных имеются генетически закрепленные программы поведения, которые большую часть времени находятся в заторможенном состоянии, но как только торможение снято, программа, как правило, реализуется до конца. Тем самым был намечен разрыв с традициями рефлексологии и бихевиоризма, делавших упор на действии внешних раздражителей, а не на внутреннюю мотивированность поведенческих актов. Эти исследования открывали путь к причинно-аналитическому изучению поведения животных и человека на базе эволюционной теории. После аншлюса Германии и Австрии Лоренц работал при поддержке ДФГ и РФР, так как всячески подчеркивал важность своих исследований для обоснования селекции человечества и идеологии нацизма, на чем подробнее остановимся ниже.

Психология, тесно связанная с психиатрией, представляла уникальный случай для биолого-медицинских отраслей знания. Э. Янш был единственным психологом, систематически пропагандировавшим антисемитизм в своих теориях.

---

[317] *Harrington A.* Reenchanted Science. Holism in German Culture from Wilhelm II to Hitler. Princeton; New Jersey, 1996. P. 199.

[318] *Klee E.* Auschwitz, die NS-Medizin, und ihre Opfer. P. 356–366.

[319] *Nachtsheim H.* Erbpathologie des Kaninchens. Ein Überblick über den gegenwärtigen Stand der Analysen seiner krankhaften Anlagen // Der Erbarzt. 1937. H. 4. S. 25–55; *Nachtsheim H.* Erbpathologie der Haustiere. Teil 2 // Fortschritte der Erbpathologie und Rassenhygiene und ihrer Grenzgebiete. 1940. H. 4. S. 49–97.

[320] *Burkhardt R.W.* Patterns of Behavior: Konrad Lorenz, Niko Tinbergen and the Founding of Ethology. Chicago; London, 2005.

Связав свою классификацию психологических типов с психологическими различиями между расами, описанными Г.К.Ф. Гюнтером, Янш сделал свою теорию неотъемлемой частью национал-социалистической расовой доктрины. К несчастью для него, этот труд оказался мало полезным при психологическом тестировании рабочих и призывников[321] . Тем не менее во времена Третьего рейха психологии удалось стать в Германии профессиональной наукой, хотя при этом были ликвидированы мощные психологические школы, например, психоанализ[322]. Это произошло не только из-за расистских атак на «еврейскую психологию». Скорее, причина была в том, что некоторым предприимчивым ученым удалось убедить Немецкий трудовой фронт в пользе психологического тестирования для определения пригодности рабочих к той или иной работе, и что ещё важнее, убедить руководство германской армии в том, что такие тесты могли бы помочь отбирать офицеров в быстро разраставшийся вермахт. Благодаря поддержке армии немецкие психологи добились права иметь свою профессуру и институты и сделать психологию дипломной специальностью.

Изолированность немецкой науки, которая явилась следствием введения внутренней цензуры, привела к запрещению ряда книг по расовым или политическим причинам. Запреты на профессию, угрозы в адрес ученых, принуждение к эмиграции — все это делало положение многих биологов крайне тяжелым. С началом Второй мировой войны, особенно после нападения Германии на СССР и вступления США в войну, изоляция немецкой биологии от ведущих научных держав стала практически абсолютной.

С этого времени стало почти невозможно получить грантовую поддержку проекта, не обосновав пространно его промышленное, сельскохозяйственное и особенно военное значение. За громкими фразами об огромной фактической важности того или иного исследования не всегда можно увидеть суть проблемы и ее фундаментальное значение. Так, во время войны ботаники и физиологи растений всячески подчеркивали значение селекционных исследований для ликвидации дефицита белков и жиров, для добывания из растений другого сырья. Например, профессор из Кёнигсберга К. Мофес исследовал биологическую ценность кормовых дрожжей, профессор из Грейфсвальда П. Метцнер — болезни картофеля и прививки, профессор К. Ноак из Берлина — обмен веществ и клеточную физиологию у холодоустойчивых рас, которые вывел В. Рудорф. Кроме того, Ноак проводил физиологические опыты по консервации фуража. Профессор из Гёттингена Р. Хардер получил грант на изучение синтеза жиров микроорганизмами, а профессор из Киля О. Моритц — на извлечение питательных и волокнистых веществ из грибов, и т. д. Понимая требования времени, соискатели грантов всячески преувеличивали практическую значимость работ по фотосинтезу, фотопериодизму, дыханию и обмену веществ, клеточной физиологии и биохимии, соотношению ядерной и цитоплазматической наследственности и мн. др.

Во время войны ботаники вели исследования по заказу Вермахта и его институтов. Профессор Ф. Букач из Мюнхена совместно с Институтом Вермахта по изуче-

---

[321] *Geuter U.* The Professionalization of Psychology in Nazi Germany. Cambridge, 1992. P. 121–124.

[322] Psychoanalyse und Nationalsozialismus. Beiträge zur Bearbeitung eines unbewältigten Traumes / Hg. H.M. Lohmann. Frankfurt am Main, 1984.

нию продовольствия разрабатывал тему «Причины ухудшения качества овощей при сушке». При этом он подчеркивал, что сушеные овощи играли бы особую роль в снабжении продовольствием войск, но их к тому времени ещё не было. Профессор Э. Хетчель из Гамбурга участвовал в разработке красящих веществ, которые препятствовали бы обрастанию подводной части кораблей. В Институте генетики и ботаники в Страсбурге Э. Кнапп и Э. Бюннинг по заданию командования авиации разрабатывали тему «Выращивание и селекция лубяных и масляных растений» с целью максимального использования их особенностей в техническом снабжении авиации. Максимально использовали и свойства лекарственных растений, сбор и селекция которых играла особую роль во время войны. С 1939 г. значительную часть экологических проектов поддержали с учетом их значения для колонизации новых немецких областей на Востоке, при этом, как правило, не называли конкретные географические районы, из которых до их заселения немецкими колонистами прежние жители должны быть выселены или уничтожены. По мнению антрополога О. Фишера, для образования немецких колоний необходимо было изменить климат в сторону смягчения при помощи интенсивного лесонасаждения.

Важной составной частью «прикладной биологии» нацистов стала борьба за сохранение природных ландшафтов. Расовая гигиена и охрана природы в Германии были тесно связаны друг с другом. К. Мейер, П. Шульце-Наумбург, В. Шенихен и др. доказывали, что только немцам присуща потребность сохранять растения и животных, в то время как другие нации стремятся только к их бесконтрольному потреблению и уничтожению[323]. Директор Имперского управления по охране природы В. Шенихен призывал вернуться к «древней мощи крови и почвы», усматривая в ней «источник жизни немецкого народа», и отказаться навсегда от «либерально-марксистского рационализма, уводящего всю нашу культуру прочь от природы»[324].

На животных и людях изучали физиологию и биохимию воздействия отравляющих газов и повышения их эффективности, разрабатывали способы их использования и защиты от них, а также действие витаминов на органы слуха и зрения, способы борьбы с куриной слепотой, тетанус и тонус скелетной мускулатуры и мн. др., признанные различными военными ведомствами имеющими значение для летчиков, подводников и др. Паразитологи занимались разносчиками инфекционных заболеваний среди млекопитающих и насекомых, систематики — инвентаризацией фауны в захваченных странах и колониальной зоологией.

Особенно крупные успехи были сделаны в области биохимии и физиологии клетки, которым сам Гитлер придавал громадное значение, видя в них путь к познанию причин рака и способов борьбы с ним. По этой причине фюрер оставил на посту директора Института клеточной физиологии КВГ О.Г. Варбурга, который одновременно с Р. Куном в 1938 г. установил строение рибофлавина или витамина B_1. Еще ранее, исследуя реакцию брожения и гликолиза в опухолевой

---

[323] *Dominick R.* The nazis and the nature conservations // Historia. 1987. Bd. 49. P. 512–515; *Josephson P., Zeller Th.* The transformation of nature under Hitler and Stalin // Science and Ideologie. Comparative History. P. 125–130.

[324] *Винер* (*Вайнер*) *Д.Р.* Экологическая идеология без мифов // Вопросы философии. 1995. № 5. С. 86.

ткани, Варбург обнаружил в ней повышение аэробного гликолиза[325]. За открытие ферментов и коферментов, обеспечивающих гликолиз в клетке, Варбург был удостоен Нобелевской премии в 1931 г. Фактически Варбург был единственным полуевреем, не уволенным из КВГ. Семь лет спустя за работы по каротиноидам и витаминам Нобелевскую премию получил директор Института медицинских исследований КВГ в Гейдельберге Р. Кун, который в 1942 г. также указывал на связь своих открытий и работ по антибиотикам с проблемой рака[326]. Эти работы Куна известны во всем мире, а вот об его исследовании действия нервного газа, испытанного на заключенных концлагерей, практически невозможно узнать из литературы. Лауреат Нобелевской премии 1937 г. А. Бутенандт, директор Института биохимии КВГ после эмиграции К. Нейберга, получил высокую награду за изучение химического структуры половых гормонов, которую он также связывал с изучением их роли в канцерогенезе[327].

Даже столь беглый обзор некоторых областей биологии показывает, что нет оснований говорить о какой-то ее деградации. Конечно, из-за смерти Г. Эмбдена и эмиграции М. Бергмана, О.Ф. Мейергофа, К. Нейберга, К. Оппенгеймера Германия понесла тяжелые потери в области биохимии, где из ведущих ученых предшествующего периода остались только О. Варбург и Ф. Кнопп[328]. Вынужден был уехать как неариец и лауреат Нобелевской премии О. Леви. Последнего нацисты выпустили из Австрии, отняв деньги, присужденные Нобелевским комитетом. В 1936 г. Гитлер, разгневанный присуждением Нобелевской премии мира политзаключенному К. фон Осецкому, запретил немцам иметь какие-либо связи с Нобелевским комитетом[329]. Г. Домагк, получивший такую премию в 1939 г. за открытие антибактериального действия сульфаниламидов, попал на некоторое время в тюрьму и был выпущен только после официального отказа от награды. Р. Кун и А. Бутенандт сразу отклонили награды, которые, правда, они в виде исключения получили после войны. Фюрер, видимо, не пожелал их раздражать, учитывая их декларации о том, что они находятся на пути к выяснению причин рака, а также их вовлеченность в проекты разработки отравляющих веществ. Г. Шпеман был удостоен высокой награды в 1935 г., когда нацисты ещё вынуждены были считаться с международной научной общественностью.

Эмигрировали будущие лауреаты Нобелевской премии Э. Чейн, Х.А. Кребс, М. Кац, Ф. Липман, М. Дельбрюк. Среди эмигрантов были также Э. Майр, Ф. Вейденрейх, В. Гамбургер, Р. Гольдшмидт, В. Йоллос, Ю. Шаксель, К. Штерн и другие выдающиеся биологи-эволюционисты и генетики, покинувшие Германию

---

[325] Характерно, что О. Варбургу посвящена огромная литература в Германии: *Krebs H.* Otto Warburg. Stuttgart, 1979; *Werner P.* Otto Warburg. Von der Zellphysiologie zur Krebsforschung. Berlin, 1988; *Höxterann E.*, *Sucker U.* Otto Warburg. Leipzig, 1989. *Werner P.* Otto Warburg, Jacques Loeb und die Entstehung der Institutsidee des Kaiser-Wilhelm-Instuts für zellphysiologie. Berlin, 1994.

[326] *Deichmann U.* Flüchten, Mitmachen, Vergessen. S. 414–427.

[327] Adolf Butenandt und die Kaiser-Wilhelm-Gesellschaft. Wissenschaft, Industrie und Politik im "Dritten Reich" / Hg. W. Schieder, A. Trunk. Göttingen, 2004.

[328] *Nachmansohn D.* German-Jewish Pioneers in Science: 1900–1933. New York, 1979; Wie die Zukunft Wurzeln schlug / Hg. R. Gerwin. Berlin; Heidelberg; New York, 1989.

[329] *Grawford E.* German Scientists and Hitler's Vendetta against the Nobel Prizes // Historical Studies in the Physical Sciences and Biological Sciences. 2000. Vol. 31. P. 37–53.

из-за еврейского происхождения или политических взглядов. В СССР эмигрировал ученик Ю. Шакселя Г. Шнайдер, который впоследствии возглавил в ГДР Дом-музей Э. Геккеля и стал одним из типичных лидеров немецкого лысенкоизма.С другой стороны, здесь продолжали трудиться лауреаты Нобелевской премии (О. Варбург, Г. Шпеман), в том числе и будущие (В. Форсман, Ф. Линен, К. Лоренц, К. фон Фриш), а также отказавшиеся от нее Г. Домагк, Р. Кун и А. Бутенандт.

Многие крупные биологи-евреи, например, Нобелевские лауреаты О.Ф. Мейергоф и К. Нейберг, первоначально надеялись, что Гитлер недолго продержится у власти, и оставались в Германии несколько лет. Директору Института физиологии КВГ в Гейдельберге Мейергофу только в 1936 г. стало ясно, что национал-социалистические активисты ни в коем случае не дадут ему заниматься исследованием обмена веществ и клеточной физиологией[330]. С его эмиграцией Германия потеряла не только одного из создателей современной биологии, но и известный во всем мире центр по подготовке высококлассных биохимиков. Основанная Э.Г. Фишером химия белка из-за эмиграции М. Бергмана в США лишилась возможности сохранять лидерство в этом направлении. Еще яснее ее потери в области биологии в связи с эмиграцией представителей более молодого поколения (К. Блоха, Э. Чейна, Э. Чаргаффа, Х.А. Кребса, Ф. Липмана, Р. Шёнхеймера), внесших огромный вклад в изучении внутриклеточного обмена веществ. Однако, по мнению У. Дайхман, не столько эмиграция еврейских биохимиков, сколько особенности организации немецких университетов сыграли основную роль в потере Германией лидирующей позиции в биохимии[331]. Работы, связанные с объяснением циклов обмена веществ, не получили должной поддержке и финансирования, в отличие от исследований гормонов и витаминов А. Бутенандтом и Р. Куном, протеинов и энзимов В. Грассманом и О. Варбургом, а также работ по изучению промежуточных звеньев в обмене веществ Р.Зондерхофа, Ф. Кноппа, К. Лёхмана, К. Мартиуса.

Как успешно развивались некоторые отрасли биохимии в Германии вплоть до конца Второй мировой войны, несмотря на изоляцию от мировой науки, хорошо видно на примере А. Бутенандта, который с 1933 г. руководил созданным им отделом в Институте химии в Гёттингенском университете, а в 1936 г. возглавил Институт экспериментальной терапии и биохимии в КВГ. Вместе с В. Гейзенбергом Бутенандта, который в 1960–1972 гг. был президентом МПГ, считали одним из самых выдающихся ученых Третьего рейха и ФРГ, и фактически долгое время он находился вне критики, а его биографии, подготовленные учениками и последователями, исключительно в панегирических тонах освещали его усилия по интеграции науки и взвешенной научной политики при национал-социализме[332]. Только с середины 1980-х гг. стали появляться материалы о его многолетнем сотрудничестве с О.Ф. фон Фершуером и участии в экспериментах с органами людей, умерщвленных в Освенциме. В частности, указывали на то, что в Институте Бутенандта исследовали химический состав крови искусственно инфицированных Й. Менгеле заключенных

---

[330] *Nachmansohn D., Ochao S., Lipmann F.A.* Otto Meyerhoff // April 12, 1884 — October 6, 1951 // Science. 1952. Vol. 115. № 2988. P. 365–368; *Deichmann U.* Flüchten, Mitmachen, Vergessen. S. 454–467.

[331] *Deichmann U.* Flüchten, Mitmachen, Vergessen. S. 143.

[332] *Karlson P.* Adolf Butenandt. Biochemiker, Hormonforscher, Wissenschaftspolitiker. Stuttgart, 1990.

в Освенциме[333]. Его даже стали обвинять в том, что он находился в центре оборонных работ и исследований, связанных с уничтожением людей[334]. Однако последняя коллективная монография о нём показала односторонность обоих подходов[335]. Бутенандт не участвовал в медицинских преступлениях режима и не был пропагандистом нацистской расовой политики, но он активно использовал огромные ресурсы, предоставляемые ему нацистским режимом, для максимального расширения своего исследовательского поля в контексте идеологизированной научной практики. Будучи тесно связанным с фармацевтической промышленностью, Бутенандт смоделировал свое поведение при нацистах таким образом, что оно обеспечило ему успешную карьеру и после войны. Этому способствовал его уникальный талант общаться с людьми, завязывать нужные контакты в разных кругах и формировать вокруг себя сложные социальные сети, сохраняя при этом свою автономность и не участвуя в неблаговидных делах. В частности, он в течение долгого времени сохранял дружбу с Фершуером, но в то же время сам лично держался в отдалении от его экспериментов. После войны Бутенандт активно добивался возвращения в Германию изгнанных нацистами биологов, включая и своего предшественника на посту директора Института биохимии КВГ К. Нейберга[336].

Вместе с тем важно отметить, что Бутенандт не был простым приспособленцем ко всем режимам. Определенная идеология лежала в основе всей его жизненной стратегии, характерной для многих биологов так называемого военного поколения. Хотя ему по молодости лет не пришлось участвовать в Первой мировой войне, которая окончилась, когда Бутенанду было 15 лет, но он хорошо помнил хаос первых лет Веймарской республики и чувство национального унижения. В связи с этим он считал своим патриотическим долгом участвовать в оборонных проектах, хотя и не разделял политику и идеологию Гитлера. При этом он лично никогда не участвовал в каких-либо мероприятиях по уничтожению людей и не использовал в своих экспериментах людей или человеческие органы[337].

Приспосабливаясь к требованиям времени, биологи фактически продолжали, в основном, прежние исследования, облекая свои заявки в идеологические одежды, которых от них требовали национал-социалисты. При этом ученые умело эксплуатировали их потребности и представления о возможностях науки. Оставшиеся биологи быстро усваивали традиции, стиль поведения, язык и аргументацию нацистов. Сразу после прихода нацистов к власти желавших вступить в НСДАП было так много, что власти в апреле были вынуждены ввести мораторий. Вторая волна мас-

---

[333] *Müller-Hill B.* Murderous Science: Elimination by Scientific Selection of Jews, Gypsies, and Others, Germany 1933–1945. Oxford, 1985; *Müller-Hill B.* Das Blut von Auschwitz und das Schweigen der Gelehrten // Geschichte der Kaiser-Wilhelm-Gesellschaft im Nationalsozialismus. Bestandsaufnahme und Perspektiven der Forschung. Bd. 1. S. 189–227; *Gausemeier B.* Rassenhygienische Radikalisierung und kollegialer Konsens // Die Verbindung nach Auschwitz. Biowissenschaften und Menschenversuche an Kaiser-Wilhelm-Instituten. Dokumentation eines Symposiums / Hg. C. Sachse. Göttingen, 2004. S. 178–198.

[334] *Ebbinghaus A., Roth K.H.* Von Rockefeller Foundation zur Kaiser-Wilhelm / Max-Plank-Gesellschaft. Adolf Butenandt als Biochemiker und Wissenschaftspolitik des 20. Jahrhunderts // Zs. für Geschichtswissenschaft. 2002. Bd. 50. S. 389–418.

[335] Adolf Butenandt und die Kaiser-Wilhelm-Gesellschaft.

[336] *Schüring M.* Der Vorgänger. Carl Neuburg Verhältnis zu Adolf Butenandt // Adolf Butenandt und die Kaiser-Wilhelm-Gesellschaft. S. 346–368.

[337] Adolf Butenandt und die Kaiser-Wilhelm-Gesellschaft. S. 69.

сового вступления в партию поднялась в 1937 г. Количество членов НСДАП возросло в 1938 г. в связи с аншлюсом Австрии. При этом есть однозначное соответствие между ростом членов НСДАП среди биологов и количеством грантов, выделяемых им, а также размером грантов и партийностью. Однако это соответствие наблюдалось только до 1941 г., пока дела на фронте шли хорошо и в скорой победе никто не сомневался. Когда же мечты о блицкриге развеялись, процент грантодержателей среди членов партии оказался даже ниже их относительного числа среди биологов. И хотя можно предположить, что в некоторых случаях гранты давались с учетом политического положения заявителя, в целом, как уже говорилось, научная респектабельность, по-видимому, играла основную роль.

Адаптация биологов к национал-социализму четко проявилась, прежде всего, в областях, где была тесная связь между эволюционной теорией, генетикой, особенно евгеникой и антропологией, с одной стороны, и расовой гигиеной и расоведением, с другой[338]. Однако и другие отрасли науки претерпели быстрые метаморфозы при нацистах, которые сразу после прихода к власти приступили к нацификации всех отраслей культуры, науки и образования. Значительная часть научного сообщества охотно пошла на это: одни — идентифицируя себя с национал-социализмом, а другие — адаптируясь к его практике. Подлинными символами единства академической науки, нацифицированного университетского образования, пропаганды и расовой политики стали Ф. фон Ленц, Э. Рюдин и О. Фишер. Они занимали ведущие посты в Институтах КВГ, кафедры и институты по расовой антропологии и расовой гигиены в Берлинском и Мюнхенском университетах, были экспертами и советниками главных расовых учреждений НСДАП, участвовали в разработке преступных расовых законов, плана «Ост» и т. д. Их исследования стали «научной» основой уничтожения миллионов людей, включая поляков, белорусов, русских. В середине 1930-х гг. появилась новая волна их учеников и последователей, которые уже полностью были освобождены от всяких «рудиментов» и рассматривали человека исключительно как объект расово-генетических манипуляций: психиатр К. Люксембург, антрополог В. Абель, генетик-статистик З. Колер, генетик Й. Менгеле. Все они были приверженцами классической генетической школы, а некоторые из них прошли стажировку в лучших лабораториях Англии и США[339]. Будучи членами СС, они с 1940-х гг. стали возглавлять кафедры и институты. Особая роль в качестве связующего звена двух поколений принадлежит лидеру немецких психиатров Э. Рюдину. Он был «ключевой фигурой в переходе от традиционной расовой гигиены

---

[338] В 1934 г. Ш. Кён-Беренс опубликовала книгу «Что такое раса», в которую включила ответы на различные вопросы расологии, полученные, как она считала, в беседах с величайшими учеными ее времени, портреты которых она также привела. Среди них было всего несколько человек, действительно известных в научном мире (Э. Баур, Ф. Ленц. О. Фишер, О. Рейхе). Большинство составляли партийные идеологи (А. Розенберг, В. Гросс) и функционеры из министерства РМИ во главе с рейхсминистром В. Фриком, так называемые расовые эксперты (А. Герке, Л. Конти, А. Гютт и др.). Подобная подборка прекрасно характеризует представления национал-социалистов о великой науке: *Köhn-Behrens S.* Was ist Rasse? Gespräche mit den größten Forschern der Gegenwart. München, 1934.

[339] *Roth K.* H. Schöner neuer Mensch. Der Paradigmenwechsel der klassischen Genetik und seine Auswirkungen auf die Bevölkerungsbiologie des "Dritten Reichs" // Der Griff nach der Bevölkerung. Aktualität und Kontinuität nazistischer Bevölkerungspolitik / Hg. H. Kaupen-Haas. Nördlingen, 1986. S. 39–43.

к последующим поколениям психиатров, которые ее преобразовали программу в национал-социалистическую политику в области здравоохранения и демографии»[340]. Не случайно он получил прозвище «психиатр-нацист» (Nazi-Psychiater).

По данным У. Дайхман, из 440 биологов, работавших в университетах и КВГ с 1933 по 1945 г., а также в 1939–1945 гг. в Австрии и Чехословакии, в НСДАП состояло 57,6 %, в СА — 22,5 %, в СС — 5,6 %[341]. Процент биологов-членов НСДАП был самый высокий среди естественников и даже превышал соответствующие показатели у врачей (44,8 %)[342] (у которых, правда, было больше членов СА — 26 % и СС — 7 %)[343] и психологов (54,7 %)[344]. Особенно высоки показатели среди антропологов-эволюционистов, которые практически все состояли в НСДАП, а многие — ещё в СС и СА[345]. Понятен и более высокий процент зоологов и ботаников, занимавшихся прикладными исследованиями, по сравнению с их коллегами, предпочитавшими фундаментальные проблемы, — соответственно 55,6 % и 65,8 %, в то время как в целом из зоологов в НСДАП состояло 50,2 %, а из ботаников — 57 %. Ниже всех процент членов НСДАП, по мнению Дайхман в начале 1990 г., был среди биохимиков, биофизиков и вирусологов — 28,5 %, а у генетиков он составлял 39,7 %[346].

В отличие от остальных биологов, биохимикам не было особой необходимости вступать в нацистские организации, так как для руководителей Третьего рейха значение биохимии состояло, прежде всего, в практическом использовании ее результатов для военной промышленности, а не в идеологическом обосновании расовой биологии. Поэтому до недавнего времени считали, что среди них число членов НСДАП, СА и СС было меньше, чем среди других академических специальностей. Однако, изучив данные о 607 биохимиках и химиках, Дайхман вынуждена была пересмотреть свои взгляды. Оказалось, что 53 % процента из них состояли в нацистской партии, 17,1 % в СА и 7,2 % в СС[347]. В целом эти цифры незначительно отличаются от показателей биологов в целом, а иногда даже больше, чем среди представителей отдельных биологических дисциплин.

Характерно и распределение по годам. Хотя, как не раз отмечалось выше, взгляды нацистов были близки многим биологам в Веймарской республике, в НСДАП до 1930 г. вступил лишь один из них, а 13 стали членами нацистской партии до прихода её к власти. В 1933 г. поток вступивших резко увеличился (68 человек), но далее принимали в год 1–3 биологов. Самым «урожайным» был 1937 г., когда 88 биологов обрели вожделенный значок. В последующие три года число новых членов колебалось от 8 до 25. Когда началась война с СССР и угроза поражения стала реальной, поток жаждущих «пополнить ряды» стал быстро иссякать: в 1941 г. — 3 человека, 1942 г. — 1, 1943 г. — 0, 1944 г. — 2, 1945 г. — 0[348]. Вряд ли нужны

340 *Weber M.M.* Rassenhygienische und genetische Forschungen an der Deutscher Forschungsanstalt für Psychiatrie / Kaiser-Wilhelm-Institut in München vor und nach 1933 // Geschichte der Kaiser-Wilhelm-Gesellschaft im Nationalsozialismus. Bd. 1. S. 110–111.

341 *Deichmann U.* Biologen unter Hitler. S. 225.

342 *Kater M.* Doctors under Hitler. Chapel Hill; London, 1989. P. 56.

343 *Kater M.* Foreword. P. X.

344 *Geuter U.* Die Professionalisierung der deutschen Psychologie im Nationalsozialismus S. 263–278.

345 *Junker T., Hossfeld U.* Synthetische Theorie und "Deutsche Biologie"// Evolutionsbiologie von Darwin bis heute. Berlin, 2000. S. 238.

346 *Deichmann U.* Biologen unter Hitler. S. 227.

347 *Deichmann U.* Flüchten, Mitmachen, Vergessen. S. 206.

348 *Deichmann U.* Biologen unter Hitler. S. 226.

комментарии, так как цифры сами по себе говорят о мотивах вступления, демонстрируя наглядно, что само членство в нацистских организациях еще не означало принятия идеологии нацизма. Впрочем, возможно, что к тому времени все сторонники нацизма среди биологов уже были в НСДАП. Аналогичная картина вступления по годам наблюдается и у химиков, включая биохимиков. До 1930 г. среди них было только пять членов НСДАП, к моменту прихода Гитлера к власти добавилось ещё 23, после массового приема в 1933 г. к ним присоединилось сразу 96 человек. Следующий пик вступления также пришелся на 1937 г. — 110 новых членов, а после 1942 г. их приток прекратился. Среди химиков особенно высокий процент членов НСДАП был у фармакологов — 85 %, в то время как у представителей органической, неорганической, физической и физиологической химии он колебался в пределах 51,1–53,8 %. Как у биологов, так и у химиков характерна связь с возрастом. Среди вступивших в партию 1933 году из 60-летних было только 10 %, 50-летних — примерно треть, но среди 30-летних было 65 % вступивших в партию.

Очевидно, что подобное распределение связано с карьерными ожиданиями, более характерными для младших поколений. Тем не менее, само по себе членство в партии не было напрямую связано с последующей академической карьерой, где довольно часто играли решающую роль личные контакты и «господин случай», когда для головокружительной карьеры не требовалось даже специального образования. Один из главных организаторов эвтаназии В. Брак не имел медицинского образования, однако его отец, практикующий врач, был другом Г. Гиммлера, что предопределило судьбу юного Брака, ставшего шофёром рейхсфюрера. Затем Брак — заместитель начальника рейхсканцелярии Ф. Бойлера и руководитель комитета службы, в задачи которой входила медицинская экспертиза лиц, подлежащих эвтаназии.

Благодаря стечению обстоятельств начал восхождение к вершинам власти биологии и медицины в Третьем рейхе один из главных организаторов эвтаназии детей К. Брандт. Ему, начинавшему хирургу, случайно довелось в апреле 1933 г. оперировать личного адъютанта Гитлера, обергруппенфюрера (генерала) В. Брюкнера, попавшего в автокатастрофу. Через него Брандт познакомился с Гитлером, который сделал его своим личным врачом и способствовал устройству в хирургическую клинику Берлинского университета, а затем обеспечил стремительную карьеру. В 1930 г. Брандт — унтерштурмфюрер (лейтенант), в 33 — штурмбанфюрер (майор), а в 40 — группенфюрер (генерал-лейтенант) СС. В 1939 г. он — один из главных организаторов эвтаназии, а в 1943 г. Гитлер назначил его главным руководителем медицинских исследований и ответственным за медицинское обеспечение Германии. Столь быстрая карьера закончилась арестом и смертным приговором, так как Брандт стал представлять угрозу для рейхсфюрера здравоохранения Л. Конти, который при помощи своего покровителя в НСДАП М. Бормана расправился с конкурентом.

Как правило, лица, не вступившие в нацистские организации в первый год их правления, скептически относились к новому режиму и присоединялись к нему сугубо из карьерных соображений. В то же время нельзя сказать, что административная карьера прямо зависела от членства в партии. Так, в период с 1937 по 1945 г. среди 56 университетских профессоров-заведующих кафедрами ботаники, зоологии и генетики членов НСДАП было 27, а среди 17 директоров и заведующих отделами пяти биологических институтов КВГ — 9. В целом эти цифры отражают соотношение между нацистами и не-нацистами в немецком биологическом сообществе[349]. Но среди ранних членов нацистских организаций были и такие, кто после вступления в партию вскоре эмигрировал, например, профессор из Брауншвейга К. Коссвиг.

Следует отметить, что по индексу цитирования и по количеству получаемых грантов крупные биологи-члены партии и биологии-беспартийные в целом характеризуются сходными показателями. На первом месте по количеству ссылок на одну статью шел активный член НСДАП К. Лоренц, будущий лауреат Нобелевской премии, на втором — член СС, зоолог и генетик Г. Бауэр. Однако всего 3 члена НСДАП числятся среди 15 наиболее цитируемых биологов Германии в период с 1945 по 1954 гг. В среднем, беспартийные профессора-биологи в университетах на грант, полученный от Немецкого исследовательского общества, выполняли работы, которые цитировали в 2,7 раза чаще, чем работы их партийных коллег. Отсюда следует, что беспартийная профессура в среднем работала больше и публикационная активность их была выше[350]. К сожалению, нет возможности сравнить аналогичные показатели по биологическому сообществу в сталинском Советском Союзе. Тем не менее, важно отметить, что процесс активного вступления в партию советских биологов оказался более длительным. Невозможно представить кого-либо из крупных биологов в СССР в 1920-е гг., заканчивавших свои официальные письма словами: «С коммунистическим приветом», в то время как немецкие биологи, даже придерживавшиеся левых убеждений, уже в 1933 г. завершали свои письменные обращения к властям обязательным «Хайль Гитлер».

Очевидным является парадокс во взаимодействии биологии и власти в Третьем рейхе: антиинтеллектуальный расистский режим широко использовал современную науку, способствуя ее развитию[351]. Издание в годы нацизма многотомных серий «Изучение природы и медицины в Германии», «Успехи ботаники» и «Успехи зоологии» наглядно демонстрирует, что нормальная биология не просто жила в Третьем рейхе, но и добивалась весьма впечатляющих результатов. Более того, даже в самых зверских экспериментах над заключенными ученые развивали обычную, нормальную науку, если не фиксировать внимание на том, что в роли подопытных животных они использовали людей. По мнению некоторых западных экспертов на Нюрнбергском процессе, опыты над заключенными позволили получить уникальный опыт[352].

В Третьем рейхе биологи и медики коренным образом изменили бытовавшие ранее представления о недопустимости использовать людей в качестве экспериментальной модели, даже если это сулит прогресс в области биомедицины. До этого моделью для экспериментов в области изучения наследственных заболеваний обычно были животные, что всегда отставляло открытым вопрос о репрезентативности полученных результатов для человека. Национал-социализм освободил своих ученых от подобных эпистемологических затруднений, сняв запрет на

---

[349] *Deichmann U.* Biologen unter Hitler. S. 171

[350] Ibid. S. 173.

[351] *Walker M.* German National Socialism and the Quest for Nuclear Power, 1939–1949. New York, 1989.

[352] *Weindling P.* Human guinea pigs and the ethics of experimentation: the *BNJ's* correspondent at the Nuremberg medical trial // BMJ. 1996. Vol. 313. 7 December. P. 1467–1470; *Weindling P.* Akteure in eigener Sache. Die Aussagen der Überlebenden und die Verfolgung der medizinischen Kriegsverbrechen nach 1945 // Die Verbindung nach Auschwitz. S. 255–282.

вивисекцию и летальные эксперименты над людьми в концентрационных лагерях Дахау, Освенцим, Бухенвальд, Заксенхаузен. Их заставляли пить соленую воду, подвергали экстремальным температурным воздействиям, помещали в условия низкого или высокого давления, производили трансплантацию органов, испытывали непроверенные вакцины. Все это экспериментаторы-врачи делали не из садистских побуждений, а ради приобретения нового знания для спасения жизней немецких солдат. Испрашивая у Гиммлера разрешение на эксперименты с летальным исходом, профессор Г. Дойшл писал: «Я желал бы скорее принести в жертву 500 большевиков, чем подвергнуть опасности жизнь хотя бы одного немецкого солдата»[353]. Так думали многие звезды биомедицинских наук, включая тех, кто оставался политически индифферентным при нацистах.

Национал-социализм создал этические предпосылки для того, чтобы человек был безоговорочно отдан в руки экспериментатора, и убрал все препятствия для ранее немыслимых экспериментов с его телом и органами. Это не только открыло новые возможности в изучении человека, но и стало стимулом к формированию новых институтов, междисциплинарных связей и социальных сетей в биологии и медицине, а также новых способов их взаимодействия с властью и обществом.

Удельный вес идеологии нацизма в публикациях ученых зависел от того, предназначались ли они для специалистов или для широкой публики в таких журналах, как «Биолог» [«Der Biologe» — орган Имперского союза немецких биологов (Deutschen Biologen Verband — ДБВ, Reichsbund für Biologie — РББ) и Сектора науки о жизни и расоведения Национал-социалистического союза учителей (Unterabteilung Lebens- und Rassenkunde des Nazionalsozialistischen Lehrerbund — НСЛБ)], «Национал-социалистический ежемесячник» [“National-sozialistische Monatshefte” — центральный политический и культурный журнал НСДАП], «Цель и путь» [«Ziel und Weg» — журнал Главного Совета по здоровью населения (Hauptamt für Volksgesundheit der NSDAP) и Национал-социалистического союза немецких врачей (Nationalsozialistischen Deutschen Ärztebundes)], «Народ и раса» [«Volk und Rasse» — иллюстрированный журнал о немецком народе, расах и расологии (Rassenkunde), орган Государственного комитета по народному здравоохранению (Reichsausschusses für Volksgesundheitdienst) и «Немцы за расовую гигиену» (Deutschen für Rassenhygiene)].

Поэтому важнейшие элементы идеологии Третьего рейха (народность, расизм, милитаризм, антисемитизм, вождизм и т. д.) неодинаково сказались на содержании тех или иных дисциплин[354]. Каждая из них отличалась специфическими свойствами в использовании основных элементов нацистской идеологии и их комбинаций. Если представители антропологии в значительной степени основывались на расистских идеях и стремились их политизировать, то генетики и палеонтологи в гораздо меньшей степени были затронуты этим влиянием. Так, например, из антропологов, принявших участие в формировании эволюционного синтеза в Германии, все были членами НСДАП, а Х. фон Крог и Г. Геберер состояли даже в СС, причем Крог вступил в НСДАП и СС соответственно в 1930 и 1931 гг., т. е. до прихода нацистов к власти, что они особенно ценили.

---

[353] *Proctor R.* Racial Hygiene: Medicine under the Nazism. Cambridge (Mass.); London, 1988. C. 219.

[354] Evolutionsbiologie von Darwin bis heute / Hg. R. Brömer, U. Hossfeld, N. Rupke. Berlin, 2000. S. 231–360.

Связь своих научных работ с политикой нацистов генетики и эволюционисты, как правило, демонстрировали в высказываниях по проблемам евгеники и расовой гигиены. Практически все они в той или иной степени поддерживали евгенику. Однако, как показал Т. Юнкер, одни из них ратовали за принятую во всем мире позитивную евгенику, отличную от нацистского представления об улучшении расы (В. Людвиг, Б. Ренш, Н.В. Тимофеев-Ресовский), а другие — за негативную, со стерилизацией и уничтожением нежелательных элементов, и против смешения рас (Э. Баур, К. Лоренц, Ф. Шваниц, В. Циммерман и др.)[355]. Были и такие генетики, которые выступали против расовой гигиены не по этическим, а по сугубо научным соображениям (Ф. фон Веттштейн, Г. Штуббе). Один из директоров Института биологии КВГ Ф. фон Веттштейн полагал, что современная генетика ничего не может сказать по данному вопросу.

Эти высказывания Ф. фон Веттштейна против расово-генетических мероприятий вызвали в 1934 г. резкую отповедь со стороны Э. Рюдина, которому глава Имперского министерства внутренних дел (РМИ, Reichsministerium des Innern — RMI) В. Фрик поручил разрабатывать вопросы обновления германской расы. Тем не менее его критика не имела никаких последствий для Веттштейна. Возможно, потому, что всем были хорошо известны его патриотические высказывания о необходимости борьбы Европы под руководством Германии с экспансией американцев. Вместе с Э. Бауром, К.Э. Корренсом, А. Кюном и эмигрировавшим позднее Р. Гольдшмидтом Веттштейн составлял серьезную конкуренцию школе Т. Моргана в 1920 — начале 1930-х гг. Его фигура была важна для поддержания престижа немецкой науки, и нацисты не только не покарали его, но продолжали всячески ублажать. Однако, в целом, он продолжал держаться в стороне от них. Интересно, что не было четкой корреляции между членством в главных нацистских организациях и приспособлением своей науки к идеологии нацизма. Одни биологи были членами НСДАП, но не допускали в своих сочинениях политико-идеологических пассажей. Другие, напротив, оставаясь вне политических организаций нацизма, цитировали в своих трудах расистские высказывания Гитлера и других идеологов нацизма.

Следует отметить, что существуют определенные трудности в изучении аризации и нацификации биологии в Германии. В отличие от СССР, где всегда существовала традиция литературы андеграунда и устных преданий, из которых видно реальное отношение того или иного биолога к господствовавшей идеологии, в распоряжении историков биологии нацистской Германии, как правило, только опубликованные труды и материалы государственных архивов, в которых содержатся преимущественно одобрительные высказывания в адрес теории и практики нацизма и нет критических замечаний. Однако это не означает, что их не было, хотя, конечно, их высказывали редко. Один из таких примеров со слов А. Мюнтцинга привела Р.Л. Берг. Во время посещения какой-то делегацией лаборатории Тимофеева-Ресовского передавали речь Гитлера: все должны были молчать и слушать ее стоя. И среди всеобщего молчания отчетливо слышны были слова Тимофеева-Ресовского: «Когда, наконец, прекратится это безумие»[356].

В целом, правительство Гитлера оказало сильное влияние на германскую биологию и ученых. Под влиянием нацистской идеологии менялся даже научный язык биологов, которым было предложено германизировать их профессиональную тер-

---

[355] Evolutionsbiologie von Darwin bis heute. S. 307–360.

[356] *Тимофеев-Ресовский В.Н.* Очерки. Воспоминания. Материалы. М., 1993. С. 234.

минологию, сделав ее более простой и понятной. Так, «аллели» превращали в «наследственных партнеров», «хромосомы» — в «ядерные нити», «гибриды» — в «помеси». В свою очередь, биология и биологи сыграли, в конечном счете, важную роль в политике национал-социализма. Однако в каждой отрасли биологии существовала своя специфика этого взаимовлияния.

Национал-социалистические научные учреждения, общества и журналы

Национал-социалистическая политика «Gleichschaltung» (унификация, или насильственное приобщение к господствовавшей идеологии), прежде всего, проявилась в университетах[357]. Как и большевики, национал-социалисты прекрасно понимали ключевую роль высшей школы в реализации своих проектов и сразу после прихода к власти приступили к «чистке» университетов от евреев, левых и либералов и к введению принципа «вождизма». Уже в 1933 г. этот процесс был завершен. Процесс «Gleichschaltung» университетов в Австрии начался немедленно после аншлюса. По политическим мотивам изгнали приверженцев режима Э. Дольфуса — К. Шушнига, а также католиков. Изгнание неугодных и стопроцентная германизация и нацификация немецких университетов в Праге произошли в марте 1939 г. после оккупации Чехословакии. В Познани и Страсбурге немецкие университеты с арийским штатом были укомплектованы соответственно в 1940 и 1941 гг.

Еще до прихода к власти нацистов, в 1931 г. протагонист немецкой или арийской биологии Э. Леман, директор Института ботаники в Тюбингенском университете, начал издавать журнал «Биолог. Ежемесячный журнал для сохранения значения немецкой биологии»[358]. Во введении к первому номеру был опубликован его взгляд на важнейшие итоги истории биологии и цели нового журнала, который должен был стать выразителем воли немецких биологов в их противодействии угрозам уничтожения арийской науки и борьбе за ее сохранение[359]. Суть этой угрозы Леман раскрыл в статье «Бедственное положение немецкой биологии», опубликованной в том же номере журнала. Он имел в виду сокращение биологических кафедр и их профессорско-преподавательского корпуса, сокращение институтов в университетах и КВГ, введение экономии электричества, газа, воды, сокращение ассигнований на закупку приборов, препаратов и т. д.

Помимо учреждения журнала, Леман добивался создания органа, который должен был бороться за сохранение и расширение биологических исследований в высшей школе, пропагандируя их практическое значение для селекции растений, повышение их устойчивости к болезням и т. д. 24 сентября 1932 г. в курфюршеском замке в Майнце состоялось учредительное собрание Союза немецких биологов, председателем которого был избран Леман. По его инициативе была развернута энергичная пропаганда новой организации в прессе, что свидетельствовало о желании Лемана добиться широкого общественного признания. Вскоре стало ясно, что стремление нового союза к просвещению населения и интересы национал-

---

[357] *Hartshorne E. Ya.* The German Universities and National Socialism. London, 1937; *Hossfeld U., John J., Stutz R.* Weaving Networks. The University of Jena in the Weimar Republic, the Third Reich, and the postwar East German state // Science and Ideology. London; New York, 2003. P. 186–227; *Eberle H.* Die Martin-Luther-Universität in der Zeit des Nationalsozialismus 1933–1945. Halle, 2002. S. 83–109.

[358] *Bäumer A.* NS-Biologie. Stuttgart, 1990. S. 127–147.

[359] *Lehmann E.* Zur Einführung und Begründung // Der Biologe. 1931. Jg. 1. H. 1. S. 1–5.

социалистов в значительной степени совпадают, что привело к установлению тесных контактов. С одобрения фюрера ДБВ вошел в состав НСЛБ и одновременно был включен на правах коллективного члена в Комитет по здравоохранению в РМИ.

Журнал «Биолог» стал печатным органом ДБВ и биологической секции НСЛБ. Политическая нейтральность первых публикаций ушла в прошлое. Они приняли четкую национал-социалистическую окраску. Выступая на втором собрании ДБВ, состоявшемся в сентябре 1934 г. в Ганновере, Леман заявил, что теперь союз действует в совершенно новом государстве и пользуется полной поддержкой его главных руководителей: А. Гитлера, Г. Геринга и В. Фрика. Он указал на глубокое родство национал-социалистической идеологии и немецкой биологии. От руководителей Третьего рейха Леман ждал многого не только во славу Германии, но и для собственной специальности. Тем самым тесное сотрудничество сторонников немецкой биологи и НСДАП было установлено и продолжалось до краха гитлеровского режима.

В задачи ДБВ как части НСЛБ входило не только обучение школьников, но воспитание народа: разъяснение рабочим и крестьянам вопросов расовой гигиены и необходимости расово-гигиенических мероприятий для Германии. С этой целью создавали специальные лагеря для обучения учителей, чтобы они усвоили, что национал-социалистическое мировоззрение базировалось на науке. В качестве примера Леман и его последователи обычно использовали расовую гигиену, учение о расах, генетику, селекцию, экологию и охрану природы, растениеводство и т. д. Тематика занятий была следующей: 1. Биология как основа национал-социалистического мировоззрения; 2. Биология, раса, народ; 3. Биология и почва; 4. Биология, государство и культура; 5. Биология и холистский подход. 6. Биология и школа[360]. Преподаватели высшей школы и учителя должны были сформировать у студентов и слушателей твердое убеждение в том, что национал-социализм — это прикладная биология или биология на практике. В итоге биологические занятия превратились в идеологические кампании по формированию официального мировоззрения.

В 1938 г. ДБВ насчитывал уже более 2 000 членов, что, по меньшей мере, в десять раз превышало численность ОБМ в СССР в разгар культурной революции. На следующий год биологию еще теснее связали с нацистским режимом. ДБВ превратили в Имперский биологический союз (Reichsbund für Biologie — РББ), членом которого должен был стать каждый биолог. Благодаря присоединению к фонду «Наследие предков» СС союз попал в прямое подчинение к рейхсфюреру Г. Гиммлеру, а руководитель исследовательского центра по биологии в АЭ гауптштурмфюрер (капитан) СС В. Грайт возглавил новый союз, прописав подробно его задачи и структуру в специальной статье[361].

По мнению Грайта, до сих пор ученые не понимали в полной мере важность сотрудничества с нацистами в деле внедрения в практику достижений биологии, которая не должна быть суммой ботанических и зоологических знаний, а должна открыть законы жизни. Эти законы будут положены в основу права, законодательства и устройства государства. Биологическое мышление должно предопределить языковую практику в использовании слов, а достижения биологии следует использовать в широкой области общественно-производственной деятельности от медицины до сельского хозяйства и лесоведения. В связи с этим необходимо

---

[360] Der Biologe. 1935. Jg. 5. S. 207.

[361] *Greite W.* Aufbau und Aufgaben des Reichsbundes // Der Biologe. 1939. Jg. 8. S. 243.

иметь много специалистов по отдельным биологическим дисциплинам, но каждый из них должен обладать широтой взглядов и служить выполнению общих задач.

Свою программную статью Грайт закончил словами, что отныне биологам не следует беспокоиться о том, что их потребности будут непонятны руководителям НСДАП. Их задача состоит в том, чтобы каждый на своем посту способствовал решению общих задач. Отказ какого-либо биолога участвовать в работе союза означал его бесполезность для государства. Осознанию каждым биологом своего места в решении общих задач должна была помочь структура РББ, отражавшая классификацию биологических наук по объекту исследования (растения, животные, человек) и отраслям знания (филогения, морфология, физиология, эмбриология, генетика, прикладная биология, экология и т. д.). В соответствии с этой структурой должны были делиться все местные и земельные отделения союза.

«Биолог», редактором которого также был Грайт, стал функционировать и как орган нового Союза. Он окончательно превратился в партийный национал-социалистический журнал, информировал общественность о биологии, научной и даже личной жизни биологов. Как и РББ, журнал способствовал развитию биологических исследований в высшей школе, прежде всего в области расовой биологии в широком смысле слова, увеличения числа экстраординарных профессоров, перестройки образования. Новая структура биологических дисциплин и учебных планов должна была разрушить исторически сложившиеся связи и обеспечить внедрение прикладной биологии путем введения разделов «Биология и школа», «Биология и медицина», «Биология и право» и «Биология и гуманитарные науки». В журнале были введены две рубрики, в которых приводили выдержки из недавно опубликованных трудов, которые биологам следовало читать или, напротив, не читать.

РББ и его журнал вели научную работу, преподавание и пропаганду под прямым надзором НСДАП, что и предопределило их судьбу. Уже с 1943 г. выход журнала стал нерегулярным. В 1944 г. вышли последние три номера, а с поражением Германии издание этого органа национал-социалистической биологии прекратилось. С крахом нацистской Германии потеряли всякое значение и организации немецкой биологии.

Другим рупором сторонников немецкой биологии стал «Журнал общего естествознания» (Zeitschrift für die gesamte Naturwissenschaft), который издавал так называемый «мюнхенский кружок» НСДАП. Он считался неофициальным рупором сторонников немецкой науки. В его руководство входил старейший среди биологов член НСДАП, вступивший в ее ряды еще в 1922 г., доцент Э. Бергдольт, который только во время войны смог стать профессором Мюнхенского университета. Но и здесь труды поборников арийской биологии носили общий характер. Как писал в автобиографии Э. Май, он стремился к перестройке основ естествознания, «следуя духу индогерманцев»[362]. И если статьи известных биологов В. Тролля «Возрождение морфологии из духа немецкой науки» (1935) и Г. Вебера «Состояние и задачи биологии в современной Германии» (1935) еще могли как-то привлечь внимание ученых, то туманные рассуждения малоизвестных Э. Мая, Г. Андре́ и Э. Бергдольта об отличиях немецкой и еврейской биологии заинтересовали немногих.

Наиболее типичной чисто «нацистской» исследовательской структурой было «Наследие предков», созданное по инициативе главы СС Г. Гиммлера в 1935 г. и,

[362] *Deichmann U.* Biologen unter Hitler. S. 207.

несомненно, наиболее идеологизированное среди научных учреждений в Третьем рейхе. В нем ярко отразилась связь немецкого мистицизма и романтизма, концепции «крови и почвы» Р.В.О. Дарре́ с политическими доктринами нацистов и их претензиями на научную легитимность. Сам термин «наследие предков» восходил к немецкому романтизму, его не раз использовали в названиях различных объединений и журналов. Но содержание этого понятия, как его воспринимал Г. Гиммлер, сформулировал идеолог Народнического движения Г. Вирт: «Осознать и обрести вновь ценности из давно ушедшего мира германских предков и обратить их на пользу практике и идеологии национал-социализма»[363]. В 1939 г. в задачи АЭ входило исследование «пространства, духа, дел и наследия расово-чистокровных индоевропейцев, чтобы результаты исследований были в яркой форме представлены народу». Предполагали, что усилия индоевропейцев в познании природы столь же древни, как и сама нордическая раса. Открытые ими законы жизни они использовали для устройства общества и в межрасовом поведении. Даже в периоды массового смешения кровей лучшие представители немецкого народа якобы вели борьбу за право следовать законам жизни.

По мнению его инициаторов, АЭ следовало очистить истинное знание, передаваемое из поколения в поколение, от догматических представлений так, чтобы биологическое мышление соответствовало идеям единства жизни во всех ее проявлениях. Современные немцы, как члены непрерывной цепи предков и потомков, должны пользоваться этим наследием в соответствии с интересами своего вида. Таким образом, биологию нацисты отнесли к числу важнейших областей исследовательской и преподавательской деятельности АЭ, хотя основное внимание они уделяли поиску разного рода оккультного, мистического знания, Шамбалы, котла Арианта, чаши Грааля и т. п.[364]

Руководители АЭ заключали контракты на исследовательские и образовательные работы, финансировали исследовательские экспедиции, конференции, публикации. Хотя в АЭ было несколько собственных научных сотрудников, для работы по его проектам привлекали многих ученых из других государственных и частных исследовательских институтов. Само «Наследие предков» сперва получало средства от ДФГ, а с 1942 г. — напрямую от государства. АЭ основное внимание уделял образовательным дисциплинам, имевшим пропагандистское значение. Например, археология и антропология могли дать реальную и очевидную научную поддержку немецким территориальным притязаниям на Востоке[365]. Дей-

---

[363] *Kater M.* Das "Ahnenerbe" der SS. 1935–1945. Ein Beitrag zur Kulturpolitik des Dritten Reiches. München, 1997. 1974. S. 7.

[364] Благодаря средствам массовой информации сейчас хорошо известно, что лидеры Третьего рейха увлекались оккультными, мистическими знаниями, но забывают как-то сказать, что никто из их бесчисленных астрологов, ясновидящих и т. д. не смог предсказать правильно будущее ни Германии, ни ее руководителей. Оставалась для них неведомой и своя собственная судьба, даже ближайшие события. В Третьем рейхе был поставлен жестокий, но весьма репрезентативный эксперимент на истинность подобного рода прогнозов. После внезапного полёта в Англию в 1941 г. Р. Гесса, заместителя Гитлера по партии, сотни астрологов, предсказателей, прорицателей и других носителей эзотерического знания, находившихся под его покровительством, сразу же были арестованы и отправлены в концентрационные лагеря. Осталось неизвестным, кто из них рекомендовал Гессу этот полёт, но самое удивительное выяснилось при аресте — все они не предвидели столь внезапных изменений в своей судьбе.

[365] *Arnold B.* The Past as Propaganda: Totalitarian Archaeology in Nazi Germany // Antiquity. 1990. Vol. 64. P. 464–478.

ствуя таким образом, АЭ поддерживал широкий фронт исследований, хотя многие из этих проблем сейчас считали бы ненаучными или даже псевдонаучными, например, «теория мирового льда». Но его руководители поощряли и фундаментальные исследования в области биологии, включая энтомологию, генетику растений и человека. АЭ планировал, финансировал и проводил эксперименты на заключенных в лагерях для военнопленных и концентрационных лагерях, в частности, в Освенциме и в других местах[366], о которых пойдет речь позднее.

Весной 1938 г, когда Г. Гиммлер стал президентом «Наследия предков», в нём было пять научных учреждений, на базе которых рейхсфюрер надеялся со временем создать Академию наук СС[367]. В 1938 г. АЭ организовал тибетскую экспедицию, в которой могли участвовать только члены СС, хотя её финансировали ДФГ и РФР. До этого в 1935 г. в тех местах побывала Гиндукушская немецкая экспедиция во главе с руководителем кафедры сельского хозяйства Т. Рёмером и директором Ботанического сада В. Троллем (университет в Галле)[368]. Цели и задачи немецких исследований определялись, в основном, трудами Вавилова. Они желали получить местные сорта культурных растений и близкородственных им диких форм для селекции. Но были две новые задачи. Во-первых, поиск растений, имевших стратегическое значение в обеспечении Германии белками и жирами. Во-вторых, расологические исследования, которые вели К. фон Розенштиль и А. Герлих с целью поиска родины арийцев. Вторая задача стала уже главной в экспедиции АЭ[369]. В ней участвовали антрополог Б. Бегер, энтомолог Э. Краузе, зоолог Э. Шеффер и географ К. Винер. Э. Шеффер до этого уже был на Тибете дважды в составе двух американских экспедиций. Бегер должен был собрать материал о происхождении и развитии нордической расы в этом районе путем измерения черепов и других морфологических признаков обитателей Тибета, фотографирования и изготовления слепков. Ботанические исследования должны были подтвердить, что тамошнее разнообразие культурных растений доказывает существование древнейшего центра земледелия на прародине арийцев.

В 1939 г., как уже говорилось, фонд «Наследия предков» установил контроль над Имперским биологическим союзом, определяя задачи и цели исследования для всего биологического сообщества Германии. Психофизиологические исследования стремился контролировать Институт КВГ по психиатрии в Мюнхене, во главе с Э. Рюдином[370]. Постепенно стало ясно, что прикладная антропология в АЭ, жонглирующая в различных сочетаниях понятиями «раса», «еврейство», «арийское», «народное», «расовая душа», «индогерманцы (индоевропейцы)» и ищущая своих духовных отцов в разноплеменном ряду предшественников от Заратустры и Будды до О. фон Бисмарка, была псевдонаукой и не могла дать требуемых результатов. Антропология фактически стала здесь жертвой идеологического ослепления[371].

---

[366] *Mitscherlich A., Mielke F.* The Death Doctors. London, 1962; *Klee E.* Auschwitz, die NS-Medizin, und ihre Opfer; *Lifton R.J.* The Nazi Doctors: Medical Killing and the Psychology of Genocide. New York, 1986; *Müller-Hill B.* Murderous Science: Elimination by Scientific Selection of Jews, Gypsies, and Others, Germany 1933–1945. Oxford, 1985; *Weindling P.* Health, Race, and German Politics between National Unification and Nazism, 1870–1945. Cambridge, 1989.

[367] *Zierold K.* Forschungsförderung in drei Epochen. S. 187.

[368] *Flitner M.* Sammler, Räuber und Gelehrte. S. 74–75.

[369] Ibid. S. 76–77.

[370] *Kater M.* Das "Ahnenerbe" der SS. S. 205–206.

[371] Ibid. S. 211.

Начиная с 1940 г., естественнонаучные исследования в АЭ все больше контролировал Э. Шеффер, ставший к тому времени штурмбаннфюрером (майор). В январе он возглавил новый Отдел исследований Центральной Азии и экспедиций. Он лелеял честолюбивые планы создать большой институт, который должен был стать плацдармом для обновления всей немецкой науки. К 1942 г. его отдел стал самым крупным исследовательским учреждением в АЭ. На следующий год под его руководством в Мюнхене был создан Институт исследования Центральной Азии, носивший имя шведского исследователя Тибета С. Гедина. В 1942 г. Гиммлер распорядился за счет вооруженных сил СС создать Институт по практическому использованию науки в военных целях. Наряду с пятью естественнонаучными подразделениями два медицинских отдела, по желанию Гиммлера, должны были способствовать отказу от предрассудков традиционной медицины и науки. Руководителем Института оборонных научных исследований был назначен штандартенфюрер СС В. Сиверс, управлявший АЭ. Сиверс был хорошим другом Р. Менцеля и в 1943 г. стал его заместителем в экспертном совете РФР, что еще больше облегчило финансирование проектов АЭ.

Среди «важных для обороны» проектов АЭ, поддержанных РФР, были исследования в области генетики растений, энтомологии, а также опыты над заключенными, предполагавшие массовые убийства. Среди них «исследования» в Дахау профессора медицины из Праги З. Рашера по воздействию холода на людей для решения задач авиационной медицины, стоившие жизни, по меньшей мере, 300 заключенным, а также исследования профессора медицины из Страсбурга А. Хирта, профессора медицины из Берлина Ф. Зауербруха и профессора медицины и заместителя руководителя Имперской палаты врачей К. Бломе о временных периодах воздействия на заключенных различных доз отравляющих веществ и их комбинаций[372]. Бломе, вступивший в НСДАП и СА ещё до прихода нацистов к власти, был главным пропагандистом биологических способов войны[373]. В 1942 г. К. Бломе получил приказ создать вблизи Познани Центральный институт по изучению рака, который должен был заниматься созданием и испытанием биологических боевых веществ[374]. С 1944 г. по приказу Г. Гиммлера он занимался сбором возбудителей чумы как основы для создания биологического оружия «Blitzableiter» (молниеносное возмездие)[375]. С этой целью была послана экспедиция в Турцию для добычи патогенных микробов, одновременно разрабатывали противочумную вакцину. Б. Бегер в 1943 г. выбрал для коллекции еврейских скелетов 115 заключенных в Освенциме, умерщвленных для этой цели газом. Анатомическими исследованиями органов умерщвленных людей занимался профессор Берлинского университета Г. Штиф, а директор университетской клиники, психиатр М. де Кринис, член СС, был «серым кардиналом» учреждений по эвтаназии и участвовал в исследованиях головного мозга погибших[376]. Как правило, про-

[372] *Kater M.* Das “Ahnenerbe” der SS. S. 231–264; *Proctor R.* The Nazi War on Cancer. P. 263.

[373] *Hansen F.* Biologische Kriegsführung im Dritten Reich. S. 52–68.

[374] Ibid. S. 137.

[375] Ibid. S. 152–157.

[376] *Schagen U.* Die Forschung an menschlichen Organen nach “plötzlichen Tode” und der Anatom Hermann Stieve (1886–1952) // Die Berliner Universität in der NS-Zeit. Bd. II. S. 35–54; *Beddies T.* Universitätspsychiatrie im Dritten Reich. Die Nervenklinik der Charité unter Karl Bonhoeffer und Maximilan de Crinis // Ibid. S. 55–72.

фессора из университетов заказывали лагерным врачам, что им нужно, а те подбирали подходящих заключенных, умерщвляли их и изготавливали из их останков требуемые препараты половых органов, легких, глаз и т. д.[377]

Особое место в «научных планах» АЭ занимала деятельность «команды по сбору ботанического материала», которой руководил ученик Э. Лемана Г. Брюхер, специалист в области генетики растений и их гибридизации[378]. Весной 1943 г. при поддержке Шеффера Брюхер в рамках общего плана научной политики на оккупированных территориях на востоке разработал проект сбора, точнее, грабежа уникального селекционного материала, хранившегося в сельскохозяйственных научных учреждениях СССР. План одобрил Гиммлер, который считал, что институты КВГ не справились с этой задачей, а итоги зимней кампании 1942–1943 гг. заставляли спешить, так как стремительное наступление русских означало, что вскоре эти селекционные станции и растениеводческие институты на юге СССР станут недоступны немецким войскам.

Летом 1943 г. Брюхер в сопровождении ботаника и гауптштурмфюрера К. фон Рауха и военных частей СС посетил 18 растениеводческих станций и институтов на Украине и в Крыму, откуда вывез ценные генетические коллекции, собранные по инициативе Н.И. Вавилова его сотрудниками[379]. Кроме того, проводили сбор дикорастущих зерновых и плодовых растений на оккупированных территориях СССР. Проект Брюхера был в числе немногих начинаний АЭ, закончившихся удачно. Аналогичная акция Шеффера на Кавказе завершилась провалом. В целом, такова же была судьба всего плана. Из-за поражения Германии Брюхер не успел воспользоваться захваченным селекционным материалом для выведения новых сортов культурных растений, которые, как он надеялся, обеспечат продовольственную автаркию Германии.

С 1 ноября 1943 г. Брюхер стал директором вновь созданного Института генетики растений опытного хозяйства СС в Ланнахе под Грацем. Институт должен был стать центром для изучения дикорастущих форм и исходных сортов культурных растений, собранных Тибетской экспедицией в Гиндукуше и на оккупированных территориях. Его коллекцию использовали доцент ботаники Р. Фрайслебен из Галле, и А. Шайбе, основатель и директор Немецко-болгарского института сельскохозяйственных исследований КВГ в Софии. Благодаря своим грабительским сборам Брюхер занял ведущие позиции в области прикладной ботаники. Г. Гиммлер и Г. Геринг поручили ему культивировать наследственно резистентные, морозо- и засухоустойчивые формы культурных растений для восточных территорий[380]. Весной 1944 г. Брюхер высеял тысячи сортов ячменя, пшеницы и овса из тибетского сбора Э. Шеффера, а также захваченных в СССР и культивируемых в Германии. Конечной целью этих посевов было выведение новых болезнеустойчивых и высокопродуктивных сортов за счет использования генетического материала дикорастущих форм. Другая его работа была связана с культивированием масличного растения Lafi, масло которого он уже в декабре 1944 г. передал Гиммлеру для использования в промышленных

---

[377] *Klee E.* Auschwitz, die NS-Medizin und ihre Opfer. S. 371–378.

[378] *Flitner M.* Sammler, Räuber und Gelehrte. S. 115–121.

[379] *Хоссфельд У.* Захват немецкими фашистами генного материала Вавиловских институтов в 1943 г. // На переломе. Вып. 2. Отечественная наука в первой половине XX века. СПб., 1999. С. 249–250.

[380] *Deichmann U.* Biologen unter Hitler. S. 205.

целях. В феврале 1945 г. Брюхер получил распоряжение от В. Сиверса — уничтожить весь опытный материал, чтобы он не попал в руки врагов.

Другим биологическим учреждением, созданным «Наследием предков» в годы войны, стал Энтомологический институт в Дахау[381]. В отличие от медицинских гигиенических учреждений, новый институт, учрежденный по приказу Гиммлера от 29 января 1942 г., должен был заниматься биологией вредных насекомых (вшей, блох, клопов, мух, мошек, слепней), изучением их естественных противников, болезней, ими вызываемых, существующими средствами борьбы с ними и поисками новых методов их уничтожения. Гиммлера интересовал «фундаментальный вопрос»: «Почему вши у одних людей заводятся, а у других нет»[382]. Необходимость подобных исследований была вызвана массовыми инфекционными заболеваниями у заключенных в концентрационных лагерях. Существовала реальная угроза, что эпидемии перейдут на обслуживающий персонал и охрану лагерей. Непосредственным поводом для инициативы по созданию нового Института стала вспышка сыпного тифа в конце 1941 г. в концентрационном лагере Нойенгамме вблизи Гамбурга. Это заболевание, редкое для Западной Европы, процветало в жутких, скученных условиях концентрационных лагерей.

Медицинскими аспектами борьбы с эпидемией сыпного тифа в концентрационном лагере Бухенвальд с начала 1942 г. по инициативе Гиммлера и с согласия рейхсфюрера здравоохранения Л. Конти и рейхсврача СС Э.С. Гравитца занимался лагерный врач гауптштурмфюрер (капитан) СС Динг-Шуллер[383]. Он прививал заключенным вакцину, разработанную ИГ-Фарбениндустри. Позднее пытались выработать устойчивость у заключенных к возбудителям тифа. В результате этих опытов умерли 600 человек. Под руководством Гравитца шли исследования по заражению около 20 заключенных сепсисом для последующего лечения сульфаниламидными препаратами (хемотерапия), который не дал эффекта, и все подопытные погибли[384]. Профессор Берлинского университета К. Гебхардт, ученик знаменитого хирурга Ф. Зауербруха, безуспешно экспериментировал на заключенных при лечении газовой гангрены[385]. Профессор Ф. Флури, руководитель Института фармокологии в университете Вюрцбурга, начиная с 1939 г., проводил исследования воздействия отравляющих газов на человека[386]. В подобных опытах участвовали сотрудники и руководители десятков химических и биологических институтов, например, директор Института фармакологии и военной токсикологии В. Вирт, испытывавших на заключенных фосген, углекислый газ, циклон Б, табун и др.[387]

Одновременно решили создать в СС научный центр по изучению переносчиков возбудителей инфекционных заболеваний. После долгих поисков пост директора предложили зоологу, натурфилософу и историку науки Э. Маю, который, хотя не был ни членом НСДАП, ни СС, был известен своими антисемитскими взглядами, борьбой против теории относительности, эпистемологии австрийского философа К. Поппера и метода актуализма. Май согласился занять пост директора при

[381] *Deichmann U.* Biologen unter Hitler. S. 205–210; *Kater M.* Das “Ahnenerbe” der SS. S. 227–231.
[382] *Kater M.* Das “Ahnenerbe” der SS. S. 227.
[383] Ibid. S. 228.
[384] *Klee E.* Auschwitz, die NS-Medizin und ihre Opfer. S. 144–150.
[385] Ibid. S. 150–155.
[386] Ibid. S. 269–270.
[387] Ibid. S. 270–277.

условии, что ему будет предоставлена возможность продолжать натурфилософские работы. Это желание с пониманием встретил В. Сиверс, который, несмотря на разносторонние обязанности в качестве руководителя АЭ, директора Института военно-оборонных исследований, организатора поставок «человеческого материала» (Menschenmaterial) для «научных» работ Хирта, Рашера и других, заместителя председателя экспертного совета ДФГ, также находил время для философских трудов. В 1943 г. он назначил Мая редактором «Журнала общего естествознания», издаваемого АЭ.

Местом будущего Института АЭ стал концентрационный лагерь Дахау, так как, по мнению Сиверса, там уже были медицинские учреждения СС, а в качестве объекта для исследования — в неограниченном количестве заключенные. Но строительство здания для Института из-за недостатка материалов было закончено только осенью 1943 г. До этого Май свои исследования проводил в одной комнате Института лечебных трав. Первоначально ему хватало занятий с майскими жуками и прямокрылыми прыгунчиками (тетригиды из саранчовых). В 1943 г. ему и Р. Шутрумпф было поручено искать способы борьбы с мухами, к которым Гиммлер проявлял особый интерес. Май предлагал уничтожать их путем грибной инфекции. Гиммлер был склонен к альтернативным способам борьбы и просил Мая проверить воздействие коротковолнового излучения на мух и их яйца. Изучение малярийного комара и способов борьбы с ним стало другим направлением работ Института.

В 1942 г. в Вене был открыт филиал Энтомологического института (Юго-восточный Институт), в котором профессор зоологии из Граца, член СС и НСДАП Й. Мейкснер изучал малярийных комаров и их зависимость от почвы, растительности, климата. Для борьбы с малярийным комаром Май создал новый инсектицид — ларвицид (Larvizide) — и предлагал проверить многие другие органические соединения, которые могли действовать избирательно только на вредных насекомых, оставляя нетронутой остальную фауну и флору, не причиняя вреда самому человеку. Его проект «Вредные для человека насекомые» был поддержан РФР как исключительно важный в условиях войны. Он был тесно связан с работами группенфюрера (генерал-лейтенант) СА, заместителя главного врача Рейха К. Бломе, который занимался проблемой ведения «биологической войны» (die biologische Kriegsführung)[388].

Естественно, что в условиях все усиливающегося дефицита времени сотрудников, аппаратуры и препаратов трудно было создать эффективные способы борьбы с тифом и малярией. Грязная вода, жуткая пища, скученность и многие другие факторы обрекали на неудачу все попытки ликвидировать эпидемии. Вши и блохи буквально кишели в лохмотьях заключенных, и Май не мог ничего реально сделать, чтобы уменьшить их гибель. Май знал об убийствах заключенных во время экспериментов в Дахау, которые обсуждались на «научных семинарах» в Институте использования лечебных трав, но сам в них не участвовал. Более того, по данным М. Катера, в споре с З. Рашером и А. Хиртом Май вместе с лагерным врачом в Дахау К. Плётнером возражал против убийств. Его оправдали на Нюрнбергском процессе, на котором были осуждены его коллеги по научным исследованиям в Дахау, эсэсовские медики.

Переплетение науки и псевдонауки было характерно не только для АЭ. В различных комбинациях оно имело место и в других учреждениях Третьего рейха. Псевдонауку поддерживали даже традиционные научные институты и университеты.

[388] *Hansen F.* Biologische Kriegsführung im Dritten Reich. S. 132–157.

Как упоминалось выше, ДФГ и РФГ равным образом финансировало исследования, проводимые в университетах и других институтах, включая КВГ, участвовавших также в национал-социалистической пропаганде. АЭ уникально в своем намеренном усвоении наиболее кровожадных и расистских аспектов национал-социализма, как это было продемонстрировано в бесчеловечных экспериментах В. Сиверса, Б. Бегера, А. Хирта, Й. Менгеле и других. Но даже здесь специфическими были цели и средства, а не научные работники и организация.

Когда перевооружение Германии началось всерьез, Институт физической химии КВГ получил задание по «четырехлетнему плану» и должен был осуществлять теперь в первую очередь прикладные исследования, направленные на реализацию национал-социалистической политики автаркии и перевооружения. КВГ финансово процветало во время войны благодаря расширению сферы исследований, которые включали теперь специфические направления, совместимые с национал-социалистической идеологией и политикой, например, проблему завоевания «жизненного пространства» для немцев на Востоке. В рамках четырехлетнего плана финансировали исследования по гидробиологии, изучение растительного волокна и др.[389] Был создан новый тип института с особым статусом, например, Сельскохозяйственный институт КВГ. Названия этих институтов иллюстрируют амбивалентность общества относительно новых учреждений и типа кооперации с национал-социалистическим государством, которое они представляли[390]. После того, как началась война, три новых института сельского хозяйства и биологии были основаны в Бреслау, Софии и Афинах. Ещё один институт планировали создать в Венгрии. Этим институтам было предписано способствовать сотрудничеству с местными учеными и использованию местных ресурсов[391]. Это означало ограбление оккупированных территорий, вывоз семенного фонда, ценных сортов растений, пород животных и оборудования.

КВГ играло важную роль в реорганизации биологических исследований на оккупированной части СССР[392]. Многие всемирно известные сельскохозяйственные и селекционные станции, включая созданные Н.И. Вавиловым, оказались в руках немецких биологов, которые свозили в Германию уникальный сортовой материал растений, ценные породы животных и коллекции диких форм культурных растений Ф. фон Веттштейн лично подготовил записку об огромном значении этих коллекций для немецкой науки. Он предложил, чтобы созданные Вавиловым учреждения вошли в структуру КВГ. Полагая, что Вавилов был расстрелян в 1940 г., Веттштейн считал необходимым, чтобы в Германии продолжили его исследования, оказавшиеся невостребованными в СССР. С ним согласился В. Рудорф, который обратился с соответствующим предложением к министру восточных оккупированных территорий А. Розенбергу. Возможно, руководители КВГ хотели предохранить ин-

---

[389] *Heim S.* Kalorien, Kautschuk, Karrieren. Pflanzenzenzüchtung und landwirtschaftliche Forschung in Kaiser-Wilhelm-Instituten 1933–1945. Göttingen, 2003. S. 65–90.

[390] *Heim S.* Forschung für die Autarkie. Agrarwissenschaft an Kaiser-Wilhelm-Instituten im Nationalsozialismus // Autarkie und Ostexpansion. Pflanzenzucht und Agrarforschung im Nationalsozialismus / Hg. S. Heim. Göttingen, 2002. S. 144–147.

[391] *Roth K.H.* Der erste Generalplan Ost // Mittelung der Dokumentationsstelle zur NS Sozialpolitik. 1985. Bd. 1. H. 4. S. 45–52; Der "Generalplan Ost". S. 339–345, 356–365; *Flitner M.* Sammer, Räuber und Gelehrte. S. 81–115; *Schleiermacher S.* Soziobiologische Kriegsführung. S. 145–156.

[392] *Elina O., Heim S., Roll-Hansen N.* Plant Breeding on the Front: Imperialism, War and Explotation // Politics and Science in Wartime. P. 166–174.

ституты от разграбления и спасти жизнь своих российских коллег. Но они оба не сомневались в окончательной победе Германии и полагали, что немцы по праву могут распоряжаться наукой захваченных ими стран. И в этом их поведение фактически ничем не отличалось от действий сотрудника АЭ Брюхера. Важно подчеркнуть, что все эти шаги Веттштейн и Рудорф предпринимали тогда, когда насильственное переселение советских людей и окончательное решение еврейского вопроса было реальностью, что не мешало им использовать сложившуюся ситуацию в интересах КВГ. Из трех директоров Биологического института КВГ, генетиков Ф. фон Веттштейна, М. Гартмана и А. Кюна, только Веттштейн не был членом нацистской партии, тем не менее он не побоялся вновь принять на работу политически нежелательные элементы: Г. Штуббе, Э. Шимана и К. фон Фриша[393].

Сформулированная генетиками и ботаниками задача использования научных ресурсов СССР для селекции высокоурожайных сортов зерновых фактически была частью обширного плана по германизации восточных территорий с целью расширения жизненного пространства Рейха. Реализация этой политики началась уже в 1939 г. на захваченных у Польши территориях под руководством Г. Гиммлера. Фундаментальное значение концепции жизненного пространства для исследований КВГ подчеркнул профессор, обергруппенфюрер (генерал) СС К. Мейер 22 января 1942 г. на лекции в доме А. фон Гарнака[394]. Он призывал ученых не повторять ошибок прошлого и не ограничиваться полумерами в преобразовании оккупированных территорий.

Он стал одним из главных авторов документа «Генеральный план Ост (Ost — Восток) — правовые, экономические и территориальные принципы», разработанного для преобразования в интересах Германии огромных пространств от Одера до Урала[395]. Новые поселения должны были быть созданы под контролем СС и заселены людьми, прошедшими расовую селекцию согласно концепциям СС. Реализация плана «Ост» должна была стать частью политики германизации на востоке: окончательное решение еврейского вопроса, экспроприация огромных территорий и выселение с них миллионов граждан СССР, Польши и других стран, нежелательных в расовом отношении[396]. Вопросы о выселении десятков миллионов людей в Сибирь, о превращении «расово неполноценных славян» в рабов, о массовых убийствах и т. д. обсуждали в различных комитетах, в которых участвовали

---

[393] *Käding E.* Engagement und Verantwortung. 1999. S. 47.

[394] *Meyer K.* Planung und Aufbau in den besetzen Ostgebieten // Jb. 1942 der KWG. S. 250–275.

[395] Согласно этому плану, ставшему «научными» основами политики на оккупированных территориях, в течение 25 лет от 5 до 10 млн. расово чистых немцев должны были быть переселены в восточные области, освобожденные предварительно от прежнего населения. От 30 до 40 млн. расово чуждых элементов нужно было депортировать или уничтожить. По сути дела, это был грандиозный, «научно обоснованный план» уничтожения культуры многих восточноевропейских стран, прежде всего Белоруссии, Польши, России и Украины. (Der “Generalplan Ost”. S. 16). Как подчеркивают в новейших исследованиях по этому вопросу, К. Мейер как главный разработчик этого плана, ставшего основой политики грабежа и массовых убийств мирных жителей, был в первую очередь представителем научного сообщества Германии, в частности, Берлинского университета, а лишь затем сотрудником рейхсфюрера СС Г. Гиммлера: *Rückl S.*, *Noack K.-H.* Agrarökonomen der Berliner Universität 1933–1945. S. 85. В таком же качестве выступали и другие разработчики этого плана, университетские коллеги Мейера Ф. Ленц. В. Абель, К. фон Дитце, В. Риттер, Ф. Бюлов и мн. др.

[396] *Aly G.*, *Heim S.* Vordenker der Vernichtung. Auschwitz und die deutschen Pläne für neue europäische Ordnung. S. 394–440.

руководители и сотрудники Института антропологии КВГ[397]. В реализации этих планов активно участвовали тысячи гражданских и военных врачей, контролировавших уничтожение миллионов людей на территории Польши и СССР[398]. Составной частью этого плана был проект возвращения всей природы Германии в дикое состояние, тогда как завоеванные на Востоке территории должны были стать зоной интенсивного сельского хозяйства. Мейер писал, что его план нацелен на «создание здоровой структуры общества и преобразование жизненного пространства в соответствии с требованиями тевтонской расы»[399]. В этом он видел суть планирования национал-социалистами, «осознававшими» свою ответственность перед народом и государством.

Ботанические экспедиции КВГ для изучения культурных растений по заданию РФР, как и экспедиции Брюхера, были частью плана «Ост», и средства запрашивали для них со ссылками на необходимость реализовать политические цели германизации оккупированных территорий. Об этом прямо писали в заявках на проведение экспедиций в 1941–1942 гг. на территории Греции и Албании. Так, Г. Штуббе в 1942 г. писал, что поиск селекционного материала в малоисследованных горных местностях Балкан важен для выведения сортов, устойчивых к экстремальным условиям новых восточных территорий Германии[400]. Естественно, что эту заявку поддержали как ДФГ, так и РФР. Как видно, Штуббе здесь действовал по отработанному образцу добывания средств для генетических исследований ссылками на их важность для расовой гигиены. Экспедиции, снаряженные КВГ, проходили на оккупированных немецкими и итальянскими войсками территориях и могли работать только под охраной военных[401]. В немецких газетах результаты экспедиции преподносили как прекрасный пример сотрудничества науки с немецкой и итальянской армиями: ученые получили доступ в важный центр происхождения культурных растений, после того как германская армия завоевала его. «Здесь наука следует по пятам победоносной армии», обеспечивая продовольственную безопасность Германии[402].

Г. Баске, статс-секретарь в РМЕЛ, член Сената КВГ, а с 1941 по 1945 г. его вице-президент, отвечал за координацию сельскохозяйственных исследований в

---

397 *Schleiermacher S.* Rassenhygiene und Rassenanthropologie an der Universität Berlin // Die Berliner Universität in der NS-Zeit. Bd. 1. S. 79–88.

398 *Kudlien F.* Begingen Wehrmachtsärzte im Rußlandkrieg Verbrechen gegen die Menschlichkeit? // Der Wert des Menschen. Medizin in Deutschland 1918–1945. Berlin, 1989. S. 333–352; *Thom A.* "Aufbauarbeit im Osten". Zur Tätigkeit deutscher Ärzte in den Gesundheitsverwaltungsbehörden und Ostforschungsinstitutionen in den besetzten Territorien Polens und der UdSSR während der Jahre von 1939 bis 1945 // Medizin, Naturwissenschaft, Technik und Nationalsozialismus. Kontinuitäten und Diskontinuitäten. S. 62–70; Medizin und Zwangsarbeit im Nationalsozialismus. Einsatz und Behandlung von "Ausländern" im Gesundheitwesen / Hg. A. Frewer, G. Siedbürger. Frankfurt am Main; New York, 2004. S. 11–15.

399 Цит. по: *Винер (Вайнер) Д.Р.* Экологическая идеология без мифов // Вопросы философии. 1995. № 5. С. 85.

400 *Deichmann U., Müller-Hill B.* Biological research at universities and Kaiser Wilhelm Institutes in Nazi Germany. P. 177.

401 *Flitner M.* Sammler, Räuber und Gelehrte. S. 102–106; *Käding E.* Engagement und Verantwortung. S. 59–63.

402 *Heim S.* Research for Autarky. The Contribution of Scientists to Nazi Rule in Germany. S. 16.

четырехлетнем плане и за снабжение армии продовольствием[403]. Позднее он сменил Р.В.О. Дарре́ на посту главы министерства и рейхсфюрера крестьян. Благодаря ему в Вене был создан большой Институт культурных растений, который возглавил Г. Штуббе, считавшийся среди нацистов неблагонадежным. По проекту Ф. фон Веттштейна, поддержанного Г. Баске и К. Мейером, Институт должен был стать центром обширной сети селекционных растениеводческих станций от Крайнего Севера до Средиземного моря и от Атлантики до континентальных районов на Востоке. Сам Баске был убежденным нацистом и не скрывал своих планов по уничтожению жителей СССР ввиду нехватки продовольствия, став одним из главных инициаторов политики массовых убийств на восточных территориях. Столь кровожадные планы не шокировали руководство КВГ, считавшее сотрудничество с Баске крайне желательным[404]. Об этом бывший генеральный директор КВГ Э. Тельшов не смущался заявлять еще в 1949 г. К тому времени Баске был уже мертв, покончив жизнь самоубийством в 1947 г. незадолго до вынесения ему приговора Нюрнбергским трибуналом. Мертв был и президент КВГ доктор А. Фёглер, также добровольно ушедший из жизни в 1945 г.

Возглавляемый Рудорфом Институт селекции растений КВГ решал задачу преобразования восточных территорий, занимаясь селекцией жиро- и маслосодержащих растений, приспособленных к восточным территориям[405]. Исследования велись с помощью «остарбайтеров». Особое место в сотрудничестве биологов этого Института с СС занимали исследования в концлагере Освенцим под личным контролем Гиммлера, получившего от Гитлера задание организовать поиски кок-сагыза на территории России[406]. Первые экземпляры были найдены в 1941 г. Более 50 заключенных-славян были использованы на плантациях кок-сагыза. Научную программу с участием ученых из КВГ и других биологических учреждений Берлина, Люблина, Познани, Эберсвальда, Дрездена (профессора Р.В. Бёме, Г. Вальтер, Г. Капперт, К. Краузе, Л.В. Рис, Ф. Тоблер, Ф. Христиансен-Венигер и др.) курировал Рудорф. Руководил работой глава сельскохозяйственного отдела в Освенциме штурмбаннфюрер (майор) СС Й. Цезарь[407]. Помимо него, из комендатуры лагеря в проекте участвовали химик Р. Вейнман, гауптштурмфюрер (обер-фельдфебель) СС Г. Кудрявцов и оберштурмфюрер (обер-лейтенант) СС Г. Шаттенберг. Созданная в лагере селекционная станция всецело сконцентрировалась на изучении свойств кок-сагыза и выведении его новых сортов с повышенным содержанием каучука. Несмотря на столь мощную концентрацию интеллектуальных и материально-людских ресурсов, работа, продолжавшаяся до конца Третьего рейха, не дала ожидаемых результатов[408]. После войны Рудорф предпочитал не вспоминать о своем сотрудничестве с СС.

Далеко не всегда биологические исследования имели какое-то значение для войны. Но ученые были вынуждены подчеркивать их важность для победы, в

---

[403] *Wistrich R.* Wer war wer im Dritten Reich. S. 14.

[404] *Deichmann U.* Biologen unter Hitler. S. 161.

[405] *Wieland T.* "Die politischen Aufgaben der deutschen Pflanzenzüchtung". NS-Ideologie und die Forschungsarbeiten der akademischen Pflanzenzüchter // Autarkie und Ostexpansion. Pflanzenzucht und Agrarforschung im Nationalsozialismus. S. 36–56.

[406] Ibid. S. 50–54.

[407] *Heim S.* Kalorien, Kautschuk, Karrieren. S. 172–193.

[408] Ibid. S. 193–198.

противном случае они не получили бы финансирования. Была разработана шкала важности исследований, согласно которой и выделялись гранты. Так, крайне приоритетными считались исследования по вирусологии, которые носили фундаментальный характер, но вряд ли имели такое же прямое отношение к войне. Радиобиологические исследования в Отделе генетики Института мозга КВГ, во главе с Н.В. Тимофеевым-Ресовским, и в Институте биофизики КВГ (директор Б. Рашевский) также старались использовать в военных целях. Здесь проводили исследования мутагенного эффекта быстрых нейтронов. После того, как с их помощью О. Ган и Ф. Штрассман доказали возможность расщепления атомов урана, им в 1940-х гг. приписывали большое количество свойств, которые могли быть использованы в военных целях. Эти исследования были начаты по прямому приказу Гитлера и были прекрасно обеспечены людьми, финансами и материалами. В них участвовали и учреждения СС.

Биологи здесь работали совместно с физиками и техниками для получения искусственных радиоизотопов. Им поручили найти способы защиты от быстрых нейтронов ионизирующего излучения, а также изучить возможности использовать рентгеновские лучи в противовоздушной обороне и т. д.[409] По показаниям сотрудника этого Института К. Циммера, с 1942 г. Отдел генетики КВГ, выполняя главную задачу «усовершенствовать военную машину национал-социалистической Германии», целиком сконцентрировался на экспериментах «для нужд войны, связанных с проблемой массового истребления людей и войск противника путем применения лучей рентгена, радия и нейтронов»[410]. Результаты их работ неизвестны, так как при подходе Советской Армии к Берлину все документы были уничтожены, но, судя по сохранившимся докладным запискам генерального директора КВГ Э. Тельшова, работа шла успешно[411]. Заодно исследовали проблемы распределения радиоактивных элементов в организмах, проверяли защитные маски от газовых изотопов, использовали радиоизотопы в изготовлении авиационных приборов и т. д. Таким образом, КГВ сохраняло вид вполне респектабельного научного учреждения, прекрасно вписавшегося в режим Третьего рейха и ведущего исследования в соответствии с политическими целями и идеологией нацизма.

Вновь реформированная Прусская Академия во время войны также стала активным участником национал-социалистической пропаганды и разграбления оккупированных территорий, принимая книги, журналы и другие научные материалы, похищенные из других академий, библиотек и университетов. Академии наук традиционно поддерживали международные отношения путем обмена своими публикациями, который продолжался до начала Второй мировой войны. Когда немецкие оккупационные чиновники начали свою программу «германизации» на бывшей польский территории, создав новый Немецкий университет в Познани они обратились к Прусской Академии наук, чтобы приобрести учебную литературу на немецком языке. В обмен познанские чиновники могли предложить польскую литературу, которая была изъята из различных университетов и академий наук в Польше, теперь закрытых. Интересно, что Прусская Академия наук, которая в течение веков практиковала обмен публикациями как жест доброй воли, тепер

---

[409] Рассекреченный Зубр. С. 207–208.

[410] Там же. С. 300.

[411] Там же. С. 519.

не только принимала эту военную добычу, но еще и взяла на себя инициативу и заказывала вывоз конкретных польских научных изданий[412]. Для вывоза архивов и библиотек были созданы специальные команды (Sonderkommandos) Имперского министерства по делам оккупированных территорий, Вермахта, абвера, СД, а также научно-исследовательского и образовательного фонда «Наследие предков» СС[413]. Основными объектами их деятельности стали хранилища архивных материалов и книг на территории СССР, Польши, Югославии.

Среди новых институтов, созданных во время войны, наиболее значительным, несомненно, был «военно-индустриальный университетский» комплекс, основанный в Пенемюнде для исследований и разработки баллистических управляемых ракет, названных «Фау-2», под руководством армейского офицера В. Дорнбергера и молодого инженера В. фон Брауна[414]. Их проект активно поддержал А. Шпеер и сам Гитлер, что обеспечило щедрое финансирование даже в самое тяжелое время войны[415]. Это сделало его лакомым кусочком для СС, чье влияние в годы войны значительно расширилось. Г. Гиммлер, в конечном счете, преуспел в захвате существенной части ракетной программы. Для защиты производства ракет от бомбардировок был построен Центральный цех подземной фабрики, где для сборки последних ракет «Фау-2» использовали узников концентрационных лагерей[416]. Такой рабский труд стал обычным явлением для немецких научно-индустриальных комплексов в последние годы войны.

Однако и здесь блестящий успех немецких ученых обернулся стратегическим поражением. Немецкий ракетный проект, действительно, ускорил окончание войны, но только в пользу союзников. Сама идея создания оружия была стратегической и даже психологической ошибкой, оттянув огромные ресурсы из других секторов военной экономики. Ракетный проект обошелся примерно в половину миллиарда американских долларов, т. е. примерно четвертую часть средств, потраченных в США на атомную бомбу. Поскольку в этот период немецкая военная промышленность была значительно менее развита, чем американская, бремя ракетного проекта, которое армия взвалила на Третий рейх, было примерно равноценно бремени Манхэттенского проекта для Соединенных Штатов.

Существенные изменения претерпел ландшафт университетской биологии, приспосабливавшейся к идеологии и политике Третьего рейха. Во многих университетах учредили новые кафедры и институты по антропологии, расоведению, расовой гигиене и т. д.[417] Так в период с 1934–1945 гг. были основаны институты: Институт

---

[412] *Nötzold P.* Strategien der deutschen Wissenschaftsakademien gegen Bedeutungsverlust und Funktionsverarmung // Die Preussische Akademie der Wissenschaften zu Berlin 1914–1945. S. 237–277.

[413] *Kissmehl H.* “Kriegswichtige Zielobjekte — Akten, Archive, Bibliotheken”. Zur Bedeutung, Organisation und Praxis faschistischer deutscher Kriegsbeute-Raubaktionen im Zweiten Weltkrieg // Wissenschaft unter dem NS-Regime. S. 133.

[414] *Neufeld M.* Die Rakete und das Reich. Werner von Braun, Peenemünde und der Beginn des Raketenzeitalters. Berlin, 1997; Peenemünde: Mythos und Geschichte der Rakete. 1923–1989 / Hg. J. Erichsen, B.M. Hoppe. Berlin, 2004.

[415] *Hölsken H.D.* Die V-Waffen. Entstehung — Propaganda — Kriegseinsatz. Anstalt, 1984. P. 87–92; *Eisfeld R.* Mondsüchtig. Werner von Braun und die Geburt der Raumfahrt aus dem Geist der Barbarei. Reinbek, 1996. S. 75–106.

[416] *Eisfeld R.* Mondsüchtig. S. 124–147; *Béon Y.* Planet Dora: A Memoir of the Holocaust and the Birth of the Space Age. Boulder; Colo, 1997.

[417] *Weingart P., Kroll J., Bayertz K.* Rasse, Blut und Gene. S. 424–443.

охраны наследственности и расы в Гиссене, руководители Г.В. Кранц (1934–1942) и Г. Бём (1942–1945); Расово-биологический институт в Кёнигсберге, руководители Л. Лёффер (1934–1943) и Б. Дюс (1943–1945); Расово-биологический институт в Вюрцбурге, руководители Л. Шмидт-Кель (1937–1941), Ф. Кейтер (1941–1942), Г. Юст (1942–1945); Институт генетики и расовой гигиены во Франкфурте-на-Майне, руководитель О.Ф. фон Фершуер (1935–1943) и Г.В. Кранц (1943–1945); Институт антропологии и расоведения в Тюбингене, руководитель В. Гизелер (1934–1945); Институт расоведения и генетики — Институт генетических исследований и расовой политики в Йене, руководитель К. Астель (1934–1945) и др.[418] Ведущими центрами в области расовой гигиены стали университеты Йены, где работали убежденные нацисты К. Астель, Г.Ф.К. Гюнтер, Г. Геберер, Л. Плате, Ф. Рутке[419], а также университет в Гиссене (Ф. Кун, А. Зайзер, З. Колер, Г.В. Кранц)[420]. Все они были членами СС, участвовали в эсэсовских научных программах, в том числе в осуществляемых в фонде «Наследие предков». В них политика и наука были так тесно связаны, что трудно отыскать существенные различия между научной расовой антропологией и популярными расовыми учениями, лежавшими в основе национализма и антисемитизма[421]. Поэтому нередко эти центры науки и образования в Йене и Гиссене называли университетами СС[422].

В целом «политизация науки и научная радикализация политики» были слиты полностью[423]. С одной стороны, партийные идеологи и прагматики (Й. Геббельс, В. Гросс, А. Розенберг, В. Фрик и др.) использовали научные элементы из расовых и социал-дарвинистских построений для оправдания своей политической программы, а с другой стороны, сама программа предопределяла институциализацию арийской биологии и ее исследовательское поле[424]. Проведение в жизнь расово-гигиенических мероприятий Гитлер возложил на РМИ, во главе которого стал В. Фрик, получивший у историков неофициальное название «министр расовой и генетической политики» (Der Minister für Rassen- und Erbgesundheitpolitik)[425].

«Немецкая биология»: «больше Гёте — меньше Ньютона»

В биологической литературе, вышедшей в нацистской Германии, условно можно выделить два крайних полюса. В одних работах влияние политики и идеологии почти не сказалось на содержании научных трудов. В других биологические знания использовали только для того, чтобы поддержать и обосновать национал-социалистическую идеологию. Конечно, во многих случаях нельзя провести точную границу между этими двумя тенденциями. Очень часто научное знание просто «прода-

---

[418] *Weingart P., Kroll J., Bayertz K.* Rasse, Blut und Gene. S. 438–439.

[419] *Hossfeld U.* Menschliche Erblehre, Rassenpolitik und Rassenkunde (-biologie) an den Universitäten Jena und Tübingen von 1934–1945. Ein Vergleich // Ethik der Biowissenschaften. Berlin, 1998. S. 361–392.

[420] *Weingart P., Kroll J., Bayertz K.* Rasse, Blut und Gene. S. 455–459.

[421] *Weindling P.* "Mustergau" Thüringen: Rassenhygiene zwischen Ideologie und Machtpolitik // "Kämpferische Wissenschaft". Studien zur Universität Jena im Nationalsozialismus / Hg. U. Hossfeld, J. John, O. Lemuth, R. Stutz. Köln; Weimar; Wien, 2003. S. 1023.

[422] *Weingart P., Kroll J., Bayertz K.* Rasse, Blut und Gene. S. 450.

[423] Ibid. S. 532.

[424] Ibid. S. 99–101, 460–464.

[425] *Neliba G.* Wilhelm Frick. Der Legalist des Unrechtsstaates. Eine politische Biographie. Paderborn; München; Wien; Zürich, 1992. S. 161.

вали» идеологам нацистов. Тем не менее, можно говорить о том, что в Германии, как и в СССР, были попытки построить некую свою особую, на этот раз «немецкую биологию», которая бы отличалась от мировой науки не только своими этическими ценностями, но мировоззренческими принципами и методологией[426].

Прежде всего, немецкая биология отличалась отказом от материалистического и каузально-аналитического способа рассмотрения, что одновременно было связано с подъемом «организмо-романтического мышления», сложившегося как немецкий монизм в первой половины XIX в. Профессор зоологии О. Кёлер из Кёнигсберга писал: «Целое всегда больше суммы своих частей, целое организует части, которые в свою очередь сами выступают как целое относительно своих элементов»[427]. Он призывал рассматривать только целое, забывая о том, что именно динамическое взаимодействие элементов составляет основу его существования и что только в результате целостного синтеза отдельных элементов и механизмов их взаимодействия друг с другом можно понять комплексные биологические процессы.

С целостным мышлением тесно связан и системный анализ Л. фон Берталанфи из Вены, изложенный им впервые в 1941 г.[428] Органицизм, повлиявший на многие отрасли биологии, нацисты усвоили и использовали в трактовке государства. Так, К. Циммерман утверждал: «Все во всем является ключом к пониманию государства и культуры как органического целого, которое не является простой суммой частей. Его части, взаимодействуя в качестве индивидов друг с другом, составляют более высокую систему, в которой они только и способны добиться наибольшего жизненного успеха и обеспечить максимальную безопасность. Выполнением долга перед государством человек обретает максимальную свободу, которой он никогда бы не добился в природе»[429]. Циммерман приветствовал национал-социалистическое мировоззрение как новую «жизненную силу», основанную на целостности воли, чувств, мышления и самой жизни. Поскольку саму жизнь возможно познать только в целостности, постольку национал-социалистическое мировоззрение, по его мнению, опирается на принцип целостности, выработанный в немецком идеализме и в биологии[430]. Характерно, что профессор зоологии Г. Вебер, выступая в Страсбургском университете с докладом на тему «Организм и окружающая среда» в январе 1942 г., заявил, что «эти два понятия на языке современной биологии не означают ничего иного, как выражение “кровь и почва” в политическом лексиконе»[431].

Центральное место в немецкой биологии заняло понятие «закон жизни», согласно которому все земные процессы целенаправленны и стремятся обрести целостность. При этом материалистически-механическое восприятие целого недостаточно для всестороннего понимания последовательного хода событий. В связи с этим главной задачей общей биологии должен стать поиск основных явлений жизни. Как утверждал О. Мангольд, директор Института зоологии в 1938 г. в университете Фрайбурга: «Нет сомнений, что всему органическому миру

---

[426] *Bäumer A.* Die Politisierung der Biologie zur Zeit des Nationalsozialismus // Die Biologie in unserer Zeit. 1989. № 19. S. 76–80.

[427] *Koehler O.* Biologie und Ganzheitsproblem // Der Biologe. 1932/33. S. 345.

[428] *Bertalanffy L. von.* Die Organismische Auffassung und ihre Auswirkung // Der Biologe. 1941. S. 247–258, 337–345.

[429] *Zimmermann K.* Die geistigen Grundlagen des Nationalsozialismus. Leipzig, 1933. S. 42.

[430] Ibid. S. 40.

[431] Der Biologe. 1942. Jg. 11. S. 57.

свойственны некоторые всеобщие законы; познание жизни требует, прежде всего, объяснить эти законы»[432]. Установленный закон должен быть сообщен народу, так как только на его основе можно будет построить «вечный народ» (ewiges Volk). Не только сотни или тысячи специалистов в области биологии, но каждый человек должен знать этот закон. Таким образом, отказ от материализма, который знал только материю и причинность, означал принятие биологизма как целостного восприятия природы. Монизм, пропагандировавшийся Геккелем и Бёльше еще в Германской империи, приобрел политико-идеологическое оформление. По мнению Г. Вебера, от науки вообще, и прежде всего, от биологии требовали теперь быть в буквальном смысле политической наукой[433]. Как в организме каждый орган функционирует во имя сохранения всей системы, так и в обществе место каждого человека и его социальные роли предопределены благом государства. Так создавалась основа для политизации биологии.

Метафизики холизма, сформулированного в 1926 г. Я. Смэтсом в книге «Холизм и эволюция», придерживались в Германии Г. Бёккер, Л. фон Берталанфи, А. Мейер-Абих, К. Кетчау и другие. Идею целостности как отличительной черты «немецкой биологии» усиленно пропагандировал в своих трудах профессор из Ростока К. Фридерихс, занимавшийся проблемами борьбы с вредителями[434]. Восприятие экологии он основывал на холизме, который был призван преодолеть в биологии материализм, отождествляемый им с «еврейской наукой». Фридерихс полагал, что задача экологии состоит в том, чтобы среди естественных наук осуществить наиболее полный синтез знаний о природе. Экология была для него путем «к тотальному мировоззрению, к изображению мира, в котором все со всем связано, все на все прямо или косвенно воздействует, и все одновременно находится в движении и развитии». Метод экологии, по его мнению, присущ всем подлинным наукам и должен быть распространен на все сферы жизни: «обязательства перед родиной и защита отечества, природоохранное движение, государственное строительство, народ как общество, экономика как организм и т. д.»[435].

Фридерихс считал доказанным, что в природе действуют целенаправленные, телеологические процессы, которые обеспечивают сохранение природы в норме. Ранее он говорил о саморегуляции экосистем с целью поддержания биоценотического равновесия. Теперь же, по его мнению, целенаправленные, телеологические процессы действуют всегда в сторону сохранения целостности природы, ее устой-

---

[432] *Mangold O.* Die Aufgaben der Biologie im Dritten Reich. Freiburg, 1938. S. 4.

[433] *Weber H.* Lage und Aufgabe der Biologie in der Deutschen Gegenwart // Zs. für gesamte Naturwissenschaft. 1935/36. S. 106.

[434] Целостный подход в экологии в те годы активно разрабатывали исследователи во всем мире (В.И. Вернадский, Р. Вольтерек, В.Н. Сукачёв, А. Тинеман, А. Тэнсли и др.), предложившие различные термины для обозначения экосистем, но только в Германии в нем видели некое выражение арийского духа: *Jax K.* Holoceon and Ecosystem — On the Origin and Historical Consequences of Two Concepts // J. Hist. Biol. 1998. Vol. 31. P. 113–142; *Harwood J.* Weimar Culture and Biological Theory: A Study of Richard Woltereck (1877–1944) // Hist. Sc. 1996. Vol. XXXIV. P. 347–377. С таким же успехом выражением немецкого духа можно было считать признание шарообразности Земли или существование весеннего или осеннего равноденствия.

[435] *Friederichs K.* Vom Wesen der Ökologie //Arch. f. Geschichte der Medizin und Naturwissenschaften, 1934. Bd. 27. S. 277–285.

чивого состояния, которое может реализоваться также в развитии, в повышении и становлении адаптивной нормы, которая определяет гармонию живых систем с окружающим миром. Она проявляется в предназначенности организмов и экосистем к определенным регионам, в их зависимости от атмосферы и почвы. Поэтому мир нельзя воспринимать как сумму вещей, возникших случайно, находящихся в случайных взаимодействиях и случайно реагирующих друг на друга. Напротив, мир предстает как космос, как упорядоченная структура, как целостность. Этот взгляд, по Фридерихсу, должен помочь изжить в естествознании материализм.

В 1937 г. Фридерихс старался доказать, что его усилия по распространению экологического стиля мышления способствуют политике национал-социализма: «Подобные усилия были бы бесполезны, если бы они не совпадали с современными движениями, особенно в области политики»[436]. Цитируя Гитлера, он характеризовал экологию как учение о «крови и почве» и среди практических задач экологии, требовавших решения, перечислял умножение насекомых — вредителей лесов, загрязнение рек, уменьшение рыбы в озерах, реках и морях, неконтролируемое воздействие современной технологии на природу.

Свой вклад в раскрытие специфики немецкой биологии внес и один из наиболее влиятельных эволюционистов и антропологов Третьего рейха Г. Геберер. Во введении к подготовленной под его редакцией коллективной монографии «Эволюция организма» он писал: «Биология является наукой, лежащей в основе картины мира и мировоззрения. Ее выводы имеют существенное значение, так как человек сам является частью живой природы! Биологическое познание важно не только для практических нужд национальной биологии, но намного больше и, прежде всего, для духовной сферы. От содержания и формы биологии, в конечном счете, зависит все»[437]. В итоге его воспринимали в руководстве СС как одного из реальных протагонистов немецкой биологии и всячески поддерживали.

О двух принципиально различных формах научного познания (еврейско-христианском и немецком) писал руководитель секции Наук о земле (геология, минералогия, геофизика) ДФГ, профессор палеонтологии из Киля К. Бойрлен[438]. Их различия, по его мнению, были связаны с мировоззрениями познающих субъектов и структурами их мышления, обусловленными, в свою очередь, всецело расовым происхождением (Ausdruck der Rasse). Свойственные евреям чувство независимости, отчужденности от мира и общества, представления о равенстве всех людей, фрагментарности бытия, восприятие мира как суммы объектов и орудий в руках бога или человека, индивидуализм, монотеизм и т. д. приводят к механицизму, жесткому детерминизму, к желанию познать законы природы и мироздания, чтобы подчинить их своей воле. Бойрлен считал, что эта еврейская, национал-империалистическая установка по отношению к природе сильно проявилась в западноевропейской науке, с которой вели непрерывную борьбу немецкие ученые, начиная с Парацельса, И. Кеплера, И.-В. Гёте и др., продолжая традиции своих расовых

[436] *Friederichs K.* Ökologie als Wissenschaft von der Natur oder biologischen Raumforschung. Leipzig, 1937. S. 91.

[437] *Heberer G.* Vorwort des Herausgebers // Die Evolution der Organismen. Ergebnisse und Probleme der Abstammungslehre. Jena, 1943. S. III.

[438] *Beurlen K.* Die stammesgeschichtlichen Grundlagen der Abstammungslehre. Jena, 1937. S. 253–256.

предшественников — древних греков[439]. Для них было характерным целостное восприятие мира как многообразного, живого космоса, где каждая вещь обусловлена не внешними причинами, а своей внутренней сущностью. Он уверял, что геологи и палеонтологи Третьего рейха, развивая эволюционное учение о животворящем и развивающемся мире, преодолевают схоластику христианской науки и утверждают эмпирический, целостный подход к природе[440].

Однако, как уже говорилось, главным инициатором создания немецкой биологии был основатель журнала «Биолог» и Союза немецких биологов (ДБВ) Э. Леман. С первых дней прихода нацистов к власти он старался заручиться поддержкой своих притязаний на фюрерство в немецкой биологии, добиваясь создания Института немецкой биологии, в котором он рассчитывал получить пост директора[441]. В 1933–1937 гг. он был деканом естественнонаучного факультета в Тюбингенском университете. В эти же годы он неоднократно предпринимал попытки, правда, неудачные, вступить в НСДАП, объясняя свои заслуги перед партией тем, что уже в двадцатые годы участвовал в народном союзе «Защита и отпор» и вел тяжелую борьбу против того, чтобы еврейский доцент стал профессором.

Главную задачу Института немецкой биологии Леман видел не столько в области научных исследований, сколько в пропаганде науки, чтобы выработать у немецкого народа биологическое мышление. Он полагал, что вопросы расы нашли отражение в задачах ряда расово-политических учреждений. Объектами влияния нового института должны были стать средняя и высшая школа. Профессора, доценты и учителя должны были противодействовать всяким попыткам внедрить в сознание школьников и студентов механистическую биологию, развиваемую евреями. В остальном его представления, изложенные в целостном виде в книге «Биология в современной жизни», о немецкой биологии с естественнонаучной точки зрения были крайне расплывчаты[442]. Он радовался приходу к власти национал-социализма, «в основе мировоззрения которого лежит биология»[443]. Леман не только подчеркивал ведущее значение биологии в решении самых насущных проблем человека (питания, здоровья, благосостояния, процветания расы и т. д.), но и доказывал, что биологизм пронизывает все сферы нашей материальной и духовной жизни, включая политику, искусство, литературу[444]. В этой связи он считал особенно важным знать основы биологии, главные этапы эволюции живого на Земле, и особенно центральные моменты в становлении человека и его рас. Леман заявлял о своей полной поддержке расовой гигиены и предлагаемых ею мероприятий, в которых видел единственный путь к сохранению здоровья расы и процветанию Германии[445].

Поясняя взаимоотношения между биологией и национал-социализмом в 1934 г., он заявил, что последний следует понимать как лучшую часть политической при-

---

[439] Эти немецкие естествоиспытатели стали излюбленными героями историко-научных, философских и художественных произведений в Третьем рейхе. Так, например, только Парацельсу за 12 лет были посвящены 95 монографий, 50 диссертаций и 528 статей *Benzenhöfer U.* Zum Paracelsusbild im Nationalsozialismus // Medizin, Naturwissenschaft, Technik und Nationalsozialismus. Kontinuität und Diskontinuitäten. S. 265.

[440] *Beurlen K.* Die stammesgeschichtlichen Grundlagen der Abstammungslehre. S. 256.

[441] *Deichmann U.* Biologen unter Hitler. S. 290

[442] *Lehmann E.* Die Biologie im Leben der Gegenwart. München, 1933.

[443] Ibid. S. 5.

[444] Ibid. S. 9–26.

[445] Ibid. S. 227–231.

кладной биологии[446]. Леман уверял, что народ, вырванный из природы, обречен на смерть, что лишь возвращение германцев к законам жизни сделает их сильными и что именно в этом состоит главная задача современной биологии. Не человек как индивид, а жизнь в целом должна быть объектом биологического познания, так как нет оснований выделять человека из природы. В подобной позиции наиболее отчетливо проявилось стремление проецировать биологические знания на государство и его граждан. Она полностью совпадала с холистской идеологией нацизма, с его стремлением преодолеть материализм и механицизм Запада как «еврейско-космополитическую» ложь о научной объективности[447]. Вместо нее предлагали традиционные образно-поэтические представления (тропы) о немецком народе как мистической и псевдобиологической целостности и государстве как социальном организме, которому индивид всецело подчинен.

Биология, заняв центральное место в национал-социалистическом государстве с его тотальным контролем, должна была, по мысли Лемана, служить национал-социалистической идеологии, оправдывая ее и «создавая новое орудие для борьбы за чистоту рас и против их гибридизации»[448]. Самым важным в программе национал-социалистического движения он считал стремление преобразовать политическую и экономическую жизнь в соответствии с генетическим мышлением, так как спасение немецкого народа он видел в готовности национал-социалистов прекратить биологическое самоуничтожение немецкого народа и вести непреклонную борьбу за его выживание и процветание[449]. Общество и народ означали для него «народное тело», в котором индивид выполнял роль органа, функции которого предопределены в момент рождения. Индивид, не выполняющий своей функции, терял право на существование и должен быть удален[450]. Даже в 1942 г., находясь в опале, Леман в статье, посвященной 120-летней годовщине со дня рождения Г. Менделя, продолжал радоваться «достижениям» нацистов (принудительной стерилизации и Нюрнбергским расовым законам), оценивая их как биологическую необходимость.

Этим и объяснялись три главные задачи биологии в национал-социалистическом государстве. Во-первых, биология должна была служить народу, разрабатывая научные и практические принципы для его питания и сохранения, и в этом она мало отличалась от всех других наук. Во-вторых, она должна была познавать законы жизни, чтобы способствовать возвращению людей в природу. В-третьих, биология должна была стать воспитателем народа, научить людей жить в соответствии с биологическими законами, действуя и думая биологически[451]. Главными противниками «немецкой» биологии Леман называл биологов из Институтов КГВ в Далеме, евреев по происхождению Р. Гольдшмидта, К. Штерна, В. Бридгера, В. Йоллоса. После их эмиграции он намекал на склонность к «еврейской» биологии директора Института биологии КГВ Ф. фон Веттштейна, который, хотя и не был членом НСДАП,

---

[446] *Lehmann E.* Biologischer Wille — Wege und Ziele biologischer Arbeiten im neuen Reich. München, 1934. S. 10.

[447] *Harrington A.* Reenchanted Science. P. 174.

[448] *Lehmann E.* Die Biologie im Leben der Gegenwart. S. 241.

[449] *Lehmann E.* Werbaktion: Erbbiologie — Rassenhygiene // Der Biologe. 1933. Jg. 2. S. 343.

[450] Суть этого национал-социалистического подхода состоит в лозунге: «Ты — ничто, государство — все».

[451] *Lehmann E.* Biologischer Wille... S. 12.

но, к досаде Лемана, влиял на решения руководителей РМВЕФБ, так как, в отличие от него, имел международное признание как крупный генетик растений.

Все притязания Лемана стать лидером немецкой биологии закончились крахом, как и его попытка создать Институт немецкой биологии. Вначале его планы получили серьезную поддержку со стороны основателя НСЛБ и министра культуры и образования Баварии Г. Шемма, который хотел Институт ботаники, временно не работавший из-за отъезда Веттштейна в Берлин в 1934 г., превратить в общеуниверситетский Институт немецкой биологии. Однако гибель Шемма в автомобильной катастрофе 5 марта 1935 г. положила конец этим планам, а самого Лемана изгнали из университета. Причина краха карьеры Лемана коренилась не столько в каких-то его прошлых связях с масонами, сколько в конкуренции с Р. Ветцелем, членом СС и НСДАП, руководителем союза доцентов в Тюбингене. Последний также претендовал на лидерство в немецкой биологии, обладая большим политическим влиянием, чем Леман. Все попытки Лемана вернуть доверие нацистов были безуспешными, а письма Р. Гессу, Г. Гиммлеру и А. Гитлеру с перечислением заслуг остались без ответа[452]. Тем не менее, он продолжал заверять власти в том, что проведенное им статистическое исследование развития генетики, расоведения, расовой гигиены и эволюционной теории в Германии показало, как с середины 1920-х гг. эти отрасли знания утвердились в качестве пропагандистов расовых идей национал-социализма в научном ландшафте Германии[453].

В отличие от физики, где борьбу с засильем евреев возглавили лауреаты Нобелевской премии Ленард и Штарк, среди биологов не нашлось выдающихся ученых, которые в силу своего авторитета могли претендовать на лидерство в немецкой биологии, которая чем-то реально бы отличалась от обычной биологии, как классическая физика от релятивистской. Между Леманом и Штарком можно найти только поверхностные параллели, так как они оба старались, опираясь на поддержку властей, создать некую национал-социалистическую отрасль знания. Леман отнюдь не стремился противопоставить ее современной биологии, тем не менее, его планы также быстро потерпели неудачу.

И здесь вряд ли имели значение расхождения Лемана со своими немецкими коллегами по вопросу о цитоплазматической наследственности. Будучи известным генетиком растений, Леман — в отличие от них — признавал только ядерную наследственность и отрицал цитоплазматическую, пытаясь доказать это экспериментально. По его мнению, в ядре существовали некие плейотропные факторы торможения, действие которых и порождает иллюзию цитоплазматической наследственности. Его позиция породила длительный конфликт с Ф. фон Веттштей-

---

[452] Неудача Лемана, возможно, имела и другие более общие причины, чем внезапная смерть Г. Шемма и конкуренция Р. Ветцеля, так как по времени она совпадает с началом разочарования нацистского руководства в лидерах арийской науки. В определении научной политики среди нацистов все большую роль начинали играть технократы и прагматики. Под юрисдикцией Г. Гиммлера были созданы фонд «Наследие предков» и фонд «Источник жизни», о которых подробно будет сказано позднее, построенные на представлениях классической генетики, расовой гигиены и селекционизма, без всяких ссылок на мистическую целостность.

[453] *Lehmann E.* Vererbunslehre, Rassenkunde und Rassenhygiene // Der Biologe. 1938. Jg. 7. S. 306–310.

ном, теорию плазмона которого он отвергал. В 1938 г. взгляды самого Лемана экспериментально опроверг его ученик Г. Брюхер[454].

Все эти разногласия лежали всецело в рамках современной биологии, и отличие во взглядах не требовало создания специальной науки. Не было и современной отрасли биологического знания, где бы доминировали ученые-евреи, как это было в какой-то степени характерно для релятивистской физики[455]. К законам Менделя и к хромосомной теории наследственности Т. Моргана многие морфологи, физиологи и т. д. относились со скепсисом, но после того как национал-социалисты возвели их в ранг идеологической истины, никто не осмеливался трактовать генетику как «неарийскую» или как «еврейскую». В отличие от физиков, биологи тогда ещё не имели единого взгляда на носителей наследственности, отказ от которого означал бы выход за пределы науки. Это произошло лишь с возникновением молекулярной биологии, но немецкая биология Лемана не могла быть ее противницей, так как ее расцвет пришелся на более позднее время.

Таким образом, призывы к созданию немецкой биологии привели лишь к перестройке учебных планов высшей и средней школы, связанной с резким возрастанием удельного веса биологических предметов. Отныне под немецкой биологией стали понимать не туманные рассуждения Лемана об отличиях арийской и еврейской биологии, а специфическую форму ее идеологизации при национал-социализме.

Главным местом получения новых биологических знаний в Германии традиционно были университеты, а социальными институтами для их популяризации были выбраны, прежде всего, школа и Вермахт. Изменения учебных планов в университетах конкретизировали мировоззренческие принципы, чтобы сделать их приемлемыми для университетской элиты. Прежде всего, старались научно обосновать тезисы о неравноценности людей и народов и необходимости повысить здоровье нации. Наряду с этими сугубо естественнонаучными принципами шла речь о целостном восприятии природы, о расовых концепциях Х.С. Чемберлена и Ж.А. де Гобинó, о социал-дарвинистских сочинениях, а также об отдельных фактах из генетики, демографии, антропологии и расовой гигиены. Эта смесь различных постулатов и сведений содержалась уже в книге Гитлера «Майн кампф», который, видимо, надеялся, что столь причудливая амальгама может помочь заручиться поддержкой ученых из разных отраслей науки и сторонников различных направлений.

После 1933 г. подобные сведения включили в программу старших классов, чтобы способствовать формированию национал-социалистического мировоззрения у учащихся. Особое внимание при этом уделяли учению о наследственности и расовой гигиене. Одновременно выпускали массовыми тиражами наглядные пособия, фильмы и диапозитивы, которые должны были оживить преподавание и облегчить усвоение биологии. Особый упор делали на демонстрацию здоровья германской расы и болезней у представителей низших рас. Реальной неравномерности развития людей, народов, рас придавали ценностное значение, которое в свою очередь абсолютизировали и возводили в догму, трактуя ее как научно обоснованную истину. Из этого делали вывод, что не все люди имеют право на жизнь, так как больные и евреи угрожают здоровью нации.

---

[454] *Hossfeld U.* Die Epilobium-Kontroverse zwischen den Botanikern Ernst Lehmann und Heinz Brücher. Ein Beitrag zur Geschichte der "Plasmon-Theorie" // Zs. für Geschichte und Ethik der Naturwissenschaft, Technik und Medizin. 1999. Bd. 7. S. 140–160.

[455] *Deichmann U.* Biologen unter Hitler. S. 296.

После войны Леман выпустил книгу «Ложный путь биологии», в которой попытался оправдать свои усилия по созданию немецкой биологии тем, что национал-социализм с самого своего возникновения усвоил многие биологические идеи. Задачу биологов он видел в том, чтобы придать верное направление их заинтересованности в практическом использовании биологических знаний[456]. Он невозмутимо сообщал, что биологи трудились ради народа, веря, что наступил период расцвета биологии в немецком государстве. Однако эти светлые надежды привели к трагедии немецкую биологию, что было вызвано глубоким непониманием нацистами сути жизни и научных представлений о ней.

Леман ни слова не упоминал о том, что именно он с 1933 по 1945 гг. возводил хвалу нацистам за их глубокое понимание биологических процессов. Национал-социалистический союз учителей, в который он с воодушевлением вступил, на этот раз был подвергнут беспощадной критике. Леман вопрошал: «Где были биологи, которых можно было назвать ответственными за биологическое мировоззрение в руководящих партийных комитетах? Их не было»[457]. Из этого следовало, что биологи якобы не участвовали в принятии варварских решений, а, следовательно, были невиновны и не должны отвечать за политиков. В книге содержатся и другие авторские ухищрения, чтобы освободить самого себя от всякой ответственности за преступления немецкой биологии. Особенно характерны его высказывания по еврейскому вопросу. Он уверял, что нацисты требовали от биологов пренебрегать истиной в его изучении и решении, внушая им, что беспощадная борьба с еврейством, в конечном счете, будет плодотворной для самой науки[458]. Однако они стали невинными жертвами обманувших их нацистов. Себя, конечно, Леман тоже изображал такой жертвой.

Он продолжал доказывать, что в немецкой биологии было много правильного и продуктивного, включая идеологию «крови и почвы» и расовое учение, которые были только дискредитированы национал-социалистической идеологией, так как были не выяснены принципы расового вопроса, а сама расовая идея была сильно переоценена. И в евгенике для него оставалось много плодотворного, хотя мероприятия нацистов по повышению рождаемости нации, уничтожению людей и т. д. он теперь публично осуждал. Целостный подход ему по-прежнему казался исходным пунктом любого биологического исследования, а замечательные идеи Народнического движения просто были неправильно использованы нацистами. В новой книге Леман не стеснялся приводить дословные выдержки из своих публикаций гитлеровского периода. Из этого следует, что идеи, которые он тогда пропагандировал, не потеряли для него значения и после войны. И многие из них, как, например, целостное восприятие природы, пропагандируют ёще и сегодня как безусловную истину, что свидетельствует о жизненности идей немецкой биологии, подаваемой в ультрасовременной фразеологии.

Расовая антропология

Важнейшей частью немецкой биологии была антропология. Ее представители уже в 1925 г. создали Немецкое общество физической антропологии (Deutsche Gesellschaft für physische Anthropologie), большинство членов которого вскоре после прихода к власти нацистов заявило о совпадении их политических задач с науч-

---

456 *Lehmann E.* Irrweg der Biologie. Stuttgart, 1947. S. 26.

457 Ibid. S. 31.

458 Ibid. S. 37

ными выводами антропологов. Выступая на открытии заседания в Дрездене в 1936 г. председатель Общества О. Рехе отметил подъем, который испытывала антропология, и изложил видение ее задач. По его словам, исследование рас, находившееся ещё недавно в руках реакционных, либеральных или даже марксистских кругов, ныне, благодаря фюреру, переживало расцвет, так как немецкому народу стало доступно все богатство идей о расах[459].

На следующий год на заседании в Тюбингене общество было вновь переименовано в Общество расовых исследований — ГРФ (Gesellschaft für Rassenforschung)[460]. Его новым председателем стал антрополог из Тюбингена В. Гизелер, который также был уверен, что расовые исследования жизненно важны для национал-социализма. С ним был солидарен А. Плётц, присутствовавший в качестве почетного члена. Подобные заверения в верности ГРФ идеям национал-социализма звучали на всех последующих заседаниях Общества и были лейтмотивом всех публикаций антропологов. На заседаниях общества не раз выступал В. Гросс, руководитель Управления агитации, демографической политики и культивирования расы (Aufklärugnamt für Bevölkerungspolitik und Rassenpflege), позднее — Расово-политического управления НСДАП — РПА (Rassenpolitische Amt der NSDAP — RPA), а также глава научного отдела Внешнеполитического управления НСДАП. Врач по образованию и член президиума Национал-социалистического союза немецких врачей, Гросс не считал себя дилетантом в области расологии. В 1935 г он получил в Берлинском университете докторскую степень, а через три года — звание почетного профессора. В главном труде «Расовые предпосылки для решения еврейского вопроса» (1943 г.) Гросс декларировал, что пробил последний час еврейства и его империалистических замыслов на немецкой земле. Профессиональная квалификация и политический статус позволяли ему эффективно проводить курс тесного взаимодействия антропологии и политики, оказывать финансовую поддержку разрабатывавшим расовую доктрину национал-социалистам. Осенью 1938 г. Гросс для более тесной координаций действий ГРФ и РПА ввел Гизелера как эксперта в Главный научный комитет при РПА. При этом он не скрывал взаимной выгоды от укрепления взаимодействия между научным обществом и партийной структурой. С одной стороны, результаты исследований антропологов нацисты с большей эффективностью использовали бы для достижения политических целей, а с другой стороны, партийное руководство способствовало бы развитию расовой антропологии[461].

РПА с его тремя отделами было ответственно за проведение реальной политики в области демографии и расовой гигиены. В то же время оно должно было взаимодействовать с РМВЕФБ и Имперским министерством пропаганды и народного просвещения как орган цензуры всех публикаций и докладов на эту тему. В. Гросс допускал полную свободу в научных исследованиях о происхождении человека, но полагал, что публичные выступления и популярные публикации на эти темы должны учитывать их возможные политические и психологические последствия[462].

---

[459] *Reche O.* Begrüßung // Verhandlungen der Deutschen Gesellschaft für physische Anthropologie. 1937. Bd. 8. S. 1–3.

[460] *Weingart P., Bayertz K., Kroll J.* Rasse, Blut und Gene. S. 401.

[461] Ibid. S. 402–403.

[462] *Gross W.* Drei Jahre rassenpolitischen Aufklärungsarbeit // Volk und Rasse. 1937. H. 11. S. 331–337.

Публике должны были быть представлены только проверенные факты и общепринятые концепции. Он считал недопустимым, чтобы взгляды экспертов в антропологии (например, директора Института антропологии в Киле Г. Вайнерта), восходящие к Э. Геккелю и воспринимаемые обществом как материалистические, отождествляли с расовым учением национал-социализма. Хотя Вайнерт написал учебник по расоведению и расовой гигиене[463], поддерживал новые мероприятия режима и использовал положения национал-социалистической доктрины в сочинениях по эволюции человека, все это ему не помогло. Ему запретили пропагандировать свои взгляды.

Если учесть, что властные структуры Третьего рейха не слишком интересовались реакцией общества на практику запретов на профессию, Нюрнбергские расовые законы, стерилизацию, эвтаназию и депортацию, то подобная забота о том, какие чувства вызовет у общества отождествление идеологии национал-социализма с эволюционными представлениями о происхождении человека, выглядит весьма трогательно. Гросс объяснял свой запрет тем, что недопустимо посвящать публику в разногласия среди ученых по поводу вопроса о «германской расе». При его обсуждении ученые должны осознавать политическую ответственность. На самом же деле в оценках политической значимости той или иной научной концепции немалую роль играли личные симпатии и антипатии нацистских руководителей. В то время как глава РПА признал с политической точки зрения нецелесообразным участие Вайнерта в пропагандистской работе, К. Лоренц, однозначно строивший свои взгляды на том же самом геккелевском материализме, рассматривался им как желанный лектор. Все эти различия в указаниях по расово-политическому просвещению свидетельствуют о том, что сами научные исследования не запрещали и не вводили в некие рамки, определяемые сверху. Регламентировали лишь трактовки результатов исследований и их практическое использование. Нацистское руководство стремилось усилить политическую и практическую направленность антропологических работ, тесно связав их с расовой гигиеной и евгеникой.

Практически каждый антрополог был членом НСДАП, примерно треть из них состояли в СС. Несмотря на столь высокую концентрацию нацистов в антропологии, в ней отнюдь не царило единодушие, существовали принципиальные мировоззренческие и теоретические расхождения по ключевым вопросам происхождения и эволюции человечества в целом и его основных рас. Во многих статьях «Журнала общего естествознания» критиковали механистический принцип селекции, статистический характер законов природы и материалистический монизм. К этой группе принадлежал Э. Бергдольт, ботаник, много внимания уделявший проблемам антропологии, прежде всего, эволюции рас. Он считал невозможным объяснять эволюцию рас человека действием мутаций и отбора и яростно боролся против представлений «либеральных антропологов», усматривавших в расах случайный продукт воздействий внешней среды. Эти воззрения, по его мнению, особенно рьяно защищали евреи. В противовес им он выдвинул тезис о постоянстве рас человека, не говоря ничего об их возникновении. Отсюда следовало, что и нордическая раса остается неизменной там, где не происходит ее смешение с другими расами[464]. Другой постоянный автор этого журнала, профессор университета в Галле, известный морфолог-идеа-

---

[463] *Weinert H.* Biologische Grundlagen für Rassenkunde und Rassenhygiene. Stuttgart, 1934.

[464] *Bergdolt E.* Zur Frage der Rassenentstehung beim Menschen // Zs. für die gesamte Naturwissenschaft. 1937. H. 3. S. 109–113.

лист В. Тролль, попытавшийся вступить в НСДАП в 1933 г., но отклоненный по настоянию ректора Галльского университета, также отрицал дарвинизм, правда, на сей раз уже как «яркий образец английского способа восприятия мира»[465]. Он критиковал Геккеля как «примитивного представителя материализма». Однако в том же журнале печатали труды убежденного национал-социалиста и дарвиниста Х. фон Крога. Журнал «Биолог» регулярно публиковал статьи других сторонников Дарвина, антропологов Г. Геберера и О. Рехе.

В 1934 г. торжественно отмечали столетний юбилей Э. Геккеля, которого справедливо славили как пророка национал-социализма[466]. В 1942 г. в Йене члены Лиги сторонников монизма организовали Общество Эрнста Геккеля (Ernst-Haeckel-Gesellschaft), председателем которого стал В. Франц. Акция получила поддержку со стороны гауляйтера Тюрингии Ф. Заукеля и А. Розенберга. Последний, ссылаясь на фюрера, утверждал, что подлинное научное мировоззрение можно сформировать только на основе национал-социалистических достижений и идеи отбора, который вместе с мутациями является причиной возникновения человеческих рас.

Антиламаркистских взглядов придерживался создатель идеологии «крови и почвы» Р.В.О. Дарре́, отвергавший гипотезу происхождения ариев в Азии и считавшим ошибкой связывать возникновение нордической расы с ариями или индогерманцами[467]. Местом ее формирования он считал север Центральной Европы в периоды оледенений, когда мощные ледники и снега покрывали большую часть ее территорий. В борьбе с суровыми условиями (вечным льдом и холодом), по его мнению, сформировались главные качества нордической расы, формы её социальной организации, высокий интеллект, возвышенные мораль и чувства (единства крови, верности ее зову, слитности с природой, привязанности к родной земле и т. д.), позволившие победить в борьбе за скудные ресурсы с другими племенами. Первым нордийцам Дарре́ приписывал важнейшие изобретения неолита. Эти спекуляции были признаны основополагающими элементами официальной идеологии, которые задавали рамки исследований расогенеза для антропологов Третьего рейха, главной фигурой среди которых вначале был Г.Ф.К. Гюнтер.

Его заслуги перед национал-социализмом получили официальное признание. Он стал первым лауреатом премии НСДАП в области науки. Вручая эту награду Гюнтеру на съезде НСДАП в сентябре 1935 г., А. Розенберг подчеркнул, что именно он «заложил духовные основы борьбы нашего движения и законодательства Третьего рейха»[468]. Возглавляемое О. Фишером Берлинское общество этнологии и антропологии присудило Гюнтеру медаль Р. Вирхова, а в 1941 г. он был награжден медалью И.-В. Гёте. В том же году, в связи с 50-летием, ему вручили золотой партийный значок, который присуждали только членам НСДАП, вступившим в партию до прихода Гитлера к власти. Награда была достаточно символична, если учесть, что «пророк нордической расы», составляя редкое исключение среди расовых антропологов, никогда не был членом НСДАП. Это отнюдь не случайно. При всем внешнем благополучии Гюнтера,

---

[465] *Troll W.* Gestalt und Urbild. Halle, 1942. S. 10–36.

[466] *Gasman D.* Haeckel's Monism and the Birth of Fascist Ideology. New York, 1998.

[467] *Eidenbenz M.* "Blut und Boden". Zu Funktion und Genese der Metaphern des Agrarismus und Biologismus in der nationalistischen Bauernpropaganda R.W. Darrés. Berlin, 1993. S. 40–45.

[468] Цит. по: *Авдеев В.*, *Иванов А.*, *Ригер Ю.* Ганс Ф. К. Гюнтер — пророк нордической расы // *Гюнтер Г.Ф.К.* Избранные работы по расологии. М., 2002. С. 29.

расточаемых ему похвалах и признании заслуг в пропаганде нордической идеи его положение при национал-социалистах было непростым.

С одной стороны, в 1933 г. Гюнтер стал членом Совета по расовой демографии и политике, возглавляемого В. Фриком. В 1935 г. он переехал в Берлин, где одновременно был профессором расологии, этнобиологии и сельской социологии и директором Расового института в Университете. Гюнтер стал наиболее известным в мире расовым антропологом, его книги издавали массовыми тиражами, перевалив в 1944 г. за полмиллиона. Среди них были новые книги: «Религиозность нордического типа» (1934), «Происхождение и расовая теория германцев» (1935), «Создание правящей элиты путем родового воспитания» (1936), «Крестьянство как форма жизни и общества», (1939), «Крестьянская вера» (1942) и др. Его теории служили оправданию национал-социалистического законодательства, исходящего из необходимости усиления нордической расы. Последняя для Гюнтера, как и для национал-социалистов, была движущей силой в истории человечества, поэтому ее смешение с другими расами представляло опасность для будущего всего человечества. Главным в расово-гигиенических мероприятиях он считал избегать смешения с евреями, выходцами из Азии и Ближнего Востока, ответственными за разрушительные идеи либерализма, демократии и социализма. Это всецело соответствовало представлениям Гитлера о его собственной исторической миссии — способствовать объединению арийско-германской расы в апокалиптической борьбе за спасение европейской цивилизации и изгнанию евреев из Европы.

В то же время его вариант нордической теории никогда не был канонизирован, и книги выходили в свет в частных издательствах. Официальная версия национал-социалистической расовой теории была изложена в обязательных для изучения всеми членами НСДАП трудах А. Розенберга и В. Гросса, которые, правда, тоже вызывали немало нареканий со стороны лидеров Третьего рейха. Их сочинения также не были канонизированы, включая книгу Розенберга «Миф XX века», считавшуюся второй по значимости после книги Гитлера «Моя борьба»[469]. Но сам фюрер находил труд Розенберга неясным и слишком мистическим для того, чтобы иметь какое-то практическое значение. Кроме того, высказанный в ней призыв к непримиримой борьбе с христианством противоречил политической тактике Гитлера. Геббельс, усматривавший в Розенберге главного конкурента в борьбе за лидерство в области идеологии, называл его труд философской отрыжкой (philosophisher Rülps), добавляя, однако, что Розенберг удивил своей прилежностью, сочетая функции учителя, журналиста и политика. Тем не менее, именно сочинение Розенберга стало единственной достойной упоминания попыткой дать систематическое изложение официальной национал-социалистической философии, включая и разделы по антропологии и расологии. Несмотря на насмешки высокопоставленных партийных товарищей, Гитлер поручил Розенбергу контролировать всю внутрипартийную агитационно-воспитательную и учебную работу среди членов НСДАП, включая отдел по науке (Hauptamt der Wissenschaft) и назначил его руководителем Внешнеполитического управления НСДАП. Это позволило Розенбергу не только использовать свои идеи как основу политики на оккупированных территориях, но беспрепятственно продвигать свой расовый мистицизм и оккуль-

[469] В целом общий тираж книг Гюнтера значительно уступал книге Гитлера «Моя борьба» (9 840 000) и А. Розенберга (1 075 000): *Weinreich M.* Hitler's Professors. P. 24.

тизм как официально признанные партийные установки, что неизбежно привело его к противоречию с лидерами нордического движение, особенно с Г.Ф.К. Гюнтером.

Хотя власть официально признала нордизм частью национал-социализма, начиная с 1934 г. из руководства НСДАП все сильнее звучали голоса о несовпадении его целей с партийной стратегией. Среди руководителей Третьего рейха, многие из которых не имели высшего образования, был популярен оккультизм и мистицизм, к которым Гюнтер, причислявший себя к академическим кругам, относился весьма скептически, претендуя на объективность своей версии мировой истории и публично полемизируя с партийными пропагандистами. С его точки зрения, романтические фантазии на германские темы, попытки оживить германские мифы и образы, вымершие названия и символы являются смехотворными, бессмысленными и бесплодными. Эти филиппики явно расходились с партийной пропагандой и деятельностью «Наследия предков». Он не упускал возможности съязвить по поводу грамматических и исторических ошибок в сочинениях новоявленных расологов: путанице имен, географических названий, богов и т. д., что не добавляло ему популярности у малограмотных партийных бонз и их идеологов. Но Гюнтера это нисколько не смущало. Он искренне был уверен: «Нордическая идея всегда будет безжалостно отбрасывать фантазии на германские темы»[470]. Выводили его из себя пустые восторги перед белокуростью, которая была лишь одним из признаков нордической расы, присущим и другим. Кичливость внешними признаками, по его мнению, превращала нордическую идею в анекдот. Гюнтер уверял, что нет чистых рас, и, соответственно, все немцы не принадлежат к нордической расе.

Последнее явно не нравилось нацистам, которые обвиняли Гюнтера в разрушении морального единства расы, в выделении в каждом немце нордических и ненордических элементов, в отказе признать чистыми арийцами многих руководителей НСДАП, выходцев из южных областей, чей внешний облик не соответствовал стандарту нордической расы. Ему приходилось оправдываться, объясняя, что в выпячивании значимости нордической расы нет ничего оскорбительного для австрийцев, баварцев, баденцев, в которых нордические элементы удачно сочетаются с динарскими и альпийскими, благодаря чему они внесли огромный вклад в немецкую культуру и стояли у истоков нордического движения.

Сферой его главных научных интересов становилась проблема роли города и деревни в развитии нордической расы. Он резко отрицательно оценивал урбанизацию — важную предпосылку экономического могущества Германии. По мнению Гюнтера, в городах шла тотальная деградация населения. Его труды о браке, построенном на традиционных христианских ценностях, все чаще вступали в противоречие с демографической политикой. В 1943 г. Й. Геббельс и М. Борман запретили печатать его новую большую книгу «Внебрачные дети с точки зрения науки о наследственности», в которой он незаконнорожденных детей считал нежелательными. В этом увидели намек на происхождение некоторых лидеров Третьего рейха, включая самого А. Гитлера, отец которого Алоиз Гитлер был внебрачным сыном девицы М.А. Шикльгрубер, которая, по слухам, родила его от сына известного еврейского банкира С. Ротшильда, у которого она служила домашней прислугой[471]. В ней увидели также несогласие с программой СС «Источник жизни» (о ней подробно будет сказано ниже), согласно которой немецкие женщины с радостью должны были вне брака рожать от офицеров СС. Скрытую критику

---

[470] *Гюнтер Г.Ф.К.* Избранные работы по расологии. М., 2002. С. 93

[471] *Захаров В., Кулишов В.* Анатомия Холокоста. Начало начал. Германия 1933–1939. М., 2000. С. 20.

стерилизации и эвтаназии усматривали и в его пропаганде ненасильственных мер очищения немецкого народа путем стимулирования рождаемости групп, где в большей степени сохранились элементы нордической расы.

Вскоре выявились его серьезные претензии к внешней политике Гитлера. Гюнтер отстаивал идею единства нордической расы, представители которой доминировали во многих государствах (например, Англии, Норвегии, Дании), с которыми нацистская Германия вела войны, в то время как ее ближайшими сотрудниками были монголоиды-японцы, а также итальянцы, где представители нордической расы встречались редко. По его подсчетам выходило, что не менее 30 % процентов населения СССР имеет нордическую кровь, что вызывало сомнение в успехе блицкрига. Он предсказывал ожесточенное сопротивление на Восточном фронте. Геополитической целью Гюнтера было не создание Великой Германии, как это провозгласил Гитлер, в которой бы не было различий между немцами как народом и германцами как расой, а Паннордический союз государств, где преобладали бы нордические элементы[472]. В Великой Германии он видел угрозу нордической идее. Эти публичные акты неповиновения вызвали гнев нацистских бонз. Уже в 1939 г. Гюнтера вынудили покинуть столицу, дав ему, правда, кафедру расологии и сельской социологии в университете Фрайбурга, где он родился.

Во Фрайбургском университете Гюнтер проработал до ноября 1944 г., когда университет был разрушен авиацией союзников. Оставшись без средств к существованию, пророк Третьего рейха нашел убежище на вилле своего друга П. Шульце-Наумбурга в Веймаре. Арестованный французскими оккупационными властями Гюнтер пробыл в тюрьме до августа 1949 г., когда суд признал его невиновным в геноциде. Как политический публицист и этнолог он оставался верным своим прежним взглядам. Его внимание привлекла гипотеза Х.С. Чемберлена об арийском происхождении Христа. Ее опровержению Гюнтер посвятил две книги «Иисус, его миссия и отношение к ней на Западе» (1952) и «Искажение и толкование миссии Иисуса» (1961). Обе книги были опубликованы под псевдонимом Г. Аккерманн. В 1959 г под псевдонимом Л. Винтер вышла книга Гюнтера «Исчезновение талантов в Европе», в которой он обсуждал проблемы евгеники. Последняя его книга была посвящена встречам с Гитлером и рассуждениям на общие темы. Кроме того, в 1950–1960-х гг. выходили под новыми названиями книги, изданные до 1945 г., в существенно переработанном и дополненном виде. Так, в новом издании вышла книга «Благородство нордического характера», в которой были актуализированы старые мифы о нордической расе, чтобы критиковать массовое общество США и тоталитарный режим в СССР. Некоторые из этих книг были переведены на французский, английский, итальянский и русский языки. По мнению этого, ни в коей мере не раскаявшегося, пророка расологии, национал-социалистический расизм делал человека лучше, поэтому необходимо вернуться к национал-социализму, убрав из него все крайности и зло. Умер Гюнтер 23 сентября 1968 г. во Фрайбурге.

С первых ролей в Обществе расовых исследований был оттеснен О. Рехе. В 1935 г. он устранился от редактирования журнала «Народ и раса», в издательский совет которого вошли К. Астель, Г. Гиммлер, В. Гросс, А. Гютт, Р.В.О. Дарре́, а единоличным редактором стал Б. Шульц. К тому времени журнал стал ежемесячным, а его тираж насчитывал несколько десятков тысяч экземпля-

---

[472] *Гюнтер Г.Ф.К.* Избранные работы по расологии. С. 81.

ров. К национал-социализму Рехе примкнул не из карьерных соображений. К моменту прихода нацистов к власти он был одним из наиболее титулованных расовых антропологов, чьи труды были признаны в научном мире. С нацистами его связывали скорее профессиональные, чем политико-идеологические или карьерные интересы. Как и Г.Ф.К. Гюнтер, Рехе имел все основания считать себя протагонистом расовой антропологии. В рядах НСДАП он оказался в 1937 г., когда шел массовый прием, а ему тогда было уже 58 лет, и он, как и большинство немецких биологов, не сомневался в прочности режима Гитлера. В НСЛБ Рехе вступил в 1933 г., что свидетельствовало прежде всего о его оппортунизме и готовности сотрудничать с властями. Вместе с тем, он воздержался от членства в наиболее одиозных национал-социалистических организациях типа СА и СС, хотя и был членом Главного комитета по расе и колониализации СС (РСХА, Rassen und Siedlungshauptamt SS — RSHA), который отвечал за «расовую оценку» и селекцию людей в ходе германизации оккупированных восточных территорий, а также ряда других учреждений СС по расологии и расовой политике.

В отличие от Гюнтера, у Рехе вряд ли были сколько-нибудь серьезные основания для недовольства засильем евреев в науке или республиканским строем. Он с первых шагов принадлежал к академическому истеблишменту. Профессиональная карьера, удачно начатая им ещё в Германской империи, была блестяще продолжена в Веймарской республике. Корни его антисемитизма следует искать в традиционном национализме среди биологов кайзеровского рейха. В годы Третьего рейха Рехе — член Комитета по расовой политике, правления Общества Эрнста Геккеля, редколлегии журнала «Биолог». Научные интересы Рехе отныне концентрировались на проблемах расовой антропологии: на трактовке расы как биологической и этнографической единицы, на генетических основах расогенеза, на происхождении индоевропейских народов, их расселении и соотношении с нордической расой и т. д. В книге «Раса и происхождение индогерманцев» он утверждал, что первоначально все индоевропейские народы принадлежали к нордической расе, но их единство было нарушено в ходе истории[473]. Прародиной индоевропейцев Рехе считал северные области Западной Европы, откуда во времена неолита волнами шла колонизация арийцами земель, пригодных для земледелия. Выводы автора всецело согласовывались с национал-социалистической расовой теорией[474]. По его утверждению, арийцы никогда не были варварами, так как распространение культуры сельскохозяйственного производства, а не война, было главной целью миграции индоевропейских народов. Соответственно, необходимость распространения высшей культуры нордическая раса осознавала во все времена, и сейчас она — расовое ядро индоевропейских народов, выполняющее свой героический и трагический долг перед человечеством, который, как он считал, будет исполнен вопреки всем трудностям и опасностям.

В большинстве публикаций нацистского времени Рехе выступал как радикальный поборник и протагонист национал-социалистической антропологии и расоведения. В конце 1930-х гг. резко усилились его контакты с учреждениями СС. Он вошёл в ряд комиссий и обществ СС, связанных с разработкой расовой политики

[473] *Reche O.* Rasse und Heimat der Indogermanen. Leipzig, 1936. S. 117.

[474] Прародиной индогерманцев теоретик немецкой археологии Г. Коссинна также считал Скандинавию. По его мнению, было 14 таких «волн». См.: *Клейн Л.С.* Археология в седле (Коссинна с расстояния в 70 лет) // Stratum plus. 2000. № 4. С. 88–140.

на оккупированной территории, и не раз высказывался в пользу германизации населения путем усиления нордического духа и мировосприятия, а также окончательного решения еврейского вопроса с целью прекращения расового осквернения, заселения оккупированных территорий чистокровными арийцами и выселения славянских народов с территории Польши, Чехии и России.

Рехе был уверен, что антропогенез и расогенез можно объяснить только с позиций генетики и теории естественного отбора. Приспосабливая положения СТЭ к реалиям нацистской Германии и учению о расах, он в коллективной монографии «Эволюция организма» уверял: «Без генетических различий, отбора и вымирания никогда не могли бы образоваться прогрессивные и деятельные расы и роды, никогда не была бы создана более высокая человеческая культура»[475]. Победителем в борьбе за существование была нордически-фальская раса, в доминировании которой в современном мире он усматривал гарантию дальнейшего прогресса человечества. Как и другие сторонники существования нордически-фальской расы (Ф.-К. Биккер, Г.Ф.К. Гюнтер и Г. Геберер), колыбелью индоевропейцев Рехе называл Северную Европу. Практические приложения антрополого-генетических исследований он усматривал в более осознанной селекции в человеческом обществе с целью сохранения крепкого, генетически здорового и творческого населения. Однако при обсуждении генетически-эволюционных проблем антропологии Рехе воздерживался от радикальных национал-социалистических выражений, сохраняя в целом научный стиль аргументации и изложения. После освобождения из американской тюрьмы в ноябре 1946 г. Рехе был уволен с государственной службы. В дальнейшем его деятельность протекала в рамках различных антропологических и естественнонаучных обществ.

Благоприятной ситуацией для своей научной деятельности и продвижения пытались с разным успехом воспользоваться многие профессиональные антропологи, научные интересы которых до этого не были связаны с расовыми проблемами. В. Гизелер, сменивший Рехе на посту лидера немецких антропологов, формировался как исследователь в социально-политических реалиях Веймарской республики[476]. Докторскую диссертацию по антропологии он защитил у Р. Мартина в Мюнхенском университете, где проработал до 1930 г. С 1926 г. Гизелер был редактором журнала «Антропологический вестник» (Anthropologischer Anzeiger), который с длительными перерывами редактировал полвека, до 1976, что было свидетельством его высокого профессионального рейтинга. Об этом говорит и срок его пребывания во главе объединения немецких антропологов, которое он возглавлял 22 года, из них 9 лет — в Третьем рейхе (Общество расовых исследований) и 13 лет после Второй мировой войны, когда оно именовалось Немецким обществом антропологии.

В 1930 г. Гизелер переехал в Тюбинген, где работал ассистентом в Институте анатомии и как приват-доцент читал лекции по антропологии. Он с максимальной эффективностью для себя использовал приход нацистов к власти. Уже в 1933 г. он стал членом НСДАП, а годом позже — СА, где дослужился, правда, всего до звания шарфюрера (унтер-фельдфебель). Более преуспел Гизелер в СС, где с 1937 г.

---

[475] *Reche O.* Die Genetik der Rassenbildung beim Menschen // Die Evolution der Organismen. Jena, 1943. S. 705.

[476] *Hossfeld U.* Menschliche Erblehre, Rassenpolitik und Rassenkunde (-biologie) an den Universitäten Jena und Tübingen von 1934–1945. S. 372–373.

дослужился до гауптштурмфюрера (капитан). Его политическую активность быстро заметили и оценили. В 1934 г. он стал экстраординарным профессором по антропологии и расоведению, а в 1938 г. — ординарным профессором по расологии. В 1936 г. Гизелер опубликовал книгу об эволюции человека и его расах, стараясь в целом воздерживаться от идеологической риторики, излагая селекционистскую версию симиальной гипотезы антропогенеза. Стремление строго придерживаться норм научной публикации особенно четко проявилось в статье Гизелера, опубликованной в 1943 г. в коллективной монографии «Эволюция организма»[477]. Рассматривая шимпанзе и человека как ближайших родственников, чьи генеалогические ветви разошлись в плиоцене, он доказывал, что единым предком для неандертальца и современного человека был питекантроп. Гизелер критиковал воззрения некоторых немецких антропологов, пытавшихся реанимировать прежние представления о том, что обезьяны произошли от человека в процессе его деградации[478]. Характер издания и положение на фронтах, видимо, диктовали научный стиль изложения материала об ископаемых останках человека. Автор обошелся без национал-социалистической фразеологии. И в последующих изданиях этой книги его статью перепечатывали без существенных корректировок или изменений в теоретических рассуждениях, включая лишь новый фактический материал. Арестованный союзниками в 1945 г., Гизелер был освобожден в 1948 г., а в 1955 г. вновь начал руководить Антропологическим институтом, который в 1961 г. был назван Институтом антропологии и генетики человека.

Как и Рехе, антрополог Г. Вайнерт в НСЛБ вступил в 1933 г., в НСДАП в 1937 г.[479] В том же году он стал членом СС, однако его карьера явно не удалась из-за неумения добиваться поддержки у нацистских бонз. В. Гросс запретил ему публично излагать концепции, не согласующиеся с расовой теорией национал-социализма, в частности, гипотезу о симиальном происхождении всех человеческих рас. Наиболее близким к человеку Вайнерт считал шимпанзе, который, как и человек, отделился от общего предка гоминоидов лишь в раннем плиоцене. Согласно Вайнерту, современному человеку предшествовали питекантроп и неандерталец, который и дал начало современным расам[480]. Нацистам же ближе была идея о том, что прямыми потомками обезьян были только негры, а монголоиды произошли от синантропов. Происхождение же белой расы, по их мнению, связано с неандертальцами, в чертах которых они находили уже много арийских черт (высокий рост, большой объем головного мозга и т. д.). Критиковал Вайнерта и ученик Р. Мартина антрополог А.Г. Шульц, который полагал, что человек стоит на равной филогенетической дистанции от гориллы, шимпанзе и орангутанга[481].

Профессиональная карьера Вайнерта протекала сложно и в Веймарской республике. Докторскую диссертацию по ботанике он защитил за пять лет до Первой

---

[477] *Gieseler W.* Die Fossilgeschichte des Menschen // Die Evolution der Organismen. Jena, 1943. S. 615–682.

[478] *Westenhöfer M.* Der Eigenweg des Menschen. Berlin, 1942. S. 355.

[479] *Schaeuble J.* Hans Weinert 70 Jahre alt // Anthropologischer Anzeiger, 1957. Jg. 21. S. 88–89; *Schaefer U.* In memoriam. Hans Weinert, 1887–1967 // Anthropologischer Anzeiger. 1968. Jg. 30. S. 315–316.

[480] *Weinert H.* Ursprung der Menschenheit. Über den engeren Anschluss des Menschengeschlechts an die Menschenaffen. Stuttgart, 1932.

[481] Mit Messzirkel und Schrotflinte: das primatologische Werk von Adolph Hans Schultz (1891–1976) / Hg. N.J. Chaoui. Marburg an der Lahn, 2004.

мировой войны в 1909 г., но более четверти века не занимал должностей выше приват-доцента и профессора-совместителя в Берлинском университете. Лишь в 1935 г., в возрасте 48 лет, его назначили заведующим кафедрой антропологии и директором Института антропологии в университете Киля. За научные заслуги в эволюционной теории и антропологии он в 1941 г. был избран членом Академии естествоиспытателей Леопольдина, а в 1942 г. вошел в состав правления Общества Эрнста Геккеля.

В годы нацизма Вайнерт опубликовал несколько фундаментальных книг, посвященных проблемам приматологии и антропогенезу[482]. Он выделял пять ступеней становления сознания в антропогенезе: 1) человекообразные обезьяны — *Dryopithecus*, *Australopithecus*; 2) обезьянолюди или предлюди — *Pithecanthropus;* 3) древний неандерталец или первобытный человек — *Homo neanderthalensis*, *Präneanderthaler*; 4) ископаемый разумный человек ледникового периода — *Homo sapiens duluvialis* или *Homo sapiens fossilis*; 5) современный разумный человек неолита — *Homo sapiens alluvialis; 6) Homo sapiens recens*. Становление последнего он относил к появлению примитивной металлургии и технических средств, изобретенных, конечно же, арийцами[483]. В предлагаемой им схеме интеллектуальные способности человека эволюционировали параллельно его морфофизиологическому облику, ибо вера во внезапное появление разума для него была чудом, находящимся вне компетенции естествознания[484].

В предложенном им древе человеческих рас европейская (нордическая) раса знаменовала собой высшую точку эволюции человека. Доказывая, что по внешнему облику человека можно судить о его духовном развитии, Вайнерт привел портрет южноафриканца и Э. Геккеля, который как представитель европейской расы находится на более высокой степени духовного развития[485]. Оборот «духовный подъем человечества» Вайнерт, видимо, заимствовал из речи Гитлера на съезде НСДАП в сентябре 1934 г. В ряде своих книг Вайнерт с позиций национал-социалистического расоведения обсуждал проблему биологических основ происхождения рас и их расселения, приветствуя расовые законы как воплощение в практику учения Гобинó о неравноценности человеческих рас[486]. По его мнению, эти законы позволили понять человека как биологическое существо и тем самым убрать препятствия для расово-гигиенических мероприятий по оздоровлению немецкой нации. Для него наука, мировоззрение и политика неразрывно связаны между собой, и он уверял читателей, что данные антропологии однозначно соответствуют национал-социалистической идеологии и практике.

В отличие от Рехе, Гизелера и Вайнерта, Х. фон Крог занялся антропологией уже во время нацистского режима, в 1935 г. в Антропологическом институте Мюнхенского университета[487]. Он принадлежал к привилегированной части

---

482 *Weinert H.* Ursprung der Menschheit; *Weinert H.* Stammgeschichte der Menschheit. Stuttgart, 1941. S. 268–287.

483 *Weinert H.* Der geistige Aufstieg der Menschheit vom Ursprung bis zur Gegenwart. Stuttgart, 1940. S. 293.

484 Ibid. S. 1–3.

485 Ibid. S. 293.

486 *Weinert H.* Biologische Grundlagen für Rassenkunde und Rassenhygiene; *Weinert H.* Die Rassen der Menschheit. Leipzig; Berlin, 1935; *Weinert H.* Entstehung der Menschenrassen. Stuttgart, 1938.

487 *Hossfeld U.* Staatsbiologie, Rassenkunde und moderne Synthese in Deutschland währrend der NS-Zeit // Evolutionsbiologie von Darwin bis heute. 1944. S. 275–279.

нацистской партии, вступив в нее в 1930 г. на студенческой скамье, когда изучал архитектуру. Год спустя он стал членом СС, а позднее, в 1940–1945 гг., во Франции в чине унтерштурмфюрера (лейтенанта) участвовал в кампаниях террора в составе специальных отрядов службы безопасности СС — СД (Sicherheitsdienst SS-SD), которая вместе с гестапо была важнейшей частью аппарата подавления политической оппозиции и преследования евреев. Кроме того, он был активистом НСДДБ и руководителем главного комитета Управления по расовой политике при администрации (Gauleitung) Мюнхена-Верхней Баварии.

Крог был скорее функционером в антропологии, чем исследователем. Его антропологическая работа об ископаемых скелетах на территории Бремена была написана с целью выяснить значение этих находок для реконструкции истории рас в Северной Германии[488]. Сравнивая крестьянское население болотистых низменностей Бремена с рабочими семьями, он установил ряд их существенных отличий в росте, длине головы, в ширине лба и т. д. Лучшие показатели были у крестьян, коренных жителей Бремена, чья кровь не смешивалась с пришлыми народами в течение тысячелетий. В серии публикаций в «Журнале общего естествознания» и «Биолог» он доказывал неравноценность биологических рас по морфофизиологическим и интеллектуальным признакам, указывая, что якобы у неевропейских рас не столь сильно выражена редукция атавистических органов. При этом термины «высшие» и «низшие» расы он не считал нужным как-то комментировать, будучи изначально убежден в реальной дифференциации человеческих рас по этому весьма неопределенному критерию. Он отвергал гипотезу творения человечества по тем соображениям, что в ней имплицитно содержится предположение о равенстве рас человека. Вера в творение, по его мнению, типична для восточных народов, в то время как представители нордической расы склонны к монизму и материализму[489]. С 1936 г. основное внимание он уделял выяснению серологическим методом отношений в классе приматов, доказывая вслед за Вайнертом наибольшую близость человека к шимпанзе и высмеивая попытки некоторых антропологов вывести человека прямо от приматов или даже рептилий[490]. Учитывая преобладание идеологии в его трудах, не удивительно, что после освобождения в 1951 г. он не смог найти работу по специальности.

Научная карьера В. Абеля, сына знаменитого немецкого палеонтолога-ламаркиста О. Абеля и ученика О. Фишера, также приходится в основном на нацистский период. Уроженец Австрии, он вступил в НСДАП в Вене еще в 1933 г., а с августа 1935 г. был членом СС, сотрудником Управления по расовой политике НСДАП и заместителем руководителя Отдела расологии и сохранения расы в Высшей политической школе в Берлине, сотрудником Института антропологии КВГ. Руководство НСДАП считало его одним из самых надежных своих сторонников в научном сообществе[491]. Он развил активную научно-педагогическую

---

[488] *Krogh Ch. von.* Rassenkundliche Untersuchungen im Bremener Marschgebiet (Vorläufige Mitteilung) // Verh. der Gesellschaft für Physische Anthropologie. 1937. Jh. 8. S. 71–76; *Walter H.* Die Rassenhygienische Fachgesellschaft (1831–1945) im Naturwissenschaftlichen Verein zu Bremen // Abh. Natur. Verein Bremen. 1990. Bd. 41. H. 2. S. 197–214.

[489] *Krogh Ch. von.* Immer wieder. Abstammung oder Schöpfung? Eine Weltanschauungsfrage // Der Biologe. 1940. Jg. 9. S. 414–417.

[490] *Krogh Ch. von.* Die Stellung des Menschen in Rahmen der Säugetiere // Die Evolution der Organismen. S. 611–613.

[491] *Schleiermacher S.* Rassenhygiene und Rassenanthropologie an der Universität Berlin. S. 86–87.

деятельность в Берлинском университете, был научным сотрудником «Наследия предков» СС и т. д. Абель стал преемником Фишера на кафедре расовой антропологии в университете. Основной сферой научной деятельность Абель избрал результаты межрасовой гибридизации на примере «рейнских бастардов». Он также участвовал в разработке плана «Ост», многие положения которого «о расовой угрозе русских», «о расовой чистке/выбраковке русских» и т. п. были сформулированы на базе его расобиологических исследований[492].

Было немало ученых, которые, работая до 1933 г. в других областях биологии, обратились к антропологии из конъюнктурных соображений, поставив по собственной инициативе свои исследования на службу расовой идеологии и расовой политике. В их числе был Г. Геберер, по специальности зоолог, который свои работы о происхождении человека, написанные с позиций дарвинизма, использовал для доказательств высшей биологической ценности нордической расы. На сочинениях о биологических факторах возникновения немцев он в значительной степени основал карьеру при национал-социализме. В 1936 г. труды Геберера по проблемам зоологии, древней истории, а также его политические взгляды заинтересовали руководство СС. Он был членом СА с 1933 г., а в 1937 г., когда после трехлетнего перерыва начался прием в НСДАП, вступил и в нацистскую партию. В том же году Гиммлер присвоил ему звание унтерштурмфюрера и назначил сотрудником штаба РСХА СС. Его деятельностью в СС были явно довольны. Уже в 1938 г. он стал оберштурмфюрером (лейтенант), а ещё через четыре года — гауптштурмфюрером (капитан).

В то же время путь Геберера к профессорству был не столь гладким, хотя в СС всячески старались ему помочь занять университетскую кафедру, придав, тем самым, его генетическим и расоведческим трудам академическую респектабельность[493]. Ученик зоолога и генетика В. Геккера, Геберер уже в возрасте 23 лет в декабре 1924 г. получил степень доктора естествознания за диссертацию «Сперматогенез копеподов. 1. Сперматогенез центропадиг вместе с данными об оогенезе *Diaptomus castor*». В течение последующих двух лет Геберер работал научным помощником у антрополога и расоведа Г. Гахне в Музее истории первобытного общества в Галле. В 1927–1928 гг. он участвовал в экспедиции Б. Ренша в Индонезию, по результатам которой совместно с В. Леманом опубликовал две небольшие статьи по антропологии и расовым отношениям жителей Индонезии. Его интерес к антропологии в какой-то мере связан с тем, что именно в этих местах, на острове Ява, Э. Дюбуа открыл питекантропа. По возвращении в Германию Геберер 10 лет работал ассистентом у Ю. Хармса в Зоологическом институте Тюбингенского университета, занимаясь в основном проблемами цитологии и зоологии. С 1932 г. он одновременно был приват-доцентом на кафедре зоологии и на кафедре сравнительной анатомии.

Приход к власти нацистов явно оживил его интерес к проблемам палеоантропологии, генетики человека, расоведения и эволюционной теории. С 1934 г. почти все его труды посвящены им. Геберер был вторым среди биологов (после В. Хенчеля, ученика Э. Геккеля) ученым, кто после прихода к власти нацистов

---

[492] *Heinemann I.* "Rasse, Siedlung, deutsches Blut" // Rassen und Siedlungs-Hauptamt der SS und die rassenpolitische Neuordnung Europas. Göttingen, 2003.

[493] *Hossfeld U.* Gerhard Heberer (1901–1973). Sein Beitrag zur Biologie im 20. Jahrhundert. Berlin, 1997.

свои интересы сконцентрировал исключительно на вопросах антропологии. Но он превосходил Хенчеля по своей организационной и публикационной активности. Если раньше Геберер, как правило, в год публиковал в среднем одну-две статьи, то в 1934 г. список публикаций содержал уже 8 названий, а в 1935 г. была опубликована 31 работа, правда, 23 из них были рецензиями. В последующие годы при нацистах Геберер ежегодно публиковал от двух до четырнадцати статей и около двадцати рецензий[494]. Занимаясь проблемами антропологии и палеоантропологии, он старался исследовать развитие нордической расы в Германии с древнейших времен. Свои взгляды по этой проблеме он изложил в ряде докладов, прочитанных в разных университетах Германии и суммированных в книге «Историческое расовое исследование о месте зарождения индогерманцев»[495]. Его научные воззрения лежали не только в русле национал-социалистического расоведения, но и соответствовали задачам научной политики и пропаганде Третьего рейха.

Как и многие другие нацистские антропологи, Геберер отрицал азиатское или восточноевропейское происхождение нордической расы и доказывал, что она возникла в Центре или на Севере Германии. Две известные к тому времени группы ископаемых кроманьонцев, различавшиеся по длине черепа, он расценивал как две популяции нордической расы, которые сохранились как нордический и фальский роды внутри ариев. Идею существования фальского рода среди арийцев, которую в момент ее выдвижения отрицали почти все антропологи, Геберер взял у Гюнтера и считал установленным, что из древних представителей нордической расы в Северной и Центральной Германии в мезолите произошли первые индоевропейцы, которые стали современными народностями в период неолита. В доказательство существования двух родов индоевропейцев в период неолита он приводил своеобразие керамики.

Для расовых антропологов было важно, что Геберер, связывая происхождение всех индоевропейских народов с нордической расой, представлял эту гипотезу как теорию, вытекающую из беспристрастного научного анализа. Индоевропейские языки, по его мнению, брали свое начало в нордических племенах. От их праязыка произошли и все европейские языки и наречия. Осуществляя экспансию в южном направления, заселяя бассейн и побережье Средиземного моря, северные индоевропейцы уже в период мезолита препятствовали проникновению на их территорию южных народов. Из своего строго «научного опровержения» теории азиатского или восточноевропейского происхождения индоевропейских народов Геберер делал вывод, что доминирование индоевропейских народов со времен неолита на евроазиатском пространстве — свидетельство культурного превосходства нордической расы.

Этим, по его мнению, определяются современные политические задачи. Осознание того, что «мы являемся наследниками народа, призванного к высшим культурным достижениям, требует соответствующих успехов и в наше время»[496]. В разгар Второй мировой войны он с пафосом заявлял: «Как в древности нордическая раса своей огромной творческой энергией оказала благотворное влияние на весь мир четыре тысячелетия тому назад, так в ужасных муках становления сейчас формируется новое человечество в центре Европы». С его точки зрения,

---

[494] *Hossfeld U.* Gerhard Heberer (1901–1973). S. 161–183.

[495] *Heberer G.* Rassengeschichtliche Forschungen im indogermanischen Urheimatgebiet. Jena, 1943.

[496] Ibid. S. 53.

новое человечество, которое должно возникнуть на основе нордической расы в результате расовых селекционных мероприятий в Германии, должно истреблять и выселять низшие расы евреев и славян для того, чтобы использовать освободившееся пространство для собственного развития. В предисловии к книге Геберер выражал надежду, что его сочинение имеет особое значение в то время, когда осуществляется объединение Европы, так как он объясняет доисторические корни единой Европы.

Такие воззрения явно импонировали руководству национал-социализма. Их устраивала упрощенная трактовка представлений об арийцах, нордической расе и индоевропейских народах. Ее суть сводилась к тому, что арийцы-индоевропейцы — истинные представители нордической расы, которая возникла в Германии, а национал-социалисты являются ее прямыми наследниками. Геберер ввел абстрактные расологические представления национал-социалистов в научный контекст и привел «доказательства» гомогенности арийской расы, а также временную связь и единство древних и современных индоевропейских народов. Выводы Геберера о происхождении древних индоевропейцев нацисты (К. Астель, Г. Гиммлер, Ф. Заукель и Б. Руст) постарались использовать с максимальной эффективностью. Его пригласили читать лекции в университете Франкфурта-на-Майне в зимнем семестре 1935/36 с перспективой занять кафедру. В курсе общей биологии и медицины он подробно разъяснял суть немецких расовых законов. Его лекции вызвали одобрение национал-социалистически настроенных студентов, но также и протесты и возражения студентов-католиков, которым были неприемлемы его дарвинистские убеждения. Из-за них он не получил желаемой кафедры и должен был вернуться в Тюбинген.

Гиммлер вновь поставил перед РМВЕФБ задачу предоставить Гfebереру одну из вакантных кафедр в университетах Тюбингена, Эрлангена или Галле, чтобы он имел возможность свободно заниматься расоведением и генетикой. Однако рейхсфюреру СС не удалось повлиять ни на министерство, ни на университеты. Гébереру отказали в повышении даже в Тюбингене, где он проработал более десяти лет. Мотивировка этого в письме декана физико-математического факультета ректору университета была формальной: назначение на столь высокую должность «юного» приват-доцента вызовет неадекватную реакцию в профессорско-преподавательском корпусе[497]. В конечном счете, благодаря новому ходатайству Гиммлера, а также поддержке К. Астеля, ректора Йенского университета и президента Комитета по расам (Landesamte für Rassenwesen) Тюрингии, для Геберера в 1938 г. была учреждена кафедра по общей биологии и антропологии в Йенском университете. С 1930 г., когда здесь была создана кафедра социальной антропологии для Г.Ф.К. Гюнтера, и до конца Второй мировой войны этот университет был оплотом сторонников монизма Э. Геккеля и немецкой расологии[498]. Г. Гиммлер, Ф. Заукель и К. Астель старались сделать этот университет первоклассным научным учреждением, который по своим масштабам и тематике всецело бы соответствовал глобальным задачам национал-социализма. В результате Йена стала «центром расовой гигиены и расовой политики немецкого университетского ландшафта». При нацистах практически одни и те же проблемы

[497] *Deichmann U.* Biologen unter Hitler. S. 285.

[498] *Hossfeld U., John J., Stutz R.* Weaving Networks: The University of Jena in the Weimar Republic, the Third Reich and the post war East German state. P. 196–226.

антропологии и расоведения здесь читали профессор по социальной антропологии Б. Штрук и профессор по филогенетической зоологии, генетике и истории биологии В. Франц, один из старейших членов НСДАП среди биологов (с 1930 г.). Сам Астель, будучи доктором медицины, возглавлял кафедру расологии и генетики (1934–1935) и кафедру генетики человека и расовой политики (1936–1945). Все они вместе с Геберером составляли некий необычный для университетов Третьего рейха «расовый четырехугольник», символизировавший единство расового учения и национал-социализма. Здесь же работал один из комментаторов «Закона о предотвращении наследственно больного потомства» юрист Ф. Рутке.

В 1941 г. рассыпалась еще одна надежда Геберера на получение поста директора института в немецком университете, созданном в Страсбурге после оккупации Франции. Здесь впервые на факультете естественных наук открывали Институт биогенетики. Геберер подал заявление на должность профессора кафедры биогенетики, учения о наследственности и генетики животных, а также на пост директора Института, в котором кафедру генетики растений предназначали Э. Кнаппу. Партийная канцелярия и глава АЭ В. Сиверс поддержали заявление Геберера, но, к великому его разочарованию, назначение получил только Кнапп.

Страстный приверженец Э. Геккеля и неодарвинизма, Геберер, как член СС, столь же пылко и самозабвенно боролся против нападок на Геккеля и эволюционизм со стороны католических национал-социалистических кругов. В журнале «Народ и раса»[499] он защищал селекционный механизм происхождения человека и показал, что утверждения католиков о недоказанности симиальной теории антропогенеза являются голословными. При этом он подкреплял научные положения политическими доводами: конечная цель критиков дарвинизма состоит в том, чтобы подорвать биологические корни расоведения, так как эволюционное учение является его фундаментом, а расоведение, в свою очередь, — естественнонаучная основа национал-социалистической идеологии. Спор о происхождении рас человека перенесли на страницы журнала «Биолог», который с 1939 г. был органом «Наследия предков». Геберер в нем с 1936 г. был соредактором и ответственным за проблемы филогении. Однако без его ведома в журнале появилась статья Э. Бергдольта с критикой теории происхождения видов[500]. В письме к коллеге, соредактору журнала В. Грайту Геберер выражал возмущение по поводу того, что в его собственной цитадели позволено критиковать концепцию естественного происхождения человека[501]. Только после личной просьбы Сиверса Геберер согласился не печатать ответную критику. Как специалист в области расоведения, он выступал на заседании НСЛБ. С 1937 г. по 1945 г. он был одним из редакторов издания «Годичные курсы повышения квалификации врачей» (Jahreskurse für ärztliche Fortbildung).

1 апреля 1945 г. Геберер был призван в Вермахт, а летом интернирован в американской зоне оккупации и помещен в военную тюрьму в Праге, где находился три года. Во время процедуры денацификации он уверял, что состоял только в НСДАП, а к СА и СС не принадлежал, что в партию вступил, так как это создавало лучшие возможности для занятия антропологией и публикации научных трудов,

---

[499] *Heberer G.* Neuere Funde zur Urgeschichte des Menschen und ihre Bedeutung für Rassenkunde und Weltanschauung // Volk und Rasse. 1937. Bd. 12. S. 422–427, 435–444.

[500] *Bergdolt E.* Über Formwandlung — zugleich eine Kritik von Artbildungstheorie // Der Biologe. 1940. Jg. 9. S. 398–407.

[501] *Deichmann U.* Biologen unter Hitler. S. 286–287.

что не носил униформу СС, а чин гауптштурмфюрера получил от рейхсфюрера чуть ли не по ошибке[502]. После освобождения в 1949 г. и провала попыток заняться прикладной антропологией в КВГ в Далеме и получить профессорскую должность в университете В. фон Гумбольдта в Берлине Геберер оказался в Гёттингенском университете, где, хотя он и не смог стать заведующим кафедрой, но руководил исследовательским учреждением по антропологии. Что касается вопроса о месте происхождения и путях культурной экспансии нордической расы индоевропейцев, то в послевоенные десятилетия он оставался предметом многочисленных дискуссий и гипотез антропологов, археологов, палеолингвистов, культурологов. И построения Геберера на их фоне не кажутся столь уж экзотическими, хотя на их содержание и выводы прямое влияние, несомненно, оказала социально-политическая и идеологическая обстановка Третьего рейха.

В отличие от Геберера, его старший коллега зоолог и морфолог В. Франц получил широкое научное признание задолго до прихода к власти нацистов[503]. Он защитил докторскую диссертацию «К анатомии, гистологии и функциональной организации глаз акулы» (1905), работал в Зоологическом институте в Галле, в Биологическом институте на острове Гельголанд, в Нейрологическом институте во Франкфурте-на-Майне. Перед уходом на фронт он был редактором естественнонаучного отдела в Библиографическом институте в Лейпциге. Всю Первую мировую войну воевал на Западном фронте с 4 августа 1914 г. и демобилизовался 23 декабря 1918 г., дослужившись до лейтенанта и получив Рыцарский крест. Практически сразу после демобилизации Франца пригласили на должность экстраординарного риттеровского профессора (Ritter-Professor)[504] по филогении в Йенском университете, вакантную уже в течение пяти лет. Началась его успешная научная деятельность, в ходе которой он подготовил 30 аспирантов и опубликовал 200 работ[505].

После выхода в свет книги «История животных» (1924), принесшей Францу мировую известность, он стал экстраординарным профессором, а перевод в ординарные профессоры растянулся ещё на десятилетие. 1 марта 1930 г. Франц вступил в ряды НСДАП, став тем самым вторым, после Бергдольта, биологом-членом нацистской партии. В том же году он присоединился к Национал-социалистическому союзу учителей, а с ноября 1933 г. был членом СС, получив чин шарфюрера (унтер-фельфебель) и почетный крест (Ehrenkreuz) как фронтовик, одновременно он занимал различные руководящие должности в региональных и университетских партийных организациях.

К нацизму Франц, скорее всего, примкнул по внутренним убеждениям, а не из карьерных соображений, и нацисты ценили его преданность. По личному распоряжению Б. Руста, Франц стал в 1935 г директором Дома Эрнста Геккеля, вместо

---

[502] *Hossfeld U.* Gerhard Heberer. S. 95.

[503] *Хоссфельд У.* Морфология после Эрнста Геккеля: филоэмбриогенез А.Н. Северцова (1931) и биологический прогресс В. Франца // Русско-немецкие связи в биологии и медицине: опыт 300-летнего взаимодействия. СПб., 2000. С. 57.

[504] Пауль фон Риттер (P. von Ritter) был восторженным почитателем Э. Геккеля и пожертвовал 300 000 марок на поддержку эволюционных исследований и на учреждение двух ставок профессора по филогении и палеонтологии и геологии.

[505] *Hossfeld U.* Der Ritterprofessor Victor Franz (1883–1950) aus Jena-Ehrenmitglied der Naturforschenden Gesellschaft des Osterlandes zu Altenburg // Schriftenreihe der Naturforschenden Gesellschaft des Osterlandes zu Altenburg. 1993. Bd. 3. S. 33–43.

умершего незадолго до этого бывшего социал-демократа Г. Шмидта[506]. В апреле 1936 г., благодаря вмешательству А. Гитлера, вновь последовал личный приказ Руста о назначении В. Франца персональным ординарным профессором, в обязанности которого, помимо занятий по зоологии и филогении, вошло также преподавание генетики и истории биологии[507]. Благодаря Францу Дом Эрнста Геккеля превратился из частного фонда в университетский институт. При поддержке ряда биологов-эволюционистов и антропологов, включая Г. Геберера, Франц в 1942 г. организовал Общество Эрнста Геккеля.

Его научное творчество в этом период весьма амбивалентно. С одной стороны, Франц по-прежнему публиковал фундаментальные труды в области морской биологии, орнитологии и малакологии. Его концепция биотехнического прогресса открыла новые перспективы в изучении этой крайне дискуссионной проблемы макроэволюции[508]. Как справедливо отмечала Т.И. Капралова, оригинальность предложенного Францем подхода заключалась в положении о том, что основное значение в усовершенствовании как биологических, так и технических систем принадлежит энергетическим показателям жизнедеятельности организма[509]. По энергопотреблению (Ertrag) и производительности функций (Leistung), согласно Францу, мы можем судить о КПД (коэффициенте полезного действия) биологических систем и о степени их элевации (Elevationsgrad), которые в совокупности отражают степень их целесообразности, превосходства, обеспеченности и совершенства. Соответственно, элевация тем выше, чем интенсивнее жизнедеятельность организма при высокой его экономичности и эффективности. В качестве доказательства этого он представлял строение и функционирование глаз у человека.

Свою концепцию биотехнического прогресса Франц пытался перенести в расовую антропологию, объясняя ею принцип фюрерства (Führerprinzip) и подъема расы (Rassenaufstieg). В ежемесячном журнале «Раса» (Rasse), издаваемого нордическим движением, он опубликовал серию статей, в которых уверял, что евреи соответствуют низшей стадии развития человечества, что мир завоевали индогерманцы, а не монголы, и что смешение различных рас противоречит законам биологической эволюции[510]. Выступая 16 февраля 1934 г. на заседании, посвященном 100-летию со дня рождения Э. Геккеля, Франц подчеркнул нордический характер знаменитого ученого, обусловленные им монизм, патриотизм, преданность Германии и расе, огромный интеллект, уникальное сочетание научных и художественные талантов[511].

---

[506] Социал-демократические убеждения не помешали Г. Шмидту в предисловии к его книге (*Schmidt H.* Ernst Haeckel. Denkmal eines großen Lebens. Jena, 1934. S.V.) заявить, что естественнонаучная мысль в новом Рейхе испытывает удивительное, полное сил возрождение, и пытаться представить себя инициатором восприятия Э. Геккеля как предтечи нацистской идеологии (см. подробнее: *Krausse E., Hossfeld U.* Das Ernst-Haeckel-Haus in Jena. Von der privaten Stiftung zum Universitätsinstitut (1912–1970) // Verh. zur Geschichte und Theorie der Biologie. Bd. 3. Berlin, 1999. S. 209).

[507] Ibid. S. 211.

[508] *Franz V.* Der biologische Fortschritt. Die Theorie der organismengeschichtlichen Vervollkommung. Jena, 1935.

[509] *Капралова Т.И.* О концепции «биотехнического прогресса» (по работам В. Франца) // Закономерности прогрессивной эволюции. Л., 1972. С. 187.

[510] *Franz V.* Aufsteigende Entwicklung // Rasse. 1936. Bd. 3. S. 61–76; *Franz V.* Entwicklungsgeschichtliche Vervollkommung und Rassenpflege // Rasse. 1937. Bd. 4. S. 257–264.

[511] *Franz V.* Das heutige geschichtliche Bild von Ernst Haeckel: Rede bei der Gedächnisfeier der Universität Jena zu Haeckels 100. Geburtstag... 16 Februar. 1934. Jena, 1934. S. 17–22.

Несмотря на все реальные заслуги Франца в области теоретической биологии, он уже в сентябре 1945 г. был уволен с государственной службы. Традиционная попытка представить себя жертвой нацизма закончилась безрезультатно. И причиной этого было не только его активное участие в наиболее одиозных политических и военизированных организациях национал-социализма. Наряду с сугубо научными трудами в области зоологии, Франц был известен публикациями, основное содержание которых занимали его национал-социалистические убеждения и антисемитизм. И в их основе лежали его политические и идеологические пристрастия. Как директор Дома Эрнста Геккеля Франц всячески способствовал объединению его эволюционно-антропологических идей с идеологией нацизма. Он руководил постоянным коллоквиумом «Биология в Третьем рейхе», выступал с лекциями «Жизнь Э. Геккеля в современном свете» и «История эволюционного учения в биографии его создателей и сторонников», в которых пытался защитить Э. Геккеля и других биологов-эволюционистов от нападок некоторых идеологов Третьего рейха. Так, он должен был реагировать на различные отклики внутри НСДАП на книгу Г. Брюхера, посвященную генеалогии Э. Геккеля[512]. В частности, многие были не согласны с трактовкой внешнего облика Геккеля как типичного арийца и пророка национал-социализма. Об этом говорили в РСХА СС и в РПА НСДАП. В то же время руководитель Главного комитета по науке НДСАП А. Розенберг резко отвергал выпады против Геккеля, что служит ещё одним доказательством отсутствия единства среди главных идеологов расовой антропологии по ключевым вопросам.

Особую позицию в вопросе о генетических основах макроэволюции занимал профессор университета в Галле, а затем в Киле, антрополог, палеонтолог и расолог А. Ремане, член НСДАП с 1937 г. По его мнению, макроэволюцию обеспечивают специфические мутации, названные им «инородными изменениями», которые действуют постепенно и направленно. Он критиковал слишком оптимистические взгляды генетиков, отождествлявших причинные механизмы и законы макроэволюции с установленными генетиками экспериментально факторами микроэволюции[513]. Арестованный в 1945 г., Ремане умело использовал свои антидарвинистские взгляды для быстрого освобождения и до 1966 г. возглавлял Зоологический музей в университете Киля.

Научно-организационная и политическая деятельность антропологов в годы Третьего рейха отразилась на их научных исследованиях. Сейчас трудно определить степень их искренности в пропаганде нацистской идеологии и политики, но большинство из них свои труды в профессиональных изданиях готовили в соответствии с принятыми научным сообществом нормами и правилами. Крог был одним из немногих, кто пришел в антропологию от идеологии и политики, не разделяя их в своих публикациях. Большинство остальных — из науки пришли в политику. Пройдя интернирование и денацификацию, почти все они смогли вернуться к научной работе. Это позволило им быстро забыть свою деятельность при нацистах, изображая себя их жертвами.

---

[512] *Brücher H.* Ernst Haeckels Blut und Geistes-Erbe. Eine Kultur-biologische Monographie. München, 1936.

[513] *Remane A.* Der Geltungsbereich der Mutationstheorie // Verh. der Deutschen Zoologischen Gesellschaft; Zoologischen Anzeiger. 1939. Suppl. 12. S. 206–220; *Remane A.* Die Abstammungslehre im gegenwärtigen Meinungskampf // ARGB. 1941. Bd. 35. S. 89–122.

Генетика, селекция и евгеника

Если в СССР генетику с конца 1920-х гг. стали подвергать гонениям, то в Третьем рейхе она, напротив, попала в разряд наиболее привилегированных дисциплин, активно развиваясь в КВГ и в университетах. За исключением немногих генетиков-евреев, вынужденных эмигрировать, остальные регулярно получали щедрую финансовую поддержку, хотя процент членов НСДАП среди генетиков был существенно меньшим, чем среди зоологов и особенно ботаников. Для понимания отношений генетического сообщества и его отдельных членов с властями важно учитывать использованную Дж. Харвудом классификацию Ф.К. Рингера для деления генетиков на мандаринов (Ф. фон Веттштейн, В. Йоллос, А. Кюн, О. Реннер, К. Хенке, Э. Шиман и др.) и прагматиков, экспертов (Э. Баур, Г. Бауэр, Г. Кукук, Г. Нахтсхайм, Р. Зенгбуш, Э. Кнапп, Р. Шик, Г. Штуббе и др.), их членство в национал-социалистических организациях, принадлежность к поколениям, сделавшим карьеру до прихода к власти нацистов (Э. Баур, Ф. фон Веттштейн, М. Гартман, А. Кюн, Н.В. Тимофеев-Ресовский, Г. Штуббе) и во время Третьего рейха (Г. Бауэр, Г. Кукук, К. Лоренц, В. Людвиг, Р. Шик, Ф. Шваниц), национальность и т. д. Только последний пункт оказывался решающим в определении судьбы того или иного генетика в Третьем рейхе. В эмиграцию отправились В. Йоллос (1933) и Р. Гольдшмидт (1935), несмотря на готовность последнего к сотрудничеству с нацистскими властями в реализации расово-гигиенических мероприятий. Г. Кукук, Г. Штуббе и Р. Шик, как уже говорилось, были уволены в 1936 г. из Института селекции в Мюнхеберге по политическим соображениям, и только Штуббе из них удалось продолжить научно-педагогическую карьеру в Третьем рейхе. Сколь сложным образом переплетались факторы, определявшие судьбу генетиков в Третьем рейхе, лучше всего показать на конкретных примерах.

Прежде всего, важно отметить, что уровень генетических исследований продолжал оставаться высоким и соответствовал международным стандартам. По классификации Харвуда большинство лидеров немецкой генетики — Ф. фон Веттштейн, М. Гартман, А. Кюн и Н.В. Тимофеев-Ресовский — были типичными мандаринами, предпочитавшими заниматься фундаментальными проблемами, не вмешиваться в политику, и сделали карьеру до 1933 г. Им удалось не только сохранить, но и упрочить свои позиции при нацистах, с которыми они с самого начала вступили на путь сотрудничества, но не подчинения. Из трех директоров Института биологии в КВГ, генетиков Ф. фон Веттштейна, М. Гартмана, А. Кюна, только Веттштейн не был членом нацистской партии.

Отдел генетики в Институте биологии КВГ с 1914 г. возглавлял М. Гартман, занимавшийся проблемами определения пола и генетики простейших, морских беспозвоночных и рыб. В 1939 г. он открыл у морских ежей вещество, вызывающее половую реакцию между гаметами, названное им с Р. Куном, который проанализировал его химическую структуру, гамоном[514]. В этом же отделе член СС Г. Бауэр вел экспериментальные исследования по цитогенетической наследственности и искусственному мутагенезу у дрозофилы. С помощью рентгеновских лучей, а затем и нейтронного излучения он индуцировал хромосомные мутации, подтвердив гипотезу Л. Стадлера, что транслокации возникают не столько в результате конъюгации хромосом, сколько из-за их разрыва под воздействием излучения.

---

[514] *Hartmann M.* Befruchtungstoffe bei Fischen // Naturwissenschaften. 1944. Bd. 32. S. 231.

После того как Гартман возглавил Немецко-греческий институт по биологии в Афинах, Бауэр стал руководителем Отдела генетики в Институте биологии КВГ.

А. Кюн занимался вопросами цитогенетики и физиологической генетики у животных, продолжая традиции Р. Гольдшмидта, которого он сменил на посту второго директора Института биологии КВГ. Он изучал действие гена через гормоны. Пытаясь вместе с А. Бутенандтом выяснить цепь генных взаимодействий в детерминации пигмента глаза, он идентифицировал кинуренин как промежуточный продукт синтеза пигмента. Кюн и Э. Беккер в 1942 г. выдвинули гипотезу генного гормона или фермента, запускавшего в ход цепь взаимодействий, ведущих к синтезу белка. Однако насекомые, служившие объектом исследований, не позволяли проверить эту гипотезу, которая была подтверждена примерно в то же время В. Бидлом и Э. Татумом на нейроспоре.

Хотя Харвуд относит Ф. фон Веттштейна к мандаринам, последний не упускал случая, чтобы подчеркнуть огромное практическое значение генетики для сельского хозяйства и медицины, а также ее важность как точной науки для интеграции знаний о жизни. Его научные интересы лежали главным образом в области физиологической генетики растений. Он анализировал участие генов в онтогенезе, доказывал роль плазмона (цитоплазмы) в детерминации их активности, изучал генетические основы образования рас и видов и т. п. Но щедрую финансовую поддержку он получал за изучение полиплоидии, играющей важную роль в эволюции и селекции растений ввиду устойчивости полиплоидов к паразитам и к экстремальным климатическим условиям.

Веттштейн на протяжении всего существования Третьего рейха оставался ключевой фигурой немецкого генетического сообщества, хотя и не был никогда членом никаких нацистских организаций[515]. Будучи профессором ботаники и директором самого крупного ботанического института в Германии, Веттштейн дважды отклонил предложение Руста возглавить Институт биологии КВГ после смерти Корренса. В конечном счете, он согласился на переезд из Мюнхена в Берлин, мотивируя это тем, что «его присутствие в Берлине является долгом перед государством»[516]. Веттштейн умело играл на патриотических амбициях властей, требуя увеличения ассигнований на фундаментальные исследования, чтобы не отстать от США. Как не раз отмечалось выше, Веттштейн активно участвовал в разработке и реализации многих нацистских планов, в том числе и в ограблении селекционных станций на территории СССР. При этом движущими мотивами его сотрудничества с властями был не только долг перед наукой, но и патриотические чувства.

Вместе с другими директорами Института биологии КВГ А. Кюном и М. Гартманом ему в значительной степени удалось освободить проводимые исследования от повседневного партийного контроля. Он помог устроиться на работу многим генетикам, в частности, Г. Штуббе и Э. Шиман, уволенным по обвинению в нелояльности к нацизму. Последняя была авторитетным специалистом в области генетики микробов, получила докторскую степень у Э. Баура еще в 1912 г. В 1940 г. ее уволили с должности исполняющей обязанности профессора в Берлинском университете за неучастие в заседаниях НСДДБ, первомайских демонстрациях и цитирова-

---

[515] *Melchers G.* Fritz von Wettstein. 1895–1945 // Berichte der Deutschen Botanischen Gesellschaft, 1987. Bd. 100. S. 396–405.

[516] *Deichmann U.* Biologen unter Hitler. S. 155.

ние еврейских и советских авторов в лекциях[517]. Благодаря Ф. фон Ветттштейну она смогла продолжить свою исследовательскую работу в КВГ по гранту в 1943 г., когда обозначился дефицит кадров в связи с уходом мужчин на фронт. Один из сотрудников Вейттштейна Г. Мельхерс в 1920-х гг. участвовал в левых молодежных движениях, а его ассистент К. Пиршле был лишен права преподавать в Берлинском университете в 1936 г. Не случайно Институт биологии в Далеме называли «духовным оазисом», и даже сотрудники, симпатизировавшие нацистам, в стенах Института вели себя безупречно[518]. В этом отношении Институт биологии КВГ в Берлине был прямой противоположностью Института селекции КВГ в Мюнхеберге.

Судьба Н.В. Тимофеева-Ресовского, сохранившего советское гражданство и отказавшегося вступить в нацистские организации, в целом является примером умения властей Третьего рейха идти на компромисс со своими возможными оппозиционерами. Во время войны Тимофеев-Ресовский предоставлял работу перемещенным лицам, эмигрантам, военнопленным, неарийцам. В 1943 г., когда стали известны его сомнения в победе Германии над СССР, власти ограничились лишь предупреждением о недопустимости пропаганды пораженческих настроений. Другим подобные сомнения стоили свободы и даже жизни, как это произошло с профессором и хранителем Зоологического музея в Берлине В. Арндтом, которого за подобные высказывания по доносу от июля 1943 г. казнили 26 июня 1944 г.[519]

Необычная судьба Тимофеева-Ресовского породила вал литературы, содержащей противоречивые оценки и выводы. Начало положили массовые тиражи публикаций, в которых собраны разного рода анекдоты, легенды, мифы, побасенки, связанные с его именем[520]. Борьба за гражданскую и политическую реабилитацию этого выдающегося биолога XX века стала мощным стимулом для тщательного изучения его жизненного пути и творчества профессиональными историками биологии, мнения которых существенно разошлись в трактовке его поведения в Третьем рейхе. Всех, правда, объединяет признание фундаментальных заслуг Тимофеева-Ресовского в создании популяционной генетики, радиобиологии и СТЭ. Но одни авторы рисуют его как убежденного противника национал-социализма и оппозиционера, другие — обвиняют в причастности к преступлениям евгеников, расовых гигиенистов, к попыткам использовать атомную энергию в военных целях, в тесном сотрудничестве с нацистскими властями и т. п.[521] В обвинительном плане характерна статья

---

[517] *Lang A.* Elisabeth Schiemann. Life and career of woman scientist in Berlin // Englera. 1984. Bd. 7. S. 17–28.

[518] *Harwood J.* Styles of Scientific Thought. Chicago; London, 1993. S. 224; *Käding E.* Engagement und Verantwortung. S. 48.

[519] *Eisentraut M.* Vom Leben und Sterben des Zoologen Walther Arndt. Ein Zeitdokument aus Deutschlands schwärzesten Tagen // Sitzungsberichte der Gesellschaft Naturforschender Freunde zu Berlin. 1986. Bd. 26. S. 161–187.

[520] *Гранин Д.* Зубр. Тимофеев-Ресовский // Новый мир. 1988. № 1–2.; *Berg R.L.* In defence of N.V. Timofeeff-Ressovsky // Quarterly Review of Biology. 1990. Vol. 65. № 4. P. 457–479; *Тимофеев-Ресовский В.Н.* Воспоминания. М., 1995.

[521] *Paul D., Krimbas C.B.* Nikolai W. Timofeeff-Ressowsky // Scientific American. 1992. Vol. 266. P. 86–92; *Satzinger H., Vogt A.* Elena Aleksandrovna Timofeeff-Ressovsky und Nikolaj Vladimirovich Timofeeff-Ressovsky // Max-Planck-Institut für Wissenschaftsgeschichte. Preprint № 112. Berlin, 1999; *Satzinger H., Vogt A.* Elena Aleksandrovna Timofeeff-Ressovsky und Nikolaj Vladimirovich Timofeeff-Ressovsky // Darwin & Co. Eine Geschichte der Biologie in Portraits. Bd. II. München, 2001. S. 442–470; *Junker T.* Eugenik, Synthetische Theorie und Ethik. Der Fall Timofeef-Ressovsky im internationalen Kontext // Ethik der Biowissenschaften / Geschichte und Theorie. Berlin, 1998. S. 7–40; *Бабков В.В., Саканян Е.С.* Николай Владимирович Тимофеев-Ресовский. М., 2002.

К.Г. Рота с результирующим названием «Прекрасный новый человек: смена парадигм в классической генетике и ее влияние на биологию населения “Третьего рейха”»[522]. Автор утверждал, что работы Тимофеева-Ресовского, как и других представителей классической генетики, «лили воду на мельницу нацистской биологии человека». В разгар «перестройки» в журналах так называемой патриотической ориентации «Москва» и «Наш современник» были напечатаны статьи, в которых повторялись прежние обвинения Тимофеева-Ресовского в предательстве, в участии в опытах над людьми и в научных разработках оборонного характера, однако в июне 1992 г. произошла официальная реабилитация Тимофеева-Ресовского, и повторять эти обвинения и называть фамилии авторов этих филиппик не имеет смысла. После работ У. Хоссфельда и подборки документов из следственного дела Н.В. Тимофеева-Ресовского Я.Г. Рокитянским подобные обвинения лежат вне рамок научного рассмотрения[523].

Тем не менее, они появляются вновь, подкрепляемые лишь ссылками на его блестящую карьеру в Третьем рейхе, где ему, гражданину СССР и «противнику нацизма», были предоставлены прекрасные возможности для научной работы и поручено руководство Отделом генетики и биофизики в Институте мозга КВГ, который с 1937 г. фактически был самостоятельным учреждением и в котором велись исследования, имевшие военное значение. Ниже мы подробнее остановимся на отношении Тимофеева-Ресовского к евгенике и расовой гигиене. Здесь же отметим, что поддержка нацистами исследований Тимофеева-Ресовского объяснялась, прежде всего, их особым отношением к генетике и эволюционной теории, в которых он имел признанный во всем мире авторитет.

Его исследования в области экспериментальной и популяционной генетики (по искусственному мутагенезу, сравнительной мутабельности, феноменологии проявления генов, элементарным факторам эволюции) составляли гордость немецкой науки. В 1935 г. Тимофеев-Ресовский в соавторстве с будущим лауреатом Нобелевской премии по физике 1969 г. М. Дельбрюком и К. Циммером опубликовал статью «О природе генных мутаций и структуре гена» (теория мишеней). Благодаря ей утвердилось представление о гене как молекуле. Её оттиск попал в руки Нобелевского лауреата Э. Шрёдингера, вдохновив его на ряд лекций и написание книги, послужившей основой для широкого внедрения физико-химических методов в биологические исследования[524].

Кроме того, после отказа Тимофеева-Ресовского вернуться в СССР или эмигрировать в США у нацистов не было оснований подозревать его в нелояльности, а отдельные резкие высказывания в адрес руководителей Третьего рейха воспринимали скорее как чудачества маститого ученого. Тем более, что в целом Тимофеев-Ресовский играл с властями по правилам, установленным нацистами[525]. В итоге его проекты находили постоянную поддержку. Основное финансирование от ДФГ и РФР шло Тимофееву-Ресовскому на экспериментальное изучение мутагенеза под воздействием нейтронного генератора.

---

[522] *Roth K.H.* Schöner neuer Mensch. S. 11–63.

[523] *Хоссфельд У.* Документы Н.В. Тимофеева-Ресовского в архивах КГБ и Штази // Русско-немецкие связи в биологии и медицине. СПб., 2002. С. 208–214; Рассекреченный Зубр

[524] *Шрёдингер Э.* Что такое жизнь с точки зрения физики? М., 1947.

[525] *Weingart P., Kroll J., Bayertz K.* Rasse, Blut und Gene. S. 550–553.

Выше уже отмечалось, что Тимофеева-Ресовского обвиняли в сотрудничестве с нацистами и в причастности к расовой генетике не только советские ультрапатриоты, но и многие немецкие историки биологии. Например, У. Дайхман полагает, что его неуязвимость при нацистах объясняется, прежде всего, его умением адаптироваться к социально-политической и идеологической обстановке Третьего рейха и поддерживать продуктивные контакты с нужными ему власть предержащими, а также его поддержкой евгенических мероприятий[526]. Правда, она признает, что о борьбе с генетическим грузом вредных мутаций и позитивной евгенике писали многие генетики и эволюционисты в США, например, Г.Дж. Мёллер, Дж.Б.С. Холдейн, Дж.С. Хаксли. Но в Германии, где уже действовали расистские законы и шла насильственная стерилизация, по ее мнению, подобные высказывания звучали иначе, чем в либеральных странах.

Против подобной точки зрения выступил Т. Юнкер, который указал, что главным обвинением Тимофеева-Ресовского в сотрудничестве с нацистами служит его статья в журнале «Врач наследственности» (Erbarzt), приложении к журналу «Немецкий врач», издававшемся О.Ф. фон Фершуером по поручению Объединенного союза немецких врачей (Deutschen Ärztevereinsbund) и Союза врачей Германии (Verband der Ärtzte Deutschlands) для пропаганды среди немецких врачей сведений о генетике человека и расовой гигиене[527]. В этой статье, сравнивая генетический груз в популяциях диких животных и человека, Тимофеев-Ресовский писал о необходимости принять меры против увеличения в человеческой популяции в гомозиготном состоянии рецессивных мутаций, снижающих жизнеспособность, фертильность или ведущих к резким патологиям. Их интенсивное накопление он объяснял, как это было принято, ослаблением роли естественного отбора в условиях цивилизации[528]. Тимофеев-Ресовский весьма осторожен в своих выводах, призывая к тщательному изучению географического распределения гетерозиготных комбинаций с целью выяснения процента рецессивных аллелей в разных популяциях человека и оценки их угрозы здоровью населения. В связи с этим он допускал генетический контроль для выяснения этиологии и классификации генетических заболеваний. Сам Тимофеев-Ресовский никогда ничего не говорил о том, какими способами осуществлять расово-гигиенический контроль и имеет ли он какую-либо расовую направленность. Тем не менее, многие авторы полагают, что в условиях Третьего рейха его позиция выглядела как одобрение политики очищения наследственности высокоценной арийской или нордической расы и уничтожения евреев[529].

Существуют другие примеры сотрудничества Тимофеева-Ресовского с расовыми гигиенистами и СС. В октябре 1938 г. его пригласили прочитать лекцию об экспериментальном изучении мутаций в рамках курса расоведения и генетики в РПА НСДАП. Вместе с ним лекции читали расовые антропологи и евгеники (В. Гизелер, Ф. фон Ленц, Ф. Рутке). О мировоззренческом и политическом значении расовых идей там же говорили официальные партийные идеологи А. Розенберг и В. Гросс. Слушатели курсов посетили лабораторию Тимофеева-Ресовского в Берлин-Бухе. Это посещение стало широко известно благодаря фотографии,

---

[526] *Deichmann U.* Biologen unter Hitler. S. 275–276

[527] *Junker T.* Eugenik, Synthetische Theorie und Ethik. S. 22.

[528] *Timofeef-Ressovsky N.V.* Experimentelle Untersuchungen der erblichen Belastung von Populationen // Der Erbarzt. 1935. H. 8. S. 117–118.

[529] *Paul D., Krimbas C.B.* Nikolai W. Timofeeff-Ressovsky. P. 94.

опубликованной с подписью в популярном журнале «Новый народ» (Das neues Volk. 1938. № 1. С. 27), из которой как бы следовало, что между научными выводами одного из известнейших генетиков и взглядами слушателей нет никаких противоречий[530].

В 1938 г. Тимофеев-Ресовский сообщал о координации своих работ в области популяционной генетики с Институтом генетики во главе с врачом, профессором Г. Бёмом. Этот институт относился к высшей школе немецких докторов СС, которая была основана Национал-социалистической лигой врачей в 1935 г. Институт был создан, чтобы ознакомить будущих докторов СС с генетикой и расовой политикой. Тимофеев-Ресовский и Штуббе поддержали Институт Бёма и снабдили его оборудованием, а также мутантными линиями кукурузы, львиного зева и дрозофилы[531]. Однако, видимо, здесь речь шла не столько о расово-гигиенических убеждениях в духе национал-социализма, сколько о необходимой каждому ученому способности «продать» властям «свой товар» с целью получения поддержки своих исследований.

Фундаментальные генетические исследования велись в основном в КВГ, где, в конечном счете, были сосредоточены лучшие кадры. Финансовую поддержку из разных источников, в том числе от ДФГ, Индустриального банка и ИГ-Фарбен, имели исследования в области вирусологии, которые проводила рабочая группа ученых из Института биологии (Г. Мельхерс, Р. Даннел) и Института биохимии (Г. Фридрих-Фреска, Г. Шрамм). В Имперском биологическом институте сельского и лесного хозяйства работала другая группа под руководством Г.А. Кауше. Шрамм провел интересные эксперименты по выяснению структуры и репликации вирусов табачной мозаики, а Мельхерс изолировал и усилил спонтанный мутагенез у этого вируса и вируса томатной мозаики. Фридрих-Фреска на базе изучения белков и нуклеопротеидов у вирусов развивал модель идентичного удвоения нуклеопротеидов. Однако оставался неизвестным субстрат наследственной информации, которым могли быть как РНК, так и белки. В качестве объектов для выяснения природы генов использовали такие микроорганизмы, как бактерии и бактериофаги, которые вскоре в эру молекулярной биологии стали основными объектами генетических исследований.

Генетики в университетах или работали со своими коллегами из КВГ в рамках общих программ, или сосредоточивались преимущественно на вопросах прикладного характера. Так, например, с 1936 г. профессор И. Шмидт из Института селекции животных под Ростоком проводил исследования роста при различном питании однояйцовых близнецов у коров, которые О.Ф. фон Фершуер, руководивший в то время Институтом биологии наследственности и расовых исследований гигиены во Франкфурте-на-Майне (Institut für Erbbiologie und Rassenforschung), характеризовал как очень ценные для изучения генетики близнецов у человека и призванные доказать, что духовные и физические свойства человека предопределены его наследственностью.

К числу практиков относился Г. Штуббе. Его научная карьера стартовала еще в 1928 г., когда он начал заниматься мутагенезом и генетикой львиного зева

---

[530] Расовые гигиенисты всегда уделяли огромное значение пропаганде своих идей. Ещё до прихода нацистов к власти они в любых аудиториях, в том числе среди евангелистов, читали курсы лекций о необходимости стерилизации: *Schleiermacher S.* Die Innere Mission und ihr bevölkerungspolitisches Programm. S. 85–86.

[531] *Boehm H.* Das erbbiologische Forschungsinstitut in Alt-Rehse // Ärzteblatt für Berlin. 1937. Bd. 42. S. 415–416.

в Институте селекции КВГ. Вместе с тем, его было бы правильнее отнести к тому поколению генетиков, чей исследовательский и организационный талант раскрылся в полной мере в 1930-х гг. К этому времени он приобрел мировую известность, установил обширные связи в научном мире, а его работы по радиационному мутагенезу изменчивости и селекции растений находили постоянную поддержку со стороны КВГ и ДФГ. Он сотрудничал с физиками и врачами по проблемам индуцированного мутагенеза, наследственной обусловленности рака и гинекологических заболеваний[532]. Его личность особенно интересна для понимания того, сколь неоднозначны были отношения между генетиками, чьи исследования имели практическое значение, и властями в Третьем рейхе. Штуббе явно был в интеллектуальной оппозиции к режиму, за что, как уже указывалось, и был уволен в 1936 г. из Института селекции КВГ в результате доносов и политических интриг. Однако он не остался без работы, а переехал в Берлин, начав исследования эффекта гетерозиса у растений в Институте биологии КВГ у Веттштейна, который не раз предпринимал усилия по его продвижению. Он предложил Штуббе на пост директора Немецко-болгарского института сельскохозяйственных растений КВГ в 1941 г., но это место получил руководитель Гиндукушской экспедиции А. Шайбе. Штуббе рассматривали кандидатом в заведующие кафедрой генетики растений в Немецком университете в Познани, основанном в 1941 г. для ускоренной германизации оккупированных территорий[533].

В 1941–1942 гг. Штуббе по поручению Верховного командования Вермахта и РФР руководил двумя экспедициями в Албанию и Грецию, во время которых шел сбор дикорастущих форм культурных растений. Результаты экспедиции открыли Штуббе путь к продолжению академической карьеры[534]. По предложению Веттштейна, Штуббе стал директором созданного в 1943 г. в Вене Института культурных растений КВГ. Ситуация с продовольствием на фронтах складывалась таким образом, что проигнорировали его былую оппозиционность, хотя оберштурмбанфюрер и директор Института Свена Гедина Э. Шеффер, сомневаясь в политической благонадежности Штуббе, предлагал не назначать его на пост директора, а включить вместе с двумя другими сотрудниками в состав Института генетики АЭ в Граце. Хотя Штуббе имел репутацию оппозиционера, он также прибегал к идеологическим и политическим аргументам для поддержки сугубо фундаментальных исследований. В журнале «Врач наследственности» он утверждал, что генетические болезни в ботанике и зоологии служат моделью для понимания генетических болезней человека[535]. Как и в случае с Тимофеевым-Ресовским, само по себе это заявление было правильным и не несло на себе какого-либо искажения выводов генетики ради политической конъюнктуры.

Были и примеры, когда генетики, члены НСДАП, в основном воздерживались от подобных способов рекламы своих трудов. Экстраординарный профессор университета в Галле В. Людвиг, известный трудами в области математической и теоретической генетики, вступил в нацистскую партию в 1937 г.[536] Этот шаг он

---

[532] *Heim S.* Research for Autarky. S. 16.

[533] *Macrakis K.* Surviving the Swastika. P. 122.

[534] *Heim S.* Kalorien, Kautschuk, Karrieren. S. 190–245.

[535] *Stubbe H.* Erbkrankheiten bei Pflanzen // Der Erbarzt. 1935. H. 8. S 69.

[536] *Müllerot M.* W. Ludwig Wilhelm // Neue Deutsche Biographie. Bd. 15. Berlin, 1987. S. 433–438; *Eberle H.* Die Martin-Luther-Universität in der Zeit des Nationalsozialismus 1933–1945. S. 451.

объяснял позднее, во время денацификации в 1947 г., желанием избежать постоянных конфликтов с членами руководства НСДДБ, продолжить научную работу и обеспечить жену и мать[537]. Он уверял в письме к Нахтсхайму, что сделал это вопреки своим убеждениям. Скорее всего, Людвиг, в отличие от других генетиков, членов нацистской партии, не лукавил, так как в его главных трудах нет расовых или нацистских идей, хотя и встречаются такие понятия, как «расовое чувство», «расовая душа», «дух предков» и т. д. Иногда они звучат как откровенная издевка, например, якобы присущие нордической расе чувства прекрасного, чести и героизма он выводит напрямую из «духа некоторого прачервя»[538].

Как и другие генетики, Людвиг был уверен, что генетический контроль и расово-гигиенические мероприятия восстановят равновесие между доминантными и рецессивными мутациями, разрушенными за последние две тысячи лет из-за нарушения изоляционных механизмов между малыми популяциями человека[539]. Как отмечает Т. Юнкер, для него, как и для других генетиков, евгеника была наукой, а не мировоззрением, а необходимость евгенических мероприятий он обосновывал, прежде всего, ослаблением естественного отбора с прогрессом цивилизации[540]. При этом он сослался на рецензию Людвига (1939 г.) на книгу В. Циммермана «Наследование “приобретенных признаков”». Юнкер приводит также выдержку из неопубликованной рукописи Людвига 1939 г.: «Постоянство наследственности, составляющее основу расово-гигиенических мероприятий нашего государства, имеет фундаментальное значение. Конечно, мы не можем остановить эволюцию, но из этого не следует, что мы должны отказаться от нашей расовой политики, обрекая народ на гибель по соображениям, что постоянство наследственности не является вечным и абсолютным, и после 10 000 поколений внешняя среда вызовет незначительные изменения в генетическом материале»[541]. Но и этот пассаж нельзя расценить как поддержку нацистской политики. Мне представляется, что Людвиг в косвенной форме говорит здесь о тщетности попыток сохранить расовую чистоту ввиду неизбежности эволюции.

Единственным трудом, в котором Людвиг пожертвовал научной истиной ради расовой гигиены, была статья о роли инцеста для поддержания здоровья нации[542]. Вопреки фактам, свидетельствовавшим о вырождении животных и растений при близкородственном скрещивании в ряду поколений, и тысячелетнему опыту человечества, обычаями, религиозными нормами и законами запрещавшему браки с родственниками порою вплоть до шестого поколения, автор уверял, что инцест, при котором выщепляются рецессивные мутации, облегчает выявление носителей вредных генов. При этом он говорил, прежде всего, о стерилизации носителей гомозиготных аллелей, но не об их убийстве.

Г. Бауэр и Ф. Шваниц принадлежали к тому поколению генетиков, чья научная карьера началась при нацистах[543]. У обоих она складывалась весьма удачно,

---

[537] *Harwood J.* Styles of Scientific Thought. S. 113.

[538] *Ludwig W.* Die Selektionstheorie // Die Evolution der Organismen. S. 512.

[539] Ibid. S. 512.

[540] *Junker T.* Synthetische Theorie, Eugenik und NS-Biologie. S. 320–324.

[541] Ibid. S. 322.

[542] *Ludwig W.* Über Inzucht und Verwandschaft // Zs. für menschliche Vererbungs und Konstitutionslehre. 1944. Bd. 28. S. 278–312.

[543] *Junker T.* Synthetische Theorie, Eugenik und NS-Biologie. S. 332–337.

чему способствовали не только их научные труды, но и высокая политическая активность. В то же время их политические убеждения весьма по-разному проявились в их публикациях. Бауэр[544] выбрал своей специальностью генетику животных, в чем получил поддержу ДФГ и имел второй после К. Лоренца индекс цитирования среди стипендиатов фонда[545]. Он защитил докторскую диссертацию у А. Кюна и вскоре сам стал первоклассным исследователем хромосомной наследственности у животных, главным образом, объяснив микроструктуры гигантских хромосом у двукрылых (*Diptera*). Его вступление в СС в 1933 г. явно ускорило карьеру и позволило установить прочные научные контакты. С 1933 г. Бауэр — ассистент Института биологии КВГ в Берлине. В 1930-х гг., когда зарубежные связи были поставлены под строгий контроль, а научные зарубежные командировки требовали длительного согласования, он многократно выезжал за границу, работая в качестве исследователя-визитера в лучших генетических и гидробиологических лабораториях Мессины, Неаполя, Пасадены, Вудс Холла и Код Спринг Харбора. В 1943 г. он сменил М. Гартмана на посту руководителя Отдела генетики в Институте биологии КВГ. Бауэр никогда не высказывался в печати в поддержку нацистской идеологии и расовой гигиены[546].

Сферой основных научных интересов Ф. Шваница была генетика культурных растений. В 1931 г. он защитил у Ф. фон Веттштейна докторскую диссертацию по экспериментальному анализу взаимодействия у мхов генома и плазмона, т. е. ядерной и цитоплазматической наследственности, и начал работать в Сельскохозяйственном институте в Техническом высшем училище в Данциге. С 1936 г. Шваниц — ассистент в Институте селекции ГКВ в Мюнхеберге, а с 1936 г. — руководитель отдела. Его труды вскоре приобрели международную известность. Несмотря на то, что они лежали в области прикладного знания, далекого от расологии и идеологии, Шваниц в 1933 г. стал членом СА, дослужившись только до ротенфюрера (обер-ефрейтор), в 1937 г. — НСДАП, а в 1938 г. — НСДДБ. Он постоянно рецензировал работы для нацистских журналов «Народ и раса» и «Биолог», регулярно печатал собственные статьи, в которых полностью идентифицировал себя с нацистской идеологией, рассуждая о «почве и крови», «об усилении нордического расового ингредиента» как причине различий в истории Франции и Германии, и усматривал в «расовом вопросе ключ к пониманию мировой истории». По его мнению, Римская империя погибла от смешения с ближневосточными народами, а возникновение Британской империи обусловлено доминированием «немецкой крови». При этом он полностью отрицал роль евреев в создании немецкой культуры, в которой всегда доминировали лишь нордический и фальский элементы, а картины еврейских художников всегда уступали немецкой живописи.

Подобные рассуждения ничем не отличались от историософии расологов. Например, в статье «Значение идеи рода в крестьянстве» Шваниц старался показать роль рода в поддержании чистоты расы, сохранении расового здоровья и создании возможности для расового обновления немецкого народа[547]. Он радовался,

---

[544] *Beermann W.* Hans Bauer. 27.9.1904–5.1.1988 // Berichte und Mitteilungen der Max-Planck-Gesellschaft, 1988. H. 4. S. 90–93.

[545] *Deichmann U.* Biologen unter Hitler. S. 67.

[546] *Junker T.* Synthetische Theorie, Eugenik und NS-Biologie. S. 332.

[547] *Schwanitz F.* Der Sippengedanken im germanischen Bauerntum // Volk und Rasse. 1937. Bd. 12. S. 462.

что положен конец расовому разрушению немецкого народа либералами Веймарской республики. По его мнению, цивилизация воздействовала на человека, который сейчас фактически находится вне действия отбора, наподобие доместикации у животных и растений[548], ведущей к вырождению. Он открыто поддерживал евгенические и расово-гигиенические мероприятия, отмечая, что их жесткость предопределяется степенью интенсивности отбора, которая отличается у разных народов и в разных социальных слоях. По его мнению, у крестьян, рыбаков и дровосеков сохраняется высокое давление отбора в пользу здоровья и жизнеспособности. В больших же городах, где существуют различные формы благотворительности и много интеллектуальных профессий, отбор зачастую сведен на нет. Шваниц был уверен, что разделение труда ведет к узкой специализации, к отбору отдельных признаков, к нарушению целостности человека, к дезинтеграции его функций, а в конечном счете, к деградации всего народа. По его мнению, лишь планомерные расово-гигиенические мероприятия по искоренению наследственных заболеваний могут позволить избежать вырождения нации.

Таким образом, в отличие от других генетиков, поддержавших евгенику в рамках обычной заботы о здоровье народа, Шваниц связывал свои занятия селекцией и генетикой культурных растений со сценарием генетической деградации народа, типичной для национал-социалистического варианта расовой гигиены, а также с идеологией народничества, с прославлением простых людей, сохранивших расовую чистоту, с пропагандой обычаев древних германцев. Он не заботился о доказательствах своих пророчеств, просто заявляя о соответствии своих рекомендаций современной генетике и эволюционной теории. Вместо представления доказательств он угрожал, что только невежда в этих отраслях знаний или еврей может отрицать их тесную связь с расологией и расовой гигиеной. Широкая популярность ламаркизма в США, с его признанием возможности изменения наследственности под влиянием внешней среды, по его мнению, обусловлена далеко зашедшим там смешением кровей разных рас и особенно высоким процентом евреев среди генетиков и эволюционистов. Он говорил о типичных «представителях науки США», которые не являются арийцами.

Среди генетиков Шваниц прочнее всего адаптировался к реалиям Третьего рейха и его идеологии. Они сказывались в содержании и языке всех его многочисленных статей и рецензий того времени. Шваниц писал так, как рекомендовал В. Гросс, — вести генетические исследования, чтобы лучше понять законы жизни, крови и ценности расы, с позиций которых трактовал историю и политику настоящего, прошлого и будущего[549]. Это указание о биологизаторстве общества и его истории Шваниц прилежно выполнил, что не помешало ему позже бесповоротно забыть о своих прежних расовых предпочтениях и рассуждениях. В ФРГ он дослужился до должности директора Института биологии в Юлихе. В третьем издании «Эволюции организма» Шваниц опубликовал две большие главы об эволюции диких и культурных растений. Одну из них он назвал «Возникновение культурных растений как модель для понимания эволюции всего растительного мира»[550]. На сей раз все выглядело сугубо академически, без всяких аналогий селекции культурных

[548] *Schwanitz F.* Wirkung und Bedeutung der Auslese // Volk und Rasse. 1940. Bd. 15. S. 101–102.

[549] *Gross W.* Drei Jahre rassenpolitische Aufklärungsarbeit // Volk und Rasse. 1936. Bd. 11. S. 331–337.

[550] *Schwanitz F.* Die Entstehung der Kulturpflanzen als Modell für die Evolution der gesamten Pflanzenwelt // Die Evolution der Organismen. Bd. II. Th. 2. Stuttgart, 1971. S. 175–300.

растений с эволюцией человека. Селекцию культурных растений он определял согласно Н.И. Вавилову, как «эволюцию, управляемую волею человека»[551]. Шванитц никогда не ссылался на труды своей молодости, кроме работ о полиплоидии и крупных мутациях, как исходном материале для быстрого формирования новых видов.

К. Лоренца, одного из создателей этологии и будущего лауреата Нобелевской премии, которую он в 1973 г. получил вместе с Н. Тинбергеном и К. фон Фришем, можно также отнести к генетикам. Он доказывал, что сложные акты поведения животных и человека являются выполнением генетических программ, которые реализуются целостно в ответ на воздействие пусковых механизмов — факторов внешней среды. Занимаясь генетическими основами поведения высших животных, Лоренц, пожалуй, больше других биологов имел право рассуждать о биологических основах социальных ролей и поведения человека, его ценностей и норм. И этим правом он воспользовался в максимальной степени, став классическим примером биолога — убежденного сторонника расизма и нацизма[552]. Даже его ученик Н. Бишоф характеризовал его статьи нацистского периода как «подстрекательства к погрому» и как «невыносимо раболепный стиль изложения, который далеко превосходил все требования конформизма»[553]. Лоренц полностью поддерживал и оправдывал расово-гигиенические мероприятия Третьего рейха, включая их апологетику в свои научные труды и приводя все новые и новые биологические доводы для их проведения. В статьях, опубликованных в журнале «Биолог», Лоренц громил антиэволюционистов и подчеркивал, что критика дарвинизма означала расхождение с национал-социалистической идеологией и практикой[554].

Лоренц вступил в НСДАП сразу же после аншлюса Австрии и вскоре стал лектором Расово-политического управления НСДАП. Это явно облегчило его карьеру. В 1940 г. Лоренца назначали директором Института сравнительной психологии в Кёнигсбергском университете[555]. Но его сотрудничество с нацистами вряд ли продиктовано только карьеристскими соображениями. Вполне возможно, он делал это искренне, так как созданная им этология совпадала с немецкой биологией во многих пунктах. Геккелевский монизм биологического и общественного Лоренц трансформировал в отождествление поведения животных и человека, холизм — в целостность поведенческого акта, разрушение инстинктов животных при одомашнивании — в признаки дегенерации. Он был уверен в генетической обусловленности деградации человека, в отражении внутреннего мира человека, его интеллектуальных и духовных способностей во внешнем облике. Лоренц разделял мнение Шпенглера о кризисе культуры, генетической деградации немецкого народа, но отрицал его пессимистические выводы. По его мнению,

---

[551] *Schwanitz F.* Die Entstehung der Kulturpflanzen als Modell für die Evolution der gesamten Pflanzenwelt. S. 175.

[552] *Nisbett A.* Konrad Lorenz. New York, 1976; *Kalikow T.* Die ethologische Theorie von Konrad Lorenz: Erklärung und Ideologie. 1938 bis 1943 // Medizin, Naturwissenschaft, Technik und NS-Ideologie. Beiträge zur Wissenschaftsgeschichte des Dritten Reichs. S. 189–214; *Deichmann U.* Biologen unter Hitler. S. 246–266; *Burkhardt R.* Konrad Zacharias Lorenz (1903–1989) // Darwin & Co. Eine Geschichte der Biologie in Portraits. Bd. 2. München, 2001. S. 422–441; *Junker T.* Synthetische Theorie, Eugenik und NS-Biologie. S. 340–346; *Burkhardt R.W.* Patterns of Behavior. P. 231–280.

[553] *Bischof N.* "Gescheiter als alle die Laffen": Ein Psychogramm von Konrad Lorenz. München; Zürich, 1993. S. 36–37.

[554] *Burkhardt R.W.* Patterns of Behavior. P. 257–261.

[555] Ibid. P. 267–271.

евгеника с жестким отбором способна возродить нацию. Его позиция была радикальным биологизаторством социальных процессов.

С его точки зрения, человек всецело подчиняется биологическим законам и эволюция животных при доместикации может служить моделью воздействия цивилизации на психику человека. Негативными последствиями доместикации Лоренц называл количественные изменения в реализации врожденных форм движения. Доместицированные формы дряблы, малоподвижны, пессимистичны. В то же время он отмечал неотению как важный фактор доместикации, указывал на нее как на источник вечного обновления человечества. Потеря жестких структур поведения, по Лоренцу, позволяла до старости сохранить возможность обучения, выработки новых форм поведенческих реакций и свободу действия. Эта свобода ведет к социальным конфликтам, которые, как он считал, можно разрешать только с помощью селективных мероприятий, отсекая формы с асоциальным поведением, вызванным распадом врожденных программ и норм. Нордическую расу Лоренц выводил от классических греков как наиболее интеллектуальных и расово чистых и требовал проведения расовых мероприятий для возращения к классическим типам арийцев. Правда, его высказывания на этот счет носили довольно общий характер, касаясь лишь необходимости селекции по группам, отличавшимся биологическими чертами. Как и Шванитц, Лоренц сравнивал расслабляющее воздействие доместикации животных с вредным влиянием цивилизации на людей и уверял, что Германия должна разделить население на «ценных» и «низших» индивидов и не давать возможности последним разлагать общество[556].

Для него эволюционная теория существовала только в виде дарвинизма, где главными факторами являются мутации, жесткая борьба за существование и естественный отбор. Лоренц подчеркивал неразрывную связь эволюционной теории Дарвина с национал-социализмом и прямо заявлял, что в ламаркистских теориях заинтересованы евреи и коммунисты[557]. Особое место в его научном творчестве занимает глава «Психология и эволюция» в коллективной монографии «Эволюция организма». В ней уже нет славословия национал-социализму и расовой политике, а встречаются лишь отдельные высказывания в пользу евгеники. Для него теперь доместикация стала процессом возникновения современного человека, благодаря которому «человек становится человеком»[558].

В это время Лоренц, как и многие другие авторы этого труда, например, Б. Ренш, В. Циммерман, В. Людвиг, был на фронте. Во фронтовом госпитале, где он работал, практика национал-социализма, видимо, выглядела уже иначе. Служа в качестве невролога в лазарете в Познани, Лоренц пытался проверить свои выводы о негативных последствиях для психики межрасовых скрещиваний на примере браков немцев и поляков[559]. Проблема чистоты расы и последствий межрасовой гибридизации заняла важное место в его главной монографии «Врожденные формы поведения», законченной в 1942 г.[560] В ней были суммированы идеи о вреде цивилиза-

[556] *Lorenz K.* Durch Domestikation verursachte Störungen arteigenen Verhaltens // Zs. für angewandte Psychologie und Charakterkunde. 1940. Bd. 59. S. 2–81.

[557] Ibid. S. 31.

[558] *Lorenz K.* Psychologie und Stammengeschichte // Die Evolution der Organismen. S. 125.

[559] *Burkhardt R.W.* Patterns of Behavior. P. 269.

[560] *Lorenz K.* Die angeborenen Formen möglicher Erfahrung // Zs. für Tierpsychologie. 1943. Bd. 5. S. 235–409.

ции, необходимости жесткой селекции, животворящей силе национал-социалистической идеологии и т. д. В 1944 г. Лоренц попал в плен и провел несколько лет в СССР. При освобождении в 1948 г. руководство лагеря для военно-пленных характеризовало его положительно, отмечая дисциплинированность, трудолюбие и активное участие в антифашистской работе[561]. В лагере он подготовил большую работу, известную под названием «Русская рукопись» и изданную в 1990-е гг. в Германии и США[562]. Но еще ранее он использовал ее при написании знаменитых книг «Оборотная сторона зеркала» (1973) и «Основы этологии» (1978). Анализ сохранившегося в СССР варианта рукописи, выполненный Е.А. Гороховской, показал, что хотя в ней нет прежних ссылок на практику национал-социализма, Лоренц практически не изменил свой взгляд на генетические основы поведения человека и деградирующее влияние цивилизации на реализацию запрограммированных форм социального действия[563]. Но теперь в книге было много ссылок на К. Маркса, так как во время пребывания в СССР Лоренц считал «философию диалектического материализма» методологической основой истинного естествознания[564]. Он смог приспособиться к социальной и политико-идеологической среде немецкого заключенного в советском лагере для военнопленных.

Новая форма социально-идеологической адаптация проявилась у Лоренца после возвращения в Австрию, где он ранее произносил панегирики национал-социализму. Отныне Лоренц сожалел по поводу своей поддержки национал-социалистов, объясняя ее незнанием их преступлений, и уверял, что никогда не верил в национал-социалистическую идеологию[565]. К. Маркс также исчез из его сочинений, так как тоже уже был бесполезным. Теперь Лоренц стал либералом. Отмечая по-прежнему негативные последствия доместикации животных, он в то же время считал ослабление отбора и создание цивилизации необходимыми предпосылками для возникновения и развития человека, выработки социальных и этических норм его поведения. Он уже не настаивал на необходимости сохранения врожденных, видоспецифических основ этических оценок и указывал на их противоречие требованиям сегодняшнего общества. В то же время он продолжал настаивать на существовании функциональных ограничений для рациональной морали, так как даже высокоморальные люди в определенных условиях не могут преодолеть первобытные порывы и вступают в конфликт с этикой и нравственностью. Для него изучение врожденных основ поведения — важный путь к гармоничному общественному устройству. Пример Лоренца наглядно показывает, сколь безразличны бывают порою выдающиеся ученые к идеолого-политическому оформлению своих идей и концепций.

Таким образом, у генетиков при нацистах не было единого алгоритма поведения. Реалии Третьего рейха, преломляясь через индивидуальное восприятие мира, давали на выходе разную степень вовлеченности в разработку проектов практического использования генетики в интересах экономики, политики и идеологии. Никто из генетиков животных и растений прямо не участвовал в расово-гигиенических

---

[561] *Гороховская Е.А.* Жизнь в советском плену и две версии «Русской рукописи» К. Лоренца // ВИЕТ. 2002. № 2. С. 539.

[562] *Lorenz K.* Die Naturwissenschaft vom Menschen. Eine Einführung in die vergleichende Verhaltensforschung. Das russische Manuskript (1944–1948). München; Zürich, 1992.

[563] *Гороховская Е.А.* Жизнь в советском плену... С. 549–558.

[564] *Burkhardt R.W.* Patterns of Behavior. P. 279.

[565] *Cox V.A.* Prize for the Hoose Father // Human Behavior. 1974. № 3. P. 20.

мероприятих, ограничиваясь лишь пассажами в их поддержку в своих научных трудах и лекциях. Степень искренности этой поддержки, в свою очередь, зависела от глубины усвоения национал-социалистической идеологии и веры в возможность реализации содержавшейся в ней социальной утопии. Большинство генетиков ограничивалось формальными заявлениями о лояльности нацизму, а те, кто перестарался в своем конформизме, впоследствии сожалели об участии в пропаганде псевдонаучных и антигуманных мероприятий. Но таких было немного. Остальные предпочли забыть о своем прошлом без покаяния. Это особенно характерно для ученых, занимавшихся в Третьем рейхе генетикой человека.

Наука без границ: отрицательная селекция, стерилизация и опыты на людях

Когда большинство людей слышат выражение «нацистская наука», они в первую очередь вспоминают об экспериментах Й. Менгеле над заключенными концентрационных лагерей, об эвтаназии и насильственной стерилизации, а также о геноциде против евреев и нападках на «еврейскую науку». Но такая деятельность Й. Менгеле и тысяч других немецких нейрологов, психиатров, антропологов, генетиков, физиологов, врачей стала возможна только из-за сложившихся традиций расовой гигиены в Германии, обеспечивавших взаимодействие врачей, психиатров, расовых гигиенистов и генетиков человека с национал-социалистическим государством[566]. Начало этому развитию положил закон о стерилизации, затем наступила фаза «эвтаназии» и «германизации», а завершилось все экспериментами над людьми с заранее прогнозируемым летальным исходом. Практика экспериментирования над людьми, непрерывно увеличивавшаяся в биомедицинских исследованиях в Германии примерно с середины XIX в. и до конца 1930-х гг., получила резкое ускорение с началом Второй мировой войны, приняв форму неприкрытого геноцида, особенно на Востоке. Там все биомедицинские учреждения оккупационных властей были соучастниками массовых убийств и грабежей[567]. Союз генетиков человека, расовых гигиенистов и нацистов был вполне естествен и складывался стремительно, дав феномен «науки без границ» (entgrenzte Wissenschaft).

По приказу рейхсминистра юстиции Ф. Гюнтера было учреждено 50 криминально-биологических станций (Kriminalbiologische Sammelstelle) для изучения генетической специфики преступности и воздействия стерилизации на склонность к криминальным действиям[568]. В их задачу входило также выяснение склонности евреев к преступлениям, хотя ранее полученные цифры однозначно свидетельствовали, что на тысячу человек у них преступность примерно в два раза меньше, чем у арийцев. Следуя приказу Г. Вагнера, объявившего, что преступность среди евреев в 13–14 раз выше, чем среди арийцев, Ф. фон Ленц истолковывал подобное расхождение тем, что в статистические данные о преступности не попали сведения о ложном

---

[566] *Bonhoeffer K.* Und was hätte ich getan? Ein Versuch, die Verhaltensmuster von Ärzten im Nationalsozialismus im Lichte ihrer eigenen Bereitschaft zu Anpassung und Widerstand zu sehen // Medizin und Gewissen. 50 Jahre nach dem Nürnberger Ärzteprozeß — Kongreßdokumentation. S. 151–160; *Захаров В., Кулишов В.* Анатомия Холокоста.

[567] *Thom A.* Die Mitwirkung deutschen Ärzte an der Ausbeutung der im Kriege im Osten besetzten Territorien // Medizin und Gewissen. S. 105–128.

[568] *Proctor R.* Racial Hygiene. P. 203–304: Medicine under the Nazis; Cambridge (Mass.); London, 1988.

банкротстве, порнографии, карманных кражах, проституции, наркотиках и т. д. При поддержке ДФГ интенсивные исследования криминальных наклонностей цыган проводили профессор Тюбингенского университета и директор Криминально-биологического института Р. Риттер[569]. Он был экспертом СС, и его разработки служили критерием для принятия решения о стерилизации заключенных.

В отличие от генетиков животных и растений, которые старались дистанцироваться от одиозных евгенических мероприятий нацистов, их коллеги, генетики человека, тесно связанные с расовыми антропологами и расовыми гигиенистами, сразу же после установления Третьего рейха и в первые годы его существования в буквальном смысле пели гимны новым властям и созданному ими государству. Они видели в нем воплощение мечты о признании и профессионализации своей науки, а также перевод в практическую плоскость предлагаемых ими расово-гигиенических мероприятий. Однако вскоре они должны были понять, что отнюдь не им будет принадлежать решающая роль во внедрении их идей в государственную практику. Насильственное приобщение науки к господствовавшей идеологии (Gleichschaltung der Wissenschaft) разбило все их надежды. Учрежденное в 1934 г. РМВЕФБ и новый закон о высшем образовании (1935) ввели порядок, согласно которому все назначения на профессорско-преподавательские должности в конечном счете зависели от рейхсминистра. Уже в 1933 г. по закону о государственной службе уволили евреев, которыми считали всех, имевшими евреями хотя бы дедушку или бабушку, а также других нежелательных в политическом отношении служащих. Благодаря этому удалось сделать корпус преподавателей высшей школы более однородным в расовом, идеологическом и политическом отношениях.

В конце мая 1933 г. нацисты взяли под контроль Немецкое общество евгеники, отстранив его руководство, включая О. Фишера, Г. Муккерман и А. Остермана, входивших в совет директоров. Обществу возвратили прежнее название «Немецкое общество расовой гигиены» (ДГРГ)[570]. Его возглавил Э. Рюдин, назначенный рейхсфюрером по расовой гигиене, т. е. руководителем, подчинявшимся непосредственно рейхсминистру РМИ В. Фрику. Годом позже на собрании руководителей региональных отделений и заседании ДГРГ Рюдин выступил с докладом «Цели и задачи», в котором заявил, что наконец-то государство признало культуросозидающую ценность нордической расы и благодаря Гитлеру дало расовым гигиенистам возможность реализовать на практике меры, призванные остановить деградацию населения Германии и оздоровить нацию[571]. В том же году под его редакцией вышла книга «Учение о наследственности и расовая гигиена в народном государстве», в которой участвовали многие протагонисты расовой гигиены[572].

По инициативе Рюдина в Устав ДГРГ были внесены существенные изменения. Главной задачей была провозглашена «поддержка правительства в реализации расово-гигиенических устремлений», а его членами отныне могли быть только

---

[569] *Klee E.* Auschwitz, die NS-Medizin und ihre Opfer. S. 77–82.

[570] *Schmuhl H.-W.* Rassenhygiene, Nationalsozialismus, Euthanasie. S. 97.

[571] *Rüdin E.* Aufgaben und Ziele der Deutschen Gesellschaft für Rassenhygiene // ARGB. 1934. Bd. 28. S. 228.

[572] Erblehre und Rassenhygiene im völkischen Staat / Hg. E. Rüdin. München, 1934.

[573] *Becker P.E.* Zur Geschichte der Rassenhygiene. Wege ins Dritte Reich. Stuttgart; New York, 1988. S. 110.

«немецкие ученые арийского происхождения»[573]. Министр РМИ имел право отменить или приостановить решение правления или собрания ДГРГ. Тем самым было обеспечено единство научной и политической деятельности общества. С 1933 по 1939 гг. численность членов Общества возросла более чем в три раза, с 1 300 до 4 500 человек[574]. ДГРГ сохраняло международные связи, Рюдин был председателем Международной федерации евгенических организаций, а в 1940 г. в Вене был проведен 4-й Международный конгресс по евгенике.

Около 2 000 подписчиков получали журнал Общества «Архив расовой и социальной биологии», который одновременно стал органом Имперского комитета по народному здравоохранению, что повлекло за собой изменение в составе редколлегии и содержании журнала. Вместо ушедших в 1936 г. в отставку ученых в редколлегию вошли партийные функционеры и идеологи нацизма: советник правительства и профессор по расовому праву Ф. Рутке, государственный секретарь и бригаденфюрер (генерал-майор) СС А. Гютт, руководитель РПА НСДАП В. Гросс, профессор арийской культуры и языка В. Вюст. С 1937 г. наряду с Плётцем руководителем журнала был Э. Рюдин. Среди печатных материалов постепенно нарастало число статей, рефератов, разного рода деклараций и агиток национал-социалистов. В частности, в 1937 г. была напечатана речь гаулейтера Г. Вагнера на партийном съезде в Нюрнберге, в которой говорилось, что нацистская революция положила начало планомерным мероприятиям по гигиене народа и расы. Их конечном итогом должно стать «создание нового человека», обеспечивающего процветание Германии[575].

В 1938 г. Плётц и Рюдин направили приветствие Гитлеру по случаю 49-ой годовщины со дня рождения фюрера. Они отмечали заслуги национал-социалистов в принятии расовых законов, во введении обязательных расово-гигиенических консультаций для вступаюших в брак и будущих родителей, учреждение государственного воспитания юношества, независимого от расово чуждого или конфессионального влияния. Приветствие заканчивалось здравицами в честь фюрера, ведущего Германию к величию. Через год в приветствие были включены также поздравления по поводу мирного присоединения Австрии и Чехословакии к Германии. С самого своего основания журнал «АРГБ» преследовал не только научные, но и политические цели, добиваясь признания расовой гигиены властью и обществом. Когда это произошло, политическая, точнее, даже пропагандистская функция стала основной, если не единственной. Членам ДГРГ бесплатно рассылали журнал «Народ и раса», редактируемый антропологом Б. Шульцем, который должен был обеспечивать пропаганду генетики человека и расовой гигиены в национал-социалистическом духе.

С июля 1933 г. оба института КВГ (в Берлине и в Мюнхене) обслуживали исключительно национал-социалистическое государство. Так заявил О. Фишер в ответ на обращение к нему и Э. Рюдину эксперта по демографии А. Гютта. Глава Отдела здравоохранения в РМИ требовал, чтобы институты, возглавляемые Фишером и Рюдином, поддерживали правительство, особенно в реализации закона о стерилизации и закона о гражданстве, предусматривавшего лишение всех евреев германского гражданства, и чтобы КВГ систематически обслуживало правительство. Для решения этих вопросов Гютт считал крайне желательной встречу рейхс-

---

[574] *Schmuhl H.-W.* Rassenhygiene, Nationalsozialismus, Euthanasie. S. 97; *Bäumer A.* NS-Biologie. S. 8.

[575] *Becker P.E.* Zur Geschichte der Rassenhygiene. S. 105.

министра В. Фрика с ведущими расовыми гигиенистами. Президент КВГ М. Планк быстро ответил согласием, заверив Фрика, что КВГ готово всегда служить Третьему рейху исследованиями в области расовой гигиены, и предложил создать комиссию в составе Э. Баура, О. Фишера и Э. Рюдина[576].

В отличие от других институтов КВГ, Институт антропологии, генетики человека и евгеники О. Фишера (с 1933 г. — Институт антропологии) и Институт психиатрии Э. Рюдина находились на особом положении. Цели нацистов и расовых гигиенистов совпадали, и трудно отделить влияние властей на тематику исследований от интересов самих исследователей. В многочисленных докладах и отчетах Фишер благодарил власти за возможность на практике проверить теоретические выводы[577]. В них расовая гигиена выглядела такой же прикладной наукой, как политика и идеология. Служба государству на этом поприще для него была не только гражданским долгом, но соответствовала собственным научным интересам.

В этом контексте проявившиеся вскоре посягательства нацистов на автономию его института Фишер вряд ли воспринимал как угрозу его взглядам и научным нормам. Когда Г. Муккерман был вынужден покинуть институт, Фишер не возражал, хотя ранее говорил о высокой значимости его исследований[578]. Сам Фишер перестал быть редактором журнала «Архив расовой и социальной биологии» и сопредседателем в Немецком обществе евгеники. Потеряли посты заместителей председателя Общества и его сотрудники по КВГ Муккерман и Фершуер. Недолго продержался Фишер и на посту ректора Берлинского университета. Нацисты выдвинули на руководящие посты радикальных приверженцев расовой гигиены из Мюнхена во главе с Рюдиным и Ленцем, нейтрализовав на какое-то время научное влияние Института антропологии, генетики человека и евгеники КВГ. Политический контроль был установлен над всеми научными организациями и обществами, подчинявшимися прямо рейхсминистру РМИ В. Фрику, включая Общество антропологов и Немецкое общество расовых исследований. Создана была типичная для Третьего рейха властная структура двойного управления со стороны партии и правительства.

На первый взгляд, это была недружественная акция правительства по отношению к ученым, которых еще недавно рассматривали как желательных союзников национал-социалистов и поддержки которых жаждали. Но умеренные расовые гигиенисты типа О. Фишера не обиделись, с пониманием оценивая свои отставки как оправданные действия правительства с целью усиления «нового порядка». Они не только приветствовали его создание, но и призывали к решительным мерам в этом направлении. От имени всего сообщества расовых гигиенистов Рюдин утверждал: «Значение расовой гигиены осознано всеми немцами только благодаря политическим трудам А. Гитлера, позволившего тридцатилетнюю мечту превратить в реальность»[579].

По сути дела, именно формулировки Рюдина были положены в основу закона о предотвращении размножения носителей наследственных заболеваний, принятого 14 июля 1933 г. и вступившего в силу в 1934 г. Вместе с другими экспертами по социальной биологии РМИ, тогдашним руководителем Отдела народного здра-

---

[576] *Weingart P.* German Eugenics between Science and Politics // Osiris. 1989. № 5. P. 260–262.

[577] *Weingart P., Kroll J., Bayertz K.* Rasse, Blut und Gene. S. 407–424.

[578] *Herschel O.* Die Eugenik und Hermann // Deutsche Erneurung. 1932. Bd. 16. S. 463–466.

[579] *Rüdin E.* Aufgaben und Ziele der Deutschen Gesellschaft für Rassenhygiene // ARGB. 1934. Bd. 28. S. 228–231.

воохранения А. Гюттом и юристом Ф. Рутке, Рюдин опубликовал официальный комментарий к закону[580]. О. Фишер, Ф. фон Ленц, Э. Баур, В. Абель и О.Ф. фон Фершуер были среди тех, кто поддерживал законы о стерилизации, об охране расовой чистоты, эвтаназии и т. д. Фишер был назначен членом Высшего суда по охране генетического здоровья. Ленц участвовал в обсуждении проекта закона об эвтаназии и плана «Ост». Абель был экспертом и сотрудником РПА НСДАП. С принятием первого закона по расовой гигиене при национал-социалистах деятельность Институтов КВГ, связанных с изучением генетики человека и расовой гигиены, изменилась коренным образом. Делая ставку на профессионалов, правительство поставило их под политический контроль.

Поиск форм взаимодействия власти и расовых гигиенистов проявился во время реорганизации попечительского совета Института биологии КВГ. После того, как прусский принц, четвертый сын кайзера Вильгельма II, обергруппенфюрер (генерал) СС Август Вильгельм отказался его возглавить, министр продовольствия и сельского хозяйства предложил избрать председателем Г.Ф.К. Гюнтера. В марте 1934 г. генетик Р. Гольдшмидт был выведен из попечительского совета с объяснением, что в данный момент его деятельность вряд ли будет нужна. Гютт был назначен представителем правительства в совете, в который ввели также В. Гросса, О. Фишера и Л. Конти. В июне 1935 г. Гютт стал руководителем Совета по демографической политике и учению о генетике здоровья в штабе рейсхфюрера СС Г. Гиммлера, а также президентом Государственной академии народного здравоохранения, активно участвуя в разработке закона от 24 ноября 1936 г., предусматривавшего насильственную стерилизацию людей. Для научного обоснования ее необходимости Гютт публиковал свои сочинения по расовой гигиене: «Значение крови и почвы для немецкого народа» (1933), «Долг перед расой как задача государственной политики» (1936), «Защита крови и закон о здоровом браке» (1940), «Учебник по наследственным болезням» (1940) и др.

Хотя Совет не сразу установил контроль над институтом, однако его влияние сказывалось на всех планах: ученые должны были изменить цели исследований. До этого они занимались усовершенствованием знаний в области генетики и расы. Практикующие врачи и студенты-медики изучали новую науку. Отныне ученые должны были служить не только как эксперты, но и как преподаватели. Обучение вошло в круг обязанностей исследователя. Уже в ноябре 1934 г. в Институт были направлены первые 20 студентов, специально отобранные для этой цели. В конце 1935 г. Фишер доложил, что 11 000 студентов закончили курсы, в результате чего научная работа была резко сокращена, так как обучение поглощало все время ученых. В разработанных инструкциях по обучению врачей, подготавливаемых к работе в реорганизованных службах по общественному здравоохранению, предполагался месячный курс по расовой гигиене для врачей СС.

Институт антропологии КВГ быстро рос, за годы правления нацистов его численность увеличилась более чем в два раза. Для него построили новое здание, которое ежегодно посещали десятки ученых из разных стран. Сотрудники института участвовали в различных зарубежных конгрессах. Зарубежные наблюдатели отмечали рост догматизма в их докладах, что вызвало резкую крити-

---

[580] *Gütt A., Rüdin E., Ruttke F.* Gesetz zur Verhütung erbkranken Nachwuchses vom 14. Juli 1933. München, 1934.

ку на генетическом конгрессе в Эдинбурге в 1939 г. Было опубликовано около 590 научных трудов, среди которых было много популярных статей и брошюр[581]. Экспансия шла непрерывно даже во время войны. В. Абель возглавил в Институте антропологии КВГ Отдел по изучению расы, занимавшийся изучением наследственной детерминации расовых признаков и проводивший исследования евреев в разных частях Германии, а также цыган в Румынии и Шотландии. Особое место в исследованиях Абеля заняли «рейнские бастарды», расово смешанные дети немецких женщин и франко-африканских солдат, родившиеся во время короткой французской оккупации Рейнской области в начале 1920-х гг., а также мулатов Трининада и Юго-Западной Африки[582]. Итогом этих исследований стала насильственная стерилизация, а затем и уничтожение «рейнских бастардов», экспертами которого были также О. Фишер и Г. Шаде[583]. Были проведены и первые нелегальные стерилизации евреев. В дальнейшем Институт способствовал научному оправданию селекции немцев, уничтожению евреев, цыган, поляков, а затем и русских, выступая в качестве расовых экспертов. Вместе с тем здесь продолжали успешно вести обычные, но называемые расовыми исследования по проблемам физической и психической антропологии, генетики расовых морфологических признаков, расовой дактилоскопии, генетики распределения групп крови, палеоантропологии, медицинской генетики, генетики двойников. Характерно, что при этом совсем не изучались материальные основы наследственности и популяционно-генетические процессы, которые как раз и могли дать сведения о генетических основах расовых различий[584]. Несмотря на постоянные ссылки на законы наследственности и клятвы в верности им, расовые антропологии в КВГ не занимались изучением материальных основ генетики, а исследовали только признаки фенотипа.

С началом войны расовые гигиенисты ставили перед собой две задачи: во-первых, способствовать скорой победе; а во-вторых, вести фундаментальные исследования, нацеленные на будущее. Сравнивая себя с Менделем, Фишер «скромно» полагал, что как из «гороховых законов» возникла современная генетика, так из его исследований, опубликованных в 1913 г., сформировалась мощная расовая генетика. В 1934 г. он предложил создать для Ленца специальный Институт по расовой гигиене в Берлинском университете, в котором работали также известные генетики, бактериологи и расовые гигиенисты (П. Гертвиг, Г. Райтер, Ф. Ульрих)[585]. Г. Райтер был членом НСДАП и председателем Имперского совета по здравоохранению в Берлине.

Своим преемником на посту директора Института антропологии КВГ Фишер хотел видеть Фершуера. Его и назначили директором после ухода Фишера на пенсию в 1942 г., когда Фершуер вернулся в Берлин. В качестве перспективного направления Фишер называл феногенетику, которая занималась проявлением

---

[581] *Massin B.* Rasse und Vererbung als Beruf. Die Hauptforschungsrichtungen am Kaiser-Wilhelm-Institut für Anthropologie, menschliche Erblehre und Eugenik im Nationalsozialismus // Rassenforschung an Kaiser-Wihlhelm-Instituten vor und nach 1933. S. 199–201.

[582] *Przyrembel A.* “Rassenschande”. S. 48–55.

[583] *Kaupen-Haas H.* Die Bevölkerungsplaner in Sachverständigenbereit für Bevölkerungs- und Rassenpolitik // Der Griff nach der Bevölkerung. S. 112–114; *Kater M.* Doctors under Hitler. P. 231.

[584] *Massin B.* Rasse und Vererbung als Beruf. S. 224–230.

[585] *Schleiermacher S.* Rassenhygiene und Rassenanthropologie an der Universität Berlin. S. 81–84; *Brill W.* Die Rassenhygiene im akademischen Unterricht an der Berliner Universität 1933–1945 // Die Berlin Universität in der NS-Zeit. Bd. 1. P. 87–98.

наследственных признаков в нормальных и экстремальных условиях, что важно для понимания этиологии болезней. Проблемами наследственной патологии и занялся Фершуер.

Главой отдела экспериментального изучения наследственной патологии стал Г. Нахтсхайм, один из двух сотрудников Института, не состоявших в НСДАП. Ещё с 1920-х гг. Нахтсхайм проводил исследования наследственных аномалий у животных, преимущественно кроликов. В КВГ он занялся психиатрией, пытался выяснить генетические основы эпилепсии и найти терапевтические способы борьбы с ней[586]. Но в итоге Нахтсхайм пришел к выводу о необходимости принудительной стерилизации эпилептиков в интересах здоровья нации[587]. И здесь он беспокоился о здоровье не отдельного человека, а всего народа. Результаты своих опытов по вызыванию эпилепсии у кроликов при помощи инъекции кардиазола Нахтсхайм сравнивал с аналогичными опытами на человеке и находил много параллелей. При этом он никогда не возражал против опытов над людьми. Более того, после войны, отвечая на обвинения физика Р. Хавемана, Нахтсхайм сказал, что в опытах над заключенными был получен очень ценный материал для лечения больных, на который никогда нельзя было рассчитывать в обычных экспериментах над животными[588]. Тем самым он косвенно признал возможность убийства человека ради получения научного результата.

Карьера Нахтсхайма реализовалась на протяжении четырех сменявших друг друга политических систем Германии, и каждая из них наложила отпечаток на его научное творчество[589]. Имперская Германия, где его учителями и руководителями были Р. Гольдшмидт, Р. Гертвиг и Ф. Дофлейн, сделала его верным апологетом научно-технического прогресса. В Веймарской республике, в условиях политики автаркии, он из зоолога превратился в специалиста по племенным сельскохозяйственным животным, особенно кроликам. С 1921 г. Нахтсхайм работал в Институте изучения наследования (Institut für Vererbungsforschung) в Сельскохозяйственной высшей школе в Берлине, где вскоре стал профессором генетики. После стажировки в качестве рокфеллеровского стипендиата в США он завязал разносторонние международные связи, позволившие ему успешно исполнять обязанности генерального секретаря на V Международном генетическом конгрессе в Берлине в 1927 г. Наконец, в Третьем рейхе Нахтсхайм обратился к изучению генетики человека и в начале 1941 г. возглавил Отдел наследственной патологии в Институте. Исход войны предопределил судьбу этого Института, который был практически сразу же закрыт. После поражения национал-социалистической Германии он выступал с критикой расовой теории[590] и, в конечном счете, сохранил позицию в биологическом сообществе Германии как ведущий специалист в области медицинской генетики.

Участник Первой мировой войны, Нахтсхайм придерживался консервативных, националистических взглядов, однако не они определяли его поведение в

[586] *Schwerin A. von.* Experimentalisierung des Menschen. Göttingen, 2004. S. 201–228.

[587] *Nachtsheim H.* Krampfbereitschaft und Genotypus. III. Das Verhalten epileptischer und nichtepileptischer Kaninchen in Cardiazolkrampf // Zs. für menschliche Vererbungs- u. Konstitutionslehre. 1942. Bd. 26. S. 22–74.

[588] *Deichmann U.* Biologen unter Hitler. S. 275–276.

[589] *Schwerin A. von.* Experimentalisierung des Menschen. S. 23.

[590] *Nachtsheim H.* Rassereinheit und Rassenmischung. Zur Kritik der nationalsozialistischen Rassentheorie // Deutsches Gesundheitswesen. 1947. Bd. 2. S. 148–154.

разных политических системах. Здравомыслие, преданность науке и желание вернуть Германии ведущее место в мировой науке позволили ему примириться с демократией Веймарской республики, затем приветствовать «волю к действиям» национал-социалистического правительства, а в конечном счете, ратовать за освобождение науки от всякого рода диктаторов. Его поведение было характерно для всех прагматичных генетиков, для которых главным всегда оставался прогресс науки в целом и генетики в частности[591]. Это позволяло им сохранять репутацию экспертов и держаться на некотором расстоянии от политической деятельности.

Его путь от сельскохозяйственной биологии к генетике человека нельзя представлять ни как реализацию евгенической идеологии, ни как оппортунистическую реакцию на изменившиеся условия исследовательской практики. Хотя он только в 1934 г. обратился к изучению генетики человека, такое изменение исследовательских установок было подготовлено его предшествовавшими экспериментальными работами по сравнительной генетике пушных животных и кроликов, в ходе которых изучали и генетические патологии. Аполитичное поведение, базировавшееся на технократических установках, позволяло ему легко конвертировать естественнонаучные данные в общественные знания и наоборот. Поскольку в период Веймарской республики Нахтсхайм внедрил генетику в животноводство, для него было нетрудно при нацистах использовать генетику в политических целях. В обоих случаях основу составляла вера в универсальность генетических законов. В дальнейшем он столь же легко отказался от расовой теории и уже в 1946 г. возглавил Институт генетики в Берлинском университете, а в следующем году фактически возродил Институт антропологии КВГ в Германской Академии наук под названием «Институт биологии наследственности и наследственной патологии». Далее он возглавлял ряд институтов и кафедр в ФРГ, ратуя за внедрения молекулярных методов в медицинскую генетику и не отказываясь от идей улучшения генофонда человечества.

Иная мотивация эволюции научной практики была у бывшего протестантского священника О.Ф. фон Фершуера, который до 1933 г. был обычным сторонником расовой гигиены, занимаясь главным образом генетикой человека и завоевав в этой области прочную международную репутацию[592]. Затем его установки как медика изменились, он перестал считать индивида главной целью медицины. Фершуер не входил в число генетиков, близким к нацистам, и был сперва отодвинут на вторые роли в ДГРГ. Но вскоре ему дали собственный институт. В 1935 г. он получил полную профессуру, переехал во Франкфурт-на-Майне, где стал директором Института генетики и расовой гигиены (Erdbiologie und Rassenhygiene), организовав там изучение генетики двойников. Студентов Фершуер обучал не только методике и навыкам экспериментальной работы, но и прививал им идеологию расологии, соответствовавшую расовым законам Третьего рейха. Частью разработанной им анкеты для вступавших в брак были вопросы, связанные с выявлением наследственной патологии и ее возможного влияния на фертильность и на «супружескую патологию», которая могла стать основой для принудительной стерилизации.

Вместе с Фершуером во Франкфурте работал Й. Менгеле, впоследствии организовавший экспериментальную фабрику смерти в Освенциме, проводя летальные опыты над двойниками и убивая их ради получения препаратов. До этого

[591] *Harwood J.* Style of Scientific Thought.
[592] *Kater M.* Doctors under Hitler. P. 232.

он в 1935 г. в Мюнхене у Т. Моллисона защитил диссертацию по антропологии о строении челюсти у четырех первобытных народов[593]. Взяв за стандарт челюсть меланезийцев как представителей низшей расы, Менгеле расположил остальные в виде восходящего ряда, считая доказанным тем самым тезис о низших и высших расах. Под руководством Фершуера Менгеле в 1937 г. защитил докторскую диссертацию по медицине, где показал генетическую обусловленность строения челюсти, установив у 1 222 человек высокую корреляцию в аномальном строении зубов у родителей и детей. Особо отмечал подобную корреляцию в случаях идиотии, гидроцефалии, карликовости.

В области политики Фершуер был типичным оппортунистом[594]. В 1936 г. он стал биологом-экспертом в исследовательском отделе по еврейскому вопросу Имперского института по истории новой Германии. В 1939 г. в публичной лекции в Берлине Фершуер всерьез говорил о расовых различиях евреев и немцев и заявил, что его институт сотрудничает с СС в подготовке будущих врачей[595]. В предисловии к основанному им журналу «Врач наследственности» он заявил, что борьба за здоровье нации означает прежде всего «борьбу против евреев, которая должна носить глобальный характер»[596] с применением стерилизации и эвтаназии. В 1940 г. Фершуер вступил в НСДАП. Так один из протагонистов генетики человека, приспосабливаясь к национал-социализму, превратил свою отрасль знания в пособницу гитлеровских преступлений.

После отъезда Фершуера его Отдел генетики человека в КВГ был ликвидирован и разделен между Фишером и Ленцем. В апреле 1935 г. был открыт новый отдел, который возглавил К. Готтшальд, занимавшийся генетикой интеллектуальных свойств. Фактически он продолжил исследования Фершуера по близнецам и показал, что различия между однояйцевыми близнецами меньше, чем между двуяйцевыми. Идея Готтшальта состояла в том, чтобы, создав группу близнецов, исследовать наследуемость физиологических и интеллектуальных признаков. В 1936 г. в военном министерстве начали изучать близнецов, намереваясь использовать результаты в военных целях.

Ко времени смены директора Института антропологии КВГ Фершуер зарекомендовал себя уже безоговорочным сторонником Гитлера, который, по его словам, был первым государственным деятелем, признавшим необходимость генетики для государства и народа[597]. В учебнике по расовой гигиене он доказывал необходимость полного решения еврейской проблемы (Gesamtlösung Judenproblems) путем удаления их из Европы[598]. Об этом Фершуер говорил и 27 марта 1941 г. во Франкфурте-на-Майне на церемонии открытия Института по изучению еврейской проблемы (Institute zur Erforschung Judenfrage), где в качестве почетных гостей присутствовали О. Фишер, Г.Ф.К. Гюнтер, В. Гросс и др. Последний от имени руководства НСДАП заверил, что предпринимаемые меры (увольнения, преследования, уничтожения) дали свои плоды, и скоро Европа освободиться от евреев[599].

---

[593] *Klee E.* Auschwitz, die NS-Medizin und ihre Opfer. S. 456–657; *Kater M.* Doctors under Hitler. P. 234.

[594] *Müller-Hill B.* Das Blut von Auschwitz und das Schweigen der Gelehrten // Geschichte der Kaiser-Wilhelm-Gesellschaft im Nationalsozialismus. Bd. 1. S. 189–227.

[595] *Kater M.* Doctors under Hitler. P. 232.

[596] *Verschuer O. von.* Weltkampf // Der Erbartz. 1934. Bd. 1. S. 1.

[597] *Weinreich M.* Hitler's Professors. P. 27.

[598] *Verschuer O. von.* Leitfaden der Rassenhygiene. Leipzig, 1941. S. 127.

[599] *Proctor R.* Racial Hygiene. P. 211.

Через год последовало назначение Фершуера на место Фишера. В своей инаугурационной речи фон Фершуер очертил четыре дороги, приведшие к возникновению расовой биологии: антропологию, евгенику, медицинскую анатомию и экспериментальную генетику, которые сделали возможным приступить к реализации задач политической биологии. Возглавив в 1942 г. Институт антропологии КВГ, Фершуер продолжал поддерживать исследовательскую программу Фишера по феногенетике и изучал близнецов[600]. В 1943 г. он основал Отдел эмбриологии и получил грант на исследования в области сравнительной генетической патологии и генетики туберкулеза. Именно при Фершуере академические исследования в области генетики двойников стали сопровождаться убийствами людей. К концу войны Фершуер стал радикальным расистом, доказывая расовую суть Второй мировой войны, в которой Германия сражается с «еврейским миром», и требовал «немедленного, окончательного и всеобщего решения еврейского вопроса»[601]. Его суждения звучали очень авторитетно, так как, по оценке известных генетиков Р. Фишера и Р. Гольдшмидта, он считался «одним из лучших в мире специалистов по наследственной патологии»[602].

С осени 1942 г. в его проектах в КВГ вновь стал участвовать Й. Менгеле, его «любимый ученик», который, будучи убежденным национал-социалистом, вступил в НСДАП в 1938 г., в СС в 1940 г. С 1940 г. Менгеле служил в частях СС на территории Франции и СССР. После ранения в 1942 г. его направили в Имперскую комиссию врачей СС и полиции в Берлине, которая наблюдала за медицинскими экспериментами в концентрационных лагерях[603]. Здесь он установил контакт с аспирантом Фишера Г. Вагнером, изучавшим близнецов-двойников у цыган. Считается, что Фершуер рекомендовал Менгеле попроситься в Освенцим, ставший к тому времени подлинным «промышленным» предприятием по массовому уничтожению людей, в качестве главного лагерного врача. Эта должность давала уникальную возможность для проведения расовых исследований на тысячах людей[604].

Его главной обязанностью было принимать окончательные решения о времени эвтаназии лиц, подлежащих уничтожению. Эксперименты над заключенными он проводил под свою ответственность в свободное от работы время, изучая генетическую обусловленность гигантизма и карликовости, искривления позвоночника и т. д.[605] Для получения материала его помощники при помощи аутопсина убивали носителей различного рода отклонений, изготовляя из их органов препараты. Его по-прежнему интересовало наследование у двойников, так как он надеялся найти способ к разведению голубоглазых арийцев. Убивая двойников, он препарировал их и посылал образцы крови и органов для анализа своему учителю в Берлин, который всегда благодарил его за редкий и ценный материал[606]. Тем самым Фершуер косвенно участвовал в проведении экспериментов с умерщвлением

---

[600] Humangenetik im Dienste der "Rassenhygiene": Zwillingsforschung in Deutschland bis 1945 / Hg. C. Mai. Aachen, 1997.

[601] *Kater M.* Doctors under Hitler. P. 233.

[602] *Massin B.* Mengele, die Zwillingsforschung und die "Aushwitz-Dahlem Connection" // Die Verbindung nach Auschwitz. S. 207.

[603] *Zovka Zd.* Der KZ-Artz Josef Mengele: Zur Typologie eines NS-Verbrechers // Vierteljahres Hefte für Zeitgeschicte. 1986. Bd. 34. S. 254.

[604] *Kaul F.* Ärzte in Auschwitz. Berlin, 1968.

[605] *Klee E.* Auschwitz, die NS-Medizin und ihre Opfer. S. 462–491.

[606] *Nyiszli M.* Auschwitz: A Doctor's Eyewitness Account. London, 1964. P. 63.

людей в Освенциме[607], за которые Менгеле был объявлен военным преступником и за его поимку было назначено большое вознаграждение. Это не помешало ему получить в 1962 г. гражданство Парагвая, но правительство тогдашнего диктатора и верного союзника США А. Стреснера отказалось выдать Менгеле властям ФРГ, несмотря на многочисленные запросы.

До сих пор точно неизвестно, знал ли Фершуер о происхождении препаратов и обстоятельствах их получения. Скорее всего, он не мог не знать и действовал совместно с Менгеле, понимая , что вовлечен в летальные эксперименты над людьми. В конечном счете, сотрудничество с нацистами привело и его, академического генетика, к прямому участию в убийстве. Связь Менгеле с главой самого респектабельного в Третьем рейхе академического института в области антропологии и генетики человека показала, как легко может быть пройден путь от чистой науки через ее идеологизацию и политизацию к обыкновенному убийству[608]. Преступные опыты над людьми имели свою логику. Со временем всем участникам начинало казаться, что ничего особенного не происходит. Умерщвления людей рассматривали как обыденную научную работу. Недавно это было вновь подтверждено на основе обширного архивного материала о связях академической биологии с практикой убийства людей[609]. Так, например, патолог М. Нисли (Nyiszli), еврей из Венгрии, добровольно помогая Й. Менгеле, однажды анатомировал четыре пары близнецов-цыган возрастом около 10 лет, три из которых имели глаза разного цвета[610]. Из-за редкости явления гетерохроматина их умертвили инъекциями хлороформа или фенола в сердце. Препараты глаз, закрепленные в формалине, послали Фершуеру. Сама процедура не вызвала протеста ни у одного ее участника. Убийство людей ради получения интересного препарата стало для них рутинной научной практикой. Они не были кровожадными монстрами, а результаты их исследований были далеко не бесполезны с научной точки зрения.

Преемником Фершуера в Институте во Франкфурте стал офтальмолог Г.В. Кранц[611]. Они вместе в начале 1920-х гг. сражались против социал-демократов. Еще до переезда во Франкфурт Кранц изучал генетические последствия скрещиваний немцев с евреями и цыганами и пытался определить доминирующие расовые признаки. Фактически и Кранц, и Менгеле, будучи учениками Фершуера, продолжали труды Моллисона и Фишера, выполненные в начале XX века в Германской империи. В свою очередь, Моллисон и Фишер были учениками Вейсмана, Геккеля, Плётца и др. Здесь отчетливо прослеживается взаимосвязь и преемственность между тремя поколениями ученых в развитии расовой антропологии, расовой гигиены и генетики человека. Однако стать нарицательным героем биомедицинских преступлений суждено было только Менгеле, тогда как его учитель и руководитель проекта Фершуер не только сохранил свое место в научном сообществе, но после 1951 г. укрепил свои международные связи, а Геккеля, по-прежнему, в энциклопедиях хвалят за борьбу с религией.

Дегуманизация и рационализация биологии прямо сказались на развитии медицины, в которой исчезала ее главная цель — здоровье конкретного человека, а

---

[607] Der Verbindung nach Auschwitz. 2004.

[608] *Massin B.* Mengele, die Zwillingsforschung und die “Aushwitz-Dahlem Connection”. S. 202–254.

[609] Die Verbindung nach Auschwitz.

[610] *Massin B.* Mengele, die Zwillingsforschung und die “Aushwitz-Dahlem Connection”. S. 240.

[611] *Kater M.* Doctors under Hitler. P. 233.

врач переставал следовать клятве Гиппократа. Эксперимент как неотъемлемая часть естествознания XIX–XX века оказывался зачастую неприменим в медицине без угрозы ее нормам и ценностям. После того как в 1933 г. все запреты были сняты, медицина была уравнена с естественными науками и политизирована, ее главной целью стало служение государству, а не человеку, расовые антропологи, генетики человека, психиатры посчитали возможным апробированные в биологии методы перенести в практику медицинских исследований.

Из академических ученых мирового уровня Э. Рюдин наиболее сознательно и целеустремленно старался подвести научный базис под идеологию расизма и расовую гигиену[612]. Его Институт психиатрии КВГ расцвел при нацистах, так как Рюдин отлично понимал, чего требовала власть от науки. Исходя из политической программы расовой гигиены, Рюдин сумел мобилизовать огромные государственные ресурсы, чтобы расширить свою исследовательскую программу за рамки физиологической патологии и статистики в сторону наследственных болезней. Провозгласив целью научных исследований «генетически здоровую популяцию» (Volk), Рюдин существенно увеличил число типов психических заболеваний, носителей которых карательный аппарат раньше не считал расово неполноценными. Он рассматривал каждого, кто страдал врожденными заболеваниями, расово неполноценным и уверял, что все эти болезни наследственны. Список страдающих такими болезнями начинался от незначительных психических отклонений, продолжаясь к шизофрении и маниакально-депрессивному психозу вплоть до врожденных аномалий (слепота, глухота, уродства, отклонения в строении), а также алкоголизма. Решение о необходимости в таких случаях стерилизации, по мнению Рюдина, должен был принимать специальный орган, который необходимо создать из ученых экспертов, руководствовавшихся главной целью — удалить из немецкой расы «нечистые» и «нежелательные» элементы.

Его заслуги были высоко оценены национал-социалистами. В честь 65-летия со дня рождения Гитлер наградил Рюдина медалью Гёте за достижения в культуре и науке. В правительственной телеграмме В. Фрик подчеркивал, что юбилей Рюдина отмечается как дань уважения к выдающемуся пионеру расово-гигиенических мероприятий. К 70-летию он получил от Гитлера изображение орла с личной припиской фюрера: «Следопыту в области наследственного здоровья». Со своей стороны, Рюдин, по-видимому, был искренен, когда благодарил фюрера за то, что в жизнь были воплощены мероприятия, о которых Рюдин с Плётцем мечтали более 30 лет тому назад. Об этом Рюдин писал 19 июля 1940 г. в журнале «Немецкая научная служба» (Deutsche Wissenschaftlicher Dienst). Он подчеркивал политические заслуги Гитлера, прекратившего «террор» немецкой нации со стороны расово неполноценных элементов. И за это, по мнению Рюдина, Гитлеру должен быть благодарным «каждый интеллигентный немец»[613].

Профессор Г. Юст, назначенный в декабре 1933 г. директором Института наследственности человека и евгеники в университете Грейфсвальда, а потом занявший дополнительно пост директора Института генетики Имперского совета

---

[612] *Weber M.M.* Ernst Rüdin. Eine kritische Biographie. Berlin, 1993; *Roelcke V.* Programm und Praxis der psychiatrischen Genetik an der Deutschen Forschungsanstalt für Psychiatrie unter Ernst Rüdin. Zum Verhältnis vonWissenschaft, Politik und Rasse-Begriff vor und nach 1933 // Rassenforschung an Kaiser-Wilhelm-Instituten vor und nach 1933. S. 54–65.

[613] *Wistrich R.* Wer war wer im Dritten Reich. München, 1983. S. 232.

по здравоохранению, занимался вопросом о генетической предопределенности конституции (в смысле Кречмера) человека и ее значении для педагогики, связью конституции с успехами в школе, психическими заболеваниями и т. д.[614]

Практически все генетики, связанные с изучением наследственной патологии человека, причастны к разработке Нюрнбергских законов и к их научному обоснованию. Всем им пришлось пройти денацификацию, во время которой им надо было доказывать свою непричастность к геноциду евреев, цыган, поляков и русских и свой сугубо академический интерес к генетике человека. Когда угроза наказания миновала, а некоторые из них вернулись в Западной Германии к научным исследованиям, нашлись и такие, кто открыто сожалел о прекращении экспериментальных исследований в области генетики человека. 28 августа 1948 г. Фишер, оценивая судьбу Института антропологии КВГ, закрытого после войны, в письме к бывшему своему подчиненному Г. Нахтсхайму сетовал: «Жаль, что химеры разрушили все прекрасное»[615]. Химерами для него были война и расовая теория национал-социалистов, а «прекрасным» — проводимые ими исследования для ее обоснования. В опубликованных в 1959 г. воспоминаниях «Движения со смертью» Фишер ни словом не обмолвился о том, как его деятельность ученого и организатора науки способствовала практике национал-социализма по стерилизации и уничтожению людей. Ни сам Фишер, ни Нахтсхайм не желали признать, что их Институт был неотъемлемой частью этих химер, а само их «прекрасное» включило в себя много химерического. Видимо, так считали и его коллеги, избравшие Фишера после войны почетным членом Немецкого антропологического общества. Умер Фишер 9 июля 1967 во Фрейбурге, сохранив звание профессора.

Национал-социалистическая биология в практике: эвтаназия и геноцид

Государственные санкции властей и экспансия профессионального контроля шли рука об руку. В мае 1933 г. расовая гигиена приняла роль научного оправдания расовой политики правительства, закрепленной законами, разработанными в Имперском министерстве юстиции во главе с Ф. Гюнтером (1932–1941) и О. Тираком (1942–1945). С формированием 2 июня Комитета экспертов по популяции и расовой политике при рейхминистре РМИ В. Фрике научную экспертизу использовали как политическое средство. В этом комитете вместе с сотрудниками РМИ (рейхсфюрером здравоохранения Г. Вагнером, минестраль-директором А. Гюттом, министерскими советниками Л. Конти и Г. Линденом) участвовали статистики, расовые гигиенисты и расологи (Ф. Бургдёрфер, Г.Ф.К. Гюнтер, Ф. фон Ленц. А. Плётц. Э. Рюдин), рейхсфюрер СС Г. Гиммлер и рейхсминистр РМЕЛ Р.В.О. Дарре́. В их задачу входила политическая и научная экспертиза законов, разрабатываемых государственным секретарем, обергруппенфюрером (генерал) СС В. Штуккартом с юристами РМИ Ф. Рутке, Г. Глобке и др. Для достижения конечной цели Гитлера — мирового господства германской элиты — законы предусматривали запрещение межрасовых браков, полное уничтожение евреев и цыган, сокращение в несколько раз численности поляков и русских на оккупированных территориях, проведение германизации оставшегося населения на Востоке, искоренения носителей нежелательной наследственности и создание благоприятных

[614] *Just G.* Die Erbbiologischen Grundlagen der Leistung // Naturwissenschaften. 1939. Vol. 27. S. 154–161, 170–176.

[615] *Schwerin A. von.* Experimentalisierung des Menschen. S. 34.

возможностей для размножения здоровых[616]. Особое внимание уделяли негативной селекции, внедрение которой прошло две стадии — стерилизацию и умертвление (эвтаназию) наследственно больных и вредных для государства людей.

Как говорилось в предыдущей главе, стерилизацию в 1920-х гг. не только активно обсуждали, но и нелегально проводили. Экономический кризис и рост расходов на содержание инвалидов привели к призывам изменить политику в социальном обеспечении и здравоохранении. Чрезвычайные полномочия дали Гитлеру право издавать законы, так что проекты законов о стерилизации, подготовленные предыдущим правительством, были доработаны в одночасье. 14 июля 1933 г. опубликовали «Закон о предотвращении наследственно больного потомства» (Gesetz Verhütung erbkranken Nachwuchses), вступавший в силу с января 1934 г. Его необходимость обосновывали как биологическими, так и экономическими аргументами. Например, указывали, что ученик из школы для умственно отсталых детей обходился государству в три раза дороже, чем ученик из обычной школы. В результате государство тратило огромные средства на обучение больных. Во втором законе «Против рецидивистов и о мероприятиях, обеспечивающих безопасность и улучшение ситуации» (Gesetz gegen gefährliche Gewohnheitsverbrecher und über Massregeln der Sicherung und Besserung), опубликованном 24 ноября 1933 г., криминальные наклонности объявили наследственно обусловленным асоциальным поведением. Следует отметить, что результаты ранее проведенных исследований не давали оснований для подобных выводов, противоречащих данным И. Ланге по изучению криминальных наклонностей у двойников и Ф. Штумпфеля о фамильно-генетических факторах криминальности[617].

В число лиц, подлежавших стерилизации по первому закону, включали лиц с врожденными физическими и психическими пороками: слабоумных, эпилептиков, шизофреников, слепых, глухих, паралитиков, алкоголиков, людей с дефектами конечностей, без пальцев и т. д.[618] Изменения в законе по сравнению с прежним проектом были связаны с заменой добровольной стерилизации на обязательную и введением законного органа — суда по охране генетического здоровья, который должен был наблюдать за законностью мер по стерилизации и рассматривать апелляции[619]. В него включили в качестве председателя участкового судью, одного государственного и одного практикующего врача, знакомых с евгеникой и состоящих в НСДАП. Проведение освидетельствования поручали официальным учреждениям типа алкогольного диспансера или психиатрической больницы. Частные обследования не разрешали. В январе 1934 г. в Мюнхене 127 психиатров прослушали курс по генетике и расовой гигиене в рамках подготовки к практическому использованию закона[620]. К тому времени было выявлено 222 000 человек

---

[616] *Neliba G.* Wilhelm Frick. S. 161–221.

[617] *Wetzell R.E.* Kriminalbiologische Forschung an der Deutschen Forschungsanstalt für Psychiatrie in der Weimarer Republik und im Nationalsozialimus // Rassenforschung an Kaiser-Wilhelm-Instituten vor und nach 1933. S. 75–90.

[618] *Gütt A., Rüdin E., Ruttke F.* Gesetz zur Verhütung erbkranken Nachwuchses vom 14. Juli 1933 nebst Ausführungsverordnungen. 2 Auflage. München, 1936. S. 73–76.

[619] *Schmuhl H.-W.* Rassenhygiene, Nationalsozialismus, Euthanasie. S. 155.

[620] *Roemer H.* Die rassenhygienischen Aufgaben der praktischen Psychiatrie mit besonderer Berücksichtigung der offenen Fürsorge. München, 1934; *Thom A.* Die rassenhygienischen Leitideen der faschistischen Gesundheitpolitik — die Zwangssterilisierungen als Beginn ihrer antihumanen Verwirklichung // Medizin unterm Hakenkreuz / Hg. A. Thom, G.I. Caregorodcev. Berlin, 1989. S. 65–90.

как наследственно психически больных, из них в том же году были насильственно стерилизованы по крайней мере 84 000 человек[621]. В конечном счете, около 350 000–400 000 пациентов были стерилизованы в 256 немецких приютах[622]. Подавляющему большинству из них был поставлен один и тот же диагноз «слабоумие»[623].

В 1934 г. эту акцию бурно обсуждала общественность, но благодаря мощной пропаганде ее пользы для общества и для самих стерилизизуемых она в целом нашла поддержку в широких кругах[624]. Многие церковные больницы Внутренней миссии усердно занимались стерилизацией[625]. Резко возросло число смертных случаев в результате стерилизации. Увеличилось и число самоубийц. До начала войны стерилизация набирала темпы, так как критерии, по которым принимались решения о принудительной стерилизации, стремительно возрастали[626]. Число обитателей сумашедших домов и приютов также не уменьшалось, а увеличилось (с 80 000 до 340 000)[627]. Вот почему после 1 сентября 1939 г. Гитлер дал распоряжение ввести вместо нее эвтаназию (умерщвление неполноценных и преступников). Для сокрытия этих преступлений национал-социалисты всегда использовали слова, маскирующие суть происходящего. Они никогла не говорили ни о геноциде, ни о массовых убийствах. Для их обозначения применяли слова: «специальное мероприятие», «эвтаназия», «щадящая смерть», «освобождение», «избавление», «окончательное решение», «эвакуация», «отправка», «усыпление», «дезинфекция», «чистка», «газификация», «уничтожение», «еврейская акция» и т. д. Тем самым «клиническое умерщвление беззащитных хронических больных как бы становилось нормальной частью медицинской практики и повседневной жизни»[628].

Пропагандистскую подготовку к эвтаназии нацисты вели практически с самого начала зарождения национал-социалистического движения. Будущий основатель и рейхсфюрер НСДАБ Г. Вагнер, выступая на партийном съезде НСДАП от имени немецких врачей постоянно ратовал за принятие подобных расовых законов[629]. При этом он ссылался на Ф. фон Ленца, который писал, что в среднем семьи психически больных в два раза больше семей здоровых пар. Сам Г. Вагнер не имел медицинского образования и никогда не был практикующим врачом. С медициной его связывало только то, что он родился в семье профессора хирургии. Программу физического уничтожения неполноценных (Ausmerze) тогда же

---

[621] *Siemen H.-L.* Psychiatrie im Nationalsozialismus // Psychiatrie im Nationalsozialismus. Die Bayerischen Heil- und Pflegeanstalten zwischen 1933 und 1945 / Hg. M. von Cranach, H.-L. Siemen. München, 1999. S. 23.

[622] *Kater M.* "Volksgesundheit". Ein biologischer Begriff und seine Anwendung. S. 104; *Siemen H.-L.* Psychiatrie im Nationalsozialismus. S. 25; *Richter H.-E.* Medizin und Gewissen // Medizin und Gewissen. S. 15.

[623] *Schmuhl H.-W.* Rassenhygiene, Nationalsozialismus, Euthanasie. S. 156–157.

[624] Ibid. S. 164–168, 173–177.

[625] *Novak K.* Sterilisation, Krankenmord und Innere Mission im "Dritten Reich" // Medizin unterm Hakenkreuz. S. 167–179; *Schleiermacher S.* Die Innere Mission und ihr bevölkerungspolitisches Programm // Der Griff nach der Bevölkerung. S. 82–85.

[626] *Kaupen-Haas H.* Die Bevölkerungsplaner in Sachverständigenbereit für Bevölkerungs- und Rassenpolitik. S. 116; *Aly G.* Medicine against the Useless // Cleansing the Fatherland. P. 25.

[627] *Thom A.* Die Entwicklung der Psychiatrie und die Schicksale psychisch Kranker sowie geistig Behinderter unter den Bedingungen der faschistischen Diktatur // Medizin unterm Hakenkreuz. S. 127–166.

[628] *Aly G.* Medicine against the Useless. P. 26.

[629] *Proctor R.* Racial Hygiene. P. 181–182.

обдумывал Гитлер, утверждая в 1929 г. на партийном съезде в Нюрнберге, что мощь Германии возрастет, если будут рождаться миллионы здоровых немцев, и одновременно примерно 700 000–800 000 больных будут устранены. Молодые нацистские генетики уточнили эти цифры. Согласно расчетам Рокфеллеровского степиндиата, основателя Института биостатистики в Берлинском университете З. Колера, в каждом поколении, находящемся в репродуктивном возрасте, не менее 3 % женщин (около 700 000) должны быть стерилизованы как асоциальные существа или потенциальные носители наследственных болезней[630].

В руководстве нацистов и среди расовых гигиенистов существовало мнение, что одной стерилизации будет недостаточно для достижения расистских целей. В средствах массовой информации развернули интенсивную пропаганду с целью убедить население, что содержание слабых и больных ослабляет государство и является одной из причин безработицы и нищеты[631]. В учреждениях читали генетические лекции, в кинотеатрах показывали фильмы о потерях нации от благотворительности. Наряду с «генетической терапией» с 1933 г. вели целенаправленную охоту на асоциальных и ущербных индивидов. Во время облав задерживали пьяниц, нищих и лентяев. Последнюю категорию могли трактовать очень широко. Схваченных отправляли в концентрационные и рабочие лагеря, где многие быстро умирали. В 1936 г. произошло усиление гонений на асоциальные элементы, а в 1937 г. произошло совмещение понятий «криминальный» и «асоциальный», «психически больной» и «асоциальный», что проявилось в бесчисленных распоряжениях и указах. Научное обоснование под них пытался подвести Э. Рюдин, в то время как работавший под его началом в Институте психиатрии КВГ И. Ланге, крупнейший специалист в области криминальной биологии, до самой свой смерти (1939) считал, что в распоряжении науки нет доказательств генетической обусловленности преступления[632].

Законы о стерилизации от 1933 г. начали действовать с 1934 г., что дало расовым гигиенистам, прежде всего психиатрам, общественное признание и расширило сферу их деятельности далеко за пределы той области, которая была очерчена для них в Веймарской республике. В следующие годы их признание и профессионализация усиливались. 15 сентября 1935 г. был провозглашен закон защиты немецкой крови и немецкой чести (Gesetz zum Schutze des deutschen Blutes und der deutschen Ehre), запрещавший сексуальные связи немцев с евреями. В его основе лежали мифы о «расовой чистоте», «защите расы» и «расовом стыде», которые при попытках их юридического оформления поднимали множество проблем, от границ вмешательства в интимные сексуальные отношения до поиска критериев идентификации расы[633]. Они дали дополнительные возможности для профессионализации расовых экспертов, так как определение степени родства с евреями стало вопросом жизни и смерти. Женщины, нарушавшие его, также подлежали стерилизации. Новый закон становился угрозой для большинства населения, среди которого, по оценкам самих расовых гигиенистов, практически

---

[630] *Roth K.H.* Schöner neuer Mensch. S. 41.

[631] *Proctor R.* Racial Hygiene. P. 182–184.

[632] *Wetzell R.E.* Kriminalbiologische Forschung an der Deutschen Forschungsanstalt für Psychiatrie in der Weimarer Republik und im Nationalsozialimus. S. 93.

[633] *Przyrembel A.* "Rassenschande". S. 158–165; *Захаров В., Кулишов В.* Анатомия Холокоста. С. 47–67.

не было чистых рас[634] . Готовящийся в спешке закон содержал много неясных пунктов о том, кого считать евреями, что потребовало принятия поправок и разъяснений относительно «полуевреев» и «четвертьевреев». Согласно одной из них, опубликованной 14 ноября 1935 г., полукровка (Mischlinge или Mischene) считался евреем только в том случае, если он принадлежал к иудейской общине или состоял в браке с евреем. Тем самым нарушался сугубо биологический расовый принцип идентификации. Письмо главы РМИ В. Фрика к высшим органам власти и правительства немецких земель от 17 января 1936 г., в котором рекомендовался «творческий подход» к реализации этого закона, сводил на нет его юридическое значение. Но самое главное заключалось в том, что интимные отношения человека отныне становились делом государства, которое брало на себя право решать, являются они криминальными или нет[635]. О биологических последствиях для последующих поколений замены брака по любви селекционным спариванием по критериям «чистоты расы» и «расового долга» женщины никто не задумывался.

Здесь нацисты пошли уже дальше радикальных евгеников. Они стандартизировали систему общественного здравоохранения, предложили финансовую поддержку молодым парам, имевшим детей, приняли закон о поддержании наследственности крестьян. Все это делалось ради того, чтобы «сохранить расовую чистоту и обеспечить оздоровление нации»[636]. 18 октября 1935 г. Гитлер издал «Закон о защите генетического здоровья немецкого народа» (Gesetz zum Schutze der Erbgesundheit des deutschen Volkes). Отныне брак был невозможен без справки о наследственности. Брак запрещали, если один из партнеров страдал психическими отклонениями или наследственными болезнями, перечисленными в законе о предотвращении наследственно больного потомства. В некотором смысле этот закон трактовали как евгеническое мероприятие.

В разработке всех этих законов активное участие принимали Э. Рюдин, Ф. фон Ленц, В. Абель и др. Вместе с государственным секретарем РМИ В. Штуккартом, а также Г. Глобке, А. Гюттом, Ф. Рутке и др., они давали научное обоснование законов, готовили официальные комментарии к ним. Фишер по-прежнему прекрасно осознавал все трудности расовой селекции, так как внешне представители еврейской и тевтонской расы могут быть очень похожи, а в одном и том же человеке могут встречаться признаки разных рас (нордической, альпийской, динарской, восточно-балтийской и т. д.)[637]. Тем не менее он уверял, что только жесткая селекция обеспечит культивирование нордической расы[638]. После вступления расовых законов в силу Фишер вместе с другими расовыми гигиенистами без колебаний включился в пропаганду стерилизации и эвтаназии, призывая отказаться от ложных норм морали ради генетического здоровья расы[639]. Среди научных работ, служивших научной основой эв-

---

[634] *Kaupen-Haas H.* Die Bevölkerungsplaner in Sachverständigenberait für Bevölkerungs- und Rassenpolitik. S. 115.

[635] Ibid. 166–181.

[636] *Fischer M.* Adolf Hitler und die Rassenhygiene // Psychiatrisch-neurologische Zs. 1939. Bd. 41. S. 178.

[637] *Baur E., Fischer E., Lenz F.* Menschliche Erblichkeitslehre und Rassenhygiene. München. 1936. Bd. 1. S. 756.

[638] Ibid. S. 316–317.

[639] *Klee E.* “Euthanasie” im NS-Staat. Der “Vernichtung lebenunwerten Leben”. Frankfurt am Main. 1985. S. 63.

таназии, стал совместный труд ведущих немецких профессоров, среди которых был А. Кюн[640].

Все довоенные мероприятия в области расовой политики рейсхсминистр РМИ В. Фрик характеризовал как стремление к усилению народных сил и как демографическую подготовку к расширению Германии[641]. Теперь настал следующий этап, связанный с переходом к масштабным мероприятиям по программе эвтаназии, которые должны были проходить с максимальной простотой и минимальными затратами[642]. Благодаря им государственные медицинские учреждения должны были стать рентабельными[643]. В соответствие с этой программой эвтаназии подлежали тысячи немецких детей, ежегодно появлявшихся на свет с такими врожденными заболеваниями, как слепота, немота, умственная отсталость и т. д., а также взрослые, признанные хронически больными, и гомосексуалисты[644]. Ее главный многолетний идеолог и разработчик Г. Вагнер скончался 25 марта 1939 г. Но его рекомендации были восприняты Гитлером, который, правда, отклонил предложение издать специальный закон для правовой основы эвтаназии. Вместо этого в июле 1941 г. он дал тайное поручение могущественному руководителю своей рейхсканцелярии, рейхсляйтеру Ф. Боулеру и своему личному врачу К. Брандту организовать и провести эвтаназию[645].

Они должны были под свою личную ответственность дать подобранным врачам полномочия, позволявшие им после обследования больных принимать решение о целесообразности «щадящей смерти»[646]. 18 июля этот секретный приказ Гитлера был сообщен рейхсфюреру здравоохранения Л. Конти и министерскому советнику РМИ доктору Г. Линден[647]. К операции был подключен по распоряжению Гиммлера профессор нейрологии и психиатрии в Вюрцбурге В. Гейде. Последний вместе с Линденом и рейхсврачом СС Э.С. Гравитцем были ответственны за подбор персонала. В июле-августе наняли около 30 нейрологов, психиатров и руководителей учреждений по эвтаназии, которую следовало проводить в строжайшей тайне[648]. Связь с главой Имперской службы безопасности Р. Гейдрихом осуществлял профессор биостатистики Берлинского университета М. фон Кринис. В обсуждении планов и их дальнейшей реализации участвовали профессор К.С. Шнайдер (Гейдельбергский университет), профессор Б. Кин (Йенский университет) и др.[649]

---

640 *Kühn A., Staemmler M., Burgdörfer F.* Erbkunde — Rassenpflege — Bevölkerungspolitik. Schicksalsfragen des deutschen Volkes. Leipzig, 1935.

641 *Neliba G.* Wilhelm Frick. S. 228.

642 Evangelische Dokumente zur Ermordung der "unheilbar Kranken" unter der nationalsozialistischen Herrschaft in den Jahren 1939–1945 / Hg. H.C. von Hase. Stuttgart, 1964; *Erhardt H.* Euthanasie und Vernichtung "lebensunwerten" Lebens. Stuttgart, 1965; *Koch G.* Euthanasie, Sterbehilfe: Eine dokumentierte Bibliographie. Erlangen, 1984; *Klee E.* Dokumente zur "Euthanasie". Frankfurt am Main, 1985.

643 *Berger E.* "Rentabilität" im Krankenhaus in den 20er Jahren und die Realisierungen in der Weimarer Zeit bzw. im Nationalsozialismus // Medizin, Naturwissenschaft, Technik und Nationalsozialismus. Kontinuität und Diskontinuitäten. S. 71–82.

644 Характерно, что многие лидеры национал-социалистического движения, включая самого А. Гитлера, страдали сексуальной патологией. Вместе с тем борьбу с гомосексуалистами нацисты вели столь же беспощадно, как и с носителями генетических отклонений.

645 *Schmuhl H.-W.* Rassenhygiene, Nationalsozialismus, Euthanasie. S. 191; *Siemen H.-L.* Psychiatrie im Nationalsozialismus. S. 31.

646 *Klee E.* "Euthanasie" im NS-Staat. S. 100.

647 Ibid. S. 76–134.

648 *Neliba G.* Wilhelm Frick. S. 230; *Aly G.* Medicine against the Useless. P. 24.

649 *Schmuhl H.-W.* Rassenhygiene, Nationalsozialismus, Euthanasie. S. 191.

В отличие от В. Брака и К. Брандта, волею случая оказавшихся во главе программы эвтаназии, Ф. Боулер и Л. Конти были «старыми борцами» НСДАП, и руководящее участие в ней было подготовлено их предшествовавшей политической деятельностью. Боулер стоял у истоков национал-социалистического движения, с 1921 г. работал в издательстве «Народный обозреватель» (Völkische Beobachter), а с осени 1922 г. был управляющим делами НСДАП. Возглавляя рейхсканцелярию Гитлера, Боулер был убежден в необходимости эвтаназии и покончил жизнь самоубийством 19 мая 1945 г. Конти был первым членом СА среди берлинских врачей, кто организовал санитарную службу СА и нацистское объединение врачей. Занимаясь врачебной практикой, он в 1933 г. вступил в СС, что открыло ему путь к быстрой карьере. В 1939 г. его назначили рейсхсфюрером здравоохранения, а с 1944 г. — обергруппенфюрером СС. Как и Боулер, Конти покончил жизнь самоубийством в тюремной камере в Нюрнберге 6 октября 1945 г.

К. Брандт изучал медицину в университетах Дрездена, Йены, Фрайбурга и Берлина и имел опыт хирурга, позволивший ему стать личным врачом Гитлера, который считал его способным, опытным и перспективным врачом. Вместе с Ф. Боулером Брандт должен был организовать экспертизу по уничтожению взрослых и детей, признанных «недостойными жить»[650]. Таким образом, правовой основой на первом этапе подготовки и проведения эвтаназии было лишь тайное устное распоряжение Гитлера. 18 августа 1939 г., накануне нападения Германии на Польшу, эксперты подготовили документ, в котором очертили круг болезней, служащих основой для решения об эвтаназии, и перечислены «специалисты», принимавшие окончательное решение[651]. Впоследствии Гитлер высоко оценил вклад Брандта в организацию эвтаназии, сделав его генеральным комиссаром санитарии и здравоохранения, а также главным координатором всех экспериментов над людьми, проводимых в лагерях. Столь быстрая карьера Брандта вызвала опасения у другого активного участника эвтаназии Л. Конти, который при помощи своего покровителя М. Бормана добился в октябре 1944 г. отстранения Брандта и его ближайших коллег Г.-К. фон Гассельбаха и Э. Гисинга с должностей личных врачей Гитлера. В марте 1945 г. Брандт был арестован и приговорен к смертной казни за связи с американцами, но Гиммлер всячески затягивал исполнение приговора, и повешен был Брандт уже по решению Нюрнбергского трибунала.

Брак, как выше уже отмечалось, по образованию был экономист, затем стал личным шофером Гиммлера. Отсутствие медицинского образования не помешало ему стать экспертом по вопросам эвтаназии и одним из руководителей ее проведения с декабря 1939 по август 1941 гг. Он участвовал в проверке и подборе персонала для заведений, занимавшихся эвтаназией, а в марте 1941 г. предложил Гиммлеру стерилизовать рентгеновскими лучами ежедневно 3 000–4 000 евреев, но его предложение было отвергнуто, так как Гитлер предпочитал более эффективное решение вопроса — массовое убийство газом, именуемое «газификацией»[652]. В целом Брак признан ответственным за умерщвление свыше 50 000 немцев, оцененных при его

---

[650] Medizinverbrechen vor Gericht: die Urteile im Nürnberger Ärzteprozess gegen Karl Brandt und andere sowie aus dem Prozess gegen Generalfeldmarschall Milch / Hg. U.-D. Oppitz, Th.V. Uexküll, A. Frewer, C. Wiesemann. Jena, 1999.

[651] *Neliba G.* Wilhelm Frick. S. 234.

[652] *Schmuhl H.-W.* Rassenhygiene, Nationalsozialismus, Euthanasie. S. 190–214; *Proctor R.* Racial Hygiene. P. 206–207.

личном участии психически больными, хрониками, неработоспособными или политически неблагонадежными. Впоследствии Брак активно участвовал в сооружении лагерей смерти и газовых камер в Польше. Приговоренный на Нюрнбергском процессе врачей к смертной казни, Брак был повешен 2 июня 1948 г.

Перемещения наследственно больных из лечебниц и домов призрения в места эвтаназии начали в сентябре 1939 г. без оповещения обитателей или руководителей этих учреждений о целях происходящего. Они коснулись, прежде всего, церковных учреждений, находящихся на государственном содержании. Для оправдания акции выдвигали аргумент о необходимости беречь государственные средства, тогда как на самом деле бюджет всецело находился под контролем нацистской партии. Так как все-таки некоторые отобранные исполнители не были согласны вести эвтаназию нелегально, без правового регулирования, Гитлер в октябре 1939 г. подписал тайное распоряжение о ее введении, датируемое 1 сентября 1939 г. Стерилизация фактически была забыта как экономически неэффективная. Новая акция была обусловлена сугубо политическими (начавшаяся война), а не научными причинами. Она не имела должной юридический проработки. Тем не менее секретное распоряжение Гитлера было признано достаточным для работы нацистских врачей и юристов. Только в октябре 1940 г. было собрано совещание 30 экспертов-психиатров, включая Ф. фон Ленца, для обсуждения проекта «Закона об эвтаназии неизлечимо больных», гарантировавшего им легкую смерть от руки врача, и критериев для проведения умерщвления[653].

Вскоре отдел рейхсканцелярии по эвтаназии значительно расширился[654]. Большая часть администрации размещалась в Берлине по адресу ул. Тиргартен, 4, поэтому программу называли «акция 4» или «центральная канцелярия Т 4» (Zentraldienststelle –T 4), а ее официальным наименованием, по предложению Линдена, стало Имперское общество по управлению учреждениями социального призрения и попечительства (Reichsarbeitsgemeinschaft Heil- und Pflegeanstalten)[655]. Здесь же размещался и так называемый Имперский комитет по научному изучению наследственных и врожденных болезней, находившийся в введении Конти. Новых сотрудников-экспертов отбирали на работу не по профессиональным качествам, а по рекомендации родственников и знакомых. Немногие отказывались. Жалование было хорошее, и не надо было идти на фронт. Многих университетских профессоров (врачей, неврологов, психиатров, патологов) привлекали к программе эвтаназии в качестве экспертов[656]. Предполагалось, что у Т 4 будет собственный научный журнал[657]. После войны для некоторых из них возникли проблемы в трудоустройстве, но другие участники программы эвтаназии сохранили прежние должности судей, работников приютов или получили влиятельные должности в фармацевтической промышленности. Третьи были осуждены на Нюрнбергском процессе

---

[653] *Aly G.* Medicine against the Useless. P. 24, 26.

[654] Aktion T. 4: 1939–1945, die "Euthanasie"-Zentrale in der Tiergartenstrasse 4 / Hg. G. Aly. Berlin, 1989.

[655] *Kaul F.* Nazimordaktion T 4; ein Bericht über die erste industriemässig durchgeführte Mordaktion des Naziregimes. Berlin, 1973; *Aly G.* Medicine against the Useless. P. 35–53.

[656] *Höpfner H.-P.* Die Universität Bonn im Dritten Reich. Akademische Biographien unter nationalsozialistischer Herrschaft. Bonn, 1999. S. 288–289; *Weindling P.* "Mustergau" Thüringen: SS. 1018.

[657] *Aly G.* Medicine against the Useless. P. 24.

врачей или в других странах, главным образом в России. Единицы из них предпочли самоубийство, не раскаявшись в содеянном.

Руководителем акции Т 4 с 1939 по 1942 гг. был В. Гейде, а позднее его заместитель профессор П. Ниче, главный психиатр Саксонии и представитель Немецкого общества психиатрии и неврологии[658]. В отличие от молодого карьериста Гейде, Ниче был представителем классической школы в немецкой психиатрии. В число разработчиков и руководителей акции эвтаназии входили также Д. Аллерс, О. Бегуш, Г.-И. Беккер, В. Бланкенбург, Г. Боне, Э. Венцлер, П. Вернер, Г. Гефельман, В. Кател, Ф. Мауз, К. Полиш, Г. Ренно, К. Рогенберг, Л. Триб, Г. Унгер, К.С. Шнайдер, Р. Форберг и др.[659] Часть из них представляла рейхсканцелярию фюрера, другие — СС и СД, третьи были профессорами и директорами психиатрических больниц. Многие из них входили в научное сообщество врачей, имели научные труды, профессорские звания, авторитет высококвалифицированных психиатров, педиатров, невропатологов, медицинских генетиков[660]. Вступив в СС в 1930 г., в НСДАП — в 1933 г., Гейде быстро приобрел репутацию эксперта по эвтаназии, дослужившись до штандартенфюрера (полковника) СС. На базе его указаний специально отобранными врачами было умерщвлено более 100 000 взрослых и детей путем смертельных инъекций, голода, углекислого газа, циклона-Б и т. д. Гейде возглавил также мобильную команду психиатров, которая обследовала заключенных концлагерей, выявляя подлежавших уничтожению евреев и арийцев. После окончания войны ему удавалось долго скрываться под фальшивой фамилией. Арестованный только в конце 1950 г., он должен был предстать перед судом ФРГ в Бутцбахе, но 19 февраля 1954, за пять дней до начала процесса, Гейде повесился, осознавая, чтó ему присудят как главному руководителю акции Т 4.

Берлинское центральное бюро составляло бланки и с 9 октября 1939 г. рассылало вопросы по соответствующим медицинским учреждениям, в которых лечащие врачи должны были заполнять формуляр на каждого пациента и отсылать обратно[661]. В соответствии с документом об эвтаназии, разработанным в недрах администрации Т 4, директора и врачи психиатрических больниц, которым не сообщили цели сбора сведений, должны были отсылать в Имперский комитет по здравоохранению на фирменном бланке фамилию больного, его расовую принадлежность, степень подвижности, проводимую терапию, время пребывания в больнице, профессию[662]. В соответствии с указом РМИ от 21 сентября 1939 г. следовало указывать не только

---

[658] *Richter H.-E.* Medizin und Gewissen // Medizin und Gewissen. S. 19–20.

[659] *Proctor R.* Racial Hygiene. P. 186–187; *Aly G.* Medicine against the Useless. P. 35–38.

[660] Нет возможности перечислить имена всех представителей научной элиты принимавших непосредственное участие в эвтаназии. В литературе по этому вопрос приведены сотни фамилий. По решению Нюрнбергского трибунала были признаны виновными в преступлениях против человечества только из Берлинского университета около десяти всемирно известных ученых-врачей: директор клиники М. де Кринис заведующие кафедрами К. Гебхардт, Ф. Зауербрух, В. Штёккель, декан факультета П. Росток и др. По признанию самих историков нацистской медицины, они находятся только в начал исследований, призванных показать подлинный масштаб преступлений, совершенны академической и университетской элитой в белых халатах: *Schagen U.* Die Forschung a menschlichen Organen nach “plötzlichen Toden” und der Anatom Hermann Stieve (1886–1952) S. 38; *Aly G.* Medicine against the Useless. P. 36–37, 41.

[661] *Proctor R.* Racial Hygiene. P. 189.

[662] *Aly G.* Medicine against the Useless. P. 23.

психически больных и слабоумных, но и число коек. Эти сведения стали поступать в октябре. В Берлине полученные бланки (общее число около 283 тыс.) сперва обрабатывали бюрократически, им присваивали номер, делали фотокопии и заносили в картотеку. Затем они поступали последовательно к трем экспертам-психиатрам, которые должны были схематично выставить оценки на специальном бланке, в котором учитывали не только здоровье пациента, но и его расовую принадлежность[663]. Существовали три оценки: положительная значила смерть для пациента; отрицательная сохраняла ему жизнь; знак вопроса означал, что эксперт колеблется. В последнем случае окончательное решение принимал главный эксперт.

Экспертиза проходила быстро и носила сугубо бюрократический характер. Все эксперты перед приемом на работу получали устный инструктаж, а впоследствии не видели ни больных, ни истории их болезни. Некоторые эксперты за девять месяцев обработали по 15 000 анкет, а всего в среднем каждый эксперт за месяц решал вопрос жизни или смерти для 1 000–1 500 людей. Если эксперт обрабатывал более 3 500 анкет, ему повышали зарплату, если меньше 500 — снижали[664]. В конечном счете, решающим критерием для принятия решения была трудоспособность жертвы, а также ее конформизм. В число психически больных, подлежащих уничтожению, часто включали гомосексуалистов, лиц, склонных к депрессии, пожилых и даже больных туберкулезом, бездомных и не желающих работать, а также нонконформистов[665]. Таким образом, фактически с самого начала речь шла об эвтаназии не столько по медицинским, сколько по социальным критериям. В итоге составлялся список пациентов по больницам, которые должны были быть изъяты и отправлены в распоряжение Имперского комитета по здравоохранению. Ещё до сбора средств была ориентировочно определена цифра от 65 до 70 тысяч человек, подлежащих эвтаназии. Первые акты эвтаназии состоялись в сентябре 1939 г. на территории Польши и в прифронтовых районах Восточной Пруссии. Больных просто застрелили. Одновременно врачи стали разрабатывать технологию умерщвления при помощи медикаментозных средств (инъекциями, таблетками и т. д.). В январе состоялись первые убийства в специальных учреждениях Германии. Из-за отсутствия надлежащего опыта умертвили много вполне работоспособных пациентов. Как и в случае со стерилизацией, сразу же наметилась тенденция к увеличению числа людей, подлежащих эвтаназии[666]. Так, при селекции заключенных в Бухенвальде, Дахау, Равенсбрюке и др. в январе 1942 г. директор госпиталя в Эйхберге Ф. Меннеке обрекал на эвтаназию психопатов, преступников, асоциальные и антисоциальные элементы, больных туберкулезом, иностранцев и др.[667] Все время совершенствовалась технология убийств с целью повышения ее экономичности, эффективности и массовости. Тот же Меннеке предпочитал для убийства детей использовать электрошок.

Благодаря предосторожностям учреждения по эвтаназии были тщательно изолированы от внешнего мира. Снаружи нельзя было ни увидеть, ни услышать, что происходит внутри. Однако вскоре выяснились сложности в постановке убийств

---

[663] *Bäumer A.* NS-Biologie. S. 99.

[664] *Proctor R.* Racial Hygiene. P. 189.

[665] *Aly G.* Medicine against the Useless. P. 23–24, 52–76.

[666] Ibid. P. 25.

[667] *Proctor R.* Racial Hygiene. P. 208; Selected Letters of Doctor Friedrich Mennecke // Cleansing the Fatherland. P. 244.

людей на поток. В конце 1939 г. бывший строительный рабочий, а в те годы служаший криминальной полиции Х. Вирт был направлен на выполнение программы эвтаназии в психиатрическую клинику Графенекка, которая стала первой из специальных медицинских учреждений, отобранных для умерщвления людей газом и инъекциями. Позднее он был назначен директором аналогичного учреждения в Бранденбурге (пригород Берлина), где проводил первые эксперименты по массовым убийствам углекислым газом. В начале января 1940 г. на них присутствовали Боулер, Беккер, Брак, Брандт и Конти[668]. Исследовательский «талант» Вирта произвел на них большое впечатлениею. Вирт был назначен инспектором отрядов смерти в Треблинку и другие лагеря смерти в Польше, а впоследствии стал главным инспектором учреждений, занимавшихся массовой эвтаназией «ради Великой Германии». Так Вирт, по-видимому, искренне оценивал свою деятельность. Он присутствовал при умерщвлении около 2 млн. человек. Его убили югославские партизаны 26 мая 1944 г.

В ходе наблюдений за экспериментами Вирта Боулеру пришла мысль оборудовать газовую камеру в виде душевой комнаты[669]. Отныне, после того как больные прибывали в учреждения для эвтаназии, их провожали в приемную комнату и проверяли документы[670]. Далее они должны были раздеться в специальной комнате, и их осматривал врач. Некоторых, очень редко, отсылали обратно. Остальных фотографировали. Тем, у кого были золотые зубы, ставили знак «х» на спине. Затем их отправляли в газовую камеру, которая выглядела как душевая комната. Буйных и строптивых пациентов усмиряли с помощью инъекций морфия, и после того, как камеру герметизировали, врачи давали знак пускать газ, а сами через маленькое окошко наблюдали за происходившим в камере. В ходе нарастания объемов эвтаназии шло совершенствование технологии убийства и внедрение все более эффективных отравляющих веществ. В итоге чаще всего стали применять выхлопные газы, которые последовательно поражали все жизненно важные центры. Сердечно-сосудистая и дыхательная система переставали функционировать в последнюю очередь. Тем самым умирание растягивалось на часы, и гибнущие осознавали неотвратимость приближавшейся смерти.

После умерщвления трупы отправляли в крематорий. Перед кремированием «кочегары» должны были вырвать золотые зубы, которые поступали в распоряжение государства[671]. Утилизации подлежали волосы, пепел, несгоревшие кости и т. д. После эвтаназии родственники убитых получали короткое письмо с выражением соболезнования. Его писали на бланке: в стандартный текст вписывали только имя и причину смерти. Врач, выбрав более или менее подходящую причину, подписывался фальшивым именем. Чаше всего ставился «диагноз» тифа или туберкулеза. Одежду и пакеты отправляли обратно в учреждения, откуда изымали умерщвленных.

Отличия в эвтаназии детей затрагивали только тех, кто жил вместе с родителями. В соответствии с указом от 18 августа 1939 г. Имперскому комитету по научному изучению наследственных и врожденных болезней врачи и акушеры сообщали о

---

[668] Selected Letters of Doctor Friedrich Mennecke. P. 189.

[669] *Proctor R.* Racial Hygiene. P. 190.

[670] Процедура умерщвления газом не раз описывалась в литературе: Nationalsozialistische Massentötungen durch Giftgas: Dokumentation / Hg. E. Kogon. Frankfurt am Main, 1983; *Bäumer A.* NS-Biologie. S. 99–100.

[671] *Bäumer A.* NS-Biologie. S. 100.

новорожденных и грудных детях до трех лет с признаками идиотизма, монголоизма, микроцефалии, гидроцефалии, всякими недостатками в строении тела и паралича[672]. Эти сообщения оценивали эксперты по той же схеме, что и взрослых. Со знаком «плюс» несчастные поступали в специальные детские отделения больниц. К концу войны их было около 30. Там детей умерщвляли не в газовых камерах группами, а по отдельности уколами и таблетками[673]. В течение трех-четырех дней они умирали, казалось, от бронхита или воспаления легких, симптомы которых можно было вызвать сублетальными дозами обезболивающих средств.

Смерть, однако, ни в коем случае не была безболезненной, как пытались изобразить позднее виновные в эвтаназии. Сначала они надеялись получить согласие родителей на подобные акции, но затем детей забирали якобы для лечения, где родители не имели возможности посещать их, в противном случае им угрожали лишением прав на медицинскую помощь. С 12 июля 1941 г. эвтаназии подлежали уже дети до 8 лет, а с осени — 12, и, наконец, все тяжелобольные до шестнадцати лет включительно[674]. Всего на первом этапе было уничтожено около 5 000 детей[675]. Многие медики ставили опыты над новорожденными. Так, например, директор детской клиники Берлинского университета профессор Г. Бессау проводил опыты по искусственному инфицированию новорожденных туберкулезом, в результате часть из них умирала[676].

Секретность столь обширных мероприятий не могли сохранять долго. Все чаще жителям деревень, расположенных по соседству с учреждениями смерти, становилось что-то известно о происходящем. Вскоре о целях изъятия больных узнали директора психиатрических учреждений, которые должны были скрывать правду от их родственников[677]. У родственников больных, помещенных в приюты, зарождались подозрения из-за ошибок в извещениях, явно свидетельствовавших о попытках скрыть содеянное в массовом масштабе[678]. Они требовали от властей установить причины и обстоятельства смерти своих отцов, матерей, детей[679]. В обществе нарастало беспокойство, поднималась волна протестов, прежде всего среди теологов, юристов и врачей[680]. Но ее не удавалось организовать в единое движение, так как официально католические и протестанские конфессии заняли оппортунистическую позицию[681], а всякая политическая деятельность была запрещена. На открытое сопротивление решались немногие, но они были.

---

[672] *Schmuhl H.-W.* Rassenhygiene, Nationalsozialismus, Euthanasie. S. 182–187; *Proctor R.* Racial Hygiene. P. 186–188.

[673] *Bäumer A.* NS-Biologie. S. 101.

[674] *Proctor R.* Racial Hygiene. P. 188.

[675] *Siemen H.-L.* Psychiatrie im Nationalsozialismus. S. 30; *Richter H.-E.* Medizin und Gewissen. S. 15.

[676] *Winau R.* Gynäkologie und Geburtshilfe 1933–1945 // Psychosomatische Gynäkologie und Geburtshilfe. Berlin, 1994. S. 13–20.

[677] *Aly G.* Medicine against the Useless. P. 24.

[678] *Bäumer A.* NS-Biologie. S. 100–101.

[679] *Proctor R.* Racial Hygiene. P. 191.

[680] *Schmuhl H.-W.* Rassenhygiene, Nationalsozialismus, Euthanasie. S. 208–212, 305–354; Die Marburger Medizinische Fakultät im “Dritten Reich” / Hg. G. Aumüller, K. Grundmann, E. Krähwinkel, H.H. Lauer, H. Remschmidt. München, 2000. S. 231–240; *Ribhegge W.* Geschichte der Universität Münster. Münster, 1985. S. 200–201.

[681] *Hehl U. von.* Die Kirchen in der NS-Diktatur. Zwischen Anpassung, Selbstbehauptung und Widerstand // Deutschland 1933–1945. Neue Studien zur nationalsozialistischen Herrschaft. S.153–181.

С публичными осуждениями убийств невинных людей выступали пастор Ф.К.О. Дибелиус, епископ, позднее кардинал, К.А.Г. фон Гален, обербургомистер Лейпцига К.Ф. Гёльдер и др. К августу 1941 г. первоначальный план эвтаназии был перевыполнен на 253 человека, умертвили 70 253 больных[682]. По проведенным подсчетам, их убийство сэкономило Третьему рейху около 885 млн. марок[683]. В акции участвовало по крайней мере 50 врачей-исполнителей эвтаназии и около 40 экспертов[684].

Под давлением протестующих Гитлер 24 августа 1941 г. вынужден был издать формальный приказ о прекращении программы эвтаназии и проведении расследования[685]. Но никого, конечно, не наказали, так как, отдавая приказ о проведении эвтаназии, фюрер лично гарантировал всем ее участникам неприкосновенность. Остановка эвтаназии фактически означала лишь прекращение убийств в психиатрических институтах и реорганизацию механизма эвтаназии, которую далее проводили в лагерях смерти при помощи инъекций, таблеток, газа и голода. «Особые команды» многих лагерей смерти были укомплектованы «квалифицированными» сотрудниками Т 4. Всего за период 1939–1945 гг. было умерщвлено не менее 200 000 немцев, признанных психически больными, инвалидами или социально вредными[686]. В обычных больницах пациентов продолжали убивать лечащие врачи, потому что это стоило дешевле, чем лечение. Решающим критерием во всех случаях была трудоспособность. Все большое распространение получала практика убийств путем изнурительной работы и голода.

С осени 1941 г. эвтаназия фактически приняла более массовый характер, так как власти приступили к окончательному решению геополитических вопросов с евреями, цыганами и славянами на оккупированных территориях СССР. И раньше среди больных, сведения о которых направляли на экспертизу, было немало евреев, которые всегда получали положительную оценку экспертов. Положительные решения обычно выносили и по лицам, совершившим уголовные преступления[687]. С декабря 1941 г. окончательное решение еврейского вопроса стало главным направлением в деятельности персонала «Т 4». 20 января 1942 г. в Ванзее, пригороде Берлина, состоялась конференция высших чинов СС, правоведов и расовых гигиенистов, на котором были утверждены планы насильственной стерилизации всех неарийцев, а также ликвидации всех без исключения потомков смешанных браков представителей других рас с арийцами. Отныне эта работа велась главным образом расовыми гигиенистами в лагерях смерти в тесном сотрудничестве с СС и гестапо, прежде всего с 4-м Бюро тайной полиции, возглавляемом А. Эйхманом, признанным виновным в соучастии в уничтожении 5 800 000 евреев[688]. С 1943 г. подлежали уничтожению уже все нетрудоспособные заключенные, а также тяжело-

---

[682] *Proctor R.* Racial Hygiene. P. 191; *Siemen H.-L.* Psychiatrie im Nationalsozialismus. S. 31; *Kater M.* “Volkgesundheit”. Ein biologischer Begriff und seine Anwendung. S. 104.

[683] *Schmuhl H.-W.* Rassenhygiene, Nationalsozialismus, Euthanasie. S. 213.

[684] Ibid. S. 192.

[685] *Schmuhl H.-W.* Rassenhygiene, Nationalsozialismus, Euthanasie. S. 210.

[686] *Siemen H.-L.* Psychiatrie im Nationalsozialismus. S. 15; *Aly G.* Medicine against the Useless. P. 23, 46–47; *Proctor R.* Racial Hygiene. P. 208–209.

[687] *Aly G.* Medicine against the Useless. P. 44–45.

[688] Эта цифра, названная на Нюрнбергском процессе, отражает только тех, кто был умерщвлен на основе официальных распоряжений немецких властей, в нее не попало огромное количество умерших от голода, инфекций, стрессов, погромов, а также полуживых детей, которых успели освободить из лагерей смерти, но из которых выжили немногие. См.: *Weinreich M.* Hitler’s Professors. P. 5–6.

больные, койки которых нужны были для жертв бомбадировок[689]. Координатором действий гражданской и военной медицинских служб при выполнении этой задачи Гитлер 28 июля 1942 г. назначил К. Брандта, который, имея богатый опыт эвтаназии на первом ее этапе, вместе с Г. Линденом, Ф. Кроппом и П. Ниче начал ее проводить с середины 1943 г., когда стала реальной угроза полного поражения. Эта операция, во время которой убивали всех тяжелобольных и заключенных, известна как «операция Брандта». Во время неё уже не соблюдалась даже видимость медицинской обоснованности принимаемых решений. Массовые убийства никем не контролировались, а их оправданием служил один аргумент — военная необходимость. Больных убивали накануне прибытия эшелонов с ранеными. Потрясающие личные письма участников этих экзекуций, которые сетуют только на то, что стало слишком много работы[690].

Кроме того, на Востоке были созданы лагеря смерти, где вместе с евреями и цыганами, подлежавшими поголовно уничтожению, гибли миллионы поляков, русских, белорусов, украинцев, чехов и представителей других национальностей[691]. Их уничтожали в специальных душегубках, а затем сжигали в печах. После смерти у жертв также вырывали золотые зубы, обследовали все тело на предмет спрятанных драгоценностей, и только после этого заключенным, оставленным пока в живых, поручали убрать душегубки от экскрементов и рвоты. Миллионы были расстреляны также специальными отрядами СС на оккупированных территориях Польши и СССР[692]. В Советском Союзе немецкие власти сразу уничтожали всех душевнобольных, оказавшихся на оккупированной территории[693]. И если в Польше счет уничтоженных шел сперва на десятки тысяч, то в СССР — сразу уже на миллионы. Всего в СССР оккупационные власти во время массовых растрелов и карательных операции уничтожили около 7,5 млн. мирных жителей. Из них 1,5 млн. были евреями.

Согласно законам, принятым под руководством рейхсминистра юстиции О. Тирака, уничтожению подлежали все русские, поляки и украинцы, пробывшие в концлагерях более трех лет, а также чехи и немцы, отработавшие там более восьми лет, как асоциальные элементы. Для подготовки оккупированных восточных территорий к немецкой колонизации их предполагали очистить от излишнего населения путем уничтожения. Решения о проведении подобных мероприятий принимал не суд. Их совершали в соответствии с планами руководства Третьего рейха. Окончательное решение теперь уже не столько еврейского, сколько восточного вопроса Гитлер возложил на рейхсфюрера Г. Гиммлера. В письме к М. Борману от 13 октября 1943 г. Тирак выражал удовлетворение этим решением, так как «юстиция только в малой степени может способствовать искоренению

---

[689] *Aly G.* Medicine against the Useless. P. 23.

[690] Ibid. P. 76–93.

[691] *Schmuhl H.-W.* Rassismus unter den Bedingungen charismatischer Herrschaft. Zum Übergang von der Verfolgung zur Vernichtung gesellschaftlichen Minderheiten im Dritten Reich // Deutschland 1933–1945. Neue Studien zur nationalsozialistischen Herrschaft. S. 182–184, 194–197; *Aly G.* Medicine against the Useless. P. 23.

[692] Эту вторую фазу массового уничтожения также не удалось сохранить в тайне. Но, в отличие от первой, во время которой убивали преимущественно немцев, она не вызвала протестов. Неблагоприятное течение войны, массовая гибель немецких солдат на фронте, видимо, приучила к смерти население Третьего рейха. Массовые умерщвления газом начались в июне 1942 г. в Освенциме. Вскоре многие концентрационные лагеря были превращены в «фабрики смерти».

[693] *Aly G.* Medicine against the Useless. P. 25, 45.

чувства народности <…>. Поэтому нет смысла оставлять славян в живых, даже если бы это было целесообразно экономически»[694]. В том же письме Тирак радовался, что войска СС могут проводить мероприятия массового уничтожения мирного населения без юридических тонкостей. Тем не менее, Гитлер критиковал Тирака за то, что он никогда не был достаточно надежен и всегда старался спрятаться в юридическую скорлупу. Осознавая свое соучастие в убийстве миллионов людей, Тирак повесился 26 октября 1946 г. в лагере для интернированных Эзельхайде вблизи Падерборна.

Ответственность за эти преступления Нюрнбергский трибунал возложил и на А. Розенберга, которому судьба дала редкую для философа возможность на практике проверить свои рекомендации. С октября 1940 г. ему поручили организовать вывоз предметов искусства из Франции и других странах Западной Европы, конфискованных у евреев. 17 июля 1941 г. он был назначен министром оккупированных восточных территорий, где под его непосредственным руководством гестапо и особые отряды СС осуществляли массовые расстрелы евреев, цыган, русских, украинцев, поляков и других национальностей, а также проводили насильственную германизацию народов. Он был повешен 16 октября 1946 г.

Так выглядело на практике внедрение научных рекомендаций расовых генетиков и психиатров, которые стали основой для эвтаназии[695]. Из эвтаназии извлекали пользу и ученые, не участвовавшие непосредственно в умерщвлении людей. Органы убитых посылали в университеты. Например, профессор в Гейдельберге психиатр К.С. Шнайдер и профессор-гистопатолог из Института мозга КВГ в Берлине Ю. Галлеворден вскрыли более сотни черепов, изучая головной мозг умерщвленных, включая детей, для изучения корреляций болезней с изменениями в головном мозге[696]. Для занятий по анатомии в университеты приходили целые трупы жертв. На обитателях больниц и приютов проводили опасные эксперименты, проверяли действие лекарств, разрабатывали новые формы стерилизации путем рентгеновского облучения и т. д.

Быстрое развитие расовой гигиены в нацистской Германии в сторону массового геноцида всегда казалось удивительным зарубежным коллегам. Но на самом деле человеконенавистнический союз расовых гигиенистов и убийц — не порождение нацистского государства, вынудившего генетиков и врачей идти на преступления, он был подготовлен всем ходом развития предшествующей немецкой биологии и медицины. Большинство немецких врачей давно ненавидели еврейских врачей как своих более удачных конкурентов и поддержали Гитлера, создав в конце 1920-х гг. Национал-социалистическую лигу немецких врачей[697]. Свой антисемитизм они подкрепляли не только экономическими аргументами, но и сложной амальгамой античных, религиозных и философских мифологем, характерных для архетипов индоевропейских народов и усиленных в средневековье и Реформацию.

---

[694] *Wistrich R.* Wer war wer im Dritten Reich. München, 1983. S. 273.

[695] *Roelcke V.* Psychiatrische Wissenschaften im Kontext nationalsozialistischer Politik und "Euthanasie". Zur Rolle von Ernst Rüdin und der Deutschen Forschungsanstalt für Psychiatrie / Kaiser-Wilhelm-Institut // Geschichte der Kaiser-Wilhelm-Gesellschaft im Nationalsozialismus. Bd. 1. S. 112–150.

[696] *Peiffer J.* Neuropathologische Forschung an "Euthanasie"-Opfern in zwei Kaiser-Wilhelm-Instituten // Geschichte der Kaiser-Wilhelm-Gesellschaft im Nationalsozialismus. Bd. 1. S. 150–173.

[697] *Kater M.* Foreword. P. XII.

Очистить народ от всего больного, чуждого, мешающего обществу, было заветной мечтой немецких ученых и писателей, и врачи шли здесь в первых рядах[698].

Это были не только 350–500 «паршивых овец» — врачей, осужденных за медицинские преступления в концентрационных лагерях и в учреждениях, проводивших эвтаназию, или ушедших от наказания, но вина которых по сохранившимся архивам не вызывает сомнения[699]. Между теми докторами, кто погибал, спасая жизнь других, и теми, кто выживал, убивая других, есть множество промежуточных групп, в разной степени вовлеченных в преступления национал-социалистов. Конечно, это не означает, что все врачи регулярно участвовали в них или хотя бы были осведомлены о происходящем. Но прямо или косвенно к убийствам оказался причастен практически весь цвет немецкой медицины, университетские профессора, выдающиеся ученые и экспериментаторы[700].

Всемирно известный анатом Г. Фосс, по учебнику которого училось не одно поколение врачей в 1940–1970-х гг. и который процветал и в ГДР, и ФРГ, вступил в НСДАП в 1937 г. только из карьерных соображений, а затем старался всячески дистанцироваться от нацистов. Это не мешало ему вместе со своим ассистентом и будущим соавтором учебника Р. Геррлингером в оккупированной Познани не только вести селекцию поляков, проводить летальные опыты над польскими женщинами, изготовляя анатомические препараты из убитых, торговать и покупать их скелеты, но и вести дневник, который представляет собой редкую смесь «банальности и скотства», «расовой ненависти и страха», «высокого интеллекта и низменных чувств», «сентиментальности и защиту массовых убийств»[701]. Свой дневник Фосс предназначал для публикации, поясняя суть и процедуры происходящей вивисекции, особенности ее проведения. Этот документ характеризует психологию огромного сегмента медико-биологического сообщества, члены которого, дистанцируясь от нацистов из-за их вульгарности и ненаучности, сотрудничали с ними, питая ненависть и презрение к славянам, евреям и коммунистам.

Биографические реконструкции многих участников эвтаназии убедительно показали, что главными исполнителями массовых убийств при национал-социализме были «не кровожадные животные, а хорошо адаптируемые, хорошо образованные и высоко квалифицированные доктора, психиатры, биологи»[702]. Обрекая на смерть во имя светлого будущего Германии инвалидов, алкоголиков, проституток, расово неполноценных и т. д., они ведали, что творили, введя убийство больных в норму и ввергая страну в хаос первобытного состояния. В конечном счете, они принесли своей стране не только позор, но и поражение, показав всему миру, что государство «для всех немцев» убивает, прежде всего, своих самых беспомощных граждан.

С их помощью каноны систематизированных знаний как руководства к убийствам вошли в учебники, стали образовательными стандартами, которые были финансово и технологически обеспечены[703]. Практическое примение их рекомендаций было монополизировано в судах по наследственности, где расовые гигиенисты,

---

[698] *Aly G., Chroust P., Pross Ch.* Cleansing the Fatherland. P. 15.

[699] *Kater M.* Doctors under Hitler. P. 222.

[700] *Toellner R.* Ärzte im Dritten Reich // Deut. Ärzteblatt, 1989. Bd. 86. S. 1427–1433.

[701] The Posen Diaries of Anatomists Hermann Voss // Cleansing the Fatherland. P. 100.

[702] Selected Letters of Doctor Friedrich Mennecke // Ibid. P. 238.

[703] *Aly G.* Pure and Tained Progress // Ibid. P. 157–230.

врачи-эксперты неожиданно приобрели власть и привилегии, за которые пришлось платить потерей научной независимости и профессиональной добросовестности.

Тем не менее, нацистам не удалось объединить в рамках практической общей расовой биологии расоведение (расологию), тесно связанное с политикой, расовую гигиену, расовую антропологию и генетику человека. Дифференциация их не только сохранялась, но и нарастало стремление части расовых гигиенистов вернуться к своим фундаментальным исследованиям в университетах, уклониться от их политизации. Они не желали функционировать в рамках единых учреждений и обществ, занимавшихся расовой биологией. Как и в СССР, такие структуры оказались нежизнеспособными. Все это вело к внедрению методов экспериментальной биологии в медицинскую практику.

К концу войны многие главные участники союза «биологии» с идеологией «почвы и крови» вышли из игры. В 1942 г. ушел на пенсию О. Фишер. Ф. фон Ленц, находившийся в тяжелой депрессии и подумывавший даже о самоубийстве, в декабре 1944 г. передал кафедру расовой гигиены в Берлинском университете директору Института биостатистики при медицинском факультете З. Колеру, активному разработчику и защитнику закона о предотвращении межрасовых скрещиваний[704]. Узнав о падении Берлина, главные протагонисты расовой гигиены подались на Запад. В конечном счете, большинство из них вернулось в большую науку. Ленц и Фершуер возглавили университетские кафедры по генетике в Геттингене и в Мюнстере соответственно, а Нахтсхайм стал одним из лидеров генетики человека в ФРГ, возглавив такую же кафедру в Берлине. Его Отдел экспериментальных исследований генетической патологии оказался единственным в Институте антропологии КВГ, сохранившимся после войны. Материалы и оборудование других отделов были вывезены Фершуером на Запад.

В Западной Германии расовая гигиена и евгеника якобы исчезли. Вместо них стали проводить исследования по генетике человека, которые, как отныне считалось, были деполитизированы и деидеологизированы. Лидеры расовой гигиены предпочитали лишний раз не вспоминать о своем прямом или косвенном сотрудничестве с нацистами в уничтожении и стерилизации миллионов людей. Более того, некоторые из них выступали поборниками демократии и морали. Так, Нахтсхайм в 1950–1960-е гг. отличался резкими выступлениями с критикой советских биологов за то, что они смирились с отсутствием свободы науки в тоталитарных условиях СССР. Видимо, проводимые им в Третьем рейхе сравнительные исследования по моделированию наследственных психических заболеваний у кроликов и человека с использованием в качестве подопытных заключенных, по мнению Нахтсхайма, соответствовали представлениям о свободе науки[705].

Расовая гигиена служит наглядным примером того, что прогресс в нацификации биологии, как и в других науках Третьего рейха, достигался не столько успехами арийской биологии и пропагандой ее достижений. Ученым наглядно демонстрировали, что только при сотрудничестве с национал-социалистами и активном участии в реализации их целей гарантирована финансовая поддержка со стороны государства, карьера, а также личная безопасность. Это был мощный административный ресурс, побуждавший даже биологов с иными политическими взглядами не только

---

[704] *Schleiermacher S.* Rassenhygiene und Rassenanthropologie an der Universität Berlin // Die Berliner Universität in der NS-Zeit. Bd. 1. S. 85–86.

[705] *Deichmann U.* Biologen unter Hitler. S. 267

принять национал-социализм, но и способствовать практическому осуществлению его планов и усовершенствованию методов их реализации, с усердием демонстрируя свою полезность для национал-социалистического государства.

Нередко исследователи не нуждались в поощрении властей. Расовые гигиенисты-врачи быстро и интенсивно направили свои усилия на поддержку национал-социализма[706]. Их принятие практики национал-социализма шло достаточно естественно, так как было подготовлено самоиндентификацией ученых в первой трети XX века, выступавших за кооперацию с государством в обеспечении здоровья нации. Ученый как эксперт выступал в роли технократа, ратующего за модернизацию, идеалы которой искали в прошлом. В итоге возникли комбинации модернистских воззрений с самым диким и кровавым варварством.

Национал-социалистический закон о стерилизации, позволявший государству решать, стерилизовать или не стерилизовать людей по расовым соображениям, а затем реализовать принятое решение, предоставлял огромные возможности врачам и «расовым экспертам» (антропологам, генетикам, психиатрам) как в селекции и оценке жертв, так и в обслуживании «расовых судов», которые выносили окончательный вердикт. «Кампания эвтаназии» сделала большое число докторов и работников здравоохранения соучастниками преступлений режима, в результате которых сначала дети, а затем и взрослые с различными умственными и физическими недостатками были умерщвлены ради расового здоровья общества, а заодно и для освобождения коек в больницах, переделываемых в госпиталя для жертв приближавшейся войны. Врачи снова должны были «отбирать» индивидов, которые были «недостойны жить»[707].

Наконец, расовые гигиенисты прямо участвовали в кровавой политике «германизации» оккупированной Европы и геноциде, а также в организации системы концентрационных лагерей и лагерей смерти. Многие антропологи, генетики, психиатры и врачи помогали нацистам различать «арийцев» и «неарийцев» на оккупированных территориях. Такие врачи, как А. Хирт в Страсбурге и Й. Менгеле в Освенциме, ставили эксперименты на заключенных концентрационных лагерей во имя идеи арийского превосходства и процветания немецкой науки. Эти эксперименты более всех остальных мероприятий гитлеровского режима порочат немецкую биологию вплоть до сегодняшнего дня, так как большинство косвенных убийц и теоретики эвтаназии, спокойно пройдя процедуры денацификации, заняли высшие посты в академическом сообществе Западной Германии. Однако дети осужденных врачей-убийц до конца жизни чувствовали на себе тяжесть преступлений, совершенных их родителями, что неизбежно сказалось на их психическом здоровье. Так зло бумерангом возвращалось назад[708].

Но самое главное — массовое уничтожение своих сограждан не принесло немецкому народу ни генетического здоровья, ни расовой чистоты, ни интеллектуального процветания. Чтобы покрывать катастрофическое сокращение населения, Германия вынуждена была открыть после войны границы для миллионов иммигрантов различных национальностей, конфессий, из разных стран, культур и даже цивилизаций. Биологические обоснования расовых чисток, оформленные юристами в четкие параграфы законов, оказались на практике утопиями.

---

[706] *Proctor R.* Racial Hygiene: Medicine under the Nazis. Cambridge, MA, 1988. P. 64–94.
[707] Ibid. P. 177–198.
[708] *Kuhl D.* Psychische Folgen für die Kinder der NS-Täter // Medizin und Gewissen. S. 173–176.

Позитивная селекция: «Источник жизни»

Другой стороной гитлеровской расовой гигиены было селекционное улучшение германо-нордической расы и увеличение ее численности. Позитивный отбор в Третьем рейхе состоял из комплекса государственных и партийных мероприятий, налоговых льгот и экономической поддержки многодетных семей со здоровой наследственностью, незамужних женщин с детьми и т. д. После начала войны добавили законы об основании колоний немцев на оккупированных территориях и о германизации некоторых наций в Западной и Восточной Европе.

Поскольку женщины, имевшие внебрачных детей, и сами дети испытывали очень сильное давление со стороны общества, Гиммлер и Гитлер видели в абортах главную причину снижения рождаемости в 1920-х гг. По оценкам Гиммлера, ежегодно делали от 600 000 до 800 000 абортов. Для снижения этих цифр необходимо было организовать разнообразную государственную поддержку одиноким матерям и внебрачным детям, по крайней мере уравняв условия их жизни с условиями полноценных семей. Уже в 1933 г. был учрежден Немецкий институт помощи молодежи, в 1934 г. создан Институт «Мать и ребенок», занимавшийся консультациями по беременности, обучением матерей, уходом за грудными детьми и осуществлявший экономическую поддержку. В том же году возникли такие государственные институты, как молодежная служба, суд по опеке и т. д.

12 декабря 1935 года по приказу Гиммлера было создано Объединение «Источник жизни» (Lebensborn-Verein), которое входило в состав СС, но юридически было самостоятельным[709]. Главной задачей Объединения была поддержка расово и генетически ценных многодетных семей. На помощь могли рассчитывать только члены СС, имевшие не менее 5 детей. С 1942 г. эти задачи неофициально приняла на себя служба попечительства СС, заботившаяся о будуших матерях, как замужних, так и одиноких, если отец ребенка, его семья, а также семья матери соответствовали расовым нормам и были признаны генетически ценными. Женщин на период родов поселяли в общежития Объединения «Источник жизни», где заботились и о детях незамужних матерей. Эта забота диктовалась не милосердием, а расовыми и экономическими соображениями. Фактически это была часть программы, разработанной молодым профессором Берлинского университета З. Колером, предусматривающей переход к полигамного браку, по крайней мере к двоеженству (Ehren zur linken Hand, Nebensfrauen), и легализацию безбрачного материнства (unehelicher Mutterschaft)[710]. После ряда реорганизаций «Источник жизни» был включен в штаб СС, а Гиммлер официально возглавил это объединение, что существенно повысило его статус. Правление «Источника жизни» находилось в Мюнхене и в конце войны было разделено на семь отделов. Медицинское руководство всем объединением с 1937 г. осуществлял доктор Г. Эймер. Первый приют был открыт 1 августа 1936 г. в Штайнхёринге. По разным оценкам, в конце войны было немногим больше 30 приютов. Из них 11 — в Германии

---

[709] *Hillel M., Henry C.* Lebensborn e. V. Im Namen der Rasse. Wien; Hamburg, 1975; *Lilienthal G.* Der Lebensborn e.V. Ein Instrument nationalsozialistischer Rassenpolitik. Stuttgart; New York; Mainz, 1985; *Clay C., Leapmann M.* Herrenmenschen — Das Lebensborn-Experiment der Nazis. Berlin, 1997; *Schmitz-Köster D.* "Deutsche Mutter, bist du bereit…" Alltag in Lebensborn. Berlin, 1997.

[710] *Roth K.H.* Schöner neuer Mensch. S. 41.

и 18–23 — за рубежом, в основном в Норвегии[711]. Первый норвежский приют начал функционировать в 1941 г. В дальнейшем в каждом из них в среднем было от 30 до 80 мест, только в одном приюте — 170. На практике не удавалось достигнуть желательного соотношения: одна мать — один ребенок. Были затруднения и с квалифицированным медицинским персоналом, особенно во время войны, так как в среднем на каждый дом приходилось 40 человек обслуживающего персонала[712].

Желавшие попасть в эти учреждения должны были представить в правление генеалогическую роспись с указанием предков, по крайней мере, родителей, бабушек и дедушек, справку о наследственности с указанием семейных болезней, медицинскую справку, выданную врачом СС с оценкой здоровья и чистоты расы, справку о возможности вступления в брак с отцом ребенка, автобиографию и фотокарточку в полный рост[713]. Незамужние женщины под присягой должны были сообщить, кто отец ребенка, так как его биологические свойства имели значение для положительного решения вопроса, и предполагаемый отец должен был нести часть расходов. Из-за недостатка статистического материала отбор подавших заявления шел трудно, примерно три четверти получали положительный ответ. Решения принимались на основе внешних признаков, т. е. по фенотипу, а не генотипу. Впоследствии Гиммлер усложнил анкеты и лично проверял каждое заявление.

Замужних женщин принимали в эти учреждения только на время родов, незамужние могли рассчитывать на пребывание в них с седьмого месяца беременности и на два месяца после родов. Женщины выполняли легкую работу, прослушивали курсы по домоводству и уходу за грудными детьми. Их идеологически воспитывали: три раза в неделю читали лекции и показывали фильмы по расовой биологии. Большинству женщин эти курсы не нравились. К пребыванию в приютах они относились критически, жалуясь на персонал, на его невнимание к их здоровью и отношение к ним как к машинам по производству детей[714]. Руководство «Источник жизни» старалось найти женщинам работу, при которой они могли бы сидеть с детьми. Со временем все больше их оставалось в качестве обслуживающего персонала в этом же приюте.

«Источник жизни» осуществлял опеку над детьми, рожденными в его приютах. Новорожденных тщательно осматривали и, если они не соответствовали критериям отбора, то передавали их для эвтаназии. Около 40 % находились под опекой: детей, которых матери не могли содержать, старались пристроить в другие семьи, способствуя усыновлению[715]. Однако призывы Гиммлера к семейным эсэсовцам усыновлять детей не находили особой поддержки. К концу войны только примерно 100 внебрачных детей были окончательно усыновлены. Многие матери после рождения должны были начать работать, и приюты были переполнены детьми. В условиях дефицита военного времени, нехватки квалифицированного персонала, отсутствия изоляторов для больных детей и т. д., скученность детей приводила к росту заболеваемости грудных и маленьких детей и к увеличению их смертности. Тем самым обнажился конфликт между «количеством и качеством» новорожденных. Чтобы изменить ситуацию, по приказу Гиммлера, старались, с одной стороны, улучшить

---

[711] http://en.wikipedia.org./wiki/Lebensborn; http://www.shoa.de/content/view/183/114.
[712] *Bäumer A.* NS-Biologie. S. 104.
[713] Ibid. S. 104–105.
[714] *Schmitz-Köster D.* "Deutsche Mutter, bist du bereit…" Alltag in Lebensborn. Berlin, 1997.
[715] *Bäumer A.* NS-Biologie. S. 104.

условия содержания детей, а с другой стороны, ужесточить их отбор, безжалостно отправляя больных детей на эвтаназию, а их родителей — на дополнительное обследование на наличие наследственных заболеваний. В случае выявления таких болезней они должны были в дальнейшем избегать заводить детей. Окончательное решение об их стерилизации отодвигалось до конца войны.

Особую часть программы «Источник жизни» занимало похищение детей, идентифицированных арийцами, из окуппированных стран и вывоз их в Германию для передачи приемным родителям-немцам[716]. По разным оценкам, было похищено от 100 000 до 200 000 детей, главным образом на территории Польши. При перевозке в Германию многие из них погибли от голода, жажды и морального потрясения, других после дополнительной расовой экспертизы забраковали и умертвили. С целью использования расово чистых женщин на оккупированных территориях было создано около 20 приютов в оккупированных странах, в основном в Норвегии (10–15). В них было рождено около 10 000 детей.

По многим причинам было необходимо держать в тайне происходившее в приютах «Источник жизни». Поощрение внебрачных детей и политика, способствовавшая их рождению, вызывали сильное сопротивление в обществе, а похищение детей на оккупированных территориях было крайне рискованным делом. Чтобы замять следы, использовали различные способы обмана, вводили в приюты собственную полицию. Одиноких женщин, получивших крышу над головой, записывали как замужних или разведенных, некоторые получали новые фамилии, ложно указывали отцовство. Население начало улавливать связь между «Источником жизни» и нацистской политикой в области деторождения. Например, было распространено мнение, что женщин в этих приютах насильно предоставляли в распоряжение эсэсовцев. СС и «Источник жизни» ничего не могли поделать со слухами, поскольку из-за таинственности самой программы было невозможно бороться с ними путем разъяснения. Прибегли к террору, но и здесь потерпели неудачу.

Примерно в 1939 г. произошел сдвиг в работе «Источника жизни» от заботы о новорожденных к динамичной политике в области деторождения, целью которой было разведение расово ценных индивидов, а также селекции детей из оккупированных стран, признанных расово чистыми арийцами. Разразившаяся война помешала запланированному росту рождаемости, и СС начало искать новые пути для достижения этой цели. 28 октября 1939 г. Гиммлер издал приказ членам СС, предписывавший, чтобы каждый мужчина-эсэсовец заботился о своем потомстве[717]. Для того, чтобы «Источник жизни» способствовал росту рождаемости, с одинокими женщинами обращались как с замужними, побуждая их к зачатию. Оправданием беременности незамужних были расовые свойства отца. Новая мораль, ставшая достоянием гласности в декабре 1939 г., вызвала волну возмущения женских организаций и Вермахта[718]. Однако выбранный курс был продолжен. С увеличением военных потерь Гиммлер издал приказ о «последних сыновьях СС», в соответствии с которым юные бездетные эсэсовцы во время отпуска с фронта должны были замещать отцов семейства. 2 октября 1943 г. последовало дополни-

---

[716] *Родионов В.* Lebensborn: Несбывшаяся мечта Гитлера // Чайка (Seagull). 2005. 8 апр.; http://en.wikipedia.org/wiki/Lebensborn.

[717] http://en.wikipedia.org/wiki/Lebensborn. S. 106–107.

[718] *Kaupen-Haas H.* Die Bevölkerungsplaner in Sachverständigenbeirat für Bevölkerungs- und Rassenpolitik. S. 116–117.

тельное распоряжение Гиммлера о том, что мужчины-эсэсовцы должны получать внеплановые отпуска с воинской службы, для того чтобы могли встретиться с женщинами[719]. В месте пребывания солдатам предоставляли пансион, где пара могла провести шесть дней, в течение которых женщина должна была забеременеть. Место проживания и поездку оплачивали из специального фонда СС.

Женщин и девушек, состоявших в НСДАП, всячески поощряли к внебрачным зачатиям. Утверждали, что материнство является самой главной и самой почетной обязанностью женщины, а в случае крайней необходимости даже вне брака. Хотя Союз немецких девушек и Государственная служба труда были противниками подобной пропаганды, они не отважились прямо противодействовать всемогущему рейхсфюреру. В 1942 г. планировали создать группы СС из женщин, которые добровольно согласились на внебрачные зачатия. Поражение зимой 1941–1942 г. в России заставило смириться с мыслью о том, что война будет долгой. Это активизировало политику в области повышения рождаемости и побудило искать новые пути. Разработанная Л. Конти концепция предусматривала посредничество в заключении браков, медицинскую помощь и консультации бездетным парам с выяснением причины бездетности, выращивание так называемых «избранных детей», а одиноким женщинам — помощь в подборе полового партнера или в искусственном осеменении[720]. Но Гиммлер отклонил искусственное оплодотворение, а поддержал прежде всего пункт о медицинской помощи бездетным семьям как способе укрепления индоевропейской расы в соответствии с правовыми принципами. Вместе с тем Конти начал первые опыты по искусственному оплодотворению женщин. Результаты были обескураживавшими, так как рождавшиеся в большинстве случаев не соответствовали расовым критериям[721]. К тому же только немногие беременности заканчивались благополучно.

Ликвидация этого предприятия прошла в несколько этапов[722]. Во второй половине 1944 г. из-за резкого ухудшения военного положения Германии была сделана попытка раздать детей по семьям опекунов. При отступлении с востока детей забирали из приютов и передавали в дома, расположенные в Альпах. С вторжением союзников в пределы Германии подобные эвакуации потеряли всякий смысл, как и сама расовая политика. Небольшая часть детей была усыновлена в Германии, дети, привезенные из других стран, были возвращены на родину, но там они также были никому не нужны. Некоторые немецкие опекуны просто выставляли на улицу «своих» новых детей, стараясь поскорее от них освободиться. Некоторые из них так и не узнали родителей. Особенно трагична была судьба детей, рожденных матерями с оккупированных территорий, населенных арийцами (Норвегия, Дания и др.), от эсэсовцев. Им пришлось всю жизнь ощущать на себе ненависть как к детям оккупантов, если они жили со своими матерями, которые везде подвергались остракизму[723]. Более того, норвежским психиатрам-расистам удалось убедить власти Норвегии, что рожать от оккупантов могли только

---

[719] *Bäumer A.* NS-Biologie. S. 107.

[720] *Roth K.H.* Schöner neuer Mensch. S. 42.

[721] *Bäumer A.* NS-Biologie. S. 107.

[722] Ibid. S. 109.

[723] *Heidenreich G.* Das endlose Jahr. Die langsame Entdeckung der eigenen Biographie — ein Lebensbornschicksal. Bern, 2002.

психически нездоровые женщины, и поэтому их дети нуждаются в постоянном присмотре. В итоге им пришлось почти всю жизнь провести в психиатрических учреждениях. Объединившись в начале 2002 г. в Лигу «Норвежские дети войны», они пытаются добиться достойной компенсации за загубленную жизнь[724].

Просуществовавший в течение девяти лет «Источник жизни» не дал планируемого эффекта и не привел к росту рождаемости в Германии. После него во всей Западной Европе осталось огромное количество духовно, нравственно и физически искалеченных детей, а также их матерей, цинично использованных нацистами для «улучшения расы». Попытка позитивной селекции закончилась провалом. Она оказалась столь же несостоятельной на практике, как и отрицательная. Расово-гигиеническая утопия несла смерть, муки и трагедии как ее авторам, так и исполнителям и жертвам. И в ней виноваты все биологи XIX–XX вв., мечтавшие улучшить наследственность человека, не только забывая, что он отличается от домашних животных, но и скрывавшие от общества глубины нашего невежества в тайнах наследственности важнейших свойств человека.

Национал-социалистическая биомедицина и здравоохранение

Было бы неверно всю биомедицинскую науку Третьего рейха сводить к экспериментам над людьми; зверским убийствам больных, расово неполноценных и заключенных; разработке рекомендаций по евгеническим и расово-гигиеническим мероприятиям. В самой практике экспериментов над людьми не было ничего необычного. Союзница Германии Япония проводила подобные эксперименты над военнопленными на научно-исследовательской станции № 731 в оккупированной Маньчжурии, испытывая химическое и бактериологическое оружие. В результате опытов, проведенных под руководством врача-генерала Исии Сиро, десятки тысяч пленных, а также местных жителей были умерщвлены. В США в 1930–1950-х гг. реализовали ряд проектов по испытанию этих видов оружия и лекарств, где в качестве подопытных использовали осужденных заключенных или мало информированных о возможных последствия пациентов, ставших невольными «добровольцами» этих медицинских программ[725]. Аналогичные работы велись и в Советском Союзе[726].

Эти факты только недавно стали достоянием общественности. И причина этого не только в секретности работ, связанных с опытами над заключенными. Американские и советские ученые, участвовавшие в разработке биологического оружия, помня о судьбе экспериментаторов над людьми в Японии и Германии, сами предпочитали помалкивать о своих заслугах в деле «повышения обороноспособности» страны. В этом они резко отличаются от создателей атомного и водородного оружия, ракет и т. д., публично удостоенных высших наград и ставших символами процветания науки в либеральных США и в коммунистическом СССР. Вероятнее всего, участники разработок испытаний биологического и химического оружия в антигитлеровской коалиции, как и их коллеги в Японии и Германии, находили одни и те же аргументы для оправдания своих действий — сбережение жизни солдат

---

[724] *Olsen K.* Vater: Deutscher: das Schicksal der norwegischen Lebensbornkinder und ihrer Mütter von 1940 bis heute. Frankfurt am Main; New York, 2002.

[725] *Fitzgerald G.* Rene Dubos in the Library with Candlestick // Recent Science Newsletter. 2000. Vol. 2. № 2. P. 110–113.

[726] *Бобрынев В.* «Доктор смерть». Москва: «Олимп», 1997; *Домарадский И.В.* Перевертыш. М., 1997; *Alibek K.* Biohazard. New York, 1999; *Birstein V.J.* The Perversion of Knowledge. Cambridge, 2001. P. 161.

собственных армий. В Германии эксперименты были вне контроля, а бесчеловечность поощрялась, так как объекты считались расово неполноценными с точки зрения экспериментаторов. Здесь в принципе была исключена договоренность между экспериментаторами и заключенными, построенная на спекуляциях о вкладе последних в защиту родины.

Хотя эвтаназия и эксперименты на людях действительно стали обыденными во врачебной практике нацистской Германии, существовали и позитивные стороны расовой гигиены, предназначенной улучшать здоровье и особенно уровень рождаемости арийцев-немцев. Они выражались в таких мерах, как брачная ссуда, забота о беременных, создание групп поддержки женщин и др.[727]

При национал-социализме прошла самая мощная в мире кампания против курения, и немецкие ученые представили первые доказательства о наркотических свойствах никотина[728]. Фишер, Ленц, Рюдин, Фершуер вели исследования, чтобы доказать вредящее воздействие алкоголя на наследственность и эмбрион. В национал-социалистической Германии проводили множество исследований, призванных обеспечить здоровье немцев, действительно важных для здравоохранения. Однако не следует забывать об утилитарных мотивах заботы о здоровье немцев: национал-социалисты хотели иметь больше трудоспособных рабочих для своей промышленности и больше пушечного мяса для армии.

В итоге медицина в гитлеровской Германии представляла один из наиболее ярких примеров сложного переплетения позитивных тенденций в развитии самой гуманной профессии на Земле, клятва которой звучит: «Не навреди», с самыми дикими и варварскими преступлениями, что неизбежно породило огромный массив литературы, высвечивавшей все новые аспекты проблемы «медицина и врачи при Гитлере». Так, в борьбе с раком в политике нацистов сложным образом взаимодействовали гуманные цели с разного рода мифологическими и культурологическими идеологемами. Сам «канцер» (рак) взят был нацистами как символ культуры, как обозначение некой болезни тела или общества, не поддающейся терапевтическому эффекту. Медицина тех дней свидетельствовала о росте раковых заболеваний, и национал-социалисты использовали раковую опухоль как символ болезни цивилизации. Не только евреев, но и политических противников и тяжело больных изображали как некую злокачественную опухоль в обществе, а обычную раковую опухоль — как евреев, большевиков, анархистов и врагов нации, подлежащих хирургическому удалению[729].

В то же время нацистские медики установили, что рак вызывают наследственные факторы в наиболее простых случаях, а чаще всего он — результат действия неблагоприятных внешних факторов: дегтя, никотина, синтетических волокон, радиации и т. д. В Германии впервые была доказана тесная связь рака легких с курением, отмечена повышенная заболеваемость раком в шахтах и урановых рудниках. Поэтому в борьбе с раком нацисты полагались не только на расово-гигиенические, но также и на санитарные и профилактические мероприятия. Их популярность в немецком обществе в значительной степени объяснялась тем, что миллионы людей видели в национал-социалистической партии «Великого Хирурга»,

---

[727] *Roth K.H.* Schöner neuer Mensch. S. 42.

[728] *Proctor R.* The Nazi War on Cancer. Princeton, 1999. P. 173–228; *Proctor R.* Racial Hygiene. P. 237–240.

[729] *Proctor R.* Racial Hygiene. P. 241–243.

способного избавить общество от злокачественных опухолей и возродить здоровье нации. И национал-социалисты в значительной степени старались оправдать эти надежды, в том числе и радикальными мерами в области здравоохранения. Эти меры должны были обеспечить процветание здоровых и счастливых немцев, единых в расовом и мировоззренческом отношении, живущих в среде, очищенной от вредных загрязнителей. Среди них не должно было быть страдавших от раковых заболеваний, что столь часто встречалось в Веймарской республике. Вопреки этим гуманистическим тенденциям, варварская эвтаназия и гуманные мероприятия общественной гигиены и профилактики тяжелых раковых заболеваний базировались на одной и той же идеологической предпосылке: заботе о долговременном выживании и процветании народа, а не отдельных людей. Их медицинское благополучие в лучшем случае рассматривали как предпосылку для здоровья нации. Если же индивид якобы угрожал генофонду нации, он подлежал немедленной стерилизации или уничтожению.

Нацистская медицина не просто была «нормальной наукой», несмотря на все совершенные от ее имени злодеяния, но нацистские доктора и деятели здравоохранения активно действовали в тех направлениях исследования, которые с позиций сегодняшнего дня могут быть однозначно оценены как «прогрессивные» и даже «социально ответственные»[730]. Нацистские гастроэнтерологи подчеркивали важность диеты, свободной от красителей и консервантов, полезность хлеба из цельного зерна, настаивали на пище, богатой витаминами и волокнами[731]. Многие ведущие деятели национал-социалистической партии, включая Гитлера, были вегетарианцами, активно участвовали в природоохранном движении, выступали в защиту диких животных (например, Г. Геринг) как необходимого условия сохранения биологического разнообразия, необходимого для нормального существования нации. Они вели масштабную антиникотиновую и антиалкогольную кампании, провозглашали и пытались реализовать программу обуздания раковых заболеваний, говорили о необходимости обеспечения немцев качественной, полноценной пищей, беспокоились о чрезмерном использовании химических препаратов в качестве лекарств, пропагандировали гомеопатические средства (Р. Гесс, Г. Гиммлер). Кроме того, врачи и социальные гигиенисты боролись против неблагоприятных условий работы, за безопасность труда, делая, конечно, исключение для расово чуждых или неполноценных, которых и следовало, по их рекомендациям, использовать на вредных производствах.

Медицина в национал-социалистической Германии поставила ряд вопросов, на которые пока не могут ответить ни историки науки, ни социологии, ни политики, ни философы: «Насколько хорошо проводились эти мероприятия в нацистской Германии? Какова была их эффективность? Какая часть этой полезной работы была стимулирована идеями нацистов?» Поиск ответов привел западных историков медицины к ещё более глобальным проблемам: «Что же это за наука, которая процветала при нацистах? Что это за фашисты, которые поддерживали передовую науку?», и вообще: «Может ли добро исходить из зла?». История биомедицинских наук в Третьем рейхе показала ошибочность недавних представлений о национал-социализме как некой тоталитарной идеологии, проникавшей во все уголки интеллектуальной жизни. Столь же неточны и представления о сохранении науки при национал-социализ-

---

[730] *Proctor R.* Racial Hygiene. P. 283–285.

[731] *Proctor R.* The Nazi War on Cancer. P. 120–170; *Proctor R.* Racial Hygiene. P. 235–237.

ме как доказательства неукротимого духа интеллекта, его независимости от идеологического диктата. Наука, выступая как мощная производительная сила в области промышленности и сельского хозяйства, как гарант военного могущества государства и здоровья людей, глубоко безразлична к господствующим идеологемам. Однако при этом неоправдан и вывод о её нейтральности. «Хорошая» наука Третьего рейха — не доказательство героической невиновности ученых, как большинство из них заявляло во время денацификации, а свидетельство их «безответственной чистоты» в вопросах медицины, точнее, здоровья и жизни конкретных людей, от которых в конечном счете зависит место науки в обществе и её будущее.

Деятели здравоохранения, сотрудничая с национал-социалистами в санитарно-гигиенических и профилактических мероприятиях, забывали элементарные моральные нормы. Благородная забота о здоровье нации оборачивалась грубым попранием интересов отдельной личности. Предпринимаемые меры для защиты женщин от рака и вероятности репродуктивного риска подразумевали нередко бесцеремонное вторжение в самые интимные сферы частной жизни. При этом мероприятия в области здравоохранения неизменно носили идеологизированный характер. Так, диету Гитлера пропагандировали в качестве примера для подражания[732]. В условиях дефицита военного времени объектами идеологических кампаний делали кофе, чай, алкоголь. Активно обсуждали вопрос о мясе, сахарине и других дефицитных продуктах, якобы способствовавших раковым заболеваниям.

Особенно яростную кампанию вели против табака, в борьбе с которым подчеркивали, что фюрер А. Гитлер, дуче Б. Муссолини и каудильо Ф. Фра́нко — некурящие, в то время как И.В. Сталин, У.Л.С. Черчилль и Ф.Д. Рузвельт — курящие. К курению Гитлер был непримирим, уверяя, что табак — это дух краснокожего, преследующий и мстящий белокожим, и что нацизм никогда не укоренится в Германии, если её жители не перестанут курить[733]. Курение клеймили как эпидемию, как чуму, как пьянство, как «мастурбацию легких», как «врага мира», «врага народа». Злоупотребление табаком именовали «болезнью цивилизации» и «пережитком либерализма»[734]. Нацистскую войну против табака вели в полном согласии с медиками, которые считали табак ответственным за рак легких, бесплодие у женщин, импотенцию у мужчин, интеллектуальную деградацию и т. д. Табаку противостояли расовые гигиенисты, указывавшие на его разрушающее воздействие на геном человека, промышленные гигиенисты, описывавшие снижение работоспособности, акушеры, рассказывавшие о врожденных уродствах у детей курящих родителей. Здесь науку власть отнюдь не подавляла, а, напротив, господствовавшую идеологию врачи использовали для достижения своих целей. Антитабачная кампания — классический пример того, что «хорошую науку» можно внедрять при «антидемократических идеалах». Активное участие врачей в антитабачной кампании гарантировало быструю карьеру, что способствовало их энтузиазму. Во время войны медики не раз пытались представить борьбу с раком как военные исследования, что подразумевало бы усиление их финансирования, а также освобождение ученых от посылки на фронт.

Одним из неожиданных последствий массовой стерилизации больных стала активизация поиска терапевтических средств лечения. Убедившись в неэффективности стерилизации для снижения заболеваний, психиатры уже с 1937 г. стали

---

[732] *Proctor R.* The Nazi War on Cancer. P. 134–140.

[733] *Proctor R.* Racial Hygiene. P. 240–242.

[734] Ibid. P. 222–228.

использовать инсулин, кардиозол, шоковую терапию и др., оказавшиеся весьма эффективными способами лечения шизофрении[735]. В то же время даже наиболее выдающиеся из психотерапевтов (А. фон Браунмюль, Э. Кюппер, К. Тум и др.) не чувствовали каких-либо ограничений в их применении, нанося порой огромный вред пациентам (нередко с летальным исходом) при проведении исследований. Воспринимая борьбу с шизофренией как свой моральный долг, они не задумывались о вреде, наносимом ими конкретным больным, волею обстоятельств ставшим «подопытными кроликами». Даже акции массовой эвтаназии ведущие психиатры (Э. Рюдин, К.С. Шнайдер, П. Ниче и др.) смогли использовать для расширения терапевтических средств, например, испытывая допустимые дозы электрошока[736].

Бесконечно долго можно перечислять конкретные проблемы микробиологии, иммунологии, терапии, которые изучали немецкие профессора медицины на заключенных концентрационных лагерей. Это были опыты по искусственному инфицированию здоровых людей возбудителями тифа, гепатита, малярии, туберкулеза, сепсиса, сифилиса, искусственному вызыванию паралича, газовой гангрены, разного вида злокачественных опухолей, изучение пределов потери крови, голодания, устойчивости к высоким и низким температурам, атмосферному давлению, исследования связи стерильности с концентрацией половых гормонов у женщин и т. д.[737] Эти работы, профинансированные ДФГ и проводимые совместно с эсэсовскими научными учреждениями, дали очень ценный материал. К концу войны список научно-исследовательских учреждений биомедицинского профиля, которые вели работы только по борьбе с гепатитом, признанные важными в военном отношении, в концлагерях вместе с врачами СС, насчитывал 45 институтов, в том числе три Института КВГ[738].

Язык медиков, как и язык биологов, претерпевал существенные изменения, сознательно, а иногда и произвольно его насыщали политической идеологией, метафорами «расовой борьбы». Нарождающуюся опухоль отныне называли «новой расой клеток», ракотерапию — «уничтожением патологической расы». Раковые клетки всегда описывали как «нахлебников» или как «анархистов», «большевиков» — «носителей хаоса и бунта» и «революционные клетки», создающие «государство в государстве» и т. д. Так, медики, вовлеченные в политические игры нацистов, говорили о «радикальном» и «окончательном решении» проблем здравоохранения, особенно в первые годы войны, когда казалась реальной радикальная трансформация не только Германии, но и всей Европы. Это так называемые проблемы «здорового хлеба», «курения», извечный «женский вопрос». В качестве мер предлагали медицинское просвещение населения, носившее скорее характер крикливой пропагандистской кампании. Тем не менее врачей именовали «просветителями»: они постоянно просвещали немцев, как сохранить здоровье нации. Книги по медицине, не соответствовавшие нацистской идеологии, подлежали уничтожению.

Успехи нацистов в борьбе с раковыми заболеваниями не имеют однозначной оценки. Ученым не удалось статистически доказать наследственную, а тем более расовую предрасположенность к раку[739]. Приводимые данные о географических,

---

[735] *Siemen H.-L.* Psychiatrie im Nationalsozialismus. S. 28–29.

[736] *Aly G.* Der saubere und schmutzige Fortschritt. Berlin, 1985. S. 44.

[737] *Klee E.* Auschwitz, die NS-Medizin und ihre Opfer. S. 83–190.

[738] Ibid. S. 263–266.

[739] *Proctor R.* Keine Sklaven des Nikotins: Tobacco Research and Tobacco Policy in the Third Reich // Geschichte der Kaiser-Wilhelm-Gesellschaft im Nationalsozialismus. Bd. 1. S. 186–188.

этнографических и социальных различиях в распространенности раковых заболеваний также не давали однозначного ответа об определяющем влиянии внешней среды и образа жизни на частоту их возникновения. Оказалось, что крестьяне, живущие в незагрязненной среде и потребляющие здоровую пищу, не реже умирали от рака, чем их городские родственники. Просто их смерть реже диагностировали как последствия рака из-за отсутствия профилактических осмотров, а также из-за низкой квалификации сельских врачей.

Удивительно, но нацисты не только не добились существенных успехов в своих антиканцерогенных кампаниях, а, напротив, добивались прямо противоположных результатов, по существу терпя поражение. Это наглядно показал Проктор на примерах антиалкогольной и антиникотиновой кампании. Оказалось, производство алкоголя, существенно снижавшееся в кризисные годы в Веймарской республике, резко возросло за пять лет правления Гитлера: производство крепких напитков — в 2 раза, вина — на 80 %, а потребление шампанского — в 6,5 раза[740]. Аналогичная картина складывалась с курением. Несмотря на яростную пропаганду против табака, его потребление росло до 1940 г., затем резко сократилось во время войны и вернулось к довоенным показателям к концу 1950-х гг. Тем самым результаты антиалкогольной и антиникотиновой кампании нацистов определяли не столько медицинские или идеологические факторы, сколько экономические. Нацисты стремились сократить потребление алкоголя и табака, так как значительные средства тратили на закупку их за рубежом, не говоря уже о негативном влиянии алкоголизма и курения на производительность труда. Но население сокращало их потребление только тогда, когда алкогольные напитки и табак становились дефицитом или предметами роскоши. Неудачи этих кампаний можно трактовать и как проявление пассивного сопротивления нацистам.

Однако провалились не только кампании против курения и алкоголя. Другие, сугубо гуманные «гитлеровские программы здоровья», например, «рационализация» питания, не привели к какому-либо снижению заболеваний, так как были продиктованы не столько заботой о здоровье населения, сколько желанием убедить его «подтянуть пояса». Видимо, не случайно начало ее реализации пришлось на 28 августа 1939 г., т. е. за несколько дней до Второй мировой войны. Нет данных, свидетельствующих о том, что она способствовала падению заболеваемости. Напротив, в результате ее возросла детская смертность, которая в Германии в 1940–1950-х гг. была на 40 % выше, чем в Голландии[741]. Увеличилось число больных рахитом, дизентерией. Налицо скорее однозначная связь между ухудшением здоровья нации и «рационализацией питания», приведшей с сокращению его разнообразия и уменьшению в нем белков, жиров и углеводов, т. е. мяса, масла и сахара.

В целом, история медицины в гитлеровской Германии вскрыла новые аспекты традиционных проблем об отношениях науки и власти, науки и этики, науки и общества при тоталитарных режимах[742]. Она позволила достовернее представить нацистский режим и выяснить дополнительные факторы его популярности в предвоенной Германии. Прекрасные плакаты, выпущенные врачами при нацизме в ходе многочисленных кампаний против рака, туберкулеза, венерических

---

[740] *Proctor R.* The Nazi War on Cancer. P. 149.

[741] Ibid P. 171.

[742] Ibid. P. 277.

заболеваний, курения, за здоровый образ жизни и т. д., наглядно свидетельствовали о бесплодности попыток решать проблемы здоровья нации пропагандистскими и сугубо политико-идеологическими методами, кавалерийским наскоком. И в этом отношении опыт нацистской медицины представляется весьма красноречивым и в наши дни. Не менее поучителен феномен социальной психологии и этики немецкого биомедицинского сообщества, где традиционные для него высокие идеалы служения человечеству и государству воплотились в удивительную идеологию холизма, объединяющую заботу о здоровье нации с массовыми убийствами людей[743].

Эволюционная теория и национал-социализм[744]

Путь к эволюционному синтезу в Германии оказался более сложен и длителен, чем в СССР. Сторонники объединения генетики и теории естественного отбора оказались в меньшинстве в ходе дискуссии по этой теме на конференции в Тюбингене в 1929 г. Только к середине 1930-х гг. ситуация стала меняться, наметилась тенденция к сближению генетиков с исследователями макроэволюции. С приходом Гитлера к власти в Германии сложилась благоприятная для дарвинизма социально-политическая обстановка. Правителям Третьего рейха понятия эволюционной теории, начиная с «борьбы за существование» и кончая «расой», казались основополагающими элементами идеологического языка. В то время изоляция немецкой науки и цензура научных изданий были еще слабы, и немецкие биологи-эволюционисты могли следить за новейшими публикациями в США, Великобритании и СССР и ссылаться на них. Уже в 1939 г. «Генетика и происхождение видов» Ф.Г. Добржанского была издана В. Лерхе по-немецки.

По свидетельству современников, в Германии многие интересующиеся наукой знали о немецком издании книги Добржанского и обсуждали ее в целом позитивно. Рецензенты признавали историческое значение этого сочинения. Среди них были генетики М. Гартман и Г. Бауэр, орнитолог Э. Штреземан, антрополог и палеонтолог Г. Геберер. Вместе с книгой В. Циммермана «Наследование приобретенных признаков»[745], вышедшей в 1938 г. почти одновременно с конференцией в Вюрцбурге, немецким естествоиспытателям сочинение Добржанского представлялось фундаментом, на котором можно было строить новую систему эволюционных взглядов. Это выразил Г. Геберер: «Книга Циммермана убедительно показала нам, как далеко продвинулась сегодня естественнонаучная филогенетика. В единстве с книгой Добржанского дается полный контур филогенетики вообще»[746]. Циммерман предпринял в целом удачную попытку опровергнуть ламаркизм, создавая тем самым предпосылки для утверждения современного синтеза в Германии. Кроме того, его книга была первой всеобъемлющей критикой подобного рода в немецкой литературе (хотя Титце уже в 1911 г. приводил сходные аргументы) и наверняка побудила Геберера предложить Циммерману написать статью на тему «Методы филогении» в коллективную монографию «Эволюция организмов» (1943). Своей книгой

---

[743] *Harrington A.* Reenchanted Science. P. 199.

[744] Данный раздел выполнен в рамках проекта РФФИ № 04–06–86437а.

[745] *Zimmermann W.* Vererbung “erworbener Eigenschaften” und Auslese. Jena, 1938.

[746] *Heberer G.* Stammesgeschichte und Rassengeschichte des Menschen // Jahreskurse für ärztliche Fortbildung. 1939. Bd. 30: H. I. S. 43.

1938 г. и статьей 1943 г. Циммерман заложил основы современного синтеза с точки зрения ботаники. Аналогичные труды ботаников В. Гранта, Дж. Стеббинса и А.Л. Тахтаджяна вышли значительно позже.

Книга Циммермана представляла собой первую всеобъемлющую критику ламаркизма в Германии. В предисловии автор описал сложность проблемы, подлежащей обсуждению. «Главная задача при понимании проблемы наследования приобретенных признаков носит методологический характер. Мы должны найти и понять духовные предпосылки для наших вопросов. Ошибка последних трудов о наследовании приобретенных признаков объясняется размером и сложностью этой задачи»[747]. Рассмотрев в первых частях книги исторические, методологические и естественнонаучные аспекты проблемы наследования приобретаемых признаков, Циммерман третью часть посвятил обсуждению идеологических и социально-политических вопросов ее практического использования, а именно ее значения для человека.

В книге дан пространный пассаж государственно-политического и идеологического содержания. Не будучи членом НСДАП, СС, СА, Циммерман, начиная с 1933 г., всячески демонстрировал в публикациях идейное единство с национал-социалистами. В заключительном разделе своей главной книги он подчеркивал деградирующее влияние цивилизации на человека и давал практические рекомендации по сохранению наследственности человека, ссылаясь на работы Гальтона, Баура, Ленца, Фишера и других протагонистов евгеники и расовой гигиены. Завершил Циммерман книгу цитатой из второго тома «Моя борьба» Гитлера, ставшей к тому времени дежурной: «Только тот, кто здоров, может иметь детей. Дурно отказываться от здоровых детей нации (Гитлер). Здесь укореняется не только знание, здесь укореняется дело»[748]. Как офицер, Циммерман был на фронте, что не помешало ему впоследствии участвовать в денацификации биологов. Как и многие его коллеги, он удачно пережил все режимы от Империи до ФРГ, демонстрируя не столько политико-идеологическую пластичность, сколько равнодушие к политическим процессам. Г. Штуббе, внесший существенный вклад в изучение радиационного мутагенеза и генетики культурных растений, — другой пример удачного выживания при трех режимах (в Веймарской республике, Третьем рейхе и ГДР). Несмотря на недоверие со стороны нацитских и коммунистических властей, он был директором Института КВГ в Третьем рейхе и президентом Сельскохозяйственной Академии в ГДР[749].

«Русская генетическая школа» оказывала прямое влияние на биологическое сообщество Германии не только благодаря немецкому переводу книги Добржанского. Не меньшую роль во внедрении идей популяционной генетики в практику филогенетических исследований имела деятельность Н.В. Тимофеева-Ресовского, организовавшего со второй половины 1920-х гг. экспериментальные исследования микроэволюции в Германии. В мае 1936 г. на совещании в Лондонском королевском обществе он объяснял действием отбора адаптивные изменения генетической структуры популяции дрозофил. Два года спустя, выступая на симпозиуме «Генетика и эволюция», организованном Немецким генетическим обществом в Вюрцбурге, Тимофеев-Ресовский дал концентрированное изложение своих

---

[747] *Zimmermann W.* Vererbung “erworbener Eigenschaften” und Auslese. S.VI.

[748] Ibid. S. 300.

[749] Столетию Г. Штуббе посвящен специальный том ежегодника «Beiträge zur Jagd- und Wildforschung» (2002. Bd. 27).

взглядов на механизмы микроэволюции, опубликованное на следующий год в виде обобщающей сводки[750]. Он сформулировал представление об элементарных факторах эволюции, анализировал сезонный полиморфизм, роль рецессивных мутаций в динамике генетической структуры популяций.

В работе созданного Н.В. Тимофеевым-Ресовским генетического семинара активно участвовал В.Ф. Райниг, изучавший изменчивость в популяциях птиц и насекомых. По его мнению, всю эволюцию можно объяснить действием пяти факторов: случайные мелкие мутации, их рекомбинации, волны жизни, изоляция и отбор[751]. Сходные позиции занимали сотрудники Института биологии КВГ К. Пэтау и Г. Мельхерс, а также генетик и биофизик Г. Гаас-Бессел[752]. Еще раньше генетики Э. Баур на львином зеве и Р. Гольдшмидт на непарном шелкопряде доказали наследственную закрепленность и приспособительное значение внутривидовых форм и четко продемонстрировали ведущую роль естественного отбора в возникновении последних[753]. Под влиянием этих работ орнитолог Б. Ренш начал рассматривать проблему географической дифференциации видов с позиций естественного отбора.

Таким образом, в Германии приблизительно с 1935 г., параллельно и независимо от США, Англии и СССР, создавали «современный синтез»[754]. Наиболее полно он проявился в коллективной монографии «Эволюция организмов»[755], опубликованной в 1943 г. под редакцией Г. Геберера, и в книге Б. Ренша «Новые проблемы эволюционного учения. Надвидовая эволюция» (1947)[756]. «Эволюция организмов» наряду с книгами Ф.Г. Добржанского, Э. Майра, Б. Ренша, Дж. Стеббинса, Дж.С. Хаксли и И.И. Шмальгаузена относится к числу основополагающих в создании СТЭ. В этой книге ведущие немецкие ученые, работавшие в самых различных отраслях эволюционной биологии и разных городах Германии, посчитали необходимым обратиться к комплексному рассмотрению проблем эволюции. Публикация в разгар Второй мировой войны огромной книги (более шестисот страниц, набранных мелким шрифтом) наводит на мысль, что ее инициатор Геберер, которому активно покровительствовал Гиммлер, возможно, преследовал не только научные, но и политические цели.

---

[750] *Timofeeff-Ressovsky N.W.* Genetik und Evolution (Bericht eines Zoologen) // Zs. für induktive. Abstammungs- und Vererbungslehre, 1939. Bd. 76. H. 1/2. S. 188–219.

[751] *Reinig W.F.* Die Evolutionsmechanismen, erläutert an den Hummeln // Verh. der Deutschen Zoologischen Gesellschaft. Zoologischer Anzeiger. Supl. 1939. № 2. S. 170–206.

[752] *Pätau K.* Die mathematische Analyse der Evolutionsvorgänge // Zs. für induktiven Abstammungs- und Vererbungslehre, 1939. Bd. 76. S. 200–208; *Melchers G.* Genetik und Evolution (Bericht eines Botanikers) // Zs. induktive Abstammungs- und Vererbungslehre. 1939. Bd. 76. S. 229–259; *Haase-Bessell G.* Evolution // Der Biologe. 1941. Bd. 10. S. 233–247. *Haase-Bessell G.* Der Evolutionsgedanke in seiner heutigen Fassung. Jena, 1941.

[753] *Baur E.* Untersuchungen über das Wesen der Entstehung und der Vererbung von Rassenunterschieden bei *Antirhinum majus* // Bibliotheca Genetica. 1924. Bd. 4. S. 1–170; *Goldschmidt R.* Experimentelle Mutation und das Problem der sogenannten Parallelinduktion. Versuche an Drosophila // Biol. Zbl. 1929. Bd. 49. S. 437–448.

[754] Die Entstehung der Synthetischen Theorie: Beiträge zur Geschichte der Evolutionsbiologie in Deutschland 1930–1950 / Hg. T. Junker, E.-M. Engels. Berlin, 1998.

[755] Die Evolution der Organismen, Ergebnisse und Probleme der Abstammungslehre / Hg. G. Heberer. Stuttgart, 1943.

[756] *Rensch B.* Neuere Probleme der Abstammungslehre. Die transspezifische Evolution. Stuttgart, 1947; Zweite Aufl. 1954.

Среди авторов книги были философ Г. Динглер, антропологи Г. Вайнерт, В. Гизелер, Г. Геберер, Х. фон. Крог, О. Рехе, генетики Г. Бауэр, В. Людвиг, Н.В. Тимофеев-Ресовский, зоологи В. Гере, Б. Ренш, В. Франц, ботаники В. Зюндорф, К. Мэгдефрау, В. Циммерман, Ф. Шванитц, палеонтологи И. Вайгельт, Л. Рюгер, этолог К. Лоренц, Из них только четверо — Б. Ренш, Л. Рюгер, Н.В. Тимофеев-Ресовский и В. Циммерман — не состояли в нацистских организациях. Из остальных 16-ти некоторые поддержали нацистов еще до прихода власти, вступив в НСДАП, СС и СА[757]. Однако в целом книга была свободна от высказываний в нацистском духе, которые авторы делали в других своих публикациях. Это, видимо, объяснялось тем, что Геберер, сам активный деятель НСДАП, СС и СА, старался подчеркнуть строго научный характер книги и интернациональный характер эволюционного синтеза. Кроме того, в разгар войны, когда публиковали книгу, идеологизация науки отходила на второй план, уступая место технократии и практичности. Авторы подчеркивали функциональное значение эволюционной теории, пропагандируя коллективный труд как вклад биологов в борьбу Третьего рейха с врагом. В научные издания все реже включали не только идеологемы национал-социализма, но даже биологические понятия, вошедшие в его язык (отбор, борьба за существование). В то же время возросла частота использования идеологически нейтральных или даже чуждых терминов (миграция, дрейф генов, гибридизация, макромутации в эволюции и т. д.). Активнее использовали иностранную литературу, забыв о пропаганде «арийской биологии».

Работу издавали в условиях, когда многие немецкие биологи продолжали сомневаться в реальности эволюции[758]. Поэтому ее значительную часть посвятили доказательству самого факта эволюции, рассмотрению методологических, мировоззренческих и естественнонаучных аспектов современного селекционизма. В предисловии Геберер писал: «Дело зашло так далеко, что в образованных кругах Германии эволюционное учение рассматривают как опровергнутую и отставленную будто бы с позиций современной биологии гипотезу. И поскольку перед историческим пониманием жизни возникли серьезные трудности, очевидно, что мировоззренческие последствия должны быть особенно значительными»[759]. Такое методологическое и мировоззренческое обоснование теории эволюции было дано в главах, подготовленных В. Циммерманом и Г. Динглером. Геберер был уверен, что, вопреки всему, эволюционная теория переживает особенно благодарное время, так как успехи генетики позволили понять каузальные механизмы эволюции, в то время как палеонтология накопила громадное количество данных о реальной эволюции.

Авторов «Эволюции организмов» к совместной работе побудило осознание необходимости синтеза современных знаний о проблемах эволюции и понимание невозможности осуществить всеобъемлющий синтез такого знания одному человеку. Учитывая трудности военного времени, когда многие авторы оказались даже на разных фронтах, особенно удивительно, что редактору в конечном счете удалось создать книгу, написанную с единых теоретических позиций. Как объяснял сам Геберер, это стало возможным благодаря готовности участников коллективного труда учитывать замечания редактора и вносить в свои тексты его формулировки.

---

[757] *Юнкер Т., Хосфельд У.* Синтетическая теория эволюции и фашизм // Науковедение. 1999. № 3. С. 155.

[758] *Kuhn O.* Die Deszendenztheorie. Bamberg, 1947.

[759] *Heberer G.* Vorwort des Herausgebers // Die Evolution der Organismen. S. IV.

И хотя каждая глава книги может быть рассмотрена как завершенная специальная работа, в целом она вся составлена в виде единой логической цепи и не является простым набором отдельных глав. Данная коллективная монография является наиболее полным синтезом эволюционных знаний того времени. Это хорошо сознавал и Геберер, когда писал: «Ее гармоничное строение объединяет результаты теоретиков и практиков, геофизиков и геологов, палеонтологов, зоологов, ботаников, генетиков, антропологов, физиологов и философов, что само по себе говорит достаточно об истинности ее содержания»[760].

Книга была направлена, прежде всего, против ламаркизма, который в те годы рассматривался как эволюционная идеология, чуждая арийскому духу и политически тяготевшая к левым взглядам. Но нацисты уничтожили Г. Пржибрама и В. Арндта не за их научные взгляды, а по расовым и политическим соображениям. Профессор А. Яфа, зоолог из Бреслау, специалист по китам, покончил жизнь самоубийством не из-за эволюционных убеждений, хотя надо признать, что в полемике с научными оппонентами, прежде всего ламаркистами, сторонники СТЭ пытались использовать власть в качестве арбитра. Геберер, Крог, Лоренц, Шваниц и Циммерман не стеснялись писать, что в ламаркистских теориях заинтересованы евреи и коммунисты. Примером подобной критики ламаркизма может служить статья К. Холера в первом номере журнала «Раса — ежемесячник Нордического движения», в которой учение о наследовании влияния внешней среды представлено как политически опасное, так как якобы из него следовало, что «мы не имеем права бороться с евреями, ибо они давно стали германцами благодаря приспособлению <…>. Мы не имеем также права стерилизовать преступников-рецидивистов, ибо они несомненно подлежат исправлению путем помещения их в другую среду»[761].

Однако попытки уличить антидарвинистов в мировоззренческих и политических ошибках особого успеха не имели, так как противники дарвинизма также проявили себя как верные сторонники расовой гигиены. Здесь продолжало существовать мощное направление ламаркизма (Г. Бёккер, Ю. Хармс, Л. Плате) и неокатастрофизма (К. Бойрлен, Э. Дакке́, О. Шиндевольф и др.). Причем К. Бойрлен и Л. Плате зарекомендовали себя как убежденные нацисты. Выступая на страницах журнала «Раса» с ответом на критику ламаркизма, Г. Бёккер и Л. Плате доказывали, что ламаркизм не противоречит учению национал-социализма о расах. Однако в целом развитие биологии в нацистской Германии характеризовалось антиламаркистской направленностью, в результате чего происходил отход исследователей от ламаркизма, в то время как в СССР наблюдался обратный процесс. Одним из примеров этого служит судьба Б. Ренша, который до начала 1930-х гг. был одним из наиболее активных сторонников механоламаркизма[762].

В формировании оппозиции сторонников СТЭ сальтационистским теориям особое место занимает концепция аддитивного типогенгеза Г. Геберера, который отстаивал положение о единстве механизма микро- и макроэволюции и предпринял одну из наиболее продуктивных попыток преодолеть антиселекционистскую направленность большинства палеонтологических работ в Германии и объяснить факты быстрых эволюционных преобразований механизмами микроэволюции.

---

[760] *Heberer G.* Vorwort des Herausgebers. S. V.

[761] *Holler K.* Nationalsozialistisch getarnte Umweltlehre // Rasse. Monatsschrift der Nordischen Bewegung. 1934. Bd. 1. S. 38.

[762] *Rensch B.* Lebensweg eines Biologen in einem turbulenten Jahrhundert. Stuttgart, 1976.

Почти одновременно с Дж.Г. Симпсоном Геберер попытался «каузальные основы микроэволюции экстраполировать на макрофилогению»[763]. Это считали невозможным сделать К. Бойрлен, О. Кун, О. Шиндевольф.

Ключевым в решении этого противоречия Геберер считал понятие о типе. Рассмотрев критически многочисленные гипотезы о двух основных фазах макрофилогенеза, которые он характеризовал как фазы типогенеза и адаптациогенеза, он, в конечном счете, пришел к выводу, что выделение фазы типогенеза является искусственным. «Периодичность, — подчеркивал Геберер, — существовала многократно,<…> однако она вызвана не причинами, постулируемыми в гипотезах чередования трех фаз, а тем, что есть периоды быстрой активной формы, неожиданно сказывавшейся очень перспективно <…>. Такое понимание, однако, не требует какого-либо скачкообразного типогенетического особенного процесса»[764]. Поэтому он считал, что правильнее говорить о филогенетическом типогенезе, во время которого идет постепенное формирование адаптивных новшеств. Принимая возможность объяснения макрофилогенеза микроэволюционными процессами, Геберер показывал, как данные современной генетики и эмбриологии подтверждают положение о том, что крупные результаты могут быть вызваны незначительным отклонением в процессах морфогенеза. Хорошими примерами быстрой деспециализации форм, по мнению Геберера, могут служить различные явления педоморфоза и неотении. Упомянул он и о явлениях крупных мутаций у растений. Эти взгляды получили дальнейшее развитие во втором и третьем изданиях «Эволюции организмов»[765].

Практически именно Геберер первым выступил с развернутым обоснованием взгляда о возможности объяснения данных палеонтологии с позиций современных знаний о генетических факторах эволюции. Он же впервые с позиций СТЭ дал развернутую и аргументированную критику концепций сальтационизма и неокатастрофизма. К несчастью для него, книга «Эволюция организмов» вышла в 1943 г., когда Германия была изолирована от остального научного сообщества. Не случайно в ней учитывались лишь довоенные работы англо-американских и русских авторов. Повторное издание этой книги появилось лишь через 16 лет, когда ситуация в эволюционной теории изменилась коренным образом, а в области эволюционной палеонтологии бесспорно господствовали работы Дж.Г. Симпсона[766]. Впоследствии Геберер включил многие соображения Симпсона в свою аргументацию и никогда, насколько мне известно, не претендовал на приоритет.

По мнению другого протагониста СТЭ в Германии В. Циммермана, все доводы в пользу внезапного возникновения крупных таксонов, которые базировались на данных о крупных мутациях или о последствиях отдаленной гибридизации, не выдерживали критики. Даже в тех случаях, когда речь идет о редких, внезапных и, как правило, патологических мутациях, они никогда не приводят к образованию другого вида, так как в данном случае затрагивается один или несколько генов, а

---

[763] *Heberer G.* Das Typenproblem in der Stammesgeschichte // Die Evolution der Organismen. S. 547.

[764] Ibid. S. 564.

[765] *Heberer G.* Theorie der additiven Typogenese // Die Evolution der Organismen. Zweite Aufl. Stuttgart, 1960. Bd. 2. S. 857–914; Dritte Aufl. 1974. Bd. 3. S. 395–444.

[766] *Колчинский Э.И., Любомиров Д.Е.* Вклад Дж.Г. Симпсона в формирование и развитие синтетической теории эволюции // Историко-биологические исследования. М., 1989. Вып. 10. С. 70–89; *Laporte L.F.* George Gaylord Simpson. Palaeontologist and Evolutionist. New York, 2000.

виды отличаются по многим генам. И хотя новые признаки, по которым мы разграничиваем классы или порядки, могут внезапно появляться, но они могут детерминироваться единичным геном и возникнуть в результате единственной мутации. Поэтому эти факты нисколько не противоречат дарвинизму. Циммерман был убежден, что «и в мире растений макроэволюционные события можно свести непосредственно к комбинации макрофилогенетических элементарных процессов»[767], т. е. к макромутациям, затрагивающим лишь отдельные признаки крупного таксона.

В отличие от Циммермана, большинство других создателей и сторонников СТЭ среди ботаников и генетиков в Германии были уверены, что, в отличие от животных, у растений крупные мутации, затрагивающие общее строение, важнейшие органы и некоторые физиологические функции растения, иногда оказываются не только жизнеспособными, но уже превосходят в некотором отношении исходную форму. Например, Г. Брюхер, а также Г. Штуббе и Ф. фон Веттштейн показали, что некоторые мутанты львиного зева в измененных условиях превосходят исходную форму по интенсивности роста, высоте стебля, величине листьев, числу цветков и продукции семян[768]. Встречаются мутанты, иммунные к заболеваниям. При этом вполне жизнеспособными оказываются носители довольно крупных мутаций, затрагивающих не только видовые признаки, но и такие признаки, которые считаются характерными для более крупных таксономических единиц. Подробный обзор этих данных содержится в работе одного из соавторов книги «Эволюция организмов» Ф. Шванитца, участвовавшего в написании раздела «Генетика и эволюция растений» во всех трех изданиях этой работы.

Национальные особенности синтеза в Германии особенно ярко сказались в несоизмеримости генетики и палеонтологии при обсуждении эволюционных проблем, в дебатах о понятии «тип» и соотношениях причин микро- и макрофилогении, в развитых математических моделях популяционной генетики, в недооценке значения систематики в познании эволюции, в особом внимании к специфике эволюционного процесса у растений, животных и человека и т. д. «Эволюция организмов» наряду с «Новой систематикой» Дж.С. Хаксли (1940) в наибольшей степени отражала междисциплинарный характер нового синтеза и его коллективистскую сущность.

Говоря о национальной специфике СТЭ в Германии и СССР, нельзя не отметить некоторые существенные особенности. Так, Ренш был единственным среди западных «архитекторов синтеза», кто признавал важность проблемы «развития законов (регулярностей)». Он предложил специальный термин «биономогенез» (Bionomogenese), которым обозначал, что с «появлением новых крупных таксонов нередко появляются и новые эволюционные законы»[769]. Как и российские архитекторы СТЭ А.А. Парамонов и И.И. Шмальгаузен[770], Ренш считал, что одна из основных задач современной эволюционной теории — выяснить, «в каких масштабах законы эволюции сами подвергались эволюции»[771]. Пристальное внимание Ренша к проблеме «эволюция эволюции» служит еще одним под-

---

[767] *Zimmermann W.* Vererbung “erworbener Eigenschaften” und Auslese.

[768] *Wettstein F. von.* Botanik, Paläobotanik, Vererbungsforschung und Abstammungslehre // Palaeobiologica. 1939. Bd. 7. S. 154–168; *Stubbe H.*, *Wettstein F. von.* Über die Bedeutung von Klein- und Großmutationen in der Evolution // Biol. Zbl. 1941. Bd. 61. S. 265–297; *Stubbe H.* Mutationen und Art-Entstehung // Die Umschau. 1942. Bd 46. S. 116–118.

[769] *Rensch B.* Neuere Probleme der Abstammungslehre. 1947. S. 347.

[770] *Завадский К.М.*, *Колчинский Э.И.* Эволюция эволюции. Л., 1977. С. 201–213.

[771] *Rensch B.* Neuere Probleme der Abstammungslehre. S. 166.

тверждением своеобразия эволюционного синтеза в разных странах. Далеко не все генетики считали отбор и мутации единственными факторами эволюции и были осторожны в оценке перспектив синтеза популяционной генетики и селекционизма. Например, А. Кюн полагал, что только тщательные биохимические и биофизические исследования генов могут дать ответ, в какой мере закономерности микроэволюции могут быть перенесены на макроэволюционный уровень[772]. Ф. фон Веттштейн и Г. Штуббе также считали, что современные знания генетической изменчивости не позволяют сделать окончательный вывод о роли мелких и крупных мутаций в процессах микро- и макроэволюции.

Хотя Б. Ренш, Г. Геберер, В. Циммерман и Н.В. Тимофеев-Ресовский с полным правом относятся к основателям «современного синтеза», признание в англоязычном мире получила лишь книга Ренша. Она вышла два года спустя по окончании войны и переиздавалась дважды (в 1954 и 1972 гг.). По рекомендации Добржанского ее перевели на английский язык в 1960 г. под заголовком «Evolution above the Species Level» и с тех пор включали в число основополагающих для современного синтеза. Что же касается книги «Эволюция организмов», то, несмотря на два ее послевоенных переиздания (в конце 1950 и в начале 1970-х гг.), её практически не цитировали ни в англоязычной, ни в русскоязычной литературе.

Основные положения и методы СТЭ формировались одновременно и сходным образом: и при нацизме, и при коммунизме, и при либерализме. Это хорошо понимали ученые, которых в англоязычной литературе пытаются сейчас представить в качестве чуть ли не единственных архитекторов СТЭ. Например, Добржанский описывал образование СТЭ следующим образом: «С 1930-х гг. нашего века довольно большая группа биологов начала проверять математические дедукции (созданные в 1926 г. С.С. Четвериковым в СССР, в 1930-е гг. Дж.Б.С. Холдейном и Р. Фишером в Англии, С. Райтом в США) с помощью наблюдений в природе и экспериментов. В эту группу входили такие зоологи, как Э. Майр, Б. Ренш, Дж.С. Хаксли и Ж. Тесье; ботаники Дж. Стеббинс и В. Грант; палеонтологи, анатомы и эмбриологи Дж.Г. Симпсон и И.И. Шмальгаузен; генетики К. Дарлингтон, М. Уайт, Э. Форд и некоторые биохимики. В результате возникла современная биологическая, или синтетическая теория эволюции»[773]. Ранее, говоря о формировании СТЭ, Дж.Г. Симпсон пришел к выводу, что в ее создании участвовали ученые пяти стран (Англии, Германии, Италии, СССР и США). Помимо ученых, упомянутых у Добржанского и Безигера, Симпсон к создателям СТЭ причислял также А. Бузатти-Траверсо, Л. Дайса, Н.П. Дубинина, Г.Дж. Мёллера и Н.В. Тимофеева-Ресовского[774].

Формирование СТЭ стало предметом специального обсуждения на конференциях, организованных Э. Майром и В. Провайном в 23–25 мая и 11–12 октября 1974 г. под эгидой Американской академии искусств и наук. На конференциях выступали как участники синтеза 1930–1940-х гг. (Э. Безигер, Г. Карсон, К. Дарлингтон, Ф.Г. Добржанский, Э. Форд, И. Лернер, Дж. Стеббинс, Э. Олсон и др.), так и их ученики (З. Левонтин, С. Гоулд и др.), а также историки эволюционной биологии (М.Б. Адамс, Г.Э. Аллен, Д. Тодес и др.). Некоторые из приглашенных не смогли участвовать в заседаниях и прислали свои соображения и воспоминания в

---

[772] *Kühn A.* Grundriss der Vererbunslehre. Heidelberg, 1939. S. 156.

[773] *Dobzhansky Th.*, *Boesiger E.* Essays sur l'évolution. Paris, 1968. P. 61.

[774] *Simpson G.G.* The Meaning of Evolution. New Haven, 1949.

письменной форме (Б. Ренш и Дж.Г. Симпсон). Итогом стала вышедшая в 1980 г. книга под редакцией Э. Майра и В. Провайна «Эволюционный синтез: перспективы унификации биологии», которая до 1982 г. вышла еще в двух издательствах, а в 1998 г. с новым предисловием редакторов. Ни у одного из авторов этого фундаментального труда не возникало сомнения в международной подготовке «современного синтеза», что нашло свое отражение и в структуре книге. Наряду с главами, посвященными формированию синтеза в отдельных отраслях биологии (генетике, цитологии, эмбриологии, систематике, ботанике, морфологии и палеонтологии), включены обширные разделы об особенностях синтеза в различных странах: СССР, Германии, Франции, Англии, США.

К основным создателям СТЭ Э. Майр относил Добржанского, Хаксли, Симпсона, Ренша, Стеббинса и себя[775], в то же время он называл других эволюционистов, которые способствовали наведению идейных мостов между различными отраслями эволюционной биологии и теорией естественного отбора: Четверикова и Тимофеева-Ресовского в СССР; Фишера, Холдейна, Дарлингтона и Форда в Англии; Сэмнера, Дайса, Стертеванта и Райта в США; Баура, Людвига, Штреземана и Циммермана в Германии; Ж. Тесье и Ф. Л'Эритье во Франции; А. Бузатти-Траверсо в Италии. Он отмечал особо, что две коллективные монографии «Новая систематика» и «Эволюция организмов» способствовали этому синтезу.

В опубликованной в 1983 г. в СССР коллективной монографии участвовали биологи, способствовавшие созданию или развитию современного синтеза в СССР (Г.Ф. Гаузе, К.М. Завадский, В.С. Кирпичников, Е.И. Лукин, Ю.И. Полянский), а также историки науки[776]. Соглашаясь с выводами западных коллег, они внесли ряд уточнений. Во-первых, они показали, что путь к синтезу генетики с дарвинизмом, лежащий через работу Четверикова о математической генетике популяций и ее проверку, был не единственным. Во-вторых, в список отраслей биологии, создававших в России СТЭ, включали биогеографию, феногенетику, микросистематику и экологию. В-третьих, существенно был расширен список создателей этого синтеза, в частности, предлагалось учитывать, что в новом синтезе участвовали биологи Японии (К. Сакаи) и Швеции (Г. Турессон).

Последние попытки интерпретировать создание СТЭ с позиций панамериканизма, недооценивая события в Германии и СССР, привели к организации во второй половине 1990-х — начале 2000-х гг. серии конференций в Германии и России, на которых еще раз было подтверждено, что СТЭ — коллективный продукт творческих усилий представителей разных специальностей из разных стран[777]. При ее формировании функционировал некий «невидимый» колледж, объединявший несколько десятков биологов разных стран, которые одновременно и в какой-то мере параллельно пришли к сходным взглядам на эволюционный процесс. Поэтому нельзя свести труды столь разнообразных и оригинальных ученых к набору нескольких

---

[775] *Mayr E.* The Growth of Biological Thought. Diversity, Evolution and Inheritance. Cambridge (Mass.); London, 1982.

[776] Развитие эволюционной теории в СССР (1917–1970-е годы) / Ред.-сост. Э.И. Колчинский. Отв. ред. С.Р. Микулинский, Ю.И. Полянский. Л., 1983.

[777] Evolutionsbiologie von Darwin bis heute / Hg. R. Brömer, U. Hossfeld, N. Rupke. Berlin, 1999; Darwinismus und/als Ideologie / Hg. U. Hossfeld, R. Brömer. Berlin, 2001; Русско-немецкие связи в биологии и медицине / Отв. ред. Э.И. Колчинский. СПб., 2000–2003. Вып. 1–4; *Reif W.-E., Junker T., Hossfeld U.* The synthetic theory of evolution: general problems and the German contribution to the synthesis // Theory Biosci. 2000. Bd. 119. S. 41–91; *Junker T.* Die zweite Darwinische Revolution. Geschichte des synthetischen Darwinismus in Deutschland 1924–1950. Marburg, 2004.

постулатов, как это нередко делают в работах по истории СТЭ, а затем на базе придуманных таким образом общих постулатов СТЭ судить, кто является ее основателем, а кто нет. Единственной общей чертой всех основополагающих трудов по СТЭ был широкий синтез данных различных отраслей биологии о факторах, движущих силах и закономерностях эволюции, осуществленный на базе учения о естественном отборе как главной причине адаптивных преобразований.

Эта общая установка не мешала тому, что в соответствии со специальностью автора и принадлежностью его к тому или иному языковому пространству взгляды создателей СТЭ на механизмы и формы эволюции сильно отличались[778]. Кроме проблемы «эволюции эволюции», национальные особенности сказывались при обсуждении возможности быстрого видообразования за счет размножения «перспективных монстров», с самого начала репродуктивно изолированных от исходного вида (полиплоидия, отдаленная гибридизация, симбиогенез, крупные хромосомные мутации и т. д.), возможности симпатрического видообразования, трактовки борьбы за существование и т. д. Взгляды создателей СТЭ на основные факторы эволюции и на удельный вес последних в преобразованиях организмов и популяций, на принцип единства механизмов микро- и макроэволюции были далеки от тождества. В то же время они все существенно отличались от ламаркистских, номогенетических и сальтационистских концепций.

Различная судьба СТЭ в Германии, России, США, Англии и Франции демонстрирует многообразие исследовательских программ, где индивидуальная приверженность к определенным темам сложно взаимодействует с идеолого-политическими и социокультурными факторами. Примером может служить судьба неокатастрофизма в Германии. Расцвет циклических сальтационистских концепций в эволюционной теории и палеонтологии в первой половине нашего столетия связан с господствовавшими в Западной Европе, особенно в Германии, представлениями О. Шпенглера о цикличности культур[779]. Его влияние однозначно выявлено в трудах К. Бойрлена, Ф. фон Хюне, Г. Зальфельда, К. Берингера, К. Эренберга, А. Нэфа. В свою очередь, сама концепция Шпенглера, как ранее было показано, связана с учением К.Э. фон Бэра о четырех основных типах животных. Оценивая теорию макроэволюции в циклическом неокатастрофизме как особую парадигму XX в., следует учесть, что его сторонники ощущали себя историками органического мира, восприняв методологию биоморфной концепции истории О. Шпенглера.

На позиции финализма и циклического неокатастрофизма в эти годы перешел Э. Дакке́, который вслед за Бойрленом стал выделять три основных фазы в развитии каждой таксономической группы. Он полагал, что только с признанием циклического характера любого развития, как необходимой формы организации филогенеза, «можно ставить вопрос о причинах эволюции и показать различие этих причин на разных фазах цикла»[780]. Первоначально «из одной или нескольких исходных форм (параллельно) скачкообразно или взрывообразно образуются новые специализированные формы, которые далее претерпевают частные, почти незаметные изменения» до тех пор, пока в одной или «во всех этих линиях не

---

[778] *Колчинский Э.И.* Неокатастрофизм и селекционизм: вечная дилемма или возможность синтеза? СПб., 2002. С. 317–391.

[779] *Reif W.E.* Deutschsprachige Paläontologie im Spannungsfeld zwischen Makroevolutionstheorie und Neo-Darwinismus (1920–1950) // Die Entstehung der Synthetischen Theorie. S. 151–188.

[780] *Dacqué E.* Organische Morphologie und Paläontologie. Berlin, 1935. S. 114.

повторяется скачко-взрывообразный период и тем самым повторится все вновь»[781]. Дакке́, как и другие сторонники автогенетического неокатастрофизма, допускал некоторое участие борьбы за существование и отбора в эволюции, но решающую роль отводил неким глубинным законам жизни и внутренним факторам. Считалось, что борьба за существование и естественный отбор действовали только на второй или третьей фазах филогенетического цикла и приводили либо к незначительным видоизменениям, к «дошлифовке» уже готовой адаптивной формы, либо к вымиранию уже обреченного таксона. И эти высказывания в целом вписывались в культуру Третьего рейха с ее идеологемами «возрождения духа», «революции», «ликвидации слабого и отжившего».

Положения неокатастрофизма наиболее полно отразил О. Шиндевольф[782]. Самобытность и оригинальность его концепции, тщательная обработка палеонтологического материала заставляли со вниманием относиться к его аргументам. Практически все создатели СТЭ посчитали необходимым так или иначе оценить развиваемые им гипотезы. Правда, в своей последней крупной работе Шиндевольф признал, что его ранние представления о базировании ключевых признаков филогенетических групп высокого ранга на особенно крупных мутациях уже не имеют значения, и пришел к тем же выводам, что и генетики, сочтя свои предшествующие возражения сторонникам СТЭ (Гебереру, Симпсону, Майру, Реншу и др.) неверными[783]. Однако в годы Третьего рейха он опубликовал фундаментальный труд «Палеонтология, учение о развитии и генетика», в котором впервые с позиций неокатастрофизма дал современный синтез эволюционной морфологии, эмбриологии, генетики и палеонтологии[784]. Вторым произведением подобного рода стала книга «Основы и методы палеонтологической хронологии» (1944), в которой он изложил взгляды на факторы эволюции, на автогенетический характер изменений и т. д.[785] Через 4 года вышла небольшая книжка «Сущность и история палеонтологии», а еще через два года сразу две монографии: «Проблемы палеонтологии» и «Фактор времени в геологии и палеонтологии», которые и стали концентрированным выражением всех теоретических построений и фактических доказательств в пользу его версии автогенетического неокатастрофизма. По богатству идей и материалов ей нет равных в литературе.

Обосновывая статус палеонтологии как исторической науки, Шиндевольф подчеркнул, что она изучает не вечные законы природы, действующие всегда и везде, а факторы и законы органической эволюции, проявляющие свое действие только в определенные периоды геологического времени. Органическая эволюция, по его мнению, подобна движению экипажа, у которого постоянное вращение колеса обеспечивает поступательное движение вперед. Поэтому «так называемые законы эволюции» (протогенез, анастрофы, ортогенез, закон специализации, закон необратимости, естественный отбор, аллометрический рост и т. д.) периодически сменяют друг друга в ходе эволюции, кружась в таком же монотонном движении, как спицы колеса. И эта периодическая смена законов обусловливает отсутствие жесткой детерминации эволюции и в то же время служит основой для

---

781 *Dacqué E.* Organische Morphologie und Paläontologie. S. 108.

782 *Колчинский Э.И.* Неокатастрофизм или селекционизм; вечная дилемма или возможность синтеза?

783 *Schindewolf O.H.* Über den "Typus" in morphologischer und phylogenetischer Biologie. Mainz; Wiesbaden, 1969.

784 *Schindewolf O.H.* Paläontologie, Entwicklungslehre und Genetik. Kritik und Synthese. Berlin, 1936.

785 *Schindewolf O.H.* Grundfragen und Methoden der paläontologischen Chronologie. Berlin, 1944.

действия ее общих и неизменных законов — необратимости, неравномерности темпов и прогрессивного развития.

Растительные и животные царства, по мнению Шиндевольфа, развиваются не прямолинейно, но одновременно по многочисленным параллельным линиям. Определенные циклы эволюции можно выделить в истории всего органического мира и в каждом из филогенетических стволов. Он подробно анализировал вопрос о причинах периодически разражавшихся крупных изменениях флоры и фауны и отдельных филумов и пришел к выводу, что ведущая роль принадлежит внутренним факторам, заложенным в конституции самих организмов. Подобно многочисленным своим предшественникам, Шиндевольф выделял трехфазные циклы в филогенезе крупных таксонов (типогенез, типостаз и типолиз). Признавая сходство современных законов с законами прошлого, он, считал их недостаточными для объяснения всех естественно-исторических событий большого масштаба. Сама попытка выделить три фазы в филогенетическом развитии была традиционна для немецких эволюционистов.

По Шиндевольфу, в каждом эволюционном цикле происходит скачкообразное появление новых форм разного таксономического ранга, названных автором «типами». Сразу же после возникновения тип распадается на таксоны более низкого ранга. Внезапно и стремительно за короткий промежуток геологического времени возникает почти одновременно громадное число «подтипов», варьирующих основной «тип» в самых различных направлениях, но сохраняющих при этом основные черты. Типогенетические фазы слишком коротки, чтобы медленно действующий отбор мог оказывать какое-то влияние на ход процессов. Внезапные перечеканки типов происходят на раннеонтогенетических или даже эмбриональных стадиях, где естественный отбор, по мнению Шиндевольфа, еще не мог действовать. Факторы же внешней среды действуют лишь как неспецифические импульсы, которые высвобождают возможности, уже имеющиеся в наличии, но количество и качество новообразований обусловлено исключительно самим организмом. За типогенезом, согласно Шиндевольфу, следует типостаз, во время которого происходит преобразование и дифференциация в рамках устоявшегося типа организации. Если на предыдущей фазе действовали исключительно внутренние факторы, то здесь и внешние факторы определяют формирование приспособительных признаков. Фаза типостаза значительно длиннее типогенеза и характеризуется скоростями эволюции на несколько порядков ниже. На этой фазе борьба за существование и естественный отбор элиминируют неприспособленные типы организации, а оставшиеся начинают медленно и постепенно преобразовываться, приспосабливаясь к условиям внешней среды. Вместе с тем Шиндевольф постоянно подчеркивал ортогенетический характер эволюции во время типостаза. Естественный отбор не способен создать ничего принципиально нового, воздействуя только на самые поздние стадии онтогенеза, на которых дошлифовывает в адаптивном отношении существующий тип организации. По его мнению, повышаемая отбором приспособленность является завершением эволюции, а не ее началом, и поэтому естественному отбору он отводил весьма скромную роль посредника между организмом, космическими и земными воздействиями. В понимании Шиндевольфа «естественный отбор является главным образом негативным фактором, элиминирующим типы, существование которых в данных условиях невозможно»[786].

[786] *Schindewolf O.H.* Grundlagen der Paläontologie. Stuttgart, 1950. S. 416.

Шиндевольф считал, что «если в типостазе эволюция строго детерминирована, осуществляясь направленно под действием ортоселекции и ортогенеза, то возможности формообразования постепенно растрачиваются и сужаются»[787]. Ортогенез, подавляя действие естественного отбора, нередко приводит к сверхспециализации, которой начинается следующая фаза цикла — типолиз. На этой фазе наблюдаются различные отклонения в онтогенезе, непропорциональное развитие отдельных органов, гигантский рост, многочисленные признаки дегенерации, ослабление воспроизводительных способностей и т. д. Постулируя для этой фазы «телеологический ортогенез», автор пришел к выводу о неизбежном вымирании таксонов, загнанных в эволюционный тупик неизбежно прогрессирующей специализацией. Это конец цикла. Естественный отбор быстро элиминирует сверхспециализированные или дегенерировавшие формы.

Хотя Шиндевольф и утверждал, что развиваемые им представления в какой-то степени могут быть подтверждены отдельными данными генетики, эмбриологии и физиологии развития, тем не менее, он вынужден был признать, что постулируемый им механизм типогенеза и типостаза не действует в настоящее время. Поэтому он писал, что наряду с явлениями, аналогичными происходящим в настоящее время, в доисторический период имели место еще и другие процессы, которые, как относительно резкие события, разделены большими промежутками времени и посему недоступны наблюдению и эксперименту. Ссылаясь на опыт геологических исследований, он пришел к выводу, что знания современных факторов и законов оказывается недостаточно для теоретического реконструирования истории органического мира. Для концепции Шиндевольфа, как и для работ других немецких палеонтологов в целом, характерна антиактуалистическая направленность. Эволюция органического мира, по его мнению, «может быть объяснена только на основе палеонтологии как исторической науки, опирающейся на реальный фактический материал», а «генетика при этом должна играть подчиненную роль из-за вневременного характера изучаемых ею законов»[788].

Анализ СТЭ и критика её создателями ламаркизма и неокастастрофизма в Германии показывает уязвимость упрощенных трактовок роли социокультурных факторов в предпочтениях тем или иным национальным сообществом определенных концепций[789]. Предложенные гипотезы о сменах факторов (законов) эволюции оказались неудовлетворительными, так как основывались на телеологических представлениях. Большое недоверие вызывали и макромутационные построения, которые, несмотря на генетические труды Р. Гольдшмидта о системных мутациях и А. Далька об онтомутациях, еще долгое время подвергались сокрушительной критике со стороны биологов-эволюционистов, значительная часть которых безоговорочно поддерживала синтетическую теорию эволюции. Фактически только в теории типострофизма О. Шиндевольфа и в концепции авторегуляции А. Ванделя макромутационные представления заняли центральное место, но и тогда они не получили признания среди биологов, что в последнее время принято объяснять социокультурными факторами. Однако, как было показано в первой главе, нет никаких оснований объяснять неприятие сальтационистской концепции «перспективных монстров» немецко-

---

787 *Schindewolf O.H.* Grundlagen der Paläontologie. S. 319.

788 Ibid. S. 360.

789 *Колчинский Э.И.* О формировании СТЭ в Германии и СССР // Русско-немецкие связи в биологии и медицине. СПб., 2003. Вып. IV. С. 75–88.

го эмигранта Р. Гольдшмидта в США в 1940-х гг. социально-психологическими или даже политическими причинами[790]. При попытке объяснять все социокультурным контекстом остается непонятным активное использование авторами «Эволюции организмов» обширной литературы из стран антигитлеровской коалиции.

В целом, сторонникам селекционизма в Третьем рейхе, как правило, не удалось политическими способами подавить своих конкурентов. Иногда в качестве примера политической расправы с оппонентами приводят случай с йенским профессором Г. Бёккером, который, получив кафедру накануне прихода Гитлера к власти, зарекомендовал себя активным сторонником нацистской идеологии, вступил в НСДАП и СС. В 1935 г. он издал в двух томах «Введение в сравнительную анатомию животных», в которой, опираясь на идеи И.В. Гёте, К. Гегенбаура и А.Н. Северцова, пытался далее продемонстрировать эффективность холизма в синтезе различных отраслей биологии, изучавших организм с позиций ламаркизма. Он рассматривал приспособление как неотъемлемое свойство организма как конструкции, изменявшейся в адаптациогенезе как единое целое. Как ни странно, но именно холистские взгляды Бёккера стали причиной его расхождения с официальными идеологами Третьего рейха, которые в способности организма к активному и целостному преобразованию в соответствии с внутренними целями увидели угрозу своим претензиями на монополию в постановке задач перед обществом и государством[791]. По мере того, как росло число сторонников Бёккера, среди которых наиболее известным стал А. Мейер-Абих с его идеями сведе́ния всех жизненных процессов к фундаментальным принципам постоянства массы живого вещества, активного саморазвития организма и т. д., холизм стали подвергать критическим нападкам К. Астель, Г. Брюхер и В. Цюндорф[792], указывавшие на антидарвинистический характер холизма и ламаркизма. Дискуссии положил конец гауляйтер Ф. Заукель, который сказал, что холизму не место в Тюрингии. В 1938 г. Бёккер вынужден был покинуть университет.

Этот факт иногда пытаются представить как доказательство того, что победу селекционизма в нацистской Германии обеспечили методы тотального контроля над наукой. Так, У. Хоссфельд и Г. Левит уверяют: «Нацистская идеология, прекрасно уживавшаяся с дарвинизмом, не желала мириться с существованием альтернативных взглядов на эволюцию и природу живого»[793]. Идеолого-политическую риторику в борьбе с оппонентами не в меньшей мере использовали как создатели синтеза в немецком языковом пространстве, так и их оппоненты-ламаркисты, сальтационисты и антиэволюционисты. Несмотря на их антидарвиновские филиппики, сохранили и упрочили свои профессиональные позиции

---

[790] *Воронцов Н.Н.* Развитие эволюционных идей в биологии. М., 1999. С. 509.

[791] На ход разрешения теоретического спора в биологии между сторонниками идеалистического, холистского представления и приверженцами материализма и механицизма огромное влияние оказывала расстановка сил в национал-социалистической руководстве, а точнее, расхождения между Р. Гёссом и Г. Гиммлером. Первый был сторонником холизма, а второй — более прагматического подхода в научной политике, базировавшегося на классической генетике, дарвинизме и расовой гигиене (*Harrington A.* Reenchanted Science. P. 195–197).

[792] *Brücher H.* Okkultismus in der Naturforschung // Der Biologe. 1941. Bd. 10. № 7–8. S. 265–266; *Zündorff W.* Der Lamarckismus in der heutigen Biologie // ARGB. 1939. Bd. 33. S. 281–303.

[793] *Хоссфельд У., Левит Г.* Альтернативные теории в эволюционной биологии и Йенский университет // В тени Дарвина. СПб., 2003. С. 71–81.

В. Тролль, К. Бойрлен, О. Шиндевольф, А. Ремане и многие другие. Более того, многие из них демонстрировали усиление склонности к холизму и витализму, как например, знаменитый эмбриолог Г. Шпеман[794]. Характерно, что палеонтолог К. Бойрлен — один из самых убежденных противников Дарвина — с первых дней существования РФР и до мая 1945 г. возглавлял в нем Отдел наук о Земле[795].

Конечно, были случаи, когда, используя свое служебное положение, некоторые сторонники дарвинизма пытались расправиться со своими противниками. В этом отношении характерно поведение ректора университета в Галле, палеонтолога и геолога И. Вайгельта, последователя Э. Геккеля, ученика палеонтолога и эволюциониста Й. Вальтера[796] и убежденного национал-социалиста. Для Вайгельта эволюционное учение было «составной частью немецкого мировоззрения»[797]. Организованную им в 1934 г. выставку флоры и фауны центральной Германии в эоцене, построенную на учении Дарвина, Вайгельт пропагандировал как пример «сражающейся науки» (kämpferische Wissenschaft). Случай с О. Куном, которого Вайгельт сперва пригласил в Галльский университет, а затем изгнал со скандалом из-за его антиэволюционных взглядов, свидетельствовал, что Вайгельт был суров с идейными противниками, находившимися в его подчинении[798]. Рассматривая антидарвинизм как происки католических кругов, Вайгельт добился почти полного изгнания из университетов преподавателей-католиков, обвиняя их в скрытом еврейском происхождении, пацифизме, враждебности к национал-социалистическому мировоззрению и т. д. Главой католиков-биологов в университете Вайгельт пытался объявить антиэволюциониста Тролля, который ещё в 1919 г. заявил о своем разрыве с католицизмом. На сей раз попытка расправы с инакомыслящим, но очень знаменитым ботаником была тщетной. После обращения Тролля к куратору Галльского университета в РМБЕФБ его оставили в покое. До конца войны Тролль был директором Ботанического института и Ботанического сада в университете, а в 1943 г. он получил грант от РФР на изучение структуры штапельного волокна и искусственного шелка. После войны разногласия с Вайгельтом оказались полезными для Тролля, после короткой проверки с целью денацификации его освободили, и он стал профессором и руководителем Ботанического сада в Майнце.

Еще меньше возможностей у Вайгельта было контролировать избрание новых членов старейшей в Германии Академии естествоиспытателей Леопольдина[799]. Её в годы нацизма возглавлял биохимик и евгеник Э. Абдергальден[800], безоговорочно одобрявший законы о стерилизации, а вице-президентом был Вайгельт. Тем не менее среди вновь избранных при Абдергальдене и И. Вайгельте членах Академии дарвинисты были явно в меньшинстве. К ним с натяжкой можно отнести ведущих деятелей расо-

---

[794] *Hamburger V.* Hans Spemann on Vitalism in Biology: Translation of a Portion on Spemann's Autobiography // J. Hist. Biol. 1999. Vol. 32. P. 231–243.

[795] *Zierold K.* Forschungsförderung in drei Epochen. S. 220, 244.

[796] Й. Вальтер был иностранным почетным членом АН СССР с 1930 г. О его эволюционных взглядах см.: *Колчинский Э.И.* Неокатастрофизм или селекционизм. С. 242–245.

[797] Цит. по: *Eberle H.* Die Martin-Luther-Universität in der Zeit des Nationalsozialismus 1933–1945. S. 101.

[798] Там же. S. 101–102.

[799] *Parthier B.* Die Leopoldina // Acta Historica Leopoldina. 1995. № 22. S. 182–184; *Кааш М., Кааш И.* За и против Дарвина — дарвинисты и их противники среди членов немецкой Академии естествоиспытателей Леопольдина // В тени Дарвина. СПб., 2003. С. 54–55.

[800] Э. Абдергальден был иностранным членом-корреспондентом АН СССР с 1925 г.

вой гигиены и расовой антропологии (Э. Рюдин, О. Фишер, О. фон Фершуер, Ф. фон Ленц, А. Плётц), которые в принципе были сторонниками селекционистской теории как средства улучшения человечества, но не были биологами-эволюционистами. Среди последних из сторонников СТЭ в Академию был избран только Н.В. Тимофеев-Ресовский. А вот противников теории Дарвина было гораздо больше. Назовем лишь некоторых из них. Это ламаркисты — зоологи Л. Плате и Ю. Хармс, анатом Г. Бёккер, палеонтолог К. Бойрлен. С различных позиций критиковали дарвинизм и другие вновь избранные члены «Леопольдины» — анатом А. Беннингхоф, филогенетик А. Ремане, зоологи К. Фридерихс, Р. Вольтерек и Я. фон Икскюль, ботаники В. Тролль и Г. Шмидт, биоценолог А. Тинеман, теоретик биологии и историк науки А. Мейер-Абих и др. Из Академии был исключен только один ламаркист и ортогенетик Г. Пржибрам, но не за научные убеждения, а за еврейское происхождение. По той же причине были исключены из членов Академии антрополог Ф. Боас, генетик Р. Гольдшмидт, физиологи Ф. Ашер, Й. Эрлангер, Р. Гебер, ботаник О. Варбург и др. Большая часть из них была далека от эволюционных проблем.

После краха гитлеровской Германии сторонники недарвиновских концепций эволюции и креационисты с максимальной эффективностью использовали идеолого-политические обвинения в адрес селекционистов для искоренения СТЭ из немецкого языкового пространства. При их поддержке организовали газетную и книжную кампанию против эволюционной биологии, родственной «нацистской идеологии»[801]. Эта кампанию поддержали клерикальные круги, что нашло отражение в печально знаменитой энциклике папы Пия XII (1950), известного своими тесными связями с руководителями национал-социалистической Германии и фашистской Италии и заявившего о несовместимости дарвинизма с Ветхим заветом. Эту позицию католической церкви пересмотрел только Иоанн Павел II, официально заявивший о непротиворечивости эволюционного учения догмам католицизма, а нынешний глава римско-католической церкви Бенедикт XVI признал недопустимым преподавание креационизма в школах ввиду его несовместимости с современной наукой.

В результате этой кампании и ряда обстоятельств (ареста и репатриации Н.В. Тимофеева-Ресовского в СССР, смерти Ф. фон Веттштейна, эмиграции Э. Майра, ухода Б. Ренша в другую тематику и др.) развитие СТЭ в Германии сильно замедлилось. Хотя Г. Геберер выпустил два существенно расширенных

---

[801] Характерно, что по тому же пути пошли и авторы различного рода околонаучных конъюнктурных сочинений об «эволюции не по Дарвину», «эволюция без Дарвина», «в тени Дарвина», «ортогенез против Дарвина» и т. д., расплодившихся в последнее время на постсоветском пространстве. Обвиняя советских сторонников СТЭ в близости коммунистической идеологии, они пытаются вместо нее реанимировать эволюционные концепции, ставшие достоянием истории. Подобный феномен — как раз рецидив прошлых десятилетий, когда идеологическими обвинениями подменяли содержательный анализ альтернативных концепций. Что же касается попыток конструировать из прошлых трудов некую замену теории естественного отбора, то они были безрезультатны десятки, если не сотни раз в последарвиновский период. И это неслучайно. Развитие науки никогда и нигде не шло, пятясь назад, а лишь путем выдвижения новых парадигм, созданных с учетом принципа соответствия, т. е. включения в них апробированных в прошлом положений. Вот почему новый синтез в биологии идет, прежде всего, на базе учения о естественном отборе, точнее, его современного варианта с СТЭ с включением в нее всех достижений молекулярной биологии, биологии развития, экологии, этологии и др. новейших отраслей знания. См.: *Воронцов Н.Н.* Развитие эволюционных идей в биологии. М., 1999. С. 467–615.

издания «Эволюции организмов», он не имел должного веса в академическом сообществе из-за своего политического прошлого, которое ему не раз ставили в вину, забывая о том, что практически все биологи Германии искренне или в силу обстоятельств не только приняли идеологию нацизма, но и активно ее пропагандировали. После войны В. Циммерман в трудах по ботанике и истории науки избегал открытой конфронтации с противниками дарвинизма, а генетик В. Людвиг даже допускал высказывания в поддержку ламаркизма. Лидирующее положение на нескольких десятилетий заняли сторонники ламаркизма, сальтационизма и идеалистической морфологии в ФРГ и лысенкоисты в ГДР. Это обусловило маргинальное положение современного немецкого эволюционизма в мировой науке.

В 1954 г. Э. Майр посетил Германию и отметил в своих путевых заметках: «Германия — теперь клерикальное государство — антиэволюционное движение особенно сильно <…>. Как Маккарти считает синонимами "либерализм" и "коммунизм", так и здесь теперь эволюцию связывают с типологическим селекционизмом, а биологию — с нацистским режимом»[802]. Как следует из этого окрашенного горечью замечания, противники дарвинизма больше преуспели в искоренении ненавистного им учения в демократическом государстве, чем это сделали сторонники теории естественного отбора со своими оппонентами при национал-социалистическом режиме.

В целом нет оснований отождествлять ту или иную эволюционную концепцию с арийской биологией, которую пропагандировал Э. Леман. Фактически все сторонники СТЭ, как и их идейные противники ламаркисты, неокатастрофисты и холисты, в равной мере старались приспособиться к реалиям Третьего рейха и использовали идеологию нацизма, а иногда и политическую риторику в борьбе со своими профессиональными конкурентами. Но в научных трудах теория эволюции оставалась практически свободной от идеолого-политических фальсификаций. Большинство ученых приспосабливалось к социальной среде в той мере, в которой это было необходимо. Даже ученые, в чьих симпатиях к расовой гигиене не приходится сомневаться, были непреклонны в научных рекомендациях, относившихся к их компетенции. Так, Баур критиковал опыты по выведению чистой нордической расы, а Ренш писал о процветании «расовых бастардов»[803].

* * *

Опыт биологии при Сталине и Гитлере отнюдь не свидетельствует, что диктатура разрушает науку. Хотя многие ученые пострадали, а в СССР биологии был нанесен существенный ущерб, но в обеих странах она выжила. Из него не следует также, что ученые сопротивлялись режиму или попыткам злоупотреблять достижениями науки. Такая оппозиция была незначительной и встречалась редко. В обоих случаях ученые были не способны активно защищаться от репрессий. Сталинские чистки в годы «культурной революции» и «большого террора», увольнения биологов по расово-политическим соображениям и реструктуризация университетов, обществ и академий в нацистской Германии не вызвали организованного

---

[802] Цит. по: *Юнкер Т.* Что такое синтетическая теория эволюции? // В тени Дарвина. СПб., 2003. С. 10.

[803] *Baur E.* Abriss der allgemeinen Variations- und Erblehre // *Baur E.*, *Fischer E.*, *Lenz F.* Menschliche Erblichkeitslehre und Rassenhygiene. München, 1936. Bd. 1. S. 1–94; *Rensch B.* Umwelt und Rassenbildung bei warmblütigen Wirbeltieren // Archiv für Anthropologie. 1935. Bd. 23. S. 326–333.

сопротивления и даже открыто выраженного сочувствия репрессированным коллегам. Научное сообщество оказалось не готово к солидарному отстаиванию научных ценностей и корпоративных интересов. В целом, не удалось нейтрализовать воздействие политики на практику биологических исследований.

Сопротивлению ученые предпочли адаптацию к режиму, надеясь порой использовать политически инициированные чистки в своих интересах, для продвижения своих научных целей, формулируемых как общенациональные. Вместе с тем, они были вынуждены, зачастую против собственной воли, играть оппозиционную роль, так как международные стандарты науки и ее ценности не вписывались в рамки требований властей. Парадоксально, но факт, что такая оппозиция оказалась сильнее в СССР, где неугодным была гарантирована, по меньшей мере, многолетняя отправка в ГУЛАГ или расстрел, чем в Германии, где в подавляющем большинстве случаев репрессии против ученых ограничивались увольнением или вынужденной эмиграцией. Если сравнить это с поведением научного сообщества США в годы маккартизма, то напрашивается вывод, что сила сопротивления научного сообщества прямо пропорциональна политическому давлению. Классическими примерами открытого сопротивления властям стала борьба советских биологов против лысенковской агробиологии или действия советских генетиков в поддержку проведения Международного конгресса генетиков в СССР вопреки сформулированной властями иерархии национальных приоритетов. Выявилось, что интернациональные интересы в пределах собственных дисциплин для ученых были более значимы, чем лояльность политическим властям.

В то же время даже такой атавистический, жестокий и кровавый режим, как немецкий национал-социализм, шел на уступки ученым в пределах сохранения возможности их эксплуатиции. В итоге «аполитичная» наука и «бескорыстные искатели истины», в основном, честно служили политическому и идеологическому «господину», если он давал средства для проведения исследований. Биологи обеих стран активно добивались новых отношений между наукой, государством и обществом, что выражалось в изменении общественного статуса ученых, в модификации тематики и языка научных исследований, в изменении ритуалов научных мероприятий, ценностей и традиций научного сообщества, стиля поведения ученых.

В поиске новых форм взаимоотношений с государством германские биологи старались с максимальной выгодой для себя воспользоваться намерениями властей развивать генетику человека, антропологию, эволюционную теорию, экологию, важные для осуществления расовой политики и, прежде всего, решения еврейской проблемы. Расовую гигиену использовал нацистский режим для научного оправдания своей политики, а ученые старались убедить власти поддержать финансово и материально крупномасштабные проекты как необходимые для оздоровления нации и реализации их для политико-идеологических целей режима. В нацистской Германии расовые антропологи и расовые гигиенисты активно участвовали в принятии законов о насильственной стерилизации и эвтаназии «неполноценных». Они служили «расовыми экспертами» в селекции и оценке жертв. Немецкая антропология прошла путь от идей превосходства и улучшения собственной расы к уничтожению целых народов, объявленных «недочеловеками». Ужасная практика нацизма вызвала в демократических странах мощную волну протеста против евгенических мероприятий по расовым и социальным соображениям и к запрету регулировать генетический состав популяции человека. К тому же выяснилось, что наши знания о генетике человека явно недостаточны для проведения подобных мероприятий.

На фоне практики национал-социализма история немецкой расовой гигиены представляется как прямолинейное развитие, приход которого к варварству был имплицитно предопределен еще самыми первыми концепциями Шальмайера и Плётца. Однако такой вывод был бы явно односторонним. Политическая стратегия и социальное содержание этого движения отнюдь не было предопределено изначально. Евгенические идеи, близкие к расово-гигиеническим, можно отыскать в программах многих политических партий, включая левые. Соединение расовой гигиены с социал-дарвинизмом оказало влияние на развитие национал-социалистической идеологии и привело к борьбе с низшими слоями общества. Расовые гигиенисты выступили против социализма. Программы социального равенства, социальной и медицинской помощи больным, инвалидам и старикам казались им опасными, так как ослабляли действие отбора в обществе. Для них политическая структура общества, в конечном счете, была безразличной, так как она не оказывала никакого влияния на борьбу за существование.

В обеих странах прикладные аспекты генетики приобрели огромное значение в свете политики автаркии. Помимо проблем улучшения наследственности человека, не менее важной была задача выведения высокоурожайных сортов растений и высокопродуктивных пород животных. Собранные в Советском Союзе уникальные коллекции диких растений захватили немецкие ботаники и селекционеры, которые свои действия объясняли необходимостью их сохранения от уничтожения. Как это ни парадоксально звучит, но в чем-то они оказались правы, так как разгром школы Н.И. Вавилова неизбежно создал угрозу для судеб собранных им коллекций. Российские селекционеры оказались в сложной ситуации. Помогая оккупантам, спасая свои коллекции, они рисковали быть обвиненными позднее в коллаборационизме. Но они не могли рассчитывать на признание их равноправными партнерами с немцами, считавшими советских ученых представителями низших рас.

Расовая антропология, евгеника и расовая гигиена, как научные мировоззрения, и национал-социализм, как политическая идеология, не были однозначно конгруэнтны ни по содержанию, ни по форме как до 1933 г., так и позднее. Они лишь сходны в интеллектуальном и утилитарном аспектах. Интеллектуальное родство неизбежно проявлялось в том, что национал-социалисты усвоили научное содержание и политический пафос утопий расовых гигиенистов, хотя в искаженной и радикальной форме. Попытка нацистов централизовать научные исследования, превратив науку в важнейший элемент политики и идеологии, в мощный инструмент военной индустрии, провалилась. Стремление регулировать и контролировать все научные исследования не только не обеспечило победу нацистам во Второй мировой войне, но нанесло непоправимый ущерб самой немецкой науке, потерявшей целое поколение потенциальных ученых в результате расовых и идеологических чисток гражданских служащих, политизации школ и университетов, а также огромных человеческих жертв во Второй мировой войне. В мае 1945 г. в развалинах лежала не только Германия, но и ее наука. Опыт подчинения науки принципу фюрерства и назначенных сверху лидеров научного сообщества бесценен и в наши дни, так как свидетельствует о необходимости здорового консерватизма при реформировании науки и её институтов. Поспешно введенные новые формы организации науки и её отношений с государством и обществом нередко таят в себе зародыши других, более глубоких кризисов.

К консерватизму взывает и опыт многочисленных попыток реформировать сверху отечественную биологию, сопровождаемых массовыми репрессиями и бесконечными реорганизациями биологических учреждений. События, разыгравшиеся в СССР в 1930-х — первой половине 1940-х гг., поставили под жесткий административный контроль все биологические учреждения. Заграничные поездки и свободное общение с иностранцами практически были запрещены на десятилетия. Известных биологов отстраняли от преподавания, арестовывали и ссылали. Отмеченный Сталиным «массовый поход революционной молодежи на науку» позволил взрастить генерацию, постоянно готовую к поискам «врагов» социализма. Целые области биологии, пограничные с социальными и медицинскими науками, были разгромлены. Воспитанные идеологами культурной революции философы не знали и не хотели знать современную науку, а философский анализ заменяли цитатами из сочинений И.В. Сталина и партийных документов.

Вместе с тем, основные цели партийной политики в области биологии не были реализованы. Не удалось, хотя бы в даже грубой форме, очертить контуры «пролетарской» биологии. Ещё не были созданы марксистские учебники по биологии. В тоталитарных условиях ученые Советского Союза, как и их немецкие коллеги, прибегали к идеологическим и политическим аргументам по одним и тем же соображениям: одни — желая ускорить карьеру, другие — убрать конкурента, третьи — в порядке самообороны. Были и искренне верившие в плодотворность марксизма для биологии. Но частая смена кампаний и лозунгов убеждала в ненадежности карьеры, построенной на лояльности. Более того, особенно уязвимыми оказались те, кто активно участвовал в пропаганде официальной идеологии. В массовых репрессиях 1930-х гг. пострадали, в первую очередь, диалектизаторы биологии, среди которых наиболее сильна была конкуренция за покровительство властей. В то же время заклейменные за идеализм ещё в 1920-е гг. Л.С. Берг, А.Г. Гурвич, А.А. Любищев, Д.Н. Соболев не были арестованы, а двое из них даже были удостоены Сталинской премии.

«Колебание» вместе с линией партии не обеспечивало выживания. Активные проводники очередной партийной линии первыми гибли при её смене. Диалектизаторы пострадали от репрессий, а постоянный критик В.И. Вернадский до конца дней был обласкан властями. И здесь неуместен довод, что власти якобы должны были считаться с международным авторитетом ученого. Известна судьба Н.И. Вавилова, чья популярность за границей была гораздо больше, чем Вернадского. Вавилова не спасли заявления о приверженности марксизму. Здесь не было торжества злодейства, как и не было некоей победы добра над злом. Шел непрерывный процесс крушения все новых и новых групп биологов и философов, где недавние победители вскоре сами становились гонимыми, подвергаясь зачастую жестоким репрессиям.

Подобная неустойчивость побуждала к борьбе, к активному отстаиванию своих взглядов, а в конечном счете, и к стихийному сопротивлению правящему режиму. Тотальный террор никому не гарантировал выживание. Одними из первых это поняли генетики и селекционеры. Зная, что Лысенко и Презента поддерживает сам Сталин, они вступили с ними и их сторонниками в бескомпромиссную борьбу. После войны к ним присоединились и биологи других специальностей.

Борцы с лысенкоизмом усвоили методы и приемы предшествовавших дискуссий. Все выступали под знаменем диалектического материализма. Все апеллировали к властям как к верховному арбитру в научных спорах, и каждый стремился их привлечь на свою сторону. В этой борьбе вызревала вера в возможность организованного противостояния тоталитарному режиму.

ЗАКЛЮЧЕНИЕ

Историко-сравнительный анализ развития биологии в Германии и в России-СССР в первой половине XX в. позволил проследить динамику развития науки, власти и общества в странах, переживавших перманентный социально-политический и экономический кризис в условиях жесткого административно-государственного управления, когда власти требовали от ученых не только политической лояльности и работы над нужными ей проектами, но и создания «идеологически корректной науки». Более ясными становятся механизмы выживания и функционирования науки в условиях глобальных социально-политических и экономических кризисов и формы адаптации ученых к тоталитарным режимам.

Социально-культурный контекст перманентного кризиса в обеих странах предопределял эволюцию политики властных структур по отношению к биологии, борьбу внутри биологического сообщества, неоднозначную реакцию различных групп ученых на создание «идеологически корректной биологии» (пролетарской или арийской), на цели, реалии и формы «союзов» биологии с диалектическим материализмом в СССР или идеологией «крови и почвы» в Германии. Биология России-СССР и Германии оказалась наиболее восприимчивой к идеолого-политическим воздействиям, продемонстрировав наглядные примеры деформации науки в условиях жесткого административно-государственного управления, а также изменений этоса биологического сообщества, его ценностных ориентаций, традиций, тематики и дискурса биологических исследований, их философских и идеолого-политических оснований, ритуалов научных мероприятий до такой степени, что в некоторых случаях грань между наукой и псевдонаукой фактически исчезла.

В этих условиях «союз биологии с идеологией» правящего режима в форме философии диалектического материализма в СССР или идеологии «крови и почвы» в Германии был призван облегчить диалог ученых с правящей элитой. Биологи обеих стран знали, сколь опасна выжидательная позиция. Они активно занимались научной политикой: выступали с проектами и предложениями, боролись за свой статус, вели переговоры, шли на компромиссы, совершали сделки, обзаводились патронами среди политической элиты, используя их для решения организационных и финансово-административных вопросов.

Как это еще раньше продемонстрировали немецкие исследователи на примере «арийской физики», «арийской химии» и «арийской математики»[1], оказалось, что и в национал-социалистической биологии также не было плохих и хороших отраслей

[1] *Walker M.* Die Uranmaschine; *Powers T.* Heisenbergs Krieg; *Walker M.* Nazi Science; *Rose P.L.* Heisenberg and the Nazi Atomic Bomb Project; *Wise M.N.* Pascual Jordan. Quantum Mechanics, Psychology, National Socialism // Science, Technology, and National Socialism. P. 224–254; *Mehrtens H.* The Social System of Mathematics and National Socialism. A Survey // Ibid. P. 291–311; *Mehrtens H.* The Political and Moral Structure of Mathematical Sciences in the National Socialist State. P. 324–338; *Deichmann U.* Flüchten, Mitmachen, Vergessen. Chemiker und Biochemiker in der NS-Zeit. Weinhein u.a., 2001.

знаний. Относительно каждой из них приходится выяснять: «В чем совпадали интересы ученых, власти и общества, а что их разделяло? Что способствовало развитию науки, а что оказывало негативное влияние?». История науки в тоталитарных условиях — это история поведения отдельных ученых, групп, союзов, обществ, институтов. Но всегда встает вопрос о личной ответственности ученого. На примере биологии в Германии видно, что многие типичные для национал-социализма идеи, концепции и структуры появились задолго до 1933 г., часть из них развивали одновременно в СССР, Англии и США. Происшедшие позднее изменения в нацистской Германии затрагивали скорее формы их внедрения в практику, шокировавшие человечество рациональной организацией варварских действий, их масштабностью и дружным взаимодействием политиков, технократов, инженеров, биологов и даже медиков в их реализации.

Хотя часть немецких биологов с воодушевлением встретила приход Гитлера к власти, особых изменений в тематике их исследований не произошло. В целом, биология в Германии развивалась в тех же направлениях, что и в других странах, хотя, может быть, более широким фронтом. Особое значение имели работы в области генетики, биофизики и биохимии, так как в них закладывались основы молекулярной биологии. Наиболее сильно воздействие политики и идеологии сказалось на нормах и ценностях научного сообщества (но не на содержании самих дисциплин).

Дореволюционные российские биологи, хотя вначале были негативно настроены по отношению к советской власти, по большей части продолжали прежние исследования, подчеркивая со временем их важность для социалистического строительства. Новые поколения советских биологов, многие из которых имели опыт гражданской войны, воспринимали социалистическое строительство столь же неизбежным, как верующие второе пришествие Христа, и не чувствовали дисгармонии между усвоенными ими в процессе обучения ценностями науки и социально-политическими реалиями. Тем не менее, многие из них вынуждены были по существу вступить в борьбу с режимом, так как в СССР руководители партии и правительства взяли на себя смелость судить о конкретных научных проблемах, поощряя одни направления и запрещая другие.

Если в Германии власти требовали от ученых только политической лояльности, то в СССР биология стала ареной политической борьбы между различными группировками внутри самой партии, что, в конечном счете, привело к закрытию целых отраслей знаний, а в итоге — к отставанию российской биологии от мировой науки в новейших отраслях. Немалую роль в этом сыграли и репрессии против советских биологов и их массовая эмиграция в первые годы советской власти, во время которых страна потеряла около половины своих дореволюционных профессоров в области биологии и медицины. По масштабам ущерба эти цифры на два-три порядка превышают аналогичные показатели в Германии, где чистки затронули только лиц, нежелательных в расовом или политическом отношении. У нас же репрессии были политически непредсказуемы и чаще всего были результатом внутренних интриг самого биологического сообщества с привлечением партийных функционеров для их разрешения. Аналогичные вмешательства верхов в научные дискуссии никогда не имели столь трагических последствий для немецких ученых, завершаясь, как правило, лишь увольнением.

В то же время опыт взаимодействия биологии и власти в нацистской Германии и в Советском Союзе в 1920–1930-х гг. свидетельствует, что самые жестокие режимы терпят идеологическое инакомыслие и идут на уступки тем ученым, которых считают полезными для себя. Даже при столь радикальных диктаторских режимах, как в годы правления Гитлера и Сталина, оказались возможны различные индивидуальные стратегии поведения ученых. Одни вели себя аполитично, другие были политически ангажированы в рамках существовавшей системы. Но обе установки могли быть как искренними, так и оппортунистическими, т. е. результатами выбранных форм социально-политической адаптации. Другими словами, ученые, демонстрировавшие свою аполитичность, могли быть таковыми на самом деле или избирали такой способ поведения, чтобы избежать дополнительных волнений, неприятностей и обязательств[2]. С другой стороны, ученые, примкнувшие к коммунистам или нацистам, могли быть искренне преданы Гитлеру или Сталину, или могли вести себя так из оппортунистических соображений, считая такую форму поведения наилучшей для выживания. Кроме того, в обеих странах ученые, поддерживавшие действия властей, поступали так не только по политическим соображениям, но и из чувства патриотизма и национализма, способствуя росту военной мощи своих стран, или же, напротив, стремясь избежать репрессий, службы в армии, мобилизации на фронт и т. д. Поэтому мотивы и намерения ученых, с одной стороны, и их действия, с другой, каждый раз приходится рассматривать в рамках многомерного социально-этического поля.

Единственная форма поведения, которую практически невозможно найти ни в национал-социалистической Германии, ни в сталинском СССР — это открытое активное сопротивление режиму. В условиях диктатуры научное сообщество в целом принимало любую идеологическую риторику, было «идеологически корректным» и честно служило диктаторским режимам. С другой стороны, как отдельным ученым, так и научным сообществам в целом, невозможно было согласиться с требованием властей об отказе от интернационального характера науки, когда международная научная иерархия и занимаемое в ней место с начала XX в. были решающими факторами для их самооценки. Международная научная сеть задавала транснациональные стандарты научного признания в виде публикаций в престижных журналах, избрания в общества и академии, присуждения премий. Не удивительно, что ученые в разных странах, при разных политических режимах сходными методами решали одни и те же проблемы. Они помнили, что наука может быть только мировой или никакой. Если пелена секретности не покрывала их исследования, они стремились к активной конкуренции или сотрудничеству вне и внутри своих национальных научных пространств, копируя труды своих конкурентов для того, чтобы их превзойти. Экономика и война, включая и периоды

---

[2] В этом отношении характерен разговор с выдающимся зоологом, академиком А.В. Ивановым, когда я его попросил дать интервью о впечатлениях борьбы с лысенкоизмом. Артемий Васильевич ответил: «Я ничего не знаю об этом. Я как в начале 1920-х гг. заглянул в микроскоп, так только в середине 1980-х гг. поднял глаза, а на дворе перестройка». Конечно, он несколько лукавил, так как всегда занимал однозначную позицию неприятия лысенкоизма, избегая при этом громких публичных заявлений. В этом отношении его поведение существенно отличалось от стратегии борьбы с лысенкоизмом, выбранной его другом, также выдающемся протозоологом, чл.-корр. АН СССР Ю.И. Полянским, который активно боролся против Т.Д. Лысенко и много сделал для преодоления его наследия в отечественной биологии. Подробнее см.: *Колчинский Э.И.* Юрий Иванович Полянский. Беззаветная верность науке // Русская наука в биографических очерках. СПб., 2003. С. 163–178.

подготовки к ней, вызывали одинаковые требования к ученым Германии и СССР и их научным сообществам, требуя от них национальной идентификации и автаркии. Тем не менее, профессиональные амбиции существовали независимо от идеологии, политики и этноса. Защита учеными прав на международные контакты и конкуренцию с зарубежными партнерами фактически была способом отстаивания собственных интересов, точнее — интересов науки, расходившихся с требованиями властей, что в условиях диктатур и войн невольно приобретало оппозиционную окраску, как это произошло в случае с генетикой в СССР.

Ученые, убеждавшие власти поддержать науку, должны были вести диалог с ними с использованием понятных им идеологем: «индустриализация», «реорганизация», «ускоренная модернизация», «аризация», «милитаризация» и т. п., демонстрируя преданность «идеологически корректной науке». Диалог ученых с тоталитарной властью оказывался возможен даже при различии политических взглядов, если была общая вера в модернизацию и усовершенствование общества, достигаемые усилиями науки и техники. «Диалектическая» биология в СССР и «расовая» биология в Третьем рейхе являются прекрасными примерами диалога науки и власти на базе общей философии, в ходе которого происходила взаимная диффузия понятий и идеологем. Ученые шли на подобное сотрудничество, веря, что предлагаемые ими средства позволят эффективно решить проблемы, которые невозможно преодолеть сугубо политическими и социальными мероприятиями.

Такой диалог неизбежно вел к новым формам взаимодействия биологов с властью, к существенным изменениям общественного статуса ученого, организации биологических исследований, кадровой политики, форм подготовки новых поколений биологов, к модификации тематики и языка научных исследований. Новые взаимоотношения не всегда оказывались долговечными, так как в условиях неустойчивости обострялась конкуренция внутри научного сообщества: борьба идей приобретала политический оттенок. При этом отдельные фрагменты научного знания идеологизировались, разрешение внутринаучных конфликтов шло с привлечением властных структур. Это создавало обстановку постоянного напряжения в биологическом сообществе, порождало у ученых чувство неуверенности, социально-правовой незащищенности и ожидания репрессий.

Вместе с тем репрессии в двух странах проводились с разными целями, по различным соображениям, разными способами, с разной интенсивностью и дали, естественно, разный результат. Тем не менее, их объединяла общая политическая ангажированность. В СССР генетика была осуждена как неспособная обеспечить быструю модернизацию и индустриализацию сельского хозяйства, в то время как в Германии она процветала, став одной из основ расовой гигиены, расологии и расовой антропологии.

Обе страны сделали огромные финансовые инвестиции в биологию, и в этом отношении Германия и СССР не слишком отличались от США, которые также шли по пути превращения частной науки в государственную, правда, тесно связанную с промышленностью[3]. Но в тоталитарных режимах помимо денег, материальных и людских ресурсов, происходили идеологические инъекции. И хотя цели были разные, результаты были одни. Государственная поддержка не пошла науке на пользу. В обеих странах декларировали, что их политизированные идеологии

---

[3] Finanzierung von Universität und Wissenschaft in Vergangenheit und Gegenwart / Hg. R.C. Schwinges, M.-C. Pfaffen, K. Jost. Basel, 2005. S. 582.

лучше всего подходят для процветания науки и технологии. Но оказалось, что ни одна идеология или политическая система не является наилучшей для поддержки науки. Правительства обеих стран на разных этапах их развития содействовали расцвету тех отраслей знания, которые по тем или иным причинам казались им полезными.

Ни один из режимов, существовавших в Германии или в России-СССР в первой половине XX в., не был изначально враждебен науке. Но в каждом из них ученых осуждали и преследовали за то, за что при других правительствах они получали признание, награды, премии, престижные должности и финансирование. Вместе с тем существовали принципиальные отличия процессов в отечественной биологии от развития биологии в Германской империи, Веймарской республике и нацистской Германии. Прежде всего, потери биологического сообщества на порядок меньше в Третьем рейхе, чем в послереволюционной России.

Общая социально-культурная обстановка кайзеровской Германии оказала существенное влияние на развитие биологических концепций, которые, в свою очередь, способствовали формированию идеологии немецкого имперского национализма. Еще до Первой мировой войны немецкие биологи сыграли важную роль в её зарождении и укреплении, проповедуя идеи социал-дарвинизма и превосходства белой расы. Они создавали социальную гигиену, закладывали основы евгенического движения, предлагали меры для предотвращения «расового суицида», повышения рождаемости, усовершенствования качества населения Германии путем роста рождаемости «высших» немцев и устранения от размножения носителей наследственных болезней, ратовали за браки между представителями наиболее древних рас, обладавшими высокой культурой и прошедшими длительный отбор. Немецкие биологи приняли участие в «Войне манифестов» в 1914 г., повлекшей за собой раскол мирового научного сообщества.

Специфическая обстановка Веймарской республики, сочетание ее экономических, социально-политических и психологических факторов уже способствовали окончательному превращению социальной гигиены в расовую, институциализации расовой гигиены и евгеники, обусловили рост национал-социалистических настроений среди биологов и зарождение движения за арийскую биологию. В Веймарской республике, сотрясаемой кризисными последствиями проигранной войны и Ноябрьской революции, гиперинфляцией, спадом производства, безработицей и предчувствиями дегенерации общества, биологи, используя данные генетики, антропологии и эволюционной теории, обосновывали превосходство арийской расы, создавая естественнонаучную основу национал-социализма. Веймарские евгеника и расовая гигиена завершились предложением закона о стерилизации людей с физическими или умственными недостатками, что якобы способствовало бы возрождению утраченного Германией величия, заменяя военно-политическую мощь здоровьем нации.

Часть биологов, ратуя за сильную власть еще до 1933 г., связала себя с национал-социалистическим движением, вступила в НСДАП и СА и встретила приход Гитлера к власти как «национальную революцию» и «духовное возрождение немецкого народа». В результате все уровни научного знания, практика их получения, методы и объекты исследования, форма организации науки и даже ее нормы и ценности оказались полностью видоизменены под воздействием национал-социалистической идеологии и политики. Снятие запретов на умерщвление людей и превращение их в экспериментальный материал вело к появлению качественно нового типа ученого, аморального с традиционной точки зрения, но решавшего при этом проблемы, актуальные для всего мирового сообщества биологов и медиков.

Проведение генетико-селекционных мероприятий по учету, отбору и уничтожению носителей тех или иных свойств было возможным лишь при наличии определенных политических, социальных и культурных условий. Их набор стал реальным лишь при национал-социализме и наиболее ярко проявился в мерах по умерщвлению больных. Однако спектр взаимодействия биологов и национал-социалистов оказался намного обширнее. Они участвовали в проведении оборонных исследований, в обосновании необходимости уничтожения целых народов, в разработке «генерального плана Ост», в организации хищения генетических коллекций на оккупированных территориях. В то же время в СССР предпринимались первые шаги по диалектизации биологии, шла институциализация советской биологии, велась подготовка пролетарских кадров, из которых часть в дальнейшем поддержала инициаторов мичуринской биологии и советского творческого дарвинизма, но большинство стало их непримиримыми противниками. «Культурная революция» предопределила формы взаимоотношений биологического сообщества с властями и обозначила крах в создании «пролетарской» биологии.

В целом Германия больше преуспела в институциализации идеологизированных и политизированных отраслей знаний, чем СССР, где недолго просуществовавшие биологические учреждения в Комакадемии практически ничем не отличались по тематике и содержанию работ от традиционных институтов. Зато в нашей стране почти три десятилетия процветала агробиология, мичуринская генетика, советский творческий дарвинизм, концепция живого вещества и другие псевдонаучные построения, за верность которым присуждали степени и звания, давали премии и высшие государственные награды. Более того, в современной России на потеху мировому научному сообществу все чаще выходят труды, где под видом критики якобы устаревшего дарвинизма гальванизируют лысенковские представления об изначальной целесообразности живого, прямом формогенном влиянии среды, эволюции без отбора, скачкообразном появлении новых видов и т. д.[4]

Важно подчеркнуть существенные отличия в восприятии биологическим сообществом СССР идеи создания пролетарской биологии и отношения их немецких коллег к арийской биологии. Попытки создать «идеологически корректную науку» в виде «пролетарской» биологии начались фактически лишь через 8 лет после Октябрьской революции. За короткий срок «пролетаризация биологии» прошла несколько «надломов» и «переломов», когда сменялись доминирующие группы «диалектизаторов» и усиливалось идеологическое давление на биологов. В целом, биологическое сообщество СССР чисто внешне воспринимало «пролетаризацию» своей науки, продолжая традиционные исследования, прикрытые порой диалектико-материалистическими декларациями. «Союз» философии и биологии фактически был похоронен в годы «культурной революции» (1929–1932 гг.), когда провалились планы вовлечения биологов в массовые движения, подобные движениям расовых гигиенистов и евгеников в Германии. В это время советские ученые пытались противостоять насаждаемым властями псевдонаучным фантомам. Апогея эта борьба достигла в послевоенное время. Августовская сессия ВАСХНИЛ, на которой было принято решение запретить классическую генетику, и последовавшие массовые увольнения биологов и

[4] См., например: *Назаров В.И.* Эволюция не по Дарвину. М., 2005; *Попов И.Ю.* Ортогенез против дарвинизма. СПб., 2005.

внедрение псевдонаучных сочинений в учебные процессы лишь на время приглушили открытое сопротивление насильственному насаждению мичуринской биологии. Уже в последние месяцы правления Сталина борьба возобновилась с новой силой. Пример эволюционной теории и генетики в СССР явно свидетельствует, что даже ученые, возможно, искренне верившие в чудодейственную силу диалектической методологии, в научной практике следовали мировым стандартам. Поэтому не приживались ни в Германии, ни в СССР попытки «германизировать» или «славянизировать» основные понятия генетики, изложив их с использованием русских или немецких слов[5]. Много новоязов было предложено в период борьбы с космополитизмом, но они также не вошли в научный лексикон. Ученые, как правило, стремились остаться в рамках общепринятой научной терминологии.

Аналогичная ситуация была и среди немецких биологов, которые после национал-социалистических «чисток» по расовым и политическим соображениям вступали в политические организации национал-социалистов, участвовали в разработке и реализации законов о стерилизации и эвтаназии, в опытах над заключенными, в разграблении биологических учреждений на оккупированных территориях, но следовали в научной практике международным стандартам. В то же время мировоззрение «почвы и крови» и основные идеологемы национал-социализма (народность, расизм, антисемитизм, милитаризм, пангерманизм и вождизм) прямо воздействовали на тематику и направленность биологических исследований. В свою очередь, существовало обратное влияние биологических понятий и концепций на содержание и язык национал-социалистической идеологии.

Союз идеологии «крови и почвы» с биологией был естествен при национал-социалистическом режиме, провозгласившем лозунг: «Национал-социализм — это прикладная биология» и обеспечившем высокий общественный статус биологам, не попавшим под чистки, и мощную государственную поддержку биологическим исследованиям. В отличие от коммунистов, нацисты не собирались менять саму биологию, они желали лишь очистить ее от индивидов, ненадежных политически и нежелательных в расовом отношении. В итоге были созданы массовые движения расовых гигиенистов и евгеников, основаны новые фонды, кафедры, институты, научные и популярные журналы, расистские идеи включены в преподавание всех биологических дисциплин, написаны учебники по арийской биологии. В то же время судьбы эволюционной теории, генетики и антропологии, избранных нацистами в качестве базовых наук для обоснования своей идеологии и политики, демонстрируют, что содержание даже этих наук не испытало серьезных изменений под влиянием идеологии «крови и почвы». Более того, сами нацисты быстро прервали научную карьеру лидеров так называемой арийской биологии.

Даже расовая гигиена, изначально идеологизированная в духе национал-социализма, содержала позитивные мероприятия, призванные улучшить здоровье и рождаемость арийцев. Здесь впервые были получены сведения о наркотических свойствах никотина, разработаны меры помощи по сохранению беременности и т. д. Да и практика обычной рутинной работы медиков и физиологов в лагерях фактически ничем не отличалась от работы других медицинских институтов, где

---

[5] Например, в СССР А.С. Серебровский предлагал назвать ген «деем», хромосому — «дееносицей», полезную мутацию — «добродеем», а вредную мутацию «лиходеем», или синтез учения Дарвина и сталинской версии диалектического материализма именовали «советским творческим дарвинизмом».

изучали различные виды патологии, испытывали новые лекарства и методы лечения, проверяли отравляющие вещества и разрабатывали способы защиты от них и т. д. Было лишь одно отличие: опыты над людьми заканчивались эвтаназией.

Обычная наука функционировала даже в фондах и учреждениях, созданных специально для развития идеологизированной науки, типа «Наследия предков». В то же время псевдонаука развивалась и в престижных университетах и институтах КВГ. Лидеры традиционного биологического сообщества, предложив «союз» идеологии нацизма и биологии, быстро убедили власти в готовности выполнить их цели лучше, чем пропагандисты «арийской» биологии. Вместе с тем шла глубокая деформация норм, ценностей и этики биологического сообщества Германии. В демонстрации верности национал-социализму многие биологи выходили за пределы своих профессиональных интересов.

Биология Третьего рейха — это значительный и впечатляющий способ взаимодействия власти и науки, где одновременно функционировали, казалось бы, исключающие друг друга ценности. Как и в СССР, здесь конкурировали друг с другом совершенно различные научные и псевдонаучные направления, причем неспециалисту чаще всего невозможно их различать. Биология как когнитивная система, претендующая на истинное знание, зависела от предоставленного ей пространства свободы. При этом не всегда возможно разделить ее концепции на хорошие и плохие, отделив науку от псевдонауки. На практике все это оказалось сильно переплетенным и запутанным. Многие типичные для национал-социалистической биологии институты, структуры, способы поведения, ритуалы и воззрения возникли задолго до прихода Гитлера к власти.

Многочисленные работы о биологии и биологах нацистской Германии убедительно свидетельствуют о том, сколь неправомерны притязания на исконную этичность научных исследований. Более того, процветание биологии при национал-социализме, разрушив иллюзию о сущностной идентичности научной истины и морали, наглядно показало, что они зачастую трудно совместимы друг с другом. В результате биологов, оставшихся работать при нацистах, зачастую критиковали не за то, что они придерживались ненаучных взглядов, а за то, что их научные представления работали на национал-социалистическую идеологию и пропаганду. Деятели здравоохранения, сотрудничая с национал-социалистами в санитарно-гигиенических и профилактических мероприятиях, забывали элементарные моральные нормы. В итоге благородная забота о здоровье нации оборачивалась грубым попранием интересов отдельной личности.

Бытующее представление о коммунизме или нацизме как о неких тоталитарных идеологиях, проникавших во все уголки интеллектуальной жизни, не совсем точно. Также неверны представления о сохранении науки в гитлеровской Германии и сталинском СССР как доказательстве неукротимого духа интеллекта, его независимости от идеологического диктата. Наука, выступая как мощная производительная сила в области промышленности и сельского хозяйства, как гарант военного могущества государства и здоровья людей, проявила себя в XX веке достаточно безразличной к господствовавшим идеологемам. При этом неоправдан вывод о её нейтральности. «Хорошая» наука Третьего рейха — не доказательство героической невиновности ученых, как большинство из них заявляло во время денацификации. Большинство советских ученых искренне верило, что их труд поможет построить общество равенства, справедливости и благосостояния.

Быстрая динамика политических, экономических и идеологических структур прямо сказывалась на отношениях науки, государства и общества, демонстрируя контраст между преемственностью в науке и отсутствием таковой в политике. Как в СССР, так и в Веймарской республике, а затем в Третьем рейхе научное сообщество показало миру, что под влиянием кризисной ситуации, прежде всего, преобразуются ученые и научные учреждения, а сама наука достаточно устойчива и независима от всякого рода политических и идеологических влияний. Тем не менее, интерпретационный диапазон научных результатов столь велик, что не всегда под разными упаковками удается разглядеть общепринятые положения и концепции.

Философы и историки науки часто спорят, какие факторы играют главную роль в ее развитии — внешние или внутренние. Исследование выживания биологии в кризисные времена России-СССР и Германии позволяет установить разные способы их взаимодействия, как продуктивные, так и деструктивные. Несмотря на все издержки функционирования биологии в режимах двух стран, биологам в них удалось сохранить не только традиции мировой науки, но также большую часть национальных социальных сетей, культурных практик, идентичность, т. е. многое из того, что составляет основы анализа развития науки в рамках социального конструктивизма. Наибольшие изменения претерпевали учреждения, формы организации науки и образования, а также потоки миграции. Но и эти преобразования зачастую шли в направлении, соответствовавшем международным тенденциям. Это прекрасно видно в истории эволюционной теории в СССР и в нацистской Германии, где дарвинизм официально признавали естественнонаучной основой господствовавших идеологий, тенденция к синтезу эволюционных знаний на базе учения об естественном отборе реализовалась с не меньшей силой, чем в Англии и США. Несмотря на различия научных традиций, доминировавших направлений и методологических подходов, а также социально-политических режимов, в СССР, США, Англии, Германии и Франции одновременно шло формирование сходной системы эволюционных представлений, названной СТЭ.

В то же время необходимо подчеркнуть принципиальные различия в факторах, предопределивших итог идеологизации биологии в двух странах. В Германии крах нацистской биологии был вызван поражением Германии во Второй мировой войне, но некоторые ее представители смогли продолжить плодотворную работу в ФРГ, ГДР и других странах. В Советской Союзе пролетарская биология исчезла из-за провала «культурной революции», а большинство ее инициаторов было расстреляно. Сменившая её агробиология закончилась бесславно из-за снятия Н.С. Хрущева. К тому времени ее создатели полностью дискредитировали себя в глазах национального, да и мирового научного сообщества и фактически оказались вне науки. В обеих странах во многих трудах факты и эмпирические обобщения были подчинены идеологическим и мировоззренческим установкам и были предприняты попытки построить некие особые науки: «арийскую» в Германии и «пролетарскую» или «советскую» в СССР.

Историко-сравнительный анализ биологии в Германии и России, возможно, будет полезен и для понимания ситуации в современной науке, где вследствие перехода на молекулярно-генетический уровень изучения человека, включая расшифровку генома человека, новый импульс получили процессы «биологизации» медицины и «медикализации» самого общества, коренящиеся в евгеническом движении начала прошлого века[6]. Эти процессы получили название «биомедикализации» общества, базирующейся на возможности позитивно воздействовать на генофонд будущих поколений, что, в конечном счете, означало бы возрождение в новом виде расовой политики[7]. Не менее опасно и полное отождествление биологических и социальных процессов в трудах сторонников социобиологии[8], забывающих о сложности переноса метафор, которых столь много в эволюционно-биологической литературе, из одного дискурса в другой[9].

Разобранные случаи «деформации» науки показывают ошибочность утверждений об аполитичности науки, которая якобы политизируется и идеологизируется только под влиянием неблагоприятной социальной среды, что всегда идет ей во вред. На самом деле наука, ее институты и ученые не в меньшей степени воздействуют на политику и идеологию, чем она сама подвержена их влиянию. История биологии двух стран, рассмотренная сквозь призму личностных судеб, показывает, что содержание вопросов о расе, этнической идентификации и происхождении человека никогда не бывают простыми, а их решение никогда не обусловливалось только научными соображениями. История их исследований обнажает сугубо личностный характер их решений, порою очень сложными путями связанных с социально-культурным контекстом. Эти решения всегда конструировали из элементов науки, религии, философии, культуры и политики, и их оценка зависит не только от того, как мы рассматриваем друг друга сейчас, но и как наши предки делали это в прошлом. Извечное разделение на «мы и они», на «наших» и «не наших» влияло и на самые великие научные умы, и поэтому мы не имеем права воспринимать их личные взгляды как последнее слово науки. В то же время они были правы в том, что знание о происхождении человечества и расогенезе важно для понимания самых глобальных проблем.

Законы США, связанные с насильственной стерилизацией «слабоумных», эпилептиков, уродов и введением ограничений в иммиграции по расовым мотивам, уничтожение национал-социалистами миллионов евреев, цыган, славян, привели к потере в обществе интереса к евгенике и к краху евгенического движения. Само

---

[6] Под «биомедикализацией» в настоящее время понимают все усиливающееся влияние норм и категорий биомедицинских наук на решение современных глобальных проблем: *Kevles D.J.* In the Name of Eugenics. Genetics ant the Use of Human Heredity. New York, 1985. P. 251–268; *Schwerin A. von.* Experimentalisierung des Menschen. Der Genetiker Hans Nachtsheim und die vergleichende Erbpathologie 1920–1945. Göttingen, 2004. S. 10. Считается, что это ведет к дегуманизации общества: *Velden M.* Biologismus-Folge einer Illusion. Göttingen, 2005. S. 141–146.

[7] Сложность биоэтических проблем, возникавших в современной биологии в связи попытками клонировать человека, выделением стволовых клеток, геноинженерией у человека, «геноманией» и т. д., подробно рассмотрены недавно: *Maienschein J.* Whose View of Life? Embryos, Cloning and Stem Cells. Cambridge (Mass.); London, 2003; *Lewontin R.* It Ain't Necessarily So: the Dream of the Human Genome and Other Illusions. New York, 2001. Тем не менее, рекламируя свои исследования, генетики обещают решение таких социальных проблем, как алкоголизм, сугубо генетическими методами.

[8] Характерно, что главный проповедник социобиологии Э.О. Вильсон в развитии своих идей и интересов от муравьев до человека шел тем же путем, что А.Г. Форель, евгеник и один из предшественников нацистской биологии: *Wilson E.O.* Sociobiology. The New Syntheses. Cambridge (Mass.), 1975: *Wilson E.O.* Naturalist. London, 1995.

[9] *Maasen S.* Who is afraid of Metaphors // Biology as Society, Society as Biology: Metaphors / Ed. S. Maasen, E. Mendelsohn, P. Weingart. Dordrecht; Boston; London, 1995. P. 12.

слово «евгеника» убрали из названий наиболее старых и авторитетных журналов: «Annals of Eugenics» в Англии, «Eugenic Quarterly» в США, которые соответственно стали называться «Annals of Human Genetics» и «Social Biology». Ушли в небытие не только названия, но и сочинения расовых гигиенистов Третьего рейха, а некоторые из их авторов закончили жизнь на виселицах. После Второй мировой войны ООН, ЮНЕСКО, Советом Европы и другими международными организациями, в которые входит Россия, был принят ряд основополагающих документов, выработанных при участии ведущих современных антропологов, биологов-эволюционистов, генетиков, этнографов и др., в которых однозначно признано единство человечества как биологического вида и запрещены все формы расовой или национальной дискриминации[10]. С этим выводом согласуются учения всех основных конфессий мира.

Идея единства человечества никогда не исчезала из науки, несмотря на все старания расовых теоретиков, идеологов неравноценности рас. По сути, их воззрения всегда коренились не в доводах науки, а в вере в «лестницу существ», где все в мире располагалось в виде восходящего ряда. Вся история естествознания последних трех столетий связана с преодолением этого упрощенного мировоззрения древних. Поэтому все рассуждения современных расологов, прозревавших при помощи канувших в лету сочинений идеологов геноцида, лежат вне пределов науки. И жаль, что некоторые политики в разных странах пытаются вновь разыграть расистские и националистические карты. Но пусть лежащая в руинах Германия 1945 г., виселицы в разных странах послевоенной Европы, сооруженные по приговору суда над организаторами геноцида, а также «вавилонское» смешение рас и народов в современной Германии служат напоминанием любителям использовать рекомендации о чистоте рас для решения глобальных политических проблем о пагубности подобных попыток прежде всего для собственных народов. Не случайно современные антропология и биология не имеют ничего общего ни с расизмом, ни с национализмом. Таков итог их развития в XX в.

---

[10] *Haraway D.* Primate Visions: Gender, Rase and Nature in the World of Modern Science. New York; London, 1989. P. 197; *Corbey R.* The Metaphysics of Apes. Negotiating the Animal-Human Boundary. New York, 2005. P. 51–59, 170–171.

СПИСОК СОКРАЩЕНИЙ

АН СССР — Академия наук Союза Советских Социалистических Республик (см. также ИАН и РАН)
АРГБ — Архив расовой и социальной биологии (Archiv für Rassen und Gesellschaftsbiologie, ARGB)
АЭ — Фонд «Наследие предков» (Ahnenerbe, AE)
ВАРНИТСО — Всесоюзная ассоциация работников науки и техники для содействия социалистическому строительству
ВАСХНИЛ — Всесоюзная академия сельскохозяйственных наук им. В.И. Ленина
ВИЕТ — Вопросы истории естествознания и техники
ВИЭМ — Всесоюзный институт экспериментальной медицины
ВКА — Вестник Коммунистической академии
ВКП (б) — Всесоюзная коммунистическая партия (большевиков)
ВИР — Всесоюзный Институт растениеводства ВАСХНИЛ
ВЛКСМ — Всесоюзный ленинский коммунистический союз молодежи
ВНД — Высшая нервная деятельность
ВСНХ — Высший совет народного хозяйства
ВЦИК — Всероссийский Центральный исполнительный комитет
ГДА — Отдел генеалогии и демографии (Genealogist-Demographist Abseiling, GDA)
ГПУ — Главное политическое управление
ГРФ — Общество расовых исследований (Gesellschaft für Rassenforschuhg, GRF)
ДБВ — Немецкий союз биологов (Deutschen Biologen-Verbandes, DBV)
ДБФЕ — Немецкий союз за оздоровление народа и наследственности (Deutscher Bund für Volksaufartung und Erdkunde, DBVE)
ДГРФ — Немецкое общество расовых исследований (Deutsche Gessellschaft für Rassenforschung, DGR)
ДГРГ — Немецкое общество расовой гигиены (Deutsche Gesellschaft für Rassenhygiene, DGRG)
ДФГ — Немецкое научно-исследовательское общество (Deutsche Forschungsgemeinschaft, DFG)
ДФП — Немецкий научно-исследовательский институт по психиатрии (Deutsche Forschungsanstalt für Psychiatrie, DFP).
ЕиМ — Естествознание и марксизм
ИАН — Императорская Академия наук (см. также АН СССР и РАН)
ИВХА — Императорская Военно-хирургическая академия
ИМХА — Императорская Медико-хирургическая академия
ИКП — Институт красной профессуры

ИОЛЕАиЭ — Императорское общество любителей естествознания, антропологии и этнографии
ИЭБ — Институт экспериментальной биологии
ИИЭМ — Императорский институт экспериментальной медицины (см. также ИЭМ и ВИЭМ)
ИЭМ — Институт экспериментальной медицины
КВГ — Обществе Кайзера Вильгельма (Kaiser Wilhelm Gesellschaft, KWG)
КЕПС — Комиссия по изучении производительных сил России-СССР
Комакадемия — Коммунистическая академия
Комуниверситет — Коммунистический университет
ЛГУ — Ленинградский государственный университет
КПГ — Коммунистическая партия Германии
ЛИМ — Ленинградский институт марксизма
ЛОКА — Ленинградское отделение Коммунистической академии
МВД — Министерстве внутренних дел
МВЕФБ — Министерство науки, воспитания и народного образования Пруссии (Ministerium für Wissenschaft, Erziehung und Volksbildung, MWEVB)
МНП — Министерство народного просвещения
МПГ — Общество Макса Планка (Max-Plank-Gesellschaft, MPG)
НГДВ — Фонд помощи немецкой науки (Stifterlandes der Notgemeinschaff der Deutschen Wissenschaft, NGDW)
НОМ — Научное общество марксистов
НСДАП — Национал-социалистическая немецкая рабочая партия (Nationalsozialistische Deutsche Arbeitspartei, NSDAP)
НСДДБ — Национал-социалистический немецкий союз доцентов Nationalsozialistische Deutscher Dozentenbund, NSDDB)
НСДАБ — Национал-социалистический немецкий союз врачей (Nationalsozialistische Deutschen Ärztenbund, NSDAB)
НАСА — Национальный консультативный совет по аэронавтике (National Aeronautic and Space Administration, NASA)
НКВД — Народный комиссариат внутренних дел
НДВ — Общество помощи немецкой науки (Notgemeinschaft der Deutschen Wissenschaft, NDW)
НКО — Народный комиссариат обороны
НОМ — Научное общество марксистов
НСЛБ — Национал-социалистический союз учителей (Nazionalsozialistischen Lehrenbund, NSLB)
НЭП — Новая экономическая политика
ОБМ — Общество биологов-марксистов.
ОВМ — Общество воинствующих материалистов
ОВМД — Общество воинствующих материалистов-диалектиков
ОГПУ — Объединенное главное политическое управление
ПМЗ — Под знаменем марксизма
РАЖ — Русский антропологический журнал
РАН — Российская Академия наук (см. также ИАН и АН СССР)

РАНИИОН	— Российская ассоциация научно-исследовательских институтов по общественным наукам
РББ	— Имперский биологический союз (Reichsbund für die Biologie, RBB)
РБО	— Русское ботаническое общество
РГО	— Русское географическое общество
РЕЖ	— Русский евгенический журнал
РЕО	— Русское евгеническое общество
РМВЕФБ	— Имперское министерство науки, воспитания и народного образования (Reichsministerium für Wissenschaft, Erziehung und Volksbildung, RMWEVB)
РМЕЛ	— Имперское министерство продовольствия и сельского хозяйства (Reichsministerium für Ernährung und Landwirtschaft, RMEL)
РМИ	— Имперское министерство внутренних дел (Reichsministerium des Innern, RMI)
РМРКП	— Имперское министерство вооружений и оборонной промышленности (Reichsmisterium für Rüstung und Kriegsproduction, RMRKP).
РПА	— Расово-политического управления НСДПА (Rassenpolitische Amt der NSDAP, RPA)
РСХА	— Главный совет по расам и колониям СС (Rassen und Siedlunghauptamtes SS, RSHA)
РФР	— Имперский научно-исследовательский совет (Reichsforschungsrat, RFR)
СА	— Штурмовые отряды (Sturmabteilung der NSDAP)
СД	— Служба безопасности СС (Sicherheitdienst des Reichsführers SS, SD)
СДПГ	— Социал-демократическая партия Германии
СНК	— Совет народных комиссаров
СС	— Эсэсовские отряды, букв. охранные отряды (Schutzstaffeln der NSDAP)
СССР	— Союз Советских Социалистических Республик
СТЭ	— Синтетическая теория эволюции
Т-4	— Центральная канцелярия 4 (Zentralldienststelle, T 4)
УССР	— Украинская Советская Социалистическая Республика
ФТР	— Имперский физико-технический институт (Physikalische-Technischen Reichsanstalt, PhTR)
ЦИК	— Центральный исполнительный комитет СССР
ЦК	— Центральный комитет

СПИСОК ИЛЛЮСТРАЦИЙ

ГЛАВА 2

ГЛАВА 3

ГЛАВА 4

38. И.И. Презент и И.В. Мичурин (1932 г.) (http://nauka.relis.ru/26/0201/26201042.html).

39. Обложка книги «Учение Дарвина и марксизм-ленинизм (к 50-летию со дня смерти Ч. Дарвина)» (Л.; М., 1932).

40. Обложка книги И.И. Презента «Теория Дарвина в свете диалектического материализма» (Л., 1932).

41. Н.И. Вавилов (http://nauka.relis.ru/26/0201/26201042.html).

42. Г.Д. Карпеченко (Архив СПбФ ИИЕТ РАН).

43. Е.И. Лукин (Архив СПбФ ИИЕТ РАН).

44. Н.И. Бухарин (Архив СПбФ ИИЕТ РАН).

45. А.А. Парамонов (Архив СПбФ ИИЕТ РАН).

46. Обложка книги А.А. Парамонова «Курс дарвинизма» (М., 1945).

47. И.И. Шмальгаузен (Архив СПбФ ИИЕТ РАН).

48. Обложка книги И.И. Шмальгаузена «Факторы эволюции» (М., 1946).

49. Г. Геринг (http://renascentia.ru/goering.htm).

50. Плакат «Хайль Геринг»: подопытные животные приветствуют рейхсмаршала Г. Геринга (*Proctor R.N.* The Nazi War on Canzer. Pricenton; New York, 1999. P. 128).

51. Р.В.О. Дарре́ (http://geschichtsatlas.de/~gb27/bio_darre.html).

52. К. Мейер (Der “Generalplan Ost”. Hauptlinien der nationalsozialistischen Planungs- und Vernichtungspolitik / Hg. M. Rössler, S. Schleiermacher. Berlin, 1993. S. 385).

53. А. Розенберг (http://web.vip.hr/a.pecner.vip/galerija.htm).

54. В. Гейзенберг (http://bsu.edu.ru:8801/resource/nphys/persons/images/heisenb.jpg).

55. Й. Штарк (http://bsu.edu.ru:8801/resource/nphys/persons/images/stark.jpg).

56. О. фон Фершуер (http://people.clarkson.edu/~sheilafw/kwpics2.htm).

57. Г. Нахтсхайм (*Schwerin A. von.* Experimentalissierung des Menschen. Der Genetiker Hans Nachtsheim und die vergleichende Erbpathologie 1920–1945. Göttingen, 2004. S. 49).

58. Р. Гольдшмидт (*Goldschmidt R.* The Material Basis of Evolution. New Haven, 1982).

59. К. Бойрлен (*Hammerstein N.* Die Deutsche Forschungsgemeinschaft in der Weimar Republik und im Dritten Reich. Wissenschaftspolitik in Republik und Diktatur. München, 1999. S. 510).

60. Г. Штуббе (*Käding E.* Engagement und Verantwortung. Hans Stubbe, Genetiker und Züchtungsforscher. Eine Biographie. Müncheberg, 1999. S. 3).

61. В. Сиверс во время Нюрбергского процесса (*Hammerstein N.* Die Deutsche Forschungsgemeinschaft in der Weimar Republik und im Dritten Reich. Wissenschaftspolitik in Republik und Diktatur. München, 1999. S. 538).

62. Б. Руст (*Hammerstein N.* Die Deutsche Forschungsgemeinschaft in der Weimar Republik und im Dritten Reich. Wissenschaftspolitik in Republik und Diktatur. München, 1999. S. 123).

63. Л. Конти (http://enciclopedia.ws/topic/Leonardo_Conti.html).

64. Р. Менцель (*Zierold K.* Forschungsförderung in drei Epochen. Deutsche Forschungsgemeinschaft. Geschichte — Arbeitsweise —Kommentar.. Wiesbaden, 1968. F. 12).

65. А. Бутенандт (http://www.nobelpreis.org/chemie/butenandt%20.html).

66. О. Варбург (http://nobelprize.org/nobel_prizes/medicine/laureates/1931).

67. Обложка книги Э. Лемана «Биология в современной жизни» (Мюнхен, 1933).

68. Обложка книги Ш. Кён-Беренс «Что такое раса. Беседы с крупнейшими современными немецкими учеными». (Мюнхен, 1934).

ИМЕННОЙ УКАЗАТЕЛЬ

В

Г

Д

Е

Й

К

Л

М

Н

О

П

Р

С

Т

Х

Ц

Щ

Э

Ю

T

U

V

Научное издание

Э.И. КОЛЧИНСКИЙ

БИОЛОГИЯ ГЕРМАНИИ И РОССИИ–СССР В УСЛОВИЯХ СОЦИАЛЬНО-ПОЛИТИЧЕСКИХ КРИЗИСОВ ПЕРВОЙ ПОЛОВИНЫ XX ВЕКА

(МЕЖДУ ЛИБЕРАЛИЗМОМ, КОММУНИЗМОМ И НАЦИОНАЛ-СОЦИАЛИЗМОМ)

Редактор *Л.А. Масионжник*

Корректор *Г.В. Засыпкина*

Компьютерная верстка *Т.А. Могорян*

Дизайн обложки *В.А. Гусаков*

Подписано в печать 14.12.2006. Формат 70×100 1/16.
Бумага офсетная. Печать офсетная. Гарнитура Times.
Уч.-изд. л. 40. Тираж 1000 экз. Заказ № 494.

Издательство «Нестор-История»
197110 СПб., Петрозаводская ул., д. 7

Отпечатано в типографии «Нестор-История»
197110 СПб., Петрозаводская ул., д. 7
тел./факс: (812)702-75-78 (812) 235-15-86
e-mail: nestor_historia@list.ru